Schmidt-Quernheim / Hax-Schoppenhorst
Professionelle forensische Psychiatrie

HUBER

Bücher aus verwandten Sachgebieten

Psychiatrische Pflege

Aguilera
Krisenintervention
2000. ISBN 978-3-456-83255-5

Duxbury
Umgang mit «schwierigen» Klienten – leicht gemacht
2002. ISBN 978-3-456-83595-2

Hömberg
Psychosomatik kompakt
2., vollst. überarb. u. erw. Aufl.
2006. ISBN 978-3-456-84279-0

Johns
Selbstreflexion in der Pflegepraxis
2004. ISBN 978-3-456-83935-6

Loth/Rutten/Huson-Anbeek/Linde (Hrsg.)
Professionelle Suchtkrankenpflege
2002. ISBN 978-3-456-83585-3

Sauter/Abderhalden/Needham/Wolff (Hrsg.)
Lehrbuch Psychiatrische Pflege
2., durchges. u. erg. Auflage
2006. ISBN 978-3-456-84273-8

Sauter/Richter (Hrsg.)
Gewalt in der psychiatrischen Pflege
1998. ISBN 978-3-456-83043-8

Stockwell
Der Pflegeprozess in der psychiatrischen Pflege
2002. ISBN 978-3-456-83039-1

Townsend
Pflegediagnosen und -maßnahmen für die psychiatrische Pflege
3., überarb. u. erw. Auflage
2008. ISBN 978-3-456-83944-8

Pflegegrundlagen

Behrens/Langer
Evidence-based Nursing and Caring
2., vollst. überarb. u. erg. Auflage
2006. ISBN 978-3-456-84318-6

Buresh/Gordon
Der Pflege eine Stimme geben
2006. ISBN 978-3-456-84220-2

Darley (Hrsg.)
Kommunikationsmanagement
2006. ISBN 978-3-456-84079-6

Domenig (Hrsg.)
Transkulturelle Kompetenz
2., vollst. überarb. u. erw. Auflage
2007. ISBN 978-3-456-84256-1

Grond
Gewalt gegen Pflegende
2007. ISBN 978-3-456-84417-6

Elzer/Sciborski
Kommunikative Kompetenzen in der Pflege
2007. ISBN 978-3-456-84336-0

Fitzgerald Miller
Coping fördern – Machtlosigkeit überwinden
Hilfen zur Bewältigung chronischen Krankseins
2003. ISBN 978-3-456-83522-8

Hill Rice (Hrsg.)
Stress und Coping
Lehrbuch für Pflegepraxis und -wissenschaft
2005. ISBN 978-3-456-84168-7

London
Informieren, Schulen, Beraten
Praxishandbuch zur pflegebezogenen Patientenedukation
2003. ISBN 978-3-456-83917-2

Müller
Die Pflegekraft als Schokolade
Ungewöhnliches und Ungebührliches zur Psychodynamik des Pflegeprozesses
2., vollst. überarb. u. erw. Auflage
2003. ISBN 978-3-456-83999-8

Muijsers
«Wir verstehen uns ... oder?»
Gesprächskultur für Gesundheitsberufe
2001. ISBN 978-3-456-83653-9

Niven/Robinson
Psychologie für Pflegende
2001. ISBN 978-3-456-82966-1

Poser/Schlüter
Mediation für Pflege- und Gesundheitsberufe
2005. ISBN 978-3-456-84248-6

Pflegeprozess

Brobst et al.
Der Pflegeprozess in der Praxis
2., vollst. überarb. u. akt. Auflage
2007. ISBN 978-3-456-83553-2

Doenges/Moorhouse/Geissler-Murr
Pflegediagnosen und Maßnahmen
3., vollst. überarb. und erw. Auflage
2003. ISBN 978-3-456-82960-9

Gordon
Handbuch Pflegediagnosen
5., vollst. überarb. u. erw. Auflage
2009. ISBN 978-3-456-84415-2

Lunney
Arbeitsbuch Pflegediagnostik
Pflegerische Entscheidungsfindung, kritisches Denken und diagnostischer Prozess – Fallstudien und -analysen
2007. ISBN 978-3-456-83840-3

Wilkinson
Das Pflegeprozess-Lehrbuch
2009. ISBN 978-3-456-83348-4

Friedhelm Schmidt-Quernheim
Thomas Hax-Schoppenhorst

Professionelle forensische Psychiatrie

Behandlung und Rehabilitation im Maßregelvollzug

2., vollständig überarbeitete und erweiterte Auflage

Unter Mitarbeit von:

Martin Bohus
Michaela Buhl
Reinhard Brück
Volker Dittmann
Harald Dreßing
Uwe Dönisch-Seidel
Klaus Elsner
María Isabel Fontao
Jürgen Georg
Sabine Glanz
Gernot Hahn
Micha Hilgers
Tilmann Hollweg
Heinz Kammeier
Susanne Kreuzer
Hans-Ludwig Kröber
Uta Kröger
Hans J. Markowitsch
Angela Oermann
Friedemann Pfäfflin
Martina Piefke
Klaus Rabe
Udo Rauchfleisch
Thomas Ross
Rolf Schellbach-Matties
Martin Schott
Dieter Seifert
Werner Stuckmann
Frank Voss

Illustrationen:

Jürgen Georg und Heiko Sakurai

Mit Vor- und Grußworten von:

Prof. Dr. Leygraf, Essen
Prof. Dr. Dr. Klaus Dörner

Verlag Hans Huber

Adressen der Autoren:

Friedhelm Schmidt-Quernheim
Gut Horbell
DE-50858 Köln
E-Mail: schmidt-quernheim@netcologne.de

Thomas Hax-Schoppenhorst
Am Hinzenbusch 17
DE-52355 Düren
E-Mail: Thascho@gmx.de

Lektorat: Jürgen Georg, Michael Herrmann, Peter Offermanns
Herstellung: Melanie Hermanns
Gestaltung: Peter E. Wüthrich
Illustration: Jürgen Georg (Fotos) und Heiko Sakurai (Cartoons)
Titelillustration: pinx. Design-Büro, Wiesbaden
Umschlag: Atelier Mühlberg, Basel
Satz: Kösel, Krugzell
Druck und buchbinderische Verarbeitung: Kösel, Krugzell
Printed in Germany

Bibliografische Information der Deutschen Bibliothek
Die Deutsche Bibliothek verzeichnet diese Publikation in der Deutschen Nationalbibliografie; detaillierte bibliografische Angaben sind im Internet unter http://dnb.de abrufbar.

Anregungen und Zuschriften bitte an:
Verlag Hans Huber
Lektorat: Pflege
z. Hd.: Jürgen Georg
Länggass-Strasse 76
CH-3000 Bern 9
Tel.: 0041 (0)31 300 4500
Fax: 0041 (0)31 300 4593
juergen.georg@hanshuber.com
www.verlag-hanshuber.com

2. Auflage 2008

ISBN 978-3-456-84582-1

Inhaltsverzeichnis

5. Multiprofessionelle Teams in Aktion

6. Beziehung gestalten – Pflege in der forensischen Psychiatrie

Thomas Hax-Schoppenhorst

9. Forum – Neue Methoden oder neue Moden?

10. Versachlichen, nicht verstecken – Forensische Psychiatrie in der Öffentlichkeit

Thomas Hax-Schoppenhorst

Vorwort zur 2. Auflage

Die Zeiträume, in denen sich das Wissen der Menschheit jeweils verdoppelt, werden immer kürzer. Zwar dürfte die gegenwärtig angenommene Halbwertzeit des Wissens von 5 Jahren auf die forensische Psychiatrie kaum zutreffen – wir haben diese Zahl jedenfalls zum Anlass genommen, die erste Auflage vollständig zu überarbeiten und um viele Beiträge zu erweitern.

Mit dem Erscheinen der ersten Auflage im Jahre 2003 waren unsererseits große Erwartungen, aber auch Unsicherheiten verbunden, ob ein derart spezieller Titel zu einem auch von Abwehr, Mythen, massiven Umbrüchen und Skandalmeldungen begleiteten Arbeitsfeld der Psychiatrie interessierte Leserinnen und Leser finden würde.

Positive, mitunter begeisterte Rezensionen, ein stetiger Verkauf des Buches in den vergangenen Jahren und zahlreiche Rückmeldungen von Kollegen vermittelten uns sehr schnell die Gewissheit, dass wir den Nerv getroffen hatten: Ein Arbeitsbuch im besten Sinne, das einen profunden Überblick verschafft und dabei dennoch mit vielschichtigen Beiträgen und in einer klaren Sprache ins Detail geht, fand einhelligen Zuspruch.

Die zweite Auflage ist drei Zielsetzungen verpflichtet:

1. durchgängige *Aktualisierung* aller Themengebiete
2. kritische Durchsicht neuerer Konzepte unter der Überschrift: *Neue Methoden oder neue Moden*?
3. besondere Berücksichtigung von Behandlungsansätzen, die explizit die *multiprofessionelle Behandlung* in den Mittelpunkt stellen.

Zu 1) In den zurückliegenden 5 Jahren haben sich im politischen, vor allem im sicherheits- und versorgungspolitischen Bereich Entwicklungen fortgesetzt und zum Teil dramatisch verschärft, die bereits in der ersten Auflage eindringlich beschrieben wurden. In der neuen Auflage werden aktuelle Zahlen und Übersichten präsentiert, welche die derzeitige kritische Situation des Maßregelvollzuges in ihren verschiedenen Facetten illustrieren. Befürchtungen um sinkende Standards im Rahmen von Stellenkürzungen und Privatisierungen, aber auch das problematische Verhältnis zwischen Maßregelvollzug und Allgemeinpsychiatrie («Forensifizierung») oder die Errichtung von «Longstay-Stationen» werden behandelt. Dabei kommen unterschiedliche Positionen von Experten zu Wort.

In jüngster Vergangenheit sind in nahezu zweijährigem Abstand Gesetze entstanden, die dem vermeintlichen «Schließen von Sicherheitslücken» dienen sollten. Diese Gesetzesänderungen werden referiert und deren vorhersehbare Folgen auf Unterbringungsdauer und -kosten beschrieben. Im Hinblick auf die nachvollziehbaren Verunsicherungen der Mitarbeiter im Maßregelvollzug wird der juristische Teil ergänzt um einen speziellen Beitrag, in dem ausführlich die Frage der strafrechtlichen Verantwortlichkeit bei der Gewährung von Vollzugslockerungen behandelt wird.

Einen Schwerpunkt der Aktualisierung bildet das Kapitel zur forensischen Ambulanz. Hier haben sich bundesweit deutliche Veränderungen ergeben, so dass nicht zu Unrecht bereits von einer «Ambulanzbewegung» gesprochen wird. Dieser enorme Bedeutungszuwachs findet nicht zuletzt in der jüngsten Gesetzgebung seinen Niederschlag, in der die forensische Ambulanz in das Strafgesetzbuch aufgenommen wurde – mit nicht ganz unproblematischen Folgen, wie in Kapitel 8 beschrieben wird.

Zu 2) Im fachlich-methodischen Bereich hat es in der zurückliegenden Zeit interessante, auch innovative Entwicklungen gegeben. Pflegediagnosen sind nun auch im Maßregelvollzug auf dem Vormarsch, neuere Behandlungsverfahren bei Persönlichkeitsstörungen verweisen neben dem anhaltenden Boom kognitiv-behavioraler Verfahren auch auf eine Renaissance der «therapeutischen Beziehung». Hier berichten in der neuen Auflage Autoren, die sich bei aller Begeisterung und allem Engagement für Fortschritte einen nüchternen Blick bewahrt haben, um sich nicht in einer rein technischen Perspektive zu verlieren. Dabei muss man nicht unbedingt der Diagnose einer zunehmenden «Yuppisierung» der forensischen Psychiatrie folgen, um einen mancherorts naiv-szientistischen Glauben an Evidenz und Empirie, an neue Moden und Module zu kritisieren.

Die allseits geführten Klagen über einen immensen Nachholbedarf im Bereich Forschung und Entwicklung spezifischer pflegerischer und therapeutischer Behandlungskonzepte bestehen dennoch zu Recht.

In der neuen Auflage haben wir uns entschieden, neben den vertiefenden und weiterführenden Ergänzungen im laufenden Text, zusätzlich drei neue, kontrovers diskutierte Themenkomplexe vorzustellen:

Bis vor einigen Jahren war das so genannte «Profiling» in aller Munde, das auch in den Medien mittels gruselig aufbereiteter «Tatortanalysen» als Schlüssel für die Behandlung und Gefährlichkeitsprognose gepriesen wurde. Gegenwärtig sind es eher der «Tatort Gehirn» und die neurobiologische Desillusionierung des menschlichen Glaubens an seine Willensfreiheit, welche im Mittelpunkt der (populär-)wissenschaftlichen Diskussion stehen. Um diese Debatte für dieses Buch einzugrenzen, haben wir zwei prominente Vertreter ihrer Fachrichtungen gebeten, diese Themen konkret und hinsichtlich ihrer Relevanz für den Maßregelvollzug darzustellen. Auch der unscharfe Begriff «Stalking», der zurzeit Hochkonjunktur hat und als Modebegriff das Phänomen «Mobbing» abzulösen scheint, wird auf Bedeutung und Nutzen im forensischen Kontext hin untersucht.

Zu 3) Stationäre Therapie ist immer multiprofessionelle Behandlung – oder sie ist keine Behandlung! Eine bloße Ansammlung einzelner Interventionen unter einem stationären Dach verschenkt das größte Behandlungspotenzial, das in der Gestaltung aller 24 Stunden des Tages und damit in der professionellen Teamarbeit liegt. War schon die erste Auflage diesem Credo verpflichtet, so haben in der neuen Auflage bevorzugt solche Methoden einen Platz erhalten, die Teamorientierung und interdisziplinäre Zusammenarbeit nicht nur deklaratorisch hochhalten, sondern a priori auf eine enge Verzahnung von therapeutischen und pflegerischen Aktivitäten angelegt sind. Alle Berufsgruppen arbeiten im Alltag nicht nur additiv, sondern integrativ auf dem Boden eines gemeinsamen Verstehens zusammen. In einem ausführlichen Beitrag zur forensisch adaptierten Version des DBT durch ein berufsübergreifendes Autorenteam findet diese gemeinsame Arbeit auch eine gemeinsame Sprache.

Als ein weiteres Beispiel wird der BEST-Index vorgestellt, in dem pflegerische und therapeutische Berufsgruppen das Verhalten des Patienten anhand eines einheitlichen Bewertungsinstrumentes beobachten lernen und für die Behandlungsevaluation und Risikoeinschätzung nutzbar machen können.

In den Reaktionen von Lesern und Rezensenten kam durchweg zum Ausdruck, dass es beim vorliegenden Werk weniger um ein spezielles Arbeitsbuch für die Pflege, sondern um ein in die forensische Psychiatrie einführendes Lehrbuch handelt, dass sich für alle Berufsgruppen eignet. Wir haben dem Rechnung getragen und uns bemüht, Sprache und Inhalte so zu wählen, dass unser Anspruch nach interdisziplinärer Zusammenarbeit auch in unseren Texten verwirklicht wird.

Unser Dank gilt allen, die durch ihre Mitarbeit die neue Auflage des Buches möglich gemacht haben.

Köln und Düren, im Januar 2008

Friedhelm-Schmidt-Quernheim
Thomas Hax-Schoppenhorst

Vorwort

Der Maßregelvollzug für psychisch gestörte oder süchtige Rechtsbrecher war stets ein besonders ungeliebtes Kind der Psychiatrie. Entsprechend unbeliebt war auch die Arbeit in den Maßregelvollzugseinrichtungen, was in gleicher Weise für die Ärzte wie für das Pflegepersonal galt. Gerade die Stationsmitarbeiter der psychiatrischen Großkrankenhäuser waren sehr darum bemüht, nicht in die «Bewahrabteilungen» beziehungsweise «festen Häuser» versetzt zu werden, in denen zumeist neben den Maßregelpatienten auch besonders «schwierige» Patienten der Allgemeinpsychiatrie untergebracht waren und die oft für das Krankenhaus die Funktion einer «Disziplinierungsstation» hatten. Zuweilen galt diese Funktion nicht nur für die dort untergebrachten Patienten.

Seit Mitte der 80er Jahre hat sich jedoch nicht nur eine vermehrte wissenschaftliche Beschäftigung mit dem Maßregelvollzug ergeben. Vielmehr haben auch die Einrichtungen selbst ein anderes, aktiv-therapeutisches Selbstverständnis und die Mitarbeiter eine eigene forensische «Identität» entwickelt. Zur Veränderung des früher vorherrschenden antitherapeutischen Klimas der Einrichtungen erfolgte vielerorts auch eine vermehrte Weiterbildung speziell des Pflegepersonals. Als größter und den Patienten am nächsten stehender Gruppe sollte ihr eine andere Funktion zugewiesen und das Rüstzeug dafür vermittelt werden, im unmittelbaren Zusammenleben mit den Patienten therapeutisch wirken zu können.

In konsequenter Fortsetzung dieses Weges haben die Autoren nun ein «Arbeitsbuch» erstellt – das auch ein Lesebuch für interessierte Laien sein kann – in dem das hierzu erforderliche Handwerkszeug übersichtlich dargestellt wird. Es werden die historischen und aktuellen gesellschaftlichen Rahmenbedingungen des Maßregelvollzugs ebenso aufgezeigt wie die institutionellen und rechtlichen Voraussetzungen. Eingehend beschrieben werden die generellen Behandlungsmöglichkeiten und die darin eingebetteten speziellen Aufgaben des Pflegepersonals. Ein weiterer Themenschwerpunkt beschäftigt sich mit den Möglichkeiten, mittels Rehabilitation und Nachsorge die Legalprognose bei Patienten des Maßregelvollzuges aktiv günstig zu gestalten.

Das Buch gibt eine gute Übersicht über den neuesten Stand der Literatur zur Behandlung psychisch kranker und gestörter Rechtsbrecher und ist zugleich an den Bedürfhissen der Alltagspraxis orientiert. Es zu lesen ist jedem zu empfehlen, der im Maßregelvollzug oder mit ihm beschäftigt ist.

Prof. Dr. Leygraf, Essen

Grußwort

Die «Schlusslichtposition» der forensischen Psychiatrie innerhalb der psychiatrischen Versorgung ist eine Tatsache, die eine lange Tradition hat. Auch die sozialpsychiatrische Reformbewegung hat die forensische Thematik nicht zu ihren Aufgaben gerechnet.

Andererseits – Larmoyanz hilft nicht. Ich habe manchmal den Eindruck, dass der Maßregelvollzug selbst zu wenig tut, um mit dem gebührenden Selbstbewusstsein aus dieser zugeschriebenen Rolle herauszutreten. Ich habe Respekt vor jedem, der tagtäglich diese Leistung, nicht zuletzt für die Gesellschaft, erbringt. Nur: Darstellen muss man die Arbeit – möglichst auf eine unaufgeregte, fachlich fundierte Art, die für Differenzierungen wirbt, Entwicklungen aufzeigt, gleichzeitig deutlich Stellung bezieht, Unterstützung einfordert und vor allem Außenstehenden einen Blick «hinter die Mauern» ermöglicht. Die Vorstellung einer «Schlangengrube», in die man nicht nur unliebsame Rechtsbrecher, sondern auch unliebsames Personal verbannt, geistert ja immer noch umher.

Die Autoren geben in praxisnahen Kapiteln Einsteigern, aber auch bereits im forensischen Alltag Tätigen, Einblick in historische und juristische Zusammenhänge, in ethische Grundsatzfragen sowie – in sehr verdienstvoller Weise – in das herausfordernde Arbeitsfeld der pflegenden Berufe. Aktuelle therapeutische Konzepte werden ausführlich vorgestellt und diskutiert, wobei die Arbeit mit Persönlichkeitsgestörten – eine gerade von Psychiatern noch immer gern verdrängte Klientel – erfreulicherweise gebührende Berücksichtigung findet.

Mit einem umfangreichen Kapitel zu Fragen der Nachsorge machen die Autoren unmissverständlich auf den längst fälligen Brückenschlag zwischen den Kliniken und der Gemeindepsychiatrie aufmerksam und referieren zugleich ermutigende Beispiele bereits eingeleiteter und in der Praxis bewährter Kooperationsprojekte in Deutschland.

Auch für die Versorgung forensischer Patienten gilt: Gerade die Schwierigsten, die «Grenzverletzer», die «Letzten», diejenigen, die immer weiter nach unten «durchgereicht» wurden, sind ein Prüfstein für die Tragfähigkeit unseres sozialpsychiatrischen Denkens und Handelns. Wobei ich die Schwierigkeit der Aufgabe keineswegs verkenne. «Für die ungeliebtesten Menschen das meiste Geld» – meine von Gütersloher «Systemsprengern» gelernte Forderung war schon damals für viele provokativ; gerade heute tut es Not, dies zu wiederholen.

Das Lese- und Arbeitsbuch stellt eine Verständnis- und Kommunikationsgrundlage für alle dar, die um konkrete Information und Arbeitshilfen, aber auch um eine professionelle Haltung bemüht sind. Die Publikation ist zugleich ein Dokument der gemeinsamen Annäherung zwischen «drinnen und draußen» und damit ein wesentlicher Schritt auf dem Weg zu einer «gemeindepsychiatrischen Wende» in der forensischen Psychiatrie. Wir sollten dieses Angebot annehmen!

Prof. Dr. Dr. Klaus Dörner

Einleitung

Forensische Psychiatrie – Spezialklinik, Schreckgespenst, letzte Hoffnung, terra incognita: Selbst für Fachleute aus Justiz und Psychiatrie bleibt der Maßregelvollzug meist «ein Buch mit sieben Siegeln». Allerdings eines, das mit hoher Emotionalität verbunden ist. Denn rasch – und besonders im Zusammenhang mit Entweichungen – gerät die forensische Psychiatrie in ein unerbittliches Kreuzfeuer der Kritik.

Forensische Psychiatrie ist die Schnittstelle zwischen Psychiatrie und Strafvollzug: Denn neben der psychiatrischen Behandlung hat sie zugleich die Aufgabe der Sicherung von Menschen, die auf Grund einer psychischen Erkrankung Straftaten begangen haben und bei denen Erkrankung und daraus resultierende Gefährlichkeit fortbestehen.

Und auch die in der forensischen Psychiatrie Tätigen stehen an einer Schnittstelle: Denn einerseits wird ihnen angesichts ihrer schwierigen Klientel Respekt entgegengebracht. Andererseits sehen sie sich auch persönlich massiver Kritik ausgesetzt, wenn es zu in der Öffentlichkeit stark beachteten Zwischenfällen kommt. Der Maßregelvollzug ist ein Politikum – anders als die «normale» Psychiatrie und auch anders als der Strafvollzug.

Außerhalb von Negativschlagzeilen allerdings scheint der Maßregelvollzug für die Öffentlichkeit gar nicht zu existieren. Doch das gilt auch für Fachleute aus den psychosozialen Berufsfeldern. Denn bei ihrem Berufseinstieg in den forensischen Alltag stellen die meisten Therapeuten, Co-Therapeuten, Sozialarbeiter und Pflegekräfte fest, dass sie in Ausbildung beziehungsweise Studium keinerlei Kenntnisse über ihre spezifischen Aufgaben im Maßregelvollzug erworben haben.

Bundesweit gibt es inzwischen erste Weiterbildungsangebote mit Abschlüssen zur Fachkrankenschwester bzw. zum Fachkrankenpfleger für Forensische Psychiatrie. Damit ist jedoch der Informationsbedarf keineswegs gedeckt. Das gilt natürlich noch mehr für die in der Nachsorge engagierten Berufe: Bewährungshelfer, Mitarbeiter von Wohnheimen und sozialpsychiatrischen Diensten, gesetzliche Betreuer, Arbeits- und Beschäftigungstherapeuten in Werkstätten etc. betonen immer wieder, wie sehr ihnen ein zusammenfassender Einstieg in die Welt des Maßregelvollzugs fehlt.

Die Idee zu diesem Buch entstand aus den beruflichen Erfahrungen der Autoren. Notwendigkeit und Bedarf an Informationen über den Maßregelvollzug drängte sich uns tagtäglich auf: Im Rahmen von Öffentlichkeitsarbeit, Unterricht an Krankenpflegeschulen und der Tätigkeit in der forensischen Ambulanz wurde uns zudem der Mangel an geeigneter Literatur deutlich. Die Empfehlungen akademisch-wissenschaftlicher Fachbücher stießen verständlicherweise auf wenig Gegenliebe.

In unseren Köpfen reifte die Idee eines Arbeits- und Lesebuches, das eine verständliche Einführung und zugleich einen Beitrag zur Professionalisierung der behandelnden und nachsorgenden Berufsgruppen liefern sollte. Der öffentlichen, oft irrationalen Debatte zur forensischen Psychiatrie möchten wir fachlich fundierte Information entgegensetzen.

Im Unterschied zu einem wissenschaftlichen Handbuch, das erschöpfend Antworten auf alle Fragen geben will, haben wir unter Beschränkung auf § 63 StGB eine Auswahl vorgenommen: Zwei Schwerpunktkapitel zur Pflege und zur Rehabilitation und Nachsorge ergaben sich zwangsläufig aus den beiden wichtigen Zielgruppen des Buches. Eine ausführliche Darstellung der Behandlungspraxis und -konzepte sowie die Erörterung historischer, juristischer, prognostischer, ethischer und öffentlicher Aspekte des Maßregelvollzugs erschien uns ebenso erforderlich. Damit hoffen wir, für alle im Maßregelvollzug Tätigen eine erste fachliche Orientierung anzubieten, die sicher auch Anlass zu Diskussionen geben dürfte.

Um Praxisbezug herzustellen, nahmen wir Kontakt zu fast allen deutschen forensischen Kliniken und den entsprechenden Weiterbildungseinrichtungen auf. Ohne dass wir alle Maßregelkliniken erwähnen können, greifen wir die Erfahrungen von beinahe 30 Kliniken auf – häufig auch in lockeren Gesprächen oder Hintergrundbeiträgen.

Interviewpassagen, Fallbeispiele, Zeitungsartikel, Konzepte und Auszüge aus Vorträgen wurden in den Fließtext eingebracht, um den Lesebzw. Lernstoff lebendig zu halten. Auf diese Weise gelang die Verbindung von eher theoretischen Ausführungen mit praktischen Umsetzungen vor Ort. Anschließende Fragen und Arbeitsaufträge sollen zu einer wiederholenden und intensiven Auseinandersetzung anregen. Viele Kapitel verfügen über einen Materialteil, in dem wichtige Themen vertieft werden. Dabei handelt es sich um Texte, die von den jeweiligen Autorinnen und Autoren freundlicherweise eigens für dieses Buch verfasst wurden.

Der Spagat zwischen einer allgemein verständlichen Einführung einerseits und spezielleren Texten für «Fortgeschrittene» andererseits ist uns hoffentlich gelungen. So haben wir Hinweise auf Quellen und Autoren oft in Klammern hinzugefügt. Dies geschah weniger in der Absicht, uns «wissenschaftlich abzusichern», sondern um damit interessierten LeserInnen die Möglichkeit zu weiterführender Lektüre zu eröffnen.

Ohne engagierte Mitarbeit und Unterstützung wäre es nicht möglich gewesen, das Projekt zu einem guten Ende zu führen. So gilt unser Dank allen namentlich im Buch Erwähnten, die durch ihre Beiträge zum Gelingen beigetragen haben.

Dank gilt auch Dr. Erhard Knauer, Leitender Arzt der Rheinischen Kliniken Düren, der unser Vorhaben sehr begrüßt hat. Gleiches gilt für Micha Hilgers, Supervisor an unserer Klinik, der uns mit fachlichem Rat und Zuspruch begleitet hat. Unseren Kollegen aus der Ambulanz, Marianne Hourtz und Thomas Rauch, möchten wir für ihre vielfältige Unterstützung danken.

Mit ihnen sowie mit allen Kolleginnen und Kollegen in der forensischen Psychiatrie hoffen wir, dass der Weg zu mehr Professionalisierung in der forensischen Psychiatrie weiterhin couragiert beschritten wird und damit Behandlungschancen für die Patienten und Arbeitszufriedenheit der beteiligten Berufsgruppen erkennbar steigen.

Düren und Köln, im Januar 2003

Thomas Hax-Schoppenhorst
Friedhelm Schmidt-Quernheim

1 Die Maßregeln – Rechtliche Grundlagen

Heinz Kammeier

Wer sich die Gesetze anschaut, die den Maßregelvollzug normieren, gerät schnell an Grenzen. Klarheit über die rechtlichen Rahmenbedingungen des Maßregelvollzugs ist jedoch Voraussetzung dafür, den Auftrag der forensischen Psychiatrie verstehen und umsetzen zu können. Im Folgenden werden daher die wichtigsten rechtlichen Aspekte in verständlicher Form dargestellt.

1.1 Das strafrechtliche Sanktionensystem I – Schuldstrafrecht

Das in Deutschland geltende Strafrecht ist ein Schuldstrafrecht. Strafe als Reaktion auf eine rechtswidrige Tat kann demnach nur einem Menschen auferlegt werden, der schuldhaft im Sinne des Strafrechts gehandelt hat. Eine moralische oder religiöse Schuld wird durch das staatliche Strafen nicht erfasst. Umgekehrt bleibt der Täter einer rechtswidrigen Tat von Strafe verschont, wenn er ohne Schuld gehandelt hat (§ 20 StGB). Als fundamentale Rechtssätze lassen sich deshalb formulieren:

- Keine Strafe ohne Schuld.
- Strafe nur nach dem Maß der Schuld.

Demnach können auch Täter, die schwerste Delikte begangen und anderen Menschen an Leib und Leben oder in ihrer sexuellen Selbstbestimmung erheblichen Schaden zugefügt haben, ohne Strafe ausgehen, das heißt freigesprochen werden. Dies bedeutet aber nicht, dass nicht andere Zwangsreaktionen des Staates möglich sind, zum Beispiel in Gestalt freiheitsentziehender Maßregeln.

Grundsätzlich geht das deutsche Strafrecht davon aus, dass der Mensch ab dem 14. Lebensjahr schuldfähig ist. Nach dieser Annahme vermag er sich in seinem Handeln für das Recht und gegen das Unrecht zu entscheiden, so bereits in einem frühen Beschluss der Große Senat des Bundesgerichtshofs (BGHSt 2, 194, 200).

Wenn für jugendliche und ggf. für heranwachsende Täter bei der Aburteilung ihrer Taten das so genannte Jugendstrafrecht angewandt wird, findet dies seine Legitimation eher in einer pädagogischen Ausrichtung der (Straf-)Reaktion als in mangelnder oder eingeschränkter Schuldfähigkeit der Täter.

Schuldhaftes Handeln setzt in Umkehrung der Formulierung des § 20 StGB voraus, dass der Täter bei seiner Tat in der Lage war, das Unrecht seines Tuns einzusehen und nach dieser Einsicht zu handeln.

Der erste Aspekt bezeichnet dabei die intellektuell-kognitiv bestimmte Ebene der *Einsichtsfähigkeit*, der zweite den psychologisch-voluntativen Aspekt der *Steuerungsfähigkeit*. Volle Schuldfähigkeit des Täters ist der Regelfall, von dem das Strafrecht ausgeht. Eine Einschränkung oder gar der Ausschluss der Möglichkeit, einem Täter Schuld zuzurechnen, sind die Ausnahmen und vom Gericht unter Umständen mit Hilfe eines psychiatrischen und/oder psychologischen Sachverständigen (§ 246a StPO) gesondert zu untersuchen und bei seinen Entscheidungen zu begründen.

1.1.1 Schuldausschluss und Schuldminderung

Das Gesetz benennt in § 20 StGB vier persönliche Tatbestandsmerkmale des Täters, die zum Ausschluss oder in Verbindung mit § 21 StGB zur Minderung der Schuldfähigkeit führen können. Es sind dies:

- eine krankhafte seelische Störung
- eine tief greifende Bewusstseinsstörung
- Schwachsinn
- eine schwere andere seelische Abartigkeit.

Hierbei handelt es sich um rechtliche Normierungen von Zuständen einer Person, so genannten *juristischen Krankheitsmerkmalen*, die von Psychiatern oder Psychologen in einer zum Teil anderen Terminologie als Diagnosen beschrieben werden. Zur Standardisierung und Vergleichbarkeit werden hierbei häufig die entsprechenden Ziffern bzw. Diagnoseschlüssel aus den international gebräuchlichen Klassifikationen der ICD-10 (International Classification of Diseases) der Weltgesundheitsorganisation und des DSM-IV (Dilling/Dittmann, 1990; APA, 1994) der Amerikanischen Psychiatrischen Vereinigung verwendet, auch wenn dies nicht unumstritten ist.

In diesem Sinne werden unter *krankhaften seelischen Störungen* alle somatisch bedingten psychischen Krankheiten erfasst. Dazu zählen exogene und endogene Psychosen, aber auch pathologische Rauschzustände.

Mit dem zweiten Merkmal, der *tief greifenden Bewusstseinsstörung*, sind vor allem eine Trübung oder teilweise Ausschaltung des Selbst- bzw. Außenbewusstseins, eine Beeinträchtigung der Fähigkeit des intellektuellen und emotionalen Erlebens sowie ein Handeln im Affekt gemeint (Schreiber, 2000: 12 f.).

Das Merkmal *Schwachsinn* ist eigentlich als Unterart der schweren anderen seelischen Abartigkeit zu fassen und bezeichnet vor allem organisch befundlose Defekte der Intelligenz.

Unglücklich formuliert hat der Gesetzgeber das vierte Merkmal der *schweren anderen seelischen Abartigkeit* (zur historischen und moralischen Belastung dieses diskriminierenden Begriffs vgl. Rasch, 1982: 178). Es wird in diesem Zusammenhang auch von Psychopathien, Neurosen oder Triebstörungen gesprochen. Wesentlich angemessener erscheint dagegen die Bezeichnung *nicht pathologisch bedingte Persönlichkeitsstörung*. Von den einschlägigen Fachwissenschaften wird hierzu eine Palette von Beschreibungen angeboten, ohne dass es bisher zu einer weit gehenden Übereinkunft im Gebrauch gekommen wäre. So ist auf die neuere Rechtsprechung des BGH zurückzugreifen, der hierunter Störungen fasst, die in ihrem Gewicht den krankhaften seelischen Störungen entsprechen und Symptome aufweisen, die in ihrer Gesamtheit das Leben des Täters vergleichbar schwer und mit ähnlichen – auch sozialen – Folgen stören, belasten oder einengen. Zur vertiefenden Lektüre sei auf die einschlägigen Kommentare zum StGB sowie auf Nedopil (2007), Rasch/Konrad (2004) und Kröber et al. (2007) verwiesen.

Ist die Einsichts- oder Steuerungsfähigkeit aus einem dieser in § 20 StGB bezeichneten Gründe *erheblich gemindert*, dann kann eine auszusprechende Strafe gemildert werden (§ 21 StGB). Eine andere Reaktion, zum Beispiel die Anordnung einer Maßregel, bleibt daneben aber möglich.

1.1.2 Zweistufigkeit bzw. Zweispurigkeit des Sanktionenrechts

Nach der Dogmatik des deutschen Strafrechts kann eine Strafe nur auf schuldhaftes Handeln und nur auf das Maß der Schuld bezogen werden. Wer ohne Schuld handelt, wird freigesprochen, also nicht bestraft. Wer mit verminderter Schuld handelt, kann eine mildere Strafe erfahren. Die Strafe stellt also die grundlegende oder erste Stufe bzw. Spur der strafrechtlichen Sanktionen dar.

Nun ist aber bei einer Reihe von Tätern deren Persönlichkeit infolge Krankheit, Behinderung, psychischer Störung und/oder Suchtmittelabhängigkeit in einer Weise und in einem Maße deformiert, dass sie aus diesen Gründen für die Allgemeinheit weiterhin *gefährlich* sind.

Bei vielen von ihnen könnte dies erneut zu rechtswidrigen Taten führen, auch und gerade, weil sie wegen ihrer Schuldunfähigkeit nicht bestraft oder nur milder, das heißt kürzer bestraft und in den sicheren Vollzug genommen werden (können). Darüber hinaus erhalten sie unter Umständen nach ihrer Tat keine adäquate medizinische oder psychotherapeutische Behandlung, um ihre Beeinträchtigung zu lindern oder zu heilen und damit ihre Gefährlichkeit zu reduzieren.

Um diesem Missstand begegnen zu können, sieht das deutsche Strafrecht seit 1934 (Kammeier, 1996: 113 ff.) die Möglichkeit der Anordnung einer freiheitsentziehenden Maßregel vor. Die in §§ 61 ff. StGB aufgeführten Maßregeln dienen sowohl der Besserung eines Täters als auch der Sicherheit der Allgemeinheit vor ihm, soweit er weiterhin gefährlich ist. Diese Maßregeln stellen damit die zweite Stufe bzw. die zweite Spur im strafrechtlichen Sanktionensystem für nicht oder nur milder bestrafbare Täter dar.

1.2 Das strafrechtliche Sanktionensystem II – Präventive Sicherung: die Maßregeln

Die Maßregeln der Besserung und Sicherung stellen mit ihrer zweifachen Zielbestimmung auch bei nicht ausgesprochener oder gemilderter

Strafe erhebliche Eingriffe in die Freiheitsrechte eines Menschen dar. Um hier nicht zu vorschnellen und ungerechtfertigten Unterbringungen zu gelangen, hat der Gesetzgeber mit dem *Grundsatz der Verhältnismäßigkeit* eine Anordnungsschwelle eingezogen. So verlangt § 62 StGB, dass eine Maßregel nicht angeordnet werden darf, wenn sie zur Bedeutung der vom Täter begangenen und zu erwartenden Taten sowie zum Grad der von ihm ausgehenden Gefahr außer Verhältnis steht. Für eine Maßregelanordnung müssen mindestens Taten aus dem Bereich der mittleren Kriminalität vorliegen.

Eine weitere Schwelle vor der Aufnahme in ein psychiatrisches Krankenhaus oder eine Entziehungsanstalt legt § 67b StGB mit dem so genannten *Subsidiaritätsprinzip*. Danach hat das Gericht bei einer Anordnung der Maßregel die Vollstreckung derselben, das heißt die tatsächliche Durchführung in Gestalt der Unterbringung, zur Bewährung auszusetzen, wenn besondere Umstände den Zweck der Maßregel auch auf andere Weise erreichbar erscheinen lassen. Auf diese Norm hat der Bundesgerichtshof in letzter Zeit wiederholt hingewiesen. Besondere Umstände in diesem Sinne können darstellen:

- die durch einen Betreuer überwachte ambulante Behandlung
- eine betreuungsrechtliche Unterbringung in einer geschlossenen Einrichtung oder
- eine Unterbringung auf der Grundlage eines Landes-PsychKG bzw. -UBG.

1.2.1 Gegen kranke gefährliche Täter – Die psychiatrische Maßregel, § 63 StGB

Bei vielen Tätern, denen hinsichtlich ihrer Tat auf Grund des Vorliegens eines der in § 20 StGB aufgeführten juristischen Krankheitsmerkmale kein oder nur ein verminderter strafrechtlicher Schuldvorwurf gemacht werden kann, besteht die der Tat zu Grunde liegende Krankheit weiter fort. Deshalb hat das Gericht die Pflicht, im Rahmen der Hauptverhandlung ggf. mit Hilfe eines Sachverständigen (§ 246a StPO) zu prüfen, ob die Gesamtwürdigung des Täters und seiner Tat ergibt, dass von ihm infolge seines Zustandes erhebliche weitere rechtswidrige Taten zu erwarten sind. Wenn diese Analyse von Persönlichkeit und Tatkonstellation zu einer entsprechenden positiven Feststellung gelangt, gilt er nach § 63 StGB als für die Allgemeinheit gefährlich. Dann hat das Gericht die Unterbringung in einem psychiatrischen Krankenhaus zwingend anzuordnen.

Aus dieser Logik wird hinreichend deutlich, dass die psychiatrische Maßregel in erster Linie eine Sicherungsmaßregel gegen gefährliche Täter ist, vor denen die Gesellschaft sich durch Strafhaft nicht oder nicht ausreichend genug geschützt fühlt. Sie ist damit eine gesellschaftliche Abwehrstrategie gegen eine befürchtete, sich möglicherweise in der Zukunft realisierende Gefährlichkeit des Täters. Die Anlasstat stellt sozusagen nur den Anknüpfungspunkt für die Unterbringung nach § 63 StGB dar. Ihre zeitliche Dauer kann nicht und wird nicht nach dem Maß der in der Vergangenheit verursachten Schuld bestimmt, da hier aus rechtsdogmatischen Gründen Schuldgesichtspunkte nicht berücksichtigt werden. Auf Grund ihrer präventiven Ausrichtung auf die Abwehr künftig möglicher Gefahren kann auch ihr Ende nicht festgelegt werden. Deshalb dauert sie, solange sie wegen fortbestehender Gefährlichkeit erforderlich ist (§ 67d II StGB). Historisch betrachtet ist die psychiatrische Maßregel ein ins Strafgesetzbuch inkorporiertes Segment der ursprünglich polizeirechtlichen Gefahrenabwehr (Kammeier, 2002a: Rz A14).

Da die Gefährlichkeit dieser Personen in ihrer Krankheit begründet liegt und unser Staat verfassungsrechtlich gehalten ist, niemandem die Freiheit zu entziehen, ohne ihm eine Behandlung anzubieten, hat der psychiatrische Maßregelvollzug neben der Sicherung *gleichrangig* auch die *Aufgabe der Besserung*.

1.2.2 Gegen den Hang zum Suchtmittelmissbrauch – Die Entziehungsmaßregel, § 64 StGB

Nach § 64 StGB kann eine Unterbringung in der Entziehungsanstalt angeordnet werden. Diese Maßregel trifft Personen, die den Hang haben, Alkohol oder andere Rauschmittel im Übermaß zu sich zu nehmen. Beruht die rechtswidrige Tat des Täters ursächlich auf diesem Hang, so soll das Gericht die Unterbringung anordnen, wenn die Gefahr besteht, dass er infolge seines Hanges weitere erhebliche rechtswidrige Taten begehen wird. Hierbei spielt es keine Rolle, ob der Täter als voll schuldfähig zu einer Freiheitsstrafe verurteilt oder wegen erwiesener oder nicht auszuschließender Schuldunfähigkeit nicht verurteilt bzw. milder bestraft wurde.

Anders als bei einer Anordnung zur Unterbringung in einem psychiatrischen Krankenhaus, bei der die Behandlungsbedürftigkeit oder -fähigkeit des Täters unbeachtlich ist, kommt eine Unterbringung in der Entziehungsanstalt aber nur in Betracht, wenn eine *hinreichend konkrete Aussicht auf eine Behandlungsmöglichkeit* besteht. Dazu zählen nach der Novellierung des § 64 StGB im Jahre 2007:

- die Heilung des Betroffenen
- eine über längere Zeit anhaltende Bewahrung vor einem Rückfall in den Hang sowie
- die Chance, ihn von der Begehung hangbedingter erheblicher rechtswidriger Taten abhalten zu können.

Erscheinen diese Möglichkeiten aussichtslos, so unterbleibt die Anordnung der Entziehungsmaßregel (§ 64 II StGB).

1.2.3 Gegen gefährliche schuldfähige Täter – Die Sicherungsverwahrung, §§ 66–66b StGB

Menschen können nicht nur auf Grund einer psychischen Krankheit gefährlich sein. Das Recht der Kriminalsanktionen hat auch Personen im Blick, die als voll Schuldfähige über die abgeurteilte Tat hinaus für die Allgemeinheit als gefährlich anzusehen sind. Bei ihnen bleibt auch nach ggf. langer Strafhaft noch ein Sicherungsbedarf bestehen. Anders als bei krankheitsbedingt gefährlichen Tätern beruht die vom Recht definierte und ihnen zugeschriebene Gefährlichkeit auf einem *Hang zu erheblichen Straftaten* (§ 66 I Nr. 3 StGB).

Dieser Hang muss sich aus einer Gesamtwürdigung des Täters und seiner Taten ergeben. Erhebliche Taten sind insbesondere solche, durch die die Opfer seelisch oder körperlich schwer geschädigt werden oder durch die schwerer wirtschaftlicher Schaden angerichtet wird.

Darüber hinaus kommt eine Unterbringung in der Maßregel der Sicherungsverwahrung auch nach einer Verurteilung wegen eines Verbrechens oder wegen Straftaten gegen die sexuelle Selbstbestimmung (siehe den Katalog in § 66 III 1 StGB) in Betracht.

Ist bei der Hauptverhandlung und der Verurteilung wegen einer der in § 66 III 1 StGB genannten Straftaten die weitere Gefährlichkeit des Täters nicht mit hinreichender Sicherheit feststellbar, kann der *Vorbehalt* einer Anordnung der Unterbringung in der Sicherungsverwahrung (§ 66a I StGB) ausgesprochen werden. Die Entscheidung über Anordnung oder Nichtanordnung der Sicherungsverwahrung ist dann spätestens 6 Monate vor dem Zeitpunkt, an dem eine Aussetzung der Strafe zur Bewährung möglich ist, zu treffen (§ 66a II StGB).

Werden bei Strafgefangenen, die wegen bestimmter in § 66b I oder § 66 III 1 StGB aufgeführter Taten im Strafvollzug einsitzen, *neue* Tatsachen – *nachträglich* – erkennbar, die auf eine erhebliche Gefährlichkeit der Person hinweisen, so kann die Sicherungsverwahrung auch noch nachträglich, das heißt für die Zeit nach der Vollverbüßung der Strafe, angeordnet werden.

Ebenfalls *kann* noch *nachträglich Sicherungsverwahrung* bei solchen Personen angeordnet werden, deren Unterbringung im psychiatrischen Krankenhaus gemäß § 66d VI StGB wegen nicht (mehr) bestehender Schuldunfähigkeit oder verminderter Schuldfähigkeit für erledigt erklärt worden ist (§ 66b III StGB). Voraussetzung für die Unterbringung in der Sicherungsverwahrung ist in diesen Fällen unter anderem eine vorausgegangene Verurteilung wegen mehrerer Taten aus dem Katalog des § 66 III 1 StGB und eine Gesamtwürdigung des Betroffenen, seiner Taten und seiner Entwicklung im Maßregelvollzug, die mit hoher Wahrscheinlichkeit weitere schwere Taten erwarten lässt (§ 66b III Nr. 2 StGB).

1.3 Vollstreckung

Der Begriff *Vollstreckungsrecht* umfasst alle Maßnahmen und Anordnungen, die auf die Einleitung und die Ausführung, die Änderung, die Aufhebung sowie die Beendigung einer von einem Strafgericht erlassenen rechtskräftigen Entscheidung gerichtet sind (Lesting/Kammeier, 2002: 776). Das Vollstreckungsrecht gilt für Strafen wie für Maßregeln. Die materiellen Rechtsgrundlagen für die Vollstreckung stehen in den §§ 67–67h StGB, die überwiegend formellen und damit für das Vollstreckungsverfahren wichtigen in den §§ 449 ff. StPO (hier insbesondere § 463 mit zahlreichen Verweisungen) und in der Strafvollstreckungsordnung (StVollstrO). Für die Vollstreckung bei Jugendlichen und nach Jugendstrafrecht verurteilten Heranwachsenden sind die §§ 82 ff. JGG einschlägig.

1.3.1 Begriffe, Unterscheidungen und Abgrenzungen

Im Unterschied zum erkennenden Gericht wird mit dem Begriff *Vollstreckungsgericht* die Strafvollstreckungskammer (StVK) bezeichnet, die für alle richterlichen Entscheidungen *nach* der *Rechtskraft* des Urteils zuständig ist (§§ 78a, 78b GVG). Daneben ist sie aber auch die Gerichtsinstanz für Entscheidungen im Vollzug von Strafen und Maßregeln, §§ 109 ff. StVollzG, § 78a I Nr. 2 GVG. In Vollstreckungsangelegenheiten gelten die Regeln der Strafprozessordnung.

Vollstreckungsbehörde ist die zuständige Staatsanwaltschaft (§ 451 StPO). Bei Jugendlichen nimmt diese Aufgaben der Jugendrichter als Vollstreckungsleiter wahr (§ 82 JGG).

Die *Gesetzgebungskompetenz* zur Regelung des Vollstreckungsrechts liegt beim *Bund*, Art. 74 I Nr. 1 GG.

Welche Institution an welchem Ort für die Vollstreckung und damit auch für den Vollzug einer bestimmten Rechtsfolge und bei welchen Personen zuständig ist, regelt verbindlich der *Vollstreckungsplan*, den jedes Bundesland für die Straf- wie für die Maßregelvollstreckung erstellt. Damit wird eine willkürliche Zuweisung zu einer bestimmten Einrichtung vermieden.

1.3.2 Die wichtigsten Vollstreckungsregelungen

1.3.2.1 Aussetzung zugleich mit der Anordnung

Die Vollstreckung der Maßregel kann, wie oben bereits dargestellt, zugleich mit deren Anordnung gemäß § 67b StGB ausgesetzt werden, soweit der Betroffene nicht noch Freiheitsstrafe zu verbüßen hat. Eine solche Entscheidung trifft noch das erkennende Gericht, nicht die StVK. Mit der Aussetzung tritt Führungsaufsicht ein.

1.3.2.2 Reihenfolge der Vollstreckung: stets Maßregel vor Strafe

Auch wenn neben der Anordnung einer Maßregel eine Freiheitsstrafe ausgesprochen wurde, wird auf Grund von § 67 I StGB die *Maßregel grundsätzlich vor der Strafe* vollzogen. Die Behandlung des psychisch kranken oder suchtmittelabhängigen Täters soll so schnell wie möglich beginnen.

Allerdings regelt § 67 II StGB, dass in Ausnahmefällen die Strafe oder ein Teil davon vor der Maßregel vollzogen werden kann, wenn dieser Vorwegvollzug geeignet ist, den Zweck der Maßregel dadurch leichter zu erreichen. Ein solcher *Vorwegvollzug* scheidet bei nach § 20 StGB schuldunfähigen Tätern aus, da sie keine Strafe neben der Maßregel erhalten haben. Bei Tätern mit psychiatrischer Maßregel neben einer Freiheitsstrafe (§§ 63, 21 StGB) reicht eine fehlende Motivation zur Behandlung für sich allein nicht aus, zunächst die Strafe zu vollziehen. Hier ist gelegentlich mit dem Argument, der Strafvollzug rufe einen gewissen Leidensdruck hervor, der die anschließende Behandlung in der Maßregel fördere, versucht worden, zunächst therapieunwillige Täter von den Behandlungsstationen eines Maßregelvollzugskrankenhauses fern zu halten. Dem hat sich der BGH eindeutig widersetzt (Beschlüsse v. 7. 12. 1995 – 4 StR 688/95 und v. 23. 4. 1998 – 4 StR 150/98).

Wird die *Entziehungsmaßregel* des § 64 StGB neben einer über 3 Jahre hinausgehenden Freiheitsstrafe angeordnet, so *soll* das erkennende Gericht gleich mit bestimmen, dass so viel von der Strafe *vor der Maßregel* zu vollziehen ist, dass eine Aussetzung des Strafrestes bei Beendigung der Maßregel möglich wird (§ 67 II, V StGB). Eine solche Organisation der Vollstreckung und damit des Vollzugs ist in der Regel der Resozialisierung des suchtmittelabhängigen Täters förderlich.

1.3.2.3
Anrechnung

Eine vor der Strafe vollzogene Maßregel wird bis zu zwei Dritteln auf die Strafe angerechnet (§ 67 IV StGB). Insoweit wird ein doppeltes Ertragen des Übels Freiheitsentzug vermieden.

1.3.2.4
Überweisung in eine andere Maßregel

Durch Beschluss der StVK kann eine Person aus der psychiatrischen in die Entziehungsmaßregel überwiesen werden und umgekehrt (§ 67a I StGB). Eine Überweisung in die Sicherungsverwahrung ist dagegen nicht zulässig.

Allerdings kann das Gericht (StVK) eine Überweisung aus der Sicherungsverwahrung nach §§ 66–66b StGB in eine andere Maßregel anordnen. Dies ist bereits dann zulässig, wenn sich die betreffende Person noch im Strafvollzug befindet, bei ihr aber ein Zustand des § 20 oder § 21 StGB vorliegt (§ 67a II StGB).

Aus Gründen der besseren Resozialisierung des Betroffenen können diese Entscheidungen auch nachträglich wieder rückgängig gemacht oder geändert werden (§ 67a III StGB).

1.3.2.5
Überprüfungsfristen

Nach § 67e StGB hat das Gericht die weitere Unterbringungsnotwenigkeit jeweils *vor* Ablauf bestimmter Fristen zu überprüfen. Diese Frist beträgt bei der psychiatrischen Maßregel ein Jahr, bei der Entziehungsmaßregel 6 Monate und bei der Sicherungsverwahrung 2 Jahre. Diese Fristen bleiben auch nach einer Änderung der Maßregel bestehen (§ 67a IV StGB).

1.3.2.6
Dauer und Beendigung der Maßregeln

Die Maßregel der Unterbringung in einem psychiatrischen Krankenhaus nach § 63 StGB ist zeitlich nicht begrenzt. Diese Unbestimmtheit ist insoweit folgerichtig, als bei der Anordnung nicht vorhergesehen werden kann, wie lange die bei der Hauptverhandlung festgestellte Gefährlichkeit des Täters anhält und deshalb die Allgemeinheit vor ihm geschützt werden muss.

Um einen Untergebrachten vor unzulässigem Freiheitsentzug zu bewahren, hat das Gericht gemäß § 67e II StGB jeweils vor Ablauf eines Jahres zu überprüfen, ob er noch gefährlich ist und die Unterbringung deswegen noch nicht beendet werden kann. Zu dieser Prüfung wird eine gutachterliche Stellungnahme des psychiatrischen Krankenhauses (§ 454 I 2 StPO) und ggf. von externen Sachverständigen hinzugezogen (§ 454 II StPO).

Eine Aussetzung der Unterbringung zur Bewährung mit anschließender Führungsaufsicht kommt dann in Betracht, *wenn zu erwarten ist*, dass der Untergebrachte außerhalb des Maßregelvollzugs keine rechtswidrigen Taten mehr begehen wird (§ 67d II StGB). Auch nach sorgfältigster Vorbereitung auf die Bewährungsentlassung stellt diese ihrer Natur nach immer eine Erprobung dar. Der Begriff «keine rechtswidrigen Taten» ist in diesem Zusammenhang so zu verstehen, als damit Taten gemeint sind, die von ihrer Schwere her eine erneute Anordnung der Unterbringung rechtfertigen würden (Kammeier, 2002a, Rz A86).

Bei dieser auf die bestehende bzw. künftige Gefährlichkeit des Täters fokussierten Blickrichtung kann es zu Unterbringungsdauern kommen, die durch ihre Länge einen Vergleich mit einer zeitlich befristeten Freiheitsstrafe bei voller Schuldfähigkeit für die gleiche Tat nicht standhalten. Doch ist es gerade bei der psychiatrischen Maßregel aus rechtsdogmatischen Gründen schwer, die Unterbringungsdauer auf das Gewicht der Anlasstat zu beziehen, wie dies die

Strafe bei vorliegender Schuldfähigkeit tut. Um hier zu einem vertretbaren Ausgleich zwischen dem Schutzanspruch der Allgemeinheit und dem Freiheitsanspruch des Untergebrachten zu kommen, hat das Bundesverfassungsgericht auch im Blick auf die Dauer der Unterbringung auf den *Verhälnismäßigkeitsgrundsatz* verwiesen. Nach seiner Entscheidung von 1985 (BVerfGE 70, 297) sind mit zunehmender Unterbringungsdauer auch die Voraussetzungen für die Verhältnismäßigkeit des Freiheitsentzugs strenger zu bewerten. Einen Anhalt zur Prüfung können hierbei die Strafrahmen der begangenen, insbesondere aber der zu befürchtenden Taten bieten.

Eine Unterbringung in der Entziehungsanstalt gemäß § 64 StGB ist befristet und darf 2 Jahre nicht übersteigen (§ 67d I 1 StGB). Sie kann allenfalls um eine Höchstfrist nach § 67d I 3 StGB verlängert werden, soweit die Zeit des Maßregelvollzugs auf eine gleichzeitig verhängte Freiheitsstrafe angerechnet wird.

Die Entziehungsmaßregel ist nach § 67d IV StGB durch die StVK für erledigt zu erklären, wenn die Voraussetzungen des § 64 II StGB nicht mehr vorliegen.

Nach 10 Jahren Unterbringung in der Sicherungsverwahrung erklärt das Gericht diese Maßregel für erledigt, es sei denn, die Gefahr besteht weiter, dass der Betroffene infolge seines Hanges erhebliche Straftaten mit schweren körperlichen oder seelischen Schäden für die Betroffenen begehen wird (§ 67d III 1 StGB).

1.3.2.7
Befristete Wiederinvollzugsetzung

Wird eine Maßregel nach § 63 oder § 64 StGB nicht für erledigt erklärt, sondern (nur) bedingt zur Bewährung ausgesetzt, so kann der Betroffene bei einer akuten Verschlechterung des Zustandes oder bei einem Rückfall in das Suchtverhalten durch Beschluss der StVK für (zunächst) maximal 3 Monate *wieder in den Vollzug übernommen* werden (§ 67h I 1 StGB). Reichen diese 3 Monate zur Krisenintervention nicht aus, besteht die Möglichkeit, diese Maßnahme bis zur Höchstdauer von 6 Monaten zu verlängern (§ 67h I 2 StGB).

1.3.2.8
Widerruf der Aussetzung

Reicht die Maßnahme zur Krisenintervention nach § 67h StGB nicht aus und/oder begeht der Betroffene eine rechtswidrige Tat, verstößt er beharrlich gegen ihm auferlegte Weisungen oder entzieht er sich der Aufsicht des Bewährungshelfers, dann ist das Gericht (StVK) befugt, die ausgesetzte Unterbringung zu *widerrufen* (§ 67 g StGB). Maßstab für einen solchen Widerruf ist, dass der Zweck der Maßregel diese gravierende Maßnahme erfordert.

1.3.3
Führungsaufsicht

Die Führungsaufsicht ist eine eigenständige Maßregel (§ 61 Nr. 4 StGB). Sie *kann* vom erkennenden Gericht dann angeordnet werden, wenn das einzelne Gesetz Führungsaufsicht besonders vorsieht, der Täter eine Freiheitsstrafe von 6 Monaten verwirkt hat und die Gefahr weiterer Straftaten besteht (§ 68 I StGB). Nach § 68 II StGB tritt sie gemäß §§ 67b, 67c, 67d II – VI und 68f StGB *kraft Gesetzes* ein.

Die *Führungsaufsichtsstelle* ist eine Behörde der Landesjustizverwaltung. Zusammen mit dem vom Gericht bestellten *Bewährungshelfer* steht sie dem Betroffenen *helfend und betreuend* zur Seite (§ 68a II StGB). Führungsaufsichtsstelle, Bewährunghilfe und Gericht haben darüber hinaus nach § 68a III StGB zusätzlich die Aufgabe, den Betroffenen zu *überwachen*.

Während der Dauer der Führungsaufsicht spielen dem Betroffenen vom Gericht gemäß § 68b StGB erteilte *Weisungen* eine wichtige Rolle. Für aus den Maßregeln nach §§ 63 und 64 StGB entlassene Personen stehen hierbei die Weisungen der Nr. 2, 3, 10 und neuerdings Nr. 11 des § 68b StGB im Vordergrund. Letztere legt dem Betroffen auf, sich zu bestimmten Zeiten oder in bestimmten Abständen einem Arzt, einem Psychotherapeuten oder einer forensischen Ambulanz vorzustellen. In diesen Fällen hat die forensische Ambulanz neben der helfenden auch eine *überwachende Funktion* wahrzunehmen (§ 68a VII 2 StGB).

Dem entspricht eine in § 68a VIII StGB normierte *Pflicht zur Offenbarung von Geheimnissen* untereinander und eingeschränkt gegenüber der Aufsichtsstelle und dem Gericht, die den dort unter Bezug auf § 203 I Nr. 1, 2 und 5 StGB genannten Personen (Arzt, Zahnarzt, Psychologe, Sozialarbeiter und Mitarbeiter aus anderen Heilberufen mit staatlich geregelter Ausbildung) in der forensischen Ambulanz im Rahmen ihres Dienstes anvertraut oder sonst wie bekannt geworden sind.

Der *Verstoß gegen Weisungen* kann nach § 145a StGB mit einer Freiheitsstrafe von 3 Jahren geahndet werden.

1.4 Der Vollzug der Maßregeln

1.4.1 Verteilung der Gesetzgebungskompetenz zwischen Bund und Ländern

Mit Vollzug sind die konkrete Durchführung und Ausgestaltung der vom Strafrichter verhängten freiheitsentziehenden Kriminalsanktionen der Freiheitsstrafe und der freiheitsentziehenden Maßregeln der Besserung und Sicherung gemeint (Lesting/Kammeier, 2002: 777). Dies gilt für die Zeit zwischen der Aufnahme im psychiatrischen Krankenhaus bzw. in der Entziehungsanstalt und der rechtskräftigen (bedingten) Entlassung oder Erledigung.

Für die normative Ausgestaltung des materiellen Strafrechts ist nach Art. 74 I Nr. 1 GG der Bund zuständig. Nach überwiegender Auffassung gehört das Maßregelrecht als strafrechtliche Reaktion auf eine rechtswidrige Tat ebenfalls zum Kompetenzbereich des Bundesgesetzgebers. Mit der Föderalismusreform des Jahres 2006 wurden einige Gesetzgebungskompetenzen zwischen Bund und Ländern im Grundgesetz (GG) neu verteilt. So ist die Gesetzgebungszuständigkeit für den Strafvollzug auf die Länder übertragen worden. Gleiches gilt damit auch konkludent für den Vollzug freiheitsentziehender Maßregeln.

Schon in der Vergangenheit hatte der Bund weitgehend darauf verzichtet, den Vollzug der Maßregeln durch eigene Rechtsvorschriften zu regeln und diesen Bereich, außer den Rahmenvorschriften der §§ 136–138 StVollzG, den Ländern überlassen (§ 138 I StVollzG). Nunmehr verfügen ausschließlich die Länder über die Kompetenz, den Vollzug der Maßregeln mit eigenen Normen zu gestalten.

Allerdings gelten nach § 138 III StVollzG für den Rechtsweg und den Rechtsschutz im Maßregel- wie im Strafvollzug bundeseinheitlich gleichermaßen die §§ 109 ff. StVollzG weiter (s. hierzu Volckart/Grünebaum, 2003; Kammeier, 2002a; Lesting/Kammeier, 2002), da die Gesetzgebungskompetenz für das gerichtliche Verfahren (Art. 74 I Nr. 1 GG) beim Bund geblieben ist.

Soweit ein Bundesland nicht in nunmehr eigener Gesetzgebungszuständigkeit ein eigenes Strafvollzugsgesetz erlässt und dabei die §§ 136 und 137 StVollzG neu formuliert oder ersetzt, bleiben diese Normen zunächst weiter geltendes (Rahmen-)Recht.

Danach richtet sich die Besserungsaufgabe, so § 136 StVollzG, nach ärztlichen Gesichtspunkten. Der in einem psychiatrischen Krankenhaus Untergebrachte soll, soweit möglich, geheilt oder gebessert werden, dass er nicht mehr gefährlich ist. Er erhält die nötige Aufsicht, Betreuung und Pflege. Nach dieser Norm dient die Behandlung der Reduzierung der Gefährlichkeit des Untergebrachten und damit der Beseitigung des Unterbringungsgrundes als Voraussetzung für seine Entlassung. Nebenbei sei angemerkt, dass seit der Gleichstellung der psychologischen Psychotherapeuten mit den Ärzten im Recht der Heilbehandlung hier der ärztliche Primat aufgegeben ist, so bereits durchgängig im MRVG-NRW.

Nach § 137 StVollzG ist es Ziel der Behandlung in der Entziehungsanstalt, den Täter von seinem Hang zu heilen und die zu Grunde liegende Fehlhaltung zu beheben. Da die Behandlung des Hanges zum Suchtmittelmissbrauch also ganz im Vordergrund der Maßregel nach § 64 StGB steht, tritt bei ihr der Sicherungsaspekt hinter der Therapie zurück.

1.4.2 Landesrechtliche Regelungen – ein Überblick

Im Vollzug der Maßregeln gibt es keinen rechtsfreien Raum. Gerade weil es hierbei um erhebliche Eingriffe in die Grundrechte eines Menschen geht, ist dieser Lebensbereich auf Grund des Wesentlichkeitsprinzips unserer Verfassung (BVerfGE 41, 251, 260; 57, 295, 320 f.; 58, 257, 268 ff.; 88, 103, 116) durch den Gesetzgeber selbst rechtlich zu normieren. Eingriffsregelungen und Leistungsmaßstäbe dürfen nicht den Klinikbetreibern und erst recht nicht den in den Einrichtungen handelnden Personen nach Gutdünken überlassen werden. Wesentliche Regelungsbereiche sind der Freiheitsentzug, seine Ausgestaltung und Grenzen, die Achtung der Persönlichkeitsrechte im Hinblick auf freiwillige bzw. zwangsweise Behandlung, die Kommunikations- und Eigentumsrechte sowie die Freiheit der religiösen Betätigung.

Nachdem der Bund darauf verzichtet hatte, den Maßregelvollzug selbst zu regeln, konnten die Länder von ihrem Gesetzgebungsrecht Gebrauch machen. Sie haben dies in *zwei* grundsätzlich verschiedenen *Regelungsvarianten* seit 1981 getan.

Bei dem Verständnis des Maßregelrechts als einem ins Strafrecht inkorporierten Segment des polizeilichen Unterbringungsrechts boten sich zwei Herangehensweisen zur Regelung an. So kann einerseits die *psychische Krankheit* oder die *Suchtkrankheit* im Zentrum der Blickrichtung stehen, die Ursache und Auslöser des kriminellen Handelns ist. Bei diesem Ansatz sind die straffällig gewordenen Kranken nur eine Untergruppe der sonstigen psychisch kranken Menschen. Dementsprechend wurden die für sie geltenden rechtlichen Besonderheiten der Unterbringung in den allgemeinen Psychisch-Kranken-Gesetzen bzw. in den Unterbringungsgesetzen der Länder in besonderen Abschnitten mit geregelt. Diese Variante haben die Länder Baden-Württemberg, Bayern, Berlin, Brandenburg, Bremen, Mecklenburg-Vorpommern, Sachsen und Thüringen gewählt.

Stehen aber die Straftaten, die Gefährlichkeit und die Sicherungsbedürftigkeit der *in erster Linie kriminellen Täter* im Mittelpunkt der Betrachtung, dann werden sie von Strafgefangenen eigentlich nur durch ihre zusätzliche Behandlungsbedürftigkeit unterschieden. Länder mit dieser Perspektive haben dementsprechend *Maßregelvollzugsgesetze* geschaffen, deren Struktur sich an das StVollzG des Bundes für Strafgefangene mehr oder weniger anlehnt. Allerdings kommen hierin der Behandlung, den Lockerungen und der Wiedereingliederung doch größere Bedeutung zu. Dieser Regelungstyp ist von den Ländern Hamburg, Hessen, Niedersachsen, Nordrhein-Westfalen, Rheinland-Pfalz, Saarland, Sachsen-Anhalt und Schleswig-Holstein als Gesetzesform gewählt geworden (Kammeier 2002a, Rz A122 ff.).

1.4.3 Zentrale Bereiche und Themen des Vollzugs (Auswahl)

Rechtlich betrachtet stellen die den Vollzug der Maßregeln nach §§ 63 und 64 StGB bestimmenden Gesetzesnormen eine Gemengelage aus den Bereichen der Leistungs- und der Eingriffsverwaltung dar. So sind neben den freiheitsbeschränkenden Regelungen zur präventiven Gefahrenabwehr solche zu finden, die den Anspruch auf Behandlung und Resozialisation zur Kompensation des Sonderopfers (Kammeier 2002a, Rz A99 ff.) als staatliche Leistungsverpflichtung festschreiben. An dieser Stelle kann nur exemplarisch auf einige Aspekte hingewiesen werden.

1.4.3.1 Behandlung

Unabhängig vom Wortlaut der einzelnen Länderregelungen gilt, dass die Patienten des Maßregelvollzugs einen *Rechtsanspruch auf* die erforderliche ärztliche, psycho- sowie sozialtherapeutische, ggf. auch (heil-)pädagogische *Behandlung* haben. Sie ist darauf zu richten, die Ursachen der Gefährlichkeit auf Grund von Krankheit bzw. Suchtmittelmissbrauch zu beseitigen oder wenigstens auf ein von der Rechtsordnung zu tolerierendes Maß zu reduzieren. Hierzu gehören auch schulische und berufsför-

dernde Maßnahmen. Der Staat hat die hierfür erforderliche personelle und sachliche Infrastruktur bereitzustellen.
Die erforderliche Behandlung ist in einem Behandlungsplan unter Beteiligung des Patienten fest- und regelmäßig fortzuschreiben. Eine Qualitätssicherung der Behandlung ist zu gewährleisten.

Da der Maßregelvollzug keinen Strafcharakter hat, darf die Behandlung nicht mit Zwang durchgesetzt werden. Der Patient ist aufzuklären, seine Autonomie ist zu achten, sodass eine Behandlung nur mit seiner Einwilligung bzw. der seines gesetzlichen Vertreters durchgeführt werden darf. Dennoch bleiben in engen Grenzen Zwangsmaßnahmen dort erlaubt, wo ein Patient infolge von Einsichtsunfähigkeit sich selbst oder andere erheblich gefährden würde. Auch eine zwangsweise Ernährung wird von einigen Landesregelungen dann erlaubt, wenn nicht mehr von einer freien Willensbestimmung des Patienten ausgegangen werden kann.

Die §§ 63 und 64 StGB gehen – immer noch – von stationären Behandlungseinrichtungen aus. Die Praxis hat sich längst weiterentwickelt. Deshalb gehören mittlerweile auch Maßnahmen in Heimen, Übergangseinrichtungen, Betreutem Wohnen und auch ambulanter Art zum Standard einer *lege artis* durchzuführenden Behandlung, auf die der Patient einen Rechtsanspruch hat. Allerdings bleiben sie in der rechtlichen Verantwortung der Vollzugseinrichtung und können weitgehend nur auf dem Weg über eine Reduzierung der Freiheitsbeschränkung (Lockerung) vorgenommen werden.

1.4.3.2 Grundrechtseingriffe

Die Grundrechte unserer Verfassung, des Grundgesetzes (GG), gelten auch für die Patienten im Maßregelvollzug. Unter den Bedingungen des Freiheitsentzugs sind diese Rechte besonders schutzwürdig. Sie sind nicht nur zu achten. Vielmehr bedarf es besonderer Aufmerksamkeit und Förderung, damit die Patienten sie überhaupt wahrnehmen und als Teil unserer Rechtsordnung für sich selbst schätzen lernen und annehmen können.

Mit dem Freiheitsentzug notwendigerweise verbundene Eingriffe in die Grundrechte hat nach der Wesentlichkeitstheorie der Verfassungsrechtsprechung der Gesetzgeber selbst zu normieren. Dabei gilt als Maßstab, dass Grundrechte nur aus zwingenden Gründen der Therapie, des geordneten Zusammenlebens in der Einrichtung sowie des Schutzanspruchs der Allgemeinheit eingeschränkt werden dürfen.

Besondere Sensibilität ist bei Eingriffen in die Kommunikationsrechte, wie das Besuchs- und das Korrespondenzrecht, gefordert. Entsprechendes gilt für die sachliche Begründung und das tatsächliche Vorgehen bei Absonderungen.

Ein rechtsstaatlich akzeptabler Umgang mit dem Freiheitsgrundrecht, dem Persönlichkeitsrecht und der Achtung von Würde und Autonomie des Patienten gebieten es jeder Maßregelvollzugseinrichtung, bei Eingriffen auch *verwaltungsrechtlich korrekt* vorzugehen. Dazu ist zunächst der Sachverhalt, der einen Eingriff erforderlich machen könnte, *von Amts wegen* zutreffend und vollständig zu ermitteln. Alle in Betracht kommenden Gesichtspunkte des Einzelfalls sind zu berücksichtigen. Manche Eingriffsbefugnisse tragen den Charakter eines *unbestimmten Rechtsbegriffs*. Daher sind Sinn und Zweck der Befugnis, ggf. durch Auslegung, zu ermitteln. An ihnen sind dann Ermessensentscheidungen zu orientieren und zu treffen, die auf sorgfältigen Abwägungen zu gründen haben. Bei der *Ausübung von Ermessen* ist der *Verhältnismäßigkeitsgrundsatz* strengstens zu beachten. Das heißt, der beabsichtigte Eingriff muss geeignet, erforderlich (notwendig) und gemessen am Ziel proportional sein. Das *Übermaßverbot* ist zu beachten. Soweit hierbei auch prognostische Einschätzungen von Belang sind, steht den Entscheidungsträgern ein gewisser Beurteilungsspielraum bzw. eine Einschätzungsprärogative zu. Im Hinblick auf die Entscheidung, eine bestimmte Maßnahme gegenüber einem Patienten vorzunehmen, sind alle ausschlaggebenden Erwägungen und Gründe vollständig und nachprüfbar darzulegen und zu dokumentieren. Dies ist zwingend erforderlich, um ggf. eine gerichtliche Kontrolle der Maßnahme nach §§ 109 ff. StVollzG sachgerecht vornehmen zu können.

1.4.3.3
Maß des Freiheitsentzugs

Beim Vollzug der Maßregeln spielen Schuldgesichtpunkte keine Rolle. Deshalb kann der erforderliche Freiheitsentzug auch nicht pauschal und für alle Untergebrachten in gleicher Weise bestimmt werden. Das Maß des Freiheitsentzugs richtet sich in Intensität, Umfang und Dauer nach dem Erfolg der Therapie. Es ist somit an dem individuellen Gefährdungspotenzial des Einzelnen auszurichten und dessen Veränderungen ständig anzupassen. So sind Freiheitsbeschränkungen nicht nur zurückzunehmen (zu lockern), wenn die Gefährlichkeit nachlässt. Umgekehrt müssen sie ggf. verschärft werden, wenn Sicherheitserfordnisse dies notwendig machen.

Lockerungen dürfen keinesfalls auf Grund von angepasstem oder Wohlverhalten des Patienten gewährt oder bei dessen Fehlen versagt werden. Sie sind ein integraler Bestandteil der Behandlung und haben diese zu unterstützen und abzusichern. Bei Rückgang des von ihm ausgehenden Gefährdungspotenzials hat der Patient einen *Rechtsanspruch* auf Rücknahme freiheitsbeschränkender Maßnahmen. Dies ist von Amts wegen oder auf Antrag des Patienten in einem geordneten, standardisierten Verfahren festzustellen. Das Verfahren, Ort, Zeit, Teilnehmer und Ergebnis sowie die veranlassten Maßnahmen und deren Ausführung und Kontrolle sollten dokumentiert werden (BVerfG, Beschl. v. 25.9.2006 – 2 BvR 2132/05 zur Vollzugsplanung im Strafvollzug).

Einige Länderregelungen sehen bei diesen Verfahren die Beteiligung der Vollstreckungsbehörde oder gar des Vollstreckungsgerichts (StVK) vor. Dabei reicht die Beteiligung von der Information bis zur Einvernahme bzw. Zustimmung. Auch wenn manche Einrichtungen in der Praxis mit diesen Beteiligungserfordernissen mehr oder weniger gut leben können, so stellen sie doch einen Systembruch dar, weil hier unterschiedliche Zuständigkeiten verschiedener Behörden für den Vollzug und die Vollstreckung miteinander vermischt werden. Auf der einen Seite soll damit Verantwortung auf mehrere Schultern verteilt werden. Dies trübt aber den Blick dafür, dass andererseits die Letztentscheidung und -verantwortung für Vollzugsmaßnahmen doch immer bei der Vollzugseinrichtung verbleibt.

Um so genannte Betriebsblindheit hinsichtlich der Therapiefortschritte oder aber einer erhöhten Gefährlichkeit des Patienten zu vermeiden, sehen einige Landesgesetze vor, in regelmäßigen Abständen von 3 oder 4 Jahren ein externes Gutachten einzuholen. Diese Möglichkeit steht der Vollzugseinrichtung auch bei Entscheidungen über Lockerungen zur Verfügung.

Erweisen sich die Voraussetzungen, unter denen die Lockerung gewährt wurde, im Nachhinein als falsch, oder liegen sie aus anderen Gründen aktuell nicht mehr vor, kann bzw. muss die Lockerung zurückgenommen oder widerrufen werden.

1.4.3.4
Dokumentation und Akteneinsichtsrecht

Der Vollzug von Maßregeln im psychiatrischen Krankenhaus und in der Entziehungsanstalt stellt – rechtlich betrachtet – ein *Verwaltungshandeln* dar. Dies trifft auf den realen und alltäglichen Umgang mit den Patienten ebenso zu wie auf besonders angeordnete Maßnahmen und Eingriffe. Aus dem Rechtsstaatsprinzip, an das Verwaltungshandeln gebunden ist, folgt, dass *alle wesentlichen Vorgänge* zu *dokumentieren* sind. Denn Verwaltungshandeln kann unter Umständen gerichtlicher Kontrolle unterzogen werden. Im Maßregelvollzug steht hierfür der Rechtsweg nach §§ 109 ff. StVollzG zur Verfügung.

Daneben obliegt den Ärzten im Maßregelvollzug die Pflicht zur Dokumentation bereits aus ihrem Dienstverhältnis heraus sowie berufsrechtlich nach § 10 MBO-Ä. Über den Umfang sowie über die Art und Organisation der Dokumentation im Maßregelvollzug sagen die Landesgesetze Unterschiedliches aus. Als Mindeststandards für eine rechtlich akzeptable Dokumentation sind aber folgende Eintragungen anzusehen:

- objektive Tatsachen der medizinisch-therapeutischen Behandlung

- wesentliche Tatsachen, die auf Fort- oder Rückschritte im Behandlungsverlauf hinweisen
- der Behandlungsplan und seine regelmäßige Fortschreibung
- die Tatsachen, Gründe und das Verfahren bei Lockerungsentscheidungen (zu Einzelheiten s.o.)
- besondere Eingriffe in die Rechte der Patienten, insbesondere bei gravierenden freiheitseingreifenden Maßnahmen, die mit dem Einsatz von unmittelbarem Zwang verbunden sind, wie zwangsweise Behandlung oder Ernährung, eine Fesselung, Fixierung oder Absonderung.

Die Achtung des Persönlichkeitsrechts, insbesondere des Grundrechts auf Selbstbestimmung und personale Würde, zu dem auch das Recht auf informationelle Selbstbestimmung zählt, und die Rechtsstaatlichkeit gebieten es, dem Patienten im Maßregelvollzug auf Verlangen *Einsicht* in die über ihn geführten Akten zu gewähren. Einige Landesgesetze regeln dies explizit. Ansonsten kann hier auf die diesbezügliche grundlegende Entscheidung des BVerfG vom 9.1.2006 – 2 BvR 443/02 (= R & P 2006: 94) verwiesen werden. Darin hebt das BVerfG auf das Machtgefälle zwischen Einrichtung und Patient ab, das in besonders ausgeprägter Weise Einfluss auf die alltägliche Lebenssituation wie auf die Dauer des Freiheitsentzugs nimmt. So kann der Einblick zum Beispiel in die ärztliche Dokumentation oder in Sachverständigengutachten für den Patienten von großer Bedeutung für die Wahrnehmung seines Rechtsschutzes sein. Schutzwürdige Belange von Mitarbeitern der Maßregelvollzugseinrichtung oder von dieser selbst werden nicht anerkannt. Entsprechend schützenswerte Angaben Dritter können durch Abdecken oder Schwärzen berücksichtigt werden.

1.5 Einstweilige Unterbringung (§ 126a StPO)

Schon vor der Rechtskraft eines eine Maßregel nach §§ 63 oder 64 StGB anordnenden Urteils kann eine Unterbringung in einem psychiatrischen Krankenhaus oder in einer Entziehungsanstalt gemäß § 126a StPO erfolgen. Dies geschieht durch das nach § 125 StPO zuständige Gericht.

Nach der Rechtsprechung des BGH (NStZ 1998, 405) ist die einstweilige Unterbringung gemäß § 126a StPO subsidiär bzw. nachgeordnet, wenn der Betroffene bereits auf anderer Rechtsgrundlage im psychiatrischen Krankenhaus untergebracht ist (vgl. jüngst auch OLG Koblenz, R & P 2007: 38, 39). Eine Ausnahme von diesem Regelfall lässt das OLG Jena, Beschluss vom 20.1.2007 – 1 Ws 44/07, in den Fällen zu, in denen die Behandlung eines schwer kranken, hochpsychotischen Beschuldigten auf einer psychiatrischen Normalstation für Mitpatienten und Pflegepersonal sehr gefährlich ist.

Die Voraussetzungen für eine einstweilige Unterbringung sind:

- eine rechtswidrige Tat
- dringende Gründe für die Annahme, dass diese Tat im Zustand der Schuldunfähigkeit oder der verminderten Schuldfähigkeit (§§ 20 oder 21 StGB) begangen wurde und dass
- eine Unterbringung in einem psychiatrischen Krankenhaus oder in einer Entziehungsanstalt angeordnet werden wird.
- Hinzu kommt das Erfordernis der öffentlichen Sicherheit für eine solche Maßnahme.

Das Ziel ist die Vorwegnahme der Unterbringung eines gefährlichen Täters, nicht die Sicherung des Verfahrens, wie sie bei der Untersuchungshaft im Vordergrund steht (Pollähne, 2002b: 231).

Auf Grund des richterlichen Aufnahmeersuchens wird die einstweilige Unterbringung von der Staatsanwaltschaft veranlasst (§ 36 II 1 StPO).

Durch die Novellierung des Jahres 2007 (BGBl. I, 1328) ist der Anwendungsbereich der

Verweisungsnormen im § 126a StPO erweitert worden:

- § 116 III StPO lässt die *Aussetzung* des Unterbringungsbefehls zu. Für einen solchen Fall kann der Richter dem Beschuldigten *Weisungen* erteilen, denen er nachzukommen hat.
- § 116 IV StPO ermöglicht die *Wiederanordnung* der einstweiligen Unterbringung, wenn der Beschuldigte seinen Pflichten nicht nachkommt.
- Nach § 117 StPO kann der Beschuldigte jederzeit eine *Haftprüfung* beantragen, hier die Prüfung, ob die Voraussetzungen für die einstweilige Unterbringung noch vorliegen bzw. ob die Unterbringung auszusetzen ist. Hat der einstweilig Untergebrachte diese Prüfung auch nach 3 Monaten nicht selbst beantragt, erfolgt sie von Amts wegen.
- Gemäß § 121 StPO darf die einstweilige Unterbringung nur dann über den Zeitraum von 6 Monaten hinaus aufrechterhalten werden, wenn besondere Schwierigkeiten vorher noch kein Urteil zugelassen haben. Deshalb steht im Mittelpunkt dieser Überprüfung stets auch die Frage, ob das ansonsten in Haftsachen geltende *Beschleunigungsgebot*, verfassungsrechtlich hergeleitet aus dem Freiheitsgrundrecht des Art. 2 II 2 GG, hier eingehalten wurde. Nach OLG Koblenz (R & P 2007: 38) ist mit der Hauptverhandlung in der Regel 3 Monate nach Eröffnung des Hauptverfahrens zu beginnen. Steht bei Erlass des Haft- bzw. Unterbringungsbefehls bereits die Notwendigkeit eines Gutachtens zur Frage der Schuldfähigkeit fest, so ist ein solches umgehend anzuordnen (BVerfG, Beschluss vom 6.6.2007 – 2 BvR 971/07). Dagegen ist die Frage, ob dem Beschleunigungsgebot Rechnung getragen wurde, nach OLG Hamm (NJW 2007: 3220, 3221), erst im Rahmen der Verhältnismäßigkeit mit zu prüfen.
- § 122 StPO sieht in diesen Fällen vor, dass das zuständige Oberlandesgericht (OLG) überprüft, ob die Voraussetzung der einstweiligen Unterbringung, wie sie § 126a StPO festschreibt, noch vorliegen.

Die einstweilige Unterbringung stellt noch *keinen Maßregelvollzug* dar. Folglich gilt hier auch nicht das Maßregelvollzugsrecht. Für den Vollzug selbst ist deshalb der § 119 StPO einschlägig:

- Danach darf der Beschuldigte *nur im Einzelzimmer* untergebracht werden (§ 119 I StPO), mit anderen zusammen nur auf seinen ausdrücklichen Antrag hin (§ 119 II StPO).
- Ihm dürfen nach § 119 III StPO nur solche Beschränkungen auferlegt werden, die der Zweck der Unterbringung (orientiert an dem jeweiligen Zweck des § 63 oder § 64 StGB) oder die Aufrechterhaltung der Ordnung in der Vollzugseinrichtung erfordern. Hierbei spielen insbesondere Kontrollen der Korrespondenz, der Telekommunikation und/oder von Besuchern eine wichtige Rolle. Andererseits sind aber auch Ausführungen auf Grund richterlicher Genehmigung zulässig.

Von besonderer praktischer und rechtlicher Bedeutung ist die Frage nach einem Behandlungsanspruch sowie nach der Zulässigkeit einer zwangsweisen Behandlung während der einstweiligen Unterbringung. Als Kompensation für einen Freiheitsentzug zum Schutz der Allgemeinheit, insbesondere unter Berücksichtigung der Unschuldsvermutung des Untergebrachten, ist ihm von Verfassung wegen ein Anspruch auf die notwendige ärztliche Behandlung zuzusprechen. Sie bedarf der üblichen Aufklärung und der Einwilligung des Betroffenen. Eine zwangsweise Behandlung, auch unter Bezug auf das Strafvollzugsgesetz (OLG Hamm, R & P 2002: 188), ist rechtlich vom Zweck des § 126a StPO nicht gedeckt (vgl. hierzu die ausführliche Anmerkung von Wagner zum o.g. Beschluss, a.a.O.). Ist eine Behandlung nach ärztlicher Indikation dringend geboten, verweigert der Betroffene aber aus Krankheitsgründen seine Einwilligung, kann hier nur über die Einrichtung einer Betreuung nach § 1896 ff. BGB mit dem Aufgabenkreis der Gesundheitsfürsorge eine Lösung gefunden werden (ein «betreuungsrechtliches Umgehungsgeschäft», so Pollähne, 2003: 73). Demnach ist eine *zwangsweise Behandlung* allenfalls zur Krisenintervention oder zur Herstellung der Sicherheit in der Einrichtung ausnahmsweise rechtmäßig. Sie bedarf im Einzelfall der Anordnung durch den Leiter der Einrichtung und der anschließenden Genehmigung durch den Richter. Für eine Genehmigung von Zwangsmaßnahmen ist das Vormundschaftgericht daher nicht zuständig (ausführlich hierzu: AG Jena, Beschluss vom 23.4.2003 – 3 XVII 149/03).

- Der einstweilig Untergebrachte hat das Recht, sich auf seine Kosten *Bequemlichkeiten* (z.B. Nahrungsmittel) und *Beschäftigung* zu beschaffen, soweit dadurch nicht der Zweck der Unterbringung oder die Ordnung in der Einrichtung gestört werden (§ 119 IV StPO).
- § 119 V StPO gestattet die *Fesselung* des Untergebrachten, wenn die Gefahr von ihm ausgehender Gewalttätigkeiten, von Flucht oder von Selbstbeschädigung oder gar von Selbsttötung besteht.
- Alle genannten Maßnahmen hat der *Richter* (§ 119 VI StPO) anzuordnen. Allerdings ist der Einrichtungsleiter befugt, vorläufige Maßnahmen zu treffen, die der nachträglichen Genehmigung oder der Versagung durch den Richter bedürfen.
- Die einstweilige Unterbringung ist aufzuheben, wenn ihre Voraussetzungen nicht mehr vorliegen. Sie endet spätestens mit der Rechtskraft eines Urteils (§ 126a III StPO).

1.6 Strafrechtliche Verantwortlichkeit von Mitarbeitern des Maßregelvollzugs bei Vollzugslockerungen

Mitarbeiter des Maßregelvollzugs brauchen keine Sorge zu haben, wegen einer sorgfältig getroffenen Lockerungsgewährung, bei deren Durchführung der Patient eine rechtswidrige Tat begeht, selbst strafrechtlich zur Verantwortung gezogen zu werden. Das Risiko einer Verurteilung ist ausgesprochen gering. Es tendiert gegen Null (Grünebaum, 1996: 148) bzw. reduziert sich auf Fälle grober Fahrlässigkeit (Pollähne, 2004: 107). Allerdings ist bei fehlgeschlagenen Lockerungen ein staatsanwaltschaftliches Ermittlungsverfahren aus Rechtsstaatsgründen zu akzeptieren.

Bei der strafrechtlichen Bewertung des Verhaltens von Klinikmitarbeitern, die für eine unter Umständen fehlgehende Lockerungsentscheidung die Verantwortung tragen, können insbesondere die folgenden Aspekte in Betracht gezogen werden:

- Vorsatztaten
- Fahrlässigkeit.

1.6.1 Vorsatztaten

Der Therapeut, der im Rahmen des Vollzugs eine Lockerungsentscheidung verantwortlich zu treffen hat, wird wohl kaum mit dem *Vorsatz* handeln, selbst zum Täter, Anstifter oder Gehilfen eines Aggressions-, Sexual- oder Brandstiftungsdelikts werden zu wollen. Selbst die schwächste Form des Vorsatzes, der *Dolus eventualis*, der bedingte Vorsatz als billigende Inkaufnahme eines Delikts, dürfte wegen der fehlenden voluntativen Komponente regelmäßig nicht vorliegen (Schöch, 2006: 318 f.).

Aus diesen Gründen scheidet selbst bei der Entweichung eines Patienten aus der Lockerung heraus eine strafrechtliche Ahndung des verantwortlichen Therapeuten, der bei seiner Entscheidung eine sachgerechte Risikoabwägung vorgenommen hat, aus. So fehlt es für eine Gefangenenbefreiung (§ 120 StGB) bereits an den Tatbestandsmerkmalen. Lockerungen der Unterbringung sind integraler Bestandteil des Vollzugs von Maßregeln. Somit hebt eine Lockerung den Gefangenenstatus nicht auf. Die Lockerungsentscheidung und -gewährung kann also kein «Befreien» im Sinne des § 120 StGB sein. Ebenso wenig erfüllt eine Lockerung, die durch eine sorgfältige Abwägung zwischen dem Lockerungsanspruch des Maßregelvollzugspatienten und dem Sicherheitsinteresse der Allgemeinheit legitimiert ist, den Tatbestand des «zum Entweichen Verleitens».

Auch für eine Strafbarkeit des verantwortlichenTherapeuten wegen Vollzugsvereitelung (§§ 258 II, 258a StGB) fehlt es an den Tatbestandsmerkmalen (Schöch, 2006: 319). Der für die Lockerungsentscheidung Verantwortliche ist zwar *Amtsträger*, eine Eigenschaft, die auch Mitarbeitern bei beliehenen Privaten zukommt, müsste hinsichtlich des Vereitelungserfolgs aber mit Vorsatz, also absichtlich oder wissentlich, gehandelt haben.

1.6.2 Fahrlässigkeit

Dennoch kann es zu einer Bestrafung aus dem Gesichtspunkt der Fahrlässigkeit heraus kommen. Die fahrlässige Verwirklichung eines Tatbestandes ist nur in den gesetzlich bestimmten Fällen strafbar. Deshalb scheiden bereits diejenigen von Patienten während einer Lockerung begangenen Vorsatztaten, die – wie Eigentums- oder Vermögensdelikte – keinen Fahrlässigkeitstatbestand enthalten, von vornherein für eine Strafbarkeit des Therapeuten aus.

So kommen nach einer rechtswidrigen Tat eines Patienten während seiner Lockerung im Wesentlichen nur drei Deliktbereiche für eine Bestrafung des für die Lockerungsentscheidung verantwortlichen Klinikmitarbeiters in Betracht:

- wegen fahrlässiger Tötung (§ 222 StGB) bei von Patienten begangenen Tötungsdelikten
- wegen fahrlässiger Körperverletzung als so genanntem Auffangtatbestand (§ 229 StGB) bei allen Formen von Aggressionsdelikten, also einschließlich Raub und Vergewaltigung
- bei fahrlässiger Brandstiftung (§ 306d StGB).

Auch wenn die Tat des Patienten durch dessen eigenes vorsätzliches Handeln bestimmt war, kann gleichwohl der Vorwurf der Fahrlässigkeit gegenüber dem Therapeuten begründet sein. Denn der Fahrlässigkeitstatbestand wird bereits dadurch erfüllt, dass die Tathandlung, nämlich die Lockerungsentscheidung, für den strafrechtlichen Erfolg, das heißt für das Delikt des gelockerten Patienten, *ursächlich* ist. Zusätzlich muss dieses Delikt dem Handeln des Entscheidungsträgers *objektiv zurechenbar* sein. Zu Zweifeln an dieser Zurechenbarkeit wird es kaum Anhaltspunkte geben.

Ein Therapeut handelt bei seiner Lockerungsentscheidung dann fahrlässig, wenn er die hierfür erforderliche Sorgfalt *objektiv pflichtwidrig* verletzt und wenn er, an seinen *subjektiven* Kenntnissen und Fähigkeiten gemessen, die Folgen seines Tuns hätte *voraussehen* und vermeiden können. Mit anderen Worten, die rechtswidrige Tat eines gelockerten Patienten bleibt für den entscheidungsverantwortlichen Therapeuten nur dann straflos, wenn sie trotz der angewendeten Sorgfalt geschehen ist.

Für die strafrechtliche Beurteilung des Therapeuten nach einer von ihm verantworteten Lockerungsentscheidung, die infolge eines vom Patienten begangenen Delikts als fehlgeschlagen zu betrachten ist, kommt es damit entscheidend auf die Bestimmung der Grundlagen und der Maßstäbe für die aufzuwendende Sorgfalt, auf die Voraussehbarkeit der Lockerungsfolgen und schließlich insgesamt auf das danach als standardgemäß zu beurteilende Verhalten des Entscheidungsträgers an (BGH NJW 2004: 237, 238).

1.6.3 Rechtliche Voraussetzungen und Grundlagen für Lockerungsentscheidungen

Bei Anordnung und Vollzug von Maßregeln spielen Schuldgesichtspunkte keine Rolle. Die zeitliche Dauer und das Maß der zulässigen – und insoweit auch erforderlichen – Intensität des Freiheitseingriffs orientieren sich ausschließlich am Grad der prognostizierten Gefährlichkeit des Patienten und ihrer präventiven Abwehrnotwendigkeit. Deshalb sind die zwangsläufig hiermit verbundenen Grundrechtseinschränkungen, insbesondere der Freiheitsgrundrechte, streng am Grundsatz der Verhältnismäßigkeit (§ 62 StGB) zu messen und zu limitieren (für die Vollstreckung vgl. BVerfGE 70, 297; für den Vollzug vgl. Kammeier 2002b: A 96).

Nach den bundesrechtlichen Vorgaben der §§ 136, 137 StVollzG sind die Patienten zu behandeln und zu betreuen. Die landesrechtlichen Regelungen des Maßregelvollzugs nehmen dies korrespondierend auf und sehen ebenfalls einen Anspruch des Patienten auf Behandlung vor. In diesem Rahmen stellen Lockerungen ein wichtiges therapeutisches Instrumentarium dar. Sie sind integraler Bestandteil einer *lege artis* erfolgenden forensisch-psychiatrischen Behandlung (StA Paderborn, NStZ 1999: 51), keinesfalls eine bloße Gratifikation für Wohlverhalten. Im psychiatrischen Maßregelvollzug nach § 63 StGB kommt ihnen vor allem die Funktion zu, den Erfolg der gleichsam unter Laborbedingungen erfolgenden stationären Behandlung im realen Leben mit seinen deliktspezifischen Herausforderungen zu *kontrollieren*. Darüber hinaus dienen Lockerungen der *Belastungserprobung* (z. B. als Idikator für künftige Legalbewährung: BVerfG NJW 2004: 739, 744) zur Vorbereitung der Bewährungsaussetzung gemäß § 67 d II StGB. Diese Vorgaben nehmen die landesgesetzlichen Regelungen mehr oder weniger explizit auf. Aus ihnen ergibt sich jedoch insgesamt bei verfassungskonformer Auslegung immer ein Rechtsanspruch auf die Gewährung von Vollzugslockerungen, soweit die Voraussetzungen hierfür vorliegen (AG Oldenburg 707 Js 08 891/84, wonach selbst bei einem Tötungsdelikt die Gewährung von Geländeausgang nicht schlechthin als Verschulden ausgelegt werden konnte, da sie durch Landesrecht legitimiert war; vgl. auch Pollähne, 2002a: F13).

Vollzugslockerungen sind immer mit einem gewissen Risiko behaftet. Dieses Risiko wird vom Strafrecht im Rahmen der hier in Rede stehenden möglichen Fahrlässigkeit eines Therapeuten als *sozial adäquat* betrachtet. Wäre unsere Gesellschaft mit ihrer Werte- und Rechtsordnung nicht bereit, auch Lockerungsmissbräuche hinzunehmen, dürften die Freiheitseinschränkungen bei keinem Patienten zurückgenommen werden. Von daher bewertet das Strafrecht das im Rahmen der Sozialadäquanz mit einer Lockerungsentscheidung einhergehende Risiko eines Deliktes durch den gelockerten Patienten als *«erlaubtes Risiko»*, vergleichbar beispielsweise den Gefährdungen, die mit dem Straßen- und Luftverkehr oder dem Betrieb von Atomanlagen einhergehen. Eine dahingehende Forderung, «beim Verbleib von Restzweifeln Lockerungen überhaupt nicht zu gewähren», wäre mit dem Gesetz nicht vereinbar (StA Paderborn, NStZ 1999: 51, 52).

Die Berücksichtigung von Sozialadäquanz und erlaubtem Risiko bei der strafrechtlichen Prüfung einer Sorgfaltspflichtverletzung bei Lockerungsentscheidungen schließt bestimmte Tätergruppen nicht von vornherein von Lockerungen aus. Gleiches gilt es mit Blick auf eine Unterbringung auf Langzeitstationen zu bedenken. Jedenfalls wäre ein pauschaler Ausschluss von Lockerungsgewährungen rechtlich kaum legitimierbar.

Als Zwischenergebnis lässt sich hier zusammenfassend festhalten: Der Maßregelvollzug mit seinem gesetzlichen Behandlungs- und Lockerungsauftrag birgt ein sozialadäquates, erlaubtes Risiko in sich. Die sorgfältig getroffene Lockerungsentscheidung, ihre verantwortliche Gewährung und (Verlaufs-)Kontrolle stellen für den Therapeuten strafrechtlich kein Unrecht dar, auch wenn gelegentlich eine typische Verwirklichung des Risikos eintritt. Rasch (1985: 310) spricht in diesem Zusammenhang von «sozialen Unfällen, [...] die im Rahmen statistischer Normalverteilung liegender Umstände zu erwarten sind». Was vollstreckungs- und vollzugsrechtlich *ge*boten ist, ist unter dem Blickwinkel der Einheitlicheit der Rechtsordnung strafrechtlich nicht *ver*boten. Ein in diesem Sinne sorgfaltsgemäßes Handeln schließt auf dieser Prüfungsebene Fahrlässigkeitstatbestände aus.

1.6.4 Maßstäbe und Standards sorgfaltspflichtgemäßen Handelns

Aus den letzten drei Jahrzehnten sind bisher nur vier Fälle einer Verurteilung von Therapeuten nach fehlgeschlagenen Lockerungen im Maßregelvollzug sowie einzelne Einstellungsentscheidungen nach staatsanwaltschaftlichen Ermittlungsverfahren bekannt geworden. Aus ihnen lassen sich im Rahmen der Prüfung von Fahrlässigkeitstatbeständen aber nur einige wenige fallspezifische Hinweise auf hier einschlägige maßregelvollzugstypische Verletzungen der Sorgfaltspflicht entnehmen.

Im Folgenden soll der Blick deshalb weniger auf mögliche Fehler als vielmehr darauf gerichtet werden, welche Verhaltenselemente eine sorgfaltspflichtgemäße Lockerungsentscheidung und -gewährung positiv kennzeichnen. Auf diese Weise lassen sich eher Maßstäbe und Standards entwickeln, an denen sich eine strafrechtliche Prüfung möglicher Fahrlässigkeit orientieren kann.

1.6.4.1 Alle Erkenntnisquellen nutzen und dokumentieren

Als wichtigste Grundregel ist vor jeder Lockerungsgewährung zu beachten: Alle verfügbaren Erkenntnisquellen über den Patienten sind heranzuziehen, zu bewerten und für die Lockerungsentscheidung zu nutzen. Dazu zählen:

- frühere Krankenakten
- Urteile und Gutachten, auch aus vorangegangenen Verfahren
- Anamnesen und Berichte von Dritten
- kontinuierliche Krankenblatteinträge über Therapieverläufe einschließlich sich verändernder Gefährdungs- und Risikoeinschätzungen
- sonstige wichtige vollzugliche Begebenheiten
- Behandlungs-, Rehabilitations- und Lockerungpläne (Schöch, 2006: 321) einschließlich ihrer regelmäßigen Fortschreibungen.

Unter Umständen sind vor bestimmten Lockerungen, die qualitativ neue Freiheitsräume eröffnen sollen, oder bei Patienten mit besonders schweren Delikten in der Vorgeschichte und/oder nicht eindeutigen Behandlungsverläufen zunächst Beurteilungsbögen auszufüllen, spezielle Tests und ggf. Einzelgespräche durchzuführen. Die Stellungnahmen anderer Mitglieder des Behandlungsteams sowie die Aussagen externer Sachverständiger sind bei der Entscheidungsfindung zu berücksichtigen.

Eine gewissenhafte Dokumentation dieses «institutionellen Wissens» (Pollähne, NStZ 1999: 53, 54, spricht diesbezüglich vom «Gedächtnis der Institution») ist insbesondere angesichts von Therapeutenwechseln und Verlegungen von Patienten unabdingbare Grundlage einer sorgfaltsgemäßen Entscheidungsfindung. Nur wenn die Kriterien, anhand derer die (später fehlgegangene) Lockerungsentscheidung getroffen wurde, transparent sind, kann der für die Entscheidung Verantwortliche belegen, dass er *lege artis* und damit sorgfältig gehandelt hat.

1.6.4.2 Klare Verfahrensregeln aufstellen und einhalten

Um zu vermeiden, dass Lockerungsentscheidungen von einem einzigen Therapeuten «aus dem Bauch heraus» getroffen werden können, empfiehlt es sich für forensische Einrichtungen und ihre Leitungen, Richtlinien für die Lockerungsgewährung mit klaren Verfahrensregeln aufzustellen. Darin sollten die in die Entscheidung einzubeziehenden Mitarbeiter genannt und Kontrollpersonen für den ordnungsgemäßen internen Verfahrensablauf festgeschrieben werden. Unter Umständen kann eine Delegation der Entscheidungsbefugnis auf nachgeordnete, unzureichend qualifizierte Mitarbeiter fehlerhaft sein (LG Paderborn 3 KLs 12 Js 383/84). In einigen Bundesländern sind auch andere Behörden an Lockerungsentscheidungen zu beteiligen. Darüber hinaus ist zu regeln, wie die Lockerung überwacht wird, wann und wie und durch wen ggf. Reaktionen zu erfolgen haben und wie die Kontrollergebnisse zu dokumentieren sind.

In Nordrhein-Westfalen hat beispielsweise der Landesbeauftragte für den Maßregelvollzug als obere staatliche Aufsichtsbehörde «Grundsätze für Lockerungsentscheidungen in Maßregelvollzugseinrichtungen» (Stand 1.10.2003) erlassen, die für alle forensischen Fachkliniken und Fachabteilungen verbindlich sind. Anhand dieser Grundsätze kann jede Klinik ihre eigenen detaillierten Regelungen ausrichten.

Die Verantwortlichen des Maßregelvollzugs haben rechtlich dafür einzustehen (§ 13 StGB), und alles Zumutbare zu tun, dass eine durch sie – wenn auch im Rahmen des erlaubten Risikos – eröffnete Gefahrenquelle nicht die Sicherheit der Allgemeinheit gefährdet (StA Paderborn, NStZ 1999: 51, 52). Die Lockerung eines aus fortbestehenden Gefährlichkeitsgründen noch immer nicht entlassbaren Patienten ist in diesem Sinne als Gefahrenquelle anzusehen.

Ein formeller Fehler im Entscheidungsprozess oder eine Entscheidung durch einen unzuständigen Mitarbeiter oder eine unzulängliche Kontrolle des Lockerungsverlaufs sagt zunächst noch nichts über ein richtiges oder falsches Ergebnis und damit über die Rechtmäßigkeit der Lockerungsgewährung aus. Aber ein solcher Fehler kann eine Indizwirkung für einen Verstoß gegen die anzuwendende Sorgfaltspflicht darstellen.

1.6.4.3 Den Schutzanspruch Dritter beachten

Den Arzt trifft die berufsrechtliche Pflicht, niemanden zu schaden (*nihil nocere*). Diese ärztliche Sorgfaltspflicht soll sich auch auf Dritte beziehen, so das LG Potsdam, Urteil vom 17.5.2005 (zit. nach Schöch, 2006: 334, mit dessen kritischer Einschränkung, 340). In diesem Sinne verlangen aber bereits die Vollzugsregelungen der Ländergesetze und besonderer Verordnungen, in den «therapeutischen Blick» die Beachtung der Schutz- und Sicherheitsansprüche der Allgemeinheit mit einzubeziehen (LG Göttingen, NStZ 1985: 410, 411). Insoweit geht es vornehmlich um die *Beachtung offensichtlicher und akuter Gefahren*. Dementsprechend orientiert sich der hier anzulegende Sorgfaltsmaßstab an der Verkehrssitte. Damit sind die Anforderungen gemeint, die in dem jeweiligen Verkehrskreis an einen besonnenen und gewissenhaften Menschen in der konkreten Lage und der sozialen Kontrolle des Handelnden zu stellen sind (nach BGH, NStZ 1983: 26).

Allerdings ist einzuräumen, dass unbestimmte Rechtsbegriffe und unklare Formulierungen in den Gesetzesbestimmungen, unterschiedliche Handhabungen in den Maßregelvollzugskliniken und nicht zuletzt die stetige Weiterentwicklung der Prognoseverfahren die Bestimmung einer «Verkehrssitte» und damit des an die Sorgfaltspflicht anzulegenden Maßstabs erschweren.

1.6.4.4 Ermessen ausüben und Rechtsansprüche abwägen

Nach bundes- und landesrechtlichen Regelungen haben die Patienten des Maßregelvollzugs einen Rechtsanspruch auf Lockerungen. Dieser ergibt sich aus dem Anspruch auf Behandlung, zu der sowohl nach den Regeln der ärztlichen Kunst als auch nach dem ausdrücklichen Willen der jeweiligen Gesetzgeber die Rücknahme von Freiheitsbeschränkungen unabdingbar hinzugehört. Auch die Bewährungsaussetzung nach §67d II StGB setzt zwingend vorhergehende Lockerungen voraus.

Aus diesen Gründen stehen Entscheidungen über die Gewährung von Lockerungen im Maßregelvollzug, anders als im Strafvollzug, nicht im freien Ermessen der Einrichtungen. Vielmehr handelt es sich um *«gebundene Entscheidungen»*, das heißt, sie *sind zu gewähren*, wenn und sobald die Voraussetzungen vorliegen (Grünebaum, 1995: 82; Pollähne, 2002a: F60 f.).

Die Einrichtungen des Maßregelvollzugs und ihre verantwortlichen Therapeuten sind «von Amts wegen» verpflichtet, die Tatbestandsvoraussetzungen (den Sachverhalt) für eine Lockerungsgewährung im Blick zu haben bzw. zu ermitteln. Sie dürfen nicht auf einen entsprechenden Antrag des Patienten warten oder einen solchen zur Voraussetzung des Einleitens der eigenen Prüfung machen.

Alle für und alle gegen eine Lockerung sprechenden *Argumente* sind *zusammenzutragen* und zu bewerten. Sodann ist der Freiheits- bzw. Lockerungsanspruch des Patienten gegen das Schutzinteresse der Allgemeinheit *abzuwägen*. Bei einer solchen Entscheidungsfindung, in der die Prognose menschlichen Verhaltens einen besonders herausragenden Stellenwert einnimmt, wird den für die Entscheidung Verantwortlichen von der Rechtsprechung ein *weiter Beurteilungs- und Ermessensspielraum* zugebilligt. Erst wenn Risikogrenzen eindeutig überschritten werden, ist mit einem Eingreifen des Strafrechts zu rechnen. Die Abwägungsargumente und die Entscheidungsgründe sind zu *dokumentieren*.

Wenn ein Patient sich als unbehandelbar erweist oder eine Behandlung keinen nachweisbaren Erfolg zeigt, kann hierin ein starkes Indiz für einen Missbrauch der Lockerung liegen (BGH, NJW 2004: 237, 239) und sich eine Reduzierung des Ermessens auf Null ergeben (LG Paderborn 3 KLs 12 Js 383/84).

1.6.5 Voraussehbarkeit der Lockerungsfolgen

Zur Sorgfaltspflicht des für Lockerungsentscheidungen im Maßregelvollzug verantwortlichen Therapeuten gehört es nach den Maßstäben dieses Verkehrskreises auch, sich über die *objektiv voraussehbaren Folgen* seiner Entscheidung hinreichend Klarheit zu verschaffen. Dem dient vor allem die Prognose.

Menschliches Verhalten ist nie hundertprozentig vorhersehbar. Deshalb können sich *Prognosen* im Nachhinein (*ex post*) angesichts des tatsächlichen Geschehensverlaufs als irrige Annahmen erweisen. Das bedeutet aber nicht zwangsläufig, dass sie auch von vornherein (*ex ante* betrachtet) fehlerhaft und damit sorgfaltspflichtwidrig erstellt worden wären. Für eine im Ergebnis falsche Prognose trifft den Entscheidungsverantwortlichen nur dann ein strafrechtlicher Pflichtwidrigkeitsvorwurf, wenn er sie auf relevant unvollständiger Tatsachengrundlage erstellt oder wenn er unter unrichtiger Bewertung der festgestellten Tatsachen eine Missbrauchsgefahr bei der Lockerung verneint hat (vgl BGH, NJW 2004: 237, 239; BVerfG, NJW 2004: 750, 758; Verrel, 2001: 182, 184 f.).

Seit Rasch Mitte der 80er-Jahre des 20. Jahrhunderts (Rasch, 1985, 1986) grundsätzliche Ausführungen zur *lege artis* zu erstellenden Lockerungsprognose gemacht hat, ist die Entwicklung der Prognoseforschung und Prognoseerstellung rasant vorangeschritten. Bei der Bestimmung der einschlägigen Verkehrssitte forensisch-psychiatrischer Prognoseerstellung dürfen die jeweils aktuellen fachwissenschaftlichen und interdisziplinär formulierten Anforderungen und (Mindest-) Standards (statt vieler vgl. Boetticher et al., 2006) deshalb heute nicht mehr ignoriert werden. Das oben zur Ausschöpfung aller verfügbaren Erkenntnisquellen und zur Risikobewertung Gesagte gilt angesichts des strafrechtsrelevanten Kriteriums der objektiven Vorhersehbarkeit eines Lockerungsmissbrauchs auch im Hinblick auf die Prognose.

Darüber hinaus kann sich die *Vorhersehbarkeit* auch noch *subjektiv besonders qualifiziert* darstellen. Dies ist dann der Fall, wenn der entscheidungsverantwortliche Therapeut über die allgemein zur Verfügung stehenden Erkenntnisquellen hinaus aus individueller Vorbefassung mit dem Patienten, zum Beispiel als Sachverständiger oder Einzeltherapeut, über noch tiefer gehende Einsichten in die Persönlichkeits- und Verhaltensstruktur des Patienten verfügt (AG Oldenburg 707 Js 08 891/84; LG Paderborn 3 KLs 12 Js 383/84; LG Göttingen, NStZ 1985: 410 f.). Die Beachtung der Sorgfaltspflicht gebietet dann, diese besonderen Kenntnisse in die Prüfung der Vorhersehbarkeit eines möglichen Misserfolgs einzubeziehen.

Schließlich ist zu einer sorgfaltsgemäßen Beachtung des Kriteriums der Vorhersehbarkeit auch die Wahrnehmung der Überwachungsverantwortung, die *Verlaufskontrolle* zu rechnen. Die gewährten und durchgeführten Lockerungen sind nicht nur im Blick auf ihre erfolgreichen Ergebnisse, sondern auch hinsichtlich möglicher Missbräuche zu kontrollieren (Pollähne, 1999: 54 f.; 2002a: F27, F122). Soweit nicht die landesrechtlichen Regelungen Bestimmungen zu Rücknahme und Widerruf begünstigender Maßnahmen enthalten, gelten diesbezüglich die §§ 48, 49 VwVfG.

1.6.6 Zuständigkeiten und Organisationsverantwortung

Haben die Länder durch Gesetz oder auf dem Verordnungsweg Zuständigkeitsregelungen für Entscheidungen im Maßregelvollzug getroffen, sind diese zwingend zu beachten. Bestehen keine diesbezüglichen Regelungen, trägt der leitende Therapeut (meist ein Arzt) der Maßregelvollzugsklinik die Verantwortung für Lockerungsentscheidungen.

In komplexeren Organisationen wird er aber als Einzelner nicht in der Lage sein, den Entscheidungsprozess mit der Erhebung der Tatbestände, deren Bewertung und der Ausübung des Ermessens in allen Einzelheiten selbst durchzuführen. Deshalb ist hier von einer *Begrenzung der Verantwortlichkeit* als Modifizierung der Fahrlässigkeitshaftung des isoliert handelnden Einzelnen auszugehen.

Danach darf er sich unter dem Gesichtspunkt des *Vertrauensgrundsatzes* (zunächst) auf das korrekte Verhalten anderer, nachgeordneter Mitarbeiter verlassen. Dennoch können ihm Risiken aus unzureichender Kooperation und Kontrolle entstehen. Dem ist vom Verantwortlichen mindestens mit folgenden von ihm nachweisbaren Maßnahmen entgegenzuwirken:

- Verantwortlichkeiten klar regeln und keine Zuständigkeitslücken entstehen lassen
- Mängel im gegenseitigen Informationsfluss beseitigen
- Abstimmungsprozesse optimieren.

Darüber hinaus sind die Mitarbeiter selbstverständlich mit Sorgfalt auszuwählen, anzuleiten und zu überwachen.

Bei einer in solcher Weise klar strukturierten Arbeitsteilung haftet strafrechtlich immer derjenige, in dessen Zuständigkeitsbereich die Übernahme der jeweiligen Sorgfaltspflicht gefallen ist und deren Verletzung keinem anderen zugerechnet werden kann.

1.6.7 Abschließende Bemerkungen

Bei jeder Lockerungsentscheidung und -gewährung sollten die herangezogenen Kriterien und der gewählte Verfahrensgang transparent dargestellt und dokumentiert werden, damit der letzlich verantwortlich Entscheidende die gewissenhafte Erfüllung seiner Sorgfaltspflicht belegen kann.

Hat der Patient während seiner Lockerung ein Delikt begangen, so überprüfen Staatsanwälte und Richter, ob der für die Entscheidung Verantwortliche die Gefahrenlage *ex ante*, das heißt zum Zeitpunkt der Entscheidung, richtig eingeschätzt und seine Lockerungsgewährung damit sorgfältig vorgenommen hat (Schöch, 2006: 336). – Im Nachhinein ist man sowieso immer klüger.

Bei der strafrechtlichen Prüfung von Fahrlässigkeit und möglichen Sorgfaltspflichtverletzungen kann sich ergeben, dass trotz materieller Fehler im Bereich der Tatsachenerhebung oder von Verfahrensfehlern im Entscheidungsprozess *kein ursächlicher Zusammenhang* mit dem Delikt des gelockerten Patienten zu belegen ist, nämlich dann, wenn der strafrechtliche Erfolg auch bei «verkehrsgerechtem Verhalten» des Entscheidungsverantwortlichen eingetreten wäre.

Zu Fragen der Amtshaftung siehe Pollähne (2004: 95 ff.) und zu Fragen der zivilrechtlichen Haftung ebenfalls Pollähne (2004: 110 ff.).

Kein besonderes Interesse in Rechtsprechung und Literatur gilt offensichtlich den Fragen einer straf-, zivil- oder amtshaftungsrechtlichen Verantwortlichkeit für Fehleinweisungen in den Maßregelvollzug und für nicht gewährte Lockerungen, die nach geltendem Recht hätten erfolgen müssen.

1.7 Zum Umgang mit Kenntnissen über den Patienten: Datenschutz – Mitteilungsrechte – Offenbarungspflichten

Heinz Kammeier

Seit den Auseinandersetzungen um die Zulässigkeit einer großen Volkszählung in den 80er Jahren des vorigen Jahrhunderts und einer klaren Entscheidung des Bundesverfassungsgerichts hierzu (BVerfGE 65,1) hat der Begriff *informationelles Selbstbestimmungsrecht* die inneren Grenzen der Fachdiskussionen in den Spezialwissenschaften überschritten und sich im allgemeinen Bewusstsein niedergelassen. Hinzugesellt hat sich in den Folgejahren die Sorge um die Vertraulichkeit und den Schutz höchstpersönlicher Daten, die einer zunehmenden Sammelleidenschaft öffentlicher Verwaltungen ebenso ausgesetzt sind, wie dem kommerziellen Interesse von Banken und Handelsunternehmen. Denn angesichts der rasanten Entwicklung von Computer- und Telekommunikations-Technologien können individuelle persönliche Merkmale und intimste Geheimnisse heute leichter denn je dem Zugriff Unbefugter anheim fallen.

Deshalb haben der Bundes- und die Landesgesetzgeber sowie die Gerichte hier einige deutliche Pflöcke eingeschlagen, um den Schutz wichtiger Daten des persönlichen Lebensbereichs zu verstärken und das Recht zu gewährleisten, über die Weitergabe dieser Informationen weitestgehend selbst bestimmen zu können.

1.7.1 Gesetzliche Grundlagen des Geheimnisschutzes

Verfassungsrechtlich ist das informationelle Selbstbestimmungsrecht im allgemeinen Persönlichkeitsrecht des Art. 2 I GG in Verbindung mit der Menschenwürdegarantie des Art. 1 I GG verankert. Es geht im Kern um die Befugnis des Einzelnen, grundsätzlich selbst zu entscheiden, wann und innerhalb welcher Grenzen persönliche Lebenssachverhalte anderen zur Kenntnis gelangen sollen (Murswiek/Sachs Art 2 Rz 73). Wegen ihrer psychischen Krankheit, ihrer persönlichen und sozialen Benachteiligungen sowie im Hinblick auf den notwendigen Schutz vor Selbstbezichtigung und auf ihr Rehabilitationsinteresse sind die Persönlichkeitsrechte von Maßregelvollzugspatienten als besonders vulnerabel anzusehen. Staatlichen Krankenhäusern wie ihnen insoweit gleichgestellten beliehenen privaten Kliniken obliegt deshalb eine besondere Obhuts-, Sorgfalts- und Fürsorgepflicht hinsichtlich der schutzwürdigen Daten und Belange ihrer Patienten.

Zivilrechtlich wird das allgemeine Persönlichkeitsrecht im Wesentlichen durch Schadensersatzansprüche auf der Grundlage des § 823 I BGB geschützt.

Strafrechtlich beruht der Schutz von Privatgeheimnissen vor allem auf § 203 StGB. Hinzu kommen Aussageverweigerungsrechte in der StPO. Für den Maßregelvollzug gilt es hierbei insbesondere Folgendes zu beachten:

- Was ist geschützt bzw. was ist zu schützen?
  Geschützt werden muss ein *Geheimnis*, das einen anderen Menschen, hier den Patienten des Maßregelvollzugs betrifft, d.h. eine Tatsache, die seinem persönlichen Lebens- und Wirkungsbereich angehört, und damit für den Mitarbeiter *fremd* ist.
  Ein Geheimnis ist eine Tatsache, die nur einem Einzelnen oder nur einem beschränkten Personenkreis bekannt ist und an deren Geheimhaltung ein sachlich begründetes Interesse besteht. Dies trifft insbesondere auf folgende personenbezogene Informationen zu wie: Name des Patienten; Tatsache, dass er in einem Maßregelvollzugskrankenhaus in Behandlung ist; Krankheitsbild; psychische Auffälligkeit; ungünstige Charaktermerkmale; Diagnose; Therapie; Prognose; Geschehnisse des Privatlebens; finanzielle Verhältnisse.
  Nicht geheim dagegen sind offenkundige Sachverhalte und Tatsachen, z.B. solche, die im Prinzip jedermann offen im Krankenhaus sehen oder sonst wie wahrnehmen kann. Damit ist das alltägliche Geschehen auf der Station, das Verhalten der Patienten untereinander gemeint, – aber auch Drohungen gegenüber anderen oder Lockerungen und Freizeitaktivitäten fallen nicht unter den Geheimnisschutz. Sie sind der ordnenden und *verwaltenden* Tätigkeit des Maßregelvollzugskrankenhauses zuzuordnen (vgl. Volckart, 1990: 158, 160; Volckart/Grünebaum, 2003: 185; Waider, 2006). Diese differenzierende Zuordnung sagt aber noch nichts darüber aus, wie vertraulich auch diese personenbezogenen Informationen zu behandeln sind bzw. wann, wem gegenüber und in welchem Maß hierüber Mitteilungen gemacht werden dürfen oder können (zu Auskunftsverweigerungsrechten und Abwägungen s.u.).
- Wie entsteht der Schutzbereich für das fremde Geheimnis?
  Im beruflichen bzw. im dienstlichen Zusammenhang muss einem Mitarbeiter der Klinik das Geheimnis *anvertraut* oder sonst *bekanntgeworden* sein. Seitens des Patienten muss ein Geheimhaltungswille bestehen oder konkludent erwartbar sein oder auf Umständen beruhen, aus denen sich folgerichtig eine Pflicht zur Verschwiegenheit ergibt.
- Wer ist Geheimnisträger?
  § 203 StGB zählt abschließend die *Berufsgruppen* auf, die von der Geheimhaltungspflicht erfasst werden. Dies betrifft im Bereich des Maßregelvollzugs insbesondere folgende Personen: Ärzte (nicht aber Heilpraktiker); Zahnärzte; Apotheker; Angehörige eines anderen Heilberufs mit staatlich geregelter Ausbildung, wie z.B. Pflegekräfte; Psychologen mit staatlich anerkanntem wissenschaftlichem Abschluss; staatlich anerkannte Sozialarbeiter und Sozialpädagogen. Den Geheimnisschutz zu gewährleisten haben darüber hinaus *Amtsträger* sowie für den *öffentlichen Dienst besonders Verpflich-*

tete, wozu auch in privatrechtlichen Arbeitsverhältnissen Beschäftigte gehören können. Ferner gehören zum Kreis der Geheimnisträger solche Personen, die zur Vorbereitung auf den Beruf tätig sind. Ebenfalls erfasst sind Gehilfen, d.h. den Genannten eng zuarbeitende Personen, wie z.B. Sekretärinnen, – nicht aber Reinigungskräfte, Boten, Pförtner oder Chauffeure.

- Wie kann das strafbewehrte «Offenbaren» geschehen?
  Die Verletzung der Schweigepflicht ist auf vielfältige Art und Weise möglich. Ein Offenbaren erfolgt dann, wenn das zu schützende Geheimnis einer anderen, nicht zum (Mit-) Wissen berufenen Person bekannt wird. Dies kann durch mündliche oder schriftliche Weitergabe, durch Gewährung von Akteneinsicht oder durch das Verschaffen des Zugangs zu Dateien geschehen.
  Die Geheimhaltungspflicht im Maßregelvollzug dürfte überwiegend Mitarbeiter betreffen, die gleichzeitig eine *Garantenstellung,* § 13 StGB, innehaben. Deshalb kann auch eine strafrechtlich relevante Verletzung der Schweigepflicht durch ein *Unterlassen* in Betracht kommen, so z.B. durch ein Herumliegen lassen von geschützen Schriftstücken wie Krankenakten oder Briefen oder den Verzicht darauf, seinen PC vor Zugriffen zu schützen.

Außer dem Zivil- und dem Strafrecht regeln die Datenschutzgesetze des Bundes und der Länder den Umgang mit persönlichen Daten, die Wahrung ihrer Vertraulichkeit, die Verarbeitung sowie die zulässige Weitergabe. In einigen Bundesländern enthalten inzwischen auch die Maßregelvollzugsnormen vorrangige datenschutzrechtliche Spezialregelungen, so z.B. in Brandenburg, Bremen, Hamburg, Mecklenburg-Vorpommern, Niedersachsen, Nordrhein-Westfalen, Rheinland-Pfalz, Saarland und Schleswig-Holstein (s. hierzu Lesting, 2002 G: 75 f.; Volckart/Grünebaum, 2003: 179 ff.).

1.7.2 Mitteilungsrechte

Auch im Maßregelvollzug kann nicht alles geheim sein und bleiben: Schweigen oder mitteilen?

Die ordnungsgemäße Durchführung des Maßregelvollzugs macht die Erfassung, Dokumentation, Verarbeitung und Weitergabe einer Vielzahl von personenbezogenen Informationen über den Patienten erforderlich. Zu den Bereichen der Therapie, der Sicherung und der verwaltungsmäßigen Organisation der Unterbringung treten aber noch weitere Aspekte aus dem Umfeld des Patienten oder der Klinik hinzu, die Fragen nach dem Umgang mit personenbezogen Daten der Patienten aufwerfen.

Einige – keineswegs abschließend alle – der hier einschlägigen Problemfelder des Umgangs mit personenbezogenen Daten werden im Folgenden kurz angesprochen:

Grundsätzlich gilt bei allen genannten Beispielfällen: Die Weitergabe von personenbezogenen Informationen ist dann nicht rechtswidrig, wenn der Patient oder sein gesetzlicher Vertreter hierin eingewilligt und damit den Geheimnisträger oder den aus sonstigen Gründen zur Verschwiegenheit Verpflichteten von der Schweigepflicht entbunden hat!

1.7.2.1 Anfragen Dritter

Strafvollstreckungskammer:
Sie kann im Rahmen von *vollstreckungsrechtlichen* Überprüfungen, § 67e StGB, § 463 III 1 iVm § 454 I 2 StPO, die Vollzugseinrichtungen zu Äußerungen auffordern: «… sind zu hören». Dieses «Zu hören» wird in der Regel praktisch von der Klinik durch die Abgabe einer kurzen schriftlichen Stellungnahme hinsichtlich des Behandlungsverlaufs seit der letzten Anhörung und bezüglich der Einschätzung über das weitere Umgehen mit dem betreffenden Patienten erfüllt.

Diese Stellungnahme ist ohne einen besonderen Auftrag durch die StVK kein Gutachten!

Ohne Entbindung von der Schweigepflicht ist hinsichtlich der *Therapiegeheimnisse* die Verschwiegenheitspflicht aus § 203 StGB zu beachten. Offenkundige Tatsachen und solche aus dem Verwaltungshandeln des Maßregelkrankenhauses fallen nicht hierunter. Dennoch können in diesen Bereichen *Zeugnisverweigerungsrechte* (s. u.) beachtlich werden. Das Krankenhaus kann und muss jedoch eine Einschätzung hinsichtich der weiteren Unterbringungsnotwendigkeit abgeben. Ein Schweigen zu Therapieinhalten wird hierbei für die StVK ein Signal zu besonderer Aufmerksamkeit auf das Nicht-Gesagte sein!

Bei der richterlichen Kontrolle von *Vollzugsmaßnahmen* nach §§ 109 ff. StVollzG kann die Klinik oder können einzelne Mitarbeiter zu Äußerungen über den Patienten und sein Verhalten aufgefordert werden. Auch in diesen Verfahren ist sowohl die Schweigepflicht zu beachten als abzuwägen, ob von Zeugnisverweigerungsrechten Gebrauch zu machen ist.

Dem Schutz der Zeugnisverweigerungsrechte aus §§ 52, 53, 53a StPO dienen auch die *Beschlagnahmeverbote* des § 97 StPO, so dass das Gericht auch nicht über den Umweg der Beschlagnahme von Akten an die Tatsachen herankommen kann, vor deren Kenntnisnahme vom Gesetz gerade geschützt wird.

Vollstreckungsbehörde (Staatsanwaltschaft):
Einige Landesgesetze sehen die Beteiligung der Vollstreckungsbehörde (Zustimmung, Einvernehmen, Benehmen) an vollzuglich zu verantwortenden Lockerungsentscheidungen vor. Aus diesen landesgesetzlichen Vorgaben könnte auf den ersten Blick geschlossen werden, hierdurch würden Schweigepflichten und Zeugnisverweigerungsrechte durchbrochen.

Dem steht aber entgegen, dass einer anderen Behörde nicht mehr Informationen als dem Gericht zufließen können. Zudem sind Schweigepflichten und Zeugnisverweigerungsrechte abschließend bundesgesetzlich geregelt, so dass den Landesgesetzgebern kein Raum für Erweiterungen oder Einschränkungen verbleibt.

Schweigepflichten und Zeugnisverweigerungsrechte sind also bei Mitteilungen in Vollzugsangelegenheiten zu beachten.

Aufsichtsbehörde, Krankenhausträger, sonstige Behörden:
Das Maßregelvollzugskrankenhaus handelt als Behörde. Dieser Status kommt auch privaten Kliniken zu, die diesbezüglich mit hoheitlichen Befugnissen beliehen wurden. Behördliches Handeln, auch das von Beliehenen, ist gemäß Art. 1 III, 20 III GG unmittelbar an die Beachtung der Grundrechte und der sonstigen Gesetze gebunden. Es unterliegt grundsätzlich der parlamentarischen Kontrolle. Ebenso kann dem *Träger* einer Maßregelvollzugsklinik nicht das berechtigte Interesse an der Kontrolle seiner Einrichtung abgesprochen werden.

Allerdings können diese Kontrollbefugnisse mit dem Recht des Patienten auf den Schutz seiner personenbezogenen Daten nach dem StGB und der StPO kollidieren. Zweckmäßig ist deshalb eine Differenzierung im Sinne einer praktischen Konkordanz (Hesse, 1999; Cierniak-MüKo § 203 Rz 49; Volckart/Grünebaum, 2003: 192):

Eine Kontrolle und Weitergabe von *Therapiegeheimnissen*, die der Schweigepflicht nach § 203 StGB unterfallen, ist ohne Zustimmung des Patienten rechtswidrig und verboten.

Hinsichtlich *anderer Tatsachen* aus der Behandlung und seinem Umfeld können seitens der Therapeuten Verweigerungsrechte nach §§ 53, 76 StPO eine Auskunftserteilung und eine Kontrolle verhindern.

Tatsachen aus der sonstigen *Verwaltungsbeziehung* zwischen Patient und Krankenhaus können der Aufsichtbehörde und/oder dem Träger mitgeteilt und von diesen kontrolliert werden (vgl. Waider, 2006: 65, 71).

Soweit andere Behörden bestimmte Informationen über einen Patienten begehren, richten sich die Mitteilungsmöglichkeiten nach besonderen einschlägigen gesetzlichen Bestimmungen (dazu siehe unten) oder allgemein nach *Amtshilfegrundsätzen*, Art. 35 I GG; §§ 4 ff. VwVfG.

Rechtsanwälte:
Die Bevollmächtigung eines Rechtsanwalts durch einen Patienten, ihn in Vollstreckungs- und/oder in Vollzugsangelegenheiten zu vertreten, schließt konkludent das Recht des Anwalts ein, in alle über seinen Mandanten geführten

Akten des Maßregevollzugskrankenhauses uneingeschränkt Einsicht zu nehmen (vgl. Volckart/Grünebaum, 2003: 179 ff.). Gleiches gilt bei einer Beiordnung als Pflichtverteidiger durch das Gericht.

Angehörige; private Dritte; Inkassobüros: Soweit Dritte bei Anfragen überzeugend zu erkennen geben, dass sie bereits Kenntnis vom Aufenthalt einer bestimmten Person in der Klinik haben, muss diese Tatsache nicht mehr geleugnet werden. Bei Zweifeln empfiehlt es sich, die Auskunft zu verweigern und auf das Melderegister zu verweisen.

Gegenüber *Angehörigen* und sonstigen Dritten gilt der gleiche Geheimnis- und Vertraulichkeitsschutz wie gegenüber Gerichten und Behörden. Bei Anfragen von Angehörigen nach dem Befinden des Patienten oder bei dem Bemühen der Klinik, Angehörige in therapeutische und rehabilitative Prozesse mit einzubeziehen, sollte der Patient vorher gefragt werden, ob und in wie weit er in die Bekanntgabe ihn betreffender personenbezogener Informationen einwilligt. Eine solche Einwilligung ist zu dokumentieren.

Gelegentlich versuchen *Inkassobüros* auch bei Patienten des Maßregelvollzugs Pfändungen durchzusetzen. Macht ein solches Unternehmen ein berechtigtes Interesse geltend, ist die Glaubhaftigkeit zu prüfen. Dazu kann insbesondere auf die Vorlage einer schriftlichen Darlegung des Interesses, einer nachvollziehbaren Anschrift und einer titulierten Forderung hingewirkt werden. Sodann ist zwischen den berechtigten Interessen des Dritten und den schutzwürdigen Interessen des betroffenen Patienten abzuwägen. Hierbei ist stets der Grundsatz der Verhältnismäßigkeit zu beachten. In keinem Fall darf mitgeteilt werden, ob der Patient pfändbare Geldmittel oder wertvolle Habe besitzt (zu vergleichbaren Situationen im Strafvollzug: vgl. Weichert-AK-StVollzG § 180 Rz 50).

Bei der Frage nach dem möglichen *Entlassungszeitpunkt* des Patienten dürfte eine Auskunft zulässig sein, wenn die Entlassung «in naher Zukunft» vorgesehen ist. Darunter ist ein Zeitraum von etwa einem Monat zu verstehen (nach § 180 V StVollzG: «innerhalb eines Jahres»). Einen solchen Zeitraum benötigt ein Gläubiger, um Zwangsvollstreckungsmaßnahmen einzuleiten. Ist mit der voraussichtlichen Entlassung später als einen Monat nach der Anfrage zu rechnen, so ist dem Anfragenden dies ohne weitere konkretisierende Zeitangabe mitzuteilen. Damit beachtet die Maßregelvollzugsklinik den Fürsorgegrundsatz für ihre Patienten in der Weise, dass sie dazu beitragen hilft, keine unnötigen Vollstreckungskosten entstehen zu lassen, die dem Patienten nach seiner Entlassung nur zusätzlich weiter belasten würden (vgl. OLG Hamm, ZfStrVo 1989: 186 f.).

Nicht mitgeteilt werden darf, ob der Betroffene nach einer Entlassung aus dem Maßregelvollzug weiteren Freiheitsentzug hinzunehmen hat.

Soweit der Betroffene (Patient) nicht bereits vorher Kenntnis von dem Vorhaben seines Gläubigers erlangt oder seine Einwilligung in die Datenübermittlung erteilt hat, ist er von der erfolgten Übermittlung zu benachrichtigen.

Anders als nach § 180 V StVollzG dürfen im Maßregelvollzug an die Verletzten einer rechtswidrigen Tat keine *Auskünfte* über die Entlassadresse oder über Vermögensverhältnisse von Patienten übermittelt werden. Hierzu bedürfte es einer ausdrücklichen gesetzlichen Regelung.

1.7.2.2 Informationsweitergabe an andere Klinikmitarbeiter und in der Supervision

§ 203 StGB sperrt, d.h. verbietet auch die Weitergabe von Geheimnissen an andere, ebenfalls der Schweigepflicht unterliegende Personen innerhalb wie außerhalb der Behandlungseinrichtung (vgl. Schöch, 2003: 438; Tröndle/Fischer § 203 Rz 30b). Somit gilt die Schweigepflicht auch in Bezug auf *Geheimnisträger* (Ärzte, Therapeuten, Pflegekräfte) *untereinander in derselben Klinik*, soweit sie nicht dienstlich direkt mit dem konkreten Patienten befasst sind. Allerdings ist die Weitergabe personenbezogener Informationen an den Kreis der zum Wissen Berufenen, z.B. an das Behandlungsteam einer Station, gerechtfertigt, da in so weit mit der Billigung des Geheimnisträgers zu rechnen ist (vgl. Tröndle/Fischer § 203 Rz 30b; Volckart, 2001a: 176; Volckart/Grünebaum, 2003: 189).

Nach einem Beschluss des BayObLG (v. 8.11.1994 – 2 St RR 157/94 = R & P 1995, 39) gilt die Schweigepflicht auch im Rahmen einer (Team-) Supervision mit anderen Personen, die nicht zum Behandlungsteam gehören, auch wenn sie je für sich ebenfalls der Schweigepflicht unterliegen (vgl. auch Volckart/Grünebaum, 2003: 188). Eine Fallbesprechung innerhalb des Teams ist unproblematisch. Sobald andere Personen beteiligt sind, muss der Fall jedoch anonymisiert oder pseudonymisiert werden, damit eine (Re-) Identifizierung des Patienten ausgeschlossen ist.

Besondere Beachtung verdient auch die *Archivierung der Krankenakten* von entlassenen Patienten des Maßregelvollzugs. Werden sie in einem zentralen Archiv eines größeren Krankenhauses gelagert, so sind sie vor der Einsichtnahme anderer, für den entlassenen Patienten unzuständig gewesener und damit unbefugter Mitarbeiter zu schützen. Andernfalls könnte der Straftatbestand der Verletzung von Privatgeheimnissen, § 203 StGB, durch Unterlassen, § 13 StGB, gegeben sein.

1.7.2.3 Der Sachverständige

Der in Vollstreckungs- oder Vollzugsangelegenheiten vom Gericht beauftragte Sachverständige ist ein Beweismittel, gleich, ob er sein Gutachten nur schriftlich abliefert oder es zusätzlich mündlich erläutert. Grundsätzlich hat er hierbei kein Schweigerecht. Dennoch kann er das Gutachten aus Gründen der §§ 52, 53, 53a StPO, also wie ein Zeuge, verweigern, § 76 I StPO. Er muss dies tun, wenn er nicht durch den Patienten von seiner therapeutisch begründeten Verschwiegenheitspflicht aus § 203 StGB entbunden wird, da er ansonsten in einen unauflöslichen Konflikt gerät (vgl. Volckart, 1996: 187, 191; Tondorf, 2000; Volckart, 2001b Rz: 457f.). Nach einer Entbindung von der Schweigepflicht entfällt der Schutzbereich.

Einem nach § 463 IV 1 StPO im Vollstreckungsverfahren beauftragten Sachverständigen ist nach Satz 3 seitens der Maßregelvollzugsklinik *Einsicht* in die Patientendaten zu *gewähren*. Gleiches trifft für den nach § 463 IV 4 iVm § 454 II StPO beauftragten zu. Bei dieser Weitergabe von patientenbezogenen Informationen handelt es sich um einen Fälle gesetzlicher Aufhebung von Schweigepflichten und Zeugnisverweigerungsrechten.

1.7.2.4. Befragungen von Mitarbeitern durch Polizei und Staatsanwaltschaft

Im Maßregelvollzugskrankenhaus oder in dessen Umfeld können sich Vorfälle ereignen, die die Polizei veranlassen, durch Befragen verschiedener Personen herauszufinden, ob Anhaltspunkte für eine Straftat gegeben sind und gegen wen sich möglicherweise eine Ermittlung als Tatverdächtiger richten könnte. Werden hierbei Mitarbeiter der Klinik von der Polizei um Auskünfte ersucht, so sind sie nicht zu Aussagen verpflichtet. Eine *Aussage vor der Polizei* erfolgt auf der Basis der *Freiwilligkeit*. Sie brauchen auch keiner Einladung oder Aufforderung zur «Vernehmung» auf der Polizeidienststelle Folge zu leisten. § 161a I StPO gilt nicht, wenn die Polizei vorlädt und befragen will, wohl aber, wenn dies die Staatsanwaltschaft tut.

Ist der Mitarbeiter zur Aussage bereit, dann hat er den Status eines *Zeugen*, d.h. er muss wahrheitsgemäß aussagen. Er hat in jedem Fall seine Verschwiegenheitspflicht zu beachten und kann gegebenenfalls Zeugnisverweigerungsrechte (s. u.) in Anspruch nehmen.

Die polizeiliche Befragung kann in eine *Vernehmung* übergehen. Aus dem Befragten wird dann ein verdächtiger Zeuge, im weiteren Verlauf möglicherweise ein *Beschuldigter*. Spätestens ab diesem Stadium ist der Betroffene über seine Rechte im Verfahren zu belehren, § 136 I 2 StPO (zu Verhaltensregeln in solchen Fällen: siehe die Kommentare und Lehrbücher zum Strafprozessrecht; vgl. auch Volckart, 1990; Volckart, 1996; Waider, 2006).

1.7.2.5 Der Klinikmitarbeiter als Zeuge; Zeugnisverweigerungsrechte

Von Mitarbeitern in Einrichtungen des Maßregelvollzugs werden nicht nur Stellungnahmen und Gutachten in Vollstreckungs- und Vollzugsangelegenheiten angefordert (s.o.). Darüber hinaus können sie auch als *Zeugen* zu Patienten oder andere Mitarbeiter betreffende gerichtliche Strafverfahren herangezogen werden. Soweit hierbei nicht die absolute Verschwiegenheitspflicht des § 203 StGB eine Auskunft sperrt, ist der Zeuge grundsätzlich und umfassend *zur wahrheitsgemäßen Aussage verpflichtet.*

Jedoch lässt das Recht gewisse *Einschränkungen dieser Aussagepflicht* zu. So kann jeder Zeuge die Auskunft auf solche Fragen verweigern, die ihn selbst oder einen nahen Angehörigen der Gefahr einer Strafverfolgung oder einer Ordnungswidrigkeitsmaßnahme aussetzen würde, § 55 StPO.

Von besonderer Bedeutung sind die *Aussageverweigerungsrechte* der §§ 53, 53a StPO, die Angehörigen bestimmter Berufsgruppen eingeräumt werden. Dies betrifft insbesondere Geistliche, Ärzte, Zahnärzte, Apotheker, Psychologische Psychotherapeuten (nicht aber approbierte Psychologen), Kinder- und Jugendlichenpsychotherapeuten sowie deren Gehilfen, wozu unter anderem das Pflegepersonal zu rechnen ist, und solche Personen, die zur Vorbereitung auf den Beruf an der berufsmäßigen Tätigkeit teilnehmen. Bei den beiden letztgenannten Gruppen entscheiden die in § 53 StPO berechtigten Personen über eine Aussagemöglichkeit, § 53a I StPO.

Der *Schutzbereich* betrifft alle Daten und personenbezogenen Informationen, die den zur Zeugnisverweigerung Berechtigten in ihrer Eigenschaft als Angehörige der genannten Berufsgruppe anvertraut oder sonstwie bekanntgeworden sind. Er ist damit weiter als der Bereich der Geheimnisse gemäß § 203 StGB, dürfte sich aber nicht auf die normalen verwaltenden Tätigkeiten im Maßregelvollzug beziehen. Nach einer Entbindung von der Schweigepflicht entfallen alle Zeugnisverweigerungsrechte.

1.7.2.6 Rechtfertigender Notstand

In einer *außergewöhnlichen Konfliktsituation* kann es einem Arzt oder einem anderen Therapeuten trotz seiner Schweigepflicht geboten erscheinen, bestimmte personenbezogene Informationen über seinen Patienten weiterzugeben. Beispiele: das Wissen über die HIV-Infektion oder -Erkrankung des Patienten an den Ehepartner; Alkoholmissbrauch oder eine sonstige, die Fahrtüchtigkeit eines Patienten aufhebende Krankheit an das Straßenverkehrsamt. In solchen Fällen der Schweigepflichtdurchbrechung kann unter Umständen eine rechtfertigende Notstandslage, § 34 StGB, angenommen werden, die eine Offenbarung zulässt.

Dennoch ist hier Zurückhaltung geboten. In jedem Fall ist eine intensive Interessen- bzw. *Rechtsgüterabwägung* erforderlich. Das Offenbaren bzw. die Verletzung der Schweigepflicht muss sich als das mildere Mittel gegenüber einer an sich vom Geheimnisschutz umfassten, aber anders als durch Offenbaren nicht abwendbaren Gefahr für ein Rechtsgut darstellen (zustimmend: Volckart, 1990: 161; Tröndle/Fischer § 203 Rz 47; Cierniak-MüKo § 203 Rz 84ff.; skeptisch bis ablehnend: Volckart/Grünebaum, 2003: 188). Der Offenbarende trägt dabei das Risiko, sich wegen seiner Schweigepflichtverletzung strafrechtlich verantworten zu müssen.

Die Maßregelvollzugsklinik ist eine Vollzugs-, keine Strafverfolgungs-Behörde. Bereits aus diesem Grund ist sie schon verwaltungsrechtlich zur Verfolgung möglicher bisher unerkannter Straftaten weder berechtigt noch verpflichtet. Darüber hinaus ist die *Kenntnis von früher begangenen Delikten*, die bisher nicht aufgedeckt und in einem Strafprozess verhandelt wurden, auch strafrechtlich geschützt, d.h. sie unterliegt ebenfalls der Schweigepflicht (Schöch, 2003: 441; differenzierter aufgrund Abwägungsmöglichkeiten nach § 34 StGB: Cierniak-MüKo § 203 Rz 84ff.)

1.7.3 Offenbarungspflichten

Zunächst einmal besteht *gegenüber dem Patienten selbst eine Offenbarungspflicht* über all das, was über ihn seitens der Klinik in den Akten dokumentiert worden ist. Das Grundrecht auf Achtung seiner personalen Würde und sein Selbstbestimmungsrecht schließen das Recht auf informationelle Selbstbestimmung ein. Deshalb steht ihm ein umfassendes Akteneinsichtsrecht zu, das nicht mit der Behauptung von Schutzbelangen von Mitarbeitern unterlaufen werden darf (BVerfG, Beschl. v. 9.01.2006 – 2 BvR 443/02 = R & P (2006): 94).

Hat ein Patient des Maßregelvollzugs oder sein gesetzlicher Vertreter einen Klinikmitarbeiter rechtswirksam *von der Schweigepflicht entbunden*, dann ist damit der Schutzbereich des Privatgeheimnisses wie auch der sonstige Vertraulichkeitsschutz aus Fürsorgegesichtspunkten aufgehoben. Werden hiernach Klinikmitarbeiter als Zeugen oder Gutachter in Anspruch genommen, müssen sie wahrheitsgemäß und vollständig aussagen. Sie können sich nicht mehr auf die Zeugnis- und Gutachenverweigerungsrechte der §§ 53, 53a, 76 StPO berufen. Die Preisgabe von Geheimnissen erfolgt dann nicht unbefugt.

Offenbarungspflichten können auch auf gesetzlicher Grundlage beruhen:

Nach § 138 StGB ist die Nicht-Anzeige der Kenntnis vom Vorhaben oder von der Ausführung der dort abschließend aufgeführten schweren rechtswidrigen Taten strafbar. Dies bedeutet im Umkehrschluss, dass derjenige, der von einem solchen Plan erfährt, dies zu *offenbaren* hat, auch wenn die Kenntnisnahme zunächst in den Bereich des Geheimnisschutzes fällt. Nach § 139 StGB sind aber Geistliche, Ärzte und Psychologische Psychotherapeuten sowie ihre berufsmäßigen Gehilfen und Personen, die bei den Erstgenannten zur Vorbereitung auf den Beruf tätig sind, *nicht verpflichtet mitzuteilen*, was ihnen in ihrer beruflichen Eigenschaft bekannt geworden ist.

Einem im Vollstreckungsverfahren nach § 463 IV 3 StPO beauftragten Sachverständigen, ist seitens der Maßregelvollzugsklinik Einsicht in die Patientendaten des Krankenhauses zu gewähren.

Diese gesetzlich normierte Offenbarungspflicht gilt auch in Bezug auf Patientendaten für ein nach §§ 463 IV 4, 454 II StPO von der StVK zur Prüfung der Möglichkeit einer Bewährungsaussetzung angefordertes Gutachten.

§ 68a VIII StGB verpflichtet bestimmte dort genannte Mitarbeiter einer forensischen Ambulanz dazu, sich gegenseitig Geheimnisse zu offenbaren, die an sich unter den Schutz des § 203 StGB fallen. Darüber hinaus sind unter den dort normierten Voraussetzungen diese Geheimnisse auch der Führungsaufsichtsstelle und dem Gericht (StVK) zu offenbaren.

Weitere gesetzliche Offenbarungspflichten betreffen überwiegend sozial- und gesundheitsrechtliche Bereiche: § 35 SGB I; §§ 67d, 68–77 SGB X; §§ 276, 277, 295, 306 SGB V; §§ 6, 7 IfSG; §§ 18, 34 PStG.

2 Respektierung der Würde – Eine Frage der Ethik

Thomas Hax-Schoppenhorst

2.1 Einführung

Welche Überzeugungen und Grundhaltungen veranlassen die in der forensischen Psychiatrie Tätigen, Patienten zu begleiten? Gibt es Wertvorstellungen, die schließlich doch eine adäquate Behandlung des kranken, gestörten und leidenden Individuums behindern? Was darf Patienten abverlangt, was muss ihnen zugebilligt werden?

In diesem Kapitel sollen grundsätzliche ethische Prinzipien und Fragestellungen vorgestellt werden. Ein Fragenkatalog zu professionellen, kulturellen und individuellen Werten ermöglicht die persönliche Positionsbestimmung. Abschließend werden mit Hilfe eines Fallbeispiels aus dem Bereich der Rehabilitation Fragen der Abwägung zwischen teils widerstrebenden Interessen thematisiert. Ein Positionspapier aus dem Bereich der christlichen Ethik soll zur vertiefenden Diskussion anregen.

▶ *Der abweichende Mensch ist ein Mensch wie du und ich.* In der psychoanalytischen Lesart bedeutet dieser Satz, dass der Asoziale ein Mensch wie du und ich ist, *weil* wir alle mehr oder weniger asozial *sind.* Jeder von uns könnte demnach unter bestimmten Bedingungen zu einem Dieb, Mörder, Frauenschänder oder politischen Verbrecher werden, so wie jeder von uns eine Grippe bekommen kann.

Das Menschenmögliche ist uns allen möglich. Dazu gehört auch die Krankheit. Der Kranke ist immer noch einer von uns. Und so lautet der Grundsatz der therapeutischen Kriminologie, dass der Asoziale kein geborener Verbrecher ist. [...] Vielmehr ist er einer, der das Pech hatte, als Kind unter den Einfluss psychopathologischer Faktoren zu geraten, woraus sich im Laufe der Zeit, verstärkt durch ungünstige Umweltbedingungen, kriminelle Neigungen entwickelten. Deshalb kämpft die therapeutische Kriminologie gegen die traditionelle Lehre vom kriminellen Psychopathen. [...]

Im Psychopathen der forensischen Medizin treffen wir auf ein Wesen, das durch einen Makel der Geburt nicht zu uns gehört; dennoch ist es ein legitimes Objekt unseres Rachebedürfnisses. Demgegenüber ist die Gestalt des Psychopathen, wie sie von der therapeutischen Kriminologie entworfen wird, ein legitimes Objekt menschlicher Solidarität. Denn diese Gestalt ist krank, [...], und ihre Krankheit ist, obwohl widerständig gegen Interventionen, im Prinzip behandelbar. (Strasser, 2001: 64) ◀

▶ Wie die Gesellschaft mit ihren Tabubrechern umgeht, schreibt der emeritierte Berliner Forensikprofessor Wilfried Rasch (†), folgt regelmäßigen Zyklen. Nach einer therapieoptimistischen und außenseiterfreundlichen Phase sei jetzt die Strafe dran: «In manchen Epochen überwiegt der Behandlungsgedanke, der Abweichler wird als hilfsbedürftig definiert, in anderen herrscht das Verlangen vor, den Missetäter für das begangene Unrecht büßen zu lassen.»

Dabei handelt es sich nicht einfach um eine Frage der Pragmatik, sondern um eine der Ethik, befinden Sexualforscher und Psychiater.

Die «Deutsche Gesellschaft für Sexualforschung» warnt darum vor einem «Rückfall in illiberale und inhumane Zeiten». Professor Rasch hofft auf «eine Phase, die durch bessere Differenzierung unter den Außenseitern mehr Verständnis für sie sowie mehr humanitäres Engagement gekennzeichnet ist.» Und Professor Andreas Spengler, der Leiter des Niedersächsischen Landeskrankenhauses Wunstorf, kritisiert das Menschenbild [...]. Von «lebenden Zeitbomben» ist die Rede, wenn es um Menschen geht. «Der Begriff dehumanisiert», sagt Spengler. (Goetsch, 1998) ◀

▶ Stoppt Tierversuche – nehmt Kinderschänder! (Text eines Autoaufklebers) ◀

2.2 Patientenwürde im juristischen Kontext

In der Gesetzgebung bzw. in verschiedenen Urteilen des Bundesverfassungsgerichts finden sich zahlreiche Hinweise darauf, dass die Würde des Menschen (Art. 1 GG) und sein personales Selbstbestimmungsrecht auch im freiheitsentziehenden Maßregelvollzug zu achten und zu wahren sind. So respektieren die einzelnen Ländergesetze das Recht der Patienten, persönliche Gegenstände (Bilder, CDs, Bücher, Erinnerungsgegenstände usw.) zu besitzen und zu benutzen, Kontakte zu Personen außerhalb der Institution zu knüpfen, Radio- und Fernsehgeräte zu nutzen sowie Post zu empfangen und zu telefonieren. Natürlich gibt es gleichzeitig in allen genannten Bereichen Möglichkeiten der Kontrolle, der Einschränkung bzw. des Verbots (s. Kap. 1); es können Sicherheitsbelange geltend gemacht werden, wobei eine hinreichende Begründung unerlässlich ist.

Mit der Entscheidung, dass die Maßregelunterbringung nicht allein deshalb angeordnet werden darf, weil dadurch eine bessere Behandlung des Täters erreicht werden kann (Grundsatz der Verhältnismäßigkeit, § 62 StGB), wägt der Gesetzgeber zwischen den Interessen der Allgemeinheit und denen des einzelnen Täters ab: Trotz einer verminderten oder gar aufgehobenen Schuldfähigkeit wird zum Schutz der Allgemeinheit vor zu erwartenden weiteren Straftaten die Freiheit entzogen. Sind andererseits weitere Straftaten nicht zu erwarten, wird es der Allgemeinheit abverlangt, den Täter bei Schuldunfähigkeit wieder in ihre Reihen aufzunehmen bzw. ihn zu dulden – er ist freizusprechen!

Im *Mitbestimmungsurteil* vom 1. März 1979 beschreibt das Bundesverfassungsgericht, von Art. 1 GG ausgehend, das Bild des Menschen wie folgt:

▶ Es ist nicht das des isolierten und selbstherrlichen Individuums, sondern das der gemeinschaftsbezogenen Person, die, von unverfügbarem Eigenwert, zu ihrer Entfaltung auf vielfältige zwischenmenschliche Bezüge angewiesen ist. (BVerfGE 50, 290, 353 f.). ◀

In seiner Entscheidung zur lebenslangen Freiheitsstrafe vom 21. Juni 1977 macht das Gericht deutlich, wie dieses grundgesetzliche Menschenbild sich am strafrechtlich Eingeschlossenen zu bewähren hat:

▶ Dem liegt die Vorstellung vom Menschen als einem geistig-sittlichen Wesen zu Grunde, das darauf angelegt ist, in Freiheit sich selbst zu bestimmen und sich zu entfalten. [...] Der Einzelne muss sich diejenigen Schranken seiner Handlungsfreiheit gefallen lassen, die der Gesetzgeber zur Pflege und Förderung des sozialen Zusammenlebens in den Grenzen des bei dem gegebenen Sachverhalt Zumutbaren zieht; doch muss die Eigenständigkeit der Person gewahrt bleiben. [...] Es widerspricht daher der menschlichen Würde, den Menschen zum bloßen Objekt im Staate zu machen. (BVerfGE 45, 187, 227 f.) [Kürzungen durch den Verfasser]. ◀

Außerdem stellt das Gericht fest, dass niemand der Freiheit beraubt werden darf, ohne dass zumindest eine Chance besteht, wieder der Freiheit teilhaftig zu werden (BVerfGE 45, 187, 223)!

Kammeier fasst mit Blick auf die Patienten im Maßregelvollzug dementsprechend zusammen:

▶ Damit anerkennt das Bundesverfassungsgericht die volle Menschenwürde und Grundrechtteilhabe auch des erheblich delinquent gewordenen und gefährlichen Mitbürgers und hebt ihn aus dem Objektstatus gesellschaftlicher Vergeltungs- und Verwahrabsichten – auch und gerade während des Freiheitsentzuges – heraus und stellt ihn als Partner in die notwendigen zwischenmenschlichen Bezüge hinein. (Blau/Kammeier, 1984: 205) ◀

Im Jahre 1984 fällte das Bundesverfassungsgericht das wegweisende Urteil, das dezidiert die Prüfung der Verhältnismäßigkeit der Unterbringung vorschreibt: Je länger jemand untergebracht ist, desto größer wiegt sein Recht auf Wiedererlangung der Freiheit gegenüber dem Recht der Gesellschaft auf Schutz vor neuerlichen Straftaten. Vorzunehmen ist eine Güterabwägung.

2.3 Drahtseilakt für Therapeuten und Pflegekräfte

Das Wohl und der Wille des Patienten sind in unserer Zeit die vorrangigen Prinzipien bei der ethischen Beurteilung ärztlicher Handlungen. Das *Prinzip des Nichtschadens* und die *Schweigepflicht* sind zwei weitere arztethische Prinzipien, die bereits mit dem «hippokratischen Eid» festgehalten werden. Die amerikanischen Medizinethiker Beauchamp und Childress (Birnbacher/Kottje-Birnbacher, 2000) haben ein Vierprinzipienmodell eines «ethischen Commonsense» aufgestellt, der eine breite Grundlage zu einem gemeinsamen ethischen Grundverständnis bietet. Demnach sind die Prinzipien des Nichtschadens, der Autonomie, der Fürsorge und der Gleichheit Richtschnur allen Handelns und aller Entscheidungen. Es ist unzweifelhaft, dass psychische Krankheiten ...

► ...die Autonomie, die Selbstbestimmtheit des Menschen, seine Fähigkeit, zu verstehen und etwas zu wollen, beeinträchtigen oder gar aufheben können. Seit ihren Anfängen hat sich die Psychiatrie mit dieser krankheitsbedingten Einschränkung oder gar dem Verlust der Selbstbestimmbarkeit, mit ihrer Erkennung und noch mehr mit ihren Folgen wie Selbst- oder Fremdgefährdung, Zwangsunterbringung und Zwangsbehandlung, mit Testier-, Geschäfts-, Schuld- und Einwilligungsfähigkeit beschäftigen müssen. (Freyberger/Stieglitz, 1996: 554) ◄

Ethik (griech. *ethos* = Sitte, Gewohnheit) befasst sich mit den Fragen nach dem höchsten Gut, dem richtigen Handeln und der Freiheit des Willens. Moral gilt heute als Sammelbezeichnung für gesellschaftlich akzeptierte und als verbindlich angesehene ethisch-sittliche Normensysteme des Handelns und der Werturteile, der Tugenden und Ideale.

Ethisch-moralische Entscheidungen sind in aller Regel dem Individuum nicht bewusst, sie resultieren vielfach aus den unmittelbaren Erfahrungen und Vorgaben, die den jeweiligen Sozialisationsprozess des Betreffenden begleitet haben (moralisches Vorbild durch Eltern und Freunde).

Da ethische Gesichtspunkte in der Ausbildung von Medizinern, Psychologen und Pflegepersonal (bedauerlicherweise) noch immer eine untergeordnete Rolle einnehmen, verwundert es nicht, dass sich viele, nach dem Grund für ihre Berufswahl befragt, verunsichert zeigen. Andererseits wäre es eine überzogene Forderung, Kant, Hegel und Positionen der christlichen Ethik zu einem «Muss» zu erheben. «Es ist uns noch nicht gelungen, eine angemessene Grundhaltung für forensisch Tätige zu entwickeln. Wahrscheinlich haben wir die Begegnung mit dem Bösen in uns noch nicht ausreichend zugelassen», klagt *Bargfrede* in der Neuausgabe des «Klassikers» von Dörner und Plog «Irren ist menschlich» (Dörner et al., 2002: 354). Dann ergänzt er: «Auch wir meinen, dass zu jedem Menschen grundsätzlich alle menschlichen Möglichkeiten – die guten wie die bösen – gehören. Aus diesem Wissen ließe sich, wenn man sich traut, eine Grundhaltung für forensisch-psychiatrisch Tätige entwickeln. Dies haben wir uns in dieser Auflage [...] noch nicht zugetraut.» (Dörner et al., 2002: 354).

Ethik im forensischen Behandlungsalltag

Kobbé (1992: 213 ff.) listet zur Veranschaulichung des hohen ethischen Anspruchs im forensischen Behandlungsalltag Fragen auf, die provozieren und zugleich eine Orientierung für die Arbeit geben (Auszug):

- Ist es ethisch, so genannte gefährliche Patienten auf Grund des fehlenden Minimalvertrauens auf Seiten des Therapeuten, dass diese Patienten bestimmte Basisregeln einhalten, nicht zu behandeln?
- Wie viel Hoffnung darf und kann ich Patienten machen? Insbesondere denen, die auf Grund der Schwere der Störung und ihrer Deliktdynamik als schwer therapierbar gelten?
- Wie frei, wie unabhängig ist der Therapeut in seinen Entscheidungen, dies speziell im Rahmen der Institution? Und: Wie authentisch ist er im Sinne einer persönlichen Begegnung?
- [...] wie neutral kann man bei der Konfrontation mit Mord, Totschlag, Vergewaltigung und Perversion, bei sadistischen Phantasien oder archaischen Hassgefühlen, Zerstückelungsimpulsen oder Mordgelüsten bleiben? Und wäre das richtig? Wo findet der Therapeut hier Maß und Regel? Was ist denn gut, was böse?

Für das Berufsfeld der forensischen Psychiatrie gelten offene Fragen, Irritationen und Konflikte, die sich aus der Beschäftigung mit ethischen Gesichtspunkten ergeben, in einem besonderen Maße! Nicht ohne Grund bezeichnet Kobbé (1992: 213) die Arbeit im Maßregelvollzug als «ethische Springprozession» (zwei Schritte nach vorn, einen Schritt zurück), bei der die «Situation der unvermeidlichen ethischen Selbstüberforderung» (Sloterdijk, 1983) ständig gegeben ist: Behandler müssen die Tatsache des Eingesperrtseins ihren diesbezüglich stets klagenden Patienten immer wieder einsichtig machen und diese rechtfertigen (z. B. bei der Ablehnung von Lockerungen); sie sind gehalten, sich den oft erschreckenden Inhalten der Täterwelt zu stellen, die mit ihrem Verständnis von Moral unvereinbar erscheinen. Sie müssen sich vergegenwärtigen, dass das in anderen medizinischen Bereichen akzeptierte Selbstentscheidungsrecht der Patienten im forensischen Kontext durch Drohungen, Zwang, Abhängigkeiten sowie psychischen Druck ständig eingeschränkt wird und Verweigerungshaltungen provoziert. Schließlich geraten sie, wie Kolleginnen und Kollegen aus dem Pflegeberuf auch, außerhalb ihres Berufsfeldes in Kollision mit energischen Verweigerern jedweden Verständnisses für ihre Klientel und befinden sich somit in einem Kräfte zehrenden Rechtfertigungsprozess. *Gerd Schumacher, Fachpfleger in der forensischen Abteilung der Rheinischen Kliniken Düren*, ist dennoch nicht bereit, seine Prinzipien aufzugeben:

▶ Der Mensch ist auf Kommunikation ausgerichtet. Das Recht darauf hat jeder. Das Gespräch mit den Patienten ist ein Stück Sicherheit! Wir fangen Konflikte auf und korrigieren. Würde ich stets das «Monster» in den Patienten sehen, so könnte ich hier unter keinen Umständen arbeiten. Im Alltag präsentieren unsere Patienten eine breite Palette von auch durchaus angenehmen Seiten – das sollten wir nicht vergessen. Patienten sind nicht nur Täter. Es wäre sträflich, es wäre sozusagen ein Kardinalsfehler, wollten wir diese Ressourcen unserer Klientel nicht sehen! ◀

Und *Wolfgang Bongartz, pflegerischer Abteilungsleiter Forensik I in Düren*, weist auf den alltäglichen Kampf um die Aufrechterhaltung einer professionellen Haltung hin:

▶ Meine Überzeugungen muss ich fast jeden Tag erneut überprüfen. Die Versuchung ist groß, im allgemeinen Trend schnell mal ein paar Prinzipien über Bord zu werfen. Das aber wäre der Anfang vom Ende unserer Arbeit. Stammtischparolen helfen uns nicht weiter. Unsere Patientenschaft erfordert hohe Spezialisierung, sodass es unter ethischen Gesichtspunkten in keiner Weise gerechtfertigt ist, die forensische Arbeit, wie man im Gespräch mit Kollegen hört, immer kostengünstiger, also mit («billigem») schlechter qualifiziertem Personal zu gewährleisten. ◀

Gewissensfrage

▶ [...] Es ist wieder von den Rechten der Patienten die Rede. Von Pflichten hören wir nur zu wenig! So fragen wir uns, wie es Ärzte und Psychologen mit ihrem Gewissen verantworten können, wenn sie Tätern zum Beispiel einen Freigang genehmigen. Haben sie eine Vorstellung von den Ängsten der Eltern, die sich berechtigte Sorgen um ihre Kinder machen? Denken sie nicht an die vielen Frauen, die sich kaum noch vor die Tür trauen, weil draußen die Gefahr lauert?

In welchem Grade muss man mit diesen kranken (?) Seelen identifiziert sein, um alle Bedenken in den Wind zu schlagen? Sicherlich ist, wie wir es von Grundgesetz her kennen, die Würde des Menschen unantastbar. Aber haben die Patienten in forensischen Kliniken nicht dieses Recht verspielt? Wer denkt an die Würde der Opfer? Ist das Therapie, wenn man Sexualstraftäter und Vergewaltiger hinter Mauern verwöhnt, ihnen Dinge ermöglicht, die viele unbescholtene Bürgerinnen und Bürger entbehren müssen? (Auszug aus einem Flugblatttext, verteilt an Haushalte in Herne) ◀

Grundsätzlich haben Mitarbeiterinnen und Mitarbeiter des Maßregelvollzugs in einem gesellschaftlichen Klima ihre Arbeit zu verrichten, das ihnen eine Fürsprache im Sinne der ohnehin ausgegrenzten Patientenschaft nicht gerade erleichtert. Strasser (2001: 63 ff.) beklagt das Ende jedweder Solidarität. Nach seiner Einschätzung ist selbst die Frage nach der menschlichen Würde in ökonomische Überlegungen verstrickt. Das Fehlen der unantastbaren Würdigkeit der Person führt dazu, dass asoziale Menschen wieder als «die Anderen» gesehen werden, deren Anderssein als Grund dafür genommen wird, sie wie Wesen zu behandeln, die der Zuwendung nicht würdig sind.

Fallbeispiel – Ethische Aspekte eines Rehabilitationsversuchs

Im Verlauf einer Behandlung gilt es viele Entscheidungen zu fällen, die auf ihre Vertretbarkeit unter ethischen Gesichtspunkten hin zu überprüfen sind. Als besonders schwierig erweist es sich hierbei, die Interessen, Bedürfnisse und Ängste aller Beteiligten nicht aus dem Auge zu verlieren. *Marianne Hourtz, Diplom-Sozialarbeiterin in der forensischen Ambulanz in Düren*, schildert einen solchen Prozess:

▶ Ein junger Student, aus dem osteuropäischen Raum stammend, erkrankt an einer Psychose aus dem schizophrenen Formenkreis. Tragischerweise erlebt der Mann sich nicht als krank, begibt sich also nicht in Behandlung. Er entwickelt ein ausgeprägtes Wahnsystem und ist überzeugt, gegen den Satan kämpfen zu müssen, der fortgesetzt «in die Menschen fährt». Als er bemerkt, dass dieses Schicksal auch seiner Familie widerfährt, attackiert er seine Mutter und seine drei Schwestern mit einem Messer; die Mutter und zwei Schwestern sterben, eine Schwester überlebt knapp.

Er wird als schuldunfähig begutachtet; das Gericht spricht ihn vom Vorwurf des dreifachen Mordes frei, ordnet gleichzeitig seine Unterbringung in einem psychiatrischen Krankenhaus an.

Nach über elfjähriger Behandlung wird der Patient bei uns vorgestellt. Es soll ein Rehabilitationsversuch eingeleitet werden. Der Patient leidet nach wie vor unter seiner Krankheit. Im Verlauf der Unterbringung war es wiederholt zu Krisen gekommen, in denen er dann einzelne Mitarbeiter verdächtigte, im Bunde mit dem Teufel zu stehen. Stets war es der professionellen Aufmerksamkeit der Mitarbeiter zu verdanken, dass es zu keinen deliktrelevanten Zwischenfällen kam. Auch im Nachhinein bagatellisiert und rationalisiert der Patient diese kritischen Ereignisse.

Auf der anderen Seite zeigte er sich im Behandlungsverlauf durchaus kooperativ; so akzeptierte er die dringend notwendige Dauermedikation, ohne wirklich an ihre Notwendigkeit zu glauben, und nahm auch an den therapeutischen Angeboten teil. Er erwies sich im stationären Rahmen als gut leitbar.

Eine Deliktbearbeitung im engeren Sinne war und ist nicht möglich; der Patient spaltet seine aggressiven Anteile vollständig ab, sie manifestieren sich umso heftiger in seinen zeitweise wahnhaften Verfassungen. Der Therapeut äußert das Gefühl, der Patient glaube bis heute nicht daran, seine Familienangehörigen getötet zu haben. Der Patient bekundet Pläne, er wolle zu seiner Schwester nach Frankfurt ziehen, um dort sein Studium der Biologie fortzusetzen oder eine Lehre zu beginnen.

Die Mitarbeiter der forensischen Ambulanz entscheiden sich, einen Rehabilitationsversuch zu wagen. Es scheint denkbar, die notwendigen unterstützenden und kontrollierenden Hilfen, die der Patient benötigen wird, auch außerforensisch zu etablieren. Zudem sind die Behandlungsmöglichkeiten in der Klinik erschöpft, mit einer Besserung des Zustandes ist nicht zu rechnen. Des Weiteren zeigt der Patient unverändert die Bereitschaft, die ihm eigentlich nicht einleuchtenden Bedingungen für eine Entlassung aus der Forensik hinzunehmen: Fortsetzung der medikamentösen Behandlung, Unterbringung in einem gut betreuten Wohnheim für psychisch Behinderte, die Errichtung einer gesetzlichen Betreuung (Gesundheitssorge und Bestimmung des Aufenthalts). ◀

Der Fall birgt eine ganze Reihe ethisch fragwürdiger Gesichtspunkte, und es gilt, teils widerstrebende Interessen der beteiligten Personen und Gruppen abzuwägen. Volckart (1990: 120) erinnert:

▶ Dem Freiheitsentzug liegt keine Schuld (im juristischen Sinne, M. H.) zu Grunde. Der Patient bringt der Allgemeinheit um ihrer Sicherheit willen ein *Sonderopfer*. Ein Rechtsstaat kann einem Menschen ein solches Opfer nur abverlangen, wenn er gleichzeitig alles daran setzt, die Notmaßnahme überflüssig zu machen und der sozialen Ausgliederung des Patienten entgegenzuwirken. [...] Aus diesem Rechtsstaatsprinzip ergibt sich, dass der Patient *auf ärztliche Behandlung einen Anspruch* hat. [Hervorhebungen durch den Verf.] ◀

Im vorliegenden Fall befindet sich der Patient seit über 11 Jahren in der Unterbringung. Im medizinischen Sinne ist er nicht «geheilt». Dörner (1996: 252) wendet hier ein:

▶ Es spricht [...] viel dafür, dass die medizinische Heilbarkeit in der Psychiatrie ein Mythos ist. [...] Gefährlich wird der Mythos [...] im Umgang mit Langzeitpatienten, mit den Unheilbaren – gemessen am medizinischen Heilbarkeitsanspruch. Sie sind innerhalb des Systems nur negativ definierbar, weshalb wir uns schwer tun, unser Handeln mit ihnen positiv zu beschreiben. ◀

Er lässt diesen Einwänden Vorschläge für den Umgang mit Langzeitpatienten folgen:

▶ Der Umgang mit einem Langzeitpatienten besteht nicht mehr darin, ihn ändern zu wollen, sondern ihn so zu akzeptieren, wie er ist, einschließlich seiner Abhängigkeiten, notfalls einschließlich seiner Psychopharmakaprothese. Es geht darum, mit ihm gemeinsam die einzig zu ihm passende Landschaft, die ihm angemessene ökologische Nische zu suchen und zu gestalten. Zu ändern sind die Bedingungen, ist der Kontext, nicht der Mensch. (Dörner, 1996: 254) ◀

Nun verlangt das Gesetz auch keine Heilung, es verlangt lediglich eine Besserung, die dazu führt, dass der Patient nicht mehr gefährlich ist. Sowohl das Gesetz als auch die von Dörner vertretene Sichtweise der Medizin sind also offen für die Würdigung tendenzieller Veränderungen im Befinden eines Menschen.

Unser Problem in der Praxis liegt darin, dass bei der überwiegenden Zahl der in forensischen Kliniken Untergebrachten das Ziel, die *Befähigung zur Selbstlenkung und Selbstbestimmung*, nicht oder nur in Graden zu erreichen ist. Um diesem Patienten eine Möglichkeit zu verschaffen, außerhalb der Forensik in Sicherheit und angemessen umsorgt zu leben, ist es notwendig,

- den Patienten, seine Schwester und seinen Rechtsanwalt
- die Beamten des Ausländeramtes
- die Mitarbeiter einer geeigneten Wohneinrichtung für psychisch Behinderte
- die Mitarbeiter einer Werkstatt für psychisch Behinderte
- einen Facharzt für Psychiatrie und Psychotherapie
- den für gesetzliche Betreuungen zuständigen Amtsrichter
- einen gesetzlichen Betreuer
- einen Bewährungshelfer und den Sozialarbeiter der zuständigen Führungsaufsichtsstelle

dafür zu gewinnen, gemeinsam die «ökologische Nische» aufzubauen, in der der Patient auf Dauer zurechtkommen wird. Die ethischen Gesichtspunkte, die es dabei zu berücksichtigen gilt, sind vielfältig. Hier seien nur einige genannt:

- Ist es vertretbar, sich für das Bleiberecht eines Ausländers einzusetzen, der ein so schwer wiegendes Delikt begangen hat? Sollte er nicht, wenn er schon entlassen wird, abgeschoben werden in sein Heimatland?
- Ist es den Mitarbeitern in einem Heim und in einer Werkstatt zuzumuten, sich ein solches potenzielles Sicherheitsrisiko ins Haus zu holen und es dann professionell zu tragen?
- Ist es ihnen zuzumuten, von ihrem Konzept abzuweichen und gegen ihre sonstige Vorgehensweise auch deutlich kontrollierende und einschränkende Funktionen wahrzunehmen?
- Können sie ihren übrigen Klienten zumuten, mit einem solchen Menschen auf Dauer zusammen zu leben bzw. mit ihm zu arbeiten?
- Ist es einem niedergelassenen Arzt zuzumuten, einen solchen Patienten zu übernehmen, wohl wissend, dass es von ihm und den anderen Helfern abhängen wird, krisenhafte Entwicklungen frühzeitig zu bemerken und angemessen zu behandeln, um eine neuerliche Katastrophe zu verhindern?

- Ist es dem Patienten zuzumuten, sich über die Entlassung aus der Forensik hinaus auf nicht absehbare Zeit weiter einbinden zu lassen in einen Kreis von Helfern, die über wichtige, ihn tangierende Dinge zu bestimmen haben?

Das Kooperationskonzept der Ambulanz (s. Kap. 8) ist darauf ausgerichtet, alle Beteiligten für die Schaffung dieser «ökologischen Nischen» zu gewinnen.

2.4 Perspektiven

Weltweit beklagen Vertreter von Kirchen, Menschenrechtsorganisationen und sozialen Verbänden das Fehlen einer verbindlichen Definition des Begriffs «Menschenwürde». Die Verlautbarungen des Bundesverfassungsgerichts liefern eine klare Vorgabe, nach welchen ethischen Maßstäben mit Menschen im Strafvollzug bzw. Maßregelvollzug zu verfahren ist.

Gibt es auch eine «ethisch orientierte Handlungsanweisung» für Mitarbeiterinnen und Mitarbeiter im Maßregelvollzug? Die bisher erschienene Literatur ist diesbezüglich nicht reich an Empfehlungen. Doch zumindest zwei Positionen seien erwähnt, da sie hilfreich sein können in der Überwindung einer stetig anhaltenden ethischen Selbstüberforderung.

Kobbé (1999: 389) plädiert für die Bewusstmachung der Beschränktheit und Begrenztheit der eigenen Möglichkeiten:

▶ Das heißt, die ursprüngliche therapeutische Ausgangsposition des grundsätzlichen Heilungsanspruchs entpuppt sich im Oszillieren zwischen Notwendigkeit und Möglichkeit, zwischen Identifikation und Distanzierung [...]. Abgefordert wird den Therapeuten des Maßregelvollzugs hingegen ein inneres Gleichgewicht, das die Gegenübertragungsaffekte einschließlich der – uneingestandenen – Angst vor der therapeutischen Ohnmacht ertragen hilft. Diese Haltung impliziert die Aufgabe psychotherapeutischer Größen- und Allmachtsphantasien, aber eben auch den Abschied von therapeutischen Insuffizienzgefühlen.

Arbeitshinweis

In Lippstadt-Eickelborn wurde im Jahre 1995 ein Drittel der Patienten zur Gruppe der über 6 Jahre Untergebrachten gerechnet. Die Tendenz der «Longstay-Patienten» mit 10, 15 und 20 Jahren steigt seit Beginn der 90er-Jahre des vergangenen Jahrhunderts im Verhältnis zu denen mit durchschnittlicher Verweildauer. «Habe ich nicht meine verantwortende Grundhaltung von dem Patienten her zu entwickeln, der am längsten in unserer Einrichtung ist?», fragt Wendt (Dörner et al., 2002: 363) zielgenau. Die Hoffnungslosigkeit des Betroffenen kann zur hoffnungslosen Atmosphäre in einer Klinik entscheidend beitragen.

Ist es aus Ihrer Sicht vertretbar, Kliniken in der Weise zu konzipieren, dass eine sehr lange, sogar lebenslange Verweildauer Programm ist (*long-stay-units*)? Handelt es sich um eine aus den Erkenntnissen zwingend geschlussfolgerte Notwendigkeit, oder ist es therapeutische bzw. gesellschaftliche Kapitulation?

Micha Hilgers, Psychoanalytiker und Supervisor, sieht die große ethische Herausforderung in der forensischen Arbeit darin, ...

▶ ... dass auch Therapeuten in Anlehnung an die Empfehlung von Max Frisch verfahren, man möge sich kein endgültiges, sondern stets nur ein vorläufiges Bild von seinem Gegenüber machen. Das Eintauchen in die so oft bizarre (psychotische) Welt der Täter und die sich daran anschließende Zurücknahme, das Bemühen um ein Verstehen der Bedingungen für eine Tat (nicht Verständnis!) – das sind die alltäglichen großen Leistungen, die uns ein hohes Maß an ethischer Reflexion abverlangen! ◀

Herbert Viefhues, Professor am Zentrum für Medizinische Ethik an der Ruhr-Universität in Bochum, hat sich im Sinne einer Commonsense-Ethik mit der Frage nach einer praktikablen, allgemeinverbindlichen Ethik im Maßregelvollzug auseinander gesetzt:

▶ Wir wollen versuchen, uns einer Commonsense-Ethik zu bedienen. […] Sie ist ein **Handlungsanweiser**, der, durch Sozialisation erworben, der Bestandteil einer für ihn selbst unbeachteten Einstellung wurde. Sie hat als Teil ein Orientierungswissen von Mensch und Welt, wie sie in der Alltagsbewältigung zum Tragen kommt. […]

Die Leitmaxime könnte man in der so genannten «goldenen Regel» zusammenfassen, die etwa das Sprichwort ausdrückt «Was du nicht willst, das man dir tut, das füg' auch keinem anderen zu.» […] Wichtig in unserem Zusammenhang erscheint mir, dass dieses Postulat nicht die Gleichheit der Machtverhältnisse bedeutet. Dies wäre in unseren Institutionen gar nicht möglich. […]

Das Alltagsleben erfordert dagegen zunächst einmal gegenseitigen Umgang, der außer dem psychiatrischen Fachverstand den normalen Menschenverstand, den Commonsense, ins Spiel bringt. Könnte es nicht sein, dass wir durchaus ethisch gerechtfertigt mit gesundem Menschenverstand dem kranken Menschenverstand zur Hilfe eilen könnten, damit er selbst lernt, sich selber wieder berechenbar zu machen? Denn dies scheint mir der ethische Zweck unseres Handelns im Maßregelvollzug zu sein, dass der Mensch in seiner Würde «mit Hilfe des anderen zu sich selber kommt», wie Hegel sagte. Seine Freiheit wird durch die Maßregel so eingeschränkt, dass er durch die Maßregel die aufgehobene oder aufgegebene Berechenbarkeit seines Handelns wiedergewinnt mit dem Ziel, die volle Freiheit wieder zu erlangen. Einen Versuch scheint mir dies jedenfalls wert zu sein. (Viefhues, 1991: 13) ◀

2.5 Anhang

2.5.1 Stellungnahme der Synode des Ev. Kirchenkreises Recklinghausen

Im Jahre 1998 formulierte die *Synode des Evangelischen Kirchenkreises Recklinghausen* eine Stellungnahme zur forensischen Psychiatrie und zum Maßregelvollzug, die im Folgenden auszugsweise wiedergegeben wird:

▶ In den Diskussionen der vergangenen Monate um einen Standort bzw. um verschiedene Standorte für eine neue Einrichtung der forensischen Psychiatrie ist immer wieder deutlich geworden, dass wir uns als Kirche, als Kirchengemeinden, als diakonische Einrichtungen, als Pfarrerinnen und Pfarrer immer «dazwischen» befinden:

Wir sehen die Opfer, ihre Not, ihre Trauer, ihre tiefen körperlichen und seelischen Verletzungen; als Seelsorgerinnen und Seelsorger stehen wir an ihrer Seite. In der Diakonie werden wir mit den Fragen der Bewältigung ihrer Not und Trauer konfrontiert und sind beteiligt bei der Suche nach Hilfen.

Wir sehen die Täter, ihre Tat und ihre Krankheit, die Notwendigkeit einer fachlich qualifizierten Behandlung für kranke Menschen.

Und wir sehen die Menschen, die Angst haben, deren Sicherheitsbedürfnis größer ist als das Vertrauen in eine solche – fachlich qualifizierte – Behandlung. Diese Angst erleben wir auch in unseren Kirchengemeinden und zum Teil auch bei uns selbst. […]

In christlicher Verantwortung wollen wir all diese Sichtweisen und Perspektiven wahrnehmen und ernst nehmen. Unsere Grenze sollte jedoch dort deutlich erreicht, wenn nicht sogar überschritten sein, wo psychisch kranke Straftäter bewusst oder unbewusst diskriminiert werden.

Bei allen Überlegungen und Auseinandersetzungen wollen wir uns von dem christlichen Menschenbild leiten und stärken lassen. Christlicher Glaube bekennt sich zu einem Menschenbild, bei dem der Mensch – auch in seiner entstelltesten und ohnmächtigsten Gestalt – immer ein Mensch bleibt, der nicht allein auf seine Taten reduzierbar ist. Christlicher Glaube bekennt sich zu einem Menschenbild, bei dem ein Mensch niemals aufgegeben werden darf. Jeder Mensch behält seine Würde, auch der, der die Würde anderer missachtet hat; auch der psychisch kranke Straftäter, dem die Maßstäbe der Menschenwürde entglitten sind.

Die «Ehrfurcht vor dem Leben» (A. Schweitzer) und die Botschaft von der unumkehrbaren

Gnade und Zuwendung Gottes begreift in jedem Täter ein Geschöpf Gottes. Wenn Gott sich jedem Menschen zuwendet, wie könnten wir uns abwenden von Menschen, die zum Teil schwere Straftaten verübt haben? [...] Sie brauchen einen therapeutischen Lebensraum – und das oft viele Jahre lang – als Teil unserer Gesellschaft [...].

Vom biblischen Kriterium der Gerechtigkeit ausgehend sollen alle Glieder einer Gesellschaft an der Gestaltung von gerechten Beziehungen und Verhältnissen teilhaben und in der Lage sein, ihren eigenen Gemeinwohlbeitrag zu leisten. Darum haben wir als humane Gesellschaft auch die gemeinschaftliche Verantwortung für psychisch kranke Menschen. Sie sind Teil unserer Gesellschaft. Sie brauchen einen Platz, einen ihnen angemessenen Ort.

Aber nicht nur sie brauchen solche Orte: die qualifiziert und kompetent arbeitenden forensischen Kliniken. Nein, eben auch die Bevölkerung braucht diese Orte, damit die Sicherheit und Würde aller Menschen gewährleistet ist und bleibt. (25. April 1998) ◀

2.5.2 Wertefragen in der Arbeit mit forensischen Patienten

Williams und Dale (2001: 139 ff.) geben mit einem sehr konkret formulierten Fragenkatalog zu professionellen und kulturellen Werten eine willkommene Hilfestellung. Dadurch wird eine individuelle Standortbestimmung eines jeden Mitarbeiters, einer jeden Mitarbeiterin möglich. Es folgt eine modifizierte, gekürzte Fassung (Übersetzung Sigrid Konheisner).

Professionelle Werte:

a) Respekt für den Patienten als menschliches Wesen – unabhängig von seinem Verhalten, seiner kriminellen Vergangenheit und seiner Diagnose
b) Akzeptanz und Anwendung gängiger Krankheitsmodelle bezüglich der Notwendigkeit von Pflege und Behandlung
c) eine nicht wertende Haltung dem Patienten gegenüber
d) Aufrechterhaltung eines hohen Pflegestandards für alle Patienten
e) Behandlung der Patienten gemäß den Prinzipien von Gleichheit und Fairness
f) Einhaltung der Schweigepflicht.

Fragen:

a) Stelle ich die Krankheitsdiagnose eines Patienten in Frage? Ergibt sich daraus ein Einfluss auf das Ausmaß professioneller Zuwendung? Bin ich mir der vielfältigen und auch positiven Werte eines Patienten bewusst? Nutze ich alle Möglichkeiten, Patienten in ihren positiven Eigenschaften zu bestätigen? Stütze ich sie hinreichend in dem langwierigen Prozess, inakzeptable Werte nach und nach durch in der gemeinsamen Arbeit entdeckte und erworbene zu ersetzen?
b) Hege ich einem Patienten gegenüber ein so hohes Maß an Antipathie, dass es mir nicht mehr gelingt, ihn ausschließlich als Patienten wahrzunehmen? Nehme ich bestehende Angebote (Supervison) wahr, um solche Probleme zu klären?
c) Kommt es vor, dass ich einem Patienten gegenüber eine strafende oder vernachlässigende Haltung als Reaktion auf seine kriminelle Handlung an den Tag lege?
d) Gibt es Patienten, zu denen ich einen so guten (schlechten) Kontakt halte, dass dies mein berufliches Urteilsvermögen bezüglich seiner Bedürfnisse oder meine Reaktion auf sein Verhalten beeinflussen könnte?
e) Fühlte ich mich schon einmal animiert, vertrauliche Informationen über einen Patienten außerhalb der Klinik preiszugeben?

3 Zur aktuellen Situation im Maßregelvollzug

Thomas Hax-Schoppenhorst

3.1 Einführung

Bei sehr unterschiedlichen juristischen Rahmenbedingungen steht die forensische Psychiatrie sowohl in den alten als auch in den neuen Bundesländern vor bislang nie erlebten Herausforderungen. Aufnahmedruck, Gesetzesnovellierungen und eine kritische Öffentlichkeit sorgen für Verschärfungen im Klinikalltag und Verunsicherungen bei den Beschäftigten. Zugleich zeigen sich die im Maßregelvollzug Verantwortlichen unbeirrt in dem Bestreben, die Chancen forensischer Patienten für eine angemessene Behandlung zu steigern.

Dieses Kapitel gibt eine erste Orientierung über die Ausgangslage, macht mit einigen rechtlichen Veränderungen vertraut und greift die Situation in einzelnen Bundesländern auf.

► Sind sich Politik, Rechtsprechung, Krankenhausträger, Öffentlichkeit über die Erwartungen an die Qualität der Besserung und Sicherung, der Versorgung, der Begutachtung und der Strafverfahren einig? Sind die Erwartungen vereinbar? Sind sie fachlich umsetzbar und praktisch sinnvoll? Gewünscht scheint öffentlich die im Umgang mit Menschen real nicht erreichbare Null- Fehler-Quote, das Null-Risiko. Die Erwartung, dass eigentlich überhaupt kein irgendwie geartetes Risiko eingegangen werden sollte, scheint sich vom öffentlichen Echo auf Fehlschläge her zu bestimmen und nicht von der rechtlichen und fachlichen Ausgangssituation und Auftragslage. [...] Vor Ort gefordert scheint in einzelnen Bundesländern ein Maßregelvollzug, der sich mit seinen Investitionen, seinem Personal- und Sachaufwand an den verfügbaren Mitteln, mehr an die Gebote halten muss, die bei knappen öffentlichen Kassen von Haushältern und zuständigen Verwaltungen aufgestellt werden. Weiter ist klar, dass die Gerichte nicht fragen, ob der Maßregelvollzug überhaupt Platz hat. [...] Der Zielkonflikt ist unvermeidbar. [...]

Grenzen der Effizienz und Belastbarkeit der Einrichtungen sind an vielen Orten längst überschritten. In etlichen Ländern werden Patienten provisorisch oder vorläufig untergebracht, etliche deplaziert auf psychiatrischen Allgemeinstationen, wo das übrige Klima für die übrigen Patienten beschädigt wird und eine vernünftige Behandlung nicht möglich ist. Viele Kollegen teilen die Sorge, dass sich Akzeptanz, Versorgungsqualität und Leistungsfähigkeit der psychiatrischen Krankenhäuser verschlechtern. Die Folge ist eine neue Zwei-, genauer Drei-Klassen-Psychiatrie. (Spengler, 1999) ◄

► Der Maßregelvollzug gerät zu einem seltsamen Verschiebebahnhof von Patienten, von Meinungen wie von Interessen. Sich über geschichtliche Unverfrorenheiten, über politische Dummheit, über wohlfeilen Populismus, über telegene Selbstdarstellung und über die Menschenverachtung einer auf Stammtischniveau funktionierenden Politik zu ereifern, führt jedoch kaum weiter. Denn das Problem ist grundsätzlicher: Die Inhalte des Maßregelvollzugs erweisen sich als eine Arbeit mit Minderheiten und damit als eine Aufgabenstellung der Gesellschaft. (Duncker, 2000) ◄

3.2 Rahmenbedingungen

Die vom Deutschen Bundestag in Auftrag gegebene Enquête über die Lage der Psychiatrie beschrieb 1975 unmissverständlich die desolaten Bedingungen, unter denen Patienten zu dieser Zeit behandelt wurden. Die Situation des Maßregelvollzugs nahm dabei eine «absolute Schlusslichtposition» ein. Die Psychiatrie-Enquête war der Startschuss einer sozialpsychiatrischen Reformbewegung, die zu bedeutsamen Änderungen der bundesdeutschen Psychiatrielandschaft führte. Deinstitutionalisierung und Gemeindeorientierung, Reduzierung von Bettenzahl und Aufenthaltsdauer in den Kliniken, Betroffenenbewegung, schließlich auch die Entdeckung der «Schwierigen», sind nur einige Stichworte, die diesen Prozess widerspiegeln. Die Veränderungen wirkten sich auf forensischem Gebiet zunächst kaum, dann mit großer Verzögerung aus. Praktisch alle Reformpapiere nach der Enquête hatten die Versorgung psychisch Kranker und Behinderter im Maßregelvollzug ausgeklammert.

Im Jahre 1984 führte eine bundesweite Untersuchung des Maßregelvollzugs (Leygraf, 1988) zu Besorgnis erregenden Erkenntnissen; die Unterbringungs- und Behandlungsbedingungen psychisch kranker Straftäter galten als desolat. Bauliche Voraussetzungen, personelle Ausstattung, therapeutische Aktivitäten und die menschliche Atmosphäre wurden als deprimierend bezeichnet. In der Zwischenzeit kam es, wie Seifert und Leygraf (1997) feststellten, zu einer deutlichen Weiterentwicklung, die zu Hoffnung Anlass gab: Durch Renovierungen und Umbauarbeiten wurden die räumlichen Unterbringungsbedingungen verbessert, eine bessere Qualifizierung der Mitarbeiter wurde erreicht: Hatte ein akademischer Mitarbeiter gegen Ende der 80er-Jahre des 20. Jahrhunderts noch durchschnittlich 20 Patienten zu betreuen, so war er 10 Jahre später nur noch für neun Patienten zuständig. Bei den Pflegekräften wurde in den Jahren 1988 bis 1996 eine Verbesserung der Mitarbeiter-Patienten-Relation von 1:2,1 auf 1:1,5 erzielt. Steinböck (1999) spricht in diesem Zusammenhang von einer «verspätete[n] Phase einer verspäteten Reform».

Auf der anderen Seite haben rechtliche und politische Veränderungen die Ausgangslage grundlegend beeinflusst. Mit großer Geschwindigkeit reagierten die Gesetzgeber auf die Tötungen von Natalie Astner in Oberbayern und Kim Kerkhoff in Niedersachsen im Jahre 1997, wobei keiner der Täter psychiatrischer Patient war. Durch Änderungen des Strafgesetzbuches und der Strafprozessordnung («Gesetz zur Bekämpfung von Sexualstraftaten und anderen gefährlichen Straftaten» vom 26.1.1998) sowie durch Verschärfungen in den Maßregelvollzugsrechten einzelner Länder wurden Einschnitte gemacht, «die nach ersten Einschätzungen zu einem Rückgang der bedingten Entlassungen und einer Verschärfung der Belegungssituation beigetragen haben» (Pollähne, 2001: 196). Kliniken sind seither durch die herbeigeführten Restriktionen in einem verschärften Maße von Staatsanwaltschaften und externen Gutachtern abhängig. Kritiker werten diese Entwicklung als «populistisches Nachgeben» gegenüber einer Öffentlichkeit, die Kriminalität und psychische Störung unreflektiert gleichsetzt (Nedopil, 1998: 44). Unter anderem wurde mit der Veränderung des § 67d StGB die Erprobungsklausel «[...] sobald verantwortet werden kann, zu erproben, ob [...]» in die Erwartungsklausel «[...] wenn zu erwarten ist, dass der Untergebrachte [...] keine rechtswidrigen Taten mehr begehen wird» umgewandelt.

3.3 Die Klientel

3.3.1 Daten zu forensischen Patienten

Das Durchschnittsalter aller Maßregelpatienten lag in einer Erhebung von 1998 bei 39,3 Jahren, mit einer Streuung von 16 bis 83 Jahren. Maßregelpatienten kommen überwiegend aus unteren sozialen Schichten. Jeder dritte Patient hatte zumindest einen Teil seiner Kindheit und Jugend in einem Heim verbracht. Typische Karriereentwicklungen (Kinderheim – Erziehungsheim – Jugendvollzug – Erwachsenenstrafanstalt – Maßregelvollzug) sind häufig; somit kennen viele Patienten ein Leben außerhalb von Einrichtungen nicht. Die Mehrzahl der Patienten hat vor der Einweisung in den Maßregelvollzug eine oder gar mehrere Haftstrafen verbüßt. Bei rund 60–70 % aller nach § 63 StGB untergebrachten Patienten besteht neben der primären psychiatrischen Erkrankung eine Alkohol- und Drogenproblematik.

3.3.1.1 Frauen als Täterinnen

Nur etwa 5 % der im Maßregelvollzug untergebrachten Straftäter sind Frauen. Frauen, die gewalttätig wurden, waren in ihrer Vorgeschichte sehr häufig selber Opfer von männlicher Gewalt bzw. von Missbrauch. Die Delikte unterscheiden sich vielfach grundlegend in ihren Motiven, in den Tatumständen und auch in der zu Grunde liegenden Psychodynamik von den durch Männer verübten Straftaten.

In der Mehrzahl der Fälle handelt es sich bei den Tötungs- und Körperverletzungsdelikten um Lebenspartner bzw. Kinder, die also im Rahmen von Beziehungstaten betroffen wurden. Bei

Tötung von eigenen Kindern handelt es sich meist um so genannte erweiterte Suizidversuche im Zusammenhang mit schizophrenen Psychosen oder affektiven Störungen. Lebenspartner (besonders dann, wenn beide Partner ein Suchtproblem haben) sind in der Regel Opfer im Kontext lang anhaltender Partnerschaftskonflikte.

Nach Erhebungen aus dem Jahre 2003 liegen bei den Diagnosen der nach § 63 StGB untergebrachten Patientinnen die schizophrenen Psychosen bundesweit mit 60 % erkennbar vorn, gefolgt von den affektiven Psychosen (10 %), den Borderline-Störungen (13 %) sowie den Neurosen bzw. anderen Persönlichkeitsstörungen (11 %). Die hirnorganischen Störungen und Intelligenzminderungen fallen mit zirka 0,5 % bzw. 1,2 % kaum ins Gewicht.

Bei einer Teilmenge der schizophrenen Psychosen und der Borderline-Störung wurde als zweite Diagnose zudem eine Suchterkrankung (10 % bzw. 4,5 %) festgestellt.

Die Mehrheit der forensischen Patientinnen ist zwischen 30 und 50 Jahre alt. Die Altersgruppe der 30 bis 40 Jahre alten Frauen ist mit zirka 41 % (§ 63 StGB) die größte. In den letzten Jahren steigt die Zahl der jüngeren Patientinnen im Maßregelvollzug (Altersgruppe 21 bis 30 Jahre), die neben ihrer seelischen Erkrankung bzw. Störung noch eine Suchtproblematik haben.

Grundsätzlich unterscheidet sich die Therapie von Frauen nicht in der Technik, wohl aber in der inhaltlichen Schwerpunktsetzung. Dies gilt im besonderen Maße, wenn Frauen selbst Opfer (sexuellen Missbrauchs) waren.

3.3.1.2 Jugendliche im Maßregelvollzug

War zunächst von verschwindend geringen Fallzahlen die Rede, so kann mittlerweile – mit deutlichen regionalen Unterschieden – von einem kontinuierlichen Anstieg jugendlicher Patienten in der forensischen Psychiatrie ausgegangen werden. Im Jahre 2004 befanden sich allein im Land Rheinland-Pfalz 16 Jugendliche und Heranwachsende im Maßregelvollzug. Befragungen (Tessenow, 2002) ergaben eine bundesweite Gesamtzahl von 218 Unterbringungen gemäß § 126a StPO, § 7 JGG in Verbindung mit § 63 StGB und § 64 StGB. Der Schwerpunkt lag mit 189 Patienten deutlich bei männlichen Jugendlichen und Heranwachsenden mit Unterbringung gemäß § 63 StGB.

Im Wesentlichen finden sich bei Jugendlichen und Heranwachsenden häufiger als im Erwachsenen-Maßregelvollzug Störungen mit Intelligenzminderungen (37 %); prognostisch ungünstig verlaufende Schizophrenien und Persönlichkeitsstörungen können bei Jugendlichen zu maßregelrelevanten Delikten führen.

Die wichtigsten Delinquenzbereiche sind:

- schwere Eigentumsdelikte
- Gewaltdelikte
- andauernde Verkehrsdelikte
- Gewaltdelikte
- Brandstiftung und
- Sexualdelikte.

Momentan sind drei Modelle im institutionellen Umgang mit den betreffenden Jugendlichen festzuhalten:

- *Integrierte Versorgung in der Kinder- und Jugendpsychiatrie:* Jene jugendlichen Patienten werden gemeinsam mit nichtforensischen Patienten, in der Regel in einem geschlossenen Akutbereich einer jugendpsychiatrischen Klinik behandelt. Die Zahl dieser Fälle ist bundesweit gering, da mit dieser Lösung die betroffenen Behandlungsteams oft überfordert sind. Es kommt zu häufigen Störungen, der Durchlauf einer Akutstation sorgt für nicht ausreichende Behandlungsbedingungen; Täter und Opfer werden im gleichen Setting behandelt. Es besteht eine potenzielle Gefahr für Mitpatienten. Mit Erreichen des 18. Geburtstages werden die betroffenen Patienten in den zuständigen Erwachsenenbereich verlegt.
- *Spezialisierte Abteilungen – angegliedert an die Jugendpsychiatrie:* Hohe Kompetenzen der Teams in der Behandlung psychischer Störungen von Jugendlichen, kleine Behandlungseinheiten sowie milieutherapeutisch-pädagogisch orientierte Behandlungsstrategien sind die erkennbaren Vorteile dieser Vorgehensweise. Ein wesentlicher Nachteil dieser Kon-

zeption ist die fehlende Behandlungskontinuität in das Erwachsenenalter hinein.

- *Spezialisierte Einrichtungen – angegliedert an eine forensische Klinik für Erwachsene:* Diesbezüglich gaben und geben die Modelle aus Rostock und Moringen Orientierung. In der Regel wird die jugendpsychiatrische Fachkompetenz durch einen Facharzt für Kinder- und Jugendpsychiatrie sichergestellt. Die hohe Behandlungskontinuität und die hohe forensische Fachkompetenz sind Vorteile dieser Lösung. Allerdings bleibt der für die Entwicklung von Jugendlichen wichtige Erfahrungsraum mit Gleichaltrigen auf die Begegnung mit Jugendlichen beschränkt; Kontakte mit Vorbild gebenden, nichtdelinquenten Jugendlichen sind fast unmöglich.

Eine adäquate Behandlung von Jugendlichen im Maßregelvollzug setzt voraus, dass ein Feld für das soziale Lernen gegeben ist, dass Mitarbeiter mehrerer Fachrichtungen (Kinder- und Jugendpsychiatrie, Pädagogik, Sozialarbeit, Sozialpädagogik, Ergotherapie, Kreativtherapie etc.) beschäftigt werden. Die Einrichtung muss mit ihren alltäglichen Lebensbedingungen eine weit gehende Annäherung an die Lebensbedingungen außerhalb der Einrichtung stellen können (Schule, Berufsausbildung).

Das Gebot des Schutzes des Jugendlichen, unterschiedliche rechtliche Voraussetzungen (JGG), die noch nicht abgeschlossene Persönlichkeitsentwicklung (Entwicklungsaufgaben), dringend erforderliche alterspezifische Bindungen an *peer groups* sowie eigene jugendpsychiatrische Standards der Diagnostik, Therapie und Bewertung sind die wichtigsten Argumente für eine Trennung von Jugendlichen und Erwachsenen im Maßregelvollzug.

Die einzelnen Bundesländer gehen mit Jugendlichen im Maßregelvollzug sehr unterschiedlich um. Das Angebot schwankt von inexistent bis zu neun Betten pro eine Million Einwohner. Behandlungsstandards und Unterbringungsstandards sind nicht festgelegt, das Recht auf Schulunterricht und Berufsbildung ist nicht etabliert. Daher forderte *Frau Prof. Dr. Renate Schepker vom Zentrum für Psychiatrie Weissenau:*

▶ Von den Verschärfungen des Maßregelrechts sollten Jugendliche explizit ausgenommen werden. Die Anordnung einer Unterbringung nach § 63 StGB im Falle einer Nicht-Ausschließbarkeit der Voraussetzungen des § 21 sollte für Jugendliche nicht greifen. Hier sieht das Jugendgerichtsgesetz hinreichend Möglichkeiten für richterlich angeordnete Therapiemaßnahmen vor. (Deutsches Ärzteblatt 103, Ausgabe 45 vom 10.11.2006) ◀

3.3.1.3 Migranten in der forensischen Psychiatrie

Menschen aus anderen Ländern bzw. anderen Kulturen stellen als Patienten in der forensischen Psychiatrie in ausländerrechtlicher, psychotherapeutischer Hinsicht und auch im rehabilitativen Bereich eine besondere Herausforderung dar. Gesellschaftliche Prozesse der Ausgrenzung und Abwertung anderer spiegeln sich in den Interaktionen zwischen den Patienten sowie zwischen Patienten und Mitarbeitern wider.

Eine schlechte Integration in die bundesdeutsche Gesellschaft, häufige Gewalterfahrungen in der Familie, Alkohol-und Drogensucht, mangelhafte Deutschkenntnisse sowie fehlende Schul- und Berufsausbildungen werden dafür verantwortlich gemacht, dass die Prävalenzraten für delinquentes Verhalten ansteigen (z.B. bei Spätaussiedlern).

Die häufigsten Herkunftsländer der ausländischen Patienten im Maßregelvollzug sind neben anderen die Türkei, Polen, Jugoslawien, Italien, Ungarn, Russland, Algerien und Kroatien.

Spezielle Erhebungen zur Ausländer- und Aussiedlerpopulation im Maßregelvollzug existieren bislang nicht. Der Anteil an aus fremden Kulturkreisen stammenden Patienten wird in einzelnen Berichten der Länder mit Werten zwischen 9 % und 17 % angegeben.

In den Maßregelvollzug eingewiesene Ausländer begingen bislang signifikant mehr Delikte gegen Leib und Leben sowie Betäubungsmitteldelikte, andererseits deutlich weniger Sexualdelikte gegen Kinder, Diebstähle, Betrugsdelikte und Brandstiftungen; bei den Aussiedlern fallen die zahlreicheren Körperverletzungsdelikte auf. Die häufigeren schweren Delikte gegen Leib und

Leben bei der ausländischen Population weisen zusammen mit dem hohen Anteil an ausländischen Psychosekranken auf spezifische psychosoziale Versorgungsmängel hin.

Bei den Hauptdiagnosen sind innerhalb der ausländischen Klientel im Maßregelvollzug Psychosen hoch signifikant häufiger als innerhalb der deutschen Klientel; Umgekehrtes gilt bei Persönlichkeitsstörungen und Minderbegabung.

Ausländer- und Aussiedleranteil im Maßregelvollzug sind deutlich höher als in der Allgemeinpsychiatrie, eindeutig höher als in der Bevölkerung und deutlich niedriger als im Strafvollzug.

Für verurteilte Ausländer im Straf- wie im Maßregelvollzug gilt der § 456a StPO:

▶ Die Vollstreckungsbehörde kann von der Vollstreckung einer Freiheitsstrafe, einer Ersatzfreiheitsstrafe oder einer Maßregel der Besserung und Sicherung absehen, wenn der Verurteilte wegen einer anderen Tat einer ausländischen Regierung ausgeliefert oder wenn er aus dem Geltungsbereich dieses Bundesgesetzes ausgewiesen wird. (§ 456a StPO) ◀

Die Ausweisungsraten ausländischer Patienten (im Bereich des OLG-Bezirks Karlsruhe lag sie 2004 z.B. bei 28,1 %) unterstreicht die Notwendigkeit individueller ausländerrechtlicher Beratung. Eine enge Zusammenarbeit zwischen Ausländer- und Justizbehörden ist unerlässlich.

In den Kliniken stehen Mitarbeiterinnen und Mitarbeiter vor kaum zu bewältigenden Aufgaben, wenn kulturelle Kontexte unklar bleiben und Sprachbarrieren eine alltagsnahe Kommunikation (ganz zu schweigen von therapeutischen Gesprächen) fast unmöglich machen. Sowohl der juristische als auch der psychiatrische Kontext verschließt sich häufig den Patienten über die gesamte Zeit der Unterbringung; in einer Abschiebung sehen sie dabei nicht selten die einzige Möglichkeit, die ihnen fremde Welt zu verlassen. Bietet sich die Möglichkeit einer Weiterbehandlung im jeweiligen Herkunftsland und konnten menschenrechtliche Fragen hinreichend bzw. zufrieden stellend geklärt werden, so kann eine Expatriierung im Einzelfall sinnvoll sein.

3.3.2 Entwicklungen in Deutschland

Ein Vergleich zwischen einer bundesweiten Untersuchung des Maßregelvollzugs (Leygraf, 1988) und dem Abschlussbericht eines Forschungsberichts im Auftrag des Landes Nordrhein-Westfalen (Seifert/Leygraf, 1994) lässt aufschlussreiche Erkenntnisse über die Entwicklung zu (Leygraf, 1996):

- Es gab eine Zunahme von Patienten mit erheblicher Gewaltdelinquenz gegeben.
- In Nordrhein-Westfalen war in den Jahren zwischen 1984 und 1994 die Unterbringungsdauer von im Mittel 6,1 Jahre auf 4,8 Jahre weiter gesunken, wobei sich die Unterbringungsdauer der schizophrenen Patienten am deutlichsten verkürzte. Bei den Persönlichkeitsstörungen stieg sie hingegen von 4,1 auf 4,6 Jahre an.
- Befanden sich 1964 lediglich 2 % der Patienten vor Beginn der Unterbringung in einer stationären psychiatrischen Behandlung, so traf dies jetzt auf 11 % zu. Hierbei war der Grund für die Unterbringung nicht etwa ein Tötungsdelikt oder eine vergleichbare schwere Straftat, vielmehr hatten die Patienten in der Mehrzahl einfache Körperverletzungen oder Brandstiftungen begangen. Leygraf (1996: 70) wertet dies als einen Hinweis darauf, dass «allgemeinpsychiatrische Einrichtungen eine zunehmende Tendenz haben, bei fremdgefährdenden Verhaltensweisen besonders ‹schwieriger› Patienten eine Strafanzeige zu stellen, letztlich mit dem Ziel, diese Patienten in eine Maßregelklinik verlegen zu können.»

Mit 4493 Untergebrachten hatte die Gesamtzahl der in Deutschland nach § 63 StGB untergebrachten Patienten im Jahre 1967 einen Höhepunkt erreicht. Verkürzungen in der Behandlungsdauer sowie die Entlassung von Kleinkriminellen sorgten in den Folgejahren für einen erkennbaren Rückgang: Im Jahre 1984 betrug die Zahl der Untergebrachten noch 2362. Danach blieben die Zahlen bis 1991 relativ konstant. In den folgenden Jahren hat sich die Zahl verdoppelt (s. Tabelle 3.1).

Die Zahl der Einweisungen lag 1998 um 78 % höher als die von 1990 (Kröber, 2002: 48), wobei diese Zunahme zu einer erheblichen Überbelegung des Maßregelvollzugs in den alten Bundesländern führte.

Den steigenden Einweisungszahlen stehen erkennbar rückläufige Entlassungszahlen gegenüber; im Unterschied zu der Situation in den 80er- und 90er-Jahren des 20. Jahrhunderts hat sich die Entlassungszahl in etwa halbiert (Seifert, 2001a: 252)! Die Gesetzesänderungen (siehe oben) haben offensichtlich dazu geführt, dass viele Strafvollstreckungskammern bei der bedingten Entlassung zurückhaltender wurden, sodass sich die Aufenthaltsdauern weiter verlängern.

Demzufolge stehen die Maßregelvollzugseinrichtungen derzeit unter einem enormen Belegungsdruck; die Wartelisten für die Aufnahme rechtskräftig verurteilter psychisch kranker Rechtsbrecher belegen dies. Mittlerweile warten (nach §126a vorläufig untergebrachte und nach § 63 abgeurteilte) Patienten in Justizvollzugsanstalten bzw. müssen auf allgemeinpsychiatrischen Stationen aufgenommen und dort behandelt werden, was zum Teil zu sehr heftigen und nachvollziehbaren Widerständen bei den betroffenen Klinikleitungen und dem Personal führte.

Aktuelle Trends und Fakten im Überblick

- Eine als Sicherheits- und Kontrolldenken zu charakterisierende rechtspolitische Stimmung hat sich auf das Handeln in der Justizpraxis ausgewirkt und so zu einem Anwachsen der Einweisungszahlen beigetragen.
- Von Jahr zu Jahr werden mehr Abgeurteilte im Maßregelvollzug eingewiesen; im Jahre 2003 wurde mit 876 Einweisungen nach § 63 StGB eine glatte Verdopplung der 1990 erreichten Zahl verzeichnet.
- Im Jahre 2003 waren doppelt so viele Patienten nach § 63 StGB in (forensisch-) psychiatrischen Krankenhäusern untergebracht als noch 1990 (Anstieg von 2489 auf 5118).
- Seit Einführung des Gesetzes zur Bekämpfung von Sexualdelikten und anderen gefährlichen Straftaten (1998) ist neben steigenden Zuweisungszahlen eine Halbierung der Entlassungszahlen zu beobachten.
- In Niedersachsen stieg die durchschnittliche Verweildauer von nur 3,95 Jahren (1996) auf 6,5 Jahre im Jahre 2003 an.
- Allein in den Jahren 2000 bis 2003 stieg die forensisch-psychiatrische Bettenziffer von 8,6 pro 100 000 Einwohner auf 10,2 pro 100 000 Einwohner, wovon 7–7,5 auf den Maßregelvollzug nach § 63 entfielen.
- Im Jahre 2001 standen zum Beispiel in Nordrhein-Westfalen für 9,7 Patienten je 100 000 Einwohner nur 6,4 Planbetten gegenüber; in Hessen waren es 9,1 Patienten gegenüber 6,8 Planbetten.
- Selbst eine der Ist-Bettenzahl entsprechende Ausstattung mit Behandlungspersonal und Therapieangeboten (Einzelpsychotherapieplätze, Plätze in der Ergotherapie oder im Bereich der schulisch-beruflichen Förderung) musste in den letzten 5 Jahren immer wieder angemahnt werden.
- Psychisch kranke oder persönlichkeitsgestörte Menschen müssen bundesweit auf einem Raum miteinander auskommen, der eigentlich für eine viel geringere Patientenzahl konzipiert war. Unter diesen Maßgaben präsentiert sich Behandlungsalltag oft eher als bloßes Krisenmanagement.
- Nicht ausreichende Behandlungsbedingungen führen dazu, dass das Sicherheitsrisiko in den Kliniken massiv ansteigt.
- Überbelegungen und fehlendes kompetentes Personal verschlechtern eine vom Gesetz geforderte unverzügliche und effiziente Behandlung – der Maßregelvollzug wird damit auch für die Steuerzahler teurer.

3.3.3 Kritische Betrachtung internationaler Tendenzen

Professor Dr. Hans Schanda von der Justizanstalt Göllersdorf in Österreich beklagt die international zunehmende Tendenz, eine Gruppe psychisch Kranker, die durch Chronizität, Mehrfachbehinderung, Krankheitsuneinsichtigkeit und Noncompliance als Risikogruppe für Gewalttätigkeit definiert ist, von der allgemeinpsychiatrischen Versorgung ins forensische System zu verlagern:

▶ Dies ist nicht nur das Resultat von Planungsdefiziten, sondern auch durch den geänderten Umgang der Allgemeinpsychiatrie mit einer durch ein erhöhtes Gewalttätigkeitsrisiko gekennzeichneten Subgruppe schwer psychisch Kranker bedingt. Die Allgemeinpsychiatrie ist entweder auf die Versorgung dieser Klientel nicht (mehr) eingerichtet oder sie reagiert auf neuerdings als «schwer zu platzierend» genannte Patienten mit Zurückweisung und Ablehnung. Im stationären Akutbereich ist die Antwort auf aggressives Verhalten allzu oft die vorzeitige Entlassung. Wir stehen also vor der paradoxen Situation, dass trotz der Ausweitung und Verbesserung psychiatrischer Betreuungsangebote die Bedürfnisse einzelner Patienten in immer geringerem Maße berücksichtigt werden. […] Sind bestimmte Patienten einmal im forensisch-psychiatrischen System gelandet, bestehen international zunehmende Vorbehalte der Allgemeinpsychiatrie, sie wieder in das reguläre Betreuungssystem zu integrieren. […] Durch die Tendenz der Allgemeinpsychiatrie, sich dem ethischen Dilemma einer Behandlung im Zwangskontext zu entziehen, läuft der forensisch- psychiatrische Behandlungsvollzug Gefahr, als Instrument sozialer Kontrolle missbraucht zu werden. (Schanda, 2000: 73 ff.) ◀

3.4 Maßregelvollzugspraxis im Überblick

Während einige Bundesländer im Laufe der Jahre spezielle Maßregelvollzugsgesetze verabschiedeten, formulierten andere Anhänge an vorhandene Landesgesetze zur Hilfe und Unterbringung psychisch Kranker (PsychKG). Wegen des föderalen Charakters des Maßregelvollzugsrechts gibt es daher bedeutende Differenzen in den vollzugsrechtlichen Bestimmungen (Pflichten und Rechte der Patienten, Lockerungen etc.). Der Maßregelvollzug erfolgt derzeit in eigenständigen Maßregelvollzugskliniken oder in forensisch-psychiatrischen Abteilungen bzw. Stationen an psychiatrischen Krankenhäusern.

Vor- bzw. Nachteile der zentralisierten bzw. dezentralisierten Maßregelbehandlung werden seit geraumer Zeit engagiert diskutiert. Bei einer zentralisierten Unterbringung in größeren Einrichtungen ist eher die Möglichkeit gegeben, spezielle Therapiekonzepte und ausreichende therapeutische Differenzierung zu ermöglichen. Dagegen ist bei einer dezentralen Unterbringung die Bildung überschaubarer, therapeutisch durchdringbarer Behandlungseinheiten möglich (Expertengutachten von Hoffs et al., 1998).

In der derzeitigen politischen Diskussion wird mit Blick auf die Probleme großer Kliniken das Dezentralisierungs- bzw. Regionalisierungskonzept weitestgehend favorisiert. Tendenziell werden bei den Planungen Argumente, die für Einrichtungen mit einer Größe bis zu 100 Behandlungsplätzen sprechen, bevorzugt. In Nordrhein-Westfalen wird zukünftig die Regionalisierung durch den Bau neuer forensischer Einrichtungen vorangetrieben, mit denen die drängenden Kapazitätsprobleme entschärft werden sollen (s. Kap. 3.7). Bis zur Fertigstellung neuer Kliniken muss das Land allerdings mit Übergangslösungen leben; in Bedburg-Hau wurden im Jahre 2008 die Grenzen der mit der Kommune vereinbarten Aufnahmekapazitäten erreicht – der Standort gilt mittlerweile als einer der größten Europas.

Zu den Vorteilen einer Dezentralisierung meint Mahler (2001):

▶ Dezentralisierung bedeutet frühzeitiges Eingebundensein in die Umgebungsstrukturen, in professioneller Begleitung die heimatliche Umgebung neu kennen lernen, nicht nur auf Gewohntes zurückgreifen zu müssen. So kann zum Beispiel der unbegleitete Ausgang nicht nur für einen Geschäftsbummel genutzt werden, sondern der Patient kann als Mitglied im örtlichen Sportverein regelmäßig an einem Training teilnehmen oder bei Langeweile nicht die Kneipe, sondern das fußläufig erreichbare Kino aufsuchen. Möglicherweise kann er nicht nur auf die Arbeitsmöglichkeiten innerhalb des Krankenhauses zurückgreifen, sondern vor Ort eine Ausbildung absolvieren oder einen Arbeitsplatz erhalten, vielleicht sogar die örtliche Abendschule besuchen. Über all diese Möglichkeiten ergibt sich ein eher fließender Übergang für den Patienten vom Maßregelvollzugskrankenhaus zum Ort und damit zur ortsansässigen Bevölkerung. Dezentralisierung ist also ein sinnvolles Konzept mit guten Chancen für das Gelingen einer Reintegration und Rehabilitation für Maßregelvollzugspatienten. Dezentralisierung bedeutet damit letztlich eine Verringerung des Risikos für Rückfalltaten. ◀

3.5 Psychiatrische Erkrankungen und Einweisungsdelikte

Das Bezirkskrankenhaus Bayreuth, Klinik für Forensische Psychiatrie (Dr. Klaus Leipziger) legt in regelmäßigen Abständen Stichtagserhebungen im Maßregelvollzug § 63 StGB vor, so zuletzt der Bericht über die Stichtagserhebungen für die Jahre 2003, 2004, 2005 und 2006.

Tabelle 3-1 und **3-2a/b** sowie **Abbildung 3-1** verschaffen einen aktuellen Überblick.

Tabelle 3-1: Aufgrund strafrichterlicher Anordnung Untergebrachte am 31.3.2006 (früheres Bundesgebiet)

Jahr	Insgesamt	Davon weiblich
1970	4222	240
1975	3494	164
1980	2593	102
1985	2472	104
1990	2489	95
1995	2902	111
1996	2956	119
1997	3216	145
1998	3539	166
1999	3838	195
2000	4098	223
2001	4297	257
2002	4462	263
2003	5118	322
2004	5390	334
2005	5640	356
2006	5917	393

(Quelle: Statistisches Bundesamt, 2006)

Tabelle 3-2a: Diagnosen nach ICD-10

ICD-10	2003 (n = 1347)	2004 (n = 1302)	2005 (n = 1837)
F2, Schizophrenie, schizotype und wahnhafte Störungen	33 %	36 %	41 %
F6, Persönlichkeits- und Verhaltensstörungen	38 %	39 %	35 %
F7, Intelligenzminderung	14 %	13 %	11 %

(Quelle: Leipziger, 2007)

Tabelle 3-2b: Delikte

Delikte	2005 (n = 1735)
Tötungsdelikte	18 %
Körperverletzungsdelikte	28 %
Sexualdelikte	31 %
Brandstiftung u.a.	11 %
Raub u.a.	6 %
Diebstahl u.a.	6 %

(Quelle: Leipziger 2007)

3.6 Ausblick

Im Laufe der letzten beiden Jahrzehnte hat die forensische Psychiatrie schrittweise den Vorsprung der Allgemeinpsychiatrie aufgeholt. Konzepte zur inneren Differenzierung wurden analog zur Entwicklung in der Allgemeinpsychiatrie in Gang gesetzt. Mit wachsendem Erfolg werden Stationen in Spezialstationen umgewandelt, werden bestimmten Patientengruppen bestimmte Behandlungsangebote gemacht, sodass bundesweit eine Abwendung von der Verwahrpsychiatrie durchaus festzustellen ist. Dennoch sind, speziell in Zeiten knapper öffentlicher Kassen, vielerorts auch vernichtende Kritiken an den Arbeitsbedingungen zu hören.

▶ Die Medien prangern die fehlende Behandlung an, scheuen sich aber nicht, bei Vorfällen die Behandler undifferenziert als inkompetent darzustellen. Die Politiker rufen nach Therapeuten und werfen ihnen zugleich Versagen vor. [...] Auch durch unsere Tätigkeit wird unsere Gesellschaft sicherer. Wir machen unsere Arbeit oft unter unzumutbaren räumlichen Bedingungen, mit mangelhafter finanzieller Ausstattung, mit schlechter personeller Ausstattung. [...] Niemand von denen, die verantwortlich sind, interessiert sich für die Schwierigkeiten der täglichen Arbeit. Wir stehen unter dem Druck

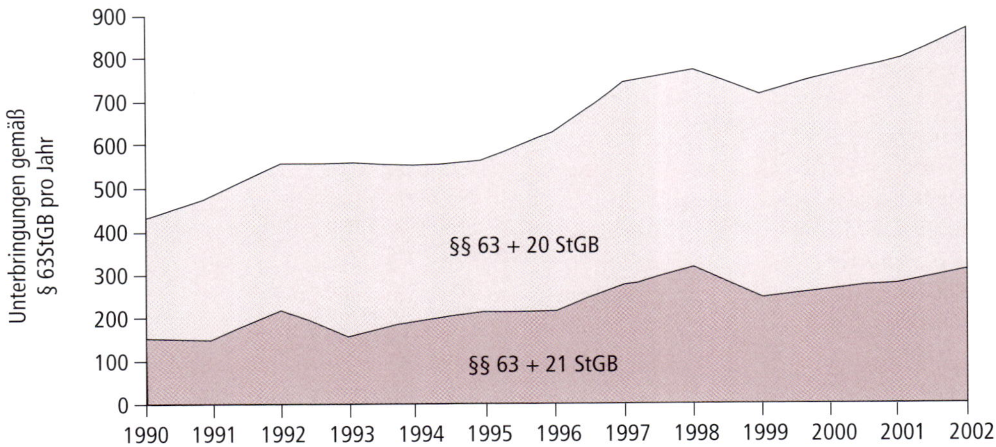

Abbildung 3-1: Unterbringungsanordnungen gemäß § 63 StGB (jeweils alte Bundesländer, ab 1995 einschl. Gesamt-Berlin; Statistisches Bundesamt Wiesbaden 1990–2002)

der Forderung nach «Null Risiko», die völlig unrealistisch ist, die aber die Arbeit erschwert. [...] Behörden mischen sich in unqualifizierter Weise in die therapeutische Arbeit ein und versuchen, auf die inhaltliche Arbeit Einfluss zu nehmen, obwohl internationale Erfahrungen sehr wohl für schulen- und methodenübergreifende Arbeit sprechen. Sie erzeugen so (auch mit dem Druckmittel der finanziellen Ausstattung) einen erhöhten Konkurrenzdruck unter den Projekten in einer Zeit, wo wir Methodenvielfalt, Erfahrungsaustausch und Kooperation brauchen, um unsere Arbeit zu qualifizieren. (Aus einem Diskussionspapier ambulanter und stationärer Tätertherapeuten, veröffentlicht im Editorial der Werkstattschriften Forensische Psychiatrie und Psychotherapie, Heft 1, 2002) ◄

Vergleicht man zudem die Veränderungsprozesse in der Allgemeinpsychiatrie seit dem Meilenstein der Psychiatrie-Enquête mit der forensischen Wirklichkeit, so ist Anlass zur Skepsis geboten. In der Allgemeinpsychiatrie mittlerweile erreichte Verbesserungen (kleine und gut ausgestattete Einrichtungen, höhere fachliche Standards, lebensweltliche Orientierung etc.) sind für den forensischen Bereich noch weitestgehend Zukunftsmusik. *Dr. Gerhard Raff* von der *Munsterklinik Zwiefalten* resümiert dementsprechend:

► An Stelle der Sorge um eine qualitativ optimale Behandlung der Patienten wird uns in zunehmendem Maße eine Diskussion um die Sicherung der Patienten aufoktroyiert. Und, was hierbei für mich bedrohlicher ist, wir lassen uns auf eine entsprechende Diskussion ein. Damit aber scheint für mich der Weg zurück zu einer kustodialen Psychiatrie vorgezeichnet. Es wird uns nicht gelingen, alle Störungsbilder unserer Patienten zu bessern. Aber wir werden ihnen im höheren Maße gerecht werden, indem wir sie so behandeln, wie es allgemeiner Standard der Psychiatrie ist. (Raff, 1999: 115 ff.) ◄

Steinböck (1999: 25) beklagt, es helfe heute wenig, auf Überbelegungen und Unterbringungsbedingungen oder gar humanistische Überlegungen hinzuweisen: «Stattdessen ist es fast ausschließlich die Sicherheitstechnologie, sei sie pharmako-, psycho- oder milieutherapeutisch, die noch auf Interesse stößt.»

Die Diskussion um die Frage, wie sich die Behandlung forensischer Patienten vorantreiben lässt, wie diese besser gefördert werden können, ist dennoch bei allem Gegenwind lebendig geblieben. *Professor Dr. Kröber, Leiter des Instititus für Forensische Psychiatrie der Freien Universität Berlin*, beschreibt auf der 16. Eickelborner Fachtagung im Jahre 2001 die Lage:

▶ Dieser Umwandlungsprozess ist aber weder in der allgemeinen Psychiatrie noch in der forensischen Psychiatrie abgeschlossen, es besteht weithin eine Koexistenz zwischen Stationen mit intensiver therapeutischer Ausrichtung und Stationen (und vielleicht ganzen Kliniken), auf denen jeweils einzelne Therapeuten versuchen, mit recht unterschiedlichen einzelnen Patienten das jeweils Bestmögliche unter Rahmenbedingungen zu machen, die primär dem Gesichtspunkt der Verwahrung entsprechen. ◀

Positiv vermerkt er:

▶ Deutlich ist ein Wandel der Therapieformen in Richtung störungsorientierte Konzepte, die psychotherapeutische und soziotherapeutische Ansätze vereinen. Sie orientieren sich verstärkt an den Leistungsmöglichkeiten von Patienten [...]. Damit einher geht ein Wandel in den Rollenkonzepten der Berufsgruppen in der forensischen Psychiatrie, insbesondere im pflegerischen Bereich, und eine Einbeziehung des gesamten Teams (Pflegekräfte, ärztliche und psychologische Therapeuten sowie Cotherapeuten, also Sozialarbeiter, Arbeits-, Ergo- und Bewegungstherapeuten) in einen aktiven Therapieprozess. [...] Wo so gearbeitet wird [...], zeigt sich bei den Mitarbeitern ein wachsendes Selbstbewusstsein hinsichtlich der diagnostischen und therapeutischen Kompetenz. (Kröber, 2002: 40 ff.) ◀

Im Bereich der Fortbildung konnten in den letzten Jahren deutliche Fortschritte verzeichnet werden. Die vielseitigen Fort- und Weiterbildungsangebote für Pfleger und Schwestern in der Psychiatrie (s. Kap. 6) haben die Professionalisierung im Umgang mit der schwierigen Klientel zum Ziel.

Die Deutsche Gesellschaft für Psychiatrie, Psychotherapie und Nervenheilkunde (DGPPN) hat das Zertifikat «Forensische Psychiatrie» eingeführt. Kandidatinnen und Kandidaten müssen mindestens 240 Stunden theoretischer Ausbildung in von der DGPPN akkreditierten Seminaren und Tagungen sowie 70 eigene, supervidierte psychiatrische Gutachten nachweisen. Außerdem gehört zum Ausbildungsprogramm eine mindestens einjährige klinische Fortbildung in einer akkreditierten Klinik des Maßregelvollzugs oder einer klinisch-stationären Einrichtung des Justizvollzugs.

Im Gebiet «Psychiatrie und Psychotherapie» gibt es bei verschiedenen Ärztekammern, so bei der Ärztekammer Nordrhein, mittlerweile den Schwerpunkt «Forensische Psychiatrie».

Exkurs: Forensifizierung

Unter Forensifizierung ist die gut belegbare Entwicklung zu verstehen, dass in den letzten Jahren sukzessive eine Abschiebung schwieriger Patienten in die Forensik stattgefunden hat, die allen Bestrebungen und Bekenntnissen zur Vermeidung von Ausgrenzung und Selektion Hohn spricht. Denn acht von zehn forensischen Patienten waren vorher Patienten der Allgemeinpsychiatrie. Die dortige Behandlung konnte eine Forensifizierung jedoch nicht verhindern. Rink (1982) stellte fest: Bei 40 % der Fälle (Psychosepatienten mit Tötungsdelikten, n = 66) wurde die Tat durch «grobes Versagen der Sozialkontrollen» begünstigt, ein Drittel der Täter kündigte die Tat vorher an; 73 % waren zuvor in psychiatrischer Behandlung, 50 % noch ein halbes Jahr vor der Tat. 11,2 % der Patienten (Seifert/Leygraf, 1997) kommen direkt aus stationärer Behandlung der Allgemeinpsychiatrie zur Aufnahme in den Maßregelvollzug, 10 Jahre zuvor waren es nur 2,4 %. Man macht durch Anzeige von Vorkommnissen aus psychiatrischen juristische Fälle, sehr zur Freude der Krankenkassen. Einer Untersuchung der letzten 5 Jahre in Hessen (Freese, 2004) ist zu entnehmen, dass beim Anlassdelikt für die Unterbringung durchschnittlich 10,5 % der Patienten stationär in der Psychiatrie (ca. 1 Monat) waren, 34,7 % in sonstiger (semi-)professioneller Betreuung, 5,3 % in ambulanter nervenärztlicher Behandlung. Der Bettenabbau in der Allgemeinpsychiatrie, insbesondere im Langzeitbereich, wird durch die gleichzeitige Ausweitung des Maßregelvollzugs kompensiert oder besser: konterkariert. Die «Politik der offenen Tür» – motiviert durch die «Politik der verschlossenen Geldbeutel» der Krankenkassen – hat zu dem Ergebnis geführt, dass bestimmte Patienten ausgegrenzt werden, die nicht in das Raster von Freiwilligkeit bzw. «Verhandeln statt Behandeln» passen.

Exkurs: Privatisierung
Als Reaktion auf die Kostenkrisen der Länder kam es in den letzten Jahren – so etwa im Osten der Republik und in Niedersachsen – zu Privatisierungen ganzer Kliniken. Aus therapeutischer, ökonomischer und ethischer Sicht wird neben verfassungsrechtlichen Bedenken (Privatisierung hoheitlicher Aufgaben) diese Entwicklung weitestgehend sehr kritisch kommentiert. Welches ökonomische Interesse sollte ein renditeorientierter Betreiber auch daran haben, zum Beispiel Patienten wieder in einem angemessenen Zeitpunkt zu entlassen (s. auch Schott, Kap. 3.7.2.6). Langjährig hospitalisierte Patienten machen in aller Regel weniger Arbeit als neu angenommene – auf diese Weise lässt sich am Ende auch mehr Personal einsparen oder durch unqualifiziertes ersetzen. Die Diskussion wurde von Friedrich Schwerdtfeger, Chefarzt am Klinikum Bremen-Ost in den Rundbriefen «Forensik aktuell» (friedrich.schwerdtfeger@klinikum-bremen-ost.de) ausführlich dokumentiert.

3.7 Anhang

3.7.1 Maßregelvollzug im Spannungsfeld von Gesellschaft, Politik und Medien

Uwe Dönisch-Seidel, Tilmann Hollweg

Obwohl die forensische Psychiatrie eher als ein Randgebiet der Psychiatrie bezeichnet werden kann, ist die Aufmerksamkeit, die diesem Fachgebiet seitens der Bevölkerung zukommt, außerordentlich groß. Die Beachtung ist insbesondere dann gesteigert, wenn durch forensische Patienten Straftaten verübt werden, Ausbrüche stattfinden oder der Neubau einer neuen Maßregelvollzugsklinik notwendig ist. Mit anderen Worten: Maßregelvollzug ist das Paradebeispiel für die Journalisten-Weisheit «bad news are good news». Leider scheint es kaum eine Meldung wert, dass fast 80 % der Untergebrachten von einer Therapie profitieren und nach Entlassung straffrei leben.

Trotz aller Erfolge: Der Maßregelvollzug hatte insbesondere in den 90er-Jahren des vergangenen Jahrhunderts mit erheblichen Problemen und schrecklichen Zwischenfällen zu kämpfen, die sich bis heute in den Köpfen vieler Menschen festgesetzt haben. In Nordrhein-Westfalen waren dies insbesondere zwei Ereignisse: 1994 tötete ein Patient einer westfälischen Maßregelvollzugsklinik während eines unbegleiteten Ausgangs ein siebenjähriges Mädchen. Ein in einer Rheinischen Maßregelvollzugsklinik untergebrachter Straftäter konnte während eines Zahnarztbesuches mit Hilfe von Dritten fliehen, brachte 1998 auf seiner Flucht zwei Menschen um und vergewaltigte zwei Frauen. Dieses Ereignis führte in Nordrhein-Westfalen zu einem parlamentarischen Untersuchungsausschuss, der sich intensiv mit dem Maßregelvollzug in Westfalen und im Rheinland beschäftigte und im Jahre 2000 seinen 992 Seiten umfassenden Abschlussbericht vorlegte.

Mitte der 90er-Jahre des 20. Jahrhunderts wurden im gleichen Zeitraum auch durch aus dem Justizvollzug entlassene Straftäter schlimme Sexualmorde und Verbrechen an Kindern verübt. Insbesondere der schreckliche Sexualmord an einem siebenjährigen Mädchen aus Oberbayern durch einen vorzeitig aus dem Justizvollzug entlassenen Straftäter führte dazu, dass eine intensive gesellschaftliche und rechtspolitische Diskussion darüber begann, wie die Allgemeinheit vor derartigen Wiederholungstaten geschützt werden kann. Ausfluss der gesellschaftspolitischen Diskussion auf Bundes- und Landesebene war ein Bündel verschiedener bundes- wie ländergesetzlicher Maßnahmen. Unter anderem wurden die Anforderungen an Entlassene aus dem Justiz- und Maßregelvollzug erheblich verschärft, und zwar nicht nur für die untergebrachten Sexual- und Gewaltstraftäter, sondern auch für die sonstigen Maßregelvollzugspatienten mit weniger schweren Delikten (z. B. Eigentumsdelikten).

Die Folge: Ein deutlicher Rückgang der Entlassungen und eine dramatische Überbelegung in allen forensischen Kliniken in Westfalen und im Rheinland. In den letzten 10 Jahren stieg die Patientenzahl in Nordrhein-Westfalen um 60 %. Der damit notwendige Bau neuer forensischer Kliniken führte wiederum zu heftigem Widerstand, insbesondere von örtlich sich bildenden

Bürgerinitiativen. Im Jahre 1998 scheiterte der Versuch, eine neue westfälische Klinik in Herten zu bauen. Als das Land NRW im Jahre 2000 ankündigte, sechs neue Kliniken mit fast 500 Betten zu bauen, kam es erneut zu heftigen Widerständen aus Teilen der Bevölkerung in der Umgebung der geplanten Standorte und sogar zu einer Volksinitiative.

Gleichwohl oder gerade weil der Maßregelvollzug im Blickwinkel von Gesellschaft, aber auch bundesweiter Politik und Medien steht, hat der Maßregelvollzug in Westfalen und im Rheinland im letzten Jahrzehnt in den Bereichen Sicherung, Therapie und Prognostik einen Qualitätssprung vollzogen. Das bestätigen die nachweislichen Therapieerfolge, die sich auf und zum Teil über dem Niveau der Behandlung von körperlichen Erkrankungen bewegen. Eindrucksvoll belegt wird dies in einer jüngsten Studie von Seifert (2005), der entlassene Maßregelvollzugspatienten aus 23 Maßregelvollzugseinrichtungen untersucht hat. Alle Maßregelvollzugskliniken in Westfalen waren an der Studie beteiligt. Die untersuchten Straftäter waren im Schnitt 4 Jahre in Freiheit. Die Ergebnisse der Untersuchung: Knapp 80 % der untersuchten 255 psychisch kranken entlassenen Patienten (§ 63 StGB) begingen in dieser Zeit keinerlei Straftaten und 92 % keine schweren Gewalt- und Sexualdelikte mehr; 13 % kamen wieder in Haft oder in den Maßregelvollzug. Die aus dem Strafvollzug entlassenen, in der Regel unbehandelten Straftäter werden je nach Studie drei bis fünf Mal häufiger zu einer erneuten Haft bzw. Unterbringung verurteilt.

Bevor jedoch die inhaltlichen und fachlichen Aspekte verändert werden konnten, war es notwendig, die grundsätzlichen Strukturen des Maßregelvollzugs in NRW zu verändern. Die forensischen Kliniken befanden sich nahezu ausnahmslos in ländlichen Regionen und stellten für die oft kleinen Standortgemeinden eine starke Belastung dar. Die Ballungsgebiete und Großstädte, aus denen die meisten der psychisch kranken Straftäter stammen, hatten dagegen keinerlei stationäre forensische Angebote. Dies war aus Gründen der gesellschaftlichen Verteilungsgerechtigkeit nicht einsehbar. Es war aber auch nicht länger vertretbar, dass sich entlassene Straftäter in zunehmenden Maße im Umfeld der Kliniken im ländlichen Raum niederlassen. Die Wiedereingliederung in die Herkunftsregion scheiterte meist schon an der großen Entfernung.

Deshalb hat das Land NRW die notwendigen neuen Standorte dort geplant, wo die meisten Patienten durch die Landgerichte eingewiesen wurden, vor Ort aber keinerlei Platzkapazitäten vorhanden waren (Köln, Duisburg, Essen, Herne, Dortmund und Münster). Eine regionale forensische Versorgung ermöglicht es zukünftig, dass die forensischen Patienten dem örtlichen Gericht und damit auch der Staatsanwaltschaft und der Strafvollstreckungskammer bekannt sind und die Familien ebenso wie die vorbehandelnden Institutionen und das psychosoziale Netzwerk unmittelbar in die Behandlung einbezogen werden können. Gleiches gilt für Polizei, Freundeskreis, Arbeitgeber, Freizeitangebote und Behörden. Es müssen keine Akten mehr verschickt werden, es gibt kurze Wege, und man kennt sich.

Die *Regionalisierung* des nordrhein-westfälischen Maßregelvollzugs war ein entscheidender Schritt, der insbesondere für die Durchsetzbarkeit der Standorte gesorgt hat, und zwar sowohl in der Bevölkerung als auch im politischen Raum und schließlich vor Gericht.

Die eingangs erwähnte besondere öffentliche Aufmerksamkeit gegenüber der Forensik hat im nordrhein-westfälischen Maßregelvollzug vieles angestoßen. Die Ausweitung der Öffentlichkeitsarbeit, die Professionalisierung der Mitarbeiterinnen und Mitarbeiter sowie vermehrte Forschungen sind positive Ausflüsse. Andererseits kann die Angst, bei Zwischenfällen im Zentrum der medialen und politischen Aufmerksamkeit zu stehen, auch zu Mutlosigkeit und fachlich unsinnigen Entscheidungen führen. Dass Rehabilitationsstationen, die fachlich gesehen natürlich offen geführt werden sollten, in den neuen Standorten hinter 5,5 Metern hohen Mauern entstehen, ist Auswuchs solcher Ängste. Und wer will es einem verantwortlichen Leiter einer Klinik verdenken, wenn er äußerst zurückhaltend ist, selbst bei sehr positiven therapeutischen Verläufen von Sexualstraftätern Lockerungen zu vergeben und gar eine Entlassung anzuregen?

In Nordrhein-Westfalen haben sich auch vor diesem Hintergrund Fachleute aus Wissenschaft, Praxis und Administration zusammengesetzt, um Standards der Sicherheit, der Therapie, der Lockerungsabläufe und der Nachsorge zu definieren. Vertreten waren die Klinikleiter der nordrhein-westfälischen Maßregelvollzugseinrichtungen, die Landschaftsverbände Westfalen-Lippe und Rheinland (LWL, LVR) und der Landesbeauftragte für den Maßregelvollzug NRW als Landesvertreter unter Einbeziehung des Institutes für Forensische Psychiatrie der Universität Duisburg-Essen.

3.7.1.1 Sicherheit

Die Sicherheitskonzeption in Westfalen und im Rheinland basiert auf dem aktuellsten Erfahrungs- und Wissensstand. Beim Bau der neuen Kliniken wurden die Vorschläge der vom Landschaftsverband Westfalen Lippe (LWL) beauftragten Europäischen Expertenkommission zu Rahmenbedingungen und Struktur einer neuen Maßregelvollzugsklinik einbezogen (LWL, 1996). Zudem wurden die Erfahrungen beim Bau neuer Kliniken im In- und Ausland berücksichtigt. Grundsätzlich wurden bei der Erstellung von Sicherheitskonzepten stets die Polizeibehörden einbezogen. Die neuen Kliniken sehen eine Umschließung des Gesamtareals mit einem hochgesicherten Zaun bzw. Mauer mit einer Höhe von 5,50 m vor (s. a. Boklage, 2002). Der Zaun ist detektiert, das heißt mit elektronischen und optischen Alarmgebern ausgestattet, die ihrerseits mit einer Überwachungskamera gekoppelt sind. Grundsätzlich gibt es in den neuen Maßregelvollzugskliniken nur einen zentralen Zu- bzw. Ausgang. Dort werden alle Personen kontrolliert, die die Klinik betreten oder verlassen wollen. Diese Pforte ist rund um die Uhr besetzt und bildet *die* zentrale Sicherheitsstelle. Dort laufen auch alle Alarmmeldungen zusammen. Grundsätzlich werden alle Mitarbeiter in Westfalen und im Rheinland mit einem Personennotrufgerät ausgestattet, mit dem sie im Krisenfalle eine Alarmierung auslösen und Unterstützung herbeirufen können. Jede gesicherte Station verfügt über einen Kriseninterventionsraum. Zahnarzt- und Konsiliarräume sind innerhalb der Klinik vorhanden, um Ausführungen möglichst zu vermeiden. Im Falle einer notwendigen Operation wird versucht, auf ein Justizvollzugskrankenhaus zurückzugreifen. In den neuen Kliniken werden die Patienten auf den gesicherten und geschlossenen Stationen nachts eingeschlossen.

Gemeinsam mit den Kliniken haben Land und Landschaftsverbände (LWL, LVR) zudem Sicherheitsrichtlinien entwickelt, die vorgeben, zu welchen Bereichen in der Maßregelvollzugseinrichtung sicherheitsrelevante Regelungen bestehen müssen und welche Inhalte diese umfassen sollten.

Aber selbst in der Präambel der aktuell gültigen Sicherheitsrichtlinien wird darauf hingewiesen, dass die Sicherheit im Maßregelvollzug am nachhaltigsten durch eine intensive Behandlung und die Ausrichtung aller Abläufe auf der Station bzw. in der Abteilung nach modernen therapeutischen Gesichtspunkten gewährleistet wird.

3.7.1.2 Behandlung im nordrhein-westfälischen Maßregelvollzug

In den letzten Jahren hat sich in der Psychotherapieforschung im Allgemeinen, aber auch in der Behandlung von Maßregelvollzugspatienten und Strafgefangenen viel getan. Zahlreiche Untersuchungen weisen die Wirksamkeit von bestimmten Therapien oder von kriminaltherapeutischen Ansätzen nach. Im angloamerikanischen Bereich liegen zudem akkreditierte Behandlungsprogramme vor (Lösel, 1998). Auch für die lange Zeit als schwer oder gar nicht zu behandelnden Persönlichkeitsstörungen sind im letzten Jahrzehnt neue Therapieansätze erprobt worden. Insbesondere für die Behandlung von Cluster-B-Persönlichkeitsstörungen, die auch im Maßregelvollzug gehäuft vorkommen, liegen inzwischen wirksame Verfahren vor (z. B. Bohus, 2002; Buchheim/Dammann, 2001; Oermann et al., 2004).

In allen nordrhein-westfälischen Fachkliniken der forensischen Psychiatrie werden inzwischen evaluierte Behandlungsprogramme für Sexualstraftäter (z.B. nach Wischka, 2004) durchgeführt. Behandlungsprogramme zur Behandlung der Cluster-B-Persönlichkeitsstörungen sind zwischenzeitlich in einigen Kliniken implementiert und zum Teil auch evaluiert worden. Bundesweit führend in der Behandlung intelligenzgeminderter forensischer Patienten ist das LWL-Zentrum für Forensische Psychiatrie Lippstadt. In der Eickelborner Klinik wird mit Erfolg die Therapie in einem speziell an Kohlberg angelehnten Programm durchgeführt (Knapheide, 2002).

Bei dem Einsatz vieler Behandlungsprogramme, die erfolgreich im allgemeinpsychiatrischen oder ambulanten Setting eingesetzt werden, zeigt sich, dass diese nur zum Teil oder nur unter deutlichen Modifikationen erfolgreich im Maßregelvollzug angewandt werden können. Zum einen unterscheiden sich die Rahmenbedingungen bei vielen forensischen Patienten (geschlossene Unterbringung, durch fehlende Lockerungen eingeschränktes Erprobungsfeld) von dem sonst üblichen Behandlungsumfeld; auch sind individuelle Einschränkungen bei manchen Maßregelvollzugspatienten (therapieschädliches Verhalten auf Grund dissozialer Einstellungen, Komorbiditäten etc.) zu beachten. Die Hauptzielsetzung des Maßregelvollzugs, nämlich die Reduzierung der vom Patienten ausgehenden Gefährlichkeit zum Schutz der Bevölkerung, werden in den üblichen Therapieprogrammen nicht oder nur selten berücksichtigt. Insofern müssen viele Behandlungsprogramme noch um deliktspezifische Module ergänzt werden (Deliktrekonstruktion, Opferempathie, Rückfallprävention etc.).

Kurzum: Die klassischen (psycho-)therapeutischen Behandlungsansätze und -leitlinien der Fachgesellschaften sind nur zum Teil auf die Maßregelvollzugsbehandlung übertragbar, Modifikationen sind unabdingbar. Vor diesem Hintergrund entschlossen sich die Vertreter der nordrhein-westfälischen Maßregelvollzugseinrichtungen, der Landschaftsverbände Westfalen-Lippe und Rheinland (LWL, LVR) und des Landes unter Einbeziehung des Institutes für Forensische Psychiatrie der Universität Duisburg-Essen, gemeinsame Behandlungsleitlinien für die Hauptstörungsbilder von forensischen Patienten zu entwickeln. Seit Herbst 2006 liegen nunmehr verbindliche Behandlungsleitlinien für die im Maßregelvollzug vorkommenden Hauptstörungen (Schizophrenie, Persönlichkeitsstörungen einschließlich Störungen der Sexualpräferenz, Suchterkrankungen, Intelligenzminderungen) vor. Die Behandlungsleitlinien geben einen Rahmen für die Behandlung von psychisch kranken und suchtkranken Maßregelvollzugspatienten vor, lassen aber andererseits genügend Raum für Schwerpunktbildungen und unterschiedliche therapeutische Ausrichtungen der Kliniken.

3.7.1.3 Lockerungen, Gutachten und Prognosequalität

Nach der Bekanntgabe der neuen Standorte durch das Gesundheitsministerium des Landes NRW war die Empörung vieler Bürgerinnen und Bürger, die in unmittelbarer Nähe der geplanten Einrichtungen wohnen, groß. Auch wenn sich die Aufregung inzwischen weitgehend gelegt hat, wird in manchen Diskussionen deutlich, dass Ängste nach wie vor bestehen. Die meisten Befürchtungen der Bevölkerung beziehen sich dabei weniger auf Ausbrüche, sondern vielmehr auf Straftaten, die im Rahmen von Lockerungen oder Freigängen geschehen und die vermeintlich die unmittelbare Nachbarschaft am ehesten betreffen. Das Misstrauen bezieht sich dabei nicht nur auf die Einschätzung der jeweiligen Maßregelvollzugsklinik, sondern auch auf die in Nordrhein-Westfalen regelmäßig einbezogenen externen PrognosegutachterInnen. Die Äußerung eines aufgebrachten Bürgers in einer dieser Veranstaltungen, der ausrief: «Wer schützt uns vor den Gutachtern?», macht dies pointiert deutlich.

Auch wenn die Formulierung sicherlich überzogen ist, bestätigen Studien, dass nicht nur die Einweisungsgutachten sondern auch externe Prognosegutachten zumindest in der Vergangenheit zum Teil mit schwer wiegenden Mängeln behaftet waren. Gründe dafür waren u.a. unzureichende Weiterbildungsmöglichkeiten von forensischen Gutachtern, das Fehlen verbindlicher Leitlinien für die Gutachtenerstellung und ein Mangel an forensischen Sachverständigen. Noch in den 90er-Jahren des vergangenen Jahrhunderts führte dies dazu, dass nur 12 % der Gutachter aus Maßregelvollzugseinrichtungen stammten, jedoch ein Drittel aller Einweisungsgutachten durch pensionierte Ärzte oder freiberuflich tätige Psychiater erstattet wurde, denen es zum Teil an klinischer, insbesondere aber an forensischer Praxis mangelte (LWL, 1999). In Nordrhein-Westfalen wurde auf diese Defizite reagiert. Neben der Planung eines zentralen Diagnostikinstitutes in Essen, in Zusammenarbeit mit dem Lehrstuhl für Forensische Psychiatrie, Prof. N. Leygraf, in zukünftiger Trägerschaft des Landschaftsverbandes Rheinland, wurde ein Gutachteninstitut beim LWL-Zentrum für Forensische Psychiatrie Lippstadt aufgebaut. Mit der Novellierung des Maßregelvollzugsgesetzes im Jahre 1999 wurde zudem bestimmt, dass nur nachweislich qualifizierte Sachverständige Prognosegutachten erstatten. Dazu wurden Sachverständigenlisten eingeführt, in die nur Psychiater und psychologische Psychotherapeuten aufgenommen werden, die über entsprechende Gutachten- und Behandlungserfahrung im Maßregelvollzug verfügen und die die Teilnahme an fachspezifischen Fortbildungen nachweisen. Mindeststandards der Einweisungs- und Prognosebegutachtung wurden inzwischen auch von der Arbeitsgruppe um Boetticher (Boetticher et. al., 2006) vorgelegt.

Ebenso wurden von der bereits erwähnten NRW-Arbeitsgruppe verbindliche landeseinheitliche Lockerungsgrundsätze entwickelt. Diese berücksichtigen den beträchtlichen Erkenntnisgewinn in der Prognoseforschung des letzten Jahrzehntes. Es wird ein mehrstufiges Entscheidungsverfahren vorgegeben, welches die Beteiligung aller mit dem Patienten befassten Mitarbeiter und die Berücksichtigung aller relevanten Daten und Informationen über den Patienten gewährleistet. Erstmals wurde in diesem Zusammenhang auch die Anwendung wissenschaftlich anerkannter standardisierter Prognoseverfahren vorgegeben. Diese Standards haben in den Maßregelvollzugseinrichtungen zu einer deutlichen Qualitätsverbesserung beigetragen.

3.7.1.4 Nachsorge

Auch wenn, wie eingangs erwähnt, der Maßregelvollzug gerade im Vergleich zum Strafvollzug beachtliche Erfolge zeigt, belastet jede gravierende Rückfalltat den Maßregelvollzug erneut. Daher wurde versucht, durch eine flächendeckende Sicherungsnachsorge in Westfalen und im Rheinland den Behandlungserfolg der stationären Therapie auch nach Entlassung aufrecht zu erhalten (Dönisch-Seidel/Hollweg, 2003). Nordrhein-Westfalen hat als erstes Bundesland die Nachsorge gesetzlich festgeschrieben. Danach sind Therapie und Beratung gemäß § 1 Abs. 3 MRVG NRW mit Zustimmung der Patientinnen und Patienten auch nach Entlassung im Benehmen insbesondere mit der Führungsaufsicht und weiteren Beteiligten fortzusetzen. Auch wird hier u.a. festgelegt, dass, falls keine geeigneten Angebote zur Verfügung stehen, Patientinnen und Patienten auf ihren Wunsch insbesondere in Krisenfällen kurzfristig aufgenommen werden. Die Hauptaufgabe der forensischen Spezialambulanz liegt darin, Deliktrückfälle zu verhindern. Insbesondere sollen deliktfördernde, personelle, situative oder soziale Veränderungen bei (bedingt) entlassenen Patienten erkannt und, sofern konkrete Anhaltspunkte für einen drohenden Deliktrückfall vorliegen, dieser in Zusammenarbeit mit den Stellen der Justiz verhindert werden. Damit wird dem Umstand Rechnung getragen, dass die Zuverlässigkeit und die Treffsicherheit von (Entlassungs-)Prognosen wesentlich auch vom Prognosezeitrahmen, aber auch von sozialen und situativen Faktoren des Entlassumfeldes abhängen (Nedopil, 1996). Kern einer forensischen Sicherungsnachsorge in Nordrhein-Westfalen ist daher die ständig wiederkehrende Risikoeinschätzung des Patienten. Diese erweist sich insbesondere dann als effizient, wenn die zu betreuenden Patienten in ihrem sozialen Umfeld aufgesucht werden. Die Wirksamkeit einer qualifizierten forensischen Nachsorge ist inzwischen in vielfältigen Studien nachgewiesen worden. Damit lassen sich sicherlich viele, aber – das zeigen auch die Erfahrungen – eben nicht alle Deliktrückfälle verhindern. Mit dem Gesetz zur Reform der Führungsaufsicht und zur Änderung der Vorschriften über die nachträgliche Sicherungsverwahrung vom 13. April 2007 erhält die beim LWL und LVR bereits seit mehreren Jahren praktizierte professionelle ambulante psychiatrische Nachsorge nunmehr eine eindeutige bundesgesetzliche Grundlage. Die Ausweitung des strafbewehrten Weisungskataloges, die flexibleren Interventionsmöglichkeiten im Falle einer Krise und die Möglichkeit der unbefristeten Verlängerung der Führungsaufsicht bei früheren Patienten forensischer Kliniken machen dieses Instrument noch effektiver.

3.7.1.5 Ausblick

In den letzten 10 Jahren hat in NRW eine grundsätzliche und umfassende Reform des Maßregelvollzugs stattgefunden. Dies hatte bereits viele positive Veränderungen zur Folge: Bessere Therapieerfolge, geringere Rückfälle, bessere Nachsorge und Wiedereingliederung. Der stetige Anstieg der Patienten im Maßregelvollzug konnte bislang noch nicht in ausreichendem Maße eingedämmt werden. Die Ursachen erscheinen äußerst komplex. Es gibt Hinweise, dass eine Verschiebung bestimmter Patientengruppen (Schizophrene, insbesondere komorbide oder mit gesteigerter Aggressivität) aus der Allgemeinpsychiatrie in die forensische Psychiatrie stattfindet. Die Entwicklungen von Allgemeinpsychiatrie und Maßregelvollzug hinsichtlich der Anzahl an Behandlungsplätzen und der Verweildauer sind gegenläufig. Die Anzahl schizophrener Patienten Im Maßregelvollzug ist in NRW auf über 50 % gestiegen. Behandlungsintensive, zugleich auch suchtkranke oder gewalttätige Schizophrene stellen in der Allgemeinpsychiatrie eine besondere Herausforderung dar. Notwendig erscheint eine stärkere Vernetzung von Allgemeinpsychiatrie und Forensik. Dies ermöglicht zum Beispiel die Unterstützung der Allgemeinpsychiatrie bei Gefährlichkeitsprognosen und Diagnostik sowie Behandlungsplanung entsprechend schwieriger Patienten. Gemeinsame Fortbildungsveranstaltungen und Personalrotation können mit dazu beitragen, dass forensische Karrieren rechtzeitig erkannt werden und ihnen entgegen gewirkt wird.

Ein weiterer Augenmerk ist auf psychisch oder suchtkranke Kinder bzw. Jugendliche zu richten, bei denen eine Verfestigung der delinquenten Entwicklung bis hin zu schweren Straftaten droht. Der landes- und bundesweite Anstieg bei der Zuweisung jugendlicher und heranwachsender Forensikpatienten verdeutlicht an dieser Stelle den Handlungsbedarf. Zielgerichtete frühe kriminalpräventive Interventionen und eine enge zielgerichtete Kooperation von Jugendhilfe, Jugendpsychiatrie und Maßregelvollzug ist vonnöten, um diesem Problembereich effektiv zu begegnen. Modellprojekte, zum Beispiel zur Behandlung, und erzieherische Hilfen für jugendliche Sexualstraftäter (Nowara/Pierschke, 2005) zeigen hier erste und wichtige Ansätze.

Ähnlich wie die Zahl sucht- oder psychisch kranker Kinder und Jugendlicher mit Delinquenz steigt auch die Zahl alter Menschen im Maßregelvollzug mit ihren ganz eigenen Problemen. Auch hier wird es zukünftig Behandlungs- und Betreuungsangebote geben müssen.

3.7.2 Bedrohliche Entwicklungen des Maßregelvollzugs

Martin Schott

Um die positive und engagierte Arbeit im Maßregelvollzug zu erhalten und auszubauen, ist es notwendig, sich mit bedrohlichen Entwicklungen auseinander zu setzen.

3.7.2.1 Kontrolle und Ausstoßung statt Rehabilitation und Behandlung

Unsere Gesellschaft ist trotz ursprünglich behandlungsorientierter Gesetze aus den 70er- und 80er-Jahren des 20. Jahrhunderts seit längerem immer weniger daran interessiert, dass Straftäter therapiert werden, sondern möchte sie vor allem weggeschlossen wissen. Angst angesichts schrecklicher und von den Medien breit dargestellter Straftaten mobilisiert massive Sicherheitsbedürfnisse. Sicherheit bringen die Rufe nach Wegschließen allerdings keineswegs.

Wir befinden uns in einem gesellschaftlichen Prozess der Entsolidarisierung, der rasend schnell zu einer materiellen Umverteilung von unten nach oben geführt hat und der von den Propheten des Neoliberalismus gern als Folge scheinbarer wirtschaftlicher Naturgesetze, wie der Globalisierung, dargestellt wird. Voller Verwunderung stellt man fest, dass es in Deutschland eine neue Armut, eine neue Unterschicht gibt. Immer mehr Menschen werden von der Gesellschaft *de facto* ausgeschlossen, was etwa dann Entsetzen auslöst und den Ruf nach stärkerer Kontrolle laut werden lässt, wenn Eltern ihre Kinder verhungern lassen oder zu Tode prügeln. Man scheint die Zusammenhänge zwischen Kriminalität und sozialen Verwerfungen verdrängt zu haben. Oder die Erregung über Straftaten lenkt von anderen Ängsten ab.

Im Bereich des Strafvollzugs scheinen wir längst auf einem ähnlichen Weg zu sein, wie die USA, wo etwa zehn Mal so viele Straftäter wie bei uns inhaftiert sind. Viele Gefängnisse dort sind privatisiert und werfen für ihre Betreiber hohe Profite ab. Nachweislich haben Gerichte schon Strafen verhängt, um für Nachschub in den Privatgefängnissen zu sorgen. Die Bundesstaaten kostet der Strafvollzug dagegen oft mehr als der Sozial- und Kulturetat.

Auch im Maßregelvollzug der Bundesrepublik sind viele Einrichtungen überfüllt, und Entlassungen werden immer seltener. Stattdessen wird eine neue Härte gegenüber Straftätern gepredigt. «Zero tolerance» sei angesagt, als ob mit diesem Mittel Straftaten verhindert werden könnten.

David Garland (2004), Professor für Jura und Soziologie an der New Yorker Universität School for Law, schrieb:

▶ Die heutige Wirklichkeit der Strafverfolgung wurde nicht oder zumindest nicht ausschließlich durch steigende Kriminalitätsraten oder etwa einen Vertrauensverlust in das wohlfahrtsstaatlich-rehabilitativ orientierte Modell des Strafens («penal-welfarism») geschaffen. Dies waren eher unmittelbare Anlässe als die eigentlich grundlegenden Ursachen. Die neuen Orientierungen von Strafverfolgung und Strafjustiz entstanden

US-Gerichtsurteil

Sexualstraftäter werden öffentlich gebrandmarkt

Schilder warnen Bevölkerung – Ausgrenzung ist die Folge

Von Ingrid Kölle

Houston – „Vorsicht. Hier wohnt ein registrierter Sexualstraftäter. Verdächtiges Verhalten bitte melden." Schilder mit dieser Aufschrift müssen vierzehn überführte Gesetzesbrecher in der texanischen Stadt Corpus Christi seit dem 18. Mai an ihren Wohnungen anbringen. Für ihre Autos haben sie entsprechende Aufkleber erhalten. „Wir wollen, dass die Leute wissen, wo sich diese Sittenstrolche aufhalten", sagte Bezirksrichter Manuel Bañales, der das Urteil fällte.

Das Gesetz in Texas erfordert bereits, dass die Fotos und Adressen von Sexualstraftätern im Internet und in Lokalzeitungen veröffentlicht werden. Aber das geht Bañales offensichtlich nicht weit genug. Er ordnete zunächst 21 Sexualstraftäter in der Stadt an, sich selbst mit diesen Schildern bloßzustellen. Später reduzierte er diese Art der Bestrafung auf vierzehn Personen.

Bei den Betroffenen handelt es sich nach Presseberichten um Ersttäter mit Bewährungsstrafen. Neben dem Schild im Garten müssen sie einen Sticker auf der Rückseite ihres Autos anbringen, der ebenfalls warnt „Gefahr – Registrierter Sexualstraftäter im Fahrzeug".

Die Reaktionen der Gebrandmarkten waren zu erwarten und sie erfolgten praktisch unmittelbar: Einer versuchte sich umzubringen, zweien wurde die Wohnung gekündigt, mehreren ihr Hab und Gut verwüstet. Ein Vater, dessen verurteilter Sohn bei ihm Unterschlupf gesucht hatte, erhielt eine Todesdrohung und verlor seine Wohnung.

„Das ist erschreckend. Es ist so, als ob wir zu den Zeiten des öffentlichen Prangers, des Galgens und der Hexenverfolgungen zurückgekehrt wären", erklärte Gerald Rogen, der Vorsitzende des Verbands der Strafverteidiger in Corpus Christi, gegenüber der New York Times. Er hält die Maßnahme für eine „grausame und unverhältnismäßige Bestrafung", die ein höheres Gericht wahrscheinlich rückgängig machen wird.

Unterdessen werden in der Bevölkerung jedoch bereits Überlegungen laut, auch andere Straftäter zu brandmarken. Warum nicht auch Mörder, Räuber und Diebe für immer als solche kennzeichnen? Der redliche Mitbürger könne sich umso besser vor ihnen schützen, sprich, jeden Kontakt mit ihnen meiden, möglicherweise aber auch selbst das Gesetz in die Hand nehmen und Rache üben. Auge um Auge, Zahn um Zahn. Schließlich haben sie es ja nicht besser verdient. „Sie haben dies einzig und allein sich selbst zuzuschreiben", erklärte Bañales in seinem Urteil.

Rigides Gesetz

Washington – In den USA müssen sich Sexualtäter bei jedem Wohnungswechsel registrieren lassen, damit die Behörden die Bevölkerung warnen können. In einigen Staaten werden Nachbarn etwa mit Postkarten oder Hausbesuchen der Polizei gewarnt. Hintergrund ist die Erfahrung, dass gerade Sexualverbrecher Wiederholungstäter sind. Ein entsprechendes Gesetz („Megan's Law") ist nach einer Siebenjährigen benannt, die in den 90ern in New Jersey von einem vorbestraften Sexualtäter vergewaltigt und ermordet worden war. (dpa) vielmehr durch Anpassungen an die kulturellen und kriminologischen Verhältnisse der Spätmoderne – Verhältnisse, die neue Kriminalitäts- und Unsicherheitsprobleme wie auch neue Einstellungen gegenüber dem Wohlfahrtsstaat mit sich brachten. Diese Reaktionen waren nicht unabhängig von den politischen Prozessen oder fanden gar in einem politischen und kulturellen Vakuum statt. Im Gegenteil: Sie waren stark von der kulturellen Formation gekennzeichnet, die ich als **crime complex** beschrieben habe, ebenso von der reaktionären Politik, die in den letzten 20 Jahren in Großbritannien und den USA vorherrschte sowie von den neuen gesellschaftlichen Verhältnissen, die sich aus den strukturellen Veränderungen in den Bereichen Arbeit, Sozialpolitik und Wirtschaft dieser beiden spätmodernen Gesellschaften heraus gebildet haben.

[...]

Das Verlangen nach Sicherheit, Ordnung und Kontrolle, nach Risikomanagement und «Bändigung» des Zufalls ist sicherlich ein grundlegendes Anliegen jeder Kultur. In Großbritannien und den USA aber ist dieses Thema in den vergangenen Jahrzehnten ein dominierendes geworden – mit unmittelbaren Auswirkungen für all jene, die in seine Repressivität verstrickt werden, und mit eher diffusen, schleichend unterminierenden Folgen für alle Übrigen. Kontrolle von Räumen, situative Kontrolle, betriebsinterne Kontrolle, Systemkontrolle, Sozialkontrolle, Selbstkontrolle – eine soziale Sphäre nach der anderen ist immer umfangreicheren Regulations-, Überwachungs- und Kontrollmechanismen ausgesetzt. Dadurch wird unsere Zivilkultur immer weniger tolerant und integrativ, sie ist immer weniger **vertrauensfähig**. Nachdem lange Zeit die Ausweitung individueller Freiheit und die Lockerung von gesellschaftlichen und kulturellen Einschränkungen vorherrschten, findet nun eine erneute Forcierung der Kontrolle statt, die jeden Bereich des Zusammenlebens betrifft – mit der einzigen und verblüffenden Ausnahme der Wirtschaft, in deren dereguliertem Wirkungsbereich die meisten großen Risiken der Gegenwart regelmäßig entstehen. ◀

Mit diesen Kontroll- und Ausstoßungstendenzen hängen gravierende und bedrohliche Fehlentwicklungen im heutigen Maßregelvollzug der Bundesrepublik Deutschland zusammen, die verhängnisvolle Einstellungen zu forensischen Patienten entstehen haben lassen.

Stavros Mentzos (2004) schreibt darüber in einem Geleitwort:

▶ Selbst Fachleute scheinen mit ihrem Desinteresse an der konkreten therapeutischen Arbeit im Straf- und Maßregelvollzug implizit das Vorurteil breiter Bevölkerungsschichten mitzutragen, wonach sich in diesen Institutionen der «Abschaum» der Gesellschaft befinde, Abscheu erregende «Unmenschen», die vor allem mit Disziplin und Härte, mit Medikamenten oder womöglich mit operativen Eingriffen wieder auf den rechten Weg zu bringen seien. Und wer gar dort arbeitet, sei es als Sozialarbeiter, Pflegekraft oder Therapeut, erfreut sich ebenfalls nicht gerade besonderer Anerkennung. Im Gegenteil, wenn er nicht schon für seine Wahl dieses Arbeitsplatzes bei seinen Mitmenschen Unverständnis erntet, so wird er zumindest für diese denkbar schwierige Arbeit von ihnen vor allem bedauert.

Dieser Umgang der Öffentlichkeit mit dem Straf- und Maßregelvollzug als sozialer Einrichtung spiegelt im Makrokosmos, was beim einzelnen Täter die Ausbildung eines destruktiven Wahns befördert hat und im Folgenden die Auseinandersetzung mit dem seelischen Mikrokosmos des Täters verhindert: Ausgrenzung, Geringschätzung und schließlich Ignorieren des Innenlebens jener Schattenseite der menschlichen Existenz, deren zerstörerischer Wirkung man kurz zuvor noch so verständnislos wie verständnissuchend gegenüberstand. Diese Verständnisblockade, die auch als eine kollektive Verdrängungsleistung zu verstehen ist, markiert genau jenen Bruch mit der Zivilisation und ihren ethischen Grundregeln, den Straftäter vollziehen, die in ihrem verbrecherischen Handeln von ideologischen, religiösen oder wahnhaften Vorstellungen geleitet werden, mit denen sie eine bedrückende soziale Realität zu ersetzen versuchen, anstatt sich auf kritisch-konstruktive Weise in die Gesellschaft zu integrieren. Die von ihnen erlittene Halt- und Beziehungslosigkeit führt zu nachhaltigen Störungen in ihrer eigenen Beziehungs- und Empathiefähigkeit, was sie wiederum in die Lage versetzt «Verbrechen gegen die Menschlichkeit» zu begehen, ohne dabei von Schuldgefühlen allzu sehr beeinträchtigt zu werden. ◀

3.7.2.2 Stigmatisierung und Zunahme ungünstiger Prognosen

Die Entdeckung von angeblich unbehandelbaren Patienten und Psychopathen in den 90er-Jahren des 20. Jahrhunderts signalisierte einen fatalen Diskurs der Stigmatisieung psychisch kranker Straftäter, vor allem von Sexualstraftätern. Während der Maßregelvollzug eben erst seit den 80er-Jahren des letzten Jahrhunderts aus desolater Verwahrung herausgewachsen war, hatte sich ein relativ vorurteilsfreier Umgang mit den Patienten entwickelt. Heute gibt es Bestrebungen, manchen den Patientenstatus abzuerkennen, etwa mit der Frage «krank oder kriminell». Es wurde Prognosechecklisten eingeführt, die nur geringe Chancen einer therapeutischen Veränderbarkeit vorsehen, zu falsch positiven Gefährlichkeitsprognosen führen und damit einen immer restriktiveren Umgang mit Lockerungen zur Folge haben.

Ross und Pfäfflin (2004) haben in einem in der *Monatsschrift für Kriminologie und Strafrechtsreform* erschienenen Artikel mit dem Titel über die «Grenzen psychometrischer Gefährlichkeitsprognose im therapeutischen Umfeld» sehr deutlich die Schwächen dieses Testverfahrens und seine zweifelhafte klinische Relevanz aufgezeigt:

▶ Es sind Fälle bekannt geworden, in denen PCL-Auswertungen von Sozialarbeitern in Gerichtsverfahren akzeptiert wurden, in denen die Todesstrafe beantragt war. In anderen Fällen wurde die PCL-R, auf Grund der vermeintlichen Einfachheit der Auswertung von den Richtern selbst durchgeführt. Solche Beispiele zeigen deutlich, wie wichtig es ist, der missbräuchlichen Anwendung des Instruments so gut wie möglich Einhalt zu gebieten. [...] In den USA wird die PCL-R zur Entscheidung aller wesentlichen juristischen Fragen im Zusammenhang mit gefährlichen Straftätern (Ausmaß freiheitsentziehender Maßnahmen im Allgemeinen, Zuweisung zu behandlungsorientierten Settings, Vollzugslockerungen und Bewährungsstrafen) und nicht zuletzt auch in Gerichtsverfahren, in denen die Todesstrafe beantragt wird, eingesetzt. ◀

Schließlich ziehen sie das folgende Fazit:

▶ Die PCL-R als Instrument zur Vorhersage fortgesetzter Gewaltdelinquenz hat in den vergangen Jahren auch im Maßregelvollzug Eingang gefunden und wird dort vermehrt zu Prognosezwecken eingesetzt. Das Instrument eignet sich zur Selektion einer mit den bisher erprobten therapeutischen Mitteln schwer beeinflussbaren Personengruppe aber nur bedingt und die prädiktive Validität ist insgesamt nicht so hoch wie häufig angenommen. Ein wesentliches Problem aller psychometrischen Prognoseinstrumente, das heißt auch PCL-R, ist die hohe Rate an fälschlich als gefährlich und nicht behandelbar eingestuften Patienten (*false positives*). Ferner sind die prognostischen und vor allem therapeutischen Implikationen der Anwendung auf die Mehrheit der im Maßregelvollzug zu behandelnden Patienten noch unklar. Mittelhohe PCL-R-Scores sagen wenig über die tatsächliche Gefährlichkeit einer Person aus, wenig über deren Behandelbarkeit und gar nichts über adäquate Behandlungsstrategien.

[...]

Grundsätzlich scheint eine weitere Ungleichgewichtung der gängigen Prognosekriterien (Rasch, 1999; Dittmann, 2000; Nedopil, 2000; Leygraf, 2004) zu Gunsten der historisch-aktuarischen Variablen, die letztlich durch die obligatorische Anwendung der PCL-R stattfinden wird, für die praktische Arbeit mit Patienten, über die Selektion besonders schwieriger Fälle hinaus, wenig nützlich, lässt sie doch bei der noch immer vorherrschenden pessimistischen Stimmungslage wenig Raum für therapeutische Einflussnahme. ◀

Die ganz praktische Folge der zunehmenden Stigmatisierung forensischer Patienten ist die rapide Zunahme der Aufenthaltsdauern und die wachsende Überfüllung der Maßregelkliniken.

Durch unangemessene Restriktionen trägt man vermeintlichen Sicherheitsinteressen Rechnung, ungeachtet der Tatsache, dass von einem in einen Therapie-, Entwicklungs- und Lockerungsprozess integrierten Patienten ein ungleich geringeres Sicherheitsrisiko ausgeht als von einem hospitalisierten, enttäuschten und seiner Selbstständigkeit beraubten Patienten.

Im Krankenhaus Moringen, das den größten Teil der am schwersten gestörten Maßregelpatienten in Niedersachsen, darunter die Hälfte Sexualstraftäter, behandelt, können fast 60 % aller Patienten Ausgang ohne Begleitung wahrnehmen. Im Bundesdurchschnitt liegt diese Zahl bei 12 %. Auch viele der übrigen Patienten haben die Gelegenheit, in Begleitung von Personal Einzel- und Gruppenausgänge durchzuführen.

3.7.2.3 Longstay-Einrichtungen

Fast wie in einer Art Aufbruchstimmung wird die Lösung vieler Maßregelprobleme seit einiger Zeit in der Verwahrung vermeintlich unbehandelbarer Patienten in Longstay-Einrichtungen gesehen, wo sie nicht mehr von Therapeuten behelligt werden, wie manchmal euphemistisch argumentiert wird. Fatalerweise können dort aber gerade nicht die gefährlichen Patienten verwahrt werden, weil deren Sicherung hohen Personaleinsatz erfordert.

Ich halte gesonderte Longstay-Einrichtungen für therapeutisch kontraproduktiv, ethisch und juristisch bedenklich (s. Braasch, 2007) und schon mittelfristig für ökonomisch ungünstiger als wenn Langzeitpatienten in die Maßregelkliniken integriert bleiben. Üblicherweise spricht man davon, dass Patienten, die nach 6 Jahren Unterbringung noch keine entscheidenden Fortschritte gemacht haben, in eine Longstay-Einrichtung verlegt werden sollten. In Moringen werden nach 6 Jahren zirka 50 % aller Patienten entlassen; 90 % nach 10 Jahren. Durch gesonderte Longstay-Einrichtungen würde man also die Entlassung von 40 % aller Patienten verhindern oder erheblich verzögern.

Darüber hinaus gibt es noch weitere Gründe, die gegen Longstayeinrichtungen sprechen:

1. Es gibt keine überzeugende Definition, welche Patienten nicht therapiefähig sind und ob es sich nicht um das Problem einer bisher noch ungeeigneten Therapie handelt.
2. Man kann nicht einfach beliebige Patientengruppen für Longstay zusammenfassen, nur weil sie nicht nach einer gewissen Zeit zu entlassen sind. Hochgefährliche Patienten brauchen zum Beispiel andere Unterbringungsbedingungen wie Verhaltensgestörte.
3. Adäquate Beschäftigungsangebote für eine kleine und sehr inhomogene Gruppe anzubieten ist auch mit hohem Aufwand kaum zu leisten.
4. Es wird für die Patienten *de facto* sehr schwer sein, ggf. wieder in den Behandlungsvollzug zurückzukehren, auch wenn dies theoretisch möglich ist. Das heißt, dass lebenslanger Longstay-Vollzug doch wieder sehr teuer wird.
5. Die Wirkung auf Patienten kann gefährlich sein. Pseudoanpassung, nur um nicht in Longstay-Einrichtungen verlegt zu werden, kann fälschlich für einen Fortschritt gehalten werden und damit zu einer Gefährdung führen.
6. Therapeuten könnten zu leicht geneigt sein, sich unbequemer Patienten in Longstay-Einrichtungen zu entledigen.
7. Therapien schwer persönlichkeitsgestörter Patienten – insbesondere mit gravierenden Delikten – benötigen in der Regel viele Jahre Zeit (Motivations-, Entwicklungs-, Konflikt- und Rehabilitationsphase). Solche Therapien könnten gefährdet werden.
8. Angst vor der Longstay-Unterbringung kann bei manchen Patienten zu gefährlichen Kurzschlussreaktionen führen.
9. Die Wirkung auf alle Patienten könnte in wachsendem Misstrauen gegenüber den Behandlern und Schwächung des Arbeitsbündnisses bestehen, wenn die Patienten erleben, wie andere grausam abgeschoben werden. Gerade die Integration schwierigster Patienten wird von den Mitpatienten als Zeichen erlebt, dass man nicht fallen gelassen wird.
10. Es gibt Hinweise auf vermehrte Suizide.

3.7.2.4 Bauliche Übersicherung

Eine weitere fatale Entwicklung im Maßregelvollzug ist die bundesweit zu beoachtende bauliche Übersicherung und bauliche Menschenfeindlichkeit im Maßregelvollzug. Seit Ende der 80er-Jahre des 20. Jahrhunderts sind abstruse Hochsicherheitstrakte mit raffiniertesten Sicherungsanlagen überall aus dem Boden geschossen und haben das soziale Leben in diesen Einrichtungen aufs Schwerste beeinträchtigt. Gleichzeitig hat sich dabei bisweilen ein politisch-architektonischer Größenwahn manifestiert, der Unsummen verschlungen hat. Der erhebliche Aufwand vieler Bauten sollte vielleicht ebenso Schuldgefühle den zukünftigen Insassen gegenüber beruhigen wie auch Ängste der Bevölkerung vor Monstern wie Hannibal Lecter zerstreuen. Vor allem aber sprechen solche Anlagen eine deutliche Sprache: «Wir sind Dir, Du ausbruchswilliger Patient, weit überlegen. Deine Furcht ist uns lieber als Dein Wohlgefühl!» Kaum bedacht hat man aber, dass auch die raffiniertesten Sicherungsanlagen leicht durch eine Geiselnahme überwunden werden können.

3.7.2.5 Behinderung sozialen Lebens

Es existieren weiterhin vielfach keine oder zu wenige intra- und extramurale Wohngruppen in Familiengröße von drei bis sechs Patienten, wo die Patienten nicht durch Personal beaufsichtigt werden. In Moringen gibt es 16 Wohngruppen dieser Art innerhalb des Hauses und weitere sieben außerhalb. Dadurch wird die Selbstständigkeit natürlich in hohem Maße gefördert.

Es fehlen vielerorts auch Appartments, in denen Patienten Stunden, Nächte und Tage mit Partnerinnen und Partnern verbringen können und wo sie neben der Möglichkeit, intim zu werden, so etwas wie einen kleinen Urlaub verbringen können. Eine solche Einrichtung hat keineswegs nur Unterhaltungswert, sondern dient dem Wichtigsten, was die Patienten lernen sollen, nämlich ihrer Beziehungsfähigkeit. Dahinter steht die Frage, ob die Klinik Beziehungen innerhalb und nach außerhalb wirklich fördern will.

Die Maßregelklinik wird also nach wie vor oft als ein Krankenhaus aufgefasst, wo der Patient als entmündigtes und wie im Altersheim vollversorgtes Objekt therapeutischer Veranstaltungen gilt, ein Krankenhaus, das in Stationen – also Übergangsräume und nicht Wohnungen – aufgeteilt ist und wo der Patient meist rund um die Uhr bewacht oder aber zum Beispiel nachts eingeschlossen wird. Selbstständigkeit, Selbstversorgung und soziales Leben werden oft nur als Spiel mit absurden Regeln, wie etwa das vielerorts praktizierte Zwangsgemeinschaftsfernsehen, inszeniert.

3.7.2.6 Privatisierung

Privatisierung hat in den letzten Jahren Konjunktur. Durch den Expertenrat von Wirtschaftsunternehmen und vom Gerede über den angeblich so unfähigen Staat beeinflusste Politiker, die sich wie alle Außenstehenden schwer tun, ein so kryptisches Gebilde wie den Maßregelvollzug zu begreifen, entschließen sich zunehmend, Psychiatrie und Maßregelvollzug zu privatisieren. Oft handelt es sich darum, den Landeshaushalt zu sanieren, aber unterschwellig vermeint man zu spüren, dass die Politik ein ungeliebtes Kind loswerden will, das man bisher in Form von Vorkommnissen nur als störend und imageschädigend erlebt hat. Vielleicht existiert dahinter die Fantasie, der private Betreiber möge konsequenter mit Patienten und Personal umspringen, als das der Staat mit seinem öffentlichen Dienst tun konnte.

Es gehört wenig Vorstellungskraft dazu, sich auszumalen, was passiert, wenn ein privater, nicht gemeinnütziger, renditeorientierter Investor eine Maßregeleinrichtung übernimmt:

- Er wird, um genügend Gewinn zu erzielen, nach einer kurzen Schamfrist personelle Einschnitte vornehmen, die die Funktionsfähigkeit der Klinik empfindlich beeinträchtigen und die Motivation der Mitarbeiter schädigen.
- Ein Investor wird primär kein ökonomisches Interesse haben, Patienten gut und in angemessener Zeit zu rehabilitieren und zu entlas-

sen. Therapien erfordern qualifiziertes Personal, reine Bewachung kann man – vermeintlich – billiger haben.

- Ein privater Träger wird von Anfang an durch restriktive Maßnahmen alles daran setzen, dass nach außen hin keinerlei Zwischenfälle auftreten, weil man sonst ja daran zweifeln könnte, dass die Sicherheit durch den Trägerwechsel nicht gefährdet worden sei. Dadurch wird aber die Integration der Patienten gestört und wirkliche Sicherheit beeinträchtigt.
- Es wird durch die weitere Verlängerung der Aufenthaltsdauern jetzt erst richtig teuer. Und das zahlt, zusammen mit dem Profit, der Staat.
- Wenn Menschen nur noch restriktiver Konfrontation, Isolation und Perspektivlosigkeit ausgesetzt sind, werden sie gefährlich. Dann kommt es trotz noch so ausgeklügelter Bewachungsmaßnahmen irgendwann zu schweren Übergriffen, zu Ausbrüchen und Geiselnahmen.
- Es entwickelt sich nun ein Teufelskreis, bei dem gefährlicher wirkende Patienten immer höher gesichert werden müssen, und immer höher gesicherte und isolierte Patienten immer gefährlicher werden.
- Auf diese Weise müssen immer mehr therapeutische Ressourcen für reine Bewachungsaufgaben verwendet werden – der Teufelskreis verstärkt sich.

3.7.2.7 Mangelnde Konstanz und Qualität bei Einzelpsychotherapien

Schließlich sei ein letzter Diskurs angesprochen, der schon so weit fortgeschritten ist, dass man verzweifeln könnte. Es geht um das Verschwinden einer langfristig angelegten, psychodynamisch orientierten Therapie bei einer konstanten und qualifizierten Therapeutin oder einem Therapeuten. Ohne eine solche beziehungsorientierte Therapie haben schwer gestörte Patienten mit erheblichen Straftaten meist keine Chance, jemals geheilt und rückfallfrei rehabilitiert zu werden. Vielfach wird die Bedeutung einer solchen Therapie, die eine wirkliche Strukturveränderung beim Patienten bewirkt, gar nicht mehr verstanden, und nicht selten werden so intensive therapeutische Beziehungen sogar beargwöhnt und abgelehnt. Stattdessen wird nicht selten zu früh und in intrusiver Weise Deliktbearbeitung betrieben, ohne die Beziehungsdimension und Beziehungsentwicklung eines Patienten ausreichend zu berücksichtigen. Oft wird nicht genügend bedacht, ob der Patient die emotionale Dimension seiner Tat erfassen kann und was diese gedankliche Reinszenierung bei ihm bewirkt, geschweige denn, dass die Gegenübertragung der Therapeuten, die sich zu solchen Veranstaltungen gezwungen sehen, reflektiert wird.

Der Freiburger *Psychoanalytiker und Forensik-Supervisor Thomas Bender* schreibt hierzu:

▶ Etliche engagierte und zum Teil namhafte Psychiater und Psychotherapeuten sind am Ressentiment der Bevölkerung, am Populismus der Politik, an der Gleichgültigkeit der Justiz und an der Schwerfälligkeit der Klinikverwaltungen gescheitert und haben dem Maßregelvollzug mehr oder weniger resigniert den Rücken gekehrt. Unter diesem gesellschaftlichen Druck droht der Forensischen Psychiatrie in Deutschland der lange Atem psychotherapeutischer Arbeit auszugehen, bevor er sich entfalten konnte, und einem kurzatmigen Effizienzdenken Platz zu machen, das aber recht schnell an die Grenzen des Menschenmöglichen stößt. Für die vorgeblich effizientere Behandlung von psychisch kranken Straftätern mit kognitiv-behavioralen Methoden zum Beispiel, die in den letzten Jahren vielerorts psychodynamisch und psychoanalytisch ausgerichtete Therapiemethoden abgelöst haben, musste P. Bauer feststellen, *dass vor allem der Transfer des Erlernten Schwierigkeiten machte*: «Die Patienten waren oft nicht in der Lage, das Gelernte im Stationsleben anzuwenden.» (Bauer, 2000: 69). Die Erfahrung mit der Einführung eines konsequent kognitiv-behavioralen Vorgehens wird offen als «nicht überwältigend» bezeichnet: «Entlassen wurde weiterhin kein Patient» (Eucker/Müller-Isberner, 2001). Ein alltagstauglicher Transfer von Lerninhalten auf soziale Beziehungen hinein kann aber von einem

Menschen auch nur dann geleistet werden, wenn er diesen *Lernstoff* in seiner Persönlichkeit verankern konnte, was einen tieferen Zugang zu dieser Persönlichkeit voraussetzt, der wiederum nur durch und in einer längerfristigeren therapeutischen Beziehung erreicht werden kann.

Die wissenschaftliche Illusion der Veränderbarkeit des Menschen mittels standardisierbarer therapeutischer Techniken wird demgegenüber von dem uneingestandenen Wunsch bewegt, mit den Patienten nicht in eine längere und nähere Beziehung treten zu müssen, eine Einstellung, die man den psychisch kranken Straftätern gegenüber aus unterschiedlichen Gründen ja durchaus nachvollziehen kann. Nur begibt sich die *verwaltete Welt* (Adorno/Horkheimer) in einen unlösbaren Widerspruch, wenn sie meint, Opfern schwerer Beziehungsstörungen, die psychisch kranke Straftäter in der Regel sind, allein mit Lernprogrammen und ohne soziale Bindungen die Einhaltung der Regeln menschlichen Zusammenlebens vermitteln zu können. Diese Verflachung und Fragmentierung des sozialen und therapeutischen Bewusstseins zu einem bloßen Ingenieurswissen (im Sinne eines «human engineering») liefert den Maßregelvollzug zwangsläufig der Tagespolitik aus, weil er sich ohne eine eigenständige psychotherapeutische Identität gegenüber dem Zeitgeist und dem Interessensdruck übergeordneter Institutionen nicht behaupten kann. [Hervorhebungen durch den Verf.] ◀

3.7.2.8 Gesetzesänderungen mit deutlichen Folgen

In den letzten 10 Jahren erlassene Bundes- wie Landesgesetze zur Maßregelunterbringung haben sowohl für reale Behinderungen von Rehabilitation und Psychotherapie gesorgt als auch das Behandlungsklima beeinträchtigt. In jüngster Zeit haben Bayern und Niedersachsen mit den Projekten HEADS bzw. KURS eine polizeiliche Kontrolle entlassener Sexualstraftäter eingeführt, die möglicherweise die Arbeit der forensischen Ambulanzen sowie von Führungsaufsicht und Bewährungshilfe behindern und die soziale Wiedereingliederung erschweren.

3.7.2.9 Fazit

Man muss sich entscheiden, ob man bei der Behandlung von Maßregelpatienten Beziehung, psychodynamisches Verstehen, psychotherapeutische Kompetenz, Integration, Nähe, Menschlichkeit, Warmherzigkeit, Natürlichkeit und soziale Entwicklung ernst nimmt oder ob Distanz, Entwertung, Mystifizierung des Bösen, paranoide Abwehr, institutionell-herrschaftliche Bürokratisierung, tendenziöse Pseudoverwissenschaftlichung, Denaturierung, Entmündigung, Hospitalisierung, soziale Entfremdung und architektonischer Sicherungswahn ein Gebilde beherrschen, das oft nur noch der Verwahrung dient und sich von Heilung verabschiedet hat. *No cure, but control*, wie es vermeintlich therapeutisch so bescheiden heißt.

4 Behandlung im Maßregelvollzug

Friedhelm Schmidt-Quernheim

4.1 Einführung

Die Behandlung in den forensischen Kliniken ist bundesweit unterschiedlich, einheitliche Standards existieren nicht. Örtliche Besonderheiten, unterschiedliche Ländergesetze und spezifische Traditionen führen zu einer Vielfalt der Konzepte. Gleichwohl sind Praxis und Problemfelder im Maßregelvollzug so grundverschieden nicht: Die Behandlung einzelner Patientengruppen ist in ihren Grundzügen gut beschreibbar. Ähnlich wie in der Allgemeinpsychiatrie überwiegen im klinischen Alltag die Gemeinsamkeiten, so mancher «Schulenstreit» entpuppt sich bei der Betrachtung des Einzelfalls als eher akademisch.

Kapitel 4 gibt einen ersten Überblick über die «gängige» Praxis im Maßregelvollzug. Die Kliniken bzw. ihre Vertreter kommen dabei auch selbst zu Wort. Die Darstellung orientiert sich am «Werdegang» eines Patienten in der Klinik, beschreibt die verschiedenen Behandlungsabschnitte und informiert über Ziel und Methoden der wichtigsten Behandlungsbereiche. Störungs- und deliktspezifische Therapieformen werden dargestellt, wobei die Gruppe der Persönlichkeitsstörungen besonders berücksichtigt wird. Fragen zur therapeutischen Haltung, zur alltäglichen «Beziehungsarbeit» und zu ihren Fallstricken werden thematisiert.

4.2 Ziel der Behandlung

▶ Maßregeln der Besserung und Sicherung in einem psychiatrischen Krankenhaus oder einer Entziehungsanstalt sollen die betroffenen Patientinnen und Patienten durch Behandlung und Betreuung (Therapie) befähigen, ein in die Gemeinschaft integriertes Leben zu führen. Die Sicherheit und der Schutz der Allgemeinheit und des Personals vor weiteren rechtswidrigen Taten sollen gewährleistet werden. Therapie und Unterbringung haben auch pädagogischen Erfordernissen Rechnung zu tragen und sollen unter größtmöglicher Annäherung an allgemeine Lebens- und Arbeitsverhältnisse Mitarbeit und Verantwortungsbewusstsein der Patientinnen und Patienten wecken und fördern. (§ 1 MRVG NW) ◀

▶ Der Maßregelvollzug braucht die Öffentlichkeit nicht zu scheuen, er hat nichts zu verbergen und sollte einen solchen Eindruck auch gar nicht erst vermitteln. Der Maßregelvollzug ist keine soziale Quarantäne-Station, sondern ein eigenständiger psychosozialer und kriminalpolitischer Versorgungsbereich. Es gilt immer wieder aufs Neue, dessen spezifische Aufgabenstellung deutlich zu machen und herauszuarbeiten, wo die Grenzen des Systems erreicht sind:

Weder Heilung, noch Bestrafung, weder Verwahrung noch Unschädlichmachung, sondern Behandlung der Untergebrachten mit dem Ziel, ihre Gefährlichkeit so weit zurückzudrängen, dass eine Bewährungs-Entlassung zu verantworten ist. (Pollähne, 1999: 50) ◀

Beide Zielsetzungen, «Besserung und Sicherung», kennzeichnen den Auftrag des Maßregelvollzugs. Anders als im Strafvollzug geht es nicht um schuldorientierte Sühne und Bestrafung. Der Freiheitsentzug dient allein dem Schutz der Allgemeinheit. Dabei ist die Sicherung kein Selbstzweck: «Der Betroffene wird nicht sicher untergebracht, um sicher untergebracht zu sein, so paradox dies klingen mag, sondern zum Zweck der Therapie mit dem Ziel alsbaldiger Entlassung.» (ebd.: 38).

Auf der anderen Seite gilt aber ebenso: Der Patient ist nicht etwa im Maßregelvollzug, weil er krank oder behandlungsbedürftig, sondern weil er gefährlich ist. Bei Wegfall der Gefährlichkeit, das heißt, «wenn zu erwarten ist, dass der Verurteilte außerhalb des Maßregelvollzugs keine Straftaten mehr begehen wird» (§ 67d StGB), *muss* die Maßregel zur Bewährung ausgesetzt werden.

Der Gesetzgeber fordert grundsätzlich die Behandlung des Patienten in einem psychiatrischen Krankenhaus «nach ärztlichen Gesichtspunkten» (§ 136 StVollzG). Dies resultiert aus der Tatsache, dass es sich bei den Untergebrachten – und diese Klarstellung erscheint angesichts mancher öffentlicher Debatten notwendig – um kranke Menschen handelt. Die Behandlung zielt nicht auf eine Therapie der Delinquenz schlechthin (wie dies der Begriff der «Kriminaltherapie» nahe legt), sondern auf die Besserung oder Reduktion derjenigen psychischen Störungen ab, die dem Anlassdelikt zu Grunde liegen.

Diese Zielsetzung umfasst dabei das gesamte Spektrum therapeutischer Interventionen, die geeignet sind, neben der Verbesserung der spezifischen Psychopathologie auch zur Erhöhung psychosozialer Kompetenzen im weitesten Sinne beizutragen. Maßregelpatienten weisen meist neben ihrer spezifischen Erkrankung langdauernde dissoziale Entwicklungen mit oftmals erheblicher Aggressionsproblematik auf. Nach Remission der akuten Symptomatik, etwa bei schizophrenen Erkrankungen, verbleiben oft lebensgeschichtlich verfestigte, teilweise auch als komorbide Persönlichkeitsstörungen und/oder Substanzabhängigkeiten imponierende Störungsbilder, die spezielle Behandlungsanforderungen stellen. Psychosoziale Therapien und Milieutherapie sind daher – im Unterschied zur allgemeinpsychiatrischen Versorgung mit ihren kurzen und primär auf Kriseninterventionen abzielenden Behandlungen – im Maßregelvollzug von erheblicher Bedeutung. Sie zielen auf die kriminogenen Sozialisationsdefizite der Primärpersönlichkeiten der Patienten. Diese Defizite bedingen ebenfalls für die Phasen der Rehabilitation und Nachsorge spezielle Strategien im Hinblick auf den «sozialen Empfangsraum (s. Kap. 8).

Die *Deliktbearbeitung* ist sicher das Spezifikum forensischer Behandlung (s. a. Kap. 4.8). Für die «Auseinandersetzung mit der Tat» kann es keine allgemein gültigen Vorgaben oder Verfahren geben. Abhängig vom Krankheitsbild besitzen die Patienten dafür auch individuell sehr unterschiedliche Voraussetzungen. Die Tatbearbeitung ist keinesfalls ein punktueller Vorgang, sondern ein Fokus der gesamten Behandlung – mit wechselnder Intensität, auch mit Rückschlägen, in denen der Patient leugnet oder bagatellisiert (Kröber, 1993).

In den Klinikkonzepten finden sich unterschiedliche Zielformulierungen: Neben der Befähigung zu Empathie und Verantwortungsübernahme werden zunehmend, insbesondere bei der Behandlung von Sexualdelinquenten, Konzepte eines «*No cure, but control*» vertreten (Bullens, 1994). Die Vorstellung einer Heilbarkeit psychischer Störungen wird als Mythos entlarvt. Seit Ende der 80er-Jahre des 20. Jahrhunderts hat dabei der Begriff der «Kriminaltherapie» Einzug gehalten, «in der nicht das Heilen, sondern das Risikomanagement durch Eliminierung, Reduzierung, Neutralisierung und Kompensierung jener Merkmale, die empirisch gesichert mit Delinquenz assoziiert sind, zentraler Gegenstand der Behandlung wurde.» (Müller-Isberner et al., 2007: 44). Vielerorts entstanden so genannte Rückfallpräventionsprogramme, die aus anderen Bereichen, insbesondere aus der Straftäterbehandlung, übernommen wurden (Übersicht bei Pfäfflin, 2001). Diese setzen bei der Bearbeitung des «Deliktszenarios» vornehmlich auf die Entwicklung von Kontroll- und Vermeidungsstrategien.

4.3 Therapie im Zwangskontext

▶ Ein Mann liegt auf der Couch, um sein Fußgelenk ist ein Eisenreifen geschlossen, an dem eine Kette hängt, und an dieser Kette ist eine schwere Eisenkugel befestigt. Neben der Couch sitzt ein Psychotherapeut und fragt: «Belastet Sie vielleicht etwas?» (Werdenich/Wagner, 1998: 37) ◀

Eine weit verbreitete Ansicht ist: Behandlung, zumal Psychotherapie, setzt Freiwilligkeit voraus. Und: Eine «Zwangstherapie» ist nicht nur ethisch bedenklich, sondern muss scheitern, da eine «echte», das heißt auf einem inneren Leidensdruck basierende Änderungsbereitschaft nicht vorliegt.

Nun finden sich Aspekte von Zwang in vielen psychosozialen Interventionen, auch in ambulanten Behandlungen: Behandlung von Abhängigkeitsstörungen finden meist erst unter familiärem, beruflichem oder auch strafrechtlichem Druck statt. Wenn «die Angst vor dem Verlust des Arbeitsplatzes bzw. vor dem Verlassen-Werden durch die Ehefrau als Triebfeder dienen», dann gilt: «Das hehre Ideal der Freiwilligkeit ist häufig eine Illusion, es scheint nur unterschiedliche Schattierungen von Freiwilligkeit zu geben.» (Rotthaus, 1998: 272).

Forensische Patienten sind in der Tat (zunächst) keine «Kunden», die aus eigenem Antrieb zum Therapeuten gehen und dort eine Dienstleistung nachfragen. Dieses «klassische» Konzept der Therapiemotivation, das allein vom innerseelischen Leidensdruck als Initialzündung

ausgeht, wurde vielfach zu Recht als unzulänglich kritisiert (Schorsch, 1996; Rauchfleisch, 1999; zuletzt sehr prägnant Dahle, 1998).

Bestimmte Problemgruppen, wie die der Straffälligen (gerade auch die Gruppe der Sexualdelinquenten), aber auch Psychotiker, Psychosomatiker, Suchtpatienten und Jugendliche generell, werden nicht erfasst. So schreibt Dahle (1998: 102) polemisch, dass «das klassische Konzept von Therapiemotivation letztlich auf einen Sonderfall beschränkt» bleibe, indem es an Voraussetzungen geknüpft ist, die an der *Realität vieler Patientengruppen völlig vorbeigehen*:

- Unterschicht- und insbesondere Randgruppenangehörige haben prinzipiell eher eine negative Einstellung gegenüber Psychotherapie bzw. verfügen kaum über Wissen über Psychotherapie als einer sinnvollen Problemlösungsstrategie:

▶ Wie soll man zu etwas motiviert werden, von dem man nicht weiß, worum es sich eigentlich handelt, was einen hierbei erwartet und dessen Folgen man auch nicht einschätzen kann? Gerade bei Klienten aus sozialen Randgruppen liegen die Wurzeln einer zögerlich-ambivalenten Haltung oftmals in Zweifeln und Ängsten, die letztlich in diffusen und verzerrten Vorstellungen von Psychotherapie begründet sind. (ebd.: 102) ◀

- Anders als die durchschnittliche Psychotherapieklientel verfügen die meisten (und erst recht die psychisch kranken) Straftäter nicht über das ausreichende Maß an (Selbst-)Vertrauen in die eigenen, für erforderlich gehaltenen Kompetenzen für eine Therapie. Ängste, den Anforderungen nicht gerecht zu werden, herrschen vor. Die Beschäftigung mit «inneren Welten» ist bei ihnen zudem mit der bedrohlichen («psychophobischen») Vorstellung verbunden, «verrückt» zu sein bzw. zu werden oder dafür gehalten zu werden.
- Therapie setzt eine positive Beziehungserwartung voraus. Festzustellen ist hingegen ein immenses Misstrauen bzw. eine hohe Ambivalenz gegenüber sehr nahen menschlichen Beziehungen (Sehnsucht/Angst-Dilemma). Diese werden durch die Situation der Inhaftierung (auch durch vorangegangene Aufenthalte in Heimen oder Gefängnissen) auf verhängnisvolle Weise verstärkt. Am Ende steht oft ein

ausgeprägter Widerstand gegen die «Seelenklempner».

- Die mit der Einweisung in die Forensik verbundene (doppelte) Stigmatisierung als «kriminell und krank» bedeutet für die Patienten eine massive Kränkung. Das Leugnen des Patientenstatus und damit der Hilfsbedürftigkeit und jeder «Psycho»-Problematik ist offenbar zur Selbststabilisierung zunächst überlebensnotwendig.
- Bei den meisten Krankheitsbildern, vor allem bei den Psychosen, ist gerade das Fehlen von Krankheitseinsicht ein Zeichen der Störung. Persönlichkeitsgestörte Patienten reagieren auf Konflikte, Trennungen, Kränkungen nicht innerseelisch, indem sie etwa depressive Reaktionen entwickeln. Dabei weisen sie durchaus ein hohes, eher diffuses Belastungserleben auf, «wobei sie persönliche Schwierigkeiten allerdings in eher hilflos-fatalistischer Weise als Folge eines unglücklichen und hoffnungslosen Schicksals attribuieren.» (Dahle, 1998: 107). Patienten entwickeln oft eine «negative Identität», die ihnen Sicherheit gibt.
- Persönlichkeitsgestörte Patienten verarbeiten ihre Probleme auf der Handlungsebene. Sie agieren, statt zu reflektieren. Sie zeigen übergriffiges, süchtiges, steuerungsunfähiges Verhalten. Sie veranlassen andere, an ihrer Stelle Grenzen zu ziehen. Die Unterbringung in einer Klinik ist Ergebnis ihres Handelns, stellt ihre Realität dar.

Ergebnis

Eine «Therapie im Zwangskontext» ist die Antwort auf das Motivationsproblem forensischer Patienten. Für eine «intrinsische» Motivation fehlen ihnen die instrumentellen Voraussetzungen. Der Maßregelvollzug hat eine (fest-)haltende Funktion. Er spiegelt damit die existenzielle Situation der Patienten: Er stellt einen von den Patienten (nicht bewusst) gesuchten Rahmen dar, der ihrem Entwicklungsniveau entspricht und dessen Grenzen ihnen Sicherheit geben.

Statt des «klassischen» Dienstleistungsmodells der Psychotherapie hat sich im Umgang mit Randgruppen ein anderes Modell, das der *Therapeutischen Gemeinschaft*, durchgesetzt (s. Kap. 4.10). Sigmund Freud schreibt in seinem Geleitwort zu Aichhorns «Verwahrloster Jugend» (1925/1965), dass man in der Behandlung von Verbrechern «etwas Anderes machen muss als Analyse, was dann in der Absicht wieder mit ihr zusammentrifft.»

Nur der Freiheitsentzug bietet im Übrigen die Voraussetzung für die Patienten, überhaupt korrigierende Erfahrungen mit therapeutischen Hilfsangeboten und menschlichen Beziehungen zu machen und durchzustehen: Evaluationsstudien belegen, dass Patienten, die zum Beispiel unter dem Druck einer Strafandrohung eine Entwöhnungsbehandlung machen, deutlich bessere Erfolge haben als freiwillige (Bühringer, 1991). Auch haben Rückfallstudien ehemaliger MRV-Patienten ergeben, dass eine signifikante Korrelation zwischen Legalbewährung und Erteilung von gerichtlichen Weisungen besteht (s. Kap. 8).

4.4 Motivation

▶ Die Infragestellung der Motivation der Klienten entpuppt sich meist als rationalisierende Abwehr von Psychotherapeuten, die mit Straftätern nichts zu tun haben wollen. Für diese Einschätzung sprechen die therapeutischen Erfolge des Maßregelvollzugs. (Pfäfflin/Mergenthaler, 1998: 25) ◀

▶ Soll Psychotherapie nicht eine eher *elitäre* Angelegenheit für wenige sein, müssen Therapiekonzepte entwickelt werden, welche die unterschiedlichen Elemente von Druck, Kontrolle und Zwang berücksichtigen. Solche Therapiekonzepte müssen zentriert sein um die Kernfrage: «Wie kann ich Bereitschaft zur Übernahme von Verantwortung für Änderungen wecken?» (Rotthaus, 1998: 276) ◀

Unter dem Stichwort «Motivation» wird meist nur die Therapiebereitschaft der Patienten abgehandelt, denen diese dann als (meist fehlende) Eigenschaft zugeschrieben wird.

▶ Diese Auffassung eignet sich hervorragend dazu, um Unzulänglichkeiten des therapeutischen Konzeptes, der Einrichtung etc. auf den Patienten zu projizieren. Behandlungsbereitschaft oder Motivation ist ein interaktives Konzept und nicht nur auf eine statische Personeneigenschaft zu reduzieren. Auf Seiten des Patienten setzt sich die Therapiemotivation aus mehreren Komponenten zusammen, die jeweils einzeln gefördert werden können, auf Seiten des Therapeuten und der Maßregelklinik gibt es Faktoren, die sich auf die Motivation des Patienten fördernd oder hinderlich auswirken. (Stolpmann, 2001: 113) ◀

Chefärztin Kerstin Buchholz (2001: 5) schreibt folgerichtig in ihrer Konzeption der *Maßregelklinik in Arnsdorf/Sachsen*:

▶ Motivationsarbeit steht am Beginn eines jeden Therapieprozesses – der Motivationsprozess ist nicht die Voraussetzung für die «eigentliche» Behandlung, sondern ist *Bestandteil der Therapie* und muss als therapeutisches Problem aufgefasst werden. ◀

4.5 Beginn der Behandlung

▶ Der neu aufgenommene forensische Patient hat sich auf ungewohnte und auch unerwartete Sachverhalte einzustellen: Er erlebt sich primär nicht als krank, wird jedoch behandelt oder muss Behandlungsmaßnahmen hinnehmen. Er möchte Kontakt vermeiden und sich zurückziehen, wird jedoch ständig in stationäre Abläufe einbezogen. Er verleugnet seine Straftat, wird jedoch auf die Unterbringungsgründe wiederholt angesprochen. Er versucht, Regelungen zu umgehen, wird jedoch konfrontiert und zu Korrekturen aufgefordert. Er erlebt im Kontakt mit anderen Patienten, dass er mit seinen Problemen und phantasierten Fähigkeiten nicht einzigartig, sondern einer von mehreren ist und dass auch ihm hinter die Fassade geschaut wird. (Jokusch, 2002: 11) ◀

Daher kommt der *Aufnahmestation* einer Klinik bei der Klärung und Förderung von Motivation eine Schlüsselstellung zu. Bei (Neu-)Aufnahme eines Patienten müssen – das Eingangsgutachten ergänzende – diagnostische Befunde erhoben und ein vorläufiger Behandlungsplan erstellt werden.

Zur *Eingangsdiagnostik* gehören eine:

- umfassende Anamnese. Dazu gehören neben der medizinisch-psychiatrischen Eigenanamnese die Erfassung der soziobiografischen Entwicklung (incl. Sexualität und Partnerschaft) und Suchtanamnese.
- Erhebung fremdanamnestischer Angaben, vor allem seitens der Angehörigen. Im Rahmen einer Aufklärung der Angehörigen sollte hier auch versucht werden, sie für eine spätere therapeutische Kooperation zu gewinnen.
- Kriminalanamnese, vor allem die genaue Analyse des Anlassdeliktes und des Zusammenhanges von Tat und psychischer Störung. Neben Urteil und Gutachten kann dabei vor allem das Studium der Ermittlungsakte (Anforderung bei Vollstreckungsbehörde) wichtige Auskünfte geben. Das große Interesse an der Tatortanalyse (*Dittmann*, s. Kap. 9) verdankt sich der Erfahrung, dass insbesondere in schwierigen Grenzfällen, bei denen der motivische Hintergrung im Unklaren bleibt bzw. vom Patienten widersprüchlich oder verleugnend dargestellt wird, Tatortbefunde, Zeugenaussagen etc. entscheidende Erkenntnisquellen für Therapie und Prognose darstellen können.
- testpsychologische Untersuchung:
  - somatisch-apparative Diagnostik, sofern erforderlich
  - eingehende psychopathologische Befunderhebung einschließlich Beschreibung des Interaktionsverhaltens auf der Station, Risikoeinschätzung
  - eigene derzeitige diagnostische Einschätzung nach ICD-10, eventuell zusätzlich multiaxiale Diagnostik.

In der Eingangsphase ist die Erstellung eines – vorläufigen – Behandlungsplans verpflichtend. Dieser sollte Angaben machen zu:

- Einleitung einer medikamentösen Behandlung, sofern erforderlich

- tagesstrukturierenden Maßnahmen, vor allem mittels Ergotherapie und aktivierender Angebote
- Erfordernissen pflegerischer Betreuung und Beobachtung
- Vorbereitung und Verlegung auf eine Behandlungsstation in Abhängigkeit von
  - Einschätzung der aktuellen Fremd- und Selbstgefährdung
  - Gruppenfähigkeit.

Anhand der Eingangsdiagnostik wird im weiteren Verlauf ein vervollständigter Behandlungsplan erstellt, der nicht nur die Ergebnisse der Befunde einbezieht, sondern auch Hypothesen zur Deliktdynamik bzw. zum Delikmuster («individuelle Handlungstheorie der Delinquenz», Dahle, 2006: 55) und zu den dynamischen und akuten Risikofaktoren entwickelt, die im Fokus der Behandlung zu stehen haben. Chronisch-dynamische Risikofaktoren sind überdauernde Haltungen und (fehlende) Eigenschaften einer Person, die den «Nährboden» für Delinquenz bilden. Dadurch wird die Person anfälliger für spezielle Hochrisikosituationen, die als akut-dynamische Risikofaktoren bezeichnet werden, da sie einen Rückfall unmittelbar auslösen können. Ein «Therapie- und Wiedereingliederungsplan» sollte insofern immer auch prognostische Einschätzungen beinhalten: einmal hinsichtlich der unterschiedlichen Therapieerfordernisse und -möglichkeiten, der intra- und extramuralen Gefährlichkeit etc., aber auch hinsichtlich der angenommenen Dauer der Unterbringung und möglicher Entlassperspektiven.

Hinsichtlich Struktur, inhaltlichen Erfordernissen und Umfang der Behandlungspläne gibt es zwischen und auch innerhalb der Bundesländer unterschiedliche Entwicklungen, die sich dann als als Leitlinien der Trägerverwaltungen oder als Manuale der Maßregelkliniken niederschlagen (Beispiele s.u. *Rheinische Kliniken Düren* oder auch ausführlich: *Rolf Bayerl*, 2003 für das *Krankenhaus des Maßregelvollzugs Berlin*).

Aufnahmestationen zeichnen sich generell durch einen erhöhten Personalschlüssel und einen sehr reglementierten und kontrollierten Rahmen aus, der nicht zuletzt zur Einschätzung des noch unklaren Gefährdungspotenzials des Patienten erforderlich ist. Dabei ist die Schwierigkeit, die Basis für ein therapeutisches Arbeitsbündnis zu legen, nicht zu unterschätzen. Ziel aller Bemühungen kann es zunächst nur sein, die Patienten für allererste Schritte der Mitarbeit zu gewinnen.

Die Patienten reagieren anfangs meist mit Misstrauen und Ablehnung entsprechenden Angeboten gegenüber, zeigen Ängste vor dem Ausgeliefertsein («Gehirnwäsche»), fühlen sich eher selbst als «Opfer» oder haben irrige Vorstellungen eines passiven «Behandeltwerdens». Hier gilt es die Patienten «da abzuholen, wo sie sind», das heißt ihre momentane Abwehr zu akzeptieren und nicht als grundsätzliche Opposition misszuverstehen. Illusionäre Erwartungen der Patienten an die Therapie, insbesondere wenn sie mit Hoffnungen auf einen «komfortablen» Vollzug oder rasche Entlassung gepaart sind, sollten schrittweise korrigiert werden. So gibt es Vorerfahrungen der Patienten (z.B. aus dem Strafvollzug), dass Therapieteilnahme mit Verlegung in eine angenehmere Abteilung und dass Anpassung mit früherer Entlassung oder wenigstens mit «Vergünstigungen» verbunden sind. Ausführliche Informationen über alle Aspekte des Maßregelvollzugs sind notwendig.

Klaus Elsner berichtet (1999: 175) aus den *Rheinischen Kliniken Langenfeld* von den dortigen Bemühungen, vielfältige und ausführliche Einzelkontakte herzustellen, …

▶ … um die Realitätskonstruktionen des Patienten kennen zu lernen. Welches Selbstbild hat er von sich, erlebt er sich als gestört und/oder kriminell, wie beschreibt er sein Problem, welche Lösungsversuche hat er diesbezüglich unternommen, über welche Ressourcen verfügt er, was sind seine Ziele im Maßregelvollzug, welche Vorstellung von Behandlung bringt er mit, welche Befürchtungen hat er […]

In einem zweiten Schritt laden wir die Patienten zur Teilnahme an einer so genannten Maßregelvollzugsgruppe ein, die wir in Anlehnung an Konzepte der Patientenschulung an zehn Gruppenterminen durchführen. Hier werden die Patienten mit den Realitätskonstruktionen der Einrichtung vertraut gemacht […].

Der Zusammenhang zwischen der Veränderung ihrer Persönlichkeit und einer bedingten Entlassung sowie unsere diesbezüglichen prognostischen Entscheidungsprozesse werden dabei verdeutlicht. Wir bemühen uns dabei um ein hohes Maß an Transparenz. [...] Eine gründliche Kontextklärung fördert die Bereitschaft der Patienten, sich auf die Behandlung einzulassen und trägt dazu bei, die Schwierigkeiten im Behandlungsverlauf zu verringern. ◀

Dieser Prozess ist sicher anfällig für Doppelbödigkeiten und Täuschung. Dies gilt sowohl für die Seite der Patienten als auch die der Behandler. Letztere sollten – nach Meinung des *Psychotherapeuten Klaus Reinhardt* aus den *Rheinischen Kliniken Bedburg-Hau* (1999: 69) – die realen (Macht-)Verhältnisse der Behandlungssituation nicht verschleiern, sondern sie klar und offensiv vertreten und nutzen. Viele Behandler hätten ein unnötig schlechtes Gewissen:

▶ Der Maßregelvollzug ist der beste und angemessenste Ort für den Patienten. Der Patient selbst hat seine Unterbringung besorgt, auch wenn er möglicherweise Verantwortung dafür noch nicht übernehmen kann oder will. Wenn die Therapie gelingt, würde er jedoch zunehmend mehr die Verantwortung dafür übernehmen können [...] Dies kann nur gelingen, wenn sich der Therapeut nicht mit der verzerrten Wahrnehmung von dessen Realität oder gar der Leugnung der Patientenrealität verbi(ü)ndet. ◀

Nun würde man den Autor sicher missverstehen, wollte man das als einen (therapeutisch legitimierten) Freibrief für jede Form von Zwang auffassen. Insbesondere Zwangsmaßnahmen im engeren Sinne, wie Absonderung, Fixierung und Zwangsmedikation, die auf einer Aufnahmestation ähnlich wie in der Akutbehandlung der Allgemeinpsychiatrie notwendig werden, finden ihre selbstverständliche Begrenzung in den grundlegenden Geboten des Respekts, der Verhältnismäßigkeit der Mittel und der Abwägung des (kurzfristigen) Nutzens gegenüber möglicherweise nachteiligen Folgen, zum Beispiel für die Entwicklung von Compliance des Patienten.

Der Aufbau einer vertrauensvollen therapeutischen Beziehung kann im Übrigen nur gelingen, wenn dem Patienten frühzeitig und glaubhaft entsprechende *Angebote* gemacht werden. Das heißt, dem Patienten müssen neben allem Zwang auch Wahlmöglichkeiten eingeräumt werden. Die Frage: «Wie können wir Ihnen helfen, uns wieder loszuwerden?» betont die Entscheidungsmöglichkeiten des Patienten und formuliert ein Angebot für *gemeinsame* Zielsetzungen und Zwischenschritte. Diese können sich dann als erste, schriftlich fixierte Vereinbarungen niederschlagen. Insgesamt erfordert die Praxis einen schwierigen Balanceakt zwischen einer geduldig-abwartenden Rücksichtnahme (z. B. auf den Erkrankungszustand eines Psychosekranken) und einem aktiven, auch konfrontativen Vorgehen bei persönlichkeitsgestörten Patienten. Bei letzteren haben sich mancherorts Aufnahmerituale durchgesetzt, bei denen Neuankömmlinge die von ihnen begangenen Delikte offen benennen müssen.

Kritik

Die Realität forensischer Aufnahmestationen entspricht nicht überall den gewünschten Standards. Sie sind oft noch «identisch mit besonders gesicherten Wachsälen, in denen neu aufgenommene Patienten zunächst einmal verwahrt werden.» (Stolpmann, 2001: 80) Erschwerend kommt vielerorts eine beträchtliche Überbelegung hinzu. Auch die Zweckentfremdung dieser Aufnahmestationen als «Krisenstationen» oder als Sammelbecken für besonders schwierige, nicht (auf weiterführende Stationen) verlegbare Patienten lassen viele gut gemeinte Motivierungsversuche leider von vornherein nicht sehr aussichtsreich erscheinen.

4.6 Stufenkonzept oder Wohngruppenmodell

Die Praxis der stationären Behandlung weist hinsichtlich der Organisation auf der Stationsebene bundesweit einige Unterschiede auf. Es finden sich – idealtypisch – zwei Konzepte: das Stufenkonzept und das Wohngruppenmodell.

Beim Stufenkonzept wird der Patient nach einer Gefährdungseinschätzung zunächst auf einer entsprechend gesicherten Station platziert. Fortschritte in der Behandlung und damit einhergehende Ausweitung der Lockerungen ziehen dann eine Verlegung in die nächste «Stufe» und damit einen Stationswechsel nach sich. Während das Stufenkonzept unweigerlich die Patienten im Laufe ihrer Unterbringung mit Beziehungsabbrüchen konfrontiert, bietet das Wohngruppenmodell, so dessen Befürworter, eine therapeutisch eminent wichtige Beziehungs- und Behandlungs*kontinuität*: Hier verbleiben die Patienten im Prinzip vom Beginn bis zum Ende der Unterbringung in derselben Wohngruppe. Nach einer eventuell erforderlichen Rückverlegung auf eine Krisenstation (manche Kliniken halten dafür eigene «Intensivbehandlungsräume» auf den Wohngruppen vor) kommt der Patient wieder in «seine» Wohngruppe.

Die Aufarbeitung von Krisen gehört zu den zentralen Aufgaben forensischer Behandlung. Folgerichtig muss durch das Behandlungssetting sichergestellt werden, dass der Patient seinen Konflikten nicht etwa durch ein «Verlegungskarussell» ausweicht oder auch eine «Abschiebung» in eine andere Gruppe zu provozieren versucht. Leider lassen sich diese (Rückkehr-) Regelungen auf Grund des chronisch hohen Belegungsdrucks in den Maßregelkliniken meist nicht durchhalten.

Vor- und Nachteile

Für ein Stufenkonzept spricht im Prinzip, dass es dazu verhilft, einem regressiven Stationsmilieu entgegenzuwirken: Wenn die Anforderungen für alle gleichermaßen gelten oder wenn zum Beispiel das Training von Alltagskompetenzen für alle Patienten verbindliches Programm ist, kann sich keiner mehr «hinter den anderen verstecken». Bei größerer Durchmischung bestimmt leicht das «schwächste Glied in der Kette» den Standard.

Mit einem Stufenkonzept ist aber immer auch die Gefahr verbunden, dass die Fixierung der Patienten auf Lockerungen bzw. ein entsprechendes Anspruchsdenken (auf «automatische» Höherstufung durch Verlegung auf eine Folgestation) unterstützt wird. Lockerungen sind dagegen therapeutische Instrumente, die fallweise sehr unterschiedliche Funktionen haben können (s. Kap. 5.3). Diese differenzierte Handhabung, insbesondere die Einbindung in die individuelle Behandlungsplanung, gelingt in einem Wohngruppenmodell eher.

In der Praxis finden sich recht unterschiedliche Realisierungen dieser Organisationsformen, wobei «reine» Stufenkonzepte kaum noch anzutreffen sind. Übrig geblieben ist meist eine grobe Unterscheidung in «Aufnahme – Behandlung – Rehabilitation» oder «(hoch) gesichert – geschlossen – (halb) offen». Unterschiede ergeben sich eher im Hinblick auf die Frage, ob eine differenzierte Belegung der Stationen, etwa nach Störungsbildern oder auch deliktspezifisch, vorgenommen wird oder nicht.

4.7 Spezialisierung und übergreifende Behandlungsangebote

Anders als zum Beispiel in Niedersachsen (Schott, 2001b) hat sich zunächst im hessischen Maßregelvollzug, später auch in anderen Maßregelkliniken, wie zum Beispiel in Langenfeld (Rheinland), eine starke Differenzierung der Stationsbelegung durchgesetzt. Die Zusammenfassung von Patienten zu relativ homogenen Gruppen folgt der Entwicklung in der Allgemeinpsychiatrie. Angestrebt wird damit eine Verbesserung der Behandlungsmethodik durch Spezialisierung.

Da nicht alle Problembereiche der Patienten auf einer Station ausreichend behandelt werden können, haben sich stationsübergreifende Gruppenangebote etabliert, zum Beispiel «soziale Kompetenztrainings» oder Gruppen für Patienten mit einer Suchtproblematik, mit Impulsstörungen etc. Dieses Vorgehen entspricht der üblichen Praxis in den Bereichen Schule, Arbeits- und Beschäftigungstherapie sowie Sport- und Musiktherapie. Die Teilnahme daran wird in fast allen Kliniken ohne Begrenzung durch die Stationszugehörigkeit angeboten.

Patienten mit geringen Entlassungsaussichten

Auf Grund der bekannten Kapazitätsprobleme werden seit einiger Zeit in vielen Maßregelkliniken gesonderte «langfristige Behandlungsstationen» für Patienten eröffnet, die in der Regel seit sehr langer Zeit im Maßregelvollzug untergebracht sind und verschiedene Stationen oder Kliniken ohne durchgreifenden Behandlungserfolg durchlaufen haben.

«Entlassbarkeit» eines Patienten ist keine empirische Größe, die allein auf individuellen Merkmalen des Patienten bzw. dem Schweregrad seiner Erkrankung beruht. «Entlassbarkeit» ist abhängig von bestehenden Therapiemöglichkeiten, von institutionellen Bedingungen sowie von der Behandlung und dem «sozialen Empfangsraum» einschließlich einer professionellen Nachsorge – und hängt damit nicht zuletzt von dem aktuellen kriminalpolitischen Gesamtklima ab, dass bis in die Kliniken hinein wirkt: «So wird sich im komplexen Beurteilungsprocedere, dass jeder Lockerungs- und vor allem Entlassungsentscheidung vorangeht, wohl tendenziell derjenige durchsetzen, der die größten Bedenken artikuliert.» (Schalast et al., 2007: 40). Die häufig anzutreffende Bezeichnung der «Nichttherapierbarkeit» verbietet sich daher: «Die Frage ist nicht, ob ein Patient therapiefähig ist oder nicht, sondern ob seine Gefährlichkeit so weit gemindert werden kann, dass die Entlassung in die (relative) Freiheit unter bestimmten Bedingungen vertretbar ist.» (ebd.: 39). Die Größenordnung dieser Patientengruppe lässt sich nicht festlegen – meist wird ihr Anteil auf 10 % aller Untergebrachten geschätzt. In Niederlanden werden aber schon jetzt weitaus höhere Zahlen genannt. Allerdings lassen sich durch Erhebungen der genannten Autoren – wie erwartet – bestimmte Täter- bzw Störungsgruppen herauskristallisieren, die zurzeit als nicht entlassbar eingeschätzt werden:

- normalintelligente Patienten mit einer Persönlichkeitsstörung und dem Anlassdelikt einer Sexualstraftat und
- chronisch Psychosekranke mit instabiler oder dissozialer Primärpersönlichkeit oder komorbider Suchterkrankung.

Müller-Isberner et al. (2007: 47) fassen die Entwicklung in Hessen zusammen: «Immer mehr Patienten werden immer schneller entlassen, während gleichzeitig immer mehr Patienten als nicht entlassbar identifiziert werden.»

Unstreitig gibt es Patienten, die innerhalb der Einrichtung ein relativ geringes Gefährdungspotenzial darstellen (mit durchaus weit gehenden Lockerungsmöglichkeiten), aber außerhalb nicht lebensfähig wären, ohne alsbald wieder straffällig zu werden. Entsprechende Stationen sollten zunächst auf das Wohlbefinden der Patienten abzielen und ohne forcierten Änderungsdruck – bei fortbestehenden Hilfsangeboten – Räume für frei gewählte Gestaltung und freiwillige Aktivitäten eröffnen. Dabei ist auf die Durchlässigkeit zum «normalen» Behandlungsvollzug zu achten: Die Langzeitstationen sollten daher Teil einer Maßregelklinik bleiben, sodass ein erneuter Behandlungsversuch (auf Grund einer verbesserten Prognose) zügig im Rahmen einer internen Verlegung und damit unter Beibehaltung der institutionellen Kontinuität realisiert werden kann.

Eine zeitliche Begrenzung von Behandlungsmaßnahmen (wie etwa im niederländischen Longstay-Konzept), nach deren Beendigung der Untergebrachte auch nahezu keine Rückkehrmöglichkeit in den regulären Behandlungsvollzug hat, ist auch verfassungsrechtlich nicht haltbar: «Ein Maßregelvollzugssystem, dem als einer Art Sicherungsverwahrung an psychisch kranken Straftätern nur noch eine reine Asylfunktion bei ansonsten höchstmöglicher sichernder Verwahrung zukäme, verstieße gegen die vom BVerfG aufgestellten Grundsätze zur lebenslangen Freiheitsstrafe.» (Braasch, 2007: 274).

Problematik und Praxis der langfristigen Behandlungsstationen werden im Themenschwerpunkt der Zeitschrift «Recht und Psychiatrie» (1/2002) ausführlich beschrieben. Über die Longstay-Einrichtungen in den Niederlanden berichtet Schutgens (2007).

4.8 Der Therapeut als Doppelagent?

Unter dieser Überschrift diskutiert *Gretenkord* (1998: 68 ff.) die Rollenkonflikte des Therapeuten in einer forensischen Institution. Verhindert zum Beispiel nicht die Tatsache, dass – wie in den meisten Kliniken – der Therapeut auch Stationsleiter ist und Beurteilungen abgibt, die therapeutisch erforderliche Offenheit des Patienten?

Der Autor berichtet zunächst über die Praxis, wie sie sich in Hessen und – ähnlich – zum Beispiel auch im Rheinland, darstellt:

▶ Jeder Patient hat einen «Therapeuten», der Arzt, Psychologe oder Sozialpädagoge sein kann. Er führt in der Regel Einzelgespräche mit dem Patienten, koordiniert die verschiedenen Therapiemaßnahmen, führt die Krankengeschichte, korrespondiert mit Gerichten und Behörden, hält Kontakt zu den Angehörigen und ist Ansprechpartner für alle anfallenden Probleme.

Der Therapeut ist an Vollzugsentscheidungen ganz maßgeblich beteiligt. Zur Frage einer Lockerung bildet er sich zunächst zusammen mit dem Pflegeteam eine Meinung, die vom Oberarzt kritisch geprüft wird [...]. So wird auch erwartet, dass der Therapeut prognostisch relevante Inhalte der Einzelgespräche oder sonstiger Therapiemaßnahmen offen legt. Der Therapeut ist es auch, der die schriftliche Stellungnahme für das Gericht formuliert, die dann außer von ihm auch vom Chefarzt und vom Oberarzt unterzeichnet wird. (ebd.: 74 f.) ◀

Im Unterschied zu diesen «integrierten Modellen» werden in manchen Kliniken externe Psychotherapeuten auf Stundenbasis beauftragt, die keinerlei Austausch mit den Klinikmitarbeitern haben. Ein «semi-integriertes» Konzept verfolgt die *Maßregelvollzugsklinik Moringen in Niedersachsen*: Hier ist der Psychotherapeut an die Schweigepflicht gebunden. Er nimmt auch nicht zu Lockerungen Stellung; andererseits nimmt er an Patientenbesprechungen teil, um sich über den Verlauf zu informieren. Nach dortiger Auffassung werde durch eine klare Trennung der Funktionen der Aufbau eines Vertrauensverhältnisses und damit eine therapeutische Aufarbeitung überhaupt erst möglich. Der Patient braucht den Therapeuten nicht als Sanktionsinstanz zu fürchten, wenn er zum Beispiel seine Gewaltfantasien äußert. Der Therapeut könne sich so ganz auf seine Aufgabe konzentrieren, den Patienten vor der Realisierung dieser Fantasien zu schützen und dessen Selbstkontrolle zu stärken. Auch werde so der Gefahr einer Funktionalisierung, das heißt eines Missbrauchs der Therapie für andere Zwecke (Erreichung von Lockerungen etc.) ein Riegel vorgeschoben. Ein von administrativen und gutachterlichen Aufgaben und Entscheidungszwängen freigestellter Therapeut kann sich dann ebenfalls ganz – auch zuverlässiger – auf die Therapie konzentrieren.

4.8.1 Nachteile

Obwohl diese «Gewaltenteilung» zunächst plausibel erscheint, gibt es gravierende Nachteile. Durch das Fehlen einer eng abgestimmten Behandlungsstrategie und die fehlende «Macht» des Therapeuten können die stationären Behandler – ungewollt – die Bemühungen des Psychotherapeuten konterkarieren (und umgekehrt). Der Patient kann nicht nur schnell «zwischen die Parteien» geraten, sondern auch seinerseits zum Agieren «eingeladen» werden, indem er zum Beispiel in die «böse Anstalt» und den «guten Therapeuten» spaltet. Gerade bei den schwer gestörten Patienten des Maßregelvollzugs sollten «die beiden wichtigsten therapeutischen Tugenden, nämlich die des einfühlenden Verstehens und die der Grenzsetzung» (Lohse, 1993: 32) zusammengehören. Patienten brauchen für eine Nachentwicklung ihrer Beziehungsfähigkeit und ihrer Ich-Funktionen die Möglichkeit zur Identifikation mit einer konstanten und ganzheitlich (d.h. mit «guten» *und* «bösen» Aspekten) erlebten Bezugsperson, die sie aushält und ihnen Orientierung geben kann.

Auch für die Klinik insgesamt ergibt sich die Gefahr, dass sie sich, wenn ein Bereich zu sehr als eine Art «Oase» der «reinen» Therapie abgetrennt wird, in eine ungünstige, eher kustodiale Richtung entwickelt. Die gesamte Institution sollte aber im Sinne eines therapeutischen Milieus organisiert sein, in dem das permanente Zusammenführen *aller* Aspekte einen zentralen Wirkfaktor der Behandlung darstellt.

Außerdem: Bei manchen äußerlich angepassten, eher unauffälligen Patienten – zum Beispiel bei vielen Sexualstraftätern – sind Fortschritte eher schwierig außerhalb einer therapeutischen Beziehung festzustellen. Das Behandlungsteam verfügt (bei Verschwiegenheit des Therapeuten) somit nicht über wertvolle Informationen für die Einschätzung des Verlaufs und der Prognose des Patienten.

Die Aufteilung der Funktionen schafft somit verschiedene (Teil-)Realitäten und die Gefahr eines regressiven Schonklimas in der «Therapie»!

▶ Die Praxis zeigt, dass man auch als Beurteiler therapeutisch arbeiten kann. Obwohl der Patient weiß, welche Rolle sein Therapeut in diesem Spiel spielt, kommt es oft nach einer Zeit des Kennenlernens zu einem tragfähigen therapeutischen Bündnis. [...] Von Anfang an sollte besprochen werden, dass es auch um die Gefährdung Dritter geht. Außerordentlich wichtig sind klare mündliche und unter Umständen schriftliche Kommunikationen, Dilemmata können vermieden werden, wenn die Grenzen der Schweigepflicht von Anfang an dargestellt werden. In aller Regel kann der Inhalt einer gutachterlichen Stellungnahme mit dem Patienten offen besprochen werden. (Gretenkord, 1999: 75) ◀

4.8.2 Multiprofessionelle Behandlung

▶ Stationäre psychiatrische Behandlung ist immer die Arbeit eines multiprofessionellen Teams. Die Mitarbeiter der unterschiedlichen Berufsgruppen arbeiten gemeinsam an dem Ziel, den Patienten optimale Bedingungen für Wachstum, konstruktive Veränderung und Heilung zu bieten. An der Behandlung der [...] untergebrachten Patienten sind beteiligt: Fachärzte für Psychiatrie/Psychotherapie, Ärzte in fortgeschrittener Weiterbildung, psychologische Psychotherapeuten, Sozialarbeiter und Sozialpädagogen, Lehrerinnen, Ergotherapeuten, Sporttherapeuten, Kunsttherapeuten und Krankenpfleger.

Die Mitarbeiter bringen entsprechend ihrer schulspezifischen Therapieausbildung unterschiedliche therapeutische Sichtweisen in die Behandlung ein. Die Abstimmung spezifischer Sichtweisen und Behandlungskompetenzen führt zu kontroversen, aber auch anregenden und erweiternden Diskussionen. Übergreifende Prinzipien der Behandlung sind die Aktivierung von Ressourcen, die Bewältigung von Defiziten und ein korrigierendes Beziehungsangebot (aus dem Behandlungskonzept der Abteilung *Forensische Psychiatrie I der Rheinischen Kliniken Viersen.)* ◀

Auf Grund der hohen Bedeutung dieses Punktes sind der Umsetzung dieser programmatischen Aussagen in den Behandlungsalltag in diesem Buch eigene Abschnitte gewidmet (s. Kap. 5.2 und 5.3). Anhand zweier Beispiele aus der Praxis wird beschrieben, wie sich der Anspruch einer berufsübergreifenden Zusammenarbeit mit Leben füllen kann.

4.9 Behandlungsplanung

▶ «Die Kunst der Behandlung besteht darin, dem Patienten im Wissen um die «statischen», durch unser Tun unbeeinflussbaren Gefährlichkeitsparameter dabei zu helfen, die «dynamischen» Prädiktoren in möglichst illusionsarmer, aber hinreichend zuversichtlicher interdisziplinärer therapeutischer Arbeit dauerhaft zu verbessern.

Der dreiteilige Behandlungs- und Eingliederungsplan hilft dabei, sowohl den Spannungsbogen zwischen Deliktanamnese, klinischer Gegenwart und Risikomanagement als auch den zwischen Therapie und Sicherung aufrechtzuerhalten und nicht in Richtung einer leichtfertigen Identifizierung mit den Freiheitswünschen der Untergebrachten oder einer aus Angst und Strafbedürfnis herrührenden starren Distanzierung aufzulösen.» (Bayerl, 2003: 2) ◀

Therapie- oder Behandlungspläne werden – zunächst vorläufig – nach der Aufnahme eines Patienten in einer Maßregelklinik erstellt. Verschiedene Landesgesetze (so in Niedersachsen, Hessen, Nordrhein-Westfalen und Rheinland-Pfalz) schreiben die Erstellung solcher detaillierter Pläne zwingend vor und fordern deren Überprüfung und Aktualisierung nach spätestens 6 Monaten. Der Behandlungsplan bedarf nicht der Zustimmung des Patienten. Die eingehende Erörterung mit dem Patienten ist jedoch ein wichtiges therapeutisches Instrument.

In den *forensischen Abteilungen der Rheinischen Kliniken Düren* wird dieser Plan in vier Teile untergliedert:

Teil 1: In der *Sammlung der Basisdaten* werden im Rahmen der ärztlichen Anamnese Aussagen über gegenwärtige Beschwerden, den Krankheitsverlauf der seelischen Störung und der somatischen Erkrankungen, die persönlichen Verhältnisse des Patienten sowie über Erkrankungen in der Familie gemacht.

Der *Sozialbericht* macht unter anderem Angaben über die persönlichen Lebensverhältnisse des Patienten und seiner Angehörigen vor der Aufnahme, über den beruflichen Werdegang, über die Einkünfte und mögliche Unterhaltsverpflichtungen sowie ggf. über vorhandene Behinderungen des Patienten. Der Bedarf an Unterstützung für die Familie oder hilfsbedürftige Angehörige wird aufgezeigt. Die *biografische Anamnese* soll psychodynamische Zusammenhänge erspüren (im Sinne erster Hypothesen).

In der *Aktenanalyse* sind neben einem tabellarischen Lebenslauf des Patienten eine Übersicht über Straftaten, Rechtsfolgen, Zeiten der Strafverbüßung, Zeiten der Behandlung in Krankenhäusern oder anderen psychiatrischen Einrichtungen sowie eine Auflistung der seinerzeit erarbeiteten Diagnosen und erstellten Gutachten zu finden.

Eine Auswahl geeigneter *psychologischer Tests*, soweit dies nicht bereits bei der Begutachtung erfolgte, soll routinemäßig durchgeführt werden und Eingang in die Sammlung dieser Basisdaten finden.

Teil 2: *Psychodynamische und psychosoziale Zusammenhänge sowie die Beurteilung des Behandlungsverlaufs.* Neben aktuellen Diagnosen (mit Begründung), einer Beschreibung der Persönlichkeit und Art und Weise des therapeutisch indizierten Umgangs mit dem Patienten wird hier der Versuch gemacht, einen Zusammenhang zwischen der Persönlichkeitsstruktur, den psychosozialen Einflüssen und der rechtswidrigen Anlasstat oder den früheren rechtswidrigen Taten (eventuell Tatmuster!) herzustellen.

Teil 3: *Zusammenstellung und Begründung der einzelnen mittelfristig angelegten therapeutischen und pädagogischen Maßnahmen.* Dieser Teil stellt für den Patienten den verbindlichen Behandlungsplan dar. Er ist mit ihm zu erörtern und ihm schriftlich auszuhändigen. Die Vorstellungen des Patienten zur Behandlung sind darin so weit wie möglich zu berücksichtigen. Speziell dieser Teil ist mit Blick auf die Kooperationsfähigkeit des Patienten in einer dem Patienten verständlichen Sprache zu fassen. Angaben über die Form der Unterbringung, die Zuweisung in eine Behandlungsgruppe, eine medizinische, psychotherapeutische und heilpädagogische Behandlung, über schulische Maßnahmen, Beschäftigungs- und Arbeitstherapie, Lockerungen und die Eingliederung müssen Erwähnung finden.

Teil 4: *Der Wochenplan* stellt auf einem Zeitraster die Aktivitäten des Patienten über den Verlauf einer Woche dar. Er wird dem Patienten ausgehändigt und sollte im Teamzimmer aushängen, damit auch hier Klarheit über die jeweiligen Aktivitäten des Patienten besteht.

4.9.1 Die Behandlungsplankonferenz

Behandlungsplankonferenzen bilden meist die Grundlage für die Erstellung und fortlaufende Anpassung des Behandlungsplans. Alle an der Behandlung beteiligten Berufsgruppen erstellen eine umfassende Analyse. Diese führt zur Ausarbeitung von Behandlungszielen und zur Abstimmung konkreter Vorgehensweisen in den verschiedenen Kontexten.

Nur durch die Einbeziehung aller Erkenntnisquellen, insbesondere aus den handlungs- und ressourcenorientierten Bereichen der psychosozialen Therapien, ist eine fundierte Prozessdiagnostik und laufende Evaluation der behandlungsbegründenden Hypothesen zu leisten. Das Zusammentragen aller relevanten Beobachtungen aus dem (Behandlungs-)Alltag des Patienten ermöglicht zudem, «echte» Veränderungen von bloß behaupteten Fortschritten zu unterscheiden und damit die eher vage Zielsetzung bzw. Beschreibung einer «Nachreifung der Persönlichkeit» zu validieren (siehe auch die Ergebnisse der Sozialpsychologie über die bekannte Diskrepanz zwischen Einstellung und Verhalten): Nachreifung ist festzumachen am verbesserten Umgang mit früheren Schwächen oder Interaktionsproblemen. Dabei helfen konkrete Situationsschilderungen, in denen der Patient auch und gerade unter erhöhten Stressbedingungen stabil geblieben ist.

4.9.2 Kritik

▶ Allerdings lassen die bestehenden Verhältnisse in den Maßregeleinrichtungen keine optimale Planung der Therapie zu. Entscheidungskriterien sind oftmals lediglich das Wissen und die Kompetenz des einzelnen Therapeuten bzw. die praktische Machbarkeit. So wird häufig durch die Qualifikation des Therapeuten festgelegt, welche Therapie der einzelne Patient erhält; die Arbeitsbelastung und das Engagement des Therapeuten und die Dauer der therapeutischen Beziehung wird durch den Belegungsdruck beeinflusst, durch den es zu Verlegungen von Patienten auf andere Stationen auch zu einem früheren Zeitpunkt als geplant kommen kann. (Stolpmann, 2001: 119) ◀

4.9.3 Auseinandersetzung mit der Tat

▶ Eine Aufarbeitung und Integration schwerer Straftaten in das Selbstbild des Patienten ist völlig illusorisch. Psychoanalytische Aufarbeitung der primären Beziehungserfahrungen sind kontraindiziert, weil sich der Patient dann in eine larmoyante Opferhaltung zurückzieht und Fokus wie Setting die direkte Auseinandersetzung mit destruktiv-dissozialen Anteilen in der Gegenwart und die Übernahme von Verantwortung vermeiden. (Hilgers, 2007: 20) ◀

Seifert beschreibt in Kapitel 7, dass die Frage der «Auseinandersetzung mit der Tat» durch den Patienten oder sein «Einlassen auf die Deliktbearbeitung» kein aussagekräftiger Prädiktor für tatsächliche Rückfälligkeit darstellt.

Oft genug bedeuteten diese Begriffe nach Kröber (2007) auch nur eine «Unterwerfung unter ein Erklärungsmuster, das der zuständige staatliche Veränderungsbeauftragte favorisiert.» (ebd: 162). Bekannt sind aus der klinischen Praxis immer wieder Patienten, die mittels eines therapeutischen Jargons tiefschürfende Tatanalysen herleiten können, die für die Umsetzung im Alltag oder auch für die Rückfallvermeidung leider oft wenig Handlungsrelevanz besitzen.

Grundsätzlich aber ist das besondere Gewicht, dass dem Umgang des Patienten mit seiner deliktischen Vorgeschichte bei Lockerungs- oder Entlassungsentscheidungen eingeräumt wird, nicht unbegründet. Delikte sind «Knotenpunkte der Biografie» (Kröber, 2006: 118) des Patienten und von dessen Haltung zu diesem einschneidenden Ereignis kann man Aufschlüsse über seine bisherige Entwicklung und die Prognose erwarten. Allerdings ist keine Haltung *per se* ein absolutes Hindernis für Lockerungen – sieht man von extremen Fällen ab. Es bedarf immer einer sorgfältigen Bewertung des Einzelfalls. «Unter psychohygienischen Aspekten ist die Forderung, dass einmal Schluss sein muss, nicht grundsätzlich zu verwerfen; vor dem Schlussmachen sollten aber die richtigen Lehren gezogen worden sein.» (ebd.: 121). Wenn der Patient allerdings konstant leugnet oder seine Tat mit Legenden bemäntelt, verhindert er nicht nur ein Durcharbeiten seiner Probleme und typischen Regulationsmuster – er verhindert auch den Aufbau effektiver Rückfallvermeidungsstrategien. Es geht bei der «Deliktbearbeitung» weniger um das Verstehen eines symbolischen Bedeutungsgehaltes der Tat (was allerdings oftmals den Ehrgeiz von Therapeuten anstachelt), …

▶ … sondern es geht um die Gründe, warum gerade diese Person damals diese Tat begangen hat […] An diesem Material lässt sich fakten- und wirklichkeitsnah mit dem Straffälligen erarbeiten, was für einer er gewesen ist, und was sich ändern muss, wenn er in bestimmter Hinsicht ein anderer werden will. Der pragmatische Nutzen für die künftige Veränderung ist die einzige Rechtfertigung für Deliktbearbeitung, nicht aber Reue und Bekundung von Bußfertigkeit. (Kröber, 2007: 162) ◀

4.10 Milieutherapie und Therapeutische Gemeinschaft

Die Therapeutische Gemeinschaft (Jones, 1976; Main, 1981) ist eine Sonderform der Milieutherapie (Heim, 1984). Kennzeichnend ist die *systematische Nutzung des Gemeinschaftslebens für therapeutische Zwecke*. Das Milieu und dessen Gestaltung stellen dabei mehr als nur einen Rahmen oder eine unterstützende Atmosphäre für die «eigentliche» Therapie dar: Milieutherapie ist *selbst* eine wesentliche Form der Behandlung. Das Aufgreifen und Bearbeiten der interpersonellen Konflikte stehen dabei im Zentrum der Behandlung. Im Mikrokosmos kleiner Wohneinheiten bietet sich ein vielfältiges Übungsfeld zur Übernahme von Verantwortung.

Es hängt nicht zuletzt von der architektonischen Struktur einer Klinik ab, inwieweit die Schaffung eines therapeutischen Milieus gelingt.

In der Forensischen Abteilung I der Rheinischen Kliniken Düren ermöglichen die baulichen Verhältnisse die Abkehr von einem kustodialen, das heißt rein auf Verwahrung und auf passive Sicherungsmaßnahmen gerichteten Maßregelvollzug. Die Bauweise des «Forensischen Dorfs» zielt nicht nur auf eine «größtmögliche Annäherung an allgemeine Arbeits- und Lebensverhältnisse» (§ 1 Abs. 1 MRVG-NRW), sondern bietet ideale Bedingungen, um Konzepte einer Therapeutischen Gemeinschaft zu verwirklichen. In Kapitel 4.18.1 berichtet *Rolf Schellbach-Matties, Chefarzt der Forensischen Abteilung I,* über Erfahrungen aus der Praxis.

4.11 Lockerungen

Vollzugslockerungen sind ein wichtiger Bestandteil des Maßregelvollzugs, nehmen aber in der Gesamtbetrachtung der Behandlung einen unverhältnismäßig hohen Stellenwert ein. In einer weitgehend durch reißerische Medienberichte dominierten Öffentlichkeit wird forensische Behandlung fast ausschließlich unter dem Blickwinkel einer – vermeintlich zu leichtfertigen – Lockerungspraxis wahrgenommen. Umgekehrt bewerten nicht wenige Patienten ihre Behandlung lediglich nach den bereits erreichten oder gerade angestrebten Lockerungen, die zudem als «Statussymbole» innerhalb der Patientenhierarchie verstanden werden.

Der Begriff «Lockerungen» bedeutet konkret die Reduzierung von Sicherungsmaßnahmen in institutioneller, baulicher und personeller Hinsicht. Darunter fallen insbesondere Ausführungen und Ausgang, Beurlaubungen oder eine Beschäftigung außerhalb der Einrichtung.

Im niedersächsischen Maßregelvollzugsgesetz heißt es in § 15:

▶ Dem Untergebrachten können Lockerungen des Vollzugs oder Urlaub gewährt werden, wenn zu erwarten ist, dass dadurch das Ziel der Behandlung gefördert wird und wenn nicht zu befürchten ist, dass der Untergebrachte die ihm eingeräumten Möglichkeiten missbrauchen, insbesondere sich oder die Allgemeinheit gefährden wird. ◀

Grundsätzlich gilt, dass sich «Dauer und Umfang des Freiheitsentzuges nach dem Erfolg der Therapie» (§ 18 Abs. 1 MRVG-NRW) richten und daher «nach Maßgabe des Therapie- und Eingliederungsplans zu überprüfen und anzupassen» sind. Und weiter: «Vollzugslockerungen dienen grundsätzlich der Erreichung des Behandlungszweckes.» (ebd.). Die Notwendigkeit von Lockerungen ist damit gesetzlich normiert und geknüpft an den Auftrag der Maßregelbehandlung.

▶ Die Behandlung zielt auf die Befähigung, ein Leben in Freiheit ohne Rechtsverletzung zu führen. Dieses Ziel und damit der Behandlungsauftrag ist realistischerweise nur dann zu erreichen, wenn während der Behandlung und also vor der Entlassung eine entsprechende Erprobung erfolgen kann. Zudem ist mittlerweile unbestritten, dass jede Therapie auch gegen Gefährdungen vorbeugen muss, die der Maßregelvollzug selber produziert, zum Beispiel Hospitalisierung, Deprivation, soziale Isolierung durch Abbruch von Beziehungen. Lockerungen können als unmittelbares therapeutisches Handlungsinstrument eingesetzt werden, wenn sie zum Beispiel als soziales Training für die Schaffung und Sicherung sozialer Kontakte konzipiert werden. Weil Lockerungen motivations- und verhaltensbestimmend wirken, können sie sowohl im Rahmen der Entlassungsvorbereitung und Freizeitgestaltung als auch zur Erprobung therapeutischer Fortschritte außerhalb des primär therapeutischen Rahmens genutzt werden. [...] Sie sollen nicht willkürlich oder als Gratifikation für Wohlverhalten oder Anpassung des Patienten gewährt werden. [...]

Eine sorgfältige Entscheidungsfindung schützt bereits davor, Lockerungen als *Sanktionierung* [als Belohnung oder Bestrafung, d. Verf.] einzusetzen. Lockerungen können Patienten zur (scheinbaren) Anpassung an die Institution und ihre Regeln verführen und Patienten und Personal zu korrupten Arrangements verleiten, wonach intramurales Wohlverhalten mit Lockerungen «belohnt» wird. (Stolpmann, 2001: 279) ◀

4.11.1 Entscheidungswege

Früher – vor dem Erlass von Maßregelvollzugsgesetzen – waren Lockerungen nur im Wege des Gnadenerweises der Staatsanwaltschaft möglich. Heute ist die juristische Letztverantwortlichkeit überwiegend in die Hände der Klinikleitungen gelegt, wobei die MRV-Gesetze für Baden-Württemberg, Hessen, Sachsen-Anhalt und Niedersachsen die Zustimmung der Strafvollstreckungsbehörde (in der Regel der Staatsanwaltschaft) vorschreiben. In Nordrhein-Westfalen muss bei bestimmten Tätergruppen vor dem ersten unbegleiteten Ausgang die Staatsanwaltschaft «gehört» werden, in anderen Fällen muss «Einvernehmen» erzielt werden.

Gegenüber Kritikern muss von den verantwortlichen Behandlern immer wieder gebetsmühlenartig hervorgehoben werden, dass Lockerungen nicht nach dem Versuch-Irrtum-Verfahren an die Patienten verteilt werden, die sich diese Lockerungen durch bloßes Wohlverhalten oder durch schlichten Zeitablauf «ersessen» haben.

Die Entscheidungsfindung beinhaltet vielmehr eine umfassende Risikoeinschätzung. In einem Vortrag vor dem Beirat der Forensik in Düren (Januar 2002) beschreibt *Prof. Dr. Leygraf, Direktor des Instituts für forensische Psychiatrie der Universität Duisburg-Essen*, prognostische Erfordernisse und Praxis in Nordrhein-Westfalen:

▶ Nun wird diesen Prognosen in der Öffentlichkeit immer mit der Skepsis begegnet, dass die Therapeuten sich da von den Patienten hereinlegen lassen, die eine Zeit lang in der Behandlung schön Wetter machen, um eben ihre Lockerungen zu bekommen.

Dass diese Gefahr besteht, ist völlig klar. Aber weil man diese Gefahr kennt, kann man damit mittlerweile auch ganz gut umgehen. Vor allem haben Lockerungsprognosen gegenüber Entlassungsprognosen den entscheidenden Vorteil, dass sie immer nur für einen begrenzten Zeitraum abgegeben werden müssen [...] [Sie] sind also keine, die langfristig gültig sind, sondern wenn man den Verdacht hat, dass es dem Patienten wieder schlechter geht, er nachts nicht schlafen kann, er angespannter oder nervöser wirkt usw., dann wird die Lockerung eben wieder zurückgenommen. Daran erkennt man auch schon, dass die Sicherheit von Lockerungen ganz entscheidend davon abhängt, wie gut die Mitarbeiter den Patienten kennen, wie intensiv er unter solchen prognostischen Aspekten beobachtet wird und wie eng er in eine therapeutische Beziehung eingebunden ist. Daraus folgt auch, dass Lockerungsentscheidungen nie Ein-Mann-Beschlüsse sein können. Sondern das sind immer Entscheidungen, die am Ende eines Entscheidungsweges stehen, an dem viele Personen beteiligt sind.

Vorgehen bei Lockerungsentscheidungen: Um sicherzustellen, dass bei Lockerungsentscheidungen die wesentlichen prognostischen Aspekte auch tatsächlich beachtet werden, ist der Entscheidungsweg so zu gestalten, dass

1. die im direkten therapeutischen Kontakt und im täglichen Umgang mit dem Patienten gewonnenen Erkenntnisse und Erfahrungen berücksichtigt werden
2. die Gefahr einer «einseitigen» therapeutischen Sicht vermieden wird, da ein eventuell jahrelanger intensiver therapeutischer Kontakt mit einem Patienten die Gefahr mit sich bringen kann, bestimmte Gefährdungsbereiche zunehmend auszublenden und die eigenen Behandlungserfolge zu überschätzen
3. eine genügende Redundanz der Entscheidung, also eine Beteiligung von Kontrollinstanzen, gewährleistet ist.

Die wesentliche Entscheidungsebene bildet das Behandlungsteam, wobei es entscheidend darauf ankommt, Kenntnisse über bzw. Erfahrungen mit dem Patienten aus möglichst allen Behandlungsbereichen bei der Beurteilung mit zu berücksichtigen. Hier sind also der Stationsarzt und der Psychologe beteiligt, die Krankenschwestern und die Pfleger, die Arbeitstherapeuten, Beschäftigungstherapeuten usw. Damit soll eine möglichst breite Informationsbasis geschaffen werden, weil sich Patienten zum Beispiel beim Sport ganz anders verhalten als in der Kunsttherapie. Und diese unterschiedlichen Facetten im Verhalten muss man natürlich kennen, um einen Menschen insgesamt beurteilen zu können.

Sofern das Behandlungsteam eine Lockerung befürwortet, ist dieser Beschluss je nach Art der Einrichtung dem Oberarzt oder dem Bereichsleiter zur Befürwortung vorzulegen. Und wenn auch dieser die Lockerung befürwortet, muss eine Abschlusskontrolle durch den ärztlichen Leiter der Einrichtung erfolgen, der ja auch die rechtliche Letztverantwortung für diese Lockerung trägt. Bei Patienten, die wegen Sexualstraftaten oder anderen schwer wiegenden Delikten untergebracht sind, muss man hier in NRW vor bestimmten Lockerungen noch die Staatsanwaltschaft anhören. Die hat dann zwar kein Vetorecht, aber gegen den erklärten Willen der Staatsanwaltschaft einem Patienten doch eine bestimmte Lockerung zu geben, dürfte kaum eine Einrichtung wagen, jedenfalls ganz gewiss nicht leichtfertig.

Sofern eine Lockerung gewährt wird, kommt es entscheidend auf die *Verlaufskontrolle* an. Sollten sich dabei Hinweise auf eine veränderte prognostische Einschätzung ergeben, das heißt auf eine erhöhte Gefährdung, sind die Lockerungen wieder einzuschränken bzw. zurückzunehmen. Gerade der Verlaufskontrolle kommt bei Lockerungen ein ganz besonderes Gewicht zu. Auch hier gilt der Grundsatz, je intensiver der Patient in einer therapeutischen Beziehung steht, je dichter der Kontakt zum Beispiel zum Pflegepersonal ist und je höher die berufliche Kompetenz der Mitarbeiter sich darstellt – also unterm Strich, je besser die therapeutische Ausstattung der Einrichtung ist – umso sicherer ist es gewährleistet, dass solche Änderungen beim Patienten auch erkannt werden, umso größer ist die Sicherheit der Bevölkerung vor den Maßregelpatienten.

Schließlich wird noch speziell in NRW bei schwierig zu beurteilenden Fällen vor der ersten unbegleiteten Lockerung eines Patienten, also bei seinem ersten wirklich freien Ausgang, in aller Regel ein Gutachten durch einen Sachverständigen eingeholt, der nicht selbst in der Klinik arbeitet. (ebd.: 5 ff.) ◀

Zur zusätzlichen Absicherung der Lockerungsentscheidungen werden auch standardisierte Kriterienkataloge benutzt. In Nordrhein-Westfalen ist seit Anfang des Jahres 2002 durch einen ministeriellen Erlass den Kliniken die Verwendung des HCR/SVR 20 oder des von *Prof. Dr. Dittmann* (s. Kap. 9) veröffentlichten Prognosebogens vorgeschrieben (zur Problematik solcher Instrumentarien s. Kap. 7). Diese Regelung gilt für die *Schwellenlockerungen*. Dabei handelt es sich um die Lockerungen, bei denen die Patienten mit einer jeweils neuen, so bis dahin noch nicht erlebten Qualität der Freiheit konfrontiert werden: In den «Grundsätzen für Lockerungsentscheidungen» durch den Landesbeauftragten für den Maßregelvollzug/NRW werden bestimmte Lockerungsstufen mit Schwellencharakter festgelegt:

- keine (0)
- Ausgang mit Aufsicht (1)
- Ausgang ohne Aufsicht (2)
- Urlaub (mindestens eine Übernachtung) (3).

Bei den Entscheidungen zu den Schwellenlockerungen ist im Hinblick auf die angestrebte Lockerungsstufe sowohl das Entweichungs- als auch das Rückfallrisiko jeweils konkret zu überprüfen. So sollte zum Beispiel bei einem «Ausgang ohne Aufsicht» auf Seiten des Patienten – zur Beurteilung des Entweichungsrisikos – Compliance und therapeutische Beziehungen vorausgesetzt werden, die auch ohne konkrete Anwesenheit einer Aufsichtsperson tragfähig sind. Um zu abrupte Brüche zu vermeiden, erfolgen die ersten Ausgänge ohne Aufsicht zunächst mit Mitpatienten, dabei zeitlich und räumlich eng limitiert, etwa als Gang von der Station zur Arbeitstherapie. Die auf den Patienten zukommenden Belastungen, Unsicherheiten und damit Risiken erhöhen sich naturgemäß mit räumlicher und zeitlicher Ausdehnung von Freiheitsräumen und mit der Reduzierung von Kontrollmöglichkeiten.

Für die Risikoeinschätzung ist ebenfalls die potenzielle Deliktgefahr von Bedeutung, insbesondere für den Fall, dass der Patient entgegen der Prognose doch entweichen sollte. Voraussetzung für die Schwellenlockerung ist daher ein belegbarer fortgeschrittener Behandlungsstand, sodass im Entweichungsfalle keine unmittelbare

Rückfallgefahr besteht. Darüber hinaus müssen das familiäre Umfeld bzw. die wichtigsten Bezugspersonen des Patienten nicht nur bekannt sein, sondern auch als so kooperativ eingeschätzt werden, dass sie den Patienten ggf. auch zurückbringen.

Durch die Benutzung standardisierter Kriterienkataloge (Checklisten) soll die Risikoabschätzung des Teams systematisch auf die Vollständigkeit der Wahrnehmung hin überprüft werden. Es werden dabei alle Dimensionen berücksichtigt, die als relevant für die Entscheidungsfindung gelten (Rasch, 1985):

1. frühere Delinquenz und Anlasstat
2. Persönlichkeitsquerschnitt und aktuelle Krankheitssymptomatik
3. Krankheitsverlauf bzw. das gesamte Verhalten seit der Tatbegehung
4. soziale Perspektiven.

4.11.2 Überprüfung

Die prognostische Bewertung der erhobenen Variablen muss dann allerdings im Zusammenhang einer sehr sorgfältigen Einzelfallprüfung vorgenommen werden. Der von Leygraf (s. Kap. 4.11.1) zu Recht hervorgehobenen Beurteilungskompetenz des Teams kommt damit die ausschlaggebende Bedeutung zu. Die Kliniken beschreiben dabei ausdrücklich die verschiedenen Möglichkeiten und *internen Verfahren*, den Verlauf einer Lockerung zu kontrollieren und auszuwerten: So sind ausführliche Vor- und Nachbesprechung des Ablaufs einer Lockerung fast überall die Regel. Die (z.B. familiären) Bezugspersonen werden dabei einbezogen, um deren Zuverlässigkeit zu erfassen und deren Kooperation zu erreichen. Auflagen bezüglich Ort und Zeit werden genau definiert, telefonische Rückmeldungen vereinbart, mögliche Gefährdungssituationen antizipiert und ein «Notfallplan» festgelegt.

Die immer wieder sorgfältige Überprüfung der Zielvorgaben der Lockerungen und der aktuellen Befindlichkeit des Patienten muss im klinischen Alltag gut verankert sein. Es gilt der *Gefahr einer Eigendynamik* vorzubeugen, dass jede Lockerung mit dem guten Verlauf der vorangegangenen begründet wird. Der bloß unauffällige Verlauf kann sowohl hinsichtlich der Gefährdungseinschätzung als auch der therapeutischen Indikation allein kein Kriterium sein. Die Frage, wie zum Beispiel der Patient seine Freiräume nutzt und die gemachten Erfahrungen verarbeitet, sind wichtige Erkenntnisquellen und erfordern eine enge und interessierte Begleitung durch das Team.

4.12 Behandlung von Persönlichkeitsstörungen

▶ «Persönlichkeitsstörungen» sind vielleicht das Zeitthema unseres Faches [der Psychiatrie, d. Verf.] und unserer Gesellschaft, umfasst dieser Begriff doch Erscheinungen wie Delinquenz und Drogen, Essstörungen und selbstverletzendes Verhalten, Realtraumatisierungen und gleichermaßen die ihnen zu Grunde liegenden gesellschaftlichen Veränderungen.

Persönlichkeitsstörungen sind häufig. Wir gehen auf Grund der uns bekannten Studien von einer Prävalenz von 5 bis 10 % aus. Allein die Borderline-Störungen weisen laut DSM-IV eine Prävalenz von 2 % auf – mithin eine doppelt so hohe wie jene der schizophrenen Psychosen. (Dulz, 1997: 2) ◀

In der forensischen Psychiatrie gehören Persönlichkeitsstörungen zu den am häufigsten gestellten Diagnosen. Leygraf (1988) bemisst ihren Anteil auf zirka 44 % der untergebrachten Patienten. Rechnet man noch die Fälle hinzu, bei denen Persönlichkeitsstörungen als Zweit- oder Drittdiagnose festgestellt wurden, kommt man auf einen noch weit höheren Prozentsatz, der bei zwei Drittel der Population liegen dürfte (Stolpmann, 2001: 192).

Hintergrund

Dieser Sachverhalt ist nicht verwunderlich: Die Diagnose «Persönlichkeitsstörung» umspannt den großen Überschneidungsbereich zwischen den Phänomenen des seelischen Krankseins und des (bloß) abweichenden Verhaltens. Die Frage

«*Mad or bad?*» wurde in den Anfängen einer wissenschaftlich sich verstehenden Psychiatrie unter anderem mit dem Konzept der «Psychopathie» (Deutschland) und der «*manie sans délire*» (Frankreich) beantwortet: Die Theorie der Monomanien von Esquirol (1838) hat sich bis heute in der Alltagssprache erhalten. Prichard prägte 1835 im angloamerikanischen Raum den Begriff der «*moral insantity*». Mit diesen Begriffen, die zum Teil als Vorläufer der heutigen dissozialen bzw. antisozialen Persönlichkeitsstörung gelten können, wurden vor allem sozial auffällige Störungsbilder als – unveränderlich verstandene – Spielarten des menschlichen Wesens diagnostiziert. Da diese als nicht krankhaft aufgefasst wurden, konnten die in solcher Weise von einer «repressiven Kriminalpsychiatrie» (Moser, 1971) stigmatisierten Personen als vollverantwortlich dem Gefängniswesen überantwortet werden. Der «willenlose» oder «gemütlose» Psychopath (Schneider, 1923) war der Inbegriff des Menschen, der auf Grund seiner Natur Wesenszüge aufweist, die ihn unweigerlich in Konflikt mit der Gesellschaft bringen. Die Theorie Lombrosos (1876/1894) vom «geborenen Verbrecher», die auf vorherrschende Degenerationslehren zurückging, war besonders folgenschwer und prägte eine – von Ausgrenzung und therapeutischem Nihilismus gekennzeichnete – gesellschaftliche Umgangsweise mit diesem Menschen.

Heute wird die Klassifikation psychischer Störungen bestimmt durch den internationalen Diagnoseschlüssel der ICD der Weltgesundheitsorganisation (1991) bzw. alternativ durch das DSM des US-amerikanischen Psychiaterverbandes (1996). In beiden Systemen werden Aussagen über Krankheitsverläufe und -verursachungen weitgehend gemieden. Damit wird der Erkenntnis Rechnung getragen, dass psychische Erkrankungen multifaktoriell verursacht sind und einen äußerst variablen Verlauf haben. Entstehung und soziale Folgen sind abhängig von psychosozialen Bedingungen. Lehnten sich früher die psychiatrischen Krankheitsbilder noch eng an nosologische Konzepte der somatischen Medizin an, so orientieren sich die gegenwärtigen Modelle eher an bestimmten Symptomkonstellationen, den so genannten Störungen. Die «theoriefreien» Diagnosemanuale erlauben anhand bestimmter deskriptiver und operational definierter Merkmale eine – weitgehend transparente und reliable – Unterteilung auch im Bereich der Persönlichkeitsstörungen.

Voraussetzungen zur Feststellung einer Persönlichkeitsstörung ist nach dem (in Deutschland verbreiteten) ICD-10 im Sinne einer *Allgemeindefinition*:

- Es besteht deutliche Unausgeglichenheit in Einstellungen und Verhaltensweisen.
- Das abnorme Verhaltensmuster ist andauernd und nicht nur episodisch.
- Das Verhalten ist tief greifend und in vielen persönlichen und sozialen Situationen eindeutig unpassend.
- Die Störungen beginnen immer bereits in Kindheit und Jugend.
- Die abnormen Verhaltensmuster sind (meist) mit deutlichen Einschränkungen der beruflichen und sozialen Leistungsfähigkeit gekoppelt, verbunden mit subjektivem Leiden und/oder mit nachhaltigen Beeinträchtigungen der sozialen Anpassung.

In einer zweiten Stufe der Prüfung wird dann eine Zuordnung zu den spezifischen Formen von Persönlichkeitsstörungen vorgenommen, zum Beispiel die schizoide, die paranoide oder die zwanghafte Persönlichkeit etc. Hier unterscheiden sich die beide Diagnoseschlüssel im Einzelnen etwas.

Begriffserläuterung

- *Nosologie:* Lehre der Entstehung und Verlaufsformen von Krankheiten
- *Reliabilität:* Begriff aus der Messtheorie. Mit der Reliabilität wird die Zuverlässigkeit angegeben, mit der dasselbe oder verschiedene Messverfahren oder Personen zum gleichen Ergebnis kommen.

Fiedler (2000: 21) schlägt eine «Übersetzung» dieser Diagnosen durch den Therapeuten in eine für den Patienten akzeptierbare interaktionelle Sprache vor, …

▶ …und zwar so, dass der Patient sich selbst darin wiederfindet. Eine solche Positivierung gelingt nach aller Erfahrung dann am besten, wenn man versucht, sich den positiven Sinn zu erschließen. Das wachsame Misstrauen paranoider Patienten, das Verweigern von Kooperation passiv-aggressiver Patienten, das ängstliche Vermeiden selbstunsicherer Persönlichkeiten ist möglicherweise durchaus einsichtig. Wertschätzendes Verstehen von Gründen und Ursachen für Andersartigkeit, Widerständigkeit und Nicht-Compliance der Patienten durch die Therapeuten werden hier vorgeschlagen. Nicht gemeint ist, dass der Therapeut diese Gründe in jedem Fall teilen bzw. akzeptieren muss. ◀

Einen Patienten in seinem Verhalten und Erleben zu verstehen, bedeutet also noch lange *kein Verständnis oder gar Einverständnis.*

4.12.1 Das Problem der Begutachtung

▶ Mehr als in anderen Gebieten der Medizin ist in der Psychiatrie die Diagnostik von wissenschaftlichen Konventionen abhängig. Trotz verstärkter Bemühungen um Vereinheitlichung in den vergangenen Jahren prägen verschiedenen Lehrmeinungen und Schulen die psychiatrische Krankheitslehre. Die daraus resultierenden Unsicherheiten […] machen es notwendig, dass der Gutachter dem Auftraggeber die Grundlagen seiner gutachterlichen Äußerung und die Logik seiner Schlussfolgerungen nachvollziehbar verständlich macht […]. *Für das Gericht entscheidend ist nicht die Diagnose per se, sondern allein die tatzeitrelevanten konkretisierbaren Auswirkungen der diagnostizierten Störung auf das Verhalten.* (Krupinski/Hoff, 1992: 63; Hervorhebung d. d. Verf.) ◀

Das Gutachtenwesen ist in letzter Zeit nicht nur wegen mangelnder Qualität kritisiert worden:

- Die lang währende Diskussion, ob diese unliebsame Patientengruppe (der «Psychopathen», s. o.) nicht doch besser im Strafvollzug aufgehoben ist, spiegelt sich in wechselnden Lehrmeinungen zur Krankheitswertigkeit, zur Behandelbarkeit etc. dieser Störungen und findet seinen Niederschlag damit auch in der Begutachtungspraxis, die (mit ihren vorherrschenden «Trends») in der Praxis eine nicht unwesentliche Auslese- und Steuerungsfunktion für den Maßregelvollzug hat.
- Die aktuellen Kapazitätsprobleme im Maßregelvollzug werden als Folge einer als zu weit gehend kritisierten Dekulpierung von persönlichkeitsgestörten Patienten betrachtet.
- Ein Teil dieser als «Fehlplatzierungen» kritisierten Patienten führt zu erheblichen Belastungen der Einrichtungen (gravierende Zwischenfälle, Entweichungen). Bei zweifelhaften therapeutischen Erfolgsaussichten tragen sie zudem zu einer negativen öffentlichen Thematisierung des Maßregelvollzugs bei (vgl. auch die Diskussion in: Nervenarzt 1997, 434 ff.). Leygraf (ebd.: 435) warnt hingegen vor einer «Wiederaufnahme der therapeutischen Verweigerung gegenüber einer Patientengruppe, deren Stigma der Schriftsteller Musil dahingehend beschrieb, dass sie ‹nicht nur eine minderwertige Gesundheit, sondern auch eine minderwertige Krankheit haben›».
- Für die gutachterliche Beurteilung einer verminderten Schuldfähigkeit reicht die diagnostische Feststellung einer Persönlichkeitsstörung allein nicht aus: Die *Einschätzung des Schweregrades* einer Störung wird zur zentralen Aufgabe. Damit stellt sich das Problem der quantitativen Abgrenzung, die eine Zuordnung zu dem juristischen Krankheitsbegriff der «schweren seelischen Abartigkeit» i. S. von §§ 20/21 StGB ermöglicht (s. Kap. 2). Der Entscheidungsmaßstab ist nach Rechtsprechung des Bundesgerichtshofes, dass die Persönlichkeitsstörungen in ihrer belastenden Wirkung für den Betroffenen das Gewicht krankhafter seelischer Störungen erreichen. Insbesondere muss der Zusammenhang zwischen einer Persönlichkeitsstörung und einer dadurch bewirkten Beeinträchtigung der Steuerungsfähigkeit hergeleitet werden.

Prüfschritte

Für die Begutachtung bedarf es dreier Prüfschritte (Fehlenberg, 2000: 106):

- Feststellung einer tatzeitüberdauernden psychischen Störung nach ICD; Beschreibung des Ausmaßes der damit verbundenen Beeinträchtigungen.
- Ist die diagnostizierte Störung gravierend im Sinne der juristischen Wertung als «schwere seelische Abartigkeit»?
- Darlegung, ob und inwieweit die vorgeworfenen Taten ursächlich auf die diagnostizierte Störung zurückgeführt werden können. Ist die vorgeworfene Tat als Symptomhandlung zu werten? Worin bestand zur Tatzeit konkret die Auswirkung der Störung auf die Steuerungsfähigkeit? Die Einsichtsfähigkeit ist – anders als zum Beispiel bei den Psychosen – zumeist nicht beeinträchtigt.

Im Jahre 2003 hat sich am Bundesgerichtshof eine interdisziplinäre Arbeitsgruppe gebildet, die schließlich «Mindeststandards für die forensisch-psychiatrische Begutachtung» veröffentlichte (Boetticher et al., 2005). Die Bildung dieser Arbeitsgruppe war Reaktion auf die nicht nur in den Medien und einer durch die Sensationspresse alarmierten Öffentlichkeit geäußerten, sondern auch von höchstrichterlicher und wissenschaftlicher Seite festgestellten gravierenden Mängeln der Gutachtenqualität. Eine Folge dieser Kritik war zudem eine von der DGPPN angebotene Zertifizierung als «Forensischer Psychiater» und neuerdings auch das Angebot der Ärztekammern, aufbauend auf der Facharztweiterbildung die Schwerpunktkompetenz «Forensische Psychiatrie» zu erlangen (vgl. z.B. Ärztekammer Nordrhein, Weiterbildungsordnung).

Die BGH-Arbeitsgruppe hat nun formale, aber auch inhaltliche Mindeststandards formuliert und sich dabei vor allem mit den besonders schwierigen Begutachtungen von Sexualstraftätern und Persönlichkeitsstörungen befasst. Die juristische Kategorie der «schweren seelischen Abartigkeit» des § 20 StGB ist bekanntlich nicht mit der psychiatrischen Diagnose einer Persönlichkeitsstörung gleichzusetzen, hier sind Übersetzungsarbeiten erforderlich. Die Arbeitsgruppe hat daher entsprechende Ein- und Ausschlusskriterien entwickelt, auch für die Beurteilung des Schweregrades einer Störung.

Dabei betonen Saß et al. (2007), dass auch der zweite Qualifizierungsschritt im Rahmen der Begutachtung, also der Weg von der schweren seelischen Abartigkeit zur verminderten Steuerungsfähigkeit nur mit Hilfe des psychiatrischen Sachverständigen auf dem Hintergrund eines «psychopathologischen Referenzsystems» gegangen werden kann. In diesem Übergangsbereich zwischen klinisch-empirischen und normativen Funktionen kommt dem Gutachter die Rolle zu, die Wechselwirkung zwischen Tatsituation und psychopathologischen Beeinträchtigungen der Persönlichkeit – etwa im Sinne eines «Schlüssel-Schloss-Prinzips» – herauszuarbeiten. Dem sozial vergleichenden Schuldurteil des Strafrichters, der – jenseits einer Diskussion um einen indeterministischen Begriff von Willensfreiheit – pragmatisch das «Anders-handeln-Können» eines durchschnittlich Gesunden als Maßstab anlegt, entspricht die pragmatische, psychopathologisch vergleichende Beurteilung des Patienten durch den Gutachter. Dieser müsse nun bestimmen, ob und inwieweit mit der psychischen Störung durch umschriebene Fähigkeitsverluste eine Aufhebung oder Beeinträchtigung der Freiheitsgrade im ‹Erleben- und Sich-verhalten-Können› einhergehen» (Lammel, 2007: 87). Denn: «Nicht jedes Fehlverhalten muss Ausdruck der diagnostizierten Persönlichkeitsstörung sein und nicht jedem Konflikt kommt störungsbedingte Bedeutung zu.» (Saß et al., 2007: 160).

Nach Erfahrungen von Saimeh (2007) wird in der Praxis diese Forderung nach trennscharfer Herleitung nicht nur selten erfüllt, sondern ist auch inhaltlich in vielen Fällen redlich nicht zu leisten. So komme es häufig zu völlig gegensätzlichen Beurteilungen, zum Beispiel bei Fällen mit äußerlich geordneter, sogar umsichtiger Tatbegehung: «Wie viel Frauen mit Borderline-Persönlichkeit, schwerer eigener Traumatisierungsgeschichte und Tötung des Intimpartners mit planvollen Vorbereitungen, um das Gelingen sicherzustellen, sitzen in Haft und könnten doch ebenso mit denselben, nicht zwingend falschen Argumentation, im Maßregelvollzug sitzen?» (ebd.: 217). Auch Saß et al. (ebd.: 159) erkennen eine «Privilegierung solcher Persönlichkeitsstörungen, die mit impulsiven Verhaltensstilen einhergehen». Während die Autoren diesen Sachverhalt als Diskussionspunkt im Rahmen weiterer Konzeptbildung werten, plädiert Saimeh in Anlehnung an gesetzliche Vorgaben in der Schweiz für die Abschaffung der erheblich verminderten Steuerungsfähigkeit als Kriterium und fordert für die Unterbringung nach § 63 StGB (allerdings bei deren zeitlichen Befristung) lediglich einen direkten Kausalzusammenhang von erheblicher Störungsschwere und Anlasstat.

4.12.2 Zur Diagnostik

Leygraf (2006) vermutet, dass die hohen Prävalenzraten von Persönlichkeitsstörungen im Maßreglvollzug darauf zurück zu führen sind, …

▶ … dass eine solche Diagnose bei Straftätern eher zu häufig gestellt und nicht genügend unterschieden wird zwischen auffälligen Persönlichkeitszügen und Persönlichkeiststörung. Insbesondere das Konzept der dissozialen bzw. antisozialen Persönlichkeitsstörung beinhaltet die Gefahr eines Zirkelschlusses, bei der mit normverletzenden Verhaltensweisen die psychiatrische Diagnose und mit dieser wiederum das normverletzende Verhalten erklärt wird. ◀

Die Einteilung verschiedener Typen von Persönlickeitsstörungen weist sowohl historisch betrachtet als auch im Hinblick auf aktuelle Diagnoseschemata (s.o.) eine großen Varianz auf. Dabei ergeben sich «aus dem Konstrukt der ‹Persönlichkeiststörungen› als kategorialer Betrachtungsweise dimensionaler Eigenschaften große Überlappungsbereiche zwischen den einzelnen Störungen, sodass beim Vorliegen der Kriterien einer spezifischen Persönlichkeitsstörung in der Hälfte der Fälle auch die Kriterien einer weiteren Störung erfüllt sind.» (ebd.: 271)

Anhand der vorherrschenden Eigenschaften werden die einzelnen Typen im DSM-IV drei Hauptgruppen (Clustern) zugeordnet:

- Cluster A umfasst paranoide, schizoide und schizotypische Persönlichkeitsstörungen
- Cluster C beinhaltet Personen mit verstärkter Ängstlichkeit und geringem Durchsetzungsvermögen, also selbstunsichere, abhängige und zwanghafte Störungen.
- Die im Maßreglvollzug am weitaus Häufigsten vertretene Störungen sind im Cluster B zusammengefasst, zu dem vor allem Störungen *der Affektregulation und der Beziehungsgestaltung* gehören:
  - erhöhte Impulsivität, mangelnde Spannungs- und Frustrationstoleranz
  - übermäßig starke Wut und Unfähigkeit, die Wut zu kontrollieren
  - Tendenzen zur Selbst- und Fremdgefährdung
  - mangelhaft ausgebildetes Selbstwertgefühl
  - schneller Wechsel von Idealisierung und Entwertung nahe stehender Personen
  - Probleme in der Regulierung von Nähe und Distanz zu anderen Menschen (Bronisch, 1999).

Im Folgenden soll in Grundzügen die Behandlung dieser Gruppe von Persönlichkeitsstörungen dargestellt werden. Diese sind je nach Diagnoseschema:

1. die emotional instabile bzw. Borderline-Störung
2. die narzisstische Störung
3. die dissoziale bzw. antisoziale Persönlichkeitsstörung.

Die Behandlung der narzisstischen Störung (die nicht in die ICD-10 aufgenommen wurde) wird nicht gesondert beschrieben, sondern bei der Darstellung der beiden anderen Störungsbilder mitberücksichtigt. So beschreiben viele Autoren die narzisstische Problematik von Menschen, die ihr brüchiges Selbstwertgefühl und ihre immense Kränkbarkeit mit einem Selbstbild von eigener Großartigkeit, Überlegenheit und Verachtung gegenüber anderen (bei fehlender Empathie) zu kompensieren versuchen, als ein wesentliches Strukturmerkmal dissozialer Persönlichkeiten. Kernberg (1993) hingegen betont – bei einem allerdings anders gelagerten Störungskonzept –

den Zusammenhang der narzisstischen mit der Borderline-Persönlichkeitsstörung.

Bei der dissozialen Persönlichkeit, die von weit verbreiteten dissozialen Verhaltenszügen unterschieden werden muss, stehen laut ICD-10 Merkmale wie «herzloses Unbeteiligtsein gegenüber den Gefühlen anderer» und «deutliche und andauernde Verantwortungslosigkeit und Missachtung sozialer Normen, Regeln und Verpflichtungen» im Vordergrund.

Bei der emotional instabilen Persönlichkeitsstörung (man unterscheidet hier den *impulsiven Typus* und den *Borderline-Typus*) wird die deutliche Tendenz hervorgehoben, «impulsiv zu handeln, ohne Berücksichtigung von Konsequenzen und mit wechselnder, instabiler Stimmung». Bei dem Borderline-Typus wird insbesondere auf eine tief greifende Identitätsstörung verwiesen, oft verbunden mit einem «chronischen Gefühl innerer Leere».

4.12.2.1 Exkurs – Narzissmus und narzisstische Wut

Der «Modebegriff» Narzissmus wird mit unterschiedlichen Bedeutungsinhalten verknüpft:

1. *Narzissmus als gewöhnliches Phänomen*: Man spricht von einer «narzisstischen Kränkung», wenn zum Beispiel die seelische Reaktion auch psychisch nicht gestörter Personen auf Zurückweisung und Herabsetzung beschrieben wird.
2. *Narzissmus als Entwicklungsphase des Säuglings:* Für die Annahme einer solchen Phase haben sich allerdings keine empirischen Belege finden lassen (Stern, 1994).
3. *Narzissmus als Thema der Selbstpsychologie*: Vor allem mit dem Namen Kohut (1973) verbindet sich eine Richtung psychoanalytischer Theoriebildung. Hier rücken das Erleben und insbesondere das Werterleben einer Person in den Mittelpunkt: Wie regulieren Menschen ihr Erleben, dass sie sich «narzisstisch ausbalanciert» fühlen, also mit sich selbst und ihren wichtigen Beziehungen zufrieden sind?
4. *Narzissmus als pathologisches Phänomen:* Charakteristika sind neben einem Größenselbst, das Formen grandios-fantastischer Überwertigkeitsideen annehmen kann, ein Wunsch nach Verschmelzung mit einem idealen Selbstobjekt, um sich über eine identifikatorische Teilhabe selbst aufzuwerten und sich vor narzisstischen Infragestellungen zu schützen. Aus dem forensischen Alltag sind weitere Merkmale bekannt:
   - Gier nach Lob und Anerkennung
   - Abwertung anderer Menschen
   - narzisstische Wut.

Narzisstische Wut spielt sicher bei vielen Delikten eine wichtige Rolle.

▶ Die Mobilisierung narzisstischer Wut steht in der Funktion, reale oder in der Fantasie antizipierte Kränkungen und Entwertungen von vornherein oder reaktiv durch Gegenaggression abzuwenden. Auch die Wuterregung enthält ein sich selbst verstärkendes Element: Mit ihr gehen ein Gefühl der Belebung und der vitalen Kraft und Kampffähigkeit einher, die einen Menschen wenigstens vorübergehend stabilisieren können, weil er sich momentan handlungsfähiger, weniger hilflos oder ohnmächtig erlebt. (Deneke, 1997: 71) ◀

In dieser Betrachtung erscheinen manche Impulstaten als eine «Flucht nach vorne», die einer überschießenden Angstabwehr dienen. Nahe liegend ist die Vermutung, dass in vielen Taten auch die Umkehr selbst erlebter Traumatisierung zum Ausdruck kommt.

4.12.2.2 Exkurs – Psychopathie

Neben den Definitionen der Störung durch die gebräuchlichen internationalen Diagnosesysteme (ICD-10 und DSM-IV) existiert eine in den USA und in Kanada verbreitete *Psychopathiekonzeption*, die von Cleckley (1955: «The Mask of Sanity») vorgelegt wurde. Darauf aufbauend hat Hare im Jahre 1980 (Hare, 2000) eine operationalisierte Checkliste (PCL) entwickelt, die speziell der Erfassung von «*psychopathy*» dient und sich insbesondere zur Risikoeinschätzung zukünftiger Deliktrückfälligkeit bewährt hat (s. Kap. 7).

Die Renaissance dieses Konstruktes – und dessen zunehmende Übernahme auch in Deutschland, zum Beispiel im hessischen Maßregelvollzug – erklärt sich unter anderem aus der Hoffnung, dadurch die (Problem-)Gruppe dissozialer Persönlichkeitsstörungen «herauszufiltern», die bereits während der stationären Behandlung zu besonderen Schwierigkeiten in der Beurteilung führt und häufig auch für gravierende Zwischen- und Rückfälle sorgt. Charakteristika sind neben einer ausgeprägten dissozialen Karriere vor allem eine erhebliche narzisstische Ausstrahlung. Gepaart mit Egozentrizität, Intelligenz und Skrupellosigkeit haben sie eine hohe Fähigkeit entwickelt, andere zu täuschen und zu manipulieren.

Die Prävalenzrate differiert bei inhaftierten Rechtsbrechern zwischen 23 % in Nordamerika unter 10 % in Europa. Der in diesem Zusammenhang von einigen deutschen Vertretern des Maßregelvollzugs «unternommene Versuch, die Prävalenzrate bei deutschen Rechtsbrechern durch Senkung der entsprechenden Grenzwerte den nordamerikanischen Daten anzupassen; entbehrt nicht einer gewissen Willkürlichkeit.» (Leygraf, 2006: 275).

Berichte deuten darauf hin, dass für diese Teilpopulation auch *spezielle Behandlungsstrategien* erforderlich sind. Wie Kröger im Anhang (Kap. 4.18.6) darlegt, ist die generelle Behauptung einer therapeutischen Unerreichbarkeit nicht aufrechtzuerhalten. Auch die in der Literatur häufig anzutreffende Desavouierung der Therapeutischen Gemeinschaft als Kontraindikation, die sich auf Befunde von Rice et al. (1992) stützen, lässt sich nicht verallgemeinern. Diese Ergebnisse verweisen allenfalls auf die nicht sehr überraschende Tatsache, dass unstrukturierte bis permissive Behandlungsstrategien mit einer Erhöhung manipulativen und egozentrischen Verhaltens bei dieser Gruppe einhergehen.

4.12.2.3 Exkurs – Dissozialität: eine Gehirnerkrankung?

Ergebnisse der neurobiologischen Forschung haben zu heftigen Kontroversen geführt. Neben der grundsätzlichen Infragestellung der Willensfreiheit (auch gesunder Personen) ist die Frage der biologischen Determinierung dissozialer Persönlichkeitsstörungen von praktischer Relevanz sowohl hinsichtlich der Beurteilung der Schuldfähigkeit als auch der Behandlungsmöglichkeiten.

Die empirische Befundlage ist uneinheitlich. Allerdings mehren sich insgesamt die «Befunde über neurobiologische und neurophysiologische Dysfunktionen, die zum einen auf genetische Faktoren zurückgeführt werden können, zum anderen aber auch als somatische Folge von spezifischen Lernerfahrungen und traumatischen Beziehungserfahrungen imponieren». (Herpertz, 2003: 17).

Eine relativ lange Tradition neuropsychologischer Untersuchungen verweist auf präfrontale Dysfunktionen insbesondere in solchen Regionen, die für die Verarbeitung emotionaler Reize und die Hemmung von Ärger und gewalttätigen Impulsen verantwortlich sind. Erfahrungen mit durch Frontalhirnläsionen erworbenem antisozialen Verhalten (Beispiele bei Müller, 2006) führten zur Hypothese einer Unter- oder Dysfunktion des präfrontalen, insbesondre des orbifrontalen Kortexes als auch temporolimbischer Hirnregionen: Durch strukturelle und funktionale Bildgebung ließen sich sowohl eine frontale Volumenminderung der grauen Substanz im präfrontalen Kortex als auch Dysfunktionen der Amygdala nachweisen.

Neuro- und physiologische Untersuchungen ergaben zudem Hinweise auf ein erniedrigtes autonomes Ruhe-Arousal, das von den Betroffenen als aversiv, insbesondere als langweilig bis depressiv erlebt wird und kompensatorisch mit vermehrter Reiz- und Erregungssuche (*sensation seeking*) beantwortet wird. Auch verringerte elektrodermale Reaktionen in Experimenten, in denen gefahrvolle und erschreckende Reize präsentiert werden, bestätigen diese Ergebnisse und korrespondieren mit der für Dissoziale typischen Angstarmut, Empathiemangel in Beziehungen und der Unfähigkeit, aus Strafe zu lernen.

Transmitterstörungen, insbesondere eine Minderfunktion des zentralen serotonergen Systems, haben offenbar einen Einfluss auf aggressiv-impulsives Verhalten.

Die Studie von Caspi et al. (2002), die Verbindungen zwischen einem MAO-A-Genpolymorphismus, kindlicher Vernachlässigung und der Entwicklung antisozialen Verhaltens nachweist, zeigt die enge Wechselwirkung von psychosozialen und biologischen Faktoren. Bei gleichzeitigem Vorliegen potenzieren sich die ungünstigen Effekte.

Der Wirkungszusammenhang von erhöhter Glucocorticoid-Ausschüttung, massiven Stressoren und der Zerstörung von Neuronen im Affektzentrum des limibischen Systems wurde auch beschrieben für die posttraumatische Belastungsstörung. «Man kann daher die frühkindliche Verwahrlosung mit ihrem existenziellen Bedrohungsgehalt neurobiologisch als eine besonders frühe Form der posttraumatischen Belastungsstörung bezeichnen.» (Saimeh, 2006: 240).

Erblich-genetische Faktoren im Sinne einer erhöhten Vulnerabilität gegenüber psychosozialen Schädigungen sind wichtige Einflussgrößen, indem sie bestimmte Fähigkeiten (Stressbewältigung, Intelligenz etc.) limitieren, aber nicht grundlegend determinieren.

Kritisch wird eingewendet, dass – neben teilweise konträren Ergebnissen – die untersuchten Gruppen sehr heterogen und dadurch nur eingeschränkt vergleichbar sind. Meist wurden die Studienergebnisse nur an der Subgruppe der oben genannten Psychopathen ermittelt – mit zudem variierenden Cut-off-Werten bei der Diagnosestellung.

Die derzeitige Renaissance der Neurobiologie birgt bei unkritischer Rezeption die Gefahr, Verhalten eindimensional als biologisch determiniert zu betrachten, ganz im Sinne Lombrosos (1894) und seines Konzeptes des «geborenen Verbrechers».

Dagegen müssen allerdings nach Weber et al. (2007: 330) folgende Einwände geltend gemacht werden:

- eine Assoziation von neurobiologischem Korrelat und psychischen Vorgängen impliziert nicht notwendig einen kausalen Zusammenhang;
- viele, wenn nicht alle, psychischen Erkrankungen sind mit hirnstrukturellen und -funktionellen Auffälligkeiten assoziiert und dennoch ist die Mehrheit der Patienten in der Lage, das Unrecht einer Tat einzusehen und nach dieser Einsicht zu handeln;
- so wenig wie jeder Straftäter ein Soziopath mit entsprechenden neurobiologischen Korrelaten ist, so wenig wird auch jeder Soziopath mit entsprechenden neurobiologischen Auffälligkeiten straffällig, sodass in diesem Fall durchaus Fähigkeiten zur Anpassung an gesellschaftliche Normen bestehen können;
- wie das Vulnerabilitäts-Stress-Modell verdeutlicht, reichen zerebrale Dysfunktionen allein nicht aus, Soziopathie zu erklären.

Vor Fehlschlüssen aus den festgestellten Befunden und deren missbräuchlicher Verwendung ist daher unbedingt zu warnen. Der derzeitige neurowissenschaftliche Erkenntnisstand bewegt sich im Bereich der Grundlagenforschung und hat eher hinweisenden und hypothesengenerierenden Charakter (Kunert, 2007).

Fazit: Die gefundenen hirnorganischen Auffälligkeiten bei dissozialen Persönlichkeitsstörungen sind unspezifisch, zum Teil widersprüchlich. Beeinträchtigungen von Hirnregionen oder veränderte Amygdalaaktivitäten lassen sich auch für andere psychiatrische Erkrankungen finden, die mit Störungen der Emotionsverarbeitung und Impulskontrolle einhergehen, zum Beispiel bei Schizophrenien und bei Depressionen. Trotz intensiver Bemühungen konnte für Schizophrenie bisher weder ein konsistenter Marker für Krankheitsschwere oder Verlauf gefunden werden, noch gibt es überhaupt einen beweisenden neurobiologischen Befund für eine psychiatrische Störung (Müller, 2007: 63).

Auch bei der Suche nach neurobiologischen Korrelaten sexuell abweichenden (hier: pädophilen) Sexualverhaltens (Schiffer, 2007: 256) sind die gefundenen frontostriären Abnormitäten nicht spezifisch: Sie weisen Analogien mit Befunden bei süchtigen, impulsiven und vor allem zwanghaften Verhalten auf.

Bisherige Studien lassen im Übrigen nur Aussagen auf Gruppenniveau zu, sagen daher für den Einzelfall wenig aus. Neurobiologische Dysfunktionen stellen zudem keine Krankheiten im strengen Sinne dar, die etwa zu Ex- oder Dekulpationen im Rahmen von Schuldfähigkeitsbegutachtungen führen könnten.

Neuronale Plastizität

Ohne Zweifel finden soziale Deprivation und polytraumatische Stresserfahrungen in der Kindheit ihren Niederschlag in nachweisbaren Veränderungen bestimmter Hirnareale. Diese biologischen Korrelate sind als optimale Anpassungsleistungen des Gehirns an die vorherrschenden Lebensbedingungen zu verstehen und durch gegenläufige Erfahrungen und therapeutische Interventionen veränderbar.

▶ Neuronale Plastizität ist demnach keine Einbahnstraße. Zwar ist die Wirkung von Erfahrung und Lernen in den ersten Lebensjahren besonders mächtig, schon deshalb, weil sich das Gehirn noch weit mehr entwickelt als in späteren Jahren. Doch Erfahrungen – seien sie beglückend oder traumatisch – werden «gemacht», man kann sich insbesondere als Erwachsener meist entscheiden, welchen Erfahrungen man sich aussetzen will und welchen nicht. (Hilgers, 2006: 43) ◀

Auch wenn Behandlung bei Dissozialen zunächst durch Außendruck erzeugt werden muss, ist bei zunehmender Eigenmotivation auch eine Zunahme an Autonomie und damit eigenständigen emotionalen Wertsetzungen und Entscheidungen möglich. Insbesondere ist die …

▶ … Vorstellung, dass der Nachweis eines biologischen Mechanismus gleich bedeutend ist mit der Entdeckung seiner Ursache falsch […] Ferner sind (sie) nicht gleich bedeutend mit Unveränderbarkeit, die funktionellen Untersuchungen messen Funktionen und selbst strukturelle Unterschiede sind nicht zwingend irreversibel – wie wir zum Beispiel von der reversiblen Atrophie der Hirnrinde bei Anorexiepatienten oder Alkoholabhängigen nach längerer stabiler Abstinenz wissen. Schließlich erlauben auch objektive Dysfunktionen nicht den Schluss, dass dadurch bedingte Verhalten sei unkontrollierbar. Selbst stabile, irreversible Dysfunktionen (z.B. beim Hirninfarkt) können in ihren Auswirkungen zumindest teilweise durch kompensatorische Mechanismen *kontrolliert* werden. (Prüter, 2007: 173) ◀

So verbinden sich mit der neurobiologischen Forschung auch Hoffnungen für die Psychotherapie. «Das Wissen um neurobiologische Korrelate psychodynamischer Konstrukte und Bindungstheorien wird zukünftig wesentlich dazu beitragen, die Wirksamkeit psychotherapeutischer Methoden zu überprüfen.» (Saimeh, 2006: 230). Da neuronale Umverknüpfungen der – bei Dissozialen besonders geschädigten – subkortikalen limbischen Netzwerke eher schwierig sind und deutlich langsamer als die Umstrukturierung kortikaler Netzwerke vonstatten gehen, bedarf es in der Therapie besonderer, motivational bedeutsamer Erfahrungen von hoher «affektiver Evidenz» und Konsequenz (ebd.: 242).

4.12.3 Integrative Konzepte

In der allgemeinen Psychotherapieforschung geht die Entwicklung immer stärker dahin, Konkurrenz und Omnipotenzanspruch der verschiedenen therapeutischen Schulen zu überwinden. So ist unstrittig, dass Psychoanalyse, Verhaltenstherapie, Familientherapie und andere nicht für alle (Persönlichkeits-)Störungen gleichermaßen die beste Therapie darstellen. Die Indikationsfrage muss lauten (Fiedler, 2003: 41): Welches Psychotherapiekonzept und von wem durchgeführt ist bei welcher Persönlichkeitsstörung (und welchen weiteren spezifischen Problemen) unter welchen Rahmenbedingungen am effektivsten? Auch wenn darüber bei weitem noch kein Konsens herrscht, werden doch vermehrt schulenübergreifende Konzepte vorgelegt (Herpertz et al., 2003). Diese stellen heraus, dass die Unterschiede vornehmlich in der spezifischen Terminologie, auch in der zu Grunde liegenden Theorie zur Ätiologie (Entstehung der Störungen) bestehen. Erhebliche Annäherungen haben sich aber hinsichtlich des praktischen Vorgehens und der generellen Behandlungsempfehlungen und -ziele ergeben.

Beispiel – Integrativer Ansatz

Fürstenau (2001) überschreibt seinen integrativen Ansatz: «Psychoanalytisch verstehen. Systemisch denken. Suggestiv intervenieren.»

Mit einer psychoanalytischen Grundorientierung ist gemeint, dass das Problemverhalten immer auch auf dem Hintergrund der «verbliebenen Kindlichkeit» des Patienten und als nicht bewusste, fälschliche «Übertragung» früherer Erfahrungen auf heutige Lebensverhältnisse verstanden werden muss.

«Systemisches Denken» soll – nach Meinung des Autors – der Gefahr vorbeugen, zu sehr im verstehenden Gespräch oder auch in kämpferischer Auseinandersetzung (beschönigend dann «Widerstandsanalyse» genannt) über Ursachen aus der Vergangenheit haften zu bleiben. Die angestrebte «Lebensmeisterung» setzt dagegen voraus, «dass die Klienten angeregt und verführt werden, die Fixierung in Selbstmitleid und negativem Denken aufzugeben.» (ebd.: 20). Ein vorrangig «lösungsorientiertes» Vorgehen soll dabei die positiven Ressourcen des Patienten mobilisieren und für eine gesündere Weiterentwicklung nutzbar machen. Der Therapeut hat eine aktive Rolle: Er stellt Aufgaben, die dem Patienten überraschende, positive «Diskrepanzerlebnisse» ermöglichen und ihm damit schrittweise erlauben, den Schutz seines bisherigen (Fehl-)Verhaltens aufzugeben.

▶ «Suggestiv intervenieren» meint [...] die Neubewertung der von den Klienten negativ eingeschätzten gegenwärtigen Leidenssituation, der sich die Klienten wehrlos ausgeliefert fühlen. Dies gelingt durch Umdeutung [...] und durch Stärkung des Selbstwertgefühls. [Diese Umdeutung, d. Verf.] unterstellt, dass das Klientensystem die betreffende Überzeugung, Einstellung oder Erwartung seinerzeit aus guten Gründen («zum Zwecke des Überlebens») «gewählt» habe.

Für die Behandlung – und das gilt in besonderer Weise für die forensische Behandlung – erfordert ein solches Therapieverständnis einen hohen «Grad von Flexibilität der Angebote und des Verhaltens der Mitarbeiter [...]. Halt gebende, grenzsetzende und mannigfaltig weitere entfaltungsfördernde und -fordernde Verhaltensweisen sind in dieser Hinsicht je nach Situation angezeigt [...]. Dies setzt die Ausübung mütterlicher bzw. väterlicher Funktionen analog der Situation mit Kindern des entsprechenden Alters voraus. Mit der Ausübung der «elterlichen Funktion» (fachlich gesprochen: die der stellvertretenen Ausübung von Ich-Funktionen) geht eine Rückverlagerung von Verantwortung auf die Klienten einher mit dem Ziel, dass die Klienten mit der Zeit die volle Verantwortung für ihr Leben übernehmen. (ebd.: 21 ff.) ◀

F. Pfäfflin (1998), *Professor für forensische Psychotherapie an der Universität Ulm*, wendet sich scharf gegen die «vergeudete Energie durch überflüssige Schulstreitigkeiten». So könne man umstandslos verhaltenstherapeutisch ausgerichteten Zielformulierungen, wie sie etwa im hessischen Maßregelvollzug (Haina/Gießen) aus kanadischen Lernzielkatalogen übernommen wurden, in psychodynamische Begrifflichkeiten übersetzen:

▶ Statt von «Förderung der Selbstkontrolle» würde man dann z. B. von der Stärkung der Autonomie, statt von «Meta-Kognitionen» und anderen in dem Katalog aufgeführten Begriffen von der Auflösung des Wiederholungszwanges sprechen [...]. Im «Erlernen kreativen Denkens» findet sich die Förderung der Symbolisierungsfähigkeit wieder. Die «Förderung kritischen Denkens» mit dem Ziel, die Fakten nicht zu verdrehen und Schuld und Verantwortung nicht mehr auf andere zu verschieben, wird in der analytischen Terminologie beschrieben als Auflösung von Projektionen. (Pfäfflin et al., 1998: 26 f.) ◀

Die Psychotherapieforschung (z. B. Luborsky, 1993) hat gezeigt, dass für den Ausgang von Psychotherapien die von den Klienten als hilfreich erlebte Beziehung zum Psychotherapeuten, das

«Zueinanderpassen» der beiden, wesentlich größere Vorhersagekraft hat als die Besonderheit des jeweiligen Verfahrens. Insbesondere nach dem Boom kognitiv-behavioraler Behandlungsprogramme ist zurzeit wieder eine Rückbesinnung auf diese basale Tatsache zu erleben, die auch als «Wiederentdeckung der therapeutischen Beziehung» (Elsner, 2006: 317) beschrieben wird.

4.12.4 Strukturmerkmale der Therapie von Persönlichkeitsstörungen

In der Literatur zur Psychotherapie liegen viele Veröffentlichungen zur Behandlung von Persönlichkeitsstörungen (Herpertz/Saß, 2003) vor, ohne dass dort Bezug auf den Maßregelvollzug genommen wird. Insbesondere Therapiemanuale zur Behandlung von Borderline-Störungen nehmen dabei weiterhin den weitaus größten Raum ein.

Tress et al. (2002) haben Leitlinien entwickelt, die Synopsen des gegenwärtigen Kenntnisstandes der verschiedenen Persönlichkeitsstörungen darstellen. Neben einer Aufbereitung der verfügbaren Daten zu Prävalenz, Komorbiditäten etc. werden auf dem Hintergrund einer interpersonellen Perspektive die «zu den einzelnen Störungen gehörenden charakteristischen maladaptiven Beziehungsmuster einschließlich der innerseelischen Prozess-Strecken» beschrieben und versucht, daraus «notwendige psychotherapeutische Interventionsstrategien abzuleiten, um die Circuli vitiosi der persönlichkeitgestörten kranken Menschen auf neue, offenere Wege zu lenken.» (ebd.: VIII).

«Obwohl die Behandlung von Straftätern und psychisch kranken Rechtsbrechern eine lange Tradition hat, steht die forensische Psychotherapieforschung noch immer am Anfang», wie Ross et al. (2006: 275) ernüchtert feststellen. Von einer – etwa in Anlehnung an die evidenzbasierte Medizin – wissenschaftlich-empirischen Fundierung lässt sich zurzeit allenfalls in Ansätzen sprechen. Allerdings lässt sich anhand von aus dem Ausland vorliegenden Effektivitätsstudien eine Wirksamkeit psychotherapeutischer Behandlung durchaus belegen (Übersicht bei Bateman et al., 2000).

Den Stand (bzw. Miss-Stand) der Psychotherapieforschung bei Persönlichkeitsstörungen im Maßregelvollzug fassen Pfäfflin, Fontao und Ross im Anhang (s. Kap. 4.18.3) zusammen, explizieren die bisher gesicherten Wirkprinzipien und bewerten die speziellen Therapieformen für Straftäter insbesondere im Hinblick auf ihre Übertragbarkeit auf den Maßregelvollzug.

Im Folgenden werden aus der vorliegenden Kenntnislage, wie sie sich in der Fachliteratur, klinischen Erfahrungen und empirischen Befunden widerspiegelt, Strukturmerkmale der Behandlung von Persönlichkeitsgestörten im Maßregelvollzug (vorrangig Cluster-B-Störungen, s.o.) extrahiert und unter der Maßgabe von Praxisnähe und Handlungsbezug dargestellt.

4.12.4.1 Gestörte Verhältnisse – Arbeit in und mit der sozialen Realität

Das Charakteristikum dieser Störungsformen und gleichzeitig das Komplizierende für die Behandlung ist die Tatsache, dass innere Konflikte in selbst- und fremddestruktiver Weise in der Außenwelt «inszeniert» werden. Dies führt zu tiefen Verstrickungen in soziale Konflikte: *verhängnisvolle Kreisläufe,* in denen sich psychische Fehlentwicklung und soziale Probleme gegenseitig potenzieren.

Die Sprache der Patienten ist das Handeln. Da ihnen Introspektion und sprachliche Reflektion kaum zur Verfügung stehen, kommunizieren sie durch Handlungsmitteilungen. Ihre typischen Interaktionsmuster geben Auskunft über ihre verinnerlichten früheren Beziehungserfahrungen. Diese werden im Verhalten reproduziert und sind zunächst auch nur auf der Ebene der Interaktion nachzuvollziehen *und* beeinflussbar. Weit mehr als die dyadische therapeutische Situation, die eher auf einen «Austausch von Worten» angelegt ist, ist somit das komplexe soziale Aktionsfeld der Klinik der geeignete Therapieraum.

Auch aus der Forschung zur Straftäterbehandlung (s. Lösel, 1998, mit einer vielfältigen Übersicht) ist bekannt, dass handlungsorientierte Verfahren die vergleichsweise besten Erfolge erzielen: Stark strukturierte und auf Aktivierung von konkreten Fertigkeiten ausgerichtete Programme entsprechen am ehesten den spezifischen Lernstilen der Delinquenten. Für die Übertragbarkeit solcher und anderer Ergebnisse spricht, dass die soziodemographischen Merkmale der Maßregelvollzugspatienten denen der Population des Strafvollzugs und nicht denen der Allgemeinpsychiatrie ähneln (Leygraf, 1988). Meist sind grundlegende Sozialistionsdefizite aufzuholen, die – häufig mehr noch als die psychiatrische Störung selbst bzw. untrennbar mit dieser verwoben – als Delinquenzursachen anzusehen sind. Wo diese Lernprozesse nicht mehr in ausreichendem Umfang möglich sind, müssen soziale Interventionen und Unterstützung (auch im Rahmen der Nachsorge) diese Defizite ausgleichen.

«Über den Tellerrand gucken»

Es besteht schulenübergreifend zunehmend Konsens über die Notwendigkeit, über den «Tellerrand» eines zu engen psychologischen Therapieverständnisses zu gucken. Stattdessen liegt ein wesentlicher Fokus auf der Arbeit mit und im sozialen Kontext. Fiedler (1995: 395) bemerkt dazu:

▶ Wenn es psychosoziale Bedingungen sind, die zu gewohnheitsmäßiger Delinquenz führen, gilt es zwingend, neben der individuell ausgerichteten Behandlung in möglichst mehreren zeitgleichen Parallelaktionen auch auf diese anderen Bedingungen Einfluss zu nehmen, die für die Exazerbation und Permanenz der Störungen mitverantwortlich zeichnen. Das jedoch widerspricht offensichtlich dem Psychotherapieverständnis vieler Therapeuten, die ihr Handwerkszeug zumeist für eine «Psychotherapie in der Zweierbeziehung» gelernt haben. Auch aus diesem Missverständnis speist sich die Annahme, schwere Persönlichkeitsstörungen seien psychotherapeutisch kaum oder gar nicht zu behandeln. ◀

4.12.4.2 Zum aktuellen Stand der Gruppenbehandlung

Das gruppentherapeutische Setting gilt als *die* geeignete Form der Behandlung (Tschuschke, 2001) gerade solcher Persönlichkeitsstörungen, die im Maßregelvollzug am häufigsten anzutreffen sind: Das grundlegende Thema von Personen mit einer Gruppe-B-Störung (nach DSM-IV) ist die *Störung des Sozialen*. Die Beeinträchtigungen manifestieren sich im Kontakt mit Anderen, u. a. in einem allgemeinen Defizit an Einfühlung in bzw. Interesse an Anderen. Das unterscheidet sie von weniger basalen psychischen Beeinträchtigungen. Das Gruppensetting entspricht in idealer Weise dieser spezifischen Pathologie. Bei vielen Patienten, die einzeltherapeutisch nicht erreichbar sind, können durch die Teilnahme an einer Gruppe therapeutische Prozesse in Gang kommen.

Aus diesem Grund werden in diesem Buch exemplarisch entsprechende Verfahren aufgegriffen: das Fertigkeitentraining in der dialektisch-behavioralen Therapie für Borderline-Persönlichkeitsstörungen und die Gruppenbehandlung von Sexualstraftätern. Auch andere Gruppenprogramme finden Eingang in den Maßregelvollzug. So zielt das von Ross et al. in Kanada entwickelte «Reasoning & Rehabilitation Programm (R & R)» auf die spezifischen Risikofaktoren für kriminelles Verhalten ab. Hier werden kognitive Fertigkeiten trainiert, die mit erfolgreichem Sozialverhalten verbunden sind.

Über analytisch orientierte «Gruppenpsychotherapie auf einer forensischen Psychotherapiestation als Widerspiegelung der Entwicklung einer Therapeutischen Gemeinschaft» berichten Mitarbeiter aus dem *Zentrum für Psychiatrie Reichenau in Baden-Württemberg* (Hoffmann et al., 1999).

Die Sozio- und Milieutherapie (s. a. *Schellbach-Matties* im Anhang, Kap. 4.18.1) stellen folgerichtig in vielen forensischen Kliniken die wichtigsten Säulen der Behandlung dar. Das alltägliche Zusammenleben in der Wohngruppe selbst wird als therapeutische Ressource nutzbar gemacht.

Die Wirkfaktoren der Gruppenbehandlung sind folgende:

- Diagnostisch werden in der Mehr-Personen-Situation die interaktionellen Probleme des Patienten – quasi vor den Augen aller – deutlich.
- Leugnung, Projektionen, auch typischen Kollusionsmustern kann therapeutisch begegnet werden: Durch die Teilnehmer erfährt der Patient ein Feed-back, das er in der Regel leichter annehmen kann als durch den Therapeuten.
- Sowohl Identifikation als auch (negative) Übertragung werden auf verschiedene Gruppenteilnehmer verteilt, der Leiter wird entlastet.
- Gruppenmitglieder können auch interpersonelle «Puffer» für Patienten darstellen, bei denen – in der Einzeltherapie – zu viel Nähe Angst auslöst.
- «Druck» seitens der Mitpatienten kann impulsivem Verhalten Grenzen setzen.
- Gruppenkohäsion und Selbstöffnung: Die Gruppe, die als ein wohl wollender, Halt gebender Kontext erlebt wird, fördert das Zusammengehörigkeitsgefühl und ermutigt, sich mit affektgeladenen Themen zu beschäftigen. Dieser Wirkfaktor tritt auch in Einzelbehandlungen auf, hat aber in Gruppen einen Katalysatoreffekt auf Grund des Überwindens der Schamschwelle bzw. einen Lerneffekt für den Umgang mit Schamaffekten (Hilgers, 2006).

Begriffserläuterung

- *Kollusion:* von dem Schweizer Jürg Willi eingeführter Begriff, der ein – häufig pathologisches – Beziehungsmuster zweier oder mehrerer Personen beschreibt.

4.12.4.3 Therapie mit dem Sheriffstern – Arbeit mit und an den Grenzen

Mit dem Bild des Sheriffsterns überschreibt Sachsse (1989) seine Überlegungen zum Umgang des Therapeuten mit Grenzen in der stationären Psychotherapie. Dass diesem Thema bei straffällig gewordenen Persönlichkeitsgestörten eine besondere Bedeutung zukommt, ist unmittelbar einleuchtend – hat eine schwer wiegende Grenzüberschreitung doch schließlich zur Unterbringung in den Maßregelvollzug geführt. Hinzu kommt, dass viele Täter in der Vergangenheit selbst Grenzüberschreitungen (z.B. Gewalt, Missbrauch, Feindseligkeit; vgl. Hayne, 1998) durch andere erlitten haben.

Bei näherer Betrachtung wirken die Taten der Patienten oftmals wie ein unbewusster Versuch, die Umwelt zu einer Grenzsetzung und damit zu einer (Außen-)Kontrolle zu provozieren, die die offensichtlich fehlende Selbstkontrolle ersetzen muss. *Diese Menschen können sich selbst nicht aushalten und bringen sich «hinter Mauern» in Sicherheit.* Pecher (1989) hat dazu eine aufschlussreiche Studie unter dem Titel vorgelegt: «Das Gefängnis als Vater-Ersatz. Die Suche nach dem Vater als unbewusstes Motiv für Straffälligkeit».

Der Maßregelvollzug erscheint in dieser Sicht als *«Strukturierungsnachhilfe»* (Auchter, 2005: 152). Die strukturbildende Funktion entfaltet sich durch feste Rahmenbedingungen, die …

▶ … unbewusst immer wieder attackiert werden müssen, um ihre Haltbarkeit zu überprüfen. Ich vergleiche das – im gegebenen Fall bisweilen auch ausdrücklich gegenüber Patienten – mit den Maschinen, die bisweilen im Eingansbereich eines bekannten nordeuropäischen Möbelhauses stehen. Diese Maschinen schlagen unaufhörlich systematisch auf ein Möbelstück ein, aber nicht, um es zu zerstören, sondern im Gegenteil, um dessen Widerstandsfähigkeit und Strapazierfähigkeit nachzuweisen. (ebd.: 154) ◀

Das stationäre Setting stellt – nicht zuletzt in Form der Stationsordnung – die Realität mit ihren Grenzen dar. Insbesondere dissoziale Patienten «reiben» sich daher an den Stationsregeln genauso, wie sie «draußen» soziale Normen missachtet haben. Regeln besitzen ihren Realitätscharakter nicht zuletzt dadurch, dass sie Geltung unabhängig von Bedürfnissen und aktuellen Befindlichkeiten der Einzelnen beanspruchen. Regeln erfordern Verzicht.

▶ Über die Reibung an diesen Grenzen, die durch die Aufrechterhaltung der Regeln des Settings entstehen, bildet sich über die Wiederholung so etwas wie ein Gefühl für die eigenen Grenzen, das in einem zweiten Schritt verinnerlicht werden muss. Hierbei werden die Patienten immer wieder versuchen, diese Regeln meist auf subtile Weise aufzulösen, und diese Tendenzen treffen auf die Gegenbewegung der Therapeuten, die Regeln aufrechtzuerhalten oder sie wieder einzuführen. Wichtig hierbei ist, dass im Rahmen der institutionellen forensischen Psychotherapie der Grat, auf dem alle Therapeuten wandeln, äußerst begrenzt ist zwischen dem einen Abgrund, der die Haltung des «Good-Mothering» deshalb *ad absurdum* führt, weil ein grenzenloses Gewähren, ein *fehlendes «Nein»*, identitätsauflösend ist und letztendlich in der katastrophalen Explosion endet. Der andere Abgrund ist nicht weniger gefährlich. Er besteht in der Haltung, in der das «Good-Mothering» durch ein rigides, starres, evtl. administratives Durchsetzen von Regeln um der Regeln willen aufgehoben wird. (Duncker, 1999: 190) ◀

Der Umgang mit Grenzen ist daher in der Behandlung von zentraler Bedeutung. Probleme mit Grenzen finden sich auf verschieden Ebenen:

- *Grenzen im Verhalten:* Viele Patienten zeigen sich selbst nicht in der Lage, ihre Spannungen auszuhalten und ihre Impulse einzugrenzen. Für den therapeutischen Umgang bedeutet dies, dass übergriffiges, beleidigendes oder bedrohliches Verhalten nicht hingenommen werden darf. Die Patienten finden keinen Halt bei Personen, die sie nicht respektieren können. Nicht zuletzt ist es der Selbstachtung und der Arbeitsmotivation abträglich, wenn die Mitarbeiter sich zu viel gefallen lassen. Patienten mit einer Suchtproblematik sind auf eindeutiges Begrenzen besonders angewiesen. Ein augenzwinkerndes Tolerieren auch kleinerer Regelverletzungen kann die gesamte Behandlung gefährden. Was oben unter dem allgemeinen Thema der «Behandlungsmotivation» erörtert wurde, gilt insbesondere für Persönlichkeitsgestörte: Aus Straftätern müssen Patienten werden. Diese Forderung zielt einerseits auf ein verändertes Selbstbild, meint aber auch die schlichte Tatsache, dass zunächst ein Zustand gegeben sein muss, in dem für Mitarbeiter der Umgang mit ihnen gefahrlos möglich ist.
- *Grenzen zwischen innerer und äußerer Realität:* Persönlichkeitsgestörte Patienten haben im Unterschied zu Psychosekranken in der Regel die Fähigkeit, zwischen Realität und Nichtrealität zu unterscheiden. Allerdings kann es immer wieder zu kurzzeitigen psychotischen Dekompensationen kommen, in denen dann keine Realitätsprüfung mehr möglich ist. Beeinträchtigungen bei der Subjekt-Objekt-Differenzierung führen zudem dazu, dass zum Beispiel in Beziehungen eigene Bedürfnisse nicht von denen des Anderen unterschieden werden. So behaupten Pädophile, dass ihre Wünsche eigentlich die der Kinder seien.
- *Grenzenlose Beziehungen:* Das Pendeln zwischen den Extremen ist kennzeichnend für das gestörte Beziehungsverhalten: Patienten suchen oft in anklammernder Weise (grenzenlose) Nähe und Idealisierung. Da diese unersättlichen Wünsche nicht erfüllbar sind, kommt es dann meist abrupt zu (grenzenloser) Ferne mit feindseliger Abwertung. Diese Wippe spiegelt sich meist auch in den therapeutischen Beziehungen. Hier können neue Erfahrungen dem Patienten eine – zumindest graduelle – Modifizierung ermöglichen mit dem Ziel, eine «versöhnlichere» Haltung gegenüber «durchschnittlichen Menschen» mit Stärken und Schwächen zu gewinnen.
- *Grenzenloses Selbstbild:* Viele narzisstische Patienten erleben die Gleichbehandlung mit den Mitpatienten als Kränkung und bestehen auf Sonderregelungen. Hier ist die Auseinandersetzung über Regeln und die Stationsordnung ein geeignetes therapeutisches Feld. Gleiches gilt für dissoziale Patienten mit ihrer Neigung zu «tricksen» und auf Kosten anderer Vorteile und Machtpositionen zu erlangen. Bei der Selbsteinschätzung fehlt den Patienten oft jedes Maß: Eigene Begrenztheiten werden verleugnet, ein grandioses Selbstbild wird gepflegt. Bei Frustrationen kann es dann zu einem Umkippen in die Rolle des «größten

Versagers» kommen und einer Ablehnung auch von realistischen, das heißt leistbaren Anforderungen: «Wenn ich es nicht schaffe, Baggerfahrer zu werden, dann mache ich eben gar nichts mehr!»

- *Grenzenlose Forderungen – Alles oder Nichts:* Eng verbunden mit dieser narzisstischen Problematik und den mangelnden Toleranzgrenzen ist das ständige Drängen auf «Fortschritte». Damit sind einmal Wünsche nach weiter gehenden Lockerungen gemeint, aber auch andere – häufig wechselnde – Pläne und Projekte. Diese Forderungen an die Behandler werden dann mit einem kindlichen «Jetzt oder Nie» oder einer «Alles-oder-Nichts»-Haltung verbunden.

Therapeutischer Fokus ist hier wiederum die Stärkung der Ich-Funktionen. Dazu gehört die Auseinandersetzung mit dem Patienten über realistische Ziele, die in eine gemeinsame Behandlungsvereinbarung münden sollte. Wichtig dabei sind:

- Bestehen auf einem vernünftigen Maß
- Festlegen von zeitlichen und inhaltlichen Zwischenschritten
- Verpflichtung zu zumutbaren und überprüfbaren Aufgaben
- konsequente Handhabung von Regeln.

4.12.4.4 Strukturierung – Der Rahmen

Der Versorgungscharakter einer Klinik führt beinahe zwangsläufig zu einer unerwünschten regressiven Entwicklung der Patienten auf kindliche Bedürfnisse und Erwartungen. Die Klinik verführt zu Fantasien eines bergenden «Mutterleibes» und begünstigt passive Erlösungshoffnungen. Die Bereitschaft, Verantwortung und Aktivität zu übernehmen, wird weiter gemindert. Einer zusätzlichen Realitätsverzerrung der Patienten wird Vorschub geleistet.

Unabdingbar ist daher eine stabile und transparente Strukturierung des stationären Milieus. Für jeden Patienten sollten Anforderungen und Tagesablauf im Rahmen eines Wochenplans festgelegt werden. Eine verbindliche Stationsordnung schafft durch klare Vorgaben Orientierung und Sicherheit. Ein unstrukturiertes, zumal permissives (allzu gewährendes) Setting verstärkt hingegen die Pathologie der Patienten.

Stationsregeln haben zudem die Funktion, gewünschte Normen herauszustellen und Toleranzgrenzen («Rechte») gerade auch der schwächeren Patienten zu schützen. Es gilt nicht das «Recht des Stärkeren»; auf gewalttätiges, auch dissoziales Verhalten folgen Konsequenzen. Regeln helfen zudem, Konflikte zu reduzieren, weil nicht immer alles neu verhandelt werden muss:

▶ Dadurch hat man weniger das Gefühl, von einem Interaktionspartner abhängig zu sein, sich von ihm manipulieren oder die eigenen Identität von ihm zerstören zu lassen. Dies hat eine angstreduzierende Wirkung. Klare Regeln sind daher geeignet, regressivem und daher aggressivem Verhalten entgegenzuwirken. (van Marle, 1993: 260). ◀

Kritik

Eine ausreichende personelle Präsenz ist unabdingbare Voraussetzung. Das beinhaltet einen Personalschlüssel, der es dem Team jederzeit ermöglicht, angstfrei die äußeren Rahmenbedingungen um- bzw. durchzusetzen – leider ist das auf Grund finanzieller und personeller Engpässe nicht immer der Fall.

Für die individuelle Behandlung sind konkrete Therapievereinbarungen erforderlich. Es sollten dabei auch Umgangsweisen mit (vorauszusehenden) Komplikationen aufgeführt werden. Dem Patienten wird dadurch signalisiert, dass Rückschläge nicht automatisch das Arbeitsbündnis in Frage stellen. Strukturierung bietet ein Gegengewicht zum inneren und äußeren Chaos der Patienten und stabilisiert die Zusammenarbeit.

Auch die meisten *psychodynamisch* arbeitenden Autoren (z.B. Dammann et al., 2000) empfehlen eine aktive und dabei konfrontierende Vorgehensweise des Therapeuten. In modifizierten, neuerdings auch manualisierten Verfahren zur Behandlung von Borderline-Patienten wird der (Wieder-)Herstellung der «existenziellen» Ich-Funktionen der Realitätsbewältigung, insbesondere der Urteilsbildung und der Impulskontrolle, besondere Bedeutung beigemessen (Lohmer, 2002). Dabei wird ein hierarchisches Vorgehen praktiziert, das heißt, die Probleme werden entsprechend ihrer Priorität bearbeitet. «Therapieschädigendes Verhalten» erfährt dabei starke Beachtung. So wird destruktivem Agieren durch klare Konsequenzen im Rahmen eines sorgfältig ausgehandelten Therapievertrages Einhalt geboten.

4.12.4.5 Containing – Der Therapeut

Eine solch aktive und strukturierende Haltung des Therapeuten schafft eine – für das Gelingen der Behandlung unerlässliche *tragfähige therapeutische Beziehung*. Grundlage ist eine souveräne, stabile und verlässliche Zuwendung. Nur vor dem Hintergrund einer wohl wollenden Haltung kann der Therapeut dann therapeutisch notwendige Frustrationen setzen. Der Therapeut fokussiert dabei auf die typischen, immer wiederkehrenden Muster im Verhalten des Patienten. Er bemüht sich, immer wieder aufzuzeigen, was «hier und jetzt» und «hier mal wieder» geschieht, um auf diese Weise den nur auf den Augenblick gerichteten, «punktiformen» Erlebensweisen (Rauchfleisch, 1999) entgegenzuwirken. Er nutzt dabei auch die therapeutische Beziehung selbst, um diese Verhaltensmuster und – meist unbewussten – «kognitiven Schemata» dem Patienten direkt erlebbar zu machen. Er gibt Rückmeldung, ist Modell für einen offenen und gelassenen Umgang mit Konflikten. Er sollte in der Lage sein, die stark wechselnden, auch «feindlichen» Affekte des Patienten ihm gegenüber auszuhalten und – maßvoll – zurückzugeben. Man spricht in diesem Zusammenhang von einer «Containing-Funktion» des Therapeuten: Viele Gefühle und Beziehungserfahrungen werden vom Patienten aus dem eigenen Erleben abgespalten und auf andere, also auch den Therapeuten, projiziert. Wenn der Therapeut sich als Container für diese Gefühle zur Verfügung stellt, kann der Patient allmählich die Erfahrung machen, dass diese Gefühle von jemandem empfangen und verstanden werden können, dass sie also «ertragbar» und nicht zerstörerisch sind.

Flexibilität und Standfestigkeit

Der Therapeut lässt sich durch agierendes und provokantes Verhalten nicht so leicht «aus dem Felde» schlagen. Das würde frühere Erfahrungen und pathologische Muster des Patienten lediglich bestätigen. Der Therapeut ist also nicht zerstörbar. Das bedeutet aber, wie oben dargelegt, auch, dass er sich nicht zum Opfer machen lässt und zum Beispiel Übergriffe des Patienten einfach erduldet, sondern im Gegenteil klar und deutlich zurückweist.

Wird der Patient gegenüber einem Teammitarbeiter tätlich, oder führen Denunziationen, Anzeigen oder Ähnliches dazu, dass der Mitarbeiter «das Handtuch wirft» (oder gar werfen muss), so ist es dem Patienten gelungen, erneut alle Grenzen zu zerstören. Der Patient hat dann auch im forensischen Rahmen die Erfahrung gemacht, dass für ihn keine Grenze wirklich endgültig ist: Eine finale Bestätigung seines Größen-Selbst.

Als «unbestechlicher» Garant für das vereinbarte Maß und realistische (Teil-)Ziele sollte der Therapeut deutlich konfrontieren, zumal dann, wenn der Patient in ein abweichendes und riskantes Agieren gerät. Dazu kann auch gehören, bei kritischen Fragen und Situationen bezüglich elementarer Wertvorstellungen und entsprechender Fehlhaltungen beim Patienten entschieden Stellung zu nehmen.

Beziehungsanalyse und Beziehungsgestaltung

Nach Sachsse (2001) tragen Persönlichkeitsgestörte wesentliche Beziehungsmotive an den Therapeuten heran, die in der Behandlung stark aktiviert werden. Der Patient sucht im Wesentlichen eine persönliche Beziehung und keine Arbeitsbeziehung. Der Therapeut sollte diese zentralen Erwartungen erkennen und sich – zunächst – entgegenkommend verhalten. Dies dient anfänglich dazu, den Patienten «da abzuholen, wo er ist», um Compliance herzustellen und Beziehungskredit aufzubauen.

Im weiteren Verlauf gilt es dann, unausgesprochen Selbst- und Beziehungsschemata transparent zu machen und zu hinterfragen. Der Therapeut «signalisiert dem Patienten bestimmte Beziehungsaspekte sehr direkt und aktiv, und zwar so, dass der Klient sie nur schwer übersehen kann. «Insbesondere gibt er ihm Informationen darüber, was der Patient mit anderen Personen, so auch dem Therapeuten, tut.» (ebd.: 184). Er macht den Patienten darauf aufmerksam, dass «es auch anders sein könnte» und dass er für bestimmte Gewohnheiten einen hohen Preis zu zahlen hat. Er stellt ihm «sein Staunen zur Verfügung», um ihn mehr und mehr in die Lage zu versetzen, eine andere Perspektive zu gewinnen und dann eine Entscheidung zur Veränderung zu treffen. Bisher hatte der Patient sein Verhalten als ich-synton und damit als etwas selbstverständlich zu ihm Gehörendes erlebt, das nicht verändert werden muss. «Was der Therapeut dem Patienten anbietet, ist, wieder *selbstregulativ* zu werden [War er das jemals? D. Verf.]: das zu tun, was er wirklich will und nicht das zu tun, was ihm selbst schadet.» (ebd.).

Der Schwerpunkt der therapeutischen Arbeit liegt auf der Beziehungsebene, das heißt auf der Beziehungsgestaltung und -bearbeitung. Der Autor schlägt dabei vielfältige Strategien vor, wie bei schwierigen, zum Beispiel vermeidenden, bagatellisierenden, manipulativen Verhaltensweisen des Patienten vorzugehen ist. Der Therapeut stellt vertiefende und konkretisierende Fragen, konfrontiert den Patienten mit Folgen und Widersprüchen seines Verhaltens, kurz: Er «streut haufenweise Sand in das dysfunktionale Treiben des Patienten». Selbstverständlich sollte er dabei dem Patient gegenüber immer eine zugewandte Haltung einnehmen.

Das therapeutische Problem liegt dabei darin, «dass die Therapeuten, genau wie alle anderen Interaktionspartner, in der Gefahr stehen, *in das Spiel verwickelt zu werden* und dann so zu reagieren wie andere Interaktionspartner auch: völlig komplementär und das System stabilisierend oder aber aggressiv, ablehnend und die Beziehung in Zweifel ziehend.» (ebd.).

Auf Grund der Störung muss der Therapeut regelhaft mit bestimmten Mustern rechnen. So kann es zum Beispiel nach einer besonders «guten» Therapiestunde mit einem Borderline-Patienten zu paradoxen Effekten kommen. Beim Patienten werden durch ein Beziehungsangebot nicht nur positive Gefühle aktiviert, sondern auch die Angst, diese zu verlieren, sich bereits zu weit ausgeliefert zu haben oder Ähnliches. Hier agiert der Patient dann oftmals seinen Konflikt aus, indem er sich abrupt in der nächsten Stunde (oder aber in der Stationsversammlung) besonders oppositionell oder abwertend verhält. Dies ist Ausdruck der Fraktionierung des Patienten, also der Aufspaltung in verschiedene Selbstanteile. Der Therapeut muss dem Patienten als Hilfs-Ich zur Integration verhelfen.

In seinem praxisorientierten Buch «Persönlichkeitsstörungen verstehen – zum Umgang mit schwierigen Klienten» (2006) geht der Autor auf die Besonderheiten der verschiedenen Persönlichkeitsstörungen ein. Er entwickelt dabei systematisch die spezifischen Beziehungsmotive und Schemata der Patienten und gibt Empfehlungen sowohl zu entsprechenden Konfrontationen durch den Therapeuten als auch zum Aufbau alternativer Einstellungs- und Verhaltensweisen.

In einem verwandten Ansatz der «Schematherapie» liegen bereits erste Erfahrungen in der Behandlung forensischer Patienten vor. *Elsner* berichtet davon in Kapitel 4.18.4.

4.12.4.6 Integration – Das Team

Die Aufspaltung von Selbst- und Objektrepräsentanzen (innere Bilder von sich und anderen) führt dazu, dass die Patienten tatsächlich sehr unterschiedliche «Gesichter» zeigen. So lässt sich oftmals ein auffällig unverbundenes Nebeneinander von Ich-Zuständen mit entgegengesetzter Gefühlsqualität beobachten. Wenn die Patienten auf einer dieser «Inseln sitzen», wirken sie wie abgeschnitten von bestimmten Qualitäten ihres Fühlens und Denkens, von denen sie in anderen Situationen dann wieder völlig beherrscht sind.

Dies bleibt auch auf das behandelnde Team nicht ohne Auswirkungen. Die verschiedenen Mitglieder des Teams werden – man spricht auch von «projektiver Identifikation» – in unterschiedliche Rollen und Gefühlszustände gedrängt. Dieser oft unmerklich und subtil verlaufende Mechanismus führt zu dem bekannten Ergebnis, dass die verschiedenen Behandler im Team oft auch recht gegensätzliche Selbstanteile des Patienten zu spüren bekommen: So werden die «negativen», unerträglichen, bedrohlichen Aspekte in bestimmte Personen, die «positiven» Aspekte in wieder andere hineingelegt. In Teamsitzungen kann dann der Eindruck entstehen, überhaupt nicht mehr über denselben Patienten zu sprechen. Es ergibt sich dann eine Aufspaltung in Mitarbeiter, die vehement für eine gewährende Behandlung werben, und solche, die eine wesentlich kritischere und einschränkendere Vorgehensweise fordern. Werden diese unterschiedlichen Beurteilungen nicht als Ausdruck der Pathologie des Patienten verstanden, können dadurch ernsthafte Spaltungsprobleme im Team auftauchen (s. u.). Wenn es häufig im Team zu unangemessen heftiger Emotionalität kommt, zu Denksperren, schließlich zu Schuldzuweisungen und Entscheidungsunfähigkeit, ist dieser Mechanismus zu vermuten: Die innere – gespaltene – Welt des Patienten hat sich externalisiert.

Fazit

Die Integration der verschieden Aspekte muss für den Patienten zunächst stellvertretend im Team geschehen. Das gelingt nur, wenn sich das Team nicht rechthaberisch über die Richtigkeit der jeweiligen Beobachtungen streitet. Nur das Zusammentragen der divergierenden Wahrnehmungen vom Patienten ermöglicht ein annähernd vollständiges Bild des Patienten. Professionell ist eine Haltung, die eigene Gefühlsreaktionen auf den Patienten (und die der anderen!) als mögliche Formen der Gegenübertragung zulässt und als wichtige Hinweise auf die Psychodynamik des Patienten ernst nimmt. Erst dann hat der Patient auch seinerseits eine Chance, das eingefahrene Erleben und Denken in «Schwarz-Weiß-Kategorien» in Frage zu stellen und im günstigen Fall die Spaltung in «nur gute» und «nur böse» Aspekte bei sich selbst und Anderen langsam aufzugeben.

4.12.4.7 Verbesserung der Selbst- und Fremdwahrnehmung

Ein wichtiger Fokus der Behandlung gilt der Verbesserung der Fähigkeit zur Selbst- und Fremdwahrnehmung. Es ist unmittelbar einleuchtend und entspricht auch dem empirischen Kenntnisstand, dass Defizite in diesem Bereich stark kriminogene Faktoren sind, das heißt spezifische Risikomerkmale für delinquentes Verhalten darstellen.

Charakteristisch für die meisten Patienten ist ihr *«emotionales Analphabetentum»*: Generell und erst recht in Stress- und Konfliktsituationen werden eigene Affekte gar nicht bzw. nur als diffuse und unerträgliche innere Spannung und Bedrohung wahrgenommen oder dienen zur «Abwehr» innerer Konflikte. Sie (re-)agieren dann häufig reflexartig mit symptomatischen Verhaltensweisen wie impulsive Aggressivität oder Alkohol- und Drogenkonsum.

Dazu gehört fast immer auch eine mangelnde Empathie, mithin die Unfähigkeit, sich in andere Menschen einzufühlen und ihre Bedürfnisse wahrzunehmen. Diese Defizite sind Ausdruck von Teilobjektbeziehungen: Die Patienten erkennen Andere nicht als eigenständige Person, sondern erleben und beurteilen sie im Hinblick auf ihre Funktion für das eigene Selbst. Beziehungen scheitern nicht zuletzt gerade an dieser *«sozialen Blindheit»*: Interaktionen können nicht zur beiderseitigen Zufriedenheit gestaltet werden, die Folgen eigenen Handelns werden oft nicht ausreichend eingeschätzt bzw. antizipiert. «Weil der Andere vermeintlich ist wie man selbst, können sie sich in andere nicht einfühlen und missdeuten affektive Signale ihres Gegenübers. Gefühle wie Kränkung, Wut oder Rache [...] überwiegen gegenüber Gefühlen wie Sorge, Trauer oder Zuneigung, die mindestens voraussetzen, dass der Andere als eigenständige Person wahrgenommen wird.» (Streek, 2002: 123)

In der (Gruppen-)Behandlung sollten Konflikte, Kränkungen, paranoide Ideen etc. zeitnah im «Hier und Jetzt» aufgegriffen und zu Wahrnehmungsübungen genutzt werden. Wichtig ist zunächst, «Ruhe ins Spiel» zu bringen und auf diese Weise zum Aushalten statt zum Abreagieren spannungsgeladener und frustraner Situationen anzuhalten. Jede Gelegenheit sollte genutzt werden, den Patienten zur frühzeitigeren Wahrnehmung und zur präziseren Benennung erlebter Affekte zu verhelfen. Nur dadurch kann die Signalfunktion von Gefühlen nutzbar gemacht werden: Aus undifferenzierten, meist dysphorischen Stimmungen werden – im gelungenen Falle – bewusstseinsnähere und sprachlich fassbare Gefühle, die damit beeinflussbar werden.

In welcher Situation oder im Umgang mit welchen Personen reagiere ich mit welchen Signalen von Verunsicherung, Angst oder Ärger? Wie kann ich mich dann verhalten? Auf diese Weise kann sich das bisherige Erleben des Ausgeliefertseins an dranghafte Impulse in Richtung vermehrter Selbstkontrolle verändern.

Einige Behandlungsprogramme legen ausdrücklich den Schwerpunkt auf die Entwicklung von «Opferempathie», zum Beispiel das Vier-Stufen-Modell von Marshall et al. (1995).

Beispiel:
Der Umgang mit Affekten – oder: Wie kann ich meine Impulse kontrollieren?

Gerade bei den Therapieprogrammen kognitiv-behavioraler Herkunft liegt der Schwerpunkt auf der Vermittlung konkreter Fertigkeiten zum Umgang mit heftigen Affekten oder quälenden Spannungszuständen («Skills»-Trainings; Linehan, 1993). Die dialektisch-behaviorale Therapie ist eine recht erfolgreiche Behandlungsform von Borderline-Patienten und erweckt zunehmendes Interesse auch bei Therapeuten im Maßregelvollzug (s.a. Kap. 5).

Dazu verhelfen der Einsatz von Medien, das Lesen von Opferberichten oder Rollenspiele, in denen Macht und Ohnmacht erlebbar gemacht werden. Insbesondere werden die Folgen der Taten für das Opfer in das Bewusstsein des Patienten gerückt.

4.12.4.8 Neue Kompetenzerfahrungen

Fertigkeitentrainings und ähnliche Gruppen, die auf verbesserte Verhaltenssteuerung und soziale Kompetenzen abzielen, sind neben den verschiedenen co-therapeutischen und psychoedukativen Maßnahmen von zentraler Bedeutung. Sie führen in der Regel nicht nur zu einer verbesserten Stabilität im Alltag, sondern auch zu neuen Kompetenzerfahrungen. Diese sind – gerade bei der labilen Motivation der Patienten – unverzichtbar. Sie verhelfen den Patienten zudem aus dem Zirkel negativer Lernerfahrungen, die ihnen bisher immer die «Berechtigung» für ihr dissoziales Denken und Handeln geliefert haben. Die Aktivierung von Ressourcen ist nicht zuletzt von rehabilitativer Bedeutung, waren es doch vielfach Scham und Unterlegenheitsgefühle, die den Hintergrund für Straftaten bildeten (Hilgers, 1999).

In einer europäischen Verbundstudie zu «Lebenspraktischen Fähigkeiten psychisch kranker Rechtbrecher» wird gegenwärtig ein Instrument entwickelt und überprüft, das neben der Erfassung von Ressourcen, Defiziten und riskanten Verhaltensweisen der Patienten Verlaufsberurteilungen ermöglicht, die zur Behandlungsplanung und für Sozial- und Gefährlichkeitsprognose geeignet sind. *Ross* und *Pfäfflin* berichten in diesem Buch (s. Kap. 5)

4.12.4.9 Kognitive Umstrukturierung – Falsche Denkmuster

Kognitiv-verhaltenstherapeutische Ansätze (z.B. Beck/Freeman, 1993) beschreiben zu jeder Persönlichkeitsstörung bestimmte dysfunktionale (d.h. völlig starre und unangemessene) Verhaltensmuster. Diese beruhen auf kognitiven Schemata (Grundannahmen über sich und die Welt, wie z.B.: «Ich bin nicht liebenswert») und führen zu Wahrnehmungsverzerrungen (z.B. Überbewertung jeglicher Anzeichen von Ablehnung). Resultat sind dann problematische, selbstschützende Handlungsweisen (z.B. Vermeidung von Situationen der Bewertung oder auch übertriebene Selbstdarstellung), die aber das Problem

nicht nur nicht lösen, sondern – in der Art eines sich selbst aufrechterhaltenden Kreislaufs – noch weiter verfestigen: Diese untauglichen «Selbsthilfeversuche» provozieren meist Kritik und Ablehnung von anderen, was zur Bestätigung des ursprünglichen Denkmusters und zu erneuten problematischen Kompensationsversuchen führt.

So erzeugt zum Beispiel der Mensch mit einer paranoiden Persönlichkeitsstörung durch eigenes Misstrauen oft gerade erst das Misstrauen oder die Abneigung anderer, was ihn dann in seinem Weltbild bestätigt: «Ich kann anderen Menschen nicht trauen, sie wollen mich hintergehen und gering schätzen.» Therapiestrategien beziehen sich in einem ersten Schritt auf das Bewusstmachen dieser dysfunktionalen Annahmen, zum Beispiel im psychodramatischen Rollenspiel oder anhand «natürlicher» Situationen aus dem Stationsalltag. Dem Patienten wird dann geholfen, sein Verhalten im Kontext seiner Biografie als ein – damals – sinnhaftes, selbstschützendes Verhalten zu verstehen. Im Rahmen eines langen Prozesses wird dann eine «kognitive Umstrukturierung» angestrebt. Ziel ist, über eine Überprüfung und emotional getragene Neubewertung der bisherigen Hauptannahmen auch zu einer Abschwächung selbst- und fremdschädigender Verhaltensweisen zu kommen.

Im Vordergrund entsprechender Behandlungsansätze bei Straftätern steht die systematische Konfrontation egozentrischer und antisozialer Einstellungen. Im Rahmen von

Gruppendiskussionen, mit Hilfe von Hausaufgabenprotokollen und Tagebüchern werden diese Denkmuster identifiziert. Besonders die deliktfördernden Denkmuster werden thematisiert. Dabei wird unterschieden zwischen «Lügen», in denen Tataspekte oder eigene Schuld bestritten werden, und eher «unbewussten Abwehrformen». Beispiel dafür sind die bei Sexualstraftätern typischen Verleugnungen bzw. Bagatellisieren der eigenen Verantwortlichkeit (s. u.). «Es macht wenig Sinn, Straftätern nur kognitive oder andere Fertigkeiten beizubringen, ohne auch Werte zu vermitteln; damit würde man sie nur zu kompetenteren Straftätern erziehen. Die Verbesserung der Wertvorstellungen muss das ganze Programm über im Mittelpunkt der Aufmerksamkeit stehen.» (Gretenkord, 2002: 35).

4.12.5 No cure, but control – Behandlungsprogramme für Sexualstraftäter

4.12.5.1 Was ist ein Sexualstraftäter?

Die Sammelbezeichnung für «Sexualstraftäter» täuscht eine falsche Homogenität vor. Man muss eher von Personen sprechen, *die gegen die sexuelle Selbstbestimmung anderer Menschen (§§ 174–184 StGB) verstoßen haben.* Diese sind nicht alle psychisch krank, sondern zum Teil (Gelegenheits-)Straftäter, deren Dissozialität sich meist auch in einer breiten Palette anderer Delikte äußert. Abhängig von einzelnen Studien fand sich bei bis zu 30 % der Täter keine psychiatrische Diagnose (Elsner, 2005: 226). Nur eine geringe Zahl der Sexualstraftäter befindet sich im Maßregelvollzug gem. § 63 StGB: Über 90 % der zu Freiheitsentzug ohne Bewährung verurteilten Sexualstraftäter kommen ins Gefängnis. Laut Strafverfolgungsstatistik wurden im Jahre 2000 bundesweit 134 Sexualstraftäter in ein psychiatrisches Krankenhaus eingewiesen, davon 42 mit einer aufgehobenen und 92 mit einer verminderten Schuldfähigkeit. Im gleichen Zeitraum wurden 6164 Männer nach allgemeinem oder Jugendstrafrecht zu einer Geld- oder Freiheitsstrafe wegen einer Straftat gegen die sexuelle Selbstbestimmung verurteilt (Strafverfolgung 2000. Statistisches Bundesamt Wiesbaden).

Nach Seifert und Leygraf (1997) wurden 15,1 % der Maßregelpatienten in Nordrhein-Westfalen wegen eines gewalttätigen Sexualdeliktes und gleichviele wegen eines Sexualdeliktes ohne Gewalt untergebracht. Nicht zuletzt auf Grund gesetzlicher Veränderungen und eines drastischen Rückgangs der Entlassungszahlen in den letzten Jahren ist der Anteil in den Kliniken zurzeit weitaus höher.

Zur definitorischen Unterscheidung helfen die strafrechtlichen Kategorien allerdings nicht weiter: Es gibt nicht *den* Pädophilen oder *den* Vergewaltiger.

Die sexuelle Verhaltenskomponente dieser Taten ist ein äußerliches kriminologisches Merkmal, das allein nichts über eine möglicherweise zu Grunde liegende bzw. damit assoziierte psychische Störung aussagt. Es finden sich zudem unterschiedliche klinische Bezeichnungen. Da der frühere Begriff «Perversion» in der ICD-9 auch durch den umgangssprachlichen Gebrauch zunehmend einen diffamierenden Beigeschmack bekam, spricht man in der aktuellen Fassung von «sexueller Präferenzstörung» oder im DSM-IV von «Paraphilie». Abweichende Fantasien, Bedürfnisse und Handlungen werden dann als Störung definiert, wenn das sexuelle Verhalten ganz ohne Beziehungsobjekt abläuft oder die Bedürfnisse des Gegenübers nicht berücksichtigt werden.

Entlang dieses Kriteriums der «Beziehungsfeindlichkeit» lassen sich verschiedene *Schweregrade* ermitteln: von der leichten Präferenzstörung ohne Fremdschädigung (sie stören nur den Betroffenen selbst) bis hin zur schweren Präferenzstörung mit komorbiden Störungen und Zeichen von Sadismus und Progredienz (Berner et al., 2007: 6). Eine Unterscheidung nach Intensität der Störung nehmen Schorsch et al. (1985) vor: Dabei grenzen sie eher sporadisch auftretende paraphile Impulse, die an aktuelle Belastungen gebunden sind, von habituellen Konfliktlösungsmustern ab, die dann in manchen Fällen zu überdauernden Fixierungen führen, bei denen sexuelle Befriedigung ausschließlich von bestimmten Handlungen und Fantasien abhängig ist.

4.12.5.2 Vergleichende Studien

In einer vergleichenden Studie von Sexualstraftätern im Strafvollzug und in der forensischen Psychiatrie (n = 70) konstatieren Harsch et al. (2006: 30) «mehr Unterschiede als Gemeinsamkeiten:

- Bei den Sexualstraftätern im Maßregelvollzug fand sich eine signifikant höhere Prävalenz von Paraphilien und eine signifikant höhere Prävalenz und Komorbidität von Persönlichkeitsstörungen.
- Ihr psychosoziales Funktionsniveau war signifikant geringer.
- Sie wiesen häufiger Kriterien einer gestörten Sozialisation auf.
- Bei ihnen setzte die Kriminalität im Durchschnitt in einem früheren Lebensalter ein, und sie zeigten eine höhere einschlägige Vorstrafenbelastung.»

Bestätigt wurde aber auch der Befund (s. Pfäfflin et al. im Anhang, Kap. 4.18.3), dass zwei Drittel der Täter im Strafvollzug psychische Störungen (affektive, somatoforme und Angststörungen; Substanzabhängigkeit, ADHS, sexuelle Funktionsstörungen) und Persönlichkeitsstörungen (Cluster B, vor allem antisozialer Typus) aufweisen. Nur bei 40 % der Strafgefangenen wurde eine Begutachtung durchgeführt.

Hauptdiagnosen bei den im Maßregelvollzug behandelten Sexualstraftätern sind Persönlichkeitsstörungen, während sich Paraphilien nur für eine Minderheit der Patienten diagnostizieren lassen (Elsner, 2007). Dazwischen findet sich nach Einschätzung des Autors eine gut abgrenzbare Patientengruppe mit deutlichen intellektuellen Beeinträchtigungen, die allerdings nicht zwingend eine Intelligenzminderung nach ICD-10 aufweisen, sondern vom Autor als «Lernbehinderte» (s. Kap. 4.1.5) mit massiven Verhaltensstörungen und Suchtproblemen, vorangegangenen langjährigen Heimaufenthalten etc. beschrieben wird. Der Anteil der Patienten mit einer Schizophrenie ist mit zirka 5 % gering.

Der Begriff *«Perversion»* wird auch heute noch – frei von moralischer Wertung – in der psychoanalytischen Theoriebildung verwendet: Die perverse Tat wird dabei vorrangig als Symptom verstanden, das schwere innere Konflikte und Ängste in Schach halten soll. So betonen viele Autoren den funktionalen Aspekt der Perversionsbildung, die zum Beispiel als «Plombe» (Morgenthaler, 1984) eine Lücke in der Selbstentwicklung kompensiert und der Person ein ansonsten unauffälliges soziales Leben ermöglicht. Stoller (1979) sieht im perversen Verhalten eine Neuinszenierung früh erlittener Traumata unterschiedlicher Art, jetzt mit triumphalem Ausgang. Er deutet Perversion als «erotische Form von Hass». Sie besteht in einer rächenden Umkehr vom Passiven ins Aktive, wo eigene Opfererfahrungen umschlagen in eine perverse Lust, nunmehr andere zu erniedrigen. Da diese Triumphe aber keine dauerhafte Besserung bringen, sind immer neue Reinszenierungen nötig. Das erklärt den oft *suchtartigen* Charakter dieser Delikte.

Dieses psychodynamische Verständnis führt richtigerweise weg von der populären, aber völlig eindimensionalen «Dampfkessel-Theorie», die Delikte als unkontrollierte Durchbrüche eines «aufgestauten» Sexualtriebs betrachten. Sexualität stellt lediglich die Bühne dar, auf der vor allem Gefühle von Feindseligkeit und Wünsche der Bemächtigung und Erniedrigung lustvoll ausgelebt werden. Man spricht daher von *«Sexualisierung»* und meint damit die Indienstnahme der Sexualität für eigentlich nichtsexuelle Bedürfnisse, wie zum Beispiel Machtausübung.

Bei Pädophilen dienen die Taten oft auch zum «Auffüllen innerer Leere» und zur «identifikatorischen Wunscherfüllung» (Schorsch, 1996): Diese Menschen verschmelzen unbewusst oder in der Fantasie mit einem kindlichen Alter Ego, in das sie eigene unerträgliche Anteile von Bedürftigkeit und Wertlosigkeit projizieren. Durch die gleichzeitige Identifikation mit einem «idealen» (versorgenden und mächtigen) Elternteil können sie Ängste und Depressivität abwehren und vorübergehend Lebendigkeit und Dominanz erfahren.

Mittlerweile gibt es zahlreiche Vorschläge, der *großen Unterschiedlichkeit* von Sexualstraftätern (Beziehungsfähigkeit, soziale Kompetenz etc.), vor allem hinsichtlich der Art und des Bedeutungsgehaltes ihrer Taten (z.B. Grad der Fixierung oder des Aggressionspotenzials), durch differenzierte Tätertypologien Rechnung zu tragen. Man erhofft sich von diesen Klassifikationen, die sich auf Persönlichkeitsstrukturen (Berner, 1998) beziehen oder zu empirisch gewonnenen Clustern geführt haben (Rehder, 1996), auch eine verbesserte Klärung behandlungsrelevanter und prognostischer Fragen.

4.12.5.3 Dynamische und akute Risikofaktoren

Elsner (2005: 226) beschreibt «zwei recht konsistente Muster» psychischer Auffälligkeiten bei Sexualstraftätern, die sich aus vielen Studien extrahieren lassen. Diese Muster haben eine hohe klinische Evidenz und lassen sich auch – unter Prognoseaspekten – als dynamische Risikofaktoren beschreiben:

- Bei pädophilen Tätern fanden sich gehäuft sowohl affektive und Angststörungen als auch Persönlichkeitsstörungen aus dem Cluster C, insbesondere die vermeidende (selbstunsichere) und die zwanghafte Persönlichkeitsstörung. Zudem werden eine hohe soziale Inkompetenz, Konfliktvermeidung, Kontaktängste gegenüber Frauen und emotionale Identifikation mit Kindern beschrieben.
- Bei sexuellen Gewalttätern (meist gegen Frauen) fanden sich dagegen vermehrt eine antisoziale Persönlichkeitsstörung und ein Substanzmissbrauch bzw. -abhängigkeit. Vorrangig waren Auffälligkeiten wie Impulsivität und problematische Affektregulation, egozentrische Haltung und Empathiemangel.

Unter akuten Risikofaktoren verstehen Hanson et al. (2001) diejenigen Faktoren, die einer Tat unmittelbar vorausgehen: Substanzmissbrauch, negative Stimmung (depressive oder ängstliche Gefühle, soziale Isolierung), Ärger und Feindseligkeit sowie Verfügbarkeit von oder Zugang zu potenziellen Opfern.

4.12.5.4 Behandlungsprogramme

Ziel der Behandlung von Persönlichkeitsgestörten, deren Verhaltensmuster *per definitionem* lange andauernd (seit der Kindheit) und tief greifend sind, kann nicht die völlige Strukturveränderung («Heilung») sein. *No cure, but control* und *harm reduction* sind daher besonders in kognitiv-behavioralen Behandlungsprogrammen die erklärten Zielsetzungen. Als Beispiel dafür können Therapieprogramme für Sexualstraftäter gelten. Einen Überblick über die verschiedenen Konzepte bieten die Handbücher von Laws (1989) und Marshall et al. (1998).

Die in den 80er-Jahren des 20. Jahrhunderts in den USA und anderen angloamerikanischen Ländern boomenden Rückfallvermeidungsprogramme stammen aus der Suchtbehandlung. Sie waren die Antwort auf die Erkenntnis, dass mit traditionellen Behandlungen zwar Abstinenz erreicht wurde, die Klienten nach Abschluss aber meist bald wieder rückfällig wurden. Im Jahre 1983 übertrug Pithers das Konzept der Rückfallprävention (*relapse prevention*) in die Sexualstraftäterbehandlung, denn auch dort hatte man die Erfahrung gemacht, dass Behandlungserfolge sich nicht als stabil erwiesen.

Berner (2001: 236) konstatiert eine deutliche Nähe der Störungen zu Sucht, Zwang und Impulskontrollstörungen und zwar sowohl klinisch als auch neurophysiologisch, sodass auch er sowohl pharmako- als auch psychotherapeutisch ähnliche Behandlungsstrategien empfiehlt. Allerdings warnt er (auch Pfäfflin, 2001) vor übersteigerten Heilserwartungen, die oft an diese neuen Programme geknüpft werden. Vor allem dürfen sie keinesfalls isoliert, sondern nur als Teil und in Verbindung mit einer therapeutischen Gesamtkonzeption angewendet werden.

Über die *medikamentöse Therapie* von Sexualstraftätern (s. Kap. 4.14.2) berichten ausführlich Briken et al. (2007). Die Verschränkung von basaler Psychotherapie und ergänzender medikamentöser Behandlung wird von Berner et al. (2007) als «Algorithmus für ein integriertes Behandlungsprogramm für Sexualstraftäter» vorgestellt. In einem kritischen Überblick bemängeln Eher et al. (2007) den fehlenden empirischen Wirksamkeitsnachweis antiandrogener Medikation zur Senkung der Rückfälligkeit von Sexualstraftätern und fordern, die Indikation für diese Medikation zu überdenken.

In Deutschland sind spezielle Behandlungsprogramme nicht nur im ambulanten Sektor, sondern auch im Maßregelvollzug im Vormarsch. Aus einer ursprünglich als Nachsorgetraining gedachten Maßnahme hat sich mithin eine eigenständige und standardisierte Behandlungsform entwickelt, die in den meisten Maßregelkliniken – bei unterschiedlicher Ausgestaltung – praktiziert wird. Diese besteht meist aus mehren so genannten «Modulen», in denen verschiedene und chronologisch aufeinander aufbauende Themenbereiche bearbeitet werden.

4.12.5.5 Das Deliktszenario – Übernahme von Verantwortung

In den Programmen hat die Rekonstruktion des Deliktszenarios eine prominente Bedeutung. Diese Prozedur ist:

- ein diagnostisches Mittel
- eine Behandlungsmethode
- die Basis für die Erstellung eines Rückfallpräventionsplans.

Die Tat ist nicht einfach «vom Himmel gefallen». Als einen derart passiven Vorgang bagatellisieren die Patienten meist ihre Taten: Sie seien da «irgendwie hineingeschlittert». Bei einer genauen Bedingungsanalyse der Tat zeigt sich hingegen meist recht genau, an welchen Punkten sie *aktiv* die Weichen in Richtung des strafbaren Handelns gestellt haben.

Unter der Fragestellung: «Welcher Mensch war ich zum Zeitpunkt der Tat?» leitet der Therapeut den Patienten an, sich auf allen Ebenen (Verhalten, Gedanken, Gefühle, Körperempfindungen und Phantasien) in den Tatzeitraum hineinzuversetzen. «In Gedanken geht der Patient 6 Stunden zurück in die Zeit und erzählt in der Gegenwart sprechend, was er denkt, wie er sich fühlt und was er tut. Der Therapeut gebraucht die Analogie: ‹Sie sind jetzt Kameramann, Regisseur und Hauptdarsteller bei den Filmaufnahmen Ihres Delikts›.» (van Beek/Kröger, 1999: 412). So kann in einem ersten Schritt – auch entlang der gemeinsamen Lektüre des Einweisungsurteils – in einer zunächst nicht wertenden und nicht psychologisierenden Weise nachvollzogen werden, «was wirklich war».

Erst nach ausreichend langer Klärung wird der Therapeut konfrontativer, indem er auf Widersprüche, Lücken, Bagatellisierungen und Entschuldigungen aufmerksam macht. Beispiele dafür sind: Meine Frau war krank und wollte nicht mit mir schlafen, ich wurde als Kind selbst missbraucht, ich war betrunken. Es tauchen in der Phase fast regelmäßig kognitive Verzerrungen bei den Patienten auf, die der Rechtfertigung dienen sollen, zum Beispiel: Die Initiative ging vom Kind aus, der Kontakt hat dem Kind doch sehr geholfen.

Auch hier gilt es selbstverständlich inquisitorische oder beschämende Vorgehensweisen zu vermeiden. Wichtig ist es, mit dem Patienten eine gemeinsame Suchhaltung zu entwickeln. Dabei sollte geklärt werden, warum er gerade dieses Opfer ausgesucht hat, welche Strategien er benutzt hat, um Kontrolle über das Opfer zu bekommen und was er getan hat, um nicht entdeckt zu werden. Dieser Prozess der Selbsterfahrung, in dem der Patient den Tatvorlauf und die Interaktionen mit dem Opfer möglichst authentisch nacherlebt, ist sicher eine ungewöhnlich belastende, auch peinliche, aufwühlende Prozedur. Sie hat im günstigen Fall zum Ergebnis, dass der Patient die Realität seiner Täterschaft, insbesondere seine tatbegleitenden Fantasien und Empfindungen, als *zu sich gehörig* anerkennen muss.

In einem weiteren Schritt gilt es, wiederkehrende *Tatmuster* zu erkennen, vor allem solche, die noch in der Phase der Vorbereitung oftmals entscheidend waren. Welche Anlässe, welche negativen Emotionen oder typischen Konflikte führen – möglicherweise über Alkohol- bzw. Drogenmissbrauch – zu vermehrten sexuellen und deliktnahen Fantasien? Welche kognitiven Verzerrungen führten zur weiteren Senkung der Hemmschwelle?

Am Ende steht so die Erstellung einer individuellen Verhaltens- bzw. Missbrauchskette. Detailliertes Vorgehen macht fast immer deutlich, dass die angeblichen Zufälle, die scheinbar unwichtigen Gedanken genau zu einer Situation geführt haben, wo dann eine Unterbrechung des Ablaufs kaum noch möglich war.

Diese wird in der Gruppe veröffentlicht und zum Beispiel auf einem Flipchart aufgeschrieben, sodass sie im weiteren Verlauf immer wieder verfügbar ist.

4.12.5.6 Rückfallpräventionsplan

Anhand des erarbeiteten Deliktszenarios werden in einem Plan konkrete Bewältigungsstrategien festgehalten, und zwar:

- zur Vermeidung von Versuchungssituationen im Vorhinein
- zum Rückzug aus Risikosituationen
- für Möglichkeiten zum Gegensteuern in verschiedenen Stadien des Deliktzirkels.

Je früher die *Verhaltenskette unterbrochen* werden kann, desto geringer ist das Rückfallrisiko. Risikosituationen setzen sich zusammen aus internen, psychologischen Faktoren (Zustand nach narzisstischer Kränkung, Langeweile, «Scheißegal-Stimmung») und aus externen, situativen Faktoren, wie z.B. dem Aufsuchen bestimmter Orte wie Spielwarenabteilungen in Kaufhäusern. Mit Hilfe eingeübter Wahrnehmung sollen die individuellen *Warnzeichen* bewusst registriert und in den individuellen Deliktzirkel eingeordnet werden. Möglichkeiten präventiver Handlungen – also auch das rechtzeitige Aufsuchen bestimmter Hilfspersonen – werden genau festgelegt.

In arrangierten Zusammenkünften werden enge Bezugspersonen, externe Therapeuten, Familienangehörige und enge Freunde von dem Patienten selbst über den Rückfallvermeidungsplan informiert. In Kanada werden auch Bewährungshelfer in Rückfallprävention trainiert. Dabei sollten auch die für Dritte, das heißt von außen wahrnehmbaren Warnzeichen festgehalten werden, zum Beispiel «Null-Problem-Haltung», (kleinere) Regelübertretungen und Nachlassen der formalen Zuverlässigkeit, auch allgemeine «Beschleunigung»: Dabei kommt es dann oft zu immer schnelleren, dranghaften Änderungswünschen in den verschiedenen Lebenskontexten, mit denen der Patient seine Betreuer überrascht und unter Druck setzt. Anders ausgedrückt: Der Patient «fragt sich seine Grenzen».

Manche Autoren heben hervor, dass auf Grund der chronischen Labilität (und daher Rückfallgefährdung) der Patienten eine grundlegende Veränderung des gesamten Lebensstils unabdingbar ist:

▶ Beispiele hierfür sind: etwas für einen Freundeskreis tun, nur das Geld ausgeben, was man hat, für sein eigenes Wohlbefinden durch interessante Hobbys, aber auch durch den verantwortlichen Umgang mit der eigenen Gesundheit sorgen, aber auch die dauerhafte Vermeidung von Risikosituationen, so keinen Kontakt mit Familien mit Kindern für den Missbrauchstäter, kein Autofahren für den im Tatvorfeld «cruisenden» Vergewaltigungstäter, kein Ausleben der sexuellen Phantasien durch exzessiven Pornokonsum und ständige Prostituiertenbesuche für den sadistisch fixierten Sexualstraftäter. (Eucker, 2002: 21) ◀

Dabei müssen entsprechende Verhaltensweisen deutlich als Beinahe-Rückfall (*lapse*) benannt und behandelt werden, zum Beispiel sich «ganz harmlos» in Videotheken oder «ganz zufällig» an einer Grundschule rumtreiben; auch das gezielte Masturbieren (als «Drehbuch» für einen Rückfall) gehört dazu.

Stabile Veränderungen brauchen Zeit, Redundanz und viel Übung. Ein einmaliges Durchlaufen des Programms reicht sicher nicht aus. Viel Zeit und Einfallsreichtum müssen darauf verwendet werden, wie der Plan im Alltag des Patienten tatsächlich abrufbar ist. Einerseits sollte er konkret und handlungsnah sein, Haltepunkte müssen genau benannt werden. Gleichzeitig müssen generelle Muster herausgearbeitet werden, damit auch eine Übertragung auf neue Situationen möglich wird.

Gewalttäter zum Metzger ausbilden? Sexualstraftäter ins Bordell?

Gerhard Bliersbach, Psychologe, forensischer Gutachter und Autor psychologischer Fachpublikationen, äußert sich zu populären Vorstellungen, Patienten in der Therapie Ersatzbefriedigungen zu ermöglichen:

Sollte man psychisch kranken Straftätern, die mit ihrer Wut und ihrem Hass ringen, ermöglichen, einen Beruf, in dem sie aggressiv sein können (z.B. Metzger), oder eine Kampfsportart auszuüben?

G. Bliersbach:
Das Problem ist, dass die Wut oder der Hass stets aus einer bestimmten Beziehungserfahrung mit einem bestimmten Menschen herrührt – und dass der forensische Patient gelernt hat, sich aus dieser und später aus anderen Beziehungen zurückzuziehen, sich äußerlich zu fügen und sich anzupassen, um Auseinandersetzungen zu vermeiden. Wenn der forensische Patient gegen einen Sandsack oder einen Gegner im Sport schlägt, lernt er nicht die Auseinandersetzung mit Menschen, die er mag oder fürchtet. Forensische Patienten sind im Allgemeinen aggressiv sehr gehemmt– aus Angst vor dem Verlust oder vor der bedrohlichen Nähe einer Beziehung. Es geht darum, mit dieser Angst in einen hilfreichen Kontakt zu kommen. Und das geht nur in den therapeutischen Beziehungen, in denen der forensische Patient entdeckt, wie sehr er sich vor einer Auseinandersetzung scheut – er muss seine Hemmung kennen lernen. Am Sandsack und in einer Kampfsportart überspielt er diese Hemmung und verliert den lebensgeschichtlich relevanten Kontakt.

Sollte man den Sexualstraftätern den Kontakt zu einer Prostituierten ermöglichen, damit sie mit ihrem «Trieb» zurechtkommen?

G. Bliersbach:
Eine treuherzige Idee. Das Klischee des so genannten Sexualstraftäters besagt, dass er vor lauter Saft nicht laufen kann – also muss er ihn loswerden. Der Sexualstraftäter ist aber anders gestrickt. Er hat Angst vor der Frau – Angst vor dem Verkehr und Angst um sein Glied. Der forensische Patient hat kein erwachsenes Begehren – er will nicht verkehren. Seine Angst ist ihm allerdings nicht bewusst. Sie ist in Fantasien von Macht und Kontrolle, in denen eine Frau beherrscht und gedemütigt wird, gebunden. Ebenso ängstigt die Nähe zu einer Frau. Die Angst und die reparativen Fantasien sind das Problem. Der forensische Patient hält an ihnen süchtig fest, um sich innerlich zu schützen. Mit ihnen muss man in einen Kontakt kommen, um therapeutisch hilfreich zu sein. Die Prostituierte tut das nicht.

Aber man kennt doch aus eigener Erfahrung, dass ein – einigermaßen kontrolliertes – «Druck-Ablassen» hilfreich sein kann?

G. Bliersbach:
Auf schwer gestörte Menschen, zum Beispiel Sexualstraftäter, kann nicht automatisch das, was unter normal-psychologischen Standpunkt hilfreich sein kann, übertragen werden. Aktivitäten, die sonst durchaus eine positive, das heißt entspannende und selbstregulierende Funktion haben (Kampfsport, Sportschießen, auch Alkohol), verstärken in diesen Fällen nur die Abwehr. Das ist eine zwar «konservative» oder triebfeindlich anmutende Vorstellung, aber alle auf kompensatorische Befriedigung abzielende Maßnahmen sind erste Schritte zum Rückfall im Deliktzirkel, ähnlich wie bei dissozialen Patienten kleine Übertretungen und ein Nachlassen der formalen Zuverlässigkeit.

4.12.5.7 Die Wiederentdeckung der therapeutischen Beziehung

Die kognitiv-behavioralen Rückfallpräventionsprogramme haben schnell großen Anklang und Verbreitung auch im Maßregelvollzug gefunden, da sie entgegen bisheriger Ansätze konkret und deliktspezifisch ausgerichtet sind.

Allerdings haben sich auch die Limitierungen des Ansatzes gezeigt. So haben Untersuchungen in den Niederlanden (van Beek/Kröger, 1999) ergeben, dass die in der Utrechter Klinik praktizierte «Bearbeitung des Deliktszenarios» bei den verschiedenen Täterprofilen unterschiedlich erfolgreich ist: So profitierten der «sexualdeviante Typ» sehr von der Behandlung, der «Rachetyp» nur teilweise und der «antisoziale Typ» überhaupt nicht von dieser spezifischen Vorgehensweise.

Für die Anwendung in der forensischen Psychiatrie müssen bedeutsame Modifikationen des Orginalprogramms vorgenommen werden, wie zuletzt aus dem *Maßregelvollzug in Hamburg* berichtet wurde (Feil/Knecht, 2007). Bestand zunächst eine Indikation bei 25 persönlichkeitsgestörten Patienten, konnte schließlich eine Gruppe von 9 Patienten zusammengestellt werden, in der letztlich 6 verblieben. Die sehr detaillierte und hoch affektive Auseinandersetzung mit den Delikten bedeutet einen heftigen Angriff auf das ohnehin schwer und multipel gestörte Persönlichkeitsgefüge der Patienten. Vorgeschaltete oder flankierende Behandlungsmaßnahmen sind daher erforderlich. Das Programm setzt bereits eine intrinsische Änderungsmotivation voraus. Sadistische Persönlichkeitszüge stellen eine Kontraindikation dar, da solche Patienten die geforderte offene Deliktdarstellung als zusätzlichen Lustgewinn missbrauchen! Modifikationen des Programms für Patienten mit einer Intelligenzminderung werden aus der *Forensischen Abteilung des Niedersächsischen Landeskrankenhauses Lüneburg* berichtet (Löhr, 2005).

Elsner (2006) wendet kritisch ein, dass das bloße Durchlaufen des Programms keinen automatischen Wirksamkeitsnachweis bedeutet:

▶ Die in der Regel hochstrukturierten und manualisierten Programme, die weniger therapeutisch denn psychoedukativ ausgerichtet sind, gestatten es den Behandlungsteilnehmern offensichtlich, das Behandlungsprogramm zu absolvieren und gleichzeitig eine Auseinandersetzung mit ihrer individuellen Problematik zu vermeiden. Dies wird dadurch begünstigt, dass in diesen Programmen kein Raum dafür vorhanden ist, dass Probleme sich auch auf der emotionalen Ebene entfalten können. Zudem werden auf Grund der oft rigiden Programmstruktur die Kompetenzen und Bereitschaften der einzelnen Patienten zu wenig berücksichtigt [...] Insbesondere ist eine Auseinandersetzung um die «richtige Haltung» in der Sexualstraftäterbehandlung in Gang gekommen, das heißt, inwieweit aggressive Konfrontationsstrategien, mit denen vielleicht oft nur eine abwertende Haltung der Therapeuten verkleidet wird, hinsichtlich der Zielerreichung nützlich oder schädlich sind. Eine Reihe empirischer Befunde verweist daruf, dass ein harscher konfrontativer Stil negative Auswirkungen auf das Erreichen relevanter Therapieziele hat. (ebd.: 317) ◀

Neuere Untersuchungen legen dagegen nahe, dass neben kritisch hinterfragenden Interventionen vor allem eine empathisch-fördernde Haltung des Therapeuten, die auch identifikatorische Prozesse ermöglicht, und ein neugierig machendes und anerkennendes, positives Gruppenklima zu Verhaltensänderungen führen. Auch die therapeutische Beziehung selbst ist Instrument der Veränderung. Psychodynamisch orientierte Therapeuten betonen, dass nur das, was in Übertragung und Gegenübertragung aktuell wiederkehrt, auch der Bearbeitung zugänglich ist.

▶ Die Prämisse ist, dass sich in dieser unmittelbaren Interaktion etwas von dem abbildet, was auch die Beziehungsgestaltung des Patienten außerhalb der Therapie mit anderen Personen prägt. Was verquer zum Vorschein kommt, wird in seiner Bedeutung untersucht, angesprochen und wenn möglich verändert. [...] Bei sexuellen Perversionen gilt es herauszuarbeiten, wann und weshalb Sexualisierung an die Stelle adäquater

Affekte tritt, und diesen Affekten sozial akzeptable Ausdrucksmöglichkieten zu verschaffen. (Pfäfflin, 2003: 98) ◀

Dass diese aus der allgemeinen Psychotherapieforschung seit langem bekannten Variablen bisher durch eine allzu puristische Programmfixierung offenbar «sträflich vernachlässgt wurden» (Elsner, 2006: 317) verweist auf spezifische Gegenübertragungsprobleme in der Behandlung, wie sie mehrfach beschrieben wurden (Heltzel 2007; Stiels-Glenn 2003). Die Behandlung von Sexualstraftätern ist auch vor dem Hintergrund heftiger politisch-medialer Diskussionen anfällig für – mehr oder weniger unterschwellige – affektive und moralisch-verurteilende Reaktionen der Behandler. Nicht umsonst kamen hier auch Aversionstherapien lange Zeit bevorzugt zum Einsatz. Diese gelten heute im Übrigen nicht nur als überholt, sondern sogar als kontraindiziert, da sie langfristig eher zu einer Verschlecherung der Symptomatik führen, wie die Metaanlyse von Hall (1995) zeigt.

Aufschlussreich ist auch der Zusammenhang von «Sexualstrafäter und Moral Panic» (Pfäfflin, 2007), der anhand des gesellschaftlichen, juristischen und psychiatrischen Umgangs mit Sexualstraftätern in den USA beschreibbar ist. Die Gesetze *Sexual Predator Laws* bzw. Gesetze gegen «sexuelle Bestien» sowie die *Megans Laws* (s.a. Kap. 10) erinnern nicht nur an das mittelalterliche Reichsinstitut der Vogelfreiheit oder an Hexenverfolgungen. Sie verweisen auf eine Verschiebung eines Schuldstrafrechts in Richtung eines Präventionsrechtes (Haffke, 2006) und damit auf entsprechende Tendenzen auch in Deutschland.

4.12.5.8 Rückfälligkeit

Die Rückfallzahlen bei Sexualstraftätern sind insgesamt sehr uneinheitlich, bei den Maßregelpatienten ist die Datenlage nahezu inexistent. Oft wird auf die große nordamerikanische Metaevaluation von Rückfallstudien verwiesen, nach der die spezifische Rückfälligkeit von 13,4 % (Eher et al., 2007) wesentlich geringer ausfällt als in der Öffentlichkeit angenommen wird. Tatsächlich differieren die Zahlen nach Tat- und Tätertypus sehr stark, beziehen sich dabei nahezu ausnahmslos auf das Hellfeld. In einer von der kriminologischen Zentralstelle Wiesbaden durchgeführten bundesweiten Studie (n = 780, vgl. Elz, 2001, 2002) wurden zum Beispiel die sexuellen Missbrauchstäter in einem Katamneszeitraum von 6 Jahren mit 22,1 % rückfällig. Bei einer differenzierten Betrachtung der untersuchten Gruppe zeigte sich, dass die Rückfallrate von Inzesttätern 6 %, bei extrafamiliären Tätern 24 % und bei vor Kindern exhibitionierenden Tätern 36 % betrug. Vergewaltiger wurden mit 19,3 % rückfällig.

Die von Nowara (2001) untersuchte Gruppe der aus dem Maßregelvollzug entlassenen Patienten zeigt eine insgesamt höhere Rückfälligkeit (29,7 %). Das verweist einmal auf den relativ höheren Störungsgrad forensischer Patienten, liegt aber im Wesentlichen an der gewählten Stichprobe: Untersucht wurden 92 entlassene Patienten, die alle im Jahre 1987 in den Maßregelvollzug eingewiesen und somit in einem Zeitraum behandelt wurden, in dem Therapieprogramme nicht den heutigen Standards entsprachen – wenn sie überhaupt stattfanden. Von einer professionellen Nachsorge konnte sicher überhaupt keine Rede sein.

Als spezifische Prädiktoren der Rückfälligkeit gelten u.a. eine stabile und ich-synton erlebte Devianz bei frühem Beginn (z.B. fixierte Pädophilie), sexueller Missbrauch von sehr jungen Kindern (unter 10 Jahren) männlichen Geschlechts, dabei insbesondere planvoll handelnde Taten ohne (großen) Alkoholeinfluss (Egg, 2002).

4.13 Behandlung von Psychosekranken

▶ Die Einstellung der Bevölkerung spiegelt sich in den Medien wider bzw. wird durch diese erheblich gefördert: Hoffmann-Richter (2000) untersuchte systematisch sämtliche Artikel der «Frankfurter Allgemeinen Zeitung», der «Süddeutschen Zeitung», der «TAZ», der «Zeit», des «Spiegels» und der «Neuen Züricher Zeitung» im Jahr 1995, in denen das Stichwort «Schizophrenie» aufgetaucht war. Dabei zeigten sich nahezu ausschließlich drei Bedeutungszusammenhänge: Schizophrene als unberechenbare Gewalttäter, Schizophrene als verschrobene Künstler und «Schizophrenie» als Metapher ohne Zusammenhang mit psychischen Erkrankungen. Informationen über Schizophrenie als Erkrankung fanden sich dagegen fast nie. (Steinert, 2001: 89) ◀

4.13.1 Was sind Schizophrenien?

Die Lebenszeitprävalenz der Schizophrenie beträgt weltweit ungefähr 1 %. Dies bedeutet, dass eine von 100 Personen im Laufe des Lebens mindestens einmal an einer schizophrenen Episode erkrankt, bevorzugt zwischen dem 15. und dem 35. Lebensjahr.

Obwohl die *Inzidenz*, also die jährliche Anzahl neuer Erkrankungsfälle nur bei 0,01 % liegt, ist die *Prävalenz*, also die Anzahl Kranker zu einem bestimmten Zeitpunkt, mit bis zu 2 % der Bevölkerung auf Grund der Chronizität der Störung relativ hoch.

Die klinische Symptomatik der Schizophrenie ist heterogen. Fast alle psychischen Funktionen sind mitbetroffen. Desorganisation, paranoid-halluzinatorisches Syndrom und Negativsymptomatik sind kennzeichnend. In der akuten Phase sind Sprache und Denken zerfahren und inkohärent, wobei in der Regel Bewusstsein, Orientierung und Gedächtnis nicht betroffen sind. Dagegen sind zentrale Ich-Funktionen, wie Wahrnehmung, Realitätsprüfung, Unterscheidung zwischen Selbst und Nicht-Selbst, sowie die affektive Regulierung beeinträchtigt oder aufgehoben.

Die häufigsten Wahrnehmungsstörungen sind akustische Halluzinationen, meist in Form von Stimmenhören; aber auch optische, olfaktorische und – gerade bei chronisch Kranken – bizarre Leibhalluzinationen kommen vor.

Wahnvorstellungen, zum Beispiel eine bedeutende religiöse oder politische Persönlichkeit zu sein, übermenschliche Kräfte und Möglichkeiten zu haben, sind von forensischer Relevanz:

Leitsymptome der Schizophrenie nach ICD-10

1. Gedankenlautwerden, -eingebung, -entzug, -ausbreitung
2. Kontroll- und Beeinflussungswahn; Gefühl des Gemachten bzgl. Körperbewegungen; Gedanken, Tätigkeiten oder Empfindungen; Wahnwahrnehmungen
3. kommentierende oder dialogische Stimmen
4. anhaltender, kulturell unangemessener oder völlig unrealistischer Wahn
5. anhaltende Halluzinationen jeder Sinnesmodalität
6. Gedankenabreißen oder -einschiebungen in den Gedankenfluss
7. katatone Symptome wie Erregung, Haltungsstereotypien, Negativismus oder Stupor
8. negative Symptome wie auffällige Apathie, Sprachverarmung, verflachter oder inadäquter Affekt.

Wenn Patienten unter dem Einfluss von Beziehungs- und Beeinträchtigungsideen stehen, an wahnhaften Verfolgungsängsten leiden oder sich berufen fühlen, andere Menschen vom «Bösen» zu erlösen, können Tötungsdelikte die Folge sein.

▶ Das Erscheinungsbild der Krankheit besteht einerseits aus einer episodisch auftretenden akuten Psychose, andererseits aus chronischen Störungsmustern mit persistierenden [fortbestehenden, d. Verf.] psychotischen und so genannten negativen Symptomen: Beeinträchtigung der Initiative, der Affektivität, des Denkens und der Sprache. Beide Störungsmuster sind von neuropsychologischen Störungen und von Einschränkungen der sozialen Kompetenz begleitet. Rund 20 % schizophrener Ersterkrankungen heilen ohne Rückfall aus. Bei der Mehrzahl der Erkrankungen steht der rezidivierende Verlauf mit psychotischen Episoden im Vordergrund. (DGPPN, 1998: 5) ◀

Bei den diagnostischen Unterformen der Schizophrenien (ICD-10: F.20.0 bis 20.9) dominiert mit zirka 70 % die paranoide Form. Die Differenzialdiagnose einer schizophrenen Psychose muss sowohl zu organischen bzw. substanzinduzierten Störungen als auch zu anderen nicht organisch bedingten psychotischen Störungen erfolgen, zum Beispiel zur schizotypischen Störung, zur anhaltenden wahnhaften Störung oder zur schizoaffektiven Störung (ICD-10: F 21 bis 25).

Die schizoaffektive Psychose ist eine «Mischpsychose», die durch das gleichzeitige (oder kurz aufeinander folgende) Auftreten psychotischer Realitätsverkennungen und affektiver Stimmungsänderungen gekennzeichnet ist. Generell wird in letzter Zeit (zuletzt Häfner, 2007) die Diagnose der Schizophrenie – im Sinne einer von der Depression empirisch trennbaren Kategorie – zu Gunsten einer dimensionalen Sichtweise in Frage gestellt: Drepressive Syndrome sind sowohl im Prodromalstadium als auch nach Ausbruch der Erkrankung integraler Bestandteil der Schizophrenie. Diese Diskussion, auch die Beschreibung anderer Unterformen der Schizophrenie, wird jedoch im Folgenden zu Gunsten der Darstellung der Grundzüge der schizophrenen Erkrankung und ihrer Relevanz in der Maßregelbehandlung zurückgestellt.

Komorbiditäten bestehen häufig (im Maßregelvollzug bei zirka 75 % aller schizophrenen Patienten) und sind für Therapie und Rehabilitation komplizierende und erschwerende Faktoren. In vielen Fällen liegt neben der Psychose zusätzlich eine Abhängigkeit bzw. ein Missbrauch einer oder mehrerer psychotroper Substanzen vor. Auch eine komorbide Persönlichkeitsstörung insbesondere dissozialer Prägung ist von erheblicher kriminogener Bedeutung.

Krankheitsbilder aus der Gruppe der *affektiven Psychosen* sind dagegen im Maßregelvollzug stark unterrepräsentiert. So kommt es zwar bei der gereizten Manie im Zusammenhang bipolarer Störungen (mit manischen und depressiven Erkrankungsphasen) auch zu impulsiv-tätlichen Verhaltensweisen. Diese führen aber eher selten zu schweren Gewaltdelikten und zu einer Unterbringung im Maßregelvollzug. Bei depressiven Störungen überwiegen auf Grund krankheitsbedingter Antriebsminderung und Schulderlebens eher autoaggressive Handlungen. Zu einer Fremdgefährdung kann es durch den so genannten erweiterten Suizid kommen.

Der *Anteil schizophrener Patienten im Maßregelvollzug* (ICD-10: F20 bis 25) lag lange Zeit relativ konstant bei 30 bis 40 %. In den letzten Jahren hat der Anteil überproportional zugenommen (Kutscher/Seifert, 2007). Von 1994 bis 2006 hat sich in Nordrhein-Westfalen die Zahl untergebrachter schizophrener Patienten verdreifacht. Sie stellen mit zirka 50 % die größte Patientengruppe dar. Auch die zur Unterbringung führenden Delikte haben sich in dem Zeitraum verändert, abzulesen vor allem an der Zunahme von Körperverletzungen, die – vor den Tötungsdelikten – die häufigsten Anlassdelikte darstellten (bei insgesamt 70 % Gewaltdelikten). Verglichen mit dem Jahr 1984 hat sich die Zahl der wegen Körperverletzungen untergebrachten Schizophrenen verzehnfacht.

Achtzig Prozent der Patienten waren vor Begehung ihres Deliktes mindestens einmal in stationär-psychiatrischer Behandlung (Durchschnitt: 7,5 Voraufenthalte). Auffallend ist weiterhin, dass zirka 16,5 % der Patienten ihr Delikt in stationärer oder komplemnetär-betreuter Umgebung begangen haben; bei 28 % kam es im Zeitraum von 3 Monaten nach der stationären Behandlung zum Anlassdelikt.

Die Autoren resümieren, dass offenbar eine bestimmte Hochrisikogruppe von der Allgemein- und der Gemeindepsychiatrie nicht erreicht bzw. nicht mehr ausreichend behandelt werden kann und schließlich im Maßregelvollzug untergebracht wird. Über die Ursachen dieser auch als «Forensifizierung» beschriebenen Entwicklung wird zurzeit heftig diskutiert (Schmidt-Quernheim, 2007). Erste Vorschläge zu einer Verbesserung der Situation durch eine Vernetzung der Allgemeinpsychiatrie (incl. Kinder- und Jugendpsychiatrie) und der forensischen Psychiatrie werden gemacht (Dönisch-Seidel et al., 2007).

4.13.2 Psychose und Gewaltkriminalität – Mythen und Fakten

Der schizophrene Patient gilt als der Prototyp des gefährlichen «geistesgestörten» Täters. Eine Studie von Böker und Häfner (1973) kam zu dem Ergebnis, dass psychisch Kranke insgesamt gleich häufig gewalttätig werden wie Gesunde. Dabei ist allerdings das Risiko bei Schizophrenie um den Faktor 5 erhöht. Zu Delikten kommt es meist im Rahmen von (unerkannten und unbehandelten) systematisierten Wahnentwicklungen, vorwiegend in Gestalt eines Verfolgungs-, Beeinträchtigungs- oder Vergiftungswahns.

Neben magisch-psychotischen und paranoiden Erlebnisweisen mit hohem Angstpegel (s. o.) sind schwere Taten oftmals Resultate eines geordneten Wahnes, bei dem es beim Patienten zu einer eskalierenden affektiven Aufladung kommt, da er durch die Umgebung ständig Ablehnung in Bezug auf seine Wahninhalte erfährt. Ein erhöhtes Gewaltrisiko besteht bei zusätzlichem Vorliegen von Persönlichkeitsstörungen, bei Drogenmissbrauch, sozialer Desintegration und zunehmender Krankheitsdauer bei fehlender Behandlung bzw. Non-Compliance. So steigt das relative Risiko Schizophrener, ein Tötungsdelikt zu begehen, bei komorbider dissozialer und Suchtproblematik sogar um das 20- bis 30fache über das der Allgemeinbevölkerung (Nedopil, 2003; Trenckmann/Grafe, 2007).

▶ Die in der Bevölkerung verbreitete Ansicht, dass psychisch Kranke eine erhöhte Disposition zu Gewalttaten hätten, erweist sich im Lichte neuerer Studien – entgegen den Beteuerungen vieler vermeintlicher Fachleute – als *zutreffend*. Dies gilt auch für die Kerngruppe der «psychisch kranken» Patienten mit Psychosen. Allerdings ist das Risiko moderat: Es entspricht statistisch etwa dem anderer Risikogruppen in der Bevölkerung, zum Beispiel junger Männer. *Unzutreffend* ist nach dem gegenwärtigen Kenntnisstand die verbreitete Annahme, diese Patienten seien besonders «unberechenbar». Gewalttaten entwickeln sich allmählich eskalierend auf dem Boden vorbestehender Konflikte, betroffen sind meist Bezugspersonen. Gewalttätiges Verhalten bei diesen Patienten ist eng mit der psychopathologischen Symptomatik verknüpft, diese spricht meist gut auf die neuroleptische Behandlung an. Die Behandlung dieser Patienten in akuten Stadien ist demzufolge nicht nur Erfolg versprechend, sondern auch kriminalpräventiv. (Steinert, 2001a: 382) ◀

Nach Durchsicht zahlreicher internationaler Studien des letzten Vierteljahrhunderts, kommt Schanda (2006) zu dem Ergebnis «eines statistisch signifikanten Zusammenhanges zwischen Psychosen und Kriminalität bzw. Gewalttätigkeit, vor allem bei schizophrenen Patienten. Deren Kriminalitätsrisiko

- steigt mit zunehmender Schwere der Gewalttätigkeit
- liegt bei Tötungsdelinquenz deutlich über der Allgemeinbevölkerung
- ist aber in jedem Fall wesentlich geringer als das von Personen mit Substanzmissbrauch und Persönlichkeitsstörungen.

Während bei schwersten Formen der Gewaltkriminalität zumindest teilweise ein unmittelbarer Einfluss der Erkrankung nachweisbar ist, dürften bei leichteren Delikten eher indirekte Zusammenhänge (krankheitsbedingte soziale Deprivierung, erhöhte Vulnerabilität für Substanzmissbrach), begünstigt durch zunehmende Defizite der allgemeinpsychiatrischen Versorgung, vorliegen.» (ebd.: 85)

Allerdings ist die Wahrscheinlichkeit, Opfer der Aggression eines Schizophrenen zu werden, um ein Vielfaches geringer als jene, allgemeiner Gewalttätigkeit zum Opfer zu fallen: «Sehr vereinfacht veranschaulicht, müsste man 100 Menschen begegnen, um einen Schizophrenen, 10000 Menschen, um einen Aggressionstäter und 2000 Mal 100 Menschen, um einen gewalttätigen Schizophrenen zu sehen». (Nedopil, 2003: 23)

▶ Zu berücksichtigen ist auch, dass in circa 40 Prozent der Fälle die Tat eines schizophren erkrankten Maßregelpatienten nur durch grobes Versagen von Sozialkontrolle oder durch ärztliche Behandlungsfehler zu Stande kam und circa 88 Prozent der Opfer in einer Beziehung zum Täter standen (enge Bezugsperson, Verwandte, Bekannte oder Vorgesetzte, Ärzte, Richter), das heißt die Gefährdung unbeteiligter Dritter durch Gewalttaten Schizophrener ist gering. (Stolpmann, 2001: 184) ◀

Doch auch die Delinquenz psychosekranker Patienten «erklärt sich nicht alleine aus der Erkrankung, sonders verhält sich durchaus entsprechend allgemeiner kriminologischer Gesetzmäßigkeiten. Dies zeigt sich bereits in der Geschlechterrelation: Bei schizophren erkrankten Männern liegt die Gefahr eines Tötungsdeliktes um zirka das 10-fache höher als bei Frauen» (Leygraf, 2006: 256). Die gleichen kriminogenen Faktoren, die auch bei nicht psychisch kranken Straftätern zu finden sind, sind auch für schizophrene Patienten bedeutsam (s. a. Kap. 4.13.4).

4.13.3 Strukturmerkmale der Therapie

In der Behandlung psychosekranker Patienten im Maßregelvollzug kommen alle, auch in der Allgemeinpsychiatrie üblicherweise praktizierten, mehrdimensionalen Therapiemethoden zur Anwendung (vgl. die einschlägigen Lehrbücher der Psychiatrie, Leitlinien und Behandlungsalgorithmen der DGPPN, 2006).

Je nach Behandlungsphase (Akut-, Stabilisierungs- und Remissionsphase) ist das Hauptziel zunächst die Suppression der akuten Symptomatik, dann die ausreichende Stabilisierung und Rezidivprophylaxe, schließlich die Rehabilitation.

4.13.3.1 Neuroleptische Behandlung

Die Behandlung in der akuten Phase ist gekennzeichnet durch stützende Beziehungsaufnahme, Reizabschirmung und neuroleptische Behandlung. Die antipsychotische Medikation zielt auf die Remission der produktiven Symptomatik und psychomotorischen Störungen («Plussymptomatik»). Im Rahmen der Langzeitbehandlung dient die Behandlung mit Neuroleptika der Stabilisierung und Rückfallvermeidung (Fleischhacker et al. 2006; s. a. Kap. 4.14).

4.13.3.2 Patientenschulung und Compliance

Ein wesentliches Ziel der Behandlung ist die Vermittlung eines Krankheitskonzeptes, das eine *aktive und rezidivverhindernde Mitarbeit* des Patienten fördert. Hier setzen psychoedukative Maßnahmen an, zum Beispiel das PEGASUS-Konzept (Wienberg/Sibum, 1997). Unter diesem Begriff werden Verfahren zusammengefasst, die der Information und der krankheitsbezogenen Schulung dienen. Im Maßregelvollzug finden diese Programme vor allem als Gruppenbehandlung Anwendung (s. Kap. 6). Ziele sind:

- ausführliche Aufklärung über die Erkrankung
- Herstellung von Compliance
- emotionale Entlastung, vor allem Reduzierung von Angst
- Änderung der Lebensweise
- Förderung der individuellen Bewältigungskompetenz im Umgang mit der Erkrankung und ihren Folgen.

Die «klassischen» forensischen Behandlungsziele (Krankheitseinsicht, Deliktbearbeitung) sind bei chronisch schizophrenen Patienten oft nur begrenzt erreichbar. Wichtig ist daher, dass zumindest die Bereitschaft zur Medikamenteneinnahme, möglichst auch eine weiter gehende, praktische Kooperation beim Krankheitsmanagement erreicht werden können. Dabei ist vor allem die Rückfallprophylaxe von großer Bedeutung:

- Gefährdungspotenziale, Überforderungen und damit krankheitsauslösende Situationen sollen vermieden werden.
- Patienten werden systematisch in der Erkennung von Prodromi, das heißt von Frühwarnzeichen ihrer Psychose geschult.
- Coping-Strategien, auch in Form von Krisenplänen, werden erarbeitet. Diese sollen den Patienten in die Lage versetzen, in der (beginnenden) Erkrankungsphase, in der er noch ausreichenden Realitätsbezug hat, geeignete und in der Reihenfolge vorher genau festgelegte Gegenmaßnahmen zu ergreifen.

4.13.3.3 Vermeidung von Über- und Unterforderung

Menschen mit chronifizierten Psychosen sind bekanntermaßen in ihren Lebensvollzügen stark eingeschränkt, brauchen als Schutz vor Überforderung viel Rückzug. Dabei nehmen sie ihre Defizite, auch ihr Delikt, oft schmerzlich wahr und brauchen im Umgang viel Zuwendung und Geduld. Sie müssen insofern zunächst von vielen Alltagsverpflichtungen und Stress entlastet werden. Im Vergleich zu Persönlichkeitsgestörten braucht der psychotische Patient mehr «Holding» (Emotional-getragen-Werden – Winnicott, 1990) und «Containing»: Die Behandler müssen in der Lage sein, dass ungeordnete und verwirrende Verhalten des Patienten aufbewahrend aufzunehmen. Es gilt eine individuell gut dosierte Balance zwischen so genannter Über-, aber auch Unterstimulation herzustellen.

Menschen mit einer Psychose leiden an einer hohen «Vulnerabilität» (Zubin, 1986), das heißt an einer hohen Verletzlichkeit sowohl durch intrapsychische Spannungszustände als auch durch äußere Stressoren und *life-events* (z.B. Trennung vom Elternhaus). Ebenso hat Drogenabusus oft eine krankheitsauslösende Wirkung. Im Verlauf der Therapie werden diese individuellen Auslösefaktoren identifiziert, aber auch so genannte protektive Faktoren werden erarbeitet (Nedopil, 2001), die Rezidiven wirksam vorzubeugen helfen.

Mit zunehmender Stabilisierung kommt aber auch einer stärkeren Belastungserprobung im Bereich der Ergotherapie und allgemeiner tagesstrukturierender Maßnahmen besondere Bedeutung zu. Soziotherapeutische Maßnahmen zielen auf die Verbesserung schizophrener Residualzustände, insbesondere der Minussymptome, ab. Vor allem die Förderung von verbliebenen und zu entwickelnden Ressourcen in allen Lebenskontexten, auch im Bereich der Freizeit und der sozialen Kontakte, stellt eine wichtige Aufgabe der Behandlung dar, um der Gefahr krankheitsbedingten Rückzugs und drohender Vereinsamung entgegenzuwirken.

4.13.3.4 Klare Kommunikation und Kontinuität

Gerade bei psychosekranken Menschen kommt dem Rahmen und der Milieugestaltung eine tragende Funktion zu. Behandlungsplanung und Kommunikationsstil sollten klar verständlich, eindeutig und durchschaubar sein. Kontinuität des behandelnden Personals ist Voraussetzung.

Die therapeutische Beziehungsgestaltung ist vor allem stützend und berücksichtigt die Angst der Patienten vor zu viel Nähe, aber auch zu großer Distanz. Gespräche sind empathisch, zentrieren auf die Probleme im «Hier und Jetzt» und sind von einer optimistisch-realistischen Haltung getragen. Wichtig sind dabei Themen wie: Wie kann ich trotz der zahlreichen Einbußen Lebenszufriedenheit erreichen? Das Abschiednehmen von früheren, nun unerreichbar gewordenen Lebenszielen gehört dazu. Steht am Anfang der Behandlung eher die Schonung der Ich-Grenzen im Vordergrund, so sollten, allerdings in einem individuell sehr unterschiedlichen Maß und Tempo, zunehmend emotional belastendere (auch deliktbezogene) Therapieinhalte angesprochen werden.

4.13.3.5 Soziales und kognitives Training

Hier kommen computergestützte Trainings (zum Beispiel CogPack©) zur Anwendung, die auf Verbesserung der verlangsamten und unflexiblen kognitiven Funktionen abzielen. Diese Verfahren schulen nicht nur Aufmerksamkeit, Informationsverarbeitung etc., sondern haben durch die Schaffung selbstbestimmten Lernens auch günstige Effekte auf Stimmungslage und Antrieb. Weiterführend und Erfolg versprechend sind Gruppenprogramme, die eine Verknüpfung von elementaren mit komplexeren kognitiven Funktionen im Rahmen von Social-Skill-Trainings vornehmen. Diese, zum Beispiel das Integrierte Psychologische Therapieprogramm (IPT, Roder et al., 1995), haben verschiedene Module, in denen – je nach Belastbarkeit – kognitive Differenzierung, soziale Wahrnehmung, verbale Kommunikation, soziale Fertigkeiten und interpersonelles Problemlösen geübt wird.

4.13.3.6 Psychotherapie bei Psychosen

Die Übergänge von Psychoedukation, Fertigkeits- und Problemlösetrainigs und Psychotherapie im engeren Sinne sind fließend. So versteht sich das oben genannte IPT als kognitiv-behaviorale Psychotherapie für schizophren Erkrankte und wurde zuletzt in einer Metaanalyse über 28 unabhängigen Studien von Müller et al. (2007) als ein empirisch gut validierter Behandlungsansatz mit breiten Anwendungsmöglichkeiten bei Patienten mit unterschiedlichem Krankheits- und Rehabilitationsstatus beschrieben.

Basierend auf dem Vulnerabilitäts-Stress-Coping-Modell wird von kognitiv-behavioralen Therapieansätzen die Förderung der Bewältigungskompetenzen und Strategien zur Belastungsreduktion in den Mittelpunkt gestellt. Durch genaue Problemanalyse wird angestrebt, sowohl die Prodromalschwelle, also die Toleranz für das Auftreten erster Frühsymotome, als auch die Erkrankungsschwelle selbst heraufzusetzen. Diese Ansätze zielen insofern primär auf Rückfallvermeidung, können aber auch zur Behandlung von persistierenden Symptomen eingesetzt werden (Klingberg et al., 2006). Wahnentwicklung wird aus kognitiv-lerntheoretischer Perspektive vor allem unter dem Aspekt einer fehlangepassten kognitiven Verarbeitung von Informationen und sozialen Situationen begriffen, zum Beispiel durch selektive Encodierung von bedrohlichen Reizen, falschen Ursachenattributionen, vor allem hinsichtlich vermuteter Absichten anderer Personen. Die Behandlung zielt darauf ab, die verzerrte Wahrnehmungs- und Informationsverarbeitung zu überprüfen und im Sinne einer größeren Realitätsanpassung zu beeinflussen. Durch gezielte Übungen zur Wahrnehmungslenkung und zum schlussfolgernden Denken sollen Problemlösefähigkeiten, ein verbessertes Verständnis von Kommunikation und von sozialen Situationen (z. B. Attributionen auf Zufälle und Umstände) erreicht werden.

Eine aufdeckende Psychotherapie ist bei der Behandlung von Psychosen kontraindiziert. *Tiefenpsychologisch* ist die Psychose als ein Abwehrversuch («Flucht in die Psychose»), oft auch als Ersatz-Wunscherfüllung zu verstehen, sich vor bedrohlichen Ängsten und Affekten durch Externalisierung zu schützen: Wenn innere Gefahren als «von *außen* kommend» abgespalten werden und sich dann zum Beispiel als Verfolgungsängste oder als «Stimmen» konkretisieren, dient dies zunächst dem Schutz der eigenen Ichs (allerdings um den Preis einer dann nicht mehr vorhandenen Realitätsprüfung).

Diese *hohe Vulnerabilität* ist für die Therapie von zentraler Bedeutung. Die Behandlung zielt keinesfalls auf weitere Regression, zum Beispiel durch deutende Interventionen, ab, sondern «der Handlungsdialog und die Erfahrung innerhalb der therapeutischen Beziehung sind die wichtigsten therapeutischen Faktoren.» (Mentzos, 1997: 349; 1993).

Deipenwisch (2002) berichtet über seine psychotherapeutische Tätigkeit im Maßregelvollzug.

Zusammenfassend formuliert er folgende Leitlinien:

- Entwicklung eines Distanzverhältnisses zur produktiven Symptomatik, das Abgrenzung und Infragestellung ermöglicht
- Verschiebung des Aufmerksamkeitsfokus von der Innenweltbeschäftigung zu Außenaktivitäten
- Stärkung der Fähigkeit zur Bewältigung heftiger Emotionen: dosiertes Erleben dieser Gefühle durch das therapeutische Setting, Vermittlung von Erklärungsansätzen, kognitive Einordnung, Anbieten eines Modells für den Umgang mit Wut, Hass, Angst und Symbiosewünschen
- Aufarbeiten und Durcharbeiten insbesondere der aggressiven Tendenzen: Thematisieren entsprechender, insbesondere deliktbezogener Fantasien, Analyse von Konfliktsituationen aus dem Stationsalltag, Konfliktbewältigungstraining
- Gestaltung des Fantasielebens: Erweiterung und Strukturierung der spontanen, in Tagträumen und nächtlichen Träumen zum Ausdruck kommenden Bildersprache durch Einbeziehung von Mythen, Kunst und Literatur

- Sensibilisierung für Körperempfindungen, Entwicklung eines positiven Körpergefühls als Basis eines realistischen Selbsterlebens (Entspannungstraining, Sport, Sexualität) und zur Bindung aggressiver Tendenzen
- Erweiterung der Kommunikationsfähigkeit: Ausdrücken von Empfindungen und Gefühlen, Übersetzung der Symptomsprache in die Alltagskommunikation, Einordnung der Psychoseerfahrung und des Delikts in die Lebensgeschichte, Verständigung mit der jeweiligen Umgebung.

Tatbearbeitung?

Eine Deliktbearbeitung (s.a. Kap. 4.9) ist bei schizophrenen Patienten, zumal wenn es bei den Opfern um nahe Angehörige geht, in der Regel nicht angezeigt:

▶ Eine solche Tat lässt sich nicht «aufarbeiten»; vielmehr ist zur Verminderung der Suicidgefahr wesentlich, dass der Patient die Tat als krankheitsbedingt und nicht als Ergebnis eigener Entscheidung und Schuld begreift. Dabei kann die Tat selbst aber insofern Thema der Behandlung sein, als sie dem Patienten eine besondere Verantwortung dafür auferlegt, durch zuverlässige Mitarbeit in der Rezidivprohylaxe und sofortige Inanspruchnahme von Hilfsmöglichkeiten beim Auftreten von Frühsymptomen die Gefahr einer Tatwiederholung zu minimieren.» (Leygraf, 2006: 262) ◀

4.13.4 Rehabilitation und Prognose

Die Rezidiv- und Delinquenzrate Schizophrener hängt daher nicht allein von der Erkrankung selbst bzw. von deren Verlauf ab. So bedeutet ein eher ungünstiger Krankheitsverlauf nicht automatisch auch eine ungünstige Gefährlichkeitsprognose. Entscheidend sind hier vielmehr – neben einer ausreichenden Absprachefähigkeit des Patienten – Existenz und Qualität eines psychosozialen Hilfesystems. Dazu können auch Angehörige gehören: Die «Expressed-Emotions-Forschung» hat gezeigt, dass eine über die Erkrankung gut informierte Familie sich dem Patienten mit weniger Vorurteilen und gelassener zuwendet, ihn bei Problemlöseversuchen unterstützt und auf die Medikation achtet. Die Neigung des Patienten zu emotionaler Überreaktion wird so verringert.

Für die Rehabilitation sind Patientenschulung, Compliance und Krankheitsmanagement von großer Bedeutung. Für Bewährungshelfer und Mitarbeiter sozialpsychiatrischer Einrichtungen der Nachsorge sind Informationen insbesondere darüber wichtig, ob und inwieweit im Alltag ein drohendes Rezidiv auch dann erkennbar wird, wenn der Patient nicht in der Lage ist, erste Hinweissymptome rechtzeitig als solche zu erkennen und zu verbalisieren. Hier besteht ein wesentliches Aufgabengebiet forensischer *Ambulanzen* (s. Kap. 8): Die aus der Zeit der Unterbringung bekannten typischen Kennzeichen einer beginnenden Dekompensation müssen ausführlich dargestellt und geeignete Umgangsweisen vermittelt werden.

Andererseits bedeutet eine günstige Krankheitsprognose nicht zwangsläufig eine ebenso günstige Legalprognose. Die im Maßregelvollzug untergebrachten Patienten gleichen in vielerlei Hinsicht eher Strafgefangenen als allgemeinpsychiatrischen Patienten (Leygraf, 1988). Zu beachten sind daher auch solche kriminogenen Faktoren, die oft nach Zurückdrängen der akuten psychotischen Symptomatik deutlicher hervortreten, darunter:

- dissoziale Haltungen
- Impulsivität
- ausgeprägte Bindungsproblematik
- ausschließliche Externalisierung von Verantwortung
- Substanzmissbrauch.

Trenckmann (2007) versteht hervortretende dissoziale Züge eher als «Ausdruck einer Verformung der Persönlichkeit durch den psychotischen Erkrankungsprozess, als dass sie als eine eigenständige, relativ unabhängige Persönlichkeitsstörung gewertet werden können.» (ebd.: 296). Allerdings gilt zu bedenken, dass ungefähr die Hälfte aller Patienten, bei denen sich der Beginn der schizophrenen Psychose zeitlich eingrenzen ließ, schon vor dem Ausbruch der Erkrankung straffällig wurden (Leygraf, 2006).

Lange Fehlentwicklungen mit gestörtem, insbesondere fremdaggressivem Sozialverhalten seit der Kindheit und Jugend, verbunden mit Aufenthalten in Heimen oder in der Jugendpsychiatrie und häufigen Behandlungsabbrüchen sind gesicherte Risikofaktoren, denen nach stationärer Behandlung oftmals nur durch eine engmaschige und oft langfristige Weiterbetreuung in einem sozialpsychiatrischen Wohnheim begegnet werden kann.

Die komorbide Suchtproblematik ist – bei schwankenden Zahlenangaben in der Literatur – in den letzten Jahren sehr stark angestiegen und oftmals Ursache für gescheiterte Rehabilitationsversuche.

Über die Entlassungssituation schizophrener Patienten und Rückfallzahlen berichten Kutscher et al. (2006). Rückfalldelikte sind relativ selten: Von 110 ehemaligen Maßregelpatienten wurden nach durchschnittlich 4 Jahren nur drei Patienten mit einer Gewalttat erneut straffällig. Sechzig Prozent der Patienten lebten zum Entlassungszeitpukt in einer betreuten Wohneinrichtung. Angesichts niedriger Rückfallraten und guter Behandlungs- und Nachsorgemöglichkeiten für schizophrene Patienten werfen die Autoren die Frage nach den Ursachen für die (zu) langen Unterbringungszeiten (65 Monate) auf.

Im Rahmen einer vergleichenden internationalen Studie (Lincoln, 2006) stellte sich heraus, dass das Risiko für Gewalthandlungen entlassener schizophrener Patienten aus dem Maßregelvollzug geringer als vergleichbarer ehemaliger Patienten aus der Allgemeinpsychiatrie ist (s.a. Kap. 8).

4.14 Psychopharmakologische Behandlung

Klaus Rabe

Psychopharmakologische Behandlungsansätze sind wichtiger Bestandteil der Maßregelvollzugsbehandlung. Dieser Abschnitt soll eine kurze Übersicht über spezifische pharmakologische Behandlungsaspekte im psychiatrischen Maßregelvollzug geben. Er kann keine vollständige oder abschließende Übersicht über das breite Spektrum der Psychopharmakologie geben. Interessierte Leserinnen und Leser seien auf die psychopharmakologischen Lehrbücher verwiesen.

4.14.1 Behandlung im Zwangskontext

Die Behandlung unterscheidet sich nicht grundsätzlich von der in der allgemeinen Psychiatrie, da es keine spezifischen Medikamente gegen das Böse oder für Dissozialität gibt. Kriminalität stellt *per se* keine Indikation für eine wie auch immer geartete medikamentöse Behandlung dar. Zur Indikationsstellung ist es daher erforderlich, die psychiatrische Diagnose mit möglichen differenzialdiagnostischen Abwägungen zuverlässig zu stellen und dann potenziell medikamentös veränderbare, psychopathologische Zielsymptome zu eruieren, diese in den sozialen Kontext einzuordnen und ggf. mit weiteren diagnostischen Mittel zu verifizieren. Aggressives Verhalten kann zum Beispiel Ausdruck einer zu Grunde liegenden psychotischen Störung, ein mit Impulsivität vergesellschaftetes Persönlichkeitsmerkmal, ein situativ angemessenes Verhalten sein oder auch nur in einem spezifischen Kontext auftreten. Eine sorgfältige Indikationsstellung ist daher unerlässlich.

Ferner stellt der psychiatrische Maßregelvollzug einen spezifischen Behandlungskontext dar, da alle Patienten unfreiwillig auf Grund einer staatlich angeordneten freiheitsentziehenden Maßnahme untergebracht worden sind. Es besteht somit ein besonderes Gewaltverhältnis zwischen Maßregelvollzugseinrichtung und Patienten, das sich deutlich von Patienten in stationärer allgemeinpsychiatrischer Behandlung unterscheidet.

Legitimiertes Ziel des Maßregelvollzugs ist der Schutz der Gesellschaft vor weiteren erheblichen Taten eines psychisch kranken Menschen. Obwohl ausdrücklich im § 63 StGB auch die Besserung als Ziel genannt ist, folgt daraus nicht, dass eine für indiziert gehaltene Behandlung auch ohne Einwilligung durchgeführt werden kann, es sei denn, es bestehen noch näher auszuführende Gefährdungsaspekte. Alle Behandlungsmaßnahmen im Maßregelvollzug haben daher Angebotscharakter, und es gilt eine uneingeschränkte Einwilligungserfordernis.

Jeder ärztliche Eingriff, ob diagnostisch oder therapeutisch, erfüllt den Straftatbestand der Körperverletzung, es sei denn, es bestehen Rechtfertigungsgründe in Form einer Einwilligung des Patienten, oder eine mutmaßliche Einwilligung bei Bewusstlosen bzw. ein rechtfertigender Notstand ist gegeben. Die Wahrung der Patientenautonomie, das Selbstbestimmungsrecht und die Entscheidungsfreiheit stellen elementare rechtliche Prinzipien dar, die auch im Maßregelvollzug uneingeschränkt gelten. Voraussetzung für eine Einwilligung ist eine ordnungsgemäße Aufklärung durch eine Ärztin bzw. einen Arzt, die/der dem Patienten Erfolgschancen, Risiken, Nebenwirkungen, Diagnose, Krankheitsverlauf und Behandlungsalternativen in für seine Entscheidungsfindung angemessener Weise vermitteln. Nach dem Aufklärungsgespräch muss dem Patienten die nötige Zeit eingeräumt werden, das Für und Wider ausreichend abwägen zu können. Bei einwilligungsunfähigen Patienten sollte auf jeden Fall das Einverständnis des Betreuers eingeholt werden bzw. ggf. eine gesetzliche Betreuung eingerichtet werden. Kurzum, gerade innerhalb des Maßregelvollzugs muss bei einer medikamentösen Behandlung die Zustimmung des Patienten nach einem ausführlichen Aufklärungsgespräch eingeholt und dokumentiert werden, es sei denn, es liegen Gründe für eine Zwangsbehandlung vor.

Die Eingriffsvoraussetzungen für eine Zwangsbehandlung regeln die einzelnen Unterbringungsgesetze der Länder, die recht unterschiedliche Formulierungen bereithalten. Allerdings muss als allgemein verbindliche untere Schwelle für eine zwangsweise Behandlung eine Leibes- und Lebensgefahr für den Patienten oder Dritte bestehen. Obergrenze für eine solche Behandlung ist eine mit der Behandlung selbst verbundene Gefährdung des Patienten. Gerade die Behandlung einwilligungsunfähiger psychotischer Patienten, die nicht gerade vital durch ihre Erkrankung gefährdet sind oder eine akute Gefährdung anderer darstellen, aber die dennoch bei unbehandelter Symptomatik einen hohen Chronifizierungs- und Invalidisierungsgrad aufweisen, werfen erhebliche rechtliche Probleme in der Behandlung auf, wenn sie konsequent eine neuroleptische Behandlung ablehnen. Die einzelnen Landesgesetze räumen den Maßregelvollzugseinrichtungen zwar scheinbar unterschiedliche Spielräume ein, lösen aber nicht die rechtliche Grundfrage, ob ein ungünstiger Krankheitsverlauf auf Grund fehlender bzw. verweigerter medikamentöser Behandlung eine zwangsweise Behandlung legitimiert. Man könnte die Frage auch zugespitzt formulieren, ob das «Recht auf Krankheit» bei einem Menschen, der die langfristigen Folgen einer Ablehnung der medikamentösen Therapie nicht überblicken kann, impliziert, dass dieser auch eine mit der Krankheit einhergehende Chronifizierung und Invalidisierung in Kauf nehmen muss.

4.14.2 Psychopharmakotherapie

Ein Pharmakon ist ein Stoff, der mit einem Lebewesen wechselwirkt. Entsprechend dieser wertneutralen Definition kann dann in einem zweiten Schritt hinsichtlich einer positiven (Arzneistoff) oder negativen (Gift) Wechselwirkung differenziert werden, wobei schon Paracelsus im 16. Jahrhundert feststellte, dass «jeder Stoff zum Gift wird, wenn er nur hoch genug dosiert wird.». Ein Arzneistoff kann daher nicht nur nutzen, sondern auch schaden, ein Gift hingegen kann bei entsprechender Dosierung auch nützlich sein. Insofern sind Übergänge zwischen nützlicher und schädlicher Wirkung vorhanden; die Zuordnung in die eine der beiden Kategorien ist in vielen Fällen nicht eindeutig möglich, vielmehr müssen immer beide Wirkungen betracht werden. Pharmaka können somit chemische Verbindungen, aus der Natur gewonnene oder vom Menschen hergestellte Stoffe sein, sie können Gemische, reine Stoffe, körpereigene Substanzen oder organische und anorganische Verbindungen sein. Zu den Pharmaka zählen nicht Nahrungsmittel, also Eiweiß, Fett und Kohlenhydrate, wobei es auch hier fließende Übergänge gibt, wenn man an den Bereich der Nahrungsergänzungsmittel denkt.

Zur Beschreibung der Wirkung von Arzneimitteln dienen die Begriffe «Pharmakokinetik» und «Pharmakodynamik».

Begriffserläuterung

- *Pharmakokinetik:* beschreibt die Freisetzung des Arzneistoffs aus der Darreichungsform (Liberation), die Aufnahme in den Körper (Resorption), die Verteilung im Organismus (Distribution), die Verstoffwechselung (Metabolisierung) und Ausscheidung (Elimination).
- *Pharmakodynamik:* befasst sich mit der Wirkung des Arzneistoffs im menschlichen Körper.

Ein weiterer wichtiger Bereich der Pharmakologie ist die Beschreibung von Interaktionen verschiedener Arzneimittel untereinander. Zum Beispiel führt die Gabe von Fluvoxamin (SSRI) zu einer verminderten Elimination von Clozapin in der Leber.

Ein Psychopharmakon ist ein Stoff, der auf die Psyche eines Menschen einwirkt. Dieser weit gefasste Begriff umfasst somit alle Stoffe, deren Haupt- oder Nebenwirkungen sich auf eine Veränderung seelischer Vorgänge durch eine Beeinflussung zentralnervöser Strukturen beziehen. Hierbei kann es sich um Medikamente zur Behandlung psychischer Störungen handeln, um Rauschdrogen oder auch um Nebeneffekte von Arzneistoffen, die nicht primär zu diesem Zweck entwickelt bzw. angewandt werden. Im engeren Sinne der Definition ist die Hauptwirkung des Arzneistoffs und damit auch dessen Zweckbestimmung die Verminderung oder Beseitigung psychopathologischer Symptome. Die Einteilung der Psychopharmaka erfolgt nach ihrer therapeutischen Hauptwirkung und umfasst daher folgende Substanzklassen:

- Neuroleptika (Antipsychotika)
- Antidepressiva
- Stimmungsstabilisatoren
- Tranquillanzien und Anxiolytika
- Stimulanzien
- Antidementiva
- Hypnotika und
- Medikamente zur Behandlung sexueller Störungen.

4.14.2.1 Neuroleptika

Neuroleptika (**Tab. 4-1**) wurden 1951 eingeführt und haben folgende Effekte:

- Sie beseitigen Halluzinationen, Wahn und psychomotorische Erregung.
- Sie dämpfen den Antrieb und die Vigilanz.
- Sie vermindern Spontanbewegungen und Ausdrucksmotorik.

Die Nebenwirkungen von Neuroleptika sind in **Tabelle 4-2** wiedergegeben.

Neuroleptika können eingeteilt werden:

- nach ihrer chemischen Struktur (Phenothiazine und Thioxanthen als trizyklische Sub-

Tabelle 4-1: Übersicht der Neuroleptika (Antipsychotika; ohne Anspruch auf Vollständigkeit)

Gruppe	Substanz
atypische Neuroleptika	▪ Amisulprid ▪ Aripiprazol ▪ Clozapin ▪ Quetiapin ▪ Risperidon ▪ Ziprasidon ▪ Zotepin
konventionelle, hochpotente Neuroleptika	▪ Benperidol ▪ Bromperidol ▪ Flupentixol ▪ Fluphenazin ▪ Fluspirilen ▪ Haloperidol ▪ Perphenazin
konventionelle, mittelpotente Neuroleptika	▪ Chlorpromazin ▪ Perazin ▪ Zuclopenthixol
konventionelle, niedrigpotente Neuroleptika	▪ Chlorprothixen ▪ Pipamperon ▪ Thioridazin

Tabelle 4-2: Übersicht potenzieller Nebenwirkungen der Neuroleptika (ohne Anspruch auf Vollständigkeit)

Gruppe/System	Nebenwirkungen
anticholinerge Nebenwirkungen	▪ Obstipation ▪ Miktionsstörung ▪ Mundtrockenheit ▪ Glaukomanfall ▪ Hypotonie ▪ Temperaturanstieg
hämatopoetisches System	▪ jede Form der Blutbildveränderung, bei Clozapin besonders Agranulozytose
allergische Reaktionen	▪ Arzneimittelexantheme ▪ schwere allergische Reaktionen
Leber-Gallengang-System	▪ Transaminasenanstieg ▪ Cholastase
kardiale und vaskuläre Nebenwirkungen	▪ Thrombosen und Thrombophlebitiden ▪ zerebrovaskuläre Ereignisse ▪ Erregungsleitungsstörung
extrapyramidalmotorische Nebenwirkungen	▪ Frühdykinesie ▪ Parkinsonoid ▪ Akathisie ▪ Spätdyskinesie ▪ malignes neuroleptisches Syndrom
zentralnervöse Nebenwirkungen	▪ Sedierung, Müdigkeit ▪ Delir ▪ zerebrale Krampfanfälle
endokrine Nebenwirkungen	▪ sexuelle Funktionsstörung ▪ Gynäkomastie, Milchfluss ▪ Gewichtszunahme, pathologische Glukosetoleranz und Diabetes mellitus

stanzen, Butyrophenone, Bezamide und Diphenylbutylpiperidine) oder
- nach ihrer neuroleptischen Potenz.

Die chemische Struktur ist beim Auftreten von allergischen Reaktionen und Unverträglichkeiten von Bedeutung. Unter neuroleptischer Potenz versteht man die antipsychotische Wirksamkeit bezogen auf Chlorpromazin. Sie kann als grobes Maß für die Blockade von D2-Rezeptoren im Gehirn angesehen werden (nur konventionelle Präparate), wobei dopaminerge Rezeptoren als wesentlicher pharmakologischer Angriffspunkt (Pharmakodynamik) gelten. Die neuroleptische Potenz gibt daher Auskunft, wie stark das Präparat produktiv-psychotische Symptome reduzieren kann.

Eine weitere wichtige Unterteilung besteht hinsichtlich konventioneller, typischer Präparate und Antipsychotika mit so genannten atypischen Eigenschaften; darunter versteht man:

- gute antipsychotische Wirksamkeit
- weniger extrapyramidalmotorische Nebenwirkungen
- Wirksamkeit bei Negativsymptomatik
- Wirksamkeit bei Therapieresistenz
- geringe Prolaktinerhöhung.

Das einzige Neuroleptikum, das alle oben genannten Eigenschaften aufweist, ist Clozapin, das 1971 auf dem deutschen Markt eingeführt wurde. Weltweit gibt es bisher keine Hinweise, das Clozapin extrapyramidalmotorische Nebenwirkungen verursacht.

Die Indikation für den Einsatz von Neuroleptika sind Schizophrenien, schizoaffektive Störungen und affektive Störungen mit psychotischen Symptomen.

Die Auswahl des Neuroleptikums richtet sich nach pharmakokinetischen und pharmakodynamischen Gesichtspunkten und bezieht das potenziellen Nebenwirkungsprofil ein.

Der eigentliche antipsychotische Wirkmechanismus ist bis heute nicht abschließend geklärt, obwohl die verschiedenen Wirkebenen (tierexperimentelle Verhaltensstudien, Rezeptorstudien *in vivo* und *in vitro*) beschrieben sind, deren genaue Bedeutung für die antipsychotische Wirkung aber erst ansatzweise geklärt ist. Alle Neuroleptika reduzieren die dopaminerge Überaktivität in den dopaminergen Neuronensystemen (nigrostriatal, mesolimbisch und tuberoinfundibulär). Einige Neuroleptika beeinflussen aber auch die serotonergen und cholinergen Systeme. Ebenso wenig ist die pharmakodynamische Ursache für die Atypizität bisher abschließend geklärt.

4.14.2.2
Antidepressiva

Antidepressiva (AD; **Tab. 4-3**) heben die Grundstimmung und steigern den Antrieb, sie sind auch wirksam bei Angst- und Zwangsstörungen. Alle Antidepressiva beeinflussen entweder einen oder beide Botenstoffe – Serotonin und/oder Noradrenalin – im Gehirn und führen abhängig von ihrem individuellen Angriffspunkt zu einer Steigerung des Angebots dieser Botenstoffe.

Tabelle 4-3: Übersicht der Antidepressiva

Gruppe	Substanz
trizyklische Antidepressiva	▪ Amitriptylin ▪ Clomipramin ▪ Desipramin ▪ Dibenzepin ▪ Doxepin ▪ Imipramin ▪ Nortriptylin ▪ Trimipramin
tetrazyklische Antidepressiva	▪ Maprotilin
SSRI	▪ Citalopram ▪ Es-Citalopram ▪ Fluoxetin ▪ Fluvoxamin ▪ Paroxetin ▪ Sertralin
SNRI	▪ Reboxetin
SNRI/SSRI	▪ Venlafaxin ▪ Duolexetin
MAO-Hemmer	▪ Moclobemid ▪ Tranylcypromin
präsynaptischer Alpha-2-Antagonist mit dadurch indirekter Verstärkung der noradrenergen und serotonergen Transmission	▪ Mirtazapin
pflanzliche Substanz	▪ Hypericin (aus Johanniskraut [*Hypericum perforatum*])

Man unterteilt die Antidepressiva in folgende Gruppen:

- tri- und tetrazyklische Präparate
- selektive Serotonin-Wiederaufnahme-Hemmer (SSRI)
- selektiveNoradrenalin-Wiederaufnahme-Hemmer (SNRI)
- die Gruppe mit dualem Wirkmechanismus (SSRI/SNRI) und
- MAO-Hemmer.

Die verschiedenen Wirkprofile sind Grundlage einer differenzierten Indikation. Einige Antidepressiva zeigen eher sedierende Eigenschaften und eignen sich daher eher zur Behandlung depressiv-agitierter Syndrome, während andere Präparate eher einen raschen, antriebssteigernden Effekt haben und daher eher zur Behandlung apathisch-ängstlich-depressiver Syndrome geeignet sind. Darüber hinaus spielen Überlegungen zum Nebenwirkungsprofil und zur Pharmakokinetik bei der Auswahl des geeigneten Medikaments eine entscheidende Rolle.

4.14.2.3
Weitere Substanzgruppen

Stimmungsstabilisatoren

Stimmungsstabilisatoren sind Medikamente vor allem zur Behandlung bipolarer affektiver Störungen. Sie sollen unabhängig von der akuten Symptomatik (Depression oder Manie) dauerhaft die Stimmung auf einem mittleren Niveau regulieren und die überschießenden, krankhaften «Spitzen» verhindern (Phasenprophylaxe). Als Substanzen stehen neben Lithium vor allem Antikonvulsiva (Carbamazepin, Valproat, Lamotrigen etc.) zur Verfügung, die sowohl zentralnervöse Signaltransduktionssysteme, Ionenkanäle sowie inhibitorische und exzitatorische Transmittersysteme beeinflussen.

Tranquillanzien

Tranquillanzien sind sedierende und angstlösende Arzneimittel, meistens aus der Gruppe der Benzodiazepine (Diazepam, Lorazepam, Oxazepam etc.). Die häufig vorhandene schlafinduzierende, zentral muskelrelaxierende und antikonvulsive Wirkung ist im Rahmen der psychiatrischen Behandlung nicht immer erwünscht. Ihr Hauptwirkort ist der GABA-Rezeptor (Gamma-Aminobuttersäure), vor allem im limbischen System, an dem sie an einer spezifischen Bindungsstelle Ionenkanäle beeinflussen.

Benzodiazepine werden entweder zur Behandlung von Angststörungen oder aber bei Ängsten im Rahmen anderer psychiatrischer Störungen eingesetzt. Bei langfristiger Anwendung besteht neben der Möglichkeit einer Abhängigkeitsentwicklung auch der negative Effekt von affektiver Verflachung und kognitiven Leistungseinbußen. Benzodiazepine werden auf Grund ihrer Schlaf induzierenden Wirkung zum Teil auch zu den Hypnotika gezählt, wobei diese Gruppe auch noch andere Substanzen (Zopiclon, Zotepin, Chlorahydrat etc.) enthält.

Stimulanzien

Stimulanzien umfassen vor allem Amphetaminderivate (z. B. Methylphenidat), die zur Behandlung einer Aufmerksamkeitsdefizit-Hyperaktivitätsstörung eingesetzt werden und im Gehirn vermehrt Noradrenalin, Dopamin und Noradrenalin freisetzen.

Antidementiva

Antidementiva sind Stoffe, die besonderes bei demenziellen Erkrankungen Gedächtnis, Konzentration, Aufmerksamkeit und Orientierung verbessern sollen.

4.14.2.4 Zur Durchführung einer Therapie

Jede medikamentöse Behandlung setzt eine sorgfältige Indikationsstellung sowie die diagnostische Erfassung möglicher interferierender körperlicher Erkrankungen voraus. Vor jeder Behandlung sollten die in **Tabelle 4-4** wiedergegebenen Parameter erhoben worden sein. Im Verlauf der Therapie sollten entsprechende Nebenwirkung erfasst und routinemäßig apparative Verlaufsparameter (EKG, EEG, Laborwerte) kontrolliert werden.

Ferner müssen Medikamente, die zur Behandlung körperlicher Erkrankungen verordnet worden sind, erfasst und hinsichtlich einer Interaktion mit dem zur Auswahl stehenden Psychopharmakon geprüft werden.

Tabelle 4-4: Untersuchungen und Parameter, die vor einer Pharmakotherapie durchgeführt bzw. geklärt werden sollten

- Körperliche und neurologische Untersuchung
- Blutdruck, Puls, Körpergewicht
- EKG
- EEG
- Laborwerte:
  - Differenzialblutbild
  - Blutzucker, Blutfette
  - Kreatinin
  - Elektrolyte
  - Leberenzyme
  - ggf. endokrine Parameter (Prolaktinspiegel, Testosteronspiegel, TSH etc.)
  - ggf. Drogen-Screening
  - ggf. Schwangerschaftstest

Für die Behandlung psychischer Störungen gelten im Wesentlichen Grundsätze, wie sie auch in der allgemeinpsychiatrischen Versorgung eine Rolle spielen. Denn Patienten im Maßregelvollzug dürfen keine schlechtere Behandlung erfahren, die Behandlung hat sich nach den aktuellen wissenschaftlichen Maßstäben zu richten. Den Patienten darf auch keine indizierte oder verfügbare Behandlung vorenthalten werden. Um vergleichbare Qualitätsstandards zu gewährleisten, haben die Fachgesellschaften Leitlinien zur Diagnostik und Therapie psychischer Störungen entworfen, die als Orientierung auch im Maßregelvollzug angewandt werden sollten. Auf der Homepage der Arbeitsgemeinschaft der wissenschaftlichen medizinischen Fachgesellschaften e.V. (http://www.uni-duesseldorf.de/awmf/) können die Leitlinien eingesehen werden. Für den Bereich Psychiatrie und Psychotherapie liegen gegenwärtig folgende Leitlinien (zum Teil in aktualisierter Version) vor:

- Schizophrenie
- ADHS im Erwachsenenalter
- Demenz
- Affektive Erkrankung
- Angsterkrankung
- Störung der Sexualpräferenz

- Essstörung
- Somatoforme Störung
- Verschiedene Bereich der Suchtmedizin.

Eine leitlinienkonforme Behandlung ist daher auch im Maßregelvollzug anzustreben.

4.14.3 Impulsivität, Aggressivität und Paraphilien

Der letzte Abschnitt wird sich denjenigen psychopathologischen Symptomen widmen, die häufig im Maßregelvollzug anzutreffen sind.

Aggressivität und Impulsivität stellen nicht *per se* eine psychiatrische Störung dar, können aber in Zusammenhang mit einer Vielzahl von psychischen Erkrankungen auftreten. Sie finden sich bei exogenen und endogenen Psychosen, bei Abhängigkeitserkrankungen, ADHS und vor allem Cluster-B-Persönlichkeitsstörungen (antisozial, emotional-instabil, histrionisch). Personen mit Cluster-B-Persönlichkeitsstörungen stellen einen nicht unerheblichen Teil der Maßregelvollzugsklientel dar. Als Ursache einer erhöhten Impulsivität und Aggressivität wurde zunächst eine Verminderung serotonerger Aktivität im Gehirn diskutiert und daraus die Hypothese abgeleitet, dass Antidepressiva aus der Gruppe der selektiven Serotonin-Wiederaufnahme-Hemmer diese Symptomatik positiv beeinflussen können. Einige Studien haben durchaus auch positive Effekte nachweisen können, wobei unsere eigenen klinischen Erfahrungen eher diesen Befund nicht widerspiegeln, und wir daher SSRI in dieser Indikation selten einsetzen. Ebenso wurden positive Ergebnisse für Stimmungsstabilisatoren (Carbamazepin, Valproat und Lithium) berichtet. Als weiterer Befund wurde eine erhöhte Dopaminaktivität mit vermehrter Aggressivität und Impulsivität in Verbindung gebracht, und bei psychotischen Patienten zeigte sich eine Reduktion von Aggressivität und Impulsivität – unabhängig von der Reduktion produktiv-psychotischer Symptome – vor allem unter Clozapin, aber auch unter Risperidon. Kleine Untersuchungen zu Patienten mit Persönlichkeitsstörungen konnten positive Effekte für Quetiapin und Risperidon zeigen. Unsere eigenen klinischen Erfahrungen können diese Befunde bestätigen, wobei wir auch durchweg positive Erfahrungen mit konventionellen mittel- bis niederpotenten Neuroleptika haben (v.a. Zuclopenthixol und Levomepromazin) haben.

In der Literatur wurden noch lipophile Betablocker und Benzodiazepine als Behandlungsoption diskutiert, die wir in dieser Indikation aber nicht einsetzen. Insgesamt ist festzustellen, dass fundierte empirische Untersuchungen zur Behandlung von Impulsivität und Aggressivität nur spärlich vorhanden sind und daher keine gesicherten Therapieempfehlungen ausgesprochen werden können. Aus unseren klinischen Erfahrungen favorisieren wir zurzeit den Einsatz von Quetiapin und Risperidon in eher niedriger Dosis, bei ausgeprägter Störung eher Zuclopenthixol oder Levomepromazin.

Zur Behandlung sexueller Gewalt, insbesondere in Verbindung mit Paraphilien, liegen inzwischen Therapieempfehlungen der Fachgesellschaft (DGPPN) vor. Bei leichter Störung wird ein Therapieversuch mit SSRIs empfohlen, bei mittelgradiger bis schwerer Störung, also insbesondere bei der Kombination von antisozialer Persönlichkeitsstörung mit Impulsivität und Aggressivität sowie bei einer gefährlichen Paraphilie gilt eine antihormonelle Behandlung als indiziert. Da der Testosteronspiegel mit aggressivem Verhalten, Feindseligkeit und gewalttätigem Sexualverhalten korreliert und ein normaler Testosteronspiegel eine wichtige Funktion für sexuelles Verlangen hat, bietet sich eine pharmakologische Beeinflussung des androgenen Regelkreises an. Antiandrogene Behandlungen haben sich inzwischen als wirksam erwiesen, wobei eine detaillierte Untersuchung mit Kontrollgruppenvergleichen hinsichtlich einer Senkung der einschlägigen Rückfallraten aussteht. Cyperonacetat hemmt die Ausschüttung der Hypophysenhormone LH und FSH und führt zu einer Senkung des Testosteronspiegels. Die neueren LHRH-Agonisten (z.B. Leuporelin) senken die Aktivität der Gonaden durch Herabregulierung der hypophysären Rezeptoren und senken damit nach zirka 14 Tagen den Testosteronspiegel. In den ersten 2 Wochen kommt es zu einem Anstieg von Testosteron, weshalb in dieser

Zeit eine überlappende Behandlung mit Cyperonacetat empfohlen wird. Cyperonacetat steht sowohl in oraler als auch in Depot-Form zu Verfügung, während die LHRH-Analoga nur als Depot-Präparation auf dem Markt sind. Nicht unterschätzt werden sollten die Nebenwirkungen dieser Präparate, zumal Langzeitstudien über Spätfolgen (v.a. Osteoporose) nicht in ausreichendem Maße vorliegen. Als Nebenwirkungen treten ein erhöhtes Thromboserisiko, eine Feminisierung des Körpers (Gynäkomastie, Abnahme der Körperbehaarung etc.), Leber- und Nierenfunktionsstörungen und depressive Symptome auf.

Aus unserer Sicht zeichnet sich zurzeit wieder eine vermehrte Tendenz zur Behandlung von Sexualstraftätern mit Antiandrogenen ab, wobei man die möglichen gravierenden Spätfolgen (z.B. mögliche osteoporotische Frakturen) bei Langzeitbehandlungen nicht aus den Augen verlieren sollte. Wir halten daher eine kritische Kosten-Nutzen-Abwägung unter Einbezug der legalprognostischen Einschätzung und des intramuralen Gefährdungspotenzials für unerlässlich.

4.15 Behandlung von Intelligenzgeminderten

Nach der bundesweiten Stichtagserhebung im Maßreglvollzug für das Jahr 2005 (n = 1837) stellen Patienten mit der Hauptdiagnose einer Intelligenzminderung einen Anteil von 11 % an der nach § 63 StGB untergebrachten Patienten dar (Leipziger, 2007). Diese Zahl verdoppelt sich allerdings, wenn die Patienten mit komorbiden Störungen (Erst- oder Zweitdiagnose) hinzugerechnet werden (Dimmek, 2002).

Das Störungsbild der«Intelligenzminderung» wird entsprechend den ICD-Kriterien grob in zwei Gruppen eingeteilt:

1. Bei Menschen mit leichter Intelligenzminderung liegt der IQ unter 70.
2. Die Kriterien für eine mittelschwere Intelligenzminderung sind erfüllt, wenn der IQ geringer ist als 50.

Die ICD-10 nimmt eine Unterscheidung nach Schweregraden noch auf zwei weiteren Stufen (unterhalb von 40) vor. Diese Gruppe befindet sich kaum im Maßregelvollzug.

4.15.1 Definitionen

Die Intelligenzminderung ist zu unterscheiden von der *Demenz*, welche den Verlust bereits erworbener Fähigkeiten beschreibt. Bei einer Intelligenzminderung wurden jedoch auf Grund von Entwicklungsdefizíten bestimmte Fähigkeiten gar nicht erst erworben. Definitorisch setzt sich der Begriff von der veralteten Diagnose einer *Oligophrenie* (Debilität, Imbezillität, Idiotie) ab. Er unterscheidet sich auch von dem Begriff der *geistigen Behinderung*, der aus dem Sozialrecht stammt, und von dem Begriff der *Lernbehinderung*, der in die Schulorganisation Eingang gefunden hat. Der Terminus *Schwachsinn* ist hingegen ein juristischer Begriff, der bei der Beurteilung der Schuldfähigkeit von Bedeutung ist (s. Kap. 1 und 4.12.1).

Eine Definition der Intelligenzminderung anhand des Intelligenzquotienten allein ist nicht geeignet, das Charakeristische und die große Spannbreite dieser Patientengruppe im Maßregelvollzug zu erfassen. Das klinische Erscheinungsbild differiert bekanntlich sehr stark und hängt davon ab, welche Teilkomponenten der Intelligenz gut ausgebildet und welche stark beeinträchtigt sind. Auch das Ausmaß der Störungen der Sprache und der motorischen Fähigkeiten sowie das Ausmaß begleitender Verhaltensauffälligkeiten ist intra- und interindividuell sehr unterschiedlich. Häufig ragen einzelne Leistungsbereiche hervor (z.B. bestimmte Gedächtnisleistungen). Unter Behandlungsaspekten ist die Frage der Gemeinschaftsfähigkeit ein wichtiges Unterscheidungkriterium.

Eine differenzierte Diagnostik des Entwicklungsstandes ist langwierig (ca. 6 Monate), da die soziomoralischen Fähigkeiten nur im Längsschnitt, also im Verlauf anhand beobachteter sozialer Interaktionen (s.u.) zu erfassen sind.

4.15.1.1
Subgruppen und Delikte

Die mittelschwere bis schwere Form der Intelligenzminderung gemäß ICD-10 ist meist Folge eines (frühkindlichen) Hirnschadens oder hirnorganischer Erkrankungen. Kennzeichnend für die Deliktdynamik sind oftmals Störungen der Impulskontrolle. Da in heilpädagogischen Einrichtungen immer weniger geschlossene Abteilungen für diese Gruppe vorgehalten werden, kommt es zu einer zunehmenden Verschiebung oder besser Abschiebung dieser Gruppe in den Maßregelvollzug. Ahlemeyer (2007) berichtet, dass mittlerweile erste Patienten ohne Spracherwerb aufgenommen werden müssen.

4.15.1.2
Leichte Intelligenzminderung

Obwohl diese Gruppe der mittelschweren bis schweren Intelligenzminderung realtiv wächst, befindet sich der überwiegende Anteil der Patienten auf dem Niveau einer leichten Intelligenzminderung. Das entspricht ungefähr den kognitiven Fähikeiten von 8- bis 12-Jährigen. Soziomoralisch haben sie allerdings meist erst das Entwicklungsniveau vierjähriger Kinder erreicht.

Diese Menschen sind in ihren alltäglichen Lebensvollzügen und ihrer Selbstständigkeit oft nicht unmittelbar erkennbar eingeschränkt. Charakteristisch ist dagegen, dass sie in sozialen Situationen in ihrer Problemlösekompetenz *überfordert* sind. Es kommt zu wiederholten Versagenserlebnissen mit nachfolgenden aggressiven Entgleisungen oder anderen Kurzschlusshandlungen. Dabei ist die oftmals diagnostizierte Komorbidität mit einer Persönlichkeitsstörung fraglich und fragwürdig, da Auffälligkeiten oft eher Ausdruck von Entwicklungsrückständen als von Persönlichkeitsstörungen im eigentlichen Sinne sind.

In der übergroßen Mehrzahl der Fälle besteht zudem noch eine ausgeprägte Suchtproblematik.

Anlassdelikte sind bei dem weit überwiegenden Teil der Intelligenzgeminderten im Maßregelvollzug Sexualstraftaten, insbesondere sexueller Missbrauch von Kindern. Dabei begehen Intelligenzgeminderte nicht überproportional häufiger Sexualstraftaten. Die hohe Quote dieser Deliktgruppe bei den aktuellen Belegungszahlen der Kliniken verweist auf lange Verweildauern, die wiederum sowohl auf spezifische Schwierigkeiten der Behandlung als vor allem auf die bekannten Entlassungsprobleme zurückzuführen sind. Die Delikte sind dabei überwiegend Taten mit «Ausweichcharakter», basieren somit nicht auf einer regelrechten Pädophilie und finden bei der Hälfte der Fälle ohne unmittelbare Gewaltanwendung statt. Bei weiteren jeweils 10 bis 15 % dieser Gruppe – vor allem bei den leichtgradig Intelligenzgeminderten – kommt es zu Eigentumsdelikten und Brandstiftungen, was dem Anteil dieser Delikte an der Gesamtdelinquenz im Maßregelvollzug entspricht.

4.15.1.3
Verstehenlernen als Zugang zu «altgewordenen Schwererziehbaren»

Roland Freese (1998: 214 f.) beschreibt seine Erfahrungen aus *Haina/Hessen*:

▶ Das Verstehenlernen bildet somit die entscheidene Basis für jede weiterführende therapeutische Überlegung. Hierbei hilft sehr häufig *ein Zugang über Modelle der kindlichen Entwicklung,* wenngleich man sich vergegenwärtigen muss, dass wir es mit erwachsenen Menschen zu tun haben, die oft zwar nicht qualitativ, aber quantitativ Erfahrungen gesammelt haben, wie altersgleiche Erwachsene, und sich nur zu häufig an eben diesen mit ihren Ansprüchen, Möglichkeiten und Werten orientieren. Nicht zuletzt *die hieraus erwachsenen Diskrepanzen* sind es ja, die die Patienten wegen massiver, strafrechtlich relevanter Verhaltensauffälligkeiten in die Klinik bringen.

Die große Mehrzahl insbesondere der geistig und lernbehinderten Patienten kommt wegen Brandstiftungen, begangen aus und als Fanal für Hilflosigkeit, wegen Körperverletzungsdelikten, begangen aus Impulsivität oder sprachlicher Hilflosigkeit und damit einer inadäquaten, archaischen Form einer «Auseinandersetzung», wegen Sexualdelikten, begangen aus einer unreifen Sexualität und Eigentumsdelikten, dem Prinzip der unmittelbaren Bedürfnisbefriedigung folgend in die Kliniken! ◀

4.15.2 Eckpunkte der Behandlung

Intelligenzgeminderte Patienten sind oft schwer in den normalen Behandlungsalltag zu integrieren. Oft in der Außenseiterrolle, gehören sie auf den Stationen zu den schwierigen Patienten, die argumentativ kaum zu erreichen sind. Andererseits können sie sich sehr angepasst zeigen, sind oftmals sehr auf das Urteil der Mitarbeiter fixiert und dann durch einen festen Rahmen gut lenkbar. Allerdings besteht auch die Gefahr, dass sich solche Patienten an dissoziale Mitpatienten «anhängen» – mit der Folge der Manipulation und Anstiftung zu Regelverletzungen.

Viele Behandlungsmodule, die aus der Behandlung von Persönlichkeitsstörungen bekannt sind, lassen sich durch Modifikationen auch auf die Behandlung Intelligenzgeminderter übertragen. So beschreibt Löhr (2005) aus der forensischen Abteilung des *Niedersächsischen Landeskrankenhauses Lüneburg*, wie «minderbegabte Sexualtraftäter im Maßregelvollzug vom Behandlungsprogramm für Sexualstraftäter (BPS) profitieren können». Weisenfeld (2006) hat das Reasoning & Rehabilition (R & R) Programm für diese Patientengruppe entsprechend verändert und nutzt dieses soziale Kompetenztraining im Rahmen der Nachsorge durch die Forensische Fachambulanz Hessen.

Der Schwerpunkt der Behandlung liegt deutlich auf den handlungsbezogenen und soziotherapeutischen Anteilen, bei denen die verbale Kommunikation nicht das Hauptmedium darstellt (Überblick bei Seifert, 2006). Neben konkreter Unterstützung im Alltag werden Probleme des sozialen Zusammenlebens zeitnah aufgegriffen. Regelverstöße, impulsives und egozentrisches Verhalten, auch aggressive Kommunikation (Drohungen oder Einschüchterungen) werden konsequent eingegrenzt. Selbstkontrolle, Voraussicht, Beurteilungsvermögen, Belohnungsaufschub und die Fähigkeit zum Perspektivenwechsel – also zum Vergegenwärtigen und Nachvollziehen der Gedanken, Gefühle und Handlungen anderer – müssen immer wieder eingeübt werden. Dies geschieht anlassbezogen im Stationsalltag oder in Gruppen bzw. durch Rollenspiele. Pädagogik und Ergotherapie haben eine hervorgehobene Bedeutung: Je nach Ausmaß der Behinderung werden die noch verbliebenen Spielräume für schulische oder berufliche Förderung ausgeschöpft. Aus dem Bereich der Heilpädagogik werden spezielle Verfahren, unter anderem kognitive Trainings übernommen. Telger und Seifert (2002: 41) erwähnen in ihrem Konzept für die geplante Einrichtung intelligenzgeminderter Rechtsbrecher in Münster-Amelsbüren die Wichtigkeit von Architektur, Ausstattung und Landschaftsgestaltung: «Die Bebauung im Inneren der Anlage sollte Normalität widerspiegeln. Assoziationen von Einkerkerung und Strafe wie in einem Gefängnis wären völlig verfehlt. Vielmehr geht es um die Schaffung eines therapeutischen Milieus».

▶ Therapeutische Gemeinschaft für Lernbehinderte

- Ein Eckpunkt [für die Behandlung, d. Verf.] muss in einer Strukturierung innerer und äußerer Abläufe der Patienten liegen. Hierfür sind Tages- und Wochentherapiepläne ein erprobtes und bewährtes Hilfsmittel.
- Ein weiterer Eckpunkt der Therapie muss in der Gruppenarbeit liegen. Soziales Lernen findet im Alltag statt, soziales Lernen ist Lernen am Modell! Dazu gehört das Erledigen von Aufgaben für die Gruppe durch die Gruppe und ihre Mitglieder. Im Einzelnen zählen hierzu: Großgruppenarbeit wie Plenum, Tagesrunden, Arbeitstherapie, Frühsport oder auch, wie beispielsweise auf dem als Therapeutische Gemeinschaft für Lernbehinderte betriebenen Bauernhof unserer Klinik, so genannte Hof- und Bautage, an denen alle auf dieser Station zusammenlebenden Patienten für sich wie andere in ihrem direkten sozialen Nahraum Gemeinschaftsaufgaben und damit auch gemeinschaftliche Verantwortung übernehmen (Weisenfels et al., 1997).

  Außerdem ist Kleingruppenarbeit zur Förderung in den Bereichen Freizeit, Soziales und Hauswirtschaft als themenzentrierte Gesprächs- und Handlungsgruppe (Sexualität, Freizeitgestaltung, Bürokratie, Sucht u. a.), für autogenes Training und konzentrative Bewegungstherapie unabdingbar.

- Oberstes Gebot bei allen therapeutischen Überlegungen ist, dem Patienten in einfachen, klar strukturierten Gruppen- und Einzelsituationen Probleme transparent zu machen und mit ihm gemeinsam Bewältigungsstratregien zu entwickeln. (Freese, ebd.: 217 ff.) ◀

Entwicklungspsychologische Modelle

Die Therapie Intelligengeminderter beruht weniger auf psychiatrischen als auf heilpädagischen Behandlungskonzepten. Diese sind in ihrer konkreten Ausgestaltung abhängig davon, ob eher kognitive, psychososexuelle oder soziomoralische Entwicklungsmodelle zugrundegelegt werden.

Ein Ansatz, der sich an dem Entwicklungsmodell von Piaget (1973) orientiert, wird von Born (1997) dargestellt. Sie versteht das Verhalten – auch durchschnittlich intelligenter – Dissozialer als Ausdruck eines sozial-kognitiven Entwicklungsrückstandes: Patienten sind «konkret-anschauliche Denker» (entspricht der Altersphase eines 6- bis 14-jährigen Kindes), haben nicht die «formal-logische Phase» erreicht. Damit fehlen ihnen wichtige Ich-Funktionen, zum Beispiel die Fähigkeit, Zukünftiges – in Sinne eines *Probehandelns* – gedanklich vorwegzunehmen: Langfristige Planung, Einschätzen der Reaktionen anderer, das Durchspielen der Folge eigener Handlung sind ihnen nicht möglich. Die Patienten sind Gefangene im Hier und Jetzt, sodass sie weder Belohnungsaufschub leisten, noch aus der Vergangenheit Erfahrungen generalisieren können. Moralische Prinzipien oder Schuldgefühle können nicht entstehen, da dies ein «beobachtendes Ich» und eine Fähigkeit zum Perspektivwechsel voraussetzt – und dies unabhängig davon, ob andere von einer Regelübertretung wissen oder nicht.

Die Autorin (ebd.: 43 ff.) beschreibt die Denkstrukturen mit Hilfe von Beispielen; das erste ist ein *Beispiel aus der Weltliteratur:*

▶ «Warum hast Du das Pferd auf der Veranda», fragte Thomas. Alle Pferde, die er kennt, wohnen in einem Stall. «Tja», sagte Pipi, «in der Küche würde es nur im Weg stehen und im Wohnzimmer fühlt es sich nicht wohl». [...]

Ein Journalist fragte einen notorischen Bankräuber: «Why do you rob all these banks, Willy?» Und Willy antwortete: «Because that is where they keep the money.» [...]

Der konkrete Denker betrachtet andere Menschen unter dem Primat der eigenen Ziele und Bedürfnisse. Beispiel: Ein Therapeut war der Meinung, er habe einem Patienten «Loyalität beigebracht». Der Patient hat auf die Frage, ob es jemanden gäbe, den er nie bestehlen würde, ernst und ehrlich geantwortet, er würde nie eine Frau aus seiner Nachbarschaft bestehlen. Auf die Nachfrage, warum er dies nicht tun würde, antwortete er: «Ich bin doch nicht so blöd, mir Ärger einzuhandeln wegen keinem Geld.» ◀

4.15.3 Perspektivenübernahme und Gewichtung moralischer Argumente

Knapheide (2002) berichtet aus dem *Westfälischen Zentrum für Forensische Psychiatrie Lippstadt-Eickelborn* über ein Konzept, das vornehmlich auf die Defizite in der soziomoralischen Entwicklung der Patienten abzielt.

Die theoretische Grundlage hierfür bieten einmal die Arbeiten des Entwicklungspsychologen Kohlberg (1996), der die moralische Entwicklung in sechs Stufen einteilte, die in einer normalen, förderlichen Umgebung von Kindern bzw. Jugendlichen durchlaufen werden. In der Pubertät sollte mindestens die Stufe 3 erreicht werden, in der die Goldene Regel gilt: «Gehe so mit dem Anderen um, wie du möchtest, dass er mit dir umgeht!»

Auch im Bereich der sozialen Entwicklung lassen sich parallele Entwicklungsstufen finden. Selman (1984) führte den Begriff des «interpersonal understanding» ein, der heute in der Übersetzung als «Perspektivübernahme» im Rahmen forensischer Theoriebildung Hochkonjunktur hat. Der Autor beschreibt insgesamt fünf Stufen mit unterschiedlichem Differenzierungsgrad in der Perspektivenübernahme. Knapheide (2006) verbindet nun diese beiden Konzepte zu einem

Stufen der moralischen Entwicklung (0 bis 3)

- *Stufe 0:* Moralische Argumente dienen der Rechtfertigung eigener Bedürfnisse; es gibt keine Wertehierarchie. Das Argument, das der Verwirklichung bzw. Sicherung der eigenen Interessen dient, wird als höherwertig angesehen.
- *Stufe 1:* Externe Wertehierarchien werden angenommen, Orientierung an Strafe und Gehorsam. Die Argumentation gibt keine Flexibilität zu erkennen. Konflikte zwischen gleichwertigen Normen werden bedürfnisorientiert angegangen.
- *Stufe 2:* Die externe Wertehierarchie wird flexibler gehandhabt. Konflikte werden so gelöst, dass auf einer sehr konkreten Ebene eine gerechte Lösung angestrebt wird. Vorherrschend ist aber das Zweckdenken.
- *Stufe 3:* Die Wertehierarchie wird im Gruppenverband festgelegt. Maßstab ist der Nutzen für die Gruppe und ihre Normen. Ziel ist es, ein «guter» Freund, Partner, Patient zu sein etc.

Mit den letzten beiden Stufen (5 und 6) wird das «postkonventionelle Niveau« und damit die Orientierung an ethischen Prinzipien erreicht, das sich von der bloßen Orientierung an Konformität, Recht und Ordnung («konventionelles Niveau» der Stufen 3 und 4) unterscheidet.

soziomoralischen Entwicklungsmodell und macht dies zur Grundlage der Behandlung.

Intelligenzgeminderte Patienten sind in der Regel in einem frühen Stadium der soziomoralischen Entwicklung verhaftet geblieben: Sie befinden sich entweder in Phase 0, der «egozentrischen» Perspektivenübernahme oder auf Stufe 1, auf der bereits eine zwar differenzierte, aber noch «subjektive» Perspektivenübernahme (der andere ist eigenständig, fühlt und reagiert aber wie ich) vorliegt. Ziel der Behandlung ist zunächst das Erreichen der Stufe 2, auf der dann eine «Zweite Personen-Perspektivenübernahme» möglich wird – wobei Wechselbeziehungen noch nicht erkannt werden: Die Gruppe erscheint als Ansammlung von Dyaden. Auf Stufe 3 hat der Patient dann einen soziomoralischen Entwicklungsstand erreicht, auf dem eine gegenseitige Perspektivenübernahme gelingt, Gruppennormen und Wertehierarchien gebildet werden können, mit Möglichkeiten der Abwägung, Kompromissbildung etc.

Gerechte Gemeinschaft

In der Behandlung wird jeder Patient auf seinem jeweiligen Entwicklungsniveau angesprochen, hat im Rahmen der Station ein bestimmtes Programm zu erfüllen, wobei vieles in Eigenverantwortung geschieht. Die Patienten können Aufgaben intern verteilen und die Zusammenarbeit selbst regeln. Ziel ist, die Normen einer Subkultur («Recht des Stärkeren») zu Gunsten einer «gerechten Gemeinschaft» zu verändern. Anhand auftauchender Konflikte wird kontinuierlich die Auseinandersetzung mit Fragen eines fairen Interessenausgleichs gepflegt. «Das aktive Einschreiten gegen illegale Handlungen zeigt die Bereitschaft, mit dem vergangenen Leben im ‹Dunkel› zu brechen, um ab jetzt ein Leben zu führen, dass jederzeit von anderen betrachtet werden kann.» (Knapheide, 2002: 135).

Auf der Station werden die Patienten entsprechend ihrer erreichten Stufe in die so genannte Klinik-, Förder- oder Therapiegruppe eingeteilt, sodass die jeweiligen Gruppen spezielle Angebote und entwicklungsgerechte Ansprache erhalten. Dabei gilt die «Plus 1-Regel», das heißt, gegenüber den Patienten werden solche Argumente verwendet, die eine Stufe über deren aktuellem Entwicklungsstand liegen. Im Behandlungsalltag wird darüber hinaus auf eine ausreichend gute Mischung geachtet (z.B. in der Selbstversorgergruppe), um Lernen am Modell zu ermöglichen: Mitarbeiter sind als Modelle weniger geeignet, da sie für die Patienten «zu weit weg» und unerreichbar sind.

Grundsätzlich gilt, dass Patienten ein Lernfeld brauchen, in dem sie echten und für sie bedeutsamen Konflikten ausgesetzt werden, die sie «unter Gleichen» lösen müssen.

Jede Einmischung durch das Team ist ein Kunstfehler – und in der Praxis umso schwerer umzusetzen! Bestimmte Bereiche sind in völlige Eigenverantwortung der Patienten übergegangen:

- Zimmerbelegung, also die Verteilung der Patienten auf Ein- bis Vier-Bett-Zimmer
- Putzdienst
- Ausgangspläne
- Ausgestaltung der Selbstversorgung
- Durchführung der Wohngruppenversammlung.

Die Erfahrung zeigt, dass mit Erreichen der Stufe 2 die Voraussetzung einer Therapie mit Deliktbearbeitung gegeben ist, in Stufe 3 ist dann eine Langzeitbeurlaubung mit Entlassungsperspektive möglich.

4.15.4 Veränderte Rolle des Pflege- und Erziehungsdienstes

Ahlemeyer (2007) geht in ihrer plastischen und beispielreichen Darstellung der komplexen Behandlungsproblematik auch auf die notwendigen Veränderungen der Rolle des Pflege- und Erziehungsdienstes ein. Professionalität besteht hier gerade in bewusster Zurückhaltung bzw. in der Bereitschaft, Patienten entscheiden zu lassen, dabei auch suboptimale Lösungen der Patientengruppe zu tolerieren und auszuhalten, um Lernerfahrungen und moralische Aneignungsprozesse, die über bloße Anpassung hinausgehen, nicht zu unterbinden.

4.15.5 Rehabilitation

Die Entlassung Intelligenzgeminderter steht vor bisher nicht gelösten Problemen. Angesichts der veränderten institutionellen Rahmenbedingungen der Behindertenpädagogik in Richtung dezentraler, offener Wohngruppen, finden (verhaltens-)schwierige Patienten, eventuell noch mit komorbiden Störungen, keine Aufnahme – zumal wenn der Unterbringungsgrund überdies ein Sexualdelikt ist. So wächst der Anteil dieser Patientengruppe in den Maßregelkliniken ungebremst. Für die verbliebenen heilpädagogischen Langzeitwohnheime sind die leicht intelligenzgeminderten Patienten im Hinblick auf ihre kognitiven und lebenspraktischen Kompetenzen zu «fit». In diese – meist geschlossenen – Einrichtungen können allenfalls mittelgradig intelligenzgeminderte Patienten entlassen werden. Um Destabilisierungen bei der Überleitung zu vermeiden, haben sich (klein-)gruppenweise Verlegungen dorthin als notwendig erwiesen (Ahlemeyer, ebd.).

Wie Vollbach (2004) eindrucksvoll am Beispiel beschreibt, gibt es im Grenzgebiet von (forensischer) Psychiatrie und Behindertenpädagogik kaum begehbare Pfade; jeder Rehabilitationsfall wird so zu einem individuellen Integrations-«Projekt». Über Verlauf und Rückfallrisiko intelligenzgeminderter Patienten nach Entlassung berichten Kutscher et al. (2004).

4.16 Psychosoziale Therapien und Sozialarbeit

▶ Psychosoziale Therapien sind neben den biologischen und psychotherapeutischen Verfahren der dritte methodische Zugang in einer modernen psychiatrischen Behandlung […] Psychosoziale Therapien und sozialpsychiatrische Basisorientierung sind vor allem bei der Behandlung chronifizierter psychiatrischer Störungen und psychischer Behinderungen unverzichtbar und entscheiden letztlich über den Behandlungserfolg. (DGPPN, 2005) ◀

▶ Die Soziotherapie kann als die wichtigste Säule der Behandlung im Maßregelvollzug bezeichnet werden. (Schaumburg, 2005: 88) ◀

Psychosoziale Therapieformen finden sich in forensischen Konzepten oftmals auch unter dem Begriff der «co-therapeutischen Angebote» oder werden als wesentliche Teilmenge der «Soziotherapie» beschrieben. Ergotherapie und pädagogische sowie kreativtherapeutische Maßnahmen gehören mittlerweile in nahezu allen Maßregelkliniken zum Standard, Sozialarbeit hat dabei eine wichtige Schnittstellenfunktion.

Dabei erweisen sich diese Bereiche – in Zeiten großen Kostendrucks – auch als besonders anfällig für personelle Kürzungen, sodass in der Praxis oftmals Angebote ganz wegfallen oder Gruppengrößen ein effektives Arbeiten äußerst erschweren. Die in den vorangehenden Zitaten herausgestellte Bedeutung psychosozialer Therapien beruht im Wesentlichen auf folgenden Wirkprinzipien:

1. **Entwicklungsförderung:** Psychosoziale Therapien sind schon von ihrem Ansatz her weniger störungsspezifisch als psychiatrische und psychotherapeutische Behandlung. Sie zielen auf Verhinderung von Hospitalisierungsschäden und Verbesserung individueller und sozialer Lernprozesse, die auf Krankheitsverlauf und Rehabilitation einen wesentlichen Einfluss haben. Bekanntlich bestehen bei Patienten des Maßregelvollzugs eine Reihe kriminogener und entlassungserschwerender Faktoren (zuletzt Schalast et al., 2007), insbesondere die seit frühester Kindheit und Jugend bestehenden Sozialisationsdefizite mit entsprechenden Entwicklungsstörungen. Die unspezifischen Wirkfaktoren psychosozialer Therapien wie eine allgemeine, regressionshemmende Aktivierung und Tagesstrukturierung bei Erleben von Kompetenz, Anerkennung und Zugehörigkeit sind dabei zu unterscheiden von den spezifischen Effekten eines Zuwachses an Fähigkeiten, Umgangsweisen mit der Erkrankung etc., die anhand gezielter Skills-Trainings oder schulischer Förderung erreicht werden sollen.
2. **Handlungsorientierung:** Es besteht breite Übereinstimmung darüber (zum «Ansprechbarkeitsprinzip» siehe Uta Kröger, Kap. 4.18.6), dass handlungsbezogene Therapiestrategien für zahlreiche Patienten einen einzigartigen bzw. den *oft einzig möglichen Zugang* zu ihrer Problematik darstellen. Für viele Patienten, bei denen Sprache und sprachgebundene, kognitive Fähigkeiten eher schwach ausgeprägt sind, liefern musische, gestalterische oder auch körperorientierte Verfahren geeignete Ausdrucksformen. Hier ergeben sich nicht nur wichtige diagnostische Einschätzungen, sondern auch zentrale Anknüpfungspunkte für die Psychotherapie. In der Behandlungsplanung sollten Zielsetzungen in diesen Bereichen klar beschrieben werden. Allerdings: Nur eine enge Verzahnung mit den Behandlungsteams kann dabei die Integration der gewonnenen Erkenntnisse gewährleisten (s. Kap. 4.9)!
3. **Problemaktualisierung oder das Prinzip der realen Erfahrung:** Psychosoziale Therapieformen, vor allem die soziotherapeutische Behandlung im Stationsalltag, ermöglichen dem Patienten und den Behandlern, Problembereiche des Patienten real erlebbar bzw. konkret beobachtbar zu machen. Bei oftmals mangelnder Krankheitseinsicht bieten diese gemeinsamen Erfahrungen Anknüpfungspunkte für ein besseres Krankheitsverständnis und für die weitere Behandlung. Statt oftmals frustraner retrospektiver Diskussionen mit dem Patienten über Diagnose, Delikthergang etc. lassen sich – unter einer eher *lösungsorientierten Perspektive* – umschriebene (Fehl-)Verhaltensweisen im Alltag konfrontieren und veränderte Bewältigungsweisen einüben.
4. **Tagestrukturierung:** Ergotherapie, teilweise auch Schule, bilden tragende Grundpfeiler für den Tagesablauf im stationären Alltag der Patienten. Die hohe Bedeutung des Faktors «Struktur» für Behandlung und Rehabilitation bei allen Patientengruppen ist unbestritten. Durch ihre geregelten und zeitlich festgelegten Abläufe und überprüfbaren Anforderungen repräsentieren co-therapeutische Maßnahmen ein Stück «Realität». Zur Tagesstruktur gehören aber nicht zuletzt – gemeinsame – Freizeitaktivitäten. Eine *sinnvolle Freizeitgestaltung* ist gerade für die poststationäre Stabilität von eminenter Bedeutung; ein Fehlen befriedigender Hobbys und Interessen ist immer ein hoher Risikofaktor.
5. **Realitätstraining oder das Lernen am Ernstfall:** Soziotherapie verhält sich geradezu spie-

gelbildlich zur Psychotherapie, die stärker symptomorientiert arbeitet und mit Hilfe eines absichtsvollen, wenn auch nur vorübergehenden Realitätsrückzuges zu Grunde liegende Störungsmuster zu erkennen versucht. In der Soziotherapie hingegen werden «kranke Anteile nicht verdrängt, aber auch nicht besonders betont. Während in der Gruppepsychotherapie die Beziehungsdynamik im Vordergrund der Arbeit steht, ist die Gruppenarbeit soziotherapeutischer Herkunft grundsätzlich sachbezogen. Hier soll gelernt und geübt werden, gefühlsmäßige Anspannung zu bewältigen, ohne auf alte Krankheitsmuster zurückgreifen zu müssen.» (Steingass, 2000: 17).

6. **Ressourcenorientierung:** Psychosoziale Therapien zielen primär nicht auf die krankheitsbedingten Defizite, sondern auf die verbliebenen oder zu entwickelnden Fähigkeiten und Potenziale. Dieser positiv gerichtete Blickwinkel ist gerade für forensische Patienten von zentraler Bedeutung: Desolate soziale Verhältnisse, ein zerrüttetes Selbstbild und schließlich die doppelte Aburteilung als «krank» *und* «kriminell» verdichten sich nur zu oft zu einer (allseitigen) resignativen Vorstellung von kompletter Disqualifizierung. Wenn Patienten aber ihr Selbstbild von Unbrauchbarkeit und Überflüssigsein nicht korrigieren, sind alle weiter gehenden therapeutischen Anstrengungen und prognostischen Überlegungen auf Sand gebaut. Hier setzen schulische Maßnahmen und ergotherapeutische Förderung an. Dazu gehört auch das Training basaler Voraussetzungen des beruflichen Alltagslebens wie Ordnungsbereitschaft, Sorgfalt, Zuverlässigkeit und Teamfähigkeit.
7. **Neuropsychologisches Training:** Ziel entsprechender Verfahren ist der Erhalt bzw. die Verbesserung kognitiver und sozialer Fähigkeiten. Antipsychotika entwickeln ihre therapeutische Wirksamkeit in erster Linie auf die Positivsymptomatik und nur in sehr geringem Umfang auf die Negativsymptomatik. Gerade diese verbleibenden Beeinträchtigungen sind aber für Lebensqualität und Rehabilitationschancen von eminenter Bedeutung. Hier liegt das originäre Einsatzfeld psychosozialer Therapien.

4.16.1 Schule und pädagogische Maßnahmen

Wenn auch Bildung nicht vor Straffälligkeit schützt, so können doch Schule und Berufsausbildung das Risiko verringern helfen. Pädagogischen Maßnahmen kommt somit eine nicht unerhebliche rückfallpräventive Bedeutung zu (Gretenkord et al., 1990; Heinz et al., 1996).

Bei einer bundesweiten Stichtagserhebung von Leygraf (1988) zeigte sich, dass von knapp 2000 Patienten im Maßregelvollzug 14% Analphabeten waren; bei mehr als zwei Dritteln besteht subjektiv ein Bedarf an (beruflicher) Aus- oder Weiterbildung. Schule und berufliche Bildung wurden in forensischen Kliniken Deutschlands lange Zeit vernachlässigt; im letzten Jahrzehnt folgten erkennbare Verbesserungen durch Ausweitung dieses Angebots.

Die Förderung schulischer Qualifikationen verbessert die Chancen einer sozialen Wiedereingliederung grundsätzlich auf zweierlei Weise:

1. zielorientierte Wissensvermittlung
2. Förderung der Persönlichkeitsentwicklung.

Beispiele für den allgemein bildenden Unterricht sind:

- Alphabetisierung
- Elementarunterricht
- Vermittlung alltagspraktischer Fähigkeiten
- Fachunterricht in Deutsch, Mathematik, Englisch, Geographie, Geschichte und Biologie
- Deutsch als Fremdsprache (bei einem wachsenden Anteil ausländischer Patienten)
- schulabschlussbezogene Kurse (Hauptschulabschluss, Realschulabschluss).

Beispiele für pädagogische Angebote sind:
- Patientenzeitung
- Filmgruppe
- Laienspielgruppe
- spielerisches Lernen
- Exkursionen (Museen, öffentliche Einrichtungen, Kino, Theater).

Der Unterricht findet in der Regel in Gruppen statt; je nach Störungsbild kann Einzelunterricht indiziert sein.

4.16.2 Sporttherapie

In der Bewegungs- oder Sporttherapie stehen zunächst weniger die diagnosespezifische Symptombeeinflussung als vielmehr allgemeine Effekte wie Aktivierung, Verbesserung der körperlichen Leistungsfähigkeit, insbesondere Überwindung von Anhedonie im Vordergrund. Im Maßregelvollzug werden sporttherapeutische Angebote erfahrungsgemäß von mindestens der Hälfte der Patienten positiv angenommen. Sporttherapie hat für die gesamte Behandlung neben den allgemein gesundheitsfördernden Aspekten vielfältige förderliche Effekte:

- Soziale Kontakte und prosoziales Verhalten (Teamgeist, Fairness) werden trainiert.
- Der Umgang mit Regeln wird eingeübt.
- Formen der regelgeleiteten und kontrollierten Aggressionsbewältigung werden erlebt.
- Die Frustrationstoleranz wird gefördert.
- Körperwahrnehmung und positives Körpererleben werden ermöglicht.
- Erfolgserlebnisse bewirken größeren Selbstwert.
- Ängstlichkeit und depressive Verstimmungen werden reduziert.
- Entspannungsübungen (Stretching, Muskelrelaxation) unterstützen die Fähigkeit zur Selbstberuhigung.
- Konflikte, zum Beispiel im sportlichen Wettkampf, machen Verhaltensmuster des Patienten diagnostisch (meist besonders) augenfällig und dadurch therapeutisch zugänglich.
- Das für viele Sportarten unerlässliche Ritual der Versöhnung kann auf Alltagssituationen übertragen werden.

Oft besteht ein enger Zusammenhang zwischen der Unfähigkeit zur Nutzung von Freizeit und delinquentem Verhalten. Das Erlernen sinnvoller Freizeitbeschäftigungen durch sportliche Betätigung in Gruppen oder Vereinen hat somit auch eine wichtige *rehabilitative* Bedeutung.

4.16.3 Musiktherapie

Die Musiktherapie kann aktiv oder rezeptiv durchgeführt werden. Aktive Musiktherapie setzt auf die Förderung kommunikativer und kreativer Fähigkeiten: So kann zum Beispiel bei angeleiteten Improvisationen das eigene Erleben in einer spielerisch-künstlerischen Form zum Ausdruck gebracht werden. Band-Projekte und andere Gruppenarbeit, die unter anderem auf das gemeinsame Üben und Vortragen von Musikstücken ausgerichtet sind, haben einen hohen therapeutischen Wert: Gruppendynamische Prozesse werden angestoßen, wichtige Ich-Funktionen, wie Spannungstoleranz, werden trainiert.

Studien zur Musiktherapie in der Psychiatrie (siehe dazu Themenschwerpunkt «Nervenheilkunde» 20, 2001) verweisen übereinstimmend auf die Erfahrung, dass für viele Patienten Musik eine «Sprache» ist, die einen direkten Austausch mit anderen auf einer nonverbalen Ebene ermöglicht, ohne ins Agieren fallen zu müssen. In diesem Medium kann symbiotische Nähe – symbolisch – zugelassen werden, ohne dass ein möglicher Identitätsverlust zu bedrohlich wird. Auf der Symbolebene kann der Patient das nachvollziehen, was ihm bislang ermangelte. «Musiktherapeutische Improvisationen stellen in diesem Fall präverbal aufzufassende Kommunikationsbedingungen zur Verfügung, die in ihren Elementen (Klang, Rhyhthmus, Tonlage, Melodie, Resonanz usw.) denen der Mutter-Kind-Dialoge ähnlich sind. Klangliche Übergangsobjekte ermöglichen die Trennung.» (Oerter et al., 2001). Bei Ich-Schwäche der Patienten sollte immer auch die Möglichkeit des Gesprächs und damit einer Distanzierung vom Erlebten bestehen.

Von der Behandlung schizophrener Patienten im Maßregelvollzug berichten Meurer und Meurer (2001). Das Gruppenprogramm einer «induktiven musikalischen Emotionstherapie» besteht aus mehreren Modulen. Es zielt darauf ab …

- … dass der Patient ein kognitives Verständnis zu seiner eigenen emotionalen Welt aufbauen kann, gleichsam selbst Gefühlszustände in der Musik herausfinden und auch beschreiben lernt und auch durchleben kann. [...] Ziel der Therapie sollte sein, dass dem Patienten durch die vielfältigen Mittel der Therapie ermöglicht wird, einen emotionalen Perspektivwechsel durchführen zu können, um letztlich auch eine Opferempathie aufbringen zu können. (Meurer/Meurer, 2001: 73) ◀

4.16.4 Kunsttherapie

Kunsttherapie, auch in forensischen Kliniken, basiert auf der u. a. von Beuys vertretenen Auffassung, dass jeder Mensch durch seine Kreativität ein Künstler ist. Spontane Zeichnungen und Bilder von Patienten erweisen sich als diagnostisch aufschlussreich, sie vermitteln einen Weg in die Gefühls- und Erlebenswelt des Patienten; sie sind unmittelbarer Ausdruck lebenswichtiger Momente und stellen ein bleibendes Zeugnis dar. Während der Kunsttherapeut als Begleiter im schöpferischen Entwicklungsprozess wirkt, wird das entstehende Werk als «therapeutischer Partner» verstanden, der wichtige und hilfreiche Mitteilungen über nicht bewusste Zusammenhänge macht.

In der *Forensischen Psychiatrie Stralsund* zum Beispiel wird Kunsttherapie seit 1994 systematisch als Therapiebestandteil angeboten (Orlob et al., 2000). Sowohl im Bereich der Eingangsdiagnostik als auch in der Verlaufsbeurteilung hat dort Kunsttherapie einen wichtigen Stellenwert. Nach dortiger Erfahrung ist sie besonders hilfreich bei der Verarbeitung schwieriger Unterbringungszeiten, sie bahnt die Aussprache des bis dahin Unaussprechlichen an, bindet die Aufmerksamkeit, kann von wiederkehrenden destruktiven Gedanken ablenken. Über das bildnerische Arbeiten werden neue soziale Beziehungen hergestellt und Erfahrungen gewonnen. Kunstprojekte ermöglichen zudem eine neue Form der Kommunikation in der Klinik.

4.16.5 Ergotherapie

Ergotherapie nimmt als Hauptvertreter der handlungsorientierten Ansätze einen wichtigen Stellenwert in der forensischen Behandlung ein.

Der Begriff leitet sich von dem griechischen Wort *ergon* (Werk, Tun, Handlung) ab und beschreibt eine Therapieform, die Beschäftigung und Arbeit als Mittel zur Erreichung von Therapie- und Rehabilitationszielen einsetzt (vgl. auch Höhl, 2002):

1. Die *Beschäftigungstherapie* ist explizit nicht auf Leistung und Produktion, sondern auf kreative Betätigung und Wiedereinüben basaler Fertigkeiten ausgerichtet. Aktivierende Verfahren stehen im Vordergrund, wobei speziell adaptiertes Übungsmaterial (Ton, Textilien, Peddigrohr), handwerkliche und gestalterische Techniken sowie lebenspraktische Übungen zum Einsatz gelangen.
2. Gegenüber den eher «ausdruckszentrierten Methoden» der Beschäftigungstherapie bedient sich die *Arbeitstherapie* vor allem «kompetetenzzentrierter Methoden» (Steingass et al., 2000: 81), da sie vornehmlich auf eine instrumentelle Befähigung des Patienten abzielt. Die Arbeitstherapie orientiert sich stärker am «normalen» Arbeits- und Berufsalltag mit erhöhten Arbeitszeiten und einer Entlohnung, bei der – neben verschiedenen Aspekten – auch die Bewertung der Leistung mit einfließt. Tätigkeitsbereiche sind meist die industrielle Fertigung, Schlosserei, Druckerei oder Schreinerei.
3. Neben individueller Förderung spielen «interaktionelle Methoden» in beiden Bereichen der Ergotherapie ein große Rolle. Krankheitsbedingten Kontaktängsten und Einbußen an sozialen Kompetenzen kann durch Gruppenarbeit, auch in Form gemeinsamer Projekte oder Aufbau einer Werkstatt, entgegengewirkt werden.

Therapeutische Ziele der Ergotherapie sind demnach:

- allgemeine Aktivierung und Tagesstrukturierung

- Belastungserprobung, Verbesserung der Selbst- und Fremdeinschätzung
- Förderung von planvollem Handeln, Ausdauer, Konzentration und Merkfähigkeit (Hirnleistungstraining)
- Stärkung des Selbstwertgefühls und Verbesserung der Frustrationstoleranz
- Förderung sozialer Kontakte und kooperativen Handelns, vor allem bei Projektarbeit, wie zum Beispiel bei gemeinsamer Herstellung von Möbelstücken oder dem Aufbau einer Fahrradwerkstatt. Im fortgeschrittenen Stadium kann dadurch zudem der (Wieder-) Erwerb von Schlüsselqualifikationen gefördert werden.
- realitätsnahes Übungsfeld zur Überprüfung der Arbeitsfähigkeit und damit Vorbereitung auf eine berufliche Eingliederung (Arbeitstherapie)
- Begleitung extramuraler Praktika.

Arbeitsrehabilitative Programme sind vergleichsweise empirisch gut untersucht hinsichtlich günstiger Einflüsse auf die psychische Symotomatik, den Rückgang rezidivbedingter Rehospitaisierungen etc. (Reker, 1999).

Sowohl für für die Beurteilung des Therapieverlaufs als auch für die prognostische Einschätzung ist die Ergotherapie ein vorzügliches und unverzichtbares Beobachtungs- und Trainingsfeld. Dieser Tatsache wird in den Maßregelkliniken unterschiedlich Rechnung getragen. Grundsätzlich ist durch entsprechende Kommunikations- und Dokumentationswege sicher zu stellen, dass die erforderlichen Informationen aus diesem Bereich in die Gesamtbehandlungsplanung mit einfließen können (s.a. Behandlungsplankonferenzen).

Dabei hat die Ergotherapie in den Maßregelkliniken unterschiedliche Einschätzungsinstrumente entwickelt. Aus den *Forensischen Kliniken Haina/Hessen* berichtet Madsack (2007) über *«job assessment tools»*, die zum Teil aus anderen Einsatzgebieten adaptiert wurden, um spezifische forensische Fragestellungen beantworten zu können. Der Autor beschreibt verschiedene Tests und Verfahren, die in diagnostischer Hinsicht die Erstellung von Fähigkeits- und Beeinträchtigungsprofilen der Patienten ermöglichen. Daraus lassen sich Hinweise für den speziellen Förderbedarf in relevanten Basiskompetenzen ableiten und die erzielten Fortschritte in der Behandlung bis hin zu einer bestimmten Berufseignung beurteilen.

Darüber hinaus wurden in Anlehnung an das R&R-Programm Rating-Skalen entwickelt, um die für die Behandlung im Maßregelvollzug relevanten kriminogen Faktoren bzw. Verhaltensweisen der Patienten stärker in den Blick zu nehmen. Ein weiteres ambitioniertes Projekt besteht darin, basiend auf dem HCR-20 (s. Kap. 7) einen standardisierten Beitrag der Ergotherapie zur Erstellung der Legalprognose zu entwickeln (HCR-ET).

4.16.6 Sozialarbeit

▶ Sozialarbeiterische Aufgaben in forensischen Kliniken bewegen sich zwischen der Auflösung von Patientenwohnungen, der Abklärung von Leistungen der Kostenträger auf der einen Seite und dem Wunsch nach Übernahme einer therapeutischen Rolle auf der anderen. Dazwischen zeigen sich in der modernen Forensik neue Entwicklungen von Sozialarbeit: SozialarbeiterInnen beginnen gezielt, als NetzwerkspezialistInnen und NachsorgekoordinatorInnen tätig zu werden. Viele Fachkräfte tun sich aber noch schwer mit der neuen Rolle. Sozialarbeiterische Identität in der Forensik hieß lange auch: Unzulänglichkeits- und Minderwertigkeitsgefühle, Überforderung und wenig Kommunikation untereinander. (Stiels-Glenn, 2005: 4) ◀

▶ Es stellt sich die Frage, ob sich die Berufsgruppe mit ihrem ewigen Klagen weiterbeschäftigen sollte. Es ist in der Praxis Tatsache, dass viel Energie von Sozialarbeitern für permanente Bemühungen der Selbstvergewisserung eingesetzt wird. (Gorynia, 2005: 10) ◀

Vor dem Hintergrund dieser Analyse sind in letzter Zeit Bemühungen erkennbar, Sozialarbeit in der Forensik mit einem eigenständigen Kompetenzprofil zu beschreiben. So gelingt es Gorynia, die praktische Sozialarbeit im *Klini-*

kum Bremen-Ost, vor allem «die Breite ihrer Tätigkeiten» und «ihre erforderliche multidisziplinäre Fachkompetenz» herauszuarbeiten und damit «eigene Domänen zu markieren.» Sie schließt mit der selbstbewussten Frage: «Wer, wenn nicht wir Sozialarbeiter und Sozialpädagogen, ist für diese Tätigkeit prädestiniert?» (ebd.: 15 ff.).

Hahn (2005) erkennt Chancen einer Professionalisierung sozialer Arbeit im Maßregelvollzug durch Rückgriff auf handlungswissenschaftliche Ansätze aus Sozialtherapie, Case Mangement und klinischer Sozialarbeit. Analog zu bereits bestehenden Aufbaustudiengängen für klinische Sozialarbeit fordert er einen «Masterstudiengang Forensische Sozialarbeit».

Die Konzeptbildung in der Sozialarbeit, insbesondere im Bereich der Rehabilitation, rekurriert in letzter Zeit vermehrt auf Ansätze, die eine starke Ressourcenaktivierung in den Vordergrund stellen, vor allem auf das Salutogenesemodell von Antonovsky (1997) und auf Strategien des Empowerment (Stark, 1996).

Grundsätzlich orientiert sich stationäre Sozialarbeit im Maßregelvollzug an der 1990 eingeführten Psychiatriepersonalverordnung. Dort wird als Kernaufgabe sozialer Arbeit die Einflussnahme auf die Wechselwirkung zwischen der Erkrankung des Patienten und seiner sozialen Umwelt verstanden.

Die Sozialarbeit bzw. Sozialpädagogik bildet in der Praxis des Maßregelvollzugs sowohl eine Schnittstelle nach «Draußen» als auch eine Schnittstelle der Sozio- und Milieutherapie.

4.16.6.1 Die Schnittstelle nach «Draußen»

Durch die Unterbringung im Maßregelvollzug verliert der Patient seine bisher gültigen sozialen Bezüge und Rollen, zum Beispiel als Mieter oder Arbeitnehmer, und findet sich auf die Rolle des Patienten reduziert. Der Sozialarbeiter stellt die Verbindung zur bisherigen Lebenswelt des Patienten her, indem er Kontakt zu Angehörigen und Freunden, Arbeitsstellen, Vermietern oder Sozialversicherungsträgern aufnimmt. Neben praktischen Notwendigkeiten (Auflösung von Wohnungen, Finanz- und Versicherungsfragen) ergeben sich wichtige diagnostische Hinweise. Der Sozialarbeiter fasst in einer Sozialanamnese seine aus Gesprächen, Hausbesuchen und Aktenstudium gewonnenen Erkenntnisse über psychosoziale Entwicklungen und Fähigkeiten des Patienten zusammen. Diese Erkenntnisse sind für die Begutachtung wichtige Befunde und stellen für die Behandlungsplanung bedeutsame Inhalte dar.

In der Phase einer zunehmenden Außenorientierung des Patienten hat der Sozialarbeiter die Aufgabe, an der Schaffung geeigneter Kontakte und Erprobungsfelder (z. B. Werkstätten, Freizeit) mitzuwirken. Während in der Allgemeinpsychiatrie die *Angehörigenarbeit* einen hohen Stellenwert hat, stellt sich die Sitaution in der Maßregelbehandlung problematisch dar: Neben oftmals gänzlich fehlenden Kontakten zur Ursprungsfamilie hat diese nicht selten einen für Therapie und Prognose ungünstigen Einfluss auf den Patienten. Dabei ist der beiderseitige Kontaktwunsch gleichwohl zu akzeptieren. Es bedarf differenzierter Strategien, um das unterstützende Potenzial der Angehörungen zu nutzen und potenzielle Gefährdungen für die Stabilität des Patienten mittels begleitender Gespräche und Dosierung der Begegnungen zu minimieren. Gerade in der Phase der Rehabilitation sind hier fundierte Einschätzungen und Vorschläge des Sozialarbeiters zum Umgang mit den Angehörigen hilfreich. Die Kenntnisse der sozialen Kontakte und Kompetenzen des Patienten machen den Sozialarbeiter somit zu einem wichtigen Ansprechpartner für die Ambulanz bei der Überleitung in einen geeigneten sozialen Empfangsraum.

Spezialwissen erfordert die Perspektivplanung bei *ausländischen* Patienten. Bei guter Kenntnis des Ausländerrechts (auch Asylverfahrensgesetz) hält der Sozialarbeiter nicht nur den Kontakt zur kommunalen Ausländerbehörde. Er hat eine wichtige beratende Funktion für Behandler und Patienten, da meist weder die juristischen Bestimmungen des Aufenthaltsstatus noch die Regelungen und Konsequenzen von Ausweisung, Abschiebung oder einer vom Patienten selbst gewünschten Repatriierung in sein Heimatland bekannt sind.

4.16.6.2 Die Schnittstelle der Sozio- und Milieutherapie

Der sozialarbeiterische Blick und Handlungsansatz zielt vornehmlich auf die (Gestaltung der) Beziehung des Patienten zu seinem sozialen Umfeld ab. Sozialarbeit ist daher die Schnittstelle, die die Informationen aus den verschiedenen therapeutischen Maßnahmen bzw. den Kontexten verbindet, in denen der Patient seinen Behandlungsalltag verbringt.

Neben den Verhaltensweisen im sozialen Leben der Wohngruppe geben die Beobachtungen aus der Ergotherapie, Schule etc. wichtige Hinweise darauf, wie sich der Patient im Realraum der Klinik *tatsächlich* entwickelt. Das Freizeitverhalten des Patienten sollte dabei Berücksichtigung finden. Auch der Kontakt zu wichtigen Bezugspersonen außerhalb der Klinik, zum Beispiel zum gesetzlichen Betreuer, wird meist über den Sozialarbeiter aktiv gehalten.

Diese integrative Funktion haben Sozialarbeiter insbesondere in den forensischen Abteilungen, in denen sie in auch in der Wohngruppenleitung tätig sind.

Zu den intramuralen Tätigkeiten gehören sozialadministrative Aufgaben wie Schuldenregulierung, begleitende Unterstützung im Umgang mit Behörden und Klinikverwaltung. Dies kann im Einzelfall zu einem weiter gehenden Kompetenztraining führen, in dem zum Beispiel auch der Umgang mit Geld durch Anlegen eines Haushaltsbuches geübt wird.

Diese Maßnahmen werden bevorzugt als Gruppenaktivitäten praktiziert. Was zum Beispiel in der *Forensischen Abteilung Düren* als «*Alltagsführerschein*» konzipiert wurde, wird in anderen Klinken in Form von «Soziogruppen» oder als «Soziales Training» durchgeführt (Otto, 1994). Innerhalb eines festgelegten Programms werden relevante Alltagsprobleme und rechtliche Fragen in den verschiedenen sozialen Kontexten der Patienten bearbeitet.

Häufig arbeiten Sozialarbeiter auch als Co-Therapeuten zum Beispiel in psychoedukativen Trainings oder in Gruppen für Sexualstraftäter.

4.16.6.3 Verhaltensweisen der Patienten, die die Motivation des Teams reduzieren

Born (1997: 37) bietet eine Übersicht:

- absichtliches Falschverstehen, falsch Zitieren
- «Ja, aber»-Spiele
- Bemerkungen, dass die Teammitglieder sich mehr anstrengen sollen
- Kritik an der Person oder Persönlichkeit der Teammitglieder
- «ungünstige» Vergleiche mit früheren TherapeutInnen oder anderen Teammitgliedern: Ungünstige Vergleiche sind solche, in denen der Patient einzelnen Teammitgliedern klarmacht, dass sie insuffizient sind. Üblicherweise werden solche Vergleiche gleich zu Beginn angestellt, können bei Bedarf jederzeit im Verlauf der Behandlung wiederholt werden.
- Schuldvorwürfe: Nach dem Motto: «Sie haben studiert. Meine Familie konnte sich das nicht leisten. Was fragen Sie mich, wie ich das Problem lösen soll. Ich bin hier, damit Sie mir helfen. Was für eine Art von Therapeut sind Sie eigentlich?»
- Einfordern von Vertrauen: «Sie glauben nicht, was ich sage. Wie kann ich mit jemandem Therapie machen, der kein Vertrauen in mich hat.» Oder nach der Logik, dass die Dauer des Kontaktes gleichzusetzen ist mit einer emotionalen Verbindung, nämlich Vertrauen.
- Körperliche Beschwerden oder «Ich weiß etwas, dass Sie nicht ignorieren können»: Bei den körperlichen Beschwerden handelt es sich um nicht oder nur schwer objektivierbare. Alle Anstrengungen des Teams, die Beschwerden zu lindern, bleiben ohne Erfolg. Außerhalb des Stationszimmers scheint der Betreffende beschwerdefrei.

Hinzu kommen:

- Ausspielen der Teammitglieder durch Streuen widersprüchlicher Informationen oder Spaltungen (z. B. in «Lieblingspfleger» und «bösen» Therapeuten)
- Bedrohungen und Versuche, Mitarbeiter zu bestechen (materiell oder immateriell) oder zu erpressen

- Sexualisierung: unkorrigierbare Vorstellungen über angebliche «Liebesbeziehungen» zu Mitarbeiterinnen und entsprechende Belästigungen
- Beschwerden und Anzeigen.

Anders als im ambulanten Setting haben die Behandler im Maßregelvollzug dem Patienten gegenüber konkrete Macht. Vor allem das Pflegepersonal ist zwangsläufig durch das mit dem Patienten lange Jahre geteilte Lebensfeld handelnd und emotional mit dem Patienten verstrickt. Die Behandler stehen somit in einem «Interaktionsfeld, das dem der Erziehung gleicht, das heißt in der Position von ‹Eltern›, die bestimmte Intentionen für ihre ‹Kinder› verfolgen und die emotional selbst in die Erfolge und Misserfolge eingebunden sind.» (Duncker, 1999: 194).

Es gibt nun verschiedene typische Reaktionsweisen, so genannte Gegenübertragungen, die für das Behandlungsteam oftmals emotional belastend und – im täglichen Umgang mit dem Patienten – ausgesprochen hinderlich und blockierend sind.

4.17 Supervision – Probleme der Gegenübertragung

Gegenübertragung umfasst das emotionale und kognitive Geschehen, das im Therapeuten – in Reaktion auf sein Erleben des Patienten – wachgerufen wird. Sie ist keinesfalls als Störung der therapeutischen Beziehung oder gar Ausdruck mangelnder Professionalisierung zu verstehen: «Wahrnehmung und Nutzung des Gegenübertragungserlebens durch den Therapeuten sind nicht nur in der Differenzialdiagnostik hilfreich, der reflektierte Umgang damit ist auch ein wichtiges Mittel zur Gestaltung und Führung des therapeutischen Prozesses.» (Stirn/Hartkamp, 2004: 203). Die unbewussten affektiven Beziehungsangebote des Patienten in der Therapie sind je nach Störung unterschiedlich. Die Autoren geben einen Überblick krankheitstypischer Gegenübertragungsreaktionen, die dementsprechend von Krankeitsbild zu Krankeitsbild (von neurotischen, psychosomatischen Störungen bis zu Persönlichkeitsstörungen, Sucht oder Trauma) stark variieren und eine – mehr oder weniger starke – prototypische Ausprägung aufweisen.

Patienten des Maßregelvollzugs, die im Rahmen ihrer Erkrankung Sexual- oder Gewaltdelikte begangen haben, lösen heftige Affekte aus, die in Bezug auf dissoziale Störungen vielfach beschrieben wurden (Hilgers, 2006; s.a. *Rauchfleisch* im Anhang, Kap. 4.18.2.1)

Das Schwanken der professionellen Helfer zwischen Hoffnung, Zweifel und Angst beschreiben die Schweizer Kriminologen Haas und Killias (2001: 211 f.):

▶ Eine weitere Situation, die oft zu Hoffnung Anlass gibt und zu Lockerungsschritten führt, stellt sich dann ein, wenn der Klient erstmals zu einem Mitarbeiter Vertrauen gefasst hat und sich geöffnet hat: Er hat vielleicht geweint, hat seine Taten in einem anderem Licht gesehen und sich an den selbsterlittenen sexuellen Missbrauch erinnert. Auf die sozial und therapeutisch Tätigen hinterlässt eine solche Öffnung einen tiefen emotionalen Eindruck. Man hat darum in Anlehnung an die Metapher von Wilhelm Reich auch schon vom Aufbrechen des Charakterpanzers gesprochen. Für einen psychisch normalen Menschen ist es oft undenkbar, dass jemand, zu dem man vermeintlich eine so große Nähe gespürt hat, dann später dennoch fähig sein soll, wiederum ein unschuldiges Opfer anzufallen. Dies steht natürlich auch im Zusammenhang mit einem philantrophischen Menschenbild. Die Charakterpanzer-Theorie geht ja davon aus, dass jeder Mensch zumindest im Innersten gut ist. Das sogenannte Böse wiederum wäre demnach auf eine sekundäre äußerliche Verhärtung zurückzuführen, die sich als Folge von schweren Traumata einstellen kann. Viele denken, wenn sie sich nicht mehr auf ihr Gefühl im mitmenschlichen Kontakt verlassen können, müssten sie den Glauben an das Gute im Menschen aufgeben und befürchten, man könne dann in der Welt nur Lug und Trug sehen.

Umgekehrt werden natürlich die Skeptiker unter den Fachleuten, ebenfalls mit Hinweis auf die Persönlichkeitsspaltung, das Gute als eine «Fassade» bezeichnen, welche die weiter bestehende aggressive Disposition dissimulieren soll. Einzelne Kritiker der helfenden Berufe bezweifeln überhaupt alle Angaben der kriminellen Klienten. Wurden Sexualtäter tatsächlich selber missbraucht in der Kindheit, oder handelt es sich dabei nur um eine billige Ausrede, die dem Gutachter auf die Tränendrüse drücken soll, damit der Patient bessere Chancen hat, in den Maßregelvollzug zu kommen? ◀

Es gehört zu den Besonderheiten forensischer Behandlung, dass sie die Helfer in heftige und verwirrende, oft sehr belastende Gefühlsreaktionen stürzt.

Auch wenn man nicht an dem bekannten «Helfersyndrom» leidet und eine realistische Position zu Möglichkeiten und Grenzen der Behandlung gefunden hat, wird man unweigerlich in eine emotionale Dynamik mit dem Patienten und dem Team hineingezogen, die ständiger Reflektion und regelmäßiger Supervision bedarf.

4.17.1 Aggressive Gegenübertragung

Bei der Beschäftigung mit dem Delikt des Patienten, ganz besonders eindringlich bei der Lektüre der brutalen Einzelheiten des Tathergangs, überkommen die Behandler zwangsläufig Gefühle von Abscheu, Entsetzen, Ekel bis hin zu Gefühlen unüberbrückbarer Ablehnung. Auch während der Behandlung lösen unvermeidliche Misserfolge oder Kränkungen durch die Patienten vielfach Gefühle von Vergeblichkeit und heftigem Ärger aus. Dazu tragen nicht zuletzt auch (Drohungen mit) Beschwerden und Anzeigen seitens der Patienten bei.

Es stellen sich Gefühle ein, «die wir von verzweifelten Eltern kennen, die meinen, alles erdenklich Gute für ihre Kinder getan zu haben, um sie dann wegen eines erneuten Misserfolgs besonders hart bestrafen zu müssen oder die meinen, sich nunmehr von ihnen abwenden zu dürfen.» (ebd.: 194).

Die hier beschriebene Gefahr besteht mithin in der Verweigerung von identifikatorischer Einfühlung bis zum sadistischen Gegenagieren: Man fühlt sich «im Recht» zu Entwertung und besonderer Rigidität, da die Patienten so schlecht, aggressiv etc. sind.

▶ Was die Therapeuten besonders stark nervt, ist die Kombination von

- Druck auf den Therapeuten: Es muss etwas geschehen, die Therapie muss Fortschritte bringen, der Zustand ist nicht auszuhalten und
- Sabotage der Arbeit: Der Klient arbeitet nicht mit, weicht aus, vernebelt, sagt, dass er nicht hingucken kann usw.

Diese Doppelbotschaft vom Klienten setzt Therapeuten gleichzeitig matt und gibt ihnen die Verantwortung für das Scheitern: Dies empfinden Therapeuten, nicht ganz zu Unrecht, als unfair und ungerecht. Und das kann sie ausgesprochen sauer machen [...]. Diesen Reaktionen der Therapeuten liegt die falsche Annahme zu Grunde, dass die Klienten in Therapie kommen, um sich zu ändern und dass es primär um die Behandlung problematischer Inhalte geht. Die Klienten «verstoßen» dann gegen diese Regeln und verärgern damit die Therapeuten. Daher muss sich ein Therapeut als Erstes klar machen, dass der Fall völlig anders liegt: Der Klient möchte sein System stabilisieren, er möchte den Therapeuten als Stabilisator einbauen, er möchte dazu die Therapie kontrollieren usw. Und: Das Ganze tut der Klient nicht, um den Therapeuten zu ärgern, sondern es ist ein *Teil des Problems*. Nur wenn der Therapeut dies erkennt, hat er eine Chance, das Verhalten des Klienten nicht als Sabotage, Angriff, Beleidigung, Unverschämtheit oder ähnliches zu verarbeiten. (Sachse, 2001: 183) ◀

Insbesondere bei der Behandlung von Sexualstraftätern werden die «destruktiven Bereitschaften der Professionellen» (Heltzel, 2007: 10) angesprochen. Der Autor beschreibt anschaulich die unvermeidlich aufkommenden heftigen Aggressionen in der Behandlung mit sexuellen Gewalttätern. Diese resultieren aus der spezifischen Klientendynamik, aus der Dynamik bzw. den Konflikten der Professionellen selbst, schließlich aus der Widerspiegelung des gesellschaftlichen und institutionellen Kontextes. Die Behandler erleben oft – stellvertretend für den Patienten – wütende Ohnmacht insbesondere bei solchen Tätern, die sich bagatellisierend, zynisch oder sonst wie abwehrend verhalten.

▶ Das Personal verschafft sich dann Erleichterung, indem über Patienten ‹gelästert› wird oder sich ‹rächt› mit kleinlichen, vielleicht sogar gehässigen Reaktionen an den Patienten. […] Professionelle können anstreben, ihre im Kontakt mit dem Patienten aufkommenden Affekte, Bilder und Fantasien zu unterdrücken, in Schach zu halten oder irgendwie ‹auf Eis zu legen›. Dabei geraten Sie aber in genau jene negative Gegenübertragung, die sie möglichst ‹wasserdicht› abwehren wollen: Sie reproduzieren nämlich ein unterkühltes, durch emotionale Nichterreichbarkeit gekennzeichnetes Familienumfeld. (ebd.: 12). ◀

Scham- und Schuldängste

Rigide oder überzogene Maßnahmen seitens des Teams als Reaktion auf Fehlverhalten oder Provokation der Patienten bewertet Hilgers (2006) als *Schamvermeidungsstrategie* der Behandler, die auf diese Weise eine passiv erlittene Beschämung durch die Patienten ins aktive Gegenteil umkehren können. Bei der Behandlung insbesondere dissozialer Patienten schwingt bei den Behandlern immer die Angst mit, manipuliert und missbraucht zu werden und damit ein «antizipierter Scham-Schuld-Konflikt: Neben den befürchteten Schuldgefühlen, destruktive Entwicklungen mit nachfolgenden Straftaten nicht ausreichend vorausgesehen oder verhindert zu haben, laufen Team und Behandler Gefahr, entblößt vor Kollegen wie möglicherweise auch auch vor einer Medienöffentlichkeit dazustehen.» (edd.: 282).

4.17.2 Überidentifikation

Die umgekehrte Gefahr besteht in einer zu weit gehenden Identifikation mit dem Patienten: «Dies ist dann die Gefahr, welche die Ethnologie als ‹to go native› beschrieben hat: die Verführbarkeit derjenigen, die als ‹teilnehmende Beobachter› an einer fremden Kultur partizipieren, sich den Riten und Verkehrsformen dieser Kultur so weit anzugleichen, dass die eigene soziale Identität tendenziell verloren geht. Die ‹fremde Kultur› ist in diesem Fall die ‹Gang-Kultur› der Insassen.» (Lohmer/Wernz, 2000: 236).

Von einem *«Reiz des Exotischen»* bleibt bei näherer Betrachtung nicht viel übrig: Es handelt sich eher um eine krasse Verwechslung der eigenen Fantasie über die vermutete und romantisierte Welt der Patienten mit der tatsächlichen Lebens- und Erlebenswelt dieser Menschen!

Dass sich die therapeutische Begleitung im Verlauf immer wieder zu einer verstärkten Nähe zum Patienten entwickelt, ist therapeutisch durchaus angestrebt und insofern unvermeidlich. Auch ein sich abzeichnender oder vorübergehender Distanzverlust eines Mitarbeiters ist

Eine verführerische Mischung von Grandiosität, Delinquenz und Opferhaftigkeit …

…geht von vielen forensischen, meist persönlichkeitsgestörten Patienten aus (ebd., 2000: 237).

Bei Helfern mit einer eigenen narzisstischen Bedürftigkeit oder mit ungelösten Autoritätsproblemen werden dann eigene «rebellische Anteile» an den Patienten delegiert und können zu einer «besonderen Nähe» oder «speziellen Beziehung» führen.

Behandler- und Betreuerteams müssen eine «doppelte Perspektive» einnehmen: Sie müssen als Vertreter des Realitätsprinzips und ethischer Normen auftreten und sich gleichzeitig in die verführerischen Aspekte von Normbruch, Grenzverletzung und Größenfantasie einfühlen können. Das Scheitern dieser schwierigen Balance mündet in dem Ausleben nur eines Pols: entweder in der einseitigen Betonung des vermeintlichen Gleichseins oder der Distanz.

nicht tragisch, sondern kann wertvolle Hinweise auf die Psychodynamik des Patienten liefern. Voraussetzung dafür, dass die Entwicklung nicht unbemerkt in eine gefährliche Richtung entgleitet, ist ein funktionierendes Team. Von dort müssen dann kritische Rückfragen kommen, wenn zum Beispiel der Therapeut die Therapiegespräche als allzu glatt und konfliktlos beschreibt: Warum wird das Thema «Aggression» vermieden? Besteht beim Therapeuten die Fantasie bzw. die Angst vor Konflikten und ungesteuerten Affekten, vor Zerstörung der Beziehung, oder ist er gefangen in einer eher mitleidsvollen und allzu schonenden Haltung? Spielen eigene narzisstische Bedürfnisse des Therapeuten eine Rolle, steht er unter *Erfolgsdruck*?

4.17.3 Teamkonflikte und narzisstische Fehlentwicklungen

Auch viele Teamkonflikte sind Ausdruck von typischen narzisstischen Fehlentwicklungen, die insbesondere die Notwendigkeit externer Supervision verdeutlichen. Duncker (1999: 194 f.) beschreibt vier Konflikte:

- «das Problem des Sündenbocks
- das Problem der rechthaberischen Berufsgruppen oder -schichten
- das Problem der Bewertung der eigenen Qualität durch die Abwertung der anderen
- das Problem der symbiotischen Teambildung.»

Die Problematik des letzten Punktes liegt auf der Hand: Bei einer zu engen, meist auch ins Private übergehenden Teamsituation kann es zu unklarer Aufgabenabgrenzung und zum Verlust kritischer Urteilsbildung kommen: «In symbiotischen Momenten sind alle Mitglieder des Teams gegenüber den Patienten gleich nah oder gleich fern. Es fehlt bei der Urteilsbildung die gegenseitige Kontrolle durch unterschiedliche Distanzen des einen oder des anderen» (ebd.: 195). Vermeidung von Differenz und Spannungen entwickelt sich zudem oft zu einem allgemeinen lähmenden Stillstand der Arbeit und jeder Weiterentwicklung.

4.17.4 Das Problem der Spaltung

Die Probleme des Sündenbocks und der Spaltung offenbaren sich nach Rauchfleisch (1996a) in einer oft anzutreffenden Denkweise der Mitarbeiter: «Wenn es nur nicht diese schrecklichen anderen gäbe!» Alles wäre (wieder) in Ordnung, wenn dieses oder jenes Mitglied des Teams nicht mehr arbeiten oder ein bestimmter Patient verlegt würde.

▶ Es geht nicht darum, Spaltungen zu vermeiden, sondern sie zum einen zuzulassen und auch gleichzeitig bearbeiten zu können. Dem Patienten muss zurückgespiegelt werden, zum einen dass die Spaltung *seine* Aktivität, *seine* Form von Realitätsbewältigung ist; zum anderen muss ihm gezeigt werden, dass Situationen, Personen und Identifikationspartner positive oder negative Übertragungselemente in sich selbst als Tendenzen haben. Nur so kann er langsam über die Wiederholungen in seinen Reinszenierungen merken, dass die Realität eine graue ist und nicht eine, die in Schwarz-Weiß-Situationen schablonenhaft existiert. [...]

Natürlich sind nicht alle Spaltungen in den Teams von den Patienten induziert, aber bei dem hier zu beobachtenden Ausmaß, sollte dieser Blickwinkel der Erste sein. (Duncker, 1999: 192) ◀

Gegen das Denken in Fronten (ich und der Patient, meine Berufsgruppe gegen die andere, wir gegen den Chef) müssen immer wieder die Rückbesinnung und Identifikation mit der *gemeinsamen Aufgabe* gesetzt werden.

Auch der Supervisor kann in diese «Mühle» gegenseitiger Abwertungen geraten, da seine Hinweise als Infragestellung (und damit als Destabilisierung der narzisstischen Balance eines Teams) erlebt werden können.

4.17.5 Schuldgefühle

▶ Die allgegenwärtige, oft quälende Ohnmacht und Hilflosigkeit angesichts forensischer Patienten mit ihren oft sehr begrenzten Perspektiven besteht nur solange, wie nicht Ohnmacht in Schuldverortung verwandelt werden kann. Wenn man weiß, wer Schuld zu haben scheint, existiert keine Ohnmacht mehr: Was Behandler von ihren Patienten unterscheiden könnte, ist die Fähigkeit, Ohnmacht zu ertragen, ohne wüstes Agieren, Zynismus oder Rückzug. (Hilgers, 2007: 21) ◀

Der forensische Mitarbeiter ist permanent in einer Situation potenzieller narzisstischer Kränkung. Er «sitzt zwischen den Stühlen». Für den Patienten, dessen Angehörige und Anwälte ist er zu restriktiv. Für Staatsanwaltschaften und die Bevölkerung zu empathisch, für manche Beschwerde- und Kontrollinstanzen zu eigenmächtig. Jede Handlung ist von strategischem Denken überlagert. Therapie, verstanden als «der Weg eines authentischen Diskurses» (ebd., 1999: 196), kann sich dabei oft nur schwer entfalten.

Gerade die bekannte Neigung persönlichkeitsgestörter Patienten, anderen die Verantwortung zuzuschieben, führt zudem nicht selten zu dem paradoxen Ergebnis, dass sich nun die Behandler *selbst schuldig* fühlen.

Dabei ist die Macht der Patienten nicht zu unterschätzen, durch Drohungen mit Beschwerden und Anzeigen, zum Teil mit Hilfe eines Rechtsanwalts, die Behandler nicht nur moralisch, sondern auch sehr real unter Druck zu setzen.

4.17.5.1 Von Sympathie, technischer Neutralität und haltender Funktion

Unter dieser Überschrift beschreiben die Autoren (Dulz et al., 2000: 483 ff.), dass die innere Einstellung dem Patienten gegenüber entscheidende Bedeutung hat. Besteht eine Abneigung des Therapeuten oder ist seine Haltung eine rein technokratische, unkritische oder auch überengagierte, ist ein anhaltender Erfolg nicht zu erwarten. Der Patient kann dabei auf Grund feinster «Antennen» die innere Haltung der Therapeuten auch bei noch so «guten schauspielerischen» Leistungen erkennen.

Als eine Grundvoraussetzung nennen die Autoren eine über ein bloßes (möglicherweise voyeuristisches) Interesse hinausgehende Sympathie: Nur diese bildet nach ihrer Auffassung eine Basis für eine zuverlässige und lange durchzuhaltende Beziehung und verhindert zum Beispiel in Zeiten heftigster Vorwürfe seitens des Patienten (oft nach Monaten großen therapeutischen Engagements), «die Flinte ins Korn zu werfen». Empathie ist dabei eine zwar notwendige, aber nicht hinreichende Bedingung. Unter Empathie versteht man Einfühlung in den Patienten, Anerkennung seiner persönlichen «Wahrheit» und Erfassung unterschwelliger Botschaften. Das bedeutet auch, zwischen der eigenen Welt und der des Patienten «eine menschliche Ähnlichkeit» zu entdecken.

Ist solcherart Sympathie bei Straftätern überhaupt möglich? Birgt das nicht die Gefahr unkritischer Identifizierung?

Dagegen setzen die Autoren das Konzept der «technischen Neutralität»: Der Therapeut müsse in der Lage sein, sich seine emotionale Distanz durch eine permanente Reflektion der Gegenübertragung im Rahmen der Supervision immer wieder neu zu erarbeiten, …

▶ … damit sein Urteilsvermögen nicht durch Gefühle getrübt wird […]. Neutralität bedeutet, die Gegenübertragung, also auch eigene Schwächen wahrzunehmen, zu analysieren und sie in der Therapie zu kontrollieren, also ihr nicht impulshaft nachzugeben – zumal der Patient gerade dies provozieren wird. Nur mittels der technischen Neutralität wird es möglich, dass der Therapeut sich nicht so verhält, wie es Vater oder Mutter des Patienten getan haben. (ebd.: 492) ◀

Die Therapie wird besonders dann eine Gratwanderung und eine enorme Belastung, wenn es um die Täterschaft und damit um die dissozialen, gewalttätigen, perversen Aspekte des Patienten geht. Hier stellen sich unweigerlich Gefühle von Hilflosigkeit, Wut, Ekel ein. Es ist dann oft kaum möglich, die erforderlichen therapeutischen Funktionen auszuüben.

«Möglicherweise bedarf es, um Borderline-Therapeut zu sein, einer speziellen Fähigkeit bzw. Technik, die wir als temporäre und bewusst induzierte ‹Affektabspaltung› bezeichnen.» (ebd.: 498). Diese vorübergehende Verdrängung ist dann ein Notbehelf, um den Fortgang der Therapie zu ermöglichen. Sie sollte allerdings *reversibel* sein: Die abgespaltenen Bereiche sollten jederzeit wieder abrufbar sein, damit die Realitäts- und Affektkontrolle des Therapeuten erhalten bleibt!

4.17.5.2 Supervision als Gedächtnis

Hilgers (2007) weist vor dem Hintergrund seiner Erfahrungen als Supervisor auf den erstaunlichen Befund hin, dass bei den Behandlungsteams oftmals die Straftaten der Patienten, insbesondere der genaue deliktische Hergang mit seinen bedrohlichen und abstoßenden Aspekten «einer eigenartigen Amnesie» unterliegen. Er bewertet dies nicht als Beweis der Ignoranz der Mitarbeiter, sondern als einen notwendigen Selbstschutz.

▶ Zugleich wäre es aber ein schwerer und gefährlicher Fehler, dies nicht doch immer wieder ins Bewusstsein zu holen [...] Die Supervision bietet die Möglichkeit, dass der Supervisor all jene Details erfragt, die nach kurzer Zeit aus guten Gründen wieder verloren gehen. Schlaglichtartig wird der Patient für einen Moment in seiner Destruktivität deutlich [...] Man könnte also sagen, die Teams leisten sich eine Supervision, unter deren Schutz sie sich jene kriminalanamnestischen Informationen zumuten, die sie immer wieder wissen und zugleich auch immer wieder vergessen müssen. (ebd.: 21) ◀

4.17.6 Psychosoziale Kompetenz – Basis professionellen Handelns

Wer – wie insbesondere das Pflegepersonal – tagtäglich mit destruktiven Verhaltensweisen gestörter Menschen zu tun hat, steht zwangsläufig unter dem Druck heftiger Gefühle. Die Balance zwischen einfühlender Anteilnahme und nötiger Distanz ist oft ein Drahtseilakt. Der Rückgriff auf erlerntes Wissen und Methodik ist wichtig, hilft aber nur begrenzt. Der *Mitarbeiter selbst* ist das wichtigste therapeutische Instrument. «Selbsterfahrung» ist dafür eine wichtige Voraussetzung. Dazu gehört die Fähigkeit, die Beziehungen zum Patienten und die daraus resultierenden Gefühle zu beobachten sowie die Bereitschaft, diese im Team zu besprechen.

Kritik auszuhalten, ist eine Forderung, die genauso selbstverständlich erhoben wird, wie sie in der Praxis oft scheitert. Ausreichende Distanz zu eigenen Impulsen, Stimmungen, auch zu den eigenen (narzisstischen) Gefährdungen zu haben bzw. immer wieder herzustellen, ist eine Forderung, die nicht nur für Patienten gilt! Zugegeben: Sich von dem Agieren der Patienten, ihrem punktiformen Erleben nicht provozieren oder überschwemmen zu lassen, ist eine ständige Herausforderung an den *Erhalt der eigenen inneren Freiheit* und des Stehvermögens.

Sisyphos oder die Frage nach dem Sinn

Die Behandlung im Maßregelvollzug manifestiert sich oftmals in mühsamen und endlosen Schleifen von versuchten Veränderungen der Patienten und erneutem Scheitern, die ohne konstruktive Ergebnisse und durchgreifenden Fortschritt erscheinen. Nicht nur Mitarbeiter auf Longstay-Abteilungen sehen sich mit der Frage konfrontiert: Ist unser Handeln nicht sinnlos?

▶ Das wäre, als verstiege man sich zu der Behauptung, die Behandlung eines chronisch rheumakranken Patienten sei sinnlos oder die palliative Begleitung eines onkologischen Patienten obsolet. Es ist die Heilserwartung der Patienten und die der Gesellschaft, die zu der im Grundsatz totalitären Forderung führt, alle Patienten müssten nach unseren Vorstellungen grenzenlos formbar sein [...] Die Entwicklung ist die immer gleiche Abfolge von Schritten ohne Fortschritt. Dies weder zynisch zu entwerten, noch Heilsillusionen über die Patienten zu stülpen, sondern sie geduldig und authentisch zu begleiten, ist zutiefst humanes Handeln. (Hilgers, 2007: 22) ◀

Um in angespannten Alltagssituationen angemessen reagieren zu können, ist vor allem die Kenntnis eigener Ängste wichtig: Handelt es sich im Einzelfall zum Beispiel um reale Ängste auf Grund einer echten Gefahrensituation, oder sind es vielmehr narzisstische Ängste (vor Infragestellung oder Bloßstellung), die das eigene Handeln bestimmen?

Zur eigenen Psychohygiene gehört auch, *«lebendig»* zu bleiben – wo doch lange Unterbringungsdauern lähmend wirken und das Zeitgefühl verloren zu gehen droht. Zwischen dem notwendigen «langen Atem» und Resignation liegt nur ein schmaler Grat. Der Verdienst forensischer «Beziehungsarbeiter» besteht nicht zuletzt darin, sich den Patienten zu stellen, die sonst überall «rausgeworfen» werden (können). Für diese Aufgabe bedarf es aber gerade nicht der Leidensfähigkeit eines Märtyrers, sondern der Fähigkeit, Grenzen zu setzen und einen klaren Realitätsstandpunkt zu vertreten. Um sich nicht die gestörte Sicht des Patienten, seine «Privatlogik» aufdrücken zulassen, bedarf es eines *«gesunden» Realitätsbezugs*. Gerade das Pflegepersonal wird von den Patienten in das (in ihrem bisherigen Leben endlos aufgeführte) *kindliche Drama* eingespannt. Der Patient verschanzt sich dabei in der Rolle des «Opfers», den Teammitgliedern werden regelmäßig die Rollen des «Retters» oder des «Verfolgers» übertragen. Werden diese Mechanismen nicht ständig im Rahmen der Supervision reflektiert, wird sich der Mitarbeiter fast zwangsläufig bald selbst in der Rolle des «Opfers» wiederfinden.

Zum Abschluss

Es gibt immer (mindestens) «zwei Seiten, vom Pferd zu fallen»: Die eine Möglichkeit ist, den persönlichen Erfolg zu eng mit dem Erfolg des Patienten zu verknüpfen, eine andere besteht darin, den zynischen Rückzug anzutreten. Um «sitzen zu bleiben» und die Balance zu halten, gilt es übrigens daran zu erinnern, dass es auch ein Leben außerhalb der Forensik gibt – wenigstens für die dort Beschäftigten!

4.18 Anhang

4.18.1 Das Forensische Dorf – Zur Aktualität der Therapeutischen Gemeinschaft im Maßregelvollzug

Rolf Schellbach-Matties

In most general terms,
we are all much more simply human than
otherwise,
be we happy and successful,
contented and detached,
miserable and mentally disordered
or whatever. *Harry Stack Sullivan*

Die überkommenen Strukturen der Anstalt aufzubrechen, die eingeschlossenen Kranken aus ihrer erzwungenen Untätigkeit zu befreien und dem Versanden ihres Lebens in der Anstalt Einhalt zu gebieten, sodass Hoffnung entsteht, die Kranken mögen wieder am Leben der Gemeinde teilhaben, war der Angriffspunkt von Reformbewegungen, die heute unter dem Namen der Therapeutischen Gemeinschaft bekannt sind.

► [...] Nach der Theorie ist von der Therapeutischen Gemeinschaft zu erwarten, dass abnormes Verhalten toleriert und akzeptiert wird. Es wird allgemein besprochen und man sucht nach seinen Hintergründen und seiner psychologischen Bedeutung. In der Sicht der Psychologie, die dem Behandlungsprinzip zugrunde liegt, äußert sich in dem abnormen Verhalten, dass die Beziehungen zu den Mitmenschen gestört sind. Die Gemeinschaft ist daher der angemessene Ort zur Entstörung, Wiederherstellung und Heilung [...] (Flegel, 1964). ◄

Indem Patienten und Therapeuten begannen, in strukturierten oder spontanen Gruppensitzungen ihr alltägliches Zusammenleben in der Klinik zu erforschen, teilten sie ein Bewusstsein, dass selbst das befremdlichste Gebaren Ausdruck menschlicher Beweggründe war, mit denen jeder von ihnen schon einmal mehr oder weniger zu tun gehabt hatte (Flegel, 1964).

Würde dies aber ebenso für Patienten gelten, die in ihrer seelischen Störung anderen Menschen Gewalt angetan haben, sie misshandelt, seelisch beschädigt, gequält, körperlich verletzt, getötet oder am Ende den toten Körper zerschlagen und verstümmelt haben? Würde dieses Bewusstsein also auch auf Taten übertragbar sein, welche Abscheu hervorrufen, als unmenschlich bezeichnet werden und weithin einer Ausgrenzung aus dem allgemeinem Diskurs unterliegen?

Mitte der 70er-Jahre des 20. Jahrhunderts wurde in Düren der Neubau einer Klinik für Patienten, die wegen einer Gewalttat strafrichterlich untergebracht wurden, geplant und 1986 bezogen. Alle an der Diskussion beteiligten Berufsgruppen trafen unter der Leitung des seinerzeitigen Ärztlichen Direktors, Dr. H. Koester, die Vereinbarung, das Behandlungskonzept auf die Prinzipien der Therapeutischen Gemeinschaft zu gründen und Sorge zu tragen, dass der Klinikneubau der angemessenen Entfaltung eines solchen sozialen Gebildes Raum böte. Über die Arbeit in dieser Klinik, heute die Abteilung für Forensische Psychiatrie I, wird hier berichtet.

4.18.1.1 Die Gebäude – Das Forensische Dorf

Dem Architekten K. Kunze gelang in Absprache mit dem Planungsstab des Dezernates Gesundheitswesen, dessen Leitung Landesrat Kukla innehatte, in großartiger Weise eine nach außen durch eine Wallmauer gesicherte Klinik zu bauen, die nach innen mit einem aufgelockerten Gebäudeensemble die Struktur eines Dorfes entfaltete, mit voneinander getrennten Bereichen der Häuser mit den Wohngruppen, einem Dorfzentrum mit Cafeteria, Bibliothek und einer großen Versammlungshalle, dem Behandlungsbereich und einer Werkhalle.

Alle passiven Sicherungen wurden an die Peripherie gelegt, sodass das Dorf mit seinem weiten Freigelände alle Ähnlichkeit mit einem Gefängnis vermied. So sehr die gelungene Architektur weiterer Beschreibung bedürfte, soll sie hier nur kurz als hervorragende Unterstützung des nachfolgend zu beschreibenden Behandlungskonzeptes Erwähnung finden.

4.18.1.2 Das Behandlungskonzept

Auch wir setzen als Grundprinzip der Behandlung in unserer Klinik, in dem abnormen Verhalten der Patienten äußere sich, dass die Beziehung zu den Mitmenschen gestört ist. Folglich ist allen Patienten gemeinsam, dass, gleich welcher Art seelischen Leidens ihnen zu Eigen ist, vornehmlich die mühsame Erarbeitung von Veränderung gestörter Beziehung zu ihren Mitmenschen ihnen Linderung, Genesung oder Heilung ihres seelischen Leidens verspricht.

Veränderung gestörter Beziehungen gelingt den Patienten, indem sie den Mitmenschen, den anderen Patienten, vor allem aber den Behandelnden in einer dialogischen Beziehung begegnen. Aufgabe des Behandlungskonzeptes ist, der Erforschung und der Veränderung gestörter Beziehungen durch Regeln einen Rahmen zu geben. Es wird als Übereinkunft verhandelt und verfeinert nach dem Stand der seelischen Bildung und Professionalität der Behandelnden. Das Pfund, mit dem die Behandelnden wuchern, ist ihre weit mehr als bei den Patienten ausgebildete Erkenntnis, dass sie mit den menschlichen Beweggründen, auch dem abstrusesten Gebaren selbst schon einmal mehr oder weniger zu tun hatten, und überwiegend ihre Gelassenheit, diese Begebenheiten gemeistert zu haben.

Gestörtes Verhalten ist allerdings nur zu erkennen, wenn es sich auch zeigen darf. Das Behandlungskonzept ist offen für solche Verhaltensäußerungen, hat also nicht zum Ziel, die Patienten nur zum einförmigen Funktionieren zu trainieren. Übertretungen der Regeln der Gemeinschaft werden zum wichtigen Bestandteil der Behandlung. Wenn sie vorkommen, werden sie nicht geduldet sondern nach ihren Beweggründen untersucht.

Dies hat allerdings wegen der mangelhaften Kontrolle von Feindseligkeit und Zerstörungswut, die sich unter anderem in den Taten der Patienten geäußert hat, in unserer forensischen Klinik Grenzen. Verhalten, das andere zu verletzen droht, wird durchkreuzt und eingegrenzt und, wenn notwendig, auch unter Anwendung körperlicher Gewalt beendet. Erst danach, wenn es der sprachlichen Verarbeitung wieder zugänglich ist, kann und muss es in gemeinsamer Besprechung untersucht werden. Behandlung ist nur möglich, wenn alle, die in der Klinik zugegen sind, Anlass haben, sich sicher zu fühlen.

Im Rahmen des Behandlungskonzeptes wird also ein Klima einer weit reichenden, tragenden Gutartigkeit und Besonnenheit im Umgang miteinander geschaffen, die durch feindseliges Verhalten nicht zerstört werden kann. Ich halte ein solches Klima für die Basis aller Behandlung in einer forensischen Klinik. Es verlangt auch von den Patienten, Verantwortung für ihr Handeln zu übernehmen und mit für die Sicherheit ihrer gegenwärtigen Lebenswelt einzustehen.

Hergestellt wird dieses Klima vor allen Dingen auf der Ebene der Wohngruppenarbeit. Neben der Wohngruppenarbeit umfasst das Behandlungskonzept die Ebene des Förderns der Ressourcen der Patienten durch ein hoch entwickeltes Angebot von Ergotherapie, Arbeit, schulischer Bildung und Sport. Eine weitere Ebene ist die der differenziellen Behandlungsangebote, die selbstredend auf die jeweilige Art der seelischen Störung der Patienten ausgerichtet sind. Dies alles kommt an anderer Stelle im Lehrbuch zur Sprache. Deshalb soll im Folgenden vor allem die Wohngruppenarbeit und dabei vor allem die Arbeitsweise der Therapeutischen Gemeinschaft aufgegriffen werden.

4.18.1.3 Die Wohngruppe – Zentrum der therapeutischen Kultur

Die Arbeit an den Beziehungen zu den Mitmenschen steht vor allem in der therapeutischen Arbeit der Wohngruppe im Mittelpunkt. Die Patienten leben in unserer Klinik in kleinen Wohneinheiten zu acht Personen zusammen. Die Wohngruppen der Klinik sind gleichgestellt und haben, bis auf wenige Spezialisierungen, alle gleiche Aufgaben in der Behandlung. So können die Patienten also von Anfang bis Ende der Behandlung in der Klinik in ihrer Wohngruppe bleiben. Wir halten es für wichtig, dass die Möglichkeit besteht, Beziehungen über lange Zeit aufrechtzuerhalten, gerade weil das Leben der Patienten durch häufige Beziehungsabbrüche gekennzeichnet ist und diese sich auch während der Behandlung noch oft genug ereignen.

Ein Behandlungsteam betreut zwei Wohngruppen. Es umfasst etwa 15 Personen, Krankenpfleger, Fachkrankenpfleger, Erzieher, einen Arzt, einen Sozialarbeiter und einen Psychologen, der sich mit einem Krankenpfleger die Leitung teilt und die Belange des Teams nach außen vertritt. Das Team leitet und plant die Behandlung. Es vermittelt die Patienten in die verschiedenen Behandlungsbereiche. Es hält Kontakt mit allen Mitarbeitern, die an der Behandlung des Patienten beteiligt sind. Es erarbeitet sich so ein vollständiges Bild über das Verhalten und die Entwicklung seiner Patienten. Das Team ist für die alltägliche Beurteilung der Gefährlichkeit, die vom Patienten ausgeht, verantwortlich. Es erarbeitet die Entscheidungen, welcher Bewegungsraum innerhalb wie außerhalb des gesicherten Bereichs der Klinik den Fähigkeiten des Patienten angemessen ist und hat diese Entscheidungen nach verschiedenen Verfahren überprüfen zu lassen.

Der Patient findet im übertragenen Sinne in der Wohngruppe seine Familie. Er bewältigt alle Aufgaben des Alltags mit seinen Mitpatienten. Er findet bei ihnen Unterstützung. Aber auch seine unangemessenen überdauernden Verhaltensmuster werden in der Interaktion der Patientengruppe erkennbar. Sie sind Gegenstand der häufigen Gruppenversammlungen, sowohl der milieutherapeutischen Gruppenversammlungen wie auch therapeutischer Gruppen. Der Patient baut Beziehungen unterschiedlicher Intensität zu den Mitarbeitern auf. Die Mitarbeiter begegnen ihm stützend, aber fordern ihn auch. Er muss sich mit ihnen darüber auseinander setzen, wie er in seinem Tun und nicht nur im Reden erlebt wird.

Eben weil der Patient in der Wohngruppe im übertragenen Sinne seine Familie findet, bleibt das Behandlungsgeschehen kein äußerliches im Sinne eines Case Management. Es entwickelt sich ein Netzwerk von Beziehungen. Die Mitarbeiter geraten mit einem Male in die Rolle des Ersatzspielers (K. Dörner) für die ehemals wichtigen Familienmitglieder eines jeden Patienten. Sie erleben sich verstrickt in verzerrten Beziehungen, spüren manchmal befremdliche, ihnen unangemessen erscheinende Gefühle gegenüber den Patienten und fangen an, sich über den richtigen Umgang mit einem Patienten zu streiten oder kompromisslos Partei zu ergreifen. Dann hat sie das erfasst, was man als Gegenübertragung bezeichnet. Es ist Aufgabe des Teams, allein oder mit Hilfe von Supervision diese Phänomene der Gegenübertragung zu erkennen und zu klären. Denn allein durch dieses Sich-verstricken-Lassen in der Beziehung zum Patienten und dem durch gemeinsame Reflektion wieder Heraustreten aus der Verstrickung, begleitet durch die Klärung des eigenen Verhaltens einem Patienten gegenüber, erleichtert man es ihm, kommuniziert durch Sprache oder Verhalten, seine innere Lebenswelt besser zu verstehen und sein eigenes Verhalten zu verändern.

Nur durch die gemeinsame Arbeit im Team wird es ertragbar, sich vom eigenen Fühlen auf die Ungeheuerlichkeit von Gewalt, die ein Mensch einem anderen Menschen angetan hat oder früher selbst erlebt hat, einzulassen und dabei selbst Bekanntschaft mit eigenen Abgründen der Seele und eigener tiefster seelischer Verletzung zu machen. Aber ich glaube, wir müssen uns dies als Behandelnde zumuten, um überhaupt die verschiedenen Formen menschlicher Gewalttätigkeit begreifen und verstehen zu lernen. Nur so können wir Patienten davor bewahren, als Täter wieder Gewalt anzuwenden und damit andere Menschen schützen.

4.18.1.4 Dynamische und statische Sicherheit

Ebenso wenig wie man als Teammitglied in der therapeutischen Beziehung besonders zu persönlichkeitsgestörten Menschen ohne die Einbindung in das Team arbeiten darf, darf die Klinik ein Wohngruppenteam oder ein Team der vielen anderen Behandlungsbereiche allein lassen.

Glücklicherweise ist eine angemessene Ausstattung mit statischer Sicherheit, wie vor allem personenbezogener Alarmierungs- und Ortungsgeräte in unserer Klinik selbstredend vorhanden. Gerät irgendjemand in Gefahr, findet er sofort Unterstützung durch eine Alarmgruppe, die aus jeweils in der Schicht Dienst tuenden Mitarbeitern gebildet wird. Es gibt Regelungen für die verschiedenen Gefahrenfälle.

Wirkliche, wenn man so will, dynamische Sicherheit wird aber immer wieder neu in gemeinsamer Reflektion des alltäglichen Geschehens durch Mitarbeiter aller Teams und Behandlungsbereiche in geregelten Zusammenkünften sowie durch spontane Absprachen zwischen Teams untereinander oder einzelnen Teams und Behandlungsbereichen hergestellt. Hierbei erweist sich erneut, wie klug seinerzeit die Klinik geplant wurde. Durch die Struktur der Klinik als Dorf weiß jeder, der in diesem sozialen System lebt oder arbeitet, dass das, was er tut oder unterlässt, Folgen für alle anderen hat. Diese Verflechtung erfordert eine regelmäßige klinikweite Verständigung über Sicherheit.

So wird zum Beispiel nach einem Einsatz der Alarmgruppe untersucht, wie die Zusammenarbeit mit den betroffenen Teams war, was gut oder weniger gut gegangen ist, und ob es für bisher noch nicht vorgekommene Störungen Handlungsabläufe festzulegen gilt oder Mängel zu beseitigen sind, die für die Störung ursächlich waren. Will andererseits ein Team durch irgendwelche Sonderregelungen aus den Regeln der Gemeinschaft ausbrechen, wird erörtert, ob dies für die Sicherheitsbelange der Gemeinschaft angemessen ist und ob es zu stark unter den Einfluss eines Patienten geraten ist. Da alle Wohngruppenteams die gleichen Aufgaben versehen, können sie untereinander die Struktur der therapeutischen Kultur vergleichen und Entwicklungen anstoßen. Die Dynamik der Interaktion mit einzelnen Patienten wird in einer klinikweiten Supervision vorgestellt, wenn ihre Auswirkungen über eine Wohngruppe hinausgeht. Aktuelle Ereignisse werden in der Abteilungsversammlung berichtet.

Bei all diesen Besprechungen wird immer besonderes Augenmerk darauf gerichtet, wie weit gestörtes Verhalten der Patienten und die davon ausgehende Dynamik auf die Strukturen der Gemeinschaft durchschlagen. Insoweit geht das Bemühen um Sicherheit Hand in Hand mit der Fortentwicklung des therapeutischen Konzeptes. Sicherheit ist Aufgabe aller Behandelnden in unserer Klinik. Darin liegt die Stärke eines dynamischen Sicherheitskonzeptes.

4.18.1.5 Widerstände, Gefahren und Grenzen der Behandlung

In jeder Behandlung gibt es Widerstände, also Kräfte, die sich einer Veränderung im an und für sich gewünschten Sinne hartnäckig entgegenstellen. Patienten lenken von Behandlung häufig ab durch sinnlosen Kampf um «Lockerungen», zu einem Zeitpunkt, an dem die Behandlung noch keine ausreichende Minderung des Risikos gefährlichen Verhaltens erbracht hat. Dabei bemühen sie Unterstützung gut meinender Instanzen außerhalb der Einrichtung. Das stiehlt Zeit für Behandlung, weil man sich trotz aller zu erwartender Ergebnislosigkeit mit den Dingen befassen muss.

Aber auch die Behandelnden können an Kraft verlieren, sich in die anstrengende dialogische Begegnung mit den Patienten hineinzubegeben. Sie können müde werden, affektiv unkontrollierte und manipulierende Patienten immer wieder einzugrenzen, sich innerlich verabschieden, und beginnen, Patienten lieber nur distanziert nach Vorschrift zu behandeln oder sie übermäßig zu verwöhnen, um sie zu befrieden, statt sie zu fordern und Entwicklung anzustoßen.

Die ständige Wachsamkeit und das immer wieder notwendige Achten auf die Wahrung der Regeln der Therapeutischen Gemeinschaft ist ein mühsames Unterfangen. Unterliegt sie Störungen, wird der Ruf nach kleinlichster Regelung aller Alltagsbelange und nach statischer Sicherheit laut. Das Klima bekommt eher den Zug eines verwaltenden Umgangs mit Menschen. Dies sind deutliche Alarmzeichen eines Rückgangs therapeutischer Kultur und des drohenden Verlustes von Sicherheit.

Dieses Auf und Ab hat auch die Geschichte unserer Klinik geprägt. Die therapeutische Kultur hat sich jedoch stetig entwickelt und auch schwierige Zeiten überstanden. Es ist gelungen, unter dem Druck der Verhältnisse selbst eine hohe Zahl von Patienten mit schweren Störungen in die Behandlung zu integrieren und zu rehabilitieren. Grenzen gibt es bei Patienten mit stark ausgeprägtem antisozialen und manipulativem Verhalten mit langer Erfahrung in Institutionen des Maßregelvollzugs wie des Strafvollzugs. Sie bedürfen einer mehr auf Einzeltherapie ausgerichteten Behandlung.

4.18.1.6 Ausblick

Eine Therapeutische Gemeinschaft lebt nicht für sich allein. Ihre Arbeit ist ausgerichtet auf Rehabilitation der Patienten, auf Integration des Ausgegrenzten. Sie ist Teil einer Klinik, einer übergeordneten Versorgungsstruktur und eben auch Teil der Gesellschaft mit all ihren Einwirkungen bis hinein in das therapeutische Milieu,vermittelt über die verschiedensten Außenkontakte.

So sehr die Klinik in den 70er-Jahren des 20. Jahrhunderts ihr Entstehen gesellschaftlichen Kräften verdankte, ist zu Zeiten der vielerorts erkennbaren Vorboten einer weniger offenen Gesellschaft zu wünschen, dass alle an der Wirkung der Therapeutischen Gemeinschaft Beteiligten die von außen angestoßenen und geförderten Widerstände gegen Behandlung, wie Rückfall in statische Sicherheitskonzepte, Vermeidung der Beziehung zu den Patienten durch wechselnden Einsatz der Behandelnden im Rahmen «hocheffizienter» Personalmanagement-Konzepte oder Ausweitung von Verwaltungsaufwand schadlos überstehen.

4.18.2 Psychodynamisch orientierte Arbeit mit Straftätern

Udo Rauchfleisch

4.18.2.1 Vorbemerkung

Zunächst bedarf die Umschreibung «psychodynamisch orientierte Arbeit» einer Klärung. Damit ist ausdrücklich nicht Psychoanalyse mit Delinquenten gemeint. Ein solches Vorgehen wäre bei diesen Klienten weder indiziert noch möglich. Die psychodynamisch orientierte Arbeit geht vielmehr vom *Entwicklungs- und Verständnismodell der Psychoanalyse* aus, das heißt, sie bleibt nicht bei der Wahrnehmung der direkt beobachtbaren Phänomene stehen, sondern fragt nach dem *Hintergrund* und nach der den Straftätern selbst *unbewussten Dynamik*. Außerdem achtet sie auf die durch die Klienten in den Professionellen ausgelösten Gefühle *(«Gegenübertragung»)* und benutzt diese als wichtige *Hinweise auf die in den Straffälligen ablaufenden Prozesse*. Das Ausgehen vom psychoanalytischen Modell bedeutet nicht, andere Persönlichkeits- und Therapiemodelle auszuschließen. Es ergänzt sie lediglich um die Dimension der Psycho*dynamik*.

Im Folgenden seien drei für die Arbeit mit Straffälligen charakteristische Problembereiche diskutiert. Auf eine ausführliche Darstellung der theoretischen Grundlagen des Arbeitskonzeptes wird verzichtet, die zum Verständnis nötigen Informationen werden bei den jeweiligen Problemfeldern kurz erwähnt. Ausführlicher habe ich diese Fragen an anderer Stelle diskutiert (Rauchfleisch, 1999, 2001).

Vorauszuschicken ist noch, dass im Unterschied zum sonst üblichen Vorgehen in diesem Beitrag lediglich die männliche Form verwendet wird, weil dissoziale Klienten, mit denen wir beruflich in Kontakt kommen, in der weitaus überwiegenden Zahl männlichen Geschlechts sind.

4.18.2.2 Die Frage der Behandlungs- und Mitarbeitsmotivation

Immer wieder ist in Diskussionen mit Professionellen, die mit Straffälligen arbeiten, wie auch in der Fachliteratur zu hören, ein Hauptproblem dieser Klientengruppe liege darin, dass sie meist nicht für eine Behandlung und für die Mitarbeit bei professionellen Angeboten motiviert seien.

Diese Feststellung stimmt, wenn wir ihr Verhalten und ihre verbalen Äußerungen betrachten: Das Spektrum der Äußerungsformen der «mangelnden Motivation» reicht von lautstarker Ablehnung und Entwertung unserer Angebote über ein stark misstrauisch geprägtes, nur zögerndes Sich-Einlassen auf die Beziehung zu uns bis hin zu einer dysphorisch verstimmten, passiven Haltung, die sich auf alle Beteiligten lähmend auswirkt. Die Konsequenz aus einer solchen «mangelnden Motivation» müsste eigentlich heißen, solchen Klienten keine Behandlung anzubieten.

Hier vermag uns indes das psychoanalytische Modell zu einer Erweiterung und Vertiefung unserer Sicht zu verhelfen. Benutzen wir dieses Konzept, um nach den lebensgeschichtlichen Hintergründen und der Dynamik der «mangelnden Motivation» zu fragen, so stellen wir fest, dass es eine zu einseitige Sicht ist, wenn wir in unserer Beurteilung nur von der Oberfläche ausgehen. Bei genauerer Untersuchung straffälliger Klienten lassen sich etliche Gründe für das Phänomen «mangelnde Motivation» feststellen:

- Die in der Kindheit vielfach von ihnen erlebten Gewalterfahrungen und Beziehungsabbrüche haben bei ihnen im Hinblick auf intensive Beziehungen zu einer großen Ambivalenz geführt. Diese Menschen sind hin und her gerissen zwischen ihrem Bedürfnis nach Nähe einerseits, wobei sie den anderen Menschen und, stellvertretend, Gegenstände und Suchtmittel geradezu verschlingen, und immensen Ängsten vor eben dieser eigentlich zutiefst ersehnten Nähe andererseits, weil dadurch wegen der im bisherigen Leben erlittenen Verletzungen unerträgliche Gefühle des Schmerzes, der Wut, der Verzweiflung und der Hoffnungslosigkeit in ihnen aufbrechen würden.
- Eine intensive Beziehung, wie wir sie diesen Klienten in Betreuungen und Behandlungen anbieten, ruft bei ihnen zudem die Angst hervor, es werde, wie schon früher in ihrem Leben, über kurz oder lang wieder zu einem für sie schmerzlichen Beziehungsabbruch, das heißt zu einer erneuten Verletzung kommen.
- Das Phänomen «mangelnde Motivation» ist oft auch durch die Perspektiv- und Hoffnungslosigkeit dieser Menschen bedingt. Sie haben in ihrem Leben fast ausschließlich Misserfolge und ein immer tieferes Versinken im Strudel der Dissozialität erlebt und versprechen sich deshalb nichts von unseren Angeboten. Im Gegenteil. Sie fürchten sie unbewusst sogar, weil im Fall eines Erfolgs unserer professionellen Bemühungen die negative Identität der Klienten («Ich bin böse, tue Böses und werde immer so bleiben») in Frage gestellt würde und dies für sie ein Zerbrechen ihres Selbstverständnisses und damit der sie bisher tragenden Koordinaten bedeuten würde.

- Eine emotional verlässliche, auf Kontinuität und Stabilität angelegte Beziehung, wie wir sie den Klienten anbieten, entspricht ferner in keiner Weise ihrer bisherigen Lebenserfahrung und ihren Beziehungsstrukturen, die sich ja gerade durch eine große Unverbindlichkeit und Instabilität auszeichnen. Insofern verstehen uns diese Klienten im Grunde gar nicht, wenn wir ihnen unsere professionellen Angebote unterbreiten, und können dementsprechend auch gar nicht mit sichtbarer Motivation darauf eintreten.
- Schließlich müssen wir in Institutionen mit dem Einfluss der Peer-Group rechnen. Für Straffällige gehört es oft zur Aufrechterhaltung ihres sozialen Status in der Gruppe dazu, sich kritisch über die «Psychos» zu äußern und, zumindest vordergründig, lautstark unsere Angebote abzulehnen. Dies heißt indes noch keineswegs, dass sie nicht doch tief im Innern den Wunsch verspürten, mit uns in Beziehung zu treten und in ihrem Leben etwas zum Besseren zu verändern, auch wenn sie sich über die dazu nötigen Schritte nicht klar sind und ihre Zukunftssicht weitgehend von Resignation und Hoffnungslosigkeit geprägt ist.

Dies sind nur die wichtigsten Ursachen, die dem Phänomen der «mangelnden Behandlungsmotivation» zu Grunde liegen. Im individuellen Fall ist zu prüfen, welche weiteren Motive eine Rolle spielen.

Das Fazit lautet für mich: Ich erwarte bei Straffälligen keine Behandlungsmotivation im traditionellen Sinne, sondern betrachte die *Schaffung von Motivation* als Teilziel der Therapie. In diesem Prozess stellt die gerichtliche Auflage eine günstige *Rahmenbedingung* dar, weil sie von außen ein Stück weit die Motivation ersetzt, welche die Klienten selbst (noch) nicht aufzubringen vermögen. Dabei bin ich mir bei der Verwendung des psychoanalytischen Modells im Sinne der bisherigen Ausführungen der Tatsache bewusst, dass der «mangelnden Motivation» psychodynamisch bedeutsame Motive zu Grunde liegen und an diesen zu arbeiten ist, damit die Klienten mit der Zeit ein tragfähiges Arbeitsbündnis eingehen können, sich selbst ihres Veränderungswunsches bewusst werden und uns Professionellen ihre Mitarbeitsbereitschaft zu signalisieren vermögen.

4.18.2.3 Aggressives Verhalten und Impulsivität

Straffällige Menschen waren in Kindheit und Jugend oft Opfer von Gewalt, haben im weiteren Leben selbst viel an Gewalt ausgeübt und sind in der sozialen Welt, in der sie sich bewegen, nach wie vor mit einer Fülle an Gewalt konfrontiert. Gemäß der psychoanalytischen Objektbeziehungstheorie, die davon ausgeht, dass sich unsere inneren Bilder von uns selbst und anderen Menschen durch die Beziehungserfahrungen der frühen Kindheit formen und die Struktur unserer Persönlichkeit bestimmen, sind die Bilder, die die Straffälligen auf Grund ihrer spezifischen Entwicklung von sich und anderen Menschen in sich tragen, von einer *ausgeprägten destruktiven Dynamik* beherrscht. Diese Destruktivität zeigt sich auch in verschiedenen Formen in unserem professionellen Umgang mit diesen Klienten. Oft äußert sich ihre Impulsivität in ausgesprochen störenden, mitunter auch in selbst- und fremdgefährlichen Verhaltensweisen, die ein kontrollierendes Eingreifen von außen erfordern und in der Behandlung das Thema der *Grenzsetzung* aufwerfen.

Gerade weil diese Verhaltensweisen bei der Umgebung, so auch bei uns, starke Gefühle wie Angst, Ablehnung, Hilflosigkeit und eigene Aggression hervorrufen, erscheint es wichtig, dass wir nicht unreflektiert darauf reagieren, sondern zunächst zu verstehen versuchen, welche *Dynamik* hinter diesen Impulsen steht und welche *Botschaft* uns die Klienten damit geben. Es ist nämlich davon auszugehen, dass auch in den störendsten, destruktivsten Verhaltensweisen stets eine – wenn auch zum Teil stark verschlüsselte – Botschaft liegt, die wir dechiffrieren müssen, um in angemessener, das heißt therapeutisch sinnvoller Weise darauf reagieren zu können. Dabei bedeutet «verstehen» keineswegs «gutheißen»! Aber erst über den Versuch, die der Impulsivität zu Grunde liegende Dynamik zu begreifen, können wir Zugang zu den Klienten finden, während ein unreflektiertes Reagieren unsererseits den Zugang zu ihnen verbaut und ihre pathologischen Verhaltensmuster sogar noch verfestigt, weil sie diese Art von Interaktion (z. B. Gewalt und Gegengewalt) seit früher Kindheit kennen.

Hinter dem impulsiven Verhalten, wie es viele dissoziale Menschen zeigen, lassen sich verschiedene *Motive* ausmachen, die zum Teil in enger Wechselwirkung miteinander stehen. Die wichtigsten sind folgende: Impulsives, vor allem auch destruktives Verhalten ist oftmals für diese Menschen eine *«Flucht nach vorne»*, die Folge des psychoanalytischen Abwehrmechanismus der *«Verkehrung ins Gegenteil»*, das heißt Verkehrung der ihnen unerträglichen Passivität (sich wie schon so oft in ihrem Leben als hilfloses Opfer zu fühlen) in Aktivität (sich im impulsiven Akt mächtig zu fühlen). Durch das impulsive Verhalten *«inszenieren»* diese Menschen ihre *innere Situation in der Außenwelt* und entlasten sich dadurch zumindest ein Stück weit von einem ihnen unerträglichen inneren Druck (Rauchfleisch, 1999).

Zugleich zwingen sie dadurch ihre Umgebung, steuernde Funktionen zu übernehmen, über die sie selbst nicht verfügen. So sieht sich beispielsweise die Umgebung eines sich aggressiv gebärdenden, tobenden Klienten gezwungen, ihn notfalls mit äußerem Druck ruhig zu stellen, oder ein sich in zunehmende finanzielle Probleme bringender Klient muss durch entsprechende äußere Maßnahmen daran gehindert werden, sich finanziell völlig zu Grunde zu richten. In diesen Fällen übernehmen wir Professionellen für den Klienten eine steuernde, seine innere wie seine soziale Situation stabilisierende Funktion.

Das impulsive Verhalten der Klienten liefert uns oft auch ein anschauliches Bild eines in ihrem Innern tobenden Kampfes: So neigen Straffällige dazu, sich von ihren im Grunde extrem starken, geradezu *sadistischen* – und damit unerträglichen – *Über-Ich-(Gewissens-)Regungen* zu befreien, indem sie sie auf andere Menschen projizieren und dann gegen diese *Über-Ich-Träger in der Außenwelt* einen erbitterten Kampf führen – in der allerdings irrigen Hoffnung, damit die entwertenden, verurteilenden Stimmen im eigenen Innern zum Schweigen zu bringen.

Dem impulsiven Verhalten, vor allem auch solchem destruktiver Art, liegen häufig auch *massive Selbstwertprobleme* zu Grunde. Die Dissozialen sind Menschen, die im Verlauf ihrer Entwicklung im Allgemeinen kein tragfähiges, stabiles, ihnen Sicherheit gebendes Selbstwertgefühl haben aufbauen können. Ihre massiven Selbstwertprobleme (narzisstische Störungskomponente) versuchen sie häufig durch grandioses Gebaren (sich oft in Unwahrheiten und Arroganz manifestierend), Manipulationstendenzen, Wutausbrüchen und Gewaltdemonstrationen zu kompensieren. So «stark» ein solches Verhalten auch erscheinen mag, ist es doch stets Ausdruck einer besonders großen Unsicherheit und Verletzbarkeit. Für den betreuerischen und therapeutischen Umgang mit solchen Klienten ist es wichtig, sich dieser Dynamik bewusst zu sein, weil man sonst sehr schnell in den Sog von Gewalt und Gegengewalt hineingezogen wird.

Wann immer es um impulsives und gewalttätiges Verhalten geht, stellt sich die Frage nach der *Grenzsetzung*. Zum Schutz der Klienten selbst, Dritter (so auch unserer selbst) und des Behandlungsrahmens ist es notwendig, dass Grenzen definiert und eingehalten werden. Auch wenn wir Professionellen es sind, die um die Einhaltung dieser Grenzen besorgt sein müssen, heißt dies doch nicht, dass wir die Grenzen allein und willkürlich festlegen. Mit Vorteil werden wir die Definition und Einhaltung der Grenzen zum Thema unserer Gespräche machen und *gemeinsam festlegen*, wie sie zu gestalten sind und was im Fall von Grenzverletzungen zu geschehen hat. Auf diese Weise fördern wir die Autonomie der Klienten und können bei ihnen ein größeres Ausmaß an Kooperationsbereitschaft erreichen. Außerdem kommen nach meiner Erfahrung in solchen Diskussionen über das weitere Vorgehen nicht selten die besten Vorschläge von den Klienten selbst. Bei aller partnerschaftlich gestalteten Interaktion muss für beide Beteiligten jedoch klar sein, dass wir Professionellen unbeirrt (was nicht gleich bedeutend ist mit rigide) an den einmal definierten Rahmenbedingungen festhalten und auf ihre Einhaltung dringen werden, nicht zuletzt, weil diese Strukturen ein konstruktives Gegengewicht gegen die chaotische innere und äußere Welt der Klienten darstellen.

4.18.2.4
Anklammerndes und entwertendes Verhalten gegenüber Professionellen

Straffällige setzen die Professionellen oft einem wahren Wechselbad von völlig widersprüchlichem Verhalten aus: Auf der einen Seite klammern sie sich an sie und möchten sie gleichsam «mit Haut und Haar verschlingen» (*«oral-aggressiver* Kernkonflikt»; Rauchfleisch, 1999), andererseits aber werden die Professionellen unvermittelt zurückgestoßen und ihre Angebote total entwertet. Dies ruft bei ihnen im Allgemeinen in gleicher Weise heftige zwiespältige (Gegenübertragungs-)Gefühle hervor: Typischerweise gehen die Professionellen zunächst oft auf die Wünsche und Erwartungen der Klienten weitgehend ein, fühlen sich dann aber bald wie erdrückt und erschöpft von den sich immer höher schraubenden Forderungen der Klienten. Die Entwertung ruft bei den Professionellen verschiedene Gefühle wie Ärger, Wut, Hilflosigkeit, Enttäuschung, Unsicherheit und Resignation hervor.

Auch bei diesen Verhaltensweisen Straffälliger ist es wichtig, den psychodynamischen Hintergrund zu verstehen, um dann in einer therapeutisch sinnvollen Weise reagieren zu können. Die zu Grunde liegende Dynamik rührt von den *Traumatisierungen* sowie von den *Verlust- und Mangelerfahrungen* her, die diese Menschen in der Kindheit und im weiteren Leben erlitten haben. Hinzu kommt die Erfahrung, *ökonomisch benachteiligt* zu sein: mangelnde Schul- und Berufsausbildung, schlecht bezahlte Arbeit und knappes finanzielles Auskommen inmitten einer Gesellschaft, die ihnen eine Fülle von Konsumgütern als erstrebenswert und für den sozialen Status wichtig vor Augen stellt.

So trifft die orale Bedürftigkeit, die nicht selten geradezu die Qualität einer Gier nach «Einverleibung» der verschiedensten Objekte (Alkohol, Drogen, Konsumgüter und Menschen) annimmt, auf eine desolate soziale Realität, die die *Spirale der Gier* immer größer werden lässt (Rauchfleisch, 1996b). Hinzu kommt als Dynamik der Entwertung, dass einerseits bei den hoch geschraubten Erwartungen der Klienten die Enttäuschung von vornherein einprogrammiert ist und dass andererseits die Professionellen, die tatsächlich etwas «Gutes» zu geben vermögen, dadurch im Erleben der Straffälligen übermächtig werden, was von den Klienten als quälende Abhängigkeit erlebt wird. Die Entwertung ist unter diesem Aspekt ein Kampf gegen die empfundene Abhängigkeit und ein Schutz vor erneuten Enttäuschungen.

Ein therapeutisch angemessenes Umgehen mit dem *anklammernden Verhalten* liegt darin, konsequent eine *mittlere Distanz* zu den Klienten einzuhalten, das heißt ihnen dort tatsächlich Unterstützung zu bieten, wo sie dieser dringend bedürfen, sich dabei aber nicht in den Sog einer unendlichen, letztlich für alle Beteiligten destruktiven Spirale immer höherer Forderungen hineinziehen zu lassen. Immer wieder gilt es bei diesen Klienten zu prüfen und mit ihnen zu besprechen, wo gewisse Hilfen nötig und sinnvoll sind – etwa indem die Klienten auf diese Weise bestimmte soziale Kompetenzen erlernen, über die sie bisher nicht verfügt haben – und wo eine Unterstützung im Gegenteil regressive Prozesse einleiten und ihre ohnehin brüchige Autonomie noch unterhöhlen würde.

In Bezug auf die *Entwertung* der professionellen Angebote ist es wichtig, dass wir diese, wie oben dargestellt, aus der Psychodynamik dieser Menschen heraus verstehen und uns dadurch nicht *persönlich gekränkt* und *in Frage gestellt* fühlen. Sind wir uns der psychodynamischen Hintergründe bewusst, so sind wir auch eher davor geschützt, unreflektiert aggressiv und ablehnend zu reagieren, und können trotz aller Entwertungen unsere betreuerische und therapeutische Linie *unbeirrt* weiter verfolgen.

4.18.2.5
Fallstricke in der Begleitung straffälliger Menschen

Oftmals können uns die Gefühle, die in uns beim Umgang mit straffälligen Menschen auftauchen (Gegenübertragung), wichtige Informationen über die Klienten liefern. Es gilt deshalb, diese Gefühle nicht zu unterdrücken, sondern sie bewusst wahrzunehmen, zu reflektieren und daraus Konsequenzen für unseren Umgang mit den

Klienten zu ziehen. Im Folgenden sollen die wichtigsten dieser Gefühle, die uns auf «Fallstricke» in der Begleitung hinweisen können, genannt und kurz kommentiert werden – eine ausführliche Darstellung findet sich an anderer Stelle (Rauchfleisch, 1996a).

«Ich kann mich doch nicht um alles kümmern.» Dieses Gefühl taucht häufig, vor allem zu Beginn der professionellen Kontakte auf, wenn wir mit der Fülle von emotionalen, sozialen und beziehungsmäßigen Problemen der Klienten konfrontiert werden und dann mitunter «den Wald vor lauter Bäumen nicht mehr sehen». In unserem Erleben bildet sich zum einen die Verwirrung ab, unter der die Klienten selbst permanent leiden. Zum anderen spüren wir dadurch aber auch, wie viel die Klienten an uns delegieren, und müssen uns vor der daraus resultierenden Überforderung schützen.

«Was ich auch tue – alles ist falsch.» Dies ist das wohl häufigste Gefühl, das all diejenigen – oft quälend! – spüren, die dissoziale Menschen behandeln und begleiten. Es resultiert aus den geschilderten großen Ansprüchen dieser Klienten und ihrer mitunter extremen narzisstischen Kränkbarkeit, die es ihnen nicht erlaubt, etwas, das andere Menschen ihnen geben, als «gut» und «befriedigend» anzusehen. Außerdem äußern sich in den Signalen der Klienten, das, was wir gäben, sei nicht genug und komme nicht zur rechten Zeit, auch ihre destruktiven Impulse, und sie wiederholen an uns aktiv etwas, das sie selbst als Opfer lebenslang erlebt haben, nämlich verletzt und entwertet zu werden.

«Er ist wirklich ein Armer.» Mit dieser Gegenübertragungsreaktion ist nicht das Mitfühlen mit einem Menschen gemeint, der in Vergangenheit und Gegenwart Schlimmes erlebt hat, sondern es ist ein starkes Angesprochensein und Bedauern, das uns mitunter im Umgang mit Straffälligen erfüllt und sich letztlich kontraproduktiv für den professionellen Umgang mit ihnen auswirkt. Die Hauptgefahr liegt darin, dass wir unkritisch die Sicht der Klienten übernehmen und sie allein als «Opfer» und die ganze übrige Welt als «Täter» sehen. Mit einer solchen Auffassung würden wir eine ähnliche Realitätsverzerrung vornehmen wie unsere Klienten und könnten uns gedrängt fühlen, es «besonders gut» zu machen und ihnen das geben zu wollen, was sie bisher nicht erhalten haben – was die ersten beiden «Fallstricke» zur Folge hätte und die Enttäuschung auf beiden Seiten von vornherein einprogrammierte.

«Wir fühlen uns so wohl miteinander.» Es mag verwunderlich erscheinen, dass ein solches «positives» Gefühl zu den «Fallstricken» zählt. Einerseits ist klar, dass wir, um professionell mit jemandem arbeiten zu können, im Umgang mit dieser Person ein einigermaßen «gutes» Gefühl haben müssen und uns in der Begleitung und Behandlung zumindest phasenweise auch «wohl fühlen». Gefährlich wird die Situation aber, wenn dieses Gefühl über längere Zeit anhält und wir nicht die geringsten Konflikte mit den Klienten erleben – und zwar (daran müssen wir uns in einer solchen Situation erinnern!) bei Menschen, die eine Fülle von Gewalt als Opfer, aber auch als *Täter* erlebt haben und in deren Innenwelt destruktive Impulse eine große Rolle spielen. Das Gegenübertragungsgefühl, wir fühlten uns mit ihnen ausgesprochen wohl (oft heißt es dann auch, es bestehe zu den Klienten eine «sehr gute, vertrauensvolle Beziehung»), weist darauf hin, dass wir zusammen mit den Klienten den destruktiven Teil ihrer Dynamik ausblenden und damit auch nicht bearbeiten, während diese Impulse «draußen», bei Arbeitgebern, MitarbeiterInnen von Sozialdiensten, HausärztInnen und Angehörigen, ausgelebt werden und dort oft zu massiven Konflikten führen.

«Ich bin am Ende meiner Kraft.» Dieses Gefühl weist aus zwei Gründen auf eine gefährliche Situation hin: Zum einen signalisiert es, dass wir als Professionelle unsere Kräfte im Übermaß strapaziert haben und Gefahr laufen, ein Burnout zu entwickeln. Zum anderen signalisiert es aber auch, dass wir uns von den Klienten in ihre Resignation und Hoffnungslosigkeit haben hineinziehen lassen. Beides ist gleichermaßen verhängnisvoll, weil uns ein solches Gegenübertragungsgefühl, wenn es nicht reflektiert und aufgelöst wird, in unserer Arbeit blockiert, unter

Umständen sogar total lahm legt. Was unsere eigene Seite angeht (unsere Kräfte im Übermaß strapazieren), folgt aus dem Gefühl «Ich bin am Ende meiner Kraft», dass wir vermehrt darauf achten müssen, uns von den Klienten angemessen abzugrenzen. Soweit es darum geht, dass wir uns in die Resignation der Klienten hineinziehen lassen, ist es wichtig, dass wir uns dieser Dynamik bewusst werden und bei allen Schwierigkeiten im Leben dieser Menschen und in der Behandlung letztlich doch *Träger einer realitätsbezogenen Hoffnung* sind.

4.18.2.6 Fazit

Die Arbeit mit Straffälligen bietet zwar etliche Schwierigkeiten, berücksichtigen wir jedoch die psychodynamischen Hintergründe, wie wir sie mit Hilfe der psychoanalytischen Persönlichkeitskonzepte erschließen können, so lassen sich viele ihrer Verhaltensweisen besser verstehen, und es ist uns Professionellen eher möglich, darauf angemessen zu reagieren. Insbesondere schützen uns solche psychodynamischen Überlegungen davor, uns von diesen sich oft sehr provokativ verhaltenden Klienten zu unreflektierten Aktionen verleiten zu lassen.

4.18.3 Behandlung von Persönlichkeitsstörungen im Maßregelvollzug – Stand der Forschung

Friedemann Pfäfflin, María Isabel Fontao, Thomas Ross

Die nunmehr etwa hundertjährige Geschichte der Psychotherapieforschung hat verschiedene Phasen. Die Anfänge waren geprägt durch Einzelfallstudien, in denen Befinden, Symptome, Verhalten usw. einzelner Patienten vor Beginn und nach Beendigung einer Psychotherapie beschrieben wurden. Meist ging es in solchen Studien um die Herausarbeitung und Diskussion klinisch-theoretischer Zusammenhänge, wie zum Beispiel in den Fallgeschichten Sigmund Freuds oder Donald Winicotts. Mit Eysencks (1952) Forderung nach Kontrollgruppenvergleichen zur Unterscheidung zwischen Behandlungseffekten und Spontanremissionen setzte eine zweite Phase ein, die man als Rechtfertigungsphase bezeichnen kann und in der mit statistischen Verfahren der Nachweis erbracht wurde, dass Psychotherapie tatsächlich wirkt. Zeitlich nicht exakt abgrenzbar setzte danach eine Phase der differenziellen Psychotherapie-Effizienz-Forschung ein unter den Leitfragen, welche Behandlung bei wem, angewandt von wem und unter welchen Bedingungen in welcher Zeit zu welchem Ergebnis führt. In der vierten Phase kamen metaanalytische Studien hinzu, in denen die Ergebnisse vieler Einzelstudien zusammengefasst und miteinander verglichen wurden, um Effektstärken verschiedener Behandlungen zu bestimmen. Inzwischen ist eine Reihe zusätzlicher Fragestellungen in den Vordergrund getreten, zum Beispiel die, welche Faktoren im Einzelnen die Änderungen bewirken, ob die Wirkung im Labor (*efficacy*) auch in der Alltagswirklichkeit beobachtbar ist (*effectiveness*), und inwiefern Behandlungen abhängig sind von Dosierungen bzw. Frequenz und Dauer von Therapiesitzungen. All diese und weitere Fragestellungen bestimmen das, was heute unter evidenzbasierter Medizin bzw. in dem hier zu diskutierenden Fall unter evidenzbasierter Psychotherapie den Medizinbetrieb umtreibt (Pfäfflin et al., 2001).

Persönlichkeitsstörungen sind seit etwa den 80er-Jahren des 20. Jahrhunderts zu einem Schwerpunkt psychiatrischer und psychotherapeutischer Forschung geworden (Herpertz et al., 2003), nicht nur, aber insbesondere im forensischen Bereich. Früher ein Stiefkind der Forschung, stehen sie inzwischen im Zentrum dieser Forschung. Dies überrascht nicht, bedenkt man, wie hoch der Anteil der Patienten im Maßregelvollzug ist, bei dem eine oder mehrere spezifische Persönlichkeitsstörungen diagnostiziert werden, nämlich je nach Einrichtung zwischen 40 und 80 %. Entsprechende Zahlen wurden in Intervallen immer wieder in ähnlicher Weise berichtet (Blackburn et al. 1990; Venzlaff et al., 2004). In der Dr. Henri van der Hoeven Klinik in Utrecht, einer Modelleinrichtung des niederländischen Maßregelvollzugs, fand Greeven (1997) zum Beispiel bei 80 % der Probanden zum Zeitpunkt der Aufnahme mindestens eine spezifische Persönlichkeitsstörung nach DSM-III-R (Pfäfflin, 1999). Durchschnittlich waren pro Proband sogar jeweils drei spezifische Persönlichkeitsstörungen zu diagnostizieren, darunter als häufigste die antisoziale (52 %), die Borderline-Persönlichkeitsstörung (35 %), die paranoide (25 %) und die narzisstische (24 %) Persönlichkeitsstörung. Auch im Strafvollzug finden sich hohe Anteile. So fanden Frädrich und Pfäfflin (2000) unter den Strafgefangenen einer Justizvollzugsanstalt des offenen Vollzugs immerhin einen Prozentsatz von 50 %, obwohl in dieser Anstalt keine Langstrafen verbüßt wurden und nur relativ wenige Insassen wegen Sexual- und Drogenkriminalität einsaßen. Bei einer Stichtagserhebung im Justizvollzug in Nordrhein-Westfalen fanden Schönfeld et al. (2005) eine geringfügig noch höhere Prävalenzrate. Bei inhaftierten Migranten aus der ehemaligen Sowjetunion, welche die größte Migrantengruppe im Strafvollzug bilden, liegt der Prozentsatz bei etwa 60 % (Ross et al., 2004, 2006). Unter Gefangenen, bei denen Sicherungsverwahrung angeordnet war, fanden Habermeyer et al. (2007) einen noch höheren Anteil, wobei sich ihre Untersuchung nicht auf die Gefangenen selbst, sondern auf die über diese erstellten Gutachten stützte. Da in diesen Gutachten nicht regelmäßig eine spezifische ICD-10-Diagnose genannt, sondern manchmal nur die entsprechende Symptomatik beschrieben war, nennen diese Autoren keine bestimmte Prozentzahl, doch lassen ihre Ausführungen auf einen Anteil von 70–80 % ihrer Stichprobe von Sicherungsverwahrten schließen, für die eine Persönlichkeitsstörung inhaltlich beschrieben oder explizit diagnostiziert wurde. In einer Metaanalyse von Studien aus zwölf Ländern, die insgesamt zirka 23 000 Strafgefangene einschloss, fanden Fazel et al. (2002) eine Prävalenz von gravierenden psychiatrischen Störungen (also nicht nur Persönlichkeitsstörungen) von 65 % unter den männlichen Gefangenen und 47 % unter den weiblichen.

Die Erfassung von Prävalenzen bzw. epidemiologische Fragen zur Häufigkeit von Persönlichkeitsstörungen gehörten zu den ersten Forschungsfragen auf diesem Gebiet, lange bevor spezifische Behandlungsprogramme entwickelt wurden. Hilfreich waren dabei standardisierte Erhebungsmethoden, wie zum Beispiel semistrukturierte diagnostische Interviews (vgl. die Übersichten in Herpertz et al., 2003; Tress et al., 2002), wobei sich bald zeigte, dass es Überschneidungen zwischen den einzelnen Persönlichkeitsstörungen gibt und außerdem bei ein und derselben Person häufig mehr als eine Persönlichkeitsstörung zu diagnostizieren ist. Zusätzlich zur kategorialen Erfassung, mit der die Frage beantwortet wird, ob eine oder mehrere spezifische Persönlichkeitsstörungen vorliegen, empfiehlt sich unter therapeutischen Gesichtspunkten auch die dimensionale Erfassung. Gemeint ist damit, dass ein Patient zum Beispiel im Standardisierten Klinischen Interview für Persönlichkeitsstörungen (SKID-II; Fydrich et al., 1997) zwar nicht den Schwellenwert für eine spezifische Persönlichkeitsstörung überschreitet, aber doch einige Merkmale davon aufweist, die, unbehandelt, eine ungünstige Legalprognose erwarten lassen.

Unter den Maßregelvollzugspatienten mit einer Persönlichkeitsstörung (PS) finden sich vornehmlich solche mit Cluster-B-Persönlichkeitsstörungen, bei denen dramatisierende, impulsive und emotional instabile Züge dominieren (antisoziale bzw. dissoziale PS, emotional instabile PS bzw. Borderline-PS, histrionische und narzisstische PS). An zweiter Stelle, aber deutlich seltener, finden sich Patienten mit Cluster-A-Persönlichkeitsstörungen, die sich durch exzentrische Züge auszeichnen (paranoide und schizoide PSt sowie die nur im DSM-IV-TR, nicht dagegen in der ICD-10 geführte schizotypische PS). Cluster-C-Persönlichkeitsstörungen (abhängige und anankastische PS) zeichnen sich durch furchtsame und ängstliche Züge aus und finden sich – als Erstdiagnose – unter Maßregelpatienten vergleichsweise selten, da diese Züge nicht primär zum kriminellen Ausagieren von Problemen disponieren.

Ist erst einmal die Prävalenz der unterschiedlichen Persönlichkeitsstörungen im Maßregelvollzug ermittelt, weiß man noch lange nicht, welche Behandlung bei wem unter welchen Bedingungen wirkt, und erst Recht nicht, warum sie wirkt. Mit solchen Fragen beschäftigt sich die Psychotherapieforschung. Bezüglich der Persönlichkeitsstörungen hat sie sich zunächst außerhalb des Maßregelvollzugs entwickelt. Das führende Handbuch zur Psychotherapieforschung hat in seinen bisher fünf Auflagen den forensischen Bereich und die Straftäterbehandlung generell allerdings so gut wie ausgeklammert bzw. gar nicht zur Kenntnis genommen (Bergin et al., 1994; Lambert, 2004). Die anschwellende Literatur zur Borderline-Persönlichkeitsstörung bzw. -Persönlichkeitsorganisation befasste sich primär mit Patienten, die außerhalb des Maßregelvollzugs wegen selbstschädigenden Verhaltens in Behandlung waren (z. B. Dammann et al., 2007; Rohde-Dachser, 2004), nicht aber mit Straftätern. Die Literatur zur antisozialen Persönlichkeitsstörung, bei der man um Straftäter nicht herumkommt, weil Straffälligkeit ein wesentliches Kriterium für die Diagnose ist, beschrieb ausführlich kriminologische und psychopathologische Aspekte, hatte aber zur Therapie so gut wie nichts beizutragen (Stone, 1993). Vor der psychotherapeutischen Behandlung von Patienten mit antisozialer Persönlichkeitsstörung wurde im Gegenteil in der Fachliteratur vielfach mit dem Argument gewarnt, durch solche Behandlung werde allenfalls die kriminelle Kompetenz gefördert und damit die Rückfallgefahr erhöht. Übersichten jüngeren Datums über Borderline-Persönlichkeitsstörungen (Kernberg et al., 2000) und andere Cluster-A-Persönlichkeitsstörungen (z. B. Kernberg/Hartmann, 2006) widmen dagegen zu Recht in vielen Einzelbeiträgen dieser Handbücher forensischen Fragestellungen einen immer größeren Raum.

Bemerkenswert ist, dass die ersten, in größerem Stil angewandten und evaluierten Behandlungsprogramme im nordamerikanischen Strafvollzug gar keine diagnostischen Zuordnungen trafen, sondern aus der Arbeit mit Alkohol- und Drogenabhängigen hergeleitete Rückfallpräventionsmodule waren, die unabhängig von einer Persönlichkeitsdiagnostik auf die Behandlung von Sexualstraftätern appliziert wurden (Pfäfflin, 2001). Auch das im kanadischen Strafvollzug entwickelte *Reasoning & Rehabilitation Program* (Ross et al., 1986) richtete sich primär an Straftäter generell, nicht an eine spezielle Untergruppe mit bestimmten Persönlichkeitsstörungen. Erst in Deutschland wurde es in den Maßregelvollzug eingeführt und dafür adaptiert, wobei es bestimmte Ausschlusskriterien, aber noch immer keine störungsspezifischen diagnostischen Einschlusskriterien gab (Gretenkord, 2002). Der Vorteil dieser Behandlungsprogramme, die nicht im engeren Sinne als Psychotherapie-, sondern viel eher als Lernprogramme konzipiert sind, gegenüber traditioneller Behandlung ist ihre übersichtliche Strukturierung, sodass sie didaktisch und pädagogisch gut vermittelbar sind, zumal Lern- und Behandlungsziele operationalisiert und so formuliert sind, dass der Patient selbst überprüfen kann, ob er die Ziele erreicht hat oder ggf. ein Modul wiederholen muss. Abgesehen von Personen, die unter akuten Psychosen leiden oder eine schwer wiegende Intelligenzminderung aufweisen, können Straftäter von solchen Behandlungen profitieren.

So bemerkenswert es ist, Behandlungsprogramme vorzulegen, die im weitesten Sinne störungsunspezifisch anwendbar sind, so bemerkenswert ist umgekehrt, dass über Behandlungserfolge im Maßregelvollzug berichtet wurde, ohne zu spezifizieren, worin die Behandlung im engeren Sinne für den einzelnen Patienten eigentlich bestanden hatte. Als Ergebnis der bereits erwähnten, über 2 Jahre durchgeführten prospektiven Behandlungsstudie aus der *Dr. van der Hoeven Klinik in Utrecht* aus den 90er-Jahren des 20. Jahrhunderts wurden eindrucksvolle Daten mitgeteilt: Von dreizehn möglichen Persönlichkeitsstörungsdiagnosen (nach DSM-III-R) war bei acht die Häufigkeit der Vergabe bei Ende des Untersuchungszeitraums statistisch signifikant gesunken. Abgesehen von der histrionischen und der sadistischen Persönlichkeitsstörung zeigten zusätzliche dimensionale Einschätzungen bei fast allen Persönlichkeitsstörungen eine deutliche Milderung der Symptomatik. Bei 23 von 71 Patienten, die bei Aufnahme in die Klinik als persönlichkeitsgestört diagnostiziert worden waren, fand sich bei der Abschlussuntersuchung überhaupt keine Persönlichkeitsstörung mehr. Bei antisozialen, histrionischen und vermeidenden Persönlichkeitsstörungen zeigten sich nur geringe oder auch gar keine Behandlungserfolge. Worin aber hatte die Behandlung bestanden? Offenbar in der für alle Persönlichkeitsstörungen gleichartigen Behandlung der Unterbringung in einer bestimmten Klinik des niederländischen Maßregelvollzugs. Man erkennt sofort, welcher Forschungsphase diese Studie zuzuordnen ist, nämlich der Rechtfertigungsphase, in der es darum ging zu belegen, dass Maßregelvollzugsbehandlung wirkt.

Im Zuge der Konkurrenz einzelner Psychotherapieverfahren, der Forderung nach evidenzbasierter Medizin und den langfristigen ökonomischen Konsequenzen, die sich daraus ergeben können, würde man sich inzwischen mit einem so vagen Wirknachweis kaum mehr zufrieden geben. Man will genauer wissen, mit welcher Methode oder Technik und angewandt in welcher Dosierung und welchem Setting welche Symptome wie beeinflusst werden. Dazu werden Therapien in mehr oder weniger standardisierter bzw. manualisierter Form verabreicht und gegeneinander ins Rennen geschickt, wiewohl sich inzwischen viele Module in den unterschiedlichsten Trainingsprogrammen inhaltlich kaum mehr unterscheiden, auch wenn dies, wegen unterschiedlicher Terminologie, manchmal auf Anhieb nicht leicht zu entdecken ist.

Die beiden wichtigsten manualisierten Verfahren zur Behandlung der Borderline-Persönlichkeitsstörung sind einerseits die *d*ialektisch-*b*ehaviorale *T*herapie (DBT) nach Linehan (1996), andererseits die psychodynamische Therapie nach Clarkin et al. (1999; Dammann et al., 2007), in der die Übertragungsbeziehung zwischen Patient und Therapeut fokussiert wird. Die Kurzbezeichnung dieser Methode, nämlich TFP, spielt auf diesen Aspekt an, der im englischen Originaltitel (*T*ransference *F*ocused *P*sychotherapy) viel besser herausgestellt wird als in der deutschsprachigen Ausgabe des Manuals. Beide Verfahren wurden außerhalb des Maßregelvollzugs entwickelt und bezüglich ihrer Wirksamkeit evaluiert (für die DBT vgl. z.B. Linehan et al., 1991; Lieb et al., 2004; für die TFP Clarkin, 2006). Erst im Laufe der Zeit wurden die Manuale auch in den forensischen Kontext übertragen, und es wurden erste Evaluationen vorgelegt (für die DBT vgl. z.B. Berzins/Trestmann, 2004; für TFP vgl. z.B. Fontao et al., 2007).

Beim Übertrag in forensische Kontexte zeigte sich schnell, dass unter den Bedingungen des geschlossenen Maßregelvollzugs Modifikationen erforderlich sind. Für die DBT wies Bauer (2002) erstmals auf erforderliche Modifikationen hin. Inzwischen werden, ausgehend vom hessischen Maßregelvollzug in Haina und in Zusammenarbeit mit dem Zentralinstitut für Seelische Gesundheit in Mannheim, vielerorts Schulungen in der Anwendung eines für den Gebrauch in der Forensik erweiterten DBT-Manuals, das DBT-F, durchgeführt, in das zum Beispiel auch die aus anderen kognitiv-behavioralen Programmen bekannten Module zur Deliktbearbeitung integriert sind (Bohus, 2007). Allerdings werden das Manual und die Module nur an Schulungsteilnehmer abgegeben und sind im Handel nicht erhältlich.

Auch für die TFP wurden Erfahrungen im Kontext forensischer Psychotherapie im österreichischen Straf- und Maßnahmenvollzug sowie in der unter gerichtlichen Auflagen erfolgenden ambulanten Psychotherapie von Lackinger (2007) zum Anlass genommen, eine besondere Modifikation der TFP unter forensischen Bedingungen vorzuschlagen, die TFFP (für *T*ransference *F*ocused *F*orensic *P*sychotherapy) (Lackinger, 2005; Lackinger/Dammann, 2005).

Derartige Weiterentwicklungen sind sicher nützlich, weil sich in ihnen Beobachtungen aus der Arbeit mit den ursprünglichen Manualen niederschlagen. Im Prinzip ist zu erwarten, dass der Prozess der Weiterentwicklung von Therapiemanualen, Techniken, Interventionsstrategien etc. nie zu einem Ende kommen wird. Gleichgültig, um welche Psychotherapiemethode es sich handeln mag, werden bei jeder therapeutischen Neuentdeckung jene Mechanismen in Gang gesetzt, die in großen Linien die inzwischen hundertjährige Geschichte der Psychotherapieforschung bestimmten: Man macht eine Einzellfallbeobachtung, beschreibt sie, versucht sie zu belegen und in ihren Mechanismen zu verstehen und zu variieren. Womöglich gründet man noch eine Fachgesellschaft, die allein berechtigt ist, die neue Erkenntnis zu verbreiten, in deren Anwendungstechnik zu schulen und Zertifikate zu erteilen, damit man nun endlich mit einer großen Gruppe authentisch geschulter Kolleginnen und Kollegen die schon lange überfällige Großuntersuchung vornehmen kann, mit der unwiderlegbar demonstriert wird, wie bahnbrechend die neuen Erkenntnisse sind. Bevor sich die neue Erkenntnis schon hinreichend verbreitet hat und Allgemeingut geworden ist, sind längst neue Einzelfallbeobachtungen hinzugekommen, die nun ihrerseits geprüft werden müssen...

Vor diesem Hintergrund sollten alle neuen Forschungsergebnisse immer auch daraufhin befragt werden, wem sie eigentlich mehr nützen: den Patienten oder den Forschern? Solange beide Gruppen in gleicher Weise davon profitieren, wird man dagegen keine großen Einwände haben müssen. Wenn aber der Gewinn, den die Forscher davontragen, größer wird als der Nutzen für die Patienten, sollte man das Projekt stoppen. Eigene Erfahrungen mit derartigen Forschungsprojekten (z.B. Lamott et al., 2008; Lamott, 2008; Lackinger et al., 2008) sprechen allerdings dafür, dass die meisten Forschungsprojekte den Alltag in Maßregelvollzugskliniken bei aller Unruhe und Belastung, die mit ihnen auch verbunden sein mögen, beleben, den Blick der Mitarbeiter ebenso wie jenen der Patienten schärfen, die kritische Auseinandersetzung mit den Unterbringungs- und Behandlungsbedingungen fördern und sich daher allein all dieser Faktoren wegen lohnen, unabhängig davon, was dann noch an konkreter Einzelerkenntnis dabei herauskommen mag.

Die uns von den Herausgebern dieses Buches gestellte komplexe Frage bzw. das in einem Satz zusammengefasste Bündel vieler wichtiger Fragen, nämlich bei welchen Persönlichkeitsstörungen welche Verfahren in welchem Setting wirken und warum, lassen sich unseres Erachtens bisher nicht schlüssig beantworten, sofern man als schlüssige Antwort nur das gelten lässt, was empirisch an hinreichend großen Stichproben belegt ist. Die bereits zitierte niederländische Studie von Greeven (1997) gibt zwar Hinweise darauf, welche Persönlichkeitsstörungen auf die niederländische Maßregelbehandlung *nicht* so gut anschlugen wie andere, doch erfährt man darin nicht, welche spezifischen Verfahren angewandt worden waren. Dass die Symptomatik der antisozialen Persönlichkeitsstörung die am schwierigsten zu knackende Nuss ist, weiß ohnehin jeder, der in diesem Felde arbeitet. Nicht nur das Fragenbündel ist zu komplex, um darauf einfache Antworten geben zu können, sondern auch die Fülle der Einflussfaktoren. Schließlich sind es nicht nur die spezifischen Störungen und entsprechend spezifische Behandlungsmodule, die über Erfolg oder Misserfolg einer Behandlung entscheiden. Oft besteht seitens der Patienten eine mehr oder weniger breite Komorbidität, was bedeutet, dass man nicht eine bestimmte Störung behandelt, sondern einen Menschen mit einer Geschichte und womöglich vielen Störungen. Hinzu kommt, dass der spezifische Einfluss bzw. die Wirksamkeit der einzelnen Module und ihre Wechselwirkungen untereinander selbst bei den gut erforschten Behandlungsprogrammen ungeklärt sind (Linehan et al., 2007). Bekannt ist nur, dass die Programme als Ganzes wirken, und man kennt auf empirische Daten gestützte, allgemeine Wirkprinzipien, aber man ist weit davon entfernt, im Detail begründen zu können, warum zum Beispiel Patientengruppen, die ja selbst bei gleicher diagnostischer Einordnung ihre Individualität besitzen, in aller Regel gleichzeitig zum Zeitpunkt Y eine wie auch immer geartete Intervention Z erhalten, obwohl das individuelle Zeitfenster der Patienten eine deutlich flexiblere Handhabung der Interventionen erfordern würde. Neben Patienteneigenschaften üben auch Therapeuteneigenschaften unabhängig von der angewandten Methode einen statistisch zwar weniger wichtigen, im Einzelfall aber ganz entscheidenden Einfluss auf das langfristige Behandlungsergebnis aus, wie eindrucksvoll an der schon lange bekannten, aber fast ebenso lange in Vergessenheit geratenen Studie von Ricks belegt wird (Ricks, 1974; Pfäfflin, 2005). Denn auch Therapeuten sind Menschen mit einer Geschichte, und manchmal haben auch sie Persönlichkeitseigenschaften, die selbst bei Berücksichtigung aller Regeln der Kunst dem Aufbau eines tragfähigen Arbeitsbündnisses im Wege stehen. Die Interaktion zwischen Therapeuten- und Patientenvariablen kompliziert die Sache weiter, und sie wird gespeist von unbewusst ablaufenden Übertragungs- und Gegenübertragungsprozessen, die man im Nachhinein natürlich prinzipiell deuten und bearbeiten kann, aber manchmal ist das Kind schon nach dem ersten Kontakt in den Brunnen gefallen und der therapeutische Kontakt abgebrochen. Einen großen Einfluss haben des Weiteren die Rahmenbedingungen (stationär vs. ambulant, Gruppen- vs. Einzeltherapie, Gruppenzusammensetzung, therapeutisches Milieu, Lockerungsstatus etc.). Forensische Patienten können sich ihre Therapeuten in der Regel nicht aussuchen. Demnach sind auch soziale Auswahlprozesse, die sich oft nach Sympathie bzw. Antipathie richten, für sie im Gegensatz zu vielen anderen Psychotherapiepatienten meist nicht möglich. Nicht zu unterschätzen ist schließlich die zeitliche Perspektive. Abhängig vom Strafmaß und von anderen Faktoren kann ein Patient zum Beispiel über 10 oder mehr Jahre keinerlei Aussicht auf Entlassung aus dem Maßregelvollzug haben, auch wenn er sich noch so rasch in der Therapie entwickelt. Warum soll er sich dann schnell ändern, wenn er es denn könnte? Andererseits, wie kann man seine Neugier wach halten, wenn man immer wieder die gleichen Module mit ihm durcharbeitet?

Bedenkt man solche komplexen Fragen, wird man wohl um den Schluss nicht herumkommen, dass die Ausgangsfrage zwar wichtig ist, sich aber letztlich in technischen Perspektiven verliert und die existenzielle Begegnung vernachlässigt, die man – auch in technischer Terminologie – häufig als den außerordentlich wichtigen Einflussfaktor der therapeutischen Beziehung beschrieben hat. Am Beispiel eines Mannes, der nach einer Vergewaltigung und einem Mord in den Maßregelvollzug eingewiesen worden war, beschrieb Schott (2004) den zwar langwierigen, aber letztlich fruchtbaren Prozess einer analytisch konzipierten Langzeittherapie, die Dimensionen aufwies, die weit über alles hinausgehen, was wir in Manualen und üblichen Erfolgsevaluationen erfassen können. Man vergleiche diese Arbeit von Schott mit den anderen, im selben Heft der Zeitschrift Recht & Psychiatrie (Jg. 22, 2004, Heft 2) versammelten Beiträge zum Schwerpunktthema der Behandlung von Sexualstraftätern (mit und ohne Persönlichkeitsstörungen), und man wird sehen, dass die Therapie von Persönlichkeitsstörungen zwar viele technische Regeln zu beachten hat, dass darüber hinausgehend aber auch eine existenzielle Begegnung mit dem Patienten stattfinden muss, die ihm einen Raum eröffnet, sich zu entwickeln.

Fragen Kandidaten in der therapeutischen Ausbildung, welche spezifischen Techniken sie erlernen sollen, um Patienten mit Persönlichkeitsstörungen erfolgreich behandeln zu können, dann kann man ihnen empfehlen, sich die verschiedenen Methoden in Workshops oder auf Seminaren anzusehen und das zu wählen, womit sie glauben, am besten arbeiten zu können. Es gibt nicht die richtige oder die einzig erfolgreiche Methode, und manchmal hat man an seinem Ausbildungsinstitut oder Ort der klinischen Tätigkeit noch nicht einmal eine Auswahl. Selbst wenn man alle Methoden erlernen würde, könnte man sie doch nicht gleichzeitig alle gleichermaßen gut beherrschen. Es ist aber weder sinnvoll noch notwendig, alle Methoden zu erlernen, weil die wichtigsten Wirkfaktoren der allgemeinen Psychotherapie ohnehin die Schnittmenge der meisten etablierten Methoden ausmachen (Lambert, 2004). Wählt man, was zu einem selbst am besten passt, wird man damit vielen Patienten helfen können und anderen nicht. Im günstigen Falle wird man nicht nur von jenen Patienten lernen, die von der Behandlung profitieren, sondern auch von jenen, an denen man scheitert. Das sind Erfahrungen, die einem wahrscheinlich in keinem Beruf erspart bleiben, auch nicht in dem des Psychotherapeuten. Wer im Maßregelvollzug arbeitet, sollte vom Scheitern etwas verstanden haben, denn das ist ein Thema, an dem kein Maßregelpatient vorbeigekommen ist, denn sonst wäre er nicht dort.

4.18.4 Behandlung von Sexualstraftätern – Eine Fallskizze

Klaus Elsner

Im Folgenden wird am Beispiel eines Patienten, Herrn A. die Behandlung in den Sexualstraftätergruppen der *Forensischen Abteilung der RK Langenfeld* dargestellt. Um den individuellen Behandlungsverlauf des Herrn A. besser nachvollziehen zu können, sollen vorweg aber einige Aspekte der Gruppenbehandlung skizziert werden.

Für detailliertere Informationen, unter anderem zum Behandlungskontext, zur Behandlungskonzeption und zu therapeutischen Grundhaltungen, siehe auch Elsner (2001, 2006). In den Gruppen werden die tatspezifischen Behandlungsinhalte thematisiert, deren Bearbeitung für alle Sexualstraftäter verpflichtend sind, sowohl für die sexuellen Missbraucher als auch für die Vergewaltiger, die zusammen in den Gruppen behandelt werden. Bei den tatspezifischen Inhalten handelt es sich vor allem um die Rekonstruktion der Straftat(en) und der Delinquenzentwicklung, die Veränderung tatbegünstigender so genannter verzerrter Gedanken, die Förderung der Fähigkeit, Empathie mit den eigenen Opfern zu empfinden, die Erarbeitung eines funktionalen Zusammenhangs zwischen Delinquenz und biografischer Entwicklung und die Etablierung von Rückfallvermeidungsstrategien.

In den Gruppen arbeiten maximal sechs Patienten, bei mindestens zwei, wenn nicht drei TherapeutInnen. Die Gruppensitzungen dauern 90 Minuten, finden einmal wöchentlich statt und gehen insgesamt über etwa 4 Jahre. Bis heute haben vier Gruppen ihre Arbeit abgeschlossen.

Der zum Zeitpunkt der Einweisung in den Maßregelvollzug 43-jährige Herr A. wurde wegen mehrfachen sexuellen Missbrauchs von Kindern zu einer Freiheitsstrafe von 5 Jahren verurteilt; gleichzeitig wurde die Unterbringung in einem psychiatrischen Krankenhaus angeordnet. Die von einem Gutachter diagnostizierte Pädophilie (F 65.4) begründete für die Kammer nicht nur eine verminderte Schuldfähigkeit zu den Tatzeitpunkten, sondern auch die Gefahr für weitere einschlägige Straftaten.

In der Eingangsphase der Maßregelbehandlung, in der die Rahmenbedingungen der Unterbringung zu klären sind, zeigte sich recht schnell, dass Herr A. wegen seiner pädophilen Überzeugung, die ausführlicher im Rahmen der Behandlungsarbeit zu beschreiben sein wird, kein Unrechtsbewusstsein für seine Taten besaß, die Unterbringung nach § 63 StGB als Ungerechtigkeit und dem «Zeitgeist geschuldet» (Dutroux etc.) ansah und auch keine Behandlungsnotwendigkeit für sich erkennen konnte.

Da Behandlung aber ohne ein Mindestmaß an Motivation nicht möglich ist und insbesondere die therapeutische Arbeit in der Gruppe die Bereitschaft erfordert, sich auch mit der Kritik der anderen Patienten auseinander zu setzen, haben wir zuerst versucht, den Motivationsprozess bei Herrn A. positiv zu beeinflussen. Die unterschiedlichen Gründe, die seinen Widerstand gegen eine Behandlung in der Maßregel stützten, wurden ernst genommen und abgeklärt, beispielsweise seine Angst vor weit reichenden Konsequenzen im Maßregelvollzug, wenn er denn über seine sexuelle Devianz offen sprechen würde. Zur Korrektur seiner negativen Vorstellungen über Behandlung wurden vielfältige diesbezügliche Informationen vermittelt. Außerdem wurden mit ihm die kurzfristigen und langfristigen, sowohl positiven als auch negativen Konsequenzen für den Fall ausführlich erörtert und antizipiert, dass er sich mit seiner Problematik in der Behandlung auseinander setzen bzw. dies unterlassen würde. Nach einer Motivierungsphase von etwa 6 Monaten war bei Herrn A. von einer ausreichenden Behandlungsmotivation auszugehen. Er erklärte seine Bereitschaft, in einer Behandlungsgruppe mitzuarbeiten, und unterschrieb einen Behandlungsvertrag, in dem Inhalte, Methoden und Rahmenbedingungen der Sexualstraftäterbehandlung im Maßregelvollzug deutlich benannt sind.

4.18.4.1 Deliktrekonstruktion

Die Arbeit in der Gruppe begann mit einer ausführlichen Deliktrekonstruktion, in der Herr A. mit Unterstützung der Therapeuten und der Gruppe den Tatablauf detailliert analysierte. Für die Zeiträume Tatvorlauf (Tage und Wochen vor der Tat), Tatanlauf (Stunden vor der Tat), Tatgeschehen und Nachtatverhalten wurden verschiedene Dimensionen des Erlebens und Verhaltens herausgearbeitet. Was hat Herr A. getan, was dabei gefühlt, welche Körperempfindungen gespürt, welche Fantasien und Gedanken über sich, seine Lebenssituation und sein Opfer gehabt, welche Rolle spielte Alkohol, und wie sahen die Interaktionen mit seinem Opfer aus? Alle diese Informationen wurden auf Flipchart-Bögen aufgeschrieben und waren damit sowohl für die Arbeit in der Gruppe als auch für Herrn A. immer wieder verfügbar. Zusammengefasst zeigte sich ein Deliktmuster, das durch die folgenden Merkmale gekennzeichnet ist: Tatvorlaufzeiten von mehreren Monaten bis Jahren, in denen Herr A. die Kontakte mit den Kindern, Jungen im vorpubertären Alter, also etwa 10 bis 12 Jahre, immer enger gestaltete. In diesem Prozess, der als *grooming* (engl. etwa für «Einspinnen») bezeichnet wird, ging es Herrn A. vor allem darum, Vertrauen zum späteren Opfer aufzubauen, es materiell (Pizza, kleinere Geldbeträge, Fantasialand) aber auch emotional (Aufmerksamkeit, Zeit, Anerkennung) an sich zu binden, Nacktheit zu normalisieren, etwa durch gemeinsames Duschen oder das Fotografieren der Kinder, und Sexualität zu thematisieren, etwa durch «Aufklärung» aber auch durch pornografisches Material, das «zufällig» herumlag. In einigen Fällen wurde der Kontakt zur Familie des späteren Opfers gesucht, mit der Intention, auch dort als vertrauensvoll angesehen zu werden und damit den geplanten sexuellen Missbrauch abzusichern. Während dieses Vorgehens entstand bei Herrn A. die illusionäre Vorstellung einer «gleichberechtigten» Beziehung. Die in der Vorstellung vorweggenommenen sexuellen Handlungen mit dem Opfer wurden sexuell anregend erlebt und bestimmten zunehmend die masturbationsbegleitenden Fantasien. Die sexuellen Missbrauchshandlungen, gegenseitige Masturbationen und Oralverkehr mit dem Opfer, wurden dann quasi mit dem Opfer «vereinbart», seine verbale Zustimmung eingeholt. (Dabei blendete Herr A. die Tatsache vollkommen aus, dass sein Opfer auf Grund der altersbedingten emotionalen und intellektuellen Unterlegenheit und des Grooming-Prozesses nicht in der Lage sein konnte, eine solche Zustimmung zu geben.) Der von Herrn A. als erregend und befriedigend erlebte sexuelle Missbrauch wurde danach in einer ganz bestimmten Weise kognitiv bewertet: Auch dem Jungen habe dieser sexuelle Kontakt gefallen, zudem sei er ja auch von dem Jungen gewollt worden, er habe schließlich nicht nur ein sexuelles Interesse an dem Jungen etc. Gleichzeitig bürdete er dem Opfer einen Teil der Verantwortung für seinen sexuellen Missbrauch auf, indem er Botschaften aussprach wie: «Wenn herauskommt, was wir (!) gemacht haben, entstehen uns beiden Nachteile». Nach diesem ersten sexuellen Übergriff folgten in der Regel weitere Missbrauchshandlungen über längere Zeiträume, so lange jedenfalls, wie das Opfer von seinen körperlichen, emotionalen und intellektuellen Attributen für Herrn A. noch attraktiv war.

Bei Herrn A., der unter typologischen Gesichtspunkten als fixierter Pädophiler zu bezeichnen ist, zeigen sich im Deliktmuster keine emotional aversiven Zustände, die im weitesten Sinne als Auslöser für den sexuellen Missbrauch anzusehen wären. Andere typische Deliktmuster bei sexuellen Missbrauchern beschreiben Ward et al. (1995).

4.18.4.2 Kognitive Verzerrungen

Im zweiten Behandlungsabschnitt wurden die in der Deliktrekonstruktion deutlich gewordenen kognitiven Verzerrungen hinterfragt und modifiziert. Die kognitiven Verzerrungen, die zum einen den Missbrauch im Vorfeld ermöglicht haben («Wenn Kinder in sexuelle Kontakte einwilligen und ihre Wünsche dabei berücksichtigt werden, haben die sexuellen Handlungen keinerlei negative Auswirkungen auf das Kind, ganz im Gegenteil sogar») und zum anderen nach dem sexuellen Missbrauch die Taten gerechtfertigt haben («Der war doch auch erregt»), wurden zuerst einmal identifiziert. Danach wurden sie in der Gruppe auf ihren Realitätsgehalt kritisch hinterfragt, wobei sich eine von den Delikten heterogen zusammengesetzte Gruppe als Vorteil erweist. Widersprüche und Irrationalitäten wurden aufgezeigt.

Eine zentrale deliktfördernde kognitive Verzerrung des Herrn A. lautete, dass er immer dafür gesorgt habe, eine gleichberechtigte Beziehung zu seinen Opfern herzustellen, in der sie sich frei entscheiden konnten, in sexuelle Handlungen mit ihm einzuwilligen oder auch nicht. Diese kognitive Verzerrung wurde nach längerer Diskussion in der Gruppe vor allem mit den Argumenten hinterfragt, dass weder zu Beginn der Kontaktaufnahme noch zu einem späteren Zeitpunkt eine Gleichberechtigung vorlag. In den ersten Kontakten nicht, weil das potenzielle Opfer zu diesem Zeitpunkt keinerlei Ahnung davon besaß, dass diese Kontaktanbahnung allein der Vorbereitung eines sexuellen Missbrauchs dienen sollte, und auch zu späteren Zeitpunkten nicht, weil das Opfer auf Grund der Überlegenheit des Erwachsenen und als Ergebnis des Grooming-Prozesses keine echte Wahl mehr hatte. Abschließend wurden für jede der identifizierten deliktfördernden kognitiven Verzerrungen realitätsangemessene Gedanken formuliert, die einen erneuten sexuellen Übergriff hemmen werden. Die Arbeit mit diesen deliktfördernden Kognitionen zielt nicht nur auf einzelne Gedanken ab, sondern berührt natürlich auch grundlegende Überzeugungen, die über Jahrzehnte bei Herrn A. ein «pädosexuelles Weltbild» konstruiert haben, das zahlreiche Missbrauchshandlungen ohne Dissonanzen und Schuldgefühle ermöglicht hat. Eine erfolgreiche therapeutische Arbeit wird dieses Weltbild nicht vollkommen verändern, aber doch in zentralen Annahmen erschüttern können.

4.18.4.3 Opferempathie

Nachdem die zentralen kognitiven Verzerrungen hinterfragt und dafür angemessene Gedanken formuliert wurden, ging es darum, die Fähigkeiten des Herrn A. zu fördern, sich in seine Opfer hineinzuversetzen. Es wurde schnell deutlich, dass er keine Schwierigkeiten hat, sich in andere Menschen hineinzuversetzen und ihre Gefühle wahrzunehmen. Allerdings zeigte er keine Empathie mit seinen Opfern bezüglich seiner Missbrauchshandlungen, was als Resultat der kognitiven Verzerrungen anzusehen ist. Die Methode der Wahl, um mit dieser Problematik zu arbeiten, sind Rollenspiele, in denen die Patienten in die Rolle ihrer Opfer gehen und nachzuempfinden versuchen, was ihre Opfer vor und nach den sexuellen Missbrauchshandlungen gedacht und gefühlt haben. Auch bei Herrn A. wurden in den Rollenspielen einzelne Facetten der Missbrauchshandlungen noch einmal auf einer emotionalen Ebene erinnert und damit die Auseinandersetzung in der kognitiven Umstrukturierung um diese Ebene ergänzt. Dieses Vorgehen ermöglichte ihm eine umfassendere Sicht der Opferseite, ein Wahrnehmen der Ambivalenzen und auch der Nöte seiner Opfer. Viele Signale der Opfer vor dem sexuellen Missbrauch, die er in den Rollenspielen für sich rekonstruieren konnte, zeigten, dass er diese Widerstände ausgeblendet und letztlich nur das selektiv wahrgenommen hatte, was der Befriedigung seiner sexuellen Bedürfnisse diente. Ergänzend führte eine Beschäftigung mit den Lebenswelten seiner Opfer, ihrer sozialen Randständigkeit, ihrem materiellen Mangel und ihrer emotionalen Bedürftigkeit noch einmal die Überzeugung der «gleichberechtigten Beziehung» *ad absurdum*. Auch die Versuche, den weiteren Lebensweg einiger seiner Opfer zu rekonstruieren, zeigten doch bei einigen Jungen, dass sie offensichtlich Schaden genommen hatten, Drogen konsumierten oder sich prostituierten und vor allem Schwierigkeiten darin besaßen, persönliche Grenzen zu akzeptieren. Die emotionale Auseinandersetzung mit den Opfern und die Einsicht, durch die sexuellen Übergriffe die Opfer geschädigt zu haben, führten zu weiteren Rissen im pädosexuellen Weltbild des Herrn A. Sowohl im Kontakt mit ihm als auch in den testpsychologischen Verlaufsmessungen konnten wir bei ihm während dieser Auseinandersetzungen psychische Auffälligkeiten beobachten: Er wurde depressiv und schilderte Schuldgefühle; ein Hinweis darauf, dass eine Auseinandersetzung mit der Problematik auch auf einer emotionalen Ebene begonnen hatte, ein Hinweis aber auch darauf, ihn in dieser Behandlungsphase zu stützen.

4.18.4.4 Biografie

In der biografischen Rekonstruktion der sexuellen Devianz wurde deutlich, dass die sexuelle Präferenz für vorpubertäre Jungen schon vor seiner eigenen Pubertät durch entsprechende sexuelle Erfahrungen gebahnt wurde. Bei hoher sexueller Ansprechbarkeit und hochfrequenter Masturbation während der Pubertät etablierte sich ein recht stabiles pädosexuelles Erlebens-

und Verhaltensmuster. Einige wenige Versuche, Kontakte zu Mädchen aufzunehmen, «um normal zu erscheinen», waren eher pro forma, sexuell bedeutungslos und zum Scheitern verurteilt. Deviante Wünsche wurden während der Adoleszenz in der Fantasie ausgelebt und drängten im frühen Erwachsenenalter in Handlung. Mehrfache Verurteilungen und Inhaftierungen wegen sexuellen Missbrauchs von Kindern folgten. Die soziale und berufliche Integration aber wurde durch die Inhaftierungen kaum beeinträchtigt. Herr A. hat bislang in seinem Leben keine erwachsenen sexuellen Beziehungen gelebt, sie sind für ihn nicht erstrebenswert. Auch als Perspektive kann er sich sexuelle Beziehungen mit erwachsenen Partnern nicht vorstellen. Seine sexuellen Lebensäußerungen in der Unterbringung beschränken sich darauf, dass er masturbiert. Dabei spielen deviante Fantasien, Erinnerungen an frühere Delikte oder fantasierte sexuelle Handlungen mit pubertierenden Jungen eine wesentliche Rolle. Da ihm diese sexuellen Betätigungen in der Vergangenheit zwar geholfen haben, über einige Monate deliktfrei zu leben, aber immer wieder zu dem Wunsch führten, die Fantasien in der Realität auszuleben, wurden diese masturbationsbegleitenden Fantasien problematisiert. Herr A. versuchte deshalb zum einen, deviante Fantasien zu reduzieren, und zum anderen, angemessenere Fantasien zu nutzen; konkret: die von ihm bevorzugten sexuellen Handlungen mit einem 18-jährigen, jungenhaft aussehenden Mann durchzuführen.

4.18.4.5 Rückfallvorbeugung

Am Ende der Gruppenbehandlung waren unter rückfallpräventiven Aspekten vor allem zwei Aspekte Gegenstand der Arbeit:

- die Unterstützung seines Vorsatzes, auf sexuelle Handlungen mit Kindern zu verzichten und deviante Fantasieinhalte dauerhaft zu reduzieren sowie
- die Begleitung seiner Wachsamkeit, Kontaktanbahnungen mit potenziellen Opfern schon in der Entstehungsphase zu vermeiden.

Die in der kognitiven Umstrukturierung erarbeitete angemessenere und damit deliktverhindernde Realitätssicht und das emotionale Wissen über die schädlichen Folgen seiner sexuellen Übergriffe sind allein keine Garanten für ein zukünftiges deliktfreies Leben. Dies räumte auch Herr A. selbstkritisch ein und bejahte die Notwendigkeit zusätzlicher externer Unterstützung und Kontrolle. Die externe Unterstützung beinhaltet regelmäßige begleitende Kontakte, um die in der Behandlung erzielten Veränderungen zu stabilisieren und die gelebte Sexualität mit ihren devianten Anteilen immer wieder zu hinterfragen. Durch die externe Kontrolle werden zurzeit Ausgänge vor- und nachbereitet und etwaige Auffälligkeiten im Verhalten sofort angesprochen, um Schritte in Richtung einer möglichen Kontaktanbahnung zu potenziellen Opfern frühzeitig erkennen und unterbrechen zu können. Die externe Kontrolle wird zukünftig auch eine enge Anbindung an die Klinik beinhalten müssen, an die ihm vertrauten Bezugspersonen aus den verschiedenen Berufsgruppen. Nur unter diesen Bedingungen scheint überhaupt eine Entlassung aus der Maßregel mittelfristig vorstellbar zu sein, wohl wissend, dass Herr A. zu einer Gruppe von Sexualstraftätern gehört, die ein recht hohes Rückfallrisiko aufweist.

4.18.5 Behandlung persönlichkeitsgestörter Patienten mit einem modifizierten schemafokussierten Therapiekonzept

Klaus Elsner

In den letzten Jahren wurden in den Maßregeleinrichtungen vermehrt Bemühungen unternommen, strukturierte Behandlungskonzepte für Patienten mit der Diagnose einer Persönlichkeitsstörung umzusetzen. Das mag zum einen daran liegen, dass diese Patientengruppe des Maßegelvollzugs wegen der höheren Rückfallrate nach bedingter Entlassung ein gesteigertes Interesse auf sich gezogen hat (Seifert et al., 2003a). Das hat aber vor allem damit zu tun, dass der therapeutische Nihilismus bezüglich der Behandlungsmöglichkeiten dieser Patientengruppe in den letzten Jahren relativiert wurde. Mittlerweile wurde in der Psychotherapieforschung die Wirksamkeit strukturierter Behandlungskonzepte für Patienten mit der Diagnose einer Persönlichkeitsstörung empirisch belegt (siehe dazu u.a. Leichsenring/Leibing, 2003; Jacob/Lieb, 2007). Allerdings sind diese Behandlungskonzepte für den ambulanten psychotherapeutischen Bereich entwickelt worden. Ein empirischer Beleg für die Wirksamkeit dieser Konzepte auch unter rückfallpräventiven Aspekten bei Patienten des Maßregelvollzugs steht noch aus. Modifikationen der DBT (dialektisch-behaviorale Therapie) und der TFP (übertragungsfokussierte Therapie) für den forensischen Kontext befinden sich noch im Erprobungsstadium (Oermann et al., 2004, Fontao et al., 2007).

Im Rahmen eines Forschungsprojektes des *Instituts für Forensische Psychiatrie der Universität Duisburg-Essen* haben wir 2005 begonnen, die schemafokussierte Therapie («Schema-Focused Psychotherapy», Young et al., 2005) an die Rahmenbedingungen des Maßregelvollzugs und die Besonderheiten der dort untergebrachten Patienten anzupassen. Vor allem der Zwangskontext der Behandlung und das Störungs- und Delinquenzprofil der zu behandelnden Patienten waren dabei zu beachten. Die Entscheidung für einen modifizierten schemafokussierten Ansatz und die Behandlung der Patienten in der Gruppe trafen wir auf Grund unserer Erfahrungen mit deliktorientierter und störungsspezifischer Gruppenarbeit (Elsner, 2001; Elsner et al., 2004). Hier zeigte sich nämlich, dass mit den kognitiv-verhaltenstherapeutischen Methoden zwar zum Teil deutliche Veränderungen auf der Verhaltensebene erzielt werden konnten, die erworbenen Verhaltensstrategien in konflikthaften interpersonalen Situationen aber nur begrenzt handlungsleitend waren. Vielmehr war das Verhalten in diesen Situationen durch eine emotionale Verfassung beeinflusst, die weniger durch die konkrete Situation als vielmehr durch frühere Erfahrungen bestimmt war. Anders formuliert: In diesen konflikthaften interpersonalen Situationen wurden emotional dichte innere Bilder aktualisiert, die unangemessenes, zum Teil aggressives Handeln zur Folge hatten.

4.18.5.1 Grundannahmen der schemafokussierten Therapie

Kognitiv-emotionale Schemata sind nicht bewusste mentale Strukturen, in denen die Gefühle, Kognitionen und Körperempfindungen gespeichert sind, die im Kontakt mit anderen Menschen erfahren wurden. Sie haben sich in der Kindheit entwickelt und im Jugend- und Erwachsenenalter weiter ausgeformt und verfestigt. Sie sind realitätsbasierte Repräsentationen der Umgebung des Kindes. Sie beinhalten innere Bilder oder Modelle über die eigene Person, wichtige Bezugspersonen und die Umwelt. Diese inneren Bilder sind stabil und überdauernd. Sie organisieren nicht nur die Wahrnehmung, sondern sind auch in hohem Maße handlungsleitend.

Je nachdem, wie angemessen die kognitiv-emotionalen Schemata sind, das heißt, wie gut sie im Laufe der Entwicklung immer wieder an die Realität angepasst werden konnten, gelingt es der Person, sich situationsgerecht zu verhalten und ihre Bedürfnisse in sozial angemessener Form zu befriedigen. Die Ursachen fehlangepasster Schemata sind vor allem schädigende Erlebnisse, die in der Kindheit, aber auch noch in der Adoleszenz regelmäßig aufgetreten sind. Die Aktivierung dieser Schemata ist mit heftigen negativen Gefühlen und Gedanken verbunden und kann zu einer Vielzahl psychischer Probleme und Verhaltensauffälligkeiten führen. Young et al. (2005) beschreiben 18 fehlangepasste Schemata und gruppieren sie in fünf Schemabereiche, die grundlegende menschliche Bedürfnisse abbilden, nämlich das Bedürfnis nach sicherer Bindung, nach Autonomie, nach Kontrolle sowie Selbstwert und Kompetenz.

Fehlangepasste Schemata werden durch den Aufforderungsgehalt sozialer Situationen aktualisiert. Den damit verbundenen negativen Gefühlen und Gedanken wird mit unangemessenen Bewältigungsreaktionen begegnet, die drei Bewältigungsstilen zugeordnet werden können: sich in ein Schema fügen, Schemavermeidung und Schemaüberkompensation. Dadurch gelingt es zwar, das mit der Aktualisierung der Schemata verbundene negative Erleben zu vermeiden, die fehlangepassten Schemata werden dadurch aber aufrechterhalten.

Dies soll an einem Beispiel illustriert werden: Ein junger Mann ist überzeugt davon, dass er in den Bereichen, in denen es auf Leistung ankommt (Schule, Beruf, Sport), anderen Gleichaltrigen hoffnungslos unterlegen ist; er sieht sich als Versager. In der Kindheit hat er sich oft ungeschickt angestellt und wenig Unterstützung erfahren. Oft bekam er von anderen zu hören, er könne Sachen nicht und brauche sich deshalb auch gar nicht anzustrengen. Im Laufe der Zeit hat sich ein inneres Bild seiner Leistungsfähigkeit entwickelt, das dadurch bestimmt ist, dass er sich mit anderen nicht messen kann, untalentiert, inkompetent und im Grunde genommen dumm ist. Dieses Schema «Versagen» beeinflusst nun sein Verhalten als Erwachsener in ganz unterschiedlicher Art: Angefangene Arbeiten führt er nicht zu Ende oder zeigt wenig Durchhaltevermögen: «Ich schaff' es ja doch nicht!» Er *fügt* sich in das Schema und bestätigt es sogleich. Er schwänzt die Schule, kommt alkoholisiert zum Vorstellungsgespräch oder verschläft Termine beim Arbeitsamt. (Er *vermeidet* all die Situationen, in denen er sich mit Leistungsanforderungen auseinander setzen muss.) Oder er macht zahlreiche Überstunden, ohne allerdings das Gefühl zu haben, eine gute und anerkannte Leistung zu erbringen (Er *kompensiert* das Schema, indem er sich ihm entgegengesetzt verhält.)

Mit dem Begriff des Schemamodus bezeichnen Young et al. (2005) diejenigen angepassten und fehlangepassten Schemata und Bewältigungsreaktionen, die bei einem Menschen in einem konkreten Augenblick aktiv sind.

Dieses äußerst verkürzt dargestellte theoretische Konzept der schemafokussierten Therapie ist wegen seiner Komplexität kritisiert worden (Pretzer/Beck, 2004), eine Kritik, die wir bei der Adaptation dieses Ansatzes an die Bedingungen forensischer Arbeit durchaus haben nachvollziehen können.

4.18.5.2
Der Therapieprozess

Neunzehn Patienten mit dieser Diagnose einer Persönlichkeitsstörung aus den Forensischen Abteilungen der Rheinischen Kliniken Langenfeld und Viersen werden in drei Gruppen behandelt; zwei Patientengruppen mit Störungen aus dem Cluster B (antisoziale, narzisstische und Borderline-Persönlichkeitsstörungen) und eine Patientengruppe mit Störungen aus dem Cluster C (selbstunsichere und abhängige Persönlichkeitsstörungen) des DSM-IV-TR. Neunzehn Patienten der Abteilungen, welche die Standardbehandlung erhalten, bilden die Kontrollgruppe. Die Gruppensitzungen finden in der Regel wöchentlich statt, dauern 2 ½ Stunden und werden von drei Therapeuten geleitet. Insgesamt finden etwa 60 Sitzungen statt.

Die Zielsetzung der Behandlung forensischer Patienten mit der Diagnose einer Persönlichkeitsstörung besteht darin, sie für ihre fehlangepassten Schemata zu sensibilisieren und ihre Bewältigungsstrategien zu modifizieren. Im Einzelnen sollen sie vor allem befähigt werden, ihre Schemata zu identifizieren und einen bewussteren Zugang zu den damit verbundenen Kindheitserinnerungen, Gefühlen, Kognitionen und Körperempfindungen zu bekommen. Die problematischen Bewältigungsstile sollen benannt und modifiziert werden. Nicht zuletzt soll ein Zusammenhang zwischen fehlangepassten Schemata, problematischen Bewältigungsstilen und delinquentem Verhalten hergestellt werden. Wünschenswert wäre zudem, dass Patienten eine bewusstere Kontrolle über fehlangepasste Schemata erreichen und die damit verbundenen aversiven Emotionen sich abschwächen.

Der Therapieprozess lässt sich grob in drei Abschnitte gliedern:

1. Problem- und Zieldefinition
2. Schemaidentifikation und
3. Modifikation der fehlangepassten Bewältigungsstile.

Zuerst aber werden die Patienten in den Eingangssitzungen noch einmal ausführlich über Inhalte, Zielsetzungen und Methoden der Therapie informiert, und der Therapievertrag wird besprochen, dessen Unterzeichnung die Bereitschaft jedes Patienten unterstreicht, in der Gruppe konstruktiv an seinen Problemen zu arbeiten.

Die Problembeschreibung der Patienten, die sie mit entsprechenden Arbeitsbögen vornehmen, wird durch die Ergebnisse einer ausführlichen testpsychologischen Untersuchung ergänzt und in der Gruppe erörtert. Ebenso wird besprochen, welche Ziele sie in der Therapiegruppe erreichen wollen. Wir achten darauf, dass sowohl die Problem- als auch die Zieldefinitionen so konkret wie möglich vorgenommen werden. Um die Patienten nicht auf ihre Defizite zu reduzieren, werden ihre Ressourcen gewürdigt.

Für die Schemaidentifikation nutzen wir die entsprechenden Schemafragebögen, die Interaktionen in der Gruppe, die uns zur Verfügung stehenden Informationen über das Verhalten im stationären Alltag und die bei uns durch die Patienten ausgelösten Gegenübertragungen.

Problem- und Zieldefinition sowie Schemaidentifikation bilden die Grundlage für ein vorläufiges Fallkonzept, das die relevanten Schemata, ihre Verankerung in der Kindheit, die fehlangepassten Bewältigungsstile, die daraus resultierenden Problembereiche und den Zusammenhang mit dem delinquenten Verhalten zusammenfasst. Dieses schriftliche Fallkonzept wird den Patienten ausgehändigt mit der Aufgabe, es auf seine Vollständigkeit und Angemessenheit zu prüfen sowie Ergänzungen und Korrekturen einzufügen. Veränderungen werden in der Gruppe erörtert und fließen in eine Überarbeitung des Fallkonzeptes ein. Auf der Grundlage des individuellen Fallkonzeptes erfolgen die therapeutischen Interventionen auf der kognitiven Ebene (Identifizierung irrationaler Überzeugungen, kognitives Umstrukturieren u.a.) und auf der Verhaltensebene (Selbstbeobachtung, Verhaltensverschreibungen, Einüben konkreter sozialer Fertigkeiten u.a.). Eine wesentliche Rolle spielen erlebensbasierte Strategien, um aversive emotionale Erfahrungen aus der Kindheit der therapeutischen Bearbeitung zugänglich zu machen. Hier sind auf den individuellen Fall zugeschnittene Rollenspiele sinnvoll, in denen sich die Patienten den emotional belastenden Situationen aus der Kindheit annähern können. Nicht unerwähnt bleiben sollen die therapeutischen Effekte, die aus der stützenden Funktion der Gruppe und der wohlwollenden Begleitung und empathischen Konfrontation der Patienten durch die Therapeuten resultieren. In der Schlussphase der Gruppentherapie werden die Kollegen aus dem Pflegedienst in die Behandlung einbezogen, um den Transfer der Therapieeffekte in den Alltag zu unterstützen.

4.18.5.3 Ausblick

Die in einigen Aspekten beschriebene Gruppentherapie, die einem modifizierten schemafokussierten Ansatz folgt, wird Ende 2007 abgeschlossen sein. Im 1. Halbjahr werden auch die Daten der Patienten aus der Kontrollgruppe vorliegen. Erst dann werden fundierte Aussagen über die Effekte dieser Therapie im Vergleich zur Standardbehandlung im Maßregelvollzug möglich sein. Positiv ist zu erwähnen, dass bislang kein Patient die Therapie abgebrochen hat. Zwei Patienten hatten dies in kritischen Phasen der Unterbringung in Erwägung gezogen, sich dann aber doch für eine weitere Mitarbeit in der Gruppe entschieden.

4.18.6 Behandlung psychopathischer Patienten in der Van der Hoeven Klinik, Utrecht (NL) – Gespräch mit Uta Kröger

Vor welchem Hintergrund haben Sie in der Van der Hoeven Klinik eine spezielle Behandlung für psychopathische Patienten entwickelt?

Psychopathische Patienten gelten gemeinhin als wenig motiviert, schwer zu behandeln und besonders rückfallgefährdet. Sie werden zunehmend in Longstay-Bereiche abgeschoben. Daher ist die vorrangige Frage, wie die Behandlung so gestaltet werden kann, dass sie besser auf die speziellen Bedürfnisse dieser Patientengruppe zugeschnitten ist (van Beek/Kröger, 2007).

In der Van der Hoeven Klinik werden rund 150, überwiegend persönlichkeitsgestörte Patienten behandelt. Die Behandlungsphilosophie gründet auf dem Konzept der Therapeutischen Gemeinschaft: Die Patienten leben in Wohngruppen, die hinsichtlich Persönlichkeitsproblematik, Delikt und Geschlecht heterogen zusammengestellt sind. Sie können sich auf der Basis von (Mit-)Verantwortung sowie Respekt und Offenheit im Umgang miteinander relativ frei in der Klinik bewegen, auch außerhalb der eigenen Wohngruppe. Die Patienten sind mitverantwortlich für die Planung und den Verlauf ihrer eigenen Behandlung sowie für die ihrer Mitpatienten. Sie achten aufeinander und sprechen einander auf ihr Verhalten an. Darüber hinaus sind Patienten wie Mitarbeiter kollektiv für die Sicherheit der gesamten Klinik verantwortlich und greifen zum Beispiel gemeinschaftlich bei Zwischenfällen ein. Eine solche Kooperation auf verschiedenen Ebenen erfordert entsprechende Kommunikationsorgane, wie zum Beispiel eine tägliche Mitarbeiterkonferenz und einen Klinikrat, in dem Patienten und Mitarbeiter vertreten sind. Der Klinikaufenthalt zielt auf die Resozialisierung des Patienten. Die Unterbringungssituation entspricht daher weitestgehend der gesellschaftlichen Realität und ermöglicht so eine ständige Konfrontation der Patienten mit normalen sozialen Anforderungen.

Das Behandlungskonzept der Klinik ist im Kern bis heute erhalten geblieben und einzigartig in den Niederlanden. Dennoch wurden im Laufe der Jahre neue Behandlungsprogramme und -methoden in das Konzept integriert. Wir haben ein multidisziplinäres Behandlungskonzept entwickelt, in dem die «strukturierte therapeutische Gemeinschaft» mit integrierten kognitiv-verhaltenstherapeutischen, systemtherapeutischen und medizinisch-psychiatrischen Ansätzen im Mittelpunkt steht – eine Gemeinschaft, die an deutliche Verhaltensregeln gebunden ist, mit einer direktiven therapeutischen Haltung, die antisozialem und destruktivem Verhalten konsequent entgegenwirkt. Das breite Behandlungsangebot bietet den Patienten nicht nur die Gelegenheit, sich auf verschiedenen Lebensgebieten zu entwickeln. Sie sollen sich auch explizit der Risikofaktoren ihres Verhaltens bewusst werden und lernen diesen entgegenzuwirken.

In der Van der Hoeven Klinik weisen 34,7 % der Patienten einen PCL-R-Gesamtwert von ≥ 26 und 21,4 % von ≥ 30 auf. Es handelt sich daher um eine durchaus respektable Anzahl von Patienten, die neben einer Persönlichkeitsstörung oder psychotischen Erkrankung Züge der *psychopathy* aufweisen (emotionale Defizite wie Empathie- und Angstlosigkeit, manipulativer Interaktionsstil, Impulsivität, Dissozialität und/oder *sensation seeking*). Nachdem 1999 der PCL-R in der Klinik eingeführt wurde und sich wissenschaftliche Kenntnisse auf dem Gebiet der *psychopathy* durchsetzten, wurden spezifische Herangehensweisen entwickelt. Wissenschaftliche Studien wie die von Rice et al. (1992) oder Salekin (2000), die die Eignung der Therapeutischen Gemeinschaft als Behandlungsmethode für Psychopathen generell in Frage stellten, erschienen uns jedoch nicht als Gegenindikation. Die in den Studien beschriebenen Therapeutischen Gemeinschaften zeigten keine Parallelen mit der Organisation und Arbeitsweise unserer Klinik. Unser Behandlungsklima lässt sich nicht als niedrig strukturiert und hoch tolerant bezeichnen, wie die dort beschriebenen und als ungeeignet kritisierten Therapiekonzepte. Aber auch bei uns galt es, von der Philosophie der Klinik Abschied zu nehmen, dass der Aufbau einer persönlichen Beziehung zwischen Patient und Therapeut der «Königsweg» ist, um Veränderungen zu bewirken bzw. mit der Emotionalität und Vulnerabilität des Patienten in Kontakt zu kommen. Man konnte sich noch schlecht von der fälschlichen Annahme lösen, dass sich diese auch hinter dem harten, emotionslosen Erscheinungsbild des Psychopathen verbergen müsse.

Welche spezifisch neuen Behandlungsstrategien werden nun von Ihnen praktiziert? Wie unterscheiden sich diese von der Behandlung anderer Persönlichkeitsstörungen?

Unsere Erfahrungen haben den Anstoß gegeben, bei der Behandlungsplanung die «What works»-Prinzipien von Andrews et al. (1990) strenger zu beachten, also systematisch die Faktoren zu berücksichtigen, die nachweislich effektiv bei der Verminderung von Rezidiven sind. Unterstützt wurden wir durch den auf dem Gebiet der Behandlung von *psychopathy* international bekannten Experten Dr. Wong. Auf Grund seiner Beobachtungen und fachlichen Beratung haben wir unser Konzept der Therapeutischen Gemeinschaft mit geringfügigen Modifikationen auch für die Behandlung der psychopathischen Patienten beibehalten. Im Folgenden möchte ich die Wirkprinzipien kurz erläutern und darstellen, welche Folgerungen sich hieraus für die Behandlung der psychopathischen Patienten ergeben.

Das *Risikoprinzip* beinhaltet, dass die Intensität der Behandlung an das Rezidivrisiko angepasst sein muss. Eine standardisierte Risikoeinschätzung gilt dafür als unbedingte Voraussetzung. Psychopathische Patienten haben ein hohes Rückfallrisiko und erfordern daher eine längere, intensive Behandlung mit relativ hohem Sicherheitsaufwand. Ein sozial abweichender, impulsiver Lebensstil (Faktor 2 der Psychopathiedefinition) ist dabei der wichtigste Indikator für Rezidive. Außerdem erhöht eine Kombination von Faktoren wie sexuelle Devianz, Substanzabhängigkeit und Psychopathie die Rezidivgefahr.

Das *Bedürfnisprinzip* beinhaltet, dass sich die Behandlung auf die relevanten dynamischen, das heißt kriminogenen Risikofaktoren richten muss, um die Rückfälligkeit effektiv zu vermindern. Wichtig ist es, im Blickfeld zu behalten, welche psychopathischen Verhaltensmerkmale bzw. -dimensionen vorherrschen. Handelt es sich mehr um emotionale Defizite, einen manipulativen Umgang mit Anderen und/oder einen impulsiven, antisozialen Lebensstil? In allen Fällen muss zunächst ein sicherer, gewaltfreier Aufenthalt des Patienten in der Klinik gewährleistet sein. Im Hinblick auf die mangelnde Motivation und das geringe Verantwortungsgefühl der Psychopathen sollten jedoch nicht ausschließlich das Fehlverhalten, die Risiken und das Risikomanagement im Fokus stehen. Entsprechend dem «Goodlives»-Modell von Ward und Stewart (2003) gilt es dagegen, pro-soziale Annäherungsziele zu formulieren, die es dem psychopathischen Patienten ermöglichen, seine elementaren emotionalen Bedürfnisse zum Beispiel nach Status, Herausforderungen und Spannung auf akzeptable, nichtkriminelle Weise zu befriedigen.

Das *Responsivitätsprinzip* beinhaltet, dass die Behandlung auf eine Weise angeboten werden sollte, die den spezifischen Lernfähigkeiten und -bedürfnissen der Patienten entspricht. Psychopathen sind im Allgemeinen nicht in der Lage, eine tragfähige therapeutische Beziehung einzugehen, es mangelt ihnen an intrinsischer Motivation, ihr Verhalten zu ändern, und sie weisen Defizite der Informationsverarbeitung auf. In der Behandlung sollte man daher keine langfristigen, sondern kurzzeitige Ziele verfolgen, die angemessen belohnt werden. Statt einer Behandlungshaltung, die primär die emotionale Bindung des Patienten an seine Behandler anstrebt, ist eine sachliche, aber respektvolle und konsistente Haltung angebracht (*strict but friendly*). Psychopathen haben gelernt, sich mit Lug und Trug durchs Leben zu schlagen. Man sollte daher im Umgang mit Psychopathen «keine Worte, sondern Taten» erwarten. Was der Psychopath während seiner Behandlung tatsächlich tut, sollte gut registriert werden. Demzufolge müssen auch deutliche Grenzen gesetzt werden. Man sollte jedoch nicht versuchen, den Widerstand oder Stolz des Patienten zu brechen. Interventionen, die den Narzissmus des Patienten nicht verletzen, zum Beispiel eine neutrale Abwägung von Kosten und Nutzen seines Fehlverhaltens, versprechen auf Dauer mehr Erfolg. Nicht zuletzt braucht man darüber hinaus viel Geduld, denn Veränderung dieser Patienten braucht Zeit.

Das Prinzip der *Behandlungsintegrität* beinhaltet, dass die Behandlung eng an ihre Zielsetzung rückgekoppelt werden muss. Voraussetzung hierfür sind Behandlungspläne mit konkreten, abgegrenzten Zielsetzungen, die regelmäßig evaluiert werden. Die konsequente Überwachung des Behandlungsverlaufs muss sowohl den Manipulationen der psychopathischen Patienten (z. B. nur scheinbar am Programm teilnehmen, weniger bevorzugte Aktivitäten vermeiden), aber auch den Gefahren negativer Gegenübertragungen der Behandler entgegenwirken! Daher sollte die Behandlung nicht nur auf den Schultern eines einzigen Behandlers ruhen. Eine intensive multidisziplinäre Zusammenarbeit innerhalb des Behandlungsteams und mit den anderen Fachdisziplinen ist unbedingte Voraussetzung. Dabei sind die Aufgaben deutlich verteilt: Das Behandlungsteam und die Leiter der verschiedenen Aktivitäten führen die Behandlung durch, der Psychiater ist für die medikamentöse Behandlung verantwortlich und der Psychotherapeut für die Therapie im engeren Sinn wie die Erstellung eines Deliktszenariums und Rückfallpräventionsplans. Der Diagnostiker führt die Psychodiagnostik und (periodische) Risikoeinschätzung durch. An der Risikoeinschätzung ist in der Form gemeinsamer Konsensusbesprechungen ebenfalls das Behandlungsteam (Sozialtherapeut/Pfleger und Psychologe) beteiligt. Im Laufe der Behandlung finden parallel zu den täglichen Mitarbeiterkonferenzen regelmäßig Zusammenkünfte der Vertreter der genannten Fachdisziplinen statt, um den Behandlungsverlauf gemeinsam zu evaluieren und dafür zu sorgen, dass in allen Behandlungsbereichen an den abgesprochenen Grundsätzen und Interventionen festgehalten wird. Darüber hinaus wird der Patient selbst, sein soziales Netz und die Wohngruppe in die Behandlung(splanung) einbezogen. Alle Parteien werden über die psychopathische Problematik des Patienten und deren Implikationen informiert.

Könnten Sie ihre Behandlung an einem Fallbeispiel erläutern?

P. stammt aus einer angesehenen Pastorenfamilie, in der er von Anfang an wegen seiner Verhaltensprobleme als Sorgenkind gilt. Er lügt, hält sich an keine Regeln, verfällt schon in der Pubertät dem Alkohol und Drogengebrauch, kommt wegen seines Missbrauchs und seiner Spielschulden in finanzielle Probleme und findet sich im normalen gesellschaftlichen Leben nicht zurecht. Er hat ständig wechselnde Arbeitsstellen und Beziehungen, in denen er vor allem auf sexuellen Kontakt aus ist. Auch wird er wiederholt straffällig. Bei seinen Delikten handelt es sich um Raub, Brandstiftung und Verkehrsdelikte. Einige Male wird er psychiatrisch untersucht. Dabei denkt er sich Geschichten aus, in denen er sich als Opfer präsentieren kann. So behauptet er, Frau und Kinder bei einem Autounglück verloren zu haben und als Kind von seinem Vater sexuell missbraucht zu sein. Mit Ende Dreißig begeht er mehrere Sexualstraftaten, auf Grund derer er in den Maßregelvollzug eingewiesen wird.

Bei seiner stationären Aufnahme werden eine antisoziale und paranoide Persönlichkeitsstörung sowie Alkoholabhängigkeit diagnostiziert. Sein Psychopathy-Gesamtwert ist hoch (34). Kernthemen seiner Behandlung sind seine psychopathische Störung, und zwar sowohl seine interpersonell-affektiven Defizite wie auch sein sozial abweichender Lebensstil, seine Feindseligkeit gegenüber Frauen und seine Substanzabhängigkeit. Er wird wegen seiner mangelnden Impulskontrolle medikamentös behandelt und bekommt ein Medikament, das seine Sucht nach Alkohol mindert. Später erhält er bei Freigängen zusätzlich ein Alkoholaversionsmittel.

Zu Beginn der Behandlung wird seine Anamnese anhand kollateraler Informationen, u. a. von seiner Familie, verifiziert, um ein einigermaßen realistisches Bild seiner Lebensgeschichte zu erhalten. P. behauptet, sehr motiviert zu sein, kann aber keine konkreten Behandlungsziele nennen und erwartet, dass seine Behandler ihm Anweisungen geben. Sein Behandlungsprogramm versäumt er größtenteils, wobei er gesundheitliche Beschwerden vorschützt. Stattdessen beschäftigt er sich ausgiebig mit Computerspielen. Gegenüber seinen Gruppenbetreuern und Mitpatienten verhält er sich einige Male verbal aggressiv. Im Umgang mit dem weiblichen Personal macht er gelegentlich sexistische Bemerkungen. Auf seinem Zimmer hat er einen großen Vorrat Nacktfotos von Frauen.

Das Behandlungsteam, P. selbst, seine Wohngruppe und seine Familie erhalten Informationen über die psychopathische Störung, die besonderen Fallstricke im Umgang mit P. und die daraus abzuleitende Behandlungshaltung. Betont wird dabei zu allererst, dass P. lernt, selbst Initiativen zu ergreifen. Wegen seiner Passivität lassen sich seine Betreuer oft dazu verleiten, ihm zu sagen, was er zu tun hat. Sie lassen ihn zum Beispiel mit Behandlungsaktivitäten beginnen, für die er im Grunde (noch) nicht motiviert ist. So sorgt er eher dafür, dass alle Pläne misslingen. Das Modell der Veränderungsbereitschaft von Proschaska und DiClemente (1992) bietet den Gruppenbetreuern eine Orientierungshilfe, mit der sie die Motivation von P. besser einschätzen und ihre Interventionen darauf abstimmen können. Im Rahmen einer «Strict but friendly»-Haltung wird regelmäßig kontrolliert, ob P. tatsächlich das tut, was er zu tun behauptet. Statt ihn zu überreden, am Programm teilzunehmen, werden die Vor- und Nachteile («Kosten und Nutzen») seiner passiven Haltung mit ihm diskutiert. Entsprechend der Motivationsphase, in der er sich befindet, werden jeweils eine begrenzte Anzahl Behandlungsziele formuliert, die an Belohnungen, wie zum Beispiel bestimmte Freiheiten, gebunden werden. Regelmäßige Teamsupervision ist notwendig, um den Behandlungskurs beizubehalten.

Nach einiger Zeit übernimmt P. etwas mehr Verantwortung für sein Behandlungsprogramm und nimmt aktiver an der Wohngruppe teil. Alkohol- und Drogengebrauch können bei Kontrollen nicht nachgewiesen werden. Bestimmte Aktivitäten versäumt er jedoch nach wie vor; auch zeigt er wenig Problembewusstsein. Er sieht selbst nicht, dass er kaum in der Lage ist, sein Leben in die richtigen Bahnen zu leiten, da er vor allem auf kurzfristige Befriedigung seiner Bedürfnisse aus ist und Schwierigkeiten vermeidet. In der Gruppe nimmt er eine dominante Position ein. Während er sich seinen eigenen Problemen gegenüber passiv verhält, führt er sich als Berater seiner Mitpatienten auf. Gleichzeitig macht er sie mundtot, sobald ihm etwas gegen den Strich geht. Die Vor- und Nachteile seiner Position in der Gruppe werden ihm regelmäßig vor Augen geführt, aber es fällt ihm schwer, sich davon zu lösen.

Nach ungefähr 2 Jahren Behandlung beginnt sich die neutrale, problematisierende Behandlungsstrategie der Betreuer positiv auszuwirken. P. entwickelt mehr Selbstreflektion. Er realisiert, dass er kein Longstay-Patient werden will. Er widersetzt sich weniger gegen die Behandlung, erzählt weniger Unwahrheiten und gebraucht den Computer weniger, um sich Behandlungsaktivitäten und dem Kontakt mit Anderen zu entziehen. Stattdessen öffnet er sich mehr und verhält sich gleichwertiger gegenüber seinen Mitpatienten. Auch seine weiblichen Betreuer behandelt er mit mehr Respekt. Er ist weniger auf Sex fixiert und unterlässt es, sexuelle Anspielungen zu machen. Er erstellt mit seinem Psychotherapeuten ein Deliktszenario, aus dem hervorgeht, dass er seine Sexualstraftaten aus Wut über die narzisstische Kränkung heraus begangen hat. Er vertrug es nicht, dass die Opfer seine Avancen ablehnten. Implizite Theorien über Frauen (sie müssen sich dem Mann unterordnen), antisoziale Auffassungen (bekomme ich nicht was ich will, dann gebrauche ich Gewalt) und die enthemmende Wirkung von Alkohol spielten dabei ebenfalls eine Rolle. Mit Hilfe der Therapie bekommt P. mehr Einsicht in sein ambivalentes Selbstbild: Einerseits sieht er sich als Pastorensohn mit besonderen Privilegien, andererseits als gescheiterte Existenz. Beide Selbstbilder gaben ihm in seinen Augen bisher das Recht, sich egozentrisch, antisozial und gewalttätig zu verhalten (kognitive Verformungen). Da es keine Anzeichen dafür gibt, dass bei ihm eine Hypersexualität vorliegt, sieht man von der Anwendung eines Hormonpräparates ab. Die medikamentöse Behandlung und Kontrolle der Alkoholabhängigkeit wird jedoch fortgesetzt.

Nach 3 Jahren darf P. die Klinik ab und zu unter Begleitung verlassen. Diese Freigänge finden nur unter der Bedingung statt, dass er aktiv an der Behandlung teilnimmt. Nach weiteren 2 Jahren werden ihm auch Freigänge ohne Begleitung gestattet. Alle Freigänge verlaufen problemlos. Innerhalb der Behandlung neigt P. noch zu Passivität, aber er hält sein Tagesprogramm inzwischen durch und zeigt besonderes Engagement für seine Arbeit. Er ist Mitglied einer Kirchengemeinschaft geworden, die er regelmäßig besucht. Er fühlt sich wohl in dieser Atmosphäre und dazugehörig – sowie als Sohn eines Pastors in besonderer Position. Mit einem gleichaltrigen, männlichen Mitglied der Gemeinschaft hat er sich angefreundet. Dieser besucht ihn oft in der Klinik. Zurzeit, nach 6 Jahren Behandlung, bereiten seine Behandler mit P. den Übergang in die transmurale Behandlungsphase vor. Geplant ist die Unterbringung in einem Apartmenthaus für «Longcare-Patienten» in unmittelbarer Nähe der Klinik. Das Wohnen dort wird von Mitarbeitern der Klinik intensiv betreut und beaufsichtigt. Während die dort untergebrachten Patienten weiterhin an einem Tagesprogramm der Klinik teilnehmen, haben sie in ihrer Freizeit, mit Ausnahme der Nachtstunden, auch Freiheiten außerhalb der Klinik und ihres Apartments. P. hat inzwischen akzeptiert, dass für ihn – auf Grund des chronischen Charakters seiner Persönlichkeitsproblematik und seiner Suchterkrankung – in den kommenden Jahren allenfalls ein beschütztes Leben außerhalb der Klinik möglich ist, auch wenn er die Hoffnung auf eine völlige Rückkehr in die Gesellschaft auf Dauer noch nicht ganz aufgegeben hat. Auf die Frage, was ihm in seiner Behandlung am meisten geholfen hat, nennt er gerade diese Akzeptanz seiner persönlichen Probleme und Schwächen sowie die konsequente Einnahme von Medikamenten gegen seine Alkoholkrankheit.

5 Multiprofessionelle Teams in Aktion

5.1 Einführung

Thomas Hax-Schoppenhorst

Im forensischen Kontext findet in Zeiten von Zertifizierungen und Prozessmanagement sehr gern der Begriff von der multiprofessionellen Arbeit bzw. den multiprofessionellen Teams Anwendung. Oft wird damit der bloße Sachverhalt angesprochen, dass mehrere am Behandlungsprozess beteiligte Personen bzw. Berufsgruppen ein wie auch immer geartetes Konzept gefunden haben, miteinander ins Gespräch zu kommen. Bei genauerem Hinsehen stellt sich jedoch in vielen Fällen heraus, dass hier eine Begrifflichkeit Verwendung findet, die bei allem euphorischen Bekenntnis eher vage bleibt. «Multiprofessionell» und «Team» bedeutet, kritisch hinterfragt, jedoch weitaus mehr als «Wir halten zusammen und lassen uns nicht von den Patienten spalten oder gar an der Nase herumführen!»

Verlässlichkeit in der Beziehung zu forensischen Patienten, deren Biografien so häufig von Beziehungsabbrüchen, emotionaler Verwahrlosung und Gewalterfahrungen geprägt sind, gilt als zentrale Tugend, um in der Arbeit Fortschritte machen zu können. Verlässlichkeit gilt es aber auch in Gestalt von klaren Grenzziehungen, Forderungen an den Patienten und einem nüchternen Realismus in Bezug auf dessen Möglichkeiten zu zeigen.

▶ Diese abstrakt gehaltenen Anforderungen an die Mitarbeiterinnen setzen ein eindeutiges Verständnis der Funktionen oder der einzelnen Berufsgruppe voraus. Nicht jede/jeder macht, kann und muss alles machen können, sondern jede/jeder erfüllt eine Aufgabe im Rahmen seiner Funktion, ... […] Konzepte wie zum Beispiel Verlässlichkeit bilden sich deutlicher ab, wenn sie einer Ritualisierung unterliegen, und damit fester und überprüfbarer Teil eines Behandlungssettings werden. Dies führt zu einer Matrix, innerhalb derer der Behandlungsverlauf als Ausdruck des gemeinsamen Handelns von Team und Patienten immer wieder überprüft wird – sonst bleibt Behandlungsplanung mehr oder weniger Makulatur mit legitimatorischem Charakter. (Kluttig, 2000: 233 ff.) ◀

Teamgeist kann jedoch nicht mit abstrakten und unverbindlichen Bekenntnissen bewirkt werden! Mit der eher desillusionierenden Feststellung, viele der so genannten stationären Therapien seien im Grunde nichts anderes als ambulante Therapien in einem stationären Umfeld, leitet Urbaniok (2004) seine Ausführungen zur teamorientierten stationären Behandlung ein und bilanziert: Behandlungsarbeit gilt als «eine umfassende Gestaltungsaufgabe von nicht weniger als 24 Stunden pro Tag» (Urbaniok, 2004: 172). Therapie besteht für ihn aus nicht weniger 168 Stunden pro Woche, wobei es keine unwichtigen Stunden gibt. «Wer durch eine personen- oder angebotsbezogene Spaltung des Therapiegedankens abweicht, der macht ein ambulantes Therapieangebot.» (ebd.: 172)

Wie aber soll bzw. kann diesem hohen Anspruch Genüge geleistet werden?

Die folgenden Praxisbeiträge geben – jeweils unter einem anderen Fokus – einen Einblick in Konzepte bzw. Verfahrensweisen, die von Beginn an multiprofessionell ausgerichtet sind.

5.2 Dialektisch-behaviorale Therapie im forensischen Setting (DBT-F)

Angela Oermann, Reinhardt Brück, Martin Bohus

Die antisoziale Persönlichkeitsstörung (ASP) als Haupt- oder Nebendiagnose stellt ein zentrales Problem im psychiatrischen Maßregelvollzug dar: Häufig sieht man sich als Mitarbeiter einer entwertenden und respektlosen Haltung gegenüber, mangelnder Veränderungsmotivation und der spezifischen Haltung, die Verantwortung für Misserfolge (und für das Delikt) extern und die Verantwortung für Erfolge intern zu attribuieren. Antisoziale Straftäter weisen auf der einen Seite oft ein stark ausgeprägtes Autonomiebedürfnis auf und vermitteln, dass sie ihren Alltag im Griff haben, während sie auf der anderen Seite dazu neigen, Probleme passiv anzugehen und andere dazu zu bringen, ihre Probleme zu lösen. Sie nehmen außerdem oft eine grundsätzlich eher misstrauische Haltung ein und zeigen eine hohe narzisstische Kränkbarkeit, die es ihnen häufig schwer macht, anzunehmen, dass es die Mitarbeiter in der Forensik auch gut mit ihnen meinen könnten. Diese und andere Eigenschaften erschweren den Umgang und die Therapie mit dieser Klientel erheblich und lösen bei den Professionellen häufig Ärger, Hilflosigkeit, Enttäuschung und Resignation aus: insgesamt keine guten Chancen für eine solide therapeutische Beziehung als Ausgangsbasis einer erfolgreichen Kriminaltherapie. Im Folgenden wird eine Übersicht über die Grundgedanken und Grundstrukturen der dialektisch-behavioralen Therapie in der Forensik (DBT-F) gegeben, die versucht, mit diesen Schwierigkeiten und Problemen einen guten Umgang zu finden. An einigen Beispielen aus dem Stationsalltag der Klinik für forensische Psychiatrie Haina soll die Umsetzung dieses Konzeptes skizziert werden. Um die forensischen Modifizierungen einordnen zu können, wird zunächst kurz die Standard-DBT erläutert. Die weiteren Ausführungen beziehen sich im Wesentlichen auf die Behandlung der antisozialen Persönlichkeitsstörung, wenngleich mit DBT-F auch Borderline-Patientinnen in der Forensik angesprochen werden und andere Patienten, die unter Störungen der Affektregulation oder Impulskontrollstörungen leiden. Zu der Behandlung der Borderline-Persönlichkeitsstörung (BPS) gibt es bereits umfangreiche Literatur (z.B. Bohus, 2002; Linehan, 1996a u.v.m.).

5.2.1 Was ist DBT?

Die DBT wurde Mitte der 80er-Jahre des 20. Jahrhunderts von Marsha Linehan für die Behandlung von chronisch suizidalen Frauen entwickelt. Mittlerweile gilt die DBT als das wissenschaftlich am besten abgesicherte Therapieverfahren für Patienten mit einer Borderline-Persönlichkeitsstörung (BPS). Die Wirksamkeit wurde in mittlerweile acht kontrolliert-randomisierten Studien nachgewiesen (Übersicht s. Bohus/Schmahl, 2006). Auf der Grundlage eines neurobehavioralen Modells postuliert Linehan eine tief greifende Störung der Affektregulation als zentralen Problembereich der BPS: Neurobiologische Faktoren, frühe Traumatisierungen und emotionale Vernachlässigungen wirken zusammen und fördern die Entstehung einer hohen emotionalen Verletzbarkeit. Diese ist dadurch gekennzeichnet, dass schon geringfügige Stimuli zu starken emotionalen Reaktionen führen, die häufig länger andauern als bei Gesunden. Obwohl BPS-Patienten durchaus in der Lage sind, spezifische Emotionen wahrzunehmen und diese auch bei anderen zu erkennen, erleben sie doch häufig ausgesprochen intensive Emotionen, die dann nur noch als diffuse Spannungszustände erfahren werden. Die Betroffenen haben gelernt, diese subjektiv als äußerst unangenehm wahrgenommene Spannung effektiv mittels dysfunktionaler Verhaltensmuster abzumildern. So können also Selbstverletzungen, Suizidversuche, Substanzmissbrauch, Essanfälle sowie fremdaggressive Verhaltensmuster im Sinne der Lerntheorie als kurzfristig erfolgreiche Methoden verstanden werden, um einen unangenehmen Zustand zu beseitigen. Langfristig haben diese Methoden jedoch sehr negative Konsequenzen. Letztlich können sämtliche DSM-IV-Kriterien der BPS entweder als Folge der Störung der Affektregulation verstanden werden oder als Versuch, diese zu bewältigen. Haben sich die dysfunktionalen Verhaltensmuster erst einmal fest etabliert, manifestieren sie sich häufig als komorbide Störungen, beeinflussen den Verlauf der BPS erheblich und erschweren damit die Behandlung.

Die Standard-DBT wird unter ambulanten Bedingungen mit Borderline-Patienten durchgeführt. Die Therapieziele orientieren sich am Ausmaß der jeweiligen Problematik: An erster Stelle steht jeweils das Ziel, dem Patienten Kontrolle über seine schwer wiegenden problematischen Verhaltensmuster zu vermitteln. Hierzu verfügt die DBT über ein reichhaltiges Repertoire störungsspezifischer Fertigkeiten (Skills), die der Patient zunächst in der Gruppe erlernt, um sie dann mit Hilfe des Einzeltherapeuten und (unter stationären Bedingungen) mit Hilfe des Pflegepersonals zu üben und im Alltag umzusetzen.

An zweiter Stelle steht eine gezielte Verbesserung des emotionalen Erlebens und der Emotionsregulation.

Um diese und andere untergeordnete Ziele zu erreichen, kommen therapeutische Methoden aus der Verhaltenstherapie, der kognitiven Therapie, der Gestalttherapie, der Hypnotherapie und dem ZEN zum Einsatz. Die DBT ist also ein methodenintegrativer störungsspezifischer Therapieansatz, der mehrere Therapiemodule miteinander kombiniert. Unter ambulanten Bedingungen interagieren Einzeltherapie, Skillsgruppen, Telefonberatung und Supervison. Im stationären Setting wurde die DBT als Konzept entwickelt, das alle Berufsgruppen integriert und einer jeden spezifische Aufgaben zuweist (Bohus et al., 2000, 2004). Die meisten DBT-Stationen bieten folgende Therapiebausteine an: Einzeltherapie, Fertigkeitentraining in der Gruppe, Bezugspflege, regelgeleitete Selbsthilfegruppe, störungsspezifische Wissensvermittlung in der Gruppe, Körpertherapie und Supervision (zur Standard-DBT s.a. Bohus, 2002; Bohus/Haaf, 2001; Linehan, 1996).

In den letzten Jahren wurden zahlreiche Adaptationen der DBT entwickelt, wie zum Beispiel die:

- DBT-A für adoleszente Borderline-Patientinnen (Miller et al., 2007)
- DBT-E für komorbide Essstörungen (Telch et al. 2001; Wiesniewski et al., 2007)
- DBT-S für den Suchtbereich (Linehan et al., 1997; McCain et al., 2007) und
- DBT-F für den forensischen Bereich (McCann et al., 2000, 2007).

5.2.2 Was ist DBT-F?

Die DBT-F wurde in den USA in enger Kooperation mit M. Linehan spezifisch zur intramuralen forensischen Behandlung von Patienten mit einer Borderline-Persönlichkeitsstörung und/oder einer antisozialen Persönlichkeitsstörung entwickelt und evaluiert (McCann et al., 2000, 2007).

An der *Klinik für forensische Psychiatrie Haina* wurde das Konzept an die deutschen Verhältnisse angepasst und manualisiert. Bei der DBT-F handelt es sich um ein Gesamtstationskonzept, das auf einer sehr engen Zusammenarbeit unterschiedlicher Berufsgruppen beruht. Es zielt in erster Linie auf die Behandlung von zwangsweise untergebrachten Männern und Frauen, die eine Borderline-Persönlichkeitsstörung und/oder eine antisoziale Persönlichkeitsstörung als Haupt- oder Nebendiagnose aufweisen. Bei den Patienten mit antisozialer Persönlichkeitsstörung soll im deutschen Sprachraum vor allem die Subgruppe der dissozial-impulsiven (nach Cooke/Michie, 2001) angesprochen werden: Die Autoren schlagen drei Faktoren vor, um die Items der Psychopathy Checklist (PCL von Hare, 1991), das umfassendste und reliabelste Konstrukt zur Erfassung der antisozialen Persönlichkeitsstörung, zu bündeln:

a) arroganter interpersoneller Stil (glatter, oberflächlicher Charme, grandios, betrügerisch-manipulativ, pathologisches Lügen)
b) fehlendes emotionales Erleben (keine Reue, Mangel an Gewissen und Schuldgefühlen, keine Übernahme von Verantwortung für das eigene Handeln, oberflächlicher Affekt) sowie
c) dissozial-impulsiver Verhaltensstil (ständige Suche nach Stimulation/Neigung zur Langeweile, parasitär, Fehlen realistischer, langfristiger Ziele, impulsiv, verantwortungslos).

Mit DBT-F sollen also vor allem die antisozialen Straftäter angesprochen werden, bei denen der dissozial-impulsive Verhaltensstil im Zentrum der Problematik steht und Aggressionen und Gewalt als Ausdruck affektiver Regulationsstörung oder Impulsivität verstanden werden können. Diese Problematik wird häufig noch durch eine geringe Reflexionsfähigkeit sowie durch geringe kognitive, verbale und zwischenmenschliche Fertigkeiten gefördert. Antisoziale Straftäter, die einen deutlich arrogant-interpersonellen Stil und fehlendes emotionales Erleben aufweisen, werden in der aktuell vorliegenden Version des DBT-F nicht angesprochen.

Neben der Behandlung der BPS und der ASP kann die DBT-F auch gut für Straftäter mit anderen Diagnosen eingesetzt werden, sofern Schwierigkeiten mit der Emotionsregulation oder Impulskontrollstörungen im Zentrum der Problematik stehen.

5.2.3 Grundannahmen über die Therapie

In der Standard-DBT werden Grundannahmen über die Borderline-Patientinnen und die Therapie formuliert. Mit diesen Annahmen werden typische Vorurteile aufgegriffen sowie Sichtweisen formuliert, die dem Team die Behandlung erleichtern, wenn sie beherzigt und angewendet werden.

Im forensisch-psychiatrischen Setting und bei oben beschriebener Indikation können vor allem folgende Annahmen über die Therapie formuliert werden (in Anlehnung an Swenson et al., 2007 und Bohus, 2002):

- Behandle die Patienten so, wie du möchtest, dass dein Bruder oder bester Freund behandelt wird.
- Die Regeln der DBT-F gelten für die Patienten wie für das Team.
- Wir haben mindestens so viel von den Patienten zu lernen, wie diese von uns.
- Jede Besprechung über Patienten ist eine Besprechung mit den Patienten.
- Das Beste, was ein Team tun kann, ist, dem Patienten dabei zu helfen, sich so zu verändern, dass ein Leben ohne Unterbringung möglich ist.
- Klarheit, Genauigkeit und Mitgefühl sind von äußerster Wichtigkeit bei der Anwendung der DBT-F.
- Die Beziehung zwischen Teammitgliedern und Patienten ist eine intensive Arbeitsbeziehung auf Zeit.
- Die Teammitglieder haben auf Grund der hierarchischen Strukturen in der Forensik viel Macht über die Patienten. Diese Macht muss wohlwollend und respektvoll eingesetzt werden.
- Das DBT-F-Team kann Fehler dabei machen, die Behandlung effektiv zu gestalten.
- Selbst wenn es effektiv angewandt wird, kann es vorkommen, dass mit DBT-F nicht das erwünschte Ziel erreicht wird.
- Teammitglieder, die Patienten mit Persönlichkeitsstörung behandeln, brauchen Unterstützung. Dies gilt vor allem für das Pflegepersonal.

Erfahrungsgemäß sind Anwendung und Beherzigung dieser Grundannahmen im forensischen Alltag nicht immer einfach. Es geht auch gar nicht darum, sie immer und jederzeit zu beherzigen. Das wäre sicher nicht möglich. Es geht eher darum, sich mit diesen Grundannahmen im Team auseinander zu setzen und sich ihrer immer wieder bewusst zu werden. Zu Beginn der DBT-F-Implementierung und der Diskussion über Annahmen dieser Art erleben einige Mitarbeiter eher Unsicherheit, fehlende Identifikation und eine höhere emotionale Belastbarkeit. Dies wird jedoch durch eine zunehmende Professionalität ausbalanciert. Allerdings muss gesagt werden, dass nicht jeder professionelle Mitarbeiter gleich gut geeignet ist, mit diesen Grundannahmen zu arbeiten und eine grundsätzlich wertschätzende und respektvolle Haltung einzunehmen.

5.2.4 Rahmenbedingungen und Struktur

Das DBT-F-Behandlungskonzept ist, wie andere spezifische Ansätze, in dem übergeordneten kriminaltherapeutischen Konzept der Gesamtinstitution verankert (Müller-Isberner, 2004) und wird in Haina schwerpunktmäßig auf einer gemischt-geschlechtlichen Station mit 18 Betten angeboten. Von den 18 Patienten nehmen lediglich zwischen sechs und neun Patienten an dem DBT-F-Programm teil, da eine gewisse Fähigkeit, Therapievereinbarungen einzuhalten vorausgesetzt werden muss bzw. die diagnostischen Voraussetzungen für eine Teilnahme zu erfüllen sind.

5.2.5 Hierarchische Gliederung der Behandlungsziele

Die erste und wichtigste Aufgabe liegt, wie bei der Standard-DBT, darin, dem Patienten Kontrolle über seine schwer wiegenden problematischen Verhaltensmuster zu vermitteln. Unter Berücksichtigung forensischen Risikomanagements, kriminaltherapeutischen Prinzipien sowie DBT-Richtlinien können folgende primäre Therapieziele formuliert werden:

1. Reduktion suizidalen, selbst- und fremdschädigenden Verhaltens (suizidales Verhalten,

Selbstverletzungen, aggressives Verhalten, Drohen mit aggressivem Verhalten etc.)
2. Reduktion stationsschädigenden Verhaltens (Diebstahl, Betrug, Drogenmissbrauch, «Vergiften» der Stationsatmosphäre durch Sticheln und Stänkern, mit den Delikten prahlen etc.)
3. Reduktion therapiegefährdenden Verhaltens (alles, was den Erfolg der Therapie gefährdet: keine Verhaltensanalyse nach dysfunktionalem Verhalten schreiben, keine Hausaufgaben erledigen, unpünktlich zu den Einzelgesprächen kommen, keine Termine für die Bezugspflegegespräche einholen etc.). Grundsätzlich gilt, dass «therapiegefährdendes Verhalten» auch durch strukturelle oder methodische Schwächen auf Seiten des Behandlerteams bedingt sein kann.
4. Reduktion delinquenzverursachenden Verhaltens (kriminogene Merkmale, falls nicht identisch mit 1. bis 3.)
5. Reduktion von Verhaltensmustern, die die Lebensqualität einschränken (depressive Verstimmungen, Panikattacken, Partnerschaftsprobleme etc.).

Diese Therapieziele der ersten Behandlungsphase sind dynamisch hierarchisch gegliedert. Die *jeweils aktuell* höchstrangigen Verhaltensmuster des Patienten werden im therapeutischen Prozess zum Fokus gemacht: Immer wenn zum Beispiel suizidales oder hoch aggressives Verhalten auftritt, hat es Vorrang vor allen anderen Behandlungszielen. Versäumt der Patient zum Beispiel zwei Mal in Folge die Einzeltherapie, so wird dies als «therapieschädigendes Verhalten» eingestuft und fokussiert, falls keine höherrangigen Problembereiche zu bearbeiten sind.

Linehan (1996) beschreibt neben den primären Therapiezielen noch sekundäre Therapieziele, die weiter unten im Zusammenhang mit den dialektischen Dilemmata kurz dargestellt werden.

5.2.6 Zeitliche Strukturierung der Behandlung

In dem DBT-F-Konzept wird klar zwischen Vorbereitungsphase und eigentlicher Therapiephase unterschieden. Damit übernimmt die DBT-F die Regularien der Standard-DBT.

5.2.6.1 Vorbereitungsphase

In der Vorbereitungsphase findet eine vertiefende Diagnostik statt, sofern diese nicht bereits abgeschlossen ist. Des Weiteren werden die Patienten über ihr Störungsbild aufgeklärt. Der Zusammenhang zwischen Einweisungsdelikt und psychischer Störung sowie zwischen Einweisungsdelikt und zusätzlichen kriminogenen Faktoren wird erläutert. Es wird außerdem abgeklärt, inwiefern bei dem Patienten überhaupt eine Indikation für das DBT-F-Programm vorliegt. Auch der Aufbau von Veränderungsmotivation sowie die Vereinbarung von Behandlungszielen gehören maßgeblich in diese Phase.

Nach Abklärung von Indikation und Motivation wird dem Patienten ermöglicht, an vier Einführungssitzungen mit anderen potenziellen Programmteilnehmern teilzunehmen. Hier wird den Patienten ausführlich vermittelt, welche Anforderungen und Verbindlichkeiten mit der regelmäßigen Teilnahme am DBT-F-Programm verbunden sind. Nach diesen Einführungssitzungen begründen alle Patienten schriftlich, ob sie das Angebot wahrnehmen möchten oder nicht. Dabei müssen keine ausführlichen und gut reflektierten Gründe genannt werden. Wenn ein antisozialer Patient schreiben würde, dass er an der DBT-F interessiert ist, um zu lernen, in kritischen Situationen nicht mehr unüberlegt zu handeln und dies tatsächlich ein wichtiger kriminogener Faktor darstellt, dann reicht das völlig aus. Im Rahmen der Teamsitzung (Oberarztvisite) stellt der Patient schließlich seine motivationalen Gründe vor. Nachfolgend kann dann der Therapievertrag aufgesetzt und von allen Beteiligten unterschrieben werden.

5.2.6.2 Therapiephase

Mit Abschluss des Therapievertrages beginnt die eigentliche Therapiephase, die in die unten genannten Module gegliedert ist. Idealerweise sollte spätestens ab diesem Zeitpunkt allen an der Behandlung beteiligten Professionellen klar sein (und nicht nur den Therapeuten!), warum dieser Patient, ausgestattet mit seinen besonderen Persönlichkeitseigenschaften, Grundannahmen und Schemata unter den besonderen konstellativen Faktoren zum Tatzeitpunkt die zur Einweisung führende Straftat begangen hat («vorläufige Deliktanalyse»). Hierbei geht es nicht nur darum, den Zusammenhang zwischen der Störung und dem Delikt zu verstehen und aufzuzeigen, sondern auch die jeweiligen kognitiven, emotionalen und behavioralen kriminogenen Merkmale sowie die entsprechenden Umgebungsvariablen zu identifizieren. Diese funktionelle Bedingungsanalyse bietet die Basis für die Planung der entsprechenden gezielten therapeutisch induzierten Veränderungen und Lernprozesse.

Idealerweise arbeitet das Team ab Eintritt des Patienten in die Therapiephase gemeinsam und systematisch daran, diesen dazu zu befähigen, zunächst Kontrolle über sein schwer wiegendes problematisches Verhalten zu erzielen. In einem zweiten Schritt erarbeitet der Patient im Rahmen der Einzeltherapie seine ausführliche und hoch auflösende Deliktanalyse. Dabei wird die vorläufige, im Team erarbeitete Deliktanalyse mit Hilfe des Patienten bestätigt bzw. ergänzt oder auch korrigiert. Es kommt vor, dass die Phase der Verhaltensstabilisierung über den Zeitraum des DBT-F-Programms hinweg andauert. So hatte eine Patientin der hiesigen Klinik mit einer Borderline-Störung zunächst das Programm durchlaufen und erst Monate später die ausführliche Deliktanalyse erarbeiten können. Während der Behandlung hatte sie so viel Vertrauen zum Behandlungsteam gewonnen und so viel eigene Stabilität erreicht, dass sie bei der Erarbeitung der Deliktanalyse offen angeben konnte, ihr Delikt nicht in einem dissoziativen Zustand begangen zu haben, wie sie 2 Jahre lang angab, sondern bei vollem Bewusstsein gewesen zu sein.

Ein Patient kann unter bestimmten Umständen auch aus dem Programm ausgeschlossen werden, wenn:

a) schweres fremdschädigendes Verhalten vorliegt, das einzelzimmerpflichtig ist (z. B. Gewalt gegen Mitarbeiter oder Mitpatienten; Zündeln etc.)
b) ein Suizidversuch durchgeführt bzw. im Detail vorbereitet wurde
c) schweres stationsschädigendes Verhalten gezeigt wird, welches einzelzimmerpflichtig ist (z. B. Drogeneinnahme).

«Nicht mehr im Programm sein» heißt, dass Teilnehmer aus allen unten genannten Modulen außer der Einzeltherapie ausgeschlossen werden. Zu Beginn eines neuen Bausteins in der Fertigkeitengruppe können die Teilnehmer wieder ins Programm aufgenommen werden, wenn sie mittels einer Verhaltensanalyse ihr Fehlverhalten bearbeitet haben. Außerdem sollten sie begründen können, warum eine Fortsetzung im Programm für sie persönlich Sinn macht (Was möchten sie lernen?) und was die anderen Teilnehmer davon haben (Was sind ihre Stärken?). Bei Vorfällen, die oben unter a) einzugruppieren sind, ist eine Verlegung in einen hoch gesicherten Bereich notwendig und eine längerfristige Abwesenheit von der DBT-F-Station die Folge.

Nach Abschluss des DBT-F-Programms verbleiben die Patienten entweder auf der Station, oder sie werden je nach Indikation auf andere Stationen verlegt. Das Programm erstreckt sich auf einen Zeitraum von zirka 9 Monaten. Es ist prinzipiell möglich, einen zweiten Durchlauf anzuschließen.

An dieser Stelle sei gesagt, dass der Aufbau von Veränderungsmotivation in der Arbeit mit antisozialen Straftätern eine besondere Herausforderung darstellt. Sie empfinden meist wenig subjektiven Leidensdruck (sie leiden höchsten unter ihrer Unterbringung) und suchen zum anderen die Ursachen ihrer fatalen Situation in aller Regel nicht bei sich. Vielmehr werden falsche Freunde, der Alkohol oder unglückliche Umstände verantwortlich gemacht. Es bedarf daher einer spezifischen Handhabung dieses Klientels, um sie dazu zu gewinnen, ihre eigenen Verhaltensweisen überhaupt erst unter die Lupe zu nehmen und sie in einem zweiten Schritt zumindest teilweise verändern zu wollen. Erfahrungsgemäß haben sich u. a. folgende Strategien als günstig erwiesen, um Therapiemotivation bei antisozialen Straftätern aufzubauen:

Nicht die Einsicht in die eigene Unzulänglichkeit zum zentralen Fokus der Therapie machen. Besser: Klärung der Ziele/Lebenspläne des Patienten (z.B. größtmögliche Unabhängigkeit von anderen Menschen: «Mein eigener Herr sein») und herausfinden lassen, ob die Konsequenzen seiner typischen Verhaltensmuster mit diesen Zielen übereinstimmen.

Pro und Contra («Was spricht dafür, am DBT-F-Programm teilzunehmen, was dagegen?»)

Immer wieder auf die Ebene der persönlichen Relevanz gehen: «Was könnte diese Fertigkeit mit Ihnen und Ihrem Aufenthalt zu tun haben?», «In welchem Zusammenhang könnte der Baustein mit Ihrer Delinquenz und mit mangelndem Vorankommen in der Klinik zu tun haben?» etc.

Manchmal ist das Prinzip «Einsichtsänderung durch Verhalten» dem Prinzip «Verhaltensänderung durch Einsicht» vorzuziehen. Eine Verhaltensänderung führt in der Regel zu weniger Problemen, besserem Zurechtkommen in der Klinik, zu mehr Kontrolle über das eigene Verhalten etc. und verstärkt sich dadurch selber (Eucker, 2005).

Keine Machtkämpfe, keine vorwurfsvollen Konfrontationen, keine «Beweisführungen», kein Moralisieren.

Betonung der freien Wahlmöglichkeiten (die Teilnahme am Programm ist freiwillig; sie haben stets und immer die Wahl, wie sie sich in bestimmten Situationen verhalten, Ziel des DBT-F-Programms ist lediglich ein größeres Verhaltensrepertoire zur Verfügung zu haben) u.v.m.

5.2.7 Die stationären Behandlungsmodule

Die gewünschten Veränderungs- und Lernprozesse während der Therapiephase basieren auf oben beschriebener Deliktanalyse und gestalten sich in dem DBT-F-Programm in einem Zusammenwirken unterschiedlicher Module:

5.2.7.1 Einzeltherapie

Die Beziehung zwischen den Einzeltherapeuten und den Patienten kann als intensive Arbeitsbeziehung auf Zeit verstanden werden. Gerade weil die Unterbringung in der Forensik oft mehrere Jahre braucht, ist es besonders schwierig aber unerlässlich, sich immer wieder die zeitliche Limitierung und den beruflichen Charakter der Beziehung klar zu machen.

In einer Studie von Müller-Isberner & Jöckel (1997) an hessischen Maßregelvollzugspatienten fanden sich pro Patient im Durchschnitt 2,5 Delinquenzursachen. Die wichtigsten kriminogenen Merkmale waren: psychische Störungen, Einnahme psychotroper Substanzen, Dissozialität, kognitive Beeinträchtigungen und exogene Tatinduktion. Erfolgreiche psychiatrische Kriminaltherapie setzt sich entsprechend aus verschiedenen therapeutisch wirksamen Maßnahmen zusammen (Müller-Isberner, 2004). Eine Aufgabe des Einzeltherapeuten liegt darin, die Fäden dieser verschiedenen Maßnahmen (inklusive der des DBT-F-Programms) zusammen zu halten. Er ist Ansprechpartner für alle anfallenden Fragen und Belange.

Neben den zahlreichen Aufgaben im Rahmen der Kriminaltherapie besteht eine wichtige Funktion des Einzeltherapeuten darin, in einer wertschätzenden und respektvollen Grundhaltung die Patienten dabei zu unterstützen, kriminelles und dysfunktionales Verhalten ab- und prosoziales und funktionales Verhalten aufzubauen. Hierbei muss auf Faktoren seitens des Patienten und seitens der Umwelt geachtet werden, die effektivere Verhaltensweisen des Patienten behindern und dysfunktionales Verhalten begünstigen.

Der DBT-F-Therapeut hat außerdem die Aufgabe, während des gesamten therapeutischen Prozesses oben beschriebene Therapiezielhierarchie im Auge zu behalten und die jeweils gezeigten problematischen Verhaltensmuster einzuordnen und sie zum Behandlungsfokus zu machen. Es gilt außerdem, neu erlernte Fertigkeiten in die Therapieplanung zu integrieren und Veränderungsprozesse voranzutreiben, ohne die Balance für die Akzeptanz des aktuellen Zustandes zu verlieren.

Eine weitere Aufgabe des Einzeltherapeuten besteht darin, immer wieder die Motivationslage des Patienten im Auge zu behalten. Es kann nicht oft genug betont werden, dass die Motivierung und «cheerleading» zur Aufgabe des Therapeuten dazu gehört.

5.2.7.2 Skillstraining

In dem Skillstraining werden neue Fertigkeiten (skills) vermittelt und geübt, mit deren Hilfe die Patienten Veränderungen auf der Ebene des Verhaltens, der Gefühle und der Gedanken bewirken können, die zu Schwierigkeiten und/oder zu seelischem Leid führten. Die Fertigkeiten stellen eine Alternative zu den bisherigen selbst- und fremdgefährdenden Verhaltensmustern dar. Die Vermittlung findet in Haina zwei Mal pro Woche à 1,5 Stunden statt und kann von Einzeltherapeuten und Pflegepersonal geleitet werden. Um dem Zwangskontext und den Besonderheiten der Antisozialen Persönlichkeitsstörung Rechnung zu tragen, mussten zahlreiche Modifikationen erfolgen. Das Training wurde zum Beispiel inhaltlich stark vereinfacht, da in der Forensik auch solche Patienten angesprochen werden sollen und müssen, die über intellektuelle und schulische Defizite verfügen. Daher kommen immer wieder Cartoons, Videosequenzen, kurzweilige Tischspiele und eingestreute Übungen mit viel Bewegung und Witz zum Einsatz. Abwechslung, Kurzweiligkeit und die Vermeidung einer Atmosphäre von «Schulunterricht» soll der bei antisozialen Straftätern schnell aufkommenden Langeweile entgegenwirken und die Aufmerksamkeit größtmöglich sichern. Die Fertigkeiten werden in sieben verschiedenen Bausteinen gelehrt:

«Innere Achtsamkeit», «Stresstoleranz», «Umgang mit Gefühlen», «Zwischenmenschliche Fertigkeiten», «Empathie», «Moralische Urteilsfähigkeit» und «Problemlösen». Die ersten vier Bausteine sind eng an die Standard-DBT angelehnt, die letzten drei Module wurden neu entwickelt.

Das Training findet als teil-offene Gruppe statt, sodass nach Abschluss eines Bausteins neue Teilnehmer aufgenommen werden können. In der forensischen Adaptation ist es für einzelne Patienten auch möglich, nur einen einzigen Baustein zu besuchen, wenn mangelndes Durchhaltevermögen für das komplette Training oder intellektuelle Schwierigkeiten zu befürchten sind.

Abschließend sei erwähnt, dass bei dem Fertigkeitentraining nicht der interaktionelle Prozess im Mittelpunkt steht, sondern die Vermittlung und das Training von Kompetenz.

5.2.7.3 Pflegepersonal

Dem Pflegeteam kommt eine entscheidende Bedeutung bei der Umsetzung des DBT-F-Konzeptes zu, da diese die unmittelbaren Interaktionspartner der Patienten im Stationsalltag sind und als Gruppe gesehen im 24-Stunden-Kontakt mit dem Patienten stehen. Es kann nicht genug betont werden, dass eine erfolgreiche Implementierung eines spezifischen Behandlungskonzeptes damit «steht und fällt», wie ausführlich das Pflegeteam einbezogen wird und wie genau dieses um wichtige Elemente des Konzeptes wissen und diese anerkennen.

Im Idealfall ist das therapeutische Vorgehen eingebettet in eine wohlwollend-respektvolle Stationsatmosphäre. Das Vorgehen ist zu jeder Zeit transparent und für den Patienten nachvollziehbar und berechenbar. Willkür verstärkt die Ohnmacht der Patienten und erhöht das ohnehin schon bestehende Machtgefälle zwischen Patienten und Mitarbeitern in der Forensik. Idealerweise balanciert auch das Pflegepersonal zwischen stützend-annehmender und wohlwollend fordernder, auf Veränderung fokussierter Haltung. Bei forensischem Pflegepersonal droht dieser Balance manchmal Gefahr, da sie häufig auch mit schweren Erkrankungen aus dem schizophrenen Formenkreis zu tun haben. Dieses Klientel zeigt sich häufig offensichtlich krank, überfordert, wenig belastbar und «schuldunfähig». Im Gegensatz dazu zeigen sich persönlichkeitsgestörte Rechtsbrecher häufig insgesamt belastbarer und weniger offensichtlich krank. Die Folge ist, dass die Kompetenzen der persönlichkeitsgestörten Patienten gemeinhin eher überschätzt werden. Mangelnde Fähigkeiten, Angst vor Gesichtsverlust oder Scham werden als motivationales Problem verkannt oder als Feindseligkeiten gegen das Team verstanden (vgl. auch Bohus und Haaf, 2001).

Als besonders hilfreich haben sich in diesem Zusammenhang Fallbesprechungen sowie die umfangreiche und regelmäßige Fortbildung in DBT und DBT-F erwiesen: erst wenn ich mich mit der Anamnese des einzelnen Patienten ausführlich auseinander gesetzt habe und diese mit dem biosozialen Modell der jeweiligen Störung in Beziehung setzen kann, kann ich verstehen, warum dieser Mensch heute so empfindet und handelt. Erst dann kann ich nachvollziehen (was nicht mit gutheißen zu verwechseln ist!), warum jemand bestimmte kognitiv-emotionale Schemata entwickelt hat, warum jemand Verantwortung abgibt, warum jemand bestimmte Fertigkeiten einfach nicht gelernt hat und auch, warum jemand zu einem bestimmten Zeitpunkt unter ganz bestimmten Bedingungen das konkrete Delikt begangen hat. Hochauflösende Verhaltens- und Deliktanalysen helfen uns, solche Dinge besser zu verstehen.

Bewährt hat sich außerdem, immer wieder folgende Grundhaltung zu vermitteln: der Patient ist trotz Zwangskontext eine mündige Person mit spezifischen Problemen, die auf Grund genetischer Faktoren, einer neurobiologischen Prädisposition und pathologischen Kindheitserlebnissen erklärbar sind.

Aufgabenbereiche des Pflegepersonals

An dieser Stelle sei gesagt, dass auf Grund der hohen Präsenz auf Station und auf Grund der vielfältigen Aufgaben im Rahmen der Kriminaltherapie wohl keine Berufsgruppe so belastet ist, wie die des Pflegepersonals. Wirft man einen kurzen Blick auf die Arbeitsbedingungen und die vielfältigen Aufgaben der Pflegegenden, erübrigen sich sämtliche Erklärungen zum Thema der Belastung:

- Sie arbeiten in anstrengenden Schichtdiensten.
- Sie sind in ständiger Alarmbereitschaft.
- Sie müssen bei handfesten Auseinandersetzungen aktiv eingreifen.
- Sie haben geringere Verdienst- und mangelnde Aufstiegsmöglichkeiten.
- Sie sind immer wieder Spannungen zwischen ihren und anderen (vor allem den akademischen) Berufsgruppen ausgesetzt.

Ihre Aufgaben sind u.a.:

- Sorge dafür zu tragen, dass kein kriminelles Milieu auf Station entsteht
- auf mögliche Gefährdungen zu achten
- Sicherheitsvorkehrungen zu überwachen
- Regeln sowie Werte und Normen im täglichen Umgang zu vertreten und
- den Patienten nahe bringen, auf eine sinnvolle Tagesstrukturierung und auf die Körperhygiene der Patienten zu achten
- unter Umständen pflegebedürftige Patienten zu versorgen
- Fertigkeiten im täglichen Leben nahe bringen oder bereits vorhandene zu fördern und zu festigen
- Sozialfahrten zu unternehmen
- die Absprachefähigkeit der Patienten genau im Auge zu behalten
- Vertraute, aber auch «Prellbock und Fußabtreter» für die Patienten zu sein.

Diese Liste ist um ein Vielfaches zu ergänzen und vermutlich ist über die schwierige Situation der Pflege schon viel geschrieben worden. Wir möchten es an dieser Stelle trotzdem nicht unerwähnt lassen, weil dies manche Erklärung dafür liefert, warum die Pflege manchmal emotional und persönlich deutlich stärker involviert ist als die Teammitglieder, die nicht an vorderster Front arbeiten.

Zu den spezifischen Aufgaben im DBT-F-Programm

Umsetzung eines geeigneten Kontingenzmanagements. Das Pflegepersonal folgt dem Grundprinzip, angemessenes und prosoziales Verhalten zu verstärken und dysfunktionale sowie prokriminelle Handlungen und Einstellungen unmittelbar zu korrigieren. Idealerweise signalisiert die Pflege den Patienten bei dysfunktionalem Verhalten, dass ihr Verhalten im subjektiven Kontext nachvollziehbar ist (Validieren) und unterstützt sie gleichzeitig dabei, funktionalere Verhaltensweisen auszuprobieren (Veränderung). Entscheidend ist, dass Gewalt oder Androhung von Gewalt in keiner Weise toleriert wird und empfindliche Sanktionen nach sich zieht (Absonderung von der Gemeinschaft, Verlegung in einen höher gesicherten Bereich, Rückstufungen etc.). Die konsequente Umsetzung eines geeigneten Kontingenzmanagements bestimmt maßgeblich den Erfolg der Behandlung.

Durchführung von Bezugspflegegesprächen. Hierbei handelt es sich um strukturierte Kontakte zwischen der Bezugspflege und den Patienten. Das Pflegepersonal gibt Unterstützung bei der Umsetzung der Fertigkeiten und Hilfestellungen bei den Hausaufgaben. So finden Rollenspiele statt, Protokolle werden gemeinsam durchgesprochen etc. Der Patient ist selbst dafür verantwortlich, sich zirka einmal pro Woche für etwa 30 Minuten um einen Termin bei der Bezugspflege zu kümmern.

Weitere spezifische Aufgaben:

- Vermittlung von Orientierung hinsichtlich Behandlungsplanung und Zielsetzung
- Skills-Coaching bei Krisen und Auseinandersetzungen
- Ausgeben und kurzes Besprechen von Verhaltensanalysen, wenn dysfunktionales Verhalten gezeigt wurde
- Unterstützung beim Erstellen der Deliktanalysen
- Motivation des Patienten zur Therapie und Vermittlung von Hoffnung
- Kontrolle und Besprechung der Wochenprotokolle
- Expositionstraining im Rahmen von Sozialtrainingsfahrten.

5.2.7.4 Bezugsgruppe

Sämtliche Teilnehmer des DBT-F-Programms stellen die Bezugsgruppe dar. Diese regelgeleitete Selbsthilfegruppe verfolgt vorrangig das Ziel, die Eigenverantwortung der Gruppenmitglieder zu stärken. Die Teilnehmer treffen sich einmal pro Woche ohne Teammitglieder und wiederholen die neuen Fertigkeiten, die zuletzt im Skillstraining vermittelt wurden. Hier können Verständnisfragen von den Patienten selber besprochen und beantwortet werden. Des Weiteren planen die Patienten in diesem Forum angenehme Tätigkeiten, die sie sich explizit für das Wochenende vornehmen. Damit werden die Patienten in die Pflicht genommen, sich selber um eine Tagesstrukturierung Gedanken zu machen und nicht am Wochenende gelangweilt in den Tag zu leben und unzufrieden zu sein. Auch Probleme, welche die Therapie behindern, können zum Thema gemacht werden. Die Bezugsgruppe kann außerdem Veränderungen im Therapieprogramm vorschlagen und somit dazu beitragen, die Therapie ständig zu verbessern.

Nach anfänglichen Berührungsängsten, eine Gruppe ins Leben zu rufen, die sich ohne Teammitglieder trifft, ist die Erfahrung damit in der Forensik Haina ausgesprochen positiv. Die Patienten haben sich regelmäßig getroffen, verschiedene Aufgaben untereinander verteilt, Hausaufgaben besprochen, Rollenspiele durchgeführt etc. Sie selbst berichteten von Sitzungen, die befremdlich, unangenehm und zäh waren und dann aber auch von sehr fruchtbaren Sitzungen, in denen sie etwas gelernt haben und die Spaß gemacht haben. Ein Patient berichtete zum Beispiel, seine wichtigste Erfahrung bei diesen Treffen sei gewesen, eine Gruppe anzuleiten. Dies habe er sich zuvor weder zugetraut, noch habe er andeutungsweise geahnt, dass er hier Stärken aufzuweisen hat.

5.2.7.5 Basisgruppe

Inhalt der Basisgruppe ist einerseits die Vermittlung störungsspezifischen Wissens («Was versteht man unter kognitiv/emotionalen Schemata?», «Welche angenehmen Emotionen gibt es?», «Wie stehen Gedanken und Emotionen im Zusammenhang?» etc.) und andererseits die Vermittlung grundlegenden Wissens über Verhaltenstherapie und Veränderungsstrategien. Zudem sollte sich hier die Möglichkeit bieten, Probleme, die innerhalb der Bezugsgruppe entstehen, unter therapeutischer Anleitung zu lösen.

5.2.7.6
Externe Achtsamkeitsgruppe

In dieser Gruppe werden einmal pro Woche für etwa 30 Minuten auf sehr lebensnahe Art und Weise Achtsamkeitsübungen vermittelt. Im Anschluss findet eine Nachbesprechung zu den Übungen statt.

Achtsamkeit ist ein Begriff aus dem Zen und beschreibt die bewusste und gezielte Wahrnehmung aller im Hier und Jetzt auftretenden Phänomene. Dies bezieht sich sowohl auf innere Geschehnisse (Gedanken, Gefühle und physiologische Prozesse) als auch auf äußere Geschehnisse, die sich mit Hilfe der fünf Sinne wahrnehmen lassen. Mit fortschreitender Übung entwickelt und verbessert der Patient seine Fähigkeit, einen «selbstreflektiven Standpunkt» einzunehmen, eine «metakognitive Bewusstheit» und damit, Abstand zu gewinnen von starken Emotionen, drängenden Handlungen und Impulsen. Das übergeordnete Ziel ist das Erlernen von Kontrolle über sich selbst. Achtsamkeit sollte auf Grund ihrer präventiven Funktion regelmäßig geübt werden.

Erfahrungsgemäß lässt sich in Haina zu Beginn der Gruppe beobachten, dass vor allem (antisoziale) Männer diesen Übungen kritisch gegenüberstehen und als «Kinder-» oder «Weiberkram» bezeichnen. Tatsächlich findet im weiteren Verlauf eine Veränderung dieser Haltung statt, und bislang konnte jeder Teilnehmer mehrere Übungen für sich entdecken und nutzen, was nicht zuletzt mit der Feinfühligkeit und Bodenständigkeit in Zusammenhang steht, mit der in Haina die Ergotherapeutin die Übungen vermittelt.

5.2.7.7
Teamsitzung

Idealerweise findet einmal pro Woche eine Teamsitzung statt, zu der sich alle Mitarbeiter des therapeutischen Teams treffen. Hier werden Behandlungsziele und -planungen vorgestellt, der Therapieverlauf gemeinsam gesteuert und die einzelnen Module koordiniert. Ein wichtiger Aufgabenbereich ist die inhaltliche und emotionale Unterstützung der Teammitglieder (Bohus/Haaf, 2001).

Dialektische Dilemmata bei der Behandlung der antisozialen Persönlichkeitsstörung

Linehan (1996) stellte im Laufe ihrer Arbeit mit Borderline-Patientinnen fest, dass es immer wieder dieselben Verhaltensmuster der Patientinnen waren, die in der Behandlung zu Schwierigkeiten führten. Sie formulierte aus diesen so genannte dialektische Dilemmata, mit denen sich die Patientinnen ebenso wie ihr Gegenüber (also auch die Therapeuten) konfrontiert sehen, wenn sie mit den Patientinnen in Kontakt treten. Sie lassen sich als dialektische Dimensionen mit zwei gegenüberliegenden Polen beschreiben. Die Patientinnen oszillieren typischerweise zwischen diesen beiden rigiden und ineffektiven Verhaltensmustern hin und her und sind häufig nicht in der Lage, eine ausgewogene Position oder Synthese zu finden. Diese Verhaltensmuster stehen in Zusammenhang mit den primären Therapiezielen und bestimmen die sekundären Therapieziele. Linehan (2000) betont, dass bei unterschiedlichen Störungen unterschiedliche sekundäre Therapieziele zu entwickeln sind.

Im Folgenden werden wesentliche Dilemmata dargestellt, die eine Rolle bei der Behandlung der antisozialen Persönlichkeitsstörung spielen und immer wieder zu Schwierigkeiten führen. Die wesentlichen dialektischen Dimensionen mit ihren gegenüberliegenden Polen sind:

- scheinbare Kompetenz versus aktive Passivität
- Identifikation als kriminelle Persönlichkeit versus Identifikation als unbescholtener Bürger
- einsamer Wolf versus Fraternisierung.

Dilemma: Scheinbare Kompetenz versus aktive Passivität (mod. n. McCann et al., 2007). Dieses für die Behandlung von Borderline-Störungen formulierte dialektische Dilemma kann auch auf die antisoziale Persönlichkeitsstörung übertragen werden. *Scheinbare Kompetenz* meint die Tendenz der Patienten, den Eindruck zu hinterlassen, viele gute Fertigkeiten angesichts ihrer Bewältigung des Alltags zur Verfügung zu haben. Bei antisozialen Straftätern kommt es in klassischer Weise immer wieder vor, dass sie unter den äußeren Bedingungen der Behandlungsstation gute zwischenmenschliche Fertigkeiten und

Selbstmanagement-Fertigkeiten zeigen. Sie sind in der Lage, auf einen antisozialen Lebensstil und auf antisoziale Verhaltensmuster zu verzichten und können mit Konflikten umgehen. Aber: Die Fähigkeit, unter therapeutischer Begleitung der Behandlungsstation seine Impulse und das Ausleben seiner Emotionen unter Kontrolle zu halten, garantiert nicht, dies auch in einem anderen Setting zu können. Der Kontext einer forensischen Behandlungsstation ist nicht vergleichbar mit einem Leben außerhalb dieser Strukturen.

Aktive Passivität meint die Tendenz, Probleme passiv statt aktiv und entschieden anzugehen. Hinzu kommt die Tendenz, die Lösung für eigene Probleme von der Umgebung zu fordern. Die Patienten zeigen also Aktivität darin, andere dazu zu bringen, ihre Probleme zu lösen und eine Passivität bei eigenen Problemversuchen. Dieses Verhaltensmuster liegt bei Borderline-Patientinnen u.a. darin begründet, dass sie sich hilflos und unzulänglich angesichts des zu lösenden Problems fühlen und die Gewissheit haben, dass es andere besser können. Bei der oben beschriebenen Subgruppe antisozialer Straftäter liegt der Fall oft anders. Sie haben häufig Schwierigkeiten, Probleme überhaupt erst zu erkennen. Erkennen sie, dass sie ein Problem haben, verstehen sie es oft nicht (Ross et al., 1986). Sie fühlen sich angesichts des Problems also ebenfalls überfordert und hilflos. Scham, eine für dieses Klientel typische Angst vor Gesichtsverlust und dysfunktionale Grundannahmen («Du kannst keinem Menschen trauen»; «Ich darf keine Schwäche zeigen, sonst tanzen mir andere auf der Nase herum» etc.) interferieren an dieser Stelle mit effektivem Verhalten, wie zum Beispiel zwischenmenschliche Fertigkeiten einzusetzen und jemanden um Unterstützung zu bitten. Stattdessen engagieren sie sich in Verhaltensweisen, die Autoritäten auf den Plan rufen und Interventionen garantieren: zum Beispiel den Job von heute auf morgen schmeißen, lauthals in der Oberarztvisite ankündigen, dass das Pflegepersonal dem Patienten aus dem Weg zu gehen hat, gegen «harmlose» Stationsregeln verstoßen (wie z.B. Geld leihen), Lügen erzählen, die schnell entdeckt werden etc. Für eine scheinbar kompetente Person stellen diese Verhaltensweisen oft die einzige Möglichkeit dar, anderen zu signalisieren, dass sie in Wirklichkeit ihr Problem nicht alleine bewältigen kann und Hilfe braucht.

Scheinbare Kompetenz versus *aktive Passivität* stellt auch das Behandlungsteam vor ein dialektisches Dilemma. Ein Team, das eine Person für kompetenter hält, als sie wirklich ist, wird zu hohe Ansprüche an die Person stellen, kein Fertigkeitentraining anbieten, die Botschaften von Hilflosigkeit nicht erkennen und mangelnden Fortschritt in der Therapie eher auf «Widerstand» als auf fehlende Fähigkeiten zurückführen. Ärger, Enttäuschung und Hoffnungslosigkeit seitens des Teams wären die Folge. Dies wird der Patient als Invalidierung erleben und er wird zur Seite der aktiven Passivität oszillieren. Unterschätzt nun das Team die tatsächlich vorhandenen Fähigkeiten des Patienten und gibt seinen impliziten Forderungen nach, für ihn aktiv das Problem zu lösen, entstehen ebenfalls Schwierigkeiten. Zum einen würde der Patient natürlich herzlich wenig dabei lernen, zum anderen würde ein antisozialer Straftäter mit seinem hohen Autonomiestreben dieses Vorgehen ebenfalls als invalidierend erleben. Die Folge wäre, sehr deutlich zu machen, dass er keinerlei Hilfe bei der Lösung seiner Probleme benötigt und damit eine Oszillation zurück auf die Seite, sich wieder scheinbar kompetent zu präsentieren.

Bei einseitiger Beachtung einer der beiden Pole wäre also in beiden Fällen die therapeutische Beziehung in Gefahr, der Patient würde den Mitarbeiter abwerten, sich weiteren therapeutischen Einflussnahmen verschließen und ggf. dysfunktionales Verhalten zeigen, das unter den ersten Therapiezielen einzuordnen ist. Abschließend sei noch eine Gefahr genannt, die sich ergibt, wenn sich Patienten scheinbar kompetent verhalten: Dieser Patient wird vom Team unter Umständen weniger intensiv bei der Generalisierung der Fertigkeiten auf Bedingungen außerhalb der forensischen Unterbringung unterstützt, als das bei einem Patienten der Fall wäre, der hier offensichtlich Schwierigkeiten hat und signalisiert, dass er Hilfe benötigt. Während der Patient also sein Verhalten an die Strukturen der Unterbringung adaptiert hat, versagen sie unter Umständen in einem neuen Setting.

Die Lösung des dialektischen Dilemmas des Behandlungsteams liegt darin, Schwierigkeiten bei der Alltagsbewältigung und beim Lösen von Problemen erkennbar zu machen (zunächst unter angemessenen Sicherheitsvorkehrungen und zunehmend unter weniger restriktiven Bedingungen, sofern das forensisch verantwortbar scheint) und gleichzeitig aktives Bemühen von Problemlösen seitens des Patienten zu fordern und zu fördern.

Als *sekundäre Therapieziele* können aus diesem Dilemma eine Verbesserung aktiven Problemlösens bzw. eine Reduktion der aktiven Passivität sowie eine Förderung genauen Mitteilens von Emotionen und Kompetenzen abgeleitet werden.

Dilemma: Identifikation als kriminelle Persönlichkeit versus Identifikation als unbescholtener Bürger (mod. n. McCann et al., 2007). *Identifikation als kriminelle Persönlichkeit* meint die Bevorzugung antisozialer Lebensstile und Verhaltensweisen, die Idealisierung kriminellen Verhaltens, betrügerisch-manipulatives Verhalten, fehlende Übernahme von Verantwortung, impulsiv-aggressives Auftreten, prokriminelle Einstellungen und Denkmuster etc.

Identifikation als unbescholtener Bürger meint, dass die Patienten ein Leben mit Ehefrau, Kindern, Hund und Biedermeierschrank anstreben und dabei teilweise deutlich konservativere Vorstellungen vom Lebensalltag haben, als zum Beispiel das Behandlungsteam. So können sie die unverrückbare Vorstellung haben, nie wieder straffällig zu werden, ihre Kinder niemals ungerecht zu behandeln, regelmäßig arbeiten zu gehen und eine liebevolle Frau zu Hause zu haben, die es nicht «nötig» hat, zusätzlich zu arbeiten etc. In solchen Phasen kann es vorkommen, dass die Patienten plötzlich Kontakt mit ihren Kindern, Exfrauen oder auch Eltern aufnehmen wollen, zu denen schon lange Zeit kein Kontakt mehr bestand. Manchmal reicht schon der Gedanke daran, dies in die Tat umzusetzen, um Unsicherheit und Hoffnungslosigkeit auszulösen und um dann zu dem Pol «Identifikation als kriminelle Persönlichkeit» zurückzukehren. Manchmal ist es aber schlichtweg einfach nur der Alltag in dem sehr restriktiven forensischen Setting, in dem täglich das Machtgefälle zwischen Mitarbeitern und Patienten deutlich wird, in dem es immer wieder zu autonomiebedrohenden Maßnahmen kommen muss (Spindkontrollen, Urinkontrollen, Verwarnungen auf Grund von Fehlverhalten etc.), die dazu führen, sich als «Opfer» zu fühlen und zu dem Pol «Identifikation als kriminelle Persönlichkeit» zu oszillieren.

Für das Team stellt sich diese Thematik folgendermaßen dar: Um gute und erfolgreiche Kriminaltherapie durchzuführen, müssen sich die Teammitglieder auf der einen Seite während der gesamten Behandlung über das Ausmaß der Identifikation des Patienten als kriminelle Persönlichkeit klar werden. Das Behandlungsteam darf nicht aus den Augen verlieren, zu welchen Straftaten der Patient unter welchen Umständen in der Lage ist. Auf der anderen Seite darf diese Sicht auch nicht einseitig in den Fokus rücken, denn dann ist keine Veränderung mehr möglich. Ist der Patient mit einem Team konfrontiert, das ihn ausschließlich auf seine kriminelle Persönlichkeit reduziert, stellt dies für ihn eine Invalidierung dar und bestätigt und verfestigt seine antisozialen dysfunktionalen Grundannahmen: «Nur der Stärkste überlebt», «Wenn ich andere nicht herumstoße, werde ich herumgestoßen», «Auge um Auge, Zahn um Zahn» etc. Es wird zu keiner soliden und vertrauensvollen therapeutischen Grundlage kommen und der Patient wird sich therapeutischen Einflüssen entziehen. Im schlimmsten Fall konsolidiert man die kriminelle Identifikation. Das dialektische Dilemma für das Team beinhaltet in diesem Fall, sich auf der einen Seite dieser kriminellen Identifikation des Patienten sehr klar zu werden und das auch zu vermitteln und zugleich dem Patienten wertfrei zu helfen, sich zu ändern und an den dynamischen kriminogenen Faktoren, wie zum Beispiel schlechte Problemlösefähigkeit, emotionale Instabilität, antisoziales Denken u.v.m. zu arbeiten: «Sie haben ein schweres Delikt begangen, indem sie einen anderen Menschen schwer verletzt haben. Selbstverständlich führt das dazu, dass wir mit Lockerungsstufen vorsichtig sind!» und gleichzeitig: «Lassen Sie uns gemeinsam herausfinden, wie Sie besser mit Ärger und Gereiztheiten umgehen können als aktuell, damit sie irgendwann straffrei leben können».

Es versteht sich von selbst, dass es Patienten gibt, die trotz dieser balancierten und beide Seiten beachtenden Vorgehensweise nicht entlassbar sind, da die Legalprognose schlecht bleibt.

Dilemma: Einsamer Wolf versus Fraternisierung. *Einsamer Wolf* bei antisozialen Straftätern meint, dass die Menschen im Allgemeinen und das Behandlungsteam im Besonderen als Feinde betrachtet werden und ein therapeutisches Bündnis und eine offene, aktive Mitarbeit nicht wirklich möglich sind. Stattdessen entziehen sich die Patienten dem Kontakt und wirken undurchschaubar, oder die Behandlung wird offen boykottiert, die Mitarbeiter werden abgewertet, Anzeigen erstattet, Beschwerden verfasst etc. Der Patient nimmt «wirklichen» positiven Kontakt nur zu Seinesgleichen auf – wenn überhaupt.

Fraternisierung meint, dass der Patient versucht, sich mit dem Behandlungsteam zu «verbrüdern», das heißt auf die «Kumpel»-Ebene zu gehen und die professionellen Ebenen zu überschreiten.

Erfahrungsgemäß gibt es antisoziale Straftäter, die unbeirrbar auf der Seite «Einsamer Wolf» der beschriebenen dialektischen Dimension verharren. Manche der oben beschriebenen dissozial-impulsiven Straftäter oszillieren jedoch zwischen diesen beiden Polen und können diese scheinbaren Gegensätze nicht integrieren. Die Lösung für die Patienten liegt darin, dem Behandlungsteam gegenüber skeptisch und vorsichtig zu bleiben (es wird in einem forensischen Setting zwangsläufig zu Kränkungen kommen) und gleichzeitig entdecken und akzeptieren zu können, dass die Teammitglieder nicht nur aus «Schließern» bestehen, sondern dass sie etwas anzubieten haben, das von persönlicher Relevanz ist.

Es lassen sich noch zahlreiche andere dialektische Dilemmata für Menschen mit einer antisozialen Persönlichkeitsstörung formulieren, die immer wieder zu Stolperfallen werden.

Dialektische Dilemmata in der Forensik

Neben diesen Dilemmata, die in den typischen Verhaltensmustern der Patienten begründet liegen, gibt es noch typische dialektische Dilemmata, die mit der Institution Forensik in Zusammenhang stehen und im Folgenden beschrieben werden.

Dilemma: Behandlung versus Sicherung. In der Forensik Haina wird jeder Patient einem Einzeltherapeuten zugewiesen, der Psychologe, Arzt oder Sozialpädagoge/-arbeiter sein kann. Dieser Therapeut hält die Fäden der verschiedenen kriminaltherapeutisch wirksamen Maßnahmen zusammen und ist Ansprechpartner für alle anfallenden Fragen und Belange. Er ist auf der einen Seite also Psychotherapeut und darum bemüht, ein vertrauensvolles Arbeitsbündnis zu schaffen und den Patienten zu Offenheit zu bewegen. Auf der anderen Seite ist der Einzeltherapeut neben anderen Teammitgliedern maßgeblich an Lockerungsentscheidungen beteiligt und lässt prognostisch relevante Informationen aus den Einzelsitzungen in diese Entscheidung mit einfließen. Zudem ist der Einzeltherapeut an der Erstellung des alljährlichen forensisch-psychiatrischen Prognosegutachtens zur Frage der Notwendigkeit der Fortdauer der weiteren Unterbringung beteiligt, hat also auch gutachterliche Funktionen. Selbstverständlich fließen in dieses Gutachten maßgeblich prognostisch relevante Sachverhalte aus den Einzelgesprächen und den sonstigen Maßnahmen mit ein. Auch die Pflegenden sehen sich dieser Problematik gegenüber, die ja oft vielmehr Vertraute der Patienten sind als die Einzeltherapeuten.

Diesem Dilemma kann nur mit maximaler Offenheit begegnet werden: Der Patient muss von Anfang an um die Doppelfunktion der Mitarbeiter wissen. Die Mitarbeiter sollten hier alle an einem Strang ziehen und sich nicht auf Geheimniskrämereien mit den Patienten einlassen nach dem Motto: «Ich erzähle Ihnen jetzt etwas. Das dürfen Sie aber nicht weitersagen». Stattdessen sollte die Haltung eingenommen werden, für den Verlauf und die Prognose wichtige Informationen stets an das komplette Team (und damit an das Gericht) weiterzugeben. Der Patient hat dann selber die Wahl, ob er von seinem Anliegen berichtet oder nicht. Auch die alljährlich notwendigen forensisch-psychiatrischen

Prognosegutachten sollten offen mit den Patienten besprochen werden (siehe zu dem Thema auch Gretenkord, 1998).

Dilemma: Motivieren zu Offenheit versus Bestrafung. Dieses Dilemma hängt eng mit dem ersten Dilemma zusammen und bezieht sich auf das Kontingenzmanagement bei Fehlverhalten. Dies soll an einem konkreten Beispiel erläutert werden: Im therapeutischen Einzelgespräch legte eine Borderline-Patientin ihr DBT-F-Wochenprotokoll vor. Sie hatte eingetragen, dass sie im Rahmen einer Auseinandersetzung einige Tage zuvor eine andere Patientin gewürgt hatte. Hätte die Patientin dieses Ereignis nicht in ihr Protokoll eingetragen, wäre es nicht bekannt geworden. Das Dilemma des Teams liegt klar auf der Hand: Sanktioniert es die Patientin empfindlich, würde diese nie wieder offen über dysfunktionales Verhalten dieser Art berichten, und es könnte nicht therapeutisch bearbeitet werden. Sanktioniert das Team sie nicht, wären Tür und Tor geöffnet für Gewalttätigkeiten und andere dysfunktionale Verhaltensweisen.

Zur Lösung des Dilemmas: Zum einen müssen die Patienten von Anfang an über diese Schwierigkeiten des Teams aufgeklärt werden. Es muss transparent gemacht werden, was unter Kontingenzmanagement zu verstehen ist. Der Patient sollte das lerntheoretische Prinzip verstanden haben, dass dysfunktionales Verhalten nur dann abnimmt, wenn Konsequenzen folgen, die für ihn persönlich von Nachteil sind. In dem Zusammenhang ist wichtig zu wissen, dass auch nicht intendiertes Verhalten durch Konsequenzen bestimmt wird. Die konkreten Verstärkerpläne sollten mit den jeweiligen Patienten gemeinsam aufgestellt und besprochen werden: Welche konkrete Konsequenz folgt auf welches konkrete Verhalten? Ziel ist, den Patienten als Partner des Kontingenzmanagements zu gewinnen und eine Zustimmung für die Verstärkerpläne einzuholen. Dieses transparente Vorgehen reduziert Konflikte, Enttäuschungen, Ärger und das Gefühl von Ohnmacht und Demütigung auf Seiten der Patienten erheblich, wenn im konkreten Fall die Konsequenzen auf Fehlverhalten folgen.

Die konkrete Lösung des Dilemmas liegt also darin, auf das dysfunktionale Verhalten negative Konsequenzen folgen zu lassen und zeitgleich die Offenheit positiv zu verstärken, damit es sich auch weiterhin für die Patienten «lohnt», dieses Verhalten fortzusetzen. Im konkreten Fall wurde mit der Patientin besprochen, dass sie deliktisches Verhalten gezeigt hatte. Sie wurde an die Prinzipien der Lerntheorie erinnert und daran, dass auf Grund des Fehlverhaltens vom Team Sanktionen ausgesprochen werden *müssen*, damit sie zum einen das Verhalten reduzieren kann und zum anderen ihre Mitpatienten nicht ermuntert werden, dieses Verhalten zu übernehmen. So wurden die aktuellen Lockerungsstufen ausgesetzt, bis der Vorfall verhaltensanalytisch bearbeitet wurde. Gleichzeitig nahm die Offenheit der Patientin sehr viel Raum in den nachfolgenden Besprechungen ein, und sie wurde sehr dafür gelobt. Ihr wurde verdeutlicht, dass sie trotz der unmittelbar negativen Folgen in ihrem Sinne gehandelt hatte, da bei regelmäßiger Bearbeitung solcher Vorfälle die Wahrscheinlichkeit steigt, schneller entlassen zu werden sowie die Chance, außerhalb der Forensik leben zu können (langfristig positive Folgen). Des Weiteren wurde besprochen, dass sie durch die Ermöglichung des therapeutischen Arbeitens an ihrem Fehlverhalten im DBT-F-Programm bleiben kann (was für sie sehr attraktiv war) und nicht pausieren muss, wie es sonst bei fremdaggressiven Verhaltensweisen dieser Art der Fall gewesen wäre.

Dilemma: Normatives Verhalten pathologisieren versus pathologisches Verhalten als normal betrachte (in Anlehnung an Miller et al., 2007). Hierbei handelt es sich um ein klassisches Dilemma, mit dem forensische Mitarbeiter täglich zu tun haben: Ziel ist, eine gute Balance zu finden und normatives Verhalten nicht zu pathologisieren (viele Menschen kennen Tage, an denen sie keine Lust haben, arbeiten zu gehen; viele Menschen reagieren mit emotionaler Belastung, wenn eine Beziehung zerbricht etc.) und pathologisches Verhalten nicht als normal anzusehen (jeden Abend über Jahre Alkohol getrunken zu haben ist nicht als normal anzusehen).

5.2.8 Ausblick

Mit der DBT-F wurde ein störungsspezifisches Behandlungsprogramm entwickelt, das sich an den strukturellen und inhaltlichen Besonderheiten der stationären Straftäterbehandlung von Menschen mit Borderline-Störung oder antisozialer Persönlichkeitsstörung orientiert. Das Programm ist als multimodulares Behandlungskonzept gestaltet und integriert alle involvierten Berufsgruppen. Der theoretische Hintergrund basiert auf den sozialpsychologischen Erkenntnissen der Lern- und Verhaltenswissenschaften. Es liegen mittlerweile erste Studien zur Wirksamkeit dieses Programms in den USA vor (Übersicht siehe Berzins/Trestman, 2004), auch in Haina werden derzeit Daten erhoben. Das Konzept ist didaktisch klar gegliedert und kann in kompakter Form an therapeutische Teams vermittelt werden (nähere Informationen bei der Erstautorin).

5.3 Der BEST-Index

Thomas Ross, Friedemann Pfäfflin

In einer europäischen Verbundstudie unter Beteiligung von vier Ländern und insgesamt 23 Maßregelvollzugskliniken wurde der BEST-Index, ein Instrument zur Erfassung lebenspraktischer Fertigkeiten psychisch kranker Rechtsbrecher, validiert. *Zielgruppen für die Arbeit mit dem BEST-Index sind Psychologen und Ärzte, insbesondere aber die Mitarbeiter des Pflegedienstes!* Anhand der Erfahrungen in der Anwendung des BEST-Index und eines praktischen Beispiels wird gezeigt, welchen klinischen Nutzen für die Behandlungsplanung und -evaluation man aus seiner fachgerechter Anwendung ziehen kann.

Von 2002 bis 2005 wurde von der *Sektion Forensische Psychotherapie der Universität Ulm* eine von der Europäischen Kommission in Brüssel geförderte Längsschnittstudie koordiniert (Developing *Com*munity Living *Skills* in Offender Groups. A Thematic Network Study; QLG5-CT-2001-01045 [COMSKILLS]), in der es inhaltlich um die Validierung eines Instruments zur Verlaufsbeurteilung in der Behandlung forensisch-psychiatrischer Patienten, dem BEST-Index (*Be*havioral *St*atus *Index*: Reed/Woods, 2000; dt. Version Reed et al., 2002), ging. Ziel der Studie war, die Brauchbarkeit des BEST-Index für die Behandlungsplanung und Evaluation forensisch-psychiatrischer Verläufe sowie für die Beurteilung der Sozialprognose abzuschätzen. Die ersten Skalen des BEST-Index wurden im sozialpsychiatrischen Kontext in England entwickelt, um den Übergang psychiatrischer Patienten vom stationären Kontext in die Alltagswirklichkeit des Wohnens außerhalb einer Klinik zu erfassen und zu befördern. Durch Hinzufügen weiterer Skalen wurden zusätzlich Dimensionen berücksichtigt, die für die Sozial- und Gefährlichkeitsprognose forensischer Patienten von Bedeutung sind. Der Schwerpunkt der Arbeit mit dem BEST-Index liegt auf der Einordnung und Beurteilung des «normalen» sozialen Zurechtkommens des Patienten. Ressourcen und Defizite werden gleichrangig behandelt und entsprechend gleich gewichtet.

Für alle aktuarischen Einschätzinstrumente (z.B. RRASOR, Hanson, 1997; Static-99, Hanson/Thornton, 2000; PCL-R, Hare, 1991; VRAG, Quinsey et al., 1998) gilt dagegen, dass sie entweder ganz oder aber vornehmlich pathologische Faktoren zum Schwerpunkt haben. Diese Verfahren beschränken sich hauptsächlich auf die Erfassung biografischer Daten von Straftätern und korrelieren sie mit späteren Rückfällen. Trotz der Stärke aktuarischer Vorhersagen ist an ihnen mit triftigen Gründen kritisiert worden, dass sie durch die Festlegung auf retrospektive Ereignisse im Prinzip kaum Raum lassen für aktuelle Veränderungen (Ross/Pfäfflin, 2005; Eher/Schilling, 2007).

Der BEST-Index fokussiert dagegen die Phase des Übergangs aus der stationären psychiatrischen Behandlung in den Alltag und bezieht im Gegensatz zu den oben genannten Prognoseinstrumenten eine Reihe von Verhaltensaspekten mit ein, die zwar bislang als nicht primär prognoserelevant galten, für den alltäglichen Lebensvollzug der Patienten aber sehr wichtig sind. Untersucht wird, welche Fähigkeiten und Fertigkeiten den Patienten im Einzelnen zur Verfügung stehen, um mit den Anforderungen des Alltags zurechtzukommen. Indem Pflegepersonal und Therapeuten das beobachtbare Verhalten der Patienten einschätzen lernen, werden sie gleichzeitig dazu angeleitet, die Patienten darin zu unterstützen, eventuell noch zu beobachtende Defizite in der weiteren Behandlung zu bearbeiten.

Der BEST-Index enthält sechs Skalen mit insgesamt 150 Einzelfragen bzw. einzuschätzenden Items, von denen je 20 bzw. 30 auf die einzelnen Skalen entfallen. Diese Skalen sind:

1. Riskantes Sozialverhalten/Gefährlichkeit (20)
2. Einsicht (20)
3. Kommunikation und soziale Fertigkeiten (30)
4. Arbeits- und Freizeitaktivitäten (20)
5. Selbst- und Familienunterhalt (30) und
6. Empathie (30).

Für die einzelnen Skalen wurden ausschließlich klinisch relevante Items ausgewählt, die normbasiert das optimale Anpassungsniveau dem schlechtesten Anpassungsniveau gegenüberstellen und ordinalskaliert abstufen (**Abb. 5-1**). Ein Beispiel aus der Skala «Einsicht» mit dem Item «Spannungsreduktion» findet sich in **Tabelle 5-1**.

Das europäische Verbundprojekt COMSKILLS – Fragestellung, Stichprobe und Studiendesign

Untersucht wurden zwei Hauptfragestellungen:

1. Ist das dem BEST-Index zu Grunde liegende Konstrukt ausreichend valide?
2. Eignet sich der BEST-Index zur Verlaufsbeurteilung forensisch-psychiatrischer Behandlungen im Maßregelvollzug?

Insgesamt nahmen 231 psychisch kranke Rechtsbrecher aus Deutschland, den Niederlanden, Norwegen und Großbritannien teil. Allein in

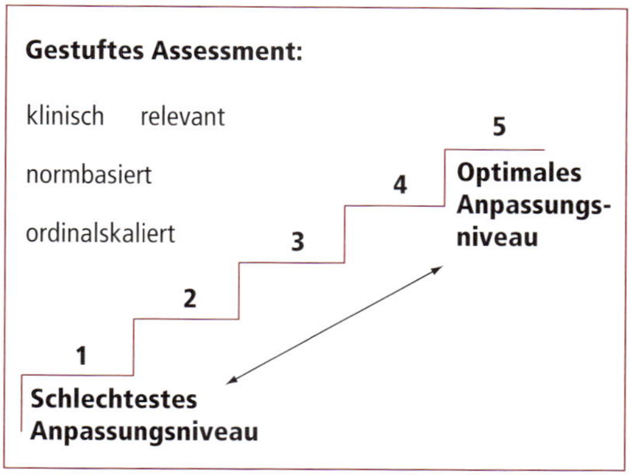

Abbildung 5-1: Gestuftes Assessment

Tabelle 5-1: Kommunikation und soziale Fertigkeiten, Item 6: soziale Distanz – Definition und exemplarische Darstellung der Verhaltensbewertung in Stufen.
Definition: Zu Beginn des Gesprächs nimmt der Patient gegenüber dem Beurteiler spontan eine Distanz ein, die dieser als sozial angenehm empfindet: weder zu distanziert noch unangenehm nah. In dieser mittleren Distanz fühlt der Patient sich während des gesamten Gesprächs wohl.

Score 1 («worst case»)	Score 2	Score 3	Score 4	Score 5 («best case»)
Geht *ständig*[1)] auf weiten Abstand oder kommt unangenehm nah	Hält nach Aufforderung höchstens 5 Minuten lang *angenehmen*[2)] Abstand	Korrigiert falschen Abstand *spontan*[3)], bleibt aber höchstens 5 Minuten in *angenehmem*[2)] Abstand	Bleibt meist in *angenehmem*[2)] Abstand	Bleibt jederzeit in *angenehmem*[2)] Abstand

[1)] ständig = bei jeder sich bietenden Gelegenheit
[2)] angenehm = den soziokulturellen Normen angemessen: weder zu nah noch zu weit entfernt
[3)] spontan = ohne Einflussnahme durch den Beurteiler oder andere und ohne dass diese als Vorbild dienen

Deutschland waren zehn Maßregelvollzugseinrichtungen aus vier Bundesländern beteiligt (Ross et al., 2007a, b). Einschlusskriterien für die Aufnahme in die Studie waren Unterbringung im Maßregelvollzug seit mindestens 6 Monaten wegen eines Gewalt- und/oder Sexualdelikts und zu erwartender dortiger Verbleib für mindestens weitere 2 Jahre, damit auch die erforderlichen Verlaufsuntersuchungen erfolgen konnten. Ausschlusskriterien waren floride Psychosen und schwer wiegende Intelligenzminderungen.

Zu drei Messzeitpunkten mit Intervallen von jeweils 9 Monaten wurden jeweils die gleichen Erhebungsinstrumente angewendet, das heißt:

- der BEST-Index
- die Psychopathy Checklist Revised (PCL-R; Hare, 1991)
- der HCR-20 (Webster et al., 1997)
- die Symptom Checklist-Revised (SCL-90-R: Derogatis, 1992; Franke, 1995) und
- der Buss-Durkee-Hostility Inventory (BDHI, Lange et al. 1995; Buss/Durkee 1957, Buss/Perry 1992).

Die zwei Fremdbeurteilungsinstrumente zur Messung von Psychopathy (PCL-R) und zur Gefährlichkeitsprognose (HCR-20) sowie die beiden Selbstbeurteilungsfragebogen zu psychischen Symptomen (SCL-90-R) und zur Aggression (BDHI-D) wurden zur Validierung des BEST-Index eingesetzt. In den der Erhebung vorausgehenden Monaten wurden die Mitarbeiter der Kliniken in der Anwendung der Instrumente geschult.

5.3.1 Ergebnisse (BEST-Index)

Die Veränderungen klinischer Parameter vom ersten bis zum dritten und letzten Messzeitpunkt zeigt **Tabelle 5-2**. In fünf von sechs Skalen ergaben sich signifikante Verbesserungen. Auf der Ebene von Einzelitems waren es erheblich mehr Veränderungen. Dies ist umso erstaunlicher, als der Beobachtungszeitraum von 18 Monaten relativ kurz war und nach längeren Beobachtungszeiträumen vermutlich noch mehr Veränderungen zu erwarten gewesen wären. Maßregelpatienten werden derzeit durchschnittlich 5–7 Jahre unter geschlossenen Bedingungen behandelt, wobei die Aufenthaltsdauern eine steigende Tendenz zeigen. Die einzige Skala, in der keine Veränderungen objektivierbar waren, ist die Skala «Selbst- und Familienunterhalt», was

Tabelle 5-2: BEST-Index, Veränderungen T_1 bis T_3

BEST-Index	Faktor	Änderung T1 bis T3	P
riskantes Sozialverhalten (Gefährlichkeit)	Aggression	weniger	< 0,05
Einsicht	Verantwortungsübernahme Selbstmanagement externe Bewertung	mehr besser besser	≤ 0,001 < 0,05 < 0,01
Kommunikation und soziale Fertigkeiten	soziale Wahrnehmung Durchsetzungsfähigkeit	besser besser	< 0,01 < 0,01
Arbeits- und Freizeitaktivitäten	Freizeitverhalten Leistung Interaktion	positiver besser besser	< 0,05 ≤ 0,001 < 0,01
Selbst- und Familienunterhalt		keine Änderungen	
Empathie	empathische Reaktionen Bedürfnisse abwägen Opferempathie	häufiger besser besser	≤ 0,001 < 0,05 ≤ 0,001

nicht verwundert, da unter den Bedingungen der geschlossenen Unterbringung diesbezüglich am wenigsten Übungsfelder vorhanden sind. Detaillierte Diskussionen der statistischen Kennwerte, orientiert an der deutschen Teilstichprobe von n = 86 männlichen Patienten, finden sich bei Ross et al. (2007a, b). Für die internationale Stichprobe von zunächst N = 231 Patienten finden sich die entsprechenden Kennwerte bei Ross et al. (2007c, d).

5.3.2 Ergebnisse (Validierungsinstrumente)

Die *PCL-R-Scores* der Patienten veränderten sich zwischen den Messzeitpunkten nicht. Sie lagen für die Gesamtstichprobe bei gleich bleibend niedrigen 13,5 Punkten.

Im *HCR-20* ergab sich eine signifikante Reduktion zu T_3 in den klinischen Items ($p < 0,05$), nicht aber in den historischen oder den Risikomanagement-Items.

Im *BDHI* nahm die offene Aggression zu T_3 im Vergleich zu den ersten beiden Messzeitpunkten ab ($p < 0,03$), nicht aber der Gesamtscore der Aggressivität, der sich aus offen zu Tage tretender Aggression (z.B. das Schlagen anderer oder Werfen mit Gegenständen) und verdeckten Anteilen (Zorn, Groll) zusammen setzt.

Im *SCL-90-R* nahm die Zahl der im Beobachtungszeitraum aufgetretenen psychischen Symptome der Patienten zum dritten Messzeitpunkt ab ($p < 0,05$), nicht aber der Schweregrad der (verbliebenen) Symptome bzw. die subjektive Gesamtbelastung durch die Symptome. Einzelheiten zu diesen Ergebnissen finden sich bei Ross et al. 2007 a–d.

5.3.3 Klinische Bewertung des BEST-Index

Besonders gut eignet sich der BEST-Index für Verlaufseinschätzungen, wie in **Abbildung 5-2** an bestimmten Items aus der Skala «Einsicht» über den Verlauf eines Jahres beispielhaft dargestellt.

Anhand eines Fallbeispiels lässt sich erkennen, welche Entwicklungen der Patient während des Beobachtungszeitraums gemacht hat und welche Schwerpunkte für die weitere Behandlungsplanung gesetzt werden müssen. Während noch im Mai kaum Strategien zur Reduktion von Anspannung zu beobachten waren (Item 3), sind es ein Jahr später einige. In diesem Fall hatte der Patient ein neues Hobby für sich (wieder) entdeckt, er begann mit einem Mitpatienten Schach zu spielen, und das funktionierte gut. Dies wurde von den klinischen Mitarbeitern als eine Strategie der Reduktion von Anspannung gewertet, da der Patient vorher deutliche Anzeichen von Langeweile, die er selbst nicht hatte abstellen können, gezeigt hatte. Item 4 betrifft die Anerkennung von negativen Gefühlen. Diese Thematik wurde, nachdem in einer langjährigen Motivationsphase zur Teilnahme an der Psychotherapie ein Durchbruch erzielt war (Item 19), in der Einzeltherapie bearbeitet, und es war binnen eines Jahres ein Fortschritt zu erkennen. An dieser Stelle lässt sich auch gut zeigen, dass die Fortschritte, die in einzelnen Bereichen gemacht wurden, zwar wichtig sind, dass aber an anderer Stelle noch bedeutende Defizite zu beobachten waren. So schien es trotz der erreichten therapeutischen Compliance weiterhin so, dass dem Patienten die eigentlichen Behandlungsziele uneinsichtig waren. Er kam zwar regelmäßig zur Therapie und machte auch mit, konnte aber auch nach Ablauf eines Jahres nicht angeben, wozu das alles gut sei (Item 18, Behandlungsziele formulieren).

Des Weiteren hat der Patient nach wie vor keine Vorstellung davon, welche inneren und äußeren Ereignisse ihm Freude bereiten bzw. ihn auch verunsichern (Item 13). Spannungsreduzierende Gedanken, das heißt gedankliche Vorstellungen über Dinge oder Ereignisse, die zuverlässig beruhigende und entspannende Wirkung entfalten, sobald sie aktiviert werden, können nun zwar gelegentlich benannt werden, aber es ist noch keine ausreichende Stabilität zu erkennen. In der Gesamtbewertung besteht also weiterhin ein behandlungsbedürftiges Einsichtsdefizit, dessen Bearbeitung Ziel weiterer therapeutischer Interventionen sein sollte. Hierfür sollte man dann die neu hinzugekommenen Verhaltensressourcen des Patienten nutzen, die ihm durchaus positiv zurückgemeldet werden

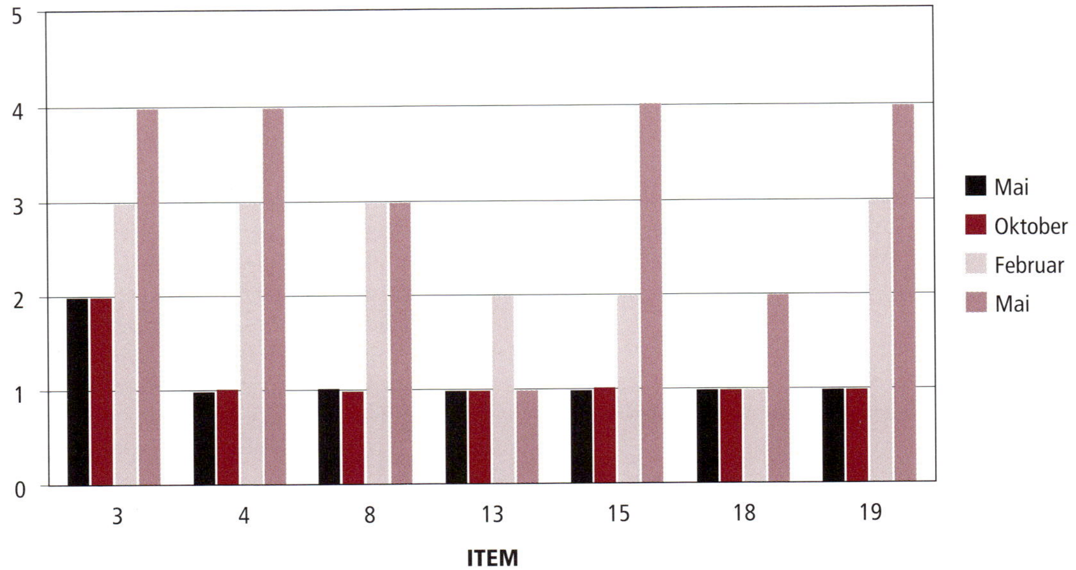

Abbildung 5-2: Ausgewählte Items aus der Skala «Einsicht» bei wiederholter Einschätzung im Verlauf (Item 3: Strategien zur Reduktion von Anspannung; Item 4: Anerkennung von negativen Gefühlen oder Wut; Item 8: spannungsreduzierende Gedanken benennen; Item 13: Sicherheit auslösende Ereignisse; Item 15: Zuschreibung von Verantwortung; Item 18: Behandlungsziele formulieren; Item 19: Mitarbeit in der Therapie)

können. Erreicht wird damit eine Aufwertung der Beziehung zwischen dem Patienten und den jeweiligen Mitarbeitern auf Station, die weiteren Entwicklungsschritten des Patienten zuträglich sein dürften.

In diesem Beispiel wird auch deutlich, dass es sich beim BEST-Index nicht um eine kurze Checkliste handelt, sondern um eine Anleitung, sich intensiv mit wichtigen Aspekten des Verhaltens des Patienten zu befassen. Für die Einschätzung einzelner Skalen gibt es Vorgaben, wie lang der Beurteiler den Patienten mindestens gesprochen oder ihn beobachtet haben muss, bevor er seine Einschätzung abgibt. Geschulten Ratern gelingt die Einschätzung aller Skalen in durchschnittlich 3 Stunden.

Im Rahmen der obligatorischen Raterschulungen zur Durchführung des BEST-Index taucht immer wieder die berechtigte Frage nach der Ökonomie des Instruments auf. *Schließlich ist die Anwendung mit zusätzlicher Arbeit verbunden, und 3 Stunden für eine vollständige Bewertung stehen Krankenschwestern, Pflegern, Psychologen und Ärzten auf Station nicht ohne anderweitige Einschränkungen zur Verfügung.* Weitere Skepsis verbindet sich mit der Tatsache, dass die Mitarbeiter mit Dokumentation, Qualitätssicherung etc. ohnehin schon viel Zeit verbringen und damit nicht weiter belastet werden wollen. Vor diesem Hintergrund war es eine bemerkenswerte Erfahrung, wie positiv die meisten Mitarbeiter der kooperierenden Kliniken trotz der zusätzlichen Arbeitsbelastung über die Erfahrungen mit diesem Instrument berichteten. Weil sie sich nämlich für die Beurteilung bestimmter Skalen erheblich Zeit nehmen mussten, fingen sie an, ihre Patienten viel genauer wahrzunehmen, und sie entdeckten dabei viele Verhaltensweisen der Patienten, die sie bis dahin einfach als gegeben hingenommen hatten, ohne sie in der therapeutischen Arbeit zu reflektieren und ohne in Betracht zu ziehen, dass sich der Patient diesbezüglich jemals ändern könnte. Mit der Schärfung ihrer Wahrnehmung wuchs auch ihre Kompetenz in der Interaktion, sodass schließlich nicht nur die Patienten, sondern auch die Mitarbeiter davon profitierten. Ferner war zu erkennen, dass sich der theoretische Schwerpunkt des BEST-Index als norm- und damit prinzipiell ressourcenorientiertes Bewertungsinstrument tatsächlich auch in die Praxis umsetzen ließ. In den Trainingssitzungen wurde in hohem Maße davon gesprochen, was ein Patient tatsächlich kann, in welchen Bereichen er sich sozial angepasst und normkonform verhält, und vergleichsweise weniger von den allseits bekannten Defiziten. Es wurde reflektiert, wie sich die Verhaltensressourcen effektiv einsetzen lassen, um die Defizite noch besser zu bearbeiten. Darüber hinaus machten die Mitarbeiter die wünschenswerte Erfahrung, dass sie gleichberechtigt Begründungen für ihre jeweilige Einschätzung liefern konnten, die zunächst so stehen gelassen wurden, ohne dass die jeweils ranghöheren Mitarbeiter sich dazu verpflichtet sahen, sich mit ihrer Meinung durchzusetzen.

Ein weiterer Vorteil, der sich aus der komplexen Struktur des BEST-Index ableitet, ergab sich aus der Tatsache, dass über den Begründungszwang der eigenen Einschätzung ein Informationsaustausch angeregt wurde, der sich am Ende für alle Mitarbeiter als Gewinn bringend erwies.

Ein Beispiel: Die Skala «Arbeits- und Freizeitverhalten» kann, so wie die anderen Skalen auch, nur dann gewissenhaft bewertet werden, wenn die Informationen des Einschätzers auch umfassend und genau sind. Eine einzige Person kann dies eigentlich nicht leisten, denn in der Regel kennt sie, zum Beispiel als Vertraute(r) des Meisters in einem Kfz-Betrieb, den Arbeitsbereich des Patienten recht gut, nicht aber dessen Freizeitverhalten. Um letzteres zu bearbeiten, ist es erforderlich, sich Informationen von Personen zu beschaffen, die Kontakt zu dem Patienten haben, wenn er seine Freizeit verbringt.

Ein zweites Beispiel: Einsichtsorientierte Merkmale, wie etwa die Strategien zur Reduktion von Anspannung, eröffnen sich meist nicht nur einer Bezugsperson. Die Patienten haben, wie viele Gesunde auch, in der Regel keine umfassende kognitive Kontrolle über ihre Aktivitäten, die sie im Zuge der Beeinflussung eines wie auch immer gearteten affektiven Zustandes ausüben. Einiges können sie benennen, anderes können sie nicht benennen oder vergessen es. Aus diesem Grunde ist es wichtig, bei Kollegen und Angehörigen anderer Berufsgruppen nachzuhaken, ob die Informationen, die von den Patienten direkt kommen, auch erschöpfend sind. Es hat sich gezeigt, dass die Arbeit mit dem BEST-Index besonders dann hilfreich ist, wenn mehrere Personen aus unterschiedlichen Arbeitsbereichen im Maßregelvollzug gemeinsam an der Bewertung einer Skala arbeiten.

Der wesentliche Unterschied zum Inhalt der wöchentlichen Fallbesprechung liegt im Übrigen darin, dass im BEST-Index das in Frage stehende Patientenverhalten sehr viel detaillierter reflektiert werden muss als üblich, da immerhin 150 unterschiedliche Verhaltensaspekte zu beachten sind. Es dürfte also möglich sein, sich auch von Patienten, die sich vermeintlich nur wenig entwickeln, überraschen zu lassen, indem aus intensiven Falldiskussionen mit Hilfe des BEST-Index klinisch wie auch immer zu bewertende Tatsachen ans Licht kommen, die zuvor noch nicht ausreichend beachtet worden waren.

6 Beziehung gestalten – Pflege in der forensischen Psychiatrie

Thomas Hax-Schoppenhorst

6.1 Einführung

Krankenschwestern und Krankenpfleger gehören zu der größten Berufsgruppe in den forensischen Kliniken. Sie verbringen auf den Stationen die meiste Zeit mit den Patienten und sind wichtiges Bindeglied zwischen diesen und dem ärztlich-therapeutischen Personal. Das Berufsbild der forensischen Pflegekraft hat sich in den letzten Jahrzehnten deutlich verändert; qualifizierende Maßnahmen sollen zukünftig dazu beitragen, die schwierige Arbeit mit Patienten im Maßregelvollzug weiter zu professionalisieren. Pflegekräfte nehmen in unterschiedlichen Behandlungskonzepten eine wichtige, stützende Rolle ein.

In diesem Kapitel werden nach einer Darstellung der Entwicklung des Selbstverständnisses und einer ausführlichen Diskussion des Rollenbildes konkrete Aufgaben im Pflegealltag näher erläutert und durch Fallbeispiele illustriert. Im Anschluss daran werden Aspekte der Bezugspflege, der Pflegeplanung, der Aktivitäten des täglichen Lebens sowie des Rollenspiels gezielt dargestellt. Schließlich folgt eine Skizzierung des Tätigkeitsfeldes der Pflegenden im Kontext der dialektisch-behavioralen Therapie bzw. der psychoedukativen Verfahren.

▶ Warum holt man für solche Fälle nicht wirklich qualifiziertes Personal, wie zum Beispiel die Polizei, die täglich mit solchen Sachen zu tun hat? Man sollte dem Direktor der Landesklinik auferlegen, nur mit Polizeibegleitung solch gefährliche Leute zu befördern. Wie oft muss eigentlich so etwas passieren? Meiner Meinung nach dürften die Personen, die diesem Mann als Begleitperson zugeteilt waren, in Zukunft nur noch in der Essensausgabe ihren Dienst versehen.

Zu dem Täter Bernd Büch: Was er den Menschen in Halle angetan hat [Tötungs- bzw. Sexualdelikt, d. Verf.], ist nicht mehr gutzumachen. [...] Ich kann nur hoffen, dass er schnellstens gefasst wird, bevor er noch mehr Unheil anrichtet und dann hinter (hoffentlich) sichere Gitter kommt. (Leserbrief in der Dürener Zeitung vom 24. April 1998 zur gewaltsamen Befreiung Bernd Büchs) ◀

▶ Im Rahmen eines modernen pflegerischen Qualitätsmanagements erfüllt das Pflegepersonal neben der Durchführung medizinischer Maßnahmen zahlreiche soziotherapeutische und pädagogische Aufgaben und bietet den Patienten lebenspraktische Hilfen an. Als erster Ansprechpartner sind Krankenpfleger und Krankenschwestern Helfer und Vertraute für den Patienten, Vermittler zwischen den Patienten untereinander sowie zwischen Patienten und anderen Mitarbeitern. Vor allem ist es ihre oft mühsame Aufgabe, Regeln und Forderungen in der Praxis zu vertreten und sie den Patienten verständlich zu machen. Darüber hinaus müssen sie, weit mehr als sonst in der Psychiatrie notwendig, auf Gefährdungen achten und Sicherheitsvorkehrungen überwachen.

Von besonderer Bedeutung ist die Teilnahme des Pflegepersonals an der Gruppentherapie, weil die Kenntnis des Patienten aus dem gesamten Alltag (vor allem auch nachts und an den Wochenenden) ganz wesentlich dazu hilft, Schwierigkeiten des Patienten besser zu erkennen. Moderne Pflegeplanung orientiert sich an den Therapiezielen des Gesamtbehandlungsplans. (Therapiekonzept des Landeskrankenhauses Moringen, Juni 2001) ◀

▶ «Es ist beängstigend: Auf der einen Seite steht die hoffnungslose Überbelegung, auf der anderen die immer größere Gewaltbereitschaft der Patienten in den forensischen Stationen den Pflegern gegenüber. Das belastet den Pflegedienst ungemein. Das gefährdet unsere Mitarbeiter», warnte gestern am Rande der Eröffnung der 40. Bedburger Fortbildungstage die Vorsitzende des Gesamtpersonalrates, Ursula Hülsen. (Rheinische Post vom 9. 10. 2002) ◀

6.2 Forensische Pflege im Entwicklungsprozess

Die Schlusslichtposition des Maßregelvollzugs ist häufig diskutierter Missstand. Hierbei trifft es die Pflegekräfte mit Blick auf die Wahrnehmung und Würdigung ihres Berufs durch die Gesellschaft in besonderer Härte: Während den in somatischen Krankenhäusern Tätigen durchaus Respekt gezollt wird (schließlich kann jeder über Nacht auf die Hilfen der modernen Medizin angewiesen sein), begegnen viele den pflegerischen Aufgaben in der Psychiatrie mit Unverständnis und Abwehr; Unkenntnis und die eigene große Angst vor seelischer Krankheit sind Auslöser für Distanzierung. Treten dann Krankheit *und* Kriminalität zugleich in Erscheinung, bleibt meist nur ein Kopfschütteln darüber, wie man durch die Arbeit mit «solchen Typen» Geld verdienen kann. Wohlwollen erfuhren und erfahren forensische Pflegekräfte häufig nur dann, wenn sie ihren Job als «Wärter» gut machen. Wie es im umgekehrten Fall ausgeht, dokumentiert der Leserbrief in Kapitel 6.1 drastisch.

Noch im Jahre 1994 wurde die berufliche Ausgangslage der Krankenschwestern und Krankenpfleger von Trampe (1994: 70) skeptisch kommentiert:

▶ Viele Kolleginnen und Kollegen haben vorher einen anderen Beruf erlernt, ehe sie sich für die Krankenpflege entschieden. Ein Teil der Mitarbeiter hat noch die Prüfung zum «Irrenwärter» abgelegt, später dann eine einjährige und dann die dreijährige Ausbildung absolviert. Die dreijährige Ausbildung ist speziell somatisch ausgerichtet, das bedeutet, dass der Krankenpfleger, die Krankenschwester, nach bestandener Prüfung perfekt im Katheterisieren ist und eine Magensonde legen kann. ◀

Ähnlich konfliktbeladen sah Keuwel (1989: 221) zumindest die Zeit vor 1984, als ein Gutachten von *Prof. Dr. Rasch* über den Maßregelvollzug in Lippstadt-Eickelborn die Notwendigkeit formulierte, alle Berufsgruppen müssten mit den Patienten in eine Beziehung treten (ihn also nicht ausschließlich sichern), wolle man Besserung im Gegenüber bewirken:

▶ Die Tätigkeit des Pflegepersonals bestand darin, anwesend zu sein, um bei jederzeit zu befürchtenden Zwischenfällen eingreifen zu können. [...] Gespräche mit Patienten fanden nicht statt, sie wurden lediglich versorgt. Die Beziehung zwischen Patienten und Pflegepersonal war gekennzeichnet durch gegenseitiges tiefes Misstrauen. [...] Die Arbeit in der Forensik wurde als Strafe angesehen. [...] Es gab also bei Patienten und Krankenpflegern die Gemeinsamkeit, gegen den eigenen Willen dort zu sein, bzw. dort arbeiten zu müssen. Man machte sich aber gegenseitig für diesen Zustand verantwortlich. ◀

Reformen nach 1984 verliefen zunächst eher zögerlich, denn die Psychiatrie hat...

▶ ...zwar in der Ausbildungs- und Prüfungsverordnung eine Aufwertung erfahren, indem die Krankenpflegeschülerinnen und -schüler einen Einsatz in einer psychiatrischen Einrichtung absolvieren müssen, eine Änderung der Ansichten über die Psychiatrie bedeutet das jedoch noch nicht. Viele Krankenschwestern und -pfleger wissen noch nicht einmal, was forensische Psychiatrie bedeutet, und eine Identifikation mit ihrer Rolle [...] in diesem Bereich ist kaum möglich. (Keuwel, 1989: 221) ◀

▶ Wie können wir uns das Werkzeug für die genannten Aufgaben verschaffen? Eine Lösungsmöglichkeit sehe ich in einer qualifizierten Zusatzausbildung. Ich denke dabei an den Fachpfleger für forensische Psychiatrie mit der «Grundausbildung» des Krankenpflegers, der in einer [...] Zusatzausbildung berufsbegleitend alles erlernt, was er für diese Arbeit braucht. (Trampe, 1994) ◀

Dieser von *Wolfgang Trampe* auf einer Fachtagung im Jahre 1994 formulierte Wunsch hat 8 Jahre später deutliche Konturen angenommen (s. Kap. 6.11.3). Die beiden folgenden Beispiele zeigen das veränderte Selbstbewusstsein:

▶ Eine Pflegekraft im Maßregelvollzug sollte eigentlich ein Allroundtalent sein. Sie soll Fähigkeiten und Kompetenzen folgender Berufe in einer Person darstellen und weitgehend beherrschen: Vollzugsbeamter, Psychologe, Pädagoge, Hauswirtschafter (manchmal auch Putzfrau), Detektiv, Seelsorger, Jurist, Ergotherapeut und nicht zuletzt Krankenpfleger. Darüber hinaus kommen die Pflegekräfte nicht selten in die Situation, Familienersatz darstellen zu müssen, als «Freund» oder «Vater» bzw. «Mutter» zu fungieren, was natürlich recht problembeladen ist.

Im Ernst: Das, was eine Pflegekraft in ihrer weitgehend medizinisch ausgerichteten Berufsausbildung erlernt, nützt ihr im Maßregelvollzug nicht viel, umgekehrt hat sie vieles von dem, was im Maßregelvollzug wichtig ist, wenn überhaupt, nur unzureichend gelernt.

Den ärztlichen Mitarbeitern geht es da sicherlich nicht viel besser, aber auch den in unserem Bereich in zunehmendem Maße eingesetzten Erziehern, Heilerziehungspflegern und Ergotherapeuten ermangelt es an wesentlichen Inhalten, die für die Arbeit im MRV von Bedeutung wären.

Es ist also allen «Profis» im Maßregelvollzug eines gemeinsam: Die klassischen pflegerischen, medizinischen und pädagogischen Ausbildungen können das Spektrum der forensischen Psychiatrie nicht vollständig abdecken.

Als Grundlage der pflegerischen Basiskompetenz könnte man ein christlich-humanistisch geprägtes Menschenbild bezeichnen, das die ethisch-moralischen Grundlagen für das pflegerische Handeln definieren sollte. Hinzu sollte ein ganzheitliches Verständnis von Gesundheit und Krankheit sowie ein patientenorientiertes Pflegeverständnis kommen, das ggf. durch bedürfnis- bzw. ressourcenorientierte Pflegetheorien unterstützt werden kann und nach dem Pflegeprozess (kybernetischer Regelkreis) gestaltet werden soll. Kurz gesagt müssen weiter gehende Kenntnisse auf folgenden Ebenen vermittelt und erlernt werden: rechtlich, ethisch, psychiatrisch-pflegerisch, pädagogisch, psychologisch, soziologisch, kriminologisch sowie sozio- und milieutherapeutisch. (Ingvar Leptihn, Fachkrankenpfleger für psychiatrische Pflege am NLKH Wunstorf, auf einer Tagung im Jahre 2002 in Bedburg-Hau) ◀

▶ Pflegerische Mitarbeiterinnen und Mitarbeiter haben es in ihrer praktischen Arbeit mit Menschen zu tun, die in der Regel in hohem Maße beziehungsgestört sind. Unter anderem drückt sich dies dadurch aus, dass Konflikte außerhalb gesellschaftlicher Ethik, Normen und Gesetze ausgetragen werden. Mitarbeiterinnen und Mitarbeiter in der Forensik haben den Auftrag der Besserung und Sicherung, der lebensnahen Unterbringung und Behandlung bei den Patienten […]. Mittels dieser Maßregeln sollen Patienten unter anderem lernen, sich mit ihrem Krankheitsbild auseinander zu setzen […], ursächliche Zusammenhänge zwischen ihrer Krankheit und ihrem rechtswidrigen Verhalten sehen zu können und die Zeit ihres Aufenthaltes in der Psychiatrie zur Rezidivprophylaxe zu nutzen.

Auf der Station, bei Lockerungen bis hin zum Probewohnen bzw. innerhalb der Wohngruppe sollen die Patienten also neue Verhaltensweisen und Handlungsalternativen ausprobieren und verinnerlichen. Dementsprechend besteht die Hauptaufgabe der Pflegenden darin, «Räume» anzubieten, in denen das (Wieder-)Erlernen sozialer Kompetenzen zielgerichtet angestrebt wird. Hier sollen Patienten zum Beispiel lernen, dass Konflikte auch ohne körperliche Gewalt ausgetragen und gelöst werden können, lernen sich abzugrenzen und sich einzulassen […]. Dies kann nur in einem Milieu erreicht werden, in dem Beziehungsgestaltung, geprägt von Verständnis, Vertrauen, Zuverlässigkeit, Eindeutigkeit und kongruentem Verhalten, einen hohen Stellenwert einnimmt, ohne den Sicherheitsaspekt zu vernachlässigen – das alles stellt hohe Anforderungen an professionelles therapeutisches Arbeiten. (Konzept zur einjährigen Fachfortbildung für Pflegekräfte in der forensischen Psychiatrie in Wunstorf) ◀

6.3 Pflegealltag

Unterschiedliche rechtliche Voraussetzungen, bauliche Gegebenheiten, finanzielle Engpässe, Belegungsdruck und damit verbundene Provisorien, verschiedenartigste Berufsbiografien: Der Alltag auf forensischen Stationen ist bundesweit sehr vielgestaltig.

In der berufspolitischen Debatte gab und gibt es immer wieder provokative Impulse, die auf die Abgrenzung gegenüber anderen Berufsgruppen bzw. auf die Festlegung eines eigenständigen Profils abzielen: Kann es Schwerpunkt unseres Tuns sein, andere Berufsgruppen zu imitieren? Laufen wir Gefahr, auf eine Berufsrolle festgeschrieben zu werden, die akzeptiert, dass andere uns sagen, wo unsere Aufgaben liegen (Trampe, 1994: 72)?

Zudem ist zu berücksichtigen, dass es die oben beschriebenen Tendenzen in ihrer Reinform wohl in keiner Maßregelvollzugseinrichtung gibt, das heißt, Reformgeist und traditionelles Rollenverständnis treten oft gleichzeitig in Erscheinung. Tragisch dabei ist, dass die in allen Bundesländern zu verzeichnende Dominanz des Sicherheitsdenkens einer «Renaissance» althergebrachter Vorstellungen von Pflege neuen Auftrieb zu verleihen scheint.

Mit dem Auftrag, eine effektive Pflege zu gewährleisten, die Patienten auf dem Weg von enthumanisierten zu rehumanisierten Verhaltensweisen begleitet, können Pflegekräfte eine Schlüsselposition einnehmen. Hierbei müssen sie sich in vollem Umfang ihrer Rolle bewusst sein, wird doch von ihnen erwartet, dass sie für Menschen sorgen, die Schrecken erregende, Furcht auslösende und abstoßende Vergehen begangen haben. Dass sie sich trotz aller Destruktivität ihrem Gegenüber (letztendlich stützend, wohl wollend) zuwenden, ist für die fachunkundige Öffentlichkeit nur schwer bzw. nicht nachvollziehbar. Bei anhaltend aggressivem und unberechenbarem Verhalten der Patienten ist es die (wenig gewürdigte und auf den ersten Blick nicht immer zu erkennende) entscheidende Leistung der Pflegenden, im Alltag Balance herzustellen und zu erhalten, damit ein Arbeiten überhaupt möglich wird. (Swinton 2000: 113)

bezeichnet ein solches (alltägliches) Ringen als *primary therapeutic goal* und lässt damit keinen Zweifel daran, welche Bedeutung er dieser Berufsgruppe beimisst.

Wie gestaltet sich dieses oft Kräfte zehrende Bemühen um Balance im Stationsalltag nun? Ausführungen von Kolleginnen und Kollegen aus der Praxis können einen ersten Eindruck vermitteln:

▶ Ich habe ja lange Zeit und gerne in der Geriatrie gearbeitet, bevor ich in die Forensik auf eine offene Wohngruppe kam. Zunächst war es schon eine große Umstellung für mich. Ich hatte immer gehört, man könne mit den Patienten hier ohnehin wenig erreichen. Das machte mich erst unsicher, dann aber entwickelte ich meine Art des Umgangs mit den Leuten. Ich erreiche viel über den Alltag. Mir ist es zum Beispiel sehr wichtig, dass das Wohnumfeld so gestaltet wird, dass sich alle wohl fühlen. Da muss ich natürlich immer mit gutem Beispiel vorangehen. Von selbst tut sich da nichts. Ich muss den Patienten Anregungen geben, muss sie ermuntern, dass sie die Dinge in die Hand nehmen. Etwas einmal zu sagen, reicht dann nicht. Immer und immer wieder muss ich präsent sein.

Auch wenn es sich zunächst merkwürdig anhört, aber ich lege großen Wert auf die Pflege des Brauchtums. Weihnachten, Geburtstage, andere Feste […] Unseren Leuten, zumindest vielen von ihnen, ist das schon wichtig, wenn sie es auch nicht so zum Ausdruck bringen können. Dann wird halt der Raum geschmückt, wir backen zusammen, oder für den, der Geburtstag hat, gibt es ein Ständchen. Auf den ersten Blick sind das Kleinigkeiten, aber im Umfeld solcher Geschichten lässt sich viel erkennen. Man bekommt eine Idee davon, wie gestört viele sind. Und die Hilfestellungen nehmen sie dann auch gerne an. […]

In anderen Situationen geht es schon stressiger zu. Kürzlich hatten wir Probleme mit einem Patienten, der dem weiblichen Pflegepersonal ständig auf den Po starrte. Da hilft es nicht, sich im Stillen zu ereifern. Ich ging dann auf den Betreffenden zu und habe ihm unmissverständlich gesagt, dass ich das nicht in Ordnung finde, dass es mich kolossal nervt. Bis man dann mal eine Korrektur des Verhaltens erreicht hat, vergeht einige Zeit. […]

Dank und Einsicht kann man hier nicht immer erwarten. Vor knapp einem Jahr landete einer der von mir liebevoll für die Patienten gebackenen Stutenkerle achtlos im Abfalleimer. Die anderen hatten sich gefreut. Solche Verletzungen muss man in Kauf nehmen, wenn man hier arbeitet. Unsere Leute, so nenne ich sie manchmal, können schon richtige «Seelenvampire» sein. […] Natürlich haben wir auch Patienten, die schon einiges gelernt haben. Als ich zum Beispiel vor einigen Wochen die Station wechselte, konnten sich viele angemessen, also auf eine nette Weise von mir verabschieden. Ich war regelrecht gerührt. (Alexandra Kick, Fachkrankenschwester für psychiatrische Pflege an den Rheinischen Kliniken Düren) ◀

▶ Mir fällt ein Patient ein, der mehrere Frauen getötet hat. Bei einem begleiteten Gartenausgang habe ich mich mit diesem über Waffen unterhalten. Er wusste schlichtweg alles über Waffen, konnte also eine Menge erzählen. Zwischendurch fragte ich ihn, warum er in einem Schützenverein gewesen sei. Man muss dazu ergänzend erklären, dass dieser Mensch seine Opfer erschossen hat. Der Patient reagierte regelrecht empört. Er habe ja schon viel «Blödsinn» mit Waffen gemacht, aber betrunken am Schießstand zu stehen, das sei nun wirklich nicht seine Art! Er war also in keiner Weise dazu in der Lage, angemessen abzuwägen: Alkoholisiert am Schießstand zu stehen, das schien für ihn ein schlimmes Vergehen zu sein. Seine Tat aber blendete er völlig aus. […]

Quälend erlebe ich es bei unseren Patienten, dass sie unaufhaltsam dabei sind, Intrigen zu spinnen. Sie suchen ständig nach einer Möglichkeit, «kleine Feuerchen» zu legen, um Unruhe in den Stationsalltag zu bringen. Dabei können Ärzte, das Pflegepersonal oder auch Mitpatienten erheblichen Ärger bekommen. So haben wir einige persönlichkeitsgestörte, aber auch psychotische Patienten, die Tag für Tag in den Kleingruppen (zum Beispiel in der Ergotherapie) betonen, wie schlecht sie doch alles finden. Sie beklagen laut und unverhohlen, Pfleger und Ärzte seien nur auf Macht aus, sie würden

Patienten seelisch quälen, seien brutal. Solche und andere Bezichtigungen, immer wieder vorgebracht, zeigen dann irgendwann ihre Wirkung. Das wirkt sich erkennbar verschlechternd auf das Stationsklima aus! [...]

Krisenfälle auf unserer Station haben sehr häufig mit Verletzungen zu tun. Unsere Patienten sind nun mal in einem hohen Grade narzisstisch, und da wird in einem so engen Rahmen auf Kränkungen sehr schnell wütend, beleidigend und eventuell tätig aggressiv reagiert. In anderen Formen der Reaktion sind die meisten völlig ungeübt. [...]

Einer unserer Patienten empört sich seit langer Zeit über die Ungerechtigkeiten, die der Maßregelvollzug mit sich bringt. Er kämpft gewissermaßen «an allen Fronten», will Gott und die Welt in seinen Streit einbeziehen, will Meinung machen. Familie, Rechtsanwalt, Sozialarbeiter,... alle werden von ihm behelligt. Dabei macht er sich auch was vor. Er kämpft wie Don Quichotte gegen alle möglichen Windmühlen. Das verbraucht bei ihm und bei uns ein Maximum an Energien. Auf den Höhepunkten seiner Krise, wenn er die Aussichtslosigkeit seiner Aktionen vielleicht doch realisiert, wird er massiv beleidigend, schwingt Reden, bedroht uns und Mitpatienten. Dann ist die Absonderung der einzige Ausweg. Es ist schon schlimm, wenn ein Punkt erreicht wird, an dem alle Bemühungen scheitern – für ihn und für das Team! (Hans Günter Blens, pflegerischer Stationsleiter einer geschlossenen Aufnahme- und Krisenstation an den Rheinischen Kliniken Düren) ◀

'point of no return'

▶ Auf unserer Station lebt Herr D.; er ist minderbegabt, hat lange in einem heilpädagogischen Heim gelebt, wo er seinen Bettnachbarn mit einem Kissen erstickt hatte. Bei ihm sollen auch psychotische Episoden beobachtet worden sein, wobei aber die Minderbegabung im Vordergrund steht. Der Patient zeigt einen sehr hohen Sexualtrieb. Die Behandlung auf der geschlossenen Station erwies sich als denkbar schwierig. Da der Patient aus dem heilpädagogischen Bereich kommt, wo viel mit Körperkontakt gearbeitet wird, stellte der forensische Rahmen für ihn eine große Umstellung dar. Demzufolge hat er zum Pflegeteam ein vergleichsweise distanziertes Verhältnis. Im Umgang mit ihm spielen auch gewisse Ängste eine Rolle, denn er ist sehr groß und sehr kräftig. Sein Gewaltpotenzial ist beachtlich. Es ist im Stationsalltag sehr schwierig, bei ihm zu erkennen, wo seine Frustrationstoleranz erschöpft ist. Der Patient denkt überaus langsam und setzt auch sehr langsam um. Ganz simple Alltagstätigkeiten kann er nicht immer selbstständig vollziehen. Dann bleibt es nicht aus, dass man ihn reglementieren muss. Es gibt Tage, an denen es funktioniert, dann kommt es wieder zu erheblichen Einbrüchen. Es fängt mit dem Aufstehen an und geht über das Duschen, das Frühstück und das Mittagessen: Der Patient muss geduldig gefordert werden. Es gibt Phasen, in denen er diese Bevormundungen nur sehr schwer annehmen kann. Die Arbeit gestaltet sich dann so problematisch mit ihm, dass es kaum leistbar ist.

Er ist leider über den Tag komplett abgesondert; derzeit darf er nur zweimal am Tag für jeweils 30 Minuten das Zimmer verlassen. Soziale Kontakte sind momentan nicht möglich, da er durch eine Vielzahl von spektakulären Übergriffen beim Mittagessen das Stationsleben gefährdete. Es hat mehrere Initiativen gegeben, ihn einzubinden, diese sind jedoch stets durch sein Verhalten boykottiert worden. Wir erkannten aber, dass er keinen Sinn mehr in sozialer Anpassung würde erkennen können, wenn alle Aktivitäten eingestellt würden. Außerdem stieg mit der Isolation seine Gefährlichkeit an. Schließlich haben wir uns in seinem Fall für eine Art ‹Chipsystem› entschieden, das heißt, er muss sich über ganz normale Alltagsaufgaben kleine Freiheiten auf der Station verdienen. Geht er zum Beispiel seiner Körperpflege angemessen nach, so bekommt er dafür einen Chip; mehrere davon kann er dann in erweiterte Fernsehzeiten und Ausgangszeiten (Stationsgarten) ummünzen. Auf diese Weise ist es gelungen, ihm etwas Struktur zu geben. So bleiben wir mit ihm, wenn auch eher minimal, im Kontakt. Für ihn ist es aber der momentan einzig praktikable Weg. Wir werden weiterhin mit ihm nach Lösungen suchen. (Stefan Jünger, stellvertretender pflegerischer Stationsleiter einer geschlossenen Aufnahme- und Krisenstation an den Rheinischen Kliniken Düren) ◀

▶ 1985 fing ich mit meiner Ausbildung in der Psychiatrie an. Kurze Zeit war ich dann auf einer geriatrischen Station beschäftigt. Dann schloss sich meine Zeit in der forensischen Abteilung an, wo ich bis heute gerne tätig bin. In der Anfangszeit waren mir einige meiner männlichen Kollegen eine große Hilfe, da ich gerade als Frau in der Arbeit mit Männern Tipps sehr gut gebrauchen konnte. Es war damals ohnehin nicht unumstritten, dass Frauen in diesem Umfeld arbeiteten.

Körperliche Übergriffe durch Patienten habe ich zum Glück nie erleben müssen. Es gab wohl dahingehend Grenzüberschreitungen, dass Patienten sich zum Beispiel in mich verliebten. Damit muss ich rechnen, wenn ich in der forensischen Psychiatrie arbeite. Es war eine schlimme Erfahrung für mich, dass ein Patient offensichtlich dachte: «Wenn ich die nicht haben kann, dann soll sie auch kein anderer bekommen!» Er zeigte sich mir und anderen gegenüber sehr bedrohlich. Ich musste dann auch um Rückendeckung im kollegialen Rahmen regelrecht kämpfen. [...]

In der Grundpflege gibt es nach meiner Einschätzung viele Parallelen mit der Allgemeinpsychiatrie. Die somatische Pflege ist identisch mit der in Kliniken. In forensischen Kontext kommen dann halt das Delikt und damit einhergehend der schwierige Umgang mit den heftigen Störungen hinzu, die es zu der Tat haben kommen lassen. Im Alltag tritt das Stigma des Deliktes eher in den Hintergrund. Wir leben schließlich einen großen Teil unserer Zeit mit den Patienten, wir geben ihnen bei den Aktivitäten des täglichen Lebens Hilfestellung. Das Delikt ist der extremste Ausdruck der Störung X, von daher muss ich immer im Hinterkopf behalten, wohin im schlimmsten Fall das Verhalten eines Patienten führen kann. Im Laufe der Zeit entwickelt man «Antennen», man denkt den gerade sich anbahnenden (noch geringfügigen) Konflikt mit einem Kollegen oder einem Mitpatienten zu einem möglichen Ende und entwickelt darauf basierend Schritte, Reaktionen, die eine Eskalation verhindern können. Gemeinsam mit den Patienten sind wir somit immer auf dem Weg, dass sie in ihrem Verhalten sozusagen «unterhalb des Gipfels Delikt beziehungsweise Gewalttätigkeit» bleiben. Nur so ist ein Stationsleben denkbar.

Bei unseren Patienten ist es dabei das Problem, dass sie kaum Aggressivität zeigen oder sie sehr versteckt halten; anderseits haben wir es mit Menschen zu tun, die bei der geringsten Kleinigkeit außer Kontrolle geraten. [...]

Häufig erlebe ich es, dass ich eine kritische Situation im Stationsalltag gut meistere, hinterher aber stellt sich dann doch die Angst ein. Man ist dann gewissermaßen gezwungen, noch einmal kritisch über das Geschehene nachzudenken. Dabei kann das Team eine wichtige Begleitfunktion einnehmen, Kommentare abgeben, die für zukünftiges Verhalten bedeutend sind. [...]

Wenn ich mit Besuchern spreche, dann sage ich immer, man könne sich Persönlichkeitsstörungen als eine ganz besonders ausgeprägte Charaktereigenschaft vorstellen, wobei das normale Maß im extremen Grade überschritten wird. Unsere Patienten fallen ja nicht unbedingt immer auf, aber es gibt Situationen, in denen sie dann besonders heftig in Erscheinung treten. In unserer Arbeit spiegeln wir stets den Patienten ihr unangemessenes, überzogenes Verhalten. Nehmen wir zum Beispiel die mit einer dissozialen Störung; da gibt es ständig Anlässe, jemanden auf ein Fehlverhalten hinzuweisen. Das ist harte Arbeit, sie kann aber Früchte tragen. (Gudrun Jansen, Fachkrankenschwester für psychiatrische Pflege an den Rheinischen Kliniken Düren) ◀

▶ Ein Patient auf unserer Station sucht ständig den Kontakt zum pflegerischen Team. Er ist von kleiner Gestalt und leidet erkennbar darunter. Die Mitpatienten erleben ihn als lästig und «klebrig»; er hat kaum Anschluss, stets ist er auf der Suche nach Anerkennung. Wenn etwas nicht so läuft, wie er es sich vorstellt, droht er gleich mit Konsequenzen, will seinen Anwalt einschalten; nicht selten steigert er sich in Allmachtsfantasien, will dann die Klinik «aufräumen» und Kräfte von außen zur Hilfe holen. Die Arbeit mit ihm ist ein ständiges Ausbalancieren zwischen Reglementierung und Bestätigung. Von beidem darf er nicht zu viel bekommen, dann gerät er aus der Bahn. Dabei lernt er nur zögerlich. Wenn man ihn einmal aufgefordert hat, nicht unvermittelt zu stören oder ständig Bagatellen, die er im Grunde selbstständig klären könnte, energisch bzw. völlig aufgewühlt bei uns vorzubringen, dann hält dies nur für kurze Zeit. Andererseits hat er durch die lange Zeit mit uns kleine Fortschritte gemacht. Ich weiß gar nicht, ob er es woanders geschafft hätte. […]

Wer hier arbeitet, der darf nicht die Angst an der Pforte abgeben, er darf sich aber auch nicht von ihr bestimmen lassen. Vorsicht ist das bessere Wort. Unsere Patienten haben ein Recht darauf, Hilfe in Anspruch zu nehmen. Das ist unser Job, und in kleinen Schritten kommen wir ja in vielen Fällen zum Ziel. (Sabine Röder, Krankenschwester an den Rheinischen Kliniken Düren) ◀

Arbeitshinweis

Erstellen Sie in Anlehnung an die vorangestellten Interviewpassagen einen möglichst vollständigen Kompetenzkatalog für Pflegekräfte in der forensischen Psychiatrie. Orientieren Sie sich dabei an der Frage: Welche Fähigkeiten sollten Krankenschwestern und Krankenpfleger aufweisen, um mit dieser schwierigen Klientel arbeiten zu können?

▶ Unabhängig von allen konzeptionellen Fragen befinden sich Pflegende in der forensischen Psychiatrie in einem grundsätzlichen Dilemma. Sie sind täglich mit der Tatsache konfrontiert, dass sie Patienten als Personen zu akzeptieren haben, die wenig Respekt vor sich selbst, aber auch vor anderen Personen aufbringen; zugleich sind die Untergebrachten aggressiv, gewalttätig beziehungsweise gewaltbereit, unehrlich und betrügerisch, und sie zeigen keine oder nur kaum Reue in Bezug auf das, was sie getan haben. Professionelle Pflege ist aber unmöglich, wenn die Bereitschaft fehlt, eben diese (fragilen) Persönlichkeiten zu akzeptieren! (Swinton/Boyd, 2000: 136; Übersetzung: Sigrid Konheisner) ◀

Derzeit gibt es weder auf Bundes- noch auf Landesebene eine (verbindliche) Tätigkeitsbeschreibung für forensische Pflegekräfte. Vielerorts sind Regelungen der zukünftigen Tätigkeit Gegenstand mündlicher Vereinbarungen, in anderen Fällen soll das Klinikkonzept eine erste Orientierung bieten.

Peternelj-Taylor (2000) listet Fähigkeiten und Eigenschaften von forensischen Pflegekräften auf, die richtungweisend sein könnten. Krankenschwestern und Krankenpfleger in der forensischen Psychiatrie:

- zeigen Respekt und begegnen Patienten mit Würde, unabhängig von der Frage der Schwere einer Tat.
- gelten als Rollenvorbild, indem sie allgemein anerkannte gesellschaftliche Werte vorleben.
- sind überdurchschnittlich gute Zuhörer und verfügen über große Menschenkenntnis.
- zeigen sich flexibel und sind in der Lage, Konzepte auf das Individuum zuzuschneiden.
- sind der festen Überzeugung, dass jeder Mensch sich ändern kann.
- besitzen Klarheit über ihr persönliches Glaubens- und Wertesystem.
- können ihre eigenen Fähigkeiten klar einschätzen.
- verfügen über gute Kenntnisse über Subkulturen, deren Entstehung und deren Gesetze.
- beherrschen die Kunst der präzisen schriftlichen Zusammenfassung ihrer Beobachtungen.
- erkennen erreichte Grenzen bei sich und anderen.
- sind in der Lage, ihr Gegenüber zu Veränderungen zu motivieren.
- überzeugen durch eine positive Grundhaltung.
- spielen sich nicht als Richter auf.
- besitzen Reife.
- haben ausreichende Lebenserfahrung.

Berücksichtigt man, dass hier Qualitäten beschrieben werden, die weit über den Kontext der Anforderungen im Bereich der Grundpflege hinausgehen, so wird deutlich, dass der Anspruch an Pflegekräfte in der forensischen Psychiatrie sehr hoch ist.

6.4 Zusammenarbeit mit anderen Berufsgruppen als Konfliktherd

Der schwierige Umgang mit den Patienten ist neben berechtigten Klagen über Unklarheiten der beruflichen Rolle von Pflegekräften und damit einhergehenden Überforderungsgefühlen immer wieder Thema im Klinikalltag. Stetig auftretende Spannungen zwischen akademischen und nichtakademischen Berufsgruppen sorgen für weitere Unzufriedenheit. Im Bereich der Psycho- und Sozialtherapie haben Schwestern und Pfleger deshalb oft das Gefühl, trotz aller Betonungen halb Laie und halb Profi zu sein. Lohmer und Wernz (Lohmer/Wernz, 2000) sehen in dem geringen Verdienst und in den mangelhaften Aufstiegsmöglichkeiten die Ursache für eine dauerhafte Destabilisierung. Des Weiteren stellen sie eine «beängstigende Annäherung an den Status des Patienten» fest, denn Mitglieder des Pflegepersonals sind zumindest in ihrer Vorstellung sozial weniger mobil und ebenfalls Dauerinsassen der Institution.

▶ Kompensiert wird diese *Kleinheitsvorstellung* oft durch etwas, was man das «Königin-der-Nacht-Syndrom» nennen könnte: Im Nachtdienst oder zu anderen Zeiten, wenn Ärzte und Therapeuten nicht anwesend sind, werden Schwestern und Pfleger zu den eigentlichen Herrschern der Station, sind dann allerdings oft besonders anfällig für symbiotische Beziehungsangebote der Patienten und haben es schwer, rechtzeitig Unterstützung zu mobilisieren. (Lohmer, 2000: 242) ◀

Pflegekräfte sind jedoch nicht die Einzigen, die im Alltag klagen. Auch Ärzte, Psychologen, Sozialarbeiter, Ergotherapeuten und Pädagogen fühlen sich mitunter als Opfer: Ärzte kritisieren, dass alle Verantwortung bei ihnen liegt, Psychologen sehen sich als ohnmächtige Spezialisten bzw. als «Edel-Unterdrückte» der ärztlichen Hierarchie; Sozialarbeiter fühlen sich zum Kleidereinkauf verdammt und müssen um eine Teilnahme an Gruppenangeboten buhlen, Ergotherapeuten sehen sich als Anbieter von «Bastelstunden», Pädagogen sehen sich als «Handlanger» […]

Forensische Kliniken sind wie andere Institutionen auch ein Ort von realen sozialen und Statusunterschieden. Gefahr besteht darin, sie verneinen zu wollen bzw. sie zu psychologisieren:

▶ Die Mitglieder akademischer Berufsgruppen betonen ein ums andere Mal, dass natürlich die Arbeit aller im Team genauso viel gelte und verwischen tendenzielle Unterschiede, während die Mitglieder nichtakademischer Berufsgruppen real existierende Unterschiede häufig psychologisch als Ausdruck von Entwertung, mangelndem Interesse und fehlender Wertschätzung durch die «Akademiker» interpretieren. (Lohmer, 2000: 242) ◀

Exkurs – Aggression und Gewalt

Pflegekräfte werden täglich mit unterschiedlichen Ausdrucksformen von Gewalt konfrontiert. Gewalt zeigt sich hierbei offen oder verdeckt, physisch, verbal, direkt oder indirekt, nach außen bzw. nach innen gekehrt. Stirling (1998) beschrieb den im psychiatrischen Alltag typischen Eskalationsprozess in sechs Stufen:

1. Affektkontrolle
2. Spannung
3. nonverbale Aggression
4. verbale Aggression
5. kritischer Punkt (Wendepunkt)
6. Gewalt.

Aggressionsforscher kommen zu der Einschätzung, dass es häufig sozial eher inkompetente Menschen sind, die wesentlich aus Angst und Schwäche Aggression entwickeln; sie zeigen eine übermäßige Erwartung hinsichtlich sozialer Anerkennung, sind übersensibel gegenüber Bedrohung und zeigen Ungewissheit hinsichtlich zwischenmenschlicher Zuneigung. Aggression dient somit als Mittel, sich Respekt zu verschaffen. Kurzfristig führt Aggression zu emotionaler Erleichterung. Reagiert dann die Umwelt auf einen Aggressionsausbruch mit Bestrafung, steigt unweigerlich das Gefühl der Bedrohung beim Aggressor. Ein Teufelskreis nimmt seinen Lauf.

Jürgen Rust, Fachpflegekraft in Rehburg-Loccum, zählt Verhaltensweisen auf, die in kritischen Situationen mit Patienten zur Deeskalation beitragen können:

- einfühlsam sein
- den persönlichen Abstand respektieren
- verbales Abreagieren – wann immer möglich – eher zulassen
- Überreaktionen vermeiden
- vernünftige Grenzen setzen und diese auch einhalten
- deutlich sein
- nonverbale Signale unbedrohlich halten und sich dabei der Wirkung von Körperhaltung und Stimme bewusst sein.

6.5 Zusammenarbeit als Chance

Pflegerische Tätigkeiten werden zum Glück nicht ausschließlich von Konflikten begleitet! So gibt es in Deutschland eine Fülle von Beispielen für ein gelungenes Zusammenspiel der Berufsgruppen. Hier werden nun einige kurz skizziert.

6.5.1 Teamarbeit

In dem vorangehenden Kapitel 5 ist bereits auf die Möglichkeiten einer Gewinn bringenden Kooperation zwischen den Berufsgruppen am Beispiel der Behandlungsplankonferenzen hingewiesen worden. Das Konzept des Landesfachkrankenhauses für Psychiatrie und Neurologie Stadtroda hebt die Arbeit im Team als Dreh- und Angelpunkt jeglicher Therapie im Maßregelvollzug hervor. So findet einmal wöchentlich auf jeder Station eine große Teamkonferenz unter Einbeziehung aller an der Behandlung beteiligten Berufsgruppen (einschließlich des Chefarztes und des leitenden Psychologen) statt. Zusätzlich gibt es täglich kleinere Teamrunden, die der gegenseitigen Information, Abstimmung und Entscheidung über aktuelle Vorkommnisse und Entwicklungen, Patientenbesonderheiten, Therapie, Sicherheit und Ordnung dienen. Den Wahrnehmungen der Pflegekräfte wird auf Grund ihrer starken Präsenz besonderer Stellenwert eingeräumt.

▶ Nur das Team ist geeignet, ein ausreichend vollständiges Bild über den einzelnen Patienten sowie die komplizierten Vorgänge und Entwicklungen auf der Station insgesamt zu vermitteln. Da Patienten häufig zwischen den Mitarbeitern spalten, taktieren und intrigieren, erleben die Einzelnen jeweils nur einen sehr speziellen «Ausschnitt» des Patienten und werden leicht manipulierbar. Außerdem sind die Informationen, die die verschiedenen Berufsgruppen erhalten, sehr unterschiedlicher Natur. Gerade sehr widersprüchlich erscheinende Eindrücke der Kollegen sind in der Regel geeignet, ganz wesentliche Erkenntnisse über den Patienten zu gewinnen – vorausgesetzt, sie werden alle ernst genommen und es gelingt, sie zu einem Gesamtbild zu integrieren. […] Aus diesem Gesamtbild des Patienten einschließlich seines näheren und ferneren Umfeldes (Stellung unter den Mitpatienten, Beziehungen außerhalb der Klinik und deren Rolle etc.) können erst die für Therapie und Prognosestellung wesentlichen Schlussfolgerungen gezogen werden. Deshalb gehören alle wichtigen Entscheidungen, die Therapie und Sicherheit betreffen (Therapiepläne, Lockerungsentscheidungen, Sondergenehmigungen, besondere Sicherungsmaßnahmen, Beschwerden und Anträge der Patienten, Hausordnung) in die große Teamkonferenz. (Aus dem Konzept des Landesfachkrankenhauses Stadtroda) ◀

6.5.2 Lockerungskonferenzen: Gemeinsam entscheiden mit System

Michaela Buhl

In diesem Abschnitt werden zwei Vorgehensweisen vorgestellt, die zur Unterstützung bei Lockerungsentscheidungen beitragen.

Es ergeben sich zwei Schwerpunkte. Der eine Schwerpunkt bezieht sich auf die Zusammenarbeit im Team bei der Entscheidungsfindung und der zweite auf das systematische Vorgehen bei genau diesem Prozess. Dabei wird Bezug auf Patienten genommen, welche nach §63 StGB untergebracht sind.

Die letztendliche Entscheidung zur Gewährung oder Ablehnung bei einem Vollzugslockerungsantrag muss von dem Leiter der Klinik getroffen werden. Die Vollstreckungsbehörde ist vor der Gewährung von Freigang oder Ausgang zu hören (s. MVollzG RP). Jedoch ist die Meinung bzw. die Einschätzung des Behandlungsteams von hoher Bedeutung, da es in direktem Kontakt mit dem Patienten steht. Das Team, bestehend aus den Berufsgruppen Pflegemitarbeiter, Therapeuten, Ärzte und Sozialarbeiter, erlebt den Patienten in seinem Alltag und bei der Teilnahme an verschiedenen therapeutischen Angeboten.

Jede Berufsgruppe hat ihren ganz speziellen Blickwinkel. Um ein möglichst umfassendes Bild über den Patienten erhalten zu können, ist es nötig, die verschiedenen Blickwinkel der Berufsgruppen zusammenzutragen. Im Rahmen einer Lockerungsbesprechung haben die Teammitglieder die Möglichkeit, sich über den Patienten zur Lockerungsfrage auszutauschen.

Die Berufsgruppe Pflege erlebt den Patienten, wie er sich seinen Alltag gestaltet, wie er in seinem direkten Umfeld zurechtkommt, welche Kontakte er pflegt und wie er mit Konflikten umgeht. Genau das ist der Grund, weshalb sich die Pflege in diesem Entscheidungsprozess nicht zurückhalten darf. Die Herausforderung besteht nun darin, alle wichtigen und weniger wichtigen Informationen zu sammeln, um sie dann, bezogen auf die beantragte Vollzugslockerungsstufe, auszuwerten. Dazu müssen zunächst ganz einfache Bedingungen geschaffen werden. Der Besprechungstermin, mit der Bekanntgabe, über welchen Patienten und über welche Vollzugslockerungsstufe gesprochen werden soll, wird festgelegt. Neben dieser Grundformalität ist eine gute Grundstimmung im Team die Basis für eine konstruktive Diskussion. Dadurch wird eine aktive Beteiligung aller anwesenden Teammitglieder im Rahmen dieser Lockerungskonferenz gefördert. Es können verschiedene Ansichten und Einschätzungen über den Patienten nebeneinander bestehen, ohne den ständigen Versuch, andere von der eignen Meinung zu überzeugen. Außerdem besteht bei einer guten Teamatmosphäre auch eher die Basis für eine sachliche Diskussion. Gibt es im Team unausgesprochene Differenzen, so fließen diese mit in die Lockerungskonferenz ein, was die Betrachtung des Patienten verschlechtert. Ein systematisches Vorgehen bei der Entscheidungsfindung ist nur sinnvoll, wenn das Team in der Lage ist, konstruktiv miteinander zu diskutieren.

Um systematisch vorgehen zu können, werden bestimmte Informationen über den Patienten benötigt.

Folgendes sollte zusammengetragen werden, damit sich das Team ein umfassendes Bild des Patienten machen kann:

- biografische Daten
- Sozialanamnese
- Sexualanamnese
- Diagnose
- Delikt/Tathergang
- forensische Vorgeschichte
- Unterbringungsverlauf.

Zuordnung, Gewichtung und die Bewertung der Informationen über den Patienten beanspruchen den größten und anspruchsvollsten Teil des Entscheidungsfindungsprozesses. Dabei wird sich auf die jeweilige Lockerungsstufe und die damit verbundenen Risiken bezogen. Informationen über den Patienten werden Kriterien zugeordnet. Sie sind Teile verschiedener Prognoseinstrumente, die eine Orientierung bei der Entscheidungsfindung über eine Lockerungsstufe geben.

Die Gewichtung der Kriterien ist abhängig von der Lockerungsstufe. Des Weiteren ist die Bewertung, ob ein Verhaltensmerkmal als günstig oder ungünstig zu sehen ist, von besonderer Bedeutung.

Im Folgenden werden zwei Vorgehensweisen vorgestellt, die bei der Entscheidungsfindung bei Vollzugslockerungsanträgen eine Orientierung bieten:

- *Vorgehensweise 1 zur Entscheidungsfindung:* Vollzugslockerung, bei der der Patient sich außerhalb des Klinikgeländes in Begleitung von Klinikpersonal aufhält (Ausführung). Vorgehensweise 1 beschäftigt sich mit der Frage, ob es verantwortbar ist, dass sich der Patient mit personeller Begleitung außerhalb des gesicherten Klinikgeländes aufhält.

- *Vorgehensweise 2 zur Entscheidungsfindung:* Vollzugslockerungen, bei denen der Patient sich außerhalb des Klinikgeländes ohne Klinikpersonal aufhält (z.B. Einzelausführung). Vorgehensweise 2 beschäftigt sich mit der Frage, ob es verantwortbar ist, dass sich der Patient ohne personelle Begleitung außerhalb des gesicherten Klinikgeländes aufhält.

Es kommt darauf an, welche Lockerungsstufe besprochen wird. Je höher die Lockerungsstufe, desto mehr Verantwortung wird dem Patienten im Rahmen seiner Wiedereingliederung übergeben. Entsprechend müssen die Informationen über den Patienten unterschiedlich gewichtet werden.

Warum zwei Vorgehensweisen?

Im Rahmen der Ausführung ist es wichtig, dass der Patient sich an der Begleitperson (z.B. pflegerische Bezugsperson) orientiert und im guten Kontakt zu ihr steht. Eventuell aufkommende problematische Situationen können von der Begleitperson abgefangen werden.

Bei Lockerungen ohne professionelle Begleitperson, muss der Patient in der Lage sein, sich selbst zu kontrollieren und möglichst problematische Situationen im Vorfeld zu vermeiden. Das setzt voraus, dass der Patient sich seiner Gefährlichkeit bewusst ist. Er muss demnach in seiner Therapie deutlich weiter fortgeschritten sein, als das bei der Lockerungsstufe «Ausführung» der Fall ist. Nach dem Maßregelvollzugsgesetz Rheinland-Pfalz nach §9 sind dem Patienten Lockerungen zu gewähren, wenn zu erwarten ist, dass dadurch das Ziel der Unterbringung gefördert wird. Weiter heißt es im Gesetzestext, dass Lockerungen nicht gewährt werden sollen, wenn zu befürchten ist, dass der untergebrachte Patient die eingeräumten Möglichkeiten missbrauchen, insbesondere sich oder die Allgemeinheit gefährden oder sich der weiteren Vollstreckung der Maßregel entziehen wird.

Im Folgenden werden anhand eines fiktiven Patienten, Herrn R., beispielhaft die Schwerpunkte der zwei Vorgehensweisen vorgestellt.

Beispiel Lockerungskonferenz – Vorgehensweise 1

Die Teammitglieder versammeln sich, und die über Herrn R. zusammengetragenen Informationen zu dem Patienten werden durch ein Teammitglied (z.B. durch die pflegerische Bezugsperson) vorgestellt:

- Störungsbild: emotional instabile PS; Pädophilie
- unreife/infantile Persönlichkeit
- Delikt: schwerer sexueller Missbrauch von Kindern in mehreren Fällen
- Unterbringung nach §§ 21, 63 StGB
- Aufnahmedatum: 1.1.2004
- Geburtsdatum: 1.1.1980
- konfliktbehaftete Beziehung zu den Eltern, deshalb wurde er mit 11 Jahren in ein Heim gegeben
- keine abgeschlossene Schulausbildung, zwei abgebrochene Berufsausbildungen
- keine sexuelle Aufklärung.

Herr R. beantragt die Lockerungsstufe «Ausführung». Die Schwerpunkte der Vorgehensweise 1 zeigt **Tabelle 6-1**. Diese Kriterien helfen, das Verhalten des Patienten im Rahmen von Ausführungen einzuschätzen.

Mögliche Lockerungsentscheidung zu diesem Beispiel: Herrn R. wird die Lockerungsstufe «Ausführung» zunächst in Begleitung mit den Bezugspersonen mit folgender Begründung genehmigt:

- Herr R. hat eine tragfähige Beziehung zu seinen Bezugspersonen.
- Die Erreichbarkeit in Krisen ist trotz geringer Frustrationstoleranz und defizitärer Impulskontrolle gegeben.
- Absprachen sind mit ihm möglich.
- Die soziale Kontrolle durch die Begleitperson sorgt für die notwendige Sicherheit.

Beispiel Lockerungskonferenz – Vorgehensweise 2

Herr R. möchte als Hilfsarbeiter in einer Maurerfirma in der Nähe der Klinik arbeiten. Er beantragt die Lockerungsstufe «Einzelausgang».

Die Schwerpunkte der Vorgehensweise 2 sind in **Tabelle 6-2** wiedergegeben. Die Antworten auf

Tabelle 6-1: Schwerpunkte der Vorgehensweise 1 – Erläuterung im Text

Erreichbarkeit in Krisen	
Günstig	*Ungünstig*
Herr R. bleibt auch in Krisensituationen mit dem Personal im Kontakt und ist dabei erreichbar.	/
Frustrationstoleranz	
Günstig	*Ungünstig*
/	Herr R. hat eine geringe Frustrationstoleranz. Schon kleine Belastungen führen sichtbar zur Frustration.
Impulskontrolle	
Günstig	*Ungünstig*
/	Herr R. zeigt Defizite bei der Kontrolle seiner Impulse. Er wird schnell laut und wütend, wenn er sich ungerecht behandelt fühlt.
Beziehungsgestaltung	
Günstig	*Ungünstig*
Herr R. zeigt sich verbindlich sowie kontinuierlich in der Beziehungsgestaltung. Des Weiteren wirkt er authentisch im Kontakt.	/
Einhaltung von Absprachen	
Günstig	*Ungünstig*
Wurden Absprachen getroffen, so hält er sich auch daran.	Es ist oft schwer, Absprachen mit Herrn R. zu treffen.

Tabelle 6-2: Schwerpunkte der Vorgehensweise 2 – Erläuterung im Text

Ist der Patient bereit, Informationen über sich in die Therapie einzubringen?	
Günstig	*Ungünstig*
Herr R. bringt sich mit seinem Delikt und mit seinen problematischen Verhaltensweisen in die Therapie ein.	/
Gibt es Kontrollmöglichkeiten bezüglich deliktspezifischem Verhalten?	
Günstig	Ungünstig
/	Der Patient hat die Problematik seines Störungsbildes noch nicht verstanden. Er hat sich deshalb noch keine Kontrollmöglichkeiten erarbeiten können.
Welche Umstände müssen eintreffen, damit der Patient ein weiteres Delikt begeht?	
Günstig	Ungünstig
/	Herr R. kommt mit den Anforderungen des Alltags nicht zurecht. Der Patient fühlt sich alleine und ist frustriert. Er sucht den Kontakt zu Kindern.
Ist die Beziehung zu dem behandelnden Team so tragfähig, dass er sich auch ohne personelle Begleitung stabil zeigt?	
Günstig	Ungünstig
/	Herr R. benötigt noch den direkten Kontakt zum Team, um in Krisensituationen stabil zu bleiben.

die Fragestellungen geben eine Orientierung darüber, wie weit der Patient in seinem Therapieprozess gekommen ist.

Mögliche Lockerungsentscheidung zu diesem Beispiel: Herrn R. wird die Lockerungsstufe «Einzelausgang» außerhalb der Klinik zum jetzigen Zeitpunkt mit folgender Begründung noch nicht genehmigt:

- Herr R. hat noch keine eigene soziale Kontrolle entwickelt und ist daher auf die soziale Kontrolle des Teams angewiesen.
- Der Alltag stellt für ihn eine Überforderung dar.
- Bei Überforderung droht der Rückfall in ein deliktnahes Verhaltensmuster.

Was ist für Herrn R. notwendig, um die Lockerungsstufe «Einzelausgang» zu erreichen? Nachreifung sowie das Verständnis für die eigenen problematischen Handlungsimpulse und die Erarbeitung von Kontrollmöglichkeiten sind erforderlich.

Die Einschätzung von Patienten beinhaltet grundsätzlich zwei wichtige Aspekte:

- gemeinsame Entscheidung innerhalb eines Teams
- strukturierte Vorgehensweise zur besseren Überschaubarkeit der Patienteninformationen.

6.5.3 Mitarbeit in der Gruppentherapie

Die Entwicklung von Gruppenpsychotherapien geht weitgehend auf die psychoanalytische Bewegung zurück. Eine Gruppe ist nicht einfach eine Ansammlung von Individuen, in ihr laufen vielmehr vielfältige Prozesse ab – sie hat somit eine eigene Dynamik. In Therapiegruppen kann der Einzelne die Erfahrung machen, dass andere Gruppenmitglieder andere Auffassungen haben, wodurch sich im günstigen Fall eine Änderung der bislang unverrückbar erscheinenden Einstellungen ergeben kann. Im Schutze der Gruppe und mit Unterstützung eben dieser können neue Verhaltensweisen erprobt werden. Somit, für den forensischen Kontext besonders wichtig, fördert die Gruppe das Sozialverhalten. Analytisch orientierte Gruppentherapien gehören zum Repertoire der meisten forensischen Abteilungen.

Im *Zentrum für Psychiatrie Reichenau* verfügt die forensische Abteilung über 49 Betten. Im August 1997 nahm die forensische Psychotherapiestation ihre Arbeit auf. Sie verfügt über 18 belegte Betten; hinzu kommt eine Gruppe von fünf Patienten, die sich in einem teilstationären Rahmen oder in Beurlaubung befinden. Das neue Team musste ein Konzept erarbeiten, um der heterogenen Klientel der Station gerecht zu werden. Eine zukunftsorientierte Arbeit mit Patienten, die unter schweren Persönlichkeitsstörungen und Psychosen leiden, war das Ziel. Da man ein Milieu schaffen wollte, in dem der Patient sowohl Sicherheit und Halt wie Herausforderung und Stimulation findet, stand die Beziehung des Patienten zur Bezugsschwester oder zum Bezugspfleger und den Einzelpsychotherapeuten im Mittelpunkt des Settings. Patienten konnten sich so eine Grundsicherheit erarbeiten und eher auf Beziehungsangebote einlassen. Die labile Beziehungsfähigkeit war und ist aus Sicht der Beschäftigten Grundlage für eine vertiefende Bearbeitung von Delikt und Lebensgeschichte in der Psychotherapie (Pfäfflin, 1997). In der Qualität der therapeutischen Beziehung wird neben dem prognostischen Wert auch ein erheblicher Sicherheitsaspekt gesehen:

▶ Da bei unserer Klientel [...] insbesondere im forensischen Setting die Tendenz zur Reproduktion ihrer innerpsychischen Welt im Stationsmilieu besteht (Kernberg, 1989), geprägt von frühen Abwehrmechanismen (Spaltung, Projektion, projektive Identifikation) und fragmentierten Selbst- und Objektbeziehungen (Kernberg, 1993), ist die Kooperation zwischen Einzeltherapeut und Bezugspfleger/-schwester von besonderer Bedeutung. Regelmäßige gemeinsame Sitzungen zwischen Einzeltherapeut/in, Bezugspfleger/-schwester und Patient dienen der Abstimmung des Behandlungsprocederes und vermitteln eine Transparenz des Geschehens. [...] Die Triade Patient – Bezugsschwester/pfleger – Therapeut/in stellt ein gemeinsames Arbeitsbündnis dar, welches durch die gemeinsamen Sitzungen und Darstellung des gemeinsamen Tuns in Standortbesprechungen, die ritualisiert in Form des «Reflecting Team» durchgeführt werden (Andersen, 1990), im Setting verankert ist und damit in seiner Bedeutung unterstrichen wird. (Kluttig, 2000) ◀

Die gruppentherapeutische Arbeit ist zentraler Bestandteil des therapeutischen Angebots der Station. Der Chefarzt der Abteilung, der therapeutische Leiter und die Stationsschwester leiten diese Gruppe seit September 1997. Auf die einzelnen Prozesse kann an dieser Stelle nicht näher eingegangen werden. Entscheidend, mit Blick auf die Frage nach der Kooperation der Berufsgruppen, ist das Fazit der Verantwortlichen:

▶ Sie [die Gruppe, d. Verf.] diente letztlich als interaktionelles Modell für die ganze therapeutische Gemeinschaft. Möglicherweise durchaus ähnlich diente die Kooperation [...] im multiprofessionellen Team dazu, eine eigene Identität zwischen der alten kustodialen forensischen Kultur der Sicherung und der vertrauten Kultur eines weitgehend auf Freiwilligkeit und Motivation basierenden therapeutischen Verständnisses zu entwickeln. (Kluttig, 2000: 73) ◀

6.6 Bezugspflege

Mit ihrem Vergleich zwischen den vielfältigen Erscheinungsformen eines Stuhls (Material, Farbe, Zahl der Beine etc.) und Konzepten bzw. Modellen in der psychiatrischen Pflege hat Ruth Schröck (Schädle-Deininger/Villinger, 1996: 415) zielgenau darauf aufmerksam gemacht, wie unterschiedlich die Auffassungen darüber sind, was psychiatrische Pflege sein soll. Was für die Pflege in der Allgemeinpsychiatrie gilt, gilt für die forensische Pflege im Besonderen: In den Kliniken finden wir sehr unterschiedliche Realisierungen bzw. Schwerpunktsetzungen vor.

Die Mehrzahl der den Autoren vorliegenden Konzepte und Fallbeschreibungen favorisiert dabei die Bezugspflege. In besonderen Kontexten findet immer wieder der Begriff der Gruppenpflege Verwendung, wobei dieser aber modifiziert wird und Gesichtspunkte der Beziehungs- bzw. Bezugspflege einfließen lässt.

Bezugspflege ist ein wichtiges Element der Behandlung im Rahmen eines Wohngruppen- oder auch Stufenkonzeptes. Der Bezugspfleger ist für einen Teil der Patienten einer Station in besonderer Weise verantwortlich; die Routineaufgaben für die Gesamtheit der Patienten werden von allen Pflegekräften wahrgenommen. Zu der Begleitung gehört es auch, gegenüber dem Betreuten verschiedene Rollen einzunehmen (Helfer, Berater, Ansprechpartner und die Rolle desjenigen, der mit der Realität konfrontiert). Dabei ist es wichtig, dass die zu betreuende Person ein eigenständiger Mensch bleibt, der vorübergehend auf die Mitverantwortung des Pflegenden angewiesen ist. Allgemein gilt diese Form der Pflege aus der Sicht der Mitarbeiter als motivationsfördernd.

Die Pflege forensischer Patienten begründet sich aus einem allgemein gültigen Verständnis für Krankenpflege. Virginia Henderson (Schädle-Deininger, 1996: 64) sieht die einzigartige Funktion der Krankenschwester darin, «dem Menschen, ob krank oder gesund, zu helfen, bei Handlungen, die zur Gesundheit oder deren Wiedererlangung beitragen [...], die er ohne Hilfe ausführen würde, wenn er die notwendige Kraft, den Willen oder das Wissen hätte. Und das ist so zu machen, dass er so schnell wie möglich wieder unabhängig wird.» Für Henderson steht somit die Unabhängigkeit des Menschen in allen Grundbedürfnissen im Vordergrund. Roper et al. (1987) gingen auf die Notwendigkeit ein, Pflegenden durch die Formulierung der ATLs (Aktivitäten des täglichen Lebens) eine praktische Hilfestellung zu geben. Diese ATLs erweiterte Abderhalden (Sternberg/Stuckmann, 1999: 98) um die spezifisch psychiatrischen Anforderungen.

Engelbert Düster, Fachkrankenpfleger und Mitarbeiter des Rheinischen Instituts für Fort- und Weiterbildung in der Psychiatrie (RIPs), sieht gute Ansatzmöglichkeiten in der Arbeit mit den ATLs:

▶ Atmen, essen und trinken, ausscheiden, Regulation der Körpertemperatur, ruhen und schlafen, sich bewegen, Sinn finden, kommunizieren, Beziehungen aufnehmen, sich waschen und kleiden, sich als Mann/Frau fühlen, sich beschäftigen, für Sicherheit sorgen, wohnen, persönlichen Besitz verwalten, Rechte wahrnehmen/Pflichten erfüllen, sich orientieren und informieren, mit Problemen und Realitäten umgehen: Die Liste der Aktivitäten des täglichen Lebens ist lang. Sie, die ATLs, können die Grundlage bilden, um einen Pflegeprozess einzuleiten. Für Chris Abderhalden waren die LAs (Lebensaktivitäten) zu unspezifisch, demzufolge hat er sie noch einmal um sechs erweitert, damit in der Psychiatrie wichtige Faktoren Berücksichtigung finden.

Die Informationssammlung ist der eigentliche Einstieg, um in Erfahrung zu bringen, wo der Patient steht. Es wird dann genau erarbeitet, welche der ATLs der Patient schon ausreichend beherrscht und wo er Unterstützung braucht. Die klassische Form besteht darin, dass man im gemeinsamen Gespräch mit dem Patienten erarbeitet, wo und in welcher Weise er der Begleitung bedarf. Pflegekräfte teilen also mit, wo sie Defizite sehen und fragen den Patienten nach seiner Einschätzung. Problematisch wird es im forensischen Bereich, wenn bestimmte Aktivitäten wegen des Sicherungsauftrags nur begrenzt geübt werden können. Dennoch kann man auch in diesem Umfeld auf der Basis der ATLs gut arbeiten. Die Frage muss immer sein, wo und wie das Pflegeteam den Patienten unterstützen kann.

Sicherlich kann man nur mit einer begrenzten Zahl arbeiten. Wenn ich zum Beispiel im Rahmen der Bezugspflege auf einer Station mit 16 Patienten vier davon intensiver begleite, dann kann man sich sicherlich nicht mehr als drei ATLs pro Patient vornehmen. Das sind dann zwölf Probleme und mindestens zwei bis drei Maßnahmen pro Ziel, die ich im Kopf haben muss.

Beispiel: Nehmen wir einmal an, der Patient hat Probleme, in der Gruppe Beziehungen aufzunehmen, wobei ihm der Kontakt in Gruppen besonders zu schaffen macht; hier fühlt er sich klein und maximal unsicher. Bei Einzelkontakten gelingt es ihm vergleichsweise besser. Wir Pflegekräfte erarbeiten dann Schritte, wie dem Patienten zum Beispiel in der Morgenrunde geholfen werden kann. Stellt sich heraus, dass der Patient sich wohler fühlt, wenn er bei solchen Runden unmittelbar jemanden neben sich sitzen hat, dann wäre dies eine Maßnahme. Zeigt sich, dass der Patient des Zuspruchs bedarf, um seine Hemmungen zu überwinden, dann wäre die ermunternde Ansprache eine weitere Maßnahme. Auf diese Weise würde ich zunächst 4 Wochen arbeiten, um dann mit dem Patienten darüber ins Gespräch zu kommen, was sich geändert bzw. verbessert hat. Auf einigen Stationen wird im Rahmen der Pflegevisite resümiert, inwiefern Verbesserungen eingetreten sind. Maßnahmen und Erfolge werden in der Pflegedokumentation bzw. im Pflegebericht festgehalten.

Ich möchte noch kurz auf ein weiteres Beispiel eingehen. Zur ATL Wohnen. Wir haben im Rahmen unserer pflegerischen Tätigkeiten ja auch darauf zu achten, dass so etwas wie Wohnqualität eingehalten wird. Nun gibt es einige Patienten, die sich quasi Soft-Pornos an die Wände ihrer Zimmer hängen. Hat man es mit einem Sexualstraftäter oder Gewalttäter zu tun, dann muss hier in besonderer Weise hingeschaut und mit dem Patienten gerungen werden. Das kann bis hin zum Verbot führen, aber auch der Weg dahin muss mit dem Betroffenen gegangen werden, selbst wenn er sich hinterher uneinsichtig und wütend zeigt. ◀

Peplau (s. u.) sieht Pflege als einen «absichtsvollen seriellen Prozess, in welchem die Pflegekraft ihr Selbst als eine edukative und Reife bewirkende Kraft gegenüber dem Patienten einbringt» (zit. n. Sternberg/Stuckmann, 1999: 98). Da es sich bei ihr um eine für die Entwicklung unserer Thematik zentrale Gestalt handelt, soll im Folgenden kurz auf ihre Biografie eingegangen werden.

Hildegard E. Peplau

Hildegard E. Peplau wurde am 1. September 1909 in Pennsylvania geboren. Ihre Eltern waren Immigranten; sie hatte fünf Geschwister. Im Jahre 1931 erhielt sie das Krankenpflegediplom im Pottstown Hospital, und 1943 erwarb sie den «Bachelor of Arts» im Fach interpersonale Psychologie. In den Jahren 1943 bis 1945 war sie Erster Leutnant im Amerikanischen Armeepflegekorps in England. Diese Arbeit beeinflusste ihre spätere Zusammenarbeit mit einflussreichen amerikanischen Psychiatern. Im Jahre 1947 erwarb sie den «Master of Arts» in psychiatrischer Krankenpflege, und 1952 veröffentlichte sie das Buch über ihre Pflegetheorie «Interpersonal Relations in Nursing», für das sie 3 Jahre lang einen Verlag suchen musste. Als Krankenschwester arbeitete sie dann in verschiedenen Institutionen. Von 1960 bis 1974 war sie Professorin an der Universität von New Yersey. Später las sie als Gastprofessorin für 2 Jahre an der Universität Löwen in Belgien. Bis ins hohe Alter veröffentlichte sie eine Vielzahl von Artikeln und beteiligte sich an zahlreichen Buchprojekten. Bis 1996 erhielt sie für ihre Tätigkeiten allein vier Ehrendoktorwürden. Im Jahre 1999 starb sie in Kalifornien.

Bei der Entwicklung ihrer Theorie wurde sie beeinflusst durch Maslow (Fragen der menschlichen Motivation), Miller (Persönlichkeitstheorie), Symonds (psychoanalytische Theorie) und Sullivan (Persönlichkeitsentwicklung, zwischenmenschliche Beziehung). Peplau war die Erste, die nach Nightingale eine für die Pflegewissenschaft bedeutende Theorie entwickelte. Peplau ging davon aus, dass Gefühle der Spannung, wie Frustration oder Angst, beim Menschen auftreten, wenn die Beziehungen gestört sind bzw. Bedürfnisse nicht erfüllt werden. Jegliches Verhalten, so Peplau, zielt darauf ab, diese Spannungen zu verringern.

Krankenpflege ist nach ihrem Verständnis ein signifikanter, therapeutischer, zwischenmenschlicher Prozess, der ein Erziehungsinstrument zur Reife fördernden Entwicklung der Persönlichkeit ist. Unter einer *Person* versteht sie einen Organismus mit physischen, biochemischen und psychologischen Eigenschaften, der in einem instabilen Gleichgewicht lebt. *Gesundheit* gilt nach ihrem Verständnis als Symbol für das weitere Wachstum und die weitere Entwicklung einer Persönlichkeit mit Blick auf ein kreatives, konstruktives, produktives persönliches und gesellschaftliches Leben. Als *Umwelt* sah sie alle Kräfte, die außerhalb des Organismus bestehen; ein erkennbarer Schwerpunkt liegt dabei nach Peplau im zwischenmenschlichen Prozess.

Der durch Peplau bewirkte Perspektivenwechsel zur *interpersonalen Beziehung* war wegweisend für die Pflege! Mit ihren Beiträgen eröffnete sie einen weltweiten pflegetheoretischen Diskurs. Dabei fand zuerst die Umsetzung in der Praxis des psychiatrischen Bereichs statt. Heute nimmt ihr Ansatz in der Krankenpflege generell noch immer eine bedeutende Rolle ein.

Auf die praktische Beziehungspflege in Orientierung an Peplau geht Stuckmann in Kapitel 6.11.1 ausführlich ein.

Alle im Vorangehenden erwähnten Theoretikerinnen und Theoretiker fordern eine ganzheitliche Sichtweise des Patienten ein; Pflege zielt somit auch darauf ab, einen Patienten in die Gesellschaft zu reintegrieren. Die Gründe für die Besonderheit in der psychiatrischen Pflege liegen in der psychiatrischen Erkrankung, die stets (ob Neurose, Psychose oder Persönlichkeitsstörung) einen Verlust an *sozialer Beziehungsfähigkeit* mit sich bringt. Die Verbesserung bzw. Wiederherstellung einer gesunden Beziehungsfähigkeit ist aber Schwerpunkt einer psychiatrischen Behandlung und somit würdiges Ziel in der Pflege.

6.7 Persönlichkeitsstörungen – Herausforderung an pflegerische Kompetenz

Bei der Definition von Persönlichkeitsstörungen nehmen Merkmale der Beziehungsgestaltung und Interaktion einen zentralen Stellenwert ein. Die Hauptmerkmale dieser Störungen sind laut Saß et al. (1996):

- Misstrauen und Argwohn
- Distanziertheit in sozialen Beziehungen
- starkes Unbehagen in nahen Beziehungen
- Missachtung der Rechte anderer
- Instabilität in zwischenmenschlichen Beziehungen
- Heischen nach Aufmerksamkeit
- Bedürfnis danach, bewundert zu werden
- soziale Hemmung
- anklammerndes Verhalten.

Exkurs: Borderline-Patienten – Herausforderung oder Überforderung?

Mitarbeiterinnen und Mitarbeiter der Psy 44 im Klinikum Nord, Hamburg, zum Umgang mit Borderline-Patienten in der Allgemeinpsychiatrie:

▶ Die von Rogers postulierte therapeutische Haltung mit den drei Faktoren Echtheit, Wertschätzung und einfühlendes Verstehen ist die Grundlage unserer Arbeit im Team. Von dort aus verbreitet sie sich in den Umgang mit den Patienten und vertieft sich in die Entwicklung der einzelnen Mitarbeiter. […] Die Schwestern und Pfleger sind es, die 24 Stunden am Tag mit den Patienten zusammen sind. Sie sind es, zu denen die Patienten kommen mit ihren blutig aufgeschnittenen Armen, gegen die sie Worte und Dinge schleudern; die Schwestern und Pfleger müssen der Entwertung standhalten und der beständigen Spaltung wehren können. Ohne ein Team, das zusammenhält, gut ausgebildet ist und mit Lust arbeitet, ist diese Arbeit nicht zu machen. Jede Veränderung wird erkämpft und durchlitten, intrapsychisch und interpersonell. [...]

Die Einführung der Bezugspflege dauerte eine Weile, denn dieses Pflegesystem war zunächst angstbesetzt: Angst vor mehr Verantwortung, vor Überforderung, vor zu viel Nähe zum Patienten. Wir haben erst damit beginnen können, als wir uns untereinander sicher fühlten und die Tragfähigkeit des Teams gut geprüft war. [...] Das Team ist das Herz der Station. (Nadolny/Meyer, 2000: 515 ff.) ◀

Diese und andere Merkmale kennzeichnen auch Patienten in den forensischen Abteilungen. Eine hierauf abzielende Behandlung ist speziell im Kontext des Maßregelvollzugs sehr erschwert:

▶ Schließlich kann das Anlegen von Handfesselungen, das Einleiten von Zwangsmaßnahmen o. ä. zunächst sicherlich nicht als förderlich zum Aufbau einer partnerschaftlichen Beziehung gesehen werden. Gleichwohl sind diese Maßnahmen Pflegealltag. Eine professionelle Beziehung besteht fort, auch wenn Maßnahmen gegen den Willen des Patienten durchgeführt werden. Zur Aufrechterhaltung der Beziehung hilft die Sichtweise, dass wir diese Maßnahme zwar gegen den Willen, aber trotzdem für den Patienten in einer individuellen Situation durchführen. (Sternberg/Stuckmann, 1999: 99) ◀

Der Stationsalltag ist der Rahmen, in dem Patienten ihre Beziehungsstörung auf vielfältige Weise zu erkennen geben und zugleich gerade das Pflegepersonal ständig fordern. Unbeteiligtsein gegenüber den Gefühlen anderer, Missachtung von Normen, Regeln und Verpflichtungen, Unfähigkeit zu längerfristigen Beziehungen, mangelhafte Frustrationstoleranz, ständige Reizbarkeit, permanente Beschuldigungen gegen andere, fehlendes Schuldbewusstsein – die Liste der Störfaktoren ist lang. Erschwerend kommt für Pflegekräfte hinzu, dass sie Interaktionspartner mit dem höchsten Zeitvolumen und somit unter «Dauerbeschuss durch Tricksereien, Spiele und Spaltungsversuche» (Hans Günter Blens, Pflegekraft in Düren) stehen.

Sachse (2001: 221 ff.) unterscheidet «Image-Spiele» und «Appell-Spiele», die bei Persönlichkeitsgestörten zu beobachten sind. Spiel kann man dabei wie folgt definieren: «Bei einem Interaktionsspiel handelt es sich um eine intransparente, manipulative, kontrollierende [...] Verfolgung interaktioneller Ziele in einer Beziehung.» (Sachse, 2001: 53). Sachse betont dabei, dass derartige Strategien nicht *ad hoc* geplant werden können, sie werden durch vielfältige Übung hochgradig automatisiert und schematisiert. Image-Spiele sind komplexe Handlungsmuster, die bestimmte Überzeugungen beim Interaktionspartner bewirken sollen. Appell-Spiele sollen den Überzeugungen komplexe Handlungen folgen lassen.

Das Image «Armes Schwein» (a) ist ebenso wie die Images «Opfer der Umstände bzw. anderer Personen» (b), «Märtyrer» (c) «Immer-ich» (d) und «Mords-Molly» (e) im forensischen Alltag häufig anzutreffen. Hierbei ist jedoch zu betonen, dass der Grad der Bewusstheit dieser Interaktionsstile bei den Patienten minimal ist. Angesichts fehlender Alternativen auf der Erlebnis- und Handlungsebene «spulen» sie geradezu diese «Filme» ab. Sie führen weniger vor! Patienten gebaren sich als:

a) lang und intensiv leidend, hilflos, wobei alle bisherigen Lösungsversuche gescheitert sind
b) den Umständen des Lebens bzw. der Benachteiligung und Ablehnung durch wichtige Bezugspersonen gänzlich ausgeliefert
c) dennoch in gewisser Hinsicht erfolgreich und standhaft, obwohl ihnen so viele Steine in den Weg gelegt wurden
d) vom Leben betrogen und geradezu schicksalhaft zum Scheitern verdammt.
e) ganz toll und großartig, als etwas Besonderes.

Bei den Interaktionspartnern kann dieses Verhalten intendierte Überzeugungen hervorrufen:

- Ich muss mich anstrengen, denn alleine schafft mein Gegenüber das nicht. (a)
- Ich muss mein Gegenüber von jeder Verantwortung freisprechen, da ihm übelst mitgespielt wurde. (b)

- Ich muss die Mühen und Schmerzen würdigen, anerkennen. (c)
- Ich muss die fortgesetzte Benachteiligung meines Gegenübers anerkennen und es gut behandeln. (d)
- Ich darf nichts hinterfragen, eigentlich hat mein Gegenüber alles im Griff. (e)

Auf der Ebene der Appell-Spiele (Sachse, 2001: 230 ff.) geht es darum, den Interaktionspartner zu bestimmten Handlungen zu bewegen. Hier ist für den forensischen Kontext vor allem der Appell der Patienten von Bedeutung, sich zu solidarisieren. Pflegekräfte werden in diesem Fall aufgefordert, mit dem Patienten eine Allianz gegen eine andere Person einzugehen. Dies geschieht in der Regel dadurch, dass im Zusammenhang mit einer dritten Person zum Beispiel wichtige Detailinformationen ausgelassen, andere unverhältnismäßig aufgewertet werden; das Verhalten der betreffenden Person wird als unverschämt, taktlos, gewalttätig beschrieben – der Patient ist somit Opfer eines überaus problematischen Zeitgenossen und ist selbst «völlig unschuldig».

An welchen Äußerungen lassen sich «Image-Spiele» der Patienten erkennen? Hier seien einige Interaktionsbeispiele aufgelistet, die Züge solcher Spiele tragen:

- «Bei mir ist schon so mancher Therapeut in Verzweiflung geraten.»
- «Bei dem, was ich durchgemacht habe, habe ich mich im Grunde wacker geschlagen.»
- «Ich hab schon so viel versucht, aber auch nichts hat geholfen!»
- «Mein Vater hat sich einen Dreck um mich gekümmert; wie sollte ich da zu etwas kommen?»
- «In einer anderen Klinik käme man viel besser mit meinem Problem klar.»
- «Der Richter hat mir überhaupt nicht zugehört. Der hat doch eine vorgefertigte Meinung!»
- «Auf der Station haben doch alle was gegen mich, und trotzdem mache ich alles mit, helfe, wo ich kann.»
- «Der Therapeut gibt mir doch nicht die geringste Chance!»
- «Draußen kannte ich keine Probleme! Da hatte ich echte Freunde!»
- «Sie werden hier kaum einen Patienten finden, dem ich noch nicht aus der Patsche geholfen habe!»
- «Ihr Kollege hört mir nicht zu... Bei Ihnen ist das ganz anders!»
- «Das Maßregelvollzugsrecht knechtet uns, statt uns eine Chance zu geben!»

Alltägliche Spannungen, Konflikte mit den Patienten fordern über die Maßen die angemessene Kontrolle von Wut und Angst. Neben Supervisionsangeboten für Pflegeteams können vor allem Rollenspielangebote für Entlastung und eine bessere Wahrnehmung sorgen. *Dr. Hermann Westendarp, Chefarzt der Klinik Brilon-Wald,* verfügt über eine jahrelange Praxiserfahrung in der Rollenspielarbeit mit Krankenschwestern und Krankenpflegern in der Psychiatrie:

▶ Mit dem Rollenspiel ist es möglich, real erlebte Situationen noch einmal neu zu durchleben. Die Gruppe bietet dabei einen geschützten Rahmen, in dem letztlich nichts falsch gemacht werden kann. Es können neue Lösungsstrategien gefahrlos ausprobiert werden. Darüber hinaus bietet das Rollenspiel die Chance, auch die *andere Seite* einmal am eigenen Leib zu erleben, weil auch der Part des Patienten/der Patientin von einem Teilnehmer dargestellt werden muss. Hierdurch war es möglich, völlig neuartige Erfahrungen zu machen und sich besser in die Gefühle des Patienten hineinzuversetzen.

Ein weiterer Vorteil des Rollenspiels liegt in der Tatsache begründet, dass hier auch bisher nicht selbst real erlebte, aber mehr oder weniger konkret befürchtete Situationen durchgespielt werden können. [...] Im Rollenspiel haben die Teilnehmer nicht zuletzt auch die Möglichkeit, mehr über das eigene Aggressionspotenzial und die eigene Gewaltbereitschaft zu erfahren. Dies war nicht selten mit einem gewissen Erschrecken verbunden. Menschen, die sich selbst als eher friedfertig einstuften, erlebten im Rollenspiel doch gelegentlich die eigene hohe Gewaltbereitschaft. Das gemeinsame Besprechen des Erlebten in der Gruppe bot Gelegenheit zur Reflektion auch der eigenen Aggression und konnte damit zu einer Veränderung der Haltung im Alltag beitragen.

In diesem Zusammenhang wird dann auch regelmäßig die institutionelle Gewalt thematisiert. Der Mitarbeiterin und dem Mitarbeiter einer forensisch-psychiatrischen Klinik muss klar sein, dass er/sie schon allein durch seine Tätigkeit in dieser Institution Gewalt ausübt. Im Rahmen des vom Staat übertragenen Gewaltmonopols hat er/sie Sicherungsaufgaben, muss gewährleisten, dass die/der psychisch Kranke die Einrichtung nicht unerlaubt verlässt. […] In praktisch allen Bereichen des täglichen Lebens erlebt der forensisch untergebrachte psychisch Kranke die staatliche Gewalt, vertreten durch die Mitarbeiterin/den Mitarbeiter der Klinik. […]

Psychisch kranke Sexualstraftäter stellen eine zahlenmäßig recht große Gruppe der forensisch Untergebrachten dar. Hier gilt es insbesondere, die unterschiedliche Wahrnehmung solcher Patienten in das Gesamtbehandlungsteam zu integrieren, je nachdem, ob man dem Patienten als Mann oder als Frau gegenübertritt. Der Erfahrungsaustausch in den bisher durchgeführten Gruppen zeigte deutlich, dass dieses Thema immer noch zu häufig im Behandlungsteam tabuisiert wird. Männliche Teammitglieder neigen nicht selten dazu, sich mit dem Patienten zu identifizieren, während bei weiblichen Teammitgliedern naturgemäß die Angst vor dem Patienten überwiegt. Ein Austausch über dieses heikle Thema ist im Behandlungsteam deswegen nicht möglich, weil dann ja auch Aspekte der eigenen Sexualität mit in die Diskussion einfließen müssten.

Zusammenfassend zeigt die jetzt über zehnjährige Erfahrung mit diesem Fortbildungsmodell, dass Selbsterfahrung und Rollenspiel eine gute Möglichkeit zur Erprobung des eigenen Umgangs mit Gewaltsituationen darstellen. Voraussetzung für die Teilnahme ist die eigene Bereitschaft, sich einzulassen und die eigene Person einschließlich privater Erfahrungen einzubringen. […]

Weil es nicht möglich ist, genormte, standardmäßige Verhaltensweisen für mit physischer oder psychischer Gewalt einhergehende Situationen einzuüben, kann nur auf diesem Wege ein professionellerer Umgang erarbeitet werden. ◀

6.8 Psychoedukative Strategien

In der ambulanten Behandlung von Borderline-Persönlichkeitsstörungen bzw. psychotisch Erkrankten finden psychoedukative Strategien, die auf die Förderung und Entwicklung von Coping-Strategien der Patienten gerichtet sind, vermehrt Anwendung. Lässt sich ein solches Verfahren auch in der Arbeit mit stationären forensischen Patienten anwenden? *Dr. Bernd Wallenstein, abteilungsleitender Arzt in Lippstadt-Eickelborn,* stellt im Folgenden seine Arbeit dar und nimmt gezielt Bezug auf die Rolle der Pflegenden:

▶ Die große Maßregelvollzugseinrichtung in Lippstadt hat den Vorteil, dass störungsspezifisch gearbeitet werden kann. Ich bin Abteilungsleiter der Abteilung II «Klinische Psychiatrie»; hier werden Menschen mit ganz bestimmten Krankheitsbildern behandelt, überwiegend sind es Patienten mit Psychosen. Wir verfügen über 88 stationäre Betten; derzeit haben wir etwa 15 beurlaubte Patienten. Ein Teil der Patienten zeigt in der Psychose eine recht gute Remission. In der Abteilung haben wir uns auf ein Gesamtbehandlungskonzept für alle Berufsgruppen geeinigt, das heißt, wir haben auf den Vorschlag von mir eine Klausurtagung eingerichtet, um an diesem Gesamtkonzept zu arbeiten. Dieses Konzept wird sowohl von den Ärzten als auch von Therapeuten und den Pflegekräften, der größten Berufsgruppe, getragen. Das Konzept orientiert sich an dem so genannten «Pegasus-Modell», das im Auftrag der Bundesregierung im Rahmen eines Projektes zunächst für die Allgemeinpsychiatrie entwickelt wurde und überwiegend aus der Klinik in Bielefeld-Bethel kommt. Der dort tätige Psychologe, Herr Wienberg, ist hier federführend. Das Konzept wurde dann unsererseits modifiziert und den forensischen Bedingungen angepasst. Aber die Grundlagen zum Krankheitsverständnis, zur Psychodynamik und Entwicklung wurden übernommen. Durch eine groß angelegte Fortbildung wurde das Pflegepersonal in diesem Krankheitsmodell geschult. Über mehrere Termine haben wir ganztägige Veranstaltungen angeboten. Schwerpunktmäßig ging es hier auch um die Beziehungsgestaltung zu Psychosekranken, weil ja bekanntlich der Umgang im Alltag sehr wichtig ist. Über die Beziehungsgestaltung können die Patienten gerade mit Blick auf Krankheitssymptome und die Wirkung der verabreichten Medikation gut erreicht werden. Bei den Fortbildungstagen war es vor allem Ziel, die pflegerischen Kollegen auf die neuen Sichtweisen und Konsequenzen aufmerksam zu machen.

Seit 4 Jahren bieten wir nun Patienten, die relativ symptomfrei sind, die also von der bisherigen Therapie profitieren konnten und bei denen die medikamentöse Therapie Wirkung zeigte, die so genannten psychoedukativen Gruppen an. Diese wurden und werden auf jeden Fall mit, zeitweise ausschließlich von Pflegekräften durchgeführt. Nur in den Anfängen übernahm ich die Moderation. Ausgesucht werden Patienten, die in der Lage sind, die erhaltenen Informationen realitätsgerecht zu verarbeiten. Patienten, die ständig unter den akut-psychotischen Symptomen leiden, können demzufolge nicht berücksichtigt werden, weil sie es entsprechend wahnhaft verarbeiten würden. Es handelt sich um geschlossene Gruppen, die über einen Zeitraum von 14 Stunden angelegt sind; am Ende gibt es eine gemeinsame Abschlussveranstaltung, um die Patienten zu belohnen (Abendessen in einem auswärtigen Restaurant) und ihre Bemühungen zu bestätigen. Es gibt kaum Abbrüche in diesen Gruppen, die Patienten nehmen regelmäßig und motiviert teil. Es passiert kaum, dass Patienten zu den Gruppen geholt werden müssen, wie wir es leider von anderen Angeboten kennen. Das bedeutet, dass das Konzept von den Patienten angenommen wird.

Das Angebot in den Gruppen weist eine von Herrn Wienberg vorgegebene feste Struktur auf (Manual). Das Konzept ist für die forensische Psychiatrie fast noch sinnvoller, denn in der Allgemeinpsychiatrie ist es ja häufig eher schwierig, die Patienten über 14 Stunden zu behalten. Bei uns ist die personelle Konstanz der Patienten gewährleistet.

Wie nun aber gestaltet sich die Arbeit mit dem Pegasus-Modell konkret, und welche spezifischen Aufgaben kommen dabei den Pflegekräften zu?

Im ersten Teil der Gruppen wird den Patienten das Krankheitskonzept vermittelt. Dies ist ein dynamisches Krankheitskonzept, kein statisches wie früher. Patienten sind Subjekt, nicht Objekt der Behandlung, sie sind die Hauptverantwortlichen für die Behandlung und werden sensibilisiert, eine aktive Rolle in der Behandlung einzunehmen. Das schließt die Diskussion mit den Behandlern (Kritik) ein. Die Patienten sollen von dem Status des «Sich-behandeln-Lassens» wegkommen. Weil die Kollegen vom Pflegedienst häufig noch eher traditionelle Rollenvorstellungen haben, kommt es hin und wieder zu ungewohnten Situationen; eigene Behandlungswünsche bzw. eigene Vorstellungen werden ja ansonsten im forensischen Alltag eher zurückhaltend betrachtet. Basierend auf dem Verletzlichkeits-Stress-Modell werden biologische Bedingungsfaktoren der schizophrenen Verletzlichkeit und psychosoziale Bedingungsfaktoren veranschaulicht. Die Patienten zeigen sich in der Gruppe relativ offen. Informationen aus ihr dringen auf keine Fall in die Patientengemeinschaft. Der Vertrauensrahmen in der Gruppe ist recht groß. Viele Patienten können dann auch entsprechend berichten von Entstehungsbedingungen, die unter anderem in unklaren psychosozialen Faktoren in der Kindheit zu finden sind. Eingebrachte Beiträge werden im Anschluss psychotherapeutisch und auch sozio- und milieutherapeutisch in Reflexionsgesprächen vertieft. Es sind auch Gespräche, die Pflegekräfte nach der Pflegeplanung regelmäßig mit den Patienten führen. In den psychoedukativen Gruppen eingebrachte Problemfelder werden in Alltagssituationen vertieft. Wichtig ist der Lerneffekt, der auch beim Pflegepersonal zu beobachten ist! Wenn man zum Beispiel bei der Erklärung des Krankheitskonzeptes festhält, dass psychosoziale Bedingungen eine große Rolle spielen, zum Beispiel Ambivalenzen, unklare Beziehungen zu den Eltern in der Kindheit, dann ist es von besonderer Wichtigkeit, dass man solche unklaren Beziehungen möglichst im Pflegealltag nicht aufkommen lässt oder sie zumindest rechtzeitig erkennt und bespricht. Gerade für Psychosekranke ist es ja wichtig, dass eine einheitliche Linie in einem Team gefahren wird, damit die Patienten sich weiter orientieren können.

Das hat auch dazu geführt, dass wir im Rahmen des Bezugspflegekonzeptes pro Schicht einen Ansprechpartner für den Patienten X benannt haben. Bezugskontinuität wird damit fortgeführt; Patienten haben nicht die Möglichkeit, sich durch Stationswechsel bei Krisen oder durch das Zurückgreifen auf andere Mitarbeiter gewissen Prozessen zu entziehen.

Im zweiten Teil der Gruppen geht es dann um die Entwicklung, das Erleben der akuten Psychose. Themen wie Stress, Belastbarkeit und Überforderung stehen im Mittelpunkt. Es geht darum, dass die Patienten für sich erkennen, warum zum Beispiel bei manchen Größenfantasien oder aber Ängste und Verfolgungsideen in der Psychose aufgetaucht sind; vielfach sind hier auch Erkenntnisse aus der Lebensgeschichte ableitbar. Die Hintergründe der Wahnentwicklung sollen psychodynamisch nachvollzogen werden. Interessant für die Kollegen vom Pflegedienst und fördernd in der gegenseitigen Beziehungsarbeit ist, dass sie hier auch in die Patientenberichte eingebunden und somit in der Verhaltensbeobachtung auf der Station wesentlich aufmerksamer sind.

Stress, Belastbarkeit, Überforderung: Nach dem Vulnerabilitäts-Stress-Modell kann man die Bedingungen für eine Psychose lebensgeschichtlich, biologisch oder psychosozial aufarbeiten. Warum zu einem bestimmten Zeitpunkt die akute Psychose ausgelöst wird, erklärt man auf dieser Konzeptgrundlage mit in dieser Situation erhöhten Stressanforderungen, die von der Person nicht mehr hinreichend zu bewältigen sind. Es wird also ganz deutlich erarbeitet, was für den einzelnen Stressfaktoren sind: Wie ist die individuelle Belastbarkeit zum derzeitigen Zeitpunkt, wo gibt es Probleme hinsichtlich Unterforderung bzw. Überforderung? Überlegungen hierzu haben bei den Pflegekräften bewirkt, dass Behandlungs- und Therapieplanungen wesentlich individueller angelegt wurden. Individuelle Tageskonzepte haben also Vorrang vor der Idee, einen Patienten grundsätzlich für die Arbeitstherapie vorzusehen, damit er dort auch voll im Wochenplan zur Verfügung steht.

In einem nächsten großen Teil geht es dann um die Frage der Medikamentenbehandlung. Hier ist die Zusammenarbeit mit dem Arzt ein sehr wichtiger Faktor. Wirkung und Nebenwirkungen werden ausführlichst erläutert. In der Vergangenheit haben Patienten oft die Nebenwirkungen von Medikamenten in den Vordergrund gestellt; sie klagten hierüber in erster Linie heftig gegenüber den Pflegekräften, die dann diese Unzufriedenheit an den Arzt weiterleiteten. Nun aber sind die pflegerischen Kollegen noch besser in der Lage, die Wirkungen eines Medikaments genau zu beobachten. Im Gespräch mit den Patienten hierüber können sie die Akzeptanz gegenüber Nebenwirkungen steigern. Wir können also eine erfreuliche Steigerung der Mitverantwortung durch die Patienten und der Verhaltensbeobachtungen durch das Pflegepersonal feststellen. Das hat in der Forensik natürlich gewisse Grenzen, weil es ja bekanntlich in der Psychose zu Straftaten gekommen ist und man zukünftig für Entlassungen stringentere Bedingungen an eine regelmäßige Medikamenteneinnahme anlegen muss.

Auf dieser Basis arbeiten bei uns zwei Stationen hervorragend. Hier können Krisen rechtzeitig erkannt werden.

Im dritten Teil der Gruppen werden die Themen Rückfallvorbeugung und Krisenbewältigung angegangen. Auch hier stehen die individuellen Handlungsmöglichkeiten des Patienten im Vordergrund. Frühwarnverhalten bzw. Frühwarnzeichen werden intensiv besprochen. Pflegende haben durch Frühwarnsymptomtrainings weitere Kompetenzen erlangt. So lassen sich durch die Beobachtung des Schlafverhaltens (Schlaflosigkeit) schnell Rückschlüsse auf sich eventuell anbahnende (präpsychotische) Krisen ableiten. In unserer Stationsgemeinschaft wird dadurch weniger fixiert. Wir haben Intensiv-Betreuungsräume, in die die Patienten dann aus der Stationsgemeinschaft abgesondert werden. Das ist erkennbar rückläufig, weil Krisen durch die Patienten mit Unterstützung der Pflege frühzeitig erkannt werden.

Quasi als Höhepunkt der Arbeit in der Gruppe wird ein sehr spezifischer, individueller Krisenplan erstellt, der dem Patient auch in die Beurlaubung oder in die Rehabilitation mitgegeben wird. Komplementäre- und Nachsorgeeinrichtungen werden auf diese Weise gezielt in Kenntnis gesetzt. Der Krisenplan berücksichtigt alle Frühwarnsymptome, nennt Ansprechpartner und Vertrauenspersonen für einen Krisenfall. Entlastungsmöglichkeiten werden benannt, damit der Patient rechtzeitig reagieren kann.

Derzeit haben wir vier Patienten, die sich in einer so genannten Langzeitbeurlaubung in einem Wohnheim befinden. Hier werden doch höhere Ansprüche mit Blick auf die (berufliche) Rehabilitation gestellt. Als sie von der Psychose her wieder etwas aktiver wurden, sich Symptome anbahnten, konnten sie erfolgreich auf diesen Krisenplan zurückgreifen. Sie zeigten diesen ihren Behandlern, und die Krise konnte im Vorfeld abgefangen werden. ◀

6.9 Die Pflegeplanung – Ein Konzept aus Wiesloch

Die *Arbeitsgemeinschaft «Pflegeplanung Abteilung Forensische Psychiatrie» (Psychiatrisches Zentrum Nordbaden/Akademisches Lehrkrankenhaus der Universität Heidelberg)* legte im April 2000 ein Konzept vor, das bundesweite Beachtung fand. *Frau Bauer, Frau Diemer, Frau Giese, Frau Huber, Frau Schweder, Frau Stoll, Frau Vornefeld, Frau Stiehler* sowie die *Herren Fuchs, Gefäller, Jablowski, Poletin, Hitzelberger, Hülsebusch* und *Vetter* waren in der Arbeitsgruppe aktiv. Die Pflegedienstleitung *(Herr Reiß, Frau Bienhaus und Frau Stumpf)* sowie *Chefarzt Dr. Splitthoff* befürworteten eine ausführliche Darstellung der Arbeit in diesem Buch.

6.9.1 Der Pflegeprozess

Die sechs Schritte des Pflegeprozesses, der dem Recht des Patienten auf Grund- und spezielle Pflege Genüge leisten soll, sind standardgemäß zu beachten:

- Informationssammlung
- Erkennen von Problemen und Ressourcen des Patienten
- Festlegung der Ziele (Pflegeziele)
- Planung der Pflegemaßnahmen
- Durchführung der Pflege
- Beurteilung der Wirkung der Pflege auf den Patienten.

Danach erfolgt das Feed-back. Wenn das Ziel nicht erreicht sein sollte, gibt es eine erneute Pflegeplanung. Die Informationssammlung geschieht unter anderem über das Infogespräch mit dem Patienten und mit den Therapeuten, über das Teamgespräch oder durch Studium der Krankengeschichte. Unter Ressourcen werden alle noch vorhandenen Fähigkeiten, Vorlieben etc. des Patienten verstanden, die zu seiner Genesung beitragen können. Die Arbeit mit diesen steigert das Selbstwertgefühl und das Verantwortungsbewusstsein.

Die Einbeziehung der Ressourcen in die pflegerische Arbeit zeigt die professionelle Zuwendung zum Patienten (Wertschätzung).

Formulierte Ziele müssen erreichbar und überprüfbar sein, wobei für kürzere Zeitabstände durchaus auch Teilziele formuliert werden können. Die Pflegeziele sollten vom Patienten her formuliert werden, qualitative und quantitative Hinweise enthalten und knapp formuliert sein; sie können das Verhalten, Wissen und Können des Patienten, seinen Zustand sowie messbare Befunde beschreiben.

Bei der Planung der Pflegemaßnahmen ist darauf zu achten, dass konkrete Maßnahmen beschrieben werden und dass Art, Quantität und zeitliche Abstände angegeben werden. Bei der Durchführung der Pflege sind die Kontrolldaten unbedingt einzuhalten; auf die Mitarbeit des Patienten ist genauestens zu achten. Bei der Beurteilung ist das Hauptaugenmerk auf die Frage zu richten, welche Wirkung die Pflege auf den Patienten hatte, wie sein Befinden ist und ob Veränderungen beschreibbar eingetreten sind.

Auf jeder Station muss einmal wöchentlich ein fester Termin für die Pflegeplanung von mindestens einer Stunde Dauer festgelegt sein. Die Durchführbarkeit muss unabhängig von der Besetzung gewährleistet sein. Die Zuständigkeit für die Durchführung der Pflegeplanung muss innerhalb des Teams genau festgelegt sein. Die Planung wird für alle Stationen des Hauses einheitlich durchgeführt. Ein Kontrolldatum wird innerhalb eines Zeitraums von 4–6 Wochen festgelegt. Die Akzeptanz im Team ist Voraussetzung für die Durchführbarkeit der Pflegeplanung.

Für die Erstellung der Pflegeplanung ist eine gezielte Pflegeanamnese hilfreich und notwendig. Als Arbeitsgrundlage haben sich dabei die ATLs (s. Kap. 6.6) bewährt. Die Informationssammlung sollte deshalb für jeden Patienten Punkt für Punkt im Rahmen der Bezugspflege durchgearbeitet werden.

6.9.2 Pflegeplanung unter Bezug auf pflegerelevante Probleme

Die Arbeitsgruppe hat einen umfangreichen und sehr detaillierten Katalog von Pflegeplanungen vorgelegt, die hier nicht alle Berücksichtigung finden können. Daher erfolgt an dieser Stelle die Beschränkung auf Alltagsprobleme im Umgang mit forensischen Patienten, die besonders häufig im Gespräch mit Kollegen Erwähnung finden.

6.9.2.1 Wohnraumgestaltung

Pflegerelevantes Problem: Patient ist uneinsichtig in Bezug auf die vorgeschriebene Wohnraumgestaltung. Lebensmittel häufen sich im Zimmer an. Zu viele Bücher und CDs erschweren die Zimmerkontrolle. Die Rücksicht auf Mitbewohner ist mangelhaft.

Ressourcen: Patient legt Wert auf Einhaltung seiner Intimsphäre. Er ist an Literatur und Musik interessiert. Er legt Wert auf seine Privatsphäre.

Pflegeziel: Der Patient akzeptiert die vorgeschriebene Wohnraumgestaltung und kann sich darauf einlassen.

Geplante Pflegemaßnahmen: Verständnis signalisieren, jedoch die Notwendigkeit der Vorschriften und Kontrollen erklären und transparent machen. Sensibel machen für die Bedürfnisse der Mitpatienten. Bei Nichteinhalten und mehrmaligem Auffordern auf stationsinternen Standard hinweisen. Geeignete Möglichkeiten zur Aufbewahrung von Lebensmitteln zeigen. Unnötige und überzählige Gegenstände ins Magazin bringen.

6.9.2.2 Sich verweigernde Patienten

Pflegerelevantes Problem: Der Patient arbeitet nicht mit, lehnt Angebote wie AT, BT, Sport, Schule, Stationsgruppen und andere Angebote ab.

Ressourcen: Der Patient verfügt über Ausdauer und Geschick, um zum Beispiel eine Tätigkeit in AT oder BT zu übernehmen. Der Patient ist über bestehende Regeln informiert. Er zeigt sich sensibel gegenüber seiner Umwelt und zeigt Durchsetzungsvermögen. Der Patient besitzt Überzeugungskraft, die er also auch durchaus positiv einsetzen könnte.

Pflegeziel: Der Patient integriert sich Schritt für Schritt in einen festen Tagesablauf.

Geplante Pflegemaßnahmen: Der Patient wird über alle Angebote der Station informiert. Es werden motivierende Gespräche geführt, in denen Vorteile einer Tagesstruktur genannt werden. Es wird in kleinen Schritten geplant, indem zum Beispiel Maßnahmen unverbindlich angeschaut werden. Der Patient wird mit kleinen Annehmlichkeiten «gelockt». Lockerungen werden im Rahmen der bestehenden Möglichkeiten ausgenutzt.

6.9.2.3 Aggression infolge von Provokation, Entbehrung und Überforderung

Pflegerelevante Probleme: Der Patient fühlt sich durch bestehende Regeln provoziert und wird aggressiv (z. B. bei der Einteilung von Kaffee); der Patient leidet unter bestimmten Entbehrungen und reagiert daraufhin aggressiv (z. B. hat er noch keinen eigenen CD-Spieler);

der Patient ist durch bestimmte Anforderungen und Aufgaben völlig überfordert (er verlässt zum Beispiel am Morgen das Zimmer in einem inakzeptablen Zustand und reagiert auf Ansprache aggressiv).

Ressourcen: Der Patient hat eine kritische Sicht bestehender Regeln und ist in der Lage, eigenverantwortlich zu handeln; er ist sich seiner Bedürfnisse bewusst; er kann bestimmte Aufgaben und Anforderungen durchaus bewältigen.

Pflegeziele: Der Patient kann mit bestehenden Regeln umgehen. Unpassende Regeln werden durch Diskussion angepasst. Der Patient schafft es durch bestimmte Maßnahmen, seine Wünsche zu erfüllen, zumindest eine Perspektive zu entwickeln. Der Patient kann mit den an ihn gestellten Aufgaben adäquat umgehen.

Geplante Pflegemaßnahmen: Die Wünsche und Ziele des Patienten werden akzeptiert und bei der Planung berücksichtigt; die Notwendigkeit von Regeln wird erklärt, um Verständnis wird geworben; andererseits wird durch das Team die Sinnhaftigkeit von Regeln überprüft. Das Team zeigt Verständnis für die jeweilige Situation (Entbehrung) und arbeitet mit dem Patienten an einem Plan, das gesteckte Ziel zu erreichen. Aufgaben und Anforderungen werden den Fähigkeiten des Patienten angepasst (Überforderung); im gemeinsamen Gespräch wird nach Lösungen gesucht, eventuell wird vorübergehend Hilfestellung gegeben.

6.9.2.4 Aggressives Verhalten als Druckmittel

Pflegerelevantes Problem: Der Patient hat gelernt, seine Wünsche und Forderungen durch Aggressivität durchzusetzen.

Ressourcen: Der Patient ist sich seiner Wünsche und Bedürfnisse bewusst; er ist sich zudem der Wirkung seines Verhaltens auf andere bewusst.

Pflegeziele: Der Patient hat sich alternative Verhaltensweisen zum Erreichen seiner Wünsche erworben. Er hat die Erfahrung gemacht, dass Aggressivität nicht das einzige Mittel sein muss.

Geplante Pflegemaßnahmen: Bei aggressivem Verhalten werden keine Kompromisse eingegangen oder Wünsche erfüllt. Die Voraussetzungen zum Erfüllen der Wünsche werden klar definiert; andererseits wird die Ernsthaftigkeit der Wünsche akzeptiert, Hilfestellungen werden angeboten. Es wird darauf geachtet, dass der Patient positive Anregungen durch das Team erhält. Auf positive Verhaltensweisen anderer Patienten wird hingewiesen. Der Blick wird auf die gewünschten Verhaltensweisen gerichtet, um bei deren Auftreten (bitten, argumentieren, verhandeln etc.) mit Anerkennung, Zuwendung und Entgegenkommen zu reagieren.

6.9.2.5 Aggression durch Selbstüberschätzung

Pflegerelevantes Problem: Der Patient stößt immer wieder an seine Grenzen, die er nicht akzeptieren kann, und wird dadurch aggressiv.

Ressourcen: Der Patient zeigt sich selbstbewusst, hat ein eher sicheres Auftreten und kann die Initiative ergreifen.

Pflegeziel: Der Patient kann mit seinen Unzulänglichkeiten umgehen und diese besser akzeptieren. Dadurch ist er Alltagssituationen besser gewachsen.

Geplante Pflegemaßnahmen: Anhand einer ausführlichen Pflegeanamnese werden mittels der ATLs Ressourcen und insbesondere Defizite aufgedeckt. Im Laufe der Pflegeplanung soll der Patient dann schrittweise mit den problembesetzten Defiziten konfrontiert werden. Die einzelnen Schritte werden im Gesamtteam definiert und festgelegt.

Überschaubare Übungssitutionen werden geschaffen, um den Umgang mit Unzulänglichkeiten zu erlernen. Im Stationsalltag wird der Patient bei Tätigkeiten unterstützt, auf Überforderungen wird geachtet bzw. reagiert. Überforderungen dürfen von Mitpatienten nicht zum

Anlass für Bloßstellungen und Hänseleien genommen werden. Im Wochenplan ist gezielt auf Überforderungen zu achten, wobei insbesondere immer wieder die Ressourcen des Patienten berücksichtigt werden müssen. Mit dem nötigen Einfühlungsvermögen sind Gespräche über realisierbare Zukunftsperspektiven zu führen. Wenn möglich, soll der Patient in weitere soziale Trainingsmaßnahmen eingebunden werden.

6.9.2.6 Mangelnde Körperpflege

Pflegerelevantes Problem: Der Patient pflegt sich nicht ausreichend und ist in dieser Hinsicht völlig uneinsichtig.

Ressourcen: Der Patient besitzt in körperlicher Hinsicht die Fähigkeit, seine Körperhygiene selbstständig durchzuführen. Er akzeptiert im Grunde diese Maßnahmen. Der Patient nimmt Kritik und Nachteile durchaus wahr. Er legt Wert auf die Wahrung seiner Intimsphäre. Bei bestimmten Anlässen ist er durchaus in der Lage, auf sein Äußeres und auf Hygiene zu achten. Der Patient zeigt Schamgefühl bei Ansprache.

Pflegeziele: Der Patient pflegt sich mit Unterstützung; dann pflegt er sich zunächst nach Aufforderung, später ohne jede pflegerische Intervention.

Geplante Pflegemaßnahmen: Zunächst wird der Patient zur Körperpflege begleitet; Waschutensilien und frische Kleidung werden gerichtet. Beim Waschen erfolgt eine Anleitung. Regelmäßige Termine werden festgelegt, wobei auf die Wahrung der Intimsphäre und genügend Zeit zu achten ist.

Um den Patienten weiter zu animieren, werden dann Kontrollen (Körperpflege nach Aufforderung) durchgeführt, Hygienepläne werden erstellt; der Patient ist in ausreichendem Maße für Erfolge zu loben. Später werden die Kontrollen dann unregelmäßig durchgeführt, wobei der Patient zur Kontinuität ermuntert wird. In regelmäßigen Abständen wird er auf die Vorteile seines geänderten Verhaltens angesprochen.

6.9.2.7 Einsame Patienten auf der Suche nach Zärtlichkeit

Pflegerelevantes Problem: Der Patient leidet an einem Mangel an emotionaler und körperlicher Zuneigung. Dies wirkt sich in regelmäßigen Abständen auf seine Stimmung und damit auf seine Behandlung aus.

Ressourcen: Der Patient nimmt seine Bedürfnisse wahr und kann diese mitteilen. Der Patient ist kontaktfreudig und motiviert, seine Situation zu verändern. Der Patient hat Hobbys und Interessen.

Pflegeziele: Der Patient ist emotional gefasster und kann mit seinen Problemen besser umgehen. Er hat Perspektiven, emotionale Zuwendung zu erlangen.

Geplante Pflegemaßnahmen: Das Problem wird in keiner Weise bagatellisiert. Pflegekräfte nehmen sich Zeit und bemühen sich gemeinsam mit dem Patienten im Rahmen von Freizeitbeschäftigungen um Ausgleich. Wenn möglich, werden Kontaktversuche unterstützt (Brieffreundschaften). Der Patient wird motiviert, so es sinnvoll erscheint, alte Kontakte durch Briefe und Telefonate erneut aufleben zu lassen. Der Patient wird ermuntert, das Gespräch mit solchen Mitpatienten zu suchen, die ein vergleichbares Problem haben. Der Patient wird unterstützt in dem Bestreben, durch die Wahrnehmung zusätzlicher Therapieformen (Musik- oder Sporttherapie) einen Ausgleich zu schaffen.

6.9.2.8 Gesteigerter Sexualtrieb/Pädophilie

Pflegerelevante Probleme:

a) Der Patient ist enthemmt und wahrt die Intimsphäre anderer Patienten nicht. Er ist völlig distanzlos und überschreitet Grenzen.
b) Es drohen strafbare Handlungen, da der Patient seinen Sexualtrieb nicht unter Kontrolle hat.
c) Der Patient stellt seinen Trieb zur Schau.

Ressourcen:

Zu a) Der Patient besitzt Schamgefühl und ist sehr wohl in der Lage, sein abweichendes Verhalten zu erkennen.

Zu b) Hier steht die Delinquenz des Patienten im Vordergrund.

Zu c) Ressourcen sind aus der Patientenbeschreibung nicht ableitbar. Vor Ort sind individuelle Ressourcen zu finden.

Pflegeziele:

Zu a) Der Patient respektiert die Intimsphäre anderer.

Zu b) Strafbare Handlungen müssen verhindert werden.

Zu c) Der Patient stellt seinen Sexualtrieb weder verbal noch aktiv zur Schau, da er sein Maß an Zuwendung auf adäquate Weise erhält.

Geplante Pflegemaßnahmen:

Zu a) Der Patient wird auf das distanzlose Verhalten gezielt angesprochen, eventuell erfolgt ein Entzug von Lockerungen; in Gesprächen werden die Grenzen der Intimsphäre anderer Patienten erklärt; sexuelle Belästigungen werden als solche deklariert und gewertet.

Zu b) Alle Informationen (Gefühle und Stimmungen sind hier sehr wichtig) und Beobachtungen werden weitergegeben. Gefahrenbesetzte Situationen werden vermieden. Die Zimmerkontrolle wird intensiviert (manipulierte Kinderbilder etc.); durch klares Ansprechen werden Wert- und Moralvorstellungen vermittelt.

Zu c) Fehlverhalten wird sofort angesprochen. Falls es nötig sein sollte, wird der Patient aus der Gemeinschaft genommen. Andererseits zeigen sich Pflegende sensibel für versteckte Wünsche und nehmen diese ernst.

6.10 Das Reasoning & Rehabilitation Programm

▶ Das Reasoning & Rehabilitation Programm (R & R), ein Behandlungsprogramm, das auf der kognitiv-behavioralen Theorie basiert [s. Kap. 6.11.2], ist nach derzeitiger Diskussion am ehesten geeignet, um die Rückfallrate bei Straftätern zu senken. R & R gehört in Amerika, Großbritannien, Kanada und Australien zu den am häufigsten angewandten und zudem erfolgreichen Behandlungsprogrammen dieser Art. Gefängnis- und Bewährungsdienste greifen weltweit immer häufiger darauf zurück. Der große Vorteil dieses Ansatzes liegt darin, dass nicht nur darauf abgezielt wird, das Verhalten, die Gefühle und die beruflichen und sozialen Fertigkeiten zu ändern; auch die Art des Denkens wird beeinflusst, das heißt, die Fähigkeit zu Selbstkritik wird gefördert, Verständnis und Bewertung der Umwelt werden korrigiert. Im Jahre 1998 führte die Klinik für forensische Psychiatrie in Haina als erste Einrichtung dieses Programm ein. Pflegekräfte sind in das Konzept unmittelbar eingebunden! (Gretenkord, 2002: 29 ff.) ◀

Sofern sie gut remitiert und medikamentös eingestellt sind, können durchaus auch an einer Psychose erkrankte Patienten von dieser Behandlungsform profitieren. In Haina wurde auch ein Angebot für geistig Behinderte konzipiert. Das Konzept sieht 35 vorstrukturierte Sitzungen von je 2 Stunden Dauer vor. Zwei Sitzungen pro Woche sind mindestens zu erreichen. Ein stationäres Setting ist ebenso geeignet wie ein ambulantes. Gruppen bestehen aus sechs bis höchstens acht Teilnehmern. Sachbezogene Wissensvermittlung, Aufklärungsarbeit, Gruppendiskussionen, Rollenspiele, strukturierte Denkaufgaben, Hausaufgaben und Spiele kommen als Methoden zum Einsatz. Die jeweiligen Programmstunden sind vom Inhalt her streng definiert und an ein festes Arbeitspensum gebunden. Die einzelnen Lernziele des Programms lauten:

- Problemlösen
- Infragestellen der Starrheit des eigenen Denkens (kreatives Denken)
- Wertevermittlung

- Verbesserung sozialer Fertigkeiten
- kritisches Denken (logisch, rational und objektiv denken)
- Emotionsregulierung (Umgang mit negativen Gefühlen)
- Förderung von Empathie
- kritische Bewertung des eigenen Denkens
- Selbstkontrolle und soziale Perspektivenübernahme.

▶ Straftäter sind oft wenig abstraktionsfähig, sie reflektieren nicht, sind handlungsorientiert und impulsiv. Sie sind über die egozentrische Phase der kognitiven Entwicklung nicht hinausgekommen und sind unfähig, das Verhalten, die Gedanken und die Gefühle anderer Menschen zu verstehen. Demzufolge haben sie gravierende Defizite bezüglich sozialer Fertigkeiten und zwischenmenschlicher Problemlösungsfertigkeiten. (Gretenkord, 2002: 30) ◀

In der konkreten Arbeit wird die inhaltliche Gestaltung der einzelnen Sitzungen einem programmzugehörigen Handbuch entnommen, wobei das Handbuch in folgende miteinander in Beziehung stehenden Module gegliedert ist:

- Problemlösen
- soziale Fertigkeiten
- Verhandlungsfertigkeiten
- Management von Emotionen
- kreatives Denken
- Verstärkung von Wertvorstellungen
- kritisches Denken
- Fertigkeiten im Überblick.

In den folgenden beiden Abschnitten werden beispielhaft zwei der Module beschrieben.

6.10.1 Beispiel 1: Das Modul «Verhandlungsfertigkeiten»

▶ Bei Straftätern liegen verschiedene dysfunktionale Verhaltensweisen vor, mit Konflikten umzugehen. Viele rebellieren in einer antisozialen Weise, wenn sie in Konflikt mit einem anderen Menschen geraten. Andere vermeiden die direkte Auseinandersetzung und versuchen, ihre Belange durch Manipulieren durchzusetzen. Sich zurückzuziehen beinhaltet für andere, sich in Alkohol oder Drogen zu flüchten. Wieder andere vermeiden den Konflikt durch Anpassung. Im Modul Verhandlungsfertigkeit sollen die Teilnehmer lernen, durch Verhandeln ihre Belange zu erreichen, was gewöhnlich einen Kompromiss einschließt, der vielen Straftätern ein Gräuel ist, weil dieser von ihnen als Schwäche ausgelegt wird. Dementsprechend ist es notwendig, den Teilnehmern zu vermitteln, dass ihre Art der Auseinandersetzung insgesamt kein effektiver Weg ist, mit Problemen umzugehen [...]. Die Teilnehmer sollen lernen, eine problematische Situation zu erkennen und klarzustellen, die Alternativen in Richtung auf Befriedigung sowie die Konsequenzen aus den verschiedenen Wahlmöglichkeiten zu erkennen. [...] Zu diesem Zweck sind im Programm diverse verhandlungsfähige Situationen vorgegeben, die als Übungsfeld dienen. (Bauer: 4) ◀

6.10.2 Beispiel 2: Das Modul «Soziale Fertigkeiten»

▶ Straftäter verhalten sich antisozial, weil ihnen die Fertigkeiten zu prosozialem Verhalten fehlen. Um zu erlernen, dass sie akzeptiert und nicht abgelehnt werden, werden in acht Sitzungen folgende Handlungsmöglichkeiten vermittelt:

- Bitten um Hilfe
- sich beschweren können
- andere überzeugen
- Umgang mit Beschwerden
- Umgang mit Überzeugungsversuchen
- Umgang mit eigenen Fehlern
- Umgang mit den Gefühlen anderer
- Umgang mit widersprüchlichen Botschaften.

Häufig sind es Rollenspiele, durch die unter Anleitung eines Trainers, der in Kliniken von Pflegekräften gecoacht werden kann, neue Verhaltensweisen erarbeitet werden. Systematisch werden die einzelnen Schritte geübt: Definieren des Problems, Entscheidung über und Suche von Hilfe, Erklären des Problems einem zur Hilfe Gerufenen gegenüber. ◀

6.11 Anhang

6.11.1 Beziehungspflege in der forensischen Psychiatrie

Werner Stuckmann

▶ Das größte Geschenk, / das ich empfangen kann, ist, von Dir gesehen, / gehört, verstanden, berührt zu werden; / das ich geben kann, Dich zu sehen, zu hören, / zu verstehen und zu berühren. / So glaube ich, entsteht eine Begegnung / zwischen Dir und mir. / **Was Du nicht willst, / das man Dir tu', / das füg' auch keinem andern zu!** (Grond, 1997) ◀

Die forensisch-psychiatrischen Patienten sind doppelt stigmatisiert. Auf der einen Seite sind sie psychisch krank bzw. gestört oder abhängig, auf der anderen Seite sind sie mit dem Gesetz in Konflikt geraten. Deshalb wurde die Unterbringung nach § 63 StGB (in einem psychiatrischen Krankenhaus) bzw. nach § 64 StGB (in einer Entziehungsanstalt) vom Gericht angeordnet.

Anders ausgedrückt haben sich unsere Patienten durch ihre strafbaren Handlungen selbst aus der Gesellschaft ausgegrenzt. In der Maßregelvollzugsbehandlung soll der Patient befähigt werden, nach der Entlassung wieder in die Gesellschaft integriert zu werden.

Ich möchte in diesem Kapitel darauf eingehen, wie eine professionell gestaltete Beziehung zu den forensischen Patienten dazu beitragen kann, diesem Auftrag gerecht zu werden. Zunächst ist es allerdings unabdingbar, die Aufgaben forensisch-psychiatrischer Pflege zu definieren.

6.11.1.1 Forensisch-psychiatrische Pflege

Die Dauer der Unterbringung von Patienten nach § 63 Strafgesetzbuch liegt bei zirka 6 Jahren, während Patienten nach § 64 Strafgesetzbuch durchschnittlich zirka 2 Jahre im Maßregelvollzug behandelt werden. Diese lange Unterbringungszeit prägt selbstverständlich das Aufgabengebiet des Pflegedienstes. Professor Wilfried Rasch, der erste Professor für forensische Pflege in der Bundesrepublik Deutschland, sagte Mitte der 80er-Jahre des 20. Jahrhunderts, jeder psychisch kranke Rechtsbrecher schaffe sich selbst seine Situation, in der er strafbar handelt. Ausgehend von diesem Leitsatz wird die Aufgabe der forensischen Pflege deutlich.

Bei der Bearbeitung der psychischen Erkrankung/Störung können die Pflegenden, wenn überhaupt, nur einen begleitenden oder assistierenden Auftrag wahrnehmen. Die Pflegenden haben keine Ausbildung, um die psychische Erkrankung bzw. Störung zu bearbeiten. Nicht diese steht deshalb im Mittelpunkt pflegerischer Tätigkeit, sondern die Situation, die sich der Patient geschaffen hat, in der er strafbar wurde bzw. – anders ausgedrückt – seine Lebenssituation.

Die Unterstützung bei der Gestaltung des Alltags (seiner Lebenssituation) und die Vermittlung sozial anerkannter Normen und Werte kann als Aufgabe des Pflegedienstes in der forensischen Psychiatrie bezeichnet werden (Sternberg/Stuckmann, 1999). Pflege hat einen sozialtherapeutischen und einen milieutherapeutischen Schwerpunkt. Verglichen mit anderen therapeutischen Verfahren hat Pflege eine generalistische Aufgabe, indem sie den Patienten hilft, ihren Alltag entsprechend ihren physischen, emotionalen, intellektuellen, spirituellen und sozialen Bedürfnissen zu gestalten (Schröck, 1996). Um diesem Auftrag gerecht werden zu können, bedarf es einer Gestaltung der Beziehung zu den forensischen Patienten, die den Menschen selbst in den Mittelpunkt stellt.

6.11.1.2 Beziehungspflege versus Bezugspflege

In ihrem Standardwerk «Pflegeplanung» haben Fiechter und Meier den Pflegeprozess erstmals als Beziehungs- und Problemlösungsprozess beschrieben (Fiechter/Meier, 1988: 27). In der Folge wurden immer wieder Begriffe wie «Beziehungspflege» und «Bezugspflege» in der Literatur verwendet und zum Teil auch widersprüchlich genutzt.

Bei der Recherche im Pflegelexikon (Georg/Frowein, 1999) wurde deutlich, dass der Begriff

«Beziehungspflege» hier überhaupt nicht auftaucht. Bezugspflege wird wie folgt definiert:

▶ Eine Pflegeperson lässt sich in besonderer Weise zu einem Patienten ein; diese besondere Beziehung beinhaltet zuallererst eine besondere Zuständigkeit und Verantwortlichkeit für die zu betreuende Person, das heißt sich dem Patienten als Bezugsperson vorzustellen, ihm den Sinn zu verdeutlichen, sich über seine Lebens- und Krankheitsgeschichte sowie seine Lebensumstände zu informieren. Berücksichtigung findet die Erkenntnis, dass die begleitete Person ein eigenständiger erwachsener Mensch bleibt. ◀

Gerhard Huck sieht in der Bezugspflege eine Organisationsform, in der Beziehungspflege erst wirksam wird – eine Definition, die hier aufgegriffen werden soll, da der Begriff «Beziehungspflege» die Beziehung zwischen Krankenschwester/-pfleger und Patient in den Vordergrund stellt, während der Begriff «Bezugspflege» einen Bezug zu etwas oder jemandem ableiten lässt. Dies deckt sich auch eher mit dem Anspruch, den Frau Prof. Schröck als Geleitwort im Buch «Beziehungspflege» von Rüdiger Bauer definiert hat: «Der Mittelpunkt allen pflegerischen Handelns ist die Begegnung mit dem einzelnen Menschen, ganz gleich, unter welchen organisatorischen Bedingungen und an welchen Orten sie stattfindet.» (Schröck, 1997: 724). Auch Bauer unterscheidet Beziehungspflege und Bezugspflege und sieht in der Bezugspflege eine formale Organisationsform und die Beziehungspflege als Inhalt von Bezugspflege an (Bauer, 2001: 309 ff.).

Eine wesentliche Unterscheidung liegt vor allem darin, dass die Pflege der Beziehung etwas Aktives ist und von den Pflegenden ausgeht und gestaltet wird. Bezugspflege ist etwas Statisches. Man kann feststellen, ob in der Bezugspflege gearbeitet wird oder nicht.

6.11.1.3 Beziehungsgestaltung und -pflege in der forensisch-psychiatrischen Pflege

Nach Kistner treffen die Pflegenden in der Psychiatrie hinsichtlich der Beziehungsgestaltung fast immer auf beziehungsgestörte Patienten (Kistner, 1997). Die Gründe dafür liegen in der Besonderheit psychiatrischer Erkrankungen. In der forensischen Psychiatrie wird dieser Aspekt noch einmal um die bisherige Lebensgestaltung der forensischen Patienten verstärkt. Viele Patienten in forensischen Einrichtungen sahen sich in ihrer Entwicklung ständigen Beziehungsabbrüchen durch Heimaufenthalte, ungünstige Familiensituation u.ä. konfrontiert.

Auch die Situation, dass viele der forensischen Patienten eine (lange) Zeit ihres Lebens im Gefängnis verbracht haben und damit ein so genanntes «Knastmilieu» erlebten, beeinflusst die Beziehungsgestaltung zwischen Pflegenden und forensisch-psychiatrischen Patienten. Bei der Gestaltung der Beziehung zu unseren Patienten ist es demnach wichtig, deren Lebensgeschichte zu kennen. Es ist aber genauso wichtig, die Beziehung theoriegeleitet zu gestalten, um dem Anspruch einer professionellen Beziehungsgestaltung gerecht werden zu können.

Wie oben schon beschrieben, zeichnet sich eine professionelle Beziehungsgestaltung auch dadurch aus, dass die Entwicklung der Beziehung von den Pflegenden aktiv, aber auch reflektiert und zielgerichtet gesteuert wird.

Doch woran sollen wir uns in der Beziehungsgestaltung orientieren? Die Gestaltung professioneller Beziehungen zu unseren Patienten lernen wir bisher kaum in unserer Ausbildung. Das Thema Beziehungsgestaltung wird in der Krankenpflegeausbildung immer noch stiefmütterlich behandelt. Deshalb verwundert es nicht, dass die Gestaltung der Beziehung zu den Patienten so erfolgt, wie wir es in unserem Leben gelernt haben. Wir setzen – ob gewollt oder nicht – die Beziehungsmuster fort, die wir selbst erfahren haben. Oscar Wilde hat einmal gesagt, dass Erfahrung der Name ist, den wir unseren Irrtümern geben. Da wir aber sicher nicht die Irrtümer unseres bisherigen Lebens in die Gestaltung der Beziehung zu unseren Patienten einfließen lassen wollen, müssen wir unser Verhalten reflektieren und den Raum für neue Erkenntnisse frei machen.

An dieser Stelle sei auf der Grundlage der Pflegetheorie von Hildegard E. Peplau ein Fallbeispiel dafür benannt, wie die Orientierung an pflegetheoretischen Aussagen dazu beitragen kann, den Entwicklungsstand eines forensischen Patienten zu analysieren. Ganz nebenbei bietet uns diese Vorgehensweise die Möglichkeit, neue Erfahrungen zu sammeln. Zunächst sei das Modell psychodynamischer Krankenpflege von Hildegard Peplau kurz beschrieben (zit. in Bauer, 1997: 7 ff.).

Peplau beschreibt Krankenpflege als einen psychodynamischen Prozess. Dabei stellt sie heraus, dass es Pflegenden möglich ist, durch Reflektion des eigenen Verhaltens das Verhalten der Patienten zu verstehen und ihnen damit helfen zu können. Peplau beschreibt vier Phasen der Beziehung zwischen Pflegenden und Patient und ordnet diesen Phasen konkrete Rollen zu, die beide einnehmen können:

- *Orientierungsphase:* Hier sind sich Pflegeperson und Patient fremd. Erstere hilft dem Patienten, seine Probleme zu erkennen.
- *Identifikationsphase:* Hier findet eine Identifikation mit den Personen statt, die dem Patienten helfen können.
- *Ausbeutungsphase:* Hier versucht der Patient, das neu Erlernte für seine Zwecke zu nutzen.
- *Entschluss- bzw. Ablösungsphase:* Hier werden alte Ziele nach und nach zur Seite geschoben und neue Ziele angenommen.

Diesen Phasen schreibt Peplau Rollen zu, die von Pflegenden und Patienten eingenommen werden. Sie unterscheidet folgende Rollen:

- Unbekannter/Fremder
- bedingungsloser Mutter-/Vaterersatz
- Beraterin
- Führungsperson
- Ersatzperson
- Erwachsener.

Das Einnehmen einer bestimmten Rolle durch den Patienten und das Zuweisen einer Rolle für den Pflegenden durch den Patienten lässt Rückschlüsse darauf zu, in welcher Phase sich der Patient aktuell befinden könnte.

Das Modell von Peplau kann uns im forensischen Alltag in vielerlei Hinsicht weiterhelfen. Betrachten wir einmal ein Fallbeispiel (siehe Kasten), das im Rahmen einer innerbetrieblichen Fortbildung angesprochen wurde. Dabei wurde das Modell von Peplau genutzt, um die Beziehung zwischen Patient und Mitarbeitern zu analysieren. Es sollte nicht darum gehen, die «richtige» Lösung zu finden, sondern zusätzliche Informationen zu erhalten. Deshalb wird auch hier auf die Darstellung einer «richtigen» Lösung verzichtet.

Fallbeispiel

Zwei Mitarbeiter einer Station, auf der ausschließlich Sexualstraftäter behandelt werden, berichten folgenden Sachverhalt: Patient X, der über weit reichende Lockerungen verfügt, hat eine Mitarbeiterin, die ihm einen Wunsch abschlagen musste, mit übelsten – auch sexistischen – Ausdrücken beschimpft. Das führte im Team dazu, sich über die weitere Behandlung Gedanken zu machen. Bei der Diskussion kristallisierten sich zwei Pole heraus. Die eine Gruppe der Mitarbeiterinnen und Mitarbeiter war der Auffassung, dass dem Umstand der Beleidigung von Seiten des Patienten sofort begegnet werden müsse. Der Patient müsse abgesondert und die Lockerungen zurückgenommen werden. Die andere Gruppe vertrat die Auffassung, dass die Zurücknahme der Lockerungen zu weit reichende Konsequenzen für den Patienten habe. Es sei noch erwähnt, dass bei diesem Patienten zu der besagten Zeit ein Ausbildungsplatz gesucht wurde. Dafür war ebenfalls eine Beurlaubung des Patienten geplant.

Die Lösung bestand schließlich darin, dem Patienten über 2 Tage einen «Zimmerarrest» zu verordnen. In diesen 2 Tagen sollte er über die Beleidigung nachdenken.

Wie bereits erwähnt, soll hier nicht eine richtige Lösung angeboten werden. Vielmehr erscheint es angebracht, einen theoriegeleiteten, fachlichen Aspekt in die Diskussion einzubringen, die sehr von Emotionen geprägt war. Das verwundert nicht, da die beiden Gruppen letztlich über ihre eigenen Normen und Werte diskutierten. Die Argumentation der einen Gruppe ging in die Richtung, dass die Missachtung einer gesellschaftlichen Norm durch einen Patienten unmittelbare Konsequenzen nach sich ziehen müsse.

Die andere Gruppe vertrat die Auffassung, dass man dem Patienten aber seine Zukunft nicht verbauen dürfe, was wiederum der Norm (oder dem Anspruch) entspricht, dass wir unseren Patienten weiterhelfen sollen (wollen).

Bei Betrachtung dieser Situation aus dem Blickwinkel der Pflegetheorie von Hildegard E. Peplau sind folgende zusätzliche Informationen von Bedeutung:

Die Beleidigung des Patienten könnte man als Situation betrachten, in welcher der Patient sich in eine kindliche Rolle bzw. in die Rolle eines Jugendlichen begibt. Gleichzeitig schreibt er der Pflegenden bzw. dem Team die Verantwortung zu, in dieser Situation zu reagieren und Entscheidungen zu treffen. Man könnte sagen, dass dem Team bzw. der Pflegenden die Rolle als Führungsperson bzw. als Mutter-/Vaterersatz zugeschrieben wird.

Nach dem Modell von Peplau befindet sich der Patient damit in der Identifikationsphase. Von seinem Lockerungs- und Behandlungsstand her befindet sich der Patient in der Nutzungs- bzw. Ablösungsphase.

Mit dieser neuen Erkenntnis könnte die Diskussion über die richtige Lösung neu aufgegriffen werden. Immerhin wäre es spannend zu eruieren, ob der Patient sich öfters Konstellationen schafft, in denen er nicht erwachsen sein muss, obwohl man ihm das vielleicht schon zutraut.

Der Pflegende selbst kann für sich – aber auch im Team – reflektieren, ob er diese Rolle für sich in dieser Situation als professionell betrachtet. Zielsetzung sollte es insgesamt sein, den Patienten perspektivisch in die Rolle des Erwachsenen zu begleiten, da er diese Rolle bei der Wiedereingliederung in die Gesellschaft wahrnehmen muss und soll (wenn wir von den Patienten ausgehen, die später selbstständig ihr Leben gestalten können).

6.11.1.4 Nähe und Distanz

Eine immer wieder auftretende Frage in der Pflege forensischer Patienten ist das Thema «Nähe und Distanz». Wie kann ich dem Patienten genug Nähe vermitteln und gleichzeitig so viel Distanz wahren, dass ich von ihm nicht vereinnahmt werde?

Kopp fordert von den Pflegenden, dass die Veränderung einer professionellen Beziehung zum Patienten auf eine persönliche Ebene in einer Pflegebesprechung thematisiert werden muss. Das sei ein Zeichen professioneller Beziehungsgestaltung (Kopp, 1996).

Dem sei zugestimmt, aber woran merken wir Pflegenden, dass die Beziehung zu persönlich wird? Meiner Einschätzung nach kann man das zunächst daran merken, dass es in Gesprächen zwischen Pflegendem und Patienten nicht um den Patienten, sondern primär um den Pflegenden geht. Wenn also nicht mehr der Patient im Mittelpunkt pflegerischen Handelns steht, wird es Zeit, über die Pflege und die Form der Beziehung nachzudenken. Kritisches Reflektieren der eigenen Handlungsweise und des persönlichen Gesprächsverhaltens kann hier eine erste Hilfestellung bieten.

In der Arbeit mit drogenabhängigen Patienten ist oft zu beobachten, wie sich die Pflegenden verändern. Manche lassen sich tätowieren. Andere färben ihre Haare hennafarben. Wieder andere lassen sich piercen. Diese Veränderungen an sich seien hier nicht in Frage gestellt: Heute ist es nicht untypisch und oft sehr modisch, sich äußerlich so zu zeigen.

Genauso wichtig ist aber, diese äußerlichen Veränderungen mit den Kollegen zu besprechen. Werden diese Veränderungen nicht selbst von dem Betreffenden angesprochen, ist es die Pflicht der anderen Kollegen, dies mit ihm zu thematisieren. Vielleicht ist der Betreffende zu «dicht» am Patienten und benötigt unsere Hilfe, um wieder eine professionelle Beziehung daraus zu gestalten. Immerhin besteht der Auftrag darin, Veränderungen in erster Linie beim Patienten und nicht bei uns zu bewirken. Sonst sollten wir uns die Frage gefallen lassen: *«Wer lernt primär von wem?»*

Die Reflektion der eingenommen Rolle ermöglicht auch, verlorene Distanz wieder auszugleichen bzw. zu viel Distanz zu korrigieren.

6.11.1.5 Duzen – Siezen

Die Situation, dass die Patienten von uns geduzt werden, ist heute sicher nicht mehr so häufig anzutreffen, wie noch vor wenigen Jahren, als die Auffassung vertreten wurde, Duzen sei therapeutisch indiziert und fördere den Aufbau einer vertrauensvollen Beziehung zum Patienten. Heute ist die Anrede per «Sie» Ausdruck professioneller Arbeit.

Wir duzen Menschen, mit denen wir eng befreundet sind, mit denen wir verwandt sind oder mit denen wir uns in unserer Freizeit, zum Beispiel im Verein, umgeben. All diese Voraussetzungen liegen allerdings nicht vor, wenn Pflegender und Patient eine Beziehung eingehen. Weder Patient noch Pflegekraft haben sich bewusst dafür entschieden, mit dem anderen eine Beziehung in der jetzigen Situation eingehen zu wollen. Der Pflegende arbeitet auf der Station und verdient dort seinen Lebensunterhalt, während der Patient vom Gericht eingewiesen wurde. Die Voraussetzungen sind unterschiedlich.

Der Patient kommt zu uns, weil er mit seiner Krankheit/Störung bzw. Abhängigkeit ein Delikt begangen hat und professionelle Unterstützung benötigt, die ihn befähigen soll, sozial anerkannte Normen und Werte zu verinnerlichen. Eine in unserer Gesellschaft festgelegte Norm ist die, dass wir uns normalerweise siezen. Viele unserer Patienten haben diese Norm in ihrer bisherigen Geschichte nicht verinnerlichen können. Ständige Heim- und Gefängnisaufenthalte haben nicht dazu beigetragen, dass die Norm, andere Menschen mit «Sie» anzusprechen, verinnerlicht werden konnte.

Jetzt sollen wir den forensischen Patienten allerdings etwas anderes vermitteln. Selbst wenn uns die Patienten immer wieder anbieten, sie zu duzen, besteht unsere Professionalität darin, dieses Angebot nicht anzunehmen und ihn weiter zu siezen. Unsere Rolle ist die aktive Gestaltung der Beziehung und reflektierte Arbeit. Beim Angebot des Duzens durch den Patienten besteht unsere Professionalität darin, über den Patienten mit seiner Störung, unsere professionelle Aufgabe und die Rolle, die wir beim Patienten einnehmen, nachzudenken. Nur so können wir unserem Auftrag gerecht werden.

6.11.1.6 Wie lässt sich Bezugspflege in der Forensik organisieren?

Die bisherigen Ausführungen haben sich auf die Gestaltung der Beziehung zu den forensisch-psychiatrischen Patienten bezogen. Im folgenden Abschnitt wird eine Organisationsform der Bezugspflege vorgestellt, die sich in der Praxis bewährt hat.

Bei diesem Beispiel finden wir eine Station mit insgesamt 20 Patienten und 17 Mitarbeitern vor. Jeder Mitarbeiter ist in der Bezugspflege eingesetzt. Es wurden insgesamt vier Pflegegruppen gebildet. Die Mitarbeiter haben sich selbst einer Pflegegruppe zugeordnet. Dabei wurde die jeweilige Qualifikation berücksichtigt. In jeder Gruppe wurde eine Gruppenleitung benannt, die über eine Fachweiterbildung verfügt. Die Aufgaben der Gruppenleitung sind neben der Pflege der Patienten die Organisation der Pflegegruppe und die Anleitung der übrigen Gruppenmitglieder. Zur Organisation der Gruppe gehören die Planung und Durchführung von Gesprächen über die Entwicklung der einzelnen Patienten.

Diese Gruppenkonstellation ermöglicht fast immer die Präsenz eines Mitglieds der Pflegegruppe als Ansprechpartner für die Patienten. Dadurch wird eine Beziehungskonstanz gewährleistet, die viele unserer Patienten bisher nicht kennen gelernt haben. Diese Organisationsform bietet für die Pflegenden selbst den Vorteil, dass verschiedene Qualifikationen der Mitarbeiter Berücksichtigung finden können. Außerdem werden die emotionale Belastung der Arbeit und das Risiko des Distanzverlustes im Vergleich zur Einpersonenbezugspflege deutlich minimiert.

Eine genaue Darstellung, wie diese Gruppen arbeiten können, welche Rolle die Stationsleitung einnimmt und wie der Pflegeprozess durchgeführt werden kann, würde den Rahmen dieses Abschnitts sprengen. Es sei lediglich erwähnt, dass die Stationsleitung primär Aufgaben des Stationsmanagements übernimmt und dafür zuständig ist, die Arbeit der Pflegenden zu steuern und ggf. anzuleiten.

6.11.1.7 Schlussbemerkung

Der Begriff «Beziehungspflege» wird in der Bundesrepublik Deutschland seit zirka 10 Jahren intensiver in der Literatur erwähnt. Das ist sicher auf die Professionalisierung der Pflege zurückzuführen. In diesem Abschnitt sollte dargestellt werden, wie eine theoriegeleitete und reflektierte Form der Beziehungspflege mit forensisch-psychiatrischen Patienten aussehen kann. Das Thema selbst ist so komplex, dass diese Darstellung lückenhaft sein muss. Allerdings muss eine professionelle Beziehungsgestaltung von uns Pflegenden zunächst noch gelernt werden, damit wir nicht nur uns selbst, sondern auch unseren Patienten die Erfahrungen ersparen können, die wir bereits gemacht haben. Und deren Erfahrungen haben zum Teil dazu beigetragen, dass sie sich im Maßregelvollzug befinden.

6.11.2 Pflegediagnosen in der forensischen Psychiatrie

Sabine Glanz, Frank Voss, Jürgen Georg

Das folgende Kapitel führt überblicksartig in das Thema «Pflegediagnosen und -diagnostik» im Umfeld forensicher Pflege ein. Es klärt den Gegenstand von Pflegediagnosen konzeptuell, kontextuell und strukturell, bietet Anwendungsbeispiele und zeigt wie Pflegediagnosen eingeführt und umgesetzt werden können.

6.11.2.1 Einführung von Pflegediagnosen und -diagnostik in die Forensik

Der Pflegeprozesses in der forensischen Pflege wird in vielen Kliniken durch die Einführung von elektronischen Krankenhausinformationssytemen (KIS) deutlich aufgewertet, gleichzeitig müssen sich Pflegende umorientieren, wie sie zukünftig mit dem Pflegeprozess und der Pflegeplanung umgehen. Mit der Einführung und Etablierung des EDV-gestützten Pflegeprozesses wird auch eine Fachsprache notwendig um Pflegeprobleme-/diagnosen, -ziele und -maßnamen/-interventionen einheitlich zu benennen. In diesem Zusammenhang tauchen immer häufiger die Begriffe «Pflegediagnosen», «Pflegeinterventionen» und «Pflegeergebnisse» in der Fachdiskussion und im pflegerischen Alltag auf. Eine für viele Pflegenden neue Rolle und für andere Berufsgruppen unter Umständen ungewohnter Umstand; Pflegende diagnostizieren und stellen eine Diagnose. Traditionell sind in den Kliniken Diagnosen bisher von den ärztlichen Kollegen gestellt worden, um Erkrankungen zu benennen, oder von psychotherapeutischen Kollegen, um psychische Störungen zu erkennen. Mit Pflegenden in der Rolle der Diagnostiker sind Kollegen in der Klinik noch wenig vertraut und der Gegenstand, den Pflegende mit Pflegediagnosen benennen, ist noch wenig kommuniziert. Das hatte bislang zur Folge, dass sich die Pflege häufig bei der Festlegung von Pflegemaßnahmen oder -interventionen sehr stark an den medizinischen Diagnosen oder psychischen Störungen orientiert hat. Damit wurde der ärztlich oder therapeutisch initiierte Handlungsbereich der Pflege einseitig betont. Der Bereich der Pflege jedoch, in dem Pflegende selbst pflegerisch beeinflussbare Gesundheitsprobleme und Entwicklungspotenziale von Klienten erkennen und benennen und entsprechende pflegerisch initiierte Interventionen einleiten, blieb bei dem eingangs geschilderten arztzentrierten und -initiierten Ansatz unsichtbar.

Erfahrungsgemäß haben Pflegende in der Forensik ein starkes Bedürfnis nach klaren Strukturen und Regelungen. Die Gründe hierfür sind vielfältig. Auf der eine Seite steht der gesetzliche Auftrag der Besserung und Sicherung, auf der anderen Seite sind die MitarbeiterInnen mit hochkomplexen Krankheits- und Störungsbildern bei den KlientInnen konfrontiert, die Pflegende auf vielen Ebenen professionelle Grenzen aufzeigen. Gerade bei «Problemfällen» wird sehr häufig der Ruf nach klaren Regeln und möglichst gleichen Vorgehensweisen bei allen

Klienten laut. Interessanterweise zeigt die Erfahrung, dass solche Forderungen sowohl von Pflegenden, aber durchaus auch von Klienten gleichermaßen gestellt werden. Hier muss unter allgemeingültigen Regeln (z.B. im Sinne einer allgemeinen Stationsordnung) und individuellen Regelungen auf den einzelnen Klienten bezogen unterschieden werden. Diese Unterscheidung kann und sollte auch im Team und gegenüber den Klienten bei der Umsetzung von konkreten Pflegemaßnahmen transparent gemacht und kommuniziert werden. – Der Pflegeprozess und damit auch die Pflegediagnostik stellen eine gute Möglichkeit und Hilfsmittel für diesen Prozess dar. Ziel und Aufgabe ist es, sich an dem tatsächlichen pflegerischen Bedarf des Klienten zu orientieren und nicht ausschließlich an einer medizinischen Diagnose.

Grundsätzlich ist es möglich, eine Pflegediagnose ohne Vorkenntnis der medizinischen Diagnose (ICD) oder psychischen Störung (DSM; Sass, 2003) zu stellen, auf der Grundlage des pflegerischen Assessments. Gleiches gilt für die ärztliche und psychologische Diagnostik. Beide gemeinsam helfen jedoch das Bild des Klienten zu vervollständigen und zu einer umfassenderen Sicht des Klienten zu kommen.

6.11.2.2 Überblick

Dieses Kapitel soll einen kurzen Überblick über den gegenwärtigen Stand des Pflegeprozesses geben. Im folgenden Abschnitt wird erläutert wie sich die NANDA-Pflegediagnosen entwickelt haben, welchen Bezug sie zu Pflegemodellen haben, wie sie strukturiert und in den Pflegeprozess integriert sind. Dieses Kapitel soll allen Berufsgruppen im Gesundheitswesen einen Einblick in die Thematik gewähren und Pflegenden helfen, ihre Denk- und Entscheidungsprozesse zu reflektieren, zu erweitern und zu optimieren. Für das Haus einer professionellen Pflege mit dem Ziel einer klientenorientierten, gerechten, leistbaren und qualitativ hochwertigen Pflege, orientiert an neuesten wissenschaftlichen Erkenntnissen, bieten die Themen Pflegeprozess und Pflegediagnosen wichtige Grundlagen und Bausteine.

6.11.2.3 Pflegeprozess und Pflegediagnosen

Der Pflegeprozess ist ein logischer, klientenzentrierter, zielgerichteter, universell anwendbarer und systematischer Denk- und Handlungsansatz, den Pflegende während ihrer Arbeit nutzen (vgl. Wilkinson, 2008). Im Rahmen dieses Prozesses werden aktuelle und potenzielle Gesundheitsprobleme, Entwicklungspotenziale und Ressourcen eingeschätzt, diagnostiziert sowie gezielte Interventionen geplant, ausgeführt und bewertet, um Ressourcen und Möglichkeiten zur Förderung der Gesundheit zu nutzen, zu entwickeln und aktuelle und potenzielle Gesundheitsprobleme und Krisen zu lösen, zu lindern oder Menschen bei deren Bewältigung zu unterstützen. Eine Pflegediagnose wird nach einem *Pflegeassessment* erstellt. Dabei schätzen Pflegende systematisch Klienten ein, indem sie sie beobachten, interviewen und untersuchen. Das Pflegeassessment klärt, ob ein Bedarf an pflegerischen Interventionen besteht, weil Lebensaktivitäten nicht mehr unabhängig ausgeführt, gestaltet oder bewältigt oder Gesundheitsverhaltensmuster nicht mehr funktionell ausgeführt werden können.

Die *Pflegediagnose* bildet den Ausgangspunkt, um mit Klienten und Angehörigen festzulegen wie sie prioritär betreut und beraten werden möchten und um gemeinsame *Pflegeziele* und Kriterien für die Bewertung der Ergebnisse der Pflegeinterventionen festzulegen. Ausgehend von den Einfluss- oder Risikofaktoren der Pflegediagnosen wird ein *Pflegeplan* zur pflegerischen Betreuung entwickelt, der geeignete und effektive *Pflegeinterventionen* auswählt und festlegt, um aktuelle Gesundheitsprobleme zu lösen, zu lindern oder zu bewältigen, um potenziellen Gesundheitsproblemen vorzubeugen und um dem Wunsch nach Gesundheitsförderung nachzukommen. Im Rahmen der *Pflegeinterventionen* werden Ressourcen genutzt, Maßnahmen ausgeführt und der Gesundheitszustand von Klienten und Angehörigen kontinuierlich eingeschätzt. Abschließend wird mittels *Pflegeevaluation* bewertet, ob die angestrebten Ziele erreicht wurden, das Assessment umfassend, die Diagnosen akkurat und die geplanten Interventionen effektiv waren.

Tabelle 6-3: Die Entwicklung des Pflegeprozesses vom vier- zum sechsschrittigen Prozess (Brobst, 2007: 94 ff.)

«Vier-Schritte-Modell» (Jura & Walsh / WHO)	**«Fünf-Schritte-Modell»** (nach Brobst, 2007)	**«Sechs-Schritte-Modell»** (Fiechter/Meier, 1988)	**«Sechs-Schritte-Modell»** (Georg, 2007b)
1. Einschätzen (engl. assessing)	1. Pflegeassessment/ Einschätzung	1. Informationssammlung	Pflegeassessment
	2. Pflegediagnose	2. Erkennen von Problemen und Ressourcen	Pflegediagnose
		3. Festlegen der Ziele	Pflegeziele
2. Planen (engl. planning)	3. Pflegeplanung	4. Planung der Pflegemaßnahmen	Pflegeplanung
3. Durchführen (engl. implementing)	4. Pflegeimplementation/ Umsetzung	5. Durchführen der Pflege	Pflegeintervention
4. Bewerten der Pflege (engl. evaluating)	5. Pflegeevaluation/ Bertung	6. Evaluation	Pflegeevaluation

Parallel zum Pflegeprozess läuft ein *Beratungs-* und *Entlassungsprozess* (**Abb. 6-1**). Während des Beratungsprozesses werden die Lernfähigkeiten und -motivation eingeschätzt, der Lernbedarf benannt, Lernziele vereinbart, ein Informations-, Schulungs- und Beratungsplan entwickelt, durchgeführt und bewertet. Im Rahmen des Entlassungsprozesses wird prognostiziert, ob der Klient oder Angehörige nach der Entlassung noch von einer Pflegenden o.a. Sozial- oder Gesundheitsberuflern betreut oder beraten werden muss, bzw. für die Gesellschaft keine Gefährdung mehr darstellt. Während des Entlassungsprozesses werden mögliche Entlassungsprobleme erkannt und benannt, Entlassungsziele gemeinsam formuliert, ein Entlassungsplan entwickelt, ausgeführt und bewertet (vgl. Georg, 2007a).

6.11.2.3.1 Geschichtliche Entwicklung

Wie sich der Pflegeprozess, Pflegediagnosen und -diagnostik historisch entwickelt und von einem 4- zu einem 6-Schritte-Prozess differenziert haben, wird ausführlich in Brobst (2007: 94 ff.) beschrieben und in **Tabelle 6-3** übersichtsartig dargestellt.

Gesetzliche Grundlagen für den Pflegeprozess finden sich sowohl im Krankenpflege- wie auch im Altenpflegegesetz. Das Krankenpflegegesetz benennt als Ausbildungsziel:

«(2) Die Ausbildung für die Pflege nach Absatz 1 soll insbesondere dazu befähigen

1. die folgenden Aufgaben eigenverantwortlich auszuführen:
   a) Erhebung und Feststellung des *Pflegebedarfs*, Planung, Organisation, Durchführung und Dokumentation der Pflege,
   b) Evaluation der Pflege, Sicherung und Entwicklung der Qualität der Pflege.»

Pflegediagnosen werden explizit im österreichischen Gesundheits- und Krankenpflegegesetz von 1997 als eigenverantwortliche Aufgabenbereiche der Pflege genannt.

Insbesondere die beiden Schweizerischen Autorinen Verena Fiechter und Martha Meier (1988) betonten, dass es im Rahmen des Pflegeprozesses nicht ausschließlich darauf ankommt Probleme

Abb. 6-1: Pflegemodelle, Pflegeprozess und Pflegediagnosen (aus: Georg, J. (2007b): Pflegediagnosen und -diagnostik im Migrationskontext. In: Domenig, D. (2007): Transkulturelle Kompetenz. Huber, Bern, S. 293. ▶

Lebensspanne/Lebensprozesse

Empfängnis – Geburt – Pubertät – Menopause – Tod

Pränatalstadium – Säuglingsalter – Kindheit – Adoleszenz – Erwachsenenalter – Alter – hohes Alter

Abhängigkeits-/Unabhängigkeitskontinuum	Aktivitäten, Beziehungen und Existenzielle Erfahrungen des Lebens (ABEDL)	Einflussfaktoren/Risikofaktoren	Funktionelle Gesundheitsverhaltensmuster	Funktions-/Dysfunktionskontinuum
←→	1. Kommunizieren 2. Sich bewegen 3. Vitale Funktionen des Lebens aufrechterhalten 4. Sich pflegen 5. Essen und Trinken 6. Ausscheiden 7. Sich kleiden 8. Ruhen, Entspannen, Schlafen 9. Sich beschäftigen, Lernen, sich entwickeln 10. Sexualität leben 11. Für eine sichere/fördernde Umgebung sorgen 12. Soziale Beziehungen des Lebens sichern u. gestalten 13. Mit existenziellen Erfahrungen des Lebens umgehen	• (patho-)physiologische • behandlungsbezogene • entwicklungsbezogene • psycho-soziale • politisch-ökonomische • sozio-kulturelle • spirituelle • umgebungsbezogene	1. Wahrnehmung u. Umgang mit der eigenen Gesundheit 2. Ernährung und Stoffwechsel 3. Ausscheidung 4. Aktivität und Bewegung 5. Schlaf und Ruhe 6. Kognition und Perzeption 7. Selbstwahrnehmung und Selbstkonzept 8. Rollen und Beziehungen 9. Sexualität und Reproduktion 10. Bewältigungsverhalten und Stresstoleranz 11. Werte und Überzeugungen	←→

Pflegeassessment (PA)

- Beziehung aufbauen, Vertrauen bilden
- Beobachten, Befragen, Untersuchen
- Ressourcen bestimmen
- ▪ Lernmotivation und -bedarf einschätzen
- ◆ Entlassungsbedarf einschätzen

Pflegediagnose (PD)

Aktuelle PD
Problem
Einflussfaktor(en)
Symptome/Merkmale
- ▪ Lernbedarf erkennen und benennen
- ◆ Entlassungsprobleme erkennen u. benennen

Risiko PD
Problem
Risikofaktor(en)

Syndrom PD
Problembündel inkl. Risiko-, Einflussfaktor im Titel

Gesundheitsförderungs PD
Gesundheitsförderungsbereich
Bereitschaft für…
Symptome/Merkmale

Pflege-, Patientenziele (PZ)

- Prioritäten setzen
- Pflegeziele vereinbaren
- Ergebniskriterien vereinbaren
- ▪ Lernziele vereinbaren
- ◆ Entlassungsziele abstimmen

Kriterien

Pflegeplanung (PP)

- Pflegeinterventionen auswählen
- Pflegeaktivitäten festlegen
- Pflege dokumentieren
- ▪ Information, Schulung u. Beratung planen
- ◆ Entlassung planen

Pflegeintervention (PI)

- Pflegeaktivitäten ausführen
- Pflege kontinuierlich beurteilen
- Ressourcen nutzen, Gesundheit fördern
- ▪ Informieren, Schulen u. Beraten
- ◆ Entlassung vorbereiten, koordinieren u. kommunizieren

Pflegeevaluation (PE)

Bewerten von
- Pflegeergebnissen
- Pflegeassessment
- Pflegediagnosen
- Pflegeplan, -interventionen
- ▪ Lernergebnisse evaluieren
- ◆ Entlassungsergebnisse evaluieren

zu lösen, sondern auch Ressourcen und Entwicklungspotenziale des Klienten zu erkennen und zu entwickeln. Voraussetzung für beide Prozesse ist der Aufbau einer professionellen Beziehung. Nach Fiechter und Meier (1988) ist die Pflege «ein zwischenmenschlicher Beziehungsprozess, bei dem zwei Personen (Pflegende und Pflegeempfänger/in) miteinander in Kontakt treten, um ein gemeinsames Ziel, das Pflegeziel zu erreichen. Pflegende und Klient stehen miteinander in einer Wechselbeziehung und beeinflussen ihr Verhalten gegenseitig. Beide sind in ihrer Wahrnehmung von verschiedenen Faktoren, die in der gegenwärtigen Situation liegen oder aus der persönlichen Lebensgeschichte stammen, beeinflusst.» (Fiechter/Meier, 1988: 31). Der Pflegeprozess enthält somit zwei Aspekte: zum einen die Problemlösung als eine systematische, zielgerichtete Methode und zum anderen den zwischenmenschlicher Beziehungsprozess. Im Bezug auf den diagnostischen Prozess werden die Zusammenhänge zwischen Beziehungsaufbau, einschätzender und unterscheidender Beurteilung in **Abbildung 6-2** veranschaulicht.

6.11.2.3.2 Bedeutung und Ziele der Pflegediagnostik

Der Pflegeprozess und das Dokumentieren der einzelnen Prozessschritte werden häufig, aufgrund des hektischen Arbeitsalltags im Pflegedienst, als lästige Schreibarbeit angesehen, die die gemeinsame Zeit und den direkten Kontakt von Pflegenden und Klienten zeitlich begrenzt. Von Pflegenden wird argumentiert, dass Pflegedokumentation hauptsächlich aus Kostenerstattungsgründen und zur Befriedigung der Bedürfnisse der Pflegedienstleister angefertigt werden sollen. Dass ein dokumentierter Pflegeprozess zu einer geplanten, strukturierten und gezielten Pflege führt, wird häufig nicht entsprechend gewürdigt (vgl. Doenges et al., 2003: 23).

Was Pflegediagnosen für die Pflegepraxis in der Forensik bedeuten können, illustriert ein Zitat von Norma Lang und June Clark (2003): «If we cannot name it, we cannot control it, finance it, research it, teach it or put in into public policy». Frei übersetzt: «Wenn wir den Gegenstand der Pflege, die pflegerischen Probleme, Ziele und Handlungen nicht benennen, dann können wir sie auch nicht kontrollieren, finanzieren, erforschen, lehren und in (berufs)politische Forderungen und Richtlinien umsetzen.»

Es illustriert ein Problem der heutigen (forensischen) Pflege, dass immer offener zu Tage tritt – das Problem der Unsichtbarkeit pflegerischer Probleme, Handlungen und Handlungsergebnisse. Welchen wesentlichen Beitrag leisten Pflegende zur Sicherung, Besserung, Genesung und Resozialisierung von Klienten in der forensischen Psychiatrie und welche Bedeutung hat dies für das Gesundheitswesen und die Gesell-

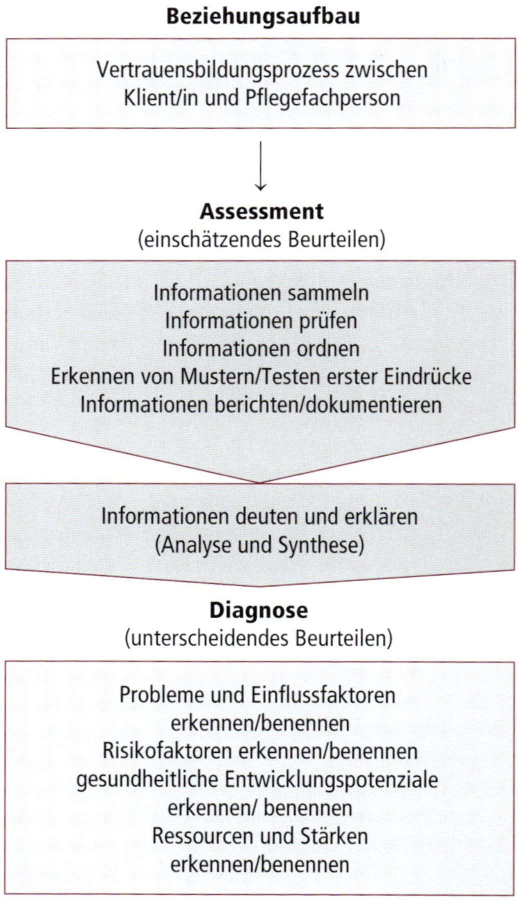

Abb. 6-2: Der diagnostische Prozess und der Vertrauensbildungsprozess (erweitert n. Alfaro-LeFevre, 2002 und Domenig, 2007: 214 von J. Georg, 2008)

schaft? Vielfach ist unklar, was Pflegende tun, warum sie dies tun und welche Ergebnisse sie damit erzielen. Die eigene Pflegefachsprache weiter zu entwickeln und Pflegediagnosen, Pflegeinterventionen und Pflegeergebnissen einheitlich zu bezeichnen, bleibt eine essenzielle Aufgabe (vgl. Georg, 2006).

Die Ziele der Pflegediagnostik in der forensischen Pflege lassen sich wie folgt auf den Punkt bringen (vgl. Georg, 2006). Pflegediagnosen zielen darauf, pflegerisch beeinflussbare Gesundheitsprobleme und Entwicklungspotenziale von Klienten in der Forensik:

- benennbar zu machen, indem sie zur Terminologieentwicklung in diesem Teilbereich der professionellen Pflege beitragen und eine Fachsprache bieten, um pflegerisch beeinflussbare Gesundheitsprobleme und gesundheitliche Entwicklungspotenziale auf den Begriff zu bringen und benennbar, formulierbar und dokumentierbar zu machen;
- erkennbar und einschätzbar zu machen, indem sie das Wissen über pflegerisch beeinflussbare Gesundheitsprobleme und Entwicklungspotenziale von Klienten in der Forensik vermehren und somit die Kriterien bieten, um Klienten gezielter beobachten, körperlich untersuchen und interviewen zu können und dazu beitragen, Pflegeassessment-Instrumente zu entwickeln und zu verbessern (vgl. Lunney, 2007);
- unterscheidbar zu machen, indem sie erlauben, besser zwischen Pflegediagnosen, interdisziplinären Problemen, medizinischen Diagnosen und psychischen Störungen zu differenzieren;
- lehrbar zu machen, in dem sie helfen, Curricula für die Weiterbildung in der forensischen Pflege zu strukturieren und inhaltlich zu gestalten. Pflegediagnosen zielen darauf, den Pflegeprozess und kritisches Denken genauer, bestimmter und professioneller zu lehren und anzuwenden (vgl. Wilkinson, 2008);
- erforschbar zu machen, in dem Sie einen Gegenstand für explorative, Validierungs- und Reliabilitätsstudien sowie für epidemiologische Studien bieten (Gordon/Bartholomeyczik, 2001);
- anrechenbar und kalkulierbar zu machen, indem sie zusammen mit Pflegeinterventionen und -ergebnissen die Basis für eine transparente und analytische Leistungsbedarfsermittlung, -berechnungen, sowie ein nachvollziehbares Risiko- und Qualitätsmanagement liefern;
- computerisierbar zu machen, indem sie eine Basis für eine elektronische Klientenakte, Pflegedokumentation und Erfassung von Pflegediagnosen in Datenbank- und Literaturrecherchesystemen liefern;
- partizipierbar zu machen, indem Klienten und Angehörige mit in die Pflege einbezogen werden, um Pflegediagnosen zu validieren, Pflegeinterventionen abzustimmen, Pflegeziele gemeinsam zu vereinbaren und zu verantworten;
- strukturierbar zu machen und damit einen wichtigen Baustein für die Entwicklung von Pflegeklassifikationssystemen darstellen;
- kommunizierbarer zu machen, indem sie eine einheitliche Fachsprache zur Kommunikation über pflegerisch beeinflussbare Gesundheitsprobleme und gesundheitliche Entwicklungspotenziale zwischen den Mitgliedern der Berufsgruppe und gegenüber anderen Berufsgruppen bereitstellen, die bei der Übergabe, Entlassungsplanung und in interdisziplinären Fallbesprechungen wirksam eingesetzt werden können;
- kontinuierlich fachlich und personell zu lösen oder zu lindern;
- behandelbar und beratbar zu machen, indem Sie die beeinflussenden Faktoren oder Risikofaktoren für aktuelle und potentielle Probleme und gesundheitliche Entwicklungspotenziale identifizierbar und damit für Pflegeinterventionen und Beratung durch Pflegende zugänglich machen;
- juristisch belegbar und beweisbar zu dokumentieren.

6.11.2.3.3
Die Schritte des Pflegeprozesses

Der Pflegeprozess umfasst in seiner aktuellen Version die sechs Schritte und Elemente Pflegeassessment, -diagnose, -ziele, planung, -intervention und -evaluation, die im Folgenden einzeln dargestellt werden (vgl. Georg, 2007a).

Pflegeassessment. Das *Pflegeassessment* ist der erste Schritt des Pflegeprozesses. Mittels eines Pflegeassessments schätzen Pflegende Klienten ein. Der Begriff des Assessments wurde vom Englischen (engl. Assessment = Einschätzung, Beurteilung, Bewertung, Einstufung) übernommen. Bezogen auf die forensische Pflege geht es darum, Klienten systematisch einzuschätzen. Pflegende tun dies indem sie Klienten beobachten, befragen und körperlich untersuchen. Als Systematik dienen Strukturierungshilfen für pflegerische Informationen wie ABEDLs (Krohwinkel, 2008) oder funktionelle Gesundheitsverhaltensmuster (Gordon, 2003, 2008).

Pflegende schätzen in diesem Sinne systematisch die Ressourcen, gesundheitlichen Entwicklungspotenziale, Risiken und Pflegeprobleme und potenziellen Komplikationen ein. Sie erkennen damit – unter den Bedingungen des Freiheitsentzugs – aktuelle und potenzielle Gesundheitsprobleme und Entwicklungspotenziale bezüglich der unabhängigen Ausführung von Lebensaktivitäten, Gestaltung von Beziehungen und der Bewältigung existenzieller Erfahrungen des Lebens (ABEDLs) oder der funktionellen Ausführung gesundheitsbezogener Verhaltensmuster.

Pflegeassessments erfolgen zeitlich betrachtet *initial*, zu Beginn einer professionellen Pflegebeziehung, *fortlaufend* während des Pflegeprozesses und *rückwirkend*, um Pflegeergebnisse zu bewerten oder zu evaluieren. Ein Pflegeassessment kann übersichtsartiger *(Screening-Assessment)*, umfassender *(Basisassessment)* und/oder spezifischer *(Fokusassessment)* Form sein und es umfasst die *Elemente* des Beobachtens, Befragens und Untersuchens. *Ziel* des Pflegeassessments ist es, aktuelle und potenzielle Gesundheitsprobleme in Form von Pflegediagnosen zu erkennen sowie Ressourcen und Entwicklungspotenziale zum unabhängigen Ausführen von Aktivitäten des Lebens, zum Gestalten von Beziehungen und zum Bewältigen von existenziellen Erfahrungen des Lebens – unter den Bedingungen des Freiheitsentzugs – zu identifizieren (vgl. Georg, 2004 u. 2006b).

Allegorisch bildhaft gesprochen geht es bei einem Pflegeassessment darum, sich ein Bild vom Klienten zu machen, indem man Stück für Stück einzelne Puzzleteile (Informationen) in einen Rahmen (Pflegemodell) zu einem Ganzen zusammenfügt (vgl. Georg, 2004).

Ein Pflegeassessment stellt, wie eingangs beschrieben, den ersten Schritt im Rahmen des Pflegeprozesses dar. Es bildet die Informationsbasis aus dem sich evtl. Pflegediagnosen, Ressourcen und potenzielle Komplikationen ableiten. Ohne ein systematisches Pflegeassessment ist es nicht möglich, akkurate und genaue Pflegediagnosen zu erstellen (Lunney, 2007). Der Weg vom Pflegeassessment zur -diagnose wird in Form des *diagnostischen Prozesses* beschrieben. Im Rahmen des diagnostischen Prozesses werden, wie in Abbildung 6-2 dargestellt, eine professionelle Beziehung zum Klienten aufgebaut, Informationen über den Gesundheitszustand einer Person gesammelt, geprüft, geordnet, Muster erkannt, erste Eindrücke getestet und Informationen berichtet und dokumentiert, um über das Deuten und Erklären der Informationen zu einer Pflegediagnose zu gelangen (Alfaro-LeFevre, 2002: 80).

Pflegeassessment und Pflegeevaluation (frz. évaluer = (ab)schätzen, berechnen) stellen einschätzende und bewertende Elemente am Anfang und am Ende des Pflegeprozesses dar. Beim Pflegeassessment handelt es sich primär um das initiale und fortlaufende Einschätzen der Pflegebedürftigkeit. Bei der Pflegeevaluation wird rückwirkend bewertet, ob Pflegediagnosen akkurat gestellt, Pflegeziele erreicht wurden und Pflegeinterventionen wirksam waren.

Pflegeassessmentformen. Hinsichtlich der Spezifität der gesammelten Informationen lassen sich drei Formen des Pflegeassessments – Screening-, Basisassessment und Fokusassessment – unterscheiden. Ein *Screening-Assessment* (engl. to screen = etwas genauer untersuchen, jmd. einer Auswahlprüfung unterziehen, jmd. auf etwas hin untersuchen, durchsieben) stellt eine initiale Einschätzung des Gesundheitszustandes eines Klienten dar, die dazu dient, sich einen ersten Eindruck über möglicherweise vorliegende Gesundheitsprobleme zu verschaffen. Man arbeitet mit einem groben Raster an geschlossenen Fragen, Beobachtungskriterien und Untersuchung und schaut was im «Sieb» hängen bleibt (vgl. Alfaro-LeFevre, 2002). Als Muster für ein Screening-Assessment kann das geriatrische Screening in Nikolaus und Pientka (1999) dienen.

Ein *Basisassessment* stellt eine umfassende initiale Informationssammlung über den Gesundheitszustand eines Klienten mittels Gespräch, Beobachtung und Untersuchung dar. Es dient dazu, den Gesundheitszustand und die Pflegebedürftigkeit des Klienten umfassend einzuschätzen und eine professionelle Pflegebeziehung aufzubauen (vgl. Alfaro-LeFevre, 2002, Wilkinson, 2008). Informationen aus einem Basisassessment lassen sich mit verschiedenen Pflege- und Assessmentmodellen strukturieren, z. B.:

- Aktivitäten des täglichen Lebens [ATL], (Juchli, 1997)
- Aktivitäten, Beziehungen und existenzielle Erfahrungen des Lebens [ABEDL], (Krohwinkel, 2008)
- Funktionelle Gesundheitsverhaltensmuster [FVM], (Gordon, 2003, 2008)
- Lebensaktivitäten [LA], (Roper, Logan, Tierney, 2008)
- Menschliche Reaktionsmuster (NANDA, 2005)
- Selbstpflegeerfordernisse [SPE], (Orem, 1997)

Weitere relevante Informationen können darüber hinaus gewonnen werden aus der:

- sozialen Anamnese und den Grunddaten wie z. B. Personalien, Familienstand, Beruf, Hobbies, Lebensgewohnheiten und Einstellungen des Klienten, physischer und psychischer Zustand etc.
- medizinischen Anamnese, z. B. Einweisungsgrund, Medikamenteneinnahme, Allergien etc.
- Erfassung objektiver (alle messbarer Werte) und subjektiver Daten (Angaben, Sichtweisen und Einschätzungen des Klienten).

Ein **Fokusassessment** stellt eine spezifische Form der Informationssammlung dar, die sich auf die Erhebung von weitergehenden Informationen über ein spezifisches Problem oder einen spezifischen Zustand konzentriert (vgl. Alfaro-LeFevre, 2002). Schlüsselfragen im Rahmen eines Fokusassessments sind:

- Was ist der gegenwärtige Status des Problems (liegen Kennzeichen, Symptome oder Risikofaktoren eines Problems vor)?
- Weisen die mit den Ausgangsinformationen verglichenen Daten darauf hin, dass sich das Problem gebessert, verschlechtert hat oder unverändert ist?
- Welche Faktoren beeinflussen das Problem; wie wurde bislang mit diesen Faktoren umgegangen?
- Wie sieht der Klient das Problem, wie wurde bislang damit umgegangen?

Beispiele für Fokusassessments, die für die Forensik relevant sind, finden sich u. a. zu folgenden Themen: Hoffnung/Hoffnungslosigkeit (Farran, 1998), Machtlosigkeit (Fitzgerald Miller, 2003), Schlaf/Schlafstörung (Morgan/Closs, 1999), Schmerz (Carr/Mann, 2002). Exemplarisch wird hier die Brøset-Gewalt-Checkliste (Abderhalden, 2005: 191) abgebildet (**Tab 6-4**).

Im Rahmen eines Fokusassessments können auch sog. *Pflegeskalen* genutzt werden, die zur Quantifizierung der Einschätzungsbefunde dienen und es mit Hilfe von Bewertungskriterien und/oder numerischen Einschätzungsskalen erlauben, den Ausprägungsgrad des jeweiligen Kriterium zu messen (vgl. Georg, 2007a).

Das Assessmentgespräch sollte nicht wie ein festgefahrenes Frage- und Antwortspiel aufgebaut sein. Es sollte in einer angenehmen Atmosphäre (Rahmenbedingungen: Raum, Ruhe etc.) stattfinden. Um dem Klienten einen Rahmen für eine vertrauensvolle Umgebung zu geben und damit der Klient ermutigt wird, über seine Beschwerden, Ängste und Belange zu sprechen. Hier hat sich eine Orientierung an den Grundsätzen der humanistischen Gesprächsführung als hilfreich erwiesen. Zu den Grundsätzen gehören die Akzeptanz (positive Wertschätzung), Echtheit (Selbstaufrichtigkeit) und Empathie (einfühlendes Verstehen).[1]

1 Vgl.: MDS: 2005. S. 18

Tabelle 6-4: Die Norwegische Brøset-Gewalt-Checkliste

	Zeitpunkt	**Vormittag**	**Abend**
Verhaltensweise	**Definition**	**Punkte** (beobachtet = 1 Punkt)	**Punkte** (beobachtet = 1 Punkt)
verwirrt	erscheint offensichtlich verwirrt und desorientiert. Ist sich möglicherweise der Zeit, des Ortes und der Personen nicht bewusst; verkennt Personen, Situationen. «Verwirrt» ist in einem allgemeinen Sinn gemeint. Hierzu zählt auch psychotische Verwirrtheit, nicht nur Verwirrtheit in Zusammenhang mit einer Demenz o. ä.		
reizbar	ist schnell verärgert oder wütend; zum Beispiel nicht in der Lage, die Anwesenheit anderer zu tolerieren.		
lärmig	Das Verhalten ist übermäßig laut oder Krach verursachend. Z. B. schlägt Türen, schreit beim Sprechen, etc.		
körperliches Drohen	Eine deutliche Absicht, eine andere Person zu bedrohen. Z. B. eine aggressive Körperhaltung einnehmen, an der Kleidung einer anderen Person reißen, Ballen der Faust, Heben eines Armes oder Fußes		
verbales Drohen	Ein verbaler Ausbruch, der mehr ist als nur eine erhobene Stimme; und der die klare Absicht hat, eine andere Person zu verängstigen/einzuschüchtern, z. B. verbale Angriffe, Beschimpfungen, verbal neutrale Kommentare, die auf eine knurrende aggressive Art und Weise geäußert werden		
Angriff auf Gegenstände	Eine aggressive Handlung, die sich gegen einen Gegenstand und nicht gegen eine Person richtet, z. B. das wahllose Zuschlagen oder Zerschlagen von Fenstern, Treten, Schlagen oder Kopframmen gegen einen Gegenstand, oder Zerschlagen von Möbeln.		
Summe = Risiko für physischen Angriff in der nächsten Schicht			

Interpretation	*0 Punkte*	*= geringes Risiko*
	1–2 Punkte	*= mäßiges Risiko, es sollten präventive Maßnahmen ergriffen werden*
	≥ 3 Punkte	*= hohes Risiko, es sind präventive Maßnahmen und Pläne zum Umgang mit einem evtl. anfallenden Angriff erforderlich*

Pflegediagnosen und -diagnostik. *Pflegediagnosen* bilden den zweiten Schritt des Pflegeprozesses. Pflegediagnostisch geht es darum, den Gesundheitszustand eines Klienten unterscheidend zu beurteilen, zu erkennen und zu benennen. Die Liste der diagnostischen Begriffe umfasst z. Zt. 172 Pflegediagnosen (NANDA-I, 2005), unter Hinzunahme weiterer Diagnosen wird die Zahl bald über 200 steigen (Gordon, 2008).

Definitionen. Was Pflegediagnosen sind, lässt sich auf drei Ebenen definieren.

1. Erstens *konzeptionell*, d. h. was versteht man unter Pflege und wie definiert man den Gegenstand von Pflege (⇨ Pflegeverständnis).
2. Zweitens *kontextuell*, in welchen Prozess sind Pflegediagnosen eingebettet und wie sind sie mit den anderen Elementen des Prozesses verknüpft (⇨ Pflegeprozess).
3. Drittens *strukturell*, welche Arten von Pflegediagnosen gibt es und wie sind sie aufgebaut.

Die bekannteste Definition der NANDA International (2005) lautet: «Eine Pflegediagnose ist eine klinische Beurteilung der Reaktion eines Individuums, einer Familie oder einer Gemeinde/Gemeinschaft auf aktuelle oder potenzielle Gesundheitsprobleme/Lebensprozesse. Pflegediagnosen bilden die Grundlage, um Pflegeinterventionen auszuwählen, um Ergebnissen zu ereichen für die Pflegende verantwortlich sind.» Diese Definition fußt konzeptionell auf einem Pflegeverständnis des amerikanischen Pflegeverbandes (ANA, 1980). Der ANA versteht Pflege als «Diagnose und Behandlung menschlicher Reaktionsmuster auf aktuelle und potenzielle Gesundheitsprobleme». – Legt man zur Klärung des Pflegeverständnisses konzeptionell die Aktivitäten, Beziehungen und existenziellen Erfahrungen des Lebens (AEBDL) aus dem Modell der «fördernden Prozesspflege» von Monika Krohwinkel (2008) zu Grunde oder die funktionellen Gesundheitsverhaltensmuster von Marjory Gordon (2003, 2008) und definiert man *kontextuell* den Prozess, in den Pflegediagnosen eingebettet sind, als Pflegeprozess in dem aktuelle und potenzielle Gesundheitsprobleme eingeschätzt (Pflegeassessment), benannt (Pflegediagnose) sowie gezielt (Pflegeziele) und geplant (Pflegeplan) gelöst (Pflegeintervention) und die Pflegeergebnisse bewertet (Pflegeevaluation) werden, dann kann man Pflegediagnosen auch folgendermaßen definieren:

«Eine **Pflegediagnose** ist eine unterscheidende Beurteilung, die von professionell Pflegenden nach einem Assessment – bestehend aus Beobachtung, Interview, körperlicher Untersuchung und Ressourceneinschätzung – gemacht wird. Diese Beurteilung bezieht sich auf die Art, die möglichen Einflussfaktoren und die Merkmale oder Risikofaktoren für aktuelle oder potenzielle Gesundheitsprobleme oder -syndrome und -entwicklungspotenziale von Individuen und Familien, deren Unabhängigkeit hinsichtlich der *Aktivitäten, Beziehungen und existenziellen Erfahrungen des Lebens (ABEDL)* [oder deren *funktionelle Gesundheitsverhaltensmuster* gestört] beeinträchtigt oder entwicklungsfähig sind. Pflegende sind für das Stellen von Pflegediagnosen zuständig und verantwortlich. Pflegediagnosen bilden die Grundlage, um Interventionen auswählen, planen und durchführen zu können, und um gemeinsam vereinbarte Ziele und Ergebnisse erreichen und bewerten zu können (Georg, 2007a).»

Die *konzeptionelle Definition* von Pflegediagnosen wird im oberen Teil der Abbildung 6-1 veranschaulicht. Pflegende betreuen, beraten und überwachen insbesondere Klienten über die gesamte Spanne des Lebenslaufs. Ziel ihrer Arbeit ist, die Gesundheit und das Wohlergehen von Individuen und Familien zu erhalten und zu fördern. Ein weiteres Ziel ist es Individuen und Familien dabei zu unterstützen, unabhängig und selbstbestimmt Aktivitäten auszuführen, Beziehungen zu gestalten und existenzielle Erfahrungen des Lebens zu bewältigen und bei vorübergehend beeinträchtigter Unabhängigkeit für Individuen und Familien zu sorgen, sie zu betreuen, zu beraten bis sie ihre Autonomie wieder erlangen. Dabei greifen Pflegende auf ihr Wissen über (patho-)physiologische, behandlungs-, entwicklungs- und umgebungsbezogene, sowie psychosoziale, politisch-ökonomische, kulturelle und spirituelle Einfluss- und Risikofaktoren zu-

Tabelle 6-5: Pflegediagnosen – Typen, Definitionen, Aufbau, Dokumentation und Beispiele; adaptiert nach Georg in Brobst, 2007: 110

Typen	Definition	Struktur	Beispiel	PD-Titel (Bsp.)
Aktuelle Pflegediagnosen	Die Beurteilung eines Zustand eines Individuums, einer Familie oder sozialen Gemeinschaft, der durch den Nachweis von Symptomen und Kennzeichen belegt werden konnte	dreiteilig; PES, **P**roblemtitel, **E**influssfaktor **S**ymptom und Kennzeichen	**P:** Mangelnde Konfliktfähigkeit (b/d) **E:** negative / fehlende Rollenvorbilder in der Kindheit (a/d) S: Unfähigkeit sich konstruktiv mit Konfliktsituationen auseinanderzusetzen	Selbstversorgungsdefizit, Selbstvernachlässigung, unwirksames Coping, Machtlosigkeit
Risiko-Pflegediagnosen Surveillance-Pflegediagnosen (Georg, 2008)	Die Beurteilung eines Individuums, einer Familie oder sozialen Gemeinschaft als *anfälliger* für die Entwicklung eines Problems als andere in der gleichen Situation	zweiteilig; PR, **P**roblemtitel, **R**isikofaktor	**P:** Gefahr der fremdgefährdenden Gewalttätigkeit, b/d **R:** bedrohliche Äußerungen gegenüber Pflegenden **R:** subjektiv erlebte Zurückweisung durch Bezugspersonen, negative Lockerungsentscheidung	Infektionsgefahr, Verletzungsgefahr, Suizidgefahr, Fluchtgefahr
Syndrom-Pflegediagnose	Syndrom-Pflegediagnosen sind komplexe Bündelungen (cluster) einzelner Pflegediagnosen	einteilig; Pflegediagnosentitel gibt Hinweis auf die Ursache und Einflussfaktoren des Problems	posttraumatisches Stresssyndrom	Vergewaltigungssyndrom, Relokationssyndrom
Gesundheitsförderungs-Pflegediagnose	Die Beurteilung eines Individuums, oder einer Familie oder sozialen Gemeinschaft, die sich in einem Übergangsstadium zu einem höheren Gesundheitsniveau befinden und das/die eine Bereitschaft für Gesundheitsförderung signalisiert/en	zweiteilig; GS meist mit Zusatz «Bereitschaft für ein verbessertes ...» **G**esundheitsförderungs-Diagnosentitel **E**influssfaktor	**G:** Bereitschaft für einen verbesserten Schlaf, beeinflusst durch (b/d) **E:** Wunsch nach verbesserte Schlafhygiene	Gesundheitsförderung anstrebende Verhaltensweisen, Bereitschaft für eine verbesserte Ernährung oder Kommunikation, Bereitschaft für eine verbesserte Kontrollorientierung, Bereitschaft für eine gesteigerte Hoffnung
Verdachts-Pflegediagnosen	Die vorläufige Beurteilung eines Zustand eines Individuums, einer Familie oder sozialen Gemeinschaft, die noch durch den Nachweis von Kennzeichen und Symptomen belegt werden muss	zweiteilig PE; Problemtitel, Einflussfaktor. – «Verdacht auf», Abk.: «V.a. ...»	V.a.: Körperbildstörung, beeinflusst durch (b/d) E: veränderte äußere Erscheinung, sekundär beeinflusst durch Schnittverletzungen im Gesicht	

1. Lernen Sie den Klienten und wenn möglich seine Familie/Angehörigen kennen, bauen Sie eine professionelle Beziehung zu ihm/ihnen auf.
2. Sammeln Sie *direkte* Informationen von Klienten, indem Sie ihn befragen, beobachten und untersuchen. Sammeln Sie *indirekt* Informationen von den Angehörigen, anderen Teammitgliedern oder aus den schriftlichen Unterlagen.
3. Fassen Sie die Informationen zusammen und ordnen Sie diese Ihrer Assessmentstruktur (z.B. Aktivitäten, Beziehungen und existenziellen Erfahrungen des Lebens [ABEDLs], Funktionelle Gesundheitsverhaltensmuster) zu.
4. Identifizieren Sie allgemeine Probleme, fassen Sie die Informationen nochmals zusammen, sammeln Sie b. Bed. weitere Daten und formulieren Sie eine vermutete Diagnose.
5. Wählen Sie dazu passende Pflegediagnosen aus und überprüfen Sie, ob die Klientendaten mit der Definition und den Merkmalen oder Risikofaktoren der Pflegediagnose übereinstimmen. Schließen Sie unzutreffende Diagnosen aus. Formulieren Sie eine diagnostische Aussage.
6. Im Fall einer aktuellen Pflegediagnose formulieren Sie eine dreiteilige diagnostische Aussage:
   Problemtitel, beeinflusst durch (b/d)
   Einflussfaktoren, angezeigt durch (a/d)
   Symptome und Kennzeichen
7. Im Fall einer Risiko-Pflegediagnose formulieren Sie eine zweiteilige diagnostische Aussage:
   Problemtitel, beeinflusst durch (b/d)
   Risikofaktor
8. Im Falle einer Gesundheitsförderungs-Diagnose formulieren Sie eine zweiteilige diagnostische Aussage:
   Gesundheitsförderungs-Diagnosentitel (Bereitschaft für ein verbessertes ...), b/d
   Einflussfaktor
9. Erstellen Sie eine Verdachtsdiagnose, falls Sie ein Problem vermuten, Ihnen aber Informationen fehlen, um zu belegen, dass eine Pflegediagnose vorliegt:
   Verdacht auf (**V.a.**): Pflegediagnosentitel
10. Die Verdachtsdiagnose muss in der Folge belegt oder widerlegt werden.

rück, die das unabhängige Ausführen, Gestalten und Bewältigen von Aktivitäten, Beziehungen und existenziellen Erfahrungen des Lebens fördern oder behindern. Anders betrachtet sorgen Pflegende dafür, dass Individuen und Familien, ungestört funktionelle Gesundheitsverhaltensmuster ausleben und entwickeln können und sie erkennen, benennen und behandeln gestörte Verhaltensmuster in Form von Pflegediagnosen (vgl. Georg, 2006a).

Die *strukturelle Definition* einer Pflegediagnose beschreibt, welche Diagnosen-Typen es gibt und wie diese aufgebaut sind und dokumentiert werden können. **Tabelle 6-5** gibt einen Überblick über die fünf verschiedenen Typen von Pflegediagnosen, ihre Definition und Struktur mit exemplarischen Formulierungen und Beispielen einzelner Diagnosen.

Diagnostizieren und Dokumentieren. Wie Pflegende eine Pflegediagnose stellen können, lässt sich in zehn Schritten beschreiben (siehe Kasten oben).

Ressourcen und Entwicklungspotenziale. Ressourcen des Klienten sollen mit berücksichtigt werden. Unter Ressourcen werden vorhandene Fähigkeiten und Entwicklungspotenziale des Klienten verstanden. Ein ausführliches Modell pflegerelevanter Ressourcen findet sich in Fitzgerald-Miller (2003) und Krohwinkel (2008). Ressourcen können unterschiedliche Bereiche betreffen, diese können z.B. sein: körperliche Ressourcen (sehen, hören...); innere, persönliche, geistige Ressourcen (z.B. kognitive Fähigkeiten, Interesse...); soziale Ressourcen (z.B. Angehörige – Unterstützung durch Ehefrau...)

und ökonomische Ressourcen (z.B. finanzielle Mittel). Die Ressourcen können bei einer aktivierenden Pflege berücksichtigt werden, d.h. es kann eine schnellere Selbstständigkeit des Klienten erreicht und der Resozialisierungsprozess verkürzt bzw. positiv beeinflusst werden. Die ermittelten Ressourcen können den Pflegediagnosen zugeordnet werden, damit sie in einem unmittelbaren Zusammenhang stehen und im Pflegeplan und bei der Auswahl der Pflegemaßnahmen berücksichtigt werden können. Optimal kann jedem Pflegeproblem eine Ressource zugeordnet werden, in der Pflegepraxis kann sich herauskristallisieren, dass nicht zwingend zu jedem Pflegeproblem eine Ressource vorhanden ist. Dann muss nicht zwanghaft eine Ressource formuliert werden. Die Formulierung von Ressourcen verlangt viel Fachkompetenz und Übung der Pflegenden und bleibt in der Pflegeplanung oft unberücksichtigt. Darüber hinaus erlaubt es die Struktur der Gesundheitsförderungspflegediagnosen Ressourcen und Entwicklungspotenziale eines Klienten in o.g. Form zu formulieren (siehe Kasten).

Fallbeispiel

Herr X. und Herr Y. haben beide die Diagnose emotional instabile Persönlichkeitsstörung vom Borderline-Typus. Sie befinden sich beide auf einer psychotherapeutisch orientierten Station einer forensischen Klinik und sind gemäß §63 StGB untergebracht. – Im Rahmen einer Teamsitzung stellen die Bezugspflegenden der beiden Klienten den laufenden Pflegeprozess, mit den aktuellen Pflegediagnosen, vor.

Pflegediagnosen von Herr X.:

- Gefahr der Machtlosigkeit
- Soziale Isolation

Die Pflegediagnosen von Herr Y.:

- unwirksames Sexualverhalten
- Gefahr einer fremdgefährdenden Gewalttätigkeit

Pflegediagnosen und medizinische Diagnosen. In der täglichen interdisziplinären Arbeit mit Klienten gibt es neben dem eigenständigen Bereich der Pflege auch den medizinischen Bereich, gegenüber dem kooperative und assistive Verpflichtungen bestehen. Die Unterschiede bzgl. Funktionen, Sichtweisen und Gegenstand von Diagnosen verdeutlicht die **Tabelle 6-6.**

Ausgangspunkt bei der Festlegung der Pflegediagnose ist die Reaktion des Menschen und nicht – wie in der Medizin – die Krankheit. Das bedeutet, dass für Menschen mit gleichen medizinischen Diagnosen unterschiedliche Pflegediagnosen gestellt werden können, die sich je nach Reaktion des Menschen stündlich, täglich oder monatlich ändern können (s. Kasten).

Bei der Pflegeplanung wählt die Pflegeperson die Maßnahmen und Ziele entsprechend der Pflegediagnosen aus. Pflegediagnosen sind somit Ausgangspunkt für die Planung, Durchführung und Evaluation der Pflege.

Pflegeziele und -ergebnisse. Der dritte Schritt des Pflegeprozesses beinhaltet, ausgehend von den erkannten Pflegediagnosen, anzustrebende *Pflegeziele* und Ergebniskriterien, mit dem Klienten und/oder Angehörigen gemeinsam zu vereinbaren und festzulegen, um die durch pflegerisches Handeln erreichten Ergebnisse zu bewerten. Prioritäten zu setzen und der Pflegebedarf bis zur Entlassung zu prognostizieren gehört ebenfalls zu diesem Schritt des Pflegeprozesses (vgl. Wilkinson, 2008; Georg, 2005, Fischer, 2002). Pflegeziele können zeitlich als Nah- und Fernziele formuliert werden (Heering, 2006), wobei Fernziele eher wegweisenden Charakter haben und Nahziele klare, realistische und erreichbare Erwartungen an den Klienten beschreiben (Sauter et al., 2006). Pflegeziele liefern die Kriterien, um während der Pflegeevaluation die erreichten Pflegeergebnisse zu bewerten.

Folgende Kriterien können hilfreich sein, um Pflegezielen und -ergebnissen zu formulieren:

- «Die Ergebnisse werden aus den Pflegediagnosen abgeleitet.
- Die Ergebnisse werden, falls möglich und angemessen, gemeinsam mit dem Klienten und anderen Mitgliedern des Teams formuliert.

Tabelle 6-6: Vergleich medizinischer und pflegerischer Diagnosen

Medizinische Diagnosen ...	Pflegediagnosen ...
▪ bezeichnen Krankheiten oder Organstörungen	▪ bezeichnen menschliche Reaktionen auf aktuelle oder potentielle Gesundheitsprobleme/Lebensprozesse und Entwicklungspotenziale
▪ beschreiben die Krankheit des Klienten – gewöhnlich ohne Einbeziehung der Familie oder des sozialen Umfelds	▪ beziehen sich auf Individuen und Familien (z. B. unterbrochene Familienprozesse) und berücksichtigen psychosoziale, kulturelle und umgebungsbezogene Einflussfaktoren
▪ bleiben bestehen, bis die Krankheit oder Störung geheilt ist	▪ können sich stündlich, täglich oder monatlich ändern, wann immer sich das Reaktionsmuster des Klienten verändert
▪ beziehen sich auf pathologische Veränderungen im Körper	▪ beziehen sich auf das Verhalten des Klienten und auf die physiologischen Reaktionen, auf Gesundheits- oder Lebensprozesse

Quelle: Sabine Glanz, Frank Voss

- Die Ergebnisse sind, gemessen an den derzeitigen und zukünftigen Fähigkeiten des Klienten, kulturell angemessen und realistisch.
- Die Ergebnisse sind, gemessen an den für den Klienten verfügbaren Ressourcen, erreichbar.
- Für die Realisierung der Ergebnisse wird ein zeitlicher Rahmen festgelegt.
- Die Ergebnisse helfen, die Pflegekontinuität zu gewährleisten.
- Die Ergebnisse werden als messbare Ziele dokumentiert.» (ANA, 1998)

Diese Kriterien lassen sich auch mit der sog. «RUMBA-Regel» zusammenfassen. Nach dem aus dem Englischen stammenden Akronym sollten Pflegeziele **r**elevant für den Klienten und die erkannten Pflegediagnosen sein, g**u**t verständlich formuliert sowie **m**essbar, **b**eobachtbar und **a**ngemessen und erreichbar sein (Heering, 2006).

Eine standardisierte Terminologie und eine Klassifikation der pflegerisch beeinflussbaren Pflegeergebnisse bietet die von Johnson und Maas (2005) herausgegebene Pflegeergebnisklassifikation (NOC). Sie kann in elektronischen Pflegedokumentationssystemen genutzt werden. Die Pflegeergebnisklassifikation umfasst 250 bzw. in der neuesten amerikanischen Version 330 Pflegeergebnisse. Jedes pflegerisch beeinflussbare Pflegeergebnis besteht aus einem Titel, einer Definition, Indikatoren/Kriterien und einer Messskala (vgl. Georg, 2005). Johnson und Maas (2005) definieren *Pflegeergebnisse* als «messbare Zustände, Verhaltensweisen oder Wahrnehmungen eines Klienten oder einer Familie, die (...) im größeren Umfang beeinflussbar und empfänglich für Pflegeinterventionen sind». Ein *Indikator/Kriterium* ist «eine spezifische Variable, die sich auf ein Klientenergebnis bezieht, welches beeinflussbar durch Pflegeinterventionen ist.» Ein Indikator/Kriterium ist eine beobachtbarer Zustand, ein Verhalten, eine geäußerte Wahrnehmung, oder eine Bewertung eines Klienten. Eine *Messskala* beschreibt, welcher Indikator, wie gemessen und quantifiziert werden soll (vgl. Georg, 2005).

Pflegeplanung. Der vierte Schritt des Pflegeprozesses umfasst, wirksame Pflegeinterventionen auszuwählen, einzelne Pflegemaßnahmen oder -aktivitäten mit dem Klienten und dem Team festzulegen und zu dokumentieren. Pflegemaßnahmen sollten nach der «6-W-Regel» formulieren: was zu tun ist, wie es durchzuführen ist, wie viel/oft es zu tun ist, womit es zu tun ist und von wem die Pflegemaßnahme ausgeführt werden soll (Heering, 2006). In der Planungsphase entscheiden Pflegende für welche Probleme ein individuell entwickelter Plan notwendig ist und welche Probleme durch Expertenstandards und standardisierte Maßnahmen abgedeckt sind. Sie wählen entsprechende standardisierte, möglichst evidenz-basierte Interventionen und Pflegepläne aus und passen sie dem konkreten Fall an (Wilkinson, 2008; Behrens/Langer, 2006). Pflegende wählen Pflegeinterventionen so aus, dass diese Einfluss- oder Risikofaktoren der Pflegediagnosen derart beeinflussen, dass aktuelle gesundheitliche Probleme des Klienten gelindert, gebessert oder gelöst werden und potentiellen Problemen vorgebeugt wird. Für die Auswahl von Pflegeinterventionen können Pflegende auf Pflegeinterventionen der Pflegeinterventionsklassifikation (NIC) von McCloskey-Dochterman und Bulecheck (2008) und die Pflegemaßnahmen des Leistungserfassungssystems in der Pflege (LEP, 2002) zurückgreifen. Die NIC umfasst 486 Pflegeinterventionen mit ihren Titeln, Definitionen und Pflegeaktivitäten.

Die Pflegeinterventionen sollen keine medizinische Therapie beschreiben und kurz, präzise und verständlich formuliert sein, damit alle Pflegepersonen die Pflege in gleicher Art und Weise durchführen und somit eine Kontinuität der Pflege gewährleistet ist.

Pflegeintervention. Zum fünften Schritt des Pflegeprozesses gehört es Pflegemaßnahmen und -aktivitäten der Pflegeinterventionen durchzuführen, den Klienten kontinuierlich weiter einzuschätzen und Ressourcen des Klienten zur Linderung, Lösung oder Besserung der gesundheitlichen Probleme des Klienten zu nutzen. Pflegeinterventionen definieren «Tätigkeiten, die eine professionelle Pflegeperson auf der Grundlage einer klinischen Beurteilung und pflegerischen Wissens ausübt, um die gemeinsamen Ziele des Klienten und der Pflege zu erreichen, um die Unabhängigkeit des Klienten zu erhalten, zu fördern oder zu befähigen und um zum Wiedererlangen von Wohlbefinden und Unabhängigkeit beizutragen. – Im Rahmen von Pflegeinterventionen handeln Pflegende für Klienten, sie führen und leiten diese, sorgen für eine entwicklungsfördernde Umgebung, unterstützen und fördern Klienten, sie beraten und unterrichten Klienten und leiten sie an. Pflegeinterventionen umfassen direkte und indirekte, pflege- und arztinitiierte Tätigkeiten» (McCloskey-Dochterman/Bulecheck, 2008). Um pflegerische Interventionen auf größtmögliche Evidenz zu stützen (Behrens/Langer, 2006) kann mittlerweile für einige Pflegephänomene und -interventionen auf die Expertenstandards der Deutschen Netzwerkes für Qualität in der Pflege www.dnqp.de zurückgegriffen werden. Die Pflegeinterventionen werden im Durchführungsnachweis dokumentiert, und Abweichungen und Reaktionen werden im Pflegebericht aufgenommen.

Pflegeevaluation. Während des sechsten Schritts des Pflegeprozesses, der Pflegeevaluation wird bewertet und rückwirkend eingeschätzt, ob Pflegeziele und -ergebnisse erreicht und realisiert wurden und Pflegeinterventionen wirksam, Pflegediagnosen genau und Pflegeassessments umfassend und fokussiert genug waren. Die erneute und rückwirkende pflegerische Situationseinschätzung wird im optimalen Fall kombiniert mit der Selbstbeurteilung des Klienten (Sauter et al., 2006). Ob die pflegerischen Ziele erreicht wurden, kann mit Kriterien und Messskalen von Zielerreichungsskalen wie z. B. der NOC oder der Goal Attainment Scale (GAS) gemessen und objektiviert werden (vgl. Sauter et al. 2006). Um den Pflegeprozess übergeordnet zu beurteilen und um zu bewerten ob Pflegediagnosen, -ziele und -maßnahmen übereinstimmen, können die von Needham entwickelten «Wiler Kriterien zur Beurteilung von Pflegeplänen» (WiKriPP) herangezogen werden (Needham, 2003).

Folgende Faktoren können Einfluss auf die Durchführung des Pflegeprozesses haben:

- Qualifikation und Motivation der betreuenden Personen, unterschiedliche Qualifikation im Hinblick auf das Wissen, Können und Wollen der Pflegeperson
- Arbeitsorganisation des Pflegedienstes – Rahmenbedingungen (räumliche, materielle und personelle Gegebenheiten) für die geplante Pflege
- Zusammenarbeit im interdisziplinären Team – durch unterschiedliche Kommunikationsforen/interdisziplinäre Besprechungen die

gemeinsame Zielsetzung transparent machen und die Arbeit der jeweiligen Berufsgruppen abstimmen.

6.11.2.3.4
Vorlage für den Pflegeprozesses

Die folgende Vorlage wurde als Orientierungshilfe für die Arbeit mit dem Pflegeprozess auf den Grundlagen des eingangs beschriebenen theoretischen Hintergrund entwickelt. Sie basiert auf einer Arbeit des Zertifikatkurs psychiatrische Pflege mit den Schwerpunkten Forensik und Allgemeinpsychiatrie an der Rhein-Mosel-Akademie, Andernach (**Tab. 6-7**). Der Pflegeprozess wird dabei ab dem 2. Schritt dargestellt.

6.11.2.4
Anwendung der Pflegediagnostik

Die Umsetzung in die Praxis einer forensischen Klinik wirft sicherlich einige Fragen auf. Pflegende finden sich in der Forensik zunächst einmal in deutlich anderen Rahmenbedingungen wieder als in anderen Bereichen der psychiatrischen Pflege. Hauptsächlich bedingt durch den juristischen Hintergrund, kein Klient befindet sich freiwillig in der Forensik. Dieses Problem gibt es zwar auf Aufnahmenstationen der Allgemeinpsychiatrie auch, aber in der Forensik liegen bekanntermaßen wesentlich längere Unterbringungszeiträume und juristische Gründe vor. Alleine aus dieser «verordneten» therapeutischen Zwangslage ergeben sich für alle Beteiligten sehr spezifische Probleme, die Pflegenden außerhalb der Forensik so sicher nicht begegnen. In der täglichen Begegnung mit Klienten pflegerisch beeinflussbare Probleme zu diagnostizieren ist, bei dem ein oder anderen Klienten, keine einfache Aufgabe. Bei dem «netten», überangepassten persönlichkeitsgestörten Klienten, der immer freundlich grüßt, überaus absprachefähig und verbindlich ist und darüber hinaus auch immer sein Zimmer in Ordnung hält, eine Pflegediagnose zu stellen, ist auf den ersten Blick schwieriger als bei einem Klienten mit einer Schizophrenie, dessen Bedürftigkeit und Problematik den aufmerksamen Betrachter geradezu anspringt.

Grundlagen, um den Pflegeprozesses erfolgreich anzuwenden, sind eine professionelle und tragfähige Arbeitsbeziehung zum Klienten zu beginnen und zu gestalten, sowie ein umfassendes und fokussiertes Pflegeassessment. Pflegediagnosen können nicht ohne ein Pflegeassessment und ohne Klientenkontakt vom Teamzimmer aus gestellt werden. Sich intensiv mit dem Klienten auseinander zu setzen und eine hohe fachliche und persönliche pflegerische Kompetenz sind die Basis für einen erfolgreichen Prozess.

Leichter gesagt als getan mag man denken. Viele persönlichkeitsgestörte Klienten machen es den Teammitgliedern nicht leicht eine Beziehung aufzubauen. Denn bekanntermaßen ist es ein Hauptproblem dieser Klientengruppe, Beziehungen zu gestalten und aufrechtzuerhalten. Zusätzlich lässt uns ein nicht unerheblicher Teil der Klienten von Beginn an deutlich wissen, dass sie keine Beziehung mit uns eingehen möchten. Wenn überhaupt, dann auf einer rein funktionalen Ebene, aber nicht auf einer emotional-therapeutischen Ebene.

Ein sehr komplexes Thema mit vielschichtigen Problemen, das keine einfachen Lösungen erlaubt. – Können denn überhaupt die speziellen pflegerisch beeinflussbaren Gesundheitsprobleme und Entwicklungspotenziale von Klienten in der Forensik mit den bestehenden Pflegediagnosen erkannt, benannt und bearbeitet werden? – Gerade auch unter dem Aspekt, dass die Pflege einen großen Beitrag zum Thema Sicherheit im Behandlungsprozess übernimmt. – Aus Sicht der Verfasser ja, wie das folgende Beispiel veranschaulichen mag.

Wie lässt sich dieses Problem (s. Fallbeispiel) nun pflegediagnostisch beschreiben, vor allem unter dem in diesem Fall forensisch relevanten Aspekt der geplanten Geiselnahme. Eine (versuchte) Geiselnahme durch einen Klienten stellt, ähnlich wie eine Revolte oder eine Entweichung, eine für die Forensik spezifische Problematik dar. Suizidalität und der Umgang mit suizidalen Klienten gehören sowohl in der Allgemeinpsychiatrie als auch in der Forensik zu den täglichen Problemen und Aufgaben. Das Problem einer Geiselnahme mit dem Ziel einer Entweichung zeigt eher Parallelen zu einer Justizvollzuganstalt auf.

Tabelle 6-7: Orientierungshilfe für die Arbeit mit dem Pflegeprozess (Glanz/Voss, 2008)

Pflegediagnosen Pflegeprobleme/ Ressourcen	Pflegeziele	Pflegeinterventionen, -maßnahmen	Pflegeevaluation
Pflegediagnose (PES) **Pflegeprobleme** (aktuelle, potentielle, individuelle, generelle) Konkret darstellen mit Hilfe von PES-Schema ▪ Ressourcen benennen ▪ Einbindung von vorhandenen Ressourcen des Klienten Ist das dargestellte Pflegeproblem oder die Pflegediagnose auch tatsächlich ein Problem des Klienten?	**Realistische Pflegeziele** ▪ klientenorientiert ▪ Klienten sind eher bereit an der Durchführung des Pflegeziels aktiv mitzuarbeiten, wenn sie hinzugezogen werden und sie den Sinn erkennen können. ▪ die Frage ist: will der Klient auch dieses ziel erreichen und wie entscheidet er sich. ▪ primär wird das Pflegeziel für den Klienten festgelegt. ▪ durch die Orientierung am Klienten, wird bei der Formulierung des Pflegezieles von seiner Person ausgegangen. **RUMBA- Vorraussetzung** **R = Relevant** ▪ bezüglich des Pflegeproblems, der Pflegediagnose ▪ bezüglich Klient und Klientenorientierung ▪ bezüglich der einzelnen Schritte, die lang oder kurzfristig zu einer Lösung führen **U = understandable (verständlich)** ▪ für Klient und Mitarbeiter **M = measurable (messbar)** ▪ messbar impliziert die Verwendung konkreter spezifischer Begriffe: z. B. Klient soll in 14 Tagen 1,5 kg Gewicht verlieren **B = behavioral (beobachtbar)** ▪ Pflegeziel als wahrnehmbares Verhalten formulieren z. B.: Klient kann nach 3 Tagen ohne Schlafmittel gut ein- und durchschlafen **A = attainable (erreichbar)** ▪ die Formulierung des Pflegezieles muss realistisch sein ▪ positive Formulierung der Pflegeziele (Nahziele); es können für zu großen Hauptprobleme auch Teilziele benannt werden ▪ Ein Pflegeziel soll eindeutig, unmissverständlich und so knapp wie möglich formuliert werden ▪ Pflegeziele soll keine Pflegemaßnahme beschreiben	Die Pflegemaßnahme müssen konkret und eindeutig formuliert und dokumentiert werden ▪ Art: Was soll getan werden evtl. wer soll was tun? ▪ Qualität: Wann? Wie oft? Wie lange? Wo (Ort)? Womit? Wie (z. B. Einstellungen von Geräten) soll etwas getan werden ▪ Verweis auf den Standard ist möglich. **Durchführung der Pflegemaßnahme** ▪ Wird das ausgeführt was geplant wurde? ▪ Wird die Reihenfolge eingehalten? Wenn nicht warum? ▪ Findet die Durchführung in dem geplanten Zeitrahmen statt? Abweichungen müssen nachvollziehbar sein und in der Pflegeplanung korrigiert werden (z. B. weil sich in den letzten Stunden etwas am Klienten verändert hat) oder weil die aktuelle Situation des Klienten plötzlich eine Veränderung erfordert (aktuelles Problem)	**Beurteilung des Pflegeerfolgs** ▪ das allgemeine Ziel der Evaluation ist die Pflege zu verbessern ▪ mit der Evaluation soll eine effektivere, effizientere, flexiblere und qualitativ bessere Pflege angestrebt werden ▪ Pflegeziel überprüfen, ob das erreichte Ergebnis effektiv bzw. qualitativ optimal ist bzw. dem Pflegeziel entspricht. ▪ schriftliche Fixierung des Ergebnisses ▪ geplante Veränderungen sollen aufzeigen werden (Pflegeprobleme/-diagnosen, Pflegeziele umformulieren, Maßnahmen verändern oder anpassen) ▪ veränderte Pflegeprobleme/-diagnosen, Pflegemaßnahmen oder Pflegeziele müssen schriftlich fixiert werden

Fiktives Fallbeispiel

Herr Meier befindet sich auf einer hochgesicherten Station einer forensischen Klinik und ist gemäß § 63 StGB im Maßregelvollzug untergebracht. Er wurde vor drei Monaten aus einem anderem Bundesland in die Klinik verlegt. Dort war er bereits sieben Jahre in einer anderen forensischen Klinik untergebracht. Anlässe für die Unterbringung im Maßregelvollzug waren damals die Delikte einer schweren Körperverletzung und Nötigung. Der Verlauf der Behandlung von Herrn Meier war durch viele Krisen, Regelverstöße und auch körperliche Übergriffe auf Mitklienten und MitarbeiterInnen gekennzeichnet. Herr Meier hat u.a. versucht, einen Mitarbeiter der Arbeitstherapie während eines Einsatzes in der Gartengruppe als Geisel zu nehmen, um sich dadurch den Weg durch die Pforte zu erzwingen. Aus den Behandlungsverläufen ist zu entnehmen, dass er sich nie wirklich in das therapeutische Angebot der Klinik hat integrieren lassen. Die psychotherapeutischen Gesprächs- und Gruppenangebote hatte er bereits nach wenigen Wochen eingestellt und war seitdem auch nicht mehr bereit teilzunehmen. Herr Meier gibt hierzu an, dass er keine Lust habe, sich von den Therapeuten vorführen und als Monster darstellen zu lassen. Aufgrund dieser langandauernden, nicht aufzulösenden Situation wurde sowohl von der Klinik, als auch von dem Rechtsanwalt von Herrn Meier die Verlegung in eine andere Klinik beantragt. Damit wurde eine therapeutischer «Neustart» versucht, der schließlich im Rahmen eine Austauschs realisiert werden konnte.

Wie bereits erwähnt befindet sich Herr Meier jetzt seit drei Monaten in der neuen Klinik. Für das Team gestaltet sich der Kontakt und die Beziehung zu Herrn Meier sehr schwierig. Gesprächskontakte werden von Herrn Meier lediglich dazu genutzt, um sich über die unmöglichen Unterbringungsbedingungen zu beschweren oder seinen Unmut über die, aus seiner Sicht, schlimme Zeit in der anderen Klinik zu äußern. Den Mitarbeiter der pflegerischen Bezugsgruppe ist es bisher nicht gelungen eine Beziehung zu Herrn Meier herzustellen, angebotene Termine für Assessmentgespräche hat er bisher abgesagt. Aus den alltäglichen Begegnungen mit dem Klienten wird folgendes von den MitarbeiterInnen in der Pflegedokumentation berichtet:

- Herr Meier macht auf mich einen niedergeschlagenen, fast hoffnungslosen Eindruck.
- Herr Meier reagiert sehr gereizt auf Ansprache durch uns, ich habe das Gefühl, dass er eigentlich immer unter Spannung steht.
- Herr Meier zieht sich sehr viel zurück, ich habe aber den Eindruck, dass er alles, was um ihn herum geschieht, sehr aufmerksam beobachtet.

Lediglich zu einem Kollegen besteht ein oberflächlicher Kontakt. Dieser hat Herr Meier bei seiner Aufnahme in die Klinik begleitet und betreut und an diesen wendet sich Herr Meier, wenn er Fragen zum Ablauf hat, und er lässt sich mit ihm hin und wieder auf ein Gespräch ein.

Im Rahmen eines Krisengespräches, dass die beiden führen (es ist zu einer lautstarken verbalen Auseinandersetzung zwischen Herrn Meier und einem Mitklienten gekommen), kann Herr Meier seine Affekte kaum zurückhalten. Er äußert, wie bereits vermutet, eine große Angespanntheit und Hoffnungslosigkeit. Unter anderem teilt er dem Kollegen mit, dass er sich die Situation hier sehr aufmerksam angesehen habe. Er sei zu dem Schluss gekommen, dass man hier als Klient doch nur auf zwei Wegen «raus» kommt: entweder durch Suizid oder durch eine Geiselnahme. Auf Nachfragen des Mitarbeiters bezüglich der suizidalen Äußerungen macht Herr Meier sehr deutlich, dass er durchaus diese Möglichkeit für sich in Betracht ziehe und es zur Zeit eigentlich nichts Positives gebe, für das es sich lohnen würde weiter zu leben. Aber er könne sich zur Zeit davon distanzieren. Herr Meier kann dem Kollegen diese Zusage auch durch einen Handschlag versprechen. Die Frage nach der Geiselnahme spart der Kollege hier aus, da er eine Geiselnahme schon einmal ausgeführt hat.

Pflegediagnostisch könnten beide Punkte im Rahmen einer Risikodiagnose exemplarisch erfasst werden:

P: Suizidgefahr (definiert als «Gefahr einer selbst zugefügten, lebensbedrohlichen Verletzung»), b/d folgende bobachtbare Risikofaktoren (**R**)

- Androhung einer möglichen Selbsttötung als Lösung für eine als, subjektiv, ausweglos empfundenen Situation
- anamnestisch bekannte Neigung zu impulsiven Verhalten
- Hoffnungslosigkeit
- fehlende Unterstützungssysteme und mangelnde soziale Einbindung

Diese Risikopflegediagnose beschreibt nur die drohende Gefahr eines Suizids. Das potentielle Problem der angekündigten Geiselnahme wird damit nicht benannt. Die Verfasser meinen aber, dass für spezielle forensische Pflegeprobleme neue Pflegediagnosen entwickelt werden können. Diese lassen sich aber auch unter den bestehenden Pflegediagnosen aufnehmen. Dabei ist zu beachten, dass dazu nicht immer die Risiko- und Einflussfaktoren aus der etablierten Fachliteratur übernommen werden können (vgl. Doenges et al. 2003), sondern individuelle Formulierungen entwickelt werden müssen, die den forensischen Erfordernissen und Rahmenbedingungen entsprechen. Gleiches gilt demzufolge auch für die Ausformulierung der PES-Systematik und natürlich auch für die Festlegung konkreter Pflegemaßnahmen im Pflegeprozess. Hier besteht bei einigen spezifischen Problemen ebenfalls die Notwendigkeit der individuellen Übersetzung in die forensische Praxis.

Zur Erläuterung hier nun eine Möglichkeit, das Problem der Geiselnahme von Herrn Meier pflegediagnostisch zu beschreiben als «unwirksames Coping mit daraus resultierende Gefahr einer Geiselnahme», wobei ein «unwirksames Coping» definiert wird als «eine Störung der Anpassungs- und der Problemlösungsfähigkeiten eines Menschen in Bezug auf die Einschätzung von Situationen, die Auswahl geeigneter Reaktionen und die Unfähigkeit vorhandene Ressourcen zu nutzen».

Kurzgefasst lässt sich die Pflegediagnose wie folgt definieren:

P: unwirksames Coping mit Gefahr einer Geiselnahme, b/d

- anamnestisch bekannte Geiselnahme eines Mitarbeiters
- ausgeprägte Neigung zu impulsivem Verhalten
- anamnestisch bekannte körperliche Übergriffe auf Personen

Die forensische Besonderheit bei diesem Beispiel besteht in der Problematik der möglichen Geiselnahme. Denkt man über dieses potentielle Problem nach, so muss man dies nach Ansicht der Verfasser im Lichte eines verursachenden Problems tun. In diesem Fall im Zusammenhang mit den unzureichenden Coping- und Interaktionsmustern des Klienten. Ihm ist es bisher (noch) nicht gelungen, geeignetere Bewältigungsstrategien zu entwickeln und er muss somit auf bekannte, störungs- und auch deliktspezifische Bewältigungsstrategien zurückgreifen. Somit ist das Problem der Geiselnahme, als Merkmal oder Ausdruck dieser grundsätzlichen Problematik zu werten. In der ergänzenden Erläuterung der Pflegediagnose wird der für die Forensik besondere Aspekt spezifiziert und berücksichtigt.

Zur weiteren Orientierung abschließend noch ein weiteres Fallbeispiel aus dem Bereich der Suchtbehandlung (s. nebenstehenden Kasten).

Aus diesen pflegediagnostischen Beschreibungen und den entsprechenden Einflussfaktoren und Merkmalen lassen sich individuelle Ziele und Maßnahmen für Herr Yüksel ableiten und pflegerisch beeinflussen. – Die beiden Fallbeispiele zeigen, dass die vorhandenen Pflegediagnosen, mit einigen moderaten Modifizierungen, auch in der Forensik einsetzbar sind. Sie zeigen aber auch, dass im Rahmen der forensischen Pflege die Möglichkeit besteht, pflegerisch beeinflussbare Phänomene wie «Flucht- oder Entweichungsgefahr» oder «Entführungsgefahr/Gefahr einer Geiselnahme» neu zu erkennen und zu benennen, um damit den bestehenden Katalog der

Fiktives Fallbeispiel

Herr Yüksel ist ein junger Mann türkischer Abstammung. Er ist 23 Jahre alt und wurde in der Türkei als dritter von vier Söhnen geboren. Sein ältester Bruder ist gestorben – er war ebenfalls süchtig. Herr Yüksel kommt nicht über den Tod seines Bruders hinweg, denn dieser war für ihn wie ein Vater. Er hat Kontakt zu seiner Familie, aber sein Drogenproblem führt immer wieder zu Streit, vor allem mit dem Vater, den Herr Yüksel altmodisch findet. Er habe nie wirkliche persönliche Unterstützung von ihm erfahren, sondern immer nur das Gefühl gehabt, den Erwartungen, die der Vater an ihn hatte, nicht zu entsprechen.

Er konsumiert seit sechs Jahren Heroin, er raucht es und hat es auch einige Male intravenös probiert. Nebenbei konsumiert er Valium und Kokain.

Herr Yüksel ist seit vier Wochen rechtskräftig nach § 64 StGB im Maßregelvollzug untergebracht. Aus juristischer Sicht verfügt er über ein beeindruckendes Vorstrafenregister. Unter anderem ist er schon sehr früh in seiner Jugend wegen Körperverletzung, gemeinschaftlichem Raub und Besitz vom Betäubungsmitteln verurteilt worden. In diesem Rahmen wurde er zunächst zum Ableisten von Sozialstunden, aber auch später zu einer zweijährigen Jugendstrafe verurteilt.

Das Anlassdelikt für die Unterbringung im Maßregelvollzug war ein Raubüberfall. Herr Yüksel hatte mit einem Mittäter eine Tankstelle überfallen, um an Geld für Heroin zu kommen.

Herr Yüksel spricht weder sonderlich gut deutsch noch türkisch, was gelegentlich zu Verständigungsproblemen führt. Selbst bei seinen türkischen Mitklienten findet er dadurch nur bedingt Anschluss. Zudem ist er sehr schüchtern und vertraut anderen Menschen nicht.

In der Gruppe verhält er sich sehr zurückgezogen. Von der äußeren Erscheinung her wirkt er gedrungen. Er bewegt sich mit gesenktem Kopf über die Station. Gegenüber den Mitarbeitern erscheint er stark verunsichert, manchmal fast unterwürfig. Er ist kaum in der Lage, im Gespräch Blickkontakt aufzunehmen. In der Gruppentherapie hält er sich sehr zurück, spricht nur das Nötigste. Bisweilen ist er sehr verunsichert. Er bekommt negative Rückmeldungen in den Gruppen von den Mitklienten, weil er sich nicht aktiver einbringt und nichts Persönliches von sich mit in den Behandlungsprozess einbringt. Herr Yüksel ist nur mit sehr viel Zuspruch bereit, neue Dinge oder auch Therapieformen auszuprobieren wie z. B. Ergo- oder Kunsttherapie. Aber Herr Yüksel hat auch sehr positive Eigenschaften, er ist sehr hilfsbereit und höflich im Umgang mit anderen und er ist sehr verbindlich in den Dingen, die er tut. Bei entsprechenden positiven Rückmeldungen durch Teammitglieder reagiert Herr Yüksel sehr verlegen und kann diese nur sehr schwer annehmen.

Wegen der Sprachschwierigkeiten verfügt Herr Yüksel nur über eine geringe schulische Bildung. Er hat große Mühe mit dem Lesen, noch mehr mit dem Schreiben. Wenn er schriftliche Therapiereflexionen anfertigen muss, verweigert er sich oder bittet heimlich einen Mitklienten darum, für ihn zu schreiben. Er schämt sich sehr dafür, lässt es sich aber nicht anmerken. Wenn die Therapeutin oder die Pflegenden ihn diesbezüglich ansprechen, reagiert er entweder sehr aggressiv oder verzweifelt. Was auch mit ein Grund ist, warum er in der Therapie häufig auf seine Grenzen stößt.

Relevante Pflegediagnosen:

P: Chronisch geringes Selbstwertgefühl
Definition: Negative Gefühle in Bezug auf sich selbst und die eigenen Fähigkeiten

Einflussfaktoren:

- andauernde negative Einschätzung seiner Person während der Kindheit
- Mangel an persönlichen Erfolgserlebnissen und Unterstützung
- eingeschränkte Fähigkeit, sich verbal auszudrücken und dadurch bedingte erschwerte Beziehungsaufnahme zu anderen

Symptome/Merkmale:

- begibt sich nur zögernd in neue Situationen
- kann nur sehr schlecht mit positiven Rückmeldungen umgehen
- mangelnder Blickkontakt
- Ausdruck von Scham und Minderwertigkeitserleben

P: Beeinträchtige soziale Interaktion

Einflussfaktoren:

- Entwicklungsbedingte Kommunikationsbarrieren und daraus resultierende mangelnde Sprachkenntnisse bzgl. Lesen und Schreiben

Symptome:

- kann nur unzureichend am sozialen Austausch teilnehmen und sich in den Therapien einbringen
- findet keinen Anschluss und keine Zugehörigkeit in der Klientengruppe
- fühlt sich sichtlich verunsichert und unwohl in Gruppen- und Einzelkontakten
- gestörte Interaktion mit Angehörigen und anderen Personen

Pflegediagnosen zu erweitern. Darüber hinaus können spezifische Beobachtungen aus der forensischen Pflege dazu beitragen, die Merkmale bestehender Pflegediagnosen genauer und akkurater zu beschreiben und die bestehenden Phänomene durch ergänzende erklärende Einflussfaktoren besser zu verstehen und somit insgesamt die Pflegediagnosen und -diagnostik zu verbessern.

Das abschließende Kapitel beschreibt nach den konkreten Anwendungsbeispielen etwas allgemeiner, wie Pflegenden prüfen können, ob Pflegediagnosen für ihre Arbeit hilfreich sein können, es zeigt wie Pflegediagnosen in der Forensik eingeführt und umgesetzt werden können.

6.11.2.5 Umsetzung von Pflegediagnosen

Die Einführung von Pflegediagnosen ist dort sinnvoll wo es «Probleme mit den Problemen» gibt. Auf die Frage ob im täglichen Umgang mit Pflegeproblemen Schwierigkeiten auftauchen, werden häufig Formulierungs-, Kommunikations-, Identifikations-, Rollen- und konzeptionelle Probleme angeführt (Georg in Collier 1998, S. V). Kurzum Probleme, die um die Fragen kreisen:

- «Was ist (k)ein Pflegeproblem?»
- «Wie erkenne ich umfassend die Probleme des Klienten?»
- «Wer hat hier eigentlich ein Problem, die Pflege oder der Klient?»
- «Ist es eine pflegerische Aufgabe ‹Diagnosen› zu benennen?»
- «Wie formuliere ich das Problem kurz, knapp, prägnant und für die Kollegen verständlich?»

Gibt es derartige «Probleme mit den Problemen», dann ist eine nähere Beschäftigung mit Pflegediagnosen sinnvoll.

Bevor sich Pflegende inhaltlich mit Pflegediagnosen beschäftigen, sollten sie sich fragen, ob sie es als Teil ihre professionellen Rolle sehen, pflegerisch beeinflussbare Gesundheitsprobleme und Entwicklungspotenziale ihrer Klienten zu erkennen, zu benennen und zu behandeln und für die Konsequenzen die Verantwortung zu tragen.

Inhaltlich ist die Frage relevant: «Wie lauten die Pflegeprobleme, die Sie in Ihrer Pflegepraxis erkennen, benennen und behandeln können?». Sie hilft Pflegenden weiter, um sich mehr Klarheit über die Art, die Häufigkeit, die Zuordnung und das Verständnis von Pflegediagnosen zu verschaffen. Diese Probleme sollten unmittelbar von den Pflegenden direkt und ausführlich gesammelt werden. Diese Problemliste gilt es dahingehend zu prüfen, ob sie Formulierungen enthält, die keine Pflegediagnose darstellen. Die verbleibenden Probleme können dahingehend untersucht werden, welche Problemformulierungen identisch oder zumindest ähnlich sind.

Diese Vorgehensweise hilft, bereits vereinheitlichte Begriffe wie «Suizidgefahr», «Schmerz», «Hoffnungslosigkeit» zu erkennen und sie verweist auf häufig vorkommende Probleme.

Ob aktuelle, Risiko-, Syndrom- oder Gesundheitsförderungsdiagnosen vorliegen kann mit der Frage:

«Um welche Arten von Pflegediagnosen handelt es sich bei den vorliegenden Problemen?» geklärt werden. Formulierungen wie «Pat. ist sozial isoliert, weil …, wegen …, aufgrund …, durch …, infolge …» etc., geben einen Hinweis auf eine PES-Struktur und fortgeschrittene diagnostische Fähigkeiten; weil damit Probleme hinsichtlich ihrer Ursachen analysiert, hinterfragt und gedeutet werden. So vorzugehen und kritisch über pflegerisch beeinflussbare Gesundheitsprobleme von Klienten nachzudenken, ist wesentlich für kognitiv-analytisches bzw. diagnostisches Denken und kann durch die drei «W's» einer Pflegediagnose gefördert werden:

- «Was ist das Problem?»
- «Warum tritt das Problem auf, welche Faktoren beeinflussen die Entstehung des Problems?»
- «Wie sieht das Problem aus?»

Eine ausreichend große Zahl identifizierter Pflegediagnosen kann gruppiert und zusammengefasst werden, z.B. in «Gewaltprobleme» wie «Gefahr der Gewalttätigkeit», «Vergewaltigungssyndrom», «Selbstverletzungsgefahr» und «Suizidgefahr». Derartige gruppierte oder klassifizierte Pflegeprobleme führen induktiv zu einer ordnenden Struktur für Pflegediagnosen. Pflegekonzepte wie LAs, ATLs, ABEDLs und funktionelle Gesundheitsverhaltensmuster können auch als Strukturierungshilfe genutzt werden.

Ausgehend von der identifizierten Liste der Pflegediagnosen, sollten diese genauer auf ihre Kennzeichen und ursächlichen oder beeinflussenden Faktoren untersucht und unterschieden werden. Das kann mit Hilfe der publizierten Handbücher von Gordon (2003, 2008), Doenges (2003) und NANDA-I (2005) erfolgen oder durch die Frage: «Welches sind die Merkmale und beeinflussenden Faktoren der vorliegenden Probleme?» Die Frage, wer Pflegediagnosen erstellen sollte, ist berufspolitisch einfach zu beantworten: Gesundheits- und KrankenpflegerInnen. Die Qualität der Pflegediagnosen hängt jedoch von dem professionellen Wissen, der praktischen Erfahrung und einer gehörigen Portion kognitiv-analytischer Fähigkeiten der einzelnen Pflegeperson ab, die Lunney (2007) als «kritisches Denken» (critical thinking) bezeichnete. Weitergehende diagnostische Fähigkeiten können theoretisch anhand von allmählich komplexer werdenden Fallstudien (Collier 1998, Lunney, 2007), Pflegeassessmentübungen und mit problemorientiertem Lernen (Price, 2005) erworben werden. Intensive Schulungen zu einzelnen Pflegediagnosen, Einführungen in Pflegeassessmentelemente, -formen und -fertigkeiten, können die bestehenden Kenntnisse und Fähigkeiten vertiefen. Eine praktische Anleitung durch PflegediagnostikexpertInnen, um die Beobachtungsfähigkeit zu verfeinern, das analytische Denken zu schärfen und weitere Assessmentfähigkeiten zu schulen, fördert die praktische Einführung von Pflegediagnosen. Pflegediagnosen in einem Pflegesystem der Bezugspflege oder ein Primary Nursing System (Mischo-Kelling, 2007) einzuführen, wäre ablauforganisatorisch passend und für eine kontinuierliche Pflegebeziehung förderlich. Um häufigen Pflegediagnosen leichter auf die Spur zu kommen, ist es notwendig, ein/e Pflegeassessmentformular/-datei zu entwickeln oder zu verbessern. Die konzeptionelle Arbeit zielt während der Einführung darauf, das Pflegeverständnisses zu klären, die Rolle der Pflegenden um die des «Diagnostizierenden» zu erweitern und die Pflegediagnosen in die jeweilige Unternehmensphilosophie (Pflegeleitbild) zu integrieren. Ferner sollten Pflegediagnosen als fester Bestandteil und zweiter Schritt des Pflegeprozesses vermittelt werden.

Eine in dieser skizzierten Form durchgeführte Einführung in das Konzept der Pflegediagnosen kann das professionelle Rollenverständnis der Pflegenden in der Forensik erweitern und pflegerisch beeinflussbare Gesundheitsprobleme insgesamt besser erkennbar, benennbar, kontrollierbar, kommunizierbar, finanzierbar, beforschbar, lehrbar in (berufs)politische Forderungen und Richtlinien umsetzbar machen (vgl. Georg 2006b). – Bei aller Begeisterung für Pflegediagnosen und -diagnostik, sollten Pflegende sich immer einer Tatsache bewusst sein. Mit jeder Diagnosestellung reduzieren Professionelle die Lebenswirklichkeit eines Individuums auf ein für den Professionellen erkennbares und beeinflussbares Maß. Diese Wirklichkeitsreduktion bleibt letztlich nur wirksam und legitim, wenn sie der/dem Betroffenen hilft, seine Situation, Gesundheitsprobleme und Entwicklungspotenziale einfacher verstehen, bewältigen und gestalten zu können oder einfach nur das damit verbundene Leid besser ertragen zu können.

Dieser Beitrag besteht in Teilen aus Texten von Jürgen Georg (2006, 2007), die allgemeine Grundlagen der Pflegediagnostik beschreiben und hinsichtlich ihrer Bedeutung für die forensische Pflege angepasst und aktualisiert wurden.

7 Nicht wegen «guter Führung» – Legalprognosen bei Patienten des Maßregelvollzugs

Dieter Seifert

7.1 Einführung

Wie zuverlässig kann man die Rückfallgefahr von Straftätern vorhersagen? Wie effektiv ist die Behandlung von psychisch gestörten Rechtsbrechern? Wie ist die Öffentlichkeit vor solchen Tätern zu schützen? Derartige Fragen haben in den letzten Jahren wie kaum ein anderes Thema die kriminalpolitische Debatte in Wissenschaft und Praxis sowie in den Medien bestimmt. Die Einschätzung der Gefährlichkeit von Patienten des Maßregelvollzugs gehört folglich zu den verantwortungsvollsten Aufgaben der forensischen Psychiatrie. Insbesondere bei einer anstehenden Entlassung aus der strafrechtlichen Unterbringung gemäß § 63 StGB kommt diesem Aspekt eine besondere Brisanz zu. Neben der fachlichen Komplexität werden Fragen der persönlichen Freiheit des Einzelnen und des Schutzes der Öffentlichkeit vor weiteren Straftaten tangiert. Diskutiert wird hierbei vor allem die Gefährdung der Allgemeinheit. Tatsächlich geht der größere Anteil falscher Prognosen jedoch zu Lasten der Untergebrachten, wobei der Patient selbst die Fehlerhaftigkeit einer ungünstigen Prognose zwangsläufig nicht nachweisen kann, da er weiterhin untergebracht bleibt. In diesem Kapitel werden die grundsätzlichen Probleme bei der Vorhersage delinquenten Verhaltens thematisiert und der momentane Wissensstand mit Konzentration auf die Essener Prognosestudie dargestellt. Die Ergebnisse werden unter besonderer Berücksichtigung der klinisch-forensischen Praxis diskutiert und enden mit einem Plädoyer für eine interdisziplinäre Zusammenarbeit.

7.2 Die entscheidende Frage

Die entscheidende Frage lautet: Wann kann verantwortet werden, einen Patienten aus der forensischen Klinik zu entlassen? Der Weg bis zur Entscheidung ist komplex, da hierbei vielschichtige Aspekte berührt werden: Zum einen stellt sich die Frage, an welchen Punkten man die «Gefährlichkeit» eines Patienten festmachen kann. Zum anderen muss man beurteilen, ob bzw. inwieweit die therapeutischen Bemühungen gewirkt haben und ob diese Veränderungen auch tatsächlich für die Legalprognose eine Rolle spielen. Nicht zuletzt sollte man sich die Frage stellen, ob bzw. unter welchen Bedingungen die therapeutisch erarbeiteten Fortschritte gleichfalls außerhalb der forensischen Mauern stabil bleiben.

Der Therapeut im Maßregelvollzug steht also vor der komplizierten Aufgabe abzuschätzen, ob ein psychisch kranker Straftäter – laut Gesetzestext – für die Allgemeinheit keine Gefahr mehr darstellt. Auch wenn die Entscheidung über eine tatsächliche Entlassung von juristischer Seite getroffen wird, so erwartet die Strafvollstreckungskammer eine gründliche und verlässliche Gefährlichkeitseinschätzung von denjenigen, die den psychisch kranken Straftäter über Jahre behandelt haben und ihn somit auch am besten kennen müssten. Dabei darf sich das Gericht nicht automatisch der Beurteilung der Psychiater und Psychologen anschließen, sondern hat aus eigener juristischer Sicht diese Gefährlichkeitseinschätzung kritisch zu hinterfragen. In der Praxis passiert dies bei positiv gestellter Prognose der Therapeuten regelmäßig, bei negativer Einschätzung vielleicht ein wenig zu selten. Gegebenenfalls kann das Gericht auch weitere Sachverständige beauftragen. In den meisten Bundesländern werden zudem mehr oder minder regelmäßig externe Gutachter für die Frage des Behandlungsfortschritts und der Gefährlichkeitsprognose herangezogen. Zu den einzelnen rechtlichen Bestimmung siehe auch Kapitel 1.

Die psychiatrischen bzw. psychologischen Sachverständigen und Therapeuten benötigen gewisse Richtlinien, an denen sie sich bei ihrer Entscheidungsfindung orientieren können, also: Welche Eigenschaften und Verhaltensweisen sprechen für eine eher positive und welche mehr für eine negative Prognose? Dabei bleibt zu betonen, dass es den «typischen» Maßregelpatienten natürlich nicht gibt. Während bestimmte Merkmale für den einen Patienten eher auf ein Fortbestehen seiner Gefährlichkeit hindeuten, können die gleichen Merkmale für den anderen Patienten auf eine positive Entwicklung hinweisen. Als ein Beispiel ist das Kriterium «Angepasstheit» anzuführen. Wenn ein Patient mit einer impulsiven Störung durch die Behandlung im Maßregelvollzug gelernt hat, seine Impulse besser in den Griff zu bekommen, also erst nachzudenken und dann zu handeln, weist dies durchaus auf einen therapeutischen Erfolg mit deliktspezifischer Relevanz hin. Wenn im Vergleich ein überangepasster Patient, der wegen einer Vergewaltigung untergebracht ist, auch im Laufe der mehrjährigen Therapie weiterhin überangepasst bleibt, deutet dieses Merkmal hingegen eher auf ein Fortbestehen seiner Persönlichkeitsproblematik und somit auf eine eher negative Legalprognose hin.

Bei der Einschätzung bezüglich der weiter bestehenden Gefährlichkeit eines Maßregelpatienten kommt es also darauf an zu verstehen, wieso es bei *diesem* Menschen zu *jener* Straftat in der *damaligen* Lebenssituation hat kommen können. Dies ist auch der Grund, wieso die Aussagekraft so genannter Prognose-Checklisten limitiert ist. Sie sollen mehr Gewissheit und Sicherheit für die schwierige und folgenträchtige Entscheidung liefern, ob wir einen psychisch kranken Straftäter entlassen können oder nicht. Zuletzt sind aber vor allem von juristischer Seite ernsthafte Zweifel diesbezüglich geäußert worden (u.a. Tondorf, 2006). Standardisierte Prognoseinstrumente vermitteln zumindest den Anschein von Wissenschaftlichkeit. Beruht die prognostische Entscheidung primär auf derartigen Instrumenten, bleibt es allerdings beim Anschein. In einer interdisziplinären Arbeitsgruppe von Strafrechtlern, Richtern und forensischen Psychiatern zur Erarbeitung von Mindestanforderungen für Prognosegutachten wurde erst vor kurzem einleitend auf die Komplexität solcher Gutachten hingewiesen und zugleich explizit formuliert, dass «sich eine abstrakte, allein auf statistische Wahrscheinlichkeiten gestützte Prognose» verbiete (Boetticher et al., 2006). Diese Formulierung ist als deutliches Signal für eine Individualprognose zu verstehen und darüber hinaus als Hinweis dafür, dass das Ausfüllen einer Prognosecheckliste auch weiterhin eine umfassende explorative Untersuchung unter sorgsamer Einbeziehung des Akteninhalts als Grundlage einer fundierten Gefährlichkeitsbeurteilung nicht ersetzen kann. Zudem sollten die Grenzen der Vorhersehbarkeit kriminellen Verhaltens realistisch thematisiert werden. Das Bundesverfassungsgericht hat sich erst kürzlich sehr eindeutig hierzu geäußert: «Prognoseentscheidungen bergen stets das Risiko der Fehlprognose, sind im Recht aber gleichwohl unumgänglich.» Anzumerken bleibt zudem, dass prognostische Einschätzungen über die Entlassung forensischer Patienten gemäß § 67d Abs. 2 StGB laut Gesetzesformulierung «bedingte» Entlassungen sind. Sie können folglich bei negativer Entwicklung zurückgenommen bzw. es können andere richterliche Weisungen ausgesprochen werden.

Seit Jahrzehnten ist in der fachspezifischen Diskussion und zuletzt bevorzugt – wenn auch überwiegend recht undifferenziert – in den Medien wiederholt die Frage nach der grundsätzlichen Machbarkeit verlässlicher prognostischer Aussagen aufgekommen. In der Kriminologie stand man bereits Anfang des 20. Jahrhunderts der Möglichkeit skeptisch gegenüber, den tatsächlich gefährlichen von dem ungefährlichen Menschen unterscheiden zu können (Finger, 1908). In der Folgezeit sind in nahezu regelmäßigen Abständen bis heute die Grenzen der Vorhersehbarkeit von Rückfalldelinquenz betont worden (u.a. Hinz, 1987; Kinzig, 1996; Schneider, 1986; Rasch, 1999). Dieses so genannte Prognosedilemma wird auch in einigen wissenschaftlichen Veröffentlichungen deutlich. Murach beispielsweise wählte für seinen Aufsatz 1989 die Überschrift: «Zwischen Würfeln und Wissenschaft», eine Formulierung, die unverhohlen sowohl Skepsis als auch Ironie über die (damalige) Prognosepraxis zum Ausdruck bringt. Durch nicht weniger schwarzen Humor zeichnet sich der Titel von Ennis und Litwack aus (1974): «Flipping coins in the courtroom».

Trotz dieser wiederholt geäußerten Zweifel hat sich in dieser Frage einiges getan (Übersicht bei Kröber, 2006). Insbesondere in den letzten zwei Jahrzehnten sind die Forschungsbemühungen zur Kriminalprognose intensiviert worden (Leygraf, 2004; Seifert, 2007a). In Deutschland gibt man mittlerweile wieder mehr der klinischen Prognosemethode den Vorrang. Hierbei fasst man möglichst alle bedeutsamen anamnestischen und klinischen Faktoren zusammen und versucht diese nach ihrer Bedeutung hinsichtlich der Kriminalprognose zu gewichten. Zudem schätzt man Art und Intensität der ambulanten Nachbetreuung («sozialer Empfangsraum») ein. Es handelt sich demnach um eine Methode, bei der neben dem kriminologischen Wissen vor allem die individuellen Besonderheiten des Patienten, sein Störungs-bzw. Krankheitsbild, seine biografische Entwicklung sowie die Tat bzw. Tatumstände Berücksichtigung finden. Die in der Behandlung gewonnenen Erfahrungen sowie die Struktur des Umfeldes, in das der Patient entlassen werden soll, fließen in die Beurteilung mit ein. Unabhängig von dem methodischen Vorgehen werden für eine sorgfältige, fachgerechte Prognosestellung folgende Minimalstandards gefordert (Leygraf/Nowara, 1992):

1. Es bedarf einer eingehenden Exploration und Untersuchung des Patienten (ggf. unter Einbeziehung testpsychologischer Verfahren).
2. Die Vorgeschichte des Patienten mit seinem Krankheitsverlauf, Verhaltensweisen, eventuell Vorstrafen etc. sollte nicht nur bekannt sein, sondern auch bei der Gefährlichkeitseinschätzung beachtet und bewertet werden (intensive Aktenerhebung).
3. Schließlich ist Transparenz des gutachterlichen Entscheidungsprozesses zu fordern; das heißt auch für den «Nicht-Psychowissenschaftler» muss das Gutachten verständlich und nachvollziehbar sein («kein Fachchinesisch»).

Gutachter und Therapeuten benötigen neben einer umfangreichen klinischen Erfahrung in Diagnostik und Therapie von psychisch Kranken bzw. Gestörten zudem ein kriminologisches Basiswissen. Die Rückfallzahlen der jeweiligen Deliktgruppen sind höchst unterschiedlich. Während auf der einen Seite Straßenverkehrsdelikte oder Drogendelinquenz Rezidivraten von über 50% aufweisen, treten schwere Gewaltdelikte – wie zum Beispiel Mord oder Totschlag – nicht nur eindeutig seltener auf, sondern zeigen zudem eine erheblich niedrigere Rückfallrate – zwischen 0 und 3% (Groß, 2000). Damit wird ein grundsätzliches (methodisch-statistisches) Problem berührt: Ein erneutes Tötungsdelikt nach vorheriger strafrechtlicher Unterbringung ist ein ausgesprochen seltenes Ereignis. Je seltener ein Ereignis auftritt, desto schwieriger ist es vorherzusagen (Problem der geringen Basisrate).

Im nordamerikanischen Raum sind in den letzten Jahren Prognoseinstrumente entwickelt worden, mit denen man statistisch die Rückfallgefahr zu ermitteln versucht (u.a. HCR-20, Webster u.a., 1997; PCL-R, Hare, 1991). In diesen Kriterienkatalogen überwiegen so genannte historisch-sozialanamnestische Daten, wie zum Beispiel Art und Anzahl früherer Delikte, Alter der ersten Straftat.

Die in der Wissenschaft am häufigsten genannten historischen Risikokriterien sind:

- Delinquenzbeginn im jugendlichen Alter (vor allem mit Gewaltanwendung)
- hohe Anzahl an Vorstrafen
- (wiederholter) Bewährungsversager
- Substanzmissbrauch/Abhängigkeit
- erheblich gestörte Herkunftsfamilie (inkonsequenter Erziehungsstil)
- Schuleschwänzen und sonstige früh erkennbare Verhaltensauffälligkeiten
- mangelnde Arbeitskontinuität (mehrfacher Ausbildungsabbruch)
- inkonstante Partnerbeziehungen.

Es ist bereits seit langer Zeit bekannt, dass beispielsweise ein frühes Einsteigen in die kriminelle Szene oder eine lange Liste von Vorstrafen mit einer negativen Legalprognose korrelieren. Jedoch lassen sich solche Merkmale naturgemäß durch eine Therapie nicht beeinflussen. Diese Risikokriterien sind statistisch zwar vielfach gesichert, müssen jedoch im konkreten Einzelfall stets kritisch überprüft werden. Mögliche Veränderungen von Ansichten, Einstellungen und Verhaltensweisen eines Patienten können mit solchen Instrumenten nicht erfasst werden, sodass sie für die Beantwortung der Frage, ob es nach langjähriger Unterbringung zu verantworten ist, einen Patienten aus der Maßregel zu entlassen, nur bedingt einsetzbar sind. Kritisiert wird zudem, dass hiermit lediglich gruppenstatistische Aussagen möglich sind, wohingegen bei der Entlassungsfrage die Beurteilung des Einzelfalls angezeigt ist. Obendrein bleibt zu berücksichtigen, dass diese in den USA und Kanada entwickelten Fragebögen nicht ohne weiteres auf den deutschen Kulturkreis übertragbar sind (Grubin, 1997).

7.3 Zum heutigen Wissensstand

Hinsichtlich des praktischen Vorgehens bei der Einschätzung der Kriminalprognose bietet sich neben der Berücksichtigung der oben aufgeführten Mindestanforderungen die von Rasch (1985) entwickelte Methodik an. Dieser empfiehlt einen strukturierten Ansatz unter Beachtung von vier Dimensionen:

1. Vordelinquenz/Unterbringungsdelikt: Hier wird anhand der Exploration des Patienten, des Studiums der Akten und der Erfahrungen während der stationären Behandlung zu analysieren versucht, ob seine Straftat(en) Resultat besonderer lebensphasischer Bedingungen ist (z. B. Lebenskrise, schicksalhafter Konflikt) oder aber ob seine Delinquenz als ein grundlegendes Persönlichkeitsmerkmal des Patienten («eingeschliffenes Verhaltensmuster») bzw. als Folge seiner psychischen Krankheit/Störung anzusehen ist. Das bedeutet, dass man weitgehend das «persönliche Motiv der Tat» kennen sollte.

2. Querschnittsbild der Persönlichkeit bzw. Erkrankung (psychischer Befund): Grundsätzlich kann gesagt werden, dass eine lang anhaltende wahnhafte Symptomatik eher für eine negative Prognose spricht. Dies gilt insbesondere dann, wenn die Wahnthematik in einem engen Bezug zur damaligen Tat steht. Auch psychopathologische Befunde, wie ein hohes Suchtpotenzial, leichte Irritierbarkeit, mangelnde Frustrationstoleranz, Impulsivität, geringes (fragiles) Selbstwertgefühl deuten auf eine eher negative Einschätzung hin.

3. Verlauf während der Unterbringung im Maßregelvollzug: Hier gilt es herauszuarbeiten, welche Entwicklung der Patient während der Unterbringung genommen hat. Insbesondere kommt den Aspekten, die beim Zustandekommen der Tat eine gewichtige Rolle gespielt haben, die entscheidende Bedeutung bei. Dazu sollten möglichst sämtliche Faktoren und ausdrücklich die Meinungen *aller* an der Therapie beteiligten Personen Berücksichtigung finden. Die Orientierung an einer Art Checkliste – etwa an dem unten aufgeführten speziell für Patienten des Maßregelvollzugs entwickelten und auf seine Reliabilität und Validität überprüften klinischen Prognosefragebogen (s. Kasten) – erscheint zu diesem Zweck allein schon deswegen sinnvoll, damit grundlegende Prognoseaspekte nicht einfach vergessen werden.

Aufbau des klinischen Prognosefragebogens

für Patienten, die zur Entlassung aus dem Maßregelvollzug gemäß § 63 StGB anstehen (Seifert, 2007a):

1. aktuelle klinische Symptomatik
2. Sozialverhalten in der Unterbringung
3. Belastungsfaktoren der Persönlichkeit
4. Anpassungsverhalten im aktuellen Lebensalltag
5. Emotion/Motivation des Patienten
6. Leistungs- und Kontrollbereich
7. Entwicklung/Verlauf während der Unterbringung
8. Entlassungssituation (sozialer Empfangsraum).

In diesem aus insgesamt 133 Einzelfragen bestehenden klinischen Prognosekatalog sind sämtliche klinischen Kriterien enthalten, die nach Meinung der leitenden Ärzte der forensischen Einrichtungen Deutschlands und anderer forensischer Experten bei der Entlassungsfrage für relevant erachtet wurden (Weber, 1995). Beispielsweise dienen die unter Punkt 6 aufgeführten Fragen dazu, die in der Beschäftigungs- und/oder Arbeitstherapie erreichten Leistungen des Patienten einzuschätzen, um seine tatsächlichen Fähigkeiten und Belastungsgrenzen abstecken zu können. Es kommt nicht primär darauf an, dass der Patient im Verlauf der Unterbringung eine Berufsausbildung absolviert, sondern darauf, eine individuelle, seiner Kapazität entsprechende Arbeitsmöglichkeit zu finden. Überlastung am Arbeitsplatz ist bekanntermaßen ein Risikofaktor, der eine erfolgreiche Wiedereingliederung gefährden und somit die Wahrscheinlichkeit einer erneuten Straftat erhöhen könnte.

4. Perspektiven: Eine gültige Prognoseaussage wird kaum möglich sein, ohne zu wissen, wohin der Patient nach der Entlassung geht. Das zukünftige Lebensumfeld mit seinen spezifischen Risiken und Anforderungen muss bekannt sein, damit potenzielle Risikokonstellationen mit dem Patienten antizipiert werden können. Aus diesem Grund ist es auch nachvollziehbar, wieso die Prognosesicherheit vom Prognosezeitraum abhängig ist. Denn je länger der zu prognostizierende Zeitraum ist, desto mehr unvorhersehbare Lebensereignisse können die Entwicklung des Patienten beeinflussen. Die Frage der Straffreiheit eines Patienten nach strafrechtlicher Unterbringung hängt zudem ganz wesentlich von der Intensität und Qualität der forensischen Nachsorge ab (s. Kap. 8 und Seifert et al., 2003a).

7.4 Die Essener Prognosestudie

Die Essener prospektive Prognosestudie wurde Mitte der 90er-Jahre des 20. Jahrhunderts mit dem Ziel begonnen, prognostische Entscheidungen von Entlassungen im Maßregelvollzug auf eine empirische Basis zu stellen und somit zu verbessern. Dazu wurde ein eigens erstellter Erhebungsbogen mit in der Literatur und der forensischen Praxis bekannten Prognosemerkmalen bei entlassenen Patienten des Maßregelvollzugs (gemäß § 63 StGB) eingesetzt (s. a. Kasten in Kap. 7.3; der gesamte Erhebungsbogen in: Seifert, 2007a). Er enthält neben anamnestischen (aktuarischen) Kriterien einige biologische Parameter (z. B. *neurological soft signs*) und vor allem eine Vielzahl klinisch-psychopathologischer Merkmale. Die anamnestischen und biologischen Daten wurden von Mitarbeitern der Forschungsgruppe durch Studium der Krankenakten erhoben. Der klinische Prognosebogen indes wurde ausgefüllt von den Therapeuten der einzelnen Kliniken, die den Patienten am besten kannten und daher auch bei der realen Entlassungsentscheidung eine wichtige Funktion innehatten. Dadurch konnte ein praxisnahes Design erreicht werden. Im Übrigen konnte gezeigt werden, dass seit nunmehr über einem Jahrzehnt eine restriktive Entlassungspraxis im deutschen Maßregelvollzug nach § 63 StGB vorherrscht. Im Vergleich zu dem Jahrzehnt davor hat sich die Anzahl jährlicher Entlassungen in etwa halbiert (Seifert et al., 2001).

Im Gegensatz zu bisherigen Studien wurden bei den Berechnungen als zusätzliche Katamneseinstrumente die während der Führungsaufsicht an die Strafvollstreckungskammer gerichteten Bewährungshelferberichte einbezogen. Während üblicherweise die Rückfälligkeit allein mittels Auszug der Bundeszentralregister-Eintragungen ermittelt wird, konnten auf diesem Wege die Erkenntnisse des Postentlassungszeitraums zusätzlich genutzt werden. Dies ermöglichte, die Begleitumstände eines Scheiterns der Wiedereingliederung zu beleuchten. Das Wissen darüber stellt eine wichtige Grundlage dar, um das Zustandekommen eines Rückfalls zu verstehen und letztlich Erfolg versprechende Interventionsstrategien im Sinne einer tertiären Prävention entwickeln zu können. Die Auswertung erfolgte nach einer Katamnesezeit von mindestens 2 Jahren (Mittelwert: 3,9 Jahre). Dieser Zeitraum wurde gewählt, weil bekanntermaßen der Übergang zwischen kustodialer Einrichtung und ambulanter Betreuung als besonders sensible Phase gilt, in der es überrepräsentativ häufig zum Scheitern der Wiedereingliederung kommt (Leygraf/Windgassen, 1988).

7.5 Aktuelle Rückfallzahlen

Von den 255 erhobenen forensischen Patienten, die in den Jahren 1997 bis 2003 aus 21 beteiligten Maßregeleinrichtungen (aus sieben Bundesländern) entlassen wurden, scheiterte bei 55 (21,6 %) die Wiedereingliederung in die Gesellschaft (Seifert/Möller-Mussavi, 2005). Bei 78 % der Stichprobe geschah dies innerhalb der ersten 2 Jahre nach der bedingten Entlassung; 42 Patienten (16,5 %) waren durch erneute Delikte auffällig geworden. Insgesamt bewegte sich die Straftatschwere der Rückfalldelikte allerdings deutlich unter der der Straftaten, die zur Einweisung geführt hatten. Lediglich ein kleiner Teil beging erneut Gewaltdelikte (7,5 %), wie zum Beispiel Körperverletzung oder Vergewaltigung (**Tab. 7-1**). Ansonsten überwogen weniger gravierenden Straftaten (z.B. Beförderungserschleichung) bzw. Verstöße gegen richterliche Weisungen. Demzufolge wurden seitens der Gerichte lediglich bei knapp der Hälfte der gescheiterten Patienten (9,8 % der Gesamtgruppe) freiheitsentziehende Maßnahmen angeordnet. Somit ist zu konstatieren, dass die Rückfallzahlen im Maßregelvollzug deutlich niedriger als im Regelvollzug (Justizvollzugsanstalten) liegen. Jehle und Mitarbeiter (2003) fanden heraus, dass 57 % aller Straftäter, die 1998 aus einer Freiheitsstrafe entlassen worden waren, innerhalb der 4-jährigen Katamnesezeit erneut verurteilt wurden, etwa die Hälfte von diesen zu einer Freiheitsstrafe ohne Bewährung. Die vergleichsweise hohe Rückfälligkeit nach Haftentlassung fand sich über alle Deliktgruppen. Im Übrigen konnte die Annahme, dass Männer mit Tötungsdelikten nur selten erneut mit schweren Straftaten wieder auffällig werden, anhand dieser Untersuchung widerlegt werden. Etwa jeder Vierte (26,9 %) beging innerhalb von 4 Jahren erneut eine Straftat, wobei jeder Siebte (15 %) zu einer erneuten Freiheitsstrafe verurteilt worden war. In Anbetracht dieser Zahlen deutet demzufolge einiges daraufhin, dass die Behandlung von psychisch kranken bzw. gestörten Rechtsbrechern im Maßregelvollzug durchaus als wirksam zu bezeichnen ist. Bei einem derartigen Vergleich von Maßregelpatienten und Strafgefangenen ist bei allen methodischen Unterschieden (siehe hierzu Leygraf, 1998) anzumerken, dass es sich bei den forensischen Patienten laut § 63 StGB um Rechtsbrecher mit einer hohen Gefahr für die Allgemeinheit handelt, also die Unterbringung entscheidend mit der negativen Legalprognose begründet wurde. Für eine Verurteilung zu einer Haftstrafe ist dieser Aspekt hingegen keine zwingende Bedingung.

Tabelle 7-1: Untersuchungen zur Rückfälligkeit von Maßregelpatienten (§ 63 StGB)

Untersuchung	N	Katamnese [Jahre]	Erneute Eintragung im Bundeszentralregister [%]	Gewalt- und Sexualdelikte [%]
Ritzel (1978)	443	9,5[1]	47	[2]
Jacobsen (1985)	135	3–5	7	[2]
Heinz et al. (1996)	201	2–5,5	10	4
Dessecker (1996)	94	2	18	4
Dimmek/Duncker (1996)	120	4–11	21	9
Jockusch (1996)	182	7,4	45	19
Dessecker (1997)	69	5	41	4
Jockusch/Keller (2001)	169	5[1]	40	10
Gretenkord (2001)	196	8,5[1]	43	11
Seifert (2007a)	255	2–5,8	21,6	7,5

[1] arithmetisches Mittel der Katamnesezeit
[2] Zahlen nicht aus den Studien eruierbar

7.6 Aussagekräftige historische und klinische Prognosekriterien

Im Vergleich zu bisherigen wissenschaftlichen Prognosestudien konnten nun lediglich drei aussagekräftige anamnestisch-historische Kriterien repliziert werden. Demnach spricht für eine hohe Rückfallgefahr, wenn der Proband bereits in frühem Alter und dann durchgängig *Erziehungsschwierigkeiten* gezeigt hat, er *bei Begehung seiner ersten Straftat vergleichsweise jung* war und vor der Unterbringung *eine hohe Anzahl vorheriger Inhaftierungen* aufwies. Bei den klinisch-therapeutischen Prognosemerkmalen konnten indes eine Vielzahl relevanter Kriterien für die Gefährlichkeitseinschätzung psychisch kranker Rechtsbrecher analysiert werden (**Tab. 7-2**), die längst nicht alle mit den von den Therapeuten vermuteten Merkmalen übereinstimmen (Seifert et al., 2003). Die nun extrahierten Prognosekriterien besitzen generell für forensische Patienten (gem. § 63 StGB) Gültigkeit, da die Gruppe der «Rückfälligen» mit einer nach Alter, Diagnose, Unterbringungsdelikt, Unterbringungsdauer und Geschlecht gematchten Gruppe «Nichtrückfälliger» verglichen wurde. Für einzelne Untergruppen, wie etwa Sexualstraftäter oder Patienten mit einer Persönlichkeitsstörung, ergaben sich zudem weitere spezifische Kriterien.

Demnach spricht folgendes klinisch-psychopathologische Bild für eine erhöhte Rückfallgefährdung: Patienten, die sich im Umgang sowohl mit Männern als auch Frauen unbefangen, also wenig angespannt, ängstlich oder misstrauisch verhalten, im Stationsalltag ein hohes aggressives

Tabelle 7-2: Aussagekräftige Merkmale für eine negative Prognose in den Prognosekriterien der Essener Studie (Seifert, 2007a). Die Zahlen in Klammern geben die Position des jeweiligen Items im klinischen Erhebungsbogen an.

- **1 Aktuelle Symptomatik**
  - geringe produktiv-psychotische Symptomatik (7)
  - geringe Hospitalisierung bzw. Residualsymptomatik (8)
  - hohes Suchtpotenzial für «Alkohol» (14.1)
  - geringe Schwere der psychischen Störung/Krankheit (12)
  - Suchtgefährdung bei Stress (15)
  - geringe Dekompensationsgefahr (9)
- **2 Sozialverhalten**
  - vermehrte Streitsucht mit Mitpatienten (20.2)
  - Neigung zu manipulativen Inszenierungen (19)
  - negative globale Einschätzung durch das Stationsteam (28.1)
  - geringe soziale Kompetenz (25)
  - im Stationsalltag unbefangener Umgang mit Männern (24)
  - im Stationsalltag unbefangener Umgang mit Frauen (23)
  - geringe Neigung zu Einzelgängertum (16)
  - geringe Ausgrenzung durch Mitpatienten (17)
  - inkonstantes Sozialverhalten (18)
- **3 Belastungsfaktoren der Persönlichkeit**
  Unabhängig von der derzeitigen Befindlichkeit ist die Grundhaltung des Patienten geprägt von:
  - Aggressivität (29.10)
  - Machtstreben (29.8)
  - sadistischen Tendenzen (29.12)
  - Unberechenbarkeit (29.4)
  - Externalisierungstendenzen (29.11)
  - geringe Gehemmtheit (29.3)
  - einer hohen subkulturellen Rolle (in der «Hackordnung» der Patienten eher am oberen Ende) (34)
  - geringerem subkulturellen Druck durch die Mitpatienten (33)
  - unregelmäßiger Teilnahme an der Ergotherapie/Beschäftigungstherapie (37.1)
  - hoher Formalanpassung (32)
  - unregelmäßiger Teilnahme an den Einzelgesprächen (37.5)
  - geringer Apathie (43)
  - geringer Ängstlichkeit (47)
  - einem kriminell bzw. subkulturell gefärbten Selbstbild (51)
  - starker emotionaler Reaktion auf Kritik (48)
  - geringer Auseinandersetzung mit dem Suchtproblem (58)
- **6 Leistungs- und Kontrollverhalten**
  - hohe Arbeitsbelastungsfähigkeit (68) bei zugleich geringer Arbeitskontinuität (67)
  - keine wesentliche Stützung durch Medikamente (62)
  - stabile Ich-Funktionen unter Stress (69)
  - geringe aggressive Gehemmtheit (64)
  - geringe Kontrolle aggressiver Impulse (63)

Potenzial (als von der Primärdiagnose unabhängiges, überdauerndes Persönlichkeitsmerkmal) aufweisen, in der Patientenhierarchie eher oben angesiedelt sind und wenig Reflexionsfähigkeit unter Beweis gestellt haben. Des Weiteren findet sich bei der Risikogruppe eine geringe produktiv-psychotische Symptomatik sowie nur unbeträchtliche Hospitalisierungszeichen. Ebenso begründet eine seit Jahren bestehende Suchtmittelproblematik sowie eine bereits vor Beginn der jetzigen strafrechtlichen Unterbringung erkennbare Identifikation mit der kriminellen Szene beziehungsweise dem subkulturellen Milieu eine negative Legalprognose. Entsprechend haben die Rückfälligen weder während der jetzigen Unterbringung noch in ihrem vorherigen Lebensabschnitt ernsthafte Probleme offenbart, ihre Interessen anderen gegenüber durchzusetzen.

Im emotionalen Bereich fällt zudem auf, dass sie auf riskante, tatsächlich gefährliche Situationen auffällig angstfrei reagieren und insgesamt wenig angstbesetzt erscheinen. Dieses teils als «pathologische Angstfreiheit» titulierte Phänomen findet sich bisweilen bei bestimmten Formen dissozialer Persönlichkeiten, bei denen zugleich eine neurophysiologische Hyporeagibilität experimentell beobachtet wurde (z. B. geringe elektrodermale Hautreaktion, reduzierter Blinkreflex). Zusammengefasst lässt sich anhand der klinisch-therapeutischen Merkmale festhalten, dass sich die Rückfälligen *unabhängig* von der Primärdiagnose im Laufe der langjährigen Unterbringung durch solche Verhaltensweisen und Charaktermerkmale auszeichnen, die gemeinhin dissozialen Persönlichkeiten zugeschrieben werden. Eine exakte Kongruenz zum Begriff der *psychopathy* ist indes nicht zwangsläufig daraus abzuleiten, allenfalls finden sich einige deskriptive Gemeinsamkeiten. Zudem finden sich einige klinische Prognosemerkmale, die zwar in aktuellen forensischen Lehrbüchern als aussagekräftige Kriterien aufgeführt sind, in dieser Studie hingegen *nicht* zwischen rückfälligen und nicht rückfälligen Probanden unterscheiden konnten (z. B. Ausprägung von *Reue über die Tat*, Ausmaß der *Deliktbearbeitung; Krankheitseinsicht, Therapiemotivation, Frustrationstoleranz* oder *Gefühlsarmut*). Mit der Gesamtzahl der anhand dieser Studie analysierten relevanten klinischen Merkmale wird eine Treffergenauigkeit erreicht, die den Ergebnissen bislang zur Gefährlichkeitseinschätzung eingesetzter Scores entspricht bzw. zum Teil noch darüber liegt (Seifert, 2007b).

7.7 Poststationäre Prognosekriterien

Als ein weiteres Hauptergebnis der Untersuchung ist die Bedeutung des poststationären Verlaufs für die Gefährlichkeitseinschätzung hervorzuheben. Die zum Zeitpunkt der Entlassung eingeschätzte Rückfallgefahr behält nicht prinzipiell für alle Zeit Gültigkeit. Art und Gestaltung des «sozialen Empfangsraums» bieten die Möglichkeit frühzeitiger Interventionen, um die Gefahr eines Deliktrückfalls zu reduzieren. Insbesondere die ersten eineinhalb Jahre in Freiheit sind eine besonders sensible Phase. Veränderungen der Lebenssituation haben erheblichen Einfluss und sollten daher stets Berücksichtigung finden. Ändern sich die zum Entlassungszeitpunkt festgelegten Vereinbarungen (z. B. Auszug aus einem betreuten Wohnheim, Wechsel des Arbeitsplatzes, Trennung von der Partnerin, Schulden), ist die frühere Gefährlichkeitsbeurteilung unter diesen neuen Bedingungen zu hinterfragen. Wenn der ambulante Therapeut oder der Bewährungshelfer wichtige Warnsignale nicht erkennen bzw. nicht entsprechend reagieren, sind das Risikofaktoren, die durch Weiterbildungsangebote reduziert werden könnten.

Zusammengefasst sind anhand der Auswertung der Bewährungshelferberichte folgende Aspekte des poststationären Verlaufs im Hinblick auf die Gefährlichkeitseinschätzung ehemaliger forensischer Patienten von Bedeutung (Seifert/Möller-Mussavi, 2006):

- Patienten mit einem Deliktrückfall werden in vergleichsweise geringer strukturierte Nachsorgekonzepte entlassen. Diese Differenz vergrößert sich mit zunehmender Zeit in Freiheit.
- Im Laufe der Führungsaufsicht werden die Rückfälligen häufiger arbeitslos.

- Bei den Rückfälligen werden von Bewährungshelfern mehr Warnungen ausgesprochen (Alkoholproblem, labile psychische Verfassung, richterliche Weisungen nicht eingehalten).
- Relevante Nachsorgeaspekte (Arbeit, Behandlung, Alkoholkonsum etc.) werden bei den Nichtrückfälligen nicht nur häufiger, sondern auch detailreicher dargestellt.
- Warnsignale werden offenbar zu wenig beachtet (Alkoholkonsum, Medikamenten-Compliance, Vernachlässigung der Arztbesuche).
- Die Zusammenarbeit zwischen Justiz und Psychiatrie («Helferrunden») ist bei den Nichtrückfälligen intensiver.

Die Studie hat gezeigt, dass in diesem Bereich Verbesserungen anzustreben sind. Die Berichte der Bewährungshelfer berücksichtigen längst nicht alle wesentlichen Aspekte, die der Richter der Strafvollstreckungskammer zu seiner Prognoseeinschätzung benötigt. Wenig hilfreich ist indes, den «schwarzen Peter» einer Berufsgruppe zuzuschieben. Bewährungshelfer sind derzeit überwiegend fachlich unzureichend auf den Umgang mit forensischen Patienten vorbereitet sowie durch einen in den letzten Jahren zunehmend verschlechterten Betreuungsschlüssel überlastet. Entscheidend kommt es neben der Weiterbildung auf die Kommunikation zwischen *allen* am Nachsorgeprozess Beteiligten an (ambulanter Therapeut, Bewährungshelfer, Richter der Strafvollstreckungskammer, Betreuer im Wohnheim etc.), um effektive Kriminalprävention zu erreichen. In den letzten Jahren haben sich vermehrt komplementäre Einrichtungen bereit erklärt, sich dieser schwierigen Klientel zu öffnen. Aus der bisherigen praktischen Erfahrung heraus bietet sich eine integrative Lösung an, dass beispielsweise ein Übergangswohnheim 3 der insgesamt 20 Plätze für forensische Patienten reserviert. Gegen ein rein forensisches Übergangswohnheim spricht schon allein die dadurch noch weiter zunehmende Stigmatisierungsgefahr (s. a. Kap. 8 oder 9).

7.8 Zusammenfassung

Entgegen dem bisherigen Wissensstand hat sich mittels der Essener Prognosestudie eine Vielzahl aussagekräftiger klinischer Prognosemerkmale extrahieren lassen, die dazu beitragen, den Rückfallgefährdeten treffsicherer zu identifizieren. Dies bedeutet keineswegs, auf eine «Lege-artis»-Gefährlichkeitseinschätzung, also eine umfangreiche explorative Untersuchung des Patienten mit dezidierter Durcharbeitung der Aktenlage unter Berücksichtigung der oben aufgeführten Mindeststandards und des dargelegten strukturierten mehrdimensionalen Vorgehens nach Rasch (1985) zu verzichten. Vielmehr versteht sich der Essener Erhebungsbogen als *zusätzlicher* Baustein einer Individual-Prognoseentscheidung. Insbesondere die hier relevanten 37 klinischen Merkmale (s. Kap. 7.3) sind für die Beurteilung speziell auf den Einzelfall bezogen zu analysieren. Darüber hinaus sollten auch die Erkenntnisse der Untersuchung über den poststationären Verlauf mit in die Entscheidung einfließen (s. Kap. 7.7). Die Vielzahl der relevanten klinischen Merkmale eröffnet dem Therapeuten der forensischen Klinik überdies die Möglichkeit, den Behandlungsverlauf während der langjährigen Unterbringung zu beobachten und gleichfalls die eigene therapeutische Arbeit mit dem Patienten zu reflektieren sowie ggf. korrigierend einzugreifen. Zusammengefasst bleiben für eine umfassende Gefährlichkeitseinschätzung entlassener forensischer Patienten demnach folgende Aspekte zu beachten:

- Benötigt wird eine auf empirischer Basis gesicherte legalprognostische Einschätzung zum Zeitpunkt der Entlassung.
- Der Übergang von der stationären Unterbringung im Maßregelvollzug in die «Freiheit» ist eine sensible Phase.
- Eine professionelle forensische Nachsorge hilft, Rückfälle zu vermeiden und besitzt somit eine protektive Funktion.
- Die Qualität der forensischen Nachsorge limitiert die Treffsicherheit der zum Ende der Unterbringung erstellten Gefährlichkeitseinschätzung.

- Die Frage der Gefährlichkeit ist im Laufe der Führungsaufsicht immer wieder neu zu stellen (insbesondere nach relevanten Änderungen der Lebenssituation).
- Die am Nachsorgeprozess Beteiligten sollten sich in regelmäßigen Abständen in «Helferrunden» treffen, um den Verlauf nach der Entlassung kritisch zu reflektieren.
- Interdisziplinäre Weiterbildungen verbessern die Zusammenarbeit von Therapeuten, Juristen und Bewährungshelfern.

Die Gefährlichkeitseinschätzung forensischer Patienten ist folglich eine komplexe Aufgabe. Mit dem Ausfüllen einer Prognose-Checkliste am Ende der stationären Unterbringung ist es nicht getan. Dies führt lediglich zu einer gruppenstatistischen Wahrscheinlichkeitsaussage, die als vermeintlich wissenschaftlich fundierte Präzisionsentscheidung fehl interpretiert werden könnte. Auch nach der Entlassung ist die Frage der Gefährlichkeit des Patienten immer wieder neu zu stellen. So genannte «Helferrunden» sind als obligater Bestandteil einer professionellen forensischen Nachsorge zu fordern. Dort können Änderungen der Lebenssituation des Probanden erfasst und hinsichtlich der *individuellen* Gefährlichkeitsbeurteilung gewichtet werden. Bei allen unübersehbaren Fortschritten kriminalprognostischer Forschungen darf in einer Zeit der unverhältnismäßigen Kriminalitätsfurcht mit einer «Dämonisierung des Bösen» (Pfeiffer, 2006) keinesfalls der Gedanke in Vergessenheit geraten, dass es allein aus methodischen Gründen Grenzen der Vorhersagbarkeit delinquenten Verhaltens gibt.

8 Forensische Ambulanz – Rehabilitation und Nachsorge

Friedhelm Schmidt-Quernheim

8.1 Einführung

Völlig illusorisch ist es, forensische Patienten «über Nacht», nach einer meist langen Phase der Unterbringung, auf freien Fuß setzen zu wollen. Vielmehr bedarf es einer langen Überleitungsphase, durch die das Gefährdungsrisiko so gering wie möglich gehalten wird. Um den Übergang in eine sich zunehmend ausweitende Freiheit im Interesse des Patienten und der Öffentlichkeit kompetent zu gestalten, hat es gerade in den letzten Jahren vielerorts bei intensiven Bemühungen deutliche Fortschritte gegeben. Das Kapitel stellt unterschiedliche Konzepte vor, die sich dieser bedeutenden transmuralen Behandlungsphase annehmen, es illustriert das methodische Vorgehen, klärt damit verbundene rechtliche Fragen und erlaubt einen Blick in die Zukunft der forensischen Nachsorge. Der «soziale Empfangsraum», insbesondere die verschiedenen weiterbetreuenden psychiatrischen und justiziellen Dienste, werden dargestellt.

▶ Oftmals erleben die Patienten in einer Maßregelvollzugsklinik erstmals in ihrem Leben, was es heißt, in einem System mit gegenseitigen Verbindlichkeiten zu leben und darin auch gehalten zu werden. Es ist daher unabdingbar, sie nach einer durchschnittlichen Verweildauer von 5,6 Jahren (und im Einzelfall ja noch länger) nicht fallen zu lassen, sondern ihnen zu signalisieren, dass sie weiterhin ernst genommen werden, und zwar als Menschen mit Schwächen und Ressourcen und nicht nur, solange man «Angst» vor ihnen haben muss. (Saimeh, 2001a: 1) ◀

Rehabilitation umfasst nach der Psych-PV (Verordnung der Bundesregierung über Maßstäbe und Grundsätze für den Personalbedarf in der stationären Psychiatrie, 1990) die Behandlung ausreichend stabilisierter Kranker und zielt ab auf: «Bessern, Lindern der Krankheitsfolgen – mit diesen leben lernen, Enthospitalisierung, Wiedereingliederung».

Nachsorge bezieht sich auf den komplementären, das heißt außerklinischen Bereich und wird hier als Begriff verwendet, der all die Behandlungs- und Betreuungsmaßnahmen (ehem.) forensischer Patienten umfasst, die nach der (bedingten) Entlassung aus der Unterbringung gemäß § 67d StGB zur Anwendung kommen.

8.2 Prognosesicherheit

Die Frage der Rückfallgefährdung ist nur unzureichend durch statistische Verfahren oder Prognose-Checklisten zu erfassen. Die Entwicklung klinischer Prädikatoren scheint zwar durchaus viel versprechend, kann aber aus dargestellten Gründen (s. Kap. 7) niemals eine ausreichende Prognosesicherheit herstellen.

So betonen auch Nedopil und Müller-Isberner (1995: 795): «Die Prognoseforschung hat gezeigt, dass krankheitsunabhängige Faktoren, wie zum Beispiel der soziale Empfangsraum – also das Umfeld, in das der Patient entlassen wird – eine zumindest ebenso wichtige Rolle für die Legalprognose spielen wie der Verlauf der Krankheitssymptomatik.»

Es besteht in der fachlichen Diskussion zunehmend Einigkeit darüber, dass eine günstige Prognose immer wieder *aktiv* hergestellt werden muss. Das heißt, die fast zu einem Allgemeinplatz gewordene Klage, dass die beste Therapie nichts nützt, wenn der Patient anschließend wieder in sein Milieu zurückkehrt, hat ihre Berechtigung. An diesem Punkt setzt die Arbeit forensischer Ambulanzen an, die den «sozialen Empfangsraum» schrittweise aufbauen und damit kontrollierbare Bedingungen schaffen, unter denen man überhaupt von einer befriedigenden Prognosesicherheit sprechen kann.

Fazit

Die Rückfallgefährdung ist also keine Eigenschaft, die ein Patient einfach hat. Vielmehr ist das Rückfallrisiko abhängig von der konkreten sozialen Entlass-Situation und insbesondere von einer kompetenten Nachsorge. Verlässliche Vorhersagen lassen sich dabei immer nur für einen begrenzten Zeitraum und für ein definiertes Setting stellen. Prognosen müssen daher immer erneut auf eine etwaige veränderte Lebens- und Betreuungssituation des Patienten hin überprüft werden.

Zu Recht wurde zum Beispiel nach Rückfällen häufig beklagt, dass die Prognose zwar zum Zeitpunkt der Entlassung richtig war, sich aber im Nachhinein dadurch ins Gegenteil verkehrte, dass ihre begrenzte Gültigkeit offenbar übersehen wurde. Wohl in jeder Klinik sind Verläufe aus der Bewährungszeit bekannt, in denen schon bald von den anfänglichen Weisungen des Aussetzungsbeschlusses der Strafvollstreckungskammer kaum etwas übrig blieb – oft in einem schleichenden Prozess unter wohlmeinender Mithilfe allzu nachgiebiger Helfer! Leygraf (2000: 357) fordert zusammenfassend für die Begutachtung:

▶ Daher können Entlassungsprognosen im Maßregelvollzug auch zumeist nicht in «absoluter» Form erfolgen, sondern eher in Form einer «Wenn-dann»-Aussage. Die Rahmenbedingungen, die für eine günstige Legalprognose gegeben sein müssen, sind in der gutachterlichen Beurteilung deutlich zu machen, einschließlich der Möglichkeiten, die Beibehaltung dieser Bedingungen, zum Beispiel im Rahmen der Führungsaufsicht, zu sichern. ◀

8.3 Erste Nachsorgekonzepte

Der gleiche Autor kam in einer großen Studie (Leygraf, 1988) zu dem Ergebnis, dass die Hälfte aller Rückfälle in den ersten 15 Monaten nach der bedingten Entlassung zu verzeichnen war! Dies führte noch einmal deutlich vor Augen, dass der Übergang nach «draußen» eine besonders sensible und extrem störanfällige Phase darstellt und offenbar einer speziellen sichernden Begleitung und Nachbetreuung bedarf.

Vor diesem Hintergrund entstanden erste Konzepte forensischer Nachsorgeambulanzen, zunächst 1987 in Berlin (Warmuth, 1990: 109 ff.) und ein Jahr später in Hessen (Müller-Isberner et al., 1993: 176 ff.). Diese setzten sich zum Ziel, die offenbar lückenhafte und meist auch fachlich völlig unzureichende Betreuung durch Bewährungshilfe und Einrichtungen der Gemeindepsychiatrie mit Hilfe einer eigenen Institutsambulanz zu kompensieren und dadurch gerichtliche Widerrufe der Bewährung zu vermeiden. Außerdem verband sich mit einer solchen «ambulanten Kriminaltherapie» die Hoffnung, die Dauer der stationären Behandlung im Maßregelvollzug zu verkürzen und damit Kosten zu sparen.

Einen anderen Weg gingen zu Beginn der 90er-Jahre Kliniken vor allem in Nordrhein-Westfalen, wo im Rahmen der Modellförderung des Bundesministeriums für Gesundheit sowohl im Westfälischen Zentrum für Forensische Psychiatrie Lippstadt-Eickelborn (Dimmek et al., 1996) als auch in den Rheinischen Kliniken Düren (Schellbach- Matties et al., 1995) die *Überleitungsproblematik* – und damit vor allem der Zeitraum vor *und* während der Entlassung – in den Mittelpunkt der Bemühungen gestellt wurde. Um weitere Stigmatisierung und Ausgrenzung forensischer Patienten zu vermeiden, sollte dabei ausdrücklich die Erschließung der «normalen» ambulanten und komplementären Dienste in der Region im Vordergrund stehen.

8.4 Forensische Ambulanz

Im Folgenden wird das Konzept einer forensischen Ambulanz dargestellt, exemplifiziert an der «Mobilen Forensischen Ambulanz» der Rheinischen Kliniken Düren. Die Tätigkeit der Ambulanz wird dabei anhand inhaltlicher Schwerpunkte entfaltet, die durchgehend in allen Phasen der Überleitung – von der Vorbereitung über die Langzeitbeurlaubung bis in die Nachsorge – in jeweils spezifischer Weise zum Ausdruck kommen:

- transmurale Behandlung (Kap. 8.4.1)
- Case Management (Kap. 8.4.2)
- Qualifizierung und Netzwerkarbeit – Die Helferkonferenz (Kap. 8.4.3)
- Riskoeinschätzung und Risikomanagement (Kap. 8.4.4).

Die Darstellung folgt somit nicht der zeitlich-formalen Reihenfolge der einzelnen Rehabilitationsschritte im Sinne eines «exemplarischen Ambulanzdurchlaufs» (Freese, 2003: 92 ff.). Allerdings wird deutlich, dass die beschriebenen Strukturprinzipien und Aufgabenstellungen –

die sich in der Praxis selbstverständlch überschneiden – durchaus in einer bestimmten Phase der Überleitung eine größere Bedeutung haben als zu einem anderen Zeitpunkt des Prozesses: So sind die ersten beiden Punkte vornehmlich zu Beginn und im Mittelstück der Überleitung von zentraler Bedeutung, während Kapitel 8.4.3 und 8.4.4 vor allem in der Nachsorge die maßgeblichen Aufgaben darstellen. Auf diese Weise entsteht dann für den Leser auch ein chronologisches und damit realitätsnahes Abbild der praktischen Arbeitsweise einer Ambulanz.

8.4.1 Transmurale Behandlung – der «Spagat über die Mauer»

Die Ambulanz schlägt eine organisatorische und fachliche Brücke über die Schnittstelle zwischen der Klinik und der Welt «draußen»: Ihre Aufgabe als Ambulanz besteht darin, diese Brücke tragfähig und in beide Richtungen begehbar zu machen und zu halten.

Innerhalb der Klinik ist die Ambulanz eine eigene Organisationseinheit, die für alle Entlassungen aus der gesamten Klinik gemäß § 67d StGB zuständig ist. Zuvor nicht stationär behandelte Patienten, bei denen in der Hauptverhandlung zugleich mit der Anordnung des § 63 StGB die Maßregel zur Bewährung ausgesetzt (§ 67b StGB) wurde, werden nur in Ausnahmefällen aufgenommen. Die Ambulanz bündelt das Wissen über geeignete Entlassungswege und -orte und steuert federführend die Überleitung. Die Endverantwortung liegt immer beim Chefarzt der Abteilung, in der der zu rehabilitierende Patient behandelt wird.

Extern fungiert die Ambulanz als *Anlaufstelle* für alle Personen, die forensische Patienten «draußen» betreuen. Das Selbstverständnis ist das eines versuchten «Spagats über die Mauer» – in den Niederlanden nennen sich die dortigen Mitarbeiter auch «Brückenteam».

Die Arbeit der Ambulanz koppelt sich völlig vom Zeitpunkt der gerichtlichen Entlassung ab und unterscheidet sich dadurch deutlich von einer klassischen Institutsambulanz, die u. a. erst nach der Entlassung tätig wird. Ins Zentrum der Tätigkeit rückt die Überleitungsphase, verstanden als transmurale Behandlung, die noch während der stationären Behandlung beginnt, durch langfristige Beurlaubung fortgeführt wird und sich als Nachsorge auch nach Aussetzung der Maßregel zur Bewährung durch das Gericht fortsetzt.

Der Patient wird an die Anforderungen der Realität «draußen» und die dortigen Helfer herangeführt bei gleichzeitiger Aufrechterhaltung von Betreuung und Kontrolle. Dieses Setting gewährleistet größtmögliche *Kontinuität und Stabilität* für alle Beteiligten.

Gegen die Aufteilung der Patienten in «Behandlungsfälle drinnen» und «Bewährungsfälle draußen» setzt die forensische Ambulanz das Konzept eines *haltenden Übergangsraums* über Einrichtungsgrenzen hinweg, der den Tendenzen der Patienten zu (Beziehungs-)Abbrüchen und zu den bekannten Spaltungen strukturell entgegenwirkt.

8.4.2 Case Management – Kompetenz aus einer Hand

8.4.2.1 Zur Methode

Das Konzept des Case Management versteht sich als methodische Weiterentwicklung der klassischen Einzelfallhilfe der Sozialarbeit. Es wurde für Zielgruppen mit schweren und chronisch verlaufenden Behinderungen und einem komplexen Hilfebedarf entwickelt und ist mithin vornehmlich in den Fällen angezeigt, die auf Grund einer Kumulation von Problemlagen ein setting-übergreifendes, vernetztes Hilfsangebot erforderlich machen.

Zunächst wurde das Case Management im angloamerikanischen Raum eingeführt, später fand der Begriff auch im deutschen Sprachraum immer häufiger Verwendung.

So stellte zum Beispiel eine Studie über das «Case Management in der Suchtkranken- und Drogenhilfe» (Oliva, 2001) bei der Betreuung chronisch mehrfach-beeinträchtigter Abhängiger von legalen und illegalen Drogen (abgekürzt: CMA) fest, dass die Betroffenen im statistischen Schnitt 3,7 Kontakte zu verschiedenen Institutionen hatten, ohne dass diese miteinander eine Abstimmung vorgenommen hätten. Die Betroffenen pendelten zwischen den Ämtern und Einrichtungen der Wohnungslosenhilfe, der Medizin/Psychiatrie und – erst an dritter Stelle – der Suchtkrankenhilfe hin und her. Es kommt daher zu einer zusammenhanglosen Mehrfachbetreuung, die oft kontraproduktiv ist und nicht zuletzt eine Vergeudung von Ressourcen darstellt.

Auch bei der Enthospitalisierung chronisch psychosekranker Patienten hat sich der Arbeitsansatz des Case Management bewährt (Schleuning et al., 2000).

Bargfrede (1994) hat auf die Eignung der Strategien des Case Management für die Rehabilitation forensischer Patienten aufmerksam gemacht. Auch hinsichtlich der Professionalisierungsdebatte in der Sozialarbeit empfiehlt er die – modifizierte – Übernahme dieser Methoden, wie sie etwa von Wendt (1997) in ihren Grundzügen dargelegt wurden.

Case Management als personenzentriertes Reformkonzept in der Gemeindepsychiatrie

Das Konzept des Case Management entspricht weitgehend den Forderungen des Kommissionsberichts der Aktion Psychisch Kranke zur «Personalbemessung im komplementären Bereich der psychiatrischen Versorgung» (Kauder, 1998). «Aus fachlichen, ökonomischen und humanitären Gründen sollte ein Strukturwandel der psychiatrischen Versorgung von einem institutionszentrierten und angebotszentrierten zu einem *personenzentrierten und bedarfsorientierten Hilfesystem*» (ebd.: 28) erfolgen. Standen bisher institutionelle Sachzwänge im Hinblick auf Finanzierung und Organisation im Mittelpunkt, so sollen fortan allein die Erfordernisse des Einzelfalls zum Qualitätsmaßstab gemacht werden. [Hervorhebungen durch den Verf.]

Leitlinien des Hilfeprozesses sind:

- Abbau von Zugangsbarrieren für Patienten und soziale und psychiatrische Dienste
- bedarfsgerechter Zuschnitt der verschiedenen Maßnahmen zu einem Komplexleistungsprogamm
- Koordination aller Maßnahmen durch Case Manager
- Kontinuität der Betreuung über Einrichtungsgrenzen hinweg
- laufende Anpassung der benötigten Hilfen nach Art, Umfang und Dauer
- multiprofessionelle Gestaltung der Hilfen
- Normalisierung
- explizite Einbeziehung der Sicht des Patienten und seiner Ressourcen.

8.4.2.2 Aufgaben des Case Management

Individueller Hilfebedarf und Rückfallpräventionsplan

Der Patient wird vom behandelnden Team in der Ambulanz angemeldet, sobald in der Behandlung eine deutliche Außenorientierung geplant ist. Der Zeitpunkt liegt somit lange vor einer angestrebten Entlassung. In der Regel sollte noch eine Zeitspanne von einem Jahr bis zur möglichen Entlassung bzw. Langzeitbeurlaubung liegen. In den *Rheinischen Kliniken Langenfeld* hat sich die Praxis bewährt, dass die dortige Ambulanz zum Zeitpunkt des ersten unbegleiteten Ausgangs an der Behandlungskonferenz beteiligt wird. In der Ambulanz erfolgt dann eine umfassende Sondierung der Gesamtsituation und der Perspektive des Patienten. Neben der Kontaktaufnahme zum Patienten geht es in dieser ersten Phase um das genaue Erfassen der individuellen Bedarfslage. Dies hat selbstverständlich die Kenntnis sowohl der klinikinternen Stellungnahmen und Risikoeinschätzungen (z.B. anlässlich der Entscheidungen bei Schwellenlockerungen) als auch der externen Prognosegutachten zur Voraussetzung. Vor allem die in der Behandlung erzielten Fortschritte und die Ressourcen, aber auch die verschiedenen, noch verbliebenen Problembereiche und Risikofaktoren des Patienten müssen detailliert zu-

sammengestellt und im Hinblick auf den sich daraus ergebenden Betreuungs- und Kontrollbedarf ausgewertet werden. Informationen über den Delikthergang, über bekannte Rückfallmuster und über *Frühwarnsymptome* der Erkrankung nehmen dabei eine besondere Bedeutung ein.

Hier ist insbesondere der vom Patienten in der Behandlung erarbeitete *Rückfallpräventionsplan* zentraler Focus der Gespräche zwischen Patient, Behandlungsteam und Ambulanz.

So wird für Psychosekranke als Ergebnis der Psychoedukation (s. Kap. 4.13) ein persönlicher Krisenplan vorliegen. Auch bei Persönlichkeitsgestörten sollte mit dem Patienten sowohl eine Liste der individuellen (internen und externen) *Risikofaktoren* als auch der *Schutzfaktoren* erarbeitet worden sein (s. als Beispiel den im Anhang von *Uta Kröger* beschriebene «Goodlives Plan»).

Kontrollierte Überleitung – Ambulanz als Lotse

Die Mitarbeiter der Ambulanz erstellen vor dem Hintergrund ihres Wissens über die regionale «Versorgungslandschaft» einen auf den individuellen Bedarf zugeschnittenen Wiedereingliederungsplan. Darin enthalten sind Vorschläge sowohl zu Zielen als auch zu Art und Ort der Überleitung und Nachbetreuung in den verschiedenen Lebenskontexten des Patienten: Wohnen, Arbeit, Freizeit, soziale Beziehungen, Finanzen sowie ärztliche und/oder psychiatrische Behandlung. Die nötigen (Zwischen-)Schritte zum Erreichen der Ziele und der voraussichtlich nötige Zeitrahmen werden ebenso beschrieben wie die Aufgabenverteilung zwischen Station, Ambulanz und anderen Funktionsdiensten der Klinik.

Im Rahmen der folgenden *Überleitung* wird ein flexibles, mehr und mehr sich nach außen erweiterndes Setting geschaffen, in dem der Patient Erfahrungen machen kann. Die Möglichkeit zur *Korrektur und rechtzeitigen Rücknahme* einzelner Schritte muss dabei zu jeder Zeit gegeben sein. In enger Abstimmung mit den behandelnden Therapeuten und Stationen eröffnet und organisiert die Ambulanz dabei federführend die Rehabilitationsschritte innerhalb der verschiedenen Lebenskontexte des Patienten und begleitet ihn so bei dem Prozess der Ablösung von der Klinik und bei der Auseinandersetzung mit der Realität «draußen».

Das *dosierte Nacheinander von Belastungserprobungen* soll dabei einer Überforderung durch zu viele Veränderungen vorbeugen. Bei persönlichkeitsgestörten Patienten beginnt die Überleitung oft mit dem Kontext «Arbeit» in Form eines Praktikums in einem Industriebetrieb oder in einer Werkstatt. Die dort gemachten Erfahrungen werden sorgfältig ausgewertet und zum Ausgangspunkt für weitere Schritte gemacht.

Bei den psychosekranken Patienten sollte zunächst festgelegt werden, welche Wohnform für den Patienten grundsätzlich in Frage kommt (siehe ausführlich Kap. 8.5.1): Ambulant Betreutes Wohnen, eventuell auch in einer Wohngemeinschaft, oder aber Wohnen in einem Wohnheim. Im letzteren Fall wählt die forensische Ambulanz (soweit möglich unter Berücksichtigung der regionalen Wünsche des Patienten) vorwiegend unter fachlichen Gesichtspunkten das am besten geeignete Wohnheim aus und tritt in Kontakt mit den dortigen Mitarbeitern.

Die Mitarbeiter der kooperierenden Einrichtung werden ausführlich über den Patienten informiert, sie erhalten aussagekräftige schriftliche Unterlagen.

Der Patient wird persönlich in der Einrichtung vorgestellt, hat seinerseits Gelegenheit, die dortigen Abläufe, Mitarbeiter und Bewohner kennen zu lernen.

Auf Wunsch erhalten die Mitarbeiter der Nachsorgeeinrichtung die Möglichkeit, sich zusätzlich mit dem behandelnden Team auszutauschen und das bisherige stationäre Lebensumfeld des Patienten – auch im Rahmen von Hospitationstagen – kennen zu lernen.

Vereinbarungen zum gegenseitigen Kennenlernen und Ausprobieren können getroffen werden. Möglich sind zum Beispiel:

- stunden- oder tageweise Besuche des Patienten in dem Heim
- Kurzbeurlaubungen mit einer oder mehreren Übernachtungen des Patienten im Heim, nach denen er wieder auf seine Behandlungsstation zurückkehrt.

Die absichernden Rahmenbedingungen werden in Absprache mit dem Kooperationspartner festgelegt.

Die Ambulanz hat hier – wie auch in den anderen Kontexten – den Informationsfluss zwischen allen Beteiligten, insbesondere auch zum Stationsteam und der chefärztlichen Leitung, sicher zu stellen.

Der folgende Prozess des fortlaufenden Monitorings, das heißt der Festlegung, Überprüfung und Neuanpassung von Maßnahmen, geht *nicht ohne Konflikte* ab: Die Wünsche des Patienten, die Sichtweisen der Behandler und die Möglichkeiten der Nachsorge müssen in Einklang gebracht werden.

Insbesondere die Auseinandersetzung mit dem Patienten über eine realistische Perspektive bringt für die Ambulanz einen wichtigen diagnostischen und prognostischen Erkenntnisgewinn. Oft gelingt erst nach mehreren konfliktreichen Versuchen eine Annäherung der Sichtweisen und die Einigung auf ein gemeinsames Vorgehen («Arbeitsbündnis»).

Die Erfahrung zeigt, dass die Ambulanz die Perspektive des Patienten oft kritischer als das Behandlungsteam einschätzt, da sie den Patienten eben auch mit den «Augen» der Nachsorgeeinrichtungen sieht und die dargestellten Behandlungsfortschritte immer mit den Anforderungen der Realität «draußen» abgleichen muss.

Langzeitbeurlaubung als Übergangsraum

Mit Beginn der Langzeitbeurlaubung wechselt der Patient seinen Lebensmittelpunkt. Er zieht entweder in eine eigene Wohnung, in eine Einrichtung des Betreuten Wohnens (Einzelwohnen oder WG) oder – in der Mehrzahl der Fälle – in ein Wohnheim.

Während der Langzeitbeurlaubung, die meist ein Jahr dauert, untersteht der Patient weiterhin den Bestimmungen des Maßregelvollzugsgesetzes und hat damit u. a. Anspruch auf Gesundheitsfürsorge durch die Klinik. Er wird aber tatsächlich bereits in einer komplementären Einrichtung oder durch ambulante Dienste der Region betreut, die dies dann auch – im Falle einer erfolgreichen Beurlaubung – nach einer Entlassung fortsetzen werden. Alle anfallenden Kosten werden dabei von der forensischen Klinik übernommen, zum Beispiel auch Platzhaltegebühren für den Fall einer zwischenzeitlich erforderlichen Rücknahme in die Klinik.

Eine wesentliche Aufgabe im Rahmen des Case Management der Ambulanz besteht zu Beginn der Beurlaubung im Erstellen eines Hilfe- und Krisenleitfadens. Darin sollten – in kurzer und übersichtlicher Form – neben den wichtigsten Informationen zum Patienten, den Telefonnummern aller Beteiligten und den aktuellen Regelungen vor allem eine konkrete Beschreibung des erwartbaren «normalen» Verhaltens, aber auch möglicher kritischer Entwicklungen und Frühwarnzeichen beschrieben werden. Daran anschließende praktische Umgangsempfehlungen, vor allem in Krisen oder im Notfall, ergeben einen hohen Gebrauchswert für die Mitarbeiter komplementärer Einrichtungen.

Hilfe- und Krisenleitfaden

1. **Stammdaten**
2. **Informationen zum Patienten**
3. **Organisation, Zusammenarbeit, Regeln**
   - 3.1 Kosten
   - 3.2 Zusammenarbeit zwischen Nachsorgeträger und Klinik
   - 3.3 Vereinbarungen und Regeln
4. **(Krisen-)Umgangsempfehlungen**
   - 4.1 Normalfall
   - 4.2 Problemfall
   - 4.3 Notfall

Die Trias «Normalfall – Problemfall – Notfall» entspricht dem andernorts praktizierten «Ampelprinzip» (Freese, 2003: 72). Die Ambulanz nimmt bei regelmäßigen Kontakten «vor Ort», meist im Rahmen von Helferkonferenzen, eine Risikoeinschätzung vor (s. Kap. 8.4.4). Bei einem Notfall (Ampel auf Rot) erfolgt eine sofortige Rücknahme des Patienten in die Maßregelklinik. Bei einem Problemfall (Ampel auf Gelb) können im Einzelfall sehr unterschiedliche Interventionen sinnvoll sein:

- Veränderung des Settings, etwa durch Reduzierung von Stressoren und Überforderungen oder von zu großen Freiräumen
- Intensivierung der Betreuung, insbesondere hinsichtlich bestimmter Konfliktherde
- Verkürzung der Besuchsintervalle der Ambulanz
- Erhöhung der Medikation oder Überprüfung der Einnahme: zum Beispiel Wirkspiegelbestimmung, Einnahme unter Sicht, u.a.

In der Langzeitbeurlaubung übernimmt die Ambulanz vom Stationstherapeuten der Klinik die Behandlungsverantwortung, inklusive der Aktenführung (Krankheitsverlauf, Behandlungspläne, Stellungnahmen an Gericht und Staatsanwaltschaft).

Sie übernimmt darüber hinaus administrative Aufgaben:

- Ausstatten des Patienten mit einem gültigen Urlaubsschein, bei interkurrenten Erkrankungen auch mit einem Konsilschein
- Versorgen des Patienten mit den nötigen Medikamenten (über die Apotheke der Klinik)
- Regeln der finanziellen Fragen (Versorgen des Patienten mit Taschen- und Kleidergeld, Kostenübernahme der Klinik für die Beurlaubungsmaßnahme etc.)
- Beantragen der Kostenübernahme der Maßnahme für die Zeit nach der bedingten Entlassung des Patienten.

Die Ambulanz zieht je nach Bedarf weitere Bausteine der psychosozialen Versorgung hinzu, komplettiert so nach und nach das *Helfernetz* und nimmt insbesondere Kontakt auf zu folgenden Instanzen:

- Werkstatt für behinderte Menschen
- gesetzliche Betreuer
- Bewährungshilfe
- Führungsaufsicht
- niedergelassener Facharzt/Institutsambulanz einer Klinik der Allgemeinpsychiatrie
- Selbsthilfegruppe
- Ämter und Dienste wie Ausländeramt, Integrationsfachdienst, SPZ etc.

Vorteile der Langzeitbeurlaubung

- Der *Patient* kann in einem noch beschützten Rahmen und ohne sofortigen Beziehungsabbruch erste Gehversuche machen und auch «verunfallen», ohne dass dies gleich zu völligem Scheitern führt. Er hält regelmäßig Kontakt zur Ambulanz und kann auch in schwierigen Phasen freiwillig wieder in die Forensik aufgenommen werden und «auftanken». Die Beurlaubung aus der Klinik ist eine für die Behandlung zentrale Phase, denn sie bedeutet für den Patienten nicht nur Befreiung und neue Kompetenzerfahrung, sondern bringt auch Desillusionierungen mit sich, da eigene Grenzen, Ängste und fortbestehende Defizite wahrgenommen werden müssen. Ferner gilt:

- Auch für die *Klinik* ist eine Langzeitbeurlaubung eine unverzichtbare Voraussetzung, um dem Gericht eine fundierte Entlassungsprognose abgeben zu können. Erst nach einer ausreichend langen Zeit praktischer Erprobungen unter realitätsnahen Bedingungen können zuverlässige prognostische Aussagen gemacht werden, unter welchen spezifischen Bedingungen eine Aussetzung der Maßregel zur Bewährung empfohlen werden kann, die dann in der Regel auch in Form von «Weisungen» in den Entlassungsbeschluss aufgenommen werden.
- Für die *Versorgungseinrichtungen* ist die Langzeitbeurlaubung mittlerweile eine Vorbedingung für die Übernahme eines Patienten. Tatsächlich hat sie sich als Schlüssel zum Erfolg erwiesen. Beratung und Unterstützung durch die Ambulanz, vor allem die auffangende Haltung, die in der Zusage einer «Rücknahmegarantie» enthalten ist, geben den Mitarbeitern außerhalb der Klinik große Sicherheit.

Ländergesetze. Leider berücksichtigen die Ländergesetze die Vorteile flexibler Beurlaubungen sehr unterschiedlich oder sehen sie gar nicht vor. In Nordrhein-Westfalen werden Beurlaubungen von den Erfordernissen des Einzelfalls abhängig gemacht und können auch weit über ein Jahr ausgedehnt werden. In Hessen sind neuerdings bis zu 8 Monate im Jahr möglich. Bei den vorherigen Regelungen (3 Monate pro Halbjahr) kam es notgedrungen zu auffälligen saisonalen Konzentrationen der Anfänge der Beurlaubungen zum 1. April und 1. Oktober eines Jahres, um so eine möglichst lange Zeit zur Verfügung zu haben. Nur durch solche Hilfskonstruktionen lässt sich im Übrigen auch vermeiden, dass der Patient trotz eines positiven Probeverlaufs wieder zurück in die stationäre Unterbringung muss, um dort auf den Anhörungstermin durch die Strafvollstreckungskammer zu warten. In Bayern sieht das Gesetz eine maximal 14-tägige Beurlaubungszeit vor, die nach einer Übernachtung in der Klinik dann wiederum für diesen Zeitraum fortgesetzt werden kann. Bei Beurlaubungen in ein Wohnheim muss nach 3 Monaten definitiv entschieden werden, ob die Aussetzung der Maßregel vorgeschlagen werden kann. Falls keine ausreichende Sicherheit für eine positive Prognose besteht, muss die Beurlaubung abgebrochen werden. Das macht eigene Wege der Überleitung und Nachsorge nötig (Steinböck, 1999). In Bayern sollten Maßnahmen im Rahmen einer so genannten «Sicherungsnachsorge», die zunächst an drei bayerischen Maßregelkliniken modellhaft erprobt wurden, Verbesserungen bringen. Mittlerweile wurde ein zweites Projekt gestartet, in dem die Nachsorge von bis zu 100 Patienten aus allen Maßregelkliniken Bayerns evaluiert wird.

8.4.3 Qualifizierung und Netzwerkarbeit – Die Helferkonferenz

Neben der Einzelfallarbeit ist die Erschließung der Region, das heißt die Akquirierung der verschiedenen ambulanten und komplementären Hilfsangebote und der Aufbau tragfähiger Kooperationsbeziehungen, Schwerpunkt der Arbeit. Die Ambulanz kanalisiert die Kontakte zu den Diensten und Helfern vor Ort und ist für diese die zentrale Anlaufstelle. Damit übernimmt sie *qualifizierende* Aufgaben, indem sie fachspezifische Beratung und Supervision anbietet. Dies geschieht nicht nur als Transfersicherung im Einzelfall. Informationsveranstaltungen und Führungen in der Klinik oder Fortbildungstagungen in den Einrichtungen werden häufig in Anspruch genommen und können so viele irrige Vorstellungen über den Maßregelvollzug nachhaltig korrigieren helfen.

Die *Helferkonferenz* vernetzt die verschiedenen Hilfen und deren Trägereinrichtungen. Vor allem bei Patienten, die nicht in ein Heim übergeleitet werden, ist ein stabiler Helferkreis mit festgelegten Zuständigkeiten, insbesondere unter frühzeitigem Hinzuziehen des Bewährungshelfers und der Führungsaufsicht, das *entscheidende Instrument* zur Steuerung des Rehabilitationsverlaufs. Die Ambulanz beruft in regelmäßigen Abständen diese Helferkonferenzen ein und bildet mit den beteiligten Helfern ein institutionsübergreifendes Team, in dem die unterschiedlichen Sichtweisen und Handlungsansätze zusammengefügt werden: *Verbindung* und *Verbindlichkeit* müssen immer wieder hergestellt werden.

Bei fehlender verbindlicher Festlegung von Fallverantwortlichkeit und Informationswegen im Krisenfall kann sich schnell die *Frage nach dem «Schwarzen Peter»* stellen, wie Pörksen und Scholz (2003) an einem Beispiel eindrucksvoll schildern.

> **Integrative Leistung der Helfer**
>
> Die Erfahrung zeigt, dass der zentrale Wirkfaktor für das Gelingen der Rehabilitation das (immer wieder erneute) Erarbeiten eines gemeinsamen Verständnisses der Problematik des Patienten und das Abstimmen der geeigneten Hilfen darstellt. Spaltungsprozesse und Beziehungsfallen, die vom Patienten ausgehen, sind aus der klinischen Behandlung bekannt und müssen in Helferkonferenzen immer wieder überwunden werden.

Fallbeispiel 1 – Helferkonferenz und «nicht-zerstörbarer» Rahmen

Mit 15 Jahren fiel Herr A. erstmalig durch Eigentumsdelikte auf und verbrachte in den folgenden Jahren längere Zeiträume in verschiedenen Jugendgefängnissen. Mit 22 Jahren erkrankte der in Polen geborene Mann bei gleichzeitigem Medikamenten- und Drogenmissbrauch an einer paranoid-halluzinatorischen Psychose und verletzte einen Bekannten, von dem er sich hintergangen fühlte, lebensbedrohlich. Die sich über 9 Jahre anschließende forensische Behandlung war geprägt von heftigen Auseinandersetzun-gen mit den Behandlern und von ständigen Vorwürfen, in der Klinik missbraucht und ohne Grund festgehalten zu werden. Krankheitseinsicht stellte sich im Laufe der Unterbringung nicht ein.

Der Patient zeigte sich daher auch nicht kooperativ im Hinblick auf eine Betreuung in einem Wohnheim für psychisch kranke Menschen. Stattdessen zeigte er eine ausgeprägte Selbstüberschätzung seiner Arbeitsfähigkeit, indem er sich eine Beschäftigung auf dem freien Arbeitsmarkt problemlos zutraute. Auf der anderen Seite zeigte sich Herr A. schließlich mit einer neuroleptischen Medikation einverstanden, die aggressive Gespanntheit ließ daraufhin merklich nach. Eine produktiv-psychotische Symptomatik war nicht mehr festzustellen, ein Residualzustand bei gut erhaltener Intelligenz nur mäßig ausgeprägt. Die paranoiden und narzisstischen Persönlichkeitszüge des Patienten blieben jedoch unverändert, verloren gleichwohl zunehmend an Starrheit. Der Patient zeigte sich in seinem Verhalten kontrolliert; an Absprachen hielt er sich zuverlässig.

Bei der Entlassungsplanung wurde von der forensischen Ambulanz ein Setting gewählt, das einerseits dem – durchaus als problematisch eingeschätzten – Wunsch des Patienten nach Alleinwohnen (im Haus seiner Eltern) entgegenkam. Andererseits bestand man auf professioneller Behandlung im Bereich «Tagesstrukturierung/ Beschäftigung» (in der teilstationären Arbeitstherapie einer Klinik am Entlassort) und im Bereich «psychiatrische Behandlung» (in der Ambulanz dieser Klinik).

Im Rahmen eines Case Management führte die forensische Ambulanz neben den obligatorischen *Hausbesuchen* regelmäßige *Helferkonferenzen* vor Ort durch. An diesen Konferenzen nahmen neben dem Patienten und dem Mitarbeiter der Ambulanz auch der behandelnde Arzt und der Koordinator (und ein Mitarbeiter) der Ergotherapie teil. In einem späteren Stadium kamen noch der Bewährungshelfer und der Sozialarbeiter der Führungsaufsichtsstelle hinzu.

Der Verlauf der Beurlaubung war geprägt von dem ständigen Ringen (der beteiligten Helfer) mit dem Patienten um Sinn und Verbindlichkeit des festgelegten Rahmens. Der Patient versuchte einerseits durch unrealistische Forderungen nach mehr «Freiheiten» die Grenzen auszutesten, andererseits übte er sich in verschiedenen Formen «passiven Widerstandes». So boykottierte er zum Beispiel lange eine durchaus sinnvolle Entwicklung im Bereich der Arbeitstherapie, indem er ein (extramurales) Praktikum oder andere weiterführende Reha-Maßnahmen ablehnte. Er insistierte auf seiner Maximalforderung nach einer übergangslosen und unbetreuten Arbeitsstelle auf dem allgemeinen Arbeitsmarkt, von der er sich ein gutes Einkommen erhoffte. Von einem – dann doch unter Druck erfolgten – Beratungstermin beim Arbeitsamt berichtete er mit Genugtuung, dass die zuständige Sachbearbeiterin (die er offenbar gegen sich aufgebracht hatte) grundsätzlich seinen Anspruch auf eine Fördermaßnahme verneint habe.

Die Tätigkeit der Ambulanz bestand primär im *Aufrechterhalten eines nicht-zerstörbaren Betreuungsrahmens* durch:

- aktives Eingreifen, so zum Beispiel durch Intervention bei der Beraterin des Arbeitsamts, um die Finanzierung der Maßnahme sicherzustellen
- Information und Unterstützung des behandelnden Arztes, dem es erwartungsgemäß nur schwer gelang, mit dem verschlossenen Patienten ein vertieftes Gespräch zu führen, das ihm Einblick in dessen Befindlichkeit ermöglicht hätte
- permanente Reflexion mit dem Leiter der Arbeitstherapie über dessen Erfahrungen mit dem Agieren des Patienten und Abstimmung des weiteren Vorgehens mit ihm
- klärende Gepräche mit dem Patienten, auch im Rahmen der Helferkonferenzen, die insbesondere den (Fort-)Bestand des erforderlichen Settings zum Thema hatten
- Moderation regelmäßiger Helferkonferenzen, insbesondere mit der Absicht, durch die gemeinsame Erfahrung und durch Verständigung über die Kernproblematik des Patienten auch geeignete Behandlungsstrategien, nicht zuletzt für die Zeit nach dessen Entlassung, zu entwickeln.

Nach Ablauf eines Jahres konnte der Patient schließlich entlassen werden, denn die feste Struktur der Betreuung, die den vom Patienten immer wieder gesuchten «Reibungen» standhielt, stabilisierte ihn offensichtlich. So zeigte er sich kooperativ auch im Hinblick auf die Teilnahme an einer beruflichen Rehabilitationsmaßnahme, die er (nach einem gescheiterten Praktikum in einem extramuralen Betrieb) antrat und zunächst auch – im Rahmen einer Weisung durch die Strafvollstreckungskammer – nach der Aussetzung der Maßregel zur Bewährung fortsetzte.

Nicht unerwartet versuchte der Patient jedoch schon bald zu erproben, ob und inwieweit sich die durch die Entlassung veränderten juristischen Rahmenbedingungen nicht auch zur Veränderung des Betreuungsrahmens nutzen ließen. Da die forensische Ambulanz als maßgebliche und integrative Instanz wegfiel, gelang es dem Patienten innerhalb kurzer Zeit, den Bewährungshelfer «auf seine Seite zu ziehen», der sogar dreiste Weisungsverstöße des Patienten (unabgesprochener Wechsel der Wohnung und Abbruch der Reha-Maßnahme) arglos und zustimmend zur Kenntnis nahm. Dies war möglich geworden, da der Patient diese sensible Phase, in der die Rolle des Case Managers von der Ambulanz auf den Bewährungshelfer hätte übergehen sollen, die gegenseitige Information der Helfer aber nicht (mehr) sichergestellt war, zur Spaltung – unter anderem mit Hilfe von Desinformationen des Bewährungshelfers – nutzen konnte.

In der dann akut anberaumten Helferkonferenz wurde dieser Spaltungsmechanismus auch sogleich durch eine heftigen Debatte deutlich, in der ein zunächst nur schwer zu entwirrendes Knäuel von unterschiedlichen Informationsständen, aber auch unterschiedlichen Einschätzungen und emotionalen Reaktionen der Helfer zum Vorschein kam. Komplizierend – aber durchaus nicht ungewöhnlich – kam hinzu, dass der behandelnde Arzt gewechselt hatte, ohne dass er seinen Nachfolger über die spezifische Problematik des Patienten oder über die Existenz eines bis dato «eingespielten» Betreuungsnetzes informiert hatte.

Die forensische Ambulanz übernahm daraufhin vorübergehend erneut das Case Management. Das Agieren des Patienten und die Auswirkungen auf das Betreuerteam konnte als Reinszenierung bekannter Verhaltensmuster verstanden werden. Für den Patienten wurde ein befriedigendes Betreuungssetting wiederhergestellt. Der leitende Ergotherapeut erklärte sich bereit, den Patienten erneut in die teilstationäre Arbeitstherapie zu übernehmen und ihn bei den weiteren Schritten im Kontext «Arbeit» eng zu begleiten. In einem weiteren Gespräch der forensischen Ambulanz mit dem Bewährungshelfer und der Führungsaufsichtsstelle wurde der Rehabilitationsplan noch einmal ausführlich erörtert und eine genauere Abstimmung der Aufgaben vorgenommen. Die Funktion des verantwortlichen Case Managers wurde schließlich dem Mitarbeiter der Führungsaufsichtsstelle übertragen.

Fazit

Helferkonferenzen werden von manchen Beteiligten zunächst oft als lästig, überprotektiv und verfolgend erlebt. Das obige Beispiel bestätigt hingegen eindrücklich die vielfache Erfahrung, dass nur ein institutionsübergreifendes Behandlungsteam, das regelmäßig und verbindlich einen fallbezogenen Austausch pflegt und Klarheit über die Entscheidungswege sicherstellt, die typischen «Fallstricke» in der Rehabilitation forensischer Patienten vermeiden kann. Schwachpunkt war in diesem Fall die offenbar nicht ausreichende Abstimmung der Helfer über die Übernahme des Case Management nach der Entlassung. Erst in der nachträglichen Auswertung des Verlaufs konnte darüber eine Konsens erzielt werden. Generell scheint die Konzeptualisierung der eigenen (Sozial-)Arbeit als Case Management anfangs noch ungewohnt, wird dann aber meist als hilfreich und notwendig erfahren.

8.4.4 Risikoeinschätzung und Risikomanagement

Die primäre Zielsetzung einer forensischen Ambulanz – nicht nur aus politischer und gesetzgeberischer Sicht – besteht in der Sicherung der stationären Behandlungserfolge und damit in der Sicherung der Allgemeinheit. So heißt es in der Ambulanz-Verfügung des Landesbeauftragten des MRV in NRW vom 2. Dezember 2005 unter Punkt 3:

▶ Die Hauptaufgabe der Fachambulanz liegt darin, Deliktrückfälle zu verhindern. Dies kann durch eine gut vorbereitete, schrittweise vorgenommene Wiedereingliederung und durch die Sicherstellung der Kontinuität der Behandlung erreicht werden. Darüber hinaus sollte die Fachambulanz durch geeignete Maßnahmen sicher stellen, dass deliktfördernde, personelle, situative bzw. soziale Veränderungen bei Patienten im Sinne von Ziffer 2 erkannt werden. Dies ist durch geeignete Kontrollen, aufsuchenden Kontakt und durch ständig wiederkehrende Risikoeinschätzungen zu gewährleisten. ◀

Freese (2003: 64) spricht in diesem Zusammenhang von einer «kriminalpräventiven Identität» der Ambulanz und postuliert eine klare Schwerpunktsetzung «Rückfallvermeidung vor therapeutischer Hilfe.»

Diese Aussagen beziehen sich auf die Phase der ambulanten Nachsorge im eigentlichen Sinne, das heißt auf die (meist) fünfjährige Zeit (der Führungsaufsicht) nach Aussetzung der Maßregel zur Bewährung nach § 67 d StGB.

8.4.4.1 Nachsorge – Kurs halten

Die Ambulanz verfasst zu einem fortgeschrittenen Stadium der Langzeitbeurlaubung eine Stellungnahme an Staatsanwaltschaft und Strafvollstreckungskammer mit der Anregung einer Aussetzung der Maßregel zur Bewährung. Das setzt voraus, dass der Patient sich über lange Zeit so stabil gezeigt hat und das Helferteam so «eingespielt» ist, dass alle Beteiligten eine Entlassung aus dem Maßregelvollzug für verantwortbar halten. Dem Patienten werden dann im Beschluss des Gerichts diejenigen Behandlungs- und Betreuungsmaßnahmen als «Weisungen» aufgegeben, die sich schon während der Langzeitbeurlaubung als sinnvoll und unabdingbar erwiesen haben (s.a. Kap. 8.6.1).

Mit dem Gesetz zur Reform der Führungsaufsicht vom 13. April 2007 wurde nicht nur der Katalog der Weisungen nach § 68b StGB erweitert. Vor allem wurde die «Therapieweisung» aufgenommen, «sich psychiatrisch, psycho- oder sozialtherapeutisch betreuen und behandeln zu lassen. Die Betreuung und Behandlung kann durch eine forensische Ambulanz erfolgen.»

Mit der Aussetzung der Maßregel zur Bewährung ändert sich für den Patienten zunächst lediglich «das Ticket, mit dem er unterwegs ist» – die konkrete Lebens- und Betreuungssituation bleibt gleich. Die Änderungen sind auf Patientenseite vor allem leistungsrechtlicher Art: Kosten der Betreuung werden von nun an durch die Eingliederungshilfe des überörtlichen Trägers der Sozialhilfe übernommen, Lebensunterhalt und Miete werden nun von der ArGe bezahlt; schließlich wird der Patient nun auch Mitglied einer Krankenkasse. Für das institutionelle Helfersystem wechselt mit der Entlassung des Patienten aus der Maßregelklinik auch deren Endverantwortung zur Justiz, also zu Führungsaufsicht und Gericht.

Das berührt allerdings nicht die fortbestehende unmittelbare Behandlungsverantwortung der Ambulanz bzw. die fachliche Verantwortung aller an der Nachsorge Beteiligten. Die Strafvollstreckungskammer kann nur dann zu den erforderlichen Entscheidungen kommen, wenn die einzelnen Bausteine des Helfersystems professionell arbeiten, insbesondere den gegenseitigen Informationspflichten sorgfältig nachkommen.

Fehlende Information gilt als ein wesentlicher Risikofaktor in der Nachsorge!

Umfang und Intensität der Nachsorge durch die Ambulanz richten sich im Einzelfall nach dem (Nicht-)Vorhandensein allgemeinpsychiatrischer Betreuungsstrukturen bzw. nach der bis dato erreichten Akquirierung entsprechender Dienste. Konnte eine Überleitung in die regulären Versorgungsnetze gelingen, kann sich die Ambulanz im Idealfall sukzessive zurückziehen.

Die forensische Spezialambulanz arbeitet daher *subsidiär*, das heißt, sie *unterstützt und ergänzt* bestehende psychosoziale Netzwerke: «Eine Forensische Ambulanz ist kein Ersatz für bereits vorhandene Strukturen, noch weniger ist sie Konkurrenz zu diesen, sie ist Ergänzung, gelegentlich auch einfach nur Lückenfüller, sie koordiniert und supervidiert.» (Freese 2003: 55)

Vor allem persönlichkeitsgestörte Patienten oder solche mit Doppel- bzw. Mehrfachdiagnosen können jedoch selten an bestehende allgemeinpsychiatrische Strukturen «andocken», fallen durch die «Maschen» der Versorgung oder schlüpfen aktiv hindurch. Auch intelligenzgeminderte Patienten finden in heilpädagogischen Einrichtungen nur selten Aufnahme.

Weder psychologische Beratungsstellen noch niedergelassene Psychotherapeuten wollen oder können delikt- und störungsspezifische Therapien anbieten. Selbst bei der ambulanten Behandlung psychosekranker Patienten durch niedergelassene Psychiater kommt es oft zu Problemen: Wenn die Ablehnung ehemals forensischer Patienten als nicht «wartezimmerfähig» auch eine Ausnahme bleibt, so ergibt sich doch für viele Niedergelassene ein vergleichsweise hoher, ungewohnter und vor allem unvergüteter Arbeitsaufwand durch die erforderliche Teilnahme an Helferkonferenzen und die ständige Abstimmung mit anderen Helfern, vor allem der Bewährungshilfe.

Der Gestzgeber ist hier gefordert, die Regelungslücke zu schließen und entsprechende Honorarmittel zur Verfügung zu stellen, damit Helferkonferenzen tatsächlich mit allen relevanten Beteiligten arbeiten können.

Auf Grund der notorischen Unterfinanzierung der nerven(-kassen)ärztlichen Leistungen und der Entwicklung zu einer Zwei-Klassen-Medizin (Melchinger et al., 2006) liegt die Frequenz der psychiatrischen Konsultationen in Deutschland ohnehin zurzeit weit unter den internationalen Therapieempfehlungen: Mehr als zwei Gesprächskontakte im Quartal rechnen sich für den Arzt nicht, darüber hinausgehende, «lebensfeldbezogene» Diagnostik oder Interventionen kommen nicht in Frage.

Einstweilen übernimmt die Ambulanz in bestimmten Fällen daher Aufgaben der Primärversorgung im Sinne einer «Ausfallbürgschaft» für nicht vorhandene Ressourcen der regionalen Versorgung.

8.4.4.2 Komplexleistungsprogramm

Die Kernaufgabe der Ambulanz in der Nachsorge besteht in einer redundanten Überprüfung der Frage, ob sich der Patient in einem Setting befindet, dass ihn mit ausreichender Wahrscheinlichkeit vor erneuten Straftaten schützt. Die konkreten Tätigkeiten der Ambulanz – das «Wie» der Umsetzung dieser Aufgabe – können recht unterschiedlich sein. Sie hängen ab von den spezifischen Erfordernissen des Einzelfalls, wie sie sich im Verlauf der vorangegangenen Langzeitbeurlaubung herauskristallisiert haben. Die Ambulanzweisung im Entlassbeschluss der Strafvollstreckungskammer meint daher die Komplexleistung («Betreuung und Behandlung» gemäß § 68b Abs. 2 StGB) der Ambulanz und lässt einen fachlichen Spielraum bei der praktischen Ausgestaltung der einzelnen Maßnahmen.

Das Aufgabenspektrum umfasst im Einzelnen:

- *Fortsetzung der mobil-aufsuchenden Kontakte:* Kontakte finden statt in Form von Gesprächen mit dem Patienten und der Beratung der Nachsorgedienste. Dies dient vor allem dem «Wachhalten» der speziellen Risikovariablen des Patienten, seiner Vorgeschichte und seines Deliktes. Die Intervalle werden dabei individuell festgelegt, sind oftmals eher als Ergänzung zu den Kontakten der Bezugpersonen «vor Ort» erforderlich und finden überwiegend im Rahmen von Helferkonferenzen statt. Oft wird die Ambulanz auf Grund ihrer relativ größeren Autorität gegenüber dem Patienten bei schwierigen, vor allem eingrenzenden Maßnahmen «ins Feld geschickt», oft auch kurzfristig zu einer aktuellen Risikoeinschätzung hinzugebeten.

- *Netzwerkdiagnose und Netzwerkinterventionen:* Laufende Risikoeinschätzungen werden daher – neben der Beurteilung des Patienten unter psychopathologischen Aspekten – konsequent vor dem Hintergrund einer genauen Kenntnis relevanter Lebens- und Betreuungskontexte vorgenommen. Ansatzpunkte für erforderliche Interventionen sind oft weniger individuum- als umfeldbezogene Maßnahmen. Eine ausreichende *Netzwerkpflege* ist dafür selbstverständliche Voraussetzung: Ohne zuverlässige Information und – persönlich belastbare – Kooperation ist forensische Nachsorge «auf Sand gebaut».

- *Fortsetzung des Case Management:* Hier sollten zu Beginn der Nachsorge klare Absprachen erfolgen (s. obiges Fallbeispiel). Unabhängig davon hat es sich in der Praxis als sinnvoll erwiesen, demjenigen die Fallkoordination zu übertragen, der «am nächsten dran» ist, dadurch Auffälligkeiten früh registrieren kann und ggf. auf krisenhafte Entwicklungen am schnellsten eine vorher verabredete Telefonkette in Gang setzen bzw. zu einer Helferkonferenz einladen kann. Davon unberührt bleibt die Endverantwortung von Führungsaufsichstelle und Gericht, wie durch das Gesetz zur Reform der Führungsaufsicht vom 13.4.2007 noch einmal explizit herausgestellt.

- *Fortsetzung der psychiatrischen Behandlung:* Neben der Psychopharmakotherapie einschließlich Serumspiegelbestimmungen erfolgen Urinproben bei Verdacht auf Alkohol- oder Drogenmissbrauch. Im Regelfall wird der Patient an einen niedergelassen Psychiater oder an eine Institutsambulanz der regionalen Versorgung übergeleitet. Voraussetzung dafür ist allerdings eine gute Kooperation mit der komplementären Einrichtung und der Ambulanz. Das lässt sich während der Langzeitbeurlaubung überprüfen, da der Arzt im letzten Zeitabschnitt bereits eine konsiliarische Mitbehandlung übernimmt. Erfahrungsgemäß ist es aber in einigen Fällen zur besseren Kontrolle angezeigt, den Patienten weiterhin durch die forensische Ambulanz selbst zu behandeln. In diesen Fällen besteht dann auch die Möglichkeit, über die «eigene» Institutsambulanz der Allgemeinpsychiatrie zusätzliche Erlöse zu erzielen. Forensische Ambulanzen selbst konnten bisher bundesweit (außer in Hessen) keine Anerkennung als Psychiatrische Institutsambulanz nach § 118 SGB V erreichen.

- *Fortsetzung einer psychotherapeutischen Behandlung:* Dies erfolgt insbesondere aus Gründen der Beziehungskontinuität zum forensischen Behandler und/oder aus Mangel an niedergelassenen Therapeuten. Insbesondere bei persönlichkeitsgestörten Patienten, die mit einer Partnerin oder einem Partner zusammenleben, sind Paargespräche unabdingbar.

- *Kriseninterventionen:* Im Krisenfall sind die Leistungen der Ambulanz rund um die Uhr abrufbar. Außerhalb der Dienstzeiten der Ambulanzmitarbeiter stellt die zuletzt behandelnde Station des Patienten die telefonische Erreichbarkeit für den Patienten und/oder seine Helfer sicher und benachrichtigt ggf. den AvD/DvD der Klinik

- *Rehospitalisierung:* Fast immer haben die forensischen Ambulanzen den direktesten Zugang zum Leiter der Strafvollstreckungskammer und können auf kurzem Wege eine Anhörung, einen Sicherungshaftbefehl oder – neuerdings – eine «befristete Wiederinvollzugsetzung» nach § 67h StGB anregen (s. Kap. 1 und 8.6.1). Selbstverständlich sollten solche eingreifenden Maßnahmen nur nach sorgfältiger Abstimmung mit dem Bewährungshelfer und den maßgeblichen Bezugspersonen vorgenommen werden, auch wenn die Zeit in solchen Krisensituationen knapp ist. Meist übernimmt die Ambulanz dann auch das praktische Management der stationären Unterbringung auf Grund bestehender Kontakte zu den Kliniken und der Kenntnisse des Aufnahmeprocederes.

- *Verfassen von Stellungnahmen an die Strafvollstreckungskammer:* Berichte müssen insbesondere dann erstellt werden, wenn es im Verlauf zu krisenhaften Entwicklungen kommt oder Veränderungen von Weisungen geplant werden.

- *Dokumentation der Risikoeinschätzung:* In zu vereinbarenden Intervallen (mindestens alle 3 Monate) nimmt die Ambulanz anhand eines Dokumentationsleitfadens eine Risikoeinschätzung vor.

Dokumentation und Risikoeinschätzung für Langzeitbeurlaubung und Nachsorge

Name:

Ort und Datum des Gesprächs:

Teilnehmer:

Einschätzung der aktuellen Situaution

- ○ Wohnen
- ○ Arbeit
- ○ Behandlung
- ○ Partnerschaft/Kontakte
- ○ Freizeit
- ○ Finanzen

Maßnahmen und Vereinbarungen

- ○ Kriseninterventionen
- ○ Geplante Veränderungen in (Betreuungs-) Kontexten
- ○ Festlegung/Veränderung der Zuständigkeiten, Aufgaben, Informationswege
- ○ Übergabe Medikamente und Urlaubsschein
- ○ Nächster Termin

Gesamteinschätzung und Risikobewertung

- ○ Erscheinungsbild und Psychopathologie
- ○ Behandlungs- und Medikamentencompliance
- ○ Stabilität des Settings
- ○ Beurteilung durch Mitbetreuer und -behandler
- ○ Lebenszufriedenheit des Patienten
- ○ Beziehungsstabilität
- ○ Absprachefähigkeit, Zuverlässigkeit
- ○ Individuelle Krisenkriterien (lt. Hilfe- und Krisenleitfaden)
- ○ Gefährlichkeitsprognose

8.4.4.3 Besonderheiten ambulanter Behandlung – Qualitätsanforderungen an die Nachsorger

Die offensichtliche Besonderheit einer Behandlung und Betreuung straffällig gewordener Patienten ist, dass zu dem originären Ziel des «Patientenwohls» das Ziel der «Legalbewährung» hinzutritt. Beide Ziele verweisen aufeinander:

▶ Gelingt letzteres nicht, so ist ersteres insofern beeinträchtigt, als eine erneute stationäre Unterbringung die Folge sein muss, was mit den hinlänglich bekannten Nachteilen (Hospitalisierung) für den Patienten einhergeht; gelingt umgekehrt keine adäquate ambulante beziehungsweise komplementäre Betreuung [zum «Wohle» des Patienten, d. Verf.] so steigt die Rückfallwahrscheinlichkeit. (Knahl, 1997: 109 f.) ◀

Grundsätzlich setzt forensische Nachsorge bei allen Akteuren die Akzeptanz eines «doppelten Mandats» voraus (s.a. Pitzing, 2004): Neben einem akzeptierend-stützenden Umgang ist eine eingrenzend-konfrontative Vorgehensweise als Teil der «Therapeutenvariablen» anzuerkennen und als solche auch zu erlernen. Neben der konsequenten Nutzung des bestehenden «Handwerkszeugs», insbesondere der Checklisten zur Risikoeinschätzung (s.o.), haben sich im konkreten Umgang mit dem Patienten bestimmte Leitlinien als unabdingbar erwiesen, die auch als Qualitätsanforderungen an die Nachsorger zu formulieren sind:

- Systematisch alle aktuellen Erfahrungen des Patienten in den verschiedenen Lebenskontexten durchsprechen: Wie gestaltet er seinen Alltag genau, und wie erlebt er sich dabei? Weitere Fragen: Wo gibt es akute Diskrepanzen zwischen Wünschen und Realität, die Krisen auslösen könnten? Welche Fantasien treiben ihn an, welche Ängste sind spürbar? Wie befriedigend sind Beziehungen, und gibt es Konflikte, die schnell eskalieren können?
- Protektive Faktoren fördern: den Patient bei der Alltagsbewältigung, in seinen Beziehungen und bei neuen, prosozialen Lernerfahrungen unterstützen, um Ressourcen zu stärken und Kompetenzerlebnisse, narzisstische Bestätigung und Lebenszufriedenheit zu verbessern
- Statt überzogener therapeutischer Ambitionen: In vielen Fällen sollte eine gelungene Anpassung an äußere Vorgaben als Behandlungserfolg gewürdigt werden (*no cure but control*).
- Regelmäßig mit anderen Helfern und Angehörigen Rücksprache halten: Selbstüberschätzung und Einzelkämpfertum vermeiden – tragfäges Netzwerk knüpfen, für maximale Transparenz sorgen, Störungen offensiv ansprechen und ggf. supervidieren!
- Nicht auf Initiative des Patienten warten oder ausschließlich auf vollständige und wahrheitsgemäße Informationen durch den Patienten vertrauen. Patienten aktiv, auch nachgehend-kontrollierend «vor Ort» aufsuchen, um ein kontinuierliches Bild des sozialen und beruflichen Umfeldes zu erhalten (Hausbesuche etc.).
- Typische Denk- und Verhaltensmuster spiegeln, vor allem solche, die sich potenziell destabilisierend auswirken können. Gefährdungen offensiv ansprechen, Aufmerksamkeit des Patienten immer wieder auf Frühwarnsymptome lenken und schulen.
- Keine Scheu vor assertivem Vorgehen: Autorität einsetzen, erforderlichenfalls direktiv zu alternativem Verhalten auffordern, entsprechende Vereinbarungen treffen und kontrollieren. Die – vorher festgelgten und abgestuften – Umgangsweisen bei Krisen befolgen und eingrenzende Maßnahmen durchsetzen.
- Rehospitalisierung rechtzeitig einleiten, um eine Zustandsverschlechterung des Patienten bzw. eskalierende Verhaltensauffälligkeiten (bei Persönlichkeitsgestörten) abzufangen und dadurch einen Widerruf der Bewährung zu verhindern. Dafür ein stationäres «Hinterland» zur Verfügung halten, dort Aufnahmebereitschaft und -procedere, Zuständigkeiten etc. klären.

> **Risikoeinschätzung**
>
> Die Aufgabe einer permanenten *Risikoeinschätzung* – durch Erkennen deliktfördernder (kriminogener) Veränderungen beim Patienten – erfordert eine aktive Rolle des Ambulanztherapeuten. Vorausgesetzt wird eine «systemische» Sichtweise: Dazu gehört die Fähigkeit des Therapeuten, verstärkt die verschiedenen Kontexte des Patienten (Arbeit, Familie, Freizeit, soziale Kontakte etc.) mit einzubeziehen und die eigene Rolle im «Helfernetz» zu reflektieren. In der forensischen Nachsorge geht es weniger um Individualbehandlung als um Unterstützung von Beziehungen und Systemen.
>
> Die Aufgabe des *Risikomanagements* erfordert darüber hinaus eine Bereitschft zu assertivem Vorgehen, das heißt zu bestimmmenden und kontrollierenden Umgangsweisen in der Behandlung.

8.4.4.4 Mitarbeiterprofil

Ambulanzen haben überwiegend eine multidisziplinäre Zusammensetzung. In der «Synopse der Modellerprobungen des Bundesministeriums für Gesundheit – Im Modellverbund ‹Psychiatrie›» (Knahl, 1996: 120) wird zusammenfassend konstatiert, dass sich grundsätzlich «eine Kombination von sozialarbeiterischen und therapeutischen Qualifikationen als günstig herausgestellt» hat.

Seifert und Schiffer (2004: 101–107) beschreiben unter der Überschrift «Keine effektive forensische Nachsorge ohne interdisziplinäre Zusammenarbeit» detailliert das (direkt und mittelbar patientenbezogene) Tätigkeitsprofil der Ambulanzmitarbeiter. Auch werden aus ihrer Evaluation Forderungen hinsichtlich des Caseload, also der erforderlichen Personalausstattung abgeleitet.

Die Qualität der Nachsorge ist – ganz unabhängig von Berufsgruppe und Instititution – sehr pesonengebunden. Sie hängt nicht zuletzt von der «Teamfähigkeit» der einzelnen Akteure ab, an die gerade im extarmuralen und damit weniger kontrollierbaren Feld hohe Anforderungen gestellt werden. Oft sind im Verlauf risikobehaftete Entscheidungen unausweichlich, die einerseits couragierte Entschlossenheit erfordern, bei denen aber Professionalität oftmals gerade im Erkennen eigener Grenzen besteht und daher Information und Unterstützung des Helfernetzes einzuholen sind. Aufbau und Gestaltung einer tragfähigen, nicht selten lebensbegleitenden Beziehung zu einem beziehungsgestörten Klientel, das zudem oft heftige Ängste und Affekte auslöst, erfordert nicht nur eine bewusst auszuhaltende Balance zwischen engagierter Anteilnahme und notwendiger Distanz, sondern einen professionellen Umgang mit Gegenübertragungen und entsprechenden «Fallstricken» in der Beziehungsgestaltung (s. Kap. 4.17):

▶ Auf der einen Seite muss diesen Patienten mit Annahme und Respekt begegnet werden, gleichzeitig gilt es aber, vieles kritisch wahrzunehmen und zu hinterfragen. Das Aufspüren möglicher Gefährdungsmomente und die Thematisierung der kriminogenen Bedürfnisse und Risiken erfordert Entschlossenheit, Beharrlichkeit und bisweilen kriminalistisches Gespür. Trotz verschiedener Abwehr- und Widerstandsmanöver dieser Patienten muss die Ambulanz den Kontakt halten oder gar aktiv bewirken. Die Ambulanzaufgaben setzen die Mitarbeiter völlig konträren Erwartungshaltungen verschiedener Richtungen aus, die es wahrzunehmen, auszuhalten und zu balancieren gilt. (Cabeza, 1998: 132 f.) ◀

Eine spezielle, negative Gegenübertragung ist der Erfahrung nach besonders schwierig auszuhalten: Die Helfer fühlen sich oft von ihrer Klientel als unerwünscht und lästig abgelehnt. Konfrontative Interventionen rufen Scham- und Schuldgefühle hervor (da man sich selbst in der Position des Patienten schämen oder schuldig fühlen würde – was der Patient störungsspezifisch jedoch gerade nicht tut (Hilgers, 2006: 263)!

Für die Aufgabe einer Ambulanz, nämlich «ambulante Kriminaltherapie im Sinne eines Case-managing anderer Nachsorger zu begleiten, sind neben der fachlichen Qualifikation […] vor allem Erfahrung, Bereitschaft zu Flexibilität und Engagement, lebenspraktisches Denken und die Fähigkeit zu selbstständigem Handeln wesentliche Anforderungen an einen Ambulanzmitarbeiter.

Die primäre Profession tritt bei der Auswahl der Mitarbeiter dabei oftmals in den Hintergrund.» (Freese, 2000: 2).

Auch in anderen Bereichen, in denen Case Management praktiziert wird, zum Beispiel in der Suchtkranken- und Drogenhilfe (Oliva, 2001: 160), wird die Notwendigkeit einer *eigenständigen Professionalisierung* gefordert; dazu gehören «Kenntnisse z.B. zu Motivationsstrategien und ressourcenorientiertem Arbeiten sowie zu sozialrechtlichen Fragen, […] die Fähigkeit zu systematischem Handeln sowie dessen schriftliche Dokumentation. Auch die erforderlichen kommunikativen Kompetenzen und insbesondere das Wissen über Organisation, Moderation und Steuerung von Abstimmungsprozessen» müssen in Ausbildungsgängen verstärkt berücksichtigt werden.

Nicht zuletzt bedarf es der Fähigkeit, «juristisch zu denken», also eines Grundverständnisses des Rechtssystems und seiner Verfahrensweisen.

Ein entsprechendes Angebot für Mitarbeiter gemeindepsychiatrischer Dienste existiert mittlerweile in Form eines Zertifikatskurses der Deutschen Gesellschaft für Soziale Psychiatrie (DGSP, 2004) zum Thema «Komplementäre Nachsorge für psychisch kranke Straftäter».

Fallbeispiel 2 – Ambulanz als «Gedächtnis»

Eine generelle Funktion der forensischen Ambulanz in der Nachsorge besteht darin, sozusagen

als «Gedächtnis» zu fungieren. Charakteristischerweise stellt sich im Zusammenhang krisenhafter Verläufe nach der Entlassung immer wieder heraus, dass große Teile der Kranken- und Kriminalanamnese offenbar einfach in Vergessenheit geraten sind.

Die Mitarbeiterin der Dürener Ambulanz wurde von einem Einrichtungsleiter um Unterstützung bei einem Bewohner gebeten, der vor 7 Jahren aus der Forensik dorthin entlassen wurde. Der ehemalige Patient und jetzige Bewohner einer Außenwohngruppe war mehrmals innerhalb eines längeren Zeitraums im betrunkenen Zustand gesehen worden. Es stellte sich heraus, dass die Bedeutung dieser Tatsache im Sinne eines Frühwarnsymptoms nicht bekannt war. Die behandelnde Ärztin hatte den Fall von einem Kollegen übergeben bekommen, der seinerseits vorher die Unterlagen aus der Forensik aus Platzgründen «geschreddert» hatte. Die Mitarbeiterin der WG konnte mangels Kontrolle überhaupt keine Aussage machen, ob der Bewohner seine verordnete Arznei tatsächlich auch einnahm. Sofort machte sich in der einberufenen Helferkonferenz eine große «Beißhemmung» breit. Einige verwiesen auf ihre turnusmäßigen Gespräche, in denen das Problem dann «demnächst» anzusprechen sei. Der zivilrechtliche Betreuer, der für fast alle Bereiche eingesetzt war, pochte auf seine beratende Rolle und hatte Sorge, durch Konfrontation das «Vertrauensverhältnis» zu zerstören.

Erst nachdem die Mitarbeiterin der Ambulanz ausdrücklich die Vorgeschichte in Erinnerung gebracht hatte und den Einrichtungsleiter hinsichtlich der Notwendigkeit eines offensiveren, auch eingreifenden Vorgehens unterstützte, entschloss sich dieser, den Patienten in die Klinik zu bringen.

Das Problem einer solcherart *«geschredderten Vergangenheit»* ist kein Einzelfall und scheint fast unausweichlich. In der täglichen Arbeit ist die ständige Reflektion in Bezug auf eine mögliche Deliktgefährdung nur schwer zu ertragen und wird als hinderlich für einen unbefangenen und positiven Beziehungsaufbau erlebt. Dieses Problem stellt sich auch schon während der stationären Behandlung, in der immer wieder wesentliche Aspekte der Vorgeschichte verloren zu gehen drohen. Deswegen ist eine Instanz in Form der forensischen Ambulanz erforderlich, bei der diese Aspekte aufgehoben sind und bei Bedarf abgerufen werden können.

8.4.4.5 Ambulante Psychotherapie forensischer Patienten?

Gibt es – jenseits aller unterschiedlichen methodischen Ausrichtung der Therapeuten – ein gemeinsames Charakteristikum der psychotherapeutischen Arbeit im extramuralen Kontext?

Oft wird recht pauschal die Forderung nach (Fortführung) einer Psychotherapie nach der Unterbringung im Maßregelvollzug erhoben, ohne sich darüber klar zu werden, worin *genau der Bedarf* im Einzelfall besteht.

Nur in Ausnahmefällen benötigen ehemals forensische Patienten nach ihrem meist sehr langen stationären Aufenthalt eine erneute Psychotherapie, jedenfalls nicht in dem (engeren) Sinn, wie sie niedergelassene Psychotherapeuten üblicherweise verstehen und praktizieren.

Diese Tatsache korrespondiert mit der fehlenden Bereitschaft des überwiegenden Teils der Psychotherapeuten zur Übernahme solcher Therapien. Dies wurde sehr deutlich durch eine jüngst erfolgte schriftliche Befragung niedergelassener Psychotherapeuten durch das *Westfälische Zentrum für Forensische Psychiatrie in Eickelborn*: Knapp die Hälfte der Befragten antwortete. Davon bekundeten 75 % keine oder eine sehr eingeschränkte Motivation zur Übernahme einer Therapie. Der Grund hierfür liegt einmal in der Tatsache, dass die Richtlinien der Krankenkassen hinsichtlich Indikation, Compliance, Introspektionsfähigkeit und hinsichtlich der Aussicht auf Therapieerfolg innerhalb einer limitierten Stundenzahl meist kaum zu erfüllen sind. Auch bei Bewilligung durch die Kasse würde dies bei den erforderlichen Verlängerungsanträgen immer schwieriger. Hinzu kommt, dass der zum Teil erhebliche Mehraufwand, der sich unter anderem aus dem hohen Abstimmungsbedarf mit den anderen Versorgungsbeteiligten ergibt, von den Krankenkassen nicht erstattet wird.

Hintergrund für die Ablehnung ist aber vor allem auch die bekannte Abneigung vieler Therapeuten gegen eine «Therapie im Zwangskontext». Motivation und Leidensdruck, die von den üblichen ambulanten Patienten artikuliert werden können (und für die Finanzierung durch die Kostenträger gefordert werden), werden bei Patienten, die eine gerichtliche Weisung haben, prinzipiell als fehlend oder zweifelhaft unterstellt. Nachvollziehbare Ängste im Hinblick auf das rechtzeitige Erkennen und den Umgang mit möglichen Rückfallgefahren kommen hinzu, Fragen der Schweigepflicht stellen sich; generell wird eine Vereinnahmung durch die Justiz befürchtet. Wenn man dann noch die Sorgen um eine etwaige Rufschädigung für die Praxis hinzunimmt und bedenkt, dass niedergelassene Psychotherapeuten oft lange Wartelisten haben, sich also ihre Patienten aussuchen können, fragt man sich, was sie überhaupt zur Übernahme der Behandlung einer solch riskanten Zielgruppe veranlassen könnte.

Darüber hinaus werden die Bereitschaft und die Kompetenz des Therapeuten vorausgesetzt, ein therapeutisches Vorgehen, wie es zum Beispiel bei Borderline-Störungen angezeigt ist, zu praktizieren und supervidieren zu lassen.

Aktive Rolle und systemische Sicht

Die vorgehend genannten strukturellen Besonderheiten und Qualitätsanforderungen, die bei einer ambulanten Behandlung zu beachten und zu fordern sind, gelten unabhängig von der angewandten Methode des Psychotherapeuten. Sicher wird ein Verhaltenstherapeut bestimmte Schwerpunkte setzen: So erarbeitet er zum Beispiel aufbauend auf der Erstellung eines «Deliktszenarios» einen «Rückfallvermeidungsplan». Er hebt immer wieder auf die Vermeidung bzw. Kontrolle deliktrelevanter Konfliktsituationen ab und bearbeitet die problematischen kognitiven Verzerrungen. Ein Tiefenpsychologe wird den Fokus vor allem auf die Entwicklung der Ich-Funktionen – sowohl in der therapeutischen Beziehung als auch in außertherapeutischen Beziehungen – legen.

Weitgehender *Konsens* bei der Behandlung von schweren Persönlichkeitsstörungen ist in jedem Fall ein Ich-stützender Ansatz, der keineswegs auf Regressionen abzielt, sondern den Realitätsbezug und die Bewältigungsstrategien des Patienten fördert.

Der Therapeut hat die *Funktion eines «Hilfs-Ichs»*, das die praktische Umsetzung (den «Transfer») des in der Behandlung Erreichten in das außerstationäre Leben begleitet. Er bietet dem Patienten auf handlungsnaher Ebene Hilfe bei der Auseinandersetzung mit einer – meist – angstbesetzten Realität an. Er ist dabei Modell für einen offenen und gelassenen Umgang mit Konflikten und Affekten. Anhand konkreter Alltagssituationen kann immer wieder die Fähigkeit zur Selbst- und Fremdwahrnehmung verbessert werden. Konflikte, Kränkungen, paranoide Ideen sollen zeitnah im «Hier und Jetzt» besprochen und auf praktische Lösungen hin durchgearbeitet werden. Der Therapeut ist aber auch «unbestechlicher» Garant für vereinbarte Regeln und Ziele und sollte unbedingt konfrontieren, wenn der Patient ein abweichendes und riskantes Verhalten zeigt.

Die in Kapitel 5 beschriebenen typischen Erlebens- und Verhaltensmuster von Persönlichkeitsgestörten werden «draußen», zumal unter vermehrter Belastung, oft wieder reaktiviert. Bei *Psychosepatienten* geht es dabei meist eher um eine offensichtliche Antriebsstörung, um eine drohende Verwahrlosung, um das Widerstreben gegen die Einnahme von Neuroleptika oder nicht zuletzt um den Konsum von Suchtmitteln.

Persönlichkeitsgestörte können eine anfänglich nicht immer gleich sichtbare, dann aber umso stürmischere Dynamik entwickeln. Sie gehen oft und schnell enge Beziehungen ein, die durch überzogene Erwartungen, mangelnde Empathie und vorschnelle Entscheidungen enorm strapaziert werden. Die Neigung zum «Schwarz-Weiß-Sehen» der Welt und zu narzisstischen Größenideen kann eine realistische Orientierung immer wieder gefährden. Durch ihren Hang zum Tagträumen, mit dem Konflikte oder Frustrationen kompensiert werden sollen, kann leicht die Grenze zwischen Fantasie und Realität verloren gehen. Der Therapeut sollte sich auch bewusst sein, dass Patienten Wichtiges und Schwieriges verheimlichen.

8.4.4.6 Gesetzliche Offenbarungspflichten

Auf die zentrale Bedeutung «offener Karten» im Umgang und Informationsaustausch aller Nachsorger untereinander wurde in diesem Kapitel mehr als einmal hingewiesen.

Bisher war dafür eine explizite Schweigepflichtentbindung erforderlich, die der Patient gegenüber Betreuern und Behandlern erklärte, besser: erklären musste. Das Bundesverfassungsgericht hat diese Praxis in seinem Beschluss vom 6. Juni 2006 (2 BvR 1349/05) beanstandet und eine klare gesetzliche Grundlage gefordert. Es gibt daher nunmehr im neuen § 68a Abs. 8 StGB (Gesetz zur Reform der Führungsaufsicht vom 13.4.2007) die gesetzliche Pflicht für Mitarbeiter der Aufsichtsstelle, der Bewährungshilfe und der forensischen Ambulanz, «fremde Geheimnisse, die ihnen im Rahmen des durch § 203 StGB geschützten Verhältnisses anvertraut oder sonst bekannt geworden sind, einander zu offenbaren, soweit dies notwendig ist, der verurteilten Person zu helfen, nicht wieder straffällig zu werden.» Dem Gericht gegenüber besteht darüber hinaus eine Informationspflicht:

- zum Zwecke der Überwachung der Vorstellungs- und der Behandlungsweisung
- für den Fall einer kritischen Entwicklung, die einen Bewährungswiderruf, eine Kriseninterventionsunterbringung oder eine (unbefristete) Verlängerung der Führungsaufsicht erforderlich erscheinen lassen und
- zur Abwehr einer konkreten und erheblichen Gefahr für bestimmte hochrangige Rechtsgüter Dritter.

Allerdings dürfen diese offenbarten Tatsachen nur zum Zweck der Hilfe (um den Patienten vor einem Rückfall zu bewahren) oder zum Zweck unmittelbarer Gefahrenabwehr, nicht hingegen von der Staatanwaltschaft zu Beweiszwecken im Rahmen der Strafverfolgung genutzt werden.

Diese Offenbarungspflichten gelten im Übrigen auch für (externe) Ärzte und Therapeuten, welche die Patienten im Rahmen einer Führungsaufsichtweisung behandeln und nicht einer forensischen Ambulanz angehören (§ 68b Abs. 5 StGB)! Die Mitarbeiter komplementärer Einrichtungen, also von Wohnheimen oder beschützten Werkstätten, gehören allerdings nicht dazu und brauchen weiterhin einen explizite Schweigepflichtentbindung.

(s. auch ausführlich Kap. 1.7)

8.4.5 Verhinderung von Rückfällen

In einer umfangreichen «Literaturübersicht zur Effektivität gemeindenaher rückfallpräventiver Maßnahmen» zieht Lau (2003: 124) ein klares Resümee: «Es besteht kein Zweifel, dass die Frage: ‹Wirkt ambulante Kriminaltherapie› mit ‹Ja, im positiven Sinne› beantwortet werden kann. Die Ergebnisse der neueren Evaluationsforschung zeigen, dass die positiven Befunde zur generellen Wirksamkeit von Kriminaltherapie insbesondere für die gemeindenahe Behandlung gelten».

Effekte in Bezug auf die Verhinderung von Rückfällen und die Verkürzung der Unterbringungszeiten sind empirisch schwierig zu ermitteln, da mit der Einrichtung einer Ambulanz meist keine Kontrollgruppe mehr existiert. Aus Gießen wird von einer Studie aus den ersten Jahren 1989 bis 1991 (Cabeza, 1998: 123 ff.) berichtet, in der entlassene Patienten (N = 123) mit und ohne Ambulanzweisung miteinander verglichen wurden. Als Ergebnis wurde berichtet:

▶ Mit Hilfe spezifisch-forensischer Nachsorge ist es möglich, Rückfälle und erneute Inhaftierungen zu reduzieren. Die Patienten der Ambulanzgruppe schnitten bezüglich der Variablen «erneute schwere Delinquenz» (12 % vs. 5 %) und «Inhaftierung» (11 % vs. 2 %) deutlich besser ab als die Vergleichsgruppe. Bemerkenswerterweise ist aber die Ambulanzklientel im Hinblick auf das Haupteinweisungsdelikt als gefährlicher einzuschätzen […] Die relativ hohe Rate an Widerrufen in der Ambulanzgruppe wird dadurch erklärt, dass fast alle Widerrufsfälle von der Nachsorgeambulanz selbst veranlasst wurden (Krisen, akute Exazerbationen etc.), um somit gefährliche Situationen zu verhindern. (ebd.: 130) ◀

In einer Folgestudie untersuchte Freese (2004) für den Zeitraum 1990 bis 2002 alle 222 Wiederaufnahmen in die forensische Klinik Haina. Er errechnete eine Rückfallquote von 8,2 % bei der durch die Ambulanz betreuten Gruppe und stellte damit ein fünf Mal höheres Rückfallrisiko bei Entlassungen ohne ambulante Nachsorge fest.

In einer umfangreichen Praxisstudie zur Enthospitalisierung in der forensischen Psychiatrie in Westfalen-Lippe zeigt Bargfrede (1999), wie sogar für viele Patienten, die zum «harten Kern» forensischer Langzeitpatienten gezählt haben, eine Wiedereingliederung erreicht werden konnte.

Untersuchungen aus dem Ausland, vor allem aus Kanada und den skandinavischen Ländern (z. B. Wiederanders et al., 1997), fanden als Ergebnis spezieller forensischer Nachsorge zwar höhere Widerrufsquoten (z. B. wegen Verstoß gegen Bewährungsauflagen), dadurch aber eine wesentlich geringere Anzahl von Straftaten während der Bewährungszeit!

Eigene Untersuchungen der Dürener Ambulanz bestätigen diese kriminalpräventiven Effekte, die sich noch *vor* einem Widerruf entfalten: Durch zeitnahes Eingreifen konnten vielfach kritische Entwicklungen entweder schon innerhalb der Überleitungsphase abgefangen oder auch in der Nachsorge durch Veränderung des Settings oder – als ultima ratio – durch rechtzeitiges Bewirken eines Unterbringungshaftbefehls nach § 453c StPO bei der Strafvollstreckungskammer gebremst werden. Dieser wurde meist in der Absicht einer vorübergehenden Kriseninterventіon eingesetzt und diente somit – sicher entgegen der Intention des Gesetzes – der Vermeidung eines endgültigen Widerrufs.

Aus der Dr. van der Hoeven Kliniek in Utrecht (NL) wird berichtet (Kröger, 2004), dass 50 % der Patienten während der transmuralen Behandlung ein oder mehrere Male rückverlegt wurden. Aus dem WZFP Lippstadt (Reuber et al., 2005) wird in der Langzeitbeurlaubung eine Rückverlegungsquote von einem Drittel gemeldet. Dies unterstreicht einerseits die bekannte Krisenanfälligkeit dieser Übergangsphase, in der der «Mythos des Neuanfangs» (Schmidt-Quernheim, 2005) schnell auf die Grenzen der real existierenden Welt «draußen» prallt.

Zum anderen zeigt die Praxis der Rückverlegungen eine hohe präventive Verantwortlichkeit der Maßregelkliniken, die den «Härtetest» eben nicht auf die Zeit *nach* ihrer Zuständigkeit verschieben. Gesunkene Rückfallraten geben diesem Vorgehen Recht.

Nach der bereits genannten Studie über die forensischen Ambulanzen des Rheinlandes (Seifert et al., 2004) kam es bei sieben von 69 Patienten innerhalb von 4,5 Jahren zu einem Rückfall (Eintrag im BZR), die vom Schweregrad als relativ gering einzustufen (bis auf einen sexuellen Missbrauch) und nicht einschlägig waren. Die Rückfallzahlen konnten damit im Vergleich zu früheren Untersuchungen (Leygraf, 1998) halbiert werden. Über 90 % der Patienten waren nach Entlassung rückfallfrei, eine Wiederaufnahme in den Maßregelvollzug war nur in einem Fall erforderlich.

8.5 Entlassfelder und Kooperationspartner in der Nachsorge

8.5.1 Komplementäre Einrichtungen der Gemeindepsychiatrie

Die überwiegende Zahl forensischer Patienten wird in betreute Wohnformen entlassen: Nach Erhebungen von Seifert (2001a: 64) leben 77 % der entlassenen Patienten in Nachsorgeeinrichtungen.

Die Mitarbeiter von Wohnheimen, Wohngemeinschaften und Betreutem Wohnen sind insofern für die forensische Ambulanz eine äußerst wichtige Zielgruppe bei dem Versuch, die Bereitschaft zur Weiterbetreuung von forensischen Patienten zu erreichen.

8.5.1.1 Wohnheime – Zentraler Baustein der Nachsorge

Kennzeichnend für ein Wohnheim ist, dass hier für die meist psychosekranken Bewohner eine nahezu *komplette Versorgung* gewährleistet ist. Tagesstrukturierende Maßnahmen in Form von Beschäftigung, Gruppenangeboten, Freizeitveranstaltungen, aber auch die intensive sozialpädagogische Begleitung durch «Bezugsbetreuer» finden «unter einem Dach» statt.

Auch wenn die Bewohner in externe Werkstätten oder Außenwohngruppen wechseln, bleibt die organisatorische und betreuerische Kontinuität erhalten. Das Wohnheim für psychisch Behinderte hat sich zu einem zentralen Baustein forensischer Nachsorge entwickelt, da es einem spezifischen Bedarf entspricht. Für die «Zukunft sozialpsychiatrischer Heime» (Schulze-Steinmann et al., 2003) werden aktuell Betreuungskonzepte für die Gruppe der sog. «Systemsprenger» entwickelt. Da sich unter diese bisher vernachlässigte Klientel (mit besonders «herausfordernden» Verhaltensweisen) auch ehemals forensische Patienten mühelos subsumieren lassen, gilt es aus forensischer Perspektive, diese Diskussion interessiert zu verfolgen und Positionen einzubringen.

Struktur und Kontakt

In einer *niedersächsischen Untersuchung* zur forensischen Nachsorge, u.a. in Wohnheimen, wurden zu Inhalt und Funktion der Nachbetreuung vor allem zwei Merkmale genannt (Pozsár, 2001: 85):

▶ «Struktur»: Bei fast allen Heimbewohnern (30 Probanden), aber auch den meisten ambulant versorgten Probanden (11) wurde im Zusammenhang mit mangelnder Fähigkeit zur Selbststrukturierung die Wichtigkeit strukturierender Merkmale, des beschützenden Rahmens, lebenspraktischer Hilfen bzw. der Regelmäßigkeit von therapeutischen Kontakten als haltgebendes Moment hervorgehoben. Nach der Einschätzung der mit ihnen befassten Berufsgruppen ist ein großer Teil der Heimbewohner voraussichtlich lebenslang auf den stützenden Rahmen angewiesen.

«Kontakt», «Kommunikation»: Bei 23 Heimbewohnern und zehn ambulanten Patienten (insgesamt 66% der Klientel) wurde eine Kontakt- und Kommunikationsstörung unterschiedlicher Ausprägung – zum Teil mit erheblichem sozialem Rückzug – beschrieben. Viele Heimbewohner benötigen in diesem Zusammenhang viel gezielte Ansprache bzw. professionelle Gesprächsangebote – aber auch Rückzugsmöglichkeiten. ◀

Versorgungsprofil und Zielgruppe für Wohnheime

Wegen jahrelanger Hospitalisierung benötigen viele forensische Patienten zunächst oder dauerhaft eine Einrichtung, die für eine angemessene Zeit die haltgebenden und versorgenden Aspekte einer stationären Betreuung beibehält. Gleichzeitig werden Schritte in Richtung auf mehr Freiraum und Eigenverantwortung gefördert. Das Heim stellt darüber hinaus durch die enge Verknüpfung von Wohnen und tagesbegleitender Betreuung eine durchgehende Beobachtung sicher. Für den Heimbewohner stehen damit fast ständig vertraute Ansprechpartner zur Verfügung, die auch in Krisenfällen schnell helfen können. Dass dieser Vorteil aus der Sicht des Patienten natürlich auch als nachteilige Behinderung seiner Wünsche nach mehr Unabhängigkeit erscheint, ist dabei genauso verständlich, wie ein Bestehen darauf seitens der Behandler meist unumgänglich ist!

Ein Hilfebedarf besteht vor allem bei der Gruppe der *psychoseerkrankten* Patienten mit einer Residualsymptomatik, und dabei vorrangig:

- in der Unterstützung im lebenspraktischen Bereich
- bei der Haushaltsführung
- bei der Einhaltung des Tag-Nacht-Rhythmus und
- bei der regelmäßigen Einnahme der Medikamente.

Ziele sind:

- Verhindern krankheitsbedingter und -fördernder Isolation
- Fördern von Selbstständigkeit und allgemeiner Aktivierung
- Rezidivprophylaxe.

Bei einem erheblichen Teil der forensischen Patienten, die zusätzlich eine *Persönlichkeitsstörung* und/oder eine *Suchtproblematik* haben und lebenspraktisch recht kompetent sind, stellt sich die Frage nach dem speziellen Betreuungsbedarf allerdings anders. Ähnlich wie bei der stationären Behandlung geht es hier mehr um:

- Rahmenbedingungen mit stabiler Struktur
- Eingrenzung von Selbstüberschätzung und unrealistischen Plänen
- Auffangen von narzisstischen Krisen, die im Arbeitsbereich oder in den meist recht konfliktreich gelebten Beziehungen zu ihren Mitmenschen auftreten.

Welche Erfahrungen gibt es in der Zusammenarbeit?

In vielen Wohnheimen stößt man zunächst oft noch auf erhebliche Vorbehalte, die zum Teil mit nachvollziehbaren Ängsten, zum Beispiel vor Überforderung oder einer befürchteten Rufschädigung in der Nachbarschaft, begründet werden. Unsicherheiten in Bezug auf den Umgang mit dem Delikt und dessen Offenlegung insbesondere weiblichen Bewohnern gegenüber, die in ihrer Vorgeschichte selbst Opfer von Übergriffen waren, sind weitere Gründe für häufige Zurückhaltung.

Hospitationen und andere Serviceleistungen

Einladungen zu Gegenbesuchen dieser Mitarbeiter und Führungen in der Forensik sind bewährte Mittel, um Vertrauen und dauerhafte Kooperation zu schaffen. Erfahrungen zeigen, dass insbesondere ein begrenztes, aber intensives «Eintauchen in die Welt der Forensik» im Rahmen von (ein- oder mehrtägigen) Hospitationen ein empfehlenswerter und gern genutzter Weg ist. Hierbei kann dann das spezielle «Knowhow» für den täglichen Umgang mit den Patienten direkt beim stationären Personal in Erfahrung gebracht werden. Großen Anklang finden auch gemeinsame Fallsupervisionen, die die Ambulanz allen an der Nachsorge beteiligten Mitarbeitern anbietet. Dafür steht ein externer, forensisch erfahrener Supervisor zur Verfügung, der bei festgefahrenen oder kritischen Verläufen praktische Hilfestellung gibt. Auch interne Probleme der «Helferkonferenz» oder eines Teams, zum Beispiel eines Wohnheims, konnten auf diesem Wege erfolgreich gelöst werden.

Offene Karten

Oft sind aber schlechte Vorerfahrungen die nahe liegende Ursache für eine ablehnende Haltung. Häufig hört man die Klage, in der Vergangenheit Patienten durch geschönte Berichte «untergeschoben» bekommen zu haben und in anschließenden Krisensituationen im Stich gelassen worden zu sein. Generelle Leitlinie für die Ambulanzarbeit sollte daher sein, mit «offenen Karten» zu spielen, das heißt ausführliche Informationen über Vorgeschichte, Delikt und Behandlungsverlauf des Patienten zur Verfügung zu stellen. Zu diesen Bemühungen um weitest gehende Transparenz gehören auch die qualifizierenden Angebote (s.u.). Insbesondere schaffen Hinweise zum praktischen Umgang mit dem Patienten im Alltag und Hilfestellung beim Erkennen von Frühwarnsymptomen Sicherheit auf Seiten der Einrichtung.

Gerade weil die Mitarbeiter der komplementären Dienste eine so enge und umfassende Betreuung leisten, sind sie auch im Vergleich zu anderen «Helfern» der forensischen Nachsorge die Gruppe, die zwar einerseits die meiste Professionalität hinsichtlich der Grunderkrankung der Patienten besitzt, andererseits aber– ähnlich wie das Pflegepersonal auf den Stationen – auch der größten emotionalen Belastung ausgesetzt und auf konkretes Handlungswissen am meisten angewiesen ist.

Forensische Wohnheime?

Die oben genannte Untersuchung aus Niedersachsen kommt zu dem Ergebnis, dass…

▶ …ein gut ausgestattetes Wohnheim prinzipiell in der Lage ist, ehemalige Maßregelpatienten suffizient zu betreuen. Immer wieder einmal wird diskutiert, ob es sinnvoll wäre, spezielle Heime bzw. Heimbereiche für entlassene Maßregelpatienten einzurichten. Die vorliegenden Ergebnisse sprechen eher dafür, dass es für diese Klientel *nicht* speziell ausgerichteter, abgesonderter Versorgungseinrichtungen bedarf. (Pozsár, 2001: 88) ◀

Besonderheiten der Betreuung von Patienten aus dem Maßregelvollzug
Rosemann (1999: 22 f.) beschreibt bestimmte charakteristische Merkmale, die im Umgang mit psychisch kranken Menschen aus dem Maßregelvollzug zu beachten sind:

- Verhinderung eines «Freiheitsschocks» durch gestuftes Vorgehen
- enge Zusammenarbeit mit der Forensik, auch hinsichtlich der Betreuungsziele: «Vielleicht ist der konkrete Unterstützungsbedarf im Rahmen des stationären Maßregelvollzugs kaum hinreichend zu erkennen; umso wichtiger wird dann die enge Zusammenarbeit [...] mit den Kollegen der Forensik hinsichtlich der Erarbeitung von Betreuungszielen und des Erkennens von konkretem Unterstützungsbedarf. Nicht selten bedarf es der engen Kooperation gerade deshalb, weil die Bewohner selbst ein ganz anderes Bild von sich, dem neuen Leben und der notwendigen Unterstützung haben als wir.»
- Umgang mit Regelverstößen: «Es ist für die alltägliche Betreuungsarbeit im Haus von eminenter Bedeutung, dass Verstöße gegen Regeln und Bewährungsauflagen eindeutig bearbeitet werden. Hier hat es sich als notwendig erwiesen, im Betreuerteam immer wieder Klarheit darüber herzustellen, dass nicht jeder Regelverstoß zur Rückverlegung in die Forensik führen muss, sondern dass vielmehr die Herstellung von Eindeutigkeit über die Regelübertretung langfristig eher eine Wiederaufnahme in die Forensik vermeiden helfen kann. Nur die eindeutige Stellungnahme zu Regelverstößen eröffnet den Bewohnern die Möglichkeit, Verantwortung für den eigenen Lebensweg zu übernehmen.» Durch die offene Weitergabe entsprechender Informationen an die forensische Klinik (oder an den Bewährungshelfer) und gemeinsame Beratung über differenzierte Reaktionen kann sich eine «Arbeitshaltung miteinander entwickeln, die den üblichen Mechanismen des ‹wir drücken beide Augen zu› oder des ‹das wollen wir mal nicht so ernst nehmen› entgegenwirken. Das stillschweigende Zusehen der Betreuer bei Verstößen gegen die Bewährungsauflagen schafft demgegenüber den Eindruck für die Bewohner, dass die Betreuer mit ihrem Verhalten einverstanden wären oder ein ‹Einsehen› hätten. Wenn dann letztlich doch auf Grund zunehmender Regelverstöße die Weiterleitung an die Verantwortlichen erfolgen muss, ergibt sich oft der Eindruck von Willkür, diffuser Abhängigkeit und Bruch des scheinbaren Einverständnisses.»

8.5.1.2 Betreutes Wohnen – Flexible Angebote

Welche Formen betreuten Wohnens gibt es?
Als vorteilhaft für eine individuell angepasste Rehabilitation forensischer Patienten erweist sich die zunehmende Einrichtung von *Außenwohngruppen* von Heimen. Diese sind zwar dem stationären Sektor zugehörig, kommen aber in weit stärkerem Maße den Bedürfnissen vieler Bewohner nach Autonomie entgegen. Außenwohngruppen treffen das für viele forensische Patienten richtige Maß an Selbst- und Fremdkontrolle genauer als andere komplementäre Angebote. Die enge räumliche und personelle Verbindung der Außenwohngruppe zur Kerneinrichtung («Mutterhaus») stellt eine Betreuungsintensität bereit, die im ambulanten Bereich des so genannten betreuten Wohnens leider (noch) nicht gegeben ist.

Wann ist betreutes Wohnen geeignet?
Forensische Patienten werden eher in Ausnahmefällen direkt in das ambulante betreute Wohnen, sei es in Form des Einzelwohnens oder einer Wohngemeinschaft, entlassen. Meist ist der Bruch zur stationären Vollversorgung zu extrem und führt rasch zur Überforderung sowohl des Patienten als auch des zuständigen Mitarbeiters.

Allerdings ist diese Wohnform generell als Baustein einer Rehabilitationskette wichtig und in geeigneter Form (z. B. intensivere Betreuungsmöglichkeiten) auszubauen. Ihr Wert besteht vor allem in dem hohen Normalitätscharakter und eignet sich für Patienten, die:

- durch eine vorangegangene Betreuung im Wohnheim ausreichend verselbstständigt werden konnten

- auch ohne enge Begleitung «compliant» sind
- durch den in Gruppen gegebenen Zwang zur Kommunikation eher zusätzlich belastet werden.

Grundsätzlich sollte dem geäußerten Bedürfnis nach *Alleinwohnen* nur dann entsprochen werden, wenn:

- nicht befürchtet werden muss, dass durch den Wegfall einer Wohngruppe Stabilität verloren geht
- auf die Kontrolle alltäglicher Routinen weitgehend verzichtet werden kann und insbesondere
- die Medikamenteneinnahme gesichert ist
- eine eigenständige Freizeitgestaltung möglich ist
- daher ersichtlich ist, dass dies nicht zu übermäßiger Isolation mit Gefahr der Vereinsamung und erneuter, nur schwer zu erkennender Erkrankung führt.

8.5.1.3 Reformkonzepte

Generell gelten hier die gleichen Grundsätze, wie sie auch allgemein für die angestrebte Entwicklung von einer institutions- zu einer personenzentrierten Rehabilitation (Kauder et al., 1998) für notwendig erachtet werden. Wenn im Zentrum der Überlegungen der individuelle Hilfebedarf stehen soll, sind Betreuungskonzepte erforderlich, die sich weniger an Einrichtungs- und Finanzierungsstrukturen orientieren, als vielmehr flexible Angebote vorhalten. Zurzeit sieht die herrschende Praxis oftmals noch so aus, dass zum Beispiel hohe Betreuungsbedürftigkeit automatisch mit stationärer Hilfe beantwortet wird, da den ambulanten Betreuungsformen bei weitem nicht vergleichbare Ressourcen und Betreuungsschlüssel zugebilligt werden.

Dies führt zu dem Ergebnis, dass bei der Perspektivplanung für forensische Patienten fast automatisch nur die Überleitung in ein Heim übrig bleibt, da allein in diesem Setting ausreichend *manpower* vorgehalten wird. Dafür müssen aber große *Nachteile* in Kauf genommen werden:

- Die Patienten sind meist auf Grund ihrer noch erhaltenen lebenspraktischen Kompetenzen in einem Wohnheim offensichtlich deplatziert, da eben dieser Bereich einen Schwerpunkt der dortigen Lernangebote darstellt.
- Die Patienten gehen daher oft nur mit großem Widerwillen in ein Heim, da sie der Umgang mit den dortigen Bewohnern, die in ihrem Alltags- und Kontaktverhalten wesentlich behinderter sind, abschreckt.
- Bei einer Gruppe von Patienten kann das zu dem unerwünschten Ergebnis führen, dass sie aus der Überlegenheit im lebenspraktischen Bereich irrigerweise entweder auf die fehlende Notwendigkeit der gesamten Betreuung schließen oder aber
- diese Kompetenz dazu missbrauchen, stärker behinderte Bewohner zu dominieren und auszunutzen.

Aus ersten Reformkonzepten, die im Rahmen des betreuten Wohnens ein breites Spektrum von niedrigen bis sehr hohen Betreuungsdichten vorhielten, ist mittlerweile eine länderübergreifende Entwicklung geworden. Unter dem Motto «ambulant vor stationär» wird die «Macht der Heime» nachhaltig in Frage gestellt (Rosemann, 1999: 122 ff.). Die dieser Entwicklung zu Grunde liegenden fachlichen, vor allem aber finanziellen Beweggründe («Ausschöpfen von Wirtschaftlichkeitsreserven»: für einen Heimplatz können drei Plätze des Betreuten Wohnens finanziert werden) haben zum Beispiel in Nordrhein-Westfalen zu Rahmenzielvereinbarungen zwischen den Landschaftsverbänden und den Verbänden der Wohlfahrtspflege geführt, in denen der Abbau von Heimplätzen festgelegt und finanziell prämiert wird. So erhalten im Rheinland Einrichtungen eine Prämie in Höhe von 15 000 Euro pro abgebautem Platz. Auch für die Bewohner gibt es Anreize durch Startbeihilfen (2000 Euro pauschal) und 35 Euro monatlich für ein Jahr für Freizeitaktivitäten.

Da Einrichtungen aber meist ein wirtschaftliches Interesse am Fortbestand von Heimplätzen haben, gibt es mancherorts Bestrebungen zu einem Einstieg oder einer Ausweitung forensischer Nachsorge, um so «Extraplätze» außerhalb der Rahmenzielvereinbarungen zu erhalten und dadurch die Abbauverpflichtungen zumindest zum Teil verringern zu können.

8.5.1.4 Umgang mit dem Delikt – Mitarbeiter im Gespräch

Über den Umgang mit dem Delikt äußern sich Mitarbeiter des *Otto-Vetter-Hauses des Diakoniewerkes für Sozialpsychiatrie Duisburg, Herr Kels* und *Herr Reinberger* (2002):

Sollte man überhaupt über das Delikt sprechen?

Das Delikt darf nicht tabuisiert werden, es ist doch entscheidend für die Lebensgeschichte des Patienten und muss im Gespräch gehalten werden. Natürlich wollen wir seine jetzige Einstellung zur Tat wissen, ob er überhaupt wirklich alles daran setzt, dass sich das nicht wiederholt. Dazu müssen wir doch vor allem auch die Umstände kennen, die damals, und vielleicht auch heute wieder zu einer gefährlichen Entwicklung führen können.

Welche Haltung erwarten Sie vom Patienten?

Ob der wirklich bereut, ist sicher interessant, aber zweitrangig. Hauptsache ist, dass er die Warnzeichen bei sich kennt, sich dann bei uns meldet. Das Thematisieren ist manchmal nicht einfach und auch eine Gratwanderung insofern, als man nicht ständig daran denken kann, denn dann wird man gehemmt und ängstlich. Aber trotzdem müssen *alle* Mitarbeiter Bescheid wissen, nicht nur die Bezugsbetreuer.

Und wenn die Kollegen wegen dieser Angst die Betreuung nicht übernehmen wollen?

Das Team muss sich darüber klar werden, mit welchen Delikten es sich traut umgehen zu können und mit welchen überhaupt nicht. Wichtig war für uns, dass das Delikt keine geplante Tat, sondern die Folge eines akuten psychotischen Schubes war. Diese Krankheiten und die entsprechenden Hinweissymptome kennen wir doch aus unserer täglichen Arbeit. Allerdings müssen wir darauf bestehen, von der abgebenden Klinik genaue Informationen zu bekommen.

Unsere Angst ging zum Beispiel mehr und mehr weg, als wir in der Forensik waren und uns dort die alltägliche Arbeit mit dem Patienten haben berichten lassen. Später hat uns dann Supervision Sicherheit gegeben.

Müssen auch die Mitbewohner das Delikt wissen?

Nein, zumindest nicht am Anfang. Wir tasten uns da immer ganz individuell und vorsichtig ran und besprechen mit dem Patienten, ob und wann er mehr Offenheit wagen will. Meist ergibt sich das ganz von selbst, dass er zum Beispiel zunächst einem Mitbewohner seine Herkunft aus der Forensik «beichtet», vielleicht später auch sein Delikt. Die Erfahrung zeigt, dass das doch meist bald «die Runde macht». Wie wir auch aus anderen Einrichtungen wissen, gibt das aber erstaunlicherweise nie ein Problem.

Wie ist das Fazit Ihrer bisherigen Erfahrungen in der forensischen Nachsorge?

Bei der Betreuung beurlaubter und entlassener Patienten aus dem Maßregelvollzug haben sich für uns einige Kernpunkte herauskristallisiert: Wir fühlen uns zunächst prinzipiell für die Betreuung dieser Klienten als Einrichtung und Träger im sozialpsychiatrischen Hilfesystem verpflichtet. Wir haben dazu die Betreuungsleistungen im Einzelnen genau erfasst und beschrieben. Damit erreichen wir Klarheit und Sicherheit für MitarbeiterInnen und Klienten. Probleme traten bislang immer dann auf, wenn wir unsere konzeptionelle Klarheit verlassen haben.

Spezielle Angebote und zusätzliche Absprachen zu den üblichen Heimverträgen sind erforderlich. Regelmäßige «Helferrunden» (Klient, Ambulanz, Bezugsbetreuer, medizinischer Behandler, ggf. gesetzlicher Betreuer) sind für uns verpflichtend und dienen der Überprüfung und Entwicklung zukünftiger Schritte. Frühwarnsymptome für psychiatrische Krisensituationen und rückfallrelevante Kriterien müssen erarbeitet uns regelmäßig überprüft werden und vor allem den Mitarbeitern präsent sein. Eine zuverlässige und vertrauensvolle Zusammenarbeit aller Beteiligten ist dabei absolut notwendig.

In der «Alltagsbetreuung» ist eine gute und tragbare Beziehung zwischen Bezugsbetreuer und Klient die Basis einer erfolgreichen Nachsorge. Für diese verantwortungsvolle Beziehungsarbeit muss den MitarbeiterInnen spezielle Fortbildungen, Beratungen und Supervisionen ermöglicht werden.

8.5.2 Gesetzliche Betreuung – Wichtige Kontinuität

Seit Inkrafttreten des Betreuungsgesetzes am 1. Januar 1992 gibt es keine Entmündigung (und damit keine pauschalen Einschränkungen bei der Teilnahme am Rechtsverkehr) mehr. Die gesetzlichen Bestimmungen für die Einrichtung einer Betreuung sind in den §§ 1896 ff. BGB genannt:

▶ Kann ein Volljähriger auf Grund einer psychischen Krankheit oder einer körperlichen, geistigen oder seelischen Behinderung seine Angelegenheiten ganz oder teilweise nicht besorgen, so bestellt das Vormundschaftsgericht auf Antrag oder von Amts wegen für ihn einen Betreuer. ◀

Im Rahmen des Betreuungsverfahrens werden bestimmte Verfahrensschritte durchgeführt, wie:

- Einholen eines Gutachtens
- Verständigung der örtlichen Betreuungsbehörde
- ggf. Bestellen eines Verfahrenspflegers
- Gelegenheit zur persönlichen Äußerung
- richterliche Anhörung.

Danach entscheidet das Gericht, ob und für welchen *definierten Aufgabenkreis* eine Betreuung eingerichtet wird. Ebenfalls bestimmt das Gericht die Person des gesetzlichen Betreuers. Dessen Aufgabenbereiche sind zum Beispiel:

- Gesundheitsfürsorge
- Vertretung gegenüber Behörden, Renten- und sonstigen Leistungsträgern
- Aufenthaltsbestimmung
- vermögensrechtliche Angelegenheiten
- Postangelegenheiten
- geschlossene Unterbringung.

Die Bestellung eines Betreuers hat keinen Einfluss auf die Geschäftsfähigkeit des Betreuten. Der Betreute kann trotz Betreuerbestellung rechtswirksam Verträge schließen, ein Konto eröffnen, Geld abheben und ausgeben, ohne dass der Betreuer die Möglichkeit hat, dies zu verhindern.

Es gibt jedoch eine *Ausnahme*: Besteht die Gefahr, dass sich der Betreute durch sein geschäftliches Verhalten schwere Nachteile zufügt, so kann das Amtsgericht den Betreuer in Form eines «Einwilligungsvorbehaltes» (§ 1903 BGB) ermächtigen, dies durch geeignete Maßnahmen zu verhindern.

Für chronisch psychisch Kranke ist der Betreuer oft unverzichtbar: Er stellt nicht selten eine der wenigen konstanten Bezugspersonen im Leben eines Patienten dar. Auch im Maßregelvollzug hat die gesetzliche Betreuung eine wichtige Funktion, deren Bedeutung gegen Ende der Behandlung, das heißt bei geplanter Entlassung des Patienten aus dem Maßregelvollzug, zunimmt.

Vor allem bei *ausländischen* Patienten ist die Bestellung eines Betreuers meist unerlässlich. Angesichts der komplizierten und folgenschweren ausländerrechtlichen Bestimmungen zum Aufenthaltsstatus bedarf der Patient einer kompetenten Unterstützung und Begleitung – auch bei einer eventuellen Rückführung in sein Heimatland.

In der Praxis kommt dem Betreuer in der Nachsorge meist der Aufgabenbereich der Gesundheitssorge zu, oft in Verbindung mit den Bereich der Aufenthaltsbestimmung und/oder Unterbringung. Viele Einrichtungen der Nachsorge, auch Bewährungshelfer, begrüßen eine bestehende Betreuung als zusätzliche Unterstützung und als Sicherheit im Falle einer (drohenden) Wiedererkrankung. Ein Betreuer hat vor allem für die kritische Phase *nach* der Bewährungszeit eine wesentliche stabilisierende Funktion: Wenn dann die gerichtlichen Weisungen wegfallen, sichert der Betreuer eine wichtige persönliche, aber auch inhaltliche Kontinuität.

8.5.3 Arbeit und Beschäftigung – Die Stabilitätsfaktoren

Wesentlicher Baustein einer wirksamen Rehabilitation ist eine die Existenz zumindest halbwegs sichernde und vor allem tagesstrukturierende Beschäftigung. Die Mehrheit der im Maßregelvollzug Untergebrachten verfügt nur über eine sehr mangelhafte Schulbildung, viele sind ehemalige Sonderschüler und/oder Schulabbrecher. Eine abgeschlossene Berufsausbildung haben nur wenige, ein hoher Prozentsatz war vor der Unterbringung als Hilfsarbeiter tätig, wobei sie die Arbeitsstellen auffällig oft wechselten. Von entscheidender Bedeutung für den Erfolg einer beruflichen Ausbildung (und Reha-Maßnahme) sind vor allem Frustrationstoleranz, Affektregulation, Konfliktfähigkeit und realistische Selbsteinschätzung – Voraussetzungen, die bei forensischen Patienten fast immer fehlen. Auch bei abgeschlossener Ausbildung waren die Patienten meist über einen langen Zeitraum nicht mehr in ihrem Beruf tätig.

Um hier Gelegenheiten für eine realistische Selbst- und Fremdeinschätzung der verbliebenen Kompetenzen, aber auch der krankheitsbedingten Beeinträchtigungen der Patienten zu ermöglichen, sind extramurale (Langzeit-)Praktika die Methode der Wahl.

So knüpfte mit Beginn der 90er-Jahre des 20. Jahrhunderts auch die forensische Ambulanz in Düren Kontakte mit kleinen Betrieben sowie größeren Firmen in Düren und Umgebung. In den letzten 10 Jahren kam es auf diese Weise zu 90 Vermittlungen in Schlossereien, Tischlereien, Papierfabriken, Supermärkte, Entsorgungsunternehmen, Großküchen, Transportunternehmen und Kfz-Werkstätten. Bei allen Praktika wurde ein Verfahren eingehalten, das der Klinik und den Kooperationspartnern Sicherheit geben sollte:

- Vorstellung des Patienten unter Nennung des Unterbringungsanlasses
- Bestimmung von Vertrauenspersonen im unmittelbaren Umfeld
- regelmäßige telefonische und persönliche Kontakte mit den unmittelbaren Vorgesetzten
- klare Absprachen mit Blick auf eventuelle Krisen (Streit mit Kollegen, Überforderungssituationen etc.)
- klare Vereinbarung über den Umgang mit (vorerst) Nichteingeweihten
- Zusicherung des sofortigen Abzugs des Patienten im Bedarfsfall.

Im Verlauf der Praktika gab es tatsächlich nur in fünf Fällen Entwicklungen, die einen Abbruch erforderlich machten.

Trotz der beachtlichen Quote an Vermittlungen, aus denen zum (kleineren) Teil auch Festeinstellungen bzw. Ausbildungsverträge hervorgingen, traten im Laufe der Jahre immer wieder *typische Probleme* auf:

- Patienten wurden von den Verpflichtungen am Arbeitsplatz in solchem Ausmaß absorbiert, dass für die eigentliche Behandlung kaum noch Zeit blieb.
- Patienten werteten die erreichten Erfolge bei der Arbeit fälschlicherweise als «Beweis» für eine umfassende seelische Gesundung und damit für ihre Entlassungsreife.
- Vorgesetzte und Mitarbeiter neigten in zahlreichen Fällen (ungeachtet der Interventionen durch Vertreter der Klinik) zu einer Überbewertung der gezeigten Qualitäten des Patienten und zweifelten dann an der seelischen Störung bzw. der eventuellen Gefährlichkeit.
- Geschäftsleitungen, deren soziales Engagement zweifelsfrei auch mit kommerziellen Interessen verbunden war, neigten zu Verharmlosungen bei sich einstellenden Konflikten: Praktikanten sind zunächst unbezahlte Arbeitskräfte; später fest Beschäftigte geben sich mit Blick auf ihre Vorgeschichte unter Umständen mit einem geringeren Lohn zufrieden.
- Praktika wurden im Laufe der Jahre von Seiten der Patienten ausschließlich als Tor zur Festeinstellung wahrgenommen, was zu einer erkennbaren Minderung des Übungsaspektes führte – Arbeitserprobungen ohne nahtlosen Übergang in ein (gut) bezahltes Beschäftigungsverhältnis galten als geradezu wertlos.
- Einige Patienten verschwiegen während der Arbeit aufkommende Probleme (Fragen nach

der Vergangenheit, Konkurrenzverhalten, Ablehnung etc.), die auch nicht immer durch die regelmäßig vor Ort stattfindenden Gespräche aufgedeckt werden konnten, und zeigten sich in der Klinik gespannt, phasenweise innerlich abwesend.
- Auch Familienangehörige, Freunde und Lebensgefährtinnen werteten vorschnell die Beschäftigung außerhalb der Mauern als Signal für eine Rückkehr in das normale (und für sie dann finanziell besser abgesicherte) Leben.

Auf Grund dieser Erfahrungen verlegte die forensische Ambulanz in den letzten Jahren ihren Schwerpunkt auf die Vermittlung forensischer Patienten in Arbeitsstätten, die größere Erfahrungen im Umgang mit problematischen Personengruppen bzw. psychisch Kranken haben. Dazu gehören einmal die beschützten Werkstätten, und zunehmende Bedeutung bekommen *Integrationsfirmen*. Hauptaufgabe dieser sozialen, das heißt subventionierten und (überwiegend) gemeinnützigen Wirtschaftsbetriebe ist die Förderung der Arbeitsfähigkeit der Beschäftigten. Für bestimmte Patientengruppen, zum Beispiel solche mit Persönlichkeitsstörungen, bieten diese offenbar das passende *Maß an Belastung*: Sie vermeiden einerseits eine Unterforderung – ein Grund, warum (neben schlechter Bezahlung) die Beschäftigung in den Werkstätten für psychisch Behinderte (WfBs) bei diesen Patienten oft auf heftigen Widerstand stößt. Andererseits wird auch die häufig bestehende Gefahr einer Überforderung vermieden. Trotz des auch dort bestehenden wirtschaftlichen Drucks ist somit eine größere Rücksichtnahme auf den Einzelfall, vor allem aber eine kompetentere Beobachtung und Verständigung im Rahmen eines professionellen Helfernetzes gewährleistet.

Ein unschätzbarer Vorteil besteht zudem in der Akzeptanz dieser Beschäftigungsform durch die Patienten, für die eine «normale», das heißt sozialversicherungspflichtige und relativ gut bezahlte Arbeit, eine enorme (Selbstwert-)Stabilisierung bedeutet.

8.6 Organe der Justiz – Unbekannte Welten

Im Folgenden werden nun die für die Nachsorge wesentlichen Institutionen im Bereich der Justiz dargestellt, da die rechtlichen Bestimmungen sowohl in der Klinik als auch im komplementären Bereich recht unbekannt sind.

In mancher Hinsicht ist «die Justiz» in der psychosozialen Versorgung eine fremde, eher skeptisch betrachtete «Terra incognita». Es sind sicher unterschiedliche Denk- und Herangehensweisen, die zur beiderseitigen Distanz beitragen. Das professionelle Selbstverständnis eines «Beziehungshelfers» scheint nicht zu den – auch strafenden – Aufgaben der Justiz zu passen, die sich an allgemein gültigen Normen, Sanktionsinstrumenten, formalen Verfahrensabschnitten orientiert.

Andererseits zeigt gerade das Institut der Bewährungshilfe, wie eng «Hilfe» und «Justiz» zusammenwirken und welch hohe Kompetenz erforderlich ist, um diesen «Spagat» bei der Einzelfallhilfe zu schaffen.

8.6.1 Die Strafvollstreckungskammer – Entscheidende Instanz

Seit 1975 wurden an den Landgerichten Strafvollstreckungskammern (StVK) eingerichtet, die u.a. für die Entscheidung über die bedingte Entlassung aus dem Maßregelvollzug nach § 67d Abs. 2 StGB und für Entscheidungen im Zusammenhang mit der Führungsaufsicht zuständig sind. Zuständig ist die Kammer, in deren Bezirk das psychiatrische Krankenhaus liegt.

Für die einmal jährlichen Anhörungen des Patienten werden die Kliniken aufgefordert, zur Frage der Notwendigkeit der weiteren Unterbringung Stellung zu nehmen. Diese Stellungnahmen sollen der StVK ein umfassendes Bild der Persönlichkeitsstruktur, des Behandlungsverlaufs und vor allem eine prognostische Einschätzung der Gefährlichkeit des Patienten liefern. Die Fortdauer der Unterbringung lässt sich dabei nicht allein mit beispielsweise einem Fortbestehen der psychopathologischen Symptome (*Krankheitsprognose*), sondern nur mit dem Nachweis einer daraus resultierenden Gefährdung der Allgemeinheit (*Legalprognose*) begründen. In der Vergangenheit wurden diese unterschiedlichen Aspekte bei der Prognosestellung oft nicht klar unterschieden, was sowohl zu psychiatrischen als auch zu juristischen Fehleinschätzungen führte.

Sollte der Therapeut die Aussetzung der Maßregel zur Bewährung befürworten, muss er gemäß §67d StGB glaubhaft machen, dass «erwartet» werden kann, dass der Patient keine rechtswidrigen Taten mehr begehen wird. Dafür müssen insbesondere die protektiven (schützenden) Bedingungen des sozialen Entlassraums angegeben werden, welche die erforderliche Sicherheit gewährleisten sollen (*soziale Prognose*).

Diese Bedingungen werden in den Entlassbeschluss der StVK als Weisungen aufgenommen, die der Patient dann während der Bewährungszeit befolgen muss. Dabei untersteht der Patient einem Bewährungshelfer und der Führungsaufsicht. Die verschiedenen Betreuungsmaßnahmen im ambulanten Bereich (etwa die Fortsetzung einer psychologischen bzw. psychiatrischen und ggf. neuroleptischen Behandlung) und im komplementären Bereich (etwa der Aufenthalt in einem speziellen Wohnheim oder einer beschützten Werkstatt) werden möglichst konkret aufgelistet. Der Nachweis der Drogenfreiheit durch regelmäßige Drogenscreenings kann ebenso dazu gehören wie eine zusätzliche Nachsorge durch eine forensische Ambulanz.

Die Strafvollstreckungskammer überwacht mit Hilfe der Führungsaufsicht (s. Kap. 8.6.2) den Verlauf der Bewährungszeit, und zwar unabhängig vom weiteren Aufenthaltsort des Patienten. Von zentraler Bedeutung für die Nachsorge ist die StVK immer dann, wenn Änderungen der Weisungen erforderlich sind. So kann die StVK zum Beispiel jederzeit erneut Anhörungen ansetzen, um auf den Patienten pädagogisch-eingrenzend einzuwirken, ihm sozusagen «die gelbe Karte» zeigen. Dazu kann auch der Erlass zusätzlicher Weisungen gehören, die von den Betreuern als hilfreich vorgeschlagen werden.

Das Gericht kann aber auch nach §453c StPO einen sofortigen Unterbringungsbeschluss bewirken, «um sich der Person des Verurteilten zu versichern». Voraussetzung dafür sind einmal «hinreichende Gründe für die Annahme», dass die Aussetzung widerrufen wird (z.B. bei Verstoß gegen die Weisungen) oder aber, wenn «bestimmte Tatsachen die Gefahr begründen, dass der Verurteilte erhebliche Straftaten begehen wird».

Diese Maßname ist immer dann ein probates Mittel, wenn auf Grund einer akuten, insbesondere gefährlich anmutenden und fraglich eskalierenden Entwicklung ein sofortiges Eingreifen geboten ist und andere rechtliche Möglichkeiten, zum Beispiel nach dem Betreuungsrecht oder dem öffentlich-rechtlichen Unterbringungsgesetz (PsychKG in NRW) nicht zur Verfügung stehen oder nicht angemessen sind. Eine solche «Auszeit» bringt die Möglichkeit einer stationären Krisenintervention mit dem Ergebnis, dass danach entweder die Betreuung «draußen» unter veränderten, meist intensivierten Bedingungen fortgesetzt werden kann – das kann zum Beispiel auch eine stationäre Behandlung sein. Die andere Variante ist ein Widerruf der Bewährung, der zur Wiederaufnahme des Patienten im Maßregelvollzug führt.

In der Praxis wird diese für die Nachsorge – insbesondere in Zeiten krisenhafter Entwicklungen – äußerst wichtige Funktion der Strafvollstreckungskammer in den verschiedenen Landgerichtsbezirken sehr unterschiedlich ausgefüllt. Von großem Wert ist eine gute Kommunikation zwischen der forensischen Ambulanz und dem Vorsitzenden der Kammer. Dadurch kann auf die Erfordernisse des Einzelfalls schnell und flexibel reagiert werden.

Seit 13. April 2007 gibt es durch ein neues Gesetz zur Reform der Führungsaufsicht (s. Kap. 1) durch §67 h StGB die Möglichkeit einer «befristeten Wiederinvollzugsetzung» der Maßregel und damit der erneuten stationären Unterbringung eines Patienten während der Zeit der Führungsaufsicht. Diese Bestimmung soll die frühere – eher missbräuchliche – Verwendung des Sicherungshaftbefehls als Krisenintervention ablösen. Voraussetzung für die Anordnung dieser Maßnahme durch das Gericht für zunächst 3 Monate (längstens 6 Monate) ist eine «Verschlechterung des Zustandes». Darüber hinaus muss die Maßnahme «erforderlich» sein, «um einen Widerruf nach § 67 g StGB zu vermeiden». Diese Gesetzesänderung ist uneingeschränkt zu begrüßen, da nunmehr eine rechtliche Handhabe zur Verfügung steht, um krisenhafte Verläufe *rechtzeitig zu stoppen*. Auch wenn es bei Umsetzung der Vollstreckung im Einzelfall anfangs noch etwas «haken» wird: Gerade Befürchtungen komplementärer Nachsorgedienste oder auch der Öffentlichkeit, dass «erst immer etwas passieren muss, bis jemand wieder zurück in die Klinik kommt», kann so effektiv entgegengewirkt werden.

8.6.2 Führungsaufsicht – Eine besondere Form der Kontrolle

Jeder aus der Unterbringung gem. § 63 StGB entlassene Patient untersteht für die Dauer seiner Bewährungszeit automatisch der Führungsaufsicht. Diese Instanz ist für Außenstehende eher unbekannt und in ihrer Abgrenzung zur Bewährungshilfe schwer zu verstehen. Für die Nachsorge ist sie aber von großer Bedeutung, denn «das Institut der Führungsaufsicht bietet der forensischen Psychiatrie einzigartige Möglichkeiten, eine intensive Zusammenarbeit zwischen den Fachkräften des Maßregelvollzuges und den innerhalb der Führungsaufsicht tätigen Bewährungshelfern zu etablieren.» (Rasch, 1999: 131).

Aufgaben

Das Institut der Führungsaufsicht – konstituiert durch die 2. Strafrechtsreform 1975 – zielt darauf ab, alle Straffälligen, denen eine *hohe Rückfallgefährdung* attestiert wurde, einer besonderen Nachbetreuung zu unterstellen. Dies gilt hauptsächlich für die so genannten «Vollverbüßer», also für die Strafentlassenen, bei denen das letzte Strafdrittel auf Grund einer schlechten Prognose nicht zur Bewährung ausgesetzt wurde (§ 68f StGB). Die Gruppe der aus dem Maßregelvollzug entlassenen «Probanden» der Führungsaufsicht ist relativ klein (ca. 5 bis 10 % aller Fälle der Führungsaufsicht) und gilt auf Grund der psychiatrischen Problematik als «kompliziert».

In Nordrhein-Westfalen arbeiten in den Aufsichtsstellen unter der Leitung eines Richters am Landgericht meist zuvor in der Bewährungshilfe erfahrene Sozialarbeiter, die primär die Einhaltung der richterlichen Weisungen zu überwachen haben. Dazu können sie von allen öffentlichen Behörden Auskünfte einholen und Ermittlungen, auch durch die Polizei, vornehmen lassen. Die Führungsaufsicht muss eigene Stellungnahmen abgeben, ehe das Gericht zum Beispiel nachträglich (nach der Entlassung) Weisungen verändert oder aber eine Entscheidung über einen eventuell erforderlichen Widerruf der Bewährung trifft. Gründe für einen Widerruf sind nach § 67 g StGB:

- erneute Straffälligkeit
- gröblicher und beharrlicher Verstoß gegen Weisungen
- beharrliches Entziehen der Aufsicht und Leitung von Bewährungshelfer oder Führungsaufsichtsstelle.

Bei Verstößen gegen strafbewehrte gerichtliche Weisungen kann von der Aufsichtsstelle zudem ein Strafverfahren eingeleitet werden (§ 68a Abs. 4 StGB). Die Dauer der Führungsaufsicht beträgt 2 bis 5 Jahre, wobei sie im Einzelfall auch verlängert werden kann. Diesem § 68c StGB wurde durch das «Gesetz zur Bekämpfung von Sexualdelikten und anderen gefährlichen Straftaten» vom 26. Januar 1998 ein zweiter Absatz eingefügt, der in bestimmten Fällen der Nichtbefolgung von Weisungen eine unbefristete Führungsaufsicht vorsieht.

Die aktuelle Gesetzesreform zur Führungsaufsicht vom 13. April 2007 hat für die Führungsaufsicht wesentliche Änderungen gebracht. In der Pressemitteilung der Bundesregierung vom 22. März 2007 wird die Stoßrichtung des Gesetzes deutlich benannt: «Die Reform der Führungsaufsicht soll eine straffere und effizientere Kontrolle der Lebensführung von Straftätern ermöglichen.»

- Erweiterte Befugnisse der Aufsichtsstelle bestehen zum Beispiel in der Möglichkeit einer

Ausschreibung zur Aufenthaltsermittlung; darüber hinaus kann die Führungsaufsicht unter bestimmten Umständen einen Vorführungsbefehl erlassen, um Weisungen duchzusetzen. Der Katalog der strafbewehrten Weisungen (§ 68 b Abs.1 StGB) wurde dabei erheblich erweitert, zum Beispiel um:

- das Kontakt- und Verkehrsverbot mit realen und potenziellen Opfern (Nr. 3)
- das Rauschmittelverbot und eine entsprechende Kontrollpflicht (Nr. 10) und
- die Pflicht, sich ggf. bei einem Therapeuten, insbesondere einer forensischen Ambulanz, vorzustellen (Nr. 11).

Diese Vorstellungsweisung, die aus besonderem Anlass oder in bestimmten Abständen den Therapeuten eine Risikoeinschätzung des Patienten ermöglichen und/oder ihn zu einer weiter gehenden Therapie motivieren soll («Initialzwang»), ist dabei abzugrenzen von der «normalen» – nicht strafbewehrten – Therapieweisung durch die forensische Ambulanz in Abs. 2 (§ 68b StGB).

Die Aufsichtsstelle übernimmt gegenüber Bewährungshilfe und forensischer Ambulanz die…

▶ … organisatorische Federführung und Verantwortung für die Führungsaufsicht, das heißt, sie gewährleistet zum Beispiel durch geeignete organisatorische Maßnahmen, dass die notwendige Dokumentation, Kommunikation und erforderlichenfalls Reaktion statfindet. Da sich die Behandlung nach fachlich-therapeutischen Gesichtspunkten zu richten hat, die nur die Therapeuten selbst kompetent zu beurteilen vermögen, hat ein «Hineinregieren» der Führungsaufsichtsstelle in die laufende Behandlung zu unterbleiben. Ähnliches gilt für das Gericht, das zwar übergeordnetes Organ bleibt, dem jedoch gegenüber der forensischen Ambulanz kein direktes Weisungsrecht zusteht. (Kommentarteil zu § 68a StGB des Gesetzesentwurfs, BT-Drs 16/1993, 2006: 18) ◀

Neu im Gesetz ist weiterhin die Möglichkeit einer unbefristeten Führungsaufsicht bei der begründeten Annahme, der Patient könne nach Beendigung der Führungsaufsicht eine zur Rezidivprophylaxe erforderliche Arznei absetzen und wieder erkranken. Dies gilt unter bestimmten Voraussetzungen auch für Sexualstraftäter (§ 68c Abs. 3 StGB).

Dieser Aufgabenzuwachs der Führungsaufsicht durch Bundesgesetz korrespondiert paradoxerweise mit gegenläufigen Entwicklungen bzw. Einsparbemühungen in den Bundesländern, die letztlich für die strukturelle Umsetzung, vor allem für die Finanzierung zuständig sind. Im Rahmen einer «Strukturreform der Sozialen Dienste» der Justiz werden zum Beispiel gerade in NRW die Sozialarbeiter aus der Führungsaufsichtsstelle herausgenommen. Aus Niedersachsen wird berichtet, dass mit der Einrichtung einer Sexualstraftäterdatei zum 1. Oktober 2007 die Aufsichtsstellen noch weitere Aufgaben zugewiesen und dadurch mit der Polizei – neben dem Gericht – einen zweiten Auftraggeber bekommen haben.

8.6.3 Bewährungshilfe – Schnittstelle der Resozialisierung

Der Bewährungshelfer ist – neben dem Betreuer im Wohnbereich – die Person, von deren Haltung und Handlungen der Verlauf der Nachsorge ganz wesentlich abhängt. Anders als die oben beschriebene Führungsaufsichtsstelle, die für den Patienten zwar wichtig, aber in der Funktion oft nur undeutlich und persönlich oft unbekannt bleibt, ist der Bewährungshelfer ein maßgeblicher Ansprechpartner. Für eine forensische Ambulanz ist er ein wichtiger Kooperationspartner im Rahmen von Überleitung und Nachsorge.

8.6.3.1 Aufgaben

Das Wort «Bewährung» bedeutet die gerichtlich gegebene Gelegenheit, sich durch positives Sozialverhalten unter den Bedingungen eines Lebens in Freiheit Straferlass zu verdienen bzw. die weitere Vollstreckung der Maßregel entbehrlich zu machen. Das Gericht kann bei günstiger Prognose die Vollstreckung

- einer Freiheits- oder Jugendstrafe von bis zu zweijähriger Dauer
- eines Strafrestes
- einer Maßregel der Besserung und Sicherung

zur Bewährung aussetzen. Laut § 56d StGB wird ein Bewährungshelfer bestellt, der

- Verurteilte von Straftaten abhalten soll (Abs. 1)
- der ihm helfend und betreuend zur Seite steht
- über die Lebensführung des Verurteilten sowie über gröbliche und beharrliche Verstöße gegen Weisungen berichtet (Abs. 3).

Die hauptamtlichen Bewährungshelfer sind Diplom-Sozialarbeiter, wobei dienstliche und organisatorische Einzelheiten in Landesgesetzen und Rundverfügungen geregelt sind.

So ordnete zum Beispiel der Justizminister von Nordrhein-Westfalen 1995 an, dass die Bewährungshilfe «ihre Betreuungsarbeit rechtzeitig und so früh wie möglich aufnehmen» soll. Dabei wird empfohlen, schon während der Unterbringung «im Sinne einer durchgehenden Sozialarbeit alsbald Kontakt mit der Einrichtung, in der die Maßregel vollzogen wird, aufzunehmen» (Rundverfügung des Justizministeriums vom 14.3.1995).

8.6.3.2 Unterschiede zur Führungsaufsicht

Vereinfacht lässt sich sagen, dass sich die Bewährungshilfe in Abgrenzung zur Kontrollfunktion der Führungsaufsicht mehr über Hilfe und Betreuung ihrer Probanden definiert. Paragraph 68a Abs. 2 StGB besagt, «dass Bewährungshelfer und Führungsaufsicht im Einvernehmen miteinander dem Verurteilten helfend und betreuend zur Seite stehen.»

Dieses «Einvernehmen» ist dabei in der Praxis durchaus nicht ganz unproblematisch, da im nächsten Absatz des genannten Paragraphen auch von «Unterstützung» des Bewährungshelfers bei der Überwachung durch die Aufsichtsstelle die Rede ist, was nach der Beobachtung von Rasch «erhebliche Widerstände bei den Bewährungshelfern erzeugt. [...] Es ergab sich die Befürchtung, dass der Bewährungshelfer durch die Beaufsichtigung von Probanden, die als besonders hartgesotten anzusehen sind, mit Aufgaben konfrontiert wird, die seinem eigentlichen Berufsbild nicht mehr entsprechen.» (Rasch, 1999: 131).

8.6.3.3 Strukturelle Probleme

Die «durchgehende Sozialarbeit», wie in Nordrhein-Westfalen (NRW) verlangt, ist aus verschiedenen Gründen in der Realität nur schwer zu praktizieren. Die Gründe hierfür liegen darin, dass:

- die Betreuung forensischer Patienten von vielen Bewährungshelfern eher gemieden wird, da man sich durch die psychiatrische Problematik überfordert fühlt.
- durch Überlastung der Bewährungshelfer mit einer zu hohen Anzahl von Probanden (in NRW meist 60 bis 70) eine ausreichende Beschäftigung mit dem Einzelfall vor der Entlassung kaum möglich ist.
- die oberste Justizverwaltung in ihren Anweisungen an die Bewährungshelfer entsprechende Aktivitäten auch nicht unterstützt. So werden vorbereitende Gespräche vor der Entlassung sowohl mit dem Patienten oder mit wichtigen, auch professionellen Bezugspersonen bisher zwar nicht explizit untersagt, dürfen aber nicht in die offiziellen Fallstatistiken des Bewährungshelfers aufgenommen werden. Erst durch den richterlichen Entlassungsbeschluss erhält der Bewährungshelfer seine namentliche Bestellung und damit seine rechtliche Legitimation.

Bewährungshelfer beklagen damit zu Recht eine rechtliche Unsicherheit und fehlende Anerkennung dieser notwendigen Arbeit: Einerseits werde ihnen eine frühzeitige Vorbereitung als selbstverständlich abverlangt, denn es gehöre zu den fachlichen Standards, dass in diesen schwierigen Fällen die frühzeitige und umfassende Kenntnis- und Beziehungsaufnahme mit allen Beteiligten unerlässlich sei. Andererseits werde dies offenbar als eine quasi ehrenamtliche Arbeit behandelt, da Fahrtkosten und versicherungsrechtliche Absicherung verweigert werden können.

8.6.3.4 Erfahrungen in der Zusammenarbeit

Bewährungshelfer berichten immer wieder von höchst unerfreulichen Erfahrungen, die sie mit forensischen Kliniken, aber auch mit den Strafvollstreckungskammern machen: Es kommt tatsächlich nicht selten vor, dass der Bewährungshelfer erst zum Entlassungszeitpunkt oder sogar noch später von seiner Aufgabe, das heißt seiner namentlichen Bestellung, erfährt. Berichte über entsprechend missliche Situationen – zum Beispiel die Vorsprache eines bislang Unbekannten, der sich dann als «Proband» vorstellt – sind recht häufig. Solche Entlassungen erinnern mehr an *Abschiebungen* als an eine qualifizierte Überleitung.

Hat der Bewährungshelfer noch keine eigenen Erfahrungswerte im Rahmen der Langzeitbeurlaubung sammeln können oder besteht mangels Teilname an den «Helferkonferenzen» ohnehin wenig Information und Abstimmung mit den anderen Helfern, kann er schnell – und ungewollt – in die Rolle eines «Verbündeten» geraten bzw. schätzt unter Umständen erste Anzeichen destruktiver Entwicklungen nicht richtig ein. Insbesondere persönlichkeitsgestörte Probanden erhalten so leicht die Möglichkeit, ihre Helfer zu manipulieren, damit aber auch das Setting und die Wirksamkeit der Nachsorge nachhaltig in Frage zu stellen. Aus der Sicht der Patienten erscheint der Bewährungshelfer dann nur noch dafür gut zu sein, «die Dinge wieder geradezubiegen», wenn sie mit den erteilten Weisungen nicht zurechtkommen oder kommen wollen.

Es ist daher dringend geboten, die frühzeitige Einbeziehung der Bewährungshilfe in den Entlassungsprozess rechtlich durch politische Entscheidungen sicherzustellen.

Seifert (2001b: 56 f.) berichtet in seiner Auswertung von 237 Bewährungshelferberichten über 92 Probanden, dass einige wesentliche Aspekte erstaunlich wenig Berücksichtigung gefunden haben:

- Über die Compliance der Medikamenteneinnahme wird nur bei weniger als der Hälfte der Probanden berichtet.
- Bei Probanden mit einer – für das Anlassdelikt relevanten – Suchtproblematik fanden sich nur bei gut einem Drittel Angaben über deren Konsumverhalten seit der Entlassung.

Nicht zuletzt auf Grund auch interner kritischer Diskussionen und (In-)Fragestellungen, ob «die Bewährungshilfe auf psychisch kranke Rechtsbrecher gut vorbereitet ist» (Stiels-Glenn, 2005), entwickelten sich in den letzten Jahren deutliche Ansätze zu einer vermehrten Professionalisierung. So beschreibt Sellinger (2005) in einem grundlegenden Beitrag «Anders als andere?! – Arbeit mit forensischen Probanden» anhand von Fallbeispielen die spezifischen Herausforderungen und Methoden in der forensischen Nachsorge. Er fordert im Ergebnis eine «veränderte Bewährungshilfe mit forensischem Klientel und damit eine Spezialisierung der Bewährungshelfer.» (ebd.: 103).

In vielen Dienststellen «vor Ort» sind solche Spezialisierungen schon die Regel. Gerade für Bewährungshelfer, die sich nicht als Einzelkämpfer verstehen, sondern ihre Fachlichkeit in einem multidisziplinären Helfernetzwerk einbringen wollen, ist forensische Nachsorge eine lohnende Tätigkeit. Mittlerweile gibt es auch entspechende Fortbildungskurse, die das erforderliche zusätzliche Fachwissen (psychiatrische Störungsbilder etc.) und die berufsübergreifenden Kooperationsformen in der Nachsorge vermitteln (DGSP, 2004).

8.7 Defizite der gemeindepsychiatrischen Versorgung

8.7.1 Ausschluss von Patientengruppen

Nach wie vor gibt es noch erhebliche Defizite bei der gemeindenahen Versorgung ehemals forensischer Patienten. Insbesondere für persönlichkeitsgestörte Patienten und Intelligenzgeminderte fehlen entsprechende Dienste, die sich zuständig fühlen.

Fehlgeschlagene Versuche in Einrichtungen der Straffälligenhilfe oder Wohnheimen für psychisch Behinderte zeigen, dass es hier auch konzeptionelle Unvereinbarkeiten gibt. So sind Einrichtungen, die sich die Betreuung psychoseerkrankter Patienten zum Ziel gesetzt haben, nur im Ausnahmefall in der Lage, persönlichkeitsgestörte Patienten aufzunehmen. Im Unterschied zu den chronischen und oft lange hospitalisierten Bewohnern mit einem Residualsyndrom müssen persönlichkeitsgestörte Patienten weniger zur Verselbstständigung ermutigt, sondern – eher umgekehrt – in ihren Wünschen und Verhaltensweisen eingegrenzt werden. Die Ablehnung der Aufnahme eines solchen Patienten ist daher zum Teil durchaus zu respektieren, da die Wohnheime darauf weder personell noch professionell eingestellt sind und dann berechtigte Sorge haben, sehr schnell von zum Beispiel narzisstisch gestörten Patienten «aufgemischt» zu werden und in die typischen «Fallstricke» im Umgang mit diesem Personenkreis zu geraten.

Allerdings ist in letzter Zeit in vielen Heimen eine zunehmende Aufnahmebereitschaft auch für solche Patienten zu beobachten, die an einer Borderline-Persönlichkeitsstörung leiden oder eine Suchtproblematik haben. Diese Öffnung des Blickwinkels und der folgende Kompetenzzuwachs ziehen dann oft eine Öffnung für die Betreuung forensischer Patienten mit (ihren meist) komorbiden Störungsbildern nach sich.

8.7.2 Ideologische Reflexe statt Personenzentrierung

Des Öfteren findet man auch eine fast ideologisch anmutende und sehr affektbesetzte Einstellung der Mitarbeiter, die jeden reglementierenden Umgang ablehnen und sich dabei fast reflexhaft auf die Hausordnung berufen, um damit auf die Undurchführbarkeit von «Sonderregelungen» zu verweisen. Die Betreuung forensischer Patienten setzt aber in den meisten Fällen (s. Kap. 8.4.2) eine klare und unzerstörbare Struktur voraus, die Grenzsetzungen einschließt und sich dann zum Beispiel auch in individuellen Vereinbarungen mit dem Bewohner niederschlagen kann.

Hier besteht offenbar ein Widerspruch zwischen dem personenzentrierten Ansatz, den man für sich reklamiert, und einer mangelnden Flexibilität, auf die Erfordernisse des Einzelfalls einzugehen.

Aus den Erfahrungen in einem Berliner Wohnheim zieht Rosemann (1999: 23) daher das Fazit:

▶ Betrachtet man diese besonderen (forensischen) Inhalte als Teil einer individuellen Lebens- und Hilfeplanung und ist die Zusammenarbeit mit anderen Einrichtungen und Diensten ohnehin Bestandteil einer Philosophie eines ambulanten Betreuungssystems, so wirft die Betreuung von forensischen Patienten keine wesentlichen Hindernisse auf. Sie kann so selbstverständlich werden wie die Aufnahme von allen anderen Klientengruppen aus dem Umfeld der Psychiatrie. ◀

8.7.3 Fehlende bedarfsorientierte Planung

Gerade bei der Überleitung forensischer Patienten wird deutlich, dass sich die ambulanten und komplementären Dienste noch zu wenig am Bedarf orientieren, sondern überwiegend angebotsorientiert sind. Während es mittlerweile für Patienten, die an einer Psychose erkrankt sind, ein breit gefächertes Angebot gibt, fallen Patienten mit Persönlichkeitsstörungen, Patienten mit einer zusätzlichen Suchtdiagnose oder intelligenzgeminderte Patienten mit Verhaltensstörungen und schließlich auch solche psychoseerkrankten Patienten mit der Neigung zur Verwahrlosung durch die «Maschen» der Versorgung. Oft bleibt nur eine Unterbringung in der Allgemeinpsychiatrie oder in Einrichtungen nach § 67 SGB XII (hier werden überwiegend Wohnungslose und Haftentlassene betreut), die dann zum Sammelbecken für Schwerstgestörte mit multiplen Problemlagen werden und die Anforderungen einer forensischen Nachsorge eher nicht erfüllen können.

Versorgungsverpflichtung

Träger und Gemeinden werden ihrer Versorgungsverpflichtung nur gerecht, wenn sich Einrichtungen nicht nur geeignete Patienten suchen, sondern wenn umgekehrt die Eignung der Dienste an den Erfordernissen der Patientenbetreuung orientiert ist.

Es gibt bereits an einigen Orten durchaus viel versprechende Bemühungen. So hat zum Beispiel das *Sozialtherapeutische Wohngruppenheim «Haus Bruderhilfe» des Evangelisch-Freikirchlichen Sozialwerks Essen* gezielt Angebote für persönlichkeitsgestörte Menschen (auch mit Sexualdelikten) entwickelt, die aus der Forensik kommen.

Insgesamt müssen hier neue, sehr personenzentrierte Wege und innovative Lösungen gesucht werden. Denkbar wären zum Beispiel Arbeitsprojekte oder Intensivbetreuung von kleinen Wohneinheiten unter dem Dach eines Trägers, der dann eng mit einer forensischen Abteilung und deren Ambulanz zusammenarbeitet.

Kritisch gesehen werden muss in diesem Zusammenhang auch die Psychiatriekoordination und PSAG[*] der Kommunen, die die Aufnahme ehemals forensischer Patienten in den komplementären Bereich überhaupt nicht zum Thema machen.

Auch hier gibt es die ermutigende Entwicklung, dass sich einzelne Träger vorwagen. So hat das oben erwähnte *«Diakoniewerk für Sozialpsychiatrie»* in Duisburg (s. Kap. 8.5.1.2) mit Unterstützung des dortigen Psychiatriekoordinators und des Landschaftsverbandes Rheinland fünf Plätze in ihren Außenwohngruppen ausschließlich für forensische Patienten vorbehalten.

«Es sollte keinen regionalen Psychiatrieplan und keine Landespsychiatrieplanung geben, die die Forensik nicht mit berücksichtigt. Wo über gemeindepsychiatrische Verbünde diskutiert wird, müsste nach der Forensik gefragt werden. Die Forensik nicht zu vergessen, muss als *Qualitätskriterium für regionale Versorgungsstrukturen* gelten.» (Rosemann, 2001: 11)

[*] Psychosoziale Arbeitsgemeinschaft

Allerdings gibt es auch hier Einrichtungen, die auf Grund ihrer sozialtherapeutischen Ausrichtung und Qualifizierung der Mitarbeiter gerade für Persönlichkeitsgestörte mit einer Suchtproblematik einen adäquaten Betreuungsrahmen zur Verfügung stellen können (Spellmeyer, 2005). Grundsätzlich gilt, dass Persönlichkeitsgestörte «psychisch Behinderte» nach dem SGB IX sind, die «durch ihre Behinderung wesentlich in ihrer Fähigkeit, an der Gesellschaft teilzuhaben, eingeschränkt sind.» (§ 53 SGB XII) Bei der Beantragung der Kostenübernahme durch die Eingliederungshilfe nach der Unterbringung im Maßregelvollzug (also in der Regel nach der Langzeitbeurlaubung) ist der individuelle Hilfebedarf anhand der konkreten «Einschränkung der Teilhabefähigkeit» zu beschreiben.

8.7.4 Riskante Entwicklungen

Zwar können etablierte Ambulanzen mittlerweile fast alle entlassfähigen Patienten, die an einer chronischen Psychose erkrankt sind, in entsprechende Einrichtungen der Region vermitteln. Aber auch bei dieser klassischen Zielgruppe der Gemeindepsychiatrie gibt es immer noch Einrichtungen, die Patienten mit einer forensischen Vorgeschichte entweder in ihren Konzepten explizit ausschließen oder aber durch andere Taktiken ausgrenzen: Oft ist es dann die eventuelle Zweitdiagnose (z.B. eine Suchtstörung), für die man sich nicht kompetent fühlt. Oder die Eingangsvoraussetzungen an die Compliance der Patienten werden so hoch angesetzt, dass sich daraus mühelos ein Ausschlussgrund konstruieren lässt. Haben die Mitarbeiter dann auch noch eine persönliche oder grundsätzliche

Abwehr gegen kontrollierende Aspekte und möchten sie in ihrem Selbstverständnis nur «der Gute» sein, hat der Patient keine Chance einer Aufnahme.

Aus dieser Tatsache entstehen auch durchaus riskante Entwicklungen: Der Patient wird zwar in die Einrichtung aufgenommen, die fortbestehenden «bösen», das heißt schwierigen, ängstigenden und auch destruktiven Anteile werden jedoch *geleugnet* bzw. auf die Vergangenheit oder auf die Klinik verschoben. Schleichende Aushöhlung von Regelungen und unerwartete Krisen des Patienten führen dann schnell zu überstürzten Gegenreaktionen bis hin zum Hinauswurf.

Ein weiteres, oft beobachtetes Ergebnis einer solchen Haltung, die zu einseitig auf die Förderung der Autonomie des Patienten setzt, ist eine hohe Beschleunigung in Richtung eines «Weniger» an Betreuung. Damit gibt man einerseits dem Druck des Patienten in diese Richtung nach, obwohl dieser meist viel ambivalenter ist, als es den Anschein hat, und eher nach einer haltenden Antwort verlangt! Andererseits entspricht man damit einem *Progressionsmodell* in der Betreuung, nach dem sich jeder Klient «weiterentwickeln» muss. Statt eine stabile und «ruhige» Phase als den Ausweis guter Arbeit und eines geeigneten Settings zu verstehen, kommt es dann zu Veränderungen, die heftige Destabilisierungen zur Folge haben können.

8.7.5 Gemeindenähe als «Bumerang»

Ein weiteres Erschwernis bei der Vermittlung ist leider oftmals die – zum Dogma erhobene – Vorrangigkeit der gemeinde-, das heißt heimatnahen Versorgung psychisch Kranker. Auch wenn im Einzelfall der Hinweis auf die Heimatregion des Patienten bei der Bewerbung hilfreich sein kann, setzt hier oft ein «Bumerang-Effekt» ein, da forensische Patienten aus unmittelbar einleuchtenden Gründen eben nicht in ihr kriminogenes Umfeld zurück können und wollen. Ganz abgesehen davon kann bei vielen Patienten auf Grund ihrer Entwurzelungsbiografie nicht ernsthaft von einem Heimatort gesprochen werden. Auf diese Weise wird dann aus dem eigentlich fortschrittlich gemeinten Konzept der gemeindenahen Versorgung ein Instrument der Ausgrenzung.

8.8 Fazit und Ausblick

Die bekannte Erfahrung aus der Allgemeinpsychiatrie, dass stationär behandelte Patienten nachbetreut werden müssen, um einen «Drehtüreffekt» zu vermeiden, kam für forensische Patienten zuerst nur sehr verzögert in den Blick. Ambulante Behandlungskapazitäten wurden daher lange nicht geschaffen, obwohl der Gesetzgeber nach § 67b StGB eine Möglichkeit vorgesehen hat, die stationäre Unterbringung im Maßregelvollzug *von vornherein* (zu Gunsten ambulanter Behandlung) zu vermeiden.

Bis heute hat diese Form der Behandlung nicht nur in den Ohren einer verängstigten Öffentlichkeit einen befremdlichen Klang. Dies gilt umso mehr, wenn auch von höchster Stelle dem dauerhaften «Wegschließen – und zwar für immer» (Ex-Bundeskanzler Gerhard Schröder, Bild am Sonntag, 8. Juli 2001) das Wort geredet wird. Schnell wird dabei ausgeblendet, dass nicht nur aus ethischen und rechtlichen Gründen, sondern schon aus ökonomischen und Platzgründen – heute mehr denn je – Entlassungen erfolgen *müssen.*

Trotz aller Fortschritte der letzten Jahre ist der Kampf um die Einrichtung von Ambulanzen ein zähes Ringen. Denn nur in wenigen Bundesländern gibt es in den Kliniken des Maßregelvollzugs ausgewiesene und regelhaft finanzierte Ambulanzen. Von Experten wird diese Notwendigkeit einhellig befürwortet: So bilanzierte *Pfäfflin, Professor für Forensische Psychotherapie,* in einem Interview am 9. Mai 2001 unter der Überschrift «Forensische Patienten sind keine Pitbulls», dass ein Drittel der Patienten auch ambulant behandelt werden könnte, «wenn die Gesellschaft dies zuließe. Aber das tut sie nicht. Stattdessen werden Psychiatrien zu *Hochsicherheitstrakten* ausgebaut und es wird immer weniger Geld in ambulante Behandlungsmöglichkeiten investiert».

Macrolon-Zäune

▶ Beziehungsarbeit, differenzielle psychiatrisch-psychologische Behandlung, Nachsorge und extramurale komplementäre Versorgung sind die wahren «Macrolonschürzen» [Plexiglas-Zäune, d. Verf.] der Forensik. [...] Die aberwitzige Umzäunung des großen Eickelborner Geländes mit Macrolon-Zäunen ist so eine Geschichte einer forensischen Schwarz-Weiß-Ideologie zwischen «Wegsperren und fahrlässiger Freiheit». Ich habe trotzdem immer noch nicht begriffen, wie die Macrolon-Zäune zur Rückfallprävention während eines unbegleiteten mehrstündigen Ausgangs beitragen können [...] (Saimeh, 2001a: 2 f.) ◀

In einer bundesdeutschen Erhebung schätzten auch die Mitarbeiter der forensischen Kliniken, dass bei entsprechenden Angeboten 35 % der stationären Patienten primär ambulant hätten behandelt werden können, und dass ein noch größerer Teil früher aus der Unterbringung entlassen werden könnte (Knecht/Banzer, 1998).

8.8.1 Forensische Nachsorge – Ein ungehobener Goldschatz?

Die aktuelle Aufbruchstimmung im Bereich forensischer Nachsorge wird von politischer Seite sicher von der Hoffnung getragen, dem notorischen Kapazitätsproblem im Maßregelvollzug durch Erhöhung der Entlasszahlen entgegenzuwirken. Während sich noch Mitte der 90er-Jahre des 20. Jahrhunderts Zugänge und Entlassungen aus dem Maßregelvollzug nach § 63 StGB die Waage hielten, überstiegen die Einweisungen inzwischen die Entlassungen um etwa 50 %: Im Jahre 2004 zum Beispiel 929 zu 627 (Koller, 2005). Der Hebel für eine stärkere «Ambulantisierung» des Maßregelvollzugs stellt daher vor allem das Argument möglicher Einspareffekte dar, denn «die Nachsorge ist in Deutschland ein noch nicht gehobener Goldschatz.» (Knecht, 2004: 67).

Auch im Erlass des Niedersächsischen Sozialministeriums vom 30. März 2006 zu einer – wörtlich: «forcierten» – Implementierung forensischer Ambulanzen wird die Verkürzung der stationären Verweildauern im Maßregelvollzug als dringliche Zielsetzung angegeben. Für den hessischen Maßregelvollzug wurde von Müller-Isberner (2002) plausibel vorgerechnet, dass im Jahre 1999 die Tageskosten von stationären Patienten 25 Mal höher waren als die von ambulanten Patienten. Daher müsste die Frage an den Finanzminister lauten: «Können wir es uns angesichts angespannter öffentlicher Haushalte überhaupt leisten, ambulante Kriminaltherapie *nicht* zu betreiben?» Und dabei sind noch nicht einmal die Einsparungen bei Baukosten, vor allem aber durch verhinderte Rückfälle und Wiederaufnahmen berücksichtigt. Die Errichtung eines neuen Platzes im Maßregelvollzug kostet 255 000 Euro (Dönisch-Seidel et al., 2003). Kostenersparnisse bleiben auch dann, wenn man die Kosten der Eingliederungshilfen und Rehabilitationsmaßnahmen mitrechnet, die forensische Patienten in teilweise hohem Maße in Anspruch nehmen.

Unter dem Druck der öffentlichen Haushalte und eines dramatischen Kapazitätsmangels hat sich in den Niederlanden eine deutliche Orientierung in Richtung einer «transmuralen Behandlung» entwickelt. Unter dem Motto «Kurze Verweildauer – lange Nachsorge» (Kröger/Niemantsverdriet, 2000) verlegt zum Beispiel die Utrechter Klinik geeignete Patienten bereits zu einem recht frühen Zeitpunkt in eins von zehn dafür gekaufte Häuser bzw. Wohnungen. Die Behandlung erfolgt dann durch eine Nachsorgeabteilung, die die Patienten in ein intensives transmurales Behandlungsprogramm einbindet. *Uta Kröger* hat im Anhang zu diesem Kapitel einige Erfahrungen aufgeschrieben.

Aber auch in Deutschland hat die forensische Nachsorge – nicht immer als ausgewiesene «Ambulanz» firmierend – in den letzten 5 Jahren deutliche Fortschritte gemacht, sodass schon gelegentlich der Begriff einer «Ambulanzbewegung» (s. u.) bemüht wird. Nach der bundesweit durchgeführten Befragung von *Freese* im Rahmen der halbjährigen Treffen der *überregionalen Arbeitsgemeinschaft «Forensische Nachsorge»* (zuletzt Mai 2008) kann man zurzeit von ungefähr 2000 durch forensische Ambulanzen betreuten Patienten (§§ 63 und 64) ausgehen.

8.8.2 Forensische Ambulanz – Vom Modell zur Institution

In einem Übersichtsartikel beschreiben Steinböck et al. (2004) einen «Wandel auf breiter Front». Nach vielen Verbesserungen im stationären Maßregelvollzug wurde bei Praktikern und Verantwortlichen nunmehr auch «theoretisch deutlich, dass forensische Psychiatrie ohne ambulante Möglichkeiten nicht mehr auf der Höhe des state of the art ist.» (ebd.: 200).

Nicht zuletzt an der aktuellen Gesetzgebung lassen sich bemerkenswerte Veränderungen «vom Modell hin zur Institution» ablesen. So ist es sicher ohne Übertreibung «historisch» zu nennen, dass nunmehr der Bergriff der forensischen Ambulanz durch das Reformgesetz zur Führungsaufsicht vom 13. April 2007 im Strafgesetzbuch seinen Niederschlag gefunden hat. Eine konkrete und flächendeckende Umsetzung in der Praxis ist damit zwar noch nicht gesichert, da Realisierung und Finanzierung den Ländern obliegt – Meilenstein und Motor ist das Gesetz allemal.

Allerdings sollte nun auch vor überhöhten (durch das Gesetz induzierten) Erwartungen an die Ambulanzen gewarnt werden: Die Ambulanzen sollen neben ihrer bisherigen Stammklientel aus dem Maßregelvollzug nun auch Strafgefangene (Bewährungsentlassene und Endstrafler aus Strafvollzug, sozialtherapeutischen Anstalten, Sicherungsverwahrung) aufnehmen. Hier besteht noch erheblicher Diskussionsbedarf hinsichtlich der Aufnahme- und Finanzierungsmodalitäten für diese externen Probanden, die ja zunächst keine Patienten (mit Behandlungsindikation) sind. Hier ist insbesondere das (Zu-)Weisungsrecht der Gerichte gegenüber den Ambulanzen von Bedeutung. Letztere werden nach dem neuen Gesetz der Bewährungshilfe gleichgestellt und damit einen Teil ihrer bisherigen Autonomie einbüßen.

Aber auch in den Maßregelvollzugsgesetzen der Bundesländer haben sich Veränderungen ergeben. So heißt es in der zuletzt im Juni 2002 novellierten Fassung des Gesetzes in *Nordrhein-Westfalen* im § 1 Abs. 3: «Therapie und Beratung sind auch nach der Entlassung [...] fortzusetzen. [...] Die Einrichtungen sind verpflichtet, [...] die Überleitung [...] sicherzustellen und Patienten [...] im Krisenfall kurzfristig aufzunehmen». Nach der letzten Fassung der Verfügung des Landesbeauftragten für den Maßregelvollzug NRW vom 2. Dezember 2005 (zuerst 19. August 2003), werden «für jeden Betreuungstag pauschal 10 Euro pro Patientin/Patient erstattet.» Dieser «Ambulanzpflegesatz» wird gezahlt für Patienten, «die gem. § 67d Abs. 2 und Abs. 4 StGB entlassen wurden sowie für Verurteilte, bei denen das Gericht die Vollstreckung der Maßregel zur Bewährung ausgesetzt hat (§ 67b StGB). Dabei werden nur die Patienten berücksichtigt, die nach dem 1. Januar 2002 entlassen wurden.»

Auch in anderen Bundesländern, zum Beispiel in *Niedersachsen*, gibt es einen ministeriellen Erlass, der die Einrichtung forensischer Ambulanzen (FIA) an *allen* Niedersächsischen Landeskrankenhäusern zum 1. April 2006 vorsieht. Sie sind Teil der psychiatrischen Institutsambulanzen (PIA), wobei die fachliche Verantwortung bei der Vollzugsleitung der forensischen Abteilung liegt. Das Ministerium finanziert die (über die verordnungsfähigen Leistungen der GKV hinausgehenden) forensischen Maßnahmen in Form einer Quartalspauschale von 1190 Euro. Zusammen mit der Pauschale der PIA ergibt sich ein Tagesatz von knapp 16 Euro.

Spitzenreiter bei der Finanzierung, daher auch bei der personellen Ausstattung und flächendeckenden Installierung von Dependencen an insgesamt fünf Standorten ist weiterhin die Forensische Fachambulanz Hessen. Sie ist die einzige Ambulanz, die nach § 118 SGB V als Institutsambulanz anerkannt ist und 12 % ihrer Erlöse über Krankenscheine erzielt. Der Caseload beträgt hier 1 : 11, das heißt, ein Mitarbeiter betreut 11 Patienten in der Nachsorge.

Ein «Novum in der Ambulanzbewegung» (von Bormann, 2005: 5) ist die «Berliner Forensisch-Therapeutische Ambulanz», in der – zwar senatsübergreifend finanziert, aber organisatorisch den Sozialen Diensten der Justiz unterstellt – jeweils 20 Plätze für entlassene Sexual- und Gewaltstraftäter sowohl aus der dortigen Sozialtherapeutischen Anstalt als auch aus dem Krankenhaus des Maßregelvollzugs vorgehalten werden.

Auch im Hinblick auf die Möglichkeiten teilstationärer Behandlung gibt es Fortschritte in der Gesetzgebung. So sieht das Bremer Maßregelvollzugsgesetz in § 16 Abs. 1 die Möglichkeit einer tagesklinischen Behandlung für Maßregelpatienten vor.

Die Fortschritte bei der Rehabilitation und Nachsorge im Maßregelvollzug werden auch bei Vertretern der Allgemeinpsychiatrie registriert. So bemerkt Kruse (2005: 33) in seinem Artikel über die «Forensik – die Psychiatrie der Zukunft» sarkastisch: Der aktuelle Ausbau der Forensik sei der «verzweifelte Versuch des psychisch Kranken und bestimmter Gesellschaftsteile, dafür Sorge zu tragen, dass endlich wieder vernünftig und auf solider Basis behandelt wird.» Dort könne man seine Therapiekenntnisse noch an den Mann bringen, auch die Entlassung könne wohl überlegt statt überhastet erfolgen. Ihn überkomme geradezu «Neid», wie gut vorbereitet im Rahmen des Maßregelvollzugs entlassen werde, während die Patienten in der Allgemeinsychiatrie oft in einem «kläglichen, anbehandelten unvollkommenen Zustand auf die Menschheit und somit auch auf sich selbst losgelassen werden (müssen).» (ebd.: 34).

Der Neid des Kollegen mag sich mit der Erkenntnis legen, dass sich die durchaus begrüßenswerten Zustände bei weitem noch nicht in allen Bundesländern durchgesetzt haben. So ist zum Beispiel der aus Bayern berichtete Caseload von 1 : 33 sicher völlig unbefriedigend.

▶ Interessant ist in diesem Zusammenhang das Ergebnis einer kürzlich erschienenen Studie (Hodgins et al., 2003), wonach schizophrene Patienten, die durch die forensische Ambulanz nachbetreut werden, seltener gewalttätige Handlungen begingen als ambulant nachbetreute Patienten, die aus der Allgemeinpsychiatrie entlassen wurden. (Steinböck et al., 2004: 200) ◀

8.8.3 Unterschiedliche Ambulanzkonzepte

Hinsichtlich der Strukturen und Konzepte bietet sich deutschlandweit ein buntscheckiges Bild.

An vielen forensischen Standorten entstanden mangels Finanzierung zum Teil sehr engagierte

Ambulanztypen

Trotz der unübersichtlichen Lage hinsichtlich Konzeptualisierung und Finanzierung forensischer Nachsorge in Deutschland lassen sich – aus didaktischen Gründen vereinfacht – einige typische Ambulanzformen mit ähnlichen Strukturmerkmalen herausarbeiten.

Ambulanzen unterscheiden sich in Bezug auf die:

1. Zeitdimension –
   Vorbereitung und Überleitung vs. Nachsorge (in anderer Terminologie auch als intra- und transmurale vs. extramurale Betreuung zu bezeichnen)
2. Tätigkeitsdimension –
   mobiles Konzept vs. Komm-Struktur
3. Zieldimension –
   Normalisierung[*] vs. Behandlung durch Ambulanz selbst
4. Zuständigkeitsdimension –
   eigene vs. externe Patienten
5. Finanzierungsdimension –
   eigenes Budget vs. «Graue Ambulanz»
6. Mitarbeiterdimension –
   eigener Mitarbeiterstab vs. Stationstherapeuten.

Diese polarisierten, schlagwortartigen Oberbegriffe treffen auf die konkrete Einrichtung nur selten in Reinform zu. Sie beschreiben eher bestimmte Schwerpunkte der jeweiligen Ambulanzen, die sich auf diesen sechs Ebenen im Sinne eines «Mehr-oder-weniger» verorten lassen.

[*] Überleitung in Regelversorgungsstrukturen im Rahmen eines qualifizierenden Case Managements; sukzessiver Rückzug direkter Betreuungsleistungen durch die Ambulanz bei ergänzender Risikoeinschätzung und Risikomanagement

und kreative Lösungen. Meist wurden und werden halb offene Stationen oder Wohngruppen auf dem Klinikgelände eröffnet, die für die Entlassungsvorbereitung zuständig sind und dabei auch nach der Entlassung einzelne Patienten nachbetreuen. Dies geschieht im Einzelfall durchaus intensiv, ist aber sehr abhängig von der Bereitschaft und der Kapazität der Mitarbeiter oder deren Vorlieben für bestimmte Patienten. Darüber hinaus kranken solche «grauen Ambulanzen» an den bekannten Nachteilen: Ihre Aktivitäten gehen immer zu Lasten der stationären Versorgung, das gesamte Leistungsspektrum einer ausgewiesenen Ambulanz jedoch, vor allem die systematische Erschließung, Bündelung und Vernetzung der notwendigen Hilfen, kann selbstverständlich nicht erbracht werden.

Gemessen an der Zahl der Publikationen erlebt das Thema der forensischen Nachsorge zurzeit einen Boom. Mindeststandards werden formuliert (Seifert et al., 2003), überregionale Arbeitsgruppen bilden sich, konkrete Arbeitshilfen entstehen, wie zum Beispiel das «Handbuch Forensische Nachsorge» (*Westfälische Kliniken Schloss Haldem, 2005*).

8.8.4 Versäumnisse nachholen – Qualitätsstandards entwickeln

Eine weitere Notwendigkeit ist die Verbesserung der Aufnahmebereitschaft von Trägern der gemeindepsychiatrischen Versorgung. Auch hier ist in letzter Zeit in vielen Regionen eine zwar sehr unterschiedlich ausgeprägte, aber insgesamt steigende Tendenz festzustellen, ehemals forensische Patienten aufzunehmen und zu betreuen. So sprechen zum Beispiel in Düren sowohl Akzeptanzbefragungen bei allen Versorgungsbeteiligten, einschließlich der Bewährungshilfe und der Führungsaufsicht, als auch die Tatsache konstant guter Vermittlungserfolge eine deutliche Sprache. Ein wesentlicher Grund dafür ist einmal die glaubwürdige Abkehr von der einstmaligen Praxis des «Unterschiebens» von Patienten in die Einrichtungen. Hinzu kommt das Angebot einer sehr weit gehenden Unterstützung durch feste Ansprechpartner der Ambulanz, die man dann beim «gemeinsamen Fall» als verlässlich und hilfreich erlebt hat.

Die enge und institutionsübergreifende Arbeit findet gerade deswegen bei vielen sozialpsychiatrischen Diensten eine so positive Resonanz, weil diese Zusammenarbeit sonst oft sehr vermisst und zudem als eine Herausforderung erlebt wird, die ganz neue Lernerfahrungen ermöglicht.

«Ohne forensische Klienten verliert das normale Versorgungssystem Kompetenzen»

Mit dieser These beantwortet Rosemann (2001: 14), Geschäftsführer eines gemeindepsychiatrischen Vereins in Berlin, die Frage: «Welche Gründe sprechen für die Überwindung der Grenzen und Gräben zwischen Forensik und Gemeindepsychiatrie?»

Und weiter: Spezielle Einrichtungen für forensische Klienten sind abzulehnen. «Die Spezialisierung der Hilfen für Klienten aus der Forensik wird Ausgrenzungen fördern und damit mehr Menschen zu Forensikern machen. Wer mit Forensikern arbeitet, qualifiziert sich und vermeidet dadurch weiter gehende Ausgrenzungen. Die Beherrschung von spezifischen Problemlagen innerhalb des ‹normalen› Versorgungssystems wird zur Qualifizierung des Gesamtsystems beitragen und damit Ausgrenzungen aller Art mindern.»

Tatsächlich hat die *Sozialpsychiatrie* sehr lange das Problem der schwierigen, oft mehrfachbehinderten Langzeitpatienten, zu denen auch die forensischen Patienten gehören, vernachlässigt. Selbst als die Gruppe der chronischen Patienten «entdeckt» war und deren angemessene Versorgung emphatisch geradezu zum Prüfstein einer echten Psychiatriereform erhoben wurde, war von der Versorgung ehemals forensischer Patienten immer noch nicht die Rede. Es bestand offenbar lange Zeit eine uneingestandene Übereinkunft, dass beim Kampf um die Öffnung der Psychiatrie und um die Gleichstellung und Entmystifizierung psychischer Erkrankungen forensische Patienten weiterhin ausgeblendet werden sollten.

Diese «Kluft» (Saimeh, 2000b: 18) zwischen forensischer und allgemeiner Psychiatrie diente der eigenen Entlastung, solange man so das (pseudo-)fortschrittliche Selbstbild pflegen konnte, nichts mit staatlichem Zwang zu tun zu haben. «Nicht viel dagegen findet sich zu der Überlegung, ob nicht forensische Patientenkarrieren hätten verhindert werden können, wenn die Maschen des sozialpsychiatrischen Netzes enger geknüpft worden wären.» (ebd.: 19) Die forensische Problematik ist aber nicht zuletzt durch die vielfache Belegung der Allgemeinpsychiatrie mit forensischen Patienten unabweisbar geworden. Das hat wiederum für Druck auf die komplementären Einrichtungen gesorgt und dort zu einem Prozess der Wahrnehmung der Thematik und der allmählichen Öffnung geführt.

Seinen Ausdruck fand dies in der *Bochumer Erklärung* von 1999, in der die Erschließung neuer Standorte für forensische Kliniken unterstützt und die Notwendigkeit der (Nach-)Betreuung der Patienten durch sozialpsychiatrische Einrichtungen aller Art herausgestellt wird. Vorgeschlagen werden konkrete Arbeitsbündnisse mit den Kliniken. «Forensische Gespräche» in den Regionen, zum Beispiel im Rahmen der örtlichen psychosozialen Arbeitsgemeinschaften, werden als obligatorisch gefordert. Erstmals bietet die Deutsche Gesellschaft für Soziale Psychiatrie einen Zertifikatskurs für Mitarbeiter komplementärer Dienste und der Bewährungshilfe an (DGSP, 2004).

Der Paritätische Wohlfahrtsverband NRW hat als erster Spitzenverband die Versorgung ehemals forensischer Patienten ausdrücklich in seine Rahmenkonzeption aufgenommen. Darüber hinaus wurde ein «Stütz-Punkt Nachsorge» aufgebaut.

Allerdings: Auf der Suche nach neuen «Nutzergruppen» unter kommerziellen Interessen kommt es oft zu zweifelhaften Schnellschüssen und «Kopfgeburten». Geschäftsführer entdecken Marktlücken und setzen nun auf forensische Nachsorge (s. Kap. 8.5.1). Problematisch sind dann forcierte Übernahmen von forensischen Patienten, bei denen Mitarbeiter von ihren Leitungen überrumpelt werden, was nicht nur kontraproduktive, sondern auch sehr riskante Entwicklungen nach sich ziehen kann. Hier müssen dringend Qualitätsanforderungen an komplementäre Eintichtungen formuliert werden. Mittlerweile entstehen auch geschlossene Wohnheime, in die dann forensische Patienten «verlegt» werden.

Diese Entwicklungen werden von den Ländern als Kostenträger des Maßregelvollzugs begrüßt, enstehen doch auf diese Weise externe und kostengünstige «Überlaufventile» für die drückenden Kapazitätsprobleme. Diesen ist es sicher auch zu verdanken, dass Einrichtungen in Niedersachsen nunmehr für die Betreuung forensischer Patienten 10,23 Euro pro Tag als Mehraufwand vergütet bekommen.

Dabei ist die Gefahr nicht von der Hand zu weisen, dass nun wieder Sondereinrichtungen und damit forensische Gettos entstehen. Dies würde allen bisherigen Bestrebungen nach Normalisierung, also nach Integration der Patienten des Maßregelvollzugs in gemeindepsychiatrische Strukturen, widersprechen.

Auch seitens der Einrichtungsträger des Maßregelvollzugs werden finanzielle Anreizprogramme für die Kliniken geschaffen, um die Zahl der Langzeitbeurlaubungen und Entlassungen angesichts einer weiterhin sehr ängstlich-zurückhaltenden Entlassungspraxis zu erhöhen. Die «echten» Entlassungen, also die Aussetzung der Maßregel zur Bewährung nach § 67d Abs. 2 StGB, liegen bei leicht steigender Tendenz weiterhin auf niedrigem Niveau[*]. Eine Umkehr der Halbierung der Entlassenenzahlen in den letzten 10 Jahren ist nicht in Sicht (Koller, 2005). Nur einer von 18 Untergebrachten wurde 2002 in die Freiheit entlassen (Kröniger, 2004).

[*] Bewährungsentlassungen nach § 67d Abs. 2 sind nur eine Teilmenge (ca. 60 %) der «Beendigungen» im Maßregelvollzug (Kröniger, Jahrgänge 2002 bis 2004). Hinzu kommen die Erledigungen nach § 67d Abs. 6 aus Gründen der Verhältnismäßigkeit oder wegen Wegfalls der (diagnostischen) Voraussetzungen (10 – 28 %) und Beendigungen zum Beispiel durch Tod (ca. 10 %), Abschiebungen (ca. 5 %), Verlegung in andere Maßregel oder Haft (ca. 8 %) u. a.

Vorteilhaft wäre, wenn sich diese Investitionen auch in einer Verbesserung der finanziellen, vor allem personellen Ausstattung der Ambulanzen niederschlagen würden. Nur mit Hilfe gesicherter Organisationsstrukturen und ausreichender Ressourcen ist eine professionelle Nachsorge mit ausreichender Qualität und Effizienz sicherzustellen. Ein Scheitern in diesem sensiblen Bereich kann sich der Maßregelvollzug nicht leisten.

8.9 Anhang

8.9.1 Die Forensische Wohngruppe der Bremer Werkgemeinschaft

Susanne Kreuzer

8.9.1.1 Rahmenbedingungen

Die Forensische Wohngruppe (FWG) ist eine Einrichtung des Bremer Werkgemeinschaft e.V. (BWG). Gegründet wurde sie am 1. August 1982 im Rahmen einer gemeinsamen Initiative des Klinikums Bremen-Ost, Klinik für Forensische Psychiatrie und Psychotherapie, und der BWG.

Die FWG bietet betreutes Wohnen für forensische Patienten an. Diese nachgehende sozialtherapeutische Rehabilitationsmaßnahme soll einen geschützten Rahmen für die Rückkehr ins gesellschaftliche Leben bieten.

Neben dem Wohnen im Haupthaus der FWG wird seit 1998 zusätzlich ein – durch die MitarbeiterInnen der FWG – betreutes Wohnen in eigenen Wohnungen angeboten.

Von 1982 bis heute wurden 53 Patienten im Alter von 25 bis 58 Jahren mit sehr unterschiedlichen psychiatrischen Krankheitsbildern aufgenommen.

Finanzierung

Die Betreuungskosten werden als Eingliederungshilfe im Rahmen von Entgeltvereinbarungen gem. §§ 75 ff SGB XII (davor §§ 93 ff BSHG) vom in der Regel Bremer Sozialhilfeträger übernommen.

Die Bewohner können vom Amt für Soziale Dienste zu den Betreuungskosten herangezogen werden, sofern ihr Einkommen (und/oder Vermögen) eine bestimmte Grenze überschreitet.

Die Bewohner mieten die Zimmer in der FWG an und beziehen somit (als Haushaltsvorstand) Leistungen zum Lebensunterhalt (überwiegend nach dem SGB XII). Einige Bewohner verfügen über eine Erwerbsminderungsrente oder über ein Einkommen aus einer beruflichen Tätigkeit.

Räumlichkeiten

Die FWG befindet sich in einem Altbremer Haus in Bremen – zentral zur Stadtmitte gelegen – in einem «bürgerlichen» Wohnviertel. Die angrenzenden Nachbarn wissen, dass es sich um eine betreute Einrichtung für psychisch kranke Menschen handelt, sie wissen aber nicht, dass es eine forensische Einrichtung ist. Um die Nachbarn nicht unnötig zu beunruhigen und den Bewohnern eine Integration zu ermöglichen, versucht die FWG den forensischen Hintergrund nicht öffentlich zu machen.

Das Haus bietet auf drei Etagen Wohnmöglichkeiten für sieben Bewohner. Im Erdgeschoss befinden sich die Büros der MitarbeiterInnen, ein Gemeinschaftszimmer und eine Küche. Im Souterrain ist ein weiteres Zimmer, das für Gespräche genutzt werden kann und in besonderen Fällen auch als Krisen- bzw. Erprobungszimmer (für Bewohner aus den Außenwohneinheiten) dient.

Personal

Das multiprofessionelle Team besteht zurzeit aus einer Psychologin, einer Krankenschwester und sechs SozialpädagogInnen – davon eine in Leitungsfunktion. Insgesamt arbeiten vier Frauen und vier Männer im Team.

Der Betreuungsschlüssel im Haus der FWG beträgt 1 : 1,5 und in den dazugehörenden Außenwohneinheiten 1 : 2,5.

Bewohner

Zum jetzigen Zeitpunkt wohnen sieben Bewohner in der FWG und sechs Bewohner in unterschiedlichen Außenwohneinheiten: Ein Bewohner lebt mit seiner Partnerin zusammen, ein Bewohner wohnt alleine und vier von ihnen in Zweier-Wohngemeinschaften.

Betreuungszeiten

Die aktive Betreuungszeit, in der mindestens ein/e MitarbeiterIn vor Ort ist, umfasst die Zeit von 7.00 bis 21.00 Uhr montags bis freitags. An Wochenenden und Feiertagen ist ein/e MitarbeiterIn jeweils 4 Stunden in der Einrichtung. Außerhalb der Betreuungszeit besteht eine Rufbereitschaft, sodass eine Erreichbarkeit der BetreuerInnen über 24 Stunden gewährleistet ist.

Außenwohneinheiten (AWE)

Im Jahre 1998 hat die FWG ihr Konzept um das Angebot betreuter AWE erweitert. Bewohner der FWG haben somit die Möglichkeit, mit einem geringeren Betreuungsschlüssel von 1 : 2,5 eine eigene Wohnung zu beziehen. Dieser Zwischenschritt vor der endgültigen Entlassung aus der Betreuung bietet einen weniger engen Betreuungsrahmen bei kontinuierlicher Betreuung durch dieselben BetreuerInnen und sollte spätestens 2 Jahre vor Beendigung der Führungsaufsicht umgesetzt werden.

8.9.1.2 Die Betreuung

Allgemeiner Betreuungsrahmen

Die FWG nimmt fast ausschließlich Patienten des Klinikums Bremen-Ost, Klinik für Forensische Psychiatrie und Psychotherapie, auf.

Die «Belegung» eines Wohnplatzes verläuft in der Regel sehr unbürokratisch, da durch die enge Kooperation mit der Forensischen Nachsorge des Klinikums Bremen-Ost ein kontinuierlicher Informationsaustausch stattfindet. Hierdurch sind die MitarbeiterInnen der forensischen Abteilungen des Klinikums Bremen-Ost immer auf den aktuellen Stand hinsichtlich der Entwicklungsstände der Bewohner, und ein geplanter Umzug in eine AWE wird kurzfristig besprochen und macht eine Belegungsplanung dadurch relativ unkompliziert. Wird ein Wohnplatz in der FWG frei, so wird seitens der Klinik ein Patient vorgeschlagen und in einer Fallkonferenz vorgestellt. Team und Leitung der FWG entscheiden dann, ob dieser Patient zukünftig in der FWG betreut werden kann. In der Praxis hat sich gezeigt, dass das Klinikum Bremen-Ost – auf Grund der intensiven Zusammenarbeit und unter Berücksichtigung des Rehabilitationscharakters der FWG – bis jetzt immer eine gute Vorauswahl getroffen hat.

In der Anfangszeit der FWG wurden nur Patienten in die Einrichtung «verlegt», die schon unter Führungsaufsicht standen. Seit 1997 änderte sich dieses Verfahren, und es wurden Patienten «verlegt», die sich noch in der Maßregel befanden. Hierbei handelt es sich allerdings nicht um eine Beurlaubung oder Probewohnen, sondern um eine Maßnahme am anderen Ort im Sinne des § 45 (Maß des Freiheitsentzuges) des Bremer Gesetzes über Hilfen und Schutzmaßnahmen bei psychischen Krankheiten (PsychKG).

Im Jahre 2003 kam es zu einer weiteren großen Veränderung in der Betreuungsarbeit. Ab diesem Zeitpunkt wurden Patienten innerhalb der Maßregel in die FWG «verlegt», die noch nicht «voll gelockert» waren. Dies führte dazu, dass zukünftige Bewohner nur eine begrenzte Anzahl an Stunden hatten, die sie ohne Begleitung «frei» nehmen durften.

Für die MitarbeiterInnen der FWG bedeuten diese Ausgangsregelungen eine Mehrbelastung. Komm- und Gehzeiten müssen genau dokumentiert werden, die MitarbeiterInnen müssen die Ausgangszeiten aller Bewohner präsent haben, und während der betreuungsfreien Zeit melden sich die Bewohner telefonisch ab und an. Sollte ein Bewohner seine Ausgangszeiten überschreiten, so muss der/die Dienst habende KollegIn Kontakt mit der Klinik aufnehmen – die dann wiederum entscheidet, ob eine Fahndung ausgelöst wird.

Auch wurden und werden diese Regelungen im Team und in der Supervision kontinuierlich reflektiert und hinterfragt, da sich die FWG als eigenständige Rehabilitationseinrichtung sieht und vermeiden möchte, einen stationären Charakter zu entwickeln. Da es bei den Ausgangsregelungen aber zu keinen Schwierigkeiten innerhalb der Betreuungsarbeit sowie der Bewohner untereinander gekommen ist und die Bewohner, die eine Ausgangsregelung haben, froh sind, in der FWG wohnen zu können, haben sich Team und Leitung entschieden, diese Praxis weiter beizubehalten.

Der zeitliche Ablauf des Aufenthaltes eines Bewohners in der FWG sieht zurzeit folgendermaßen aus:

- Einzug in die FWG innerhalb der Maßregel – oft noch nicht voll gelockert
- schrittweise Veränderung der Ausgangsregelungen
- nach 12 bis 18 Monaten Prognosegutachten
- zirka 6 Monate danach Entlassung aus dem Maßregelvollzug
- in der Regel dann 5 Jahre Führungsaufsicht.

Aus diesem zeitlichen Ablauf ergibt sich ein Zeitraum von bis zu 7 Jahren, in dem der Bewohner durch die MitarbeiterInnen der FWG betreut wird.

Von Anfang an bis zur Beendigung der Betreuung wird der Bewohner von zwei MitarbeiterInnen der FWG betreut, und zwar im Rahmen eines BezugsbetreuerInnensystems.

Kooperation mit der Klinik für Forensische Psychiatrie und Psychotherapie

Im Jahre 1994 wurde die Forensische Nachsorge der Klinik für Forensische Psychiatrie und Psychotherapie des Klinikums Bremen-Ost eingerichtet. Wurde in der Anfangszeit die Betreuung ambulant untergebrachter Patienten von einem Arzt und einem Krankenpfleger übernommen, so ist mit der Zunahme ambulant untergebrachter Patienten auch die Anzahl der MitarbeiterInnen in der Forensischen Nachsorge angestiegen. Das Team besteht aus: 1 Psychologe, 1 Arzt, 2 Sozialarbeiterinnen, 2 KrankenpflegerInnen und 1 Arzthelferin.

Die kollegiale Zusammenarbeit zwischen den MitarbeiterInnen der Forensischen Nachsorge und der FWG lässt sich heute als sehr intensiv bezeichnen, musste aber erst über Jahre aufgebaut werden. Es findet ein regelmäßiger Austausch über die Bewohner statt, kontinuierliche Fallbesprechungen werden durchgeführt, und in einem 6-wöchigen Rhythmus finden gemeinsame Fallsupervisionen statt. Die KollegInnen der Forensischen Nachsorge und auch der forensischen Stationen des Klinikums Bremen-Ost waren und sind jederzeit bereit, dem Team der FWG mit Rat und Tat zur Seite zu stehen und bei krisenhaften Entwicklungen kurzfristig die notwendige stationäre Unterbringungen zu ermöglichen.

Gerade das Wissen und die Unterstützung seitens der Klinik gibt den MitarbeiterInnen der FWG oftmals die notwendige Ruhe und Gelassenheit im Umgang mit kritischen Situationen.

Die Bewohner der FWG werden weiterhin psychiatrisch über die Forensische Nachsorge betreut und können sich erst mit Beendigung der Führungsaufsicht einen niedergelassenen Psychiater suchen. Die Bewohner nehmen kontinuierliche Gesprächskontakte (Einzel- bzw. Gruppenangebote) in der Forensischen Nachsorge wahr. Auch die psychiatrisch-medikamentöse Behandlung sowie die Depotvergabe sind an die Forensische Nachsorge gebunden.

Einmal im Monat findet eine Gruppensitzung mit allen Bewohnern in den Räumen der FWG statt, die von MitarbeiterInnen der Forensischen Nachsorge geleitet wird und an der die MitarbeiterInnen der FWG nicht teilnehmen.

8.9.1.3 Grundsätze der Betreuungsarbeit

Überleitung aus der Klinik

Schon im Vorfeld, also vor dem Einzug eines Patienten in die FWG, wird nach Möglichkeit eine dreimonatige Überleitungsphase eingeleitet. Diese Überleitungsphase beinhaltet:

- gemeinsame Gespräche mit den BezugsbetreuerInnen der FWG, dem zukünftigem Bewohner, den zuständigen TherapeutInnen und der Bezugspflege des Klinikums Bremen-Ost.
- Gegenstand der Gespräche sind die lebensgeschichtliche Entwicklung, die Geschichte der Erkrankung und deren Symptome, die Straftat, der Verlauf der klinischen Behandlung, die derzeitige Problematik und die persönlichen Bedürfnisse, Erwartungen und Wünsche des zukünftigen Bewohners.
- Der zukünftige Bewohner nimmt an Gruppenaktivitäten in der FWG teil. Hierdurch wird ihm die Möglichkeit geboten, die Einrichtung, alle MitarbeiterInnen und die zukünftigen Mitbewohner kennen zu lernen.
- Termine in der FWG mit der Bezugsbetreuung. Diese beinhalten gemeinsame Gespräche,

aber auch Unterstützung beim Einrichten des Zimmers und dienen der entspannten Kontaktaufnahme.

Bezugsbetreuung

Ein wesentliches strukturelles – und zugleich fachliches – Merkmal der Betreuungsarbeit ist die Betreuung in Form einer Bezugsbetreuung. Nach Möglichkeit wird die Betreuung eines Bewohners von einem männlichen und einer weiblichen KollegIn übernommen. Grundlage für dieses Betreuungsmodell ist die Beziehungsarbeit, die den Schwerpunkt der Betreuungsarbeit in der FWG ausmacht. Durch die Bezugsbetreuung soll eine Kontinuität in der Betreuung erreicht werden, die der Bewohner so möglicherweise in seiner Biografie bislang nicht erlebt hat.

Die Bezugsbetreuung ist auch für alle sonstigen Belange des Bewohners zuständig.

Einmal pro Woche findet ein verbindlicher Einzelkontakt statt. Diese Einzelkontakte stellen einen klar definierten Raum für den Bewohner dar, dessen Gestaltung in der Regel ihm überlassen wird (es können Gespräche statt finden, Kinobesuche oder andere Formen des Kontaktes). Für die BetreuerInnen steht die Kontaktaufnahme im Vordergrund, unabhängig davon, auf welchem Weg dies geschieht. Die Erfahrung hat gezeigt, dass nach einer gewissen Anlaufphase diese verbindliche Kontaktsituation von beiden Seiten als so genannter «roter Gesprächsfaden» genutzt wird. Der Einzelkontakt soll einen intimeren Rahmen bieten, in dem es für den Bewohner möglich ist, Blicke in die Vergangenheit, Gegenwart und Zukunft zu wagen. Oftmals beginnt der Bewohner hier die eigene Entwicklung (Ursprungsfamilie, Erkrankung, Straftat, Klinikaufenthalt, Gegenwarts- und Zukunftswünsche) zu reflektieren.

Neben den Einzelkontakten kümmert sich die Bezugsbetreuung auch um folgende Bereiche:

- tagesstrukturierende Maßnahmen (ein Bewohner muss nicht zwangsläufig arbeiten, er muss aber eine Tagesstruktur aufweisen)
- Anleiten, Unterstützen und Begleiten bei der Alltagspraxis
- Entwickeln und Fördern realistischer Zukunftsperspektiven
- Organisieren, Unterstützen und Begleiten von beruflichen Rehabilitationsmaßnahmen
- Begleiten und Unterstützen beim Aufbau eines sozialen Umfeldes
- Kontakt mit Angehörigen, PartnerInnen und anderen Bezugspersonen
- Kontakt mit der Führungsaufsichtstelle, Schuldnerberatung, RechtsbetreuerInnen, Sozialdienst geschützter Arbeitsstellen etc.

Angebote in der FWG

Neben den kontinuierlich stattfindenden Einzelkontakten findet ebenfalls einmal wöchentlich eine verbindliche Hausgruppe statt, an der die Bewohner aus der FWG teilnehmen müssen. Gestaltet wird diese Gruppe von den Bewohnern. Ein Bewohner übernimmt im wöchentlichen Wechsel die Moderation. Die Gruppe wird von MitarbeiterInnen begleitet, die aber nur in konflikthaften Situationen eingreifen. Ziel dieser Gruppe ist es, ein gegenseitiges Verständnis der Bewohner untereinander zu stärken und gemeinsame Lösungen für Konflikte und Probleme zu finden, die sich durch das Zusammenleben ergeben.

Zusätzlich zu den verbindlichen Angeboten gibt es auch diverse Gruppenangebote, die auf freiwilliger Basis stattfinden und auf die Wünsche der Bewohner ausgerichtet sind. Dies können Kochgruppen, Spieleabende, Kinobesuche, Minigolfspielen etc. sein.

Einmal im Jahr findet eine fünftägige Ferienfahrt statt. Alle Bewohner sind verpflichtet innerhalb der ersten 2 Jahre ihres Aufenthaltes an einer Fahrt teilzunehmen; danach ist die Teilnahme freiwillig.

Betreuungsinhalte und -grundlagen

Die in der Konzeption der FWG definierten Grundlagen sind Interesse, Respekt, Toleranz und Empathie in der Betreuungsarbeit mit den Bewohnern der FWG. Nicht die Straftat, sondern die Lebenssituation jedes einzelnen Bewohners – mit besonderem Augenmerk auf seinen Ressourcen – steht im Mittelpunkt der gemeinsamen Arbeit.

Unausweichlich entwickeln sich in einer wie die FWG konzipierten Einrichtung sowohl zwischen den einzelnen Bewohnern als auch zwischen Bewohnern und MitarbeiterInnen Beziehungen – quasi wie in einer «Großfamilie». Und genau diesen Effekt fördern und nutzen die MitarbeiterInnen: Die bewusst inszenierte Familiensituation, die es dem Bewohner ermöglicht, belastende Beziehungssituationen zu reinszenieren und zu bearbeiten.

Die Betreuungsarbeit in der FWG ist primär eine Beziehungsarbeit.

Was bedeutet das in der Praxis?
Dem Bewohner werden von Anfang an zwei MitarbeiterInnen zur Seite gestellt, die sich verbindlich und zuverlässig um ihn kümmern und ihn begleiten. Die Bewohner reagieren unterschiedlich darauf. Wenige sind unvoreingenommen und können sich sofort auf das Beziehungsangebot einlassen. Die meisten Bewohner sind am Anfang jedoch sehr misstrauisch und versuchen eine Distanz aufrecht zu erhalten. Ein Beispiel: Nach einem gewissen Zeitraum duzen sich Bewohner und MitarbeiterInnen. Ein Bewohner hat für sich das Distanz schaffende «Sie» gewählt, um die Distanz – zumindest nach außen – zu halten.

Wichtig in der Betreuung ist es, die Grenzen, die ein Bewohner setzt, zu akzeptieren. Auch wenn der Bewohner Nähe ablehnt, bleibt doch der kontinuierliche Einzelkontakt bestehen, und er erfährt weiterhin die hohe Verbindlichkeit seiner Bezugsbetreuung. Der Bewohner wird wegen der «Grenzsetzung» nicht sanktioniert oder bedrängt, sondern in seiner Entscheidung bzw. seinem Verhalten angenommen und begleitet.

Nach einem gewissen Zeitraum in der Betreuungs- bzw. Beziehungsarbeit kann es vorkommen, dass ein Bewohner die Tragfähigkeit der Beziehung «testet». Oft geschieht dies durch einen Regelverstoß, bei dem er zum Beispiel Alkohol trinkt oder gegen die Ausgangsregelung verstößt. Natürlich reagieren die BetreuerInnen auf solche Regelverstöße. Das Fehlverhalten wird thematisiert und ggf. der Klinik und der Führungsaufsichtsstelle gemeldet. Die Konsequenzen des Regelverstoßes werden nach Absprache mit der Klinik und eventuell der Führungsaufsichtsstelle dem Bewohner mitgeteilt und erklärt.

Wichtig für den Bewohner ist dabei:

- zu erleben, dass die BetreuerInnen ihn ernst nehmen.
- zu erleben, dass die BetreuerInnen sich nicht von ihm abwenden.
- dass es eine – für ihn – nachvollziehbare Reaktion auf seinen Verstoß gibt, auch wenn er mit der Konsequenz nicht einverstanden ist.

Besonders hervorzuheben ist hierbei, dass alle Entscheidungen und Reaktionen individuell auf den Bewohner abgestimmt sind. In jedem Einzelfall steht der entsprechende Bewohner im Mittelpunkt, und die Entscheidung wird unter Berücksichtigung und Abwägung aller Aspekte getroffen.

Diese Individualität zeigt sich auch in der Gestaltung der Einzelkontakte. Ein Beispiel: Ein Bewohner, der nicht sprechen wollte, hat ein halbes Jahr lang mit seiner Bezugsbetreuung schweigend wöchentlich eine Stunde Stratego gespielt. Erst nach dieser Phase war es überhaupt möglich, mit ihm ins Gespräch zu kommen. Es gibt keinen richtigen oder falschen Weg; wichtig ist, mit dem Bewohner in irgendeiner Art und Weise in Kontakt zu kommen.

An dieser Stelle sei besonders betont, dass der Bewohner um die Grenzen der Beziehung weiß. Ihm muss deutlich sein, dass die BetreuerInnen aus ihrem beruflichen Kontext heraus eine Beziehung zu ihm aufbauen und es sich dabei nicht um ihr persönliches Bedürfnis handelt. Dem Bewohner muss klar sein, dass sich die BetreuerInnen nicht zu Verbündeten machen lassen und dass sie Informationen an Klinik und Führungsaufsichtsstelle weitergeben. Dies ist ein erschwerender Faktor beim Aufbau einer vertrauensvollen Beziehung, denn es löst bei dem Bewohner Ängste vor Konsequenzen aus, die durch das Erzählte entstehen könnten, und lässt ihn die BetreuerInnen in einer Machtposition erleben. Er muss feststellen, dass er mit den BetreuerInnen nicht auf einer Ebene steht und muss immer wieder aufs Neue entscheiden, wie viel er erzählt bzw. inwieweit er sich auf das Beziehungsangebot einlässt. Hierdurch entsteht für den Bewohner ein sehr großes Spannungsfeld. Der Aufbau und der Umgang einer vertrauensvollen Beziehung – unter den oben genannten Bedingungen – verlangt den MitarbeiterInnen ein hohes Maß an Professionalität ab.

Finden zwischen Bewohnern und BezugsbetreuerInnen besonders intensive Kontakte statt, so ist trotzdem immer das Gesamtteam in die Beziehungsarbeit eingebunden, was ja auch dem Konzept der «Großfamilie» entspricht. Gerade durch die familiäre Struktur werden einzelne Teammitglieder mit bestimmten «Rollen» bzw. Funktionen besetzt. Bei dem Bewohner handelt es sich dabei oft um unbewusste Reinszenierungen früher erlebter Beziehungserfahrungen (Übertragungen).

Gerade vor diesem Hintergrund ist es besonders wichtig, jeden Bewohner in seiner individuellen Ganzheit zu erfassen. Aus diesem Grund werden die Bewohner wöchentlich ausführlich in der Teamsitzung besprochen und die alltäglichen Erfahrungen, die mit dem Bewohner gemacht wurden, reflektiert.

Um Gegenübertragungen – unbewusstes emotionales Reagieren der BetreuerInnen – bewusst wahrzunehmen, finden monatliche Supervisionen in der FWG, alle 2 Monate Fallsupervisionen mit der Forensischen Nachsorge und kollegiale Beratungen statt.

Durch das Verstehen und Erkennen unbewusster Inszenierungen seitens des Bewohners kann der Umgang mit dem Bewohner bewusster gestaltet und Teamkonflikten vorgebeugt werden (s. Kasten).

Beispiel

In der FWG ist es öfter passiert, dass sich das Team in zwei Lager aufgeteilt hat. Ein Teil reagierte sehr weich auf den Bewohner, während der andere Teil sehr misstrauisch, streng reagierte, wodurch es zu langen Diskussionen kam, die teilweise sogar zu Konflikten innerhalb des Teams führten. Erst durch die genaue Betrachtung der Situation in der Supervision wurde offen gelegt, dass genau diese Dynamik der des Bewohners entsprach.

Umgang mit Krisen

Auch wenn der Schwerpunkt der Betreuungsarbeit in der Beziehungsarbeit liegt und die individuelle Erkrankung und die persönliche Problematik des einzelnen Bewohners im Vordergrund stehen, darf der forensische Hintergrund – die Straftat – nicht außer Acht gelassen werden. Nicht nur die Rehabilitation, sondern auch die Gewährleistung der öffentlichen Sicherheit und des Opferschutzes ist ein wichtiger Auftrag an die MitarbeiterInnen der FWG.

In der Praxis bedeutet dies, dass jede/r BetreuerIn um die individuellen Krisenanzeichen eines jeden Bewohners weiß. Jede/r MitarbeiterIn lernt im Laufe der Zeit sehr feine Antennen zu entwickeln und minimalste Veränderungen eines Bewohners wahrzunehmen und darauf zu reagieren. Beobachtete Veränderungen werden mit KollegInnen besprochen. Danach sucht die Bezugsbetreuung das Gespräch mit dem Bewohner und thematisiert die beobachteten Veränderungen. Entsteht bei den MitarbeiterInnen der Eindruck, dass es sich um eine krisenhafte Entwicklung handelt, so werden die MitarbeiterInnen der Forensischen Nachsorge hinzugezogen. Gemeinsam wird dann die weitere Vorgehensweise besprochen.

Nicht jede Verhaltensveränderung bedeutet eine krisenhafte Entwicklung, und nicht jede Krise muss zu einer erneuten Straftat führen. Wichtig ist es, der Veränderung auf den Grund zu gehen und den genauen «Standort» des Bewohners zu bestimmen.

Wenn es bei einer krisenhaften Entwicklung zu einer stationären Aufnahme kommt, hat das oftmals emotionale Auswirkungen auf die Mitbewohner. Die Klinikeinweisung löst Verunsicherung, Angst und Misstrauen aus. Es besteht die Sorge, dass durch das vertrauensvolle Äußern von Problemen und Schwierigkeiten bei einem selber zu einer Klinikeinweisung kommen könnte und man den Wohnplatz verliert. An dieser Stelle ist es sehr wichtig, dass die MitarbeiterInnen nach einer Klinikeinweisung mit den Mitbewohnern das Gespräch suchen, um ihnen die Notwendigkeit der Einweisung und die Gründe, die zu dieser Entscheidung führten, zu erklären. Diese Gespräche finden zeitnah statt, entweder in der Gruppe oder in Einzelkontakten. Zu dem Bewohner, der in die Klinik eingewiesen wurde, wird ein enger Kontakt gehalten, damit es nicht zu einem Beziehungsabbruch kommt. Für den Bewohner ist die Erfahrung wichtig, dass die BetreuerInnen sich nicht von ihm abwenden, sondern ihn weiterhin begleiten.

Der Ablösungsprozess

Da die Betreuungszeit in der FWG im Durchschnitt etwa 6 bis 7 Jahre dauert, ist es wichtig, diesen Zeitraum in unterschiedliche Phasen einzuteilen.

Steht am Anfang die Eingewöhnungsphase, so muss spätestens in den letzten 2 Jahren der Führungsaufsicht die Ablösungsphase eingeleitet werden, da im Normalfall die Betreuung mit Aufhebung der Führungsaufsicht endet. Aus diesem Grund hatte sich die FWG 1998 entschieden, Betreuungen in Außenwohneinheiten anzubieten. Dem Bewohner wird hierdurch die Möglichkeit geschaffen, in einem normalen Wohnumfeld zu leben, er kann sich ausprobieren und hat trotzdem Unterstützung durch die BetreuerInnen. Im letzten Jahr der Betreuung werden dann der Abschied und die Ablösung in den Einzelkontakten kontinuierlich geplant und die zukünftige Lebensform und -perspektive besprochen. Trotzdem kann es sein, dass ein Bewohner den Wunsch äußert, noch für ein Jahr weiter betreut zu werden, da mit Beendigung der Führungsaufsicht zwei weitere wichtige Säulen wegfallen: Die psychiatrische Betreuung durch die Forensische Nachsorge und die Begleitung durch den Bewährungshelfer. Bis jetzt ist es uns gelungen, diesem Wunsch nachzukommen. Sollte nach dem Jahr eine weitere Betreuung nötig sein, wird der Bewohner an einen anderen ambulanten Träger vermittelt. Oft passiert es, dass ein ehemaliger Bewohner in der ersten Zeit nach Beendigung der Betreuung in der Einrichtung vorbeischaut. Diese Kontakte werden im Laufe der Jahre aber weniger.

Anforderungen an das Team

Durch die Besonderheit des Klientel entstehen spezielle Anforderungen an die MitarbeiterInnen der Einrichtung. Die FWG möchte einen Raum bieten, der eine Entfaltung von Beziehungen möglich macht. Dass diese Beziehungsarbeit oft sehr schwer und anstrengend ist, ist für Außenstehende nicht immer nachvollziehbar. Die Belastung erklärt sich aus einer Vielfalt von Anforderungen und Arbeitsbedingungen. Hierzu gehören unter anderem die:

- reflektierte Umgehensweise mit dem Bewohner
- Selbstreflexion der Handlungs- und Beziehungssituation
- Nähe/räumliche Enge zu KollegInnen und Bewohnern
- Verantwortung durch den Opferschutz.

Zusammengefasst bedeutet dies psychische Schwerstarbeit, die leicht zu einem Burn-out-Effekt führen kann, dem durch folgende Maßnahmen entgegengewirkt werden soll:

- Fortbildungen
- Supervisionen
- kollegiale Beratung.

Dabei ist es sehr wichtig, dass sich die MitarbeiterInnen mit ihren Gefühlen und Ängsten ernst nehmen. Es muss ein Raum geschaffen werden, in dem es möglich ist, über Ängste, Unsicherheiten, Hilflosigkeit und Überlastungsgefühle zu sprechen und kollegiale Unterstützung zu erfahren.

8.9.1.4 Zum Abschluss

Die Betreuungsarbeit in der FWG ist anstrengende Beziehungsarbeit, mit allen Höhen und Tiefen. Schön ist es zu erleben, wenn ein Bewohner sich auf die sozialtherapeutische Betreuung eingelassen und sie für sich genutzt hat. Teilweise ist es aber auch ein Erleben von Hilflosigkeit, wenn ein Bewohner seine Zeit in der FWG nur «absitzt», sich den Erwartungen gemäß verhält, ohne sich dabei zu verändern. Dies sind oft die Bewohner, die nach der Betreuung durch die FWG wieder psychiatrisch auffällig werden – selten im forensischen Kontext. Besonders diese Betreuungen, in denen sich der Bewohner auf das sozialtherapeutische Angebot nicht einlässt und sich nur angepasst verhält, lösen bei den MitarbeiterInnen ein Gefühl von Hilflosigkeit aus. Und dann gibt es die Betreuungen, bei denen man an Grenzen kommt und realisieren muss, dass es kein weiteres Entwicklungspotenzial gibt. Dies zu erkennen und zu akzeptieren ist auch ein wichtiger Bestandteil der Betreuungsarbeit.

Seit 25 Jahren arbeitet die FWG im Bereich der nachsorgenden ambulanten Betreuung psychisch kranker Straftäter. In all den Jahren ist es während der Betreuung weder zu erneuter Delinquenz noch zu Übergriffen auf MitarbeiterInnen gekommen. Die professionelle Beziehungsarbeit scheint sich als richtiger Weg zu erweisen, um diesem Klientel mit seinen speziellen Erkrankungen und Schwierigkeiten eine «Entlassung» in ein möglichst normales, eigenverantwortliches Leben zu ermöglichen. Diese Arbeit wird auch weiterhin so fortgesetzt.

Am 1. November 2007 wurde ein zweites Haus eröffnet. Es handelt sich dabei um ein spezielles Angebot für psychisch kranke Straftäter mit der Diagnose «Persönlichkeitsstörungen». Auch hier wird wieder versucht, ein spezielles Betreuungsangebot zu entwickeln.

8.9.2 Warum werden Sexualstraftäter nicht rückfällig? – Gespräch mit Gernot Hahn

In Ihrer Studie über «Rückfallfreie Straftäter – salutogenetische Faktoren bei ehemals im Maßregelvollzug behandelten Sexualstraftätern» haben Sie einen – zumindest für Rückfallstudien – recht unüblichen Ansatz gewählt. Könnten Sie das näher erläutern?

Die forensische und kriminologische Forschung hat sich bislang vor allem mit Risikofaktoren beschäftigt. Diese dominieren auch die praktische Arbeit im Maßregelvollzug. Anhand von Risikofaktoren wird die Kriminalprognose eingeschätzt, individuelle Defizite und Belastungsmerkmale sind Gegenstand forensischer Therapie. Die Forensische Psychiatrie folgt dabei den gesetzlichen Vorgaben: Die Gefährlichkeit eines Täters ist definiert durch dessen Störungsbild; diese individuelle Gefährlichkeit soll so weit «gebessert» werden, dass keine Gefahr mehr vom Straftäter ausgeht. Die Fokussierung auf Defizite und Risiken stößt aber schnell an ihre Grenzen: Statische Variablen sind eben nicht mehr veränderbar, zum Beispiel der frühe Beginn einer strafrechtlichen Karriere oder die Herkunft aus einer Multiproblemfamilie. Die Erkenntnis, dass psychisch kranke Menschen neben ihren Defiziten über Ressourcen und damit über protektive Potenziale verfügen, hat in der Psychotherapie völlig neue Wege eröffnet (z.B. Welter-Enderlin/Hildenbrandt, 2006).

Diese Ansätze einer ressourcenorientierten Therapie haben bisher kaum Eingang in die forensische Psychiatrie gefunden. Meiner Auffassung nach sollten wir verstärkt nach den gesunden Anteilen unserer Patienten suchen und in Prognose und Therapie integrieren. Entsprechend dem neuen Forschungsparadigma habe ich mich in meiner Studie mit den Aspekten beschäftigt, die dazu beitragen, Rückfälle bei Sexualstraftätern zu verhindern (Hahn, 2007). So entstanden Interviews mit ehemals im Maßregelvollzug behandelten, rückfallfreien Sexualstraftätern. In einer qualitativen Datenanalyse habe ich nach protektiven Faktoren gesucht, die zur Rückfallfreiheit beitragen. Ausgangspunkt meiner Überlegungen ist das Salutogenese-Konzept von Antonovsky (1997). Dort werden Persönlichkeitsmerkmale und psychische Mechanismen beschrieben, die Menschen befähigen, trotz widriger Umstände psychisch gesund zu bleiben.

Können Sie die wichtigsten Protektivfaktoren nennen, die zu Rückfallfreiheit geführt haben? Gibt es Ihrer Einschätzung nach spezifische Faktoren für die untersuchte Zielgruppe?

Protektivfaktoren finden sich in unterschiedlichen Lebensabschnitten, so zum Beispiel in der Kindheit, Jugend bzw. Adoleszenz, im Erwachsenenalter und in der aktuellen Lebenssituation. Für die untersuchte Zielgruppe, also die im Maßregelvollzug behandelten Sexualstraftäter, sind außerdem Faktoren der stationären Behandlung und solche der forensischen Nachsorge zu nennen.

Bekanntlich sind vor allem stabile Bindungserfahrungen in der (frühen) Kindheit von großer protektiver Bedeutung. Auffallend ist hier, das die untersuchten Probanden durchaus über deutliche negative Erfahrungen – etwa eigener Missbrauch, Vernachlässigung, belastetes Elternhaus – verfügen, parallel dazu aber «gute Erfahrungen», zum Beispiel eine dauerhafte, gute Beziehung zu mindestens einer primären Bezugsperson verfügen. Im Jugendalter finden sich vor allem Fähigkeiten, intensivere zwischenmenschliche Beziehungen einzugehen und aufrechtzuerhalten. Daneben spielen positive Bildungserfahrungen, wie zum Beispiel das Erreichen eines Schul- und/oder Berufsabschlusses, eine Rolle. In diesem Lebensabschnitt finden sich bei der untersuchten Gruppe bereits Hinweise auf psychosoziale Protektivmuster, etwa Erfahrungen der sozialen Unterstützung, verbunden mit der Fähigkeit, diese externen Ressourcen erkennen und nutzen zu können. Im Erwachsenenalter spielen das Vorhandensein einer als befriedigend erlebten Partnerschaft, internale Kontrollüberzeugungen und die grundsätzliche Fähigkeit zur Einhaltung sozialer Regeln eine zentrale Rolle.

Die Betrachtungsebene «aktuelle Lebenssituation» ist von besonderer Bedeutung für die praktische Arbeit mit aus dem Maßregelvollzug entlassenen Patienten. Neben auch in vielen anderen therapeutischen Zusammenhängen beschriebenen Protektivfaktoren (stabile Partnerschaft, Berufstätigkeit, geregeltes Einkommen, emotionale Intelligenz) sind spezifische Faktoren für ehemalige Maßregelpatienten benennbar:

- Adaption relevanter Therapieergebnisse in echte Lebenszusammenhänge
- Besserung der deliktfördernden Symptomatik
- Empathiefähigkeit
- Fähigkeit zur Distanzierung von negativen Einflüssen
- Selbstwirksamkeitserleben
- Verfügbarkeit externer, institutioneller Kontrollinstanzen, deren Akzeptanz und deren flexible Ausgestaltung
- soziale Kontrolle und
- Unterstützung.

Aus dem Salutogenesekonzept Antonovskys abgeleitet, spielen die Faktoren «Gefühl von *Verstehbarkeit*» (z.B. der eigenen Delinquenz), «Gefühl von *Sinnhaftigkeit*» (z.B. Sinn der Unterbringung und der Nachsorgemaßnahmen) und «Gefühl von *Handhabbarkeit*» (z.B. die Überzeugung, nicht wieder straffällig werden zu «müssen», also Verhütung auch aktiv gestalten zu können) eine große Rolle. Um ein möglichst stabiles Ensemble von internen und externen Schutzfaktoren zu erreichen, ist die Balance zwischen externen und internen Protektivfaktoren von großer Bedeutung: Dort, wo interne Faktoren vorübergehend nicht zur Verfügung stehen, etwa in einer Krise, müssen externe Ressourcen ausgleichend einsetzen.

Rückfallfreiheit von Sexualstraftätern ist darüber hinaus abhängig von Variablen, die auf die stationäre Behandlung bezogen sind: Aufnahme und Beendigung einer spezifischen Sexualtherapie, positives Erleben und Bewerten der Unterbringung insgesamt, Fortbestehen externer sozialer Kontakte während der Unterbringung, Akzeptanz einer medikamentösen (triebdämpfenden) Behandlung und die modifizierte Weiterführung der stationären Behandlungsmaßnahmen im ambulanten Nachsorge-Setting. Auffallend war, das sich diese Variablen auch bei Tätern mit hohem Leugnungspotenzial fanden, also bei Männern, die die Straftat, wegen derer sie verurteilt wurden, auch nach Entlassung aus der Unterbringung weiterhin vollständig leugnen, dabei jedoch die Unterbringung selbst als grundsätzlich positiv bewerten («sinnvolles Leugnen»)!

Insgesamt konnten in dem Forschungsprojekt *unterschiedliche Protektionstypen* identifiziert werden.

Könnten Sie bitte an einem Beispiel verdeutlichen, ob und inwieweit welche protektiven Faktoren eine – ansonsten eher – ungünstige Prognose in eine günstige Richtung verändern konnte?

Ein Beispiel, bei dem trotz einer immensen Anzahl von Risikomerkmalen die Arbeit an den Protektivfaktoren den Erfolg gebracht hat, ist Herr A., der zum Zeitpunkt der Untersuchung 72 Jahre alt war.

Belastungsmerkmale: Herr A. verbrachte viele Jahre seines Lebens wegen sexuellen Missbrauchs von Kindern in Haft, eine Behandlung der zu Grunde liegenden Pädophilie war bis zur Unterbringung im MRV nicht erfolgt. Hinzu kam ein chronischer Alkoholmissbrauch. Die Fähigkeit zur Impulskontrolle war deutlich reduziert, es bestanden kaum externe Kontrollmöglichkeiten (nach Entlassung aus der Haft). Herr A. hatte stets Zugang zu potenziellen Opfern, seine soziale Situation war randständig. Auf Grund der langen Haftzeit bestand eine ungünstige finanzielle Situation bei fehlender beruflicher Integration. Die Persönlichkeit war hinsichtlich des abweichenden Verhaltens fixiert bei geringer Einsichtsfähigkeit und wenig Problembewusstsein. Diese Belastungsmerkmale rücken Herrn A. somit in die Nähe der «unbehandelbaren» Patientengruppe im MRV. Ausmaß und Chronizität der Störung waren so umfangreich, dass die therapeutische Erreichbarkeit generell in Frage stand.

An protektiven Faktoren fanden sich neben einer guten Bindungsfähigkeit positive Bildungserfahrungen und über die Jahre soziale Kontakte zu nichtdelinquenten Personen. Herrn A. gelang es, in einer festen Partnerschaft zu leben, seine Ehefrau hielt auch über die Jahre der Unterbringung im MRV zu ihm. Den MRV erlebte er als «Rettung»: Endlich durfte er über sich und sein Anderssein reden, eine verständnisvolle Therapeutin hörte ihm zu, bewertete nicht, sondern versuchte, mit ihm die Gründe für seine Devianz zu verstehen. Herr A. erlebte das als «Katharsis», nachdem er sein Störungspotenzial in der ehemaligen DDR immer verschwiegen hatte. Er begann eine spezifische Sexualtherapie, führte diese zu Ende, entdeckte während der Unterbringung neue Interessengebiete und erlebte sich erstmals als «Akteur seines Schicksals» – nicht die Pädophilie und die Alkoholabhängigkeit definieren seinen Lebensrahmen, sondern er selbst will und kann bestimmen (Verantwortungsübernahme und Selbstwirksamkeitserleben). Seine Ehefrau unterstützte ihn in dieser Thematik, während der Unterbringung wurden therapeutische Paargespräche geführt, die im ambulanten Rahmen (aufsuchende forensische Ambulanz) fortgeführt wurden. Heute beschäftigt er sich mit Gartenbau und Tierzucht, erlebt hier Ruhe und Befriedigung. Die in der Unterbringung begonnene triebdämpfende Medikation wird fortgesetzt, und das Paar akzeptiert die reduzierte sexuelle Aktivität. Der Übergang von der stationären Unterbringung in offene Lebenszusammenhänge erfolgte stufenweise. Herr A. wird regelmäßig vom Bewährungshelfer besucht, der Hausarzt wurde in die Nachsorge einbezogen, dabei frühzeitig über die forensische Vorgeschichte informiert. Herr A. erlebt diese Person als «echte moralische Instanz», die er sehr schätzt. Herr A. benennt sein fortgeschrittenes Alter als wirksamen Schutzfaktor, er fühlt sich körperlich stabil und belastbar, aber auch ruhiger und gelassener. Sein zentraler Lebensmittelpunkt ist die Wohnung mit dem angrenzenden Garten. Herr A. zieht sich in diesen Lebensraum zurück, wenn er sich gefährdet fühlt. Die regelmäßigen Kontakte zu externen Kontrollinstanzen, die in der Regel in seiner Wohnung erfolgen, werden Herr A. nicht nur akzeptiert, sondern als Bereicherung und «echte Hilfestellung» erlebt. Herr A. erlebt die auf ihn zukommenden Aufgaben als handhabbar, er hat für sich eine Hypothese in Bezug auf die eigene Devianz entwickeln können, sodass es ihm gelingt, seinen Lebensweg, der durch langjährige Haftstrafen und den späten Therapiebeginn gekennzeichnet ist, als sinnvoll zu bewerten. Die pädophilen Impulse sind mittlerweile abgeschwächt, Herr A. verfügt über ein Repertoire von Bewältigungsmöglichkeiten, mit sexuellen Impulsen umzugehen. Seit Aufnahme in den MRV lebt Herr A. alkoholabstinent. Herr A. bezieht Stolz und Energie daraus, sich und anderen zu beweisen, dass er kein «hoffnungsloser Fall» ist.

8.9.3 Zur transmuralen Behandlung persönlichkeitsgestörter Patienten

Uta Kröger

Zunächst seien einige grundsätzliche Aussagen vorausgeschickt, die unsere Erfahrungen mit der *transmuralen Behandlung der Dr. Henri van der Hoeven Kliniek in Utrecht (NL)* zusammenfassen:

- Forensische Patienten tun sich wegen ihrer Bagatellisierungs- und Leugnungsneigungen schwer, die in der Klinik gewonnenen Einsichten in die Praxis umzusetzen. Im Verlauf der transmuralen Behandlung offenbaren sich erfreuliche Fähigkeiten, aber auch Probleme, die während der klinischen Behandlung noch nicht sichtbar wurden bzw. werden konnten.
- Den Patienten gilt es klar zu machen, dass die transmurale Behandlung den im klinischen Bereich in Gang gesetzten Lern- und Therapieprozess fortsetzt. Die Erfahrung ist, dass bei vielen Patienten die irrtümliche Schlussfolgerung entsteht, die Behandlung sei nun abgeschlossen.
- Die während der Resozialisierung gemachten Fehlschritte des Patienten stellen im Falle einer intensiven transmuralen Behandlung eine Chance dar: Probleme, die vorher auf die Situation des Eingesperrtseins geschoben wurden, können noch rechtzeitig als eigene Probleme erkannt werden. In einem noch sehr unterstützenden Rahmen können Verhaltensalternativen entwickelt werden, die die Rückfallgefahr auf Dauer vermindern helfen.

Die typischen Konfliktfelder bei Persönlichkeitsgestörten im Übergang nach «draußen» sind:

- Alkohol- und Drogengebrauch
- unverantwortlicher Umgang mit Geld
- Beziehungen zu Partnern (bzw. Partnerinnen), die problematisch verlaufen und/oder die schnell zu Schwangerschaften führten
- Selbstüberschätzung und Problemleugnung
- Belügen und Hintergehen der Betreuer, um Probleme verborgen zu halten.

Eine gute Arbeitsstelle oder eine Freundin reichen für eine gute Prognose nicht aus. Dies ist eine von Patienten, oft auch von Gutachtern und Richtern irrtümlich vertretene Vorstellung. Wichtig hingegen ist die genaue Kenntnis der individuellen rückfallbegünstigenden und -verhindernden Faktoren. Die ständige Durchsprache des Rückfallpräventionsplans ist dafür das geeignete Arbeitsmittel.

Kontrolle stellt für Persönlichkeitsgestörte eine wichtige Form der Unterstützung dar.

Die enge Zusammenarbeit zwischen transmuraler Abteilung und stationärem Bereich muss gepflegt werden, da oft auf beiden Seiten zunächst Unverständnis herrscht: Die transmuralen Behandler kritisieren zum Beispiel nicht selten die in ihren Augen schlechte Vorbereitung der Patienten auf den Übergang, während die intramuralen Behandler wenig Verständnis dafür aufbringen können, dass den Patienten «draußen» zwangsläufig mehr Freiräume gelassen werden. Ein konsequenter Erfahrungsaustausch führt nicht nur zu mehr Verständnis, sondern auch zu gegenseitiger Unterstützung in dieser schwierigen Übergangsphase und zu konstruktiver (Selbst-)Kritik, die der klinischen wie auch der transmuralen Arbeit zugute kommt. Man denke zum Beispiel an die Aufdeckung relevanter rückfallbegünstigender bzw. -verhindernder Faktoren, die im klinischen Bereich bisher generell kaum berücksichtigt wurden.

Die Bewährungshilfe bietet keine ausreichend intensive Betreuung und Kontrolle bei der Rückkehr forensischer Patienten in die Gesellschaft.

Intensive, maßgerechte transmurale Behandlung ermöglicht eine Verkürzung der intramuralen Behandlungsdauer. Dies bedeutet aber, dass die transmurale Behandlung einen längeren Zeitraum in Anspruch nehmen muss. Die durchschnittliche Dauer beträgt 2 Jahre, ggf. auch mehrere Jahre. Ein Zeitraum von weniger als einem Jahr ist zu kurz. In dieser Zeit gelingt es dem Patienten meist noch, die Probleme vor sich und anderen zu verbergen. Der Prozess der Akzeptanz eigener Grenzen und des stabilen Aufbaus von Beziehungen und prosozialen Lebensbereichen braucht seine Zeit. Er vollzieht sich entlang alltäglicher Erfahrungen in der Realität und kann nicht künstlich beschleunigt werden.

8.9.3.1 Fallbeispiel

B. wird 1965 in einer niederländischen Kleinstadt geboren und wächst dort mit seinen Eltern und einem älteren Bruder auf. Während seines ersten Lebensjahres liegt seine Mutter nach einer Operation einige Zeit im Krankenhaus. Sein Vater ist wegen seiner Arbeit wenig zuhause und kümmert sich kaum um die Erziehung seiner Söhne. Wenn er jedoch da ist, hat B. das Gefühl, dass der Vater ihn ablehnt und seinen Spott mit ihm treibt, während er seinen Bruder vorzieht. B. sucht Schutz und Bestätigung bei seiner Mutter, die sich sehr um ihn sorgt. Ihre nachsichtige Haltung führt zu Auseinandersetzungen zwischen den Eltern.

Im Alter von 14 Jahren wird B. von zwei unbekannten Männern sexuell missbraucht. Er spricht mit niemandem darüber, entwickelt aber einen starken Hass auf Homosexuelle und schließt sich einige Jahre später einer Gruppe Gleichaltriger an, die homosexuelle Männer zusammenschlagen. In der Hauptschule zeigt er Anpassungs- und Leistungsprobleme. Nach dem Schulabschluss wechselt er häufig die Arbeitsstelle. Bereits als Jugendlicher beginnt B., übermäßig Alkohol zu trinken. In betrunkenem Zustand verliert er leicht seine Selbstkontrolle und reagiert dann aggressiv. Zwei Mal wird er wegen Trunkenheit am Steuer verurteilt.

Mit 21 Jahren hat B. seine erste feste Beziehung. Zwei Jahre später wird er Vater einer Tochter. Die Beziehung verschlechtert sich im Laufe der Jahre. Es entstehen finanzielle Probleme und zahlreiche Konflikte. Im Jahre 1991, kurz nachdem seine Mutter an Krebs gestorben ist, verlässt er seine Partnerin wegen einer anderen Frau. Auch diese Beziehung ist konfliktreich. Seine Partnerin hat Kontakte zu anderen Männern. Es entstehen wiederum Geldprobleme.

B. hat regelmäßig Konflikte mit seinem Vater, der seine neue Freundin nicht akzeptiert. Nach wie vor ist er eifersüchtig auf seinen Bruder. Kurz nach der Geburt einer gemeinsamen Tochter verlässt seine Partnerin ihn und zieht mit dem Kind zu einem anderen Mann. B. bekommt keine Besuchserlaubnis für seine beiden Kinder. Er ist *außer* sich vor Wut und trinkt viel. Ein paar Wochen, nachdem seine Frau ihn verlassen hat, tötet er im Affekt und unter Einfluss von Alkohol zwei Brüder seines Vaters, die ihm in seinen Augen die Schuld für seine Probleme zuschieben. Wegen dieser Tötungsdelikte wird er zu einer Gefängnisstrafe von 6 Jahren und Maßregelvollzug verurteilt.

Im Sommer 1997 wird B. in der Dr. Henri van der Hoeven Kliniek aufgenommen. Anfangs verhält er sich freundlich und kooperativ und scheint für die Behandlung motiviert. Schnell wird jedoch sichtbar, dass er weder Fehler von sich selbst noch von Anderen akzeptiert. Auf Kritik reagiert er überempfindlich. Nicht selten kommt es dann zu Wutausbrüchen. Sobald die an ihn gestellten Erwartungen nicht eindeutig genug formuliert sind, wird er ängstlich und misstrauisch. Außerdem macht er einen abhängigen, depressiven Eindruck.

Die Behandlung zielt darauf ab, dass er lernt, mit Kritik umzugehen, mehr Selbstvertrauen und Autonomie zu entwickeln sowie realistischere Anforderungen an sich selbst zu stellen. Für wichtig befunden wird darüber hinaus, dass B. mehr Einsicht in seine Gefühlswelt bekommt, frühere traumatische Erfahrungen durcharbeitet und seine Emotionen besser zu regulieren lernt. Weitere Behandlungsaspekte sind seine Alkoholabhängigkeit und Probleme im Umgang mit Geld.

Während seiner stationären Behandlung lernt B. in der Wohngruppe, sozial akzeptabler mit Kritik und Aggressionen umzugehen. Seine Frustrationstoleranz nimmt zu. Er ist weniger misstrauisch und negativ. Mit Hilfe von Arbeitstraining, Unterricht, Sport und kreativen Aktivitäten baut er seine intellektuellen, sozialen und emotionalen Fähigkeiten weiter aus. Er lernt, entspannter an ein Ziel heranzugehen und hat weniger Angst, Fehler zu machen. Gitarre spielen wird sein Hobby. Er erwirbt einen Berufsabschluss als Lastwagenfahrer. Mit Hilfe von Einzel- und Gruppenpsychotherapie bekommt B. mehr Einsicht in die Ursachen und Folgen seines aggressiven Verhaltens. Er ist dadurch in der Lage, seine Emotionen auf angemessenere Weise zu äußern und zu regulieren. Außerdem realisiert er, dass Alkoholgebrauch ein wesentlicher Risikofaktor ist und nimmt sich vor, auf Dauer abstinent zu bleiben. B. erstellt in der Psychotherapie ein Deliktszenarium und einen Rückfallpräventionsplan. Beide bespricht er mit seinem Behandlungsteam und seiner Familie. Mit Unterstützung eines Sozialarbeiters ist es ihm gelungen, den Kontakt zu seinem Vater und Bruder wiederherzustellen und zu intensivieren. Sie wollen ihm in der Zukunft zur Seite stehen. Zu seinen Expartnerinnen und Kindern bekommt er nach wie vor keinen Kontakt. Langsam scheint er dies jedoch mehr zu akzeptieren. Er hofft, dass seine Kinder ihn aufsuchen werden, wenn sie älter sind.

Im Laufe der Behandlung nimmt seine Bewegungsfreiheit allmählich zu. Er macht zum Beispiel Einkäufe in der Stadt und besucht seine Familie am Wochenende. Ende 2000 nimmt er eine Teilzeitstelle als Lastwagenfahrer an.

Die am Anfang und im Verlauf der stationären Behandlung durchgeführten psychodiagnostischen Untersuchungen und Risikoeinschätzungen (benutzt wurden unter anderem der PCL-R, MMPI-2, SIDP-IV, ICL-R, Rorschach-Test und HCR-20) bestätigen den klinischen Eindruck, dass die Behandlung einen positiven Effekt hat. Die anfangs gestellte Diagnose einer Persönlichkeitsstörung (nicht näher benannt, DSM-IV) mit Borderline-, antisozialen und paranoiden Zügen bleibt zwar bestehen, wobei die depressiven und paranoiden Persönlichkeitsmerkmale nunmehr weniger im Vordergrund stehen. Das Selbstbild, die interaktiven Fähigkeiten und die interne Kontrolle *haben sich verbessert*. B. nimmt neue Informationen weniger flüchtig wahr und denkt mehr nach, bevor er handelt. Bei der Einschätzung des Gewaltrisikos erhält B. niedrigere Scores bei den klinischen und Risikomanagement-Items. Man registriert mehr Problembewusstsein und Bereitschaft, sich der Behandlung zu unterziehen, die Impulsivität nimmt ab, und er zeigt eine größere Stressbeständigkeit. Anstatt der anfänglich hohen bekommt er nach 2 Jahren Behandlung eine mittlere Gesamtbeurteilung des Gewaltrisikos, vorausgesetzt, dass die gebotene Struktur *beibehalten* wird.

Nach dreieinhalb Jahren, im Februar 2001, schließt B. die stationäre Behandlung ab und bezieht eine Wohnung der Klinik in der Stadt. Die Betreuer der Nachsorgeabteilung besuchen ihn hier regelmäßig. Er kommt noch ein paar Mal pro Woche in die Klinik, setzt seine Einzeltherapie fort und nimmt an einer Gruppentherapie zum Thema Rückfallprävention für transmurale Patienten teil. Außerdem arbeitet er noch teilweise in der Klinik. Dieser Übergang verläuft sehr mühsam, da B. direkt in alte Verhaltensmuster zurückfällt. Er will beweisen, dass die transmurale Behandlung gut verläuft, schließt die Möglichkeit, dass Probleme entstehen könnten, von vornherein aus und reagiert äußerst empfindlich auf kritische Fragen seiner Betreuer. Wenn diese sein Verhalten zur Diskussion stellen und ihm Einhalt gebieten wollen, wirft er ihnen vor, ihnen sei nicht zu vertrauen. Oft behandelt er sie respektlos. Obwohl seine Betreuer sich bemühen, mit ihm ins Gespräch zu kommen und zu erfahren, was ihn bewegt, erzählt er nur global von seinen Erfahrungen außerhalb der Klinik. Er erweckt dadurch den Eindruck, dass er seine wirklichen Probleme verborgen hält. Dies ist ihm jedoch nicht nachzuweisen. Sein Arbeitgeber sowie Bruder, Vater und Bekannte haben den Eindruck, dass er eine gute Entwicklung macht. Er ist bei seinen Arbeitskollegen geschätzt. Bei Hausbesuchen wie auch bei unangekündigten Kontrollen werden keine Unregelmäßigkeiten entdeckt.

Die in den ersten Monaten der transmuralen Behandlung zum dritten Mal durchgeführte psychodiagnostische Untersuchung und Risikoeinschätzung zeigt eine Zunahme der narzisstischen Abwehr bei B. Diese äußert sich in Selbstüberschätzung, Egozentrismus, Externalisierung und Verleugnungshaltungen. Allem Anschein nach ist B. den Anforderungen, die seine neue Lebenssituation an ihn stellt, noch unzureichend gewachsen. So fühlt er sich sehr unsicher im Umgang mit Anderen, zeigt ein eher unterwürfiges Verhalten. Bei intimerem Kontakt fürchtet er einen Verlust an Selbstkontrolle. Andererseits ist B. abhängig von der Bestätigung Anderer und verträgt das Alleinsein schlecht. Im Umgang mit diesen konfliktgeladenen Situationen und Gefühlen fühlt er sich noch hilflos. Gewarnt wird vor einer unbemerkten Zunahme von Stress, die impulsives Verhalten zur Folge haben kann. Die klinischen und Risikomanagement-Items des HCR-20 werden wieder höher bewertet.

Nach einem Dreivierteljahr ergibt eine Alkoholkontrolle, dass B. getrunken hat. Er versichert seinen Betreuern, dass dies ein einmaliger Fehltritt gewesen sei. Zweifel an seiner Glaubwürdigkeit und Versuche, mit ihm darüber ins Gespräch zu kommen, verträgt er nicht. Er *projiziert* seine eigenen negativen Gefühle auf seine Betreuer und wirft ihnen vor, darauf aus zu sein, ihn auf diese Weise zu verletzen. Positiv äußert er sich nur über den Beschluss, ihn nicht in die Klinik zurückzuverlegen. In den darauf folgenden Monaten verbessert sich dennoch seine Einstellung gegenüber den Betreuern. Er ist weniger misstrauisch und weniger schnell gekränkt, zeigt mehr Selbstkritik und ist besser in der Lage zu relativieren. B. schreibt diese positiven Veränderungen dem Einfluss seines Bruders und der Gruppentherapie zu. Er meint, endlich eingesehen zu haben, dass er weniger «emotionell» reagieren muss. Er erzählt etwas offener über seine sozialen Kontakte. So hat er viele flüchtige Frauenbekanntschaften und äußert, Bindungsängste zu haben. Dass eine Beziehung für ihn auch ein Risikofaktor sein kann, sieht er nicht ein. Das Arbeitstraining in der Klinik schließt er ab, um bei seiner Firma als Vollzeitkraft arbeiten zu können. Er funktioniert dort nach wie vor gut und freundet sich mit einigen Kollegen an. Da seine Situation sich scheinbar stabilisiert, zieht er in eine eigene Mietwohnung in der Stadt. Hinsichtlich seiner Zukunft ist er unverändert optimistisch. Bei der folgenden Gerichtsverhandlung hofft er auf Entlassung aus dem Maßregelvollzug. Er glaubt, keine Behandlung mehr nötig zu haben. Auch seine Psychotherapie will er nicht fortsetzen. Seine Betreuer finden es dagegen notwendig, dass sich die erst seit kurzem abzeichnende positive Entwicklung noch eine längere Zeit stabilisieren sollte.

Kurz vor dem Gerichtstermin wendet sich ein Bekannter von B. an die Klinik und teilt den Betreuern mit, dieser besuche regelmäßig an den Wochenenden eine Kneipe, wo er gemeinsam mit einem Freund große Mengen Alkohol trinke. B. mache unter Alkoholeinfluss einen brutalen, aggressiven Eindruck, was den Bekannten schließlich dazu veranlasst habe, die Klinik zu warnen. B. wird direkt zurückgeholt in die Klinik. Zuerst weist er alle Anschuldigungen weit von sich. Nach mehreren konfrontierenden Gesprächen gibt er jedoch zu, dass diese auf Wahrheit beruhen. Zum ersten Mal seit Beginn seiner transmuralen Behandlung scheint er sich das Ausmaß seiner Alkoholabhängigkeit einzugestehen. Er behauptet zwar, von seinem Freund zum Trinken ermutigt worden zu sein, sieht aber ein, dass das Trinken bei ihm schnell wieder zur Gewohnheit wird. Er bricht den Kontakt zu seinem Freund ab und nimmt aus prophylaktischen Gründen unter ärztlicher Aufsicht ein Medikament ein, das aversive Reaktionen bei Alkoholgebrauch hervorruft. Nach ungefähr 2 Wochen setzt er die transmurale Behandlung fort. Die Risiken, die mit seiner Alkoholproblematik, mit manchen seiner sozialen Kontakte und mit seiner Beziehung, die er kürzlich doch mit einer jungen Frau eingegangen ist, verbunden sind, werden wichtige Themen der Behandlung bleiben.

Zusätzliche Unterstützung erhält er beim Umgang mit heftigen Affekten. Er nimmt an einem kurzzeitigen Linehan-Programm teil, das sich bei der Behandlung von Borderline-Störungen als effektiv erwiesen hat.

8.9.3.2 Rückfallpräventionsplan

Am Beispiel «Umgang mit Alkohol» kann man unseren Behandlungsansatz verdeutlichen. Wir arbeiten mit dem Patienten einen Rückfallpräventionsplan aus, in dem sehr konkret die risikoreichen Situationen wie auch eigene Vermeidungs- und Kontrollmöglichkeiten aufgelistet werden. Der Sprachgebrauch und die typischen Denkweisen des Patienten werden dabei aufgegriffen, zum Beispiel:

- *Was sind für mich risikoreiche Situationen in Bezug auf einen Alkohol-Rückfall?*
  - Jemand will mich überreden, Alkohol zu trinken («Ein Bierchen kann doch nicht schaden!»).
  - Ich bin schlecht gelaunt, habe nichts zu tun, was mich ablenken könnte.
  - Ich zerbreche mir den Kopf, kann nicht schlafen.
  - Ich habe mit mehreren Personen Konflikte.
  - Etwas geht schief, womit ich normalerweise keine Probleme habe.
- *Was sind meine typischen Denkfehler in Bezug auf Alkohol?*
  - Was schadet das eine Glas?

  - Es geht mir gut, dann kann ich mir ein Glas erlauben.
  - Es ist schon so lange her, dass ich was getrunken habe.
  - Alle können mich mal.
  - Ich lass mir nichts vorschreiben, ich bestimme selbst, was ich tue.

- *Welche alternativen Denkweisen schützen mich vor einem Rückfall?*
  - Es bleibt doch nicht bei einem Glas, nach dem einen folgen mehr.
  - Alkohol erhöht die Gefahr, dass ich aggressiv werde und ein Delikt begehe.
  - Gerade weil ich nicht trinke, geht alles gut.
  - Gerade jetzt muss ich durchhalten.
  - Ich will etwas aus meinem Leben machen, und ich will für meine Kinder da sein, wenn sie mich brauchen.
  - Meine Eigensinnigkeit hat mir früher oft Probleme gemacht; die Anderen meinen es gut mit mir, sie wollen mir etwas deutlich machen, was ich im Moment selbst nicht sehe.

Heute arbeiten wir die Rückfallpräventionspläne in einer anderen Form aus, wobei wir uns auf die Prinzipien des «Good-lives»-Modells von Ward und Stewart (2003) beziehen. Der Grundgedanke dieses Modells ist, dass Annäherungsziele einen motivierenderen Effekt haben als Vermeidungsziele. Es erscheint daher sinnvoller, mit dem Patienten einen Plan zu erarbeiten, in dem seine eigenen Zukunftsideale und Bedürfnisse im Vordergrund stehen, und nicht ausschließlich die Denk- oder Verhaltensweisen, die er sich nicht zugestehen darf. Ein solcher Rückfallpräventionsplan beschreibt, unter welchen internen und externen Voraussetzungen (Eigen- vs. Fremdkontrolle) der Patient seine elementaren Bedürfnisse auf sozial akzeptable und persönlich relevante Weise befriedigen kann. Der Rückfall- bzw. Risikopräventionsplan (s. Kasten) enthält zwar auch Hinweise auf das Management der Risikofaktoren, richtet sich aber nicht mehr vorrangig oder ausschließlich darauf.

Risikopräventionsplan

- *Was ist mein Zukunftsplan?*
  - Was sind meine Bedürfnisse in Bezug auf Wohnen, Beruf, soziales Netz/Partnerschaft, Freizeit?
  - Welche Schritte unternehme ich, um meinen Zukunftsplan zu realisieren?
  - Welche Bedürfnisse erfülle ich mir auf diese Weise?
- *Wodurch kann mein Plan scheitern?*
  - Mit welchen risikoreichen Denk- und Verhaltensmustern, Emotionen, Bedürfnissen oder situativen Umständen kann ich konfrontiert werden?
- *Wie schütze ich mich davor?*
  - Welche eigenen Kompetenzen muss ich stärken, damit ich meine Risikofaktoren rechtzeitig erkennen und im Griff behalten kann?
  - Wie kann ich dafür sorgen, dass ich Hilfe von anderen akzeptiere und erhalte, insbesondere bei Risikofaktoren, gegen die ich mich selbst schwer schützen kann?
  - Auf welche Warnsignale muss ich achten, die mir und anderen zeigen, dass ich mich in einer risikoreichen Situation befinde?

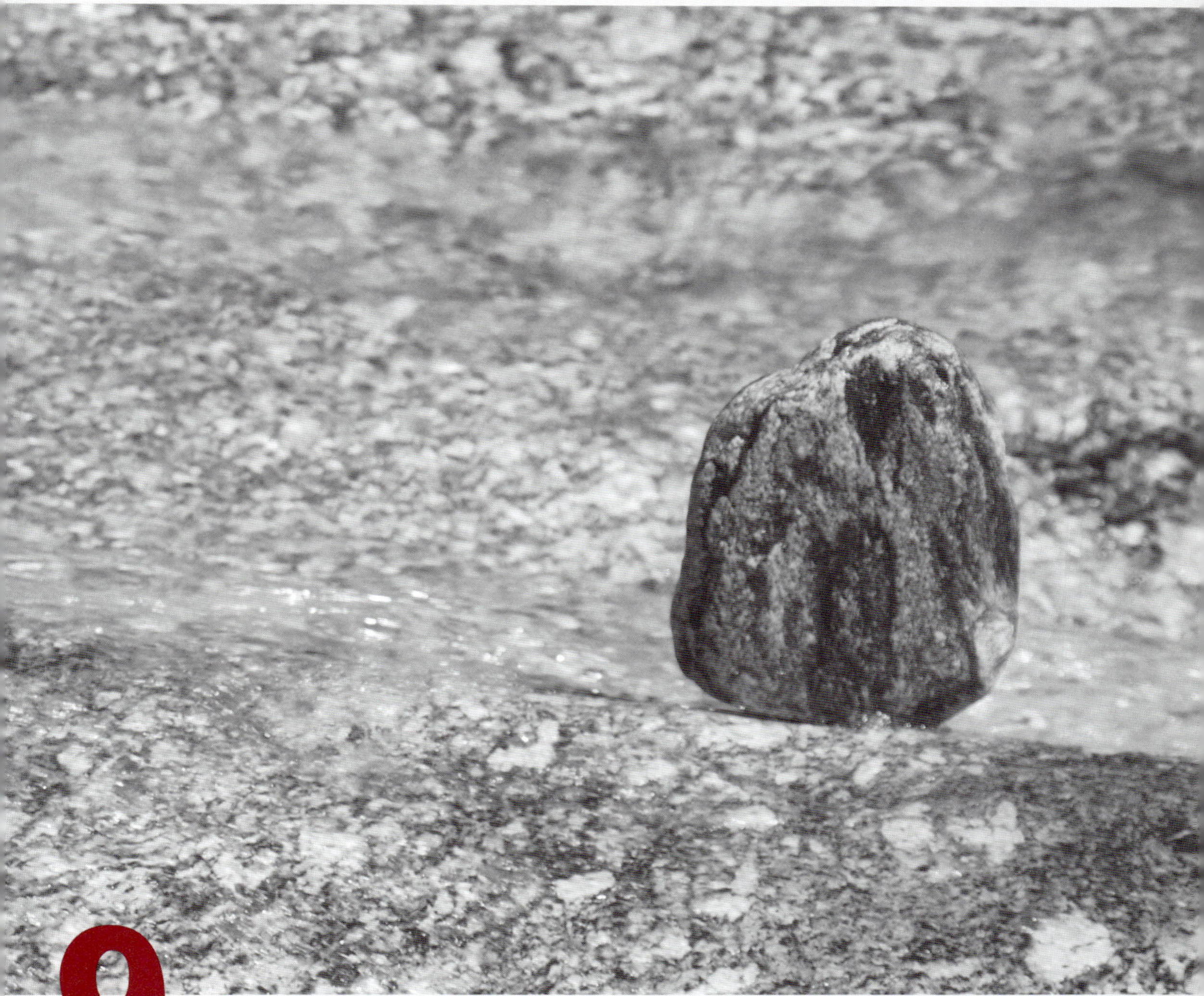

9 Forum – Neue Methoden oder neue Moden?

9.1 Einführung

Friedhelm Schmidt-Quernheim

In den forenischen Verhaltenswissenschaften ist in letzter Zeit ein deutlicher Professionalisierungsschub zu beobachten: Forschungsvorhaben, Qualifizierungsoffensiven, Entwicklung von Mindeststandards und Leitlinien in den verschiedenen Bereichen des Maßregelvollzugs sprechen eine deutliche Sprache.

Bei diesen Entwicklungen, die auch mit einer Fülle von neuen Publikationen einhergehen, ist es für den Kliniker oft nicht leicht zu unterscheiden, ob es sich hier um viel versprechende Innovationen mit praktischem Nutzwert handelt. Oft wird der Verdacht geäußert, dass es sich eher um «alten Wein in neuen Schläuchen» handelt, die der Profilierung abgehobener Akademiker dienen, die durch Anhäufung redundanter Veröffentlichungen vor allem auf ihre Forschungsetats schielen. Natürlich ist die Skepsis verständlich angesichts eines von Personalkürzungen, Kapazitätsproblemen und restriktiven Rahmenbedingungen geprägten Alltags in den Maßregelkliniken. Allerdings besteht ein immenser Nachholbedarf der forensischen Psychiatrie in den Bereichen «Professionalisierung» und «Forschung», auch gegenüber der Allgemeinpsychiatrie, und es wäre fatal, hier die notorische «Schlusslichtposition» nur larmoyant zu beklagen und dabei weiter Anschluss zu verlieren. Auch die angestrebten Zertifizierungen der Kliniken können hier einen Beitrag leisten.

Das «Forum» soll einen Raum für aktuell diskutierte Themen eröffnen, die über den Arbeitsalltag hinausweisen, dabei einen klaren forensischen Bezug haben. In diesem Kapitel wird daher die kontrovers geführte Debatte um die Hirnforschung aufgegriffen. Die forensisch relevanten Aspekte des Stalking werden komprimiert dargestellt. Schließlich wird ein Blick auf jene Erkennnisse geworfen, die unmittelbar am Tatort gewonnen werden können.

9.2 Gewaltbereite Straftäter: Möglichkeiten und Grenzen therapeutischer Intervention aus der Sicht der Neurowissenschaften

Martina Piefke, Hans J. Markowitsch

Genetische Dispositionen sowie angeborene und erworbene Schädigungen des Gehirns können die Basis gestörter Formen des Denkens und emotionalen Verhaltens bilden. Durch die neuronale Plastizität unseres Gehirns haben jedoch auch Umwelteinflüsse das Potenzial, neurobiologische und neurofunktionelle Prozesse so zu verändern, dass Störungen kognitiver Funktionen und emotionaler Verhaltensweisen auftreten. Insofern sind auch an der Motivation gewaltbereiten Verhaltens sowohl (neuro-)biologische als auch umweltbedingte Aspekte beteiligt. Empirische Daten aus genetischen und neurowissenschaftlichen Forschungsarbeiten belegen, dass der «freie Wille» nicht nur im Falle von gewaltbereiten Straftätern, sondern auch für «normal» funktionierende und gesellschaftlich integrierte Individuen eine soziokulturelle Fiktion darstellt. Dieser Befund zieht jedoch nicht generell die Schuldfähigkeit von Gewalttätern in Zweifel: Eine Gesellschaft kann nur dann funktionieren und sich schützen, wenn sie Verletzungen ihrer Grundsätze durch entsprechende Sanktionen bekämpft und ahndet. Ebenso folgt daraus nicht, dass präventive Maßnahmen gegen gewaltbereites Verhalten und therapeutische Interventionen bei Gewalttätern erfolglos bleiben müssen. Die neuronale Plastizität des Gehirns ermöglicht nicht nur die Entstehung kognitiv-emotionaler Störungen und antisozialen Verhaltens durch Umwelteinflüsse, sondern auch die partielle oder vollständige Remission solcher Dysfunktionen durch therapeutische Maßnahmen und protektive Umweltfaktoren. Der Artikel diskutiert Anteile genetisch-biologischer und umweltbedingter Determinanten an gewaltbereitem Verhalten und stellt aus der Sicht der Neurowissenschaften Erfolg versprechende Behandlungsansätze für Gewalttäter in der forensischen Psychiatrie vor. Er leistet insofern einen neurobiologischen und klinisch-praktischen Beitrag zu den vielfältigen wissenschaftlichen und öffentlichen Auseinandersetzungen über den Zusammenhang zwischen Neurobiologie, Verbrechen und Schuldfähigkeit.

9.2.1 Genetik, Neurobiologie und Gewaltbereitschaft

Die gegenwärtige genetische und neurowissenschaftliche Forschung lässt vielfältige Zusammenhänge zwischen individuellen genetischen Konstellationen, veränderten neurochemischen Prozessen im Gehirn, Persönlichkeitsmerkmalen und der Motivation von Straftaten vermuten (Markowitsch/Siefer, 2007). Die Vererbbarkeit aggressiver Verhaltensweisen liegt bei 50 bis 75 %. Für das Gen der Monoaminoxidase A (MAO-A), eines Enzyms, das eine wichtige Funktion bei der neurochemischen Signalübertragung durch den Neurotransmitter Serotonin hat, werden ein stark und ein schwach exprimierender Genotyp unterschieden. Von letzterem wird vermutet, dass seine Träger reduzierte Volumina limbischer Gehirnstrukturen, eine Hyperreaktivität der Amygdala auf emotionale Stimulation sowie verminderte kontrollierende und hemmende Funktionen limbischer und präfrontaler Gehirnregionen zeigen und auf der Verhaltensebene zu erhöhter Gewaltbereitschaft neigen können. Für die Interpretation und Bewertung solcher genetischen und neurobiologischen Befunde ist es jedoch von großer Wichtigkeit, sich vor Augen zu halten, dass Interaktionen zwischen einer Reihe von Genen und der Umwelt die Ausprägung des aggressiven Verhaltens eines Individuums bestimmen.

9.2.2 Neurobiologie und Schuldfähigkeit für Straftaten

Die Rolle des Neurotransmitters Serotonin für die Handlungskontrolle wurde in den USA in Zusammenhang mit dem Fall Donald Schell sowohl in Wissenschaftskreisen als auch in der Öffentlichkeit intensiv diskutiert (Whitehead, 2003). Der 60-jährige Donald Schell tötete nach zweitägiger Einnahme eines die Serotoninwiederaufnahme hemmenden Medikaments (SSRI) seine Frau, seine Tochter, seine 9 Monate alte Enkelin und dann sich selbst. Das Medikament war ihm von einem Arzt als Antidepressivum verschrieben worden. Die Herstellerfirma des Medikaments wurde vom Gericht zu 80 %, Schell zu 20 % für schuldig befunden. Die überlebenden Verwandten erhielten über 6 Millionen Dollar Entschädigung. Bekannt wurde im Verlauf der Gerichtsprozesse auch, dass der SSRI, mit dem Donald Schell behandelt worden war, bei freiwilligen gesunden Testpersonen Angst, Albträume und Halluzinationen hervorrufen kann.

Auch Ritalin – das am häufigsten gegen das Aufmerksamkeitsdefizit-Hyperaktivitätssyndrom (ADHS) verordnete Medikament – kann als Nebenwirkung Aggressivität und gewalttätiges Verhalten begünstigen. Ritalin enthält den D2-Rezeptor-Agonisten Methylphenidat und stimuliert das dopaminerge Neurotransmittersystem, das insbesondere in den präfrontalen Kortex projiziert und ebenfalls an der Handlungskontrolle beteiligt ist. Insofern kann von einer Interaktion zwischen verschiedenen Neurotransmittersystemen bei der Regulation und Kontrolle emotionalen Verhaltens ausgegangen werden.

9.2.3 Emotionsverarbeitung im Gehirn

Das limbische System, ein phylogenetisch älterer Teil des Gehirns, gilt als das «emotionale Gehirn». Neben der Emotionsverarbeitung werden ihm auch zentrale Gedächtnisfunktionen zugeschrieben (Markowitsch/Piefke, 2004; Markowitsch/Kalbe, 2007).

Funktionen der Amygdala wurden in Zusammenhang mit der Verarbeitung von Emotionen bislang am intensivsten untersucht. Selektive bilaterale Schädigungen der Amygdala (Mineralisierung) findet man typischerweise bei Patienten mit Urbach-Wiethe Syndrom. Dadurch gelingt den betroffenen Patienten die Überprüfung eingehender (z. B. perzeptueller) Information auf ihre biologische und/oder soziale Bedeutung nicht in ausreichendem Maße, sodass sie sich häufig sozial distanzlos und emotional unangemessen (z.B. sexuell anzüglich) verhalten. Die Vererbbarkeit des Urbach-Wiethe-Syndroms ist nachgewiesen (Siebert et al., 2003).

Schädigungen der Amygdala werden auch bei Gewalttätern vermutet. Bogerts (2006) beschreibt den Fall des «Hauptlehrers Wagner», der seine Frau, seine vier Kinder und acht männliche Personen aus seinem Wohnort tötete. Zwölf weitere Personen verletzte er schwer, und er brannte mehrere Häuser nieder. Post-mortem-Untersuchungen von Wagners Gehirn zeigten pathologische Veränderungen in Regionen, in denen aus den kortikalen Assoziationsfeldern eingehende Information zum Hippocampus und zur Amygdala umgeschaltet wird. Dies sind Regionen, die für eine realitätsgerechte emotionale Einstufung und Bewertung perzeptueller Information aus der Umwelt eine entscheidende Rolle spielen. Ein anderer von Bogerts (2006) geschilderter Fall ist der des Amokläufers Charles Whitman, der zunächst seine Frau und seine Mutter tötete, anschließend vom Turm der Universität von Texas auf alles schoss, was sich bewegte, und schließlich sich selbst tötete. Die Autopsie von Whitmans Gehirn zeigte seitlich angrenzend an die rechte Amygdala einen Tumor. Wagner, der bislang psychologisch unauffällig gewesen war, hatte einige Monate vor seiner Wahnsinnstat über ihm selbst unerklärliche emotionale Irritationen, vor allem eine wachsende Aggression, geklagt. Die beiden von Bogerts (2006) berichteten Fälle sowie auch die neuropathologischen Befunde an Patienten mit Urbach-Wiethe-Syndrom (Siebert et al., 2003) verdeutlichen, dass Veränderungen der Amygdala und angrenzender Strukturen die neuronale Grundlage sowohl extremer Gewaltbereitschaft als auch sozial und gesellschaftlich «harmloserer» neurologischer und psychiatrischer Erkrankungen bilden können.

Teile des präfrontalen Kortex und des medial angrenzenden anterioren zingulären Kortex modulieren die Aktivität der tieferen, limbischen Kernstrukturen (z.B. Amygdala, Hypothalamus). Es gibt zahlreiche Hinweise aus neuropsychologischen und neurofunktionellen Studien, dass bei Personen mit sozial schädigendem Verhalten die Kontrolle emotionaler Prozesse gestört ist. Schädigungen des präfrontalen Kortex sind bei Gewalttätern nicht selten. Verschiedene präfrontale Regionen leisten die Kontrolle und Steuerung von Emotionen und Handlungen. Insbesondere dem medialen präfrontalen Kortex wird bei der emotionalen Selbstkontrolle eine zentrale Rolle zugeschrieben. Ein Verlust der Selbstkontrolle tritt bei kriminellen Handlungen häufig auf. Cauffman et al. (2005) zeigten, dass mangelnde Selbstkontrolle ein Kriterium darstellt, das selbst bei Universitätsstudenten zwischen Individuen differenziert, die (leichtere) Straftaten begehen, und solchen, die dies nicht tun.

9.2.4 Genetische und umweltbedingte Determinanten von Gewaltbereitschaft

Gewaltbereites Verhalten kann aus einer sich aufschaukelnden Interaktion zwischen genetischen Dispositionen, sozialen Risikofaktoren in der Kindheit (z.B. Gewalterfahrungen, Deprivation), sowie angeborenen und/oder erworbenen Dysfunktionen des Gehirns entspringen. Trotz der Belege für genetische und neurobiologische Determinanten von Gewaltbereitschaft dürfen nicht die zahlreichen sozialen und ökonomischen Faktoren bei der Entstehung kriminellen Verhaltens vergessen werden. Dazu gehören Armut, Gewalt und Deprivation im Elternhaus, mangelhafte Erziehung und Schulbildung. Suchtmittelkonsum ist ein für die Motivation von Gewalttaten relevanter Faktor, der an der Schnittstelle zwischen neurobiologischen Prozessen und sozioökonomischen Umweltbedingungen anzusiedeln ist. Der Genuss von Drogen schädigt das Gehirn nachhaltig. Von Amphetaminen weiß man, dass sie insbesondere Kontrollfunktionen des orbitofrontalen und medialen präfrontalen Kortexes beeinträchtigen. Die abhängigkeitsbedingte Notwendigkeit der Beschaffung von Drogen führt häufig in ökonomische Notlagen, die ebenfalls kriminelles Verhalten fördern. Lebensform und Hirnfunktion können auf diese Weise in Wechselwirkung treten, sodass es zu einer kumulativen Schädigungstendenz kommt. *Das Gehirn bestimmt das Verhalten, aber auch das Verhalten bestimmt das Gehirn.*

9.2.5 Möglichkeiten und Grenzen der Prävention von Straftaten und Behandlung von Straftätern

Die gegenwärtigen genetisch-neurowissenschaftlichen Erkenntnisse machen übereinstimmend deutlich, dass der «freie Wille» nicht nur im Kontext der Rechtsprechung und forensischen Psychiatrie, sondern auch in Bezug auf das «normale» Handeln eines Individuums in seinem Lebenszusammenhang als eine soziokulturelle Fiktion aufzufassen ist (Markowitsch, 2006) – eine Erkenntnis, die sich auch schon bei Schopenhauer oder Freud («Illusion des freien Willens»; Freud, 1919) finden lässt. Dieser Befund zieht jedoch *nicht* generell die Schuldfähigkeit von Gewalttätern in Zweifel. Eine Gesellschaft kann nur dann funktionieren und sich schützen, wenn sie Verletzungen ihrer Grundsätze durch entsprechende Sanktionen bekämpft. Die Frage, die sich in diesem Zusammenhang für die forensische Psychiatrie stellt, ist jedoch, ob man aus den gegenwärtig verfügbaren Erkenntnissen über genetisch-neurobiologische und umweltbedingte Determinanten gewaltbereiten Verhaltens für die Verbrechensprävention lernen kann. Inwieweit kann man Menschen formen und ändern? Und wie sieht es mit der Identifikation und präventiven Umerziehung von potenziellen Straftätern aus? In welchem Zusammenhang steht damit die «normale» Erziehung von Kindern und Jugendlichen? Ist es möglich, gezielt nach kriminell gefährdeten Personen zu suchen? Könnte man auf sie ein besonderes Augenmerk haben, sie präventiv genauer und über längere Zeiträume beobachten und ggf. genetischen, neuropsychologischen und neurobiologischen Untersuchungen unterziehen? Könnte man ihnen eine besondere psychotherapeutisch-neuropsychologische Erziehung zukommen lassen? Kann man potenziell Kriminelle oder bereits kriminell gewordene Personen durch psychotherapeutische Intervention und sozialökonomische Maßnahmen «umerziehen», oder haben solche Bemühungen durch die Dominanz genetischer Veranlagungen keine Ansatzmöglichkeiten? Auf viele dieser Fragen haben die Gesellschaften unseres Kulturkreises bereits theoretisch und praktisch geantwortet, sei es durch Einwirkung auf die Kindererziehung durch die Eltern oder die Etablierung eines «Anti-Aggressionstrainings» für zu Freiheitsentzug verurteilte Gewalttäter.

Die entscheidende Bedeutung und hochgradige Wirksamkeit der frühkindlichen Erziehung betont Singer (2003): *neuronale Plastizität* ist eine Eigenschaft unseres Gehirns, die in frühen Lebensstadien besonders stark ausgeprägt ist (s.a. Piefke, 2007). Frühe Erfahrungen verändern unter anderem Neuropeptide, die für die Regulation des sozialen Verhaltens von entscheidender Bedeutung sind. Jedoch behält das Gehirn (wenn auch zu einem mit der Zeit abnehmenden Ausmaß) diese Eigenschaft über die gesamte Lebensspanne eines Individuums hinweg, sodass sich Anzahl und Stärke neuronaler Verbindungen durch extrinsische (z.B. soziale Erfahrungen, Umwelteinwirkungen, Verletzungen) und intrinsische Faktoren (z.B. physiologische Vorgänge, Krankheiten) auch im mittleren und höheren Erwachsenenalter noch fortwährend verändert. Maguire et al. (2000) zeigten durch MRT-Untersuchungen, dass bei Taxifahrern durch die beruflich bedingten hohen Anforderungen an die räumliche Orientierung typische Veränderungen des Hippocampus auftreten (erfahrungsabhängige Vergrößerung einer Teilstruktur). Der Hippocampus ist eine Gehirnstruktur, die für das episodische Langzeitgedächtnis sowie die räumliche Vorstellung und Navigation von zentraler Bedeutung ist.

Der Befund, dass jede Umwelteinwirkung Konsequenzen für den Aufbau und die Funktion des Nervensystems hat, ist von zentraler Bedeutung für die Wirksamkeit psychotherapeutischer Interventionen. Neuere Studien über die Neurobiologie emotionaler Entwicklungsstörungen und anderer psychiatrischer Erkrankungen belegen, dass die Mechanismen der Pathogenese von psychiatrischen Erkrankungen auch die Grundlage für die Veränderung der Persönlichkeit und des Verhaltens durch psychotherapeutische Intervention bilden. Es ist die Eigenschaft der neuronalen Plastizität, die die Grundlage für die Gestaltung und Umgestaltung der Vernetzung von Strukturen des Gehirns bildet. Diese Umbildungsprozesse sind abhängig von Einflüssen aus der Umgebung des Organismus. Insofern ermöglicht die neuronale Plastizität unseres Gehirns:

- die erfahrungsbedingte initiale Entstehung der Konnektivität zwischen Gehirnstrukturen als neuronale Basis des Lernens und der emotionalen Entwicklung
- die Entstehung klinischer Symptome durch umweltbedingte und/oder physiologische pathologische Einflüsse *und*
- die Wirksamkeit psychotherapeutischer Intervention (Markowitsch/Piefke 2004; Piefke, 2007).

Dies gilt generell für jede psychiatrische Erkrankung und insofern natürlich auch für den Bereich der forensischen Psychiatrie und die Behandlung von Straftätern. Dennoch müssen Grenzen der Möglichkeiten psychotherapeutischer Intervention in Betracht gezogen werden. Diese Grenzen werden insbesondere durch genetische Dispositionen sowie erworbene pathologische Veränderungen des Gehirns gezogen. Zum Aspekt der genetischen Disposition ist festzuhalten, dass auch Umwelteinwirkungen, die im frühesten Kindesalter – also in der Phase besonders ausgeprägter neuronaler Plastizität – erfolgen, auf genetisch unterschiedlich determinierte Gehirne treffen. Die Mehrzahl der sich mit Genetik und Umwelt befassenden Wissenschaftler misst der Genetik ein höheres Gewicht bei der Ausformung der Persönlichkeit zu als der Umwelt. Viele Fragen nach dem Verhältnis zwischen intrinsischen und extrinsischen Einflüssen auf die Entwicklung des menschlichen Gehirns und die davon abhängigen Veränderungen kognitiver Funktionen und Verhaltensmuster sind bislang jedoch ungeklärt. Weit reichende Einigkeit besteht darüber, dass die postnatale funktionelle Entwicklung des menschlichen Gehirns in keinem Lebensstadium als passive Entfaltung eines sequenziellen Reifungsprozesses aufgefasst werden kann. Vielmehr ist diese Entwicklung ein aktivitätsabhängiger Prozess, der jedoch gesteuert und begrenzt wird durch individuelle Dispositionen.

Es ist also nicht jederzeit und bei jedem Individuum möglich, aus einem gewaltbereiten, kriminell gewordenen Straftäter einen gemäß der gesellschaftlichen Moral und Normen «funktionierenden Mitbürger» zu machen. Dennoch sind auch Gene nicht feste Kenngrößen, vielmehr werden viele abhängig von der Umwelt exprimiert. Die oben referierten Studien und Daten verdeutlichen, dass ein Abgleiten in die schwere und gewaltsame Kriminalität im weiteren Verlauf des Lebens desto eher voraussagbar ist, je mehr ungünstige genetische und umweltabhängige Konstellationen im Kindesalter zusammenkommen.

Wichtig!

Die Mechanismen der Pathogenese psychiatrischer Erkrankungen bilden auch die Grundlage für die Veränderung der Persönlichkeit und des Verhaltens durch psychotherapeutische Interventionen.

Aggression ist eine fundamentale und tief verankerte Reaktion nicht nur des Menschen, sondern vermutlich aller lebenden Organismen. Sie ist evolutionär sinnvoll, um sich selbst und seine Artgenossen gegen Feinde zu verteidigen und das eigene Leben zu sichern. Aggressives Verhalten erhält seine individuelle und gesellschaftliche Ausformung durch genetische und physiologische Mechanismen (z.B. Hormone) sowie durch psychologische, soziokulturelle und ökologische Faktoren. Aggression stellt aber auch diejenige Emotion dar, die zu impulsiven, gewaltbereiten Verhaltensweisen führt, die nicht mit den sozialen und gesellschaftlichen Grundsätzen in Einklang stehen. Die neben Bestrafung (z.B. durch Freiheitsentzug) am häufigsten angewendeten Maßnahmen zur Prävention von Gewalttaten und Behandlung straffällig gewordener Gewalttäter in Justizvollzugsanstalten sind psychotherapeutische Ansätze, die auf eine Verhaltensveränderung durch Gespräche, durch soziale Kommunikation im geschützten Raum und Einsicht setzen. Beispielhaft ist in diesem Zusammenhang ein Programm, das als «Anti-Aggressionstraining» (AAT) bezeichnet wird. AAT ist eine sozialpädagogisch-psychologische Behandlungsmethode, die seit mehreren Jahren insbesondere in Justizvollzugsanstalten bei gewaltbereiten Wiederholungstätern, aber auch in Schulen und anderen Erziehungs- und Bildungseinrichtungen als Maßnahme gegen Gewalt zur Anwendung kommt. Das AAT ist in vier Phasen untergliedert:

- In Phase 1, der Integrationsphase, stehen zunächst Aufklärung und Information über die Inhalte und Ziele des AAT im Vordergrund. Die Teilnehmer stellen sich einander vor. Die sich im weiteren Verlauf entwickelnde Gruppendynamik wird beobachtet.
- Phase 2 dient der Vorbereitung auf eine Konfrontation. Wichtig ist hierfür eine erfolgreiche Stärkung des Vertrauens der Kursteilnehmer in einander und in die Therapeuten.
- Phase 3 ist die der Provokation des Täters. Er wird konfrontiert mit seinen Gewalthandlungen und Gewaltrechtfertigungsversuchen. Sie findet auf dem so genannten «heißen Stuhl» statt. Es wird auch eine Form von Täter-Opfer-Kommunikation hergestellt.
- Phase 4 des AAT hat die Deeskalation im Sinne einer Reduktion von Gewalt zum Inhalt. Veränderungen der Bewertung von Gewalttaten werden diskutiert und reflektiert.

Das AAT setzt an positiven Emotionen an und rückt diese in den Vordergrund. Es baut auf vielfältige bewusste und unbewusste Lernprozesse auf, zeigt Verhaltensalternativen und ebnet so den Weg für die Bereitschaft, diese auch anzuwenden. Zur Effektivität des AAT für die Prävention wiederholter Gewalttaten gibt es bislang kaum experimentell kontrollierte Forschungsarbeiten. In einer Langzeitstudie von Ohlemacher et al. (2001) zeigte sich, dass die Rückfallquote der mit AAT Behandelten sich kaum von der der Nichtbehandelten unterschied. Genauere Untersuchungen über einen längeren Zeitraum, die auch zwischen unterschiedlichen Kategorien von Gewalttaten differenzieren, sind erforderlich, um reliable Aussagen über die Wirksamkeit des AAT machen zu können.

Mehr Potenzial als die späte therapeutische Anwendung des AAT bei Gewalttätern im Justizvollzug scheinen Maßnahmen zu haben, die sehr viel früher ansetzen. Czierpka (2005) hat für den deutschsprachigen Raum das Programm «Faustlos» (amerikanische Originalbezeichnung: *Second Step*) ins Leben gerufen, das in zahlreichen Kindertagesstätten, Kindergärten und Grundschulen Anwendung findet. Das Programm hat das Ziel, impulsives und aggressives Verhalten schon im Kindesalter zu vermindern und prosoziale Verhaltensfertigkeiten und -alternativen in Konfliktsituationen zu lernen. «Faustlos» beinhaltet theoretischen und praktischen Unterricht zu den Themen Empathie, Impulskontrolle und Umgang mit Ärger und Wut. Die Kinder bekommen auch Anleitungen zur Verbesserung von Problemlösefähigkeiten an die Hand. Erste Studien zur Effektivität des Programms (Vergleiche zwischen einer Reihe von Schulen) belegen, dass Kinder, die an «Faustlos» teilgenommen haben (relativ zu einer Kontrollgruppe von Kindern, die bei dem Programm nicht mitmachten), weniger soziale Ängste zeigen, empathischer werden und aggressives Verhalten als Instrument zur Konfliktlösung stärker ablehnen (Czierpka, 2005).

9.2.6 Eckpfeiler einer protektiven sozialen Umwelt

Die Bedeutsamkeit bewusster und unbewusster Umwelterfahrungen für die Ausformung unserer Geisteshaltungen und damit auch unserer Verhaltensoptionen ist durch vielfältige neurowissenschaftliche Experimente belegt. Den größten Anteil an alltäglicher Information aus der sozialen Umwelt nehmen wir unbewusst auf (Markowitsch/Siefer, 2007). Dannlowski et al. (2007) zeigten mit Hilfe der funktionellen Magnetresonanztomographie (fMRT), dass sich unbewusst wahrgenommene Reize auf die Bewertung nachfolgender bewusst wahrgenommener Reize auswirken. Sie präsentierten den Versuchsteilnehmern maskierte (d.h. bewusst nicht wahrnehmbare) positive, neutrale, oder negative Gesichtsausdrücke und ließen sie nach jedem maskierten Gesicht einen neutralen Gesichtsausdruck bewerten. Nach einem maskierten positiven Gesichtsausdruck wurde das nachfolgend bewusst wahrgenommene neutrale

Gesicht tendenziell positiv bewertet. Entsprechend wurde das neutrale Gesicht eher negativ eingeschätzt, wenn zuvor ein maskiertes negatives Gesicht gezeigt worden war. Die verschiedenen experimentellen Bedingungen dieser Studie induzierten insbesondere Veränderungen der neuronalen Aktivität in der Amygdala. Der hierbei wirksame Mechanismus wird als «Priming» (Prägung, Bahnung) bezeichnet. Priming bezeichnet eine höhere Wiedererkennungswahrscheinlichkeit für Reize, die man zuvor in gleicher oder ähnlicher Form unbewusst wahrgenommen hat.

Die Studie von Dannlowski et al. (2007) und viele ähnliche Experimente zeigen, dass unbewusst wahrgenommene Reize zu neurofunktionellen Veränderungen führen und unser nachfolgendes Verhalten beeinflussen. Der Priming-Mechanismus ermöglicht, dass Informationen, die von unserem Gehirn unbewusst verarbeitet werden, sich zukünftig auf unser Verhalten auswirken. In Bezug auf die Effektivität therapeutischer Maßnahmen bei gewaltbereiten Straftätern stellt sich in diesem Zusammenhang die Frage, ob Verhaltensveränderungen durch unbewusstes Lernen erzielt werden können. Yaralian und Raine (2001) berichten, dass jugendliche Kriminelle, die im frühen Erwachsenenalter kein kriminelles Verhalten mehr zeigten, bei emotionaler Stimulation eine stärkere Reaktivität des autonomen Nervensystems (z. B. messbar durch Herzschlagrate und Hautleitfähigkeit) aufwiesen und schneller durch Konditionierung unbewusst lernten als solche, die weiterhin kriminell waren. Diese Unterschiede zwischen den beiden Untersuchungsgruppen könnten protektive Aspekte individueller Persönlichkeitsmerkmale und kognitiver Fähigkeiten reflektieren. Eine Person, die auf neue oder ambivalente Umweltreize mit starker autonomer Erregung reagiert und sich durch schnelles unbewusstes (und vermutlich auch durch bewusstes) Lernen der Umwelt leicht anpasst, sollte kriminelles Verhalten eher ablegen können, als jemand, der diese Fähigkeiten nicht besitzt. Therapeutische Ansätze, die mit unbewusster emotionaler Stimulation und unbewusstem (emotionalem) Lernen arbeiten, könnten insofern zumindest bei einem bestimmten Personenkreis eine effektive Maßnahme gegen gewaltbereites Verhalten darstellen. Die hier relevanten protektiven Faktoren werden vermutlich zum größten Teil ebenfalls unbewusst in der Kindheit erworben. Die Bedingungen der sozialen Umwelt bewirken automatisch Veränderungen des Verhaltens eines Menschen, am stärksten in der Kindheit (s. Kap. 9.2.5; Singer, 2003). Diesen Verhaltensveränderungen liegen funktionelle Veränderungen des Gehirns zu Grunde. Ein Kind braucht eine sozial harmonische Reizumgebung, damit sich die Strukturen seines Gehirns, insbesondere Regionen des präfrontalen Kortex und limbische Strukturen, so entwickeln und vernetzen, dass dem heranwachsenden Mensch ein gesellschaftlich integriertes Verhalten und die Akzeptanz entsprechender soziokultureller moralischer Grundsätze (z. B. Gerechtigkeitsvorstellungen, Verhaltensoptionen zur Durchsetzung eigener Bedürfnisse) ermöglicht wird. Auch werden nur in einer behüteten Umgebung Bindungshormone wie Oxytocin gebildet und freigesetzt (Fries et al., 2005).

Ist – wie bei vielen Straftätern in der forensischen Psychiatrie – aggressives Gewaltverhalten bereits aufgetreten, könnte als therapeutische Maßnahme gegen wiederholte Gewalttaten auch an eine «strategisch kontrollierte» Kanalisierung der Aggression gedacht werden. Auch im «normalen» Gesellschaftsleben existieren Aggressionsventile. Mannschaftssport, insbesondere Fußball, Bodybuilding und das Anschauen Gewalt zeigender Filme und Videospiele sind gesellschaftlich bereits etablierte, wenn auch umstrittene Instrumente. Gerade für gewaltbereite Straftäter in der forensischen Psychiatrie und in Justizvollzugsanstalten könnten die Schaffung und der Ausbau geeigneter Aggressionsventile ein entscheidendes Vehikel für eine gesellschaftliche Reintegration sein. Auf dem Gebiet der Aggressionskanalisation ist zweifellos noch einige Forschung erforderlich, um geeignete Instrumentarien und Szenarien identifizieren zu können. Für das Erlernen alternativer, «harmloser» Möglichkeiten der Kanalisation von Aggressivität könnte die Konditionierung, das heißt das unbewusste Lernen, mit großer Wahrscheinlichkeit therapeutisch effektiv eingesetzt werden.

9.2.7 Neuropsychologische Untersuchungen zur Prävention wiederholter Gewalttaten?

Das Ziel neuropsychologischer Untersuchungen ist es, neuropsychologische Defizite und psychologische Störungen exakt zu diagnostizieren sowie zukünftige Entwicklungen und Verhaltensweisen möglicht zuverlässig vorherzusagen. Das Repertoire an Testverfahren umfasst Instrumente zur Intelligenzmessung, Bestimmung von Aufmerksamkeit, Konzentrationsfähigkeit, Sprachverständnis und Sprechfähigkeit, Persönlichkeitstests und Verfahren, die das emotionale Verhalten, die Stimmung und die Befindlichkeit messen. Durch die Anwendung einer Vielzahl von Messverfahren lässt sich ein psychologisch-neuropsychologisches Profil erstellen, das die Stärken und Schwächen eines Individuums hinsichtlich Persönlichkeit, Intellekt, Gedächtnis, Exekutivfunktionen, Emotionsverarbeitung, Sprache, neurologische und psychiatrische Symptomatik etc. reflektiert. Ein solches Profil lässt unter Umständen auch Prognosen hinsichtlich der Wahrscheinlichkeit zu, dass eine Person strafrechtlich auffällig bzw. rückfällig wird. Für den Bereich der forensischen Psychiatrie gibt es inzwischen speziell zugeschnittene Messverfahren, so genannte *Kriminalprognoseinstrumente*, welche die Messung der Wahrscheinlichkeit ermöglichen, mit der eine Person erstmalig oder wiederholt eine Straftat begehen wird (Dahle, 2006). Ein Beispiel für ein solches Kriminalprognoseinstrument ist das *Level of Service Inventory – Revised (LSI-R)*, für das in den USA inzwischen Daten von 4579 Personen vorliegen. Nach Dahle (2006) ist das LSI-R auch für die Verhältnisse in Deutschland anwendbar. Es erfasst folgende Bereiche:

1. strafrechtliche Vorgeschichte
2. Ausbildung/Beruf/Arbeit
3. finanzielle Situation
4. Familie und Partnerschaft
5. Wohnsituation
6. Freizeitbereich
7. Freundschaften und Bekanntschaften
8. Alkohol und Drogen
9. emotionale und psychische Probleme und
10. Orientierung (z.B. Einstellungen, Werthaltungen, Normorientierungen).

Weitere Instrumente zur Gewaltprognose sind das *Historical-Clinical-Risk-Management 20 Item-Schema (HCR-20)* und der *Violence Risk Appraisal Guide (VRAG)*. Darüber hinaus existieren auch Instrumente zur Vorhersage von Rückfällen bei Sexualdelikten, Instrumente speziell für jugendliche Kriminelle und Untersuchungsverfahren über Psychopathie und antisoziales Verhalten.

Doyle und Dolan (2006) versuchten mit Hilfe solcher Messverfahren eine Vorhersage von Gewaltverhalten bei 112 Patienten vor der Entlassung aus psychiatrischen Kliniken und 24 Wochen später. Hohe Scores für die Test-Items «Risikoverhalten», «Psychopathie», «Impulsivität» und «Wut» waren prädiktiv für eine hohe Wahrscheinlichkeit gewaltbereiten Verhaltens nach der Entlassung. Dahle (2006) betont, dass eine Kombination mehrerer Messverfahren zwar individuelle Prognosen von hoher Güte ermöglicht, dass irrtumsfreie Vorhersagen aber dennoch unmöglich sind.

9.2.8 Schlussfolgerungen

Neurowissenschaftliche und psychologische Forschungsergebnisse zeigen übereinstimmend, dass unser Gehirn einen hohen Grad von erfahrungsabhängiger Plastizität aufweist. Diese umweltbedingte Formbarkeit unseres Gehirns wird begrenzt durch genetische Dispositionen sowie angeborene und erworbene Gehirnschädigungen. In Anbetracht dieser extrinsischen und intrinsischen Determinanten menschlichen Verhaltens ist der «freie Wille» eine soziokulturelle Fiktion. Die umweltabhängige neuronale Formbarkeit hat ihr Maximum in den ersten Lebensjahren und nimmt mit zunehmendem Alter ab. Insofern ist es wichtig, dass Maßnahmen zur Prävention von Gewalttaten bei entsprechend gefährdeten Personen möglichst früh in der Kindheit und Jugend ansetzen. Es gibt jedoch ein Leben lang Möglichkeiten zur Korrektur von

Verhaltensweisen. Nur ist die Wirksamkeit dieser Mechanismen begrenzter, je länger sich jemand schon im kriminellen Umfeld bewegt. Für die Möglichkeiten psychotherapeutischer Behandlungsansätze bleibt der Aspekt der Genetik und die dadurch bedingte neurobiologische und neurofunktionelle Determination ein begrenzender Faktor. Weder die Sozialisationsfaktoren noch die Genetik und Biologie sind jeweils allein determinierend. Vielmehr wird das Individuum durch ein komplexes Zusammenspiel extrinsischer und intrinsischer Faktoren geformt. Ausschlaggebend ist, dass sowohl von der Ebene des sozialen Umfelds als auch der genetisch-biologischen Ebene Impulse für die individuelle Entwicklung zu einer sozial verantwortlichen Person genutzt werden können. Unterstützende Sozialisationsaspekte können ungünstige genetische Anlagen korrigieren, und umgekehrt können günstige genetische Konstellationen destruktive Aspekte des sozialen Umfelds kompensieren. Maßnahmen zur Prävention von gewaltsamen Straftaten finden in diesem Spannungsfeld vielfältige Ansatzmöglichkeiten.

9.3 Willensfreiheit und strafrechtliche Verantwortlichkeit

Hans-Ludwig Kröber

So sehr Krankheit, auch psychische Krankheit – wie auch das gesunde Leben des Menschen – im somatischen Grund verwurzelt ist, so sehr sind psychische Krankheit und ihre Symptomatik ganz überwiegend nur subjektiv erfahrbar. In einer führenden wissenschaftlichen Zeitschrift der amerikanischen Psychiatrie, dem American Journal of Psychiatry, erklärte Kendler (2005): «Psychiatrie basiert unabänderlich auf seelischen, Erste-Person-Erfahrungen». Psychiatrie als medizinische Disziplin habe das Ziel, das subjektive Leiden ihrer Patienten zu lindern. Bei diesem Leiden handele es sich um dysfunktionale Veränderungen in verschiedenen Bereichen der subjektiven (Erste-Person-)Wahrnehmung, wie Stimmung, Wahrnehmen, Denken. Die Krankheitslehre der Psychiatrie sei weitgehend bestimmt durch Beschreibungen aus der Erste-Person-Perspektive (z.B. niedergeschlagene Stimmung, Halluzinationen, oder irrationale Ängste). Viele Zielsymptome kann die Psychiatrie nur behandeln, indem sie die Patienten nach ihrem subjektiven Befinden befragt. Kendler wirbt für einen Mind-Brain-Monismus, bei dem es aber sowohl eine Kausalität von psychischen und sozialen Einflüssen auf die Hirnfunktion gibt als auch eine Kausalität in entgegengesetzter Richtung. Er verweist auf eine ganze Reihe von Erlebnissen, die fatale psychische Auswirkungen haben können und nur aus der «subjektiven» Perspektive erfasst werden können: so zum Beispiel Erlebnisse der Demütigung, der sozialen Ohnmacht oder des Verlusts. Wer nur noch Phänomene gelten lasse, die mit physikalischen Methoden registrierbar seien, negiere nahezu alles, was Aufgabe und Existenzberechtigung der Psychiatrie ausmache. Zugleich verleugne der Biologist ein weites Feld von empirisch gut gesicherten Risikofaktoren für psychisches Erkranken, die nicht auf der Ebene somatischer Einflüsse liegen, wie soziale Umgebung, Integration, psychische Belastungen und kulturelle Erfahrungen. Angemessen sei ein Erklärungspluralismus hinsichtlich der multifaktoriellen Genese. Kendler wandte sich entschieden gegen den biologistischen Reduktionismus, der irrig glaubt, die jeweils «physikalischere» Ebene sei elementarer und wahrer – als könnte man beispiels-weise Hormonstörungen zwar pathophysiologisch ganz gut beschreiben, «eigentlich» aber am besten auf der Ebene der Teilchenphysik verstehen und beeinflussen, weil diese die elementarere Ebene sei. Dies bedeutet natürlich auch, dass sich psychische Phänomene am besten mit einer psychopathologischen Begrifflichkeit beschreiben und verstehen lassen, während die Reduktion auf neuronale Potenzialschwankungen einen massiven Informationsverlust beinhalten würde, der unter Forschungsaspekten natürlich sinnvoll sein kann, um einen umschriebenen Informationsgewinn über die elektrophysiologischen Funktionsmuster bestimmter neuronaler Netze zu erreichen. Man wird aber die Psychopathologie deswegen nicht für entbehrlich halten.

Mit ganz ähnlichen Argumenten wandten sich die Herausgeber des «Nervenarzt» in einem Editorial gegen den eliminativen Materialismus einiger Hirnforscher, die alle Phänomene, welche nicht mit physikalischen Messmethoden zu beschreiben sind, als subjektive «Illusionen» und «eigentlich nicht existent» zurückweisen. Hier hieß es (Maier et al., 2005: 543):

▶ Psychische Erkrankungen spielen sich vor allem in der «Innenperspektive» der Patienten ab. Sie leiden unter krankheitsbedingten Veränderungen im Selbsterleben, in Gefühlen, Emotionen und Hoffnungen, Erwartungen, Vorstellungen, in Selbsteinschätzung und Einschätzung anderer, also unter Abwandlungen von Subjektivität und Interpersonalität. Diese korrelieren zwar mit Hirnprozessen, sie haben aber auch eine darüber hinausgehende und gleichwohl natürliche Eigenständigkeit. ◀

Korrelate begründen aber noch keine Kausalität, zudem sei die Richtung einer möglichen Kausalität offen. Zugleich zweifelte das Editorial nicht an der Fähigkeit zur freien Willensentscheidung. Diese sei zumindest beim gesunden Menschen, von Extremsituationen abgesehen, …

▶ …vorhanden und erlebbar; bei seelischen Krankheiten kann sie dagegen eingeschränkt sein. So fühlen sich Patienten mit Wahn- oder Zwangskrankheiten genötigt, bestimmte Handlungen vorzunehmen oder bestimmte Gedanken zu denken, ohne das auf Grund eigener Willensbestimmung zu wollen. Die Wiederherstellung subjektiv erlebter Handlungsautonomie und Entscheidungsautonomie ist das therapeutische Ziel, das durch pharmakotherapeutische und psychotherapeutische Interventionen in Hirnprozessen erreicht wird. Es ist wenig plausibel anzunehmen, dass es dabei nur um die Wiederherstellung der «gesunden» Illusion der Willensfreiheit geht. (Maier et al., 2005: 544) ◀

Von der Annahme menschlicher Freiheit bei der Willensbildung, beim Treffen der Entscheidung und beim Steuern der Handlung gehe die Psychiatrie (wie der Bundesgerichtshof) auch bei der Beurteilung von Straftätern aus.

9.3.1 Roth und Singer zum Strafrecht

Kommen wir zu den neurobiologischen Strafrechtsreformatoren. Beim Zoologen Roth heißt es, da Willensfreiheit nicht mehr sei als ein illusionäres Gefühl, könne es auch kein Verschulden geben. Schon 1994 äußerte Roth seinen subjektiven Glauben, dass das «Ich» *nicht mehr* sei *als* ein Konstrukt («nicht mehr als» ist eine Lieblingswendung aller Reduktionisten). Und zwar ein Konstrukt des Gehirns. Er lässt «*Das Gehirn*» sozusagen als unkontrollierbaren, autonomen Gottvater wirken, ausdeutbar nur durch Fachleute, durch Hirnforscher eben. Statt nun korrigierend zu bedenken, dass das Gehirn zwar Vorstellungen und Selbstwahrnehmungen hervorbringen mag, dass aber «Konstrukte» immer an einen sozialen Diskurs von Personen gebunden sind und keinen anderen Ort der Existenz haben als den Diskurs, ist Roth schon weiter in der sozialen Anwendung seiner Idee:

▶ Es muss sehr sorgfältig diskutiert werden, ob und inwieweit es sowohl bei der Strafe als Sühne wie auch bei Strafe als Erziehung zum Besseren einen großen Unterschied macht, ob man das Ich als *Konstrukt* bestraft (wenn dies überhaupt möglich ist) oder das Gehirn und seinen Organismus als autonomes System. (Roth, 1994: 330) ◀

Wie auch immer man diesen Satz dreht und wendet, er ist hochgradig verdächtig darauf, den gehobenen Blödsinn zu enthalten, der entsteht, wenn man dem Gehirn die subjektiven Eigenschaften von Personen verleiht, die man der Person soeben abgesprochen hat, zum Beispiel Bewusstsein, Verantwortlichkeit und Schuld. Schuld ist an Person, Bewusstsein und Subjekthaftigkeit gebunden, ein Organ des Körpers wie das Gehirn kann man vielleicht misshandeln, aber man kann es schlechterdings nicht bestrafen, nicht als Konstrukt und nicht als Fleischklumpen.

Im Jahre 2001 ist Roth sich dann sicher:

▶ Nach all den Befunden, die in diesem Buch präsentiert wurden, müssen wir von Folgendem ausgehen: Menschen können im Sinne eines persönlichen Verschuldens nichts für das, was sie wollen und wie sie sich entscheiden, und das gilt unabhängig davon, ob ihnen die einwirkenden Faktoren bewusst sind oder nicht, ob sie sich schnell entscheiden oder lange hin und her überlegen. (Roth, 2001: 541) ◀

Nicht die Schuld, sondern die Sozialgefährlichkeit und die Besserung sollten im Mittelpunkt des Strafvollzugs stehen – als wäre dies nicht der seit 30 Jahren gesetzlich festgelegte Zweck des Strafvollzugs. Neurowissenschaftler sollten an der Beurteilung der Besserungsfähigkeit von Straftätern beteiligt werden, als gebe es keine forensische Psychiatrie. Aber statt der unzuverlässigen Geisteswissenschaftler sollen halt strenge, infolge Empathiemangels unbestechliche Naturwissenschaftler ans Ruder. Wenn das Gehirn der König ist, ist der Hirnforscher der Oberkönig, der allein weiß, wie man Könige dazu bringt, das zu tun, was Hirnforscher wollen. Das Ganze läuft auf ein Konzept der naturwissenschaftlichen Expertenherrschaft hinaus.

Trotz Determiniertheit sei Besserung möglich: durch Erziehung. Wie soll das angehen? Man kann im Glaubensbekenntnis von Roth offenkundig nicht die Person erziehen, sondern nur dem Gehirn zusätzliche determinierende Einflüsse vermitteln. Aber wie tritt man in Kontakt mit dem Gehirn? Vermutlich mit Drogen, elektrischem Strom, transkranieller Magnetstimulation, chirurgischer oder chemischer Kastration? Roth jedenfalls schreibt, die Gesellschaft habe…

> ▶ …ihren Mitgliedern das Gefühl der Verantwortung für das eigene Tun einzupflanzen, und zwar nicht auf Grund freier Willensentscheidung, sondern aus der durch Versuch und Irrtum herbeigeführten Einsicht heraus, dass ohne ein solches Gefühl […] das gesellschaftliche Zusammenleben nachhaltig gestört ist. (Roth, 2001: 544) ◀

Also die Gesellschaft wird es jetzt richten. Aber wie? Ist oder hat die Gesellschaft ein Gehirn, oder ist sie ein Konstrukt, und wie pflanzt die Gesellschaft Einsichten in Gehirne? Liegt man richtig, wenn man beim *Einpflanzen* an Mikrochips denkt? Und wenn der Betreffende selbst sein Verhalten und Entscheiden nicht beeinflussen kann, wie können es dann andere beeinflussen – oder ist das womöglich eine Illusion?

Gerhard Roth arbeitet gern mit der Gegenüberstellung von «bewusst» und «unbewusst» und verweist darauf, dass sehr viele Hirnprozesse unbewusst seien. Das soll den Gedanken befördern, dass darauf basierende Entscheidungen dann wohl nicht bewusst, willentlich und frei sein können. So lautet der Titel einer neueren Veröffentlichung von Roth (2006): «Das Zusammenwirken *bewusst und unbewusst arbeitender Hirngebiete* bei der Steuerung von Willenshandlungen» (Hervorhebung durch den Verf.). Der Titel verdeutlicht den bei Roth konstitutiven Kategorienfehler, das Schwimmen zwischen objektiv beschreibenden und interpretierenden, deutenden Termini in einer eigentlich metaphorischen Sprache. Denn nicht ein einziges Hirngebiet arbeitet «bewusst», kein einziges Hirngebiet hat «Bewusstsein», schon gar nicht ein Bewusstsein seines Arbeitens. Niemand hat je introspektiv gewusst, welches Hirngebiet gerade arbeitet, selbst wenn er sich im höchsten Maße darauf konzentrierte. Auch aus der Außenperspektive des objektiven Naturforschers kann niemand erkennen, dass ein Hirngebiet «bewusst» arbeitet. Dieser Verlust sinnhaften Sprechens findet sich auch, wenn ein anderer Buchtitel Roths (2003) heißt «Aus der Sicht des Gehirns». Wingert (2006: 240) wies darauf hin, dass nur Personen Standpunkte einnehmen können – also trete der Autor auf hinter der Maske des Gehirns (was das Gehirn zur *persona* machen würde), und wenn er dann dem Gehirn personenspezifische Eigenschaften und Fähigkeiten zuschreibe, werde die Grenze sinnvollen Redens überschritten. Das neueste Buch Roths heißt «Das Gehirn und seine Freiheit» (2006); doch mag man gar nicht schauen was passiert, wenn man Gehirne aus dem Gefängnis der Person in Freiheit entlässt. Fuchs (2005) hat darauf hingewiesen, dass Roth einerseits das Ziel verfolgt, Bewusstsein und Subjektivität zu «naturalisieren», also rein neurobiologisch zu erklären, und Subjektivität zu einem Epiphänomen von Hirnvorgängen zu machen. Das «Ich» werde als Konstrukt entlarvt, als Selbsttäuschung des Gehirns. Die solcherart dekonstruierte Subjektivität werde aber durch die Hintertür wieder eingeführt, indem Roth das Gehirn personalisiert und ihm menschliche Tätigkeiten attestiere. So heiße es: Es «nimmt wahr», es «weiß» oder «erkennt», es «stellt sich vor, was im Gehirn anderer Personen vorgeht». Fuchs dazu: «Der Kategorienfehler fällt kaum noch auf – das Gehirn ist zum Nachfolger des Subjekts geworden» (Fuchs, 2005: 1). Es ist dies eine charakteristische Volte des Naturalismus, Stellvertreter (*homunculi*) der Person, des einmaligen Menschen mit seiner einmaligen subjektiven *Perspektive* einführen zu müssen.

Medizinhistoriker wie Olaf Breidbach (1997) haben dargestellt, dass es in der ganzen mehrhundertjährigen Geschichte der Hirnforschung nie so war, dass aus empirischen Befunden eine Theorie über die Funktionsweise höherer Hirnfunktionen abgeleitet wurde. Stets gab es den entgegengesetzten Weg: vorbestehende Konzepte über den psychischen Apparat, wie zum Beispiel Bewusstsein/Unbewusstsein, Willen, Motivation, Urteilskraft, wurden in einem zweiten Schritt empirisch unterfüttert mit eben den morphologischen oder funktionellen Hirnbefunden, die zu diesen Modellen passen. Freud's Vorstellungen von der Hirntätigkeit mit Trieb,

Druck, Verschiebung, Verdrängung lehnte sich an ein Vokabular der industriellen Mechanik jener Zeit an. Es ist kein Zufall, dass viele Studenten sich heute das Gehirn kaum anders als einen besonders guten Computer vorstellen können. Gerne wird auch von «neuronalen Netzen» gesprochen, bei denen es sich aber ebenfalls um mathematische Programme handelt. Michael Hagner (2004) hat entsprechend die Wissenschaftsgeschichte der Hirnforschung primär als eine Ideengeschichte gefasst. Gleichwohl hält sich bei manchen Autoren die Anschauung, als wären unsere Deutungen der Gehirntätigkeit gänzlich deduktiv aus «objektiven» Befunden abgeleitet und nicht Interpretationen, die sich zu Voten aus 2400 Jahren Ideengeschichte verhalten, mit der jeder schon aufgewachsen ist und anhand derer er seine individuellen kognitiven Muster entwickelt hat, auf denen auch seine – subjektiven – Deutungen naturwissenschaftlicher Sachverhalte beruhen.

Auch Wolf Singer hat sich offensiv zum Strafrecht geäußert. Er ist bekennender Determinist, der alles Seelische und Geistige nur für Epiphänomene einer selbstgenügsamen Neuronenaktivität hält. Er gehört zu jenen, die «Steuerungsfähigkeit» und «Willensfreiheit» als «Illusion» abtun. In einer auf gutgläubige Laien abzielenden Argumentation hält er bereits die Tatsache, dass es im Gehirn keine zentrale Kontroll- oder Steuerungseinheit gibt, für einen hinlänglichen Beweis, dass das subjektive Gefühl der bewussten Verhaltenssteuerung eine reine Täuschung sein müsse. Tatsächlich kann am Phänomen der bewussten Verhaltenssteuerung kein Zweifel sein, und man nimmt an, dass diese Leistung von vernetzten neuronalen Expertensystemen erbracht wird (Goschke, 2002; Kröber, 2006). In einer oberflächlichen Adaptation philosophischer Termini wird der Glauben kundgetan, nur diejenigen Phänomene seien wirklich existent, die sich in einer «Dritte-Person-Perspektive» mit physikalischen Verfahren abbilden lassen; eine «Illusion», ja in Wirklichkeit gar nicht existent seien all jene Phänomene, die nur der Einzelne subjektiv in der «Erste-Person-Perspektive» erleben kann: Liebe, Sorge, Schönheit, Kunst, Glauben, Zukunft, Freiheit.

In einem Interview mit *Spektrum der Wissenschaft* wurde er 2001 zur sozialen Nutzanwendung seines Glaubensbekenntnisses gefragt (Singer, 2003):

Was würde sich ändern, wenn sich die Erkenntnis durchsetzt, dass der «freie Wille» nur in der Erste-Person-Perspektive real, aus Sicht der Naturwissenschaft jedoch nicht existent ist?

Singer: Wir würden vermutlich ein wenig toleranter werden, nachsichtiger, verständnisvoller. Wir würden nicht so schnell aburteilen.

Was sollte uns da nachsichtiger machen?

Singer: Die gleiche Überlegung, die uns gegenüber Epileptikern und Schizophrenen nachsichtig gemacht hat. [...] Wir gehen wegen der Einsicht in die Bedingtheit ihres Verhaltens nun wesentlich humaner mit ihnen um. Wir haben sie als Opfer verstanden, die für ihre Handlungen nichts können. Ähnlich könnte ich mir vorstellen, dass unser Umgang mit Menschen, die wir heute als «Kriminelle» bezeichnen, verständnisvoller werden könnte – ohne dass sich allerdings unser Strafvollzug grundlegend änderte.

So weit präsentiert Singer sich also als besonders nachsichtig und verständnisvoll. Dies ist aber durchaus kompatibel mit der Maxime des Rechtsanwalts Gerhard Schröder, die da lautete: «Wegsperren, und zwar für immer». Das Interview geht nämlich so weiter:

Wie meinen Sie das?

Singer: Nehmen wir einmal an, es gebe jemanden, der eine sehr niedrige Tötungsschwelle hat, aus welchen Gründen auch immer. [...] Die fragliche Person ist für die Gesellschaft extrem gefährlich, weil sie ihre Tat bei jedem vergleichbaren Anlass immer wieder begehen könnte. Also muss man sich vor ihr schützen. [...]

Ich muss daran arbeiten, diejenigen Attraktoren in seinem Gehirn zu stärken, die die fragliche Tötungsschwelle höher setzen würden.

Wir würden Straftäter also wegsperren und bestimmten Erziehungsprogrammen unterwerfen, die durchaus auch Sanktionen einschließen würden. Wir wissen doch, dass Erziehung sowohl der Belohnung als auch der Sanktion bedarf. Mit anderen Worten: Wir würden hübsch das Gleiche tun wie jetzt auch schon. Allein die Betrachtungsweise hat sich geändert. (Singer, 2003: 33/34)

Wenn sich die Betrachtungsweise ändert, ändert sich auch das Personal. Statt Juristen und einem Spruchkörper sollen künftig Naturforscher nach einem Blick auf den Bildschirm entscheiden, ob einer rein muss oder raus darf. Eine Perspektive, so attraktiv wie weiland das Naturforscher-Produkt namens Frankenstein.

Das Ärgernis mit Roth und Singer liegt darin, dass sie Wechsel auf zukünftige wissenschaftliche Erkenntnisse ausstellen, die sie nie werden einlösen können. Sie suggerieren eine Genauigkeit so zu gewinnender Erkenntnisse, die extrem weit entfernt ist von den tatsächlich vorhandenen naturwissenschaftlichen Möglichkeiten – und weit entfernt von (nur subjektiv beurteilbarer) Gerechtigkeit. Jedes Gespräch mit einem Menschen ist bislang und in absehbarer Zukunft ungleich aussagekräftiger als das Abbild seines gesunden Gehirns.

9.3.2 Das «Manifest» der Hirnforscher

Unlängst veröffentlichten elf so genannte «führende Neurowissenschaftler» (Elger et al., 2004) ein «Manifest über Gegenwart und Zukunft der Hirnforschung». Unter den Autoren finden sich auch Roth und Singer, die aber offenbar von ihren Kollegen weit zurückgepfiffen wurden. So ist das Manifest relativ bescheiden und solide im Wahrheitsgehalt der Aussagen geworden. Darin heißt es:

▶ Was wir in 10 Jahren über den genaueren Zusammenhang von Gehirn und Geist wissen werden, hängt vor allem von der Entwicklung neuer Untersuchungsmethoden ab. Das «Wo» im Gehirn, über das uns heute die funktionelle Kernspintomografie Auskunft gibt, sagt uns noch nicht, «wie» kognitive Leistungen durch neuronale Mechanismen zu beschreiben sind. Für einen echten Fortschritt in diesem Bereich benötigen wir ein Verfahren, das eine Registrierung beider Aspekte in einem ermöglicht.

Wie entstehen Bewusstsein und Ich-Erleben, wie werden rationales und emotionales Handeln miteinander verknüpft, was hat es mit der Vorstellung des «freien Willens» auf sich? Die großen Fragen der Neurowissenschaften zu stellen ist heute schon erlaubt – dass sie sich bereits in den nächsten 10 Jahren beantworten lassen, allerdings eher unrealistisch. Selbst ob wir sie bis dahin auch nur sinnvoll angehen können, bleibt fraglich. Dazu müssten wir über die Funktionsweise des Gehirns noch wesentlich mehr wissen. ◀

Da wissen elf Hirnforscher also wesentlich weniger als einer allein. Weiter heißt es zutreffend:

▶ Die Beschreibung von Aktivitätszentren mit PET oder fMRT und die Zuordnung dieser Areale zu bestimmten Funktionen oder Tätigkeiten helfen hier kaum weiter. Dass sich alles im Gehirn an einer bestimmten Stelle abspielt, stellt noch keine Erklärung im eigentlichen Sinne dar. Denn «wie» das funktioniert, darüber sagen diese Methoden nichts, schließlich messen sie nur sehr indirekt, wo in Haufen von Hunderttausenden von Neuronen etwas mehr Energiebedarf besteht. Das ist in etwa so, als versuchte man die Funktionsweise eines Computers zu ergründen, indem man seinen Stromverbrauch misst, während er verschiedene Aufgaben abarbeitet. ◀

Das ist doch nun mal erfrischend ehrlich, und man könnte noch einiges Weitere zur so genannten «Blobologie» sagen, der aktuellen Neuauflage der Phrenologie, die das Gehirn neu kartiert mit vom Computer orange angefärbten, vermeintlichen oder tatsächlichen Aktivierungszonen, den so genannten Blobs. Die Auflösung ist ähnlich hoch wie die eines Globus im Wohnzimmer, auf dem man nur mühsam den Freistaat Sachsen zu erkennen vermag, geschweige denn Stadtteile von Leipzig. Die bunten Bilder, die so gerne vorgezeigt werden, obwohl sie in ihrer Aussagekraft von Laien und Journalisten nur schwerlich eingeschätzt werden können, haben im Umgang mit der Öffentlichkeit die Funktion von Reliquien: Sie sollen einschüchtern und zugleich den Glauben stärken wie das Leichtentuch von Turin. In Wirklichkeit ist es ein weiter Weg von den Bildern der funktionellen MRT zur

Frage der strafrechtlichen Verantwortlichkeit (Kröber, 2004). Gehring (2004) hat die naive Bildgläubigkeit der naturalistischen Hirnforscher und ihres Laienpublikums aus philosophischer Perspektive beleuchtet.

Und dann kommt eine zentrale Aussage im Manifest:

▶ Nach welchen Regeln das Gehirn arbeitet; wie es die Welt so abbildet, dass unmittelbare Wahrnehmung und frühere Erfahrung miteinander verschmelzen; wie das innere Tun als «seine» Tätigkeit erlebt wird und wie es zukünftige Aktionen plant – all dies verstehen wir noch nicht einmal in Ansätzen. Mehr noch: es ist überhaupt nicht klar, wie man dies mit den heutigen Mitteln erforschen könnte. In dieser Hinsicht befinden wir uns gewissermaßen noch auf dem Stand von Jägern und Sammlern. ◀

9.3.3 Der Täter als Bürger oder als Kranker

Wenn man genau hinschaut, positionieren sich Roth und Singer, aber natürlich auch der Verfasser in einem alten strafrechtspolitischen Streit. Seit dem Ende des 19. Jahrhunderts gibt es den Kampf der zwei Strafrechtsschulen, deren Positionen sich in etwa so skizzieren lassen (Kröber, 1997, 2001):

«Klassische» Strafrechtsschule

Strafrecht ist bescheiden auf die rechtswidrige Tat fokussiert:

1. Es sieht Bestrafung als Kompensation des Rechtsbruchs.
2. Es zielt darauf ab, das verletzte Recht punktuell (nie dauerhaft) wiederherzustellen.
3. Es hat wenig Interesse an der Person des Angeklagten (außer im Fall von Unzurechnungsfähigkeit).
4. Die Schwere der Strafe entspricht der Schwere der Schuld und damit im Wesentlichen der Schwere der Tat.
5. Wer seine schuldangemessene Strafe verbüßt hat, wird wieder *frei*, also ein Bürger mit allen Freiheitsrechten und -pflichten.

«Moderne» Strafrechtsschule

Modernes Strafrecht als Weg zur idealen, straftatfreien Gesellschaft fokussiert auf den Täter:

1. Es sieht Bestrafung als moralische Behandlung des Täters.
2. Es folgt einer Strategie von *social defense*, Prävention, Auslöschung des Verbrechens (→ Big Brother, Totalitarismus).
3. Es ist primär an der Gefährlichkeit einer Person interessiert.
4. Es erklärt das Begehen von Straftaten zur «Natur» («Gehirn») eines Menschen. Er ist von seinem Gehirn gezwungen, Straftaten zu begehen, daher muss er dauerhaft weggesperrt werden, solange man sein Gehirn nicht verändern kann.

Die Vertreter der «klassischen» Strafrechtsschule beharrten auf der Willensfreiheit und einem tatbezogenen (statt täterbezogenen) Strafrecht. Sie erwarteten nicht mehr, als punktuell (nie überdauernd) das verletzte Recht wiederherstellen zu können. Sie standen jedoch auf verlorenem Posten gegenüber dem optimistischen Anspruch der Fortschrittler, Körper, Mensch und Gesellschaft rational gestalten zu können. Sie beanspruchten, sie könnten bald fehlerhafte durch fehlerfreie Programme ersetzen. Auf die Einlösung dieser Versprechen warten wir immer noch. Dabei war es damals wie heute: Die Befunde über neuronale Netzwerke, regionale Aktivierungen und Zytoarchitektonik des Gehirns können nur dann deterministisch gedeutet werden, wenn man von ebensolchem Standpunkte ausgeht, indeterministisch oder kompatibilistisch hingegen, wenn man von einem Konzept der Kreativität oder auch der Emergenz ausgeht.

Unverkennbar aber sind die sozialen Konsequenzen: Wer nicht frei ist, kann auch keine Verantwortung übernehmen, kann kein Bürger sein. Dagegen setzte Hegel sein befreiendes Wort, in der Strafe werde der Verbrecher als Vernünftiges geehrt – als ein Bürger, der gegen sein eigenes Recht verstoßen hat (Hegel, 1821, § 100; siehe auch Pawlik, 2004). Dies ist *auch* ein durchaus nicht selten anzutreffender psychologischer Sachverhalt: dass ein Angeklagter sich (trotz möglicher Nachteile beim Strafmaß) vehement dagegen wehrt, dass man ihm die Fähigkeit zu seiner Tat und seine Verantwortung zu Gunsten irgendeiner zerebralen Dysfunktion abspricht. Spricht man ihm die Dysfunktion zu, läuft er ganz praktisch Gefahr, auf lange Zeit nicht mehr in Freiheit entlassen zu werden, unabhängig von der Schwere seines Delikts und vom Strafmaß.

9.4 Bedeutung von Stalking für den Maßregelvollzug

Harald Dreßing

Das Thema «Stalking» ist ein junges Forschungsgebiet der Psychiatrie. Zunehmend zeichnet sich die Bedeutung der Thematik aber insbesondere für die forensische Psychiatrie ab. Mit der Einführung eines eigenen Straftatbestandes muss sich die forensische Psychiatrie insbesondere mit der Schuldfähigkeitsbegutachtung, der Begutachtung der Prognose und einer möglichen Unterbringung und Behandlung von Stalkern im Maßregelvollzug befassen. Es zeigt sich aber auch, dass in der Psychiatrie tätige Personen auf Grund eines engen professionellen Kontaktes zu Patienten mit problematischen Persönlichkeitsprofilen selbst wesentlich häufiger als die Durchschnittsbevölkerung Opfer von Stalking werden. Davon sind Ärzte, Psychologen und Pflegepersonal gleichermaßen betroffen. Kenntnisse im professionellen Umgang mit diesem Phänomen sollten deshalb Gegenstand der Aus- und Weiterbildung in den entsprechenden Berufsfeldern werden. Auf einige dieser Aspekte soll im Folgenden eingegangen werden. Einen vertiefenden Überblick über den aktuellen Forschungsstand haben Dreßing und Gass (Dreßing/Gass, 2005) vorgelegt.

9.4.1 Definition von Stalking

Einer der ersten klinisch-wissenschaftlichen Definitionsversuche für Stalking stammt von Meloy und Gotthard (1995), die es als ein beabsichtigtes, böswilliges und wiederholtes Verfolgen und Belästigen einer anderen Person bezeichnen. Es gibt bisher keine allgemein akzeptierte Definition von Stalking. Den vielfältigen Definitionsversuchen sind aber die folgenden Kriterien gemeinsam: Stalking bezeichnet ein von der Norm abweichendes Verhaltensmuster, bei dem ein Täter einen anderen Menschen ausspioniert, verfolgt, belästigt, bedroht, unter Umständen auch körperlich attackiert und in seltenen Fällen sogar tötet. Durch diese Verhaltensweisen fühlt sich das Opfer des Stalkers in Angst versetzt (Dreßing/Henn, 2002). Neben diesen allgemeinen Kriterien, die allen Definitionsversuchen gemeinsam sind, unterscheiden sich die Stalkingdefinitionen aber zum Beispiel durch die Einführung bestimmter Cut-off-Grenzen. Einige weit gefasste Definitionen gehen schon von einem Stalkingfall aus, wenn mehr als zwei unerwünschte Kontaktaufnahmen stattgefunden haben. Andere Definitionen fordern, dass das Stalkingverhalten über einen bestimmten Zeitraum andauern muss (z. B. mehr als 2 oder 4 Wochen).

Im Strafgesetzbuch wurde in dem neuen Paragrafen 238 StGB unter dem Terminus «Nachstellung» bewusst eine weitere Definition von Stalkingverhaltensweisen zu Grunde gelegt, um zu vermeiden, dass der «findige» Stalker eng definierte und sanktionierte Verhaltensweisen vermeidet und somit eine Bestrafung umgeht, dafür aber nicht minder perfide Stalkingverhaltensweisen ungestraft praktizieren kann. Im StGB lautet die Stalkingdefinition wie folgt:

▶ § 238 StGB «Nachstellung»

(1) Wer einem Menschen unbefugt nachstellt, indem er beharrlich
1. seine räumliche Nähe aufsucht,
2. unter Verwendung von Telekommunikationsmitteln oder sonstigen Mitteln der Kommunikation oder über Dritte Kontakt zu ihm herzustellen versucht,
3. unter missbräuchlicher Verwendung von dessen personenbezogenen Daten Bestellungen von Waren oder Dienstleistungen für ihn aufgibt oder Dritte veranlasst, mit diesem Kontakt aufzunehmen,
4. ihn mit der Verletzung von Leben, körperlicher Unversehrtheit, Gesundheit oder Freiheit seiner selbst oder einer ihm nahe stehenden Person bedroht, oder
5. eine andere vergleichbare Handlung vornimmt, und dadurch seine Lebensgestaltung

schwerwiegend beeinträchtigt, wird mit Freiheitsstrafe bis zu 3 Jahren oder mit Geldstrafe bestraft.

(2) Auf Freiheitsstrafe von 3 Monaten bis zu 5 Jahren ist zu erkennen, wenn der Täter das Opfer, einen Angehörigen des Opfers oder eine andere dem Opfer nahestehende Person durch die Tat in die Gefahr des Todes oder einer schweren Gesundheitsschädigung bringt.

(3) Verursacht der Täter durch die Tat den Tod des Opfers, eines Angehörigen des Opfers oder einer anderen dem Opfer nahe stehenden Person, so ist die Strafe Freiheitsstrafe von einem Jahr bis zu 10 Jahren.

(4) In den Fällen des Absatzes 1 wird die Tat nur auf Antrag verfolgt, es sei denn, dass die Strafverfolgungsbehörde wegen des besonderen öffentlichen Interesses an der Strafverfolgung ein Einschreiten von Amts wegen für geboten hält. ◀

9.4.2 Häufigkeit von Stalking

Es gibt ganz unterschiedliche Vorgehensweisen, mit denen Stalker versuchen, ihr Opfer zu verfolgen und zu bedrohen. Am häufigsten kommen folgende Methoden zum Einsatz:

- Telefonanrufe
- Briefe
- Fax
- E-Mails
- SMS
- Verfolgen
- Auflauern
- In-der-Nähe-Herumtreiben
- Zusendung von Geschenken
- Bestellungen im Auftrag des Opfers
- Beschädigung von Eigentum
- Hausfriedensbruch
- Drohungen
- Körperverletzung
- aggressive Gewalthandlungen
- sexuelle Nötigung
- Kontaktaufnahme über Dritte (*stalking by proxy*).

Stalking stellt ein Problem dar, das sich in aller Regel über einen längeren Zeitraum hinzieht und bei dem die Opfer oft mehreren unterschiedlichen Methoden der Verfolgung, Bedrohung und Belästigung ausgesetzt sind. Das bedeutet für die Opfer eine chronische und kaum kontrollierbare Stresssituation, der sie mehr oder weniger hilflos ausgesetzt sind. In angelsächsischen Studien fand sich eine Stalking-Lebenszeitprävalenz von 4 bis 7,2 % bei Männern und von 12 bis 17,5 % bei Frauen. Diese Ergebnisse verdeutlichen, dass Stalking ein relativ häufiges Phänomen ist, und dass Frauen häufiger Opfer von Stalkern werden als Männer.

In der ersten deutschen Studie zur Prävalenz von Stalking gaben 11,6 % der Befragten an, mindestens einmal in ihrem Leben Opfer eines Stalkers gewesen zu sein. Unter den Stalkingopfern waren 87,2 % Frauen und 12,8 % Männer (Dreßing et al., 2002).

Die forensische Relevanz von Stalking wird dadurch verdeutlicht, dass Stalking auch der Vorbote erheblicher Gewalttaten sein kann. So fand sich in einer Untersuchung von 141 Frauen, die von ihrem Ex-Partner getötet wurden, bei 76 % im Vorfeld Stalking durch den Täter (Mullen et al., 1999). Auch für Deutschland zeichnet sich eine erhebliche Bedeutung für die Praxis der forensischen Psychiatrie ab: 34,6 % der Stalker sprachen explizite Drohungen gegenüber dem Opfer aus, und in 30,4 % folgten auch tatsächlich Gewalthandlungen (Dreßing/Kuehner, 2002). Das bedeutet, dass man Stalking keineswegs als harmlose Belästigung abtun kann, sondern zumindest in bestimmten Risikokonstellationen als Vorboten von Gewalt sehen muss. Dies bedeutet, dass Drohungen von Stalkern ernst zu nehmen sind und in jedem Fall eine individuelle Risikoanalyse erfolgen sollte.

9.4.3 Tätertypologien

Auch wenn Stalking in jedem Fall ein von der Norm abweichendes Verhalten ist, muss betont werden, dass nur die wenigsten der Täter an einer schwer wiegenden psychiatrischen Erkrankung leiden. Aus Laiensicht liegt es zwar nahe, auf Grund der Abnormität des Verhaltens auf eine psychische Erkrankung zu schließen. In erster Linie stellt Stalking aber ein mittlerweile auch strafrechtlich verfolgtes kriminelles Verhalten dar. Es ist Aufgabe der Psychiatrie und der forensischen Psychiatrie, die kranken Täter nach den Regeln der üblichen psychopathologischen Untersuchung zu diagnostizieren und einer Behandlung – bei eingeschränkter Schuldfähigkeit auch im Maßregelvollzug – zuzuführen. Die Mehrzahl der Täter ist aber straftrechtlich sicherlich voll verantwortlich. Insgesamt ist nach derzeitigem Kenntnisstand davon auszugehen, dass es eine kleinere Gruppe von Stalkern gibt, die psychiatrisch erheblich erkrankt ist und bei der das Stalkingverhalten auch Symptom und Ausdruck ihrer psychischen Erkrankung ist. Die wesentlich größere Gruppe von Stalkern ist zwar häufig auch psychisch auffällig, in aller Regel aber nicht so gestört, dass sie für ihr Verhalten nicht strafrechtlich verantwortlich gemacht werden könnte. Es macht auch keinen Sinn, diese psychisch nicht schwer erkrankte Gruppe von Stalkern in die Psychiatrie einzuweisen. Diese zweite Gruppe von Stalkern ist zwar uneinsichtig im Hinblick auf ihr Fehlverhalten, dies ist aber nicht mit einer psychischen Störung gleichzusetzen. Eine Verhaltensänderung bei dieser Gruppe ist weniger von einer zwangsweisen Therapie in der psychiatrischen Klinik zu erwarten, sondern eher von einer frühzeitigen und empfindlichen Strafe durch das Rechtssystem.

Es gibt verschiedene Versuche, die Stalker nach unterschiedlichen Kriterien zu typologisieren. Das Ziel solcher Klassifikationen ist es, Aussagen über den Verlauf, die Gefährlichkeit und Interventionsmöglichkeiten bei bestimmten Gruppen von Stalkern machen zu können. Zur Begutachtung der Gefährlichkeit und des Verlaufs von Stalking wurden in den angelsächsischen Ländern unterschiedliche Stalkertypologien entwickelt, die – mehr oder weniger systematisch – die Persönlichkeit des Täters, die Motivation für Stalking und den sozialen Kontext, in dem das Stalkingverhalten auftritt, beschreiben. Die Mehrzahl dieser Typologien wurde in Ländern mit angelsächsischer Rechtstradition entwickelt und ist deshalb für die psychiatrische Praxis in Deutschland nur bedingt geeignet, insbesondere, wenn auch rechtliche Fragen zu ventilieren sind.

Relativ verbreitet ist die Typologie von Mullen und Kollegen (Mullen et al., 1999), bei der fünf Gruppen von Stalkern unterschieden werden:

1. der zurückgewiesene Stalker, der eine (Intim-) Beziehung zu seinem Opfer hatte, die zerbrochen ist. Motive für diesen Stalkertypus, der häufig auch als Ex-Partner-Stalker bezeichnet wird, sind Rache und/oder Hoffnung auf Wiederherstellung der Beziehung. Bei dieser Konstellation sind Gewalthandlungen im Kontext von Stalking häufig.
2. der Liebe suchende Stalker, der häufig an einem Liebeswahn leidet, das heißt wahnhaft davon überzeugt ist, dass sein Stalkingopfer ihn auch liebt.
3. der inkompetente Stalker, der unerfahren in der Anbahnung und Aufrechterhaltung von Beziehungen ist und in diesem Kontext auch stalkt (eher harmloser Typus).
4. der Rache suchende Stalker, der sich für ein tatsächlich oder vermeintlich erlittenes Unrecht mit seinem Stalking zu rächen sucht. Hier sind zum Beispiel auch Ärzte oder Pflegekräfte aus der Psychiatrie und besonders auch der forensischen Psychiatrie potenzielle Opfer.
5. der beutelüsterne Stalker, der einen sexuellen Übergriff auf sein Opfer plant und im Vorfeld zum Beispiel obszönes Telefonstalking betreibt.

Eine kürzlich von Dreßing und Kollegen publizierte multiaxiale Klassifikation (Dreßing/Gass, 2007) berücksichtigt in systematischer Weise drei Ebenen:

1. die Psychopathologie
2. die Täter-Opfer-Beziehung
3. die Motive für das Stalking.

Diese multiaxiale Stalkingklassifikation ist somit für die Begutachtung nach deutschem Recht, für die Prognose sowie die Zuweisung zu den unterschiedlichen Systemen (Strafvollzug versus Psychiatrie und Maßregelvollzug) geeignet. Auf der psychopathologischen Ebene ist zu prüfen, ob das Stalking im Kontext einer psychotischen Erkrankung oder einer psychopathologischen Entwicklung aufgetreten ist.

Stalkingverhalten kann zum Beispiel im Kontext von *wahnhaften Störungen oder schizophrenen Psychosen* auftreten. Weiterhin kann es im Rahmen einer *Manie* zu typischen Stalkingverhaltensweisen kommen. Diese Tätergruppe gehört eindeutig in den Kompetenzbereich der Psychiatrie, das heißt, es handelt sich in aller Regel um behandlungsbedürftige Täter. Ist das Stalkingverhalten eindeutig auf ein psychotisches Erleben zurückzuführen, so ist in der Regel eine erheblich beeinträchtigte oder gar aufgehobene Steuerungsfähigkeit anzunehmen. Sofern in Zukunft gefährliche Taten des Stalkers zu erwarten sind, ist auch eine Einweisung in den Maßregelvollzug gemäß § 63 StGB indiziert. Solche Fälle sind sicherlich selten, kommen aber in der Begutachtungspraxis immer wieder vor. Der Anteil psychotischer Stalker an allen Stalkingfällen ist aber insgesamt als eher gering einzuschätzen. Auf der psychopathologischen Ebene kann eine zweite Gruppe von Stalkingfällen in die Kategorie der *psychopathologischen Entwicklung* eingeordnet werden. Diese Stalkingverläufe zeichnen sich durch eine Dynamik aus, die an süchtige Entwicklungen oder zwanghafte Störungen erinnert. Eine progrediente psychopathologische Entwicklung kann vor allem beim so genannten Ex-Partner-Stalking vorkommen. Das Stalking beginnt, nachdem eine zuvor bestehende Beziehung zerbrochen ist. Es finden sich eine zunehmende Einengung des Denkens, eine Störung der Realitätsprüfung und eine affektive Einengung. Auf der Verhaltensebene kann das Stalkingverhalten dann den gesamten Lebensrhythmus bestimmen. Es kann dann auch zu stundenlanger obsessiver gedanklicher Beschäftigung mit dem Opfer und mit möglichen Vorfolgungsstrategien kommen. Die diagnostische Einschätzung solcher Entwicklungen bedarf einer sorgfältigen Analyse. Bei diesem Tätertypus, der strafrechtlich zuvor in aller Regel überhaupt nicht auffällig geworden ist, kann es zu massiven Gewalttaten bis hin zu Tötungsdelikten kommen.

Bei der größten Gruppe der Stalkingfälle ist beim Täter *keine gravierende psychiatrische Diagnose* zu stellen. Zwar finden sich auch in dieser Gruppe häufig *Akzentuierungen der Persönlichkeitsstruktur* oder sogar *Persönlichkeitsstörungen*, meist aus dem Cluster B, also *narzisstische, emotional instabile oder dissoziale Persönlichkeitsstörungen*. Diese sind aber nicht so stark ausgeprägt, dass sie die Verantwortlichkeit des Stalkers für sein Handeln beeinträchtigen. Dieser Stalkertypus fällt am wenigsten in den Kompetenzbereich der Psychiatrie. Vielmehr ist für diesen Tätertypus eine frühzeitige und auch deutliche Strafe angezeigt. Dies schließt nicht aus, dass ähnlich wie bei strafrechtlich voll verantwortlichen Sexualstraftätern während einer Haftzeit eine psychiatrisch-psychotherapeutische Behandlung erfolgen kann.

Auf der Beziehungsebene unterscheidet die multiaxiale Stalkertypologie folgende drei Gruppen:

1. Das Opfer ist eine prominente Person des öffentlichen Lebens.
2. Es handelt sich um ein Ex-Partner-Stalking.
3. Andere Beziehungskonstellationen, zum Beispiel Bekannter, professioneller Kontakt, Fremder. Die Beziehungsanalyse ist deshalb von Bedeutung, weil beim Ex-Partner-Stalking am häufigsten mit gewalttätiger Eskalation bei nichtpsychotischen Tätern zu rechnen ist.

Auf der dritten Ebene beschreibt die multiaxiale Stalkertypologie die Motivation des Stalkers. Vielfältige Motive können den Stalker antreiben und sich im Laufe des Stalking auch ändern, überlagern und mischen. Deshalb können Versuche der Klassifikation der Motivation von Stalkern nur sehr vereinfachend sein und einen ersten Anhaltspunkt für eine zu vertiefende individuelle Analyse geben. Vereinfachend kann man die Motivation für Stalking in positive und negative Kategorien typologisieren:

- Bei den positiven Motiven kommen zum Beispiel Liebe, Zuwendung und Versöhnung in Betracht. Bei dieser Motivationslage ist das Risiko für gewalttätiges Verhalten des Stalkers gegenüber dem Opfer als eher gering einzuschätzen.
- In die Kategorie der negativen Motive für Stalking fallen zum Beispiel Gefühle der Rache, Wut, Eifersucht und das Bedürfnis, Macht und Kontrolle auszuüben. Sofern diese Motive das Stalkingverhalten dominieren, ist eine gewalttätige Eskalation möglich.

Eine besondere Bedeutung kommt dabei auch entsprechenden Drohungen zu. In etwa 80 % der Fälle geht einer Gewaltanwendung auch eine konkrete Drohung voraus. Besondere Bedeutung kommt auch einem Umschlagen von zunächst positiven Gefühlen gegenüber dem Opfer in eine negative Einstellung zu. So ist etwa die Zustellung eines Bescheides nach dem Gewaltschutzgesetz oder die Beschränkung des Umgangsrechts für gemeinsame Kinder ein Zeitpunkt, der mit einem besonderen Risiko für Gewalttaten einhergeht.

9.4.4 Auswirkungen auf die Opfer

Aus vielen Studien ist mittlerweile hinlänglich bekannt, dass grundsätzlich jeder Mensch, unabhängig von der sozialen Schicht und individuellen Persönlichkeitsstruktur, Opfer eines Stalkers werden kann. Menschen in exponierten Berufen haben allerdings ein erhöhtes Risiko. Das gilt zum Beispiel für berühmte Stars, aber auch für Politiker, Nachrichtensprecher etc. Ein besonderes Risiko, selbst Opfer eines Stalkers zu werden, haben auch Personen, die im psychiatrischen Bereich tätig sind, da sie auf Grund ihrer beruflichen Tätigkeit enge professionelle Kontakte zu anderen Menschen eingehen. Dies gilt für alle Berufsgruppen in der Psychiatrie (Galeazzi, 2005). Deshalb sollte das Thema «Stalking» auch in der Ausbildung von jüngeren Kollegen stärker betont werden, da durch rechtzeitiges Erkennen der Problematik und adäquate Reaktionen eine Chronifizierung der Stalkingproblematik unter Umständen vermieden werden kann.

Stalking ist für die Betroffenen eine chronische Stresssituation, der sie sich nur sehr schwer entziehen können. Es kann für die Opfer psychotraumatisch wirken und körperliche und seelische Krankheitszustände auslösen und unterhalten. Studien, in denen die Folgen von Stalking bei den Opfern untersucht wurden, zeigten, dass die Betroffenen oft erhebliche gesundheitliche Beeinträchtigungen aufweisen und im Vergleich zu nichtgestalkten Personen signifikant häufiger Symptome einer posttraumatischen Belastungsstörung, Depression, generalisierten Angststörung und somatoformer Störungen entwickeln. Stalkingopfer nehmen auch signifikant häufiger Psychopharmaka ein. Die psychischen Störungen können persistieren, wenn die aktuelle Stalkingsituation bereits beendet ist (Kühner, 2007).

9.4.5 Umgang mit Stalking von ÄrztInnen, PsychologInnen und Pflegepersonal

Es ist bekannt, dass in der Psychiatrie tätige Personen ein deutlich höheres Risiko tragen, Opfer von Stalking durch Patienten zu werden, als der Durchschnittsbürger. Obwohl für die forensische Psychiatrie diesbezüglich noch keine eigenen Untersuchungen durchgeführt wurden, ist auf Grund der besonderen Problematik vieler Patienten des Maßregelvollzugs davon auszugehen, dass dieses Risiko für Beschäftigte im Maßregelvollzug mindestens ebenso hoch ist, wie für Beschäftigte in der Allgemeinpsychiatrie, vermutlich ist sogar von einer noch höheren Prävalenz auszugehen. Es ist deshalb wichtig, dass die Mitarbeiter in der forensischen Psychiatrie über die Thematik informiert sind und in der Institution klare Regeln vorliegen, wie man in solchen Fällen vorgehen sollte. Wichtig ist, dass der Mitarbeiter mit diesem Problem nicht alleine gelassen wird, sondern maximale Unterstützung der Kollegen, der Vorgesetzten und auch der Betriebsleitung erhält, einschließlich frühzeitiger Einschaltung des Hausjuristen.

Zunächst ist es wichtig, dass die Mitarbeiter für die Thematik durch Information und Vorträge sensibilisiert werden, um eine Stalkingsituation frühzeitig zu erkennen. Je früher und entschlossener eine Reaktion erfolgt, desto wahrscheinlicher ist es, dass sich das Stalking beenden lässt. Sofern eine Stalkingsituation erkannt ist, gilt die grundsätzliche Regel, dass nur eine, dafür aber unmissverständliche Erklärung erfolgt, dass kein weiterer Kontakt mit dem Stalker gewünscht wird. Sofern es sich bei dem Stalker um einen Patienten handelt, der noch in aktueller Behandlung ist, bedeutet dies, dass der therapeutische Kontakt unterbrochen wird und von einem anderen Kollegen fortgeführt werden muss. Wichtig ist, dass weitere Kontaktangebote des Stalkers absolut ignoriert werden. Wird irgendwann doch noch einmal ein Gespräch mit dem Stalker akzeptiert, so bedeutet dies im Sinne der Lernpsychologie eine intermittierende Verstärkung, die künftiges Stalkingverhalten maximal wahrscheinlich machen wird. Der Stalker lernt nämlich, dass er einfach nur hartnäckig bleiben muss, um irgendwann doch zum vermeintlichen Erfolg zu kommen. Wichtig ist auch, dass Öffentlichkeit hergestellt wird, das heißt, Kollegen und Vorgesetzte sollten frühzeitig informiert werden. Aus falscher Scham – zum Beispiel vermeintlich in der professionellen Beziehungsgestaltung etwas falsch gemacht zu haben – oder aus Unerfahrenheit unterleibt dies häufig. Dies bedeutet aber auch, dass die Vorgesetzten und die Betriebsleitung sich aktiv um das Problem kümmern. Auch hier herrscht vielerorts oft noch Unsicherheit im praktischen Vorgehen. Auch wenn es sich um Patienten oder deren Angehörige handelt, die als Stalker auftreten, bleibt Stalking in jedem Fall ein kriminelles Handeln, auf das mit aller Entschlossenheit zu reagieren ist. Grundsätzlich sollten sich Stalkingopfer, bei denen das Stalking aus einem professionellen Kontakt heraus geschieht, genauso verhalten und reagieren, wie Stalkingopfer in anderen Situationen. Das heißt, dem Stalker sollte frühzeitig, klar und unmissverständlich mitgeteilt werden, dass er sein Stalkingverhalten sofort einzustellen hat. Es erscheint sinnvoll, dass diese Mitteilung durchaus auch von einer der Klinik angehörigen aber nicht betroffenen Person schriftlich mitgeteilt wird. Für bestimmte Konstellationen bietet sich an, diese Mitteilung zum Beispiel vom Hausjuristen schriftlich abfassen zu lassen, wobei dann bereits auf weitere rechtliche Konsequenzen bei Nichtbeachtung hingewiesen werden sollte. Es empfiehlt sich auch eine frühzeitige Anzeige bei der Polizei sowie ggf. die Einleitung strafrechtlicher Schritte. Auch hierbei sollte der betroffene Mitarbeiter aktiv von seiner Klinik unterstützt werden, sodass er nicht als einzeln Handelnder, sondern als Mitarbeiter einer Institution auftritt, die voll hinter ihm steht. Für rechtliche Auseinandersetzungen ist es notwendig, dass alle Vorkommnisse dokumentiert sind, sodass Betroffene hierzu auch angehalten werden sollten. Zwar sind die Möglichkeiten der Betroffenen, durch eigenes Verhalten Einfluss auf den Stalker zu nehmen, begrenzt. Es kann aber nicht genug betont werden, dass Stalkingopfer konsequent alle Kontaktangebote des Stalkers strikt ignorieren müssen. Aus falsch verstandenem Mitleid oder anderen Motiven heraus lassen sich viele Stalkingopfer irgendwann doch noch einmal auf ein Gespräch ein, was im Sinne einer intermittierenden Verstärkung aber gerade dazu prädestiniert, die Bemühungen des Stalkers aufrechtzuerhalten. Frühzeitiges Ausschöpfen auch polizeirechtlicher und juristischer Maßnahmen erscheint eine weitere wirksame Verhaltensweise.

Insgesamt besteht im Umgang mit Stalking von Beschäftigten psychiatrischer Kliniken aber noch erheblicher Aufklärungs- und Informationsbedarf auf allen Ebenen.

9.5 Operative Fallanalysen und Täterprofile in der forensischen Psychiatrie

Volker Dittmann

Massenmedien und Unterhaltungsindustrie haben sich in geradezu inflationärer Weise des Themas «Profiling» bemächtigt, so kann man zum Beispiel im Fernsehen allabendlich mehreren «Profilern» bei ihrer Arbeit zusehen. Oft stehen sich dabei auf der einen Seite der raffinierte, kaltblütige «Serienkiller» und auf der anderen Seite der «Profiler» als Kontrahenten gegenüber. Filme wie «Das Schweigen der Lämmer» in ständig neuen Folgen und andere sensationslüsterne Fantasieprodukte kennen kein Tabu mehr. Der Öffentlichkeit, aber auch unkritischen Teilen der Fachwelt wird damit ein Bild von Polizeiarbeit vermittelt, das fern jeglicher Realität ist. «Profiler» tragen selbst zur Legendenbildung bei, vor allem FBI-Mitarbeiter, wie Ressler und Douglas, unbestritten verdienstvolle Pioniere auf diesem Gebiet, die sich jetzt aber zunehmend der publikumswirksamen Vermarktung ihrer Memoiren widmen (so z.B. Douglas, Michaud, Ressler). Zudem gibt es offenbar immer noch den Typus des Star-Profilers, der sich mit großem Drang zur Selbstdarstellung in den Medien alsbald zur Psychologie eines noch unbekannten Täters äußert und – wohl wegen seiner Popularität – sogar von Ermittlungsbehörden noch beauftragt und aus der Ferne eingeflogen wird, natürlich zu einem st[illegible]n Honorar. Dem Autor als Recht[illegible]ensischem Psychiater, der in den [illegible] Jahren mit Tausenden von Fällen zu tun hatte, ist es wohl gestattet zu fragen, woher diese selbst ernannten Experten ohne jegliche rechtsmedizinische Ausbildung und eigene Erfahrung in der Tatortarbeit ihr Wissen haben – aus der Praxis anscheinend nicht!

Die Methode der subtilen Fallanalyse ist zumindest im Kriminalroman keineswegs neu: Sir Arthur Conan-Doyle hat wesentliche Grundprinzipien dieses Vorgehens in der Person seines Sherlock Holmes dargestellt, der seine Fälle nach zumeist kurzen Tatortanalysen im Wesentlichen durch intellektuelle und oft sehr komplizierte, aber immer logisch stringente Analysen aus der Distanz löste.

Das FBI begann in den USA Ende der 70er-Jahre des 20. Jahrhunderts im Rahmen der Behavioural Science Unit (BSU) mit einer systematischen Erforschung von Serientätern, insbesondere von Serien- und Sexualmördern. Der Ansatz war grundsätzlich neu und interessant, wurden doch unter anderem erstmals umfangreiche Interviews mit inhaftierten Serienmördern durchgeführt, um so Hinweise auf angeblich typische Persönlichkeitseigenschaften und Vorgehensweisen zu erlangen, die im Rahmen einer systematisierten Analyse bei ungeklärten Fällen zur Ergreifung des Täters führen könnten.

Die methodische Kritik an diesem Vorgehen sei hier bereits vorweggenommen: Es handelte sich bei den Befragten um eine eher kleine Gruppe von 36 Serien-Sexualmördern, wobei eine reine Gefängnispopulation bereits eine sehr ausgelesene ist, außerdem gab es weitere Verzerrungen dadurch, dass die Teilnahme freiwillig war. Auf dieser Datenbasis wurden dann verschiedene *Tätertypologien* entwickelt, die in der Folge auch außerhalb der USA und insbesondere im deutschen Sprachraum Verwendung fanden, wobei es methodisch grundsätzlich fragwürdig erscheint, Daten, die unter kriminologisch und soziologisch sehr unterschiedlichen Bedingungen gewonnen wurden, ohne Modifikation auf unsere Verhältnisse zu übertragen, so zum Beispiel das Konzept des planenden (*organized*) und des nichtplanenden (*disorganized*) Sexualmörders.

9.5.1 Serienmörder

Serien- und Massenmorde galten etwa ab Mitte der 80er-Jahre des 20. Jahrhunderts in den USA als zunehmende Gefahr für die öffentliche Sicherheit. Ängste wurden in der breiteren Öffentlichkeit vor allem durch populäre Publikationen und für jedermann erhältliche Enzyklopädien, die minutiös alle bisher bekannten Serienmörder und ihre Taten auflisten (Blundell, 1996; Lane, 1992; Wilson/Seaman, 1990), aber auch durch Fachpublikationen (Holmes, 1988) geschürt.

Primär muss man unterscheiden zwischen:

- *Massenmördern*, die simultan, das heißt in einer Handlung oder Handlungskette mehrere Menschen töten, und
- *Serienmördern*, die wiederholt Einzeltaten in größeren Zeitabständen begehen. Strittig ist dabei im internationalen Schrifttum, ob eine Serie bei drei, fünf oder erst zehn Delikten beginnt (Fink, 2000; Harbort, 1999).

Holmes und De Burger (1988) haben eine *Klassifikation der Serienmörder* vorgeschlagen, die einen guten Überblick über die Vielfalt der Motive und der anderen kriminologischen Faktoren gibt (**Tab. 9-1**). Nach den US-amerikanischen Erfahrungen kann man davon ausgehen, dass es viele verschiedene psychische und kriminologische Konstellationen gibt, die in serielle Tötungsdelikte münden. Dies zeigt bereits das wesentliche *Dilemma eines typologischen Ansatzes*, der einerseits das unübersichtliche Material ordnen, andererseits aber auch zum individuellen Täter führen soll, welcher in der Regel in mehreren Bereichen vom jeweiligen Idealtyp abweicht. Folgt man also einer starren Typologie, so begeht man sowohl in der in der Ermittlungsarbeit als auch in der forensisch-psychiatrischen Begutachtung und Therapie mit Sicherheit schwere Fehler.

Tabelle 9-1: Klassifikation von Serienmördern (Quelle: in Anlehnung an Holmes/De Burger, 1988)

Verhaltensmuster		
Ursprung des Verhaltens psychogen soziogen biogen	*Motive* innere äußere	*Verhaltensorientierung* psychischer Gewinn, expressiv materieller Gewinn, instrumentell
Opfereigenschaften spezifisch unspezifisch	*Opferauswahl* gezielt zufällig	*Täter-Opfer-Beziehung* fremd bekannt
geplant spontan	*Vorgehensweise* prozessorientiert ergebnisorientiert	organisiert desorganisiert
	Tatorte konzentriert verstreut	

Tätertypologie			
visionär meist psychotisch, oft imperative Halluzinationen	*missionarisch* schwere Persönlichkeitsstörung, eigene «Moralvorstellungen»	*hedonistisch* lust- und thrill-orientiert, sexuell deviant	*machtorientiert* schwaches Selbstwertgefühl, Erleben von Dominanz

9.5.2 Das Konzept der modernen operativen Fallanalyse

Vor allem das deutsche Bundeskriminalamt hat sich Anfang der 90er-Jahre des 20. Jahrhunderts in wissenschaftlichen Projekten mit Täterprofiling und Fallanalysen befasst. Dies hat zur Organisationseinheit «Operative Fallanalyse» (OFA) geführt (Dern/Baurmann, 2006). Unter einer *operativen Fallanalyse* versteht man ein systematisches Aufarbeiten von Kriminalfällen mit dem Ziel, das Täterverhalten möglichst exakt zu rekonstruieren und dadurch Hinweise für die weiteren Ermittlungen zu erhalten. Das moderne Konzept geht dabei über das reine Profiling hinaus und bezieht sich auch nicht ausschließlich auf Serienmörder. Insbesondere bei primär ungeklärten Tötungsdelikten hat sich in letzter Zeit erwiesen, dass nur Teamwork und ein ganzheitlicher, integrativer Ansatz Erfolg versprechen, dass heißt: Im Gegensatz zur Darstellung im Film mit dem Profiler als genialem Einzelkämpfer arbeiten die modernen Fallanalytiker nicht isoliert und distanziert, sondern sehen ihre Funktion in erster Linie in einer Beratung im Rahmen eines Teams. Die zuständigen Sachbearbeiter aus Kriminalistik, Rechtsmedizin und Kriminalpsychologie sowie forensischer Psychiatrie werden von Anfang an einbezogen, und es erfolgt eine ständige Rückkopplung.

Der *Rechtsmedizin* kommt dabei eine bedeutende Rolle zu, denn nur sie ist in der Lage, einerseits biologische Spuren und andererseits Verletzungsmuster richtig zu erfassen und zuzuordnen und daraus einen Geschehensablauf zu rekonstruieren (Harbort, 1997; Püschel/Schröer, 2001; Wilson/Seaman, 1990). Gerade bei Tötungsdelikten mit sexuellem Bezug ist zum Beispiel die Unterscheidung zwischen vitalen und vom Täter später beigebrachten postmortalen Verletzungen wichtig, da sich daraus Hinweise auf die zu Grunde liegende Psychopathologie ergeben können.

Die *Methodik* der integrativen, operativen Fallanalyse ist erlern- und vermittelbar, mittlerweile gibt es sogar eine Standardisierung des Verfahrens (Projektgruppe der Polizei des Bundes).

Der Prozess verläuft in mehreren Schritten (**Tab. 9-2**):

- Primäre Aufgabe des Fallanalytikers ist zunächst die strukturierte und *systematische Sammlung von Material.*
- Im nachfolgenden *Entscheidungsprozess* muss Wichtiges von Unwichtigem getrennt werden.
- Es folgt eine *erste Tatrekonstruktion*, die eine möglichst präzise Antwort auf die Fragen geben soll:
  - Was haben Täter und Opfer wann und warum in welcher Reihenfolge gemacht?
  - Was unterließ der Täter, das eigentlich zu erwarten gewesen wäre?
  - Was tat er, das eigentlich nicht nötig gewesen wäre?
- Dann ist zu klären, welche *Bedeutung* das spezifische Verhalten für den Täter hatte.
- Danach wird versucht, den Fall einer bestimmten *charakteristischen Gruppe zuzuordnen.*
- Daraus ergibt sich dann möglicherweise ein *Täterprofil*, wobei die Methodik des psychologischen und des empirischen Profils kombiniert werden.
- Im Idealfall leiten sich daraus *konkrete Ermittlungshinweise* ab.
- Im Verlauf der weiteren Ermittlungen werden die auf der Analyse beruhenden *Hypothesen fortlaufend validiert* und den neuen Erkenntnissen angepasst.

9.5.3 Täterprofil

Ein Täterprofil im Rahmen einer Fallanalyse ist eine Auflistung charakteristischer Merkmale eines *noch unbekannten* Täters, der auf Grund dieser Merkmalskombination ermittelt werden soll. Es beruht wesentlich auf der Rekonstruktion und Interpretation des Täterverhaltens nach systematischer Tatort- und Tatanalyse. Diese Feststellung ist von großer Bedeutung und steht in klarem Gegensatz zu der auch in Fachkreisen weit verbreiteten Meinung, ein derartiges Profil sei immer nur eine *Hypothese*, welche die Ermittlungshandlungen lenken könne, aber nicht direkt zur spezifischen Identität des Täters führe (Dern/Baurmann, 2006; Fink, 2000; Jackson, 1997).

Der Begriff «psychologisches Täterprofil» ist dabei irreführend, es handelt sich nämlich nicht ausschließlich um psychische Merkmale, die

Tabelle 9-2: Wichtige Bereiche einer systematischen interdisziplinären Fallanalyse

Tat- und Tatortanalyse – genaue Ortsanalyse (Fotos, Lagepläne) – Zugangsmöglichkeiten (Fahrzeug!) – Schädigungsart (Obduktionsbefund, Fotos, Schemazeichnungen) – Tatwerkzeug(e) – Interaktionsspuren – minutiöse Rekonstruktion des Tatablaufs einschließlich Vor- und Nachtatphase – Kontrolle, Eskalation, Progression, Inszenierung – Gesamteindruck, erste Zuordnung zu einer spezifischen Deliktsgruppe. **Viktimologie** – persönliche Kerndaten des Opfers – genaue Lebensumstände – Beziehungsanalyse – Freizeit, Hobbys – sexuelle und andere Gewohnheiten – Opferrisiko und spezifisches Risikoverhalten – letzter Aufenthaltsort mit Zeitdiagramm.	**Mögliches Täterprofil** – Verhaltensstil – vermutliches Motiv – Alter, Geschlecht (empirisch) – biografische Hinweise (empirisch) – wahrscheinliche Vorstrafen (empirisch) – vermutliche Lebensumstände (Bildung, Beruf, Familie, Beziehungen) – Wohnort (geografisches Profil) – Anzeichen für eine spezifische «Handschrift» – Entdeckungsrisiko – spezifische Opferauswahl – mögliche Tätertypologie (besonders planvoll vs. spontan) – möglicher «Schnittpunkt» Täter/Opfer – Vergleich mit ähnlich gelagerten Fällen **Konkrete Ermittlungshinweise** **Validierung nach neuen Erkenntnissen**

analysiert bzw. herausgearbeitet werden, sondern um zahlreiche zusätzliche soziodemographische und kriminologische Merkmale. Methodisch gibt es verschiedene Ansätze, inzwischen liegen auch mehrere ausführliche Arbeiten vor, in denen sich detaillierte methodische Hinweise und Anleitungen finden (Dern, 2000; Dittmann, 2003; Fink, 2000; Musolff/Hoffmann, 2001).

9.5.4 Einflüsse auf das Täterverhalten – Motiv und Motivation

Auch bei delinquenten Verhaltensweisen sind verschiedene Einflussgrößen zu beachten, die nur begrenzt einer unmittelbaren Analyse zugänglich sind. Begeht ein Täter zum Beispiel eine Tötungshandlung, so können Tatentschluss und Art der Ausführung auf verschiedenen Ebenen beeinflusst werden:

- Das Verhalten wird durch die genetisch-biologische Grundausstattung, die Informationen aus dem gesamten Evolutionsprozess enthält, im Sinne eines *allgemeinen Verhaltensrepertoires* der Art Homo sapiens bestimmt.
- Diese allgemeinen menschlichen Verhaltensmuster werden durch *individuell erworbene Eigenschaften*, die auch in psychischen Störungen bestehen können, modifiziert, das heißt, das Verhaltensrépertoire kann mehr oder minder eingeengt werden.
- Eine Tathandlung hat in der Regel eine *unmittelbare Vorgeschichte*, zum Beispiel eine aktuelle Lebenssituation, die eine bestimmte Handlungsbereitschaft induziert.
- Die *Auslösung der Handlung* erfolgt meist durch eine *aktuelle Ursache*, wie etwa das Vorhandensein eines geeigneten Opfers.
- Schließlich kommt es zur eigentlichen *Tathandlung*, gefolgt von einem *Nachtatverhalten* einschließlich einer rationalen und emotionalen Bewertung des eigenen Verhaltens.
- Daraus leiten sich unter Umständen im Sinne von *Lernprozessen Verhaltensmodifikationen* für folgende Taten ab.

Motiv und *Motivation* werden umgangssprachlich, aber auch in kriminalistischem, kriminologischem, strafrechtlichem und forensisch-psychiatrischem Kontext leider allzu oft unreflektiert verwendet. Die Konstruktion unseres Strafrechts macht es notwendig, zur Prüfung bestimmter Tatbestände wie Mord dem Täter bestimmte Motive wie Mordlust, Heimtücke oder Befriedigung des Geschlechtstriebes zuzuordnen, um nicht zu sagen: zu unterstellen. Ganz allgemein haben wir Menschen ein stark ausgeprägtes Kausalitätsbedürfnis, das heißt ein starkes Interesse daran zu wissen, warum ein Mensch in einer bestimmten Situation so und nicht anders gehandelt hat. Verhaltenswissenschaftlich betrachtet stellt sich die Situation leider nicht ganz so eindeutig dar. Die Determinanten menschlichen Verhaltens, auch eines Täters, sind unter Berücksichtigung der oben dargestellten Systematik außerordentlich komplex, und die Psychologie und andere Verhaltenswissenschaften bieten zahlreiche einander teils widersprechende, ja sogar diametral entgegenstehende Erklärungen und Theorien an, wie ein Blick in die gängigen Standardwerke der Motivationspsychologie zeigt (z.B. Rheinberg, 2004; Rudolph, 2003). Ohne auf Einzelheiten einzugehen, sollen nur die wichtigsten Theorien genannt werden:

- Instinkt- und Triebtheorien
- Behaviorismus
- kognitive Ansätze
- Systemtheorie
- soziologische Modelle
- psychiatrisch-psychopathologische Erklärungsansätze.

Neben diesen wissenschaftlichen Konzepten wird unser Denken nicht nur im Alltag, sondern leider immer auch noch in der Kriminalistik und in der Rechtsprechung von der so genannten *Commonsense-Psychologie*, verächtlich auch als «Küchenpsychologie» bezeichnet, beherrscht: Schlüsse und Urteile werden zum Beispiel mit Feststellungen wie: «So handelt kein normaler Mensch» oder «Ein Täter, der sich so benimmt, hat die klare Absicht zu ...» begründet.

In Kapitel 9.5.3 wurde bereits dargestellt, wie man auf der Basis von Einzelbeobachtungen zu bestimmten *Tätertypologien* kommen kann, die sich durch charakteristische Verhaltensweisen auszeichnen sollen. Methodisch werden hierbei zum einen auf der Basis von Einzelbeobachtungen durch Induktion Gruppen gebildet. Dabei entsteht das Problem, dass sich die Mitglieder dieser Gruppen auch in einer noch so ausgefeilten Typologie wie beispielsweise der Typologie der Sexualstraftäter von Knight und Prentky (1990) zwar in manchen wesentlichen, jedoch nicht in allen Merkmalen gleichen. Daraus kann folgender *deduktiver Fehlschluss* entstehen: Der Täter Y weist mehrere Eigenschaften des Typs Z auf, also muss er auch die anderen Eigenschaften dieses Typs besitzen.

Ein weiteres Problem ist die Frage, ob es eine *lineare Kausalität* menschlichen Verhaltens als Basis für gesetzmäßige Zusammenhänge gibt. Gesetzmäßig im naturwissenschaftlichen Sinne wäre zum Beispiel folgende Kausalkette: *Ein Individuum mit der Eigenschaft A handelt in der Situation B immer mit dem Resultat C.*

Im Umkehrschluss würde sich daraus ergeben: *Immer wenn das Handlungsresultat C vorliegt, war Tatsitutation B gegeben und ein Individuum mit den Eigenschaft A hat gehandelt.*

Diese Art des Schließens wird in der Kriminalistik, aber auch in der operativen Fallanalyse, relativ häufig angewendet. Damit dies gerechtfertigt ist, bedürfte es für die *Tathergangsanalyse* einer Reihe von *Grundannahmen*, deren Gültigkeit jedenfalls nach den vorstehend dargestellten allgemeinen Problemen der Motivationspsychologie und auf Grund der weitgehend fehlenden oder doch noch sehr dürftigen empirisch-wissenschaftlichen Datenbasis zu hinterfragen ist:

- Das Tatverhalten sagt immer etwas über Motiv und Persönlichkeit des Täters aus.
- Der Modus operandi bleibt gleich.
- Alle Täter haben eine persönliche «Handschrift» (Signatur).
- Situative Tateinflüsse spielen nur eine untergeordnete oder gar keine Rolle.
- Die Persönlichkeit des Täters bleibt weitgehend konstant.

Bei kritischer Durchsicht der empirischen kriminologischen Literatur wird man leider feststellen müssen, dass für die meisten dieser Annahmen keine handfesten wissenschaftlichen Belege gibt.

Viele *Tatfolgen* sind mit Mitteln der naturwissenschaftlichen Kriminalistik, insbesondere mit der Spurenkunde und Erkenntnissen der Rechtsmedizin, «objektiv» feststellbar. So bereitet es zum Beispiel für den erfahrenen Rechtsmediziner in der Regel keinerlei Schwierigkeiten, zwischen der Einwirkung scharfer und stumpfer Gewalt zu unterscheiden. Wesentlich schwieriger ist es schon, aus dem Verletzungsmuster auf ein konkretes Tatwerkzeug zu schließen (Püschel/Schröer, 2001). Besonders Rechtsmediziner mit einem umfangreichen Erfahrungsschatz, entsprechende Selbstkritik vorausgesetzt, sind außerordentlich zurückhaltend, wenn es darum geht, aus Verletzungsmustern auf psychische Eigenschaften des Täters rückzuschließen. Dies gilt selbst für so extreme Verhaltensweisen wie Leichenzerstückelung. Es erscheint zunächst banal, aus einem Verletzungsmuster, das sich im Wesentlichen auf die primären und sekundären Genitalien konzentriert, auf eine sexuelle Motivation zu schließen. Die Analyse größerer Fallserien zeigt jedoch, dass auch außerhalb von sexueller Perversion Verletzungen im Genitalbereich vorkommen, dass also Genitalverletzungen auch ohne sexuelle Motivation entstehen können, und dass es ein breites Überschneidungsfeld von Verletzungsmustern bei Tätern mit ganz unterschiedlicher Motivation gibt.

Zusammengefasst ergibt sich also, dass zumindest bei unserem jetzigen wissenschaftlichen Kenntnisstand der psychologischen, forensisch-psychiatrischen und kriminologischen Verhaltensanalyse Grenzen gesetzt sind, weil:

- menschliches Verhalten immer durch viele verschiedene Faktoren bedingt wird
- niemals alle «Motive» bekannt werden
- nie alle Randbedingungen feststellbar sind und
- es gar keine einheitliche Handlungstheorie in den Psychowissenschaften gibt.

Daraus folgt, dass es bisher nur möglich ist, bestimmte *Verhaltensprofile* festzustellen und darauf basierende *Wahrscheinlichkeitsaussagen* zu machen, wobei nicht vergessen werden darf, dass es sich bei den menschlichen Verhaltensweisen, mit denen sich forensische Psychiatrie, forensische Psychologie und operative Fallanalyse üblicherweise befassen, um seltene Ereignisse handelt, bei denen Untersuchungen an großen, einheitlichen Fallserien, welche die Basis empirisch-statischer Ergebnisse mit ausreichender Aussagekraft gemäß den oben dargestellten Prinzipien bilden müssten, kaum durchgeführt werden können.

9.5.5 Anwendbarkeit der operativen Fallanalyse in der forensischen Psychiatrie?

Auf Grund der vorstehend ausführlich dargestellten theoretischen und empirischen Grundlagen der operativen Fallanalyse dürfte deutlich geworden sein, dass es sich in erster Linie um ein *Hypothesen generierendes Verfahren* handelt: Die Methodik der Fallanalyse und der Täterprofile wurde einzig und allein zu dem Zwecke entwickelt, in komplexen Kriminalfällen, die sich nicht sofort durch objektive Befunde oder verlässliche Zeugenaussagen aufklären lassen, neue Ermittlungsansätze zu liefern. Die von der Fallanalyse entwickelten Hypothesen werden dabei laufend durch die realen Ermittlungsergebnisse überprüft und allenfalls korrigiert. In der forensischen Psychiatrie sind wir mit einer ganz anderen Situation konfrontiert: Wir gehen immer von einer konkreten Person aus, im Rahmen der Begutachtung handelt es sich oft noch um Tatverdächtige, im Maßregelvollzug um rechtskräftig Verurteilte. Gleichwohl könnte man argumentieren, dass es sich zumindest bei den subjektiven Angaben des Täters auch immer um Hypothesen handelt, soweit seine Darstellung nicht durch objektive Ermittlungsergebnisse bestätigt oder widerlegt wird. Es stellt sich daher die Frage, ob nicht doch einzelne Elemente aus der operativen Fallanalyse mit Vorteil auch in der forensischen Psychiatrie verwendet werden können. Denkbar sind folgende Einsatzbereiche:

- In der *Diagnostik* kann die objektive Verhaltensanalyse, jedenfalls soweit sie mit den Angaben des Täters kontrastiert, wichtige Hinweise auf *störungsspezifisches Verhalten* geben. Dies gilt besonders für sexuelle Verhaltensweisen oder andere stark schambesetzte oder aus anderen Gründen abgewehrte Persönlichkeitsmerkmale, über die der Täter nicht objektiv berichten will oder kann. Eine subtile Rekonstruktion des gesamten Tatverhaltens einschließlich der Vor- und Nachtatphase trägt dazu bei, die *Intelligenz* und insbesondere die *Handlungskompetenz* einer Person richtig einzuschätzen. Schließlich ermöglicht eine derartige Rekonstruktion auch Aussagen über gesunde, ungestörte Anteile der Persönlichkeit, also darüber, welche Handlungselemente mit der psychischen Störung zusammenhängen bzw. auf ihr beruhen und welche nicht.
- Bei der Beurteilung der *Schuldfähigkeit* kann eine objektive Tatanalyse dazu beitragen, den psychischen Zustand zur Tatzeit und damit auch die Weite des noch vorhandenen Handlungsspielraums genau einzuschätzen. Von besonderer Bedeutung ist dabei, die objektiven kriminalistisch und mit medizinisch-naturwissenschaftlichen Methoden festgestellten Handlungselemente den subjektiven Angaben des Täters gegenüberzustellen.
- Für die *Kriminalprognose und Risikokalkulation* lassen sich aus einer umfassenden Fallanalyse inklusive eines Täterprofils wichtige *kriminogene Faktoren* herausarbeiten, so zum Beispiel die Unterscheidung zwischen instrumenteller Gewalt und Aggression als «Selbstzweck», was besonders bei der Einschätzung der Prognose von Sexualstraftätern wichtig ist. Auch wird eine bessere Einschätzung der *Determinanten des Tatgeschehens* möglich, was wiederum eine Unterscheidung der situationsbedingten und der in der Persönlichkeit des Täters liegenden Handlungselemente erlaubt. Schließlich sind auch genauere Angaben über die Täter-Opfer-Beziehung und insbesondere das prognostisch wichtige Element der Empathie möglich.
- In der forensisch-psychiatrischen *Therapie* nimmt die *möglichst exakte Deliktrekonstruktion* heute eine zentrale Rolle ein. Die Konfrontation des Täters mit den objektiv festgestellten Tatumständen ist dabei unabdingbar. Wichtige Elemente sind dabei neben dem eigentlichen Tatverhalten Gefühle und Körperempfindungen des Täters, seine begleitenden

Gedanken und Fantasien und die Interaktion mit dem Opfer im Detail. Oft geht es darum, die verzerrte Realitätswahrnehmung des Patienten Schritt für Schritt zu korrigieren. Hierbei kann eine exakte Fallanalyse ebenso wichtige Beiträge leisten wie für die Aufklärung der *relevanten Faktoren im Tatvorfeld*, deren Kenntnis wiederum beim Risikomanagement von entscheidender Bedeutung ist.

Trotz dieser offensichtlichen Vorteile eines fallanalytischen Ansatzes in der forensischen Psychiatrie muss zum Abschluss auf einige erhebliche Probleme hingewiesen werden: So sehr die operative Fallanalyse in ihrem deskriptiven, quasi handwerklichen Teil, hier vor allem in der systematischen Materialsammlung und der Verarbeitung der Informationen bereits etabliert und standardisiert ist, so sehr fehlen ihr auf der anderen Seite in wichtigen Bereichen, insbesondere beim Zusammenhang zwischen Tat und Täterpersönlichkeit noch weit gehend empirisch-wissenschaftliche Grundlagen (Einzelheiten s. Dittmann, 2008).

Fallanalytische Arbeit im oben dargestellten Sinne bedarf eines umfassenden interdisziplinären Ansatzes. Die in der forensischen Psychiatrie Tätigen können sich zwar in Fortbildungskursen die theoretischen Grundlagen der Fallanalyse aneignen, dies kann und darf aber eigene praktische Erfahrungen nicht ersetzen. Leider erlebt man immer wieder, dass kriminalistische und rechtsmedizinische Amateure – und ohne spezielle Ausbildung sind dies auch alle Psychiater und Psychologen – aus Tatort- oder gar rechtsmedizinischen Befunden weit reichende und oft grotesk falsche Schlüsse ziehen. Daraus ergibt sich zwingend, dass auch die Fallanalysen für forensisch-psychiatrische Zwecke von entsprechend ausgebildeten Spezialisten, das heißt in der Regel im interdisziplinären Team, durchgeführt werden müssen. Zurzeit ist durchaus noch strittig, ob die im Ermittlungsverfahren als Arbeitsmaterial erstellten Fallanalysen überhaupt Eingang in die späteren Verfahrensakten finden sollen. Hinzu kommt, dass wir im Bereich der forensischen Therapie primär an die Feststellungen des rechtskräftigen Urteils gebunden sind. Dieses ist aber oft abgekürzt, jedenfalls nicht so ausführlich, dass es die oben dargestellten Kriterien einer Fallanalyse erfüllen würden. Daraus ergibt sich die rein praktische Frage, wie die forensische Psychiatrie überhaupt zu qualitativ hoch stehenden Fallanalysen kommen kann. Wenn aber die in der forensischen Psychiatrie in letzter Zeit zum Teil lebhaft und kontrovers geführte Diskussion über die Anwendbarkeit der operativen Fallanalyse dazu beiträgt, das Tatgeschehen einschließlich der Vor- und Nachtatphase und insbesondere die Täter-Opfer-Beziehung noch intensiver, als es an den meisten Orten ohnehin schon geschieht, in diagnostische, prognostische und therapeutische Überlegungen einzubeziehen, wäre schon viel gewonnen. Andererseits entbehrt die von manchen erhobene Forderung, eine Ausbildung in operativer Fallanalyse sei unabdingbare Voraussetzung für eine forensisch-psychiatrische Tätigkeit, zumindest bisher jeder wissenschaftlich-empirischen Grundlage.

10 Versachlichen, nicht verstecken – Forensische Psychiatrie in der Öffentlichkeit

Thomas Hax-Schoppenhorst

10.1 Einführung

Seit einem Jahrzehnt wird der Maßregelvollzug mit besonderer Heftigkeit in der Öffentlichkeit diskutiert. Eifrig widmen sich die Medien in verkürzter und auf Sensationen ausgerichteter Weise der Thematik – eine sachbezogene Erörterung scheint nur noch schwer möglich.

Mit diesem Kapitel soll die Problemlage anhand konkreter Beispiele dargestellt werden. Wissenschaftlich gesicherte Ergebnisse aus der Forensischen Psychiatrie werden referiert, um in Auseinandersetzungen zielgenau zwischen Mythen und Fakten unterscheiden zu können. Verlautbarungen von engagierten Vertretern aus dem klinischen bzw. sozialpsychiatrischen Bereich sollen Hilfestellungen geben, um die Belange der Patienten zukünftig fachbezogen vertreten zu können.

▶ Die historische Dimension der Trendwende besteht darin, dass die sozialdemokratischen Kräfte [...] ebenfalls keine Antwort auf die Angst der Menschen vor Krieg, Umweltkatastrophen und sozialer Unsicherheit haben und sich unübersehbar von ihrer traditionellen Rolle als Protagonisten sozialer Gerechtigkeit, Entspannungs- und Friedenspolitik trennen. [...]

Die Trendwende, von der wir sprechen, findet ihren Ausdruck in dem Begriff «zero tolerance», der vor einigen Jahren den New Yorkern von Dealern und Taschendieben gesäuberte Straßen und volle Gefängnisse bescherte, danach die innenpolitischen Grundsätze der «new labour» prägte, und nun auch Deutschland erreicht hat.

«Zero tolerance» ist das Sicherheitskonzept einer Gesellschaft, die ihre politischen Auseinandersetzungen in Talkshows erledigt [...] und ihre politische Klasse nach der Höhe ihrer Medienpräsenz und Einschaltquote bewertet. Dutzende von verkehrstoten Kindern einer Großstadt erhalten nicht so viel Aufmerksamkeit wie der unerlaubte Freigang eines Pädophilen, und ein schizophrener Vatermörder erregt mehr Ärgernis, als Hunderte misshandelter Altenheimbewohner.

Das Sonderopfer der psychisch kranken Straftäter, einst verstanden als eine sittliche Tat von Menschen, die ohne Schuld am Rande stehen, mutiert so zum Opfergang für eine verfehlte Politik. Die psychisch Kranken sind längst wieder in der Rolle des Sündenbocks. (Leidinger, 1999: 27) ◀

▶ Wenn Greenpeace für den Schutz von Robbenbabys oder Walen oder gegen die Verschmutzung der Nordsee durch Ölbohrinseln sammelt, dann mögen sich Konten und Sammelbüchsen füllen, aber man stelle sich einmal vor, jemand wolle mit der Sammelbüchse in der Fußgängerzone von Köln für irgendwelche Vorhaben der Forensik oder zu Gunsten von Patienten sammeln. Er würde wohl mehr Beschimpfungen erleben als Münzeinwürfe. [...]

Welche Mühe kostet es, den einfachen Mann auf der Straße, den Journalisten, Politiker, Verwaltungsfachmann von seinem Standpunkt im Einzelfall wie auch von der Arbeit in der Forensik insgesamt zu überzeugen! Die öffentliche Meinung erfährt [...] von der Forensik meistens durch Pannen, also Entweichungen, Nichtzurückkehren aus einem unbegleiteten Ausgang usw. und fragt sich, wie es dazu kommen konnte. Nach dem Grundsatz «Gute Neuigkeiten sind keine Neuigkeiten» wird natürlich nicht berichtet über die vielen Fälle, in denen Lockerungen bis hin zur Entlassung erfolgreich verlaufen, und mögen dies auch 99 v. H. und mehr sein. Der Erfolg der Behandlung wird daher auch kaum zum Gegenstand der öffentlichen Meinung. (Piltz, 2000: 164) ◀

▶ Zu Gast bei der Sex-Bestie / Kinderschänder geht es endlich an den Kragen! (Schlagzeilen einer großen deutschen Boulevardzeitung) ◀

10.2 Sündenböcke

«Es ist schwer, Vorhersagen zu treffen – vor allem, wenn sie die Zukunft betreffen», hat einmal der Nobelpreisträger Niels Bohr gesagt. Patienten sollen, so die weit verbreitete öffentliche Meinung, so lange sicher verwahrt werden, bis absolut gewährleistet ist, dass sie keine bzw. keine schwer wiegenden Straftaten mehr bege-

hen. Folgerichtig müssten Vertreter einer solchen ultimativen Forderung auch eine so genannte Sicherungsverwahrung bzw. lebenslange Haft für jene Straftäter fordern, die eine erhebliche Straftat voll verantwortlich begangen haben. Während aber über den (zu humanen?) Umgang mit Strafgefangenen eher selten lauthals polemisiert wird, ist der Maßregelvollzug Zielscheibe von Anfeindungen, Unterstellungen und Verfälschungen. Im Folgenden soll dies unter Hinzuziehung der häufig vorgetragenen Argumente genauer analysiert werden. Der *Rechtswissenschaftler Helmut Pollähne*, Bielefeld, fand auf einer öffentlichen Diskussion (Pollähne, 1999: 37) treffende Worte:

▶ Befände sich der Maßregelvollzug in der öffentlichen Diskussion, wäre ihm vielleicht gedient. Derzeit ist er jedoch eher die Zielscheibe öffentlicher Diskussionen, bestenfalls deren Auslöser, zu oft deren Sündenbock – gedient ist damit noch am ehesten dem öffentlich subjektiven Sicherheitsbedürfnis in Zeiten allgemeiner Verunsicherungen. In der Öffentlichkeit wird über den Maßregelvollzug diskutiert, wenn überhaupt, aber keinesfalls mit ihm; eher wird er zerredet als mit den Menschen im Maßregelvollzug geredet, bisweilen wird er schlicht an den Pranger gestellt und vermaledeit. ◀

Welcher Natur sind nun diese Anprangerungen, Verdächtigungen? Ein Blick in Leserbriefe aus den vergangenen Jahren schafft Klarheit. Grundlage sind dabei die Veröffentlichungen der Tageszeitungen aus Herten und Köln, wo es heftigen Widerstand gegen den Bau forensischer Einrichtungen gab bzw. gibt, wie die folgenden Zitate zeigen:

▶ In der Nähe von Schwerstverbrechern mit Freigang möchte ich meinen Lebensabend nicht verbringen. Ich möchte ohne Angst spazieren gehen und einkaufen. Angst habe ich um meine Tochter, meinen Schwiegersohn und besonders um die Enkelkinder. Ich werde meine Tochter bitten, ihr Haus zu verkaufen und zu mir nach Münster zu ziehen. (Hedwig G. aus Münster, Hertener Allgemeine vom 20.9.1996) ◀

▶ [...] denn wesentliche Eigenschaften einer forensischen Klinik sind, dass Freigänge von Vergewaltigern, Mördern, Pyromanen, die psychisch krank sind, die also Triebtaten vollbracht haben, Teil der Therapie sind, Freigang bei Therapiefortschritten sogar erzwungen werden kann. (Ingrid B. aus Herten, Hertener Allgemeine vom 19.9.1996) ◀

▶ Solange der Rehabilitationsgedanke (auf der individuell angewandten Vermutung einer Heilbarkeit beruhend) immer wieder zu unkontrolliertem Freigang, erfolgreichen Fluchtversuchen und zahlreichen – zum Teil spektakulär grausamen – Rückfalltaten führt, solange wird man weder mich noch die Mehrheit der Bürger beruhigen können. Die Anzahl der scharf gemachten Wach- und Schutzhunde [...] wird im Umfeld der neuen forensischen Kliniken verständlicherweise stark ansteigen. (Heinz N. aus Erftstadt, Kölner Stadt-Anzeiger vom 19.12.2000) ◀

▶ Um es noch einmal zu sagen: Unser schönes Münsterland ist kein Experimentierfeld für unausgegorene Konzepte. Die Bürger umliegender Gemeinden wären die Versuchsobjekte. (Rudolf G. J. aus Münster, Westfälische Nachrichten vom 5.3.2001) ◀

▶ Die Zeiten werden immer gewalttätiger! Noch nie haben wir so viele Tode unschuldiger Kinder betrauert! Warum geben wir so viel Geld für waghalsige psychiatrische Unternehmungen aus? Unsere Welt könnte viel sicherer sein ohne derlei Sozialromantik. Aber wir lassen windige Gutachter ja ungestört wirken, dass sie auch in Zukunft Verbrecher in Freiheit schicken. Unverantwortlich! (Albert N. aus Frechen, Kölnische Rundschau vom 23.10.2001) ◀

10.3 Mythen

Gibt es eine Art Essenz der immer wieder in Variationen vorgetragenen Vorwürfe und Kritiken? Das exakte Studium der Leserbriefe aus den Städten Herten, Herne, Münster, Köln und Duisburg sowie auf Bürgerversammlungen zusammengetragene Eindrücke lassen eine Bündelung der ablehnenden Stimmen zu:

- Der Freigang ist das Kernübel des Maßregelvollzugs; Lockerungen gibt es nach Wohlverhalten.
- Das Leben im Umfeld von forensischen Kliniken ist brandgefährlich.
- In forensischen Kliniken sitzen (nur) Schwerstverbrecher, Trieb- bzw. Gewohnheitstäter.
- Die Kliniken experimentieren auf Kosten der Sicherheit der Bevölkerung.
- Die Zahl der Gewalttaten steigt ständig, vor allem Kinder sind die Opfer.
- Unsere Gesellschaft könnte in Frieden leben, gäbe es diese Kliniken nicht.
- Der Maßregelvollzug ist viel zu teuer.
- Sexualstraftäter gehören in keine Klinik, sie müssen in eine Haftanstalt, und zwar ohne Freigang für immer! Behandelbarkeit ist eine Illusion.
- Für die Täter wird eine Menge getan, an die Opfer denkt niemand.

Ohne nun stattgefundene Zwischenfälle verharmlosen oder relativieren zu wollen, mögen einige Tatsachenbeschreibungen und Ergänzungen das Bild klarer werden lassen.

10.4 Fakten

10.4.1 Freigang, Lockerungen, Entweichungen

Der so genannte «unbegleitete Ausgang» wird erst als *letzte* Stufe der Lockerung vor der Entlassung gewährt. Jeder Ausgang wird nach inhaltlichen und zeitlich kontrollierbaren Kriterien genehmigt. Das Maß der Lockerungen richtet sich nach dem Fortschritt in der Behandlung. Sie wurden nur solchen Patienten zugesprochen, die nachweislich therapeutische Fortschritte erbracht haben.

Die meisten Entweichungen erfolgen unter Ausnutzung freizügigerer Unterbringungsbedingungen (Ausgänge, Ausführungen etc.). Stellt man diese jedoch in Relation zur Gesamtzahl der gewährten Lockerungen, so handelt es sich um ein ausgesprochen seltenes Ereignis. Noch am selben bzw. am darauf folgenden Tag war die Hälfte der entwichenen Patienten wieder im Freiheitsentzug. Ein Drittel war länger als 3 Tage abgängig. Die meisten der entwichenen Patienten stellten sich selbst. Bei etwa jeder achten Entweichung wurde ein Delikt begangen, wobei es sich in den meisten Fällen um gewaltfreie Eigentumsdelikte handelte.

Ausbrüche sind äußerst selten, zudem werden sie mehrheitlich von Patienten aus dem Bereich der nach § 64 StGB Untergebrachten begangen.

Mahler (2000) stellte in den Jahren 1992 bis 1996 im Westfälischen Zentrum für Forensische Psychiatrie in Eickelborn 190 Entweichungen bei zirka 1500 durchgeführten Lockerungen innerhalb von 4 Wochen fest, also zirka 97 500 Lockerungsentscheidungen im Beobachtungszeitraum. In 22 Fällen kam es zu einem neuerlichen Delikt. «Bezogen auf die 405 546 Behandlungstage der Jahre 1992 bis 1996 für die Patienten gemäß § 63 StGB ergeben sich 0,047 % für die Entweichungen bzw. 0,005 % für erneute Delikte während der Entweichungen.» (Mahler, 2000: 137). Am niedrigsten lagen die Zahlen für die Patientengruppen mit den Indexdelikten Tötungs-, Gewalt und Sexualdelikt (0,09 % bzw. 0,008 %).

Sechs bis 10 % der Patienten werden auf Grund der Schwere ihrer Erkrankung bzw. auf Grund ihrer Gefährlichkeit gar nicht gelockert oder gar und voraussichtlich nie wieder entlassen (LWL-Presseinfo, November 1998)! Jeder zehnte Patient stirbt (altersbedingt) in der Forensik!

10.4.2 (Un-)Sicherheit in der Nähe von Kliniken

Auch in Bezug auf die Sicherheit oder Unsicherheit in der Nähe von Kliniken machen Erhebungen deutlich, dass das Risiko in der unmittelbaren Nähe einer forensischen Einrichtung keineswegs *besonders* hoch ist. Mahler (2001: 67) zeigt auf, dass etwa nur ein Drittel aller entwichenen Patienten in der Nähe des Krankenhauses blieb, während etwa zwei Drittel die Umgebung verließ. Zu ähnlichen Ergebnissen kommen Gretenkord und Müller-Isberner (1991). In Lippstadt-Eickelborn gab es in dem oben erwähnten Zeitraum bei 22 Delikten nur zwei erneute Delikte in unmittelbarer Umgebung des Krankenhauses. In 13 von 22 Fällen wurden die Patienten in der jeweiligen Rehabilitationsregion (Heimatort) rückfällig. Dies gibt also zu der Schlussfolgerung Anlass, dass die Bevölkerung der entfernteren Umgebung (wenn überhaupt) mehr gefährdet ist als die in der unmittelbaren Umgebung einer Klinik.

10.4.3 Klientel

Folgt man der allgemeinen Berichterstattung, so werden in Maßregelvollzugseinrichtungen ausschließlich Schwersttäter behandelt. Zudem leistet die damit verbundene Terminologie der Abwertung («Sexgangster» etc.) einer Ausgrenzung Vorschub, denn Träger des Grundrechts auf Menschenwürde sind alle Menschen – somit auch psychisch Kranke und/oder Straftäter.

Ein Blick in die Statistiken zu den Einweisungsdelikten genügt, um zu erkennen, dass nicht nur Menschen mit Tötungs- und Sexualdelikten zur forensischen Klientel gehören. Außerdem sind nicht alle Sexualdelikte von der Heftigkeit, wie sie in der Medienberichterstattung fast ausschließlich Berücksichtigung finden (z. B. Exhibitionismus).

10.4.4 Sicherheit

Der generalisierende Vorwurf, es werde für die Sicherheit zu wenig getan, ist allerorten zu vernehmen. Sicherheit muss absolut sein, es darf kein Restrisiko geben. Um maximale Gefahrenabwehr zu legitimieren, geht man bei jedem Patienten des Maßregelvollzugs von einer ständig vorhandenen, situationsunabhängigen, extremen Bedrohung aus.

Sicherheit wird indessen nicht nur über die Formel des Wegsperrens erreicht:

▶ Sicherheit ist ein weites Feld. Ein Sicherheitskonzept muss differenziert sein, denn die Menschen sind verschieden. […] Pauschale Maßnahmen dienen oft nur einer trügerischen Beruhigung, sind aufwendig und können Therapien behindern. […] So ist es beispielsweise unvernünftig und letztlich gefährlich, wenn unterschiedslos alle Sexualstraftäter einer Einrichtung bei Ausgängen mindestens 1 : 1, also jeweils von einem Bediensteten, begleitet werden müssen und noch nicht einmal in einer größeren Gruppe extramurale Lockerungen bekommen können. Wann soll dann jemals ein Schritt in völlige Freiheit erfolgen? Andererseits führt es nicht selten zu einer Überforderung, wenn Strafgefangene nach nicht ausreichender Vorbereitung plötzlich einen ganzen Tag alleine Ausgang erhalten. [...]

Manche Einrichtungen konzentrieren sich auf eine martialisch wirkende, äußere, bauliche Sicherung, so dass der Eindruck besteht, man wolle die Patienten bekämpfen. Die Wirkung auf Patienten, Mitarbeiter und Außenstehende ist verheerend. Statt Ängste abzubauen und Sicherheit auszustrahlen, entsteht eine Atmosphäre paranoider Kontrolle. Gefährdet wird insbesondere die Basis jeglicher Behandlung und jeglicher Sicherheit, nämlich Nähe zum Patienten und gegenseitiges Vertrauen. Therapie schafft Sicherheit!

Statt gezielt im Einzelfall spezielle Sicherheitsmaßnahmen zu ergreifen, werden nicht selten alle Patienten unnötig eingeschränkt. Dadurch werden oft Entwicklungsmöglichkeiten erstickt und die Atmosphäre vergiftet. Solche Installationen haben unter anderem ihre Ursache darin, dass man in der Öffentlichkeit den Maßregeleinrichtungen misstraut, dass deshalb von den politisch Verantwortlichen pauschale restriktive Maßnahmen gefordert werden und so ein Kreislauf entsteht, der die Arbeitsbedingungen in der Einrichtung immer weiter verschlechtert. (Schott, 2001a: 24 ff.) ◀

Nach der Aufsehen erregenden Flucht des Patienten Thomas Holst aus einer Hamburger Klinik führte das «Emnid-Institut» am 15. Oktober 1995 eine repräsentative Umfrage durch. Demnach befürworteten 78 % der Bevölkerung, dass psychisch kranke Sexualstraftäter in psychiatrischen Kliniken therapiert werden, lediglich 22 % sprachen sich für eine Unterbringung in einer Strafanstalt aus. Offensichtlich gibt es also ein größeres Vertrauen in den Maßregelvollzug, als lokale Bürgerproteste Glauben machen wollen. Am 26. Oktober 1995 stellte *Dr. Martin Schott* in der «Hannoverschen Allgemeinen Zeitung» fest, bis zu 80 % der Sexualstraftäter, die ihre Strafe im Gefängnis verbüßt haben, würden rückfällig. Bei forensischen Patienten mit gleichen Delikten liege die Rückfallquote zwischen 10 % und 20 %. Als etwas ernüchternder werteten Dimmek und Duncker (1996) ihre Studie im westfälischen Maßregelvollzug. Hier war es in 21 % der Fälle zu einer erneuten rechtskräftigen Verurteilung gekommen, wobei es sich in 9 % der Fälle um ein Gewalt- und Sexualdelikt gehandelt hat. Nowara (2001) hält fest, dass laut Auskunft des Bundeszentralregisters im Zeitraum von 1987 bis 1996 doch 28,7 % der Täter einschlägig rückfällig wurden, wobei 6,1 % aus der laufenden Maßregel ein Delikt begingen.

▶ Insgesamt ist festzuhalten, dass die Ergebnisse nicht die weit verbreitete, populäre These einer großen Zahl grundsätzlich rückfallgeneigter Sexualstraftäter stützen, auch eine generelle Zunahme der Deliktschwere konnte nicht festgestellt werden. Serientäter, insbesondere solche mit gravierenden Sexualdelikten, bilden danach eine zum Glück relativ kleine Teilgruppe innerhalb der Sexualdelinquenten. (Egg, 2002: 10) ◀

Schließlich wäre es eine völlige Verzerrung, so zu tun, als wäre der sexuelle Missbrauch nur ein Delikt seelisch Kranker (s. u.). Jeder 111. wegen sexuellen Missbrauchs Abgeurteilte wurde 1995 für schuldunfähig, jeder Neunte für vermindert schuldfähig erachtet. Nur 42 (2,1 %) der insgesamt 2005 Verurteilten wurden nach § 63 StGB in den psychiatrischen Maßregelvollzug eingewiesen (Kröber, 1999: 311 ff.)

10.4.5 Juristische und gesellschaftspolitische Trends im Überblick

Argumentationshilfen:

- In den letzten 10 Jahren führte jede Tat (auch wenn sie von Menschen begangen wurden, die nie Kontakt mit der Psychiatrie hatten), zu immer weiteren Vorschlägen, noch schärfere Maßnahmen einzuführen. Um auch die letzte dehnbare Lücke zu schließen, kam es auf diese

Weise zum Aufbau eines immer dramatischeren Angst-, Droh- und Schutzarsenals. Immer neue Gesetzesvorhaben sollten – obwohl dies letztlich nicht möglich ist – noch mehr Sicherheit und noch mehr Restriktion bieten. Obwohl die Zahl der Verurteilten (**Abb. 10-1**), bei denen schließlich für eine Maßregel entschieden wird, im Verhältnis zur Gesamtzahl einen verschwindenden Teil ausmacht, dominiert unbeirrbar das Bild, der Maßregelvollzug sei so etwas wie das «Zentrum allen Übels».

- Eine um die Illusion der Sicherheit ringende, in Zeiten hausgemachter Umweltkatastrophen und kriegerischer Auseinandersetzungen fast ohnmächtige Öffentlichkeit ist auf der ständigen Suche nach «Sicherheitslücken», die dann möglichst rasch und umfassend durch Gesetze beseitigt werden sollen. (Hax-Schoppenhorst 1999, 2000; Walter 2007).
- Ängstliche Vorsicht und die Sorge um den Verlust von Wählerstimmen prägten und prägen Stellungnahmen und Forderungen auf Seiten der Politik.
- Die Zahl der *Verurteilungen* insgesamt ist um ein Vielfaches höher als die Zahl derer, die letztlich in den Maßregelvollzug gelangen; durch die Darstellung von Gewalt in der Öffentlichkeit kommt jedoch der Eindruck auf, die Klientel des MRV sei der «Hauptunruhefaktor» schlechthin! (s. Abb. 10-1). Die Zahl der Lockerungsmissbräuche bzw. Entweichungen ist im Verhältnis zur Gesamtzahl der täglichen Lockerungen (**Abb. 10-2** und **Tab. 10-1**) bundesweit sehr klein!
- Gutachter sehen sich vermehrt der bedrückenden Situation ausgesetzt, dass sie vor Gericht weniger zu Aussagen nach der Schuldfähigkeit angehalten werden, sondern gemäß der zentralen Fragen «Können Sie ausschließen, dass ...» eine Risikoeinschätzung vornehmen sollen. Viele Gutachter sehen sich aus

Tabelle 10-1: Lockerungsmissbrauch und Entweichungen im Jahre 2005

Ereignis	n (= 1837)
Entweichungen	60
Delikte	56
Lockerungsmissbrauch	58
gewaltsame Entweichung	4
Delikte im Rahmen einer Entweichung	2

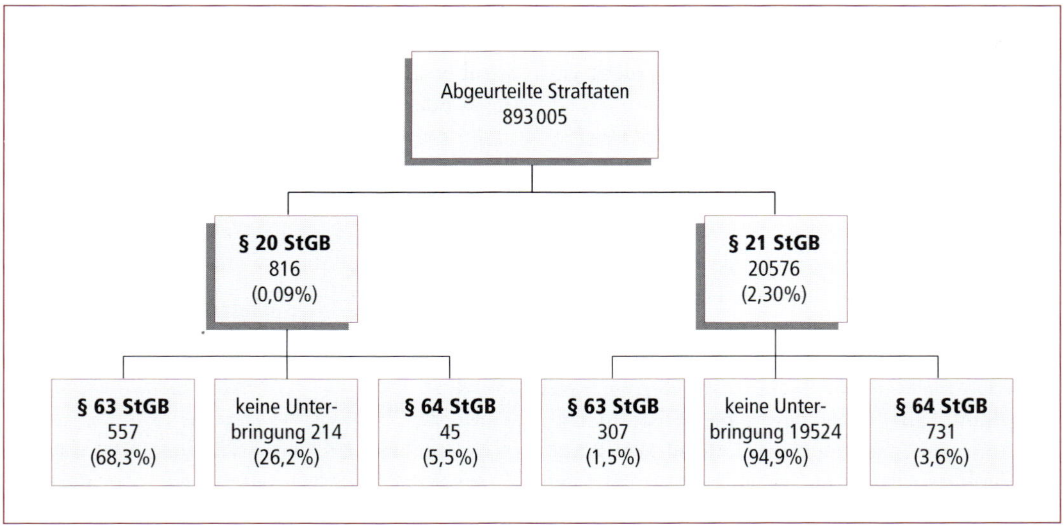

Abbildung 10-1: Gesamtzahl der Verurteilungen (2005). Die Zahl der im Maßregelvollzug Untergebrachten – von der Öffentlichkeit als herausrangende Tätergruppe wahrgenommen – erweist sich im Vergleich zur Gesamtzahl der Verurteilungen als eher sehr gering. (Tabelle nach Seifert)

	2003 (n = 1412)	2004 (n = 1302)	2005 (n = 1837)
	n	n	n
Suchtrückfälle	106	59 (3)	105 (4)
Entweichungen	63	29 (2)	60 (5)
Delikte	49	38 (0)	56 (6)
Lockerungs-missbrauch	58	24 (2)	58 (5)
gewaltsame Entweichung	3	5 (0)	4 (1)
Delikte i.R.e. Entweichung	4	2 (0)	2 (0)
Zahlen in Klammern = Frauen			

Abbildung 10-2: Lockerungsverstöße. Das Bild, dass Lockerungen in aller Regel zum Anlass für Entweichungen genommen werden, lässt sich nicht aufrechterhalten.

Angst, in Misskredit zu geraten, dem Druck ausgesetzt, ihre Aussagen so abzufassen, dass Maßregelvollzugspatienten überhaupt nicht mehr vorzeitig entlassen werden.

- Die seit 1998 in nahezu zweijährigem Abstand entstandenen neuen Gesetze, die eine Sicherung der Allgemeinheit fördern sollten, trafen und treffen – im Gegensatz zu der Ankündigung, einer begrenzten und überschaubaren Zahl eben schwer wiegender und hochgefährlicher Täter zu gelten – relativ breit und undifferenziert auch jene, für die sie nicht gedacht waren.
- Das sich daraus abzuleitende Fazit: Der vordringliche Zweck des Strafrechts ist **nicht** mehr der **Schuldausgleich**, sondern **die Prävention von Rückfällen**.
- Der zweite Sicherheitsbericht der Bundesregierung und die aktuellen Kriminalstatistiken zeigen deutlich, dass von einer vermehrten Kriminalität unserer Tage aber keineswegs die Rede sein kann: Mit Ausnahme der Körperverletzungen ist bei allen gravierenden Delikten eine Abnahme oder zumindest keine Zunahme zu verzeichnen. Insbesondere bei den die Öffentlichkeit empörenden Sexualdelikten an Kindern oder bei den sexuell motivierten Kindstötungen ist eine kontinuierliche Abnahme zu erkennen.
- Veränderungen der Lockerungs- bzw. Entlassungspraxis sowie die oben beschriebenen Entwicklungen haben zu einer Besorgnis erregenden Überbelegung der Maßregelvollzugseinrichtungen geführt, wo täglich die therapeutischen Ressourcen aufgebraucht werden, *bevor* überhaupt eine effektive Behandlung möglich ist. Die Frage nach der Rückfallwahrscheinlichkeit kann immer schlechter beantwortet werden, wenn Lockerungen nicht mehr gewährt und Erprobungen nicht durchgeführt werden. Im schlimmsten Fall wartet dann auf die Betroffenen die *nachträgliche Sicherheitsverwahrung*, weil Alternativen nicht erwogen wurden.
- Änderungen in der Unterbringungspraxis haben seit 1996 dazu geführt, dass die Kosten jedes Jahr um 10 % gestiegen sind – ein Ende der Steigerungen ist nicht in Sicht.
- Das Gesetz zur Neuregelung des Maßregelvollzugs sowie das Gesetz zur Neuregelung der Führungsaufsicht (s. Kap. 1) werden eine weitere Kostensteigerung nach sich ziehen, da zum Beispiel Kriseninterventionen und vorübergehende Unterbringungen die Schaffung neuer Interventionsinstrumente erfordern und in Zusammenhang mit einer lebenslangen Führungsaufsicht sehr viel häufigere Interventionen wahrscheinlich sind.
- Es ist gesamtgesellschaftlich eine stark sinkende Toleranz gegen jede Form der Normüberschreitung zu beobachten; dies ist gerade in Bezug auf psychisch Kranke bzw. psychiatrische Krankenhäuser zu beobachten: Eine höhere Inanspruchnahme der forensischen Psychiatrie ist eine der Folgen. In Deutschland sank die Zahl stationärer Behandlungsplätze in psychiatrischen Kliniken innerhalb von 10 Jahren, während diese Zahl in forensisch-psychiatrischen Einrichtungen innerhalb von 12 Jahren um 70 % stieg!
- Der Grundsatz der Verhältnismäßigkeit (die Risikoabwägung muss umso sorgfältiger erfolgen, je länger die Unterbringung dauert), wird zwar immer noch zitiert, nimmt immer mehr Züge eines «abstrakten Prinzips» (Nedopil, 2007) an.
- Will der Gesetzgeber ernsthaft etwas für den Schutz der Allgemeinheit tun, so bleiben im-

mer noch zwei Wege, die er beschreiten kann: Er überfüllt die Gefängnisse und Maßregelvollzugseinrichtungen und muss deswegen weitere neue und teure Einrichtungen bauen (derzeitiger Trend), *oder* aber er fördert eine Entlassungspraxis, die ein Rückfallrisiko *gering* hält, und baut sie aus.

- Die Privatisierung des Maßregelvollzugs bzw. eine ständige Deckelung der Budgets werden in der Politik als Lösungen der (selbst geschaffenen) Finanzprobleme gehandelt; beide (Schein-)Lösungen führen aber weder zu größerer Sicherheit für potenzielle Opfer noch zu besserer Versorgung der Untergebrachten oder kürzeren Aufenthaltsdauern.
- Die eigentliche Klientel des Maßregelvollzugs ist eine klar definierte Gruppe von Rechtsbrechern, die zum «Kerngeschäft» der forensischen Psychiatrie gehört. Die große Gruppe der zum Beispiel psychopathologisch auffälligen Straftäter absorbiert unnötig in den Einrichtungen Kapazitäten, sorgt für Frustrations- und Überforderungserlebnisse in der (ohnehin geringen) Mitarbeiterschaft und ist von nicht unerheblich destruktivem Einfluss auf die übrige (behandlungsmotivierte) Patientenschaft.

10.4.6 Einzelne Katastrophen – Alltagskriminalität

Die Tötung eines Kindes aus sexuellen Motiven oder zur Verdeckung eines Sexualdelikts ist ein konstant seltenes Ereignis (Kröber, 1998: 3). Pro Jahr sind ein bis sechs solcher Fälle zu beklagen. Deutlich mehr Kinder werden Opfer nichtsexueller Tötungsdelikte, bei denen die Täter nicht selten aus der Familie stammen. Im Jahre 1996 wurden 103 Kinder Opfer von (nicht sexuell motiviertem) Mord (61 Fälle) oder Totschlag (42 Fälle).

Im Jahre 1994 wurde etwa jeder 550. Einwohner in Deutschland wegen eines gravierenden Delikts rechtskräftig verurteilt. Es ist anzuneh-

Medienwelt verzerrt die Wahrnehmung

Rückgang von Sexualmorden an Kindern kaum beachtet

Frankfurt/Main. Dennis, Julia, Ulrike – diese Namen sind vielen in grausiger Erinnerung: Sie gehören Kindern, die in jüngster Zeit ermordet wurden. Unter Eltern geht Angst um, denn es bleibt der Eindruck, dass Kinder immer mehr in Gefahr sind. Doch Experten warnen vor Panikmache, die die reale Gefahr falsch wiedergibt. Denn tatsächlich ist die Zahl der Sexualmorde an Kindern in den vergangenen 30 Jahren stark zurückgegangen.

Weitaus gefährlicher ist für viele Kinder das familiäre Umfeld: Beim sexuellen Missbrauch sind die Fallzahlen seit 20 Jahren stabil. „Die Anzahl der Sexualmorde mit kindlichen Opfern hat sich in den 28 Jahren zwischen 1971 und 1999 um etwa drei viertel verringert", sagt Michael Baurmann, Leiter des Fachbereichs Kriminologie im Bundeskriminalamt. Diese gelte sowohl für versuchte als auch für vollendete Taten. Auch wenn jeder einzelne Fall für Opfer und Angehörige furchtbar sei, sei dies insgesamt eine positive Entwicklung, die sich auch nach der Wiedervereinigung trotz gewachsener Bevölkerung nicht geändert habe.

„Eigentlich hätte man aus statistischen Gründen mit einer Steigerung rechnen müssen", sagt Baurmann. Eine mögliche Erklärung sei die starke Emanzipationsbewegung der späten 60er- und frühen 70er-Jahre. In deren Folge seien Themen wie Kindesmisshandlung und Opferschutz öffentlich diskutiert und die sexuelle Selbstbestimmung von Kindern und Frauen deutlicher und selbstverständlicher akzeptiert worden.

Daneben sei aber auch der Anteil an Kindern und Jugendlichen an der deutschen Bevölkerung in den letzten Jahren beständig zurückgegangen. Daher gebe es weniger potenzielle Opfer, aber auch weniger potenzielle Täter. Schließlich träten männliche Jugendliche und junge Männer verhältnismäßig häufig als Sexualstraftäter auf, was auch für Tötungsdelikte gelte, erklärt Baurmann.

Dass allerdings in der Öffentlichkeit der Rückgang nicht wahrgenommen wird, führt der Leiter der Kriminologischen Zentralstelle in Wiesbaden, Rudolf Egg, auch auf die Medien zurück. „Die Berichterstattung hat sich geändert." Während in den siebziger Jahren vor allem über den RAF-Terrorismus berichtet worden sei, grabe sich heute jeder Kindermord sehr viel tiefer ins Bewusstsein ein. „Über die Suche nach dem vermissten Kind, die Aufklärung der Tat und den anschließenden Prozess wird viel mehr berichtet", erklärt Egg.

Die Wahrscheinlichkeit, dass ein Kind ermordet wird, ist zwar sehr gering. Dagegen wurden Baurmann zufolge in den letzten 45 Jahren jährlich zwischen 10 000 und 18 000 Fälle sexuellen Missbrauchs angezeigt. Bezogen auf 100 000 Einwohner sei die Zahl von etwa 32 Fällen im Jahr 1955 auf jährlich etwa 18 bis 20 Fälle zurückgegangen. Seit 1980 sei diese Zahl stabil.

Allerdings würden unter dem Begriff „sexueller Missbrauch" unterschiedliche Delikte aufgeführt: Von Exhibitionismus vor einem Kind über Zeigen von Pornografie bis zu Vergewaltigung. Bei 25 bis 50 Prozent der angezeigten Fälle werde körperliche Gewalt angewendet. Die Dunkelziffer sei höher: Je nach Definition des „sexuellen Missbrauchs" könne man von zehn mal mehr Taten ausgehen. Ein fremder Täter, etwa ein Exhibitionist, werde eher angezeigt als ein Täter, den das kindliche Opfer kenne.

Jedoch verweisen Egg und Baurmann darauf, dass in den vergangenen zehn Jahren mehr Fallarten angezeigt wurden, die früher im Dunkelfeld geblieben seien. „Wenn

Die Gefahr kann nahezu überall lauern: Experten fordern, Kinder zur Stärke und kritischem Hinterfragen zu erziehen. Foto: breuel

diese Einschätzung stimmt, haben wir vielleicht weniger sexuelle Missbräuche von Kindern, aber ein erhöhtes Anzeigeaufkommen", sagt Baurmann.

Kinder sollten zur Stärke und zum kritischen Hinterfragen fragwürdigen Verhaltens von Erwachsenen und Gleichaltrigen erzogen werden, erklärt Baurmann. Erwachsene müssten dagegen viel stärker lernen, die sexuelle und allgemeine Selbstbestimmung von Kindern zu respektieren.

Mirjam Mohr (ap)

men, dass bei der Mehrheit dieser Verurteilten keine psychische Erkrankung von strafrechtlich relevantem Ausmaß festgestellt wurde. Es gibt also ein gehöriges Ausmaß von Gewalt und Kriminalität bei den «Normalen». Die statistische Wahrscheinlichkeit, von dem gesunden 20-jährigen Sohn eines Nachbarn angegriffen zu werden, ist vermutlich deutlich höher als die Gefahr, Opfer eines in einem Hauseingang lauernden psychisch Kranken zu werden (Steinert, 2001: 382).

10.4.7 Körperliche und sexuelle Gewalt im Alltag

Empörung über begangene Taten wird oft mit der Überzeugung vorgetragen, es gebe ein derartiges Ausmaß an Gewalt und sexueller Abnormität nur im forensischen Kontext. Ein Blick in den bundesdeutschen Alltag wirkt hier eher ernüchternd:

- Mit 16 000 angezeigten Verdachtsfällen ist sexueller Missbrauch von Kindern immer noch das häufigste Sexualdelikt.
- Nach übereinstimmenden Schätzungen werden 150 000 bis 200 000 Frauen im Jahr vergewaltigt, wobei es nur in 1 bis 2,5 % zu einer Verurteilung kommt.
- Schätzungsweise 2,5 Millionen Frauen werden jährlich von ihren Männern geschlagen; fast 40 000 Mütter fliehen jährlich in die 400 Frauenhäuser Deutschlands.
- Das Bundeskriminalamt geht von bis zu 50 000 Sammlern von Kinderpornografie in Deutschland aus.
- Über 5000 Kinder und Jugendliche im Alter von unter 16 Jahren prostituieren sich in Deutschland täglich.
- Nach einer bundesweiten Befragung erlebten 75 % der Frauen sexuelle Belästigung am Arbeitsplatz.
- Nach Schätzungen wurden im Jahre 1991 340 000 Menschen im Alter zwischen 60 und 70 Jahren Opfer von Gewalt im familiären oder sozialen Nahraum.
- Der Film «Rambo III», ein Kinohit, ging mit 123 Toten und 245 Gewaltdelikten innerhalb von 109 Minuten in das Guiness-Buch der Rekorde ein.
- Im Jahre 1998 beantragten 40 000 Telekom-Kundinnen eine Fangschaltung, weil sie von Sexanrufern belästigt wurden.
- Die Zahl der deutschen Sextouristen wird auf jährlich 400 000 geschätzt. Zwischen 5000 und 12 000 Bundesbürger fahren jährlich in die so genannte Dritte Welt, um dort Kinder zu missbrauchen.

Aussparung des Bösen

▶ Gut und Böse – sind diese Begriffe heute überhaupt noch relevant? Immerhin bekommen wir seit der Aufklärung gelehrt, dass es Hölle und Teufel nicht gibt. [...] Im 20. Jahrhundert hat eine drastische Werteverschiebung stattgefunden. Lange verpönte und geächtete Verhaltensweisen sind heute Normalität geworden. In unserer Spaßgesellschaft gilt: Erlaubt ist, was gefällt. [...] Wir haben ein Maß an Freiheit, das kaum noch zu toppen ist, aber auch ein ebensolches Maß an Orientierungslosigkeit. Der Preis einer solchen Freiheit sind Amokläufe von Schülern etc. [...]

Von den ältesten Mythen der Menschheit bis zum Kriminalroman – die Geschichte wird bevölkert von dunklen Figuren und Mächten, die die Helden erst zu den Lichtgestalten machen, die sie sind. Auf der gesellschaftlichen Ebene dagegen wird das Böse weggeleugnet. Das ruft sittenstrenge Spießer auf den Plan, die Hexenjagden veranstalten. [...]

Der Mensch scheint [...] das «Böse» zu brauchen. Warum? Gibt es also doch böse Mächte? In dem Stück «Andorra» von Max Frisch heißt es: «Das ist das Böse. Jeder hat es in sich, keiner will es haben. Es muss also in einen Menschen hinein, damit wir es eines Tages packen und töten können.»

Das Dunkle, Morbide, Verbotene hat aber auch eine faszinierende Seite, die uns anlockt. Bücher von Stephen King, Rockmusik mit okkulten Texten etc.: Es gibt viele Beispiele für eine Kultur des Bösen. (Rabe, 2002) ◀

10.4.8
Qualität zu erschwinglichem Preis

«Sicherheit hat ihren Preis. Aber Sicherheit ist nicht käuflich. Wie sicher die Menschen in Deutschland vor gefährlichen Straftaten sind, hängt nicht allein von den eingesetzten finanziellen Ressourcen [...] ab.» (Kammeier, 2002b). Dennoch legte der Maßregelvollzugsexperte im Herbst 2002 das Ergebnis einer Untersuchung vor, die erstaunen lässt. Im Jahre 1999 zum Beispiel wurden für den Maßregelvollzug in Nordrhein-Westfalen pro 100 000 Einwohner Aufwendungen in Höhe von 1 241 600 DM getätigt. Das entspricht 12,41 DM pro Einwohner, der wiederum mit 0,034 DM täglich belastet wurde. Ist das zu teuer?

10.4.9
Behandlungserfolge bei Sexualstraftätern

Überzogener therapeutischer Optimismus und der Glaube an einen «Königsweg» der Täterbehandlung sind nach Egg (2002: 15 ff.) ebenso verfehlt wie eine grundsätzliche Skepsis gegenüber der Behandelbarkeit von Sexualstraftätern. Speziell dem Maßregelvollzug gegenüber sollte man größere Toleranz walten lassen, weil dieser mit sicherlich der schwierigsten Gruppe unter den Sexualstraftätern befasst ist.

Hall (1995) legte eine Analyse für insgesamt 1313 Sexualstraftäter vor, die ergab, dass Behandlung die Rückfälligkeit von Sexualstraftätern signifikant beeinflussen kann: 19 % der behandelten Sexualstraftäter wurden erneut mit einem Sexualdelikt rückfällig, während 27 % der unbehandelten Sexualstraftäter einschlägig rückfällig wurden. Ein klares Plädoyer für Behandlung!

10.4.10
Opferschutz – Arbeit mit Opfern

Die Opferperspektive hat einen hohen Stellenwert in der Täterbehandlung selbst. Zur Verbesserung des Know-how hat zum Beispiel die Klinikleitung in Lippstadt-Eickelborn eine Kooperation mit dem Institut für Psychotraumatologie an der Universität Köln eingeleitet. Ergebnisse der Traumabehandlung fließen in die Behandlung von Straftätern ein, die selbst in

ihrer Jugend Opfer sexueller Gewalt waren. Zudem: Wer im Maßregelvollzug engagiert arbeitet, wird nicht im Gegenzug fordern, dass bei der Arbeit mit Opfern durch Verbände gespart werden sollte. Diese Unterstellung wird meistens gewagt, um Befürworter mundtot zu machen. Maßregelvollzug ist Opferschutz!

10.5 Die Rolle der Medien

▶ Ein Junge, 9 Jahre, kommt vom Fußballspielen nicht nach Hause.
Es geschah am hellichten Tag.
Erst die Angst, dann die Gewissheit: Er wurde entführt, missbraucht, ermordet. Eine Mutter erzählt. (Focus Nr. 43 vom 21. 10. 2002) ◀

In den Jahren zwischen 1971 und 1996 ist die Presseberichterstattung zum Thema Kindesmissbrauch um das Zehnfache gestiegen, die Zahl der Sexualmorde zwischen 1971 und 1995 ging dagegen auf etwa ein Drittel zurück (Schott, 2001: 24).

Böllinger (1997) sieht in dieser Entwicklung die Gesetzmäßigkeiten aggressiver Marketingstrategien bestätigt (s. a. Abb. 9-1):

▶ Agitierende, reißerische, Sensationslust befriedigende Inhalte und Formen der Darbietung, Selektion, Vereinfachung und Verzerrung, Verfälschung. Die Produktion der Nachrichten ist mit der durch ihrerseits zweifelhafte Umfragen erzeugten bzw. «konstruierten» Wahrnehmung von Nachfrage kontaminiert. Die Nachfrage ist wiederum durch unbewusste sexualisierte Gewaltphantasien stimuliert. [...] Ausgenutzt wird dabei auch die universelle Tendenz der Menschen, sich mit Opfern zu identifizieren und dadurch die eigene, unbewusst phantasierte Täterschaft zu verleugnen. Ausgebeutet wird weiter der hysterische Mechanismus, die ebenso allgemein verbreitete Tendenz zur Verschiebung der abgewehrten tiefgreifenden Affekte auf weniger bedrohliche Gegenstände und das entsprechende Erleben einer mangels bewussten Auslösers diffusen Angst. Diese wird dann wiederum dadurch scheinbar bewältigt, dass man in dem Straftäter die beseitigbare Ursache sieht. (Böllinger, 1997: 86 ff.) ◀

Krämer und Mackenthun (2001: 178 ff.) gehen mit Vertretern von Presse, Funk und Fernsehen arg ins Gericht:

▶ Journalisten denken anders. Journalisten sind auf Neuigkeiten und Abnormitäten aus, sie suchen die emotionale Nähe und Betroffenheit, sie verknüpfen Themen mit Einzelschicksalen, sie denken aus ihrem Alltagsverstand heraus, haben nur ungefähre Vorstellungen und wollen den Nutzwert einer Erkenntnis wissen. ◀

Und auch der langjährige ... itarbeiter Mauz (2000: 8 ff.) zeich... ein düsteres Bild:

▶ Der Medienzustand in der Bundesrepublik ist eine Katastrophe, und das ist vor allem für die, die im Maßregelvollzug tätig sind, eine Situation, wie sie schlimmer nicht sein könnte. [...] Die Nachrichtenflut ist kaum noch erträglich. Ich weiß nicht, wie Sie das halten; Sie sitzen abends vor dem Bildschirm, und was sich da abspielt, das sind manchmal 10, 15, 100, 20 000 Tote. [...] Was der Maßregelvollzug ist, wissen die meisten jungen Kollegen, die in die Gerichtssäle kurz hineinschauen, die Material für Filme und Vorgeschichten zusammentragen, nicht. [...] Für die Kenntnisse der Kollegen ist der Maßregelvollzug, wenn sie dieses Wort überhaupt richtig aussprechen können, ein Rätsel. ◀

10.6 Öffentlichkeitsarbeit in der Bredouille

Maßregelvollzugsarbeit ist dominiert von negativen Schlagzeilen. *Uwe Dönisch-Seidel, Landesbeauftragter für den Maßregelvollzug in Nordrhein-Westfalen*, konnte im Umfeld der Standortdebatten manch zermürbende Erfahrung machen:

▶ In zahlreichen Bürgerversammlungen und Veranstaltungen der Bürgerinitiativen habe ich mich mit Vertretern des Gesundheitsministeriums, der Kliniken und der künftigen Träger den Fragen der Bevölkerung vor Ort gestellt und versucht, die Diskussion um die Forensik zu versachlichen.

Bei diesen Veranstaltungen herrschte zum Teil eine Stimmung, die Fachleute dazu veranlasst hat, mir und meinen Kollegen Personenschutz zu empfehlen. Nicht nur vereinzelt kam es zu heftigen verbalen Ausfällen des Publikums, die an dieser Stelle nicht zitiert werden sollten. Es hat aber auch eine große Anzahl ernsthaft interessierter Bürgerinnen und Bürger teilgenommen, deren Fragen und Beiträge wichtige Anregung gegeben haben. In den Veranstaltungen vor Ort konnten so auch viele Missverständnisse im Zusammenhang mit den geplanten Einrichtungen ausgeräumt werden. ◀

Die aus oben beschriebenen Erfahrungen resultierende Belastung ist tragischerweise oft damit verbunden, dass Mitarbeiterinnen und Mitarbeiter sich zunehmend ihres beruflichen Engagements schämen und Klinikleitungen sich entweder «verstecken» oder versuchen, durch Abwehr und Verharmlosung die Wogen zu glätten. Die vielleicht verständlichen Reaktionsweisen schaden aber den Beteiligten und dem Maßregelvollzug an sich.

Öffentlichkeitsarbeit im Maßregelvollzug will von langer Hand geplant sein, muss von Beginn an mit Einbrüchen rechnen, und sie muss vor allem offensiv und damit positiv ausgerichtet sein. Mit dem Motto «Qualität für eine sichere Zukunft» konnten die Verantwortlichen in Lippstadt-Eickelborn für mehr Akzeptanz in der Bevölkerung sorgen (Osterheider, 2001: 193 ff.). An Aktionsständen im Stadtgebiet wurde der regelmäßige Dialog mit Bürgerinnen und Bürgern gesucht. Dabei brauchten sich die Aktiven nicht einmal über Gebühr sorgen, denn eine Emnid-Studie hatte kurz zuvor deutlich gemacht, dass speziell Mitarbeiterinnen und Mitarbeiter der Forensik in der Bevölkerung hohe Glaubwürdigkeit haben, wenn sie Informationen transportieren. Den geringsten Glaubwürdigkeitsanteil haben nach dieser Studie die Politiker. Vor diesem Hintergrund lässt es sich schon eher beherzt konstatieren: «Der Maßregelvollzug ist nicht das Problem, sondern der Maßregelvollzug ist die Lösung des Problems!»

Infundiertes Blei

▶ Arbeit im Maßregelvollzug ist eine Arbeit mit dem größten Elend. Sie verunsichert, weil die Patienten Mitarbeiter mit einer deprimierenden Pathologie konfrontieren. Über Patienten kann keiner schillernde Geschichten erzählen – und wenn, dann sind es grausige. Das ist auf Dauer kränkend. Das ist infundiertes Blei!

Im Alltag gibt es dann auch immer wieder die Schwierigkeit, diese Menschen wirklich als krank anzusehen. Untergründige Rachebedürfnisse stellen sich dem beruflichen Ehrgeiz in die Quere. Die Arbeit in der forensischen Psychiatrie ist also nun wirklich keine, mit der man narzisstischen Gewinn einfahren kann. Man hat es eben nicht mit den strahlenden Neurosen eines Menschen aus dem Showbusiness zu tun. Vielmehr ist man umgeben von Menschen, die schlecht sprechen und oft auch schlecht riechen. Es bedarf also einer deutlichen Klarheit über den eigenen Ekel.

Forensische Patienten, das können wir nicht leugnen, sind oft auf einem Entwicklungsniveau, auf das wir unter keinen Umständen wieder zurückfallen wollen. Unablässiges, intensives Begehren, das Ringen um Aufmerksamkeit – solche und andere Probleme kennen wir doch nur zu gut aus der frühen adoleszenten Entwicklung. Dies führen die Patienten uns wieder in ihrer ganzen Brüchigkeit vor.

Umso anerkennenswerter ist es, dass es Berufsgruppen gibt, die mit ihrer Arbeit für diese Patienten eine Kultur herstellen, eine Umgebung, die sich zivilisiert zeigt und die Folgen einer gänzlich unzulänglichen Sozialisation etwas mildert. Die Arbeit fordert somit extrem! Und immer stellen Patienten uns die unausgesprochene Frage: «Was ist mit deiner Phantasie?»

In der Öffentlichkeit will doch niemand wirklich wissen, was hinter den Mauern geschieht. Es ist eine Riesenheuchelei, die sich abspielt, wenn die Wogen der Empörung hochschlagen. Im Fernsehen oder im Kino lässt man sich so manche Grausamkeit gefallen, aber bitte, Hannibal muss auf der Leinwand bleiben! Die sich anbahnende Faszination muss schnellstens abgewehrt werden, und es wird mit der Seite der Empörung reagiert. Dabei sollten viele zurückhaltender sein, denn vergessen wir nicht: In den KZs ist in einer ganz anderen Weise gemordet worden!

Die Arbeit im Maßregelvollzug führt uns die Brüchigkeit unserer Kultur vor Augen. Und ich stelle mir die Frage, ob die zuständigen Behörden wirklich etwas mit diesen Menschen aus der Forensik zu tun haben wollen. Wie demokratisch gesättigt ist deren Menschenverständnis? Ist nicht die vielerorts halbherzige, verdruckste Öffentlichkeitsarbeit Ausdruck dafür, dass die unausgesprochene Frage, wie Erziehung tragischst scheitern kann, auch in diesen Reihen unbeantwortet bleibt? (Gerhard Bliersbach, Diplom-Psychologe und Autor) ◀

10.7 Anhang

10.7.1 Kärrnerarbeit bei gruftig schlechter Öffentlichkeitsarbeit – Gespräch mit Micha Hilgers

Gerade Pflegekräfte werden in der Öffentlichkeit als «verschlafene Wärter» beschimpft, wenn es zum Beispiel zu einer Entweichung kommt. Dabei gilt diese Berufsgruppe doch als besonders geforderte, oder?

Anders als Ärzte, Psychologen oder andere fachtherapeutische Kräfte arbeiten die Pflegeberufe nicht nur mit ihren Patienten, sondern sie leben mit ihnen. Denn der Alltag auf Station ist im Wesentlichen ein Lebensalltag mit Patienten, die häufig für lange Zeit untergebracht sind. PflegerInnen verbringen buchstäblich ihr Arbeitsleben mit und unter den Patienten. Demgegenüber erleben die verschiedenen Fachtherapeuten in Gruppen oder Einzelsitzungen ihre Patienten über einen doch sehr beschränkten Zeitraum – der eben meist kein Alltag ist. Nachdem sie ihren Patienten oder die Gruppe gesehen haben, wenden sie sich anderen Aufgaben zu, die räumlich und geistig den Patienten ferner sind. Im günstigen Fall kommt daher den PflegerInnen eine der wesentlichsten Aufgaben zu: die Umsetzung der therapeutischen Aufträge, die Konkretisierung von Trainings wie Konfliktfähigkeit, etwa um Küchendienste oder Zimmerreinigung, Pünktlichkeit oder Körperpflege. Das ist Kärrnerarbeit. Am Ball zu bleiben und ihn flach zu halten – also weder in Zynismus noch in hochtrabende Heilsillusionen zu verfallen –, das ist eine persönliche Herausforderung an jeden Einzelnen, die neben fachlicher Qualifikation ein erhebliches Maß an Selbstreflexion und Standing erfordert.

Im Klinikalltag gibt es dann noch zumeist Spannungen mit anderen Berufsgruppen. Gibt es dafür eine Erklärung?

Interessen- und Machtkonflikte gibt es immer, muss es geben, und das ist auch gut so. Chronische Konflikte zwischen einzelnen Berufsgruppen können Zeichen mangelnder Organisations- und Entscheidungsstrukturen, zu geringer Differenzierung und Grenzen zwischen den Berufsgruppen und ihren jeweiligen Aufgaben sein (Stichwort: «Wir sind im Grunde alle gleich, aber jeder, der anders ist, wird bekämpft») oder umgekehrt eines zu autoritären Führungsstils. In diesem Fall ist weniger Supervision, sondern eher Organisationsberatung oder Coaching indiziert. Ewige wechselseitige Schuldzuschreibungen und Feindseligkeit können aber auch Ausdruck von Ohnmacht und erlebter Hilflosigkeit sein – besonders bei den begrenzten, oft ja auch real deprimierenden Perspektiven forensischer Patienten. Die Diskussion der Schuldfrage und der Aufbau von Feindbildern zwischen Berufsgruppen, Stationen oder Funktionsbereichen dient dann der Abwehr von eventuell unerträglich erscheinender Ohnmacht: Denn wo erst ein böser Schuldiger oder eine scheinbar versagende, schlecht arbeitende andere Gruppe von Kollegen ausgemacht sind, ist man nicht mehr ohnmächtig (Motto: wenn die nur ihre Sache anständig oder eben gut machen würden, wären alle Probleme gelöst). Nicht selten bestimmt diese Dynamik forensischen Alltag: Weil die begrenzten Perspektiven so schwer erträglich erscheinen, gibt man sich der Illusion hin, die Aussichten wären viel besser, wenn nicht andere alles vermasseln würden. Solche Prozesse sind natürlich unbewusst, sie stützen die eigene Berufsgruppe und das Selbstwertgefühl jedes ihrer Mitglieder, allerdings um den Preis chronischer Konflikte in einer Institution.

In der öffentlichen Debatte geht es oft um die Therapie von Sexualstraftätern, die in Frage gestellt wird. Wer im normalen Alltag Probleme hat, der sucht sich einen Therapeuten. Sexualstraftäter werden quasi gezwungen, sich hinter Mauern einer Behandlung zu stellen. Ist das nicht realitätsfremd?

Also erstens: Im Grunde sucht kein Mensch freiwillig die Hilfe eines Psychotherapeuten, viel weniger noch als die eines Zahnarztes. Vielmehr begibt sich in Psychotherapie, wer den Eindruck hat, so geht es nicht mehr weiter, mein Partner wird mich sonst verlassen, meine berufliche Karriere steht auf dem Spiel, ich bekomme nichts mehr geregelt, fühle mich elend und *down and out*. Wo, bitte, ist da Freiwilligkeit? Der Unterschied zwischen forensischen und manchen (aber eben auch nicht allen!) nichtforensischen Patienten ist eher die Einsicht in die Zwangsläufigkeit einer notwendigen Behandlung. Die Unterschiede sind also graduell und verlaufen nicht an der Linie der Freiwilligkeit, sondern der Einsicht in die Notwendigkeiten.

Und zweitens: Sexualstraftäter befinden sich im Maßregelvollzug, nicht weil sie in erster Linie ein sexuelles Problem haben, denn das haben viele Menschen, sondern weil sie Hass, Gewalttätigkeit und das sadistische oder verschmelzende Verfügen über einen anderen Menschen auf dem Feld der Sexualität ausagieren. Der Kern der Perversion ist Feindseligkeit, sagte der amerikanische Psychoanalytiker Robert Stoller.

Forensische Sexualstraftäter (aber auch viele andere unerkannte brave Bürger) toben diesen Hass sehr direkt gegen Schwächere aus, genießen Größen- und Allmachtsgefühle bei ihren Straftaten oder verschmelzen in einem Gefühl illusionärer Harmonie mit ihrem Opfer. Demzufolge steht weniger Sexualität als der Umgang mit Hass, Entwertung, Unterlegenheitsgefühlen und Größenideen in der Behandlung zentral. Diese Affekte treten im forensischen Alltag ständig auf, wenn man genau hinsieht. Die Behandlung scheitert also nicht an ihrer Realitätsferne, sondern an der Fixierung dieser für forensische Patienten so häufig fundamentalen Affekte. Kurz: Es geht nicht um Sexualität, sondern um Ich-Funktionen: Affektwahrnehmung und -kontrolle, Impulskontrolle, Urteilsbildung, Fähigkeit zu Ambivalenz und Bedürfnisverzicht, Integration von Widersprüchen und den Verzicht auf kompensatorische Größenideen.

Der klassische Triebtäter jedenfalls ist ein Phantom – allenfalls kompensieren manche Menschen ihre innere Leere und ihren Hass durch stundenlange sexuelle Fantasien oder zwanghafte Selbstbefriedigung. Alltag zu ertragen bei sehr durchschnittlichen Tätigkeiten (Arbeiten, Kochen, Essen, sozialen Kontakten) und sich der Realität so weit es geht zu stellen, das ist wesentlicher Teil pflegerischer Arbeit mit den Patienten.

Forensische Einrichtungen machen vielen Angst. Dabei wird so getan, als wären sie der einzige Ort des Bösen. Dem aber ist nicht so?

Seien wir doch mal ehrlich: Niemand wohnt gerne in einer Gegend, wo man nur mit der Axt aus dem Fenster schauen kann. Und vor die Wahl gestellt, gegenüber einem Museum für alte Meister oder einer forensischen Einrichtung zu leben, dürfte die Entscheidung ziemlich eindeutig ausfallen. Feindbilder, die die Debatte um forensische Fragen bestimmen, erfassen auch allzu leicht jene, die sich gegen Ängste und Befürchtungen der Bevölkerung selbstgerecht empören und dann gleich antidemokratische oder faschistoide Tendenzen wittern. Wenn ein Wirtschaftsunternehmen oder eine Chemiefabrik ein schlechtes Image haben, hilft es wenig, wenn das Management die vorgebliche Dummheit der Öffentlichkeit bejammert. Vielmehr müssen sich forensische Einrichtungen sehr offensiv um ständigen Dialog mit der öffentlichen Meinung bemühen, sie müssen sich nicht nur einmal im Jahr – am Tag der offenen Tür oder auf dem Weihnachtsmarkt – um Kontakte kümmern, sondern ständig, täglich. Bisher fand forensische Arbeit meist im Verborgenen statt, so als hätte man etwas zu verheimlichen – im Zweifel das so genannte Böse eben. Dass die eigene Arbeit qualitativ gut ist, dass sie uns allen nützt und dient, das zu kommunizieren, ist Aufgabe forensischer Einrichtungen. Publikumsbeschimpfungen hingegen helfen da wenig.

Erst dann kann man ernsthaft und glaubwürdig aufzeigen, dass es Gewalt und sexuellen Missbrauch in der Hauptsache eben nicht etwa durch forensische Patienten gibt, sondern alltäglich, hunderttausendfach in den Familien, in der Nachbarschaft, in Schule, Kirche und Beruf. Und erst dann, wenn forensische Einrichtungen aufhören, sich für ihr Klientel zu schämen und im Gegenteil den Wert ihrer Arbeit selbst schätzen und daher auch vermitteln können, kann es überhaupt gelingen, Projektionsmechanismen aufzuzeigen: Etwa, dass die Täter mit den weißen Hemden mitten unter uns sind, die keine Strafverfolgung befürchten müssen, weil sie ihren pädophil- sadistischen Neigungen zum Beispiel in Ländern der Dritten Welt nachgehen, weil sie in Familien ein Klima der Angst schaffen, das Anzeigen verhindert, oder dass sexistische Gewalt der graue Ehealltag in einer Vielzahl der Familien ist.

Gekonnte Öffentlichkeitsarbeit forensischer Einrichtungen – ist das nicht die Quadratur des Kreises?

Öffentlichkeitsarbeit und Image forensischer Einrichtungen sind gruftig schlecht. Und das liegt keineswegs in den Aufgaben der Forensiken selbst begründet. Wäre dies so, müssten auch Polizei und Feuerwehr ein ähnlich verheerendes Bild abgeben, da auch sie sich mit negativen Entwicklungen, Katastrophen, Bedrohungen und ängstigenden Situationen befassen. Kein Grund also, sich selbstmitleidig darauf zurückzuziehen, die Forensik befasse sich mit dem ausgegrenzten Bösen und sei deshalb gesellschaftlich ebenso verhasst wie eben auch in einer heldenhaften Märtyrerrolle, verkannt von der ignoranten Öffentlichkeit. Noch einmal: Wenn man wirklich davon überzeugt ist, gute Arbeit zu leisten, muss man dies auch darstellen – permanent, dauerhaft und mit Nachdruck und nicht bloß auf dem jährlichen Stand beim örtlichen Weihnachtsmarkt oder beim Tag der offenen Tür.

Das setzt eine Umkehr der Schwerpunkte bei öffentlichen Auftritten voraus: Man darf nicht der öffentlichen Meinung hinterherlaufen, etwa, indem man sich nur defensiv dann zu Wort meldet, wenn gerade mal ein Patient nicht aus seinem Wochenendurlaub zurückkam oder – schlimmer – wenn es tatsächlich zu einem Rückfall kam. Stattdessen ist erfolgsorientierte Öffentlichkeitsarbeit offensiv, sie versucht Meinung zu machen, nicht bloß defensiv auf sie zu reagieren. Dann würde forensische Psychiatrie den Wert ihrer Arbeit offensiv und kontinuierlich darstellen, für ihre Ziele werben und Meinungsführerschaft erringen – vorausgesetzt man ist vom Wert des eigenen Tuns wirklich überzeugt.

Mit dem Stichwort der Unbehandelbarkeit erscheinen Kritiker schnell auf dem Plan. Bekommen Sie bei derlei Schlagworten Magenreißen?

Es gibt sicher viele Gründe, sich mit psychosomatischen Problemen herumzuschlagen. Der von Ihnen erwähnte ist wohl nicht der allerbeste. Denn: Erstens ist jeder Mensch behandelbar – aber fast keiner ist heilbar. Der britische Sozialmediziner Thomas McKeown bemerkte treffend, dass sich die entscheidenden Fortschritte der Medizin im Wesentlichen auf die Heilung von bestimmten Infektionskrankheiten, die Zahnheilkunde, die Geburtsheilkunde, das chirurgische Können und die Hygiene beziehen. Darüber hinaus hat man es meist mit chronischen Erkrankungen zu tun, deren Behandelbarkeit ständige Fortschritte erfährt, Heilung jedoch ist bei Krankheiten wie Rheuma heute wie vor zweitausend Jahren nicht möglich. Warum sollte das im Bereich von Psychiatrie und Psychotherapie anders sein? Pointiert gesagt: Noch pathologischer als die Erkrankung selbst ist der Heilsgedanke, der jede Linderung, Besserung oder Verbesserung der Lebensqualität eines Patienten entwertet, wenn nicht eine Totalremission erzielbar ist. Der Alltag mit Patienten in somatischen Häusern ist durch chronische Erkrankungen gekennzeichnet. Kein Mensch käme auf den Gedanken, den Behandler oder seinen Patienten zu beschimpfen, weil sich rheumatische Beschwerden nicht oder nur geringfügig bessern. Warum sollte das gerade im forensischen Bereich so ganz anders sein?

Tatsächlich also geht es nicht um Heilung, sondern um Behandlung. Und diese Behandlung ist wertvoll – ob sie sich darauf beschränkt, dem Patienten ein lebenswertes Leben zu bieten oder eine Entlassung ermöglicht, wenn auch mit strengen, oft lebenslangen Auflagen.

Und zweitens ist eine Behandlung schon dann hilfreich und ethisch wertvoll, wenn sie verhindert, dass es dem Patienten oder seinem sozialen Umfeld schlechter geht als ohne Behandlung. *Nihil nocere* und *ut aliquid fiat* («nichts, was schadet» und «damit etwas geschieht», therapeutische Grundsätze bereits der Antike) bedeuten eine Abkehr von einem verrückten Heilsideal, das am Ende den Patienten in seiner persönlichen Eigenart ignoriert, nämlich mit seiner Lebensgeschichte, seinen Möglichkeiten und Grenzen. Der Anspruch, jeden heilen zu wollen, ist totalitär und entwürdigt jeden Menschen – ob psychisch oder körperlich krank – weil nur der zählt, der am Ende wieder gesund ist (was immer das ist). Eine humane, pluralistische Gesellschaft lebt mit ihren Mängeln, mit dem milden Anspruch, Verbesserungen zu erzielen und dem schmerzlichen Wissen darum, dass dies oft nur sehr begrenzt möglich ist. Und wer erlebt dies im Alltag mehr und deutlicher als die pflegerischen Kräfte einer forensischen Einrichtung?

Lebensfreude und Melancholie

„Grupo Sal" ließ Forensik-Alltag fast vergessen - Musik als Therapie

Die „Grupo Sal" bestricht mit eingängigen Melodien, einem treibenden Rhythmus und melancholischen Alltagsgeschichten aus Lateinamerika. Eine Mischung, die auch das Konzert in der Forensik gelingen ließ. Foto: aj

Düren. Wären da nicht die hohen Mauern, die strengen Sicherheitskontrollen gewesen, fast hätte man vergessen können, dass man sich im Innern der forensischen Abteilung der Rheinischen Kliniken aufhält. Daran „schuld" war die „Grupo Sal", die am Freitagabend in der nüchternen Mehrzweckhalle der Abteilung südamerikanische Lebensfreude verbreitete.

Ein Anflug von Melancholie und Nostalgie liegt in den Stücken der Tübinger Gruppe, deren Mitglieder aus Chile, Portugal und Deutschland kommen. Frisch und ungekünstelt interpretieren sie die Folklore des fernen Kontinents, ohne sie dabei ihrer Kraft und Magie zu berauben.

Kraft kommt bei der „Grupo Sal" vor allem aus den karibischen und afro-kubanischen Rhythmen, die die Songs unablässig antreiben. Mit Inbrunst singt Fernando Dias Costa kleine Geschichten aus dem Alltag und der Vergangenheit Lateinamerikas, oft voller Wehmut, aber mit Stil und Stolz. Zwischen den Darbietungen stellen der Sänger und seine Mitstreiter den fast 130 Zuhörern den nicht selten politischen Hintergrund der Lieder vor.

Die eingängigen Melodien, getragen von Gitarre, Saxophon und Querflöte, gehen sogleich ins Ohr, und kommen immer wieder einem Aha-Erlebnis gleich, so bekannt scheinen sie einem zu sein. Gerade diese Melodiösität macht die Musik der „Grupo Sal" auch für europäische Ohren so zugänglich.

Das Kulturprogramm der Rheinischen Kliniken, in dessen Rahmen das Konzert lief, soll dazu beitragen, Kontakt zwischen den Forensik-Patienten und der Bevölkerung zu schaffen, sagen die Verantwortlichen. Für die Patienten habe eine solche Veranstaltung durchaus auch therapeutischen Nutzen, ist Thomas Hax, pädagogischer Mitarbeiter des Hauses, überzeugt. Einerseits könne Alltägliches bei Vorbereitung und Durchführung geübt werden, andererseits biete die Musik Abwechslung vom „manchmal harten Klinikalltag". (aj)

10.7.2 Auf mörderischer Flucht

▶ Der Mensch ist im allgemeinen sehr resistent gegen die Bedrohung durch alltägliche Lebensrisiken. Jedermann weiß, dass Nikotingenuss zum Tode führen kann – kein Politiker hat sich jemals ernsthaft dazu verstiegen, die Produktion von Tabakwaren verbieten zu wollen. Jahr für Jahr werden Tausende bei Verkehrsunfällen verstümmelt und getötet – trotzdem setzen wir uns alle jeden Tag ins Auto oder ein anderes Verkehrsmittel im irrationalen Vertrauen darauf, dass es schon nicht gerade uns treffen wird.

Im Vergleich zu den Opfern des Tabakkonsums oder des Straßenverkehrs nimmt sich die Zahl derer, die durch ein Gewaltverbrechen zu Tode kommen, gering aus. Dennoch hebt nach fast jedem spektakulären Mord eine Diskussion darüber an, wer in diesem Fall wieder einmal versagt hat – die Politik, die Polizei, die Justiz, der Strafvollzug oder alle miteinander. Besonders hoch schlagen die Wellen der Erregung, wenn der Täter schon früher einmal ein Verbrechen verübt hat. So furchtbar einfach, so scheinbar zwingend logisch legt sich da die Schuldzuweisung zurecht: Warum konnte «so einer» frei herumlaufen? Hätte man ihn nur eingesperrt, ein für allemal und ohne Wenn und Aber, dann hätte er jedenfalls niemanden mehr umbringen können, das Opfer würde noch leben, den Angehörigen wären Qual und Trauer erspart geblieben und, das schwingt ungesagt mit, alles wäre gut.

Es ist leicht nachvollziehbar, warum bei Gewaltverbrechen die Schuldzuweisung viel einfacher funktioniert als bei Verkehrsunfällen oder bei Erdbeben, Überschwemmungen und Feuersbrünsten. Diese haben ja immer etwas Schicksalhaftes an sich, jene hingegen sind scheinbar ganz klar einem Einzelnen zuzurechnen, einem Individuum, in dem sich das Böse sichtbar manifestiert und in dessen Person es bekämpft werden kann. Aber wer glaubt, er könne die Gewalt, die Aggression, das also, was wir gemeinhin das «Böse» nennen, aus der Welt verbannen, indem er den Gewalttäter bis zu seiner Todesstunde einsperrt oder ihn gleich exekutiert, der ist blind für die Wirklichkeit. Denn die Aggression ist in fast allen Gesellschaften ein Bestandteil des menschlichen Lebens, und in bestimmten Erscheinungsformen ist sie auch geduldet und sogar erwünscht. Wir versuchen, ihre zerstörerische Kraft einzudämmen, sie zu bremsen, uns gegen sie abzusichern – durch Erziehung, Gesetze, Strafen. Aber wir werden nie verhindern, dass Dämme brechen, Bremsen versagen, Sicherungen durchbrennen. Wer den Menschen vorgaukelt, er könne sie vor Gewalttaten schützen durch härtere Strafen oder kompromisslosen Strafvollzug, führt sie in die Irre. Es gibt diesen Schutz nicht, wird ihn nach menschlichem Ermessen nie geben.

Dass wir dennoch versuchen müssen, uns vor einer konkreten Gefahr, einem bekannten Risiko so gut es geht zu schützen, ist eine Binsenweisheit, eine blanke Selbstverständlichkeit. Die Frage ist: Wie gut geht es, ohne dass andererseits Werte, denen wir durch unser Menschenbild und unsere Verfassung verpflichtet sind, über Bord geworfen werden? Der Umgang mit dem Terrorismus der RAF war ein Schulbeispiel dafür, wie schnell diese Grenzen erreicht und überschritten werden. Keine Isolationshaft, kein Kontaktsperregesetz, kein Lauschangriff hat die vom Terrorismus ausgehenden Gefahren gemindert, im Gegenteil – sie haben ihm neue Sympathisanten in die Arme getrieben.

Nun also der Fall Schmökel. Niemand stellt einen Dampfkochtopf, der ihm gerade fast um die Ohren geflogen ist, wieder auf den Herd, es sei denn, der Fehler wäre erkannt und behoben. Einen psychisch Kranken, der vergewaltigt oder getötet hat und dessen Krankheit nicht geheilt ist oder nicht geheilt werden kann, lässt man nicht frei herumlaufen – darüber bedarf es keiner Diskussion. Wenn es zutrifft, dass Schmökel schon fünfmal geflohen ist, dann hat derjenige, der ihm trotzdem Ausgang gewährte, einen tödlichen Fehler begangen, auch wenn er drei Aufpasser mitschickte. Wenn es stimmt, dass zwei von den dreien sich vor der Tür eine Zigarettenpause genehmigten, dann ist das eine schwer nachvollziehbare (aber deshalb auch schwer vorherzusehende) Fahrlässigkeit. Wer solche Fehler und Fahrlässigkeiten völlig ausschließen will, muss verurteilte Straftäter mit Hand- und Fußschellen an die Mauer schmieden, und nicht einmal das wäre eine Garantie.

Wenn ein Chirurg einen Kunstfehler begeht und der Patient stirbt, bricht niemand eine Diskussion über Sinn und Zweck des Operierens vom Zaun. Die Ärzte und das Pflegepersonal in der forensischen Psychiatrie leisten eine Arbeit, die selten von öffentlicher Anerkennung begleitet ist. Für das Publikum sind die spektakulären Kriminalfälle mit Prozess und Urteil erledigt und aus dem Sinn; die Psychiatrie muss mit den Tätern leben und arbeiten, viele Jahre lang und oft mit geringer Aussicht auf Erfolg. Gemessen an der Zahl der Patienten und der langen Verweildauer, sind Fluchten mit so schrecklichen Folgen wie im Fall Schmökel die absolute Ausnahme. Absolute Sicherheit würde absolute Abschottung voraussetzen. Aber Therapie ist ohne die Hoffnung, eines Tages wieder ein Leben in Freiheit führen zu können, undenkbar. In dieser Spannung muss die Psychiatrie, müssen wir alle leben. (Hans Holzhaider, Süddeutsche Zeitung vom 6. 11. 2000: 4) ◀

Verzeichnis der Herausgeber und AutorInnen

Friedhelm Schmidt-Quernheim, Dipl.-Päd.

Seit 1980 therapeutische Arbeit in der stationären Maßregelbehandlung, Rheinische Kliniken Düren; 17-jährige leitende Tätigkeit in der dortigen Forensischen Ambulanz; seit 2008 zudem Projektmitarbeiter des Instituts für Forensische Psychiatrie der Universität Duisburg-Essen. Therapeutische Ausbildungen; Autor von Fachpublikationen; Leiter des Zertifikatskurs der DGSP zur Forensischen Nachsorge.

Gut Horbell
DE-50 858 Köln
Kontakt: schmidt-quernheim@netcologne.de

Thomas Hax-Schoppenhorst, Lehrer

Seit 1988 pädagogischer Mitarbeiter der forensischen Abteilung der Rheinischen Kliniken Düren, Referent für Öffentlichkeitsarbeit, Integrationsbeauftragter; Dozent an der Krankenpflegeschule und an der Fachschule für Ergotherapie; langjährige Tätigkeit in der Erwachsenenbildung; Autor zahlreicher Unterrichtseinheiten sowie Mitautor und Autor von Büchern zu gesellschafts- und entwicklungspolitischen Themen.

Am Hinzenbusch 17
DE-52 355 Düren
Kontakt: Thascho@gmx.de

Martin Bohus, Prof. Dr. med.
Facharzt für Psychiatrie und Psychotherapie, Facharzt für Psychosomatische Medizin und Psychotherapie, Supervisor DVT, Supervisor DDBT; seit 2003 Ordinarius für Psychosomatische Medizin an der Universität Heidelberg und Ärztlicher Direktor an der Klinik für Psychosomatische Medizin und Psychotherapie am Zentralinstitut für Seelische Gesundheit Mannheim.
Kontakt: martin.bohus@zi-mannheim.de

Michaela Buhl
Fachkraft im Maßregelvollzug; Stationsleitung Klinik Nette-Gut für Forensische Psychiatrie an der Rhein-Mosel-Fachklinik Andernach.
Kontakt: MichaelaBuhl@web.de

Reinhard Brück
Seit 1988 Krankenpfleger in der Klinik für forensische Psychiatrie Haina; ab 2003 pflegerische Stationsleitung der DBT-F-Station in der Klinik für forensische Psychiatrie Haina und Ausbildung in DBT.
Kontakt: webmaster@forensic-haina.de

Volker Dittmann, Prof. Dr. med.
Direktor des Instituts für Rechtsmedizin der Universität und Leiter der Forensisch-psychiatrischen Abteilung der Universitären Psychiatrischen Kliniken.
Kontakt: volker.dittmann@upkbs.ch

Harald Dreßing, Prof. Dr.
Zentralinstitut für seelische Gesundheit.
Kontakt: harald.dressing@zi-mannheim.de

Uwe Dönisch-Seidel, Dipl.-Psych.
Psychologischer Psychotherapeut; Landesbeauftragter für den Maßregelvollzug NRW.
Kontakt: Uwe.Doenisch-Seidel@lbmrv.nrw.de

Klaus Elsner, Dipl.-Psych.
Psychologischer Psychotherapeut und Fachpsychologe für Rechtspsychologie BDP/DGPs; Institut für Forensische Psychiatrie der Universität Duisburg-Essen, Rheinische Kliniken Essen.
Kontakt: klaus.elsner@uni-due.de

Maria Fontao, Dr.
Wissenschaftliche Mitarbeiterin
Forensische Psychotherapie
Kontakt: maria.fontao@uni-ulm.de

Jürgen Georg, RGN, MScN, Cert. Ed.
Lektor, Pflegelehrer und -wissenschaftler.
Kontakt: juergen.georg@hanshuber.com

Sabine Glanz, Dipl.-Pflegepädagogin
Fachkrankenschwester für Intensiv- und Anästhesiepflege.
Kontakt: sabine.glanz@gmx.net

Gernot Hahn, Dr. phil., Dipl.-Soz.-Päd./ Sozialtherapeut (Univ.)
Sozialtherapeut; Leiter der Forensischen Ambulanz im Klinikum am Europakanal Erlangen; Lehrbeauftragter im Studienschwerpunkt Resozialisierung und im Masterstudiengang Klinische Sozialarbeit.
Kontakt: gernot.hahn@bezirkskliniken-mfr.de

Micha Hilgers, Dipl.-Psych.
Psychoanalytiker DGIP/DGPT; Gruppenanalytiker DAGG; Teamsupervisor und Organisationsberater DAGG; Autor zahlreicher Publikationen und Bücher; regelmäßige Beiträge in der taz und der Frankfurter Rundschau.
Kontakt: www.michahilgers.de

Tilmann Hollweg, Dipl.-Psych.
Psychologischer Psychotherapeut; Landesrat der LWL-Maßregelvollzugsabteilung Westfalen
Kontakt: tilmann.hollweg@lwl.org

Heinz Kammeier, Dr. jur.
15 Jahre Arbeit im Maßregelvollzug in Lippstadt-Eickelborn, jetzt Lehrbeauftragter für «Recht im Gesundheitswesen» an der Privaten Universität Witten/Herdecke gGmbH, Fakultät für Medizin/ Institut für Pflegewissenschaft.
Kontakt: kammeier-muenster@t-online.de

Susanne Kreuzer, Dipl. Soz. Päd.
Leitung Forensische Wohngruppe Bremer Werkgemeinschaft e.V.
Kontakt: kreuzer@bremerwerkgemeinschaft.de

Hans-Ludwig Kröber, Prof. Dr. med.
Direktor des Instituts für Forensische Psychiatrie, Charité – Universitätsmedizin Berlin.
Kontakt: hans-ludwig.kroeber@charite.de

Uta Kröger, Psychologin
Dr. Henri van der Hoeven Kliniek Utrecht (NL).
Kontakt: systeembeheer@hoevenstichting.nl

Hans J. Markowitsch, Prof. Dr. med.
Universität Bielefeld, Fakultät für Psychologie und Sportwissenschaft, Abteilung für Psychologie.
Kontakt: Hans.Markowitsch@uni-bielefeld.de

Angela Oermann, Dipl.-Psych.
Psychologische Psychotherapeutin; Leitung der DBT-F-Station der Klinik für forensische Psychiatrie Haina; ab April 2008 leitende Psychologin der Fachklinik Hochsauerland in Bad Fredeburg; DBT-Trainerin und Supervisorin (DDBT).
Kontakt: angela.oermann@freenet.de

Friedemann Pfäfflin, Prof. Dr. med.
Universitätsklinikum Ulm, Sektion Forensische Psychotherapie.
Kontakt: friedemann.pfaefflin@uni-ulm.de

Martina Piefke, Dr. med.
Universität Bielefeld, Fakultät für Psychologie und Sportwissenschaft, Abteilung für Psychologie.
Kontakt: mpiefke@uni-bielefeld.de

Klaus Rabe, Dr. med.
Oberarzt der Abteilung für Forensische Psychiatrie I der Rheinischen Kliniken Düren.
Kontakt: Klaus.Rabe@lvr.de

Udo Rauchfleisch, Prof. Dr. rer. nat.
Professor für Klinische Psychologie an der Universität Basel
Kontakt: diversity-info@bluewin.ch

Thomas Ross, Dr.biol. hum., Dipl.-Psych.
Universitätsklinikum Ulm, Sektion Forensische Psychotherapie.
Kontakt: thomas.ross@uni-ulm.de

Heiko Sakurai (Illustrationen)
Karikaturist bei der Westdeutschen Allgemeinen Zeitung (WAZ), der Berliner Zeitung, der WELT AM SONNTAG und der Financial Times Deutschland; mehrfache Auszeichnungen.
Kontakt: Heiko.Sakurai@sakurai-cartoons.de

Rolf Schellbach-Matties, Arzt
Abteilungsarzt der Abteilung für Forensische Psychiatrie I der Rheinischen Kliniken Düren.
Kontakt: Rolf.Schellbach-Matties@lvr.de

Martin Schott, Dr. med.
Ärztlicher Direktor des Niedersächsischen Landeskrankenhauses Moringen.
Kontakt: Martin.Schott@nlkh-moringen.Niedersachsen.de

Dieter Seifert, PD Dr. med.
Forensischer Psychiater; Institut für Forensische Psychiatrie der Universität Duisburg-Essen, Rheinische Kliniken Essen.
Kontakt: dieter.seifert@uni-due.de

Werner Stuckmann
Pflegedirektor der Rhein-Mosel-Fachklinik Andernach.
Kontakt: postmaster@Rhein-Mosel-Fachklinik-Andernach.de

Frank Voss
Krankenpfleger; sozialtherapeutische Fachkraft im MRV; pflegepädagogischer Mitarbeiter an der Rhein-Mosel-Akademie, Andernach; Stationsleiter an der Klinik Nette – Gut für forensische Psychiatrie.
Kontakt: F.Voss@rhein-mosel-akademie.de

Abkürzungsverzeichnis

AAT	Anti-Aggressionstraining
ABEDLs	Aktivitäten, Beziehungen und Existentielle Erfahrungen des Lebens; Pflegestrukturierungsmodell nach Monika Krohwinkel
AD	Antidepressiva
ADHS	Aufmerksamkeitsdefizit/Hyperaktivitätsstörung
AG	Amtsgericht
ASP	antisoziale Persönlichkeitsstörung
AvD	Arzt vom Dienst
AWE	Außenwohneinheit
BDP	Bundesverband Deutscher Psychologen
BEST	Behavioural Status
BGBl.	Bundesgesetzblatt
BGH	Bundesgerichtshof
BPS	Borderline-Persönlichkeitsstörung
BPS	Behandlungsprogramm für Sexualstraftäter
BT-Drs	Bundestagsdrucksache
BVerfG	Bundesverfassungsgericht
BVerfGE	Bundesverfassungsgerichtsentscheidung
BvR	Beschluss vom Richter (1. Senat, 2. Senat)
BWG	Bremer Werkgemeinschaft e. V.
BZR	Bundeszentralregister
DBT	Dialektisch-behaviorale Therapie
DDBT	Dachverband Dialektisch-Behaviorale Therapie
DGP	Deutsche Gesellschaft für Psychologie
DGPPN	Deutsche Gesellschaft für Psychiatrie, Psychotherapie und Nervenheilkunde
DGSP	Deutsche Gesellschaft für Soziale Psychiatrie
DSM	Diagnostic and Statistical Manual of Mental Disorders
DvD	Direktor vom Dienst
DVT	Deutscher Fachverband für Verhaltenstherapie
fMRT	funktionelle Magnetresonanztomographie
FWG	Forensische Wohngruppe
GG	Grundgesetz
GKV	gesetzliche Krankenversicherung
GVG	Gerichtsverfassungsgesetz
HCR-20	Historical-Clinical-Risk-Management 20 Item-Schema
HEADS	Haftentlassenen-Auskunftsdatei – Sexualstraftäter
ICD	International Classification of Diseases
ICL-R	Interpersonal Checklist – Revised
IPT	Integriertes Psychologisches Therapieprogramm
IQ	Intelligenzquotient
JGG	Jugendgerichtsgesetz
KURS	Konzeption zum Umgang mit rückfallgefährdeten Sexualstraftätern
LG	Landgericht
LH	luteotropes Hormon
LHRH	«luteinizing hormone releasing hormone» (luteotropes Hormon freisetzendes Hormon)
LSI-R	Level of Service Inventory – Revised
LVR	Landschaftsverband Rheinland
LWL	Landschaftsverband Westfalen-Lippe
MAO	Monoaminoxidase
MBO-Ä	Muster-Berufsordnung für die deutschen Ärztinnen und Ärzte
MMPI-2	Minnesota Multiphasic Personality Inventory 2

MRV	Maßregelvollzug
MRVG NRW	Maßregelvollzugsgesetz Nordrhein-Westfalen
MVollzG RP	Maßregelvollzugsgestz Rheinland-Pfalz
NJW	Neue Juristische Wochenschrift
NStZ	Neue Zeitschrift für Strafrecht
OFA	operative Fallanalyse
OLG	Oberlandesgericht
PCL	Psychopathy Checklist
PCL-R	Psychopathy Checklist – Revised
PET	Positronen-Emissionstomographie
PIA	psychiatrische Institutsambulanz
PsychKG	Gesetz über Hilfen und Schutzmaßnahmen bei psychischen Krankheiten
PsychUBG	Unterbringungsgesetz für psychisch Kranke
R & P	Recht & Psychiatrie (Zeitschrift)
SGB	Sozialgesetzbuch
SIDP-IV	Structured Interview for DSM-IV Personality
SKID-II	Standardisiertes Klinisches Interview für Persönlichkeitsstörungen
SNRI	Serotonin-und-Noradrenalin-Wiederaufnahme-Hemmer
SPZ	Sozialpsychiatrisches Zentrum
SSRI	selektive Serotonin-Wiederaufnahme-Hemmer
StA	Staatsanwaltschaft
StGB	Strafgesetzbuch
StPO	Strafprozessordnung
StVK	Strafvollstreckungskammer
StVollstrO	Strafvollstreckungsordnung
StVollzG	Strafvollzugsgesetz
TFFP	Transference Focused Forensic Psychotherapy
TFP	Transference Focused Psychotherapy, Übertragungsfokussierte Psychotherapie
TSH	thyreoideastimulierendes Hormon
VRAG	Violence Risk Appraisal Guide
VwVfG	Verwaltungsverfahrensgesetz
WAZ	Westdeutsche Allgemeine Zeitung
WfB	Werkstatt für psychisch Behinderte
WG	Wohngemeinschaft

Literaturverzeichnis

Abderhalden, C.: Psychiatrische Krankenpflege und Soziotherapie. Recom, Basel 1988

Abderhalden, C.: Die norwegische Brøset-Gewaltskala. In Georg, J. (Hrsg.): Pflege 2006 – Huber Pflegekalender. Huber, Bern 2005

Abderhalden, C.; Faust, A.M.; Grywa, D.; Needham, I.; Quilbier, U.; Stefan, H.; Willard, W.: Pflegediagnostik auf psychiatrischen Stationen in Österreich und in der Schweiz. In: Psych. Pflege 12 (2006): 72–77

Ahlemeyer, H.: Intelligenzminderung. Beschaffenheit der Störung und Bedeutung für die Delinquenz. Unveröffentlichtes Manuskript, 2007

Aichhorn, A.: Verwahrloste Jugend. 5. Auflage, Verlag Hans Huber, Bern 1965

AK-StVollzG (*zit. Bearbeiter*-AK-StVollzG): Feest, J. (Hrsg.): StVollzG. Kommentar zum Strafvollzugsgesetz (AK-StVollzG), 5. Aufl., Neuwied 2006

Aktion Psychisch Kranke e.V. (Hrsg.): Leitfaden zur Qualitätsbeurteilung in Psychiatrischen Kliniken. Eigenverlag, Bonn 1996

Alfaro-LeFevre, R.: Applying Nursing Process. Philadelphia, Lippincott, 2002, 5. Auflage

American Nurses' Association (ANA): Nursing: a social policy statement. Kansas City, Missouri 1980

American Nurses' Association: Standards oft Clinical Nursing Practice. Washington, 1998, 2. Auflage

American Psychiatric Association (Ed.): Diagnostic and Statistic Manual of Mental Disorders. 4th edn., Washington 1994

Andersen, T. (Hrsg.): Das reflektierende Team. Modernes Leben, Dortmund 1990

Andrews, D.A.; Zinger, J.; Hoge, R.D.; Bonta, J.L.; Gendreau, P.; Cullen, F.T.: Does correctional treatment work? A clinical relevant and psychologically informed meta-analysis. In: Criminology 28 (1990): 369–404

Antonovsky, A.: Salutogenese. Zur Entmystifizierung der Gesundheit. dgvt, Tübingen 1997

Arbeitskreis Forensik im Psychosozialen Plenum Herne (Hrsg.): Format 1 + 2. Forensik Materialien. Selbstverlag, Herne 2001/2002

Ärztekammer Nordrhein (Hrsg.) Weiterbildung zum Schwerpunkt Forensische Psychiatrie: http://www.aekno.de/htmljava/e/weiterbildungsordnung/b)psychiatrie.htm

Auchter, T.: Über strukturbildende Maßnahmen im Maßregelvollzug. In: Bender, T.; Auchter, T. (Hrsg.): Destruktiver Wahn zwischen Psychiatrie und Politik. Forensische, psychoanalytische und sozialpsychologische Untersuchungen. Psyche und Gesellschaft. Psychosozial-Verlag, Gießen 2004: 141–169

Bargfrede, H.: Enthospitalisierung forensisch-psychiatrischer Langzeitpatienten. Psychiatrie-Verlag, Bonn 1999

Bargfrede, H.; Knappe, H.: Methodenbildung professioneller Sozialarbeit. Werkstattschriften Forensische Psychiatrie und Psychotherapie (WsFPP) 1 (1994) 2: 135–162

Bauer, P.: Das Reasoning and Rehabilitation Program (R & R). Manuskript der Autorin

Bauer, P.: Dialektisch behaviorale Therapie der Borderline-Störung. In: Müller-Isberner, R.; Gretenkord, L. (Hrsg.): Psychiatrische Kriminaltherapie, Bd. 1. Pabst, Lengerich 2002: 60–72

Bauer, R.: Beziehungspflege. Ullstein Mosby, Wiesbaden 1997

Bauer, R.: Grundlagen pflegerischer Beziehungsarbeit. Psychiatrische Pflege Heute (2001) 7: 309–314

Bayerl, R.; Krankenhaus des Maßregelvollzugs. Krankenhausbetrieb des Landes Berlin. I. Abteilung für Forensische Psychiatie (Hrsg.): Manual zur Erstellung des Behandlungs- und Eingliederungsplans. Richtlinien für die Durchführung erstmaliger oder qualitativ erweiterter Lockerungsmaßnahmen. Broschüre, Berlin 2003

Beck, A.T.; Freeman, A. et al.: Kognitive Therapie der Persönlichkeitsstörungen. Psychologie Verlags-Union, Weinheim 1993

Bender, T.; Auchter, T. (Hrsg.): Destruktiver Wahn zwischen Psychiatrie und Politik. Forensische, psychoanalytische und sozialpsychologische Untersuchungen. Psyche und Gesellschaft. Psychosozial-Verlag, Gießen 2004

Bergin, A; Garfield, S. (Hrsg.): Handbook of Psychotherapy and Behavior Change. 4th edn., John Wiley & Sons, Inc., New York, Chichester, Brisbane, Toronto, Singapore 1994

Berner, W.: Neue Entwicklungen in der Diagnostik und Therapie von Paraphilien. Bewährungshilfe 48 (2001) 3: 232–250

Berner, W.: Prädiktoren des Therapieerfolgs bei sexueller Delinquenz. Persönlichkeitsstörungen (1998) 1: 50–56

Berner, W.; Briken, P.; Hill, A. (Hrsg.): Sexualstraftäter behandeln mit Psychotherapie und Medikamenten. Deutscher Ärzte-Verlag, Köln 2007

Berner, W.; Briken, P.; Hill, A.: Algorithmus für ein integriertes Behandlungsprogramm für Sexualstraftäter und Ausblick. In: Berner, W.; Briken, P.; Hill, A.

(Hrsg.): Sexualstraftäter behandeln mit Psychotherapie und Medikamenten. Deutscher Ärzte-Verlag, Köln 2007: 149–157

Berner, W.; Briken, P.; Hill, A.: Diagnostik von Störungen der Sexualpräferenz. In: Berner, W.; Briken, P.; Hill, A. (Hrsg.): Sexualstraftäter behandeln mit Psychotherapie und Medikamenten. Deutscher Ärzte-Verlag, Köln 2007: 5–13

Berzins, L.G.; Trestmann, R.L.: The development and implementation of Dialectic Behavioral Therapy in forensic settings. International Journal of Forensic Mental Health (2004) 3: 93–103

Bezirkskrankenhaus Bayreuth; Klinik für Forensische Psychiatrie, K. Leipziger (Hrsg.): Stichtagserhebung im Maßregelvollzug §63 StGB. Bericht über die Stichtagserhebungen für die Jahre 2003, 2004, 2005 und 2006. BKH Bayreuth, Nordring 2, DE-95445 Bayreuth

Birnbacher, D.; Kottje-Birnbacher, L.: Ethik in der Psychotherapie und der Psychotherapieausbildung. In: Senf, W.; Broda, M. (Hrsg.): Praxis der Psychotherapie. Ein integratives Lehrbuch. 2. Auflage, Georg Thieme Verlag, Stuttgart 2000: 710–717

Blackburn, R.; Crelin, M.C.; Morgan, E.M.; Tulloch, R.M.B.: Prevalence of personality disorders in a special hospital population. Journal of Forensic Psychiatry (1990) 1: 43–52

Blau, G.; Kammeier, H.: Straftäter in der Psychiatrie: Situation und Tendenzen des Maßregelvollzuges. Ferdinand Enke Verlag, Stuttgart 1984

Blundell, N.: Encyclopaedia of Serial Killers. Promotional Reprint Company, London 1996

Bode, G.: Interventionspapier der forensischen Ambulanz Langenfeld. Manuskript des Verfassers, Langenfeld 2001

Bode, G.: Traumabehandlung – EMDR in der forensischen Psychiatrie. WsFPP 9 (2002) 1: 9–22

Boetticher, A.; Kröber, H.L.; Müller-Isberner, R.; Böhm, K.M.; Müller-Metz, R. ; Wolf, T.: Mindestanforderungen für Prognosegutachten. Neue Zeitschrift für Strafrecht 26 (2006): 537–592

Bogerts, B.: Gehirn und Verbrechen. In: Schneider, F. (Hrsg.): Entwicklungen der Psychiatrie – Symposium anlässlich des 60. Geburtstages von Henning Saß. Springer-Verlag, Berlin 2006: 335–347

Bohus, M.: Borderline-Störung. Hogrefe-Verlag, Göttingen 2002

Bohus, M.: Die dialektisch-behaviorale Therapie der Borderline-Störungen – ein störungsspezifisches Behandlungskonzept. In: Dammann, G.; Janssen, P.L. (Hrsg.): Psychotherapie der Borderline-Störungen. Georg Thieme Verlag, Stuttgart New York 2007: 109–128

Bohus, M.; Haaf, B.: Dialektisch-Behaviorale Therapie der Borderline-Störung im stationären Setting. Verhaltenstherapie & Psychosoziale Praxis 33 (2001) 4: 619–642

Bohus, M.; Haaf, B.; Simms, T.; Schmahl, Ch.; Unckel, Ch.; Linehan, M.: Effectiveness of inpatient dialectical behavioral therapy for borderline personality disorder: a controlled trial. Behavior Research and Therapy 42 (2004) 4: 480–499

Bohus, M.; Haaf, B.; Stiglmayr, Ch.; Pohl, U.; Böhme, R.; Linehan, M.: Evaluation of inpatient dialectical-behavioral therapy for borderline personality disorder – a prospective study. Behaviour Research and Therapy 38 (2000) 4: 875–887

Bohus, M.; Schmahl, Ch.: Psychopathologie und Therapie der Borderline-Persönlichkeitsstörung. Deutsches Ärzteblatt 103 (2006) 49: A 3345–3352

Böker, W.; Häfner, H.: Gewalttaten Geistesgestörter. Springer-Verlag, Berlin 1973

Böllinger, L.: Forensische Psychiatrie und Öffentlichkeit. WsFPP 1 (1994) 1: 89–103

Böllinger, L.: Forensische Psychiatrie und postmoderne Kriminalpolitik. WsFPP 4 (1997) 1: 79–96

Boklage, W.: Die Gesamtkonzeption des Maßregelvollzugs in Nordrhein-Westfalen und die Auswahl, Planung und Durchsetzung neuer Standorte für Forensische Kliniken. In: Kammeier, H. (Hrsg.): Forensik in Münster: Eine Region in der Verantwortung. Lit Verlag, Münster 2002

Bombosch, J.: Anmerkungen zu einer entwicklungsfähigen Beziehung. Kerbe. Forum für Sozialpsychiatrie 16 (1999) 4: 15–18

Bormann, D. v.: Soziale Dienste der Justiz. Konzeption der Berliner Forensisch-Therapeutischen Ambulanz. Unveröffentlichtes Manuskript, Berlin 2005

Born, P.: Konzept zur Behandlung von Psychopathen. Unveröffentlichtes Manuskript, 1997

Born, P.; Cabeza, S.G.: Psychopathy. Entwurf eines Behandlungskonzeptes. In: Müller-Isberner, R.; Cabeza, S.G. (Hrsg.): Forensische Psychiatrie. Schuldfähigkeit. Kriminaltherapie. Kriminalprognose. Forum Verlag, Bonn-Bad Godesberg 1998

Bosshard, M.; Ebert, U.; Lazarus, H.: Sozialarbeit und Sozialpädagogik in der Psychiatrie. Lehrbuch. Psychiatrie-Verlag, Bonn 1999

Braasch, M.: Untherapierbare Straftäter im Maßregelvollzug – Zur Unzulässigkeit der zeitlichen Begrenzung von Behandlungsmaßnahmen. Forens. Psychiatr. Psychol. Kriminol. 4 (2007) 4: 269–275

Brand, T.; Diehl, J.-D.; Walter, M.: Ambulante Behandlung von Sexualstraftätern in Nordrhein-Westfalen. Erste Ergebnisse eines Forschungsberichtes. Bewährungshilfe 48 (2001) 3: 25–266

Breidbach, O.: Die Materialisierung des Ichs – Zur Geschichte der Hirnforschung im 19. und 20. Jahrhundert. Suhrkamp, Frankfurt a.M. 1997

Briken, P.; Hill, A.; Berner, W.: Medikamentöse Therapie für Sexualstraftäter. Deutscher Ärzte-Verlag, Köln 2007

Brobst, A. et al.: Der Pflegeprozess in der Praxis. 2. Auflage, Verlag Hans Huber, Bern Göttingen 2007

Bronisch, T.: Diagnostik von Persönlichkeitsstörungen. Persönlichkeitsstörungen (1999) 3: 3–15

Buchheim, P.; Dammann, G.: Anwendung, Training und Supervision der manualisierten psychodynamischen

Therapie für Patienten mit Borderline-Persönlichkeitsorganisation. In: Clarkin, J.F.; Yeomans, F.E.; Kernberg, O.F. (Hrsg). Psychodynamische Therapie der Borderline-Störungen: Ein Manual. Schattauer, Stuttgart 2001

Buchholz, K.: Psychotherapeutische Behandlungsstrategien im Maßregelvollzug. Manuskript der Verfasserin. Arnsdorf 2001

Bühringer, G.: Therapie von Drogenabhängigen unter Bedingungen äußeren Zwangs. In: Egg, R. (Hrsg.): Brennpunkte der Rechtspsychologie. Forum Verlag, Bonn 1991, 119–137

Bullens, R.: Faktoren der Behandlung von Sexualstraftätern: Motive, Therapiesetting, Nachsorge. WsFPP 1 (1994) 2: 33–53

Buss, A. H.; Durkee, A.: An inventory for assessing different kinds of hostility. Journal of Consulting Psychology 21 (1957) : 343–349

Buss, A.H.; Perry, M.: The aggression questionnaire. Journal of Personality and Social Psychology 63 (1992): 452–45

Cabeza, S.G.: Kriminalprävention durch ambulante Kriminaltherapie. In: Müller-Isberner, R.; Cabeza, S.G. (Hrsg.): Forensische Psychiatrie. Schuldfähigkeit. Kriminaltherapie. Kriminalprognose. Forum Verlag, Bonn-Bad Godesberg 1998

Cabeza, S.G.; Müller-Isberner, R.; Rohdich, R.: Zur Effizienz ambulanter Kriminaltherapie. Bewährungshilfe 44 (1997) 3: 272–285

Caspi, A.; Mc Clay, J.; Moffit, T.E.: The role of genotype in the cycle of violence in maltreated children. Science 297 (2000): 851–854

Cauffman, E.; Steinberg, L.; Piquero, A.R.: Psychological, neuropsychological and physiological correlates of serious antisocial behavior in adolescence: The role of self-control. Criminology 43 (2005) 2: 133–176

Cierpka, M.: Faustlos – Wie Kinder Konflikte gewaltfrei lösen lernen. Herder, Freiburg 2005

Carr, E.C.; Mann, E.: Schmerz und Schmerzmanagement. Bern, Huber, 2002

Clark, J.: Naming Nursing. Bern, Huber, 2003

Clarkin, J.F.: Conceptualization and treatment of personality disorders. Psychotherapy Research 16 (2006): 1–11

Clarkin, J.F.; Yeomans, F.E.; Kernberg, O.F.: Psychodynamische Therapie der Borderline-Persönlichkeit. Manual zur Transference Focused Psychotherapy (TFP). Schattauer, Stuttgart New York 1999

Cleckley, H.: The Mask of Sanity. Mosby, St. Louis 1955

Collier, I.; McCash, K.E.; Bartram, J.M.: Arbeitsbuch Pflegediagnosen. Wiesbaden Ullstein Medical, 1998

Cooke, D.J.; Michie, C.: Refining the construct of psychopathy. Towards an hierarchical model. Psychological Assessment 13 (2001): 171–188.

Dahle, K.-P.: Grundlagen und Methoden der Kriminalprognose. In: Kröber, H.-L.; Dölling, D.; Leygraf, N.; Saß, H. (Hrsg.): Handbuch der Forensischen Psychiatrie; Bd. 3: Psychiatrische Kriminalprognose und Kriminaltherapie. Steinkopff Verlag, Stuttgart 2006: 1–7

Dahle, K.-P.: Therapiemotivation und forensische Psychotherapie. In: Wagner, E.; Werdenich, W. (Hrsg.): Forensische Psychotherapie. Psychotherapie im Zwangskontext von Justiz. Medizin und soziale Kontrolle. Facultas-Universitätsverlag, Wien 1998: 97–112

Dammann, G.; Buchheim, P.; Clarkin, J.F.; Kernberg, O.F.: Einführung in eine übertragungsfokussierte, manualisierte psychodynamische Therapie der Borderline-Störung. In: Kernberg, O.F.; Dulz, B.; Sachsse, U. (Hrsg.): Handbuch der Borderline-Störungen. Schattauer, Stuttgart New York 2000: 461–481, 515–523

Dammann, G.; Clarkin, J.F.; Yeomans, F.E.; Kernberg, O.F.: Die übertragungsfokussierte Psychotherapie TFP – Ein störungsspezifisches, manualgeleitetes psychodynamisches Verfahren zur Behandlung der Borderline-Persönlichkeitsstörung. In: Dammann, G.; Janssen, P.L. (Hrsg.): Psychotherapie der Borderline-Störungen. Georg Thieme Verlag, Stuttgart New York 2007: 63–78

Dammann, G.; Janssen, P.L. (Hrsg.): Psychotherapie der Borderline-Störungen. Krankheitsmodelle und Therapiepraxis – störungsspezifisch und schulenübergreifend. 2. Auflage, Georg Thieme Verlag, Stuttgart New York 2007

Dannlowski, U.; Ohrmann, P.; Bauer, J.; Kugel, H.; Arolt, V.; Heindel, W.; Suslow, T.: Amygdala reactivity predicts automatic negative evaluations for facial emotions. Psychiatry Research 154 (2007): 13–20.

Deegener, G. (Hrsg.): Sexuelle und körperliche Gewalt. Psychologie Verlags-Union, Weinheim 1999

Deipenwisch, U.: Der Beitrag der psychologischen Psychotherapie zu einer positiven Kriminalprognose in der Behandlung psychosekranker Straftäter. Manuskript des Verfassers (mit freundlicher Genehmigung der Redaktion der WsFPP), Lippstadt 2002

Deneke, F.-W.: Narzissmus als gewöhnliches und pathologisches Phänomen. Persönlichkeitsstörungen (1997) 2: 62–73

Der Direktor des Landschaftsverbandes Westfalen-Lippe als untere Maßregelvollzugsbehörde; Westfälische Klinik Schloss Haldem (Hrsg.): Handbuch Forensische Nachsorge. Haldem 2006

Der Landesbeauftragte für den Maßregelvollzug Nordrhein-Westfalen (Hrsg.): Grundsätze für Lockerungsentscheidungen in Maßregelvollzugseinrichtungen. Düsseldorf, Stand 18.9.2003

Dern, H.: Operative Fallanalysen bei Tötungsdelikten. Kriminalistik 54 (2000): 533–541

Dern, H.; Baurmann, M.: Operative Fallanalyse. In: Widmaier, G. (Hrsg.): Münchener Anwalts-Handbuch. Strafverteidigung. C.H. Beck, München 2006: 2617–2654

Derogatis, L.R.: Administration, scoring & procedures manual-II for the R(evised) version and other instruments of the Psychopathology rating scale Series. Clinical Psychometric Research, Townson 1992

Dessecker, A.: Straftäter und Psychiatrie. Eine empirische

Untersuchung zur Praxis der Maßregel gemäß §63 StGB im Vergleich mit der Maßregel gemäß §64 StGB und sanktionslosen Verfahren. Kriminologische Zentralstelle, Wiesbaden 1997

Deutsche Gesellschaft für Psychiatrie, Psychotherapie und Nervenheilkunde (Hrsg.): Praxisleitfaden in Psychiatrie und Psychotherapie. Band 1. Behandlungslinie Schizophrenie. Steinkopff Verlag, Darmstadt 1998

Deutsche Gesellschaft für Psychiatrie, Psychotherapie und Nervenheilkunde (Hrsg.), Redaktion Gaebel, W.; Falkai, P.: Behandlungsleitlinie Psychosoziale Therapien. Steinkopff Verlag, Darmstadt 2005

Deutsche Gesellschaft für Psychiatrie, Psychotherapie und Nervenheilkunde (Hrsg.), Redaktion Gaebel, W.; Falkai, P.: S 3 – Praxisleitfaden in Psychiatrie und Psychotherapie. Behandlungsleitlinie Schizophrenie 2006. Steinkopff Verlag, Darmstadt 2006

Deutsche Gesellschaft für Psychiatrie, Psychotherapie und Nervenheilkunde (Hrsg.), Redaktion Gaebel, W.; Falkai, P.: Behandlungsleitlinie Störungen der sexuellen Präferenz. Steinkopff Verlag, Darmstadt 2007

Deutsche Gesellschaft für Soziale Psychiatrie (Hrsg.): Komplementäre Nachsorge für psychisch kranke Straftäter. Zertifikatskurs. Köln 2004. Bezug: DGSP, Zeltinger Str. 9, DE-50969 Köln

Dilling, H.; Dittmann, V.: Die psychiatrische Diagnostik nach der 10. Revision der Internationalen Klassifikation der Krankheiten (ICD-10). Der Nervenarzt 61 (1990): 259 ff.

Dimeff, L.; Koerner, K.: Dialectical Behavior Therapy in Clinical Practice. Guilford Press, New York 2007

Dimmek, B.: Geistig behinderte Patienten im Maßregelvollzug. In: Kammeier, H. (Hrsg.): Forensik in Münster: Eine Region in der Verantwortung. Informationen – Standpunkte – Diskussionen. LiT Verlag, Münster 2002: 101–108

Dimmek, B.; Bargfrede, H.: Modellprojekt Ambulante Nachsorge für forensisch-psychiatrische Patienten im Rahmen der Beurlaubung oder Entlassung auf Bewährung. Schriftenreihe des Bundesministeriums für Gesundheit, Bd. 49. Nomos Verlagsgesellschaft, Baden-Baden 1996

Dimmek, B.; Duncker, H.: Zur Rückfallgefährdung durch Patienten des Maßregelvollzugs. Recht & Psychiatrie 14 (1996) 2: 50–56

Dittmann, V.: Täterprofile und Fallanalysen. In: Madea, B.; Brinkmann, B. (Hrsg.): Handbuch gerichtliche Medizin. Bd. 2, Springer-Verlag, Berlin 2003: 827–832

Dittmann, V.: Wann ist ein Gutachten wissenschaftlich begründet? In: Baurmann, M. et al. (Hrsg.): Die operative Fallanalyse vor Gericht. Luchterhand, Neuwied 2008

Doenges, M.E.; Moorhouse, M.F.; Geissler-Murr, A.C.: Pflegediagnosen und Maßnahmen. 3. Auflage, Verlag Hans Huber, Bern Göttingen 2003

Dönisch-Seidel, U.; Treeck, B. v.; Geelen, A. et al.: Zur Vernetzung von forensischer Psychiatrie und Allgemeinpsychiatrie. Recht & Psychiatrie 25 (2007) 4: 184–188

Doenisch-Seidel, U.; Hollweg, T.: Nachsorge und Wiedereingliederung von (bedingt) entlassenen Maßregelvollzugspatienten in Nordrhein-Westfalen, Recht & Psychiatrie 1 (2003) 14–17

Dörner, K.: Kieselsteine. Ausgewählte Schriften. Jakob von Hoddis, Gütersloh 1996

Dörner, K.: Ökonomisierung des Sozialen – Nachgeben oder standhalten? In: Institut für Diakoniewissenschaft (Hrsg.): Diakonie Quo vadis? Arbeitsplatz Diakonie im Spannungsfeld von Ökonomie, Ethik und Tarifpolitik. Eigenverlag, Mühlheim a.d. Ruhr 1999

Dörner, K.; Plog, U.; Teller, C.; Wendt, F.: Irren ist menschlich: Lehrbuch der Psychiatrie und Psychotherapie. Psychiatrie-Verlag, Bonn 2002

Douglas, J.; Olshaker M.: Die Seele des Mörders. 25 Jahre in der FBI-Spezialeinheit für Serien-Verbrechen. Hoffmann & Campe Verlag, Hamburg 1997

Doyle, M; Dolan, M.: Predicting community violence from patients discharged from mental health services. British Journal of Psychiatry 189 (2006)6: 520–526.

Dreßing, H.; Gass, P.: Multiaxiale Klassifikation von Stalkingfällen – ein Leitfaden zur Begutachtung von Schuldfähigkeit und Prognose. Der Nervenarzt 78 (2007): 764–772

Dreßing, H.; Gass, P.: Multiaxiale Klassifikation von Stalkingfällen – ein Leitfaden zur Begutachtung von Schuldfähigkeit und Prognose. Der Nervenarzt (2007) 78: 764–772

Dreßing, H.; Gass, P.: Stalking! Verfolgung, Bedrohung, Belästigung. Verlag Hans Huber, Bern Göttingen Toronto Seattle 2005

Dreßing, H.; Henn, F.A.; Gass, P.: Stalking behaviour – an overview of the problem and a case report of male-to-male stalking during delusional disorder. Psychopathology 35 (2002): 313–318

Dreßing, H.; Kuehner, C.; Gass, P.: Lifetime prevalence and impact of stalking in a European population. British Journal of Psychiatry 187 (2002): 168–172

Dreßing, H.; Sartorius, A.; Meyer-Lindenberg, A.: Welche Bedeutung hat die neurobiologische Forschung für die forensische Psychiatrie? Forens. Psychiatr. Psychol. Kriminol. (2007) 4: 241–248

Dulz, B. et al.: Editorial. Persönlichkeitsstörungen (1997) 1: 2

Dulz, B.; Schreyer, D.; Nadolny, A.: Stationäre Psychotherapie: von haltender Funktion, technischer Neutralität und persönlicher Sympathie. In: Kernberg, O.F.; Dulz, B.; Sachsse, U. (Hrsg.): Handbuch der Borderline-Störungen. Schattauer, Stuttgart New York 2000

Duncker, H.: Forensische Psychotherapie. Psychotherapeut 44 (1999) 3: 188–197

Duncker, H.: Manuskript eines in Eickelborn gehaltenen Vortrags. Lippstadt 2000

Duncker, H.; Dimmek, B.; Kobbé, U.: Editorial. WsFPP 9 (2002) 1: 5–8

Egg, R.: Zur Rückfälligkeit von Sexualstraftätern. Ma-

nuskript des Verfassers (mit freundlicher Genehmigung der Redaktion der WsFPP), Wiesbaden 2002
Eher, R.: Zur kriminalprognostischen Begutachtung des Sexualstraftäters. Bewährungshilfe 48 (2001) 3: 221–231
Eher, R.; Gnoch, A.; Birklbauer, A.; Pfäfflin, F.: Antiadrogene Medikation zur Senkung der Rückfälligkeit von Sexualstraftätern: ein kritischer Überblick. Recht & Psychiatrie 25 (2007) 3: 103–111
Eher, R.; Schilling, F.: Der Umgang mit Sexualstraftätern im Österreichischen Strafvollzug seit Einrichtung der Zentralen Dokumentations- und Koordinationsstelle für Sexualstraftäter (Begutachtungsstation). Ein Überblick 2002 bis 2006. Erkenntnisse. Folgerungen. Bundesministerium für Justiz, Wien 2007
Elger, C. E.; Friederici, A. D.; Koch, C.; Luhmann, H.; von der Malsburg, C.; Menzel, R.; Monyer, H.; Rösler, F.; Roth, G.; Scheich, H.; Singer, W.: Das Manifest – Elf führende Neurowissenschaftler über Gegenwart und Zukunft der Hirnforschung. Gehirn & Geist (2004) 6: 30–37
Elsner, K.: Sexuell deviante Rechtsbrecher. In: Kröber, H.-L. et al. (Hrsg.): Handbuch der Forensischen Psychiatrie, Bd. 3. Steinkopff Verlag, Darmstadt 2006
Elsner, K.: Die Behandlung von Sexualstraftätern im Maßregelvollzug. In: Egg, R. (Hrsg.): Behandlung von Sexualstraftätern im Justizvollzug. Folgerungen aus den Gesetzesänderungen. Eigenverlag Kriminologische Zentralstelle e.V., Wiesbaden 1999
Elsner, K.: Gruppenbehandlung von Sexualstraftätern im Maßregelvollzug. In: Hoyer, J.; Kunst, H. (Hrsg.): Psychische Störungen bei Sexualdelinquenten. Pabst Science Publishers, Lengerich 2001
Elsner, K.: Psychische Auffälligkeiten bei Sexualstraftätern. Bewährungshilfe/BewHi (2005) 3: 212–228
Elsner, K.; Lux, H. A.; Senger, S.; König, A.: Die Behandlung problematischer Impulskontrolle. In: Osterheider, M. (Hrsg.): Forensik 2004. Aufbruch oder Stillstand. 19. Eickelborner Fachtagung. PsychoGen Verlag, Dortmund 2004: 115–127
Elz, J.: Legalbewährung und kriminelle Karrieren von Sexualstraftätern: Sexuelle Gewaltdelikte. Kriminologische Zentralstelle e.V. Kriminologie und Praxis, Bd. 33 u. 34, Wiesbaden 2001, 2002
Ennis, B. J.; Litwack, T. R.: Psychiatry and the presumption of expertise: Flipping coins in the courtroom. California Law Review 62 (1974): 693–752
Esquirol, E.: Die Geisteskrankheiten in Beziehung zu Medizin und Staatsarzneikunde. Voss, Berlin 1838
Eucker, S.: Persönliche Mitteilung 2005
Eucker, S.: Relapse Prevention. In: Müller-Isberner, R.; Gretenkord, L. (Hrsg.): Psychiatrische Kriminaltherapie, Bd. 1. Pabst Science Publishers, Lengerich 2002
Eucker, S.: Verhaltenstherapeutische Straftäterbehandlung. In: Müller-Isberner, R.; Gretenkord, L. (Hrsg.): Psychiatrische Kriminaltherapie, Bd. 1. Pabst Science Publishers, Lengerich 2002
Evangelisches Johanneswerk e.V. Einrichtungen der Diakonie; von Bodelschwingh'sche Anstalten Bethel (Hrsg.): Was Sie schon immer oder gerade jetzt über Forensik und Maßregelvollzug wissen wollten... 20 Fragen und Antworten zum Thema. Bezug: Dr. G. Wienberg, Königsweg 1, DE-33617 Bielefeld
Eysenck, H. J.: The effects of psychotherapy. An evaluation. Journal of Consulting and Clinical Psychology 16 (1952): 319–324
Fachabteilung Bad Rehburg des NLKH Wunstorf; von der Haar, M. (Hrsg.): Stichtagerhebung im Maßregelvollzug nach § 64 StGB. Ergebnisse der bundesweiten Erhebung. Ausgabe 2001, Bad Rehburg 2002
Fachausschuss Soziotherapie; Steingass, H.-P.; Dreckmann, I. et al. (Hrsg.): Soziotherapie chronisch Abhängiger. Ein Gesamtkonzept. Neuland, Geesthacht 2000
Farran, C. J.; Herth, K. A.; Popovich, J. M.: Hoffnung und Hoffnungslosigkeit. Wiesbaden, Ullstein Medical, 1998
Fazel, S.; Danesh, J.: Serious mental disorders in 23.000 prisoners: A systematic review of 62 surveys. Lancet 359 (2002): 545–550
Fehlenberg, D.: Schwierigkeiten bei der Begutachtung von Persönlichkeitsgestörten. Recht & Psychiatrie 18 (2000) 3: 105–111
Feil, M.; Knecht, G.: SOTP im Maßregelvollzug – Erste Erfahrungen. In: Berner, W.; Briken, P.; Hill, A. (Hrsg.): Sexualstraftäter behandeln mit Psychotherapie und Medikamenten. Deutscher Ärzte-Verlag, Köln 2007: 69–85
Fiechter, K.; Meier, M.: Pflegeplanung. Recom, Basel 1988: 27
Fiechter, V.; Meier, M.: Pflegeplanung – Eine Anleitung für die Praxis. Rocom, Basel 2003
Fiedler, P.: Integrative Psychotherapie bei Persönlichkeitsstörungen. Hogrefe, Göttingen 2000
Fiedler, P.: Persönlichkeitsstörungen. 2. Auflage, Beltz, Psychologie Verlags-Union, Weinheim 1995
Finger, A.: Gutachten des Herrn Geheimen Justizrat Professor Dr. August Finger zur Frage der richterlichen Strafzumessung, Verhandlungen des 29. Deutschen Juristentages, Bd. 2. Berlin 1908: 37–101
Fink, P.: Immer wieder töten. Serienmörder und das Erstellen von Täterprofilen. Verlag Deutsche Polizeiliteratur, Hilden 2000
Fischer, W.: Diagnoses Related Groups (DRGs) und Pflege. Bern, Huber, 2002
Fitzgerald-Miller, J.: Coping fördern – Machtlosigkeit überwinden – Hilfen zur Bewältigung chronischen Krankseins. Bern, Huber, 2003
Flegel, H.: Die Therapeutische Gemeinschaft im Psychiatrischen Krankenhaus. In: Landschaftsverband Westfalen-Lippe (Hrsg.): Referate der Gütersloher Fortbildungswoche. Eigenverlag, Münster 1964
Fleischhacker, W. W.; Hummer, M.: Pharmakotherapie der Schizophrenie. Der Nervenarzt Suppl 2 (2006): 577–597
Fontao, M. I.; Pfäfflin, F.; Lamott, F.: Anwendung der Übertragungsfokussierten Psychotherapie (TFP) auf die Behandlung von Maßregelvollzugspatienten. Eine Pilotstudie. Recht & Psychiatrie 24 (2007) 4: 193–200

Forschungsstelle Pflege und Pädagogik, Universitäre Psychiatrie Dienste UPD Bern: Pflegediagnosen bei Patienten und Patientinnen psychiatrischer Aufnahmestationen in der Schweiz und in Österreich: Gemeinsamkeiten und Unterschiede. In: Pflege 20 (2007): 149–156
Frädrich, S.; Pfäfflin, F.: Zur Prävalenz von Persönlichkeitsstörungen bei Strafgefangenen. Recht & Psychiatrie 18 (2000) 3: 95–104
Franke, G.: SCL-90-R. Die Symptom-Checkliste von Derogatis. Deutsche Version. Hogrefe, Göttingen 1995
Franz, U.; Klein, V.: Frauen als Täterinnen. In: Steinböck, H.; Berger, H. (Hrsg.): Ist die Psychiatrie der richtige Ort? Zum Verhältnis von forensischer und sozialer Psychiatrie. Lambertus-Verlag, Freiburg i. Br. 2003: 48–55
Freese, R.: Ambulante Versorgung psychisch kranker Straftäter. Psychiatrische Kriminaltherapie, Bd. 2. Papst Science Publisher, Lengerich 2003
Freese, R.: Die Praxis der ambulanten Kriminaltherapie. Manuskript des Verfassers, Haina 2000
Freese, R.: Psychotherapie bei Minderbegabten im therapeutischen Maßregelvollzug. In: Wagner, E.; Werdenich, W. (Hrsg.): Forensische Psychotherapie. Psychotherapie im Zwangskontext von Justiz. Medizin und soziale Kontrolle. Facultas-Universitätsverlag, Wien 1998: 210–225
Freese, R.: Therapeutische und finanzielle Effizienz ambulanter Kriminaltherapie. Die forensische Ambulanz Hessen. In: Ministerium für Justiz, Gesundheit und Soziales, Mainz 2004: 81–95
Freese, R.: Das müsste die Allgemeinpsychiatrie auch können; erste Daten zur Abschiebepraxis von Menschen mit vielfältigem Hilfebedarf in die Forensik. Vortrag auf der DGPPN-Tagung. November 2004
Freud, S.: Das Unheimliche. Imago 5 (1919): 297–324.
Freyberger, H. J.; Stieglitz, R.-D. (Hrsg.): Kompendium der Psychiatrie und Psychotherapie. 10. Auflage, S. Karger, Berlin u. a. 1996
Fries, A. B. W.; Ziegler, T. E.; Kurian, J. R.; Jacoris, S.; Pollak, S.D.: Early experience in humans is associated with changes in neuropeptides critical for regulating social behavior. Proceedings of the National Academy of Science of the USA 102 (2005): 17237–17240
Fuchs, T.: Ökologie des Gehirns. Eine systemische Sichtweise für Psychiatrie und Psychotherapie. Der Nervenarzt 76 (2005) 7: 1–10
Fürstenau, P.: Psychoanalytisch verstehen. Systemisch denken. Suggestiv intervenieren. Pfeiffer bei Klett-Cotta, Stuttgart 2001
Fydrich, T.; Renneberg, B.; Schmitz, B.; Wittchen, H.-U.: Strukturiertes Klinisches Interview für DSM-IV, Achse II: Persönlichkeitsstörungen. Hogrefe, Göttingen Bern Toronto Seattle 1997
Galeazzi, G. M.; Elkins, K.; Curci, P.: The stalking of mental health professionals by patients. Psychiatric Services 17 (2005): 298–304
Garland, D.: Kriminalitätskontrolle und Spätmoderne in den USA und Großbritannien. Kriminologisches Journal, Juventa Verlag, Weinheim, Heft 1, 2004
Gehring, P.: Es blinkt, es denkt – Die bildgebenden und weltbildgebenden Verfahren der Neurowissenschaft. Philosophische Rundschau 51 (2004): 273–295
Gellert-Helpenstein, A.: Forensische Patienten sind keine Pitbulls. Neue Ruhr Zeitung (Ausgabe Kleve) vom 17. 12. 2001
Georg, J.; Frowein, M.: Pflegelexikon. CD-ROM-Version. Ullstein Medical, Wiesbaden 1999
Georg, J.; Löhr-Stankowski J.: Pflegediagnosen: Entwicklung – Gegenstand – Bedeutung. In: Die Schwester/Der Pfleger 34 (1995) 2: 128–134
Georg, J.: Pflegeassessment in der Langzeitpflege. NOVA 35 (2004) 10: 15–19
Georg, J.: Klassifikationssysteme in der Pflege. In: Abt-Zegelin, A.; Schnell, M. W. (Hrsg.): Sprache und Pflege. Bern, Huber, 2005, 2. Auflage
Georg, J.: Pflegediagnosen. Fernstudiengang Pflege, FH Jena, Jena 2006a
Georg, J.; Cignacco, E.: Hebammendiagnosen. In: Cignacco, E.: Hebammenarbeit. Bern, Huber, 2006b
Georg, J.: Prozessgestaltung in der Pflege. In: Haubrock, M.; Schär, W.: Betriebswirtschaft und Management. Huber, Bern 2007a: 514–530
Georg, J.: Pflegediagnosen im Migrationskontext. In: Domenig, D. (Hrsg.) Transkulturelle Kompetenz. Huber, Bern 2007b: 287–300
Georg, J.: Stoffwechselbezogene Pflegediagnosen. NOVAcura 39 (2008) 7/8: 32–35
Goetsch, M.: Eine mörderische Angst. Deutsches Allgemeines Sonntagsblatt Nr. 48 vom 27. 11. 1998
Gordon, M.; Bartholomeyczik, S.: Pflegediagnosen: Theoretische Grundlagen. Urban & Fischer, München/Jena 2001
Gordon, M. Handbuch Pflegediagnosen. Huber, Bern 2008, 5. Auflage
Gorynia, M.: Sozialarbeit in der Forensik: Was ist sie, was kann sie und was könnte sie sein? WsFFP 12 (2005) 3: 9–23
Goschke, T.: Volition und kognitive Kontrolle. In: Müsseler, J.; Prinz, W. (Hrsg.): Allgemeine Psychologie. Spektrum, Heidelberg 2002
Graf, H.: Psychiatrie im Nationalsozialismus. Die gesicherte Abteilung der Provinzial Heil- und Pflegeanstalt Düren. Manuskript des Autors.
Greeven, P. G. J.: De intramurale behandeling van forensische patienten met een persoonlijkheidsstoornis. Een empirische studie. Gouda Quint, Deventer 1997
Gretenkord, L.: Das Reasoning and Rehabilitation Program (R & R). In: Müller-Isberner, R.; Gretenkord, L. (Hrsg.): Psychiatrische Kriminaltherapie, Bd. 1. Pabst Science Publishers, Lengerich 2002
Gretenkord, L.: Der Therapeut als Doppelagent. Zum Rollenkonflikt des Psychotherapeuten in der forensischen Psychotherapie. In: Wagner, E.; Werdenich, W. (Hrsg.): Forensische Psychotherapie. Psychotherapie im Zwangskontext von Justiz. Medizin und soziale Kontrolle. Facultas-Universitätsverlag, Wien 1998: 68–80

Gretenkord, L.: Empirisch fundierte Prognosestellung im Maßregelvollzug nach §63 StGB. EFP-63. Deutscher Psychologen Verlag, Bonn 2001

Gretenkord, L.; Giese, R.; Müller-Isberner, R.: Möglichkeiten und Grenzen schulischer und beruflicher Bildung im Maßregelvollzug. Mschr. Krim. (1990) 1: 40–49

Gretenkord, L.; Müller-Isberner, R.: Entweichungen aus dem Maßregelvollzug – Analyse eines Symptoms. MschrKrim 74 (1991)5: 305–315

Grond, E.: Altenpflege als Beziehungspflege. Brigitte Kunz Verlag, Hagen 1997

Groß, R.: Basisraten für kriminelle Rückfälligkeit – eine Zusammenschau veröffentlichter Daten (Dissertation). Abtlg. für Forensische Psychiatrie, Ludwig Maximilians-Universität, München 2000

Grubin, D.: Predictors of risk in serious sex offenders. British Journal of Psychiatry 170 (1997) 32: 17–21

Grünebaum, R.: Zur Strafbarkeit des Therapeuten im Maßregelvollzug bei fehlgeschlagenen Lockerungen. Dissertation, Frankfurt am Main 1996

Haas, H.; Killias, M.: Sind Vergewaltiger normale Männer? Bewährungshilfe 48 (2001) 3: 211–220

Habermeyer, E.; Puhlmann, P.; Passow, D.; Vohs, K.: Kriminologische und diagnostische Merkmale von Häftlingen mit angeordneter Sicherungsverwahrung. Monatsschrift für Kriminologie und Strafrechtsreform 90 (2007): 317–330

Haddenbrock, S.: Geistesfreiheit und Geisteskrankheit – Grenzparameter forensischer Schuldfähigkeit. Neue Zeitschrift für Strafrecht (NStZ) (1995) 8: 581.

Haddenbrock, S.: Strafrechtliche Handlungsfähigkeit und «Schuldfähigkeit» (Verantwortlichkeit); auch Schuldnormen. In: Göppinger, H.; Witter, H. (Hrsg.): Handbuch der forensischen Psychiatrie, Bd. 2. Springer-Verlag, Berlin – Heidelberg – New York 1972: 863–946

Häfner, H.: Ist die Diagnose Schizophrenie noch sinnvoll? Psychiatrische Praxis 34 (2007): 175–180

Haffke, B.: Vom Rechtsstaat zum Sicherheitsstaat? In: Saimeh, N. (Hrsg.): Gesellschaft mit beschränkter Haftung. Forensik 2006. 21. Eickelborner Fachtagung. Psychiatrie-Verlag, Bonn 2006

Hagner, M.: Geniale Gehirne. Zur Geschichte der Elitegehirnforschung. Wallstein, Göttingen 2004

Hahn, G.: Rückfallfreie Sexualstraftäter. Salutogenetische Faktoren bei ehemals im Maßregelvollzug behandelten Patienten. Psychiatrie-Verlag, Bonn 2007

Hahn, G.: Sozialarbeit im Maßregelvollzug: Auf dem Weg zur forensischen Sozialarbeit? WsFPP 12 (2005) 3: 23–49

Hall, G.: Sexual offender recidivism revisited: a meta-analysis of recent treatment studies. Journal of Consulting and Clinical Psychology 63 (1995) 5: 802–809

Haller, R.; Kemmler, G.; Kocsis, E. et al.: Schizophrenie und Gewalttätigkeit. Ergebnisse einer Gesamterhebung in einem österreichischen Bundesland. Der Nervenarzt 72 (2001) 2: 859–866

Hammer, A.: Pflegeprozess. In: Lauber, A. (Hrsg.): Pflege und Profession, Bd. I. 2. Auflage. Thiemes Pflege, Stuttgart 2007

Hanson, R.K.: The development of a brief actuarial risk scale for sexual offender recidivism (User Report No. 1997–054). Department of the Solicitor General of Canada, Ottawa 1997

Hanson, R.K.; Thornton, D.: Improving risk assessments for sex offenders: A comparison of three actuarial scales. Law and Human Behavior 24 (2000) 1: 119–136

Harbort, S.: Empirische Täterprofile. Ein Raster für die Ermittlung sexuell motivierter Mehrfach- und Serienmörder. Kriminalistik (1997) 51: 569–572

Harbort, S.: Kriminologie des Serienmörders – Teil II. Kriminalistik 53 (1999): 713–721

Hare, R.D.: Eigenschaften von antisozialen Borderline-Patienten und Psychopathen: Konsequenzen für das Gesundheitswesen und das Strafrechtssystem. In: Kernberg, O.F.; Dulz, B.; Sachsse, U. (Hrsg.): Handbuch der Borderline-Störungen. Schattauer, Stuttgart New York 2000

Hare, R.D.: Manual for the Hare Psychopathy Checklist – Revised. Multi-Health Systems, New York Toronto 1991

Hare, R.D.: The Hare Psychopathy-Checklist – Revised. Mental Health Systems. Niagara Falls Toronto 1991

Harlach, V.: Was ist Kunst? Werkstattgespräch mit Beuys. Athena, Stuttgart 1987

Harsch, S.; Keller, F.; Jockusch, U.: Vergleichende Studie von Sexualstraftätern im Strafvollzug und in der forensischen Psychiatrie. Recht & Psychiatrie 24 (2006) 1: 26–31

Hax-Schoppenhorst, T.: Die Arbeit in der Forensik ist eine ehrenvolle. Recklinghäuser Zeitung vom 21.9.1996

Hax-Schoppenhorst, T.: Feindbild Bürgerinitiative – Feindbild Klinik. In: Weigand, W. (Hrsg.): Der Maßregelvollzug in der öffentlichen Diskussion. Votum Verlag, Münster 1999: 71–77

Hax-Schoppenhorst, T.: Mauern um jeden Preis: Über große Nöte und kleine Freuden bei der Öffentlichkeitsarbeit forensischer Einrichtungen. Soziale Psychiatrie 24 (2000) 4: 25–29

Hax-Schoppenhorst, T.: Dialog ist das beste Mittel. Psychosoziale Umschau 16 (2001) 2: 5

Hax-Schoppenhorst, T.: Der abweichende Mensch als Fremder. Über den Umgang mit der Angst vor dem Verlust des Vertrauten. In: Dialog Nr. 13. Hefte der Deutsch-Polnischen Gesellschaft für Gesundheit. Münster 2004: 83–88

Hax-Schoppenhorst, T.: Alles muss raus – der Maßregelvollzug im Spannungsfeld zwischen Schönfärberei und freiwillig-resignativ inszeniertem Ausverkauf. In: Saimeh, N. (Hrsg.): Gesellschaft mit beschränkter Haftung. Maßregelvollzug als soziale Verpflichtung. Forensik 2006. 21. Eickelborner Fachtagung. Psychiatrie-Verlag, Bonn 2006a: 95–103

Hax-Schoppenhorst, T.: Ergebnisse einer Befragung zum Maßregelvollzug – Ein Projekt der Realschule an der

Wernersstraße in Düren. Unveröffentlichtes Manuskript, Düren 2006b
Hax-Schoppenhorst, T.: Rückkehr in die Strafbastion? Professionelle forensische Pflege im Dilemma. In: Schulz, M.; Abderhalden, C. et. al. (Hrsg.): Kompetenz – zwischen Qualifikation und Verantwortung. Vorträge und Posterpräsentationen. 4. Dreiländerkongress in Bielefeld-Bethel. Ibicura, Unterostendorf 2007
Hax-Schoppenhorst, T.: Rempler, Mobber, Steinewerfer. Gewalt an Schulen und Möglichkeiten der Überwindung. Neukirchener Verlagshaus. Neukirchen-Vluyn 2008b
Hax-Schoppenhorst, T.: Forensische Psychiatrie. In: Sauter, D.; Abderhalden, C.; Needham, I.; Wolff, S.: Lehrbuch Psychiatrische Pflege. Verlag Hans Huber, Bern 2008a
Hayne, M.: Vom eigenen Trauma zum Delikt. WsFPP 5 (1998) 1: 41–50
Heering, C. (Hrsg.): Das Pflegevisiten-Buch. Bern, Huber, 2006, 2. Auflage
Hegel, G.W.F.: Grundlinien der Philosophie des Rechts. Nicolai, Berlin: In: Hegel, G.W.F.: Werke in zwanzig Bänden, Band 7. Suhrkamp, Frankfurt a.M. 1970
Heim, E.: Praxis der Milieutherapie. Springer-Verlag, Berlin – Heidelberg – New York – Tokyo 1984
Heinroth, J.C.A.: Grundzüge der Criminal-Psychologie; oder: Die Theorie des Bösen in ihrer Anwendung auf die Criminal-Rechtspflege. Dümmler, Berlin 1833
Heinroth, J.C.A.: System der psychisch-gerichtlichen Medizin. Hartmann, Leipzig 1825
Heinz, G.; Keweloh, H.; Schlichting, M.: 25 Jahre offene Maßregelbehandlung in Göttingen. Klinische Erfahrungen und Ergebnisse. Recht & Psychiatrie, 14 (1996) 2: 38–44
Heltzel, R.: Die destruktiven Bereitschaften im Maßregelvollzug – am Beispiel der Behandlung von Sexualstraftätern. Recht & Psychiatrie 25 (2007) 1: 10–16
Herpertz, S.C.: Biologische Strukturmodelle. In: Herpertz, S.C.; Saß, H. (Hrsg.): Persönlichkeitsstörungen. Georg Thieme Verlag, Stuttgart New York 2003: 17–26
Herpertz, S.C.; Saß, H. (Hrsg.): Persönlichkeitsstörungen. Georg Thieme Verlag, Stuttgart New York 2003
Hesse, K.: Grundzüge des Verfassungsrechts der Bundesrepublik Deutschland, 20. Aufl., Heidelberg 1999
Hilgers, M.: Am Ende der Welt: Die Verelendung forensischer Psychiatrie. Soziale Psychiatrie 23 (1999) 3: 5–10
Hilgers, M.: Leidenschaft, Lust und Liebe. Psychoanalytische Ausflüge zu Minne und Missklang. Vandenhoeck & Ruprecht, Göttingen 2001
Hilgers, M.: Scham. Gesichter eines Affekts. 3., überarbeitete Auflage. Vandenhoeck & Ruprecht, Göttingen 2006
Hilgers, M.: Supervision im Maßregelvollzug – Ein Erfahrungsbericht. Recht & Psychiatrie 25 (2007) 1: 17–23
Hill, A.; Briken, P.; Berner, W.: Pharmakotherapie bei Antisozialität und sexueller Gewalt. Neurotransmitter, Sonderheft 2 (2006): 41–48
Hinz, S.: Gutachterliche Vorhersagen von Gefährlichkeit. Vom Scheitern im Ausland und der Kritik im Inland. Recht & Psychiatrie 15 (1987) 2: 50–58
Hoff, P.: Perspektiven der forensischen Psychiatrie im Wandel der Zeit. Manuskript des Autors
Hoffmann, K.: Migranten als Patienten im Maßregelvollzug. Der Nervenarzt (2006) 1: 50–57
Hoffmann, K.; Kluttig, T.; Lehmann, K.: Gruppenpsychotherapie auf einer forensischen Psychotherapiestation als Widerspiegelung der Entwicklung einer therapeutischen Gemeinschaft – ein Werkstattbericht. Recht & Psychiatrie 17 (1999) 2: 80–84
Hoffs, M.; Horstkotte, H.; Kröber H.-L.; Schott, M.; Schüler-Springorum (Hrsg.): Gutachten zu Grundfragen der Sicherheit in den Einrichtungen des Maßregelvollzugs in Nordrhein-Westfalen vom 31.8.1998. Unveröffentlichtes Manuskript
Höhl, W.: Ergotherapie. In: Gaebel, W.; Müller-Spahn, F. (Hrsg.): Diagnostik und Therapie psychischer Störungen. Kohlhammer, Stuttgart 2002: 1015–1025
Holmes, R.M.; De Burger, J.: Serial Murder. Sage Publications, Newbury Park 1988
Huck, G.: Bezugspflege versus Beziehungspflege. In: www.beziehungspflege.de
Jackson, J.L.; Bekerian, D.A.: Offender Profiling. Theory, Research and Practice. John Wiley & Sons, Chichester 1997
Jacob, B.; Lieb, K.: Borderline-Persönlichkeitsstörung. Psychiatrie und Psychotherapie up2date (2007) 1: 61–74
Janssen, P.L.: Berufsgruppen- und methodenintegrierende Teamarbeit in der stationären psychodynamischen Psychotherapie. Psychotherapeut (2004) 3: 217–226
Jehle, J.M.; Heinz, W.; Sutterer, P.: Legalbewährung nach strafrechtlichen Sanktionen – eine kommentierte Rückfallstatistik. Forum Verlag, Bonn Mönchengladbach 2003
Jöckel, D.; Müller-Isberner, R.: Einweisungsdelikte im psychiatrischen Maßregelvollzug. Der Der Nervenarzt 68 (1997) 5: 390–394
Jockusch, U.; Keller, F.: Praxis des Maßregelvollzugs nach § 63 StGB. Unterbringungsdauer und strafrechtliche Rückfälligkeit – Ergebnisse einer 5-Jahres-Katamnese aus dem Zentrum für Psychiatrie Weissenau. Monatsschrift für Kriminologie und Strafrechtsreform 84 (2001) (6): 2–13
Jacobsen, H.F.: Führungsaufsicht und ihre Klientel. Heymann, Köln 1985
Jockusch, U.: Neue Ergebnisse zur Rückfalldelinquenz forensischer Patienten. Vortrag anlässlich des DGPPN-Kongresses, Düsseldorf, 1996, 17. bis 21. September
Jockusch, U.: Maßregelvollzug heute: Effizienter Teil der psychiatrischen Versorgung. Kerbe. Forum Sozialpsychiatrie 19 (2002) 1: 9–12
Johnson, M.; Maas, M.: Pflegeergebnisklassifikation (NOC). Bern, Huber, 2005

Jones, M.: Prinzipien der Therapeutischen Gemeinschaft. Soziales Lernen und Sozialpsychiatrie. Verlag Hans Huber, Bern – Stuttgart – Wien 1976

Juchli, L.: Pflege. Stuttgart, Thieme, 1997, 8. Auflage

Jung, N.: Psychisch kranke Rechtsbrecher integrieren – mit Sicherheit! Manuskript des Verfassers, Bad Schussenried 2001

Kammeier, H. (Hrsg.): Maßregelvollzugsrecht. 2. Auflage, Walter de Gruyter, Berlin – New York 2002a

Kammeier, H.: Der Preis der Sicherheit – Aufwendungen der Bundesländer für den Maßregelvollzug. Recht & Psychiatrie 20 (2002b) 3: 168–176

Kammeier, H.: Maßregelrecht. Kriminalpolitik, Normgenese und systematische Struktur einer schuldabhängigen Gefahrenabwehr. Walter de Gruyter, Berlin – New York 1996

Kant, I. (1781): Kritik der reinen Vernunft. Riga: Hartknoch. In: I. Kant, Werkausgabe Bd. IV. Suhrkamp, Frankfurt a. M. 1968

Käppeli, S.: Pflegediagnostik unter der Lupe. Verlag des Pflegedienstes des UniversitätsSpitals Zürich, Zürich 2001

Kauder, V.; APK e.V. (Hrsg.): Personenzentrierte Hilfen in der psychiatrischen Versorgung. Bonn 1998

Kaul, F. K.: Die Psychiatrie im Strudel der Euthanasie. Europäische Verlagsanstalt, Frankfurt a. M. 1979

Kendler, K. S.: Toward a philosophical structure for psychiatry. *Am J Psychiatry 162 (2005):* 433–440.

Kernberg, O. F.: Psychodynamische Therapie bei Borderline-Patienten. Verlag Hans Huber, Bern 1993

Kernberg, O. F.: Schwere Persönlichkeitsstörungen. Theorie, Diagnose, Behandlungsstrategien. Klett-Cotta, Stuttgart 1989

Kernberg, O. F.: Wut und Haß. Über die Bedeutung von Aggression bei Persönlichkeitsstörungen und sexuellen Perversionen. Klett-Cotta, Stuttgart 1997

Kernberg, O. F.; Dulz, B.; Sachsse, U. (Hrsg.): Handbuch der Borderline-Störungen. Schattauer, Stuttgart New York 2000

Kernberg, O. F.; Hartmann, H.-P. (Hrsg.): Narzissmus. Grundlagen – Störungsbilder – Therapie. Schattauer, Stuttgart New York 2006

Keuwel, R.: Probleme der Pflegenden im Maßregelvollzug. Deutsche Krankenpflegezeitschrift (1989) 4: 221–223

Kinzig, J.: Die Sicherheitsverwahrung auf dem Prüfstand. Ergebnisse einer theoretischen und empirischen Bestandsaufnahme des Zustandes einer Maßregel. Kriminologische Forschungsberichte aus dem Max-Planck-Institut für ausländisches und internationales Strafrecht, Bd. 74: edition iuscrim, Freiburg i. Br. 1996

Kirstner, W.: Der Pflegeprozess in der Psychiatrie. 4. Auflage, Urban & Fischer, München/Jena 2002

Kistner, W.: Der Pflegeprozess in der Psychiatrie. 3. Auflage, Gustav Fischer Verlag, Stuttgart 1997

Klingberg, S.; Borbé, R.: Buchkremer, G.: Evidenzbasierte Psychotherapie schiozophrener Störungen. Der Nervenarzt (2006) 2: 99–109

Kluttig, T. et al.: Institutionelle Prozesse und öffentliche Diskussion über psychisch kranke Straftäter im Spiegel der Gruppenpsychotherapie. WsFPP 7 (2000) 1: 61–76

Kluttig, T.: Komplexe Behandlungsaufgaben und Behandlungsplanung in der forensischen Psychotherapie. WsFPP 7 (2000) 2: 221–240

Knahl, A.: Nachsorge forensisch-psychiatrischer Patienten. Synopse der Modellerprobungen des BMG. Ergebnisse und Empfehlungen. Band 82 der Schriftenreihe des Bundesministeriums für Gesundheit. Nomos Verlagsgesellschaft, Baden-Baden 1997

Knapheide, J.: Aufbau sozial-moralischer Kompetenzen als Grundlage für die Behandlung intelligenzgeminderter Patienten im Maßregelvollzug. Unveröffentlichtes Manuskript 2006

Knapheide, J.: Die Behandlung intelligenzgeminderter Rechtsbrecher im Westfälischen Zentrum für Forensische Psychiatrie Lippstadt-Eickelborn. In: Kammeier, H. (Hrsg.): Forensik in Münster: Eine Region in der Verantwortung. Informationen – Standpunkte – Diskussionen. LiT Verlag, Münster 2002: 121–138

Knecht, G.: Psychisch kranke Straftäter. Ein Interview. Psychologie heute, Weinheim (2004) 9: 67 ff.

Knecht, G.; Banzer, K.: Ambulante oder teilstationäre Therapieangebote für forensische Patienten. In: Wagner, E.; Werdenich, W. (Hrsg.): Forensische Psychotherapie. Psychotherapie im Zwangskontext von Justiz. Medizin und soziale Kontrolle. Facultas-Universitätsverlag, Wien 1998: 281–294

Knight, R. A.; Prentky, R. A.: Classifying sexual offenders: The development and corroboration of taxonomic models. In: Marshall, W. L.; Laws, D. R.; Barbaree, H. E. (Eds.): Handbook of sexual assault: issues, theories, and treatment of the offender. Plenum Press, New York 1990: 27–52

Kobbé, U.: … und tschüss! Marginalien gen Ende des Diskurses. WsFFP 12 (2005) 3: 107 ff.

Kobbé, U.: Klinik, Praxis, Ethik der Behandlung psychisch gestörter Rechtsbrecher – ein Überblick. In: Deegener, G. (Hrsg.): Sexuelle und körperliche Gewalt. Psychologie Verlags-Union, Weinheim 1999

Kobbé, U.: Psychotherapie im Maßregelvollzug – Eine ethische Springprozession. Wege zum Menschen 44 (1992) 4: 213–226

Kohlberg, L.: Die Psychologie der Moralentwicklung. Suhrkamp, Frankfurt a. M. 1996

Kohut, H.: Narzissmus. Eine Theorie der psychoanalytischen Behandlung narzisstischer Persönlichkeitsstörungen. Suhrkamp, Frankfurt a. M. 1973

Koller, M.: Zur gerichtlichen Praxis der Einweisung in den und der Entlassung aus dem Maßregelvollzug nach §§ 63, 64 StGB und zur Bedeutung von Begutachtung und Prognostik. In: Wegsperren für immer. Reader einer Fachtagung der Gewerkschaft ver.di im Jahre 2005. http://www.verdi.de/gesundheit-soziales/branchenpolitik/psychiatrische_einrichtungen/data/psychiatrieforum_nr_3.

Krämer, W.; Mackenthun, G.: Die Panik-Macher. Piper, München Zürich 2001

Kriesel, T.: Die ambulante Betreuung psychiatrischer Patienten, Sozialpsychiatrische Informationen 33 (2003) 1: 1–13

Kröber, H.-L.: Die Auseinandersetzung mit der Tat. Blitzlicht. Forens. Psychiatr. Psychol. Kriminal. 1 (2007) 2: 162–163

Kröber, H.-L.: Die Hirnforschung bleibt hinter dem Begriff strafrechtlicher Verantwortlichkeit zurück. In: Geyer, C. (Hrsg.): Hirnforschung und Willensfreiheit – Zur Deutung der neuesten Experimente. Suhrkamp, Frankfurt a. M. 2004: 103–110

Kröber, H.-L.: Die prognostische Bedeutung der Auseinandersetzung mit der Tat bei der bedingten Entlassung. Recht & Psychiatrie 11 (1993) 4: 140–143

Kröber, H.-L.: Die psychiatrische Diskussion um die verminderte Zurechnungs- und Schuldfähigkeit. In: Kröber, H.-L.; Albrecht, H.-J. (Hrsg.): Verminderte Schuldfähigkeit und psychiatrische Maßregel. Nomos Verlagsgesellschaft, Baden-Baden 2001: 33–68

Kröber, H.-L.: Forensische Psychiatrie – Ihre Beziehungen zur klinischen Psychiatrie und zur Kriminologie. Der Nervenarzt 76 (2005): 1376–1381

Kröber, H.-L.; Dölling, D.; Leygraf, N.; Saß, H. (Hrsg.): Handbuch der Forensischen Psychiatrie, Bd. 1, Strafrechtliche Grundlagen der forensischen Psychiatrie. Steinkopff Verlag, Darmstadt 2007

Kröber, H.-L.: Kriminalprognostische Begutachtung. In: Kröber H.-L.; Dölling, D.; Leygraf, N.; Saß, H. (Hrsg.): Handbuch der Forensischen Psychiatrie, Bd. 3, Psychiatrische Kriminalprognose und Kriminaltherapie. Steinkopff Verlag, Darmstadt 2006: 69–172

Kröber, H.-L.: Kriminalprognostische Begutachtung. In: Kröber, H.-L.; Dölling, D.; Leygraf, N.; Saß, H. (Hrsg.): Handbuch der Forensischen Psychiatrie. Bd. 3, Psychiatrische Kriminalprognose und Kriminaltherapie. Steinkopff Verlag, Darmstadt 2006: 69–167

Kröber, H.-L.: Moderne Therapie im psychiatrischen Maßregelvollzug – und wie man sie verhindern könnte. In: Osterheider, M. (Hrsg.): Forensik 2001. Innovative Konzepte. PsychoGen Verlag, Dortmund 2002

Kröber, H.-L.: Psychiatrische Versorgung und Maßregelvollzug in Hessen. Entwicklung bis 2007. Teil II: Maßregelvollzug. Eigenverlag, Berlin 2001

Kröber, H.-L.: Sexualstraftaten und Gewaltdelinquenz. In: Kröber, H.-L.; Dahle, K.-P. (Hrsg.): Sexualstraftaten und Gewaltdelinquenz: Verlauf – Behandlung – Opferschutz. Kriminalistik Verlag, Heidelberg 1998

Kröber, H.-L.: Sexualstraftäter: Notwendige Differenzierungen als Voraussetzung gezielter Intervention. In: Höfling, S.; Drewes, D.; Epple-Waigel, I.: Auftrag Prävention. Offensive gegen sexuellen Kindesmissbrauch. Atwerb-Verlag KG, München 1999

Kröber, H.-L.: Steuerungsfähigkeit und Willensfreiheit aus psychiatrischer Sicht. In: Kröber, H.-L.; Dölling, D.; Leygraf, N.; Saß, H. (Hrsg.): Handbuch der Forensischen Psychiatrie. Bd. 1, Rechtliche Grundlagen. Steinkopff Verlag, Darmstadt (im Druck)

Kröber, H.-L.: Täter, Tod und Deuter – Zur Rolle des forensischen Psychiaters. Recht & Psychiatrie 15 (1997) 3, 100–106

Kröber, H.-L.; Dölling, D.; Leygraf, N.; Saß, H. (Hrsg.): Handbuch der Forensischen Psychiatrie. Bd. 3, Psychiatrische Kriminalprognose und Kriminaltherapie. Steinkopff Verlag, Darmstadt 2006

Kröger, U.: Transmurale Behandlung in der Dr. Henri van der Hoeven Kliniek: info@hoevenklinik.nl

Kröger, U.: Transmurale Behandlung in einer Maßregelvollzugsklinik in den Niederlanden. In: Osterheider, M. (Hrsg.): Aufbruch oder Stillstand? Forensik 2004. 19. Eickelborner Fachtagung. Lippstadt-Eickelborn 2004: 134–143

Kröger, U.; Niemantsverdriet, J.: Neue Wege der Resozialisierung: Kurze Verweildauer – lange Nachsorge. Vortrag auf der 15. Eickelborner Fachtagung zu Fragen der Forensischen Psychotherapie. Manuskript der Autoren, Utrecht 2000

Krohwinkel, M.: Der Pflegeprozess am Beispiel von Apoplexiekranken: Eine Studie zur Erfassung und Entwicklung ganzheitlich-rehabilierender Prozesspflege. Nomos Verlagsgesellschaft, Baden-Baden 1993

Krohwinkel, M.: Rehabilitierende Prozesspflege am Beispiel von Apoplexiekranken – Fördernde Prozesspflege als System. Huber, Bern 2008, 3. Auflage

Kröniger, S.: Lebenslange Freiheitsstrafe, Sicherungsverwahrung und Unterbringung in einem psychiatrischen Krankenhaus: Dauer und Gründe der Beendigung; Ergebnisübersicht zur bundesweiten Erhebung 2002; 2003; 2004. KrimZ, Wiesbaden 2004, 2005, 2006

Krupinski, M.; Hoff, P.: Forensische Psychiatrie: Zum Umgang mit psychisch kranken Rechtsbrechern. Forum für interdisziplinäre Forschung 10 (1993): 59–71

Kruse, G.: Forensik – die Psychiatrie der Zukunft. Sozialpsychiatrische Informationen (2005) 2: 31–35

Kühner, C.; Gass, P.; Dreßing, H.: Increased risk of mental disorders among lifetime victims of stalking – Findings from a community study. European Psychiatry 22 (2007): 142–145

Kunert, H. J.: Neurobiologische und neuropsychologische Aspekte der dissozialen Persönlichkeitsstörung. In: Saimeh, N. (Hrsg.): Maßregelvollzug in Zeiten ökonomischer Begrenzung. Forensik 2007. 22. Eickelborner Fachtagung. Psychiatrie-Verlag, Bonn 2007: 107–128

Kutscher, S.-U.; Möller-Mussavi, S.; Seifert, D.: Verlauf und Rückfallrisiko entlassener intelligenzgeminderter Patienten aus dem Maßregelvollzug. In: Osterheider, M. (Hrsg.): Aufbruch oder Stillstand? Forensik 2004. 19. Eickelborner Fachtagung. Lippstadt-Eickelborn 2004: 65–74

Kutscher, S.-U.; Seifert, D.: Zur aktuellen Situation schizophrener Patienten im Maßregelvollzug gemäß § 63 StGB in Nordrhein-Westfalen. In: Saimeh, N. (Hrsg.): Maßregelvollzug in Zeiten ökonomischer Begrenzung. Forensik 2007. 22. Eickelborner Fachtagung. Psychiatrie-Verlag, Bonn 2007: 130–137

Lackinger, F.: Persönlichkeitsorganisation, Perversion und Sexualdelinquenz. Psyche 29 (2005): 1107–1130

Lackinger, F.: Transference Focused Forensic Psychotherapy (TFFP) – Die Psychodynamische Borderline-Therapie wird forensisch adaptiert. Forensische Psychiatrie und Psychotherapie 14 (2007): 61–103

Lackinger, F.; Dammann, G.: Besonderheiten der Behandlungsbedingungen bei der übertragungsfokussierten Psychotherapie (TFP) persönlichkeitsgestörter Delinquenten. Recht & Psychiatrie 23 (2005) 3: 103–115

Lackinger, F.; Zimprichowá, D.: Zur Indikation von TFP bei Straftätern In: Lackinger, F.; Dammann, G.; Wittmann, B.: Psychodynamische Psychotherapie bei Delinquenz. Schattauer, Stuttgart New York 2008

Lambert, M.J. (Hrsg.): Bergin and Garfield's Handbook of Psychotherapy and Behavior Change. 5th edn, John Wiley & Sons, Inc., New York 2004

Lammel, M.: Der Weg von der schweren anderen seelischen Abartigkeit zur verminderten Steuerungsfähigkeit – Der zweite Qualifizierungsschritt im Rahmen der Begutachtung. In: Lammel, M.; Felber, W.; Saturski, S.; Lau, S. (Hrsg.): Forensische Begutachtung bei Persönlichkeitsstörungen. Medizinisch Wissenschaftliche Verlagsgesellschaft, Berlin 2007: 79–109

Lammel, M.; Felber, W.; Saturski, S.; Lau, S. (Hrsg.): Forensische Begutachtung bei Persönlichkeitsstörungen. Medizinisch Wissenschaftliche Verlagsgesellschaft, Berlin 2007

Lammel, M.: Die erheblich verminderte Steuerungsfähigkeit. In: Kröber, H.-L.; Albrecht, H.-J. (Hrsg.): Verminderte Schuldfähigkeit und psychiatrische Maßregel. Nomos Verlagsgesellschaft, Baden-Baden 2001: 87–127

Lamott, F.: Einblicke von außen – Ausblicke von innen. In: Lackinger, F.; Dammann, G.; Wittmann, B.: Psychodynamische Psychotherapie bei Delinquenz. Schattauer, Stuttgart 2008

Lamott, F.; Pfäfflin, F.; Fontao, M.I.: Krisen und Chancen in Veränderungsprozessen. Ergebnisse einer Pilotstudie zur TFP. In: Lackinger, F.; Dammann, G.; Wittmann, B.: Psychodynamische Psychotherapie bei Delinquenz. Schattauer, Stuttgart 2008

Landesfachbeirat Psychiatrie Niedersachsen (Hrsg.): Wiedereingliederung nach dem Maßregelvollzug. Empfehlungen zur sozialpsychiatrischen Versorgung von Maßregelpatienten. Hannover 2001

Landschaftsverband Westfalen-Lippe (LWL) (Hrsg.): Bericht vom 20.12.1999, Münster 1999

Landschaftsverband Westfalen-Lippe (LWL): Pressemitteilungen. Münster, August 1999

Landschaftsverband Westfalen-Lippe (LWL) (Hrsg.): Rahmenbedingungen und Struktur einer neuen Maßregelvollzugseinrichtung. Vorschläge einer europäischen Expertenkommission, Münster 1996

Lane, B.; Gregg, W.: The Encyclopaedia of Serial Killers. Headline Book, London 1992

Lange, A.; Deghani, B.; Beurs, E. de: Validation of the Dutch adaptation of the Buss-Durkee Hostility Inventory. Behavior Research and Therapy 33 (1995): 229–233

Lau, S.: Wirkt ambulante Kriminaltherapie? Psychiatrische Praxis 30 (2003): 119–126

Lauber, A.: Pflegediagnosen. In: Lauber, A.; Schmalstieg (Hrsg.): Pflege und Profession, Bd. I. Thiemes Pflege. Stuttgart 2005

Laws, D.R. (Hrsg.): Relapse prevention with sex offenders. Guilford Press, New York 1989

Leichsenring, D.; Leibing, E.: The effectiveness of psychodynamic therapy and cognitiv behavior therapy in the treatment of personality disorders: a meta-analysis. American Journal of Psychiatry 160 (2003): 123–132.

Leidinger, F.: Zero tolerance: Forensische Psychiatrie im politischen Alltag. Soziale Psychiatrie 23 (1999) 3: 5–10

LEP Nursing Version 2.1, LEP-AG, St. Gallen, 2002

Leppert, N.: Kein Sendeplatz für Tatmotiv: Von der Schwierigkeit, einen Stoff aus dem Maßregelvollzug im Fernsehen zu plazieren. WsFPP 6 (1999) 1: 17–36

Lesting, W.: Grundrechte und Einschränkungen. In: Kammeier, H. (Hrsg.): Maßregelvollzugsrecht. Kommentar, 2. Aufl., Berlin 2002

Lesting, W.; Kammeier, H.: Der Vollzug der Freiheitsstrafe in einer Justizvollzugsanstalt gem. § 38 StGB und der Maßregel der Besserung und Sicherung in einem psychiatrischen Krankenhaus und in einer Entziehungsanstalt gem. §§ 63, 64 StGB. In: Hammer/Lohberger (Hrsg.): Beck'sches Formularbuch für den Strafverteidiger. 4., neu bearbeitete Auflage. Verlag C.H. Beck, München 2002

Leygraf, N.: Die Begutachtung der Gefährlichkeitsprognose. In: Venzlaff, U.; Foerster, K. (Hrsg.): Psychiatrische Begutachtung. 4., neu bearb. u. erw. Auflage, Elsevier Urban & Fischer, München 2004: 437–450

Leygraf, N.: Die Begutachtung der Prognose im Maßregelvollzug. In: Venzlaff, U.; Foerster, K.: (Hrsg.): Psychiatrische Begutachtung. Ein praktisches Handbuch für Ärzte und Juristen. 3., neu bearbeitete Auflage, Urban & Fischer, München 2000: 350–358

Leygraf, N.: Praxis des Maßregelvollzugs in den alten Bundesländern. In: Egg, R. (Hrsg.): Der Aufbau des Maßregelvollzugs in den neuen Bundesländern. Eigenverlag Kriminologische Zentralstelle e.V., Wiesbaden 1996

Leygraf, N.: Prognosesicherheit. Manuskript eines Vortrags im Januar 2002 in Düren

Leygraf, N.: Psychisch kranke Straftäter. Epidemiologie und aktuelle Praxis des psychiatrischen Maßregelvollzugs. Springer-Verlag, Berlin – Heidelberg – New York 1988

Leygraf, N.: Therapie verschiedener Tätergruppen. Psychisch kranke Rechtsbrecher. Persönlichkeitsgestörte Rechtsbrecher. In: Kröber, H.-L.; Dölling, D.; Leygraf, N.; Saß, H. (Hrsg.): Handbuch der Forensischen Psychiatrie. Bd. 3, Psychiatrische Kriminalprognose und Kriminaltherapie. Steinkopff Verlag, Darmstadt 2006: 254–288

Leygraf, N.: Wirksamkeit des psychiatrischen Maßregelvollzugs. In: Kröber, H.-L.; Dahle, K.-P. (Hrsg.): Sexualstraftaten und Gewaltdelinquenz: Verlauf – Behandlung – Opferschutz. Kriminalistik Verlag, Heidelberg 1998

Leygraf, N.; Nowara, S.: Prognosegutachten. Klinisch-psychiatrische und psychologische Beurteilungsmöglichkeiten der Kriminalprognose. Forensia-Jahrbuch (1992) 3: 45–53

Leygraf, N.; Windgassen, K.: Betreuung oder Überwachung: Was benötigen entlassene Patienten des psychiatrischen Maßregelvollzugs? Bewährungshilfe 35 (1988) 3: 341–351

Lieb, K.; Zanarini, M.; Schmahl, C.; Linehan, M.; Bohus, M.: Borderline Personality Disorder. Lancet 364 (2004): 453–461

Lincoln, T.; Hodgins, S.; Jöckel, D.; Freese, R. et al.: Forensische Patienten und Patienten der Allgemeinpsychiatrie. Bilden Prognoseinstrumente unterschiedliche Gewalttäterrisiken ab? Der Nervenarzt (2006) 5: 576–586

Lincoln, T.M.; Hodgins, S.; Müller-Isberner, R. et al.: Sind sie gefährlicher? Entlassene Patienten des psychiatrischen Maßregelvollzugs und der Allgemeinpsychiatrie im Vergleich. Krankenhauspsychiatrie 16 (2005): 48–56

Linehan, M.: Dialektisch-Behaviorale-Therapie der Borderline-Persönlichkeitsstörung. CIP-Medien, München 1996a

Linehan, M.: Trainingsmaterial zur Dialektisch-Behavioralen-Therapie der Borderline-Persönlichkeitsstörung. CIP-Medien, München 1996b

Linehan, M.; Armstrong, H.; Suarez, A.; Allmon, D.; Heard, H.L.: Cognitive-behavioral treatment of chronically parasuicidal borderline patients. Archives of General Psychiatry 48 (1991): 1060–1064

Linehan, M.M.: Cognitive Behavioral Treatment of Borderline Personality Disorder. Guilford Press, New York 1993

Linehan, M.M.: Commentary on innovations in dialectical behavior therapy. Cognitive and Behavioral Practice (2000) 7: 478–481

Linehan, M.M.; Dimeff, L.A.: Dialectical behavior therapy manual of treatment interventions for drug abusers with borderline personality disorder. University of Washington, Seattle 1997

Lohmer, M.: Borderline-Therapie. Psychodynamik, Behandlungstechnik und therapeutische Settings. Schattauer, Stuttgart 2002

Lohmer, M.; Wernz, C.: Zwischen Veränderungsdruck und Homöostaseneigung: Die narzisstische Balance in therapeutischen Institutionen. In: Lohmer, M. (Hrsg.): Psychodynamische Organisationsberatung. Konflikte und Potentiale in Veränderungsprozessen. Klett-Cotta, Stuttgart 2000

Löhr, F.: Können minderbegabte Sexualstraftäter im Maßregelvollzug vom Behandlungsprogramm für Sexualstraftäter (BPS) profitieren? In: Wischka, B.; Rehder, U.; Specht, F.: Sozialtherapie im Justizvollzug. Kriminalpädagogischer Verlag, Lingen 2005

Lohse, H.: Konsequenz als Handlungsmaxime in einer sozialtherapeutischen Einrichtung – Reaktionen und Konflikte aus therapeutischer und organisatorischer Sicht. In: Justizvollzugsanstalt Kassel II: Aktuelle Probleme der Sozialtherapie. Tagungsdokumentation 1993: 13–33

Lombroso, C.: Der Verbrecher. In anthropologischer, ärztlicher und juristischer Bedeutung. (Original 1876). Verlagsanstalt und Druckerei AG, Hamburg 1894

Lösel, F.: Evaluation der Straftäterbehandlung. Was wir wissen und noch erforschen müssen. In: Müller-Isberner, R.; Cabeza, S.G. (Hrsg.): Forensische Psychiatrie. Schuldfähigkeit. Kriminaltherapie. Kriminalprognose. Forum Verlag, Bonn-Bad Godesberg 1998

Lösel, F.; Bender, D.: Straftäterbehandlung: Konzepte, Ergebnisse, Probleme. In: Steller, M.; Volbert, R. (Hrsg.): Psychologie im Strafverfahren. Verlag Hans Huber, Bern 1997

Luborsky, L.: How to maximize the curative factors in dynamic psychotherapy. In: Miller, N. et al. (Eds.): Psychodynamik treatment research. Basic Books, New York 1993: 519–535

Lunney, M.: Arbeitshandbuch Pflegediagnostik. Verlag Hans Huber, Bern Göttingen 2007

Madsack, T.: Ergotherapie in der Forensischen Psychiatrie. Unveröffentlichtes Manuskript. Bezug: Madsack, Thomas, Thomas.Madsack@Psych-Haina.de, 2007

Maguire, E.A.; Gadian, D.G.; Johnsrude, I.S.; Good, C.D.; Ashburner, J.; Frackowiak, R.S.J.; Frith, C.D.: Navigation-related structural change in the hippocampi of taxi drivers. Proceedings of the national Academy of Science of the USA 97 (2000): 4398–4403

Mahler, J.: Ist Dezentralisierung wirklich die Formel für mehr Sicherheit? In: Osterheider, M. (Hrsg.): Forensik 2000. PsychoGen Verlag, Dortmund 2001: 64–69

Mahler, J.; Pokorny, D.; Pfäfflin, F.: Wie groß ist die Gefährdung der öffentlichen Sicherheit bei Entweichungen aus dem Maßregelvollzug? Recht & Psychiatrie 18 (2000) 1: 3–11

Maier, W.; Helmchen, H.; Saß, H.: Hirnforschung und Menschenbild im 21. Jahrhundert. Der Nervenarzt 76 (2005): 543–545

Main, T.F.: Das Konzept der therapeutischen Gemeinschaft: Wandlungen und Wechselfälle. In: Hilpert, H. et al. (Hrsg.): Psychotherapie in der Klinik. Springer-Verlag, Berlin – Heidelberg – New York 1981: 45–66

Markowitsch, H.J. (2006): Implikationen neurowissenschaftlicher Erkenntnisse für die Jurisprudenz am Beispiel von Glaubwürdigkeitsfeststellungen. Kriminalistik (2006) 10: 619–625

Markowitsch, H.J.; Kalbe, E.: Neuroimaging and crime. In: Christianson, S.Å. (Ed.): Offender's memory of violent crime. John Wiley & Sons, Chichester 2007: 137–164

Markowitsch, H.J.; Piefke, M.: Umweltinduzierte Gedächtnisstörungen: Neuronale Korrelate für die Auswirkung von Stress auf die Erinnerung. In: Müller, H.M.; Rickheit, R. (Hrsg.): Neurokognition der Sprache. Stauffenberg, Tübingen 2004: 299–318

Markowitsch, H.J.; Siefer, W.: Tatort Gehirn. Auf der Suche nach dem Ursprung des Verbrechens. Campus, Frankfurt a.M. 2007

Marshall, W.L.; Fernandez, Y.M.; Hudson, S.M.; Ward, T. (Hrsg.): Sourcebook of treatment programs for sexual offenders. Plenum Press, New York London 1998

Marshall, W.L.; Hudson, S.M.; Jones, R.L.; Fernandez, Y.M.: Empathy in sex offenders. Clinical Psychology Review 15 (1995): 99–113

Masanz, K.: Ich habe kein Land mehr gesehen. Falldarstellung zur ambulanten Betreuung eines ehemals forensisch untergebrachten Patienten. Kerbe. Forum für Sozialpsychiatrie 19 (2002) 1: 17–18

Mauz, G.: Maßregelvollzug an der Schwelle zum Jahr 2000 – Die Medien und der Maßregelvollzug. In: Fachabteilung Bad Rehburg (Hrsg.): Maßregelvollzug gem. §64 StGB an der Schwelle zum Jahr 2000, Bad Rehburg 2000: 8–18

McCain, S.; Sayrs, J.H.R.; Dimeff, L.A.; Linehan, M.M.: Dialectical Behavior Therapy for Individuals with Borderline Personality Disorder and Substance Dependence. In: Dimeff, L.; Koerner, K. (Eds.): Dialectical Behavior Therapy in Clinical Practice. Guilford Press, New York 2007: 145–173

McCann, R.; Ivanoff, A.; Schmidt, H.; Bradley, B.: Dialectical Behavior Therapy in Residential Forensic Settings with Adults and Juveniles. In: Dimeff, L.; Koerner, K. (Eds.): Dialectical Behavior Therapy in Clinical Practice. Guilford Press, New York 2007: 112–144

McCann, R.A.; Ball, E.M.; Ivanhoff, A.: DBT with an inpatient forensic population: The CMHIP model. Cognitive and Behavioral Practice 7 (2000): 447–456

McCleeland, N.; Humphreys, M.; Colon, L.; Hillis, T.: Forensic Nursing and Mental Disorder in Clinical Practice. Butterworth/Heinemann, Oxford 2001

McCloskey-Dochtermann, J.C.; Bulechek, G.M.: Pflegeinterventionsklassifikation (NIC). Bern, Huber, 2008 (Plan)

Melchinger, H.; Rössler, W.; Machleidt, W.: Ausgaben in der psychiatrischen Versorgung. Ist die Verteilung der Ressourcen am Bedarf orientiert? Der Nervenarzt (2006): 73–80

Meloy, J.R.; Gotthard, S.: A demographic and clinical comparison of obessional followers and offenders with mental disorders. American Journal of Psychiatry 152 (1995): 258–263

Melzer, K.: Psychisch kranke Straftäterinnen. Frauen im Maßregelvollzug. Frankfurter kriminalwissenschaftliche Studien, Bd. 74, Frankfurt a.M. 2001

Mentzos, S.: Die Psychodynamik der Psychosen. Zur psychodynamischen Differenzierung und Einordnung psychotischer Prozesse. Psychotherapeut (1997) 6: 343–349

Mentzos, S.: Geleitwort. In: Bender, T.; Auchter, T. (Hrsg.): Destruktiver Wahn zwischen Psychiatrie und Politik. Psychosozial-Verlag, Gießen, 2004

Mentzos, S.: Psychodynamische Modelle in der Psychiatrie. Vandenhoeck & Ruprecht, Göttingen 1993

Meurer, H.; Meurer, M.: Induktive musikalische Emotionstherapie. Nervenheilkunde 20 (2001) 8: 71–74

Mezger, E.: Die Klippe des Zurechnungsproblems. Jurist.-psychiatr. Grenzfragen Bd. IX (1). Marhold, Halle 1913: 35–50

Michaud, S.G.; Hazelwood, R.: The evil that men do. FBI profiler Roy Hazelwood's journey into the minds of sexual predators. St. Martins's Press, New York 1998

Miller, A.L.; Rathus, J.H.; DuBose, P.; Dexter-Mazza, E. T.; Goldklang, A.R.: Dialectical Behavior Therapy for Adolescents. In: Dimeff, L.; Koerner, K. (Eds.): Dialectical Behavior Therapy in Clinical Practice. Guilford Press, New York 2007: 245–263

Ministerium für Justiz, Gesundheit und Soziales; Saarländische Klinik für Forensische Psychiatrie (Hrsg.): Maßregelvollzug – ein neuer Weg oder einfach nur weg? Dokumentation der Fachtagung vom 6./7. Mai 2004 in Merzig. Saarbrücken 2004

Morgan, K.; Closs, J.: Schlaf, Schlafstörungen, Schlafförderung. Huber, Bern 2000

Morgenthaler, F.: Homosexualität, Heterosexualität, Perversion. Qumran, Frankfurt a.M. 1984

Moser, T.: Repressive Kriminalpsychiatrie. Vom Elend einer Wissenschaft. Eine Streitschrift. Suhrkamp, Frankfurt a.M. 1971

Mullen, P.E.; Pathé, M.; Purcell, R.; Stuart, G.W.: Study of stalkers. American Journal of Psychiatry 156 (1999):1244–1249

MüKo, zit. *Bearbeiter*-MüKo; Miebach, K./Sander, G.M. (Hrsg.): Münchener Kommentar zum Strafgesetzbuch, München 2003

Müller, D.; Roder, V.; Brenner, H.: Effektivität des Integrierten Psychologischen Therapieprogramms für schizophren Erkrankte. Der Nervenarzt (2007) 1: 62–73

Müller, J.L.: Die Bedeutung neurobiologischer Faktoren bei der Aggressionsgenese I und II. Nervenheilkunde (2006) 11: 1–9; 1–6

Müller, J.L.: Stand und Stellenwert bildgebender Verfahren im Rahmen der Diagnostik von Persönlichkeitsstörungen am Beispiel der «Psychopathy». In: Lammel, M.; Felber, W.; Saturski, S.; Lau, S. (Hrsg.): Forensische Begutachtung bei Persönlichkeitsstörungen. Medizinisch Wissenschaftliche Verlagsgesellschaft, Berlin 2007: 57–65

Müller, Ch.: Verbrechensbekämpfung im Anstaltsstaat. Psychiatrie, Kriminologie und Strafrechtsreform in Deutschland 1871–1933. Vandenhoeck & Ruprecht, Göttingen 2004

Müller-Isberner, R.: Ökonomische Aspekte ambulanter Kriminaltherapie. Fachtagung Ambulante Kriminaltherapie. Unveröffentlichte Powerpointpräsentation, Berlin 2002

Müller-Isberner, R.: Therapie im psychiatrischem Maßregelvollzug (§63 StGB). In: Venzlaff, U.; Foerster, K. (Hrsg.): Psychiatrische Begutachtung. 4., neu bearb. u. erw. Auflage, Elsevier Urban & Fischer, München 2004: 417–435

Müller-Isberner, R.; Eucker, S.: Prinzipien effizienter Kriminaltherapie. In: Ministerium für Justiz (Hrsg.):

Maßregelvollzug – Ein neuer Weg oder einfach nur weg? Saarbrücken 2004: 21–30
Müller-Isberner, R.; Jöckel, D.: Kriminologische Differentialdiagnostik – Differenzierte Kriminaltherapie. In: Steinberg, R. (Hrsg.): Forensische Psychiatrie. Roderer, Regensburg 1997
Müller-Isberner, R.; Jöckel, D.; Neumeyer-Bubel, W.; Imbeck, J.: Entwicklungen im psychiatrischen Maßregelvollzug Hessens. Forens. Psychiatr. Psychol. Kriminol. (2007) 1: 43–49
Müller-Isberner, R.; Lomb, J.; März, S.; Tansinna, A.: Ambulante Kriminaltherapie. Bewährungshilfe 40 (1993) 2: 175–185
Murach, M.: Zwischen Würfeln und Wissenschaft. Zur Missbrauchsprognose im Strafvollzug. Recht & Psychiatrie 7 (1989) 2: 57–67
Murswiek, D.; Sachs, M.: Grundgesetz, Kommentar, hg. von M. Sachs, 4. Aufl., München 2007
Musolff, C.; Hoffmann, J. (Hrsg.): Täterprofile bei Gewaltverbrechen. Mythos, Theorie und Praxis des Profilings. Springer-Verlag 16, Berlin 2001: 213–255
Nadolny, A.; Meyer, R.: Krankenpflegepersonal und der Borderline-Patient: Herausforderung oder Überforderung? In: Kernberg, O.F.; Dulz, B., Sachsse, U. (Hrsg.): Handbuch der Borderline-Störungen. Schattauer, Stuttgart New York 2000: 515–523
NANDA international: NANDA-Pflegediagnosen. Klassifikation und Definitionen 2005–2006. Bern, Huber 2005.
Nedopil, L.; Müller-Isberner, R.: Psychiatrischer Maßregelvollzug gemäß § 63 StGB. Rechtsgrundlagen – Derzeitige Situation – Behandlungskonzepte – Perspektive. Der Nervenarzt 66 (1995): 793–801
Nedopil, N.: Folgen der Änderung des § 67 d II StGB für den Maßregelvollzug und die Begutachtung. Mschr. Krim. 81 (1998) 1: 44–49
Nedopil, N.: Forensische Psychiatrie. 3. Auflage. Georg Thieme Verlag, Stuttgart 2007
Nedopil, N.: Forensische Psychiatrie – Wohin führt der Weg? In: Osterheider, M. (Hrsg.): Forensik 2000. PsychoGen Verlag, Dortmund 2001: 15–28
Nedopil, N.: Forensische Psychiatrie zwischen Angst und Fürsorge. In: Saimeh, N. (Hrsg.): Maßregelvollzug in Zeiten ökonomischer Begrenzung. Forensik 2007. 22. Eickelborner Fachtagung. Psychiatrie-Verlag, Bonn 2007: 146–162
Nedopil, N.: Forensische Psychiatrie. Klinik, Begutachtung und Behandlung zwischen Psychiatrie und Recht. Georg Thieme Verlag, Stuttgart 1996
Nedopil, N.: Kriterien der Kriminalprognose bei psychiatrischen Gutachten. Eine Bestandsaufnahme aufgrund praktischer Erfahrungen. Forensia 7 (1986): 167–183
Nedopil, N.: Sind psychisch Kranke gefährlich? Mythen und Fakten. In: Steinböck, H.; Berger, H. (Hrsg.): Ist die Psychiatrie der richtige Ort? Zum Verhältnis von forensischer und sozialer Psychiatrie. Lambertus-Verlag, Freiburg i. Br. 2003: 13–35
Nervenarzt (Der) 68 (1997) 5: Leserbriefe, 434–437
Needham, I. (2003): Kriterien zur Überprüfung von Pflegeplänen. Krankenpflege/Soins Infirmiers 96 (2003) 6: 28
Newton, M.: The Encyclopaedia of Serial Killers. Checkmark Books, New York 2000
Niklaus, T.; Pientka, L.: Funktionelle Diagnostik. Quelle & Meyer, Wiebelsheim 1999
Nowara, S.: Frauen im Maßregelvollzug. In: Steller, M.; Dahle, K.-P.; Basqué, M. (Hrsg.): Straftäterbehandlung, Centaurus-Verlagsgesellschaft, Pfaffenweiler 1994: 143–151
Nowara, S.: Sexualstraftäter und Maßregelvollzug. Eigenverlag Kriminologische Zentralstelle e.V., Wiesbaden 2001
Nowara, S.; Pierschke, R.: Erzieherische Hilfen für jugendliche Sexual(straf)täter. Institut für Rechtspsychologie, Waltrop 2005
Oermann, A.; Bohus, M.; Eucker, S.: DBT in a Forensic Psychiatric Setting. Paper presented at the 4th Annual Conference of the IAFMHS, Stockholm 2004
Oerter, U.; Schett-Hölzer, N.; Kächele, H.: Musiktherapie in der Psychiatrie. Versorgungslage und Stand der Forschung. Nervenheilkunde 20 (2001) 8: 428–433
Ohlemacher, T.; Sögding, D.; Höynck, T.; Ethé, N.; Welte, G.: Anti-Aggressivitätstraining und Legalbewährung: Versuch einer Evaluation. In: Bereswill, M.; Greve, W. (Hrsg.): Forschungsthema Strafvollzug. Interdisziplinäre Beiträge zur kriminologischen Forschung, Bd. 21. Nomos Verlagsgesellschaft, Baden-Baden 2001: 345–386
Oliva, H.; Gesellschaft für Forschung und Beratung im Gesundheits- und Sozialbereich (Hrsg.): Case Management in der Suchtkranken- und Drogenhilfe. Eigenverlag, Köln 2001
Orem, D.E.: Strukturkonzepte der Pflegepraxis. Wiesbaden/Berlin, Ullstein Mosby, 1997
Orlob, S.; Gillner, M.; Lübcke-Westermann, D.: Kunsttherapie in der Forensischen Psychiatrie. Manuskript der Verfasser, 2000
Osterheider, M. (Hrsg.): Aufbruch oder Stillstand? Forensik 2004. 19. Eickelborner Fachtagung. Lippstadt-Eickelborn 2004
Osterheider, M. (Hrsg.): Wie sicher kann Prognose sein? Forensik 2002. 17. Eickelborner Fachtagung. Lippstadt-Eickelborn 2002
Osterheider, M.; Seidenberg, G.: PR im Maßregelvollzug. In: Osterheider, M. (Hrsg.): Forensik 2001. Innovative Konzepte. PsychoGen Verlag, Dortmund 2002
Otto, M.: Soziales Training – Konzepte, Rahmenbedingungen, Effekte. In: Steller, M.; Dahle, K.-P.; Basqué, M. (Hrsg.): Straftäterbehandlung, Centaurus-Verlagsgesellschaft, Pfaffenweiler 1994: 113–133
Pawlik, M.: Person, Subjekt, Bürger – Zur Legitimation von Strafe. Duncker & Humblot, Berlin 2004
Pecher, W.: Das Gefängnis als Vater-Ersatz. Die Suche nach dem Vater als unbewusstes Motiv für Straffälligkeit. R.G. Fischer, Frankfurt a.M. 1989
Peternelj-Taylor, C.: The role of the forensic nurse in Canada. In: Robinson, D.; Kettles, A.: Forensic Nursing. Jessica Kingsley, London 2000

Pfäfflin, F.: Günstige und ungünstige Rahmenbedingungen für die Psychotherapie im Maßregelvollzug. WsFPP 4 (1997) 1: 143–156

Pfäfflin, F.: Haft – Klinik – Ambulante Therapie? Zur Behandlung von Sexualtätern. In: Steinböck, H.; Berger, H. (Hrsg.): Ist die Psychiatrie der richtige Ort? Zum Verhältnis von forensischer und sozialer Psychiatrie. Lambertus-Verlag, Freiburg i. Br. 2003: 79–100

Pfäfflin, F.: Rezension von Peter G. J. Greeven (1997): De intramurale behandeling van forensische patienten met een persoonljkheidsstoornis. Een empirische studie (Die intramurale Behandlung forensischer Patienten mit Persönlichkeitsstörungen). Deventer: Gouda Quint. Recht & Psychiatrie 17 (1999) 1: 45–46

Pfäfflin, F.: Rückfallpräventionsprogramme für Sexualstraftäter. Recht & Psychiatrie 19 (2001) 3: 140–151

Pfäfflin, F.: Sexualstraftäter und Moral Panic. WsFPP 14 (2007) 1: 33–59

Pfäfflin, F.: Spezielle Therapieformen. In: Kröber H.-L.; Dölling, D.; Leygraf, N.; Saß, H. (Hrsg.): Handbuch der Forensischen Psychiatrie, Bd. 3, Psychiatrische Kriminalprognose und Kriminaltherapie. Steinkopff Verlag, Darmstadt 2006: 349–365

Pfäfflin, F.; Kächele, H.: Positive und negative Wirkfaktoren von Psychotherapien. Forensische Psychiatrie und Psychotherapie 8 (2001): 69–91

Pfäfflin, F.; Mergenthaler, E.: Forschungsfragen der forensischen Psychiatrie. In: Wagner, E.; Werdenich, W. (Hrsg.): Forensische Psychotherapie. Psychotherapie im Zwangskontext von Justiz. Medizin und soziale Kontrolle. Facultas-Universitätsverlag, Wien 1998: 21–36

Pfeiffer, C.: Die Dämonisierung des Bösen und die Folgen für Kriminalpolitik und Strafverfolgung. In: Saimeh, N. (Hrsg.) Gesellschaft mit beschränkter Haftung. Maßregelvollzug als soziale Verpflichtung. 21. Eickelborner Fachtagung 2006: 265–276

Pfäfflin, F.; Kächele, H.: Sollten nicht nur Patienten, sondern auch Psychotherapeuten diagnostiziert werden? In: Kernberg, O. F.; Dulz, B.; Eckert, J. (Hrsg.): WIR: Psychotherapeuten über sich und ihren «unmöglichen» Beruf. Schattauer, Stuttgart New York 2005: 470–483

Piaget, J.: Das moralische Urteil beim Kinde. Suhrkamp, Frankfurt a. M. 1973

Piefke, M.: Neuronale Plastizität und emotionale Entwicklung: Altersabhängige Veränderungen emotionaler Verarbeitungsprozesse im Gehirn des Menschen und ihre Störungen. In: Wunderlich, H. P.; Becker, R. (Hrsg.): Wie wirkt Psychotherapie? Georg Thieme Verlag, Stuttgart 2007

Piltz, B.: Forensik und öffentliche Meinung. WsFPP 7 (2000) 1: 157–166

Pitzing, H. J.: Ambulante Psychotherapie von Sexualstraftätern. Ist Therapie mit Kontrolle vereinbar? In: Rehn, G.; Nanninga, R.; Thiel, A. (Hrsg.): Freiheit und Unfreiheit. Arbeit mit Straftätern innerhalb und außerhalb des Justizvollzuges. Centaurus, Herbolzheim 2004

Pollähne, H.: Maßregelvollzug zwischen Strafvollzug und Psychiatrie. In: Weigand, W. (Hrsg.): Der Maßregelvollzug in der öffentlichen Diskussion. Votum Verlag, Münster 1999: 37–54

Pollähne, H.: Maßregelvollzugsrecht auf Abwegen. Recht & Psychiatrie 19 (2001) 4: 195–203

Pollähne, H.: Anmerkung zu StA Paderborn, Vfg. v. 30. 01. 1997, NStZ (1999): 53–55

Pollähne, H.: Das Maß des Freiheitsentzugs (Vollzugslockerungen). In: Kammeier (Hg.), Maßregelvollzugsrecht. Kommentar, 2. Auflage. Gruyter, Berlin 2002a

Pollähne, H.: Die einstweilige Unterbringung des § 126a StPO im Recht – Teil 1: Grundlagen, Verfahren, Anordnung. Recht & Psychiatrie 20 (2002b) 4: 229 ff.

Pollähne, H.: Die einstweilige Unterbringung des § 126a StPO im Recht – Teil 2: – Vollstreckung und Vollzug. Recht & Psychiatrie 21 (2003) 1: 57 ff.

Pollähne, H.: MRVGmbH? In: Kammeier, H.; Michalke, R. (Hrsg.): Streben nach Gerechtigkeit, FS Tondorf, Münster 2004: 95–121

Pörksen, N.; Scholz, W.: Wer hat den Schwarzen Peter? Zur (Un-)Verbindlichkeit in der Nachsorge forensischer Patienten. Recht & Psychiatrie 21 (2003) 2: 47–51

Pozsár, C.: Nach der Maßregelbehandlung gemäß § 63 StGB – Praxis der ambulanten und stationären Nachsorge. Recht & Psychiatrie 19 (2001) 2: 82–88

Pretzer, J.; Beck, J.: Cognitive therapy of personality disorders: Twenty years of progress. In: Leahy, R. (Ed.): Contemporary cognitive therapy: Theory, research an practice. Guilford Press, New York 2004: 299–318

Price, B.: Problem- und forschungsorientiertes Lernen. Bern, Huber, 2005

Prinzhorn, H.: Bildnerei der Geisteskranken. Nachdruck von 1922, Springer-Verlag, Wien 1994

Projektgruppe der Polizeien des Bundes und der Länder: Fallanalyse bei der deutschen Polizei. Die Qualitätsstandards der Fallanalyse, das Anforderungsprofil und der Ausbildungsgang für polizeiliche Fallanalytiker. Bundeskriminalamt, Wiesbaden 2003

Proschaska, J. O.; DiClemente, C. C.: The transtheoretical model of change. In: Norcross, J. C.; Goldfried, M. R. (Eds.): Handbook of psychotherapy integration. Basic Books, New York 1992: 300–334

Prüter, C.: Dissoziale Persönlichkeitsstörung – mad or bad? In: Saimeh, N. (Hrsg.): Maßregelvollzug in Zeiten ökonomischer Begrenzung. Forensik 2007. 22. Eickelborner Fachtagung. Psychiatrie-Verlag, Bonn 2007: 162–176

Psychiatrie-Enquete (Hrsg.): Bericht über die Lage der Psychiatrie in der Bundesrepublik Deutschland. Bundestags-Drucksache 7/4200, Bonn 1975

Püschel, K.; Schröer, J.: Die Bedeutung rechtsmedizinischer Untersuchungsergebnisse bei der Erstellung von Fallanalysen. In: Musolff, C.; Hoffmann, J. (Hrsg.): Täterprofile bei Gewaltverbrechen. Mythos, Theorie und Praxis des Profilings. Springer-Verlag, Berlin 2001: 213–255

Quinsey, V. L.; Harris, G. T.; Rice, M. T.; Cornier, C. A.: Violent offenders: Appraising and managing risk. American Psychological Association, Washington 1998
Rabe, P.: Aussparung des Bösen. In: Durchblick. Patienten-Zeitung des Klinikum Nord. Hamburg, August 2002
Raff, G.: Entwicklungslinien der Allgemeinpsychiatrie und der forensischen Psychiatrie. WsFPP 6 (1999) 1: 111–118
Rahn, E.; Mahnkopf, A.: Lehrbuch Psychiatrie für Studium und Beruf. Psychiatrie-Verlag, Bonn 1999
Rasch, W.: Angst vor der Abartigkeit. Über einen schwierigen Begriff der §§ 20, 21 StGB. NStZ (1984) 2: 177
Rasch, W.: Die Prognose im Maßregelvollzug als kalkulierbares Risiko. In: Schwind, H.D. (Hrsg.): Festschrift für Günter Blau zum 70. Geburtstag. Walter de Gruyter, Berlin – New York 1985: 309–325
Rasch, W.: Forensische Psychiatrie. 2. Auflage, Kohlhammer, Stuttgart 1999
Rasch, W.: Die Funktionen von Lockerungen im Maßregelvollzug. In: Pohlmeier, H.; Deutsch, E.; Schreiber H.-L. (Hrsg.): Forensische Psychiatrie heute. Ulrich Venzlaff zum 65. Geburtstag, Springer, Heidelberg 1986
Rasch, W.; Konrad, N.: Forensische Psychiatrie. 3. Auflage. Kohlhammer, Stuttgart 2004
Rauchfleisch, U.: Arbeit im psychosozialen Feld. Beratung, Begleitung, Psychotherapie, Seelsorge. Vandenhoeck & Ruprecht, Göttingen 2001
Rauchfleisch, U.: Außenseiter der Gesellschaft. Psychodynamik und Möglichkeiten zur Psychotherapie Straffälliger. Vandenhoeck & Ruprecht, Göttingen 1999
Rauchfleisch, U.: Begleitung und Therapie straffälliger Menschen. Matthias Grünewald, Mainz 1996b
Rauchfleisch, U.: Menschen in psychosozialer Not. Beratung, Betreuung, Psychotherapie. Vandenhoeck & Ruprecht, Göttingen 1996a
Recht & Psychiatrie 19 (2001) 1: Themenschwerpunkt Longstay-Abteilungen
Reed, V.; Woods, P.: The Behavioral Status Index. A life skills assessment for selecting and monitoring therapy in mental health care. Psychometric Press, Sheffield 2000
Reed, V.; Woods, P.; Collins, M.; Almvik, R.; van Erven, A.; Ross, T.; Pfäfflin, F.; Dönisch-Seidel, U.: Behavioural Status Index (BEST-Index). Ein Instrument zur Erfassung lebenspraktischer Fähigkeiten psychisch kranker Rechtsbrecher mit dem Ziel der Therapieplanung und Evaluation. Deutsche Manualbearbeitung. Ulmer Textbank, Ulm 2002
Rehder, U.: Klassifizierung inhaftierter Sexualdelinquenten. Teil 1. Wegen Vergewaltigung und sexueller Nötigung Erwachsener Verurteilte. Mschr. Krim. (1996) 5: 291–304
Rehn, G.; Nanninga, R.; Thiel, A. (Hrsg.): Freiheit und Unfreiheit. Arbeit mit Straftätern innerhalb und außerhalb des Justizvollzugs. Centaurus Verlag, Herbolzheim 2004
Reimer, W.; Fueller, F.: Der Pflegeprozess. Theoretischer Hintergrund und Klassifikation. Universitätsverlag, Ulm 1998
Reinhardt, K.: Sicherung durch Therapie, Therapie durch Sicherung. Ein Beitrag zur Grundlegung von Psychotherapie im Maßregelvollzug. WsFPP 6 (1999) 1: 57–74
Reker, T.: Psychiatrische Arbeitstherapie – Konzepte, Praxis und wissenschaftliche Ergebnisse. Psychiatrische Praxis 26 (1999) Sonderheft 1: 12–15
Ressler, R. K.; Shachtman, T.: Whoever fights Monsters. My Twenty Years Tracking Serial Killers for the FBI. St. Martin's Press, New York 1992
Reuber, D.; Oliva, H.; Jaschke, H.: Ergebnisse der externen Evaluation des Projektes Ambulante Nachsorge des Westfälischen Zentrums für Forensische Psychiatrie Lippstadt. WsFPP 12 (2005) 1: 121–141
Rheinberg, F.: Motivation. 5. Auflage, Kohlhammer, Stuttgart 2004
Rheinische Kliniken Viersen (Hrsg.): Therapiekonzept der forensischen Abteilung. Viersen o. J.
Rice, M. E.; Harris, G. T.; Cormier, C. A.: Evaluation of a maximum security therapeutic community for psychopaths and other mentally disordered offenders. Law and Human Behavior 16 (1992): 399–412
Ricks, D. F.: Supershrink: Methods of a therapist judged successful on the basis of adult outcomes of adolescent patients. In: Ricks, D. F.; Thomas, A.; Roff, M. (eds): Life History Research in Psychopathology. Vol. 3. University of Minnesota Press, Minneapolis 1974: 276–297
Rink, E.: Tötungsdelikte schizophrener Geisteskranker unter besonderer Berücksichtigung der Sozialkontrollen im Tat-Vorfeld, der Täterpersönlichkeit und der Rehabilitationschancen. In: Laux, G.; Reimer, F.: Klinische Psychiatrie: Tendenzen, Ergebnisse, Probleme und Aufgaben heute. Hippokrates Verlag, Stuttgart, 1982: 314–330
Ritzel, G.: Unterbringung und Wiedereingliederung psychisch kranker Rechtsbrecher. Habilitationsschrift, Göttingen 1978
Roder, V. et al.: Integriertes Psychologisches Therapieprogramm für schizophrene Patienten (ITP). 3. Auflage, Psychologie Verlags-Union, München 1995
Rohde-Dachser, C.: Das Borderline-Syndrom. 7. Auflage, Verlag Hans Huber, Bern 2004
Roper, N.; Logan, W.; Tierney, A. J.: Die Elemente der Krankenpflege. Recom, Basel 1987
Roper, N.; Logan, W.; Tierney, A.: Das Roper-Logan-Tierney-Modell. Huber, Bern 2008, 2. Auflage
Rosemann, M.: Integration forensischer Patienten in die gemeindepsychiatrische Versorgung. Recht & Psychiatrie 21 (2003) 1: 10–14
Rosemann, M.: Von der Forensik in die Gemeinde. In: Rheinische Gesellschaft für soziale Psychiatrie e.V. (Hrsg.): Von der Forensik in die Gemeinde. Lösungen für Maßregelpatienten. Eigenverlag, Königswinter 2001
Rosemann, M.: Zimmer mit Aussicht. Betreutes Wohnen bei psychischer Krankheit. Psychiatrie-Verlag, Bonn 1999

Rosemann, M.; Bauer, K.: Zurück in die Gemeinde. Rehabilitation und gesellschaftliche Integration ehemals forensisch untergebrachter Patienten. Soziale Psychiatrie 23 (1999) 3: 20–23

Ross, R.; Fabiano, E.; Ewles, C. D.: Reasoning and rehabilitation. International Journal of Offender Therapy and Comparative Criminology 32 (1986): 29–36

Ross, T.; Fontao, M. I.: Forensische Psychotherapieforschung – Status Quo, Aufgaben und Perspektiven. Fortschr. Neurol. Psychiat. 74 (2006): 275–280

Ross, T.; Fontao, M. I.; Reed, V.; Dean, A.; Pfäfflin, F.: Die Beurteilung von lebenspraktischen Fertigkeiten forensisch-psychiatrischer Patienten mit dem BEST-Index. Psychotherapie, Psychosomatik, Medizinische Psychologie 57 (2007a): 298–305

Ross, T.; Kluttig, T.; Hoffmann, K.; Fontao, M. I.; Doenisch-Seidel, U; Pfäfflin, F.: Der BEST-Index: ein beobachtungsbasiertes Instrument zur Verhaltensbeurteilung im forensisch-psychiatrischen Feld. Verhaltenstherapie und Verhaltensmedizin 28 (2007b): 243–259

Ross, T.; Malanin, A.; Pfäfflin, F.: Short Communication: The relationship between stress and crime in migrants from the former Soviet Union. Stress & Health 22 (2006): 59–64

Ross, T.; Malanin, A.; Pfäfflin, F.: Stressbelastung, Persönlichkeitsstörungen und Migration. Verhaltenstherapie & Verhaltensmedizin 25 (2004): 345–366

Ross, T.; Pfäfflin, F.: Risk Assessment im Maßregelvollzug: Grenzen psychometrischer Gefährlichkeitsprognose im therapeutischen Umfeld. Monatsschrift für Kriminologie und Strafrechtsreform 88 (2005): 1–11

Ross, T.; Woods, P.; Sookoo, S.; Dean, A.; Kettles, A. M.; Almvik, R.; ter Horst, P.; Brown, I.; Collins, M.; Walker, H.; Pfäfflin, F.: Assessing living skills in forensic mental health care with the Behavioural Status Index: A European network study. Psychotherapy Research (2007c) (im Druck)

Ross, T.; Woods, P.; Sookoo, S.; Dean, A.; Kettles, A. M.; Almvik, R.; ter Horst, P.; Brown, I.; Collins, M.; Walker, H.; Pfäfflin, F.: Selecting and monitoring living skills in forensic mental health care: Cross-border validation of the BEST-Index. International Journal of Mental Health (2007d) (im Druck)

Roth, G.: Aus der Sicht des Gehirns. Suhrkamp, Frankfurt a. M. 2003

Roth, G.: Das Gehirn und seine Freiheit. Vandenhoeck & Ruprecht, Göttingen 2006

Roth, G.: Das Gehirn und seine Wirklichkeit. Suhrkamp, Frankfurt a. M. 1994

Roth, G.: Fühlen, Denken, Handeln. Suhrkamp. Frankfurt a. M. 2001

Rotthaus, W.: Freiwilligkeit und Zwang und was dazwischen liegt. Ein Plädoyer für variable Psychotherapiekonzepte. In: Wagner, E.; Werdenich, W. (Hrsg.): Forensische Psychotherapie. Psychotherapie im Zwangskontext von Justiz. Medizin und soziale Kontrolle. Facultas-Universitätsverlag, Wien 1998: 271–280

Rotthaus, W.: Stationäre systemische Kinder- und Jugendpsychiatrie. Verlag Modernes Leben, Dortmund 1990

Rudolph, U.: Motivationspsychologie. Beltz, Weinheim 2003

Sachs, zit. *Bearbeiter*/Sachs, = Sachs, M. (Hrsg.): Grundgesetz. Kommentar. 3. Auflage. •••, München 2003

Sachse, R.: Persönlichkeitsstörungen verstehen. Zum Umgang mit schwierigen Klienten. Psychiatrie-Verlag, Bonn 2006

Sachse, R.: Psychologische Psychotherapie der Persönlichkeitsstörungen. Hogrefe, Göttingen 2001

Sachsse, U.: Psychotherapie mit dem Sheriff-Stern: Zum Umgang des Therapeuten mit der Hausordnung in der stationären Psychotherapie und zu möglichen Auswirkungen auf seine Sozialisation zum Psychoanalytiker. Gruppenpsychotherapie und Gruppendynamik 25 (1989) 2: 141–158

Saimeh, N. (Hrsg.): Gesellschaft mit beschränkter Haftung. Maßregelvollzug als soziale Verantwortung. Forensik 2006. 21. Eickelborner Fachtagung. Psychiatrie-Verlag, Bonn 2004

Saimeh, N. (Hrsg.): Maßregelvollzug in Zeiten ökonomischer Begrenzung. Forensik 2007. 22. Eickelborner Fachtagung. Psychiatrie-Verlag, Bonn 2007

Saimeh, N. (Hrsg.): Was wirkt? Prävention. Behandlung. Rehabilitation. Forensik 2005. 20. Eickelborner Fachtagung. Psychiatrie-Verlag, Bonn 2006

Saimeh, N.: Differenzielle Konzepte zur Dissozialität, Therapieansätze und Grenzen. In: Saimeh, N. (Hrsg.): Was wirkt? Prävention. Behandlung. Rehabilitation. Forensik 2006. 21. Eickelborner Fachtagung. Psychiatrie-Verlag, Bonn 2006: 230–240

Saimeh, N.: Maßregelvollzug neu denken. Gedanken zu modifizierten Aufgaben der Forensischen Psychiatrie. In: Saimeh, N. (Hrsg.): Maßregelvollzug in Zeiten ökonomischer Begrenzung. Forensik 2007. 22. Eickelborner Fachtagung. Psychiatrie-Verlag, Bonn 2007: 213–228

Saimeh, N.: Rückfallprävention und ambulante Nachsorge in der Forensik. Mauskript der Verfasserin. Bremen 2001a

Saimeh, N.: Zwischen Psychiatrie und Forensik. Können wir die Kluft überwinden? Soziale Psychiatrie 25 (2001b) 1: 15–19

Salekin, R.; Rogers, R.; Sewell, K.: A review and meta-analysis of the Psychopathy-Checklist and Psychopathy-Checklist – Revised: Predictive validity of dangerousness. Clinical Psychology, Science and Practice (1996) 3: 203–215

Salekin, R. T.: Psychopathy and therapeutic pessimism: Clinical lore or clinical reality? Clinical Psychological Review 22 (2002): 79–112

Saß, H.: Persönlichkeit – Dissozialität – Verantwortung. In: Müller-Isberner, R.; Cabeza, S. G. (Hrsg.): Forensische Psychiatrie. Schuldfähigkeit. Kriminaltherapie. Kriminalprognose. Forum Verlag, Bonn-Bad Godesberg 1998

Saß, H.; Habermeyer, E.: Die Begutachtung von Persönlichkeitsstörungen aus psychopathologischer Sicht. Forens. Psychiatr. Psychol. Kriminol. (2007) 2: 156–161

Saß, H.; Herpertz, S.: Psychotherapie von Persönlichkeitsstörungen. Georg Thieme Verlag, Stuttgart New York 1999

Saß, H.; Wittchen, H.-U., Zaudig, M.: Diagnostisches und Statistisches Manual Psychischer Störungen (DSM-IV). Hogrefe, Göttingen 1996

Schädle-Deininger, H.; Villinger, U.: Praktische Psychiatrische Pflege. Arbeitshilfen für den Alltag. Psychiatrie-Verlag, Bonn 1996

Schalast, N.: Anmerkungen zur Novellierung des nordrhein-westfälischen Maßregelvollzugsgesetzes. Recht & Psychiatrie 18 (2000) 3: 15–20

Schalast, N.: Die Erfolgserwartung der Mitarbeiter als Qualitätsaspekt. WsFPP 5 (1998) 1: 175–191

Schalast, N.; Seifert, D.; Leygraf, N.: Patienten des Maßregelvollzugs gemäß § 63 StGB mit geringen Entlassungsaussichten. Forens. Psychiatr. Psychol. Kriminol. 1 (2007): 34–42

Schanda, H.: Probleme bei der Versorgung psychisch kranker Rechtsbrecher – ein Problem der Allgemeinpsychiatrie? Psychiatrische Praxis 27 (2000) Sonderheft 2: 72–76

Schanda, H.: Untersuchungen zur Frage des Zusammenhangs zwischen Psychosen und Kriminalität/Gewalttätigkeit. Studiendesigns, methodische Probleme, Ergebnisse. Fortschr. Neurol. Psychiat. 74 (2006): 85–100

Schaumburg, C.: Basiswissen Maßregelvollzug. 2., bearbeitete Auflage, Psychiatrie-Verlag, Bonn 2003

Schellbach-Matties, R.; Pelzer, W.; Schmidt-Quernheim, F.; Hourtz, M.; Hax-Schoppenhorst, T.: Erprobung eines neuen Versorgungskonzeptes durch eine mobile forensische Ambulanz: Schriftenreihe des Bundesministeriums für Gesundheit, Bd. 50. Nomos Verlagsgesellschaft, Baden-Baden 1995

Schiffer, B.: Neurobiologische Korrelate abweichenden Verhaltens. In: Saimeh, N. (Hrsg.): Maßregelvollzug in Zeiten ökonomischer Begrenzung. Forensik 2007. 22. Eickelborner Fachtagung. Psychiatrie-Verlag, Bonn 2007: 251–261

Schleunig, G.; Welschehold, M.: Modellprojekt Psychiatrisches Casemanagement. Schriftenreihe des Bundesministeriums für Gesundheit, Band 133, Nomos Verlagsgesellschaft, Baden-Baden 2000

Schmidt-Quernheim, F., Hourtz, M.; Pelzer, W.: Vom Mythos des Neuanfangs. Zur Rehabilitation forensischer Patienten. Soziale Psychiatrie Nr. 61, Juni (1993): 22–25

Schmidt-Quernheim, F.: Helferkonferenz – Die Zusammenarbeit der Berufsgruppen in der Nachsorge. In: Westfälisches Zentrum für Forensische Psychiatrie Lippstadt (Hrsg.): Initiativen zur Nachsorge. Tagungsband. Eigenverlag, Lippstadt 2000

Schmidt-Quernheim, F.: Kommunizierende Röhren – Vom schwierigen Verhältnis von Sozialpsychiatrie und Maßregelvollzug. Beobachtungen aus der Sicht einer forensischen Ambulanz. Psychiatrische Praxis 34 (2007): 218–222

Schmidt-Quernheim, F.: Nach dem Spiel ist vor dem Spiel. Über den Mythos des Neuanfangs und die Notwendigkeit einer Forensischen Ambulanz. Recht & Psychiatrie 23 (2005) 3: 140–145

Schmidt-Quernheim, F.: Wiedereingliederung forensischer Patienten – Die Mobile Forensische Ambulanz in Düren. In: Rheinische Gesellschaft für Soziale Psychiatrie e.V. (Hrsg.): Von der Forensik in die Gemeinde. Lösungen für Maßregelpatienten. Dokumentation. Eigenverlag, Königswinter 2001

Schmidt-Quernheim, F.; Bargfrede, H.; Braunisch, S.: Rehabilitations- und Nachsorgepraxis im Maßregelvollzug. In: Egg, R. (Hrsg.): Der Aufbau des Maßregelvollzugs in den neuen Bundesländern. Eigenverlag Kriminologische Zentralstelle e.V., Wiesbaden 1996: 183–199

Schneider, H.-J.: Kriminologie. Walter de Gruyter, Berlin 1986

Schneider, K.: Die Psychopathischen Persönlichkeiten. 9. Auflage, Deuticke, Wien 1923

Schöch, H.: Schweige- und Offenbarungspflichten für Therapeuten im Maßregelvollzug, in: FS Schreiber: 437–447, Heidelberg 2006

Schöch, H.: Strafrechtliche Haftung von Ärzten beim Lockerungsmissbrauch in psychiatrischen Krankenhäusern. In: Duncker, H.; Koller, M.; Foerster, K. (Hrsg.): Forensische Psychiatrie. Entwicklungen und Perspektiven, FS Venzlaff: 317–345, Lengerich 2006

Schönfeld, C. E. V.; Schneider, F.; Schröder, T.; Widmann, B.; Botthof, U.; Driessen, M.: Prävalenz psychischer Störungen, Psychopathologie und Behandlungsbedarf bei weiblichen und männlichen Gefangenen. Der Nervenarzt 77 (2005): 830–841

Schopenhauer, A. (1840): Preisschrift über die Freiheit des Willens. In: A. Schopenhauer, Sämtliche Werke, Bd. III, Kleinere Schriften. Suhrkamp, Frankfurt a. M. 1986: 519–627

Schorsch, E.; Galedary, G.; Haag, A.; Hauch, M.; Lohse, H.: Perversion als Straftat. Dynamik der Psychotherapie. 2. Auflage, Ferdinand Enke Verlag, Stuttgart 1996

Schott, M.: Gefahren der Privatisierung von Krankenhäusern. Unveröffentlichtes Manuskript, Moringen 2006

Schott, M.: Integrieren oder ausstoßen? Wie wirklich Sicherheit entsteht. Ein an Therapie und Vernunft orientiertes Sicherheitskonzept im Maßregelvollzug. Reader Gefängnisseelsorge 10, Berlin 2001a: 24–32

Schott, M.: Therapiekonzept des Landeskrankenhauses Moringen. Manuskript des Verfassers, Moringen 2001b

Schott, M.: Unzerstörbare Liebesfähigkeit oder die Macht früher Erfahrungen. Eine psychoanalytisch orientierte Langzeittherapie. Recht & Psychiatrie 22 (2004): 62–66

Schreiber, H.-L.: Rechtliche Grundlagen der psychiatrischen Begutachtung. In: Venzlaff, U.; Foerster, K. (Hrsg.): Psychiatrische Begutachtung. Ein praktisches

Handbuch für Ärzte und Juristen. 3., neu bearbeitete Auflage, Urban & Fischer, München 2000: 1
Schröck, R.: Menschliches Miteinander in pflegerischen Beziehungen. Pflege aktuell (1996) 11: 724
Schulze-Steinmann, L.; Heimler, J.; Claaßen, J.; Cordshagen, H. (Hrsg.): Die Zukunft sozialpsychiatrischer Heime. Psychiatrie-Verlag, Bonn 2003
Schutgens, E.: Bis dass der Tod uns scheidet ...? Fragen hinsichtlich der forensischen Longstay-Einrichtungen in den Niederlanden. In: Saimeh, N. (Hrsg.): Maßregelvollzug in Zeiten ökonomischer Begrenzung. Forensik 2007. 22. Eickelborner Fachtagung. Psychiatrie-Verlag, Bonn 2007: 263–273
Seifert, D.: Aktuelle Rückfalldaten der Essener prospektiven Prognosestudie. Werden Deliktrückfälle forensischer Patienten (§ 63 StGB) seltener? Fortschr Neurolo Psychiat 73 (2005): 16–22
Seifert, D.: Gefährlichkeitsprognosen – Eine empirische Untersuchung über Patienten des psychiatrischen Maßregelvollzugs. Monographien aus dem Gesamtgebiete der Psychiatrie, Bd. 113. Steinkopff Verlag, Darmstadt 2007a
Seifert, D.: Helfen uns klinische Prognosekriterien bei der Gefährlichkeitseinschätzung behandelter forensischer Patienten (§ 63 StGB). Forens. Psychiatr. Psychol. Kriminol. (2007b) 1: 27–33
Seifert, D.: Intelligenzgeminderte Rechtsbrecher. In: Kröber, H.-L.; Dölling, D.; Leygraf, N.; Saß, H. (Hrsg.): Handbuch der Forensischen Psychiatrie, Bd. 3, Psychiatrische Kriminalprognose und Kriminaltherapie. Steinkopff Verlag, Darmstadt 2006: 288–303
Seifert, D.; Bolten, S.; Jahn, K.; Möller-Mussavi, S.: Berichte der Bewährungshilfe. Bewährungshilfe 48 (2001b) 1: 55–66
Seifert, D.; Bolten, S.; Möller-Mussavi, S.: Gescheiterte Wiedereingliederungen nach Behandlung im Maßregelvollzug. Monatsschrift für Kriminologie und Strafrechtsreform 86 (2003b): 127–138
Seifert, D.; Bolten, S.; Möller-Mussavi, S.: Negative Legalbewährung nach Behandlung im Maßregelvollzug (§ 63 StGB) oder: Wie lassen sich Rückfälle verhindern? (in Vorbereitung)
Seifert, D.; Jahn, K.; Bolten, S.: Zur momentanen Entlassungssituation forensischer Patienten (§ 63 StGB) und zur Problematik der Gefährlichkeitsprognose: Erste Ergebnisse einer prospektiven Prognosestudie. Fortschr. Neurol. Psychiatr. 69 (2001a): 245–255
Seifert, D.; Leygraf, N.: Die Entwicklung des psychiatrischen Maßregelvollzugs (§ 63 StGB) in Nordrhein-Westfalen. Psychiat Prax 1997 (24); 237–244
Seifert, D.; Leygraf, N.: Maßregelvollzug gemäß § 63 StGB in Nordrhein-Westfalen. Abschlussbericht eines Forschungsprojektes im Auftrag des Ministeriums für Arbeit, Gesundheit und Soziales des Landes Nordrhein-Westfalen. Unveröffentlichtes Manuskript
Seifert, D.; Möller-Mussavi, S.: Aktuelle Rückfalldaten der Essener prospektiven Prognosestudie. Werden Deliktrückfälle forensischer Patienten (§ 63 StGB) seltener? Fortschr. Neurol. Psychiatr. 73 (2005): 16–22
Seifert, D.; Möller-Mussavi, S.: Führungsaufsicht und Bewährungshilfe – Erfüllung gesetzlicher Auflagen oder elementarer Bestandteil forensischer Nachsorge? NStZ (2006) 3: 131–136
Seifert, D.; Möller-Mussavi, S.; Bolten, S.; Losch, M.: Wegweiser aus dem Maßregelvollzug. Strafverteidiger (im Druck)
Seifert, D.; Schiffer, B.: Keine effektive Forensische Nachsorge ohne interdisziplinäre Zusammenarbeit. In: Osterheider, M. (Hrsg.): Krank oder kriminell? 18. Eickelborner Fachtagung. Lippstadt-Eickelborn 2004
Seifert, D.; Schiffer, B.; Leygraf, N.: Plädoyer für die forensische Nachsorge. Ergebnisse einer Evaluation forensischer Ambulanzen im Rheinland. Psychiatrische Praxis 30 (2003a): 235–241
Seifert, D.; Schiffer, B.; Leygraf, N.: Plädoyer für forensische Nachsorge. Psychiatrische Praxis 30 (2003): 235–241
Sellinger, L.: Anders als andere?! – Arbeit mit forensischen Probanden. WsFFP 12 (2005) 3: 81–106
Selman, R. L.: Die Entwicklung des sozialen Verstehens. Suhrkamp, Frankfurt a. M. 1984
Siebert, M., Markowitsch, H. J., Bartel, P.: Amygdala, affect, and cognition: evidence from 10 patients with Urbach-Wiethe disease. Brain, 126 (2003): 2627–2637
Singer, W.: Hirnentwicklung – neuronale Plastizität – Lernen. In: Silbernagel, S.; Klinke, R. (Hrsg.): Lehrbuch der Physiologie. Georg Thieme Verlag, Stuttgart 2003a: 743–756
Singer, W.: Ein neues Menschenbild? Gespräche über Hirnforschung. Suhrkamp, Frankfurt a. M. 2003b
Singer, W.: Verschaltungen legen uns fest: Wir sollten aufhören, von Freiheit zu sprechen. In: Geyer, C. (Hrsg.): Hirnforschung und Willensfreiheit – Zur Deutung der neuesten Experimente. Frankfurt a. M. 2004: 30–65
Sloterdijk, P.: Kritik der zynischen Vernunft, Bd. 2. Suhrkamp, Frankfurt a. M. 1983
Sorg, M.: Sicherheit durch Therapie im Maßregelvollzug. Stellungnahme des Initiativkreises. In: Weigand, W. (Hrsg.): Der Maßregelvollzug in der öffentlichen Diskussion. Votum-Verlag, Münster 1999
Spellmeyer, W.: Umgang mit beurlaubten Maßregelpatienten in einem sozialtherapeutischen Wohnheim. WsFPP 12 (2005) 3: 65–81
Spengler, A.: Forensische Psychiatrie und Maßregelvollzug im gesellschaftlichen Umfeld. Ein Diskussionsbeitrag. Teil 1: Reaktionen der Öffentlichkeit und gesellschaftlicher Auftrag. Teil 2: Gesetzesänderungen und ihre Auswirkungen. Spektrum der Psychiatrie, Psychotherapie und Nervenheilkunde 28 (1999): 133–140; 165–167
Stark, W.: Empowerment. Neue Handlungskompetenzen in der psychosozialen Praxis. Lambertus-Verlag, Freiburg i. Br. 1996
Statistisches Bundesamt: Strafverfolgung 2000. Wiesbaden 2000
Steinböck, H.: Veränderungen der forensisch-psychiatrischen Versorgung in Oberbayern. Recht & Psychiatrie 17 (1999) 1: 15–27

Steinböck, H.; Berger, H. (Hrsg.): Ist die Psychiatrie der richtige Ort? Zum Verhältnis von forensischer und sozialer Psychiatrie. Lambertus-Verlag, Freiburg i. Br. 2003

Steinböck, H.; Groß, G.; Nedopil, N. et al.: Ambulante Betreuung forensischer Patienten – Vom Modell zur Institution. Recht & Psychiatrie 24 (2004) 4: 199–207

Steinert, T.: Psychische Krankheit und Gewaltkriminalität: Mythen und Fakten. Dtsch. Med. Wschr. 126(2001): 378–382

Steinert, T.: Psychische Störungen und Gewaltkriminalität: Wissensstand und Konsequenzen. Recht & Psychiatrie 19 (2001) 2: 89–96

Stern, D. N.: Die Lebenserfahrung des Säuglings. Klett-Cotta, Stuttgart 1994

Sternberg, B.; Stuckmann, W.: Pflege bei persönlichkeitsgestörten forensischen Patienten. Psychiatrische Pflege (1999) 5: 95–103

Stiels-Glenn, M.: Editorial. Forensische Sozialarbeit. WsFFP 12 (2005) 3: 3–9

Stiels-Glenn, M.: Ist die Bewährungshilfe auf psychisch kranke Probanden gut vorbereitet? Bewährungshilfe 52 (2005) 1: 41–51

Stiels-Glenn, M.: Persönliche Thesen zur Behandlung bei Sexualstraftätern. WsFPP 10 (2003) 2: 47–61

Stiels-Glenn, M.: Sex & Crime – Ethics? In: Saimeh, N. (Hrsg.): Gesellschaft mit beschränkter Haftung. Maßregelvollzug als soziale Verantwortung. Forensik 2006. 21. Eickelborner Fachtagung. Psychiatrie-Verlag, Bonn 2004: 338–345

Stirling, C.: Developing a non-aversive intervention strategy in the management of aggression and violence for people with learning disabilities using natural therapeutic holding. Journal of Advanced Nursing 27 (1998): 503–509

Stirn, A.; Hartkamp, N.: Krankheitstypische Gegenübertragungsreaktionen. Psychotherapeut (2004) 3: 203–212

Stoller, R.: Perversion. Die erotische Form von Hass. Rowohlt, Hamburg 1979

Stolpmann, G.: Psychiatrische Maßregelbehandlung: Eine Einführung. Hogrefe, Göttingen 2001

Stone, M. H.: Abnormalities of personality. Within and beyond the realm of treatment. W. W. Norton & Company, New York London 1993

Strasser, P.: Das Ende der Solidarität. Recht & Psychiatrie 19 (2001) 2: 63–69

Streeck, U.: Gestörte Verhältnisse – zur psychoanalytisch-interaktionellen Gruppentherapie von Patienten mit schweren Persönlichkeitsstörungen. Persönlichkeitsstörungen (2002) 2: 109–125

Streitbürger, G.; Trampe, W.: Sozialtherapeutischer Fortbildungslehrgang für Mitarbeiter im Pflegedienst in Maßregelvollzugskliniken. Recht & Psychiatrie (o. J.) 8: 121–126

Suer, P.; Westfälische Kliniken Schloß Haldem: Handbuch Forensische Nachsorge. Broschüre. Schloss Haldem, 2006

Verhagen, T.: Paper presented at the 19th International Congress on Law and Mental Health, Lisbon 1993: 13–17

Sass, H; Wittchen, H.; Zaudig, M.; Houben, I.: Diagnostische Kriterien DSM-IV-TR. Hogrefe, Göttingen 2003

Sauter D.; Abderhalden Ch.; Needham I.; Wolff St.: Lehrbuch Psychiatrische Pflege. Huber, Bern 2006

Swanson, J. W.; Holzer, C. E.; Ganju, V. K.; Jono, R. T.: Violence and psychiatric disorder in the community: Evidence from the epidemiologic catchment area surveys. Hospital and Community Psychiatry 41 (1990): 761–770

Swenson, Ch.; Witterhold, S.; Bohus, M.: Dialectical Behavior Therapy on Inpatient Units. In: Dimeff, L.; Koerner, K. (Eds.): Dialectical Behavior Therapy in Clinical Practice. Guilford Press, New York 2007: 69–111

Swinton, J.: Reclaiming the soul: a spiritual perspective on forensic nursing. In: Robinson, D.; Kettles, A.: Forensic nursing and multidisciplinary care of the mentally disordered offender. Jessica Kingsley, London 2000

Swinton, J.; Boyd, J.: Autonomy and personhood: the forensic nurse as moral agent. In: Robinson, D.; Kettles, A.: Forensic Nursing. Jessica Kingsley, London 2000

Telch, C. F.; Agras, W. S.; Linehan, M. M.: Dialectical Behavior Therapy for binge eating disorder. Journal of Consulting and Clinical Psychology 69 (2001): 1061–1065

Telger, K.; Seifert, D.: Entwicklung einer Konzeption zur Behandlung intelligenzgeminderter Rechtsbrecher am Alexianer-Krankenhaus in Münster. In: Kammeier, H. (Hrsg.): Forensik in Münster: Eine Region in der Verantwortung. Informationen – Standpunkte – Diskussionen. LiT Verlag, Münster 2002: 39–48

Tessenow, Anne: Jugendliche und Heranwachsende im psychiatrischen Maßregelvollzug. Lang, Frankfurt am Main 2002

Tondorf, G.: Bedenken der Strafrechtswissenschaft gegen Prognosetafeln aus dem angelsächsischen Raum. In: Saimeh, N. (Hrsg.): Gesellschaft mit beschränkter Haftung. Maßregelvollzug als soziale Verpflichtung. 21. Eickelborner Fachtagung 2006: 362–368

Tondorf, G.: Behandler sind keine Sachverständigen. Ein Beitrag zu § 454 Abs. 2 StPO, StV: 171–173, 2000

Trampe, W.: Therapeutische Funktionen des Pflegepersonals. WsFPP 1 (1994) 1: 67–77

Trenckmann, U.; Grafe, J.: Prädikatoren für auto- und fremdaggresive Gewalt bei schizophren Erkrankten. In: Saimeh, N. (Hrsg.): Maßregelvollzug in Zeiten ökonomischer Begrenzung. Forensik 2007. 22. Eickelborner Fachtagung. Psychiatrie-Verlag, Bonn 2007: 290–301

Tress, W.; Wöller, W.; Hartkamp, N.; Langenbach, M.; Ott, J.: Persönlichkeitsstörungen. Leitlinien und Quellentext. Schattauer, Stuttgart New York 2002

Tröndle/Fischer = Tröndle, H.; Fischer, T.: Strafgesetzbuch. 54. Aufl., München 2007

Tschuschke, V.: Praxis der Gruppenpsychotherapie. Georg Thieme Verlag, Stuttgart, New York 2001

Tschuschke, V.; Weber, R.: Persönlichkeitsstörungen und Perspektiven gruppenpsychotherapeutischer Behandlungen – ein aktueller Überblick. Persönlichkeitsstörungen (2002) 2: 80–93

Turvey, B.E.: Criminal Profiling. An Introduction to Behavioural Evidence Analysis. Academic Press, San Diego 1999

Urban, M.; Hartmann, H.-P. (Hrsg.): Bindungstheorien in der Psychiatrie, Vandenhoeck & Ruprecht, Göttingen 2005: 84–87

Urbaniok, F.; Chopard, M.: Teamorientierte stationäre Behandlung und deliktorientiertes Arbeiten als Grundlage einer Behandlungskonzeption in der Forensischen Psychiatrie. In: Bender, T.; Auchter, T. (Hrsg.): Destruktiver Wahn zwischen Psychiatrie und Politik. Forensische, psychoanalytische und sozialpsychologische Untersuchungen. Psyche und Gesellschaft. Psychosozial-Verlag, Gießen 2004: 171–199

van Beek, D.J.: De delictscenarioprocedure bij sexueel agressive delinquenten. Een onderzoek naar de bruikbaarheid van de delictscenarioprocedure in de behandlung van seksueel agressieve delinquenten in de Dr. Henri van der Hoeven Kliniek. Gouda Quint, Deventer 1999

van Beek, D.J.; Kröger, U.: No cure, but control. Die Behandlung von Sexualdelinquenten in der Dr. Henri van der Hoeven Kliniek. In: Deegener, G. (Hrsg.): Sexuelle und körperliche Gewalt. Psychologie Verlags-Union, Weinheim 1999, 403–427

Beek v., D.J.; Kröger, U.M.: The Treatment of Psychopathic Patients in the Netherlands. In: Saß, H.; Feldhous, A.R. (eds.): International Handbook on Psychopathic Disorders and the Law. John Wiley & Sons, Ltd., Chichester 2007

van Marle, H.J.C.: Psychodynamische Aspekte der klinischen Behandlung von Gewalt- und Sexualverbrechern. WsFPP 1 (1994) 2: 55–66

Venzlaff, U.; Pfäfflin, F.: Persönlichkeitsstörungen und andere abnorme Entwicklungen. In: Venzlaff, U.; Foerster, K. (Hrsg.): Psychiatrische Begutachtung. 4., neu bearb. u. erw. Auflage, Elsevier Urban & Fischer, München 2004: 247–274

Verrel, T.: Strafrechtliche Haftung für falsche Prognosen im Maßregelvollzug? Recht & Psychiatrie 19 (2001) 4: 182–187

Viefhues, H.: Ethische Überlegungen zum psychiatrischen Maßregelvollzug. Medizinethische Materialien, Heft 67, Bochum 1991

Volckart, B.: Maßregelvollzug. 5. Auflage, Luchterhand, Neuwied 1999

Volckart, B.: Maßregelvollzug und Schweigepflicht, R&P (1990): 158–165

Volckart, B.: Auskünfte über untergebrachte Patienten in strafrechtlichen Ermittlungsverfahren, R&P (1996): 187–191

Volckart, B.: Darf die Aufsichtsbehörde die Krankenakten des Maßregelkrankenhauses einsehen? R&P (2001a): 175–182

Volckart, B.: Verteidigung in der Strafvollstreckung und im Vollzug, 3. Aufl., Verlag C. F. Müller, Heidelberg 2001b

Volckart, B.; Grünebaum, R.: Maßregelvollzug. Das Recht des Vollzugs der Unterbringung nach §§63, 64 StGB in einem psychiatrischen Krankenhaus und in einer Entziehungsanstalt, 6. Aufl., Luchterhand Verlag, München/Neuwied 2003

Vollbach, A.: Behinderte Rehabilitation. Maßregelvollzug bei Behinderten – eine Fallgeschichte. Recht & Psychiatrie 24 (2004) 4: 207–213

Waider, H.: Ärztliche Schweigepflicht im psychiatrischen Krankenhaus, R & P 24, 2006: 65–74

Walter, M.: Wahrnehmung und Bekämpfung «gefährlicher Straftäter» in Zeiten ökonomisch geprägten Denkens. In: Saimeh, N. (Hrsg.): Maßregelvollzug in Zeiten ökonomischer Begrenzung. Forensik 2007. 22. Eickelborner Fachtagung. Psychiatrie-Verlag, Bonn 2007: 302–314

Ward, T.; Louden, K.; Hudson, S.M., Marshall, W.L.: A Descriptive Model of the Offense Chain for Child Molesters. In: Journal of Interpersonal Violence 10 (1995) 4: 452–472

Ward, T.; Stewart, C.A.: Good lives and the rehabilitation of sexual offenders. In: Ward, T.; Laws, D.R.; Hudson, S.M. (Eds.): Sexual deviance: issues and controversies. Sage Publications, Thousand Oaks 2003, 21–44

Warmuth, M.: Drei Jahre forensisch-psychiatrische Ambulanz in West-Berlin. Recht & Psychiatrie 8 (1990) 3: 109–120

Warta, D.: Täuschung als Kommunikationsform und konstantes Element von Psychotherapie im Strafvollzug. In: Wagner, E.; Werdenich, W. (Hrsg.): Forensische Psychotherapie. Psychotherapie im Zwangskontext von Justiz. Medizin und soziale Kontrolle. Facultas-Universitätsverlag, Wien 1998: 113–124

Weber, F.: Gefährlichkeitsprognose im Maßregelvollzug. Centaurus, Pfaffenweiler 1996

Weber, S.; Schneider, F.; Habel, U.: Soziopathie – eine Gehirnerkrankung? In: Saimeh, N. (Hrsg.): Maßregelvollzug in Zeiten ökonomischer Begrenzung. Forensik 2007. 22. Eickelborner Fachtagung. Psychiatrie-Verlag, Bonn 2007: 316–331

Webster, C.D.; Bailes, G.: Assessing violence risk in mentally ill and personality disordered individuals. In: Hollin, C.R. (Hrsg.): Handbook of offender assessment and treatment. John Wiley & Sons, Chichester o.J.

Webster, C.D.; Douglas, K.S.; Eaves, D.; Hart, S.D.: The HCR-20 Scheme. The assessment of dangerousness and risk. Simon Frazer University, Burnaby Mental Health, Law and Policy Institute, Vancouver 1997

Weigand, W. (Hrsg.): Der Maßregelvollzug in der öffentlichen Diskussion. Votum-Verlag, Münster 1999

Weisenfeld, K. et al.: Behandlung dissozialer minderbegabter Patienten unter den offenen Bedingungen eines Bauernhofs. Entnommen aus: Freese, R.: Psychotherapie bei Minderbegabten im therapeutischen Maßregelvollzug. In: Wagner, E.; Werdenich, W. (Hrsg.): Forensische Psychotherapie. Psychotherapie im Zwangskontext von Justiz. Medizin und soziale Kontrolle. Facultas-Universitätsverlag, Wien 1998: 210–225

Weisenfeld, K.: Das Reasoning and Rehabilitation (R & R) Programm. Soziales Kompetenztraining in der forensischen Nachsorge. Powerpoint-Präsentation, Köln 2006

Welter-Enderlin, R.; Hildenbrand, B. (Hrsg.): Resilienz – Gedeihen trotz widriger Umstände. Carl-Auer, Heidelberg 2006

Weltgesundheitsorganisation: Internationale Klassifikation psychischer Störungen. Klinisch-diagnostischer Leitfaden. 2. Auflage, Verlag Hans Huber, Bern 1991

Wendt, W. R.: Case Management im Sozial- und Gesundheitswesen. Eigenverlag, Freiburg 1997

Werdenich, W.; Wagner, E.: Die Kunst der Zwangsbehandlung. In: Wagner, E.; Werdenich, W. (Hrsg.): Forensische Psychotherapie. Psychotherapie im Zwangskontext von Justiz. Medizin und soziale Kontrolle. Facultas-Universitätsverlag, Wien 1998: 37–48

Werner, W. F.: Das Bewahrhaus in Düren. In: Stark-Quabius, M.; Viertmann, B.: Bewahrhaus. Eine Annäherung. Selbstverlag, Köln 1996

Whitehead, P. D.: Causality and collateral estoppel: process and content of recent SSRI litigation. Journal of the American Academy of Psychiatry and the Law 31 (2003): 377–382

Wiederanders, M.; Bromley, D.; Choate, P.: Forensic Conditional Release Programs and Outcomes in Three States. International Journal of Law and Psychiatry 20 (1997): 249–257

Wienberg, G.; Sibum, B.: Psychoedukative Therapie schizophren Erkrankter – Einordnung und Überblick. In: Wienberg, G. (Hrsg.): Schizophrenie zum Thema machen. Psychoedukative Gruppenarbeit mit schizophren und schizoaffektiv erkrankten Menschen. Psychiatrie-Verlag, Bonn 1997: 195–218

Wiesniewski, L.; Safer, D.; Chen, E.: Dialectical Behavior Therapy and Eating Disorders. In: Dimeff, L.; Koerner, K. (Eds.): Dialectical Behavior Therapy in Clinical Practice. Guilford Press, New York 2007: 174–221

Williams, P.; Dale, C.: The application of values in working with patients in forensic mental health settings. In: Dale, C.; Thompson, T.; Woods, P. (Eds.): Forensic Mental Health. Issues in Practice. Baillière Tindall, London 2001

Wilkinson, J.: Das Pflegeprozess-Lehrbuch. Huber, Bern 2008

Wilson, C.; Seaman, D.: The Serial Killers. Virgin Publishing, London 1990

Wingert, L.: Grenzen der naturalistischen Selbstobjektivierung. In: Sturma, D. (Hrsg.): Philosophie und Neurowissenschaften. Suhrkamp, Frankfurt a. M. 2006: 240–260

Winnicott, D. W.: Der Anfang ist unsere Heimat. Zur gesellschaftlichen Entwicklung des Individuums. Klett-Cotta, Stuttgart 1990

Wischka, B.: Das Behandlungsprogramm für Sexualstraftäter (BPS). In: M. Osterheider (Hrsg.): 18. Eickelborner Fachtagung. Krank und/oder kriminiell? Behandlungs- und Organisationsmodelle in der Forensik. PsychoGen Verlag, Dortmund 2004

Wolf, L.: Gewalt in der Psychiatrie. Manuskript des Verfassers, Düren o. J.

Yaralian, P. S.; Raine, A.: Biological approaches to crime: Psychophysiology and brain dysfunction. In: Paternoster, R.; Bachmann, R. (Eds.): Explaining criminals and crime: Essays in contemporary criminological theory. Roxbury, Los Angeles 2001: 57–72

Young, J. E.; Klosko, J. S.; Weishaar, M. E.: Schematherapie – Ein praxisorientiertes Handbuch. Junfermann, Paderborn 2005

Yura, H.; Walsh, M. B.: The Nursing Process. Appleton-Century-Crofts, Norwalk, 1983

Zubin, J.: Mögliche Implikationen der Vulnerabilitätshypothese für das psychosoziale Management der Schizophrenie. In: Böker, W.; Brenner, H. D. (Hrsg.): Die Bewältigung der Schizophrenie. Hogrefe & Huber Publishers, Bern 1986

Sachwortverzeichnis